四川兽类志 | Fauna of Sichuan

联合资助 | 四川省林业和草原局
四川省林业科学研究院
森林和湿地生态恢复与保育四川省重点实验室

名誉主编：胡锦矗　王酉之
科学顾问：魏辅文　吴　毅

四川兽类志

上册

刘少英　主编

中国农业出版社
北京

图书在版编目（CIP）数据

四川兽类志 / 刘少英主编. —北京：中国农业出
版社，2023.4
ISBN 978-7-109-30592-2

Ⅰ．①四… Ⅱ．①刘… Ⅲ．①哺乳动物纲－动物志－
四川 Ⅳ．①Q959.808

中国国家版本馆CIP数据核字（2023）第060445号

SICHUAN SHOULEIZHI

中国农业出版社出版
地址：北京市朝阳区麦子店街18号楼
邮编：100125
特约编辑：严　丽
责任编辑：刁乾超　李昕昱　　文字编辑：赵冬博　黄璟冰
装帧设计：李文革　　责任校对：吴丽婷　　责任印制：王　宏
印刷：北京中科印刷有限公司
版次：2023年4月第1版
印次：2023年4月北京第1次印刷
发行：新华书店北京发行所
开本：889mm×1194mm　1/16
总印张：76.5
总字数：1900千字
总定价：1598.00元（上、下册）

《四川兽类志》编委会

辅助编写人员	范丽虹	秦伯鑫	康力文	谢 菲	彭步青	高玉林
	黄韵佳	李 靖				
生态照片作者	李 晟	周华明	董 磊	胡 杰	王 放	彭 毅
	马文虎	王 琦	王昌大	尹玉峰	付 强	李思琪
	肖诗白	罗春平	宋大昭	周家俊	姚永芳	夏万才
	徐怀亮	高华康	黄耀华	蒋志刚		
头骨照片作者	刘莹洵	余文华	石红艳	蒋可威	胡 杰	何 锴
	彭步青	张 涛	陈 丹	邹 燕	张宗云	梁晓玲

编著者分工

刘少英　总论；啮齿目概述，仓鼠科概述、仓鼠科所有种，鼠科概述，姬鼠属、家鼠属、小鼠属，板齿鼠，睡鼠科概述，四川毛尾睡鼠。参与写作：所有目和科的起源与演化、食肉目（犬科、熊科、灵猫科、林狸科、猫科、鼬科）、偶蹄目（猪科、麝科）、奇蹄目和兔形目

石红艳　翼手目及所有科的概述，蝙蝠科概述，狐蝠科、假吸血蝠科、菊头蝠科、长翼蝠科、蹄蝠科、犬吻蝠科所有种；蝙蝠科中鼠耳蝠属、宽吻蝠属、斑蝠属及蝙蝠属中的东方蝙蝠。参与总论写作

李　松　松鼠科概述，松鼠科所有种。参与总论写作

陈顺德　劳亚食虫目概述，鼩鼱科概述，麝鼩属、短尾鼩属、异黑齿鼩鼱属、黑齿鼩鼱属、水鼩属、缺齿鼩属、蹼足鼩属所有种；巢鼠属及巢鼠、滇攀鼠属及滇攀鼠。参与总论写作

徐怀亮　灵长目概述，猴科概述，灵长目所有；鼬科概述，鼬科所有种

胡　杰　鲸偶蹄目概述，鹿科概述，鹿科所有种，牛科概述，牛科所有种。参与总论写作

刘　洋　猬科概述，猬科所有种；鼹科概述，鼹科所有种，攀鼩目概述，北树鼩；鳞甲目概述，中国穿山甲；刺山鼠科概述，大猪尾鼠

余文华　蝙蝠科除鼠耳蝠属、斑蝠属及蝙蝠属的东方蝙蝠、宽吻属所有种。参与总论写作

孙治宇　兔形目概述，鼠兔科概述，鼠兔科所有种

李　晟　食肉目概述，犬科概述，犬科所有种；熊科概述，熊属所有种；灵猫科概述，灵猫科所有种，林狸科概述，斑林狸；獴科概述，食蟹獴；猫科概述，猫科所有种，麝科概述，麝科所有种。参与总论写作

张泽钧　大熊猫属概述，大熊猫，小熊猫科概述、小熊猫

周材权　鼹形鼠科概述，鼹形鼠科所有种

王　新　兔科概述，蒙古兔、高原兔、云南兔

唐明坤　大鼠属、巨鼠属概述及所有种，田鼠亚科红背䶄族概述，绒䶄属概述，白腹鼠属概述，白腹鼠属所有种

符建荣　豪猪科概述，中国豪猪、帚尾豪猪，䶄鼠科概述，中国䶄鼠，林跳鼠科概述，四川林跳鼠

靳　伟　仓鼠科、鼠兔科系统发育部分

刘莹洵　须弥鼩鼱属概述及所有种；全书头骨拍摄及制作

王旭明　鼩鼱属概述及所有种

毛颖娟　分布图制作

廖　锐　小型兽类数据统计，参与分布图制作

王　恋　参与图件制作与部分写作

巴蜀大地，天府之国。物华天宝，人杰地灵。仰望西部，群山逶迤，层峦叠嶂，沟壑纵横，手可揽星辰。俯瞰东部，沃野千里，偶有山峦，平行竞秀，尔可任驰骋。

盖因四川生境多变，气候繁复，或古木参天，林野一望无际；或高原草甸，千里无垠；或溪流湖泊，星罗棋布；或崇山峻岭，高耸入云霄。飞禽走兽，各得其所。奇花异草，各自枯荣。

亦因秘境胜地遍布，西学东进，外邦人士早早涉足于此，大熊猫、金丝猴、林麝率先得公之于世，举世惊叹，无不称奇。这方自然山水，遂成名家学士竞相探秘之地。

四川处长江黄河要冲，乃华夏水之灵域，生态之屏障，庇荫万里江河，润泽万物生灵。故巴蜀生态、江河势稳，攸关全国生态安危。兽类保护，乃关键之举，尤珍稀兽类乃森林灵魂，伞护万物。兽多则生态荣，兽少则生态枯也！故而，自中华人民共和国成立以来，政府重视，投入颇丰；民间协同，齐心守护。珍禽异兽出没之地渐成保护场所，迄今已达520余处矣，动物繁衍之天堂始成。

我巴蜀大地，自古钟灵毓秀，人才辈出。兽类学界，前有我辈奠基，后有俊杰秉承，群贤毕集，成绩斐然。今闻《四川兽类志》集自然生灵之大成，行将出版，欣慰之至也！此乃国家之需，保护之需，研究之需也。遍览该志，物种来源有据，写作逻辑顺畅，描述细致，图片精美，可应保护、研究、宣传教育之用也！更见巴蜀兽类研究之人才血脉赓续，后继有人，甚感慰藉，欣然作序！

西华师范大学教授　　　　　（胡锦矗）

四川省疾病预防控制中心研究员　　　　　（王酉之）

2022 年 12 月

四川省山川秀美，人杰地灵，生物多样性非常丰富，兽类种类居全国第二。大熊猫、金丝猴等国家重点保护野生动物和珍稀濒危兽类受到全世界广泛关注。四川省的生物多样性保护在世界范围内具有代表性和典型性。四川省地理位置十分重要，是长江上游重要生态屏障，也是黄河最重要的水源补给区，四川省的生态建设事关全国生态安全。

兽类是高等脊椎动物，是生态系统的重要组成部分，有时还是生态系统的关键种和指示种，对生态系统的伞护作用巨大，它们的存在表明生态系统健康、食物链完整。因此，对兽类的保护就是对这个生态系统的保护。

四川兽类学研究一直走在全国前列，一方面，四川有胡锦矗、王酉之等为代表的老一辈兽类学家，也有一大批在全国知名的中青年兽类学研究人员；另一方面，四川兽类学研究历史沉淀雄厚，资料积累丰富。新中国成立前，Allen（1938,1940）在《中国和蒙古的哺乳类》（*The Mammals of China and Mongolia*）一书中涉及四川兽类研究的资料就很丰富；新中国成立后，胡锦矗和王酉之（1984）出版的《四川资源动物志　第二卷　兽类》对四川兽类研究起到了奠基作用；王酉之和胡锦矗（1999）出版了《四川兽类原色图鉴》，是对截至20世纪四川兽类研究最新成果的总结。21世纪的20多年来，科学技术进步很快，兽类学研究也一样，尤其是在很多新技术运用于兽类学研究的情况下，兽类分类学进入了一个飞速发展的时代。开展四川省兽类名录的厘定并出版《四川兽类志》迫在眉睫，这既是科学研究的需要，也是四川省野生动物保护和保护区建设的需要，没有一个准确的兽类编目，保护生物学研究和保护工作就无从谈起。

详细阅读即将出版的《四川兽类志》，我深感欣慰。该书以胡锦矗和王酉之两位先生为名誉主编，国内知名兽类分类学专家刘少英为主编，国内各类群一线知名分类学研究工作者为副主编，编写团队专业。该书名录的厘定科学准确，各类群概述研究历史清晰，最新研究成果引用充分；物种描述细致，分类讨论深入；头骨图片清晰，特征明显，生态照片精美。《四川兽类志》是一部科学、严谨、信息量丰富的重要著作，特此为序。

中国科学院院士
发展中国家科学院院士 （魏辅文）
中国动物学会兽类学分会理事长

2022 年 12 月

　　四川是我国兽类多样性最丰富的省份之一，仅次于云南，在全国排名第二。1984年，胡锦矗和王酉之出版的《四川资源动物志　第二卷　兽类》，是四川兽类研究的里程碑，是对四川兽类研究的系统梳理和总结，该志中记录了四川兽类（包括重庆）185种。1999年，王酉之和胡锦矗出版的《四川兽类原色图鉴》，对四川兽类最新研究成果进行了新的展示和呈现，该图鉴记述了四川兽类（包括重庆）222种。Wilson和Reeder（2005）主编的 *Mammal Species of the World：A Taxonomic and Geographic Reference* 第3版出版，兽类分类系统发生了很大变化。胡锦矗和胡杰（2007b）根据这个分类系统重新梳理了四川兽类，列出了四川兽类（不包括重庆）225种。

　　2007年以来，兽类分类学研究因分子系统学手段的广泛运用取得很大进步，很多原来的亚种和同物异名被提升为独立种，种类变化很大，很多科名和属名发生了变化。四川兽类的分类系统和种类也随之发生了很大变化。加上四川不断有新纪录被发现，新种被描述，因此，2007年的兽类名录已经不能适应四川野生动物保护和自然保护区建设的需要，急需更新四川兽类名录。

　　在四川省林业和草原局的领导下，四川省林业科学研究院主持了编撰《四川兽类志》的任务。为了科学、准确地描记四川兽类的种类、特征和分布，我们邀请了国内各动物物种类群的知名专家、学者参与了本书的撰写，并根据世界兽类研究的最新成果，详细收集、分析了四川兽类研究的文献资料，查阅了收藏有四川兽类标本的所有博物馆的馆藏，对一些疑难种类进行了实地采集并开展了分子系统学研究，对每个物种进行了一一核实。经充分论证，在胡锦矗和胡杰（2007b）所列225种的基础上，去掉了不分布于四川的物种21种；种降级为亚种或者同物异名后减少3种；增加新分布物种19种；增加新种12种；亚种提升为种增加3种；重新订正或分类地位调整后种名变更物种数不变的有38种。最后确认四川兽类有10目37科121属235种。

《四川兽类志》在编排体系上，严格按照《中国兽类志编写规则》执行。目、科、属等高阶阶元均有概述，目以下阶元均有检索表，分类讨论详细概述了不同分类阶元的研究历史及所包含类群分类地位的变化情况，对最新研究成果进行了总结。被描述的每个种均有清晰的头骨照片，大型兽类（包括灵长目、鳞甲目、食肉目、奇蹄目、鲸偶蹄目）均附有生态照片。本书可以供兽类研究人员、野生动物保护和管理部门工作人员、观兽爱好者使用，也可以作为科普工具书。

《四川兽类志》由胡锦矗和王酉之两位先生任名誉主编，著名动物学家魏辅文院士和吴毅教授任科学顾问，刘少英任主编，石红艳教授、李松研究员、陈顺德教授、徐怀亮教授、胡杰教授、刘洋研究员、余文华教授、孙治宇研究员、李晟教授任副主编。张泽钧教授、周材权教授、王新高级工程师、唐明坤副研究员、符建荣研究员、靳伟副研究员等参加了编写，还有一大批辅助编写人员。

在标本查阅过程中，中国科学院昆明动物研究所博物馆、重庆自然博物馆、西华师范大学博物馆、四川省疾病预防控制中心标本室、四川农业大学博物馆、中国科学院动物研究所博物馆、中国科学院西北高原生物研究所博物馆、西华师范大学博物馆、四川大学博物馆、广州大学生命科学学院标本室、绵阳师范学院生命科学学院标本室、四川师范大学生命科学学院标本室等及民间收藏家蒋可威先生给予了大力支持。李晟教授、周华明所长等20多位专家为本书提供了生态照片。

本书的出版得到四川省林业和草原局、四川省林业科学研究院、森林和湿地生态恢复与保育四川省重点实验室的经费支持；四川省林业和草原局局长李天满、四川省林业和草原局野生动植物保护处处长郭祥兴、四川省林业科学研究院院长慕长龙等领导给予了关心和支持。在此，对所有关心、支持及为本书编撰作出贡献的个人和机构表示衷心感谢！尤其要感谢4位先生的大力支持：胡锦矗先生、王酉之先生和魏辅文院士还为本书作序，吴毅教授多次指导编写工作。

由于水平有限，疏漏之处在所难免，恳请广大读者批评指正！

刘少英

2022年11月26日于成都

总目录 Contents

总 论

各 论

总　论

各 论

四川兽类志

Fauna of Sichuan

总　论

一、四川兽类研究简史

四川是我国兽类资源最丰富的省份之一，有野生哺乳动物10目37科121属235种；特有种丰富，种类仅次于云南（有野生哺乳动物11目38科约320种），对于四川这样缺乏热带的地区来说是非常难得的。

（一）新中国成立前四川省兽类研究进展

Allen（1938）在编著 *The Mammals of China and Mongolia* 一书时，对我国哺乳动物的记述历史进行了总结。书中写道：西方有关中国最早的哺乳动物的记录是马可波罗留下的，他在13世纪后期到中国，游记中记录了一种麝。Halde于1735年所著的《中华帝国志》（*Description de la Chine*）一书中提到，在中国发现蒙原羚和海南长臂猿。Osbeck在其1771年所著的《中国和东印度群岛旅行记》的中国动植物区系（*Faunula et Flora Sinensis*）一章中，记述了15种中国哺乳动物。Pallas也在同时期从西伯利亚经蒙古到我国北部，搜集了不少标本，并对很多物种进行了描述，但标本很晚才被运至欧洲。最早到达欧洲的一批标本是Reeves在广东搜集的，后被Gray在1830—1834年整理并发表了中国哺乳动物新种：貉 *Canis procyonoides*、小灵猫 *Viverra pallida*、中华竹鼠 *Rhizomys sinensis*、华南兔 *Lepus sinensis* 等，根据这批标本又描述了豹猫 *Felis chinensis*、水獭 *Lutra chinensis*（Gray，1837）。Ogilby（1838）根据同一批标本描述了新种小麂 *Cervus reevesii*。虽然这些种后来的属名发生变化，或者被认为是其他种的同物异名，但这是中国最早的按照双名法命名的哺乳动物物种。不过，我国最早被命名的兽类是中华穿山甲（1758年），模式产地为台湾，标本来源不详。

四川最早的兽类采集记录出现在19世纪60年代。最被人所熟知的是法国神父Pere Armand David，他大概在1867年到达四川宝兴，开展了长时间的兽类采集工作，并把标本陆续运至法国国家自然历史博物馆。1868—1874年，由Milne-Edwards整理、命名了这些标本，并发表在他出版的 *Recherches* 中。David（1867—1972）根据自己在四川采集到的标本，也连续发表多篇文章。其中最著名的新种有大熊猫、川金丝猴等。紧跟David的脚步，很多法国传教士在四川宝兴开展了大量采集工作，并把标本陆续送往法国国家自然历史博物馆。

1884—1887年，受俄罗斯帝国地理学会（现俄罗斯地理学会）委托，G. Potanin 和 M. Berezovski从内蒙古鄂尔多斯入境，沿河西走廊到达四川北部。

1907—1908年，美国人Walter R. Zappey率队沿长江北上，为美国比较动物学博物馆收集标本，途经四川泸州、宜宾、乐山、康定、雅江等地，并最终到达西藏南部的 Ramala Pass，采集了不少兽类标本，如新亚种藏鼠兔康定亚种 *Ochotona thibetana zappeyi*（模式产地：四川雅江）就是这次采集的物种之一。

英国博物学家Roy C. Andrews 于1916年率队进入中国考察，约在1918年到达四川，并在周边地区（秦岭、宜昌等地）开展了详细采集。

当时的大英博物馆兽类部主任O. Thomas激起了在中国的英国人对中国哺乳动物的强烈兴趣，他们在西部和中部（甘肃、陕西、山西、四川、云南、湖北）开展了长时间的兽类标本采集工作，并送至大英博物馆。1904年，Bedford公爵进一步资助了该项行动，并派Malcolm P. Anderson进入中国开展更详细的采集工作。O. Thomas 在1906—1912年陆续发表了系列论文，描述了包括四川在内的中国很多地区分布的哺乳动物物种，使全世界加深了对中国哺乳动物的了解。Malcolm P. Anderson在中国开展采集工作时，J. A. C. Smith 和 Arthur de Carle Sowerby 作为主要随行人员也做了很多工作，尤其是J. A. C. Smith主要负责兽类标本的采集和制作，O. Thomas发表的很多新种就是由他采集的。Arthur de Carle Sowerby同时还为美国国家博物馆服务，采集了不少标本送至美国。

1916年，德国人StÖtzner率队进入中国，为德累斯顿（Dresden）博物馆搜集标本，其中主要成员之一Hugo Weigold沿长江而上，到达四川巴塘、松潘等地。采集了很多兽类标本。

1923—1930年，在华西大学任职的美国教授David C. Graham 在川西地区收集了不少兽类标本，新亚种高原兔康定亚种*Lepus oiostolus grahami*就是他收集并以他的名字命名的。

William V. Kelley、Roosevelt兄弟和Jean Delacour率领的亚洲探险队于1930年前后在东南亚及我国的云南、贵州、四川进行了长时间的标本采集，在四川，他们到过木里、峨眉山、宝兴、康定西南等地，采集了包括川金丝猴、大熊猫在内的很多标本送往美国菲尔德博物馆（The Field Museum）。Roosevelt兄弟还亲自猎杀了1只大熊猫。这些标本先后被Roosevelt（1929，1930）、Osgood（1931，1932）发表。

Brook Dolan于1931—1936年在四川西部，包括巴塘、松潘、理塘、康定等地进行了广泛采集，为美国费城自然科学学院和比较解剖学博物馆提供了许多标本，有明确记录的包括岩松鼠、复齿鼯鼠、高原鼢鼠、大耳姬鼠及几种偶蹄类和食肉类。

1934年，Dean Sage 夫妇率领的一支考察队深入四川，为美国自然历史博物馆采集标本，在此期间于岷江上游地区猎杀了1只大熊猫，包括头骨、骨架、皮张和大部分组织被送到美国，基于这号标本，开展了详细的大熊猫解剖学研究。

上述研究陆续被Pallas、Milne-Edwards、David、Thomas、Osgood、Sowerby、Allen、Anderson等发表，并在1938年和1940年由Allen整理，集中收集于*The Mammals of China and Mongolia*（上、下册）专著中。全书共记录了四川兽类118种，加上亚种和同物异名，共计记录了四川兽类160个分类单元（表1-1）。其中有39个种、28个亚种、28个同物异名的模式产地在四川境内。按照现在的观点（一些亚种提升为种，一些同物异名被恢复成种级地位），有50个种是以四川为模式产地的，加上新中国成立以来发表的新种，以四川为模式产地的哺乳动物有63种（加上2种争议种，共计65种），为全国最多。排第2至第6名的分别是云南（50种）、台湾（38种）、西藏（21种）、甘肃（18种）、福建（15种）。到目前为止，全国分布有686种哺乳动物（魏辅文等，2021），其中以我国为模式产地的有280个种，四川约有占中国哺乳动物模式产地种的23%。

表1-1　*The Mammals of China and Mongolia* 中记录的四川哺乳动物

序号	中文名	拉丁学名	现分类地位	记录地点	种模式	亚种模式	同物异名模式
1	中国鼩猬	*Neotetracus sinensis*	中国鼩猬 *Neotetracus sinensis*	康定	✓		
2	欧猬	*Erinaceus europaeus*	东北刺猬 *Erinaceus amurensis*	四川西部			
3	少齿鼩鼹	*Uropsilus soricipes*	少齿鼩鼹 *Uropsilus soricipes*	宝兴	✓		
4	峨眉鼩鼹	*Rhynchonax andersoni*	峨眉鼩鼹 *Uropsilus andersoni*	峨眉山	✓		
5	长尾鼹	*Scaptonyx fusicaudatus*	长尾鼹 *Scaptonyx fusicaudatus*	Se-tschouan（Divide 搜集）	✓		
6	长吻鼹	*Talpa longirostris*	长吻鼹 *Euroscaptor longirostris*	宝兴	✓		
7	甘肃鼹	*Scapanulus oweni*	甘肃鼹 *Scapanulus oweni*	松潘			
8	小鼩鼱西藏亚种	*Sorex minutus thibetanus*	藏鼩鼱 *Sorex thibetanus*	木里			
9	纹背鼩鼱	*Sorex cylindricauda*	纹背鼩鼱 *Sorex cylindricauda*	宝兴	✓		
		同物异名：*Sorex bedfordiae*	小纹背鼩鼱 *Sorex bedfordiae*	峨眉山			✓
		同物异名：*Sorex wardi fumeolus*	小纹背鼩鼱同物异名	汶川			✓
10	缅甸长尾鼩	*Soriculus macrurus*	小长尾鼩鼱 *Episoriculus macrurus*	峨眉山			
		同物异名：*soriculus irene*	小长尾鼩鼱同物异名	荥经			✓
11	长尾鼩四川亚种	*Soriculus caudatus sacratus*	灰腹长尾鼩鼱 *Episoriculus sacratus*	峨眉山		✓	
12	川西长尾鼩	*Chodsigoa hypsibia*	川西缺齿鼩 *Chodsigoa hypsibia*	平武（杨柳坝）	✓		
13	大长尾鼩	*Chodsigoa salenskii*	大缺齿鼩 *Chodsigoa salenskii*	平武（龙安府）	✓		
14	斯氏长尾鼩	*Chodsigoa smithii*	斯氏缺齿鼩 *Chodsigoa smithii*	康定	✓		
15	川鼩	*Blarinella quadraticauda*	川鼩 *Blarinella quadraticauda*	宝兴	✓		
16	灰麝鼩	*Crocidura attenuata*	灰麝鼩 *Crocidura attenuata*	宝兴	✓		
17	四川短尾鼩	*Anourosorex squamipes*	四川短尾鼩 *Anourosorex squamipes*	宝兴	✓		
18	灰腹水鼩	*Chimmarogale styani*	灰腹水鼩 *Chimmarogale styani*	平武（杨柳坝）	✓		
19	蹼足鼩	*Nectogale elegans*	蹼足鼩 *Nectogale elegans*	宝兴	✓		
20	马铁菊头蝠尼泊尔亚种	*Rhinolophus ferrum-equinum tragatus*	日本马铁菊头蝠 *Rhinolophus nippon*	彭州			
21	角菊头蝠四川亚种	*Rhinolophus cornutus pumilus*	小菊头蝠 *Rhinolophus pusillus*	乐山、彭州			
22	皮氏菊头蝠指名亚种	*Rhinolophus pearsonii pearsonii*	皮氏菊头蝠指名亚种 *Rhinolophus pearsoni pearsoni*	四川中部，宝兴			
		同物异名：*Rhinolophus larvatus*	皮氏菊头蝠的同物异名	宝兴			✓
23	大蹄蝠指名亚种	*Hipposideros armiger armiger*	大蹄蝠指名亚种 *Hipposideros armiger armiger*	乐山，彭县（现彭州）			
24	普氏蹄蝠	*Hipposideros pratti*	普氏蹄蝠 *Hipposideros pratti*	乐山	✓		
25	西南鼠耳蝠	*Myotis altarium*	西南鼠耳蝠 *Myotis altarium*	峨眉山	✓		
26	须鼠耳蝠四川亚种	*Myotis muricola moupinensis*	穆坪宽吻鼠耳蝠 *Submyotodon moupinensis*	宝兴		✓	

（续）

序号	中文名	拉丁学名	现分类地位	记录地点	种模式	亚种模式	同物异名模式
27	山蝠河北亚种	*Nyctalus noctula plancyi*	中华山蝠 *Nyctalus plancyi*	雅安			
28	绒山蝠	*Nyctalus velutinus*	中华山蝠同物异名	峨眉			
29	东方宽耳蝠	*Barbastella darjelingensis*	东方宽耳蝠 *Barbastella darjelingensis*	四川西部高原的沙排（Shapai near Tsapo），峨眉山			
30	灰长耳蝠四川亚种	*Plecotus auritus ariel*	灰长耳蝠四川亚种 *Plecotus auritus ariel*	康定		✓	
31	金管鼻蝠	*Murina aurata*	金管鼻蝠 *Murina aurata*	宝兴	✓		
32	白管鼻蝠	*Murina leucogaster*	白管鼻蝠 *Murina leucogaster*	宝兴	✓		
33	猕猴	*Macaca mulatta*	猕猴 *Macaca mulatta*	雅江，巴塘，四川中部			
34	短尾猴四川亚种	*Lyssodes speciosus thibetanus*	藏酋猴 *Macaca thibetana*	宝兴，峨眉		✓	
35	川金丝猴	*Rhinopithecus roxellanae*	川金丝猴 *Rhinopithecus roxellanae*	宝兴，平武	✓		
36	小熊猫川北亚种	*Ailurus fulgens styani*	中华小熊猫 *Ailurus styani*	平武（杨柳坝）		✓	
37	大熊猫	*Ailuropoda melanoleucus*	大熊猫 *Ailuropoda melanoleucus*	宝兴	✓		
38	藏马熊	*Ursus pruinosus*	棕熊青藏亚种 *Ursus arctos pruinosus*	康定，巴塘			
39	棕熊东北亚种	*Ursus arctos lasiotus*	棕熊东北亚种 *Ursus arctos lasiotus*	康定西部			
40	黑熊指名亚种	*Euarctos thibetanus thibetanus*	黑熊指名亚种 *Ursus thibetanus thibetanus*	平武，巴塘			
		同物异名：*Selenarctos mupinensis*	黑熊四川亚种 *Ursus thibetanus mupinensis*	宝兴			✓
41	马来熊	*Helarctos malayanus wardi*	Allen 怀疑真实性	四川（与大英博物馆的标本来自同一地区，Lydekker认为该地区属于四川）			
42	狼东北亚种	*Canis lupus chanco*	狼东北亚种 *Canis lupus chanco*	康定，松潘			
43	赤狐华南亚种	*Vulpes vulpes hoole*	赤狐华南亚种 *Vulpes velpes hoole*	巴塘，康定			
	赤狐华北亚种	*Vulpes vulpes tschiliensis*	赤狐华北亚种 *Vulpes velpes tschiliensis*（现认为不分布于四川）	1块来自四川的兽皮			
44	豺华南亚种	*Cuon javanicus lepturus*	豺川西亚种 *Cuon alpinus fumosus*	松潘，巴塘，Wa shan			
45	黄喉貂指名亚种	*Charronia* (Gray,1918) *flavigula flavigula*	黄喉貂指名亚种 *Martes flavigula flavigula*	松潘			
		同物异名：*Charronia flavigula szetchuensis*	黄喉貂指名亚种同物异名	松潘			✓

（续）

序号	中文名	拉丁学名	现分类地位	记录地点	种模式	亚种模式	同物异名模式
46	石貂指名亚种	*Martes foina foina*	石貂指名亚种 *Martes foina foina*	松潘			
47	黄鼬西南亚种	*Mustela sibirica moupinensis*	黄鼬西南亚种 *Mustela sibirica moupinensis*	宝兴，Wa Shan，Ta-chiao		✓	
48	香鼬指名亚种	*Mustela altaica altaica*	香鼬指名亚种 *Mustela altaica altaica*	松潘			
	香鼬尼泊尔亚种	*Mustela altaica kathiah*	黄腹鼬 *Mustela kathiah*	宝兴，康定			
49	四川伶鼬	*Mustela russelliana*	伶鼬四川亚种 *Mustela nivalis russelliana*	康定	✓		
50	艾鼬甘肃亚种	*Mustela eversmanni tiarata*	艾鼬 *Mustela eversmanni*（*tiarata* 为同物异名）	松潘			
51	鼬獾江南亚种	*Helictis moschata ferro-grisea*	鼬獾江南亚种 *Melogale moschata ferrogrisea*	Kiating			
52	狗獾河北亚种	*Meles meles leptorynchus*	亚洲狗獾 *Meles leucurus*（*leptorynchus* 为同物异名）	松潘，康定			
53	猪獾	*Arctonyx collaris*	猪獾 *Arctonyx collaris*	峨眉山，威州，Wa Shan			
54	水獭中华亚种	*Lutra lutra chinensis*	水獭中华亚种 *Lutra lutra chinensis*	巴塘			
55	大灵猫华东亚种	*Viverra zibetha ashtoni*	大灵猫华东亚种 *Viverra zibetha ashtoni*	雅安			
56	花面狸指名亚种	*Paguma larvata larvata*	花面狸指名亚种 *Paguma larvata larvata*	乐山			
	花面狸西南亚种	*Paguma larvata intrudens*	花面狸西南亚种 *Paguma larvata intrudens*	盐源			
		同物异名：*Paguma larvata yunalis*	花面狸西南亚种同物异名	盐源			✓
57	雪豹	*Felis*（*Uncia*）*uncia*	雪豹 *Panthera uncia*	四川最西部（Dolan 追踪了 1 只）			
58	荒漠猫	*Felis bieti*	荒漠猫 *Felis bieti*	康定	✓		
		同物异名：*Felis pallida subpallida*	荒漠猫指名亚种同物异名	松潘			✓
59	兔狲指名亚种	*Felis manul manul*	兔狲指名亚种 *Otocolobus manul manul*	四川最西部，松潘			
60	豹猫华东亚种	*Felis bengalensis chinensis*	豹猫华东亚种 *Prionailurus bengalensis chinensis*	宝兴		✓	
		同物异名：*Felis scripta*	豹猫同物异名	四川			✓
		同物异名：*F. anastasiae*	豹猫华东亚种的同物异名	物种命名系列部分标本来自四川，一部分来自甘肃			✓

（续）

序号	中文名	拉丁学名	现分类地位	记录地点	种模式	亚种模式	同物异名模式
61	金猫中国亚种	*Felis temminckii tristis*	金猫中国亚种 *Catopuma temminckii tristis*	松潘，康定，平武			
		同物异名：*Felis semenovi*	金猫中国亚种同物异名	松潘			✓
		同物异名：*Felis temminckii mitchelli*	金猫中国亚种同物异名	四川			✓
62	豹印度亚种	*Felis pardus fusca*	豹印度亚种 *Panthera pardus fusca*	康定			
63	虎华南亚种	*Felis tigris amoyensis*	虎华南亚种 *Panthera tigris amoyensis*	四川西部（Wa Shan）			
64	猞猁中国亚种	*Lynx lynx isabellina*	猞猁中国亚种 *Lynx lynx isabellina*	松潘			
65	川西鼠兔	*Ochotona gloveri*	川西鼠兔 *Ochotona gloveri*	雅江	✓		
66	藏鼠兔	*Ochotona thibetana*	藏鼠兔 *Ochotona thibetana*	宝兴	✓		
		同物异名：*O. thibetana sacraria*	峨眉鼠兔 *Ochotona sacraria*	峨眉山			✓
		同物异名：*O. zappeyi*	藏鼠兔同物异名	雅江			✓
	藏鼠兔康定亚种	*Ochotona thibetana stevensi*	间颅鼠兔康定亚种 *Ochotona cansus stevensi*	康定		✓	
	藏鼠兔甘肃亚种	*Ochotona thibetana cansus*	间颅鼠兔指名亚种 *Ochotona cansus cansus*	松潘			
67	灰鼠兔中国亚种	*Ochotona roylei chinensis*	中国鼠兔 *Ochotona chinensis*	康定		✓	
68	高原兔指名亚种	*Lepus oiostolus oiostolus*	高原兔指名亚种 *Lepus oiostolus oiostolus*	松潘			
		同物异名：*Lepus sechuenensis* De Winton and Styan，1899	高原兔指名亚种同物异名	Dunpi（四川西北部）			✓
	高原兔云南亚种	*Lepus oiostolus comus*	云南兔 *Lepus comus*	四川西部（云南亚种由 Osgood 1932 年记录于 Kulu, 四川）			
	高原兔康定亚种	*Lepus oiostolus grahami*	高原兔康定亚种 *Lepus oiostolus grahami*	康定（1923）（由 David C. Graham 记录）		✓	
		同物异名：*Lepus sechuenensis* Allen，1912	高原兔康定亚种同物异名	康定			✓
69	赤腹松鼠四川亚种	*Callosciurus erythraeus bonhotei*	赤腹松鼠四川亚种 *Callosciurus erythraeus bonhotei*	青城山，雅安，Wa Shan，峨眉		✓	
	赤腹松鼠横断山亚种	*Callosciurus erythraeus gloveri*	赤腹松鼠横断山亚种 *Callosciurus erythraeus gloveri*	雅江，木里		✓	
70	珀氏长吻松鼠指名亚种	*Dremomys pernyi pernyi*	珀氏长吻松鼠指名亚种 *Dremomys pernyi pernyi*	四川西部（宝兴，雅江，康定）		✓	
		同物异名：*Dremomys rufigenis lentus*	珀氏长吻松鼠指名亚种同物异名	汶川			✓

（续）

序号	中文名	拉丁学名	现分类地位	记录地点	种模式	亚种模式	同物异名模式
71	岩松鼠指名亚种	*Sciurotamias davidianus davidianus*	岩松鼠指名亚种 *Sciurotamias davidianus davidianus*	松潘，岷江上游			
	岩松鼠川西亚种	*Sciurotamias davidianus consobrinus*	岩松鼠川西亚种 *Sciurotamias davidianus consobrinus*	宝兴，康定，汶川，平武		✓	
72	隐纹花鼠指名亚种	*Tamiops swinhoei swinhoei*	隐纹花鼠指名亚种 *Tamiops swinhoei swinhoei*	宝兴，大桥，康定，峨眉，平武	✓		
	隐纹花鼠丽江亚种	*Tamiops swinhoei clarkei*	隐纹花鼠丽江亚种 *Tamiops swinhoei clarkei*	Wushi，木里			
73	花松鼠秦岭亚种	*Eutamias sibiricus albogularis*	西伯利亚花鼠秦岭亚种 *Tamias sibiricus albogularis*	松潘北部			
74	喜马拉雅旱獭川西亚种	*Marmota himalayana robusta*	喜马拉雅旱獭川西亚种 *Marmota himalayana robusta*	宝兴，雅江，松潘，平武，理塘		✓	
75	红白鼯鼠指名亚种	*Petaurista alborufus alborufus*	红白鼯鼠指名亚种 *Petaurista alborufus alborufus*	宝兴	✓		
76	灰鼯鼠	*Petaurista xanthotis*	灰鼯鼠 *Petaurista xanthotis*	宝兴	✓		
77	复齿鼯鼠湖北亚种	*Trogopterus xanthipes mordax*	复齿鼯鼠 *Trogopterus xanthipes*（*mordax* 为同物异名）				
		同物异名：*Trogopterus minax*	复齿鼯鼠同物异名	岷江上游（可能是松潘）			✓
	复齿鼯鼠川西亚种	*Trogopterus xanthipes edithae*	复齿鼯鼠同物异名	巴塘			
78	黑腹绒鼠	*Eothenomys melanogaster*	黑腹绒鼠 *Eothenomys melanogaster*	宝兴，千佛山，雅安，峨眉，大桥	✓		
		同物异名：*Microtus mucronatus*	黑腹绒鼠同物异名	大桥			✓
79	大绒鼠	*Eothenomys miletus*	大绒鼠 *Eothenomys miletus*	木里			
80	玉龙绒鼠	*Eothenomys proditor*	玉龙绒鼠 *Eothenomys proditor*	木里			
81	中华华绒鼠指名亚种	*Eothenomys chinensis chinensis*	中华华绒鼠 *Eothenomys chinensis*	乐山，Wa Shan，峨眉	✓		
	中华华绒鼠川西亚种	*Eothenomys chinensis tarquinius*	川西绒鼠 *Eothenomys tarquinius*	汉源（康定以南23英里[①]，海拔10 000英尺[②]）		✓	
82	西南绒鼠康定亚种	*Eothenomys custos hintoni*	康定绒鼠 *Eothenomys hintoni*	康定		✓	
83	甘肃绒鼠川西亚种	*Eothenomys eva alcinous*	甘肃绒鼠四川亚种 *Eothenomys eva alcinous*	汶川		✓	
84	四川田鼠	*Microtus millicens*	四川田鼠 *Volemys millicens*	汶川	✓		
85	高原松田鼠	*Microtus irene*	高原松田鼠 *Neodon irene*	康定，木里，雅江	✓		
86	中华竹鼠川西亚种	*Rhizomys sinensis vestitus*	中华竹鼠川西亚种 *Rhizomys sinensis vestitus*	宝兴以西，汶川		✓	

---

① 英里为非法定计量单位，1 英里≈1.609km。——编者注
② 英尺为非法定计量单位，1 英尺≈0.305m。——编者注

（续）

序号	中文名	拉丁学名	现分类地位	记录地点	种模式	亚种模式	同物异名模式
87	中华鼢鼠高原亚种	*Myospalax fontanierii baileyi*	高原鼢鼠 *Myospalax baileyi*	雅江至康定之间		✓	
88	小林姬鼠西南亚种	*Apodemus sylvaticus orestes*	龙姬鼠 *Apodemus draco*（*A.orestes* 为龙姬鼠同物异名）	峨眉山，雅江，大桥，汶川，康定		✓	
89	大林姬鼠	*Apodemus peninsulae*	大林姬鼠 *Apodemus peninsulae*	巴塘			
90	大耳姬鼠	*Apodemus latronum*	大耳姬鼠 *Apodemus latronum*	康定，雅江，巴塘	✓		
91	黑线姬鼠川西亚种	*Apodemus agrarius chevrieri*	高山姬鼠 *Apodemus chevrieri*	宝兴，峨眉山，Wa Shan		✓	
92	巢鼠川西亚种	*Micromys minutus pygmaeus*	红耳巢鼠川西亚种 *Micromys erythrotis pygmaeus*	宝兴		✓	
		同物异名：*Micromys minutus berezowskii*	红耳巢鼠同物异名	平武			✓
93	小鼠	*Mus bactrianus tantillus*	小家鼠 *Mus musculus*（*M. tantillus* 为同物异名）	万县以西，四川东部			
94	黑家鼠	*Rattus rattus rattus*	黑家鼠 *Rattus rattus*	峨眉山，由 Jacobi (1922) 记录，但 Allen 怀疑			
95	黄胸鼠	*Rattus flavipectus flavipectus*	黄胸鼠 *Rattus tanezumi*（*R. flavipectus* 为同物异名）	宝兴，峨眉山	✓		
96	大足鼠指名亚种	*Rattus nitidus nitidus*	大足鼠指名亚种 *Rattus nitidus nitidus*	宝兴，乐山，木里			
		同物异名：*Mus griseipectus*	现为褐家鼠 *Rattus norvegicus* 的同物异名	宝兴			✓
97	褐家鼠甘肃亚种	*Rattus norvegicus socer*	褐家鼠甘肃亚种 *Rattus norvegicus socer*	茂县，汶川，乐山			
98	社鼠	*Rattus confucianus confucianus*	北社鼠 *Niviventer confucianus*	宝兴	✓		
		同物异名：*Epimys excelsior*	川西白腹鼠 *Niviventer excelsior*	康定，雅江			✓
		同物异名：*Mus（Epimys）confucianus canorus*	社鼠 *Niviventer confucianus* 同物异名	松潘			
99	安氏白腹鼠	*Rattus andersoni*	安氏白腹鼠 *Niviventer andersoni*	峨眉山	✓		
		同物异名：*Epimys zappeyi*	安氏白腹鼠同物异名	Wa Shan			✓
100	白腹巨鼠四川亚种	*Rattus edwardsi gigas*	小泡巨鼠四川亚种 *Leopoldamys edwardsi gigas*	平武		✓	
101	蹶鼠	*Sicista concolor*	蹶鼠 *Sicista concolor*	四川北部			
		同物异名：*Sicista weigoldi*	蹶鼠川西亚种 *Sicista concolor weigoldi*	松潘			✓
102	四川林跳鼠	*Zapus（Eozapus）setchuanus*	*Zapus setchuanus*	康定		✓	

（续）

序号	中文名	拉丁学名	现分类地位	记录地点	种模式	亚种模式	同物异名模式
103	豪猪	*Hystrix subcristata subcristata*	中国家猪华南亚种 *Hystrix hodgsoni subcristata*	记录于重庆万县（现万州），但认为也分布于四川东部，东南部，南部			
104	野猪四川亚种	*Sus scrofa moupinensis*	野猪四川亚种 *Sus scrofa moupinensis*	宝兴，康定		✓	
105	马麝川西亚种	*Moschus moschiferus sifanicus*	马麝川西亚种 *Moschus chrysogaster sifanicus*	雅江，康定，Wa-shan			
		同物异名 *M. berezovskii*	林麝 *Moschus berezovskii*	平武			✓
106	毛冠鹿指名亚种	*Elaphodus cephalophus cephalophus*	毛冠鹿指名亚种 *Elaphodus cephalophus cephalophus*	宝兴	✓		
107	小鹿	*Muntiacus reevesi*	小鹿 *Muntiacus reevesi*	Wa Shan，峨眉山			
		同物异名：*Cervulus lacrimans*	小鹿同物异名	宝兴			✓
108	狍华北亚种	*Capreolus capreolus bedfordi*	狍华北亚种 *Capreolus pygargus bedfordi*	松潘			
109	水鹿四川亚种	*Rusa unicolor dejeani*	水鹿四川亚种 *Rusa unicolor dejeani*	康定，理塘，巴塘		✓	
110	白唇鹿	*Cervus albirostris*	白唇鹿 *Przewalskium albirostris*	巴塘			
111	马鹿甘肃亚种	*Cervus elaphus kansuensis*	马鹿甘肃亚种 *Cervus elaphus kansuensis*	四川北部			
112	白臀鹿	*Cervus macneilli*	西藏马鹿川西亚种 *Cervus wallichii macneilli*	四川与西藏交界区	✓		
		同物异名：*Cervus canadensis wardi*	马鹿川西亚种的同物异名	四川北部与西藏交界区			✓
113	藏原羚指名亚种	*Procapra picticaudata picticaudata*	藏原羚 *Procapra picticaudata*	松潘西部的 Zanzskar			
114	鬣羚四川亚种	*Capricornis sumatraensis milneedwardsii*	中华鬣羚 *Capricornis milneedwardsii*	宝兴		✓	
115	斑羚四川亚种	*Naemorhedus goral griseus*	中华斑羚 *Naemorhedus griseus*	宝兴，Wa Shan，巴塘（四川有9个同物异名）		✓	
116	扭角羚川西亚种	*Budorcas taxicolor tibetana*	扭角羚川西亚种 *Budorcas taxicolor tibetana*	宝兴，两河口，Wa Shan		✓	
		同物异名：*Budorcas taxicolor mitchelli*	扭角羚川西亚种同物异名	康定			✓
117	岩羊川西亚种	*Pseudois nayaur szechuanensis*	岩羊川西亚种 *Pseudois nayaur szechuanensis*	康定（陕西有1号标本也是模式种），巴塘，Gonchen in Derze		✓	

注：Allen（1938，1940）记录，39种以四川为模式产地；28亚种以四川为模式产地；28个同物异名以四川为模式产地。按照现在的分类学观点，50种以四川为模式产地；若是模式种，记录地点一列的第1个地名为模式产地。

我国兽类学研究工作起步晚。1915年中国科学社成立，秉志先生是该社的创建者之一。1922年，中国科学社成立生物研究所，是中国历史上第1个生物学研究学术机构。1928年6月，经国民政府批准，中央研究院成立，其下辖的自然历史博物馆于1930年成立（1934年更名为动植物研究所，1944年分设动物研究所和植物研究所），从事动物和植物学研究，是我国成立的第1个国家生物研究机构，首任院长为蔡元培先生。1928年10月，静生生物调查所（现中国科学院动物研究所、植物研究所）在北平成立，以教育家范静生先生（梁启超得意门生，做过北京师范大学校长、三度出任教育总长）之名命名，设立动物和植物2部，首任所长为秉志先生，专门从事生物学研究。1930年，爱国实业家卢作孚在重庆创办中国西部科学院，其下设理化、地质、生物、农林4个研究所以及博物馆、图书馆和兼善学校，施白南先任生物研究所动物部主任。1929—1949年，上述3个研究机构均派出过专家到四川开展调查和标本采集，其中很多调查涉及兽类。调查地区主要包括现雅安、眉山、成都、乐山、凉山、雅安、德阳、绵阳及甘孜、阿坝、宜宾和泸州的部分县。当时，四川大学、华西大学的专家也开展了一些考察工作。在四川开展调查的主要人员包括方文培、唐子英、徐锡璠、刘子刚、郭倬甫、常麟春、蔡希陶、施白南、刘承钊、郭友文等学者。这些调查中，哺乳类相关的文字记录较少，相反，鱼类、两栖类、爬行类等的较多。哺乳类仅何锡瑞（中国科学社兽类学家）于1935年发表《四川哺乳动物研究》（英文），记述四川哺乳动物27种，并配有精美插图。这是我国科学家针对四川哺乳动物发表的第一篇论文。上述考察虽然发表的论文不多，但采集的标本为四川哺乳动物研究打下了坚实基础，这些标本分别收集于上述3个研究所和四川大学、华西大学（现并入四川大学）的博物馆内。

（二）新中国成立后四川兽类研究进展

新中国成立后，四川的哺乳动物研究迎来了大发展。1949年至"文化大革命"，四川大学、四川农业大学、南充师范学院（现西华师范大学）、四川省卫生防疫站（现四川省疾病预防控制中心）、中国科学院南水北调综合考察队、西南师范大学（现西南大学）、中国科学院动物研究所等单位对四川的哺乳动物开展了多次调查。这期间，胡锦矗、王酉之先生起到了开创者和奠基者的作用，且成绩斐然。李桂垣和张俊范先生是四川省鸟类学的奠基者和集大成者，在兽类研究上也有一些贡献。在四川进行的重要考察包括：1959—1961年，由中国科学院、四川和云南的相关专家组成的"中国科学院西部地区南水北调综合考察队"，对四川西南部和云南西北部的兽类进行了调查；1959—1965年，四川省卫生防疫站王酉之等人对四川省自然疫源性疾病的宿主——鼠类和食虫类的物种组成、分布、季节消长等进行了调查；1964—1966年，南充师范学院胡锦矗等人开展了"四川东部地区动物区划考察"。代表性论文包括：汤泽生（1960）《川北九县的毛皮兽及其利用的初步报告》；胡锦矗（1962a）《川北丘陵地带的鸟兽区系》；胡锦矗（1962b）《金城山脊椎动物的组成、生态特征与栖息环境》；彭鸿绶等（1962）《四川西南和云南西北部兽类的分类研究》；胡锦矗（1965）《四川省动物地理区划（草案）》；李桂垣（1965）《斑林狸在四川的发现》；罗泽珣和范志勤（1965）《川西林区社鼠与白腹鼠种间差异的探讨》；王酉之等（1966）《四川省发现的几种小型兽及一新亚种的记述》（沟牙鼯鼠四川亚种 *Aeretes melanopterus szechuanensis*）。

这些文章均为我国科学家针对四川兽类研究的早期重要成果。

"文化大革命"期间，四川的哺乳动物研究和其他科学研究一样，受到严重干扰和破坏，几乎全部停滞。值得一提的是，1972年，在中央支持下，农林部主持的"重点省、市、自治区珍贵动物资源保护、调查"工作正式启动。在四川，由南充师范学院、四川大学、四川农业大学和重庆博物馆为主要力量组成的调查队开展了历时4年的珍贵动物调查，调查区域包括汶川、九寨沟、青川、平武、北川、若尔盖、天全、松潘、宝兴、越西、金阳、马边等县。形成了《四川省珍贵动物调查报告》，该报告被国务院转发给各省份学习参考。遗憾的是，该报告为内部资料，没有公开发表。"文化大革命"期间发表的与四川兽类相关的文章：《四川省平武县王朗自然保护区大熊猫的初步调查》（王朗自然保护区大熊猫调查组，1974），该研究由中国科学院17名专家共同完成，确认王朗有大熊猫30只，伴生的大型哺乳动物包括猕猴、川金丝猴、中华小熊猫、金猫、林麝、水鹿、毛冠鹿、中华鬣羚、中华斑羚等；另一篇文章是《梅花鹿在四川的发现与驯养》（周世朗等，1974）。

1978—2000年是四川哺乳动物研究的恢复和黄金发展期，也是四川以形态学手段为主的哺乳动物研究的高峰期。该时期的主要领军人物是胡锦矗和王酉之，另外，于志伟、邓其祥、冯文和、郭偁甫等科学家对四川兽类研究也有较大贡献，胡锦矗早期弟子吴毅、魏辅文等也逐步成长为四川兽类研究的中坚力量。该时期四川兽类研究有两个特点，一是以大熊猫为主的大型珍贵兽类的研究取得长足进步，并成为四川兽类学研究的一面旗帜；二是兽类的调查、分类、订正等传统学科得到了大发展。从哺乳动物多样性研究来看，该时期最具代表性的成就是《四川资源动物志　第一卷　总论》（施白南和赵尔宓，1980），记录了四川（包括重庆）兽类185种；《四川资源动物志　第二卷　兽类》（胡锦矗和王酉之，1986），记录了四川省（包括重庆）兽类183种，并对其中140种的形态、生物学资料、分布、资源价值等进行了详细记述；《四川兽类原色图鉴》（王酉之和胡锦矗，1999），描记了四川（包括重庆）兽类222种，该书是截至1999年四川省兽类分类学研究的总结。另外，还有很多重要文章发表，如《梅花鹿的一新亚种——四川梅花鹿》（郭偁甫等，1978）；《鼠亚科一新种——显孔攀鼠 Vernaya foramena sp. nov.》（王酉之等，1980），该种后来被认为是滇攀鼠的同物异名；《我国锡金小鼠印支亚种的研究》（王酉之，1982）；《睡鼠科一新属新种——四川毛尾睡鼠》（王酉之，1985），该新属是我国科学家当时描述的全国第2个新属；《四川省兽类新纪录》（吴毅等，1988），记录大菊头蝠（卧龙）和绯鼠耳蝠（浦江）；《四川省兽类一科的新纪录——犬吻蝠科》（吴毅等，1992）（记录犬吻蝠科皱唇蝠于四川阆中）；《四川伏翼属3种蝙蝠新记录》（胡锦矗和吴毅，1993），发现伏翼、萨氏伏冀和印度伏翼在四川分布；《四川省兽类五新记录》（吴毅等，1993），记录了大耳猬（城口，现属于重庆）、拟家鼠（南江）、丛林小鼠（盐边）、日本蝙蝠（南充）、猪尾鼠（南川和武隆，现属于重庆）；《四川省鸟兽新纪录》（余志伟等，1984），在卧龙记录了长尾鼠耳蝠和红耳鼠兔；《四川省翼手类一新纪录——棕果蝠》（吴毅和李操，1997），分布于四川盐边；《四川省食虫目研究 I：猬科、鼹科》（王酉之和张中干，1997）；《四川省蝙蝠科二新纪录》（吴毅等，1999），记录了大足鼠耳蝠（开江）和北棕蝠（巴塘）；《四川省兽类一新纪录——双色蹄蝠》（吴毅和余志伟，1999）（发现于四川金阳）。这些研究将四川哺乳动物分类学推向了一个高潮。

2000年以来，以分子系统学结合形态学的四川哺乳动物分类学研究快速发展。四川省林业科学研究院（简称四川省林科院）、四川师范大学、西华师范大学、四川大学、绵阳师范学院、四川农业大学等单位的一批中青年学者成为主力军。四川省林科院从1990年开始，在全国25个省份开展了小型兽类的长期采集与收藏，采集标本近3万号，为兽类学的形态和分子系统学研究打下了坚实基础。四川师范大学主要致力于食虫类的采集、收藏与系统学研究。西华师范大学在鼹形鼠科及大型兽类研究上独树一帜。四川大学岳碧松团队与四川省林科院合作，在小型兽类调查、采集和分子系统学研究上作出了较大贡献。绵阳师范学院则在四川翼手类研究方面开展了长期的研究，积累了大量资料。四川农业大学在灵长类研究方面走在四川前列。除此之外，中国科学院动物研究所、昆明动物研究所的很多工作也涉及四川的哺乳类。2000年以来，另一个重点研究方向是保护区的本底调查，该项工作采集了不少兽类标本，有很多新的发现，也推动了四川兽类学研究的进步。该时期涉及四川兽类的专著包括罗泽珣等（2000）《中国动物志　兽纲　第六卷　啮齿目（下册）仓鼠科》；王应祥（2003）《中国哺乳动物种和亚种分类名录与分布大全》；胡锦矗（2005）《四川唐家河、小河沟自然保护区综合科学考察报告》；刘少英等（2007）《九寨沟自然保护区的生物多样性》。魏辅文等（2022）《中国兽类分类与分布》是我国兽类学研究的又一里程碑，为厘清四川省兽类名录提供了重要指导。

该时期涉及四川省兽类的一些重要论文包括：蒋学龙和王应祥（2000）《长尾姬鼠分类地位的探讨》；刘少英等（2000）《四川及重庆产五种姬鼠的阴茎形态学Ⅰ：软体结构的分类学意义探讨》；牛屹东等（2001）《中国耗兔亚属分类现状及分布》；蒋学龙等（2004）《黑齿鼩鼱属系统分类和分布评述》（英文）；周材权等（2003）《从线粒体细胞色素b基因探讨矮岩羊物种地位的有效性》；牛屹东等（2004）《基于细胞色素b基因的鼠兔属分子系统学》（英文）；周材权等（2004）《基于线粒体基因的鼩鼱亚科物种系统地位评述》（英文）；刘少英等（2005）《沟牙田鼠的形态特征及分类地位研究》；李松等（2006）《隐纹花鼠亚种形态分化及一新亚种描述》（英文）；胡锦矗和胡杰（2007）《四川兽类名录新订》；刘少英等（2007）《四川省沟牙田鼠属一新种》（英文）；吴攀文等（2007）《基于毛髓质指数探讨甘肃鼩鼱、高原鼩鼱、秦岭鼩鼱的分类地位》（英文）；吴华等（2008）《黑线姬鼠14个微卫星分离鉴定》（英文）；李松等（2008）《基于线粒体细胞色素b序列的5种长吻松鼠分子系统学》（英文）；周材权和周开亚（2008）《基于线粒体细胞色素b基因的鼩鼱类不同种的有效性》（英文）；范振鑫等（2009）《基于线粒体基因的四川林跳鼠分子系统地位》（英文）；李松等（2009）《基于头骨形态和毛色的安氏白腹鼠地理变异及二新亚种》（英文）；陈伟才等（2010）《基于核基因和线粒体基因的沟牙田鼠属系统地位》（英文）；陈伟才等（2010）《第四纪冰期川西白腹鼠的系统地理学》（英文）；何锴等（2010）《基于多基因的蹼足鼩族系统学及古气候对其物种形成的影响分析》（英文）；李松（2010）《基于形态分析的亚洲南部大陆长吻松鼠属Dremomys系统地位》（英文）；涂飞云等（2010）《6种鼩鼱科动物的阴茎形态学研究》（英文）；郝海邦等（2011）《凉山沟牙田鼠线粒体基因组及相关种系分析》（英文）；陈伟才等（2011）《基于核基因和线粒体基因的沟牙田鼠属系统发育分析》（英文）；陈顺德等（2012）《黑齿鼩鼱属Blarinella的分子系统学研究》（英文）；刘少英等（2012）《基于线粒体基因及形态学的绒鼠类系统发育研究》（英文）；范振鑫等（2012）《青藏高原东南部热点地区及冰期避难所内龙姬鼠系统地理学》（英文）；刘洋等（2013）《鼩鼹亚科（Talpidae：Uropsilinae）一新种》；万韬等（2013）《基于多基因的鼩鼹属分子系统学和隐存多样性及其在分类学和保护上的意义》（英文）；陈顺德等（2014）《两种背纹鼩鼱的形态和毛色变异》（英文）；何锴等（2014）《鼹科动物的分子系统地位及隐存种》（英文）；何锴和蒋学龙（2014）《线粒体基因揭示白腹鼠属隐存多样性》（英文）；李松和刘少英（2014）《大耳姬鼠头骨和毛色的地理变异及一新亚种描述》；刘少英等（2016）《基于 Cytb 基因和形态学的鼠兔属系统发育研究及鼠兔属一新亚属五新种描述》；刘少英等（2017）《中国田鼠亚科 Microtini 族一些种的地位及两新种描述》（英文）；刘少英等（2018）《绒鼠属形态学研究及三新种描述》（英文）；葛德燕等（2018—2020）《多模型解释白腹鼠的兴起和巨猿动物群的消失》（英文），《基于分子系统学和形态学的白腹鼠属分类厘定》（英文），《基于分子系统学和形态学的白腹鼠属针毛鼠复合体的系统分类和再描述》（英文）；余文华等（2020）《中国管鼻蝠属（翼手目，蝙蝠科）一新种——锦矗管鼻蝠》（英文）；刘少英等（2022）《中国花松鼠属一新种》（英文）；张涛等（2022）《基于全基因组的突颅鼢鼠属 Eospalax 系统发育分析及横断山系一新种描述》（英文）。上述文章发表了四川哺乳动物新种 13 个：凉山沟牙田鼠 Proedromys liangshanensis（刘少英等，2007）、等齿鼩鼹 Uropsilus aequodonenia（刘洋等，2013）、扁颅鼠兔 Ochotona flatcalvariam（刘少英等，2016）、黄龙鼠兔 O. huanglongensis（刘少英等，2016）、大巴山鼠兔 O. dabashanensis（刘少英等，2016）——后来的基因组学证明该种是秦岭鼠兔的同物异名（Wang et al.，2020；Tang et al.，2022）、邛崃鼠兔 O. qionglaiensis（刘少英等，2016）、石棉绒鼠 Eothenomys shimianensis（刘少英等，2018）、金阳绒鼠 E. jinyangensis（刘少英等，2018）、美姑绒鼠 E. meiguensis（刘少英等，2018）、螺髻山绒鼠 E. luojishanensis（刘少英等，2018）、锦矗管鼻蝠 Murina jinchui（余文华等，2020）、岷山花鼠 Tamiops minshanica（刘少英等，2022）（英文）、木里鼢鼠 Eospalax muliensis（Zhang et al.，2022）。发现了四川新记录 8 个：东北刺猬 Erinaceus amurensis（陈中正等，2017）、台湾灰麝鼩 Crocidura tanakae（陈顺德等，2018）、西南中麝鼩 C. vorax（Smith 和解焱，2009）、印支小麝鼩 C. indochinensis（Smith 和解焱，2009）、丽江绒鼠 E. fidelis（刘少英等，2020）、赤褐毛翼蝠 Harpiocephalus harpia（石红艳，2019）、奥氏菊头蝠 Rhinolophus osgoodi（刘桐，2019）、肥耳棕蝠 Eptesicus pachyotis（Smith 和解焱，2009）。将一些亚种提升为种：川西绒鼠 E. tarquinius（由中华绒鼠康定亚种 E. chinensis tarquinius 提升）（刘少英，2012）、康定绒鼠 E. hintoni（由西南绒鼠康定亚种 E. custos hintoni 提升）（刘少英，2012）、峨眉鼠兔 O. sacraria（由藏鼠兔峨眉亚种 O. thibetana sacraria 提升）（刘少英等，2016）、华南针毛鼠 Niviventer huang（由针毛鼠的亚种 Niviventer fulvescens huang 提升）（葛德燕，2018）、宝兴宽吻蝠 Submyotodon moupinensis（须鼠耳蝠川西亚种 Myotis mystacinus moupinensis 提升）（Mascarell et al.，2019）、灰腹长尾鼩 Episoriculus sacratus（由长尾鼩鼱的亚种 Episoriculus caudatus sacratus 提升）（Motokawa et al.，2008）。此外，对 38 个种进行了修订，如西藏盘羊 Ovis hodgsoni、赤麂 Muntiacus vaginalis、灰头鼯鼠 Petaurista caniceps、大猪尾鼠 Typhlomys daloushanensis、高原鼢鼠 Eospalax baileyi、柴达木根田鼠 Alexandromys limnophilus、青海松田鼠 Neodon fuscus、蒙古兔 Lepus tolai 等。这些研究逐步厘清了四川哺乳动物的分类名录。

二、哺乳动物的起源与分类系统

目前，对哺乳动物的起源已经有比较透彻的研究。一般认为哺乳类是从石炭纪和二叠纪之间的无孔亚纲ANAPSIDA沟齿蜥*Solenodonsaurus*类起源的，它同时演化出了恐龙、爬行类和鸟类，被认为是陆生脊椎动物的共同祖先。二叠纪中期出现的兽齿亚目THERIODONTIA爬行类被认为可能是哺乳类的直系祖先，它的很多特征和哺乳类接近。犬颌兽*Cynognathus*是兽齿亚目的典型代表：牙齿已有分化，下颌的齿骨很大，下颌的其他骨骼（上隅骨和隅骨、关节骨）很小（哺乳类下颌只有齿骨，因此，它们还是爬行类）。三叠纪初出现的鼬龙亚目ICTIDOSAURIA更接近哺乳类，但由于其特化特征——下颌还是由4块骨骼构成，因此还不是哺乳类。真正的哺乳类化石出现于白垩纪晚期，且都是小型、多有树栖习性的种类。所以，从原始的爬行类进化到哺乳类的直接证据仍不足（盛和林等，1985；杨安峰，1992）。古近纪早期，在中生代和新生代交界时，真正的哺乳类已经比较繁盛，这时出现了现生哺乳类的2个目级阶元：食虫类INSECTIVORA和食肉类CARNIVORA。除此之外，还出现了一些化石目的哺乳动物，包括桠兽目ANAGALIDA、单齿中目SIMPLICIDENTATA、重齿中目DUPLICIDENTATA、踝节目CONDYLARTHRA、ACREODI、裂齿目TILLODONTIA、钝脚目PANTODONTA（丁素因等，2011）。在古新世至始新世交界期（格沙头期—伯姆巴期），现生哺乳类各目突然出现，据称和古新世—始新世极热事件（全球温室变暖事件）有关（Philip，2010；丁素因等，2011）。

哺乳动物的目级分类系统到现在为止都还在变化。Simpson（1945）将哺乳纲下列3个亚纲：原兽亚纲PROTOTHERIA、异兽亚纲ALLOTHERIA、真兽亚纲THERIA。Young（1981）只列出原兽亚纲和真兽亚纲。McKenna和Bell（1997）设原兽亚纲和兽亚纲THERIIFORMES。在真兽亚纲下，Simpson（1945）分了3个下纲：古兽下纲PANTOTHERIA、后兽下纲METATHERIA、真兽下纲EUTHERIA。McKenna和Bell（1997）在真兽亚纲下列异兽下纲、三瘤齿下纲2个化石下纲及全兽下纲HOLOTHERIA。但Young（1981）在真兽亚纲下列三瘤齿下纲TRITUBERCULATA、后兽下纲、真兽下纲。我国只有真兽下纲动物。Simpson（1945）在真兽下纲下，分16个现生目，14个化石目；Young（1981）分了17个现生目，比Simpson多了闪兽目ASTRAPOTHERIA，但只有9个化石目；盛和林等（1985）在真兽下纲下列19个目，在Young（1981）的基础上多了树鼩目SACNDENTIA和鳍脚目PINNIPEDIA。Wilson和Reeder（1993）将后兽下纲的有袋类分成了7个目（原来只有1个目：有袋目MARSUPIALIA），将真兽下纲分成18个目，与盛和林（1985）相比，少了闪兽目和鳍脚目；但多了象鼩目MACROSCELIDEA；McKenna和Bell（1997）在真兽下纲下列Superlegion（暂译为“超团”）及Legion（暂译为“团”），在有的“团”下列Supercohort（暂译为“超群”）和Cohort（暂译为“群”），在“群”下列目。他们在真兽下纲列出了2个超团，2个团，2个亚团，2个超群，2个群，43个目（其中22个化石目，21个现生目）。加上一些“群”及以上阶元直接列“科”。所以，目级分类阶元超过43个，非常复杂。Wilson和Reeder（2005）的后兽下纲目级分类单元不变，但把食虫目划分为非洲鼩目AFROSORICIDA、猬形目ERINACEOMORPHA及鼩形目SORICOMORPHA，把贫齿目划分为犰狳目CINGULATA和披毛贫齿目PILOSA。Wilson在其主持编撰的 *Handbook of the mammals of the World* 第一卷（食肉目CARNIVORA）前言中谈及哺乳纲的分类系统时，仍沿用其2005年的分类系统（Wilson and Mittermeier，2009）。不过，到了第八卷（食虫类、树懒及皮翼类）时，Wilson又将猬形目及鼩形目合并为劳亚食虫目EULIPOTYPHLA（Wilson and Mittermeier，2018）。

近年来，随着分子系统学研究的发展和系统发育基因组学的技术进步，人们对哺乳动物的起源与演化有了新的认识，修订了高级阶元的分类系统。例如，基于基因序列的系统发育研究认为传统的食虫目并非单系群，从而将其划分为劳亚食虫目、非洲鼩目和象鼩目（Waddell et al.，1999）。Hu等（2012）基于细胞学、形态学和分子数据，在研究劳亚兽总目LAURASIATHERIA的系统发育时，将其分为6个目：劳亚食虫目、奇蹄目PERISSODACTYLA、食肉目CARNIVORA、鲸偶蹄目CETARTIODACTYLA、翼手目CHIROPTERERA以及鳞甲目PHOLIDOTA。将偶蹄目ARTIODACTYLA和鲸目CETACEA合并为鲸偶蹄目，虽然很多科学家认为这一分类体系有其合理性，它们确实有很近的亲缘关系，不过基于其巨大形态差异，鲸偶蹄目并没有被广泛承认（蒋志刚等，2017）。但魏辅文等（2022）认为分子系统学更能反映物种进化的真实情况，因此，仍然支持鲸偶蹄目作为独立目。

Esselstyn等（2017）利用已发表的基因组数据和自己的研究数据相结合，对整个哺乳纲80余科的代表种的3 787个超保守基因座（每个基因座平均680 bp）进行分析，构建了系统发育树，最终确认旧大陆哺乳类（后兽下纲）分3个总目：贫齿兽总目XENARTHRA、非洲兽总目AFROTHERIA和北方兽总目BOREOEUTHERIA。在北方兽总目下列11目，包括兔形目、啮齿目、攀鼩目、皮翼目、灵长目、劳亚食虫目、翼手目、鳞甲目、食肉目、奇蹄目、鲸偶蹄目（图1-1）。

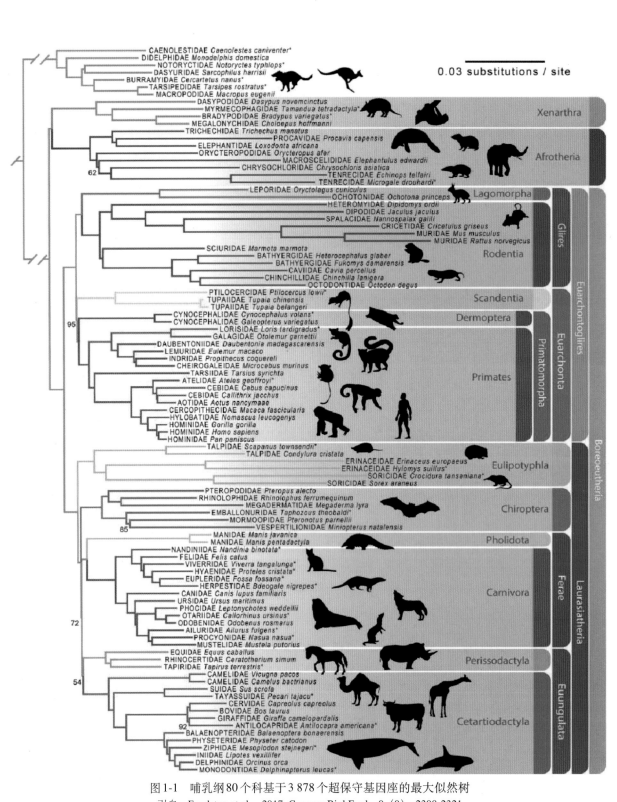

图1-1　哺乳纲80个科基于3 878个超保守基因座的最大似然树

引自：Esselstyn et al.，2017. Genome Biol Evol，9（9）：2308-2321

三、四川省兽类编目厘定

  胡锦矗和王酉之（1984）主编的《四川资源动物志 第二卷 兽类》是四川兽类研究的里程碑，他们详细梳理了四川兽类研究的成果，订正出四川（包括重庆）有兽类183种。王酉之和胡锦矗（1999）再次总结了1984年以来四川兽类研究的新发现、新分布，厘定了四川兽类编目，并汇总于《四川兽类原色图鉴》一书中，该书记述四川（包括重庆）有兽类219种。2005年，*Mammal Species of the World*（第3版）（Wilson and Reeder，2005）出版，该书中兽类分类系统发生了很大变化。以此为基础，胡锦矗和胡杰（2007b）重新梳理了四川兽类编目，记述四川省（不包括重庆）分布兽类计有11目36科123属225种。

  近10年来，分子生物学技术在兽类分类与系统发育研究中得到广泛应用，四川一批兽类新种、新记录被发现，很多物种的分类地位也被修订。同时，红外相机（Li et al.，2010，2020）、非损伤性DNA采样（Bu et al.，2016；邵昕宁等，2019）等野外监测技术在四川省内众多自然保护地、林场等地应用（李晟等，2020），使得研究者对四川省内大中型兽类物种的组成与分布现状有了更为可靠与深入的了解。 同时，世界哺乳动物分类系统和中国哺乳动物名录不断完善和更新（Wilson and Mittermeier，2012—2019；蒋志刚等，2015，2017；刘少英和吴毅，2019；魏辅文等，2021），在此基础之上，本书对四川兽类名录再次进行了核实与厘定。

（一）属级以上高级分类阶元的调整

  原来的鼩形目和猬形目现都归并于目前的劳亚食虫目（Wilson and Mittermeier，2018），使得原来四川哺乳动物共11个目变成了10个目 [与胡锦矗和胡杰（2007b）相比。下同]。Miller-Butterworth等（2007）、Lack等（2010）根据分子证据，证实了长翼蝠亚科的独立性，将其提升为长翼蝠科Miniopteridae。斑林狸从灵猫科Viverridae中分出，归入新建立的林狸科Prionodontidae（Gaubert and Veron，2003；Duckworth et al.，2016）。大熊猫归入熊科Ursidae，撤销原有的大熊猫科Ailuropodidae（Swaisgood et al.，2016）；鼯鼠科并入松鼠科（Wilson and Mittermeier，2016）；田鼠科Microtidae被证实属于仓鼠科（Liu et al.，2018；刘少英等，2020）；鼹鼠亚科被提升为科（Wilson and Mittermeier，2017）。本书中增加3个科，减少3个科，四川兽类总计37个科。

（二）去掉不分布于四川的物种

  本书中去掉了不分布于四川的物种21个，包括大耳猬*Hemiechinus auritus*、小长尾鼩（又称云南缺齿鼩）*Chodsigoa praca*、小彩蝠*Kerivoula hardwickii*、角菊头蝠*Rhinolophus cornutus*、褐扁颅蝠*Tylonycteris robustula*、小爪水獭*Aonyx cinerea*、椰子狸*Paradoxurus hermaphroditus*、丛林猫*Felis chaus*、虎*Panthera tigris*、云豹*Neofelis nebulosa*、侧纹岩松鼠*Sciurotamias forresti*、中亚鼠

Rattus pyctoris、褐尾鼠*Niviventer cremoriventer*、灰腹鼠*N. eha*、岢岚绒䶄*Caryomys inez*、锡金松田鼠*Neodon sikimensis*、昭通绒鼠*Eothenomys olitor*、斯氏鼢鼠*Myospalax smithii*、狭颅鼠兔*Ochotona thomasi*、达乌尔鼠兔*O. dauurica*、大耳鼠兔*O. macrotis*。

1. 经核实没有分布的物种

经核实没有分布于四川的物种有5种。原记录分布于四川南川的小彩蝠实为暗褐彩蝠*Kerivoula furva*（张荣祖，1997；Yu et al.，2018），而南川现属于重庆直辖市，故本书剔除该种。原记录在《四川兽类原色图鉴》（王酉之和胡锦矗，1999）和《四川兽类名录新订》（胡锦矗和胡杰，2007）中的小爪水獭、椰子狸、丛林猫3个物种，经系统查证无标本，且近十多年以来四川范围内未有这3个物种的确认分布记录，故删除。侧纹岩松鼠被《四川兽类原色图鉴》（王酉之和胡锦矗，1999）及《四川兽类名录新订》（胡锦矗和胡杰，2007）记录，后通过查证保存在四川省疾病预防控制中心（简称四川疾控中心）、标本号"01936"的标本（为侧纹岩松鼠在四川分布的凭证）采自云南维西。现在没有任何证据证实四川有侧纹岩松鼠分布，故本书中剔除该种。

2. 区域性灭绝的物种

区域性灭绝的物种2种。20世纪50年代以前，虎和云豹曾在四川广泛分布，最后记录分别在60年代和21世纪初，此后在四川已经绝迹（Li et al.，2020；付焱文等，2020；李蔓等，2020），因此从本书中删除。

3. 资料来源不可靠的物种

资料来源不可靠的物种有9种。大耳猬东部亚种*Hemiechinus auritus alashanensis*被记录分布于四川北部（王应祥，2003；胡锦矗和胡杰，2007），但没有任何资料凭证。且Allen（1938）、胡锦矗和王酉之（1984）、王酉之和胡锦矗（1999）以及Hutterer（1993，2005）、Wilson和Mittermeier（2018）均未记录四川存在该物种，所以本书中将其删除。云南缺齿鼩分布于四川的唯一记录来自王应祥（2003），但没有提供任何信息。Chen等（2017）详细研究了中国缺齿鼩的分类与系统发育，证实云南缺齿鼩不分布于四川。斯氏鼢鼠被樊乃昌（1982）记录分布于四川岷山以北，但是没有具体采集地点和标本。目前，该种有明确采集记录的地点为宁夏六盘山（秦长育，1991）和甘肃陇中、临潭、卓尼（樊乃昌，1982；何娅等，2012）等地，因此，没有依据证明其在四川有分布。褐尾鼠仅边缘性分布于中国（王应祥，2003；Musser and Carleton，2005），四川的记录没有任何历史资料佐证。王应祥（2003）记录了灰腹鼠高黎贡亚种*Rattus eha nius*分布于四川北部，但没有提供任何资料佐证。作者团队在中国西部开展了广泛调查，发现灰腹鼠的分布不过澜沧江，因此，判定四川没有灰腹鼠分布。岢岚绒䶄首次由王酉之和胡锦矗（1999）记录于四川巴中，作者团队检视了收藏于四川疾控中心的该"岢岚绒䶄"标本，其特征不符合岢岚绒䶄的鉴定特征，该标本的尾长接近其体长的一半，而岢岚绒䶄的尾长通常小于体长的35%。但和甘肃绒䶄的鉴定特征"尾长大于体长一半"相似。为了证实这类标本的分类地位，本书作者团队多次前往巴中南江和若尔盖一带相同海拔和生境调查，也采集了一些绒鼠标本，其尾长与王酉之和胡锦矗（1999）记录的岢岚绒䶄一致，但分子鉴定结果为甘肃绒䶄*Caryomys eva*，所以本书中删除岢岚绒䶄。"昭通绒鼠"被胡锦矗和王酉之（1986）记录于木里，但拉丁学名为*Eothenomys eleusis*云南绒鼠，后王酉之和胡锦矗（1999）、胡锦矗和胡杰（2007）将"昭通绒鼠"的学名改成真正的昭通绒鼠*Eothenomys olitor*，仍然记录于木里。Liu 等（2012，2018）对绒鼠属开展了详细的分类与系统发育研究，在木里开展了详细采集，证明四川没有昭通绒鼠分布，故本书中删除。大耳鼠兔被王应祥（2003）记录于四川西部，作者团队检视了其提到的四川西部（德格）的"大耳鼠兔"标本，确定为中国鼠兔*Ochotona chinensis*的误订。刘少英等（2016）、Smith 和解焱（2009）认为，大耳鼠兔分布区主要位于西藏和新疆南部，最东不过澜沧江。达乌尔鼠兔的1个亚种*O. dauurica annectens*被王应祥（2003）记录于四川西北部，而很多学者（Allen，1940；Ellerman and Morrison-Scott，1951；Corbet，1978；Hoffmann，1993）均未在四川发现该亚种，Lissovsky（2016）、Smith 和解焱（2009）认为达乌尔鼠兔分布区仅在北纬35°以北，四川无分布。

4. 属于误订的物种

属于误订的物种有5种。最新研究认为，角菊头蝠仅分布于日本（Wilson and Mittermeier，2019），原记录于四川的角菊头蝠实为小菊头蝠*Rhinolophus pusillus*（Smith 和解焱，2009；Wilson and Mittermeier，2019），胡锦矗和胡杰（2007）将角菊头蝠和小菊头蝠同时列为四川分布物种，所以应删除角菊头蝠。扁颅蝠*Tylonycteris pachypus*最早纪录于四川南充（吴毅等，1997；胡锦矗和胡杰，2007），但张礼标等（2008）认为在四川分布的是褐扁颅蝠*Tylonycteris robustula*。胡锦矗和胡杰（2007）同时记录2种扁颅蝠是不妥的，应该删除扁颅蝠。拟家鼠*Rattus turkestanicus*［＝胡锦矗和胡杰（2007）的中亚鼠］被吴毅等（1993）记录于四川，本书作者团队检视了西华师范大学收藏的标本（包括系列记录于攀枝花地区的"拟家鼠"标本），发现是黄毛鼠的误订（因为第1上白齿第1横脊的t3非常明显，不符合拟家鼠的鉴定特征）。并且Liu 等（2018）广泛采集了中国有"拟家鼠"分布的区域的标本，开展了家鼠属的系统发育研究，证实中国没有拟家鼠分布。直到2022年，作者团队才在西藏的吉隆和扎达发现真正的拟家鼠分布（谢菲等，2022）。另外，仅分布于西藏南部的锡金松田鼠被王酉之和胡锦矗（1999）记录于四川，作为凭证的四川疾控中心馆藏标本经鉴定是高原松田鼠*Neodon irene*，故本书中删除锡金松田鼠。狭颅鼠兔在四川被记录于乾宁（现并入道孚县）和色达（胡锦矗和王酉之，1984；胡锦矗和胡杰，2007）。本书作者团队在乾宁、色达等县采集了不少符合"狭颅鼠兔"鉴定特征的鼠兔，分子系统学证明它们全是间颅鼠兔*O. cansus*（刘少英等，2016），因此本书中将狭颅鼠兔删除。

（三）种降级为亚种或者同物异名后删除的物种

种降级为亚种或同物异名后剔除3种：甘肃缺齿鼩*Chodsigoa lamula*、矮岩羊*Pseudois schaeferi*和木里鼠兔*Ochotona muliensis*。甘肃缺齿鼩模式产地为甘肃临潭，也记录于四川

（王应祥，2003；胡锦矗和胡杰，2007）；Chen等（2017）认为甘肃缺齿鼩可能是川西缺齿鼩 *Chodsigoa hypsibia* 的同物异名；本书作者团队在模式产地采集了系列地模标本，经分子系统学研究证实了Chen等（2017）的推测，故本书中将甘肃缺齿鼩从名录中删除。在岩羊属 *Pseudois* 中，矮岩羊的分类地位争议较大（Wang and Hoffman，1987；曹丽荣等，2003；周材权等，2003；Zeng et al.，2008）。近年来，基于分子生物学的研究显示其与岩羊 *P. nayaur* 之间不存在种级差异（Zeng et al.，2008），因此被认为是岩羊的同物异名；该分类意见也被世界自然保护联盟（IUCN）采纳（Harris，2014）。木里鼠兔被刘少英等（2016）通过分子系统学证明其为川西鼠兔的亚种 *Ochotona gloveri muliensis*。

（四）增加的新分布物种

本书中新增的19个种包括：东北刺猬 *Erinaceus amurensis*、甘肃鼩鼱 *Sorex cansulus*、台湾灰麝鼩 *Crocidura tanakae*、霍氏缺齿鼩 *Chodsigoa hoffmanni*、西南中麝鼩 *C. vorax*、印支小麝鼩 *C. indochinensis*、毛翼蝠 *Harpiocephalus harpia*、奥氏菊头蝠 *Rhinolophus osgoodi*、肥耳棕蝠 *Eptesicus pachyotis*、金毛管鼻蝠 *Murina chrysochaetes*、梵净山管鼻蝠 *Murina fanjingshanensis*、霜背大鼯鼠 *Petaurista philippensis*、橙色小鼯鼠 *P. sybilla*、云南绒鼠 *Eothenomys. eleusis*、海南社鼠 *Niviventer lotipes*、黑姬鼠 *Apodemus nigrus*、白齿硕鼠 *Berylmys mackenziei*、黑缘齿鼠 *Rattus andamanensis*、云南兔 *Lepus comus*。

1. 劳亚食虫目

食虫类增加了6种。东北刺猬分布广泛，包括中国中部和东部、俄罗斯和朝鲜（Smith和解焱，2009）。Smith和解焱（2009）明确提出东北刺猬华北亚种 *Erinaceus amurensis dealbatus* Swinhoe，1870在四川北部和东南部有分布，本书作者团队在四川毛寨自然保护区采集到标本。甘肃鼩鼱是根据Thomas（1912a）从甘肃东南部洮州（现临潭县）采得的3号标本描述的。在四川西北部、青海南部、陕西中部和甘肃多个地方均采集到标本。在四川，主要分布在王朗、贡嘎山、黑水三打古、石渠、茂县、小金等地（黄韵佳等，2022）。霍氏缺齿鼩是Chen等（2017）发表的新种；本书作者团队在四川老君山采集到一组缺齿鼩标本，经形态和分子鉴定是霍氏缺齿鼩（范荣辉等，2022）。台湾灰麝鼩以前一直被认为仅分布于台湾，但最近的一些研究表明，其分布远大于灰麝鼩 *Crocidura attenuata*（程峰等，2017；陈顺德等，2018；雷博宇等，2019；Li et al.，2019）。在四川分布于成都、绵阳、广安、南充、泸州、乐山、雅安等地区。西南中麝鼩由Allen（1923）通过采集于云南丽江山谷的3号标本描述了该物种，蒋学龙和Hoffmann（2001）报道其分布于四川泸州，后Smith和解焱（2009）报道其分布于四川中南部地区。印支小麝鼩曾经被当做长尾小麝鼩 *Crocidura horsfieldii* 的亚种。但Lunde等（2004）的研究认为印支小麝鼩与真正的长尾小麝鼩不同，故将这2个亚种提升为种，并提出印支小麝鼩仅分布在中国、缅甸和越南，四川天全二郎山的小麝鼩符合印支小麝鼩的鉴定特征。

2. 翼手目

翼手目增加了5种。石红艳等（2020）在四川巴中通江芝苞乡海拔500 m处采集到1号雌性亚成体蝙蝠，经形态学鉴定为毛翼蝠（原文中文名为毛翼管鼻蝠），为该种在四川的新记录。Liu等（2019）采用形态学和分子系统学证据提出四川盆地分布有奥氏菊头蝠。Smith和解焱（2009）以及Wilson和Mittermeier（2019）均列出四川有肥耳棕蝠分布。刘洋和王平（2021）在四川旺苍县发现梵净山管鼻蝠，为四川新记录。钟韦凌等（2022）在四川卧龙记录四川省新记录——金毛管鼻蝠。

3. 啮齿目

啮齿目增加了7种。霜背大鼯鼠首次由Elliot于1839年命名为*Pteromys philippensis*，Ellerman和Morrison-Scott（1951）将其作为红背鼯鼠*Petaurista petaurista*的亚种，并命名为*P. p. philippensis*，但Corbet和Hill（1992）、王应祥（2003）、Wilson和Reeder（2005）、Smith和解焱（2009）、Thorington等（2012）、Wilson等（2016）均认同其种级地位。该物种广泛分布于中国南部（包括四川）（王应祥，2003；Smith和解焱，2009）。橙色小鼯鼠最早由Thomas and Wroughton（1916b）命名为*Petaurista sybilla*，Ellerman（1940）将其作为白斑小鼯鼠的亚种*P. punctatus sybilla*；Ellerman和Morrison-Scott（1951）将其作为小鼯鼠的亚种*P. elegans sybilla*，但Corbet和Hill（1992）、王应祥（2003）恢复了该分类单元的种级分类地位；Wilson和Reeder（2005）、Thorington等（2012）又将其作为小鼯鼠*P. elegans*的同物异名或亚种，而Smith和解焱（2009）、Wilson等（2016）则将其作为灰头小鼯鼠的亚种，命名为*P. caniceps sybilla*；Li等（2013）基于分子数据的研究结果支持橙色小鼯鼠为有效种，证明其分布于四川南部。云南绒鼠曾记录于四川木里（胡锦矗和王酉之，1984），系大绒鼠的误订。但在《四川兽类名录新订》（胡锦矗和胡杰，2007）中没有记录，四川省林业科学院于2019年在叙永采集到标本，首次证实云南绒鼠在四川分布。海南社鼠为Allen（1926）依据采集于海南那大的标本描述并命名，经研究，发现其分布于中国的海南、湖北、湖南、贵州、浙江、广东、福建等地（Ge et al.，2018，2021）。四川省林业科学研究院2019年于四川宜宾叙永县采集到2号白腹鼠属标本，经形态学和细胞色素b（*Cytb*）分子鉴定确认其为海南社鼠*Niviventer lopites*（唐明坤等，2022）。黑姬鼠为Ge等（2019）发表的姬鼠属新物种，模式产地为中国贵州，分布于贵州梵净山和重庆金佛山。2020年，四川省林业科学研究院与四川大学于四川宜宾屏山县老君山采集到系列姬鼠属标本，经形态学和线粒体基因（*Cytb*）分子鉴定，确认其为黑姬鼠*Apodemus nigrus*（刘莹洵等，2022）。黑缘齿鼠一度被认为是黑家鼠*Rattus rattus*的一个色型（寿振黄，1962；张荣祖等，1997），被广泛记录于我国从东北到台湾的广大区域，Liu等（2019）证实是黑缘齿鼠，分布于四川西南部的攀枝花，甘孜的九龙及凉山等区域。白齿硕鼠以前从未记录于中国，但Smith和解焱（2009）在《中国兽类野外手册》中明确提到，在美国国家博物馆有1号标本（USNM255354）采自四川峨眉山，为白齿硕鼠，本书从其记录。

4. 兔形目

兔形目增加1种。云南兔由Allen（1927）根据采自云南腾越的标本命名，后又将其归为灰尾兔的1个亚种——*Lepus oiostolus comus*，并被记录于四川木里（Allen，1940）。Wu等（2005）根据分子生物学数据，支持并恢复了云南兔的种级地位。

（五）增加的新种

2007年以来，以四川为模式产地的新种有12个（表1-2）。

表1-2　2007—2022年发表的以四川为模式产地的兽类新种*

种名	命名人	命名时间	模式产地
凉山沟牙田鼠 *Proedromys liangshanensis*	Liu et al.	2007年	四川马边大风顶国家级自然保护区
等齿鼩鼹 *Uropsilus aequodonenia*	刘洋等	2013年	普格螺髻山
扁颅鼠兔 *Ochotona flatcalvariam*	刘少英等	2016年	四川唐家河国家级自然保护区
黄龙鼠兔 *Ochotona huanglongensis*	刘少英等	2016年	四川黄龙省级自然保护区
邛崃鼠兔 *Ochotona qionglaiensis*	刘少英等	2016年	宝兴夹金山
金阳绒鼠 *Eothenomys jinyangensis*	Liu et al.	2018年	四川百草坡自然保护区
美姑绒鼠 *Eothenomys meiguensis*	Liu et al.	2018年	四川美姑大风顶国家级自然保护区
螺髻山绒鼠 *Eothenomys luojishanensis*	Liu et al.	2018年	四川螺髻山自然保护区
石棉绒鼠 *Eothenomys shimianensis*	Liu et al.	2018年	四川栗子坪国家级自然保护区
锦矗管鼻蝠 *Murina jinchui*	Yu et al.	2020年	四川卧龙国家级自然保护区
岷山花鼠 *Tamiops minshanica*	Liu et al.	2022年	四川王朗国家级自然保护区
木里鼢鼠 *Eospalax muliensis*	Zhang et al.	2022年	四川木里

*　另一个新种：大巴山鼠兔 *O. dabashensis* 产于四川巴中，但被证明为秦岭鼠兔的同物异名（Wang, et al.，2020）。

（六）亚种提升为种

亚种提升为种后增加了3种，即：宝兴宽吻蝠 *Submyotodon moupinensis*、川西绒鼠 *Eothenomys tarquinius*、峨眉鼠兔 *Ochotona sacraria*。

宝兴宽吻蝠原为须鼠耳蝠川西亚种 *Myotis mystacinus moupinensis*（Allen，1938；Tate，1941；Ellerman and Morrison-Scott，1951），模式产地为宝兴，最近的研究认为该物种为独立种（Wilson and Mittermeier，2019），但胡锦矗和胡杰（2007）认为四川没有须鼠耳蝠，所以应该增加1种。川西绒鼠最早是中华绒鼠的康定亚种 *Eothenomys chinensis tarquinius*，模式产地为四川康定东南（现泸定夹金山），Liu等（2012）通过分子系统学研究证实是独立种。峨眉鼠兔最早被命名为藏鼠兔的亚种 *Ochotona thibetana sacraria*，模式产地为峨眉山，刘少英等（2016）通过分子系统学证实其为独立种。

（七）重新订正或分类地位调整后种名变更、物种数不变的种

分类地位调整或重新订正后，种名变更、物种数不变的有38种。包括藏鼩鼱*Sorex thibetanus*、灰腹长尾鼩鼱*Episoriculus sacratus*、淡灰黑齿鼩鼱*Parablarinella griselda*、利安德水鼩*Chimarrogale leander*、印度假吸血蝠*Lyroderma lyra*、北绒大菊头蝠*Rhinolophus perniger*、大耳菊头蝠*R. episcopus*、短翼菊头蝠*R. shortridgei*、日本马铁菊头蝠*R. nippon*、安氏小蹄蝠*Hipposideros gentilis*、宽吻犬吻蝠*Tadarida insignis*、亚洲长翼蝠*Miniopterus fuliginosus*、东方棕蝠*Eptesicus pachyomus*、中华山蝠*Nyctalus plancyi*、东亚伏翼*Pipistrellus abramus*、托京褐扁颅蝠*Tylonycteris tonkinensis*、阿拉善伏翼*Hypsugo alaschanicus*、华南水鼠耳蝠*Myotis laniger*、渡濑氏鼠耳蝠*M. rufoniger*、大足鼠耳蝠*M. pilosus*、东方宽耳蝠*Barbastella darjelingensis*、灰长耳蝠*Plecotus austriacus*、亚洲狗獾*Meles leucurus*、雪豹*Panthera uncia*、兔狲*Otocolobus manul*、西藏马鹿*Cervus wallichii*、赤麂*Muntiacus vaginalis*、灰头鼯鼠*Petaurista caniceps*、大猪尾鼠*Typhlomys daloushanensis*、高原鼢鼠*Eospalax baileyi*、康定绒鼠*Eothenomys hintoni*、柴达木根田鼠*Alexandromys limnophilus*、青海松田鼠*Neodon fuscus*、红耳巢鼠*Micromys erythrotis*、华南针毛鼠*Niviventer huang*、蒙古兔*Lepus tolai*、中国鼠兔*Ochotona chinensis*、秦岭鼠兔*O. syrinx*。

姬鼩鼱曾被记录于四川木里（Hutteter，1979）和德格岔岔寺（Hoffmann 1987），之后四川的姬鼩鼱记录基本都来源于此（张荣祖，1997；王酉之和胡锦矗，1999），查阅保存在四川省疾控中心的标本发现，实际上是藏鼩鼱。姬鼩鼱在世界范围分布于欧洲、俄罗斯，在我国只分布于东北地区，纬度最低的确切记录为辽宁新宾（刘铸等，2019）。灰腹长尾鼩鼱曾作为褐腹长尾鼩鼱*E. caudatus*的1个亚种记录于四川峨眉山（Allen，1923），后Motokawa等（2008）通过染色体核型研究将灰腹长尾鼩鼱提升为独立种，因此现分布于四川的褐腹长尾鼩鼱应为灰腹长尾鼩鼱。淡灰黑齿鼩鼱*Blarinella griselda*被He等（2018）提升为1个新属——豹鼩属，后Bannikova等（2019）支持其作为1个新属，同时发现豹鼩属属名*Pantherina*已经被1种甲虫占用（Curletti，1998），并提出新属名*Parablarinella*。淡灰黑齿鼩鼱*Parablarinella griselda*被报道记录于四川王朗（普缨婷等，2020）。利安德水鼩曾作为喜马拉雅水鼩的亚种（Allen，1938；Hoffmann，1987），后Yuan等（2013）基于分子数据建议将其提升为种，恢复了利安德水鼩的种级地位（Wilson and Mittermeier，2018），目前分布于四川西南、成都平原及川西横断山系（王酉之和胡锦矗，1999）以及四川唐家河国家级自然保护区（汪巧云等，2020）。

印度假吸血蝠因亚属*Lyroderma*提升至属而更名，该种历史记录于雅安，被刘少英等（2005）记录于金阳。四川的北绒大菊头蝠最早由吴毅等（1988）作为大菊头蝠*Rhinolophus luctus*记录于四川卧龙。Volleth等（2017）基于形态学和染色体证据，认为大菊头蝠的亚种*Rhinolophus luctus perniger*是独立种*Rhinolophus perniger*，Wilson和Mittermeier（2019）认为分布于中国的应该是*R. perniger*，中文名为北绒大菊头蝠。大耳菊头蝠被记录于重庆万县（Allen，1938），后作为*R. macrotis*的亚种，被记录于四川兴文（王酉之和胡锦矗，1999；Smith和解焱；2009），Liu等（2019）基于亲缘地理学和形态学分析确认大耳菊头蝠为有效种，所以将大耳菊头蝠拉丁学名修

改为*R. episcopus*。记录于四川多地的短翼菊头蝠原拉丁学名为*R. lepidus*，基于形态学、分子系统和亲缘地理学证据将*R. l. shortridgei*提升为种（Csorba et al., 2003；Soisook et al., 2016）。马铁菊头蝠*R. ferrumequinum*被记录于四川及很多省份，Simmons（2005）认为马铁菊头蝠包括5个亚种，分布于四川的为日本亚种*R. f. nippon*。Velikov（2019）通过形态学和分子系统学研究发现日本亚种与指名亚种存在明显差异，将日本亚种作为独立种*R. nippon*，本书将其中文名定为日本马铁菊头蝠。Wilson和Mittermeier（2019）同意这一观点。安氏小蹄蝠*Hipposideros gentilis*最早由吴毅和于志伟（1991）记录于四川金阳，并将其拉丁学名写作*Hipposideros bicolor*，有人认为中国分布的是小蹄蝠*Hipposideros pomona*，但最新研究认为小蹄蝠仅在印度分布，而原亚种*H. p. gentilis*应提升为有效种（Wilson and Mittermeier, 2019）。皱唇蝠*Tadarida teniotis*是吴毅（1992）发现的四川新记录，但最新研究认为皱唇蝠仅分布于欧洲区域，而我国分布种类应为宽吻犬吻蝠*Tadarida insignis*（Wilson and Mittermeier, 2019）。分布于四川的亚洲长翼蝠曾经被认为是普通长翼蝠*Miniopterus schreibersii*，最新研究认为普通长翼蝠仅分布在欧洲、北非及中东部分地区，中国分部的种类为亚洲长翼蝠*Miniopterus fuliginosus*（Miller-Butterworth et al., 2007；Wilson and Mittermeier, 2019）。最新研究认为原四川记录的大棕蝠*Eptesicus serotinus*主要分布于欧洲区域，中国应为东方棕蝠*Eptesicus pachyomus*（Juste et al., 2013；Wilson and Mittermeier, 2019）。Allen（1923）根据物种体型、颜色、牙齿等的差异，将我国南方的山蝠从普通山蝠*Nyctalus noctula*中分出，独立命名为中华山蝠*N. velutinus*，并认为河北、北京的近缘种为*Nyctalus noctula plancyi*；Simmons（2005）将我国北方和南方的山蝠均作为中华山蝠（原文使用的拉丁学名为*N. plancyi*）记录。原记录于四川的爪哇伏翼*Pipistrellus javanicus*，根据胡锦矗和王酉之（1999）对阴茎骨的描述，实际应为东亚伏翼*Pipistrellus abramus*（Smith和解焱，2009）。最新研究显示，中国区域的褐扁颅蝠*Tylonycteris robustula*实为托京褐扁颅蝠*T. tonkinensis*（Tu et al., 2017），故将原记录中的褐扁颅蝠改为托京褐扁颅蝠。萨氏伏翼由胡锦矗和吴毅（1993）最早记录于四川万源、达州和南充。四川的萨氏伏翼为阿拉善亚种*Pipistrellus savii alaschanicus*（王应祥，2003）。根据最新分子系统学和形态学研究结果，萨氏伏翼仅分布于欧洲区域。形态学和遗传学证据均支持分布于中国的萨氏伏翼阿拉善亚种应为高级伏翼属且是独立种，故Simmons（2005）、潘清华（2007）、Smith和解焱（2009）、刘少英和吴毅（2018）、刘少英等（2019）、Wilson和Mittermeier（2019）均将其作为高级伏翼属的阿拉善伏翼*Hypsugo alaschanicus*。华南水鼠耳蝠以前归入水鼠耳蝠*Myotis daubentonii*，作为该种下的亚种，但Topál（1997）认为其是独立种（Smith和解焱，2009）。绯鼠耳蝠*Myotis formosus*由吴毅（1988）记录于四川浦江，党飞红等（2017）根据外形特征确认绯鼠耳蝠应该为渡濑氏鼠耳蝠*Myotis rufoniger*。大足鼠耳蝠在四川的最早是吴毅等（1999）记录，其拉丁学名长期写作*Myotis ricketti*，该分类单元包括*pilosus*和*ricketti*，但*pilosus*的命名时间是1869年，*ricketti*的命名时间是1894年，显然*pilosus*应有优先权，于是大足鼠耳蝠改为*Myotis pilosus*。东方宽耳蝠*Barbastella darjelingensis*模式产地为印度的大吉岭，Thomas（1911c）记录于四川峨眉山，后来一直作为亚洲宽耳蝠*Barbastella leucomelas*的一个亚种，Wilson和Mittermeier（2019）将东方宽耳蝠提升为有效种。中国长耳蝠属物种划分仍存在争议，胡锦矗和胡杰（2007）认为四川境内分布的长耳蝠为大耳蝠*Plecotus auritus*，但Wilson

和 Mittermeier（2019）认为该种仅分布在欧洲区域，把原属于灰长耳蝠 *P. autriacus* 下多个中国分布的亚种提升为独立种，但鉴于该设置仍缺乏更多的证据支持，故本书中仍将四川分布的长耳蝠划分为灰长耳蝠，后续有进一步变动的可能。

Abramov（2001，2002）与 Abramov 和 Puzachenko（2005，2006）基于形态与分子生物学证据，对狗獾属 *Meles*（原为单型属）的分类进行了修订，认为该属下有 3 个物种，分别为欧亚狗獾 *M. meles*、亚洲狗獾 *M. leucurus*、日本狗獾 *M. anakuma*。据此，本书中将四川省原记录的 "狗獾 *M. meles*" 修订为亚洲狗獾。雪豹原被置于单型属雪豹属 *Uncia*（Hemmer，1972），现普遍将其列入豹属 *Panthera*（Kitchener et al.，2017），本书将其拉丁学名修订为 *Panthera uncia*。兔狲原被胡锦矗和胡杰（2007）置于猫属 *Felis*，现根据普遍分类意见将其列入单型属即兔狲属 *Otocolobus*（Kitchener et al.，2017），拉丁学名修订为 *Otocolobus manul*。

马鹿是鹿科动物中分布最广、种内变异最丰富的种类，全世界曾记录有 22 个马鹿亚种（Ohtaishi and Gao，1990）。中国原只记录马鹿 *Cervus elaphus*（盛和林等，1992），王应祥（2003）记录中国的马鹿共 8 个亚种；Smith 和解焱（2009）认为中国有 7 个亚种。本书中主要依据 Wilson 和 Mittermeier（2011）的分类系统，将西藏马鹿 *C. wallichii* 作为独立种（G. Cuvier，1823）。赤鹿原拉丁名为 *Muntiacus muntjac*，Wilson 和 Mittermeier（2011）指出，虽然 *M. m. muntjak* 与 *M. m. vaginalis* 等亚种之间存在核型差异和分类地位上的争议，但表示在更深入和更全面的研究开展之前，暂且把亚洲大陆与近陆岛屿分布的 "赤鹿" 归为同一个物种，即 *M. muntjak*，其下包括 10 个亚种。Groves 和 Grubb（2011）将分布在南亚、东南亚与华南的大陆地区的 *M. m. vaginalis* 亚种提升为种，同时认为 *M. muntjak* 仅分布于东南亚克拉地峡以南的半岛与岛屿。IUCN 红色名录最新一轮的评估参考了 Groves 和 Grubb（2011）的意见，将 "赤鹿" 分为 *M. vaginalis* 与 *M. muntjak* 2 个独立物种分别评估（Timmins et al.，2016a，2016b）。本书依据以上最新的分类意见，认为四川分布的物种为 *M. vaginalis*，保留原中文名 "赤鹿"，见于四川西南部（胡杰等，2021）。

灰头鼯鼠是 Gray（1842）依据采自尼泊尔的标本首次描述命名，Thomas（1922a）描记了云南的 1 个新种——*Petaurista clarkei*。Ellerman（1940）将上述 2 种均作为独立种列入鼯鼠属 *Petaurista*，但 Ellerman 和 Morrison-Scott（1951）将该 2 种均列为 *P. elegans* 的亚种。Corbet 和 Hill（1992）将 *P. caniceps* 列为有效种，将 *P. clarkei*、*S. gorkhali* 及 *S. senex* 均列为 *P. caniceps* 的同物异名。Wilson 和 Reeder（2005）将上述名称均归为 *P. elegans* 的同物异名，但王应祥（2003）、Smith 和解焱（2009）、Thorington 等（2012）、Wilson 等（2016）均认为 *P. caniceps* 为有效种。Li 等（2013）结合分子数据进一步论证了该种的有效性。分布于四川应为灰头鼯鼠 *P. caniceps*。大猪尾鼠曾被认为是猪尾鼠 *Typhlomys cinereus* 的 1 个亚种（王应祥等，1996），Cheng 等（2017）根据形态和分子方法将其提升为种。猪尾鼠分布于浙江、福建、安徽、江西一带，四川分布的为大猪尾鼠。高原鼢鼠原是中华鼢鼠 *Eospalax fontanierii* 的 1 个亚种，分布于四川，Zhou 等（2008）通过分子生物学技术支持其物种地位，将青藏高原及其附近区域分布的中华鼢鼠改为高原鼢鼠。Osgood（1932）根据在四川康定西南的一组标本发表西南绒鼠康定亚种 *Eothenomys custos hintoni*，Liu 等（2012）通过分子系统学研究将该分类单元被提升为独立种，取中文名康定绒鼠。Büchner（1889）根据俄罗斯探险家Przhevalskii在中国青海柴达木盆地采集的一组标本命名新种——柴达木根田鼠*Microtus limnophilus*，Ellerman和Morrison-Scott（1951）根据牙齿结构将其作为根田鼠*M. oeconomus*的同物异名，而Courant（1999）通过细胞学和形态学研究证实其是有效种。Liu等（2017）基于分子系统学，将原来属于田鼠属的东方田鼠亚属提升为独立属*Alexandromys*，而柴达木根田鼠属于该属，因此柴达木根田鼠的拉丁学名修改为*A. limnophilus*。青海田鼠*Lasiopodomys fuscus*曾被认为是毛足田鼠属*Lasiopodomys*的独立种，Liu等（2012，2017）基于分子系统学与阴茎形态学得出结论：青海田鼠应归于松田鼠属*Neodon*，因此改名为青海松田鼠。Yasuda等（2005）检测了从不列颠群岛到日本的巢鼠的分子样品，来自中国成都的样品与其他种群相比遗传水平分化度极高，以此推测中国南方可能存在另一种巢鼠。Abramov等（2009）通过形态学和分子系统学研究，认为分布于四川的越南亚种*Micromys minutus erythrotis*应提升为种，并将拉丁学名修改为*M. erythrotis*，中文名为红耳巢鼠。华南针毛鼠最早由Bonhote（1905）根据采自福建挂墩山的标本命名为*Mus huang*，后被认为是针毛鼠的亚种*Niviventer fulvescens huang*或针毛鼠的同物异名。Balakirev等（2011），Zhang等（2016）基于线粒体分子数据恢复了其种级地位，并确定了针毛鼠*Niviventer fulvescens*只分布于西藏和云南，分布于四川的为华南针毛鼠。

Pallas（1778）根据采自西伯利亚东部的一组标本，命名了兔属新种——蒙古兔*Lepus tolai*，王思博等（1983）认同其独立种地位。Ellerman和Morrison-Scott（1951）将其作为草兔*Lepus capensis*的同物异名，中国的学者普遍接受这一观点。罗泽珣详细对比了产自全世界的草兔和蒙古兔标本，认为蒙古兔是草兔的同物异名。Hoffmann（1993）恢复蒙古兔独立种地位，但理由并不充分。程成等（2012）通过头骨的形态统计学研究认为，草兔和蒙古兔确实有区别，并明确指出长江流域、中原地区、内蒙古的全部是蒙古兔，因此四川记录的"草兔"应为蒙古兔。中国鼠兔最早被命名为灰鼠兔中国亚种*Ochotona roylii chinensis*，命名后一直没有再采集到标本。Lissiovsky等（2013）在没有采集到地模标本的情况下，认为该分类单元是大耳鼠兔的亚种，广泛分布于云南和四川。四川省林业科学研究院于2017年在模式产地"康定雅家梗"再次采集到该分类单元的地模标本，基于简化基因组构建的系统发育关系证明是独立种（Wang et al.，2020），中国鼠兔仅分布于四川川西一带。Thomas（1912a）根据采自秦岭的一组标本命名了秦岭鼠兔*Ochotona syrnix*。Allen（1940）误将Matschie（1907）于陕西乾县命名的黄河鼠兔*O. huangensis*的模式产地认定为秦岭地区，并把黄河鼠兔作为藏鼠兔的亚种*O. thibetana huangensis*，同时把秦岭鼠兔作为*O. t. huangensis*的同物异名。于宁等（1992）根据模式产地及邻近地区系列标本的比较，认为黄河鼠兔是有效种，并把秦岭鼠兔及寿仲灿等（1984）命名的藏鼠兔循化亚种*O. thibetana xunhuaensis*作为黄河鼠兔的同物异名。胡锦矗和胡杰（2007）记述的黄河鼠兔就来源于此。Lissovsky等（2014）研究确认黄河鼠兔应为达乌尔鼠兔*O. dauurica*的同物异名且秦岭鼠兔为有效种。所以，以前的黄河鼠兔就是秦岭鼠兔。

通过梳理，最终确认四川现有野生兽类物种共计235种，分属于10目37科121属。四川兽类物种数占我国兽类物种总数的34.0%，物种数量在我国省级行政区中仅次于云南。

四、四川兽类名录

截至2021年6月底，四川有兽类235种。四川兽类名录见表1-3。

表1-3　四川兽类名录

目	科	属	种	拉丁学名
劳亚食虫目 EULIPOTYPHLA	一、猬科 Erinaceidae	1.鼩猬属	（1）中国鼩猬	*Neotetracus sinensis*
		2.刺猬属	（2）东北刺猬	*Erinaceus amurensis*
		3.林猬属	（3）侯氏猬	*Mesechinus hughi*
	二、鼹科 Talpidae	4.甘肃鼹属	（4）甘肃鼹	*Scapanulus oweni*
		5.长尾鼹属	（5）长尾鼹	*Scaptonyx fusicaudus*
		6.东方鼹属	（6）宽齿鼹	*Euroscaptor grandis*
			（7）长吻鼹	*Euroscaptor longirostris*
		7.白尾鼹属	（8）白尾鼹	*Parascaptor leucura*
		8.鼩鼹属	（9）等齿鼩鼹	*Uropsilus aequodonenia*
			（10）峨眉鼩鼹	*Uropsilus andersoni*
			（11）长吻鼩鼹	*Uropsilus gracilis*
			（12）少齿鼩鼹	*Uropsilus soricipes*
	三、鼩鼱科 Soricidae	9.麝鼩属	（13）灰麝鼩	*Crocidura attenuata*
			（14）白尾梢大麝鼩	*Crocidura dracula*
			（15）印支小麝鼩	*Crocidura indochinensis*
			（16）大麝鼩	*Crocidura lasiura*
			（17）华南中麝鼩	*Crocidura rapax*
			（18）山东小麝鼩	*Crocidura shantungensis*
			（19）台湾灰麝鼩	*Crocidura tanakae*
			（20）西南中麝鼩	*Crocidura vorax*
		10.短尾鼩属	（21）四川短尾鼩	*Anourosorex squamipes*
		11.异黑齿鼩鼱属	（22）淡灰黑齿鼩鼱	*Parablarinella griselda*
		12.黑齿鼩鼱属	（23）川鼩	*Blarinella quadraticauda*
			（24）狭颅黑齿鼩鼱	*Blarinella wardi*
		13.缺齿鼩属	（25）川西缺齿鼩	*Chodsigoa hypsibia*
			（26）霍氏缺齿鼩	*Chodsigoa hoffmanni*
			（27）大缺齿鼩	*Chodsigoa salenskii*
			（28）斯氏缺齿鼩	*Chodsigoa smithii*
		14.水鼩属	（29）灰腹水鼩	*Chimarrogale styani*
			（30）利安德水鼩	*Chimarrogale leander*

（续）

目	科	属	种	拉丁学名
劳亚食虫目 EULIPOTYPHLA	三、鼩鼱科 Soricidae	15.须弥鼩鼱属	（31）小长尾鼩鼱	*Episoriculus macrurus*
			（32）灰腹长尾鼩鼱	*Episoriculus sacratus*
		16.蹼足鼩属	（33）蹼足鼩	*Nectogale elegans*
		17.鼩鼱属	（34）小纹背鼩鼱	*Sorex bedfordiae*
			（35）甘肃鼩鼱	*Sorex cansulus*
			（36）纹背鼩鼱	*Sorex cylindricauda*
			（37）云南鼩鼱	*Sorex excelsus*
			（38）陕西鼩鼱	*Sorex sinalis*
			（39）藏鼩鼱	*Sorex thibetanus*
攀鼩目 SCANDENTIA	四、树鼩科 Tupaiidae	18.树鼩属	（40）北树鼩	*Tupaia belangeri*
翼手目 CHIROPTERA	五、狐蝠科 Pteropodidae	19.果蝠属	（41）棕果蝠	*Rousettus leschenaultii*
	六、假吸血蝠科 Megadermatidae	20.印度假吸血蝠属	（42）印度假吸血蝠	*Lyroderma lyra*
	七、菊头蝠科 Rhinolophidae	21.菊头蝠属	（43）日本马铁菊头蝠	*Rhinolophus nippon*
			（44）中菊头蝠	*Rhinolophus affinis*
			（45）中华菊头蝠	*Rhinolophus sinicus*
			（46）小菊头蝠	*Rhinolophus pusillus*
			（47）短翼菊头蝠	*Rhinolophus shortridgei*
			（48）皮氏菊头蝠	*Rhinolophus pearsoni*
			（49）北绒大菊头蝠	*Rhinolophus perniger*
			（50）丽江菊头蝠	*Rhinolophus osgoodi*
			（51）大耳菊头蝠	*Rhinolophus episcopus*
			（52）云南菊头蝠	*Rhinolophus yunnanensis*
			（53）贵州菊头蝠	*Rhinolophus rex*
	八、蹄蝠科 Hipposideridae	22.蹄蝠属	（54）大蹄蝠	*Hipposideros armiger*
			（55）安氏小蹄蝠	*Hipposideros gentilis*
			（56）普氏蹄蝠	*Hipposideros pratti*
	九、犬吻蝠科 Molossidae	23.犬吻蝠属	（57）宽吻犬吻蝠	*Tadarida insignis*
	十、长翼蝠科 Miniopteridae	24.长翼蝠属	（58）亚洲长翼蝠	*Miniopterus fuliginosus*
	十一、蝙蝠科 Vespertilionidae	25.蝙蝠属	（59）东方蝙蝠	*Vespertilio sinensis*
		26.棕蝠属	（60）东方棕蝠	*Eptesicus pachyomus*
			（61）肥耳棕蝠	*Eptesicus pachyotis*
		27.山蝠属	（62）中华山蝠	*Nyctalus plancyi*

（续）

目	科	属	种	拉丁学名
翼手目 CHIROPTERA	十一、蝙蝠科 Vespertil-ionidae	28.伏翼属	（63）东亚伏翼	*Pipistrellus abramus*
			（64）印度伏翼	*Pipistrellus coromandra*
			（65）普通伏翼	*Pipistrellus pipistrellus*
			（66）侏伏翼	*Pipistrellus tenuis*
		29.高级伏翼属	（67）灰伏翼	*Hypsugo pulveratus*
			（68）阿拉善伏翼	*Hypsugo alaschanicus*
		30.南蝠属	（69）南蝠	*Ia io*
		31.扁颅蝠属	（70）托京褐扁颅蝠	*Tylonycteris tonkinensis*
		32.宽耳蝠属	（71）东方宽耳蝠	*Barbastella darjelingensis*
		33.斑蝠属	（72）斑蝠	*Scotomanes ornatus*
		34.长耳蝠属	（73）灰长耳蝠	*Plecotus austriacus*
		35.毛翼蝠属	（74）毛翼蝠	*Harpiocephalus harpia*
		36.管鼻蝠属	（75）金管鼻蝠	*Murina aurata*
			（76）金毛管鼻蝠	*Murina chrysochaetes*
			（77）梵净山管鼻蝠	*Murina fanjingshanensis*
			（78）锦矗管鼻蝠	*Murina jinchui*
			（79）白腹管鼻蝠	*Murina leucogaster*
		37.宽吻蝠属	（80）宝兴宽吻蝠	*Submyotodon moupinensis*
		38.鼠耳蝠属	（81）西南鼠耳蝠	*Myotis altarium*
			（82）中华鼠耳蝠	*Myotis chinensis*
			（83）毛腿鼠耳蝠	*Myotis fimbriatus*
			（84）华南水鼠耳蝠	*Myotis laniger*
			（85）大卫鼠耳蝠	*Myotis davidii*
			（86）北京鼠耳蝠	*Myotis pequinius*
			（87）长尾鼠耳蝠	*Myotis frater*
			（88）大足鼠耳蝠	*Myotis pilosus*
			（89）渡濑氏鼠耳蝠	*Myotis rufoniger*
灵长目 PRIMATES	十二、猴科 Cercopithecidae	39.猕猴属	（90）猕猴	*Macaca mulatta*
			（91）藏酋猴	*Macaca thibetana*
		40.仰鼻猴属	（92）川金丝猴	*Rhinopithecus roxellana*
鳞甲目 PHOLIDOTA	十三、鲮鲤科 Manidae	41.鲮鲤属	（93）中华穿山甲	*Manis pentadactyla*
食肉目 CARNIVORA	十四、犬科 Canidae	42.犬属	（94）狼	*Canis lupus*
		43.豺属	（95）豺	*Cuon alpinus*

（续）

目	科	属	种	拉丁学名
食肉目 CARNIVORA	十四、犬科 Canidae	44. 狐属	（96）藏狐	*Vulpes ferrilata*
			（97）赤狐	*Vulpes vulpes*
		45. 貉属	（98）貉	*Nyctereutes procyonoides*
	十五、熊科 Ursidae	46. 熊属	（99）棕熊	*Ursus arctos*
			（100）黑熊	*Ursus thibetanus*
		47. 大熊猫属	（101）大熊猫	*Ailuropoda melanoleuca*
	十六、小熊猫科 Ailuridae	48. 小熊猫属	（102）中华小熊猫	*Ailurus styani*
	十七、鼬科 Mustelidae	49. 貂属	（103）黄喉貂	*Martes flavigula*
			（104）石貂	*Martes foina*
		50. 鼬属	（105）香鼬	*Mustela altaica*
			（106）艾鼬	*Mustela eversmanii*
			（107）黄腹鼬	*Mustela kathiah*
			（108）伶鼬	*Mustela nivalis*
			（109）缺齿伶鼬	*Mustela aistoodonnivalis*
			（110）黄鼬	*Mustela sibirica*
		51. 鼬獾属	（111）鼬獾	*Melogale moschata*
		52. 狗獾属	（112）亚洲狗獾	*Meles leucurus*
		53. 猪獾属	（113）猪獾	*Arctonyx collaris*
		54. 水獭属	（114）欧亚水獭	*Lutra lutra*
	十八、灵猫科 Viverridae	55. 大灵猫属	（115）大灵猫	*Viverra zibetha*
		56. 小灵猫属	（116）小灵猫	*Viverricula indica*
		57. 花面狸属	（117）花面狸	*Paguma larvata*
	十九、林狸科 Prionodontidae	58. 林狸属	（118）斑林狸	*Prionodon pardicolor*
	二十、獴科 Herpestidae	59. 獴属	（119）食蟹獴	*Herpestes urva*
	二十一、猫科 Felidae	60. 猫属	（120）荒漠猫	*Felis bieti*
		61. 豹猫属	（121）豹猫	*Prionailurus bengalensis*
		62. 兔狲属	（122）兔狲	*Otocolobus manul*
		63. 猞猁属	（123）猞猁	*Lynx lynx*
		64. 金猫属	（124）金猫	*Catopuma temminckii*
		65. 豹属	（125）豹	*Panthera pardus*
			（126）雪豹	*Panthera uncia*
奇蹄目 PERISSODACTYLA	二十二、马科 Equidae	66. 马属	（127）藏野驴	*Equus kiang*

（续）

目	科	属	种	拉丁学名
鲸偶蹄目 CETARTIODACTYLA	二十三、猪科 Suidae	67. 猪属	（128）野猪	*Sus scrofa*
	二十四、麝科 Moschidae	68. 麝属	（129）林麝	*Moschus berezovskii*
			（130）马麝	*Moschus chrysogaster*
	二十五、鹿科 Cervidae	69. 狍属	（131）狍	*Capreolus pygargus*
		70. 毛冠鹿属	（132）毛冠鹿	*Elaphodus cephalophus*
		71. 麂属	（133）小麂	*Muntiacus reevesi*
			（134）赤麂	*Muntiacus vaginalis*
		72. 鹿属	（135）西藏马鹿	*Cervus wallichii*
			（136）梅花鹿	*Cervus nippon*
		73. 白唇鹿属	（137）白唇鹿	*Przewalskium albirostris*
		74. 水鹿属	（138）水鹿	*Rusa unicolor*
	二十六、牛科 Bovidae	75. 扭角羚属	（139）扭角羚	*Budorcas taxicolor*
		76. 鬣羚属	（140）中华鬣羚	*Capricornis milneedwardsii*
		77. 斑羚属	（141）中华斑羚	*Naemorhedus griseus*
		78. 原羚属	（142）藏原羚	*Procapra picticaudata*
		79. 盘羊属	（143）盘羊	*Ovis ammon*
		80. 藏羚属	（144）藏羚	*Pantholops hodgsonii*
		81. 岩羊属	（145）岩羊	*Pseudois nayaur*
		82. 野牛属	（146）野牦牛	*Bos grunniens*
啮齿目 RODENTIA	二十七、睡鼠科 Gliridae	83. 毛尾睡鼠属	（147）四川毛尾睡鼠	*Chaetocauda sichuanensis*
	二十八、松鼠科 Sciuridae	84. 丽松鼠属	（148）赤腹松鼠	*Callosciurus erythraeus*
		85. 长吻松鼠属	（149）珀氏长吻松鼠	*Dremomys pernyi*
			（150）红腿长吻松鼠	*Dremomys pyrrhomerus*
		86. 花松鼠属	（151）隐纹花松鼠	*Tamiops swinhoei*
			（152）岷山花鼠	*Tamiops minshanica*
		87. 旱獭属	（153）喜马拉雅旱獭	*Marmota himalayana*
		88. 岩松鼠属	（154）岩松鼠	*Sciurotamias davidianus*
		89. 花鼠属	（155）花鼠	*Tamias sibiricus*
		90. 沟牙鼯鼠属	（156）沟牙鼯鼠	*Aerete melanopterus*
		91. 毛耳飞鼠属	（157）毛耳飞鼠	*Belomys pearsonii*
		92. 鼯鼠属	（158）红白鼯鼠	*Petaurista alborufus*
			（159）灰头鼯鼠	*Petaurista caniceps*
			（160）霜背大鼯鼠	*Petaurista philippensis*
			（161）橙色小鼯鼠	*Petaurista sybilla*
			（162）红背鼯鼠	*Petaurista petaurista*

（续）

目	科	属	种	拉丁学名
啮齿目 RODENTIA	二十八、松鼠科 Sciuridae	92.鼯鼠属	（163）灰鼯鼠	*Petaurista xanthotis*
		93.复齿鼯鼠属	（164）复齿鼯鼠	*Trogopterus xanthipes*
		94.飞鼠属	（165）小飞鼠	*Pteromys volans*
		95.箭尾飞鼠属	（166）黑白飞鼠	*Hylopetes alboniger*
	二十九、蹶鼠科 Sicistidae	96.蹶鼠属	（167）中国蹶鼠	*Sicista concolor*
	三十、林跳鼠科 Zapodidae	97.林跳鼠属	（168）四川林跳鼠	*Eozapus setchuanus*
	三十一、刺山鼠科 Platacanthomyidae	98.猪尾鼠属	（169）大猪尾鼠	*Typhlomys daloushanensis*
	三十二、鼹形鼠科 Spalacidae	99.竹鼠属	（170）银星竹鼠	*Rhizomys pruinosus*
			（171）中华竹鼠	*Rhizomys sinensis*
		100.凸颅鼢鼠属	（172）高原鼢鼠	*Eospalax baileyi*
			（173）罗氏鼢鼠	*Eospalax rothschildi*
			（174）木里鼢鼠	*Eospalax muliensis*
	三十三、仓鼠科 Cricetidae	101.绒鼠属	（175）甘肃绒鼠	*Caryomys eva*
		102.绒鼠属	（176）中华绒鼠	*Eothenomys chinensis*
			（177）云南绒鼠	*Epthenomys eleusis*
			（178）丽江绒鼠	*Eothenomys fidelis*
			（179）康定绒鼠	*Eothenomys hintoni*
			（180）金阳绒鼠	*Eothenomys jinyangensis*
			（181）螺髻山绒鼠	*Eothenomys luojishanensis*
			（182）美姑绒鼠	*Eothenomys meiguensis*
			（183）黑腹绒鼠	*Eothenomys melanogaster*
			（184）玉龙绒鼠	*Eothenomys proditor*
			（185）石棉绒鼠	*Eothenomys shimianensis*
			（186）川西绒鼠	*Eothenomys tarquinius*
		103.东方田鼠属	（187）柴达木根田鼠	*Alexandromys limnophilus*
		104.松田鼠属	（188）青海松田鼠	*Neodon fuscus*
			（189）高原松田鼠	*Neodon irene*
		105.沟牙田鼠属	（190）沟牙田鼠	*Proedromys bedfordi*
			（191）凉山沟牙田鼠	*Proedromys liangshanensis*
		106.川西田鼠属	（192）四川田鼠	*Volemys millicens*
			（193）川西田鼠	*Volemys musseri*
		107.甘肃仓鼠属	（194）甘肃仓鼠	*Cansumys canus*
		108.仓鼠属	（195）长尾仓鼠	*Cricetulus longicaudatus*
	三十四、鼠科 Muridae	109.大鼠属	（196）青毛巨鼠	*Berylmys bowersi*
			（197）白齿硕鼠	*Berylmys manipulus*

（续）

目	科	属	种	拉丁学名
啮齿目 RODENTIA	三十四、鼠科Muridae	110.小泡巨鼠属	（198）小泡巨鼠	*Leopoldamys edwardsi*
		111.巢鼠属	（199）红耳巢鼠	*Micromys erythrotis*
		112.小鼠属	（200）锡金小鼠	*Mus pahari*
			（201）小家鼠	*Mus musculus*
		113.白腹鼠属	（202）安氏白腹鼠	*Niviventer andersoni*
			（203）北社鼠	*Niviventer confucianus*
			（204）川西白腹鼠	*Niviventer excelsior*
			（205）华南针毛鼠	*Niviventer huang*
			（206）海南社鼠	*Niviventer lotipes*
		114.滇攀鼠属	（207）滇攀鼠	*Vernaya fulva*
		115.姬鼠属	（208）黑线姬鼠	*Apodemus agrarius*
			（209）高山姬鼠	*Apodemus chevrieri*
			（210）中华姬鼠	*Apodemus draco*
			（211）大耳姬鼠	*Apodemus latronum*
			（212）大林姬鼠	*Apodemus peninsulae*
			（213）黑姬鼠	*Apodemus nigrus*
		116.家鼠属	（214）黑缘齿鼠	*Rattus andamanensis*
			（215）黄毛鼠	*Rattus losea*
			（216）大足鼠	*Rattus nitidus*
			（217）褐家鼠	*Rattus norvegicus*
			（218）黄胸鼠	*Rattus tanezumi*
		117.板齿鼠属	（219）板齿鼠	*Bondicata indica*
	三十五、豪猪科Hystri-cidae	118.帚尾豪猪属	（220）帚尾豪猪	*Atherurus macrourus*
		119.豪猪属	（221）中国豪猪	*Hystrix hodgsoni*
兔形目 LAGOMORPHA	三十六、鼠兔科Ochoto-nidae	120.鼠兔属	（222）秦岭鼠兔	*Ochotona syrinx*
			（223）扁颅鼠兔	*Ochotona flatcalvariam*
			（224）黄龙鼠兔	*Ochotona huanglongensis*
			（225）峨眉鼠兔	*Ochotona sacraria*
			（226）红耳鼠兔	*Ochotona erythrotis*
			（227）川西鼠兔	*Ochotona gloveri*
			（228）间颅鼠兔	*Ochotona cansus*
			（229）高原鼠兔	*Ochotona curzoniae*
			（230）邛崃鼠兔	*Ochotona qionglaiensis*
			（231）藏鼠兔	*Ochotona thibetana*
			（232）中国鼠兔	*Ochotona chinensis*
	三十七、兔科Lepidae	121.兔属	（233）蒙古兔	*Lepus tolai*
			（234）高原兔	*Lepus oiostolus*
			（235）云南兔	*Lepus comus*

五、哺乳动物头骨的组成和名称

哺乳动物头骨一般由41块骨骼组成（脑颅39块，下颌2块）（图1-2），多数骨骼左右对称，少数骨骼只有1块。背面包括9块骨骼，分别为鼻骨2块、额骨2块、泪骨2块、顶骨2块、顶间骨1块；侧面20块，包括前颌骨2块，上颌骨2块，颧骨2块，眶蝶骨2块，翼蝶骨2块，鳞状骨2块，听泡骨（鼓室）2块，鼓室内有听骨3对（共6块），分别为锤骨、砧骨和镫骨（各1对）；枕部4块，包括上枕骨1块、侧枕骨2块、基枕骨1块，4块骨骼通常完全愈合；腹面6块：腭骨2块，翼骨2块，前蝶骨1块，基蝶骨1块；下颌骨2块，为齿骨。

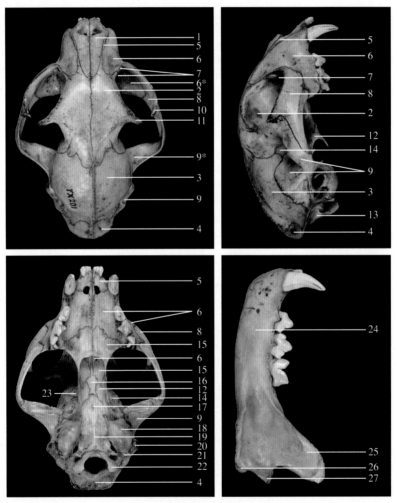

图1-2 哺乳动物头骨

1.鼻骨 2.额骨 3.顶骨 4.顶间骨 5.前颌骨 6.上颌骨 6*.上颌骨颧突 7.泪骨 8.颧骨 9.鳞骨 9*.鳞骨颧突 10.颧骨眶突 11.眶后突 12.翼骨 13.侧枕骨 14.翼蝶骨 15.腭骨 16.前蝶骨 17.基蝶骨 18.听泡 19.基枕骨 20.乳突 21.副乳突 22.枕髁 23.眶蝶骨 24.下颌骨 25.冠状突 26.角突 27.关节突

很多哺乳动物的躯干和四肢骨骼一样，但奔驰类（奇蹄目、鲸偶蹄目）和水生哺乳类（鲸类、海牛类、鳍脚类）为适应特定环境，部分骨骼有融合、退化或形变。在此不赘述。

六、头骨测量指标

外形测量一般包括体长、尾长、后足长、耳高。翼手类一般还包括前臂长，偶蹄类一般还包括肩高。

不同类群的头骨测量略有差异，不同类群头骨测量指标见图1-3～图1-6。

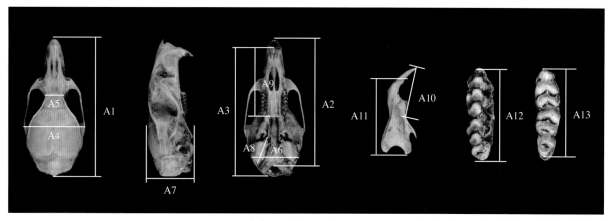

图1-3　啮齿目、兔形目头骨测量示意图
A1.颅全长　A2.基长　A3.髁鼻长　A4.颧宽　A5.眶间宽　A6.颅宽　A7.颅高　A8.听泡长　A9.上齿列长
A10.下齿列长　A11.下颌骨长　A12.上白齿冠长　A13.下白齿冠长

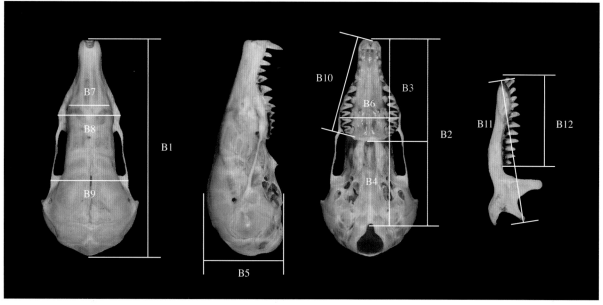

图1-4　劳亚食虫目、攀鼩目、翼手目头骨测量示意图
B1.颅全长　B2.基长　B3.腭长　B4.基底长　B5.颅高　B6.第二上白齿宽　B7.眶间宽　B8.腭宽　B9.颧宽
B10.上齿列长　B11.下颌骨长　B12.下齿列长

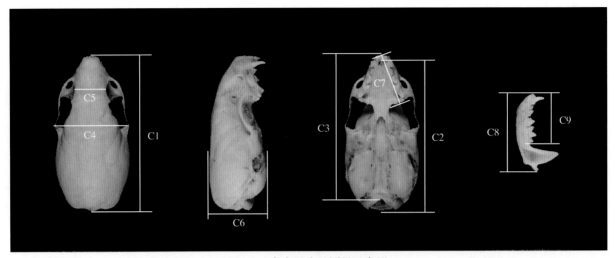

图1-5　食肉目头骨测量示意图
C1.颅全长　C2.基底长　C3.基长　C4.颧宽　C5.眶间宽　C6.颅高　C7.上齿列长　C8.下颌长　C9.下齿列长

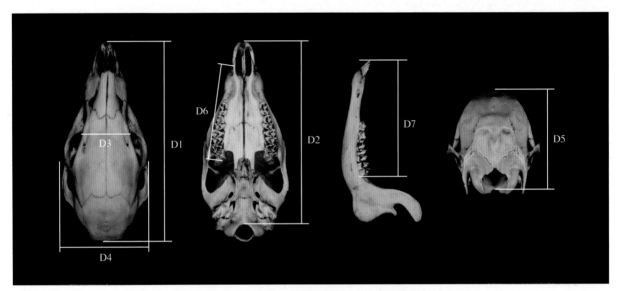

图1-6　奇蹄目、鲸偶蹄目头骨测量示意图
D1.颅全长　D2.基长　D3.眶间宽　D4.颧宽　D5.枕颅高　D6.上齿列长　D7.下齿列长

七、本书涉及的机构名称英文缩写

重庆自然博物馆（CMNH）

广州大学生命科学学院标本室（GZHU）

绵阳师范学院生命科学学院标本室（MYTC）

四川林业科学研究院标本室（SAF）

四川大学博物馆（SUM）

四川师范大学生命科学学院标本室（SCNU）

四川农业大学博物馆（SICAU）

四川省疾病预防控制中心标本室（SCCDC）

四川中医药研究所标本馆（SITCM）

西华师范大学博物馆（CWNU）

中国科学院西北高原生物研究所博物馆（NWIBP）

中国科学院昆明动物研究所博物馆（KIZCAS）

中国科学院动物研究所博物馆（IOZ）

蒋可威先生个人收藏（YX）

四川兽类志

Fauna of Sichuan

各 论

Systematic Account

劳亚食虫目

EULIPOTYPHLA Waddell et al., 1999

EULIPOTYPHLA Waddell, et al., 1999. Syst. Biol., 48: 1-5.

起源与演化　劳亚食虫目EULIPOTYPHLA Waddell et al.，1999曾经被命名为食虫目INSECTIVORA Bowdich，1821；无盲肠目LIPOTYPHLA Haeckel，1866或鼩形目SORICOMORPHA Gregory，1910。2018年版的《世界哺乳动物手册》（*Handbook of the Mammals of the World*）的分类系统将非洲鼩目、猬形目和鼩形目合并成劳亚食虫目，包括猬科Erinaceidae Fischer，1814；鼩鼱科Soricidae Fischer，1814；鼹科Talpidae Fischer，1814；沟齿鼩科Solenodontidae Gill，1872这4个科（Wilson and Mittermeier，2018）。该目是哺乳动物中的第3大目，仅次于啮齿目和翼手目，包括了8%的现生哺乳动物，超过500个物种。在劳亚食虫目内，鼩鼱科是最大的科，占该目接近85%的物种，鼹科占10%，猬科不到5%，沟齿鼩科最少（Wilson and Mittermeier，2018）。

从分子系统演化上来看，劳亚食虫目在劳亚兽总目LAURASIATHERIA中是最原始的类群，处在该总目系统树的最基部，是其他所有劳亚兽总目类群的姊妹群，包括翼手目CHIROPTERA、鲸偶蹄目CETARTIODACTYLA、奇蹄目PERISSODACTYLA、食肉目CARNIVORA和鳞甲目PHOLIDOTA（Tarver et al.，2016；Liu et al.，2017）。分子钟认为劳亚食虫目与其他劳亚兽总目的分歧时间估计发生在大约晚白垩纪，Douady和Douzery（2003）认为在距今9 400万～7 500万年，Springer等（2003）认为在距今9 500万～7 600万年，Bininda-Emonds等（2007）认为在距今9 400万～8 900万年，Tarver等（2016）认为在距今8 200万～7 300万年。劳亚食虫目最原始类群沟齿鼩科从晚白垩世距今8 600万～6 600万年到古新世结束之前与其他劳亚食虫目分开，Sato等（2016）认为在距今6 080万～5 730万年，Brandt等（2017）认为在距今9 860万～6 210万年。鼹科被认为与鼩鼱科和猬科在白垩纪—古近纪边界上有共同祖先，大约生活在6 500万年前。有研究认为在距今约4 700万年的始新世边界诞生了鼹科的共同祖先。猬科仅分布于旧大陆，但在北美洲发现了几个居群的化石。该科在北美洲似乎起源于约6 000万年前的古新世，在约500万年前的中新世灭绝。在欧亚大陆，猬科最早出现在距今5 800万～5 500万年（古新世），在非洲发现这个类群是在2 300万年前（中新世）。鼩鼱科最古老的化石出现在渐新世，在中新世早中期，该科的多样性水平达到最高。鼩鼱科最古老的鼩鼱是Soricolestinae亚科中的化石种*Soricolestes soricavus*，它是从蒙古中始新世Khaychin组地层中找到并被描记，它的形态特征符合Repenning在1967年提出的鼩鼱共同祖先的特征，因此可能是现生和化石鼩鼱的共同祖先。

形态特征　劳亚食虫目动物一般较原始，缺乏明显的进步性特征。主要鉴别特征是小眼睛、较长且突出的吻部和消化道中缺少盲肠。一般个体小，体通常被短而密的毛，有时有刺，具有长而细的吻部。5指（趾）型附肢，具爪，跖行性。耳小，有些种类耳隐于毛下，不可见。桡骨和尺骨分开，但胫骨和腓骨常在近踝部愈合，均有锁骨。睾丸在腹腔内或阴囊前置于阴茎前，某些种类有阴茎骨，多数种类生殖道与尿道汇合于一个共同的出口。头骨低平，长而细。牙齿一般26～44枚，牙齿结构原始，分化程度较低，有些种类门齿、犬齿和前臼齿未分化难以区分，统称为"单尖齿"。大脑半球一般无沟回。

分类学讨论　劳亚食虫目一直是哺乳动物分类和系统学研究中最困难的一部分，有人戏称它像个大垃圾桶，凡是哺乳类研究不清楚的东西就归入这个类群（Asher，1999），分类非常混乱。曾经的"食虫类Insectivora"动物不仅包括了核心食虫类动物像沟齿鼩科Solenodontidae、猬科Erinaceidae、鼩鼱科Soricidae、鼹科Talpidae，还包括了金鼹科Chrysochloridae、马岛猬科

Tenrecidae、鼯猴科Cynocephalidae、象鼩科Macroscelidea、攀鼩目SCANDENTIA（Grenyer and Purvis，2003）。这个类群的分类一直争议不断。随着形态学研究深入，分子测序技术的发展和新的化石的发现，对这个类群的分类、系统、演化历史有了更清楚的认识，一些分类得以修正。金鼹科、象鼩科和马岛猬科构成一个单系群，并隶属于非洲兽总目AFROTHERIA（Douady and Douzery，2003；Madsen et al.，2001；Murphy et al.，2001；Nikaido et al.，2003）；而鼯猴科和攀鼩目被认为是灵长类的姊妹群（Janecka et al.，2007）；剩下的沟齿鼩科与核心的食虫类（猬科、鼹科、鼩鼱科）形成单系（Roca et al.，2004），并位于劳亚兽总目中靠近基部的位置（Murphy et al.，2007）。2005年版的《世界哺乳动物物种》认为它们由非洲鼩目AFROSORICIDA、猬形目ERINACEOMORPHA和鼩形目SORICOMORPHA 3个目组成，其中非洲鼩目包括马岛猬科和金鼹科，猬形目包括刺猬科和毛猬科，而鼩形目包括鼩鼱科和鼹科（Wilson and Reeder，2005）。然而，根据核心食虫类的系统进化关系，如果猬科独立成目，那么鼹科、鼩鼱科和沟齿鼩科都应该独立成目，这个分类显然不合理，只有将猬形目和鼩形目合并，重启无盲肠目LIPOTYPHLA或劳亚食虫目EULIPOTYPHLA更为合理（Asher and Helgen，2010）。

　　根据2018年《世界哺乳动物手册》（*Handbook of the Mammals of the World*）的分类系统，又将非洲鼩目、猬形目和鼩形目合并成目前的劳亚食虫目，包括猬科、鼩鼱科、鼹科、沟齿鼩科4个科，其中猬科和鼩鼱科是姊妹群（Wilson and Mittermeier，2018）。除沟齿鼩科外，猬科、鼩鼱科、鼹科这3个科中国均有分布。

　　我国是劳亚食虫类多样性极为丰富的国家，目前有3科26属92种（魏辅文等，2021）。但遗憾的是我国科学家早期对这类动物的研究极其薄弱，起步也比较晚，对该类群的多样性、现状知之甚少。国内涉及劳亚食虫类方面的研究大多集中在综述性的兽类著作中。早期各种文献都存在不同程度的分类问题，种上和种下分类都有一些变化，并不断得到后来学者的修订和完善。早期，Allen（1938）、Ellerman和Morrison-Scott（1951）、Corbet（1978）等国外的科学家开展过少量工作，后期Hoffmann先后研究了广义的长尾鼩鼱属*Soriculus*（Hoffmann，1984，1985）并做了系统的梳理，尤其是Hoffmann（1987）通过查阅大量文献和很多国外的模式标本，全面总结了中国鼩鼱亚科动物的分类和分布，基本厘清了我国鼩鼱亚科动物的分类（Hoffmann，1987）。

　　随后Corbet和Hill（1992）、Hutterer（1993）、Hutterer（2005）的综述性兽类著作也涉及中国的劳亚食虫目动物介绍。《哺乳动物分类名录》（谭邦杰，1992）、《世界兽类名称（拉汉英对照）》（汪松和王家骏，1994）和《世界哺乳动物名典（拉汉英）》（汪松等，2001）也涉及一些食虫类动物的介绍。张荣祖等（1997）在《中国哺乳动物分布》中，总结了中国哺乳动物的区系和地理分布，并给出了每个种较为明确的分布信息。Hoffmann（1984，1985）对我国鼹科鼩鼹属，鼩鼱科广义长尾鼩鼱属做了系统梳理。蒋学龙和Hoffmann（2001）厘清了中国南部6种麝鼩属物种的分类（Jiang and Hoffmann，2001），为此后麝鼩亚科的研究奠定了基础。蒋学龙等（2003）对鼩鼱科黑齿鼩鼱属做了系统的梳理。Motokawa等学者早期在中国劳亚食虫类研究上也做了大量的工作（Motokawa et al.，1997，2004；Motokawa，2003；Motokawa and Lin，2002，2005）。

　　王应祥（2003）第一次全面总结了中国哺乳动物的种类和分布，确定了我国拥有劳亚食虫目3科25属69种。2007年，由王应祥主要负责撰写的《中国哺乳动物彩色图鉴》附录中指出，我国劳亚食虫目有3科24属79种（潘清华等，2007）。另一部重要的关于中国哺乳动物分类的著作是 *A Guide to the Mammals of China*（Smith 和解焱，2009），该书中文版《中国兽类野外手册》出版于2009年，全面总结了中国食虫类动物的分类和分布、亚种和自然史、保护现状，确定中国有2目3科24属74种。《中国兽类图鉴》（刘少英和吴毅，2019）是第一部使用野外生态照片展示中国境内（含台湾、香港、澳门等）的劳亚食虫目动物3目3科91种，为食虫类小型哺乳动物的分类、识别和鉴定提供了重要参考。此外，国内值得参考的涉及我国劳亚食虫类动物的分类著作还有《中国野生哺乳动物》（盛和林等，1999）、《中国脊椎动物大全》（刘明玉等，2000）、《中国哺乳动物图鉴》（盛和林等，2005）、《中国兽类彩色图谱》（杨奇森和岩崑，2007）、《中国哺乳动物多样性及地理分布》（蒋志刚，2015）、《中国兽类分类与分布》（魏辅文等，2021）。根据魏辅文等（2022）最新统计，中国劳亚食虫目有3科26属92种。

近几年来，中国劳亚食虫类动物的研究得到了长足的发展，发现2个新属——异黑齿鼩鼱属 *Parablarinella*（He et al.，2018；Bannikova et al.，2019）和高山鼹属 *Alpiscaptulus*（Chen，et al.，2021），8个新种包括高黎贡林猬 *Mesechinus wangi*（Ai et al.，2018）、等齿鼩鼹 *Uropsilus aequodonenia*（刘洋等，2013）、墨脱鼹 *Alpiscaptulus medogensis*（Chen et al.，2020）、大别山鼩鼹（Hu et al.，2021）、霍氏缺齿鼩 *Chodsigoa hoffmanni*（Chen et al.，2017）、安徽麝鼩 *Crocidura anhuiensis*（Zhang et al.，2019）、东阳江麝鼩 *Crocidura dongyangjiangensis*（刘洋等，2020）、大别山缺齿鼩（Chen et al.，2022）。多个属内的隐存种，比如东方鼹属 *Euroscaptor*、白尾鼹属 *Parascaptor*、长尾鼹属 *Scaptonyx*（He et al.，2014；He et al.，2017；He et al.，2020）、鼩鼹属 *Uropsilus*（Wan et al.，2013；Wan et al.，2020；He et al.，2017）、麝鼩属 *Crocidura*（Chen et al.，2020）、缺齿鼩属 *Chodsigoa*（Chen et al.，2017）；还有国内新记录种如高氏缺齿鼩 *Chodsigoa caovansunga*（何锴等，2012）和多个省级新记录的研究报道。

关于四川劳亚食虫目动物，胡锦矗和王酉之（1984）记录四川劳亚食虫目动物4科12属13种；王酉之和胡锦矗（1999）记录四川劳亚食虫目动物3科15属31种；王应祥（2003）记述四川劳亚食虫目动物3科17属31种；胡杰和胡锦矗（2007）列出四川劳亚食虫目动物3科16属35种。经修订，去掉的6个物种包括大耳猬、姬鼩鼱、褐腹长尾鼩鼱、大长尾鼩鼱、甘肃缺齿鼩、长尾大麝鼩；增加的8个物种包括东北刺猬、藏鼩鼱、甘肃鼩鼱、霍氏缺齿鼩、台湾灰麝鼩、西南中麝鼩、白尾梢大麝鼩、印支小麝鼩，加上近年来命名的1个新种（等齿鼩鼹）、1个亚种被提升到种（灰腹长尾鼩），总计四川劳亚食虫目有3科18属39种。

四川分布的劳亚食虫目分科检索表

1. 头骨颧弓和听泡均缺失；具2～5枚单尖齿；第1对上颌门齿具2个齿尖 ………………………… 鼩鼱科 Soricidae

　头骨颧弓和听泡都存在；不具单尖齿；第1对上颌门齿不具2个齿尖 …………………………… 2

2. 骨缝明显；第1对上颌门齿呈犬齿状；第1和第2白齿有4个强健的齿尖，具中间第5齿尖 ……… 猬科 Erinaceidae

　骨缝不明显；第1对上颌门齿呈凿状；第1和第2白齿仅有4个强健的齿尖，不具中间第5齿尖 …… 鼹科 Talpidae

一、猬科 Erinaceidae Fischer，1814

Erinaceidae Fischer, 1814. Zoognosia tabulis synopticis illustrata, 3: IX（模式属：*Erinaceus* Linnaeus, 1758）.

起源与演化　猬科 Erinaceidae 仅分布于旧大陆，但在北美洲发现了几个居群的化石。该科在北美洲起源于约 6 000 万年前的中古新世，在约 500 万年前的中新世灭绝。在欧亚大陆，该科最早出现在 5 500 万～ 5 800 万年前的古新世，在非洲发现这个家族是在 2 300 万年前的中新世。猬科包括刺猬亚科 Erinaceinae 和毛猬亚科 Galericinae 2 个亚科。

刺猬亚科广泛分布于非洲、亚洲和欧洲；在中新世中晚期，毛猬亚科的物种几乎遍布整个北半球，从亚洲到欧洲和北非，再到北美洲。目前，毛猬亚科栖息在东南亚相对较小的区域。

Bannikova 等（2014）回顾了古生物学和分子数据，阐明刺猬类和鼩猬类动物的进化历史。在始新世晚期至渐新世早期，刺猬亚科物种就出现了。然而，多刺的毛皮是什么时候获得的仍不清楚。早中新世出现的 *Gymnurechinus* 属有很高的背侧棘、长吻、长颈，缺乏多刺皮毛。在中新世晚期发现了刺猬属的化石。分子分析表明在中新世末到上新世早期，刺猬类经历了一次快速的辐射，产生了 4 ～ 5 个新的谱系：猬属 *Erinaceus*、非洲猬属 *Atelerix*、*Paraechinus* 属、大耳猬属 *Hemiechinus*（包括林猬属 *Mesechinus*），这些谱系在 200 万年的时间里彼此分离。除欧洲刺猬 *Erinaceus europaeus* 和北方白胸刺猬 *Erinaceus roumanicus* 外，这段时间之后分化的刺猬亚科物种通常都是异地分布。新近发现的这些属与中新世类群的关系尚不清楚，它们在刺猬亚科家系中的确切位置尚不确定。在 4 ～ 5 个新谱系（晚中新世）中分化的时间特征是气候向更干旱的条件转变，这可能是导致毛猬亚科的多样性急剧减少的原因，而这样的环境更适合刺猬亚科生存。有人认为多刺刺猬的共同祖先是个多面手，能够很好地适应从森林到草原的各种各样的栖息环境。与毛猬亚科相反，刺猬亚科减少了对湿度的依赖，演化出对干旱和超干旱环境的适应。棘皮和复杂的皮肤肌肉组织发育使身体卷起是防范被捕食的关键适应，使刺猬占据更广阔的环境，并提高对干旱的适应。据分子钟时间推测，导致北非和欧洲大陆之间形成更广泛陆地连接的墨西拿盐度危机促进了非洲刺猬早期物种向非洲的扩散。刺猬属的辐射进化起源于始新世，主要与欧洲和小亚细亚有关。早期在东北刺猬 *Erinaceus amurensis* 居群的迁移可能与这一时期形成的跨古北区有关。Bannikova 等（2014）认为大多数多刺刺猬物种的进化都是最近（中更新世到晚更新世）发生的，在西欧刺猬的分支中检测到种内分化。刺猬和普通长耳刺猬也有明显的种内地理亚结构。

毛猬亚科物种曾经是非常多样化，已经描述了 9 个化石属和 47 个物种。目前毛猬亚科有 5 属（毛猬属 *Hylomys*、刺氏鼩猬属 *Echinosorex*、鼩猬属 *Neotetracus*、新毛猬属 *Neohylomys*、裸足猬属 *Podogymnura*）8 种。所有现生种局限分布于东南亚。Engesser 和蒋学龙（2011）比较了鼩猬属、毛猬属、新毛猬属的牙齿和颅骨特征，并回顾了毛猬亚科的化石证据，指出该亚科是一个非常古老的哺乳动物类群，可能起源于始新世甚至更早的亚洲。已知最古老的化石来自大约 4 000 万年前的哈萨克斯坦和中国的始新世早期。

在欧洲，曾经的毛猬亚科有6属32种，特别是在500万～2 300万年前的中新世，毛猬亚科非常常见。在欧洲，这个亚科在大约3 600万年前的最早渐新世首次被记录。与几乎同时出现在欧洲的其他哺乳动物（鼹科Talpidae、仓鼠科Cricetidae、河狸科Castoridae、囊鼠科Geomyidae、犀科Rhinocerotidae、碳兽科Anthracotheriidae）相比，毛猬亚科物种可以被认为是从亚洲迁移来的。在渐新世，只有*Tetracus*属和*Neurogymnurus*属各有2个物种代表了这个亚科，*Galericinds*属并不常见，它们在渐新世晚期消失。从渐新世到最早中新世记录很少，没有物种被描述。大约1 800万年前的早中新世，*Galerix*属物种出现，并从那时起一直记录到晚中新世。*Galerix*属可能是从土耳其迁移来的，该属在渐新世被记录。在这段漫长的时间里，有6个物种进化，2条进化路经和3条迁徙路线被确认。*Lanthanotherium*属被视为迁移至欧洲的，首次出现在1 600万年前的早中新世，在中新世普遍包括7个物种，一直延续到800万年前的中新世晚期。

土耳其和希腊的裂齿猬属*Schizogalerix*在中新世大量分布，它可能起源于中新世中期。到目前为止，已经描述了裂齿猬属有11个物种，并且有3条进化路径。裂齿猬属在东欧国家（希腊和奥地利）很常见；随后，少数几个物种到达更西的瑞士和法国。*Deinogalerix*属是意大利南部加尔加诺（Gargano）半岛特有的1个属，有5个物种。其中已知最大的物种是*Deinogalerix koenigswaldi*，头体长可达560 mm。在晚中新世期间，该地区是一个岛屿，在该岛上进化出*Galericind*属。东非记录了中新世*Galerix*属1个物种。裂齿猬属来自中、晚中新世阿尔及利亚和摩洛哥的不同地区。在北美洲，毛猬亚科可能从未广泛分布过。至于美国怀俄明州发现的中始新世的*Erinaceid*属，是否属于毛猬亚科，值得怀疑。毛猬亚科可能在渐新世晚期到达北美洲，正如约2 600万年前美国南达科他州阿里卡里阶（Arikareean）早期*Ocajila*属一样。据记载，在中新世中期到中新世晚期出现并记录了*Lanthanotherium*属的2个物种。

形态特征 刺猬亚科为中型食虫动物，头部和背部有硬刺，吻相对较短；毛猬亚科物种为小型杂食动物，体被柔软或粗糙的皮毛，有类似鼩鼱的吻。

刺猬有相对较长的、可动的鼻子，较小的大脑和锋利的牙齿。大多数物种有相对较短的颈、尾和腿，足大。可蜷缩使其外观紧凑；陆生，夜行性。Corbet在1988年总结了猬科的鉴别特征：第1和第2上臼齿方形、齿尖低；第3上臼齿、第4上前臼齿趋于方形、齿尖矮，唇面退化为隆凸；第1和第2下臼齿呈亚矩形。头体长100～300 mm；吻部拉长、钝，鼩猬类比刺猬类更为明显；眼睛很小，耳郭短至中等长度；腿短，后腿胫骨和腓骨融合；所有的刺猬都是脚底行走，脚后跟着地；足通常有5趾，除了一些非洲猬属物种的拇趾（第1个脚趾）减少或缺失。齿式3.1.3-4.3/2-3.1.2-4.3 = 36-44，第1上颌门齿较大且呈犬齿状。颅骨从狭长到短而宽不等，脑颅小，颧弓发达，枕骨平或凹，听泡不全，鼓室小，锁骨与肱骨无关节。两性在外貌上通常相似。雌性的泌尿生殖道开口靠近肛门；雌性有2～5对乳头；雄性睾丸无阴囊，位于腹侧；阴茎向前，部分从腹部下垂，阴茎开口在肛门前面。

刺猬亚科物种头体长130～310 mm，尾长为10～55 mm；毛猬亚科物种头体长90～460 mm，尾长为10～300 mm。月鼠*Echinosorex gymnura*是现存最大的刺猬亚科动物，头体长760 mm，体重不超过2 kg。最小的是短尾鼩猬*Hylomys suillus*，头体长90～156 mm，尾长10～30 mm，体重45～80 g。最大的已灭绝的刺猬亚科物种是*Deinogalerix koenigswaldi*，它生活在中新世中期，其生活区域现在属于意大利。其头体长约750 mm，体重约9 kg，有细长的口鼻，锋利的牙齿，短腿，身体无刺。

毛皮是刺猬亚科和毛猬亚科之间最明显的区别。刺猬的头、背和体侧都有一层浓密的刺。鼩猬很少或没有刺，覆盖着柔软或粗糙的皮毛。刺猬属种内和种间的颜色从几乎白色到几乎黑色不等，但通常有些黄棕色或灰棕色到黑色的阴影。刺猬的吻比鼩猬的短，鼩猬有1个狭窄的、像鼩鼱一样的长吻。刺猬和鼩猬有相似的牙齿。与鼩猬相比，刺猬有2颗下颌门齿，第3颗下前臼齿缺失，而鼩猬有3颗下颌门齿，存在下前臼齿。鼩猬的尾相对较长，毛发稀疏；像老鼠一样的鼻子很长，能活动，延伸到嘴以外；有发达的肛门腺。刺猬的刺之间没有毛发生长，但在两侧有1个密集的长有皮毛的边界。刺猬的表皮很薄，但下面是一层很厚的波浪状纤维层，几乎没有血管。由于没有绝缘皮毛，皮肤背面附近没有血管可能有助于减少热量损失。在刺下毛囊的下面是一层发达的横纹肌，即肌束层，这块肌肉下面是一层脂肪组织，在冬眠前变得特别厚。

分类学讨论　1758年，林奈在《自然系统》（*Systema Naturae*）一书中，将刺猬属放在野兽目 BESTIAE，位于鼹属 *Talpa* 和鼩鼱属 *Sorex* 附近，这一群体还包括各类成员，如猪属 *Sus*、犰狳属 *Dasypus*、负鼠属 *Didelphis*。1814年，Fischer 在《植物志》中，将猬科 Erinaceidae 列为跖行目 PLANTIGRADA。1821年，Gray 将猬科列入 QUADRIPEDES 纲和 PLANTIGRADAE 目。1838年，Bonaparte 在《系统性脊椎动物志》中将猬科列入 BESTIAE。

猬科一直被归入现在已不复存在的食虫目中，并被认为与鼩鼱科、鼹科、无尾猬科、金鼹科及其他类群有着密切的关系。Lopatin 于2006年指出，近100年来，与其他目关系不确定的哺乳动物经常被称为食虫目，这种做法导致食虫目成为早期胎盘哺乳动物的"分类垃圾桶"。1822年，Raffles 在最初对月鼠的研究中提出，它可能是1种灵猫（灵猫科，包括果子狸和近亲），并建议用灵猫作为它的名字。

1872年，Gill 对包括猬科（包括刺猬亚科和毛猬亚科）在内的哺乳动物的科进行了调整。1988年，Corbet 指出，猬科一直被公认为是一个单系分类单元，没有近亲，包括现生刺猬亚科和毛猬亚科。随后，许多作者对科内关系进行了评估，包括 Leche（1902）、Van Valen（1967）、Gureev（1979）、Corbet（1988）、Frost 等（1991）、Banikova 等（1995）、Gould（1995）、McKenna 和 Bell（1997）、Bannikova 等（2002）、Grenyer 和 Purvis（2003）、Hutterer（2005）、He 等（2012）、Bannikova 等（2014）。

Hutterer 于2005年总结了猬科的分类学和系统学关系，包括两个亚科，共24种现生物种，其中包括刺猬亚科16种，毛猬亚科包括鼩猬等8种。然而，根据遗传和形态分析，刺猬亚科可能还有新物种有待发现。2016年，孔飞等出版了一系列出版物，支持中国陕西榆林地区达乌尔刺猬 *Mesechinus dauuricus* 种群应被认定为小齿林猬 *Mesechinus miodon* 的观点。线粒体数据表明，小齿林猬与普通长耳刺猬 *Hemiechinus auritus* 的亲缘关系比与达乌尔刺猬的亲缘关系更为密切。Ai Huaisen 等（2018）对林猬属进行了回顾，他们通过形态学和遗传数据描述了中国南部中缅（缅甸）边境附近发现的高黎贡林猬 *Mesechinus wangi*。高黎贡林猬的第4上臼齿在刺猬中是独一无二的。

目前全世界共有猬科物种26个，其中猬亚科18个物种，毛猬亚科8个物种。猬亚科中有东

北刺猬 *Erinaceus amurensis*、大耳猬 *Hemiechinus auritus*、高黎贡林猬 *Mesechinus wangi*、小齿猬 *M. miodon*、达乌尔猬 *M. dauuricus*、侯氏猬 *M. hughi* 6个物种分布于中国。毛猬亚科有中国鼩猬 *Neotetracus sinensis*、毛猬 *Hylomys suillus*、海南新毛猬 *Neohylomys hainanensis* 3个物种分布于中国。其中，猬亚科中东北刺猬 *Erinaceus amurensis* 和侯氏猬 *Mesechinus hughi* 2个物种分布于四川；毛猬亚科中有中国鼩猬 *Neotetracus sinensis* 1个物种分布于四川。

四川分布的猬科分属检索表

1. 体似鼩鼱形，头体长小于160mm；毛被柔软无刺；齿数40枚 ·············· 鼩猬属 *Neotetracus*
   体非鼩鼱形，头体长大于160 mm，毛被粗糙，背及体侧覆强健的棘刺；齿数36枚 ·············· 2
2. 背部棘刺大多数白色，少数黑色，整个背面毛色浅；耳约与周围棘刺等高或稍高 ·············· 刺猬属 *Erinaceus*
   背部棘刺最尖部棕褐色，次尖部黑色，使得背部颜色深；耳短不突出于棘刺 ·············· 林猬属 *Mesechinus*

1. 鼩猬属 *Neotetracus* Trouessart，1909

Hylomys Muller, 1839. In Temminck, Verhand. Natuurl. Gesch. Nederl. Bezitt., Vol. Ⅰ, Zoogd. Indisch. Archip: 50.

Neotelracus Trouessart, 1909. Ann. Mag. Nat. Hist., 4: 389 (模式种：*Neotetracus sinensis* Trouessart, 1909).

鉴别特征　鼠形。吻较尖长。背毛粗糙，无刺。尾长超过体长一半，黑褐色，几乎裸露。

形态　身体被毛，体形似鼠而吻较尖长，尾长为头体长的51%～63%。

生态学资料　栖息于海拔1 500～2 700 m常绿阔叶林、落叶阔叶林、常阔落阔混交林、灌丛及林缘草地；喜活动于坡度16°～35°的多石环境；夜间活动；以无脊椎动物、根茎、浆果和其他植物为食；年产2胎，每胎5～7仔。

地理分布　在国内分布于四川、云南、贵州。国外分布于缅甸东北部和越南北部。该属更新世化石物种出土于重庆和湖北，晚更新世化石物种发现于云南（邱占祥和李传夔，2015）。

分类学讨论　鼩猬属由Trouessart于1909建立，Jenkins和Robinson（2002）及后来的学者曾把它作为毛猬属 *Hylomys* 或亚属，单属单种。全世界鼩猬属仅中国鼩猬 *Neotetracus sinensis* 1个物种，在四川有分布。

(1) 中国鼩猬 *Neotetracus sinensis* Trouessart，1909

别名　鼩猬

英文名　Shrew Gymnure

Neotetracus sinensis Trouessart, 1909. Ann. Mag. Nat. Hist., 8, 4: 390(模式产地：四川康定); Allen, 1940. Mamm. Chin. Mong., 40-41; Ellerman and Morrison-Scott, 1951. Check. Palaea. Ind. Mamm., 18; Wilson and Reeder, 2005. Mamm. Spec. World, 3rd ed., 219; 王酉之和胡锦矗, 1999. 四川兽类原色图鉴, 34; Wilson and Mittermeier, 2018. Hand. Mamm. World., Vol. 8, Insectivores, Sloths and Colugos, 329.

Neotetracus fulvescens Osgood, 1932. Field Mus. Nat. Hist. Publ. Zool. Ser., 18: 193-339.

Neotetracus cuttingi Anthony, 1941. Field Mus. Nat. Hist. Publ. Zool. Ser., 27: 37-123.

Neotetracus sinensis hypolineatus Wang and Li, 1982. 动物学研究, 3(4): 427-430.

Hylomys sinensis Corbet and Hill, 1992. Mamm. Indomal. Red. Syst. Rev., 24.

Hylomys sinensis Wilson and Reeder, 1993. Mamm. Spec. World, 2nd ed., 80.

鉴别特征　吻尖。眼大。耳大，棕黑色。头棕黄色。身体棕灰色。尾黑色，较长，几乎裸露。后足长。上颌第2门齿至第2前臼齿不锐利。

形态

外形：吻尖。身体修长。耳大。尾较长，为体长的45.30%～64.58%。头体长91～125 mm（平均111 mm），尾长53～68 mm（平均60.25 mm），耳高18～19 mm（平均18.33 mm），后足长24～26 mm（平均24.83 mm）。体重26～49 g（平均38.5 g）。

毛色：耳暗棕黑色，头部为棕黄色，吻背有黑色暗条纹；背部棕灰色，杂有较多突出于背毛的黑色粗毛，中央通常具明显至不明显的纵向暗色条纹；侧面微呈暗棕色，毛基灰色，毛尖暗棕色；腹部毛基灰色，毛尖淡棕黄色；颈部与头侧同色；足背淡黄色，外侧淡黑色；尾背黑色，裸露；腹侧淡黄色。

头骨：头骨强壮，脑颅不甚隆突，颧宽明显宽于后头宽；听泡小。

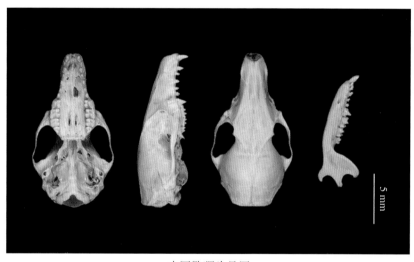

中国鼩猬头骨图

牙齿：上下颌齿均为10枚，齿式3.1.3.3/3.1.3.3 = 40。第1上颌门齿大而尖长，远大于第2和第3上颌门齿，第2上颌门齿约为第3上颌门齿的2倍大；第1和第2上颌门齿间齿隙宽，似两者间缺失了一枚牙齿状；第2、第3上颌门齿间齿隙是第1上颌门齿及第3上前臼齿间齿隙最窄的。犬齿大于第3上颌门齿而小于第2上颌门齿；第2上前臼齿大于第1上前臼齿而远小于第3上前臼齿；第2上前臼齿及前面门齿、犬齿均为单尖齿，齿尖不锐利；第1上臼齿大于第2上臼齿，第3上臼齿显著退化成三角形状。

下颌第1下颌门齿撮状，显著大于第2和第3下颌门齿；第3下颌门齿大于第2下颌门齿并稍高于第2上颌门齿。犬齿高于前面2枚下颌门齿及后面2枚下前臼齿。第2下前臼齿及前面下颌犬齿、下颌门齿均为单尖齿；第3下前臼齿锥状，高于随后的3枚下臼齿；第1下臼齿略大于第2下臼齿，第3枚下臼齿最小，略呈梯形。

量衡度（衡：g；量：mm）

外形：

编号	性别	体重	体长	尾长	后足长	耳高	采集时间（年-月）	采集地点
SAF16001	—	43	120	60	24	13	2016-4	四川沐川
SAF16002	—	43	120	62	24	13	2016-4	四川沐川
SAF16003	—	44	125	65	24	13	2016-4	四川沐川
SAF16064	—	51	123	55	25	20	2016-5	四川芦山
SAF09756	—	26	99	55	25	18	2009-9	四川宝兴
SAF90136	♂	28	91	58	24	19	1990-10	四川安州
SAF02273	—		96	62	25	19	2002-9	四川平武
SAF09755	—	42	112	68	26	18	2009-9	四川宝兴
SAF09765	♂	30	120	断	25	18	2009-9	四川宝兴
SAF09723	—	35	115	62	26	18	2009-9	四川宝兴
SAF02317	—	—	117	53	25	19	2002-9	四川平武
SAF03530	—	49	109	64	25	18	2003-6	四川雷波
SAF03529	—	49	115	56	25	18	2003-6	四川雷波
SAF06944	♀	26	113	58	25	19	2006-9	四川天全
SAF08634	♂	28	108	65	26	20	2008-11	四川宝兴

头骨：

编号	颅全长	基长	颧宽	眶间宽	颅高	上齿列长	下齿列长	下颌骨长
SAF16001	31.68	28.41	16.40	7.79	10.20	15.85	14.91	21.08
SAF16002	31.53	28.54	—	7.66	10.72	16.19	14.77	22.06
SAF16003	31.87	28.75	17.71	7.49	9.90	15.27	14.37	22.27
SAF16064	31.88	29.14	17.25	7.49	10.21	16.08	15.00	22.59
SAF09756	29.20	26.34	14.73	7.79	9.87	14.30	12.32	19.86
SAF90136	28.83	25.12	—	7.58	10.58	13.46	13.91	20.26
SAF02273	29.66	26.56	—	7.02	10.39	15.26	14.22	21.15
SAF09755	32.52	29.04	17.24	7.32	11.00	15.90	15.11	22.49
SAF09765	28.65	25.81	15.59	7.65	10.58	14.67	13.48	19.88
SAF09723	29.82	26.58	16.18	8.45	10.68	15.46	13.97	20.58
SAF02317	30.76	27.29	16.40	7.90	9.91	15.39	14.67	21.52

（续）

编号	颅全长	基长	颧宽	眶间宽	颅高	上齿列长	下齿列长	下颌骨长
SAF03530	33.23	30.14	—	7.48	10.98	16.28	15.49	23.61
SAF03529	32.09	29.39	—	7.24	11.10	16.31	15.30	23.13
SAF06944	33.75	30.66	18.56	7.44	10.78	17.02	16.13	24.44
SAF08634	32.04	28.43	16.53	7.84	10.65	15.75	14.87	21.85

　　生态学资料　栖息于海拔 1 500 ～ 2 700 m 的常绿阔叶林、落叶阔叶林、常阔落阔混交林、灌丛及林缘草地；喜活动于坡度 16°～ 35° 的多石环境；夜间活动；以无脊椎动物、根茎、浆果和其他植物为食；年产 2 胎，每胎 5 ～ 7 仔。

　　地理分布　中国鼩猬在四川分布于峨眉山、茂县、北川、屏山、雷波、芦山、宝兴、天全、平武、金口河、沐川、江安、叙永，国内还分布于中部的云南、贵州。国外分布于缅甸东北部和越南北部。

分省（自治区、直辖市）地图——四川省

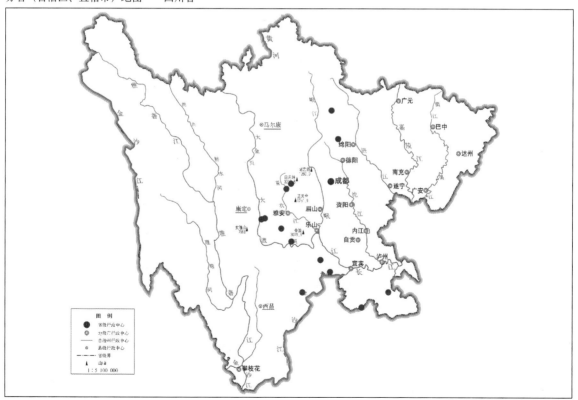

审图号：GS (2019) 3333 号　　　　　　　　　　　　　　　　　　　自然资源部 监制

中国鼩猬在四川的分布
注：红点为物种的分布位点。

分类学讨论 中国鼩猬为单型种。王应祥（2003）将中国鼩猬分为川西亚种 *Neotetracus sinensis sinensis* Trouessart，1909；滇西亚种 *Neotetracus sinensis cuttingi* Anthony，1941；滇中亚种 *Neotetracus sinensis hypolineatus* Wang et Li，1986；贡山亚种 *Neotetracus sinensis gongshanensis* Wang et Fen，2002。川西亚种分布于四川西部、云南东北部和贵州西北部；滇西亚种分布于云南西部泸水和缅甸东北部小江地区；滇中亚种分布于云南西部腾冲、保山，中部景东和南部思茅、绿春）；贡山亚种分布于云南西北部贡山。四川分布的中国鼩猬属于川西亚种。

中国鼩猬川西亚种 *Neotetracus sinensis sinensis* Trouessart，1909

Neotetracus cuttingi Anthony，1941. Field Mus. Nat. Hist. Zool. Ser.，27：37-123.

鉴别特征 吻尖。眼大。耳大，棕黑色。头棕黄色。体棕灰色。尾较长，几乎裸露，黑色。后足长。上颌第2门齿至第2前白齿不锐利。

形态和分布 同种的描述。

2. 刺猬属 *Erinaceus* Linnaeus，1758

Erinaceus Linnaeus，1758. Syst. Nat.，10th ed.，1:52(模式种：*Erinaceus europaeus* Linnaeus，1758).

Herinaceus Mina-Palumbo，1868. Ann. Agric. Sicil.，12:37(*N. V.*) (Emendation).

鉴别特征 体型粗壮，外形浑圆，背部覆以纯白色及多种色带两类硬刺。白色棘刺占40%～60%。头顶棘刺分两丛，中央有一裸带。齿式3.1.3.3/2.1.2.3＝36；上颌第3前白齿明显大于第2前白齿。

形态 体型粗壮，外形浑圆，吻部延长，颈、四肢、尾短；耳短于附近棘刺；背部覆以2类硬刺，一类刺纯白色，一类刺具多种色带。

生态学资料 栖息于林线以下的灌丛、针叶林、农田、公园等生境，以甲虫、昆虫、蠕虫、蜘蛛等为食，也食菌类、水果、小型脊椎动物（如蛙、蛇、蜥蜴、老鼠、幼鸟）、蛋及人类丢弃的垃圾。1～2窝/年，4～6仔/窝。能游泳，冬眠。

地理分布 该属全世界有4个物种：东北刺猬 *Erinaceus amurensis* 分布于阿穆尔河及支流俄罗斯远东地区至朝鲜半岛南部，中国中东部、四川东部、广东北部；普通刺猬 *Erinaceus europaeus* 分布于欧洲西部；北白胸刺猬 *E. roumanicus* 分布于欧洲东部和中部；南白胸刺猬 *E. concolor* 分布于土耳其东部至堪萨斯南部，伊朗南部至西北部，伊拉克北部以及叙利亚、黎巴嫩、以色列、约旦和希腊。该属上新世化石物种出土于甘肃和安徽，晚中新世—上新世化石物种发现于内蒙古；更新世化石物种发现于辽宁；中更新世化石物种发现于北京；晚上新世—早更新世化石物种出土于河北；早—中新世化石物种发现于重庆（邱占祥和李传夔，2015）。

分类学讨论 刺猬属为 Linnaeus（1758）根据在欧洲瑞典采集的标本确立的1个属，该属体型较大。原来包含于非洲猬属 *Atelerix* 或 *Aethechinus* 属中（Corbet，1988），不包括林猬属 *Mesechinus*。Filippucci 和 Simson（1996）、Santucci 等（1998）、Seddon 等（2002）等人用遗传分析方法研究了欧洲种群间的遗传关系。

刺猬属在四川仅分布东北刺猬1个物种。

（2）东北刺猬 *Erinaceus amurensis* Schrenk，1859

别名　刺球子、普通刺猬、中国刺猬、满洲里刺猬

英文名　**Amur Hedgehog**

Erinaceus europaeus var. *amurensis* Schrenk, 1859. Reisen im Amur-Lande, 1, pl. 4, fig. 2: 100-105 (模式产地：俄罗斯远东阿穆尔河上游的 Gulssoja); Corbet, 1978. Mamm. Palaea. Reg. Taxon. Rev., 14.

Erinaceus dealbatus Swinhoe, 1870. Swinhoe, Proc. Zool. Soc. Lond., 450, 621(模式产地：北京).

Erinaceus chinensis Satunin, 1907. Annuaire Mus. Zool. Acad. Imp. Sci. St.Petersbourg, for 1906, Vol. II：173(模式产地：小兴安岭).

Erinaceus kreyenbergi Matschie, 1907. Wiss. Ergebn. d. Exped, Filchner nach Chinau. Tibet 1903-05, Vol. 10, pt. I: 135, 138(模式产地：上海).

Erinaceus tschifuensis Matschie, 1907. loc. Cit. 138(模式产地：山东烟台).

Erinaceus europaeus dealbatus (Swinhoe, 1870). Allen, 1938. Mamm. Chin. Mong., 47.

Erinaceus amurensis Ellerman and Morrison-Scott, 1951. Check. Palaea. Ind. Mamm., 22; 胡锦矗和王酉之，1984. 四川资源动物志　第二卷　兽类，10-11; 王酉之和胡锦矗，1999. 四川兽类原色图鉴，35; Wilson and Reeder, 1993. Mamm. Spec. World, 2nd ed., 77; Wilson and Reeder, 2005. Mamm. Spec. World, 3rd ed., 213; Wilson and Mittermeier, 2018. Hand. Mamm. World, Vol. 8, Insectivores, Sloths and Colugos, 320-321.

鉴别特征　体呈棕白色。耳高于周围棘刺；臀部棘刺中杂有少量纯白色棘刺；腹毛黄白色。

形态

外形：体型大。体长190～220 mm，后足长37～39 mm，耳高20～23 mm，颅全长47～55 mm。耳较大，体被棘刺。自头顶至吻部（包括颊部、额部、耳周、面部）被以短的毛发。自枕部直至尾基为棘刺所覆盖。前、后足5指，中央3爪长，如指甲状，长爪约3 mm，后爪约7 mm；拇指和小指较短。腹部覆毛较长，下颌、颈部覆毛稍短。

毛色：自头顶至吻部基部（包括颊部、额部、耳周、面部）均覆以棕褐色毛发。耳背棕褐色，耳内面覆白色短毛；自枕部直至尾基被棕白色棘刺所覆盖。棘刺基部超过60%长度为白色，紧邻的近20%为淡棕色，又分别有渐短的白色、淡棕色条带至棘刺尖。体侧自肘关节以上直至尾基腹面均覆以黄白色长毛；颈下及颌下颜色稍深于腹部，呈污黄色。前足背污白色，后足背淡棕色，足底无毛。两腿背外侧棘刺中长有近10根无色素刺。

头骨：头骨结实，颧弓几乎平行，颧宽稍大于后头宽；鼻骨略呈三角形，后端伸入额骨；额骨呈蝶形，中央凹陷，两侧骨板较宽，前端细长被鼻骨分开而伸向两侧；额骨略平缓；人字脊明显；颧弓结实；翼骨两个翼突短。

牙齿：齿式3.1.3.3/2.1.2.3 = 36。上颌第1门齿齿尖较近，最高；第2门齿略低于第3门齿，小于第1门齿的1/2；第3门齿与犬齿有一较宽的齿隙。犬齿较锐利。3枚前白齿中第2枚略小于第1枚，

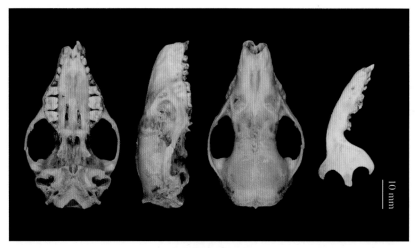

东北刺猬头骨图

单尖；第3枚前臼齿较高、大，前外侧齿尖高度仅低于第1门齿，内侧两枚齿尖；3枚臼齿大小变化较显著，第1、2枚内外共4枚齿尖；第3枚小，有3枚齿尖，形成内高外低的"山"字形。

下颌第1枚门齿斜伸向前方；第2枚门齿低于第1门齿的一半。犬齿长大于宽。第1前臼齿低矮；第2前臼齿有2个齿尖，外尖高于内尖，两齿尖凹陷明显；第1臼齿稍大于第2臼齿，显著大于第3臼齿，第3臼齿有两齿尖；第1臼齿齿冠呈四方形，有4个主尖及1个中央小齿尖，内侧后面的次尖欠发达。

量衡度（衡：g；量：mm）

外形：

编号	性别	年龄	体重	体长	尾长	后足长	耳高	采集时间（年-月）	采集地点
SAFMZ17001	♀	成	547	220	21	38	24	2017-6	四川毛寨自然保护区
SAF220025	♂	成	774	195	23	37	20	2022-6	山东菏泽
SAF220026	♂	成	962	205	20	39	21	2022-6	山东菏泽

头骨：

编号	颅全长	基长	颧宽	眶间宽	颅高	听泡长	上齿列长	下齿列长	下颌骨长
SAFMZ17001	52.84	48.47	31.21	12.99	16.72	9.96	27.44	22.52	39.74

生态学资料　栖息于农田到落叶林的各种栖息地，包括草地、灌木丛、森林林缘以下的高山地区。食物主要包括无脊椎动物，也吃真菌、水果、小型脊椎动物。1～2窝／年，每窝4～6只幼仔。除繁殖季节外为独居，主要在夜间活动，白天在茂密的灌木丛下或在岩石缝隙和洞穴中休息。于10月进入冬眠期，春季出现。

地理分布　在四川分布于川北盆缘山区（青川），国内还分布于中国东部北部黑龙江、辽宁、吉林、内蒙古、北京、河北、河南、山西、江苏、安徽、浙江、江西、湖北、陕西、甘肃、宁夏（见《四川兽类原色图鉴》）、广东北部。国外分布于俄罗斯远东地区阿穆尔河（东起泽雅河）和南部流经朝鲜半岛的支流地区（Wilson and Mittermeier，2018）。

分省（自治区、直辖市）地图——四川省

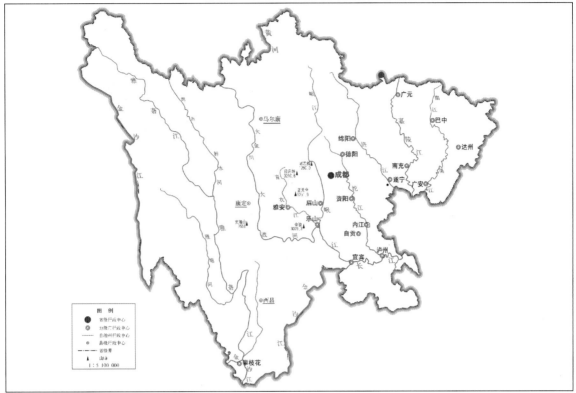

审图号：GS（2019）3333号　　　　　　　　　　　　　　　　　　　　　　　　　自然资源部 监制

东北刺猬在四川的分布
注：红点为物种的分布位点。

分类学讨论　王应祥（2003）认为，东北刺猬分为指名亚种 *Erinaceus amurensis amurensis* Schrenk，1859；华北亚种 *Erinaceus amurensis dealbatus* Swinhoe，1870；华东亚种 *Erinaceus amurensis kreyenbergi* Matschie，1907；陕甘居群 *Erinaceus amurensis* Shaanxi/Gansu form。Smith 和解焱（2009）认为东北刺猬分 3 个亚种，指名亚种、华北亚种和华东亚种。Wilson and Mittermeier（2018）则不分亚种。

指名亚种分布于内蒙古呼伦贝尔、黑龙江、吉林、辽宁；华北亚种分布于北京、河北、山东、河南、山西、陕西、甘肃、四川、重庆；华东亚种分布于长江以南的上海、浙江、江苏、江西、安徽、湖南、湖北。四川为华北亚种。

3. 林猬属 *Mesechinus* Ognev，1951

Mesechinus Ognev, 1951. Byull. Moskow. Ova. Ispyt. Prir. Otd. Biol., 56: 8（模式种：*Erinaceus dauuricus* Sundevall, 1842）.

鉴别特征　耳几乎与周围棘刺等长，周身极少有白色棘刺；基蝶骨膨胀，道上孔窄而浅。

形态　体表棘刺和毛被黑而深暗；周身极少有白色棘刺；额部无裸露部分，耳长几与周围棘刺等长，尾部较短，几乎与耳等长。

生态学资料　高黎贡林猬 *Mesechinus wangi* 栖息于海拔 2 100 ～ 2 680 m 亚热带常绿阔叶林，落叶阔叶林；小齿林猬 *M. miodon* 栖息于遍地黄沙，崖壁陡峭，偶尔有一丛鼠尾草和几乎没有树木的植被严重退化的恶劣环境；达乌尔猬 *M. dauuricus* 栖息于半干旱的环境包括草原，有灌木和草本植物以及干燥的山地和森林草原；侯氏猬 *M. hughi* 栖息于半干旱、干草原栖息地以及亚高山和针叶林栖息地。以甲虫、蟑螂、蚱蜢、无脊椎动物以及小脊椎动物（包括鼠、蛇、蛙）、蛋及地栖鸟类为食。

地理分布 林猬属全世界有高黎贡林猬、小齿猬、达乌尔猬和侯氏猬4个物种。其中，高黎贡林猬分布于中国云南高黎贡国家级自然保护区保山、龙岭和龙阳；小齿猬分布于中国中北部宁夏东及陕西北；达乌尔猬分布于中国中部、中北部和东北部；侯氏猬分布于中国甘肃南部、山西南部、陕西、四川东北和东南以及河南南部，中国中部。

分类学讨论 Paviinov和Rossolimo（1987）将林猬属作为刺猬属的1个亚属。Corbet（1988）将林猬属置于大耳猬属下。而Frost等（1991）基于形态特征认为林猬属应获得完全属的地位，这一结论得到了Gould（1995）基于刺猬形态特征的全面分析以及Korable等（1996）基于染色体数据的支持。之后的Bannikova等（1996）基于分子数据认同Corbet（1988）的观点，且Bannikova等（2002）将达乌尔猬也置于大耳猬属属下。

林猬属四川仅分布有侯氏猬1个物种。

（3）侯氏猬 *Mesechinus hughi*（Thomas，1908）

别名 侯氏刺猬、秦巴刺猬

英文名 Hugh's Forest Hedgehog

Erinaceus hughi Thomas, 1908. Abstr. Proc. Zool. Soc. Lond., 15(63): 44; Proc. Zool. Soc. Lond., 966(模式产地：陕西宝鸡); Ellerman and Morrison-Scott, 1951. Check. Palaea. Ind. Mamm., 21.

Mesechinus miodon Thomas, 1908. Proc. Zool. Soc. (1): 104-110.

Hemiechinus sylvaticus Ma, 1964. 动物分类学报, 1(1): 31-36(模式产地：山西中条山、陕西骊山).

Mesechinus hughi. Frost, et al., 1991. Smith. contr. Zool., 518: 30-31(including *M. sylvaticus*); Wilson and Reeder, 1993. Mamm. Spec. World, 2nd ed., 79; Wilson and Reeder, 2005. Mamm. Spec. World, 3rd ed., 216; 王酉之和胡锦矗, 1999. 四川兽类原色图鉴, 36; Wilson and Mittermeier, 2018. Hand. Mamm. World., Vol. 8, Insectivores, Sloths and Colugos, 327.

鉴别特征 个体小，体呈黑白色。耳短，没有突出于棘刺之外，有色的棘刺中杂有极少量纯白色棘刺；腹毛棕黄色；棘刺光滑无槽。

形态

外形：体型小。体长约180 mm，尾长约20 mm，后足长约35 mm，耳长约20 mm，颅全长平均48 mm。吻周无毛；体背、体侧、耳后、额后覆有长而尖的光滑棘刺，无棘刺部分覆盖毛发；吻部后至额部及腹部毛发较短、较柔软；体侧与棘刺邻接的窄带毛发较长且粗糙，长度超过20 mm；尾长约6 mm，几乎裸露。

毛色：自头顶至吻部（包括颊部、额部、耳周、面部）均被以淡棕灰色粗毛。耳呈锈棕色。自枕部直至尾基为棕白色棘刺所覆盖；棘刺基部超过60%长度为白色，紧邻的近20%为棕黑色，又分别有渐短的白色、棕黑色条带至棘刺尖。体侧耳上至胁部直至尾基有6～8 mm宽带状毛发，呈淡黄棕色，腹面由尾基至下颌毛色由淡黄色逐渐变为深褐色，下颌毛色最深，呈棕褐色。尾毛色稍深于周围毛色；四足背棕色淡于下颌颜色。

头骨：头骨结实，颧弓呈弧形，颧宽明显大于后头宽。鼻骨前端稍呈长方形，后端呈长的三角形伸入额骨；额骨呈蝶形，中央凹陷，两侧骨板较窄，前端细长被鼻骨分开而伸向两侧；额骨略呈弧形；人字脊发达向后上方突出，能从头骨背面看到枕髁和枕骨大孔，枕髁侧面骨突突出。颧弓结实；翼骨两个翼突较长。

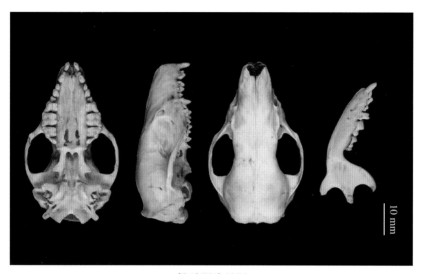

侯氏猬头骨图

牙齿：齿式2.1.4.3/2.1.2.3 = 36。上颌第1门齿左右明显分离，在所有齿中最高；第2门齿低矮，矮于犬齿；犬齿不甚锐利，长明显大于宽似两齿状。4枚前臼齿中第2枚略大于第1枚，第3枚显著小于第2枚；第4枚前臼齿较高、大，前外侧齿尖高度仅低于第1门齿。犬齿与前臼齿间有一较窄的齿隙。3枚臼齿大小变化较显著，第3枚小。第4枚前臼齿和前两枚臼齿有4个齿尖，第3枚臼齿简单仅1个齿尖。

下颌第1枚门齿长，斜伸向前方；第2枚门齿低于第1门齿的一半。犬齿不锐利，长大于宽。第1前臼齿低矮，长大于宽，略与第2门齿等高；第2前臼齿有两个齿尖，后尖高于前尖，高度仅次于第1门齿，齿基部宽于齿冠部。第1臼齿稍大于第2臼齿，显著大于第3臼齿，第3臼齿齿冠轻度凹陷。

量衡度（衡：g；量：mm）

外形：

编号	性别	年龄	体重	体长	尾长	后足长	耳高	采集时间（年-月）	采集地点
SAFCW001	♀	成	375	182	19	36.5	23	2006-10	四川青川
SAFJZ17001	♂	亚成	201	150	15	34.0	21	2010-8	四川九寨沟

头骨：

编号	颅全长	基长	颧宽	眶间宽	颅高	听泡长	上齿列长	下齿列长	下颌骨长
SAFCW001	49.25	45.67	28.82	11.79	14.96	7.53	24.34	22.33	35.25
SAFJZ17001	45.23	41.14	24.61	11.93	14.36	7.53	23.92	21.37	33.22

生态学资料　栖于森林、灌丛、草地等环境。以昆虫、小动物为食。

地理分布　在四川分布于川东北，目前仅记录于青川毛寨和九寨沟。在国内还分布于陕西南部、甘肃南部、山西、河南南部。

分省（自治区、直辖市）地图——四川省

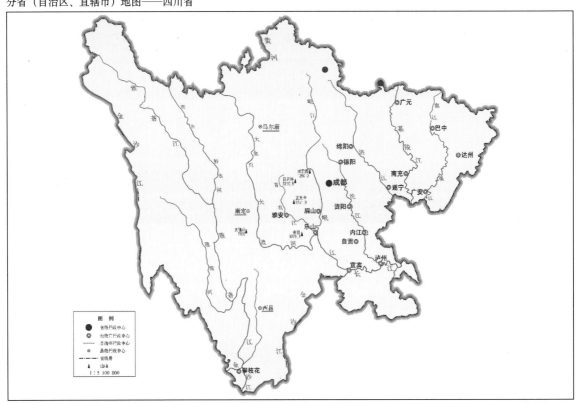

审图号：GS（2019）3333 号　　　　　　　　　　　　　　　　　　自然资源部 监制

侯氏猬在四川的分布

注：红点为物种的分布位点。

分类学讨论　Thomas（1908a）将采自陕西宝鸡的标本命名为 *Erinaceus hughi*。王应祥（2003）认为侯氏猬包括秦岭亚种 *M. h. hughi*（Thomas，1908）和山西亚种 *M. h. sybxuticus*（Ma，1964）。秦岭亚种分布于陕西秦岭山区、四川北部和甘肃东南部；山西亚种分布于山西南部中条山。分布于四川的侯氏猬属于秦岭亚种。

二、鼹科 Talpidae Fischer，1814

Talpidae Fischer, 1814. Zoognosia tabulis synopticis illustrate, 3 X（模式属：*Talpa* Linnaeus，1758）.

Talpinorum Fischer, 1814. Zoognosia tabulis synopticis illustrata. Nicolai Sergeidis Vsevolozsky, Moscow, 3 vols: 3-1814.

Myaladae Gray, 1821. Lond. Med. Repos., 15(1): 296-310.

Myogalina Bonaparte, 1845. Catalogo methodico dei mammiferi Europei. L. di Giacomo Pirola, Milano, 36.

Myogalidae Milne-Edwards, 1868. Rech. 1' Hist. Nat. Mammifères. Paris, Vol. I: 394.

Desmaninae Thomas, 1912. Ann. Mag. Nat. Hist., Ser. 8, 9: 397.

起源与演化　鼹科 Talpidae 通常被称为"鼹鼠"，是劳亚食虫目现存的 4 个科之一。鼹科物种约占劳亚食虫目物种的 1/10，在所有哺乳动物中占比不到 1%，但它们在形态和生态上比其近亲（鼩鼱、鼩猬、月鼠、刺猬、沟齿鼩以及已经灭绝的西印度群岛鼩鼱）更为多样。人们普遍认为鼩鼱科和猬科是鼹科的近亲，但对于这两个家族中谁与鼹科有姊妹关系，仍然有争议。鼹科是哺乳动物中生态型最丰富，适应性进化特征最显著的类群（Nowak，1999），除了保留原始陆栖习性的鼩鼹亚种 Uropsilinae，还有适应半地下生活的鼩鼹（Scaptonychini 族、Neurotrichini 族、Urotrichini 族）、严格适应地下环境的真鼹（Talpini 族、Scalopini 族）、适应水下生活的水鼹（Desmanini 族）和同时适应水下和地下的星鼻鼹（Condylurini 族）。

1848 年，法国古生物学家 Pomel 将鼹分为 2 组（基本上是族）：Talpini 和 Mygalina。Talpini 包含 2 种不同类型的地栖鼹：一种是欧洲和亚洲的鼹，另一种是北美洲的鼹。Mygalina 源于 *Mygale* 这个属名，现在是 *Desmana* 属的 1 个未再使用的同物异名，在 19 世纪被广泛使用；Mygalina 包含了水鼹 Desmans、日本鼩鼹和非洲金鼹 3 个不同的类群。1867 年，英国动物学家 Mivart 将非洲金鼹归为金鼹科。Mivart 将 Pomel 划分的 2 个组，变为 Talpinae 亚科和 Mygalinae 亚科。直到 20 世纪初，Thomas（1912a）将鼹科分为 Condylurinae、Desmaninae、Scalopinae、Talpinae、Uropsilinae 5 个亚科。1925 年，Cabrera 又对鼹属进行了详细而全面的分类学研究。1948 年，Stroganov 对鼹科进行了再修订。1951 年，Ellerman 和 Morrison-Scott 对鼹科进行了修订。

鼹科物种广泛分布于湿润温带的北极地区，并在北部地区有少量分布。它们广泛但零星地出现在亚洲东部（印度—马来西亚）的热带和亚热带地区。在不同的尺度上，鼹科物种总体分布情况是破碎化的，通常是由于不适宜的干旱生境。例如，北美洲大平原上就没有分布，尽管它们在北美洲的东部和西部数量较多。鼹科有 4 个主要的分布中心，这些中心没有共同的属，表明在最近的历史中，鼹科经历了长期孤立进化，形成了没有动物群交流的特有分布区。其中，在北美洲和欧亚大陆有两个分部中心，最小的（西新北区）位于北美洲的近北太平洋沿岸，镶嵌于海洋和喀斯喀特山脉和内华达山脉之间，从加拿大西南部延伸到墨西哥西北部。

东起欧洲大西洋，西至贝加尔湖，北起北冰洋，南至地中海地区、黑海和里海沿岸是鼹科分布最广的中部欧洲—西伯利亚地区，以及欧洲和中亚的大草原。该地区有鼹科 3 个属（*Galemys*、

Desmana、*Talpa*）14种，该地区被进一步划分为2个亚区，以鄂河为界，以特有亚属鼹亚属为特征。东段仅包含*Asioscalops*亚属单个物种，西段包含鼹亚属所有物种和水鼹两个物种。到目前为止，鼹是东亚地区最为多样的物种，位于青藏高原和中亚西部的沙漠之间，以及东部有近海岛屿的太平洋沿岸。该地区的北部边界由大兴安岭和阿穆尔河界定。南部包括喜马拉雅山脉东南部、缅甸和印度支那的大部分地区。这具有多样性和地理上破碎化的地区包含31个物种和10个特有鼹属（*Dymecodon*、*Euroscaptor*、*Mogera*、*Oreoscaptor*、*Parascaptor*、*Scapanulus*、*Scaptochirus*、*Scaptonyx*、*Uropsilus*、*Urotrichus*），这些属和种比其他3个地区属和种的总和多。这个地区也有1个特有的鼩鼹亚科Uropsilinae，但没有鼹亚科Talpinae的特有族。特有族分布于东部新北区（Condyurini族）和欧洲西伯利亚中心（Desmanini族）。

从鼹科族的分布可以判断，东亚中心更接近西新北区（共享Urotrichini族和Scalopini族），而不是东新北区（共享Scalopini族）和西伯利亚（共享Talpini族）。因此，在鼹的进化过程中，跨太平洋的交流似乎非常重要，其次是跨亚洲的联系，显然跨大西洋的交流并不重要。然而，这一结论失之偏颇，因为它忽略了数千万年的化石历史。例如，从渐新世到更新世的不同时期，欧洲生活着Condylurini族、Urotrichini族和Scalopini族的化石代表。同样地，中新世和上新世之间，Condylurini族化石物种占据了欧亚大陆；渐新世以来，在亚洲发现了Desmanini族化石物种；中新世以来，在北美洲发现了Desmanini族化石物种，但现在却没有。很明显，在鼹科的进化过程中，物种灭绝起到了至关重要的作用，大约有40个属仅作为化石被知晓。

由于早期化石的稀疏性和碎片性，人们对鼹鼠的起源知之甚少。已知最古老的鼹鼠来自中始新世，距今约4 000万年。欧洲和亚洲的化石被归类为*Eotalpa*，新北区（Nearctic）的化石被归类为*Oreotalpa*。这些早期化石并不总是原始的；*Eotalpa*显然是一个更基本分支的晚期幸存成员，而欧洲渐新世早期的*Geotrypus minor*已经是一个高度化石鼹。化石证据加上分子钟的估计，使记忆鼹鼠谱系的时间必须进一步向后延伸，至少要追溯到古新世。有一种解释是白垩纪—古近纪边界上的鼹、鼩鼱和刺猬最新的共同祖先生活在大约6 500万年前，鼹鼠现存的2个亚科（鼩鼹亚科和鼹亚科）大约在5 200万年前分化。另有研究估计，距今约4.7亿年前的始新世边界诞生了鼹科共同祖先。

毫无疑问，鼹科是从劳亚古大陆辐射出来的。分子证据表明鼹科地理起源可能为东亚。据推测，鼹鼠是从亚洲迁移出去的，先进入北美洲，然后进入欧洲。然而，这种模式的问题在于欧洲古老而多样的化石记录无法与亚洲的"摇篮"相适应。现存属的化石历史可以追溯到早中新世（*Talpa*）、中中新世（*Parascalops*、*Scaptonyx*和可能的*Urotrichus*）、晚中新世（*Condylura*、*Scalopus*、*Scapanus*和可能的*Neurotrichus*）、上新世早期（*Desmana*、*Galemys*、*Scapanulus*和*Scaptochirus*）。几个属的化石历史无从知晓，其中包括鼩鼹属*Uropsilus*。

自中新世以来，物种灭绝严重影响了鼹鼠的进化史。现存的大多数属都是单型属或包含少数种。4个属（*Euroscaptor*、*Mogera*、*Talpa*、*Uropsilus*）各有6～12种，占现存鼹鼠物种的70%。然而，这些结论必须谨慎对待。例如，东南亚的物种丰富度被低估了，未来的研究很可能会发现被认为是单型属的新物种。有关物种丰富属的物种爆发相对合理的解释是，小型和孤立栖息地斑块易形成异域物种。如南部地理避难所（*Talpa*）的温带栖息地，"天空岛"（山地）景观（*Uropsilus*和

Euroscaptor）以及在海平面波动期间孤立的大陆岛屿（*Mogera*）。

鼹科包括3个亚科：2个现存亚科（Talpinae亚科和Uropsilinae亚科）和1个已灭绝的亚科（北美洲中新世的Gaillardiinae亚科）。分子钟表明鼹鼠起源于4 700万年前中始新世。2个已灭绝的是与鼹鼠非常相似的科：欧洲、西亚渐新世和中新世的Dimilyidae科、北美洲和亚洲始新世到中新世的Proscalopidae科。这3个科组成了鼹超科Talpoidea。

现存的鼹鼠是1种小型到中型的劳亚食虫目动物，体呈纺锤形；四肢末端具5指；眼小，隐于毛下。艾默氏器官存在于鼻腔。外耳退化为外耳道周围的皮肤边缘。雌性有3～5对乳头。阴茎下垂，指向后方；睾丸位于腹部，阴囊仅呈轻微隆起。1年中有一部分时间雌性产生卵子，雄性产生睾丸激素。锁骨与肱骨直接相连。颅骨扁平，背面观呈三角形，吻长而尖，颧弓完整，眶长；存在基底蝶窦和听泡。齿式2-3.1.3-4.3/1-3.0-1.3-4.3 = 32-44。第4上前臼齿为脱落，上颌犬齿有1～2齿根，臼齿为双磨牙（咬合面呈W形，下臼齿有近等长的跟座，三尖）。

形态特征　小型到中、大型食虫动物；通常有短的天鹅绒般的皮毛，尾短。具铲状、向外翻转的前掌；有地栖、半地栖、陆栖或水栖、半水栖等不同类型习性。

现存的鼹鼠可分为以下生态和形态类型：地栖（地下）、半地栖、半水栖（两栖）或陆栖。陆栖鼹鼠体型相对纤细，长尾，有外耳郭，前足未特化。所有的鼩鼹亚科是陆栖，是四川鼹科最普遍的物种。另一类是极为特化的掘地类型，代表了现存鼹鼠的大多数，约有10属40个物种。体呈圆柱状，厚重，颈短，前脚像铲子一样外翻。半地栖鼩鼹属于Urotrichini族，从外表看，它们更像鼩鼹而不是"真鼹"（即地栖）；存在地栖适应，但没有发展到极致；尾比地栖鼹鼠长，前脚更窄。水鼹是唯一的半水栖鼹；尾很长，远端扁平；后足有蹼，明显比前脚长。星鼻鼹鼠介于水栖鼹和地栖鼹之间，这一点从其形态和生活方式可以看出。

鼹体重从美国鼩鼹的6～14.5 g到俄罗斯水鼹的450 g，变化较大。体长为65～240 mm。地栖鼹通常二型，雄性比雌性更重；在高加索鼹*Talpa caucasica*中，根据种群的不同，雄性鼹比雌性鼹大15%～23%。俄罗斯水鼹体呈流线型，陆地物种体呈细长的圆柱状；形状从宽而有力的肩部逐渐变细到狭窄的骨盆区域；尾粗，毛浓密。鼩鼹亚科尾长为头体长的70%～102%，俄罗斯水鼹尾长为头体长的90%～113%；其余大多数物种尾相对较短，越南鼹*Euroscaptor subanura*无尾，其他种类通常有圆柱形的尾和收缩的尾基。水鼹的尾是横向压缩的，要么是整体均扁（俄罗斯鼹*Desmana moschata*），要么只在靠近尾尖处较扁（比利牛斯鼹*Galemys pyrenaicus*）。由于颈短且粗以及前肢位置较前，显得圆锥形头似乎直接连接到宽阔而有力的肩膀上，整体印象是外翻的前足直接从颈部伸出，这在地栖鼹和水鼹中最为明显。口鼻伸出下唇的边缘，其下侧中间经常有一个凹槽。俄罗斯水鼹长鼻状的吻起着通气管的作用。鼻垫（鼻镜）发育良好，宽略长于高。星鼻鼹有22条裸露的触须环绕着鼻垫。眼睛虽然结构完整，但总是被毛遮住。眼睑很厚，它们之间的开口（眼睑裂）约为1 mm。在某些种类的鼹中，眼睑仍然融合在一起；因此，眼睛处于透明的膜状皮肤之下。在鼹属中，未封闭的睑裂是典型的欧洲鼹*Talpa europaea*，而盲鼹*Talpa caeca*、伊比利亚鼹*Talpa occidentalis*、巴尔干鼹*Talpa stankovici*和黎凡特鼹*Talpa levantis*的眼睛被膜覆盖。据推测，在某些环境条件下，如在地中海干燥气候下，永久性闭眼可能是有利选择。外耳郭只存在于鼩鼹亚科的种类中，其他鼹则完全缺乏。欧洲鼹的耳道直径约2.5 mm，隐藏在皮毛中。

地栖类鼹前足极度特化，使其适于挖掘。前足很短，掌宽的像铲子一样，爪长而粗。前足总是向外翻转。手掌圆形，裸露，细网状，无垫。5指，每指都有爪。后足明显弱于前足，趾部最宽，跟部最窄。后爪明显较小，不扁平。俄罗斯水鼹的后腿比前腿长得多，足上也有蹼，脚侧着生硬毛。

许多地栖鼹和俄罗斯水鼹的腹侧皮肤比背侧厚，可能是因为身体的前部和前肢一样靠在胸部，因此需要额外的保护。鼻镜包含许多感受器（艾默氏器官）。大汗腺是一种简单的管状结构，除了手掌和脚底外，散布在整个多毛的皮肤上。所有鼹都有肛门腺，但没有包皮腺。乳头有6个、8个、10个之分。

除了吻尖和脚，所有鼹体被浓密绒毛。地栖性鼹的皮毛柔软、天鹅绒般甚至丝滑。半地栖鼹卫毛粗糙，水鼹卫毛似大钉。

大多数鼹都有深色的绒毛，一般为深棕色、浅灰色、板岩色或黑色，但在某些物种中是浅黄色的，特别是在头部、肩部、胸部和腹部。

鼹的头骨很容易辨认。它又长又窄，从脑颅中部最宽处向吻尖最窄处逐渐变细。鼹科物种脑颅长宽比约为2:1，但吻的相对宽度在不同类群间有显著差异。颅骨表面光滑，偶尔有不明显的矢状脊，薄弱的颧弓。鼓骨与颅骨（*Talpa*属、*Scalopus*属、*Scapanus*属和*Parascaptor*属）融合，或由纤维组织（*Neurotrichus*属、*Condylura*属和*Parascalops*属）附着形成一个低矮的圆形听泡；耳道较小。下颌骨相当细长，冠状突常呈宽圆形，角突粗壮，关节突细长。下颌骨的关节是铰链式的，只允许在一个平面上运动。

鼹的齿式完整，牙齿的数量比任何其他胎盘哺乳动物都多。齿式3.1.4.3/3.1.4.3 = 44，保留在许多现存物种中，但牙齿数量的减少也很常见。前臼齿是齿式中变化最大的部分，犬齿和3颗臼齿较为恒定。鼩鼹属、*Dymecodon*属、*Urotrichus*的种类已经失去了一些门齿。通常情况下，水栖鼹和地栖鼹的牙齿数量较多，而鼩鼹的牙齿数量较少。在同一属中，牙齿数不一定是恒定的。多生牙、无牙和合生牙在不同种类的鼹中出现频率不同。前臼齿数量的减少有时与吻部缩短有关。因此，鼹科动物牙齿排列的变异超过了其他哺乳动物科。

分类学讨论　Gureev（1979）、Gorman和Stone（1990）对鼹科进行了回顾；Ziegler（1971）、Yates和Moore（1990）、Whidden（1990）、Shinohara等（2003）讨论了鼹科物种间的关系；Yates和Greenbaum（1982）对北美洲鼹科关系进行了回顾；Corbet（1978）对古北界的鼹科进行了评述；Yudin（1989）对西伯利亚的鼹科进行了论述；Abe（1988）、Motokawa和Abe（1996）、Motokawa等（2001）、Okamoto（1999）、Tsuchiya等（2000）对日本鼹科的关系进行了论述；Storch和Qiu（1983）对Urotrichini族的进化进行了讨论；Koppers（1990）对鼹科头骨形态进行了研究；Whidden（1990）对肌肉系统进行了研究；Yates和Schmidly（1975）、Kawada等（2002）对染色体组型进行了研究。

鼹科Talpidae的分类系统有较大争议。Cabrera（1925）将现生鼹科分为5个亚科：鼹亚科Talpinae、水鼹亚科Desmaninae、鼩鼹亚科Uropsilinae、星鼻鼹亚科Condylurinae和美洲鼹亚科Scalopinae。Ellerman和Morrison-Scott（1951）认为全世界有4个亚科：鼹亚科、水鼹亚科、鼩鼹亚科和美洲鼹亚科。Bobriskii等（1965）认为水鼹亚科是独立科。Hutchison（1968）命名了鼹科一个化石亚科：Gaillardiinae。Corbet（1978）认为全世界有6个亚科，提到Cabrera（1925）所列的5个亚科，另一个亚科未提及。Yates（1984）、Wilson和Reeder（1993）认为全世界有3个亚科：鼹亚科、水鼹亚科和鼩鼹亚科，把美洲鼹亚科作为鼹亚科的同物异名；Mckenna和Bell（1997）的观点与Wilson和Reeder（1993）一致，认为全世界有3个现生亚科，他们还同时承认化石亚科Gaillardiinae。Shinohara等（2003）基于分子系统学研究认为鼹科包含3个亚科：鼹亚科、水鼹亚科和鼩鼹亚科。Wilson和Reeder（2005）则认为全世界有鼹亚科、鼩鼹亚科和美洲鼹亚科，他们把水鼹亚科作为鼹亚科的一个族。Wilson和Mittermeier（2018）进一步合并，认为鼹科仅有2个亚科：鼹亚科和鼩鼹亚科，把水鼹亚科和美洲鼹亚科均作为鼹亚科的族级分类阶元。按照Wilson和Mittermeier（2018）的类系统，全世界的鼹科有2个亚科，18个属54种。

　　据Wilson和Mittermeier（2018），我国有2亚科7属21种。加上蒋学龙等2021年发表的新属（高山鼹属 *Alpiscaptulus*）和新种（墨脱鼹 *Alpiscaptulus medogensis*）（Chen at al., 2021）以及Hu等2021年发表的新种——大别山鼩鼹 *Uropsilus dabieshanensis*（Hu et al., 2021），我国鼹科有2亚科8属23种（魏辅文等，2022）。其中高山鼹属、甘肃鼹属 *Scapanulus* 和麝鼹属 *Scaptochirus* 是我国特有属；长吻鼩鼹 *Uropsilus gracilis*、少齿鼩鼹 *U. soricipes*、钓鱼岛鼹 *Mogera uchidai*、台湾缺齿鼹 *M. kanoana* 等16种是我国特有种。中国现生的鼹科物种除了有完全适应地下生活的真鼹类，还包括半地下生活的鼩鼹类，以及无明显形态特化的鼩形鼹动物，展示出从原始到进步的完整演化系列。鼹科物种南至海南岛，北至黑龙江漠河都有分布，但鼩鼹和鼩形鼹主要分布于中国西南山地。四川分布有鼹科2亚科5属动物9种。其中等齿鼩鼹 *Urosilus aequodonenia* 和峨眉鼩鼹 *U. andersoni* 是四川特有种。

四川分布的鼹科分属检索表

1. 身体细长，呈鼩鼱形；耳突出于周围毛被，尾长超过体长之半 ·················· 鼩鼹属 *Uropsilus*
　　身体粗壮，短园；耳不明显，尾短粗，尾长短于体长之半 ··· 2
2. 尾约为后足2倍长 ··· 3
　　尾远小于后足2倍长 ··· 4
3. 上颌第1门齿远大于犬齿，齿式2.1.3.3/2.1.3.3 ·································· 甘肃鼹属 *Scapanulus*
　　上颌第1门齿小于犬齿，齿式3.1.4.3/2.1.4.3 ······································· 长尾鼹属 *Scaptonyx*
4. 上颌牙齿11枚，齿式3.1.4.3/3.1.4.3 ·· 东方鼹属 *Euroscaptor*
　　上颌牙齿少于11枚，齿式3.1.3.3/3.1.4.3 ·· 白尾鼹属 *Parascaptor*

4. 甘肃鼹属 *Scapanulus* Thomas，1912

Scapanulus Thomas, 1912. Ann. Mag. Nat. Hist., Ser. 8, Vol. 10: 396(模式种 : *Scapanulus owen* Thomas, 1912).

　　鉴别特征　鼹形；吻尖长；前足掌状；后足的第1个趾与其余的趾成轻微的角度向外，比其他种类的鼹鼠更结实，弯曲得更厉害。尾覆长而密的硬毛，尾长约为后足长的2倍。

形态　体呈圆筒状。吻尖长；前足掌状，反转。尾覆长而密的硬毛；尾长约为后足长的2倍。

生态学资料　地栖性鼹鼠，栖息于海拔1 500 ～ 3 000 m山地冷杉林的苔藓下。

地理分布　该属仅分布于中国青海、陕西、甘肃、重庆、湖北及四川。该属化石发现于安徽，化石物种年代为早更新世（邱占祥和李传夔，2015）。

分类学讨论　甘肃鼹属由Thomas于1912建立，模式种为甘肃鼹 *Scapanulus oweni*，单属单种。Storch和Qiu（1983）将其放入Scalopini族。分类地位无争议。四川仅分布有甘肃鼹 *Scapanulus oweni* 1个物种。

（4）甘肃鼹 *Scapanulus oweni* Thomas，1912

英文名　Gansu Mole

Scapanulus oweni Thomas, 1912. Ann. Mag. Nat. Hist., Ser. 8, Vol. 10: 397 (模式产地: 甘肃洮州东南37km); G.
　　Allen, 1938. Mamm. Chin. Mong., 81-83; Ellerman and Morrison-Scott, 1951. Check. Palaea. Ind. Mamm.,
　　35; Corbet, 1978. Mamm. Palaea. Reg. Taxon. Rev., 37; 胡锦矗和王酉之，1984. 四川资源动物志　第二
　　卷　兽　类: 15-16; Wilson and Reeder, 1993. Mamm. Spec. World, 2nd ed., 127; Wilson and Reeder, 2005.
　　Mamm. Spec. World, 302; 王酉之和胡锦矗，1999. 四川兽类原色图鉴，43; Wilson and Mittermeier, 2018.
　　Hand. Mamm. World, Vol. 8, Insectivores, Sloths and Colugos, 598.

鉴别特征　鼹形。吻尖长；前足掌状，不如长吻鼹发达但亦较宽，爪亦发达，宜于挖掘。尾覆长而密的硬毛；尾较长，长超过后足长的2倍。

形态

外形：体重29 ～ 37 g(平均33.83 g)，体长85 ～ 110 mm(平均99.71 mm)，尾长38 ～ 42 mm(平均40 mm)，后足长14.5 ～ 16.0 mm（平均15.07 mm）；颅全长28.13 ～ 29.81 mm（平均29.06 mm），上齿列长12.3 ～ 12.81 mm（平均12.55 mm），下齿列长11.08 ～ 11.51 mm（11.32 mm）。鼹形，体修长，不显胖。外耳郭不发达，隐于毛丛；吻较尖长；背、腹面中央具纵沟。前爪掌部宽厚，明显向后翻转。后足第1趾与其余的脚趾成轻微的角度向外，比其他种类的鼹鼠更结实，弯曲得更厉害。尾粗大，呈棒形，被以棕色或淡棕色硬针毛。

毛色：吻部覆以污白色短毛；体背覆以一致短而厚密的黑褐色绒毛，光照下具金属光泽；腹部绒毛呈灰褐色淡于背部；背腹无明显界限。尾毛在解剖镜下呈透明棕色或黑色刺状。前掌背无毛呈白色，后足覆以短毛呈灰白色。

头骨：头骨修长；颧弓完全、纤细，呈线形；眶上脊较明显；后头宽（13.21 ～ 13.80 mm）明显大于颧宽（10.68 ～ 10.85 mm）；顶间骨较宽，听泡发育不完全。

牙齿：齿式2.1.3.3/2.1.3.3 = 36。上颌第1门齿发达；犬齿较大。第2门齿约与第1前臼齿等大，前臼齿由前向后依次增大，第2前臼齿约与犬齿等高而明显较大。臼齿由前向后逐渐变小，上臼齿内侧原尖分3叶。

下颌第1门齿明显小于第2门齿，两门齿紧邻。犬齿与第2门齿后缘的间隙稍大于与第1前臼齿前缘的间隙，3枚前臼齿逐渐增高、变大；3枚臼齿逐渐变小，第1、2枚臼齿几乎等大。

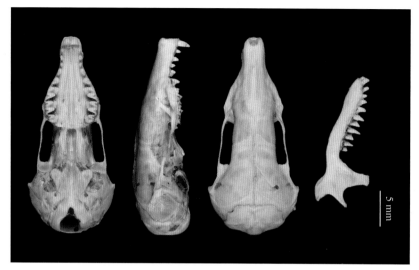

甘肃鼩头骨图

量衡度（衡：g；量：mm）

外形：

编号	性别	体重	体长	尾长	后足长	采集时间（年-月）	采集地点
SAF06333	—	—	85	41	15	2010	四川平武
SAF14145	♂	36	102	38	15	2014-7	四川松潘
SAF14163	♂	37	103	40	15	2014-7	四川松潘
SAF14164	♀	36	110	42	16	2014-7	四川松潘
SAF14165	♂	32	100	42	15	2014-7	四川松潘
SAF14166	♂	33	102	39	15	2014-7	四川松潘
SAF14168	♂	29	96	38	15	2014-7	四川松潘
SAF10063	♂	72	128	31	17	2010-4	四川平武

头骨：

编号	颅全长	基长	颧宽	眶间宽	颅高	上齿列长	下齿列长	下颌骨长
SAF06333	29.06	25.35	10.85	6.14	8.57	12.61	11.34	19.03
SAF14145	29.81	26.69		6.26	8.43	12.81	11.51	19.24
SAF14163	—	—	—	—	—	—	—	—
SAF14164	29.24	25.55	—	6.45	8.62	12.74	11.41	19.28
SAF14165	—	—		5.46	—	12.30	11.16	18.51
SAF14166						12.42	11.08	18.54
SAF14168	28.13	24.78		5.94	8.45	12.40	11.43	18.88
SAF10063	28.71	24.16	10.68	6.60	9.24	12.47	11.42	18.12
SAF12016	—	—	—			12.00	10.82	17.38

　　生态学资料　营地下生活，栖息于海拔 1 700～3 150 m 针叶林、林缘灌丛、灌丛。胃内容物为蚂蚁和昆虫。

　　地理分布　甘肃鼹在四川分布于平武、九寨沟、松潘、黑水，为古老原始种之一，国内还分布于甘肃南部、陕西南部、青海南部、湖北西部、重庆北部。中国特有种。

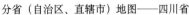

分省（自治区、直辖市）地图——四川省

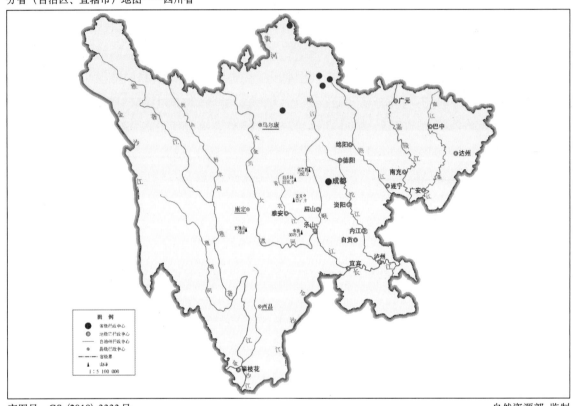

审图号：GS（2019）3333号　　　　　　　　　　　　　　　　　　　自然资源部　监制

甘肃鼹在四川的分布
注：红点为物种的分布位点。

　　分类学讨论　典型的孑遗生物，为美洲鼹族 Scalopini 在欧亚大陆唯一现生物种。第 1 门齿大于犬齿的特征明显有别于鼹族动物。形态学和分子生物学数据表明，甘肃鼹与北美洲的 *Parascalops broweri* 有着密切的亲缘关系。甘肃鼹是 *Scapanulus* 属现存唯一物种，无亚种分化。

5. 长尾鼹属　*Scaptonyx* Milne-Edwards，1872

Scaptonyx Milne-Edwards, 1868-74. Rech. pour serv. 1' Hist. Nat. des Mammifères, 278（模式种：*Scaptonyx fusicauda* Milne-Edwards, 1872）; Milne-Edwards, 1872. In David. Nouv. Arch. Mus. d' Hist. Nat. Paris, Bull., 7: 92.

　　鉴别特征　个体较小的鼹形动物，体呈圆筒状。尾长超过后足长的 2 倍。
　　形态　个体较小，体呈圆筒状。后脚细长，爪长而扁平。前脚稍宽，有结实扁平的爪，无外耳。皮毛柔软，背部为深灰褐色。尾很粗，从靠近基部的扩大处略微变细，薄而均匀地覆盖着长而突出的灰色或浅褐色毛发。

生态学资料　栖息于海拔2 000 ～ 4 500 m阔叶林、灌丛及农田附近；在落叶层下觅食，以蚂蚁、昆虫、蚯蚓、嫩根和茎为食。

地理分布　长尾鼹的指名亚种*Scaptonyx fusicauda fusicauda*分布于中国（陕西、四川、重庆和贵州北部），滇北亚种*S. f. affinis*分布于中国中南部（青海东南端、云南和贵州南部；缅甸北部和越南北部）。该属化石发现于云南、重庆和湖北，化石物种年代为早更新世和晚更新世（邱占祥和李传夔，2015）。

分类学讨论　隶属于鼹亚科Scaptonychini族，该族仅1属1种——长尾鼹。长尾鼹属由Milne-Edwards于1872年建立，种级地位无质疑，有3个亚种：指名亚种*S. f. fusicauda* Milne-Edwards，1872；滇北亚种*S. f. affinis* Thomas，1912；高黎贡亚种*S. f. gaoligongensis* Wang，2002。Smith和解焱（2009）、Wilson和Mittermeier（2018）均认同前两个亚种。据He等（2016）最新研究结果，长尾鼹属中还包含有隐存种，其中可能包含未知的属。长尾鼹属在四川仅有1个物种——长尾鼹*Scaptonyx fusicauda*。

（5）长尾鼹 *Scaptonyx fusicaudus* Milne-Edwards，1872

别名　针尾鼹

英文名　Long-tailed mole

Scaptonyx fusicaudus Milne-Edwards, 1868-74. Rech. l' Hist. Nat. Mammifères, 278(模式产地：四川松潘); Allen, 1938. Mamm. Chin. Mong., 66-67; Wilson and Reeder, 1993. Mamm. Spec. World, 2nd ed., 128；Wilson and Reeder, 2005. Mamm. Spec. World, 3rd ed., 304; 王酉之和胡锦矗，1999. 四川兽类原色图鉴，42.

Scaptonyx fusicauda David, 1871. Nouv. Arch. Mus. d' Hist. Nat. Paris, Vol. 7, Bull: 92; Ellerman and Morrison-Scott, 1951. Check. Palaea. Ind. Mamm., 34-35; 胡锦矗和王酉之，1984. 四川资源动物志　第二卷　兽类，14-15; Wilson and Mittermeier, 2018. Hand. Mamm. World, Vol. 8, Insectivores, Sloths and Colugos, 601-602.

Scaptonyx fusicaudatus Milne-Edwards, 1872. In David. Nouv. Arch. Mus. d' Hist. Nat. Paris, 7: Buu: 92.

Scaptonyx fusicaudatus affinis Thomas, 1912. Ann. Mag. Nat. Hist., Ser. 8, Vol. 9: 514.

鉴别特征　鼹形；吻长而尖；前足微宽若掌状，具长而直的爪。尾短于体长之半，呈棍棒状，覆以较长而硬的刚毛。四足背面棕褐色。

形态

外形：体重9 ～ 21 g（平均14.29 g），体长69 ～ 93 mm（平均78.56 mm），尾长31 ～ 52 mm（平均44.78 mm），后足长13 ～ 18 mm（平均14.94 mm）。颅全长24.08 ～ 25.52 mm（平均24.91 mm）。鼹形；吻长而尖；背、腹面具纵沟。眼退化，无外耳壳；前足微宽呈掌状，第1、5爪较短，中央3爪长。后足纤细，具长爪。尾长超过体长1/3，呈棍棒状，基部较细，尾尖逐渐变细，略呈梭形，其上覆以较长而硬的黑毛，尾鳞明显。

毛色：吻尖覆以污白色短毛；体背覆以柔软、短而厚密的灰褐色毛；尾背黑色；腹面覆以淡灰褐色短而厚密的绒毛，体背腹毛基灰色；尾腹侧苍白色；四足背白底上具黑色鳞片，呈灰白色。

头骨：头骨修长；鼻骨轻微凹陷；颧弓完全，纤细，线形，弧形外凸；后头宽大于颧宽；听泡扁平不完全。

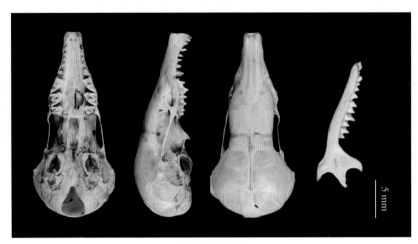

长尾鼩头骨图

牙齿：齿式3.1.4.3/2.1.4.3 = 42。上颌第1门齿最大，凿形；第2、3门齿渐小，远小于第1门齿。犬齿锥形，小，略低于第1门齿而微高于第2门齿。第1、2、3前白齿均小呈锥形，渐大；第4前白齿大，后外侧具一三角形齿尖及一小内叶。第4前白齿大，犬齿与第2前白齿间具一圆锥形小齿，故上颌为11齿。

下颌前2个门齿小而呈凿形，向前突出。犬齿很小。第1前白齿大，呈白齿状，具一小后附齿尖，第2、3、4前白齿渐大，第1和第4前白齿约等高。第2下白齿大于第1下白齿，第1下白齿微大于第3下白齿。

量衡度（衡：g；量：mm）

外形：

编号	体重	体长	尾长	后足长	采集时间（年-月）	采集地点
SAFWL-96-06-D2-02	15	78	50	15	2006-6	四川平武
SAF08278	17	70	49	16	2008-10	四川宝兴
SAF08279	14	69	44	15	2008-10	四川宝兴
SAF08431	12	83	44	15	2008-11	四川宝兴
SAF08453	14	75	46	14	2008-11	四川宝兴
SAF09320	14	85	50	15	2009-8	四川宝兴
SAF16043	15	82	46	16	2016-5	四川芦山
SAF15107	14	81	45	14	2015-7	四川石棉
SAF16157	16	76	45	15	2016-7	四川黑水
SAF16206	15	74	49	15	2016-7	四川黑水

头骨：

编号	颅全长	基长	颧宽	眶间宽	颅高	上齿列长	下齿列长	下颌骨长
SAFWL-96-06-D2-02	25.22	20.93	—	5.69	7.74	11.05	9.67	16.00
SAF08278	25.05	21.02	8.33	6.12	7.71	11.25	10.16	15.81
SAF08279	24.87	20.34	8.38	5.56	7.22	11.19	10.05	15.82
SAF08431	—	—		5.88	—	11.01	10.10	15.62
SAF08453	—	—	8.05	5.75	—	10.87	9.73	15.04
SAF09320	24.56	20.32	7.95	6.15	8.03	11.19	10.06	15.92
SAF16043	24.08	21.38	—	5.57	7.21	10.74	9.69	15.41
SAF15107	24.75	20.26	—	5.36	7.97	10.89	9.73	15.43
SAF16157	25.26	20.87	—	5.70	7.64	11.05	9.68	15.70
SAF16206	25.52	21.07	—	5.98	7.52	10.97	9.28	15.28

　　生态学资料　栖息于横断山脉北段及川南盆缘山地海拔 2 395 ～ 3 500 m 的针叶林、针阔叶混交林、落叶阔叶林、林缘灌丛。胃内容物为动物性食糜及蚂蚁。喜栖息于中、高海拔，苔藓较厚，湿度较大的阴冷区域。

　　地理分布　在四川分布于南江、芦山、天全、宝兴、石棉、康定、黑水、汶川、九寨沟、北川、峨眉山、美姑、木里、平武、都江堰、峨边，国内还分布于青海、陕西、云南、贵州、重庆。国外分布于缅甸北部和越南北部。

分省（自治区、直辖市）地图——四川省

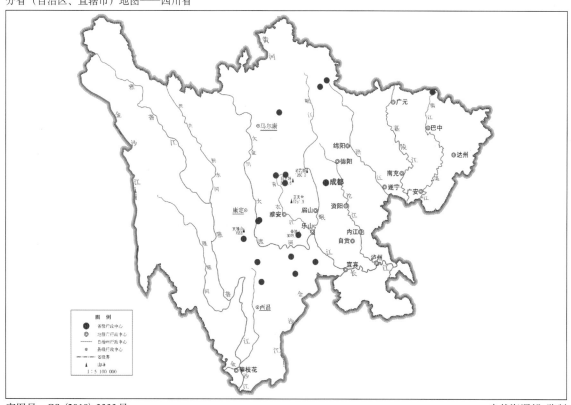

审图号：GS (2019) 3333号　　　　　　　　　　　　　　　　　　　　　　　　自然资源部 监制

长尾鼩在四川的分布
注：红点为物种的分布位点。

分类学讨论　该种分类无争议；王应祥（2003）认为长尾鼩包括3个亚种；指名亚种 *S. f. fusicaudus* Milne-Edwards，1872：分布于四川西部、陕西南部、重庆和贵州东南部（雷山）；滇北亚种 *S. f. affinis* Thomas，1912：分布于云南北部（德钦、中甸、维西、丽江和剑川）；高黎贡亚种 *S. f. gaoligongensis* Wang，2002：分布于云南西北部高黎贡山和中部无量山。Smith和解焱（2009）认为，高黎贡亚种 *S. f. gaoligongensis* Wang，2002是无效名称。Wilson和Mittermeier（2018）也认为仅有前2个亚种。根据地域分布，分布于四川的长尾鼩属于指名亚种。

6. 东方鼹属 *Euroscaptor* Miller，1940

Euroscaptor Miller, 1940. Jour. Mamm., 21: 443(模式种：*Talpa klossi* Thomas, 1929).

Eoscalops Stroganov, 1941. Nasekomoyadnyie Mlekopitayusshie Faunyi SSSR, 33: 270(模式种：*Talpa longirostris* Milne-Edwards, 1870).

鉴别特征　体粗壮，呈圆柱状；颈短，爪翻转，尾短；齿式3.1.4.3/3.1.4.3＝44。

形态　体粗壮，呈圆柱状；颈短，爪翻转，尾短。

生态学资料　分布于亚热带至热带平原、小山（海拔2 900 m以下）；营地下生活，几乎不到地面活动。喜食蚯蚓等地下生活的无脊椎动物，有明显的堆造"鼹丘"的行为。

地理分布　东方鼹属分布于中国、越南、老挝、泰国、尼泊尔北部、印度东北、不丹、马来西亚等国家，以及缅甸临近中国边境地区。在中国分布于云南、四川、甘肃、陕西、重庆、贵州、湖南、湖北、广西、江西、福建，其中在四川分布于中部。

分类学讨论　东方鼹属由Miller于1940年建立，模式种为 *Talpa klossi*。Corbet（1978）及其随后的工作认为东方鼹应归于鼹属，俄国和日本的学者认为东方鼹是1个独立的属，许多后来的学者如Abe等（1991）支持这一观点。按照最新的分类学观点，全世界有 *Euroscaptor micrurus*、*E. grandis*、*E. longirostris*、*E. klossi*、*E. kuznetsovi*、*E. orlovi*、*E. subanura*、*E. parvidens*、*E. malayanus* 9个物种。中国有 *E. grandis*、*E. longirostris*、*E. kuznetsovi*、*E. orlovi* 4个物种；四川有宽齿鼹 *E. grandis*、长吻鼹 *E. longirostris* 2个物种。

四川分布的东方鼹属 *Euroscaptor* 分种检索表

体型大，体呈圆柱状，颅全长大于35mm ·· 宽齿鼹 *E. grandis*

体型小，体呈圆柱状，颅全长小于35mm ·· 长吻鼹 *E. longirostris*

（6）宽齿鼹 *Euroscaptor grandis* Miller，1940

别名　巨鼹

英文名　Broad-toothed Mole

Euroscaptor grandis Miller，1940. Jour. Mamm., 21: 444(模式产地：四川峨眉山); Ellerman and Morrison-Scott, 1951. Check. Palaea. Ind. Mamm., 40; Wilson and Reeder, 1993. Mamm. Spec. World, 2nd ed., 215; Wilson and Reeder, 2005. Mamm. Spec. World, 3rd ed., 304; 王酉之和胡锦矗，1999. 四川兽类原色图鉴，40; Wilson and

Mittermeier, 2018. Hand. Mamm. World, Vol. 8, Insectivores, Sloths and Colugos, 617.

Talpa grandis Corbet and Hill, 1992. Mamm. Indomal. Reg. Syst. Rev., 27.

鉴别特征　个体大于长吻鼹，体粗壮，呈圆柱状；毛被深棕色；爪翻转；尾巴很短，末端呈棒状；齿式3.1.4.3/3.1.4.3 = 44。

形态

外形：体型粗壮。吻尖而长；眼特小；无外耳壳。尾短，约与后足等长，为体长的11%，尖端秃，似棍棒；全尾具稀疏长毛。前足宽阔，若手掌状，掌心斜向外侧，爪长而不甚锐利；后足不发达。体毛若丝绒状，为灰褐色的底色上微染淡褐色至深褐色，唯腹色较淡，具光泽。

头骨：头骨吻部长而直，具直而纤细的颧弓，眶间区呈圆柱状，其后为一宽圆脑颅部；听泡小而扁平。

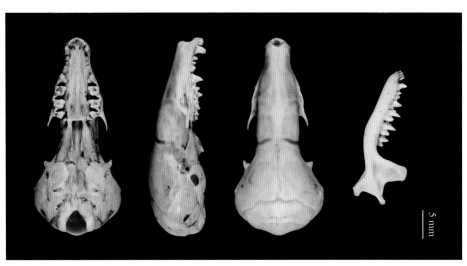

宽齿鼹头骨图

牙齿：齿式3.1.4.3/3.1.4.3 = 44。第2上门退化，犬齿大，与第2前臼齿约为犬齿的1/2高，均呈锥形，第4前臼齿较大。臼齿宽厚，内缘几近方形；第1、2臼齿发达，第3臼齿退化。

量衡度（衡：g；量：mm）

外形：

编号	性别	体重	体长	尾长	后足长	耳高	采集地点
SAF220029	♂	75	128	11	16	耳退化	四川都江堰
SAF10064	♂	72	126	11	17	耳退化	四川平武

头骨：

编号	颅全长	基长	颧宽	眶间宽	颅高	上齿列长	下齿列长	下颌骨长
SAF220029	35.58	31.80	12.80	—	10.37	15.20	14.06	22.96
SAF10064	—	—	—	7.71		13.92	13.00	—

生态学资料　栖息于海拔500～2 500 m的林地和草地。宽齿鼹分布于原始林和果园、农田等人工环境；营地下生活，形成"鼹丘"；以昆虫、蠕虫，特别是蚯蚓为食。于春季3—4月开始繁殖，每胎产2～3仔。

地理分布　为四川特有种。分布于成都、峨眉山、平武。

分省（自治区、直辖市）地图——四川省

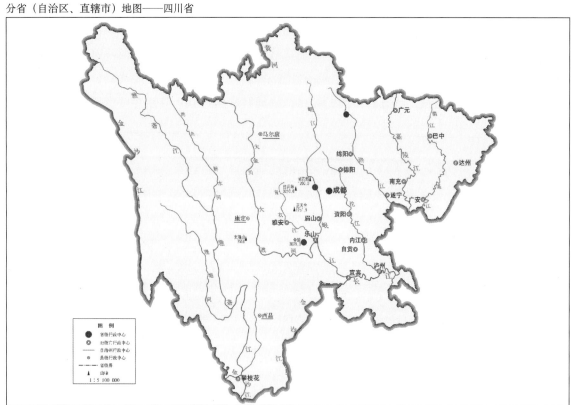

审图号：GS（2019）3333号　　　　　　　　　　　　　　　　　　自然资源部 监制

宽齿鼹在四川的分布
注：红点为物种的分布位点。

分类学讨论　分布于云南西部高黎贡山的巨鼹滇西亚种*Euroscaptor grandis yunnanensis* Wang，经仔细核对保存于中国科学院昆明动物研究所的凭证标本，其形态更接近克氏鼹*Euroscaptor klossi*，因此巨鼹滇西亚种并不存在，巨鼹应为四川的特有物种。该物种曾经被认为是鼹属（Gureev，1979）下的一个物种和长吻鼹的同物异名（Ellerman and Morrison-Scott，1966）。无亚种分化。

（7）长吻鼹 *Euroscaptor longirostris*（Milne-Edwards，1870）

英文名　Long-nosed Mole

Talpa longirostris Milne-Edwards, 1870. Compt. Rend. Acad. Sci. Paris, Vol. 70: 341(模式产地：四川宝兴); G. Allen, 1938. Mamm. Chin. Mong., 69-71.

Talpa micrura 胡锦矗和王酉之，1984. 四川资源动物志　第二卷　兽类, 16-17; Ellerman and Morrison-Scott, 1951. Check. Palaea. Ind. Mamm., 40; Wilson and Reeder, 1993. Mamm. Spec. World, 2nd ed., 125; Wilson and

Reeder, 2005. Mamm. Spec. World, 3rd ed., 305; 王酉之和胡锦矗, 1999. 四川兽类原色图鉴, 41; Wilson and Mittermeier, 2018. Hand. Mamm. World., Vol. 8, Insectivores, Sloths and Colugos, 617.

Talpa micrura longirostris Ellerman and Morrison-Scott, 1951. Check. Palaea. Ind. Mamm., 40.

Euroscaptor longirostris Hutterer, 1993. Insectivora. In Wilson. Mamm. Spec. World, 2nd ed., 125.

鉴别特征 体型粗壮；前足宽阔；尾短，呈棒形；体毛柔软，具光泽，呈丝绒状。

形态

外形：体重40 ～ 85 g（平均56 g），体长105 ～ 128 mm（平均112.2 mm），尾长23 ～ 30 mm（平均27.2 mm），后足长14 ～ 27 mm（17.6 mm）；颅全长30.48 ～ 34.45 mm（32.73 mm），眶间宽6.21 ～ 7.47 mm（7.09 mm），颅高9.23 ～ 10.47 mm（平均9.81 mm）；上齿列长12.07 ～ 15.23 mm（平均13.12 mm），下齿列长11.18 ～ 12.53 mm（平均12.36 mm）。体型与巨鼹相似，但较小。尾相对较长，略长于后足。眼特小，无外耳郭；颈部粗圆与身体无明显界限；前足宽阔，似手掌状，掌心斜向外侧，爪长，后足不发达；尾尖端秃，似棍棒，尾上有稀疏长毛。全身被毛细软而密，具光泽，颇似丝绒。

毛色：毛被深灰褐色至暗褐色，背腹色基本一致，唯腹部毛色偏淡；背腹毛色无明显界限。活体头顶及前足腕部呈淡锈红色。吻、前掌、后足及尾白色，后足背色深于前掌背。

头骨：吻长而窄，具直而纤细的颧弓；眶间区呈圆柱状，其后为宽圆形的脑颅部；矢状脊较明显，后头宽大于颧宽；听泡不明显。

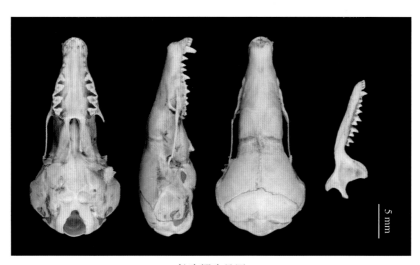

长吻鼹头骨图

牙齿：齿式3.1.4.3/3.1.4.3 ＝ 44。上颌3枚门齿小，从前向后逐渐变小平行排列。犬齿远大于门齿及3枚前臼齿，后缘齿基变宽；犬齿与第1前臼齿间齿隙较宽。第1、3枚前臼齿约等大，大于第2枚前臼齿；第4枚前臼齿特别增大，具明显的后基齿但小于犬齿。第1、2枚臼齿逐渐变小，外侧齿尖呈W形，第3臼齿很小。

下颌犬齿门齿化，和3枚门齿几乎等大而略小；第2、3、4枚前臼齿逐渐变大，第1前臼齿明显大于第4前臼齿；第1、2枚臼齿约等大，稍大于第3枚臼齿。

量衡度（衡：g；量：mm）

外形：

编号	体重	体长	尾长	后足长	采集时间（年-月）	采集地点
SAF09258	40	112	28	14	2009-8	四川宝兴
SAF09642	48	123	27	15	2009-9	四川宝兴
SAF08411	44	105	28	16	2008-11	四川宝兴
SAF04062	—	—	—	—	2004-4	四川峨边
SAF98214	—	111	24	13		—
SAF15457	48	115	22	16	2015-7	四川青川
SAF15476	40	110	23	14	2015-7	四川青川
SAF14277	31	97	22	14	2014-8	四川汶川
SAF03536	—	101	28	17		四川平武
SAF18942	57	122	18	18	2018-8	四川平武
SAF05102	53	110	30	27	2005-7	四川茂县
SAF02428	58	106	27	14	2002-7	四川天全
SAF16011	85	128	23	17	2016-4	四川沐川
SAF12643	24	95	15	15	2012	四川洪雅

头骨：

编号	颅全长	基长	眶间宽	后头宽	颅高	上齿列长	下齿列长	下颌骨长
SAF09258	—	—	—	—	—	12.45	11.50	18.83
SAF09642	32.44	27.94	7.22	15.34	10.17	13.22	12.39	20.20
SAF08411	—	—	7.07	—	—	13.03	12.28	20.58
SAF04062	—	—	—	—	—	12.58	11.79	20.42
SAF98214	32.23	28.04	7.47	—	—	13.24	12.53	20.13
SAF15457	—	—	6.96	14.60	9.40	—	12.70	21.34
SAF15476	—	—	—	—	—	13.05	12.13	—
SAF14277	30.48	25.62	6.21	14.49	9.23	12.07	11.18	—
SAF03536	—	—	—	—	—	13.04	12.38	21.15
SAF18942	34.06	29.10	7.51	15.25	9.76	13.33	12.49	21.36
SAF05102	34.45	29.37	7.19	14.95	10.47	13.04	12.51	21.73
SAF16011	—	—	—	—	—	15.23	14.38	24.04

生态学资料　分布于海拔500～3 460 m的平原、农田、山地灌丛、森林、林缘草地等处。营地下生活，多在农田耕作区挖掘隧道，动作敏捷，隧道离地表很浅，一般在10 cm左右，宽度略宽于其前足趾横宽。常可在田间看到其略突出于地表的隧道痕迹，最长可达10 m。白天活动较少，主要为夜间活动，挖隧道觅食。以昆虫、蠕虫、小蛙、幼鼠为食。春季3—4月开始繁殖，每胎产2～5仔。

地理分布　在四川分布于成都、双流、平武、青川、南江、峨眉山、雷波、马边、沐川、峨边、汉源、石棉、洪雅、芦山、天全、宝兴、彭州、汶川、德昌、茂县、九寨沟、小金，国内还分布于陕西。

分省（自治区、直辖市）地图——四川省

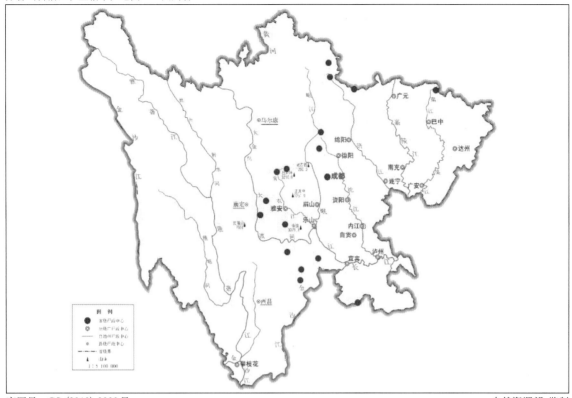

审图号：GS（2019）3333号 自然资源部 监制

长吻鼹在四川的分布
注：红点为物种的分布位点。

分类学讨论 Stroganov（1941）将长吻鼹作为*Eoscalops*属模式种。Ellerman和Morrison-Scott（1966）、Corbet（1978）将其归入*Micrura*属，Gureev（1979）将*Euroscaptor*属纳入Talpini族。无亚种分化。

7. 白尾鼹属 *Parascaptor* Gill，1875

Parascaptor Gill, 1875. Bull. U. S. Geol. Geogr. Surv. Terr., Vol. I(Ser. 2): 110(模式种：*Talpa leucura* Blyth, 1850);
   Wilson and Reeder, 1993. Mamm. Spec. World, 2nd ed., 127; Wilson and Reeder, 2005. Mamm. Spec. World, 3rd
   ed., 307; Wilson and Mittermeier, 2018. Hand. Mamm. World, Vol. 8, Insectivores, Sloths and Colugos, 617.

鉴别特征 体圆筒状；吻很短；前爪大而宽厚，明显向后翻转；眼睛很小；无耳郭；尾很短，纺锤形；上颌牙齿10枚。

形态 体型小，体圆筒状；吻很短；前爪大而宽厚，明显向后翻转；眼睛很小，被毛发覆盖；无耳郭；尾很短，纺锤形，通常有稀疏白毛；通体黑色或深灰色，背腹近乎同色。

生态学资料 南亚的记录显示，可以生活于海平面至海拔1 000 m左右的中低海拔地区。在国内主要栖息于中高海拔的原始阔叶林、针叶林以及高山杜鹃林等，也利用茶园、果园和菜地等人工环境。完全营地下生活，喜活动松软湿润的地方，食蚯蚓和昆虫幼虫，昼夜活动，无明显"鼹丘"。

地理分布 在国内分布于四川、陕西、云南；可能分布于我国藏南地区。国外分布于印度东北部、孟加拉国、缅甸；可能分布于雅鲁藏布江北部和老挝北部。该属化石分布于云南，化石物种年代为晚更新世（邱占祥和李传夔，2015）。

分类学讨论　白尾鼹属于1875年由Gill建立，隶属于Talpinae亚科Talpini族。Corbet和Hill（1991）将白尾鼹属纳入鼹属，Abe等（1991）认为是1个独立的属，该属全世界仅1个物种，模式种为白尾鼹*Parascaptor leucura*，模式种产地为印度阿萨姆哈谢拉蓬吉西山。

（8）白尾鼹 *Parascaptor leucura* Blyth，1850

英文名　White-tailed mole、Assamese Mole、Indian Mole

Parascaptor leucura Blyth, 1850. Jour. Asiat. Soc. Bengal, Vol. 19: 215(模式产地：印度阿萨姆哈谢拉蓬吉西山);
　　Ellerman and Morrison-Scott, 1951. Check. Palaea. Ind. Mamm., 40.

Parascaptor leucura Milne-Edwards, 1884. Compt. Rend. Acad. Sci., Paris, Vol. 99: 1142; Allen, 1938. Mamm. Chin.
　　Mong., 71-72; Hutterer, 1993. Insectivora. In Wilson. Mamm. Spec. World, 2nd ed., 217; Wilson and Reeder,
　　2005. Mamm. Spec. World, 307; 王酉之和胡锦矗，1999. 四川兽类原色图鉴，44; Wilson and Mittermeier, 2018.
　　Hand. Mamm. World, Vol. 8, Insectivores, Sloths and Colugos, 619.

鉴别特征　体型小，尾很短。通体黑色或深灰色，背腹近乎同色。吻很短，近乎裸露的皮肤上覆盖稀疏的短毛。眼小，被毛发覆盖，无耳郭。前爪大而宽厚，明显向后翻转。尾纺锤形，皮肤裸露，覆有稀疏白色刚毛。上前臼齿3枚。

形态

外形：体重45 g，体长109～126 mm，尾长20 mm，后足长14～15 mm。为典型的鼹形，体圆筒状。吻长而尖，与长吻鼹相似。前爪不如长吻鼹发达。

毛色：体色一致为灰棕色，毛尖棕色，毛基灰色，毛色淡于长吻鼹；腹部淡灰棕色，淡于背部，背腹毛色无明显界限；四足背淡棕色稍深于长吻鼹；尾尖毛白色至污白色。

头骨：头骨较狭长，颧弓完整，后头宽大于颧宽。

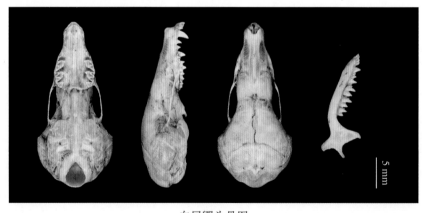

白尾鼹头骨图

牙齿：齿式3.1.3.3/3.1.4.3＝42。上颌门齿3枚，逐渐变小，第3枚门齿与第2枚及犬齿间隙较宽，犬齿大，基部较宽在后形成一齿尖。第1前臼齿大于第2前臼齿，第3前臼齿显著大于第1、2

前白齿而稍低于犬齿；第1、2白齿几乎等大，第3枚白齿明显小。

量衡度（衡：g；量：mm）

外形：

编号	性别	年龄	体重	体长	尾长	后足长	采集时间（年-月）	采集地点
SAF06166	♂	成	45	109	20	15	2006-6	四川美姑
SAF02127	♀	成	—	113	23	18	2022-8	四川美姑
SCNU03337	—	成	48	110	15	15	2020-3	四川峨眉山
SCNU03337	—	成	49	116	15	19	2023-3	四川峨眉山
SAF12011	♂	成	45	112	18	15	2012-6	四川木里
SCNU02736	—	成	41	111	19	17	2021-4	云南兰坪

下颌3枚门齿逐渐变小，犬齿似门齿状而稍大于第1门齿；第2、3、4枚白齿逐渐变大，第1枚白齿稍大于第4枚白齿；3枚白齿中第2枚稍大于第1枚，第1枚稍大于第3枚。

生态学资料　地栖性鼹鼠。栖于海拔300～2 000 m的被山林包围的村庄及农耕地。以昆虫及其幼虫、蠕虫为食。

地理分布　在四川见于木里、美姑、峨眉、稻城，国内还分布于云南西部，可能分布于藏南地区。国外分布于印度东北部（阿萨姆、梅加拉亚、纳加拉、曼尼普尔、特里普拉和米佐拉姆）、孟加拉国、缅甸；可能分布于雅鲁藏布江北部和老挝北部。

分省（自治区、直辖市）地图——四川省

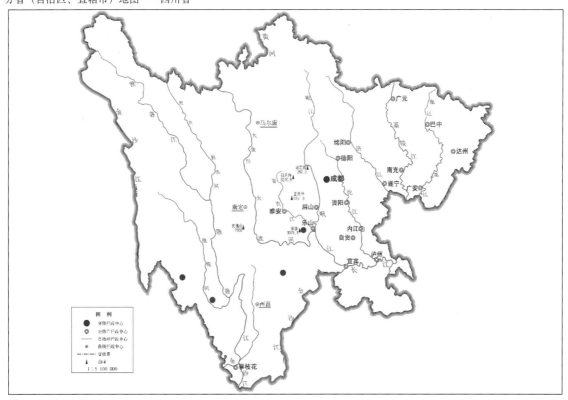

审图号：GS（2019）3333号　　　　　　　　　　　　　　　　　　　　　自然资源部　监制

白尾鼹在四川的分布
注：红点为物种的分布位点。

分类学讨论 原来作为亚种包含于 *T. micrura* 中 (Ellerman and Morrison-Scott, 1951；Corbet, 1978)，后独立为种。无亚种分化。

8. 鼩鼹属 *Uropsilus* Milne-Edwards，1871

Uropsilus Milne-Edwards, 1871. In David. Nouv. Arch. Mus. d' Hist. Nat. Paris, Vol. 7, Bull, 92-93; Milne-Edwards, 1868-1874. Rech. 1' Hist. Nat. Mammifères, 272(模式种：*Uropsilus soricipes* Milne-Edwards, 1871).

Nasillus Thomas, 1912. Abstr. Proc. Zool. Soc. Lond., 49; Proc. Zool. Soc. Lond., 129(模式种：*Nasillus gracilis* Thomas).

Rhynchonax Thomas, 1912. Proc. Zool. Soc. Lond., 130(模式种：*Rhynchonax Andersoni* Thomas).

鉴别特征 体呈鼩鼱形；吻长；尾长；头骨薄，易碎。

形态 体呈鼩鼱形，吻长，尾长。

生态学资料 生活于海拔 1 800 m 以上的针叶林、针阔叶混交林、灌丛下苔藓丰富的湿润浅层地表。

地理分布 全世界仅分布于亚洲的中国、缅甸。在中国分布于甘肃、重庆、湖北、陕西、云南、西藏、四川，其中在四川分布于岷山山系、邛崃山系、凉山山系、相岭山系、大雪山山系、沙鲁里山系、米仓山和螺髻山等山脉。该属化石发现于重庆和湖北，化石物种年代为早至中新世（邱占祥和李传夔，2015）。

分类学讨论 *Uropsilus* 属由 Milne-Edwards 于 1871 建立，Thomas（1912c）以长吻鼩鼹和峨眉鼩鼹分别设立 *Nasillus* 和 *Rhynchonax* 两个新属。该属在全世界共有 *Uropsilus andersoni*、*Uropsilus gracilis*、*Uropsilus soricipes*、*Uropsilus investigator*、*Uropsilus aequodonenia*、*Uropsilus nivatus*、*Uropsilus atronates*、*Uropsilus dabieshanensis* 8 种。中国有全部 8 种，其中四川分布有 *Uropsilus aequodonenia*、*Uropsilus andersoni*、*Uropsilus gracilis*、*Uropsilus soricipes* 4 种。

四川分布的鼩鼹属 Uropsilus 分种检索表

1. 体呈鼩鼱形，上颌牙齿均 9 枚 ··· 2
   体呈鼩鼱形，上颌牙齿 10 枚 ··· 3
2. 下颌牙齿 9 枚 ·· 等齿鼩鼹 *U. aequodonenia*
   下颌牙齿 8 枚 ·· 少齿鼩鼹 *U. soricipes*
3. 下颌门齿 2 枚 ·· 峨眉鼩鼹 *U. andersoni*
   下颌门齿 1 枚 ·· 长吻鼩鼹 *U. gracilis*

(9) 等齿鼩鼹 *Uropsilus aequodonenia* Liu et al.，2013

英文名 Equivalent teeth Shrew Mole

Uropsilus aequodonenia Liu, et al., 2013. 兽类学报, 33(2): 113-122(模式产地：四川普格); Wan, et al., 2013. BMC Evol. Biol., 13: 232; Wan, et al., 2018. Jour. Biog., 2400-2414; He, et al., 2016. Mol. Biol. Evol., 34(1): 78-87; Wilson and Mittermeier, 2018. Hand. Mamm. World, Vol. 8, Insectivores, Sloths and Cliugos, 597.

鉴别特征　体形似鼩鼱；吻长；个体较大，体长平均76 mm（72～82 mm）。上、下颌牙齿均为9枚，齿式2.1.3.3/2.1.3.3 = 36。上颌缺第3枚上前臼齿，下颌具2枚门齿，第2门齿很小。齿列形态上，上颌齿与少齿鼩鼹的相似，下颌齿与峨眉鼩鼹的相似。

形态

外形：体形似鼩鼱；头前为软骨形成的管状长吻，吻部具长短不一的胡须，吻背部具一凹沟；颈前绒毛中分布少量不均匀刚毛；外耳稍高于周围毛被；前足不发达，爪细长，具5趾，中间3趾长。尾略短于体长；尾上具鳞片，鳞片间具黑色短毛；尾尖笔刷状。

毛色：体背部毛尖棕色，毛基灰色；腹毛深石板灰色；腹部毛基灰色，毛尖淡棕色；背腹毛色界限不明显。吻基部背面至两前足间区域为亮棕色；两前足至两后足区域为浅棕色；臀部棕色略偏灰色，毛色间无明显界限，背面毛基灰色。两后足背具黑色点状鳞片，与无点斑区域形成黑白色足背；尾双色，上部色深，下部色淡。

头骨：吻部尖形，脑颅圆，颧弓完全，侧面观呈倒弯弓形向上弯曲。

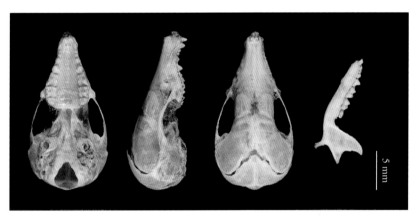

等齿鼩鼹头骨图

牙齿：齿式2.1.3.3/2.1.3.3 = 36。上颌第1门齿较大，第2门齿略小于第1门齿。犬齿小，与第1前臼齿约等大，二者均呈锥状。第2前臼齿较大；第4前臼显著大于第2前臼齿，上颌缺第3前臼齿。第1上臼齿发达，具W形外侧齿尖；第1上臼齿、第3上臼齿退化而不如第2上臼齿发达，W形齿尖不完全。

下颌第1门齿较大，撬状；第2门齿远小于第1门齿和犬齿，内侧观察更为明显。犬齿略小于第2前臼齿而略大于第1前臼齿。第4前臼齿显著大于第2前臼齿，下颌缺第3前臼齿。下颌第2臼齿大于第1臼齿和第3臼齿，第3下臼齿略等于或稍小于第1臼齿。

量衡度（衡：g；量：mm）

外形：

编号	体重	体长	尾长	后足长	采集时间（年-月）	采集地点
SAF081200	10	72	70	14	2008-8	四川普格

（续）

编号	体重	体长	尾长	后足长	采集时间（年-月）	采集地点
SAF06125	12	74	70	15	2006-5	四川美姑
SAFLDMXYZG04010	—	79	68	15	—	四川泸定
SAF03536	14	75	73	15	2003-5	四川美姑
SAFLDMXYZG04009	—	75	68	16	—	四川泸定
SAFLDMXYZG04011	—	74	67	16	—	四川泸定
SAFLDMXYZG02013	—	77	67	15	—	四川泸定
SAFHLG02023	—	80	67	16	—	四川泸定
SAFLDMXYZG02014	—	82	68	16	—	四川泸定
SAF081121	11	72	70	14	2008-9	四川九龙
SAFLJS2-135	—	78	70	15	—	四川普格

头骨：

编号	颅全长	基长	颧宽	眶间距	颅高	上齿列长	下齿列长	下颌骨长
SAF081200	21.25	16.70	10.75	—	7.50	9.10	9.50	13.30
SAF06125	20.55	17.00	11.05	—	6.90	9.40	8.50	13.40
SAFLDMXYZG04010	21.80	17.85	11.10	—	7.10	9.50	8.50	14.35
SAF03536	—	—	—	4.63	—	9.65	8.75	13.90
SAFLDMXYZG04009	—	—	—	—	—	9.70	8.60	14.40
SAFLDMXYZG04011	—	—	—	—	—	9.50	8.45	—
SAFLDMXYZG02013	—	—	10.95	—	—	9.45	8.75	14.05
SAFHLG02023	—	—	10.95	—	—	9.90	9.00	14.50
SAFLDMXYZG02014	—	—	—	—	—	—	—	—
SAF081121	22.20	18.00	11.35	—	8.00	9.95	9.10	14.55
SAFLJS2-135	—	—	10.55	—	—	9.70	7.80	13.50

生态学资料　分布于针叶林、针阔叶混交林、落叶阔叶林、杜鹃灌丛、柳灌丛等生境内，分布海拔范围在2 430～3 100 m。同域伴生的小型兽类包括藏鼠兔*Ochotona thibetana*、西南绒鼠*Eothenomys custos*、黑腹绒鼠*E. melanogaster*、中华绒鼠*E. chinensis*、川西白腹鼠*Niviventer excelsior*、北社鼠*N. confucianus*、中华姬鼠*Apodemus draco*、小纹背鼩鼱*Sorex bedfordiae*等。

地理分布　在四川分布于普格、美姑、泸定、九龙等县，介于大渡河、金沙江和雅砻江之间的小块区域，在洪雅瓦屋山范围内亦有分布。

分类学讨论　等齿鼩鼹为刘洋等（2013）根据2006—2009年采集于普格、美姑、泸定、九龙的标本发表的新物种。该物种主要特征为体呈鼩鼱形，上、下颌牙齿9枚。无亚种分化。

分省（自治区、直辖市）地图——四川省

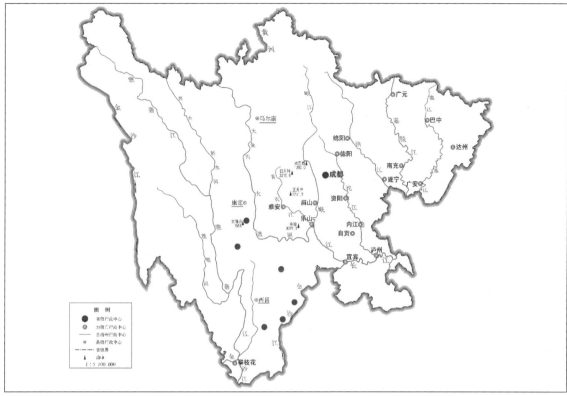

审图号：GS（2019）3333号 自然资源部 监制

等齿鼩鼹在四川的分布
注：红点为物种的分布位点。

(10) 峨眉鼩鼹 *Uropsilus andersoni*（Thomas，1911）

英文名 Anderson's Shrew Mole

Rhynchonax andersoni Thomas, 1911. Abstr. Zool. Soc. Lond., 31: 49(模式产地：四川峨眉山).

Rhynchonax andersoni andersoni Allen,1938. Mamm. Chin. Mong., 59-61.

Uropsilus andersoni Ellerman and Morrison-Scott, 1951. Check. Palaea. Ind. Mamm., 32; Hoffmann, 1984. Jour. Mamm. Soc. Japan, 10(2): 69-80; Wilson and Reeder, 1993. Mamm. Spec.World, 2nd ed., 130; 王酉之和胡锦矗，1999. 四川兽类原色图鉴, 39; Wilson and Reeder, 2005. Mamm. Spec. World, 3rd ed., 310; Smith和解焱, 2009. 中国兽类野外手册, 267; Wilson and Mittermeier, 2018. Hand. Mamm. World, Vol. 8, Insectivores, Sloths and Colugos, 597.

鉴别特征 身体细弱，体呈鼩鼱形，尾长。脑颅圆形，颧弓完整，上弯呈倒弓形。上颌牙齿10枚，下颌牙齿9枚；下颌门齿2枚，第2门齿极小，外侧观几乎被第1门齿和前臼齿遮挡而不可见。

形态

外形：体重8～10 g（平均9.14 g），体长70～81 mm（平均74.78 mm），尾长66～76 mm（平均70 mm），后足长14～17 mm（平均15.60 mm）；颅全长21.65～22.35 mm（平均21.99 mm），颧宽11.00～11.25 mm（平均11.12 mm）；上齿列长9.35～10.05 mm（平均9.65 mm），下齿

列长8.70 ～ 9.15 mm（平均8.87 mm）。体形似鼩鼱。吻部为软骨形成的管状长吻，吻基部有约20根胡须，额部有少数几根针状长毛。尾略短于体长，端毛长。眼观尾裸露无毛，覆盖环状鳞片；解剖镜下观尾呈环状，环间沟密生短而粗的密毛。前足不发达，细弱，具5指，爪细而锐利。

毛色：体背自头前至尾基为深棕色，毛基灰色，毛尖棕色，腰臀部略淡于头胸部；腹面灰色淡染棕色调，毛基灰色，毛尖浅淡棕色；背腹毛色无明显界限；尾灰黑色，腹侧淡于背侧。四足背覆盖略呈圆形的鳞片。后足背及趾鳞片黑色，近处短小，远端略大，鳞片间密生黑色短毛；前足背及指覆盖灰白色鳞片，鳞片间覆盖稀疏灰白色短毛。

头骨：头骨上面观略呈等腰三角形，脑颅部圆，吻尖，颧弓完全，后头宽大于颧宽。

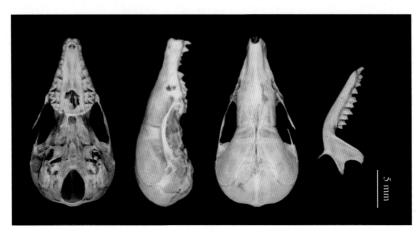

峨眉鼩鼹头骨图

牙齿：齿式2.1.4.3/2.1.3.3 = 38。上颌门齿2枚，前门齿撮状，后门齿锥状，前门齿略大于后门齿；门齿远大于犬齿及3枚前白齿。犬齿等于或略高于第1前白齿。第2前白齿远大于、高于第3前白齿并大于犬齿及第1前白齿。第3枚前白齿极小，呈圆点状隐于第2和第4前白齿间，外侧观隐约可见。第4枚前白齿远大于犬齿及3枚前白齿，基部呈三角形。3枚白齿逐渐减小，第1枚略大于第2枚，内外侧各2个齿尖，齿外侧呈W形。第3枚白齿3枚齿尖，内、外侧和后侧各1枚（部分个体后尖不明显）。

下颌门齿2枚，第1门齿与犬齿形状相似而犬齿明显较小，第2门齿极小，嵌于第1门齿和犬齿偏内侧，从外侧观能看见。3枚前白齿逐渐增大变高，第1前白齿小于、矮于犬齿；3枚白齿中第1、2枚略等大，第2枚稍大于第1枚，第2枚白齿冠面略呈方形，第1枚略呈三角形；第3枚白齿最小。

量衡度（衡：g；量：mm）

外形：

编号	性别	体重	体长	尾长	后足长	采集时间（年-月）	采集地点
SAF06716	♀	9	79	76	16	2006-9	四川天全

（续）

编号	性别	体重	体长	尾长	后足长	采集时间（年-月）	采集地点
SAF06868	—	—	74	72	15	2006-9	四川天全
SAF06831	♀	—	78	67	16	2006-9	四川天全
SAF06717	♂	9	70	68	15	2006-9	四川天全
SAF06710	♀	10	78	70	14	2006-9	四川天全
SAF06948	♀	8	71	73	17	2006-9	四川天全
SAF06925	♂	10	72	68	17	2006-9	四川天全
SAF06943	—	—		72	17	2006-9	四川天全
SAF06709	♀	10	81	66	14	2006-9	四川天全
SAF06739	—	8	70	68	15	2006-9	四川天全

头骨：

编号	颅全长	基长	颧宽	颅高	上齿列长	下齿列长	下颌骨长
SAF06716	22.00	17.90	11.20	7.35	9.90	8.70	14.60
SAF06868	—	—	—	—	9.65	8.85	14.40
SAF06831	22.35	17.85	—	7.85	9.60	9.00	14.40
SAF06717	21.90	—	11.00	7.00	9.35	8.80	13.90
SAF06710	—	—	—	—	—	8.85	—
SAF06948	22.15	17.65	11.10	7.85	10.05	9.15	14.80
SAF06925	21.65	17.25	11.15	7.55	9.45	8.75	14.00
SAF06943	—	—	—	—	9.65	8.95	—
SAF06709	21.90	17.55	11.00	7.85	9.60	8.90	14.30
SAF06739	21.95	17.55	11.25	7.80	9.60	8.70	14.30

生态学资料　栖息于海拔 2 000 ～ 3 000 m 的针叶林、针阔混交林、灌丛、杂灌及草地。

地理分布　在四川分布于峨眉山、天全、泸定、汉源，国内仅分布于四川，为四川特有种。

分类学讨论　原峨眉鼩鼹下的 2 个亚种 Uropsilus andersoni atronates、U. a. nivatus（Allen，1938），均被证实为独立种：栗背鼩鼹 U. atronates、丽江鼩鼹 U. nivatus；前者分布于云南西南部怒江，后者分布于云南西部丽江雪山（Wan et al.，2013，2017）。无亚种分化。

分省（自治区、直辖市）地图——四川省

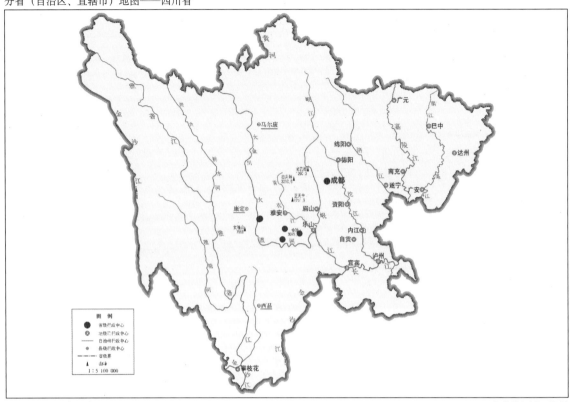

审图号：GS (2019) 3333 号　　　　　　　　　　　　　　　　　　　自然资源部 监制

峨眉鼩鼹在四川的分布
注：红点为物种的分布位点。

（11）长吻鼩鼹 *Uropsilus gracilis*（Thomas，1911）

别名　金佛鼩鼹

英文名　Gracile Shrew Mole

Nasillus gracilis Thomas, 1911. Abstr. Proc. Zool. Soc. Lond., 31: 49; Proc. Zool. Soc. Lond., 130(模式产地：重庆南川金佛山); Allen, 1938. Mamm. Chin. Mong., 63-64.

Uropsilus gracilis Ellerman and Morrison-Scott, 1951. Check. Palaea. Ind. Mamm., 32; Wilson and Reeder, 1993. Mamm. Spec. World, 2nd ed., 130; Wilson and Reeder, 2005. Mamm. Spec. World, 310; 王酉之和胡锦矗，1999. 四川兽类原色图鉴，37; Wilson and Mittermeier, 2018. Hand. Mamm. World, Vol. 8, Insectivores, Sloths and Colugos, 597.

鉴别特征　体形似鼩鼱，吻长，尾长；上、下颌牙齿分别为10枚和9枚，下颌门齿1枚；脑颅圆，颧弓完全，呈倒弯弓形。

形态

外形：体重8～13 g（平均10.67 g），体长67～80 mm（平均73 mm），尾长62～83 mm（平均72.31 mm），后足长13～17 mm（平均14.77 mm）。颅全长22.00～22.80 mm（平均22.32 mm），上齿列长8.90～10.20 mm（平均9.76 mm），下齿列长8.30～9.50 mm（平均8.98 mm）。体型

与少齿鼩鼹和峨眉鼩鼹相近，略大于少齿鼩鼹，为该属中较大者。吻尖，吻由软骨形成，管状；吻基部胡须从前至后渐长，额侧具胡须状长须。尾约与体长相当，端毛长。解剖镜下，尾背侧鳞片构成黑色环状埂，环状埂间沟内具黑色刺毛，黑色刺毛间杂有少许纯白色刺毛；尾腹侧鳞片构成白色环状埂，环状埂沟间具纯白色刺毛，近尾尖时杂有棕黑色刺毛，腹侧刺毛密于背侧。

毛色：体背自头前至尾基为棕褐色，毛基灰色，毛尖棕色；腹面为棕灰色，毛基灰色，毛尖淡棕色；尾背黑色、腹侧淡于背部；四足背淡黑色，淡于尾腹部。

头骨：头骨上面观呈等腰三角形，脑颅部圆；颧弓完全，呈倒弓形。

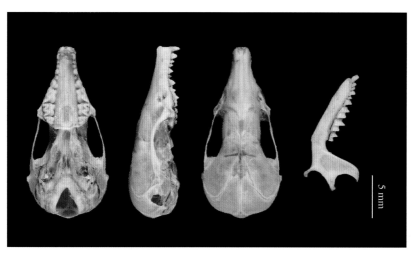

长吻鼩鼹头骨图

牙齿：齿式 2.1.4.3/1.1.4.3 = 38。上颌门齿 2 枚，前门齿撮状，后门齿呈锥形，前门齿大于后门齿，2 门齿间具齿隙；犬齿、第 1 前臼齿和第 3 前臼齿约等大而渐小，呈锥状；第 4 前臼齿显著大于第 2 前臼齿；第 2 前臼齿显著大于犬齿；第 1 上臼齿略大于第 2 上臼齿，第 1 上臼齿后外尖呈长等腰三角形。

下颌门齿呈撮状，显著大于第 2 前臼齿；犬齿、第 1 前臼齿、第 3 前臼齿几乎等大而渐小；第 2 前臼齿大于犬齿；前 2 枚臼齿约等大，第 3 枚小。

量衡度（衡：g；量：mm）

外形：

编号	性别	体重	体长	尾长	后足长	采集时间（年-月）	采集地点
SAF08354	♀	11	73	74	17	2008-10	四川宝兴
SAF08433	♀	8	72	74	15	2008-11	四川宝兴
SAF08270	♂	12	72	83	15	2008-10	四川宝兴
SAF08385	♀	9	72	70	15	2008-11	四川宝兴
SAF08434	♀	10	70	75	15	2008-11	四川宝兴
SAF08456	♀	—	—	70	15	2008-11	四川宝兴

（续）

编号	性别	体重	体长	尾长	后足长	采集时间（年-月）	采集地点
SAF08455	♀	10	75	75	14	2008-11	四川宝兴
SAF05644	♂	13	80	71	14	2005-9	四川康定
SAF05603	♂	10	74	77	15	2005-8	四川康定
SAF05643	♂	13	75	72	14	2005-9	四川康定
SAF03297	—		67	69	13	2003-6	四川九寨沟
SAF02266	♂		74	68	16	2002-9	四川平武
SAF03186	♂		72	62	14	2003-6	四川九寨沟

头骨：

编号	颅全长	基长	颧宽	眶间距	颅高	上齿列长	下齿列长	下颌长
SAF08354	—	—		5.00	—	10.10	9.40	14.80
SAF08433	22.00	17.60	11.05	4.88	7.00	9.90	9.15	14.50
SAF08270	22.80	18.40	11.35	4.95	7.10	10.20	9.50	15.45
SAF08385	—	17.25	11.30	5.00	—	9.75	8.90	14.70
SAF08434	22.15	17.70	10.90	4.81	7.25	9.90	9.00	14.50
SAF08456	—	—	—	5.02	—	10.05	9.10	14.40
SAF08455	—	17.60	11.20	4.87	—	10.10	9.20	14.70
SAF05644	—	—	11.20	—	—	9.75	9.10	14.60
SAF05603	—	—	—	—	—	10.00	9.30	14.40
SAF03297	—	—	—	—	—	9.20	8.30	—
SAF02266	—	—	—	—	—	8.90	8.30	13.70
SAF03186	—	—	10.40	—	—	9.30	8.40	13.35

　　生态学资料　　栖于海拔 1 500～3 000 m 的针叶林、针阔叶混交林、落叶阔叶林、硬叶常绿阔叶林、林缘灌丛；微生境是腐殖质厚、苔藓较好的潮湿区域，林下着生箭竹、玉山竹等竹类。以昆虫和蠕虫为食。

　　地理分布　　在四川分布于宝兴、康定、汶川、黑水、九寨沟、平武等县，国内还分布于云南、重庆、贵州、湖北、陕西。

　　分类学讨论　　长吻鼩鼹上颌 10 枚牙齿，下颌 9 枚牙齿，其中下颌门齿 1 枚而区别于峨眉鼩鼹。王应祥（2003）将长吻鼩鼹分为指名亚种 *Nasillus gracilis gracilis*（Thomas，1911）、滇西亚种 *Nasillus gracilis atronates*（Allen，1923）、贡山亚种 *Nasillus gracilis longcaudatus* Wang，2002、滇北亚种 *Nasillus gracilis nivatus*（Allen，1923）和川西亚种 *Nasillus gracillis boxingensis* Wang，2002。指名亚种分布于重庆东南部南川金佛山、贵州北部绥阳、湖南西部；滇西亚种分布于云南西

部潞西、腾冲、云龙和泸水；贡山亚种分布于云南西北部贡山（七管、12号桥、东哨房和巴坡）；滇北亚种分布于云南北部维西、丽江、德钦、中甸、剑川）；川西亚种分布于四川西部宝兴。滇西亚种和滇北亚种分别提升为种栗背鼩鼹 *Uropsilus atronates*、丽江鼩鼹 *Uropsilus nivatus*（Wan et al., 2013）；同时，长吻鼩鼹内还包括较多隐藏种（He et al., 2018）。

分省（自治区、直辖市）地图——四川省

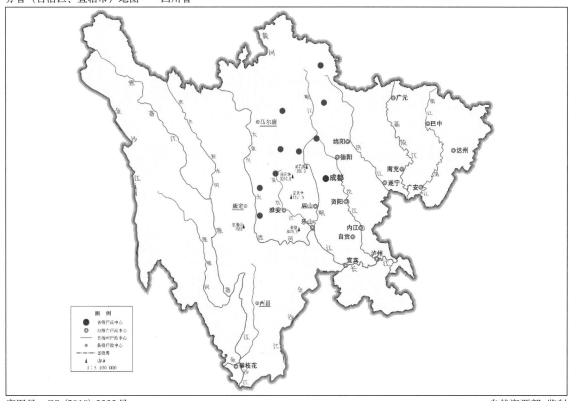

审图号：GS (2019) 3333号

自然资源部 监制

长吻鼩鼹在四川的分布
注：红点为物种的分布位点。

（12）少齿鼩鼹 *Uropsilus soricipes* Milne-Edwards，1871

英文名 Chinese shrew mole

Uropsilus soricipes Milne-Edwards, 1872. Nouv. Arch. Mus. d' Hist. Nat. Paris, Bull., 7: 92(模式产地：四川宝兴穆坪); G. Allen, 1938. Mamm. Chin. Mong., 57-59; Ellerman and Morrison-Scott, 1951. Check. Palaea. Ind. Mamm., 31; 胡锦矗和王酉之, 1984. 四川资源动物志 第二卷 兽类, 13-14; Wilson and Reeder, 1993. Mamm. Spec. World, 2nd ed., 130; Wilson and Reeder, 2005. Mamm. Spec. World, 3rd ed., 311; 王酉之和胡锦矗, 1999. 四川兽类原色图鉴, 38; Wilson and Mittermeier, 2018. Hand. Mamm. World, Vol. 8, Insectivores, Sloths and Colugos, 597-598.

鉴别特征 体形颇似鼩鼱，具古老的鼹形特征，无地下生活型的特征。具软骨形成的管状长吻；外耳郭发达；尾长；前足不宽阔，爪亦不发达。颧弓向上弯曲。上颌牙齿9枚，下颌牙齿8枚。

形态

外形：体重8～10 g（平均8.69 g），体长63～82 mm（平均71.31 mm），尾长61～68 mm（平均65 mm），后足长13 mm。颅全长20.00～21.20 mm（平均20.77 mm）；颅高6.65～7.58 mm（平均7.10 mm），上齿列长8.17～9.43 mm（平均9.02 mm），下齿列长7.94～9.18 mm（平均8.35 mm）。体形颇似鼩鼱。吻部为软骨形成的管状长吻，吻基部从前至后有逐渐增长的胡须，脑颅两侧有胡须状稀疏长毛。耳与周围毛被约等高，毛被长有稀疏透明状刺毛。尾短于或与体长相当；环状尾鳞间距近端黑色，远端棕色的渐长透明状刺毛。前后足不发达，足背覆盖有黑色鳞片，爪纤细。

毛色：体背自头前至尾基渐淡棕色，毛基灰色，毛尖棕色；腹面颜色淡于臀部；尾黑色，腹侧微淡于背侧。解剖镜下，四足背白底上缀以淡棕色鳞片，呈灰黑色。

头骨：头骨上面观呈等腰三角形，脑颅部圆，吻部尖形；颧弓完全，呈倒弯弓形，背面凸出。

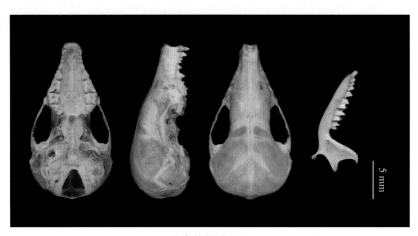

少齿鼩鼹头骨图

牙齿：齿式2.1.3.3/1.1.3.3 = 34。上颌第1门齿较大，呈撮状；第2门齿略呈锥状，小于第1门齿；犬齿略小于第1前臼齿，二者均呈锥状；3枚前臼齿渐大、高而复杂；第1、2上臼齿发达略等大，具W形外侧齿尖；第3臼齿退化，W形齿尖不完全。

下颌门齿大，犬齿大于第1前臼齿，门齿、犬齿、第1前臼齿渐小；3枚前臼齿渐大；3枚臼齿中第2枚＞第1枚＞第3枚。

量衡度（衡：g；量：mm）

外形：

编号	性别	体重	体长	尾长	后足长	采集时间（年-月）	采集地点
SAF08595	♀	10	70	67	13.0	2009-8	四川宝兴
SAF08594	♀	10	68	65	13.0	2009-8	四川宝兴
SAF08546	♂	8	68	68	13.0	2009-8	四川宝兴
SAF02455	♂	8	82	64	16.0	—	四川理县
SAF09724	♀	8	80	63	13.0	2009-8	四川宝兴
SAF09725	♀	8	73	62	13.0	2009-8	四川宝兴

（续）

编号	性别	体重	体长	尾长	后足长	采集时间（年-月）	采集地点
SAF09740	—	—	74	65	13.0	2009-8	四川宝兴
SAF09718	♀	8	70	68	13.0	2009-8	四川宝兴
SAF09764	—	—	68	64	13.0	2009-8	四川宝兴
SAF09701	♀	10	69	65	13.0	2009-8	四川宝兴
SAF09720	♂	8	72	66	13.0	2009-8	四川宝兴
SAF14638	—	10	68	62	13.0	2014	四川青川
SAF14639	—	10	68	66	13.5	2014	四川青川
SAF09141	—	—	63	61	13.0	2009	四川越西

头骨：

编号	颅全长	基长	颧宽	眶间距	颅高	上齿列长	下齿列长	下颌骨长
SAF08595	20.60	16.60	10.40	4.66	6.65	9.10	8.25	13.15
SAF08594	20.00	—	—	4.57	—	8.90	8.20	13.40
SAF08546	20.55	16.40	10.60	4.71	6.80	8.80	7.95	13.10
SAF02455	21.20	17.10	10.60	4.83	6.90	9.30	8.65	13.95
SAF09724	20.80	—	—	4.61	—	8.99	8.20	14.04
SAF09725	20.96	16.69	10.59	4.16	7.30	8.86	8.19	13.72
SAF09740	20.98	16.92	11.15	4.14	7.31	8.17	8.33	13.75
SAF09718	21.18	16.78	10.13	4.44	7.58	9.43	8.61	13.89
SAF09764	—	—	10.52	4.38	—	8.91	8.07	13.98
SAF09701	21.02	16.59	10.27	4.31	—	9.15	9.18	—
SAF09720	20.50	16.78	—	4.33	—	9.30	8.49	13.77
SAF14638	21.14	17.15	—	4.50	7.27	9.05	8.39	13.84
SAF14639	20.36	—	—	4.54	—	9.18	8.39	13.98
SAF09141	—	—	10.46	4.67	—	8.93	7.94	13.40

生态学资料 栖于海拔1 000～2 000 m湿度大的针叶林、针阔叶混交林、林缘灌丛；微生境多苔藓、腐殖质厚；营地面及地下生活。以蠕虫、昆虫为食。

地理分布 稀有种。在四川分布于越西、青川、南江、宝兴、石棉、黑水、汶川、茂县、天全、芦山、理县、峨眉山、昭觉、峨边、万源等县，国内还分布于甘肃、陕西、湖北。

分省（自治区、直辖市）地图——四川省

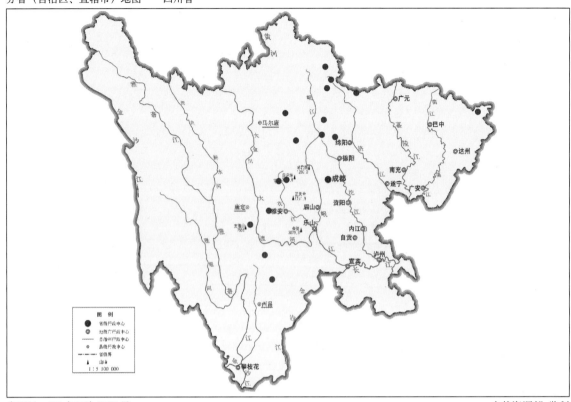

审图号：GS（2019）3333号　　　　　　　　　　　　　　　　　　　　　自然资源部 监制

少齿鼩鼹在四川的分布
注：红点为物种的分布位点。

分类学讨论　　少齿鼩鼹因上颌牙齿9枚、下颌牙齿8枚少于其他鼩鼹类而易区别于鼩鼹类其他物种。曾包含于峨眉鼩鼹、长吻鼩鼹和贡山鼩鼹中（Ellerman and Morrison-Scott，1966），而Gureev（1979）将上述物种均作为独立种。据分子数据结果显示，少齿鼩鼹在岷山山系存在1个隐存种。从地理位置上可予以区分。无亚种分化。

三、鼩鼱科 Soricidae Fischer，1817

Soricini Fischer, 1817. Adversaria zoologie. Mem. Soc. Imp. Nat., Moscow, Vol. 5: 372(模式属：*Sorex* Linnaeus, 1758).

Soricidae Gray, 1821. Lond. Med. Repos., Vol. 15, pt. I: 300.

Sorexineae Lesson, 1842. Manuel de mammalogie, ou historie naturelle des mammiferes. Paris, Roret, 87.

Soricinae Murray, 1866. Geogr. Distr. Mamm. Lond., Day and Son, Ltd., 231.

起源与演化　鼩鼱科Soricidae俗称鼩鼱，是哺乳动物中的第4大科，包括26属448个现存物种（Wilson and Mittermeier，2018）。该科与猬科、鼹科和沟齿鼩科一起，被包含在劳亚食虫目EULIPOTYPHLA（过去为INSECTIVORA、LIPOTYPHLA或SORICOMORPHA）中，并且在进化树中与猬科形成姊妹群。根据分子系统和分歧时间的估计，大约6 000万年前，鼩鼱的祖先从古近纪（Paleogene）的猬科分化出来。化石科Nyctitheriidae被认为与鼩鼱科Soricidae的亲缘关系最密切，但根据一些演征发现，其与鼩鼱科有很大不同，表明它们是一个姊妹群，而不是鼩鼱科的直接祖先。

最古老的鼩鼱是Soricolestinae亚科中的化石种 *Soricolestes soricavus*。该物种也是该亚科唯一的物种。它是从蒙古始新世Khaychin组地层中找到并被描记的。它的形态特征符合Repenning在1967年提出的鼩鼱共同祖先的特征，因此可能是现存和化石鼩鼱的共同祖先。第2古老的亚科是异鼩亚科Heterosoricinae，有时被认为是1个单独的科。与Soricolestinae亚科相比，异鼩亚科更类似于现存的鼩鼱科。在渐新世和中新世，鼩鼱动物群主要以异鼩亚科Heterosoricinae的几个属（*Atasorex*、*Dinosorex*、*Domnina*、*Gobisorex*、*Helerosorex*、*Ingentisorex*、*Lusorex*、*Paradomnina*、*Quercysorex*）为主，广泛分布于欧亚大陆和北美洲。鼩鼱亚科Soricinae和麝鼩亚科Crocidurinae最古老的化石出现在渐新世。在中新世早中期，该类型亚科物种多样性达到最高水平。6个亚科包括Allosoricinae、麝鼩亚科Crocidurinae、Crocidosoricinae（目前被认为是Myosoricina的1个已灭绝的族）、Heterosoricinae、Limnoecinae（只分布于北美洲）、鼩鼱亚科Soricinae共存。在中新世早期至中期，非洲的麝鼩亚科Crocidurinae和欧亚大陆的鼩鼱亚科Soricinae的物种多样性急剧增加，同时Heterosoricines亚科物种数量也很多。而从中新世中期开始，Heterosoricines亚科化石变得稀少，最终在中新世晚期灭绝。

所有现存的鼩鼱都属于3个亚科，即鼩鼱亚科Soricinae、麝鼩亚科Crocidurinae、非洲白齿鼩亚科Myosoricinae。古生物学家基于Crocidosoricinae亚科物种保留的一些祖征，建议将其作为鼩鼱亚科和麝鼩亚科Crocidurinae的直接祖先。Crocidosoricinae的一些祖征也存在于*Myosorex*属（非洲白齿鼩亚科的一个现存属）。非洲白齿鼩亚科Myosoricinae为非洲特有，包括*Surdisorex*、*Congosorex*、*Myosorex* 3个属。这个类群在以前被包括在麝鼩亚科中，但由于它们的牙齿特征类似于来自欧洲的中新世化石分类群*Myosorex*，故被分配到Myosoricini族。Myosoricini族随后被提升为1个亚科，即非洲白齿鼩亚科Myosoricinae。非洲*Myosorex*属的头骨和牙齿的特征部分类似于Crocidosoricinae亚科，生殖系统结构的一些特征也类似于鼩鼱亚科和麝鼩亚科。由于这些相似之处，Crocidosoricini 亚科与另一个古生物 Oligosoricini 族一起被安排为非洲白齿鼩亚科的 2 个族，而不是单独的亚科。大多数分子系统发育研究支持非洲白齿鼩亚科在遗传上与麝鼩亚科接近——这种关系也得到了各种形态学和生态学研究的支持。而麝鼩亚科和鼩鼱亚科之间的形态差异，已根据下颌骨和下前白齿的形状确认，并得到分子系统发育的支持。根据分化时间估计，麝鼩亚科和鼩鼱亚科在 3 000 万～4 000 万年前的始新世晚期从一个共同祖先分化，该时间比这 2 个亚科的化石记录（渐新世）稍早。

现存的鼩鼱科物种广泛分布于非洲、欧亚大陆、北美洲和南美洲北部，也分布在印度洋上与世隔绝的圣诞岛、印度群岛以及圣多美和普林西比群岛。鼩鼱亚科通常比麝鼩亚科和非洲白齿鼩亚科占据更高的纬度，主要分布在全北界地区，栖息在凉爽和潮湿的大多数温带地区。但也有一些例外，如入侵了东南亚大巽他群岛的水鼩属 Chimarrogale，在南美洲西北地区广泛分布并南至秘鲁；委内瑞拉的小耳鼩鼱属 Cryptotis 以及栖息在北美洲半沙漠地区的荒漠鼩鼱属 Notiosorex。现存的鼩鼱亚科在非洲没有分布，只在摩洛哥发现了一个来自上新世早期地层的化石记录。麝鼩亚科和非洲白齿鼩亚科在美洲无分布，但广泛分布于整个非洲和欧亚大陆（包括东南亚岛屿），栖息在较温暖和干燥的地方。这种地理模式形成的原因可能是不同的亚科起源于不同的大陆（非洲与欧亚大陆），随后开始适应各大洲的气候（热带与温带）并分化；不同亚科之间的竞争也可能起到了一定的作用。目前，对于鼩鼱科生物地理学是如何形成的这个问题，目前还没有完全解决。

形态特征　小型，似鼠，大多数比小鼠还小；身披致密短毛，一般呈灰色、灰褐色或深褐色；头和吻尖长；身体细长，四肢和足短小；一些水栖种类为适应水栖生活，趾间具毛缘或蹼（如蹼足鼩）；眼很小，视力差，常隐于毛下；耳短，部分种类隐于毛下。鼩鼱鼻子长、灵活、敏感，鼻孔小而宽，水生种类具鼻罩。体侧有气味腺。头骨长而窄；大部分骨缝愈合；颧弓和听泡均缺失。鼩鼱科动物上颌上第 1 门齿延长、平伏，具有 2 个齿尖，前齿尖向下呈钩状，后齿尖一般较小较短；下颌第 1 门齿直向前突出呈刀状，一些种类具有 2～3 个小的尖突。鼩鼱科动物上、下颌的门齿、犬齿和前白齿均退化或缺失，外形上极难区分，其齿式一般不再采用传统的以门齿、犬齿、前白齿和白齿来描述，而称之为"单尖齿"（Dannelid，1998；Hoffmann and Lunde，2009）。对于鼩鼱科的齿式，不同属间的齿式稍有不同，齿式变化一般是由于单尖齿的数目不同。这个科的所有属上颌都有 1 枚上颌门齿，2～5 枚上单尖齿、1 枚前白齿和 3 枚白齿；下颌牙齿都有 1 枚下颌门齿，1～2 枚下单尖齿、1 枚前白齿和 3 枚白齿。上白齿齿冠有 W 形外脊，上、下第 3 枚白齿均小于第 1、2 枚白齿。鼩鼱是原始类群，大脑半球光滑，缺少沟和回；嗅球大。具有简单的消化系统和 1 个单胃，是食肉动物的典型特征；缺少盲肠。雄鼩鼱的阴茎通常缩回腹部；睾丸藏于腹部，性别鉴定较困难。成熟雌鼩鼱通常有明显的 3 对腹股沟乳头，但有些物种例外，如美国侏儒鼩 Sorex hoyi 有 4 对乳头，水鼩属 Neomys 有 5 对乳头。阴道呈 T 形；阴道分支成双角子宫。生殖道和泌尿道的末端只有 1 个开口，即泄殖腔。

分类学讨论　鼩鼱科是哺乳动物中的第 4 大科，包括 26 个属 448 个物种，又分为 3 亚科——鼩鼱亚科 Soricinae、麝鼩亚科 Crocidurinae、非洲白齿鼩亚科 Myosoricinae。其中，鼩鼱亚科包括 13 属 181 个物种，麝鼩亚科数量最多，包括 10 属 242 个物种，非洲白齿鼩亚科物种最少，包括 3 属 25

个物种（Wilson and Mittermeier，2018）。Hutterer 根据觅食习性的不同，将鼩鼱科又划分为6个生态类群包括地表生活（terrestrial）、半水生（semiaquatic）、半地下生活（semifossorial）、树栖（scansorial）、适应干旱（psammophilic）以及与人类伴居（anthropophilic）（Hutterer，1985）。其中地表生活的类群是最原始的，而半水生的、半地下生活的以及树栖的物种在形态和解剖结构上都会产生一些适应性进化特征（Hutterer，1985）。目前，中国分布有鼩鼱亚科和麝鼩亚科2个亚科，在四川均有分布。

四川分布的鼩鼱科分亚科检索表

齿尖（除短尾鼩属Anourosorex、蹼足鼩属Nectogale、水鼩属Chimarrogale外）呈红色或棕色着色；第4下前白齿

　　有后舌凹；下颌骨髁关节面分开，两关节面间形成一明显舌凹……………………………… 鼩鼱亚科Soricinae

齿尖白色无着色；第4下前臼齿缺失后舌凹；下颌骨髁关节面分开但不宽 ………………… 麝鼩亚科Crocidurinae

（一）麝鼩亚科 Crocidurinae Milne-Edwards，1872

Crocidurinae Milne-Edwards, 1872. Recherches pour servir a l' histoire naturelle des mammiferes comprenant des considerations sur la classification de ces animaux. Paris, G. Masson: 394., 105 color pls.

形态特征　该亚科包括世界上体型最小的哺乳动物之一——小臭鼩（1.5 g）和最大的鼩鼱——臭鼩（147 g）。耳短，耳郭可见。牙齿色素缺失，单尖齿3（麝鼩属）或4枚（臭鼩属），齿尖白色无着色；第4下前白齿缺失后舌凹；下颌骨髁关节面分开但不宽。

分类学讨论　麝鼩亚科包括10个属（*Palawanosorex*、*Solisorex*、*Feroculus*、*Suncus*、*Ruwenzorisorex*、*Sylvisorex*、*Scutisorex*、*Paracrocidura*、*Diplomesodon*、*Crocidura*）共242种鼩鼱，遍布非洲和欧亚大陆，包括苏拉威西岛、菲律宾和圣诞岛。麝鼩亚科可能起源于欧亚大陆，并通过多次扩散到非洲繁衍，同时也可能在整个过程中重新扩散到欧亚大陆。*Solisorex*属和*Feroculus*属分别由单一物种*Solisorex pearsoni*和*Feroculus feroculus*所代表，且两者均分布在斯里兰卡（*Feroculus*属在印度的西查茨地区也有分布）。Meegaskumbura等（2014）进行的系统发育研究表明，*Solisorex*是麝鼩亚科中最基部的谱系，而*Feroculus*被镶嵌在臭鼩属*Suncus*中，与臭鼩属中*S. dayi*、*S. murinus*、*S. stoliczkanus*是姊妹群但支持度低。*Solisorex*属和*Feroculus*属最初还被认为是属于Neomyini（蹼足鼩族Nectogalini的同物异名），但它们不是水生，且亲缘关系与蹼足鼩较远。中国麝鼩亚科仅有臭鼩属和麝鼩属2属14个物种，其中四川仅分布有麝鼩属8个物种。

9. 麝鼩属 *Crocidura* Wagler，1832

Crocidura Wagler, 1832. Oken' s Isis, 275（模式种：*Sorex leucodon* Herman, 1780）.

Leucodon Fatio, 1869. Faunc Vert. Suisse, 1: 132. Substitute for *Crocidura*.

Paurodus Schulze, 1897. Helios, Berlin, 14: 90 [模式种：*Sorex araneus* Schreber, 1778(not of Linnaeus)= *Sorex russulus* Hermann, 1780 and *Sorex leucodon* Hermann, 1780].

Heliosorex Heller, 1910. Smith's Misc. coll. 56, 15: 6(模式种: *Heliosorex roosevelti* Heller, 1910).

麝鼩属*Crocidura*是哺乳动物中最大的1个属，典型物种是分布在欧洲中部的*Sorex leucodon* Herman，1780（现*Crocidura leucodon*）。麝鼩属形态上与臭鼩属*Suncus*外形相似，身体细长，四肢粗短。背毛呈灰白色，灰褐色或棕色，腹毛颜色通常较背毛浅且分界不明显，有报道称生活在寒冷环境下的麝鼩种群毛色会加深（Allen，1938；Jenkins et al.，2009）。耳部突出，尾长通常短于体长，从根部到尾尖逐渐变细。尾背侧毛色较暗，并生长有稀疏白色针毛。

麝鼩属物种头骨较其他鼩鼱科物种扁平，脑颅边缘棱角较明显。人字脊明显并在头骨中轴线上相交形成钝角，矢状脊不明显，如白尾梢大麝鼩*C. dracula*。上关节面呈圆形或角状，沿鳞骨外侧通向乳突；乳突和窦道在形态上也因物种而异（Burgin and He，2018）。麝鼩咬肌发育不良或缺乏，故没有完整的颧弓；无骨性的听泡（Hutterer，1985），听泡不附着于头骨，只有一层结缔组织将鼓室与颅腔分隔。下颌骨颌关节面与颅骨沿舌侧结合并形成明显的唇凹，这与鼩鼱亚科物种明显不同（Smith和解焱，2009）。除此之外，麝鼩齿冠白色，色素缺失。牙齿齿式1.3.1.3/1.1.1.3＝28，上颌第1枚为上颌门齿，第2～4枚为单尖齿，第5枚为前臼齿，最后3枚为臼齿，其中第3枚臼齿最小，明显退化。下颌第1枚为门齿，往后依次为1枚单尖齿、1枚前臼齿及3枚臼齿。

麝鼩属是世界哺乳动物中物种多样性最丰富的类群，全球包括198种，主要分布在热带和亚热带，少数物种延伸到温带（Burgin and He，2018）。Dubey等（2008）在研究了麝鼩亚科70多个物种的系统发育关系后，推测麝鼩属起源于欧亚大陆，之后在非洲迅速扩张与进化。至今最古老的麝鼩属化石记录发现于肯尼亚地区，经测定为中新世（Miocene）晚期的化石（600万年前）（Mein and Pickford，2006）。Dubey等（2008）以发现于欧亚大陆的麝鼩化石（530万年前）为化石校准点，根据分歧时间分析结果推测该属起源于中新世（68万年前）；Nicolas等（2019）以600万年为校准点，得到了同样的结果。

中国的麝鼩物种横跨古北界和东洋界，但相关的研究相对较少。过去，中国麝鼩物种数目一直随时间的变化而变化，如5种（Allen，1938）、8种（Honacki et al.，1982）、6种（Hutterer，1993）、11种（Hoffmann and Lunde，2008）。一个相对比较全面的形态研究确定了中国西南地区分布的麝鼩物种（Jiang et al.，2003）。随后，刘铸等（2019）发现中国东北地区仅分布有2个麝鼩物种（大麝鼩和山东小麝鼩）。目前，中国至少有10个物种（Burgin and He，2018）。Chen等（2020）在系统分析了中国57个地区的132个麝鼩样本后，进一步确定中国地区有至少14个假定种，包括3个隐存种（*Crocidura* sp.1、*C.* sp.2、*C.* sp.3），并建议将华南中麝鼩*C. rapax*的2个亚种*C. rapax rapax*和*C. rapax kuradai*提升为种。Zhang等（2019）发现了安徽一麝鼩新物种，命名为安徽麝鼩*C. anhuiensis*；随后，刘洋等（2020）和Yang等（2020）先后发表了浙江和安徽2个麝鼩属新物种，分别是东阳江麝鼩*C. dongyangjiangensis*和黄山小麝鼩*C. huangshanensis*，黄山小麝鼩后被证明为东阳江麝鼩的同物异名（陈顺德等，2021）。总体来说，麝鼩属分类非常复杂，一些麝鼩物种同域分布且物种界限不清；博物馆现存标本少；一些物种的分布不清晰；一些当前认定的种可能不止一种；该属有更多的新种有待发现和描述。

　　四川麝鼩物种较为丰富，目前有8个麝鼩物种，包括灰麝鼩、台湾灰麝鼩、白尾梢大麝鼩、印支小麝鼩、大麝鼩、西南中麝鼩、华南中麝鼩和山东小麝鼩。

四川分布的麝鼩属Crocidura分种检索表

1.体型大；颅全长大于20 mm；后足长大于14 mm ………………………………………………………………2

　体型中等或小型；颅全长小于20 mm；后足长小于14 mm ……………………………………………………5

2.尾长，超过头体长的一半 ………………………………………………………………………………………3

　尾短，约为头体长的45% …………………………………………………………………大麝鼩 *C. lasiura*

3.颅全长20～21.5，后足长约14 mm ………………………………………………………………………………4

　颅全长22～25，后足长15～19 mm ……………………………………………白尾梢大麝鼩 *C. dracula*

4.腭缝呈n形，上关节面呈角状，上前白齿舌侧齿缘不圆 …………………………………灰麝鼩 *C. attenuata*

　腭缝呈m形，上关节面呈圆形，上前白齿舌侧齿缘较圆 …………………………台湾灰麝鼩 *C. tanakae*

5.尾覆有稠密的长的白色芒毛 …………………………………………………山东小麝鼩 *C. shantungensis*

　尾覆有稀疏的长的白色芒毛 ……………………………………………………………………………………6

6.颅全长小于17.6 mm …………………………………………………………印支小麝鼩 *C. indochinensis*

　颅全长大于17.6 mm ……………………………………………………………………………………………7

7.背毛较淡；尾双色；头骨有明显的矢状脊 ……………………………………………西南中麝鼩 *C. vorax*

　背毛较深；尾双色不明显；头骨矢状脊不明显 ………………………………………华南中麝鼩 *C. rapax*

（13）灰麝鼩 *Crocidura attenuata* Milne-Edwards，1872

别名　尖嘴老鼠、地老鼠、尖嘴臭耗子

英文名　Asian Gray Shrew

Crocidura attenuata Milne-Edwards, 1872. Rech. 1' Hist. Nat. Mammiferes, 231-379(模式产地：四川宝兴); Wilson and Reeder, 1993. Mamm. Spec. World, 2nd ed., 82; 王酉之和胡锦矗，1999. 四川兽类原色图鉴，60; Wilson and Musser, 2005. Mamm. Spec. World, 3rd ed., 225; Smith 和解焱，2009. 中国兽类野外手册，224-225; Wilson and Mittermeier, 2018. Hand. Mamm. World, Vol. 8: 485; 胡锦矗和胡杰，2007. 西华师范大学学报，28(2): 165-171; 魏辅文，等，2021. 兽类学报，41(5): 265-300.

Crocidura kingiana Anderson, 1877. Jour. Asiat Soc. Bengal, 46, 2: 281(模式产地：锡金).

Crocidura rubricosa Anderson, 1877. Jour. Asiat Soc. Bengal, 46, 2: 280(模式产地：阿萨姆).

Crocidura grisea Howell, 1926. Proc. Biol. Soc. Wash., Vol. 39: 137(模式产地：福建南平).

Crocidura attenuata grisea Howell, 1929. Proc. U. S. Nat. Mus., Vol. 75, art. I: 9.

Crocidura grisescens Howell 1928. Jour. Mamm., 9: 60(模式产地：福建挂墩).

　　鉴别特征　上关节面呈角状；腭缝呈n形；基枕骨前面区域狭窄并呈脊状突起。上前白齿原尖的舌面后边缘不圆且上前白齿后边缘深凹；第2上白齿颌面齿冠形成光滑的 W 形脊。

形态

外形：中大型麝鼩。体长60～86 mm，尾长44～67 mm，后足长13～16 mm，耳高7～10 mm。吻尖，细长；尾长为体长的63%～85%，尾背腹异色，尾裸露或针毛极少。

毛色：背腹两色不明显，背毛逐渐融入腹毛，背毛呈暗灰棕色，腹面呈灰色。尾上部深棕色，腹面稍淡。四足背面米黄色，夏季毛色更深。

耳可见，耳郭大致呈椭圆形。耳覆短毛，毛色与背毛一致。

前后足主体呈黄色，前足6枚指垫，1～2个指头呈黄褐色，后足6枚趾垫，1～2指垫呈黑色，其他呈黄褐色。前、后爪呈黄色，指甲半透明。

每边约20根须。须长短不同，最短约2 mm，最长约20 mm，可达到耳缘；毛色一致，都与背毛颜色相同。

头骨：头骨较坚实，整体呈狭长三角形。颅全长19.57～21.64 mm，腭长8.85～9.42 mm，脑颅宽8.61～9.61 mm；第2臼齿宽5.76～6.60 mm，上齿列长8.85～10.07 mm，下齿列长8.27～9.38 mm。颅面光滑，无明显的突起，前颌骨、上颌骨和鼻骨细长，脑颅近圆形。门齿和单尖齿附着于前颌骨，前臼齿和臼齿附着于上颌骨。上颌骨两侧各有1个眶下孔和小的泪孔。上颌骨颧突较发达，颧骨缺失，鳞骨颧突退化，不形成颧弓。前颌骨和上颌骨的腭板与腭骨连接，腭缝略呈N形，两根翼骨粗壮，组成的头骨前半部分非常硬实。顶骨骨质较薄，相对脆弱。上关节面呈角状，乳突相对浅，人字脊较矢状脊脊峰明显并在枕骨处相交。卵圆孔不明显，基枕骨前面区域狭窄并形成两条明显的脊。下颌骨前段平直，后段有3个明显的突，冠状突粗壮，几乎与下颌骨垂直，角突纤细，略微斜向下，颌关节突在二者中间。

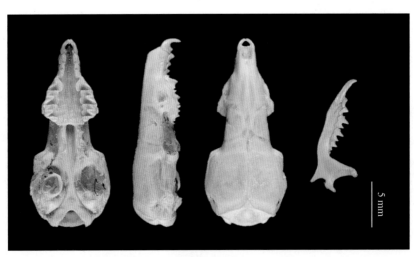

灰麝鼩头骨图

牙齿：齿式1.3.1.3/1.1.1.3 = 28。所有牙齿尖均不着色。上颌门齿略突出至吻端，前尖发达，略垂直向下，后尖退化，齿尖稍突；具3枚单尖齿，第1枚最大，第2枚比第3枚略大；上前臼齿较发达，其后边缘深凹，舌面原尖的后边缘不圆；第1、2上臼齿具发达的齿冠，第2上臼齿颌面齿冠形成光滑的W形脊，前后尖明显，舌面原尖和次尖均较明显。第1上臼齿大于第2上臼齿，第3上臼齿远小于第1、2枚臼齿，近三角形。下颌第1门齿平直，突出吻前，呈刀状，内缘有1个小突起。下颌第1门齿基部与下单尖齿前半部接触。下单尖齿小，下前白齿前尖发达。前白齿与第1枚白齿接触的边缘形成深凹；下颌第1臼齿略大于下颌第2臼齿，两者颌面前尖大而尖，后尖小；下颌第3臼齿最小。

量衡度（衡：g；量：mm）

外形：

编号	性别	体重	体长	尾长	后足长	耳高	采样时间（年-月-日）	采样地点
SAF06465	♂	10	78	53	15	8	2006-9-15	四川青川
SAF05586	♀	17	73	48	16	6	2005-10-30	四川青川
SAF05135	♀	8	60	44	14	9	2005-5-30	四川彭州
SAF03078	♂	—	68	58	15	10	2003-9-20	四川屏山
SAF15030	—	17	84	67	16	9	2015-4-18	四川荥经
SAF15454	♂	12	75	58	14	7	2015-7-7	四川青川
SAF05187	♂	15	72	53	14	9	2005-11-29	四川荥经
SAF16008	♂	16	78	62	14	7	2016-4-22	四川沐川
SAF14618	—	9	80	53	15	8	2014-9-20	四川眉山
SAF20628	♀	7	68	50	13	6	2020-7-15	四川南江
SAF20636	♀	16	75	59	16	7	2020-7-16	四川南江
SAF20643	♀	10	68	57	15	7	2020-7-16	四川南江
SAF16707	♀	10	71	45	13	8	2016-12-18	重庆开州

头骨：

编号	性别	颅全长	腭长	腭枕长	上齿列长	眶间宽	腭骨宽	第2上臼齿宽	颅宽	颅高	下颌骨长	下齿列长
SAF06465	♂	21.12	9.59	9.75	9.42	4.62	6.63	6.25	9.42	5.50	13.31	8.74
SAF15032	♀	20.31	9.20	9.06	9.07	4.73	6.21	6.10	9.02	5.65	12.95	8.41
SAF15454	♀	20.15	9.20	9.16	8.95	4.87	6.26	5.95	9.32	5.43	12.62	8.38
SCNU02919	♂	20.01	9.19	8.85	8.93	4.28	6.03	5.80	8.61	5.24	12.64	8.27
SCNU00601	—	21.64	9.98	9.79	9.39	4.74	6.32	6.08	9.53	5.67	13.77	8.78
SAF17038	♂	19.92	9.28	8.44	9.04	4.40	6.23	6.21	9.20	5.25	12.76	8.35
SAF14618	♂	20.76	9.26	9.85	9.10	4.62	6.16	6.03	9.10	5.58	13.26	8.46
SAF17008	♂	20.90	9.48	9.70	9.04	4.89	6.99	6.60	9.46	5.87	12.97	9.38
SAF20904	♀	21.00	9.59	9.31	9.27	4.51	6.41	6.15	9.40	5.72	13.24	8.64
SAF20628	—	19.57	8.97	8.34	8.85	4.41	6.13	5.76	9.39	4.96	12.58	8.30
SAF20636	♀	21.46	9.66	9.81	9.30	4.55	6.60	6.27	9.61	5.99	13.26	8.50

　　生态学资料　灰麝鼩为一种较常见的鼩鼱，分布在低地、竹林、草本、灌丛、山地森林各种生境，目前对其繁殖所知甚少，有记录表明其每胎产仔数4～5只。主要为肉食性，捕食蚯蚓、昆虫及其幼虫等。

　　地理分布　在四川分布于宝兴、彭州、荥经、眉山、青川、屏山、沐川、南江等地区，国内还分布于湖北、福建、江西、浙江和广东。国外分布于不丹、尼泊尔、印度（阿萨姆、锡金），缅甸、泰国、越南、马来西亚。

分省（自治区、直辖市）地图——四川省

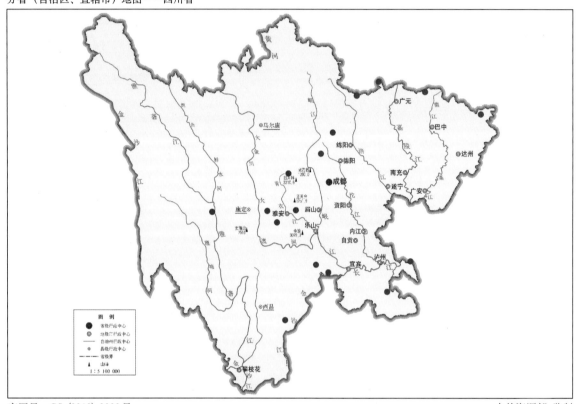

审图号：GS (2019) 3333号　　　　　　　　　　　　　　　　　　　自然资源部　监制

灰麝鼩在四川的分布

注：红点为物种的分布位点。

　　分类学讨论　灰麝鼩被描述以来，物种地位稳定，争议少。长期以来，台湾灰麝鼩*Crocidura tanakae*一直被视作灰麝鼩的亚种（Ellerman and Morrison-Scott，1951；Jameson and Jones，1977；Corbet and Hill，1992；Hutterer，1993；Fang et al.，1997），直到Motokawa等（2001）发现了两者染色体的差异而把台湾灰麝鼩独立出去。该物种染色体呈单态，数目恒定（$2n = 40$，$FN = 54$）（Li et al.，2020）。过去很多学者认为灰麝鼩在中国分布很广，但后来的研究表明，它仅分布在中国四川、湖北、福建、江西、浙江、广东6个省份（Li et al.，2019），可能包括未被认出的其他物种。暂无亚种分化。

（14）白尾梢大麝鼩 *Crocidura dracula* Thomas，1912

英文名 Large White-toothed Shrew

Crocidura dracula Thomas, 1912. Ann. Mag. Nat. Hist., 8, 9: 686(模式产地：云南蒙自)；Wilson and Reeder, 1993.
Mamm. Spec. World, 2nd ed., 85；王酉之和胡锦矗，1999. 四川兽类原色图鉴，58；Wilson and Reeder, 2005.
Mamm. Spec. World, 3rd ed., 231；胡锦矗和胡杰，2007. 西华师范大学学报，28(2): 165-171；Smith 和解焱，
2009. 中国兽类野外手册，225；Wilson and Mittermeier, 2018. Hand. Mamm. World, Vol. 8: 483；魏辅文，等，
2021. 兽类学报，41(5): 265-300.

Crocidura praedax Thomas, 1923. Ann. Mag. Nat. Hist., 9, 11: 656(模式产地：云南丽江).

Crocidura grisescens A. B. Howell, 1928. Jour. Mamm., 9: 60.

Crocidura dracula grisescens A. B. Howell, 1929. Proc. U. S. Nat. Mus., 75, art. I: 10.

Crocidura fuliginosa mansumensis Carter, 1942. Amer. Mus. Nov. No. 1208: 1(模式产地：缅甸北部).

Crocidura fuliginosa Corbet et Hill, 1992. Mamm. Indom. Reg. Syst. Rev., 39.

鉴别特征 体型较大。尾长，通常超过体长的90%。人字脊和矢状脊发达，上关节面呈明显角状。上前臼齿舌侧后缘钝圆，第1下颌单尖齿小，低平。

形态

外形：大型麝鼩。体长72～93 mm，尾长62～86 mm，后足长14～19 mm，耳长7～11 mm。吻尖，细长，耳部突出。尾尖略呈笔形，少量标本尾尖白色，基部具极少量针毛。

毛色：吻、头颈以及体背呈深灰褐色，略染棕色；耳部突出于毛发，上覆褐色短毛；腹面自颏下起至尾基毛色一致，为暗灰色。尾背面深灰褐色，腹面淡灰褐色，双色不明显。四足背淡棕色，下面稍浅。

头骨：本种的头骨与灰麝鼩相似，但更大，头骨较坚实，整体呈狭长三角形。颅全长

白尾梢大麝鼩头骨图

22.33 ～ 24.06 mm，腭长10.37 ～ 11.51 mm，脑颅宽10.14 ～ 10.61 mm；第2臼齿间宽6.71 ～ 7.11 mm，上齿列长9.68 ～ 10.94 mm，下齿列长9.05 ～ 10.16 mm。颜面光滑，前颌骨、上颌骨和鼻骨细长，门齿和单尖齿附着于前颌骨，前臼齿和臼齿附着于上颌骨。上颌骨两侧各有个眶下孔和小的泪孔。上颌骨颧突较发达，颧骨缺失，鳞骨颧突退化，不形成颧弓。前颌骨、上颌骨的腭板与腭骨连接，两根翼骨粗壮。矢状脊和人字脊发达，乳突浅；上关节面呈明显的角状，窦道稍弯曲向上，在末端曲线下降；从背面看，鳞骨脊笔直向后延伸，与窦道的距离从前到后逐渐减小；卵圆孔不明显；基枕骨前面区域狭窄并呈脊状突起。下颌骨前段平直，冠状突粗壮，几乎与下颌骨垂直，角突纤细，略微斜向下，颌关节突在二者中间。

牙齿：齿式 1.3.1.3/1.1.1.3 = 28。上颌门齿略突出至吻端，前尖发达，稍向后弯曲，后尖退化，齿尖稍突；具3枚单尖齿，第1枚最大，第2枚比第3枚略小，第2上颌单尖齿、第3上颌单尖齿齿尖高度约为第1上颌单尖齿的1/2；上前臼齿不发达，其原尖位于前尖后方，其舌侧后缘钝圆，而齿冠后缘深凹；第1上白齿具发达的齿冠，颌面齿冠呈W形排列，前后尖明显，舌面原尖和次尖均较明显；第2上白齿颌面牙冠终止于中附尖，形成两个分离的V形齿冠。第1上白齿大于第2上白齿；第3上白齿远小于第1、2枚白齿。

下颌门齿平直，突出吻前，呈刀状，1/3处有1个小突起。下颌门齿基部与下颌单尖齿1/2接触，下颌单尖齿齿尖小、低平，下前白齿不发达。下颌白齿各齿尖明显，下颌第1白齿＞下颌第2白齿＞下颌第3白齿。

量衡度（衡：g；量：mm）

外形：

编号	性别	体重	体长	尾长	后足长	耳高	采集时间（年-月-日）	采集地点
SAF03032	—	10	85	72	16	10	2003-12-13	四川米易
SAF03033	—	13	85	77	19	9	2003-12-13	四川米易
SAF03040	♀	13	80	72	18	8	2003-12-16	四川米易
SAF09158	♂	14	85	77	17	10	2009-12-3	云南玉龙
SAF09200	—	18	82	80	17	10	2009-12-5	云南玉龙
SAF04278	♀	11	83	75	16	9	2004-5-19	云南丽江
SAF18715	—	11	80	72	14	9	2018-11-26	云南漾濞
SAF19278	♂	18	88	83	17	7	2019-9-10	云南云龙
SAF19279	♂	21	93	86	17	7	2019-9-10	云南云龙
SCNU02717	♀	22	85	67	14	11	2021-4-13	云南兰坪
SCNU02722	♂	17	80	67	16	11	2021-4-14	云南兰坪
SCNU02727	♀	16	77	77	16	10	2021-4-15	云南兰坪
SCNU02734	♂	14	72	77	16	11	2021-4-17	云南兰坪

头骨：

编号	颅全长	腭骨-门牙	腭枕长	上齿列长	眶间宽	腭骨宽	第2上臼齿宽	颅宽	颅高	下颌骨长	下齿列长
SAF09158	24.06	11.30	10.55	10.80	5.23	7.51	7.11	10.42	6.53	15.42	10.00
SAF09200	24.00	11.51	10.72	10.94	5.19	7.56	7.07	10.61	6.41	15.49	10.16
SAF04278	23.74	11.05	10.44	10.49	5.02	6.94	6.78	10.27	6.01	15.02	9.84
SAF18717	23.53	11.13	10.54	10.56	4.96	7.15	7.01	10.32	6.27	14.85	9.67
SCNU02703	23.08	10.73	10.40	9.68	5.15	7.13	6.85	10.40	6.14	14.57	9.05
SCNU02718	22.84	10.66	10.03	10.19	4.93	7.19	6.86	10.08	6.12	14.24	9.34
SCNU02722	22.33	10.37	10.08	10.02	4.87	7.04	6.77	10.14	5.95	14.18	9.30
SCNU02725	22.40	10.62	9.78	10.29	4.85	7.08	6.94	10.14	5.84	14.58	9.52
SCNU02727	23.06	10.76	10.07	10.19	4.93	7.18	6.71	10.52	6.20	14.76	9.41

生态学资料　分布于低于海拔3 000 m的地方，喜干热河谷和山麓小丘向阳处。多捕获于灌丛生境。以昆虫及其幼虫为食。

地理分布　在四川分布于米易、攀枝花，国内还分布于贵州、云南、广西、重庆。国外分布于

分省（自治区、直辖市）地图——四川省

审图号：GS（2019）3333号　　　　　　　　　　　　　　　　　　　自然资源部 监制

白尾梢大麝鼩在四川的分布
注：红点为物种的分布位点。

缅甸、越南、老挝。

分类学讨论 该物种首次于云南蒙自被描述，随后得到了一些学者的认同（Allen，1938；Ellerman and Morrison-Scott，1951）。后被看成东南亚长尾大麝鼩 *Crocidura fuliginosa* 的亚种（Jenkins，1976），也得到了一些学者的赞同（Jiang and Hoffmann，2001；Hutterer，2005）。随后的染色体（Ruedi and Vogel，1995）和分子系统学研究（Dubey et al.，2008；Bannikova et al.，2011；Abramov et al.，2012）暗示两者是不同的物种，Wilson 和 Mittermeier（2018）跟随了这个观点。Chen 等（2020）利用多种分子物种界定方法进一步确定了该分类群的物种地位；原来被认为分布在中国的长尾大麝鼩的物种均属于白尾梢大麝鼩。目前分为2个亚种：指名亚种 *Crocidura dracula dracula* Thomas，1912和缅甸亚种 *C. d. mansumensis* Carter，1942。采自浙江的鉴定为白尾梢大麝鼩 *C. d. grisescens* 的标本（诸葛阳，1989）可能是1个未描述的新种（Jiang and Hoffmann，2001）。

（15）印支小麝鼩 *Crocidura indochinensis* Robinson and Kloss，1922

英文名 Indochinenses White-toothed Shrew

Crocidura indochinensis Robinson and Kloss, 1922. Ann. Mag. Nat. Hist., 87-99(模式产地：越南达拉郎边高原)；Wilson and Reeder, 1993. Mamm. Spec. World, 2nd ed., 87; Wilson and Reeder, 2005. Mamm. Spec. World, 3rd ed., 235; Smith 和解焱，2009. 中国兽类野外手册，226-227; Wilson and Mittermeier, 2018. Hand. Mamm. World, Vol. 8: 486; 魏辅文，等，2021. 兽类学报，41(5): 265-300.

Crocidura horsfieldii indochinensis Robinson and Kloss, 1922. Ann. Mag. Nat. Hist., 9: 88(模式产地：越南安南)；Ellerman and Morrison-Scott, 1951. Check. Palaea. Ind. Mamm., 558(模式产地：斯里兰卡).

鉴别特征 颅全长17.0～17.6 mm。与海南小麝鼩 *Crocidura wuchihensis* 相似，但是体型较大，两者头骨比例不同。

形态

外形：小型麝鼩。眼小，耳郭明显。胡须长至耳后。尾细长，为头体长的63%～85%。头体长53～71 mm，尾长40～50 mm，后足长10～13 mm，耳长9～11 mm。正模标本（BMNH 1947.1424）：头体长59 mm，尾长50 mm，后足长12.2 mm（Lunde，2003）。

毛色：背毛银灰色偏黄，较华南中麝鼩更暗；腹毛较浅为灰白色。尾基部毛发少或裸露，覆有稀疏白色针毛。

头骨：头骨坚实，颅顶呈弧形。人字脊较发达，矢状脊明显但不突出。上关节面呈圆形，卵圆孔不明显，基枕骨较窄，具2条明显的脊。颅全长17～18 mm。模式标本（BMNH 1947.1424）的长度：基长16.89 mm，颅高4.42 mm，颅宽7.89 mm，第2臼齿间宽5.08 mm，上齿列长7.33 mm，眶间宽3.97 mm，下齿列长6.75 mm（Lunde，2003）。下颌骨前段平直，后段有3个明显的突，冠状突粗壮，几乎与下颌骨垂直，角突纤细，略微斜向下，颌关节突在二者中间。

牙齿：齿式1.3.1.3/1.1.1.3 = 28。所有牙齿尖均不着色。上颌门齿基部向外突出吻端，前尖粗壮，齿尖向腹侧弯曲，后尖小而钝。第1上颌单尖齿最大，后两枚单尖齿约等大。第1上前臼齿后

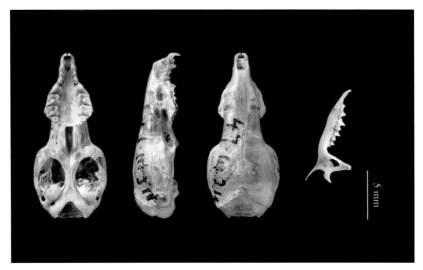

印支小麝鼩头骨图

缘仅略微凹陷，只露出一块浅新月形的腭骨，舌后齿缘较圆。第1上臼齿稍大于第2上臼齿，第3上臼齿最小，近三角形。

下颌门齿平直，突出吻前，呈刀状，内缘有1个小突起。下前臼齿不发达，后尖缺失。下颌第1臼齿稍大于下颌第2臼齿，下颌第3臼齿最小。

量衡度（衡：g；量：mm）

外形：

编号	性别	体重	体长	尾长	后足长	耳高	采集时间（年-月）	采集地点
SAF06753	♀	5	59	44	12	—	2006-8	四川二郎山
BMNH 1947.1424	—	—	59	50	12	—	—	越南达拉郎边高原

头骨：

编号	性别	颅全长	腭骨-门牙	腭枕长	上齿列长	眶间宽	腭骨宽	第2上臼齿宽	颅宽	颅高	下颌骨长	下齿列长
BMNH 1947.1424	—	16.89	—	—	7.33	3.97	—	5.08	7.89	4.42	—	6.75

生态学资料　印支小麝鼩的生态学研究较少，基于现有资料推测，其可能生活在阔叶林和针叶林及较干燥的草地（刘少英和吴毅，2019）。

地理分布　在四川分布于天全二郎山，国内还分布于贵州、云南。国外分布于老挝、缅甸、泰国北部、越南。

分类学讨论　印支小麝鼩的分类尚不明确。该种和海南小麝鼩曾经被当做长尾小麝鼩 *Crocidura horsfieldii* 的亚种。随后，Lunde 等（2004）研究了从越南采获的这2个亚种的标本，认为印支小麝鼩和海南小麝鼩与长尾小麝鼩不同，故将这2个亚种提升为种；并提出印支小麝鼩仅分布在缅甸、

分省（自治区、直辖市）地图——四川省

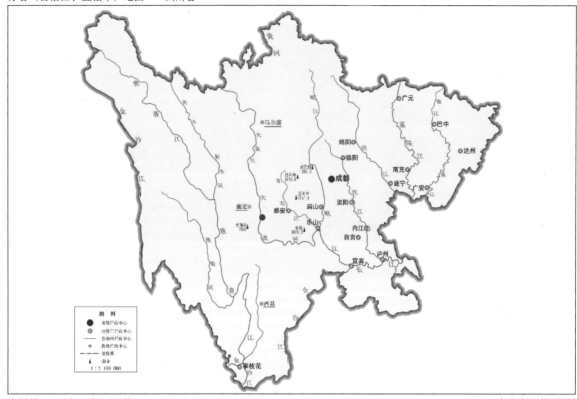

审图号：GS (2019) 3333 号　　　　　　　　　　　　　　　　　　自然资源部 监制

印支小麝鼩在四川的分布
注：红点为物种的分布位点。

中国和越南，长尾小麝鼩只局限在斯里兰卡和印度半岛（Lunde，2004）。

（16）大麝鼩 *Crocidura lasiura* Dobson，1890

英文名　Ussuri White-toothed Shrew

Crocidura lasiura Dobson, 1890. Ann. Mag. Nat. Hist, 31-33(模式产地：黑龙江乌苏里江附近); Corbet, 1978. Mamm.
Palaea. Reg. Taxon. Rev, 26, 29; Wilson and Reeder, 1993. Mamm. Spec. World, 2nd ed., 87; Wilson and Reeder,
2005. Mamm. Spec. World, 3rd ed., 236; 胡锦矗和胡杰，2007. 西华师范大学学报，28(2): 165-171; Smith 和解
焱，2009. 中国兽类野外手册，227; Wilson and Mittermeier, 2018. Hand. Mamm. World, Vol. 8: 485; 魏辅文，等，
2021. 兽类学报，41(5): 265-300.

Crocidura lasiura lasia Thomas, 1906. Ann. Mag. Nat. Hist., 17: 416(模式产地：土耳其小亚细亚).

Crocidura thomasi Sowerby, 1917. Ann. Mag. Nat. Hist., 20: 318(模式产地：韩国).

Crocidura lizenkani Kishida, 1931. Zool. Mag. Tokyo, 43: 377(nom. Nud.).

Crocidura yamashinai Kuroda, 1934. Jour. Mamm., 15: 237(模式产地：韩国).

Crocidura lasiura campluslincolnensis Sowerby, 1945. Musee Heude Notes Mamm., 3: 2(模式产地：上海西区).

鉴别特征 大型麝鼩。被毛颜色深于其他麝鼩属近似物种。尾短（约为头体长的45%），着生浓密的短毛，尾3/4着生稀疏长针毛。头骨矢状脊和人字脊都很发达。

形态

外形：体型大。头体长74 ~ 95 mm，尾长36 ~ 54 mm，后足长14 ~ 17 mm。尾粗，相对短（约为头体长的45%）。

毛色：背毛长而密，颜色深于其他麝鼩属近似物种，从烟棕色过渡到浅灰黑色，逐渐到腹面石板灰色，背腹界限明显。尾粗，覆盖浓密短毛，并于尾末端呈笔刷状，3/4着生稀疏针毛；尾几乎单色，背面灰黑色，腹面浅灰黑色。耳略突出于毛发，覆盖灰黑色短毛。前后足外侧毛色较深，为灰黑色，内侧为褐色。

头骨：头骨较坚实，整体呈狭长三角形。颅全长20.53 ~ 22.38 mm，腭长9.61 ~ 10.33 mm，脑颅宽9.28 ~ 9.92 mm；第2臼齿间宽6.07 ~ 6.71 mm，上齿列长8.90 ~ 10.25 mm，下齿列长8.57 ~ 9.36 mm。吻端较钝，腭骨较宽，上关节面呈圆形，乳突不明显，鳞骨脊向内侧弯曲延伸；脑颅饱满，卵圆孔不明显；基枕骨宽阔且具2条不明显的脊状突起，头骨背面具明显的人字脊和矢状脊。下颌骨前段平直，后段有3个明显的突，冠状突粗壮，几乎与下颌骨垂直，角突纤细，略微斜向下，颌关节突在二者中间。

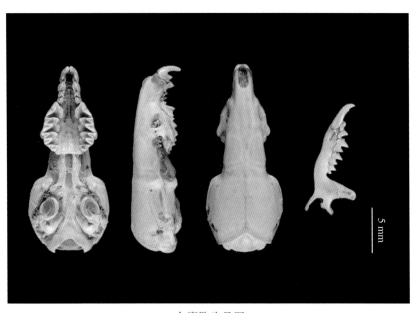

大麝鼩头骨图

牙齿：齿式1.3.1.3/1.1.1.3 = 28。上颌门齿基部向前突出，前尖粗壮，垂直向下，后尖不发达，末端较钝；具3枚单尖齿，第1上颌单尖齿远大于后两枚，第2枚和第3枚几乎等大，齿尖高度第1上颌单尖齿＞第2上颌单尖齿＞第3上颌单尖齿；上前白齿较发达，其舌面原尖的后边缘不圆，其后缘深凹，露出月牙形的腭骨；第1上臼齿稍大于第2上臼齿，第3上臼齿远小于第1、2枚臼齿，近三角形，齿尖不发达。

下颌门齿外露，向上前方伸长，突出吻前，齿尖向上呈钩状，切面1/3处有1个很浅的突起。下单尖齿小，基部约1/2与门齿重叠。下颌第1臼齿大于下颌第2臼齿，下颌第3臼齿最小。

量衡度（衡：g；量：mm）

外形：

编号	性别	体重	体长	尾长	后足长	耳高	采集地点
SAF05180	♀	—	78	53	15	11	四川荥经凤仪
SAF94068	♀	—	80	58	14	7	四川荥经凤仪
SCNU01524	—	8	74	37	15	8	辽宁新宾岗山二道阳岔
SCNU01525	—	12	81	40	15	7	辽宁新宾岗山二道阳岔
SCNU01526	—	13	80	40	15	7	辽宁新宾岗山二道阳岔
SAF09806	♂	8	57	35	15	9	辽宁抚松
SAF09808	♂	34	95	54	17	9	辽宁抚松
SAF09809	♂	22	87	36	14	9	辽宁抚松

头骨：

编号	颅全长	腭长	腭枕长	上齿列长	眶间宽	腭骨宽	第2上臼齿宽	颅宽	颅高	下颌骨长	下齿列长
SCNU01524	20.53	9.61	8.90	9.32	4.35	6.30	6.07	9.28	4.97	13.10	8.57
SCNU01525	22.35	10.30	9.94	10.01	4.56	6.92	6.59	9.63	5.93	14.19	9.20
SCNU01526	22.38	10.33	10.10	10.21	4.80	7.02	6.71	9.92	5.95	14.16	9.36
SAF09809	21.86	9.90	10.25	9.62	4.69	7.30	6.64	9.88	6.04	13.61	8.65

生态学资料　生活在阔叶林、林间空地、泥沼、干燥草甸、沿河湖堤岸上的灌草丛、农田等多种生境。肉食性，主要捕食昆虫和其他无脊椎动物及小型脊椎动物。每胎产仔数可多至10只。整个春、夏季节都可繁殖。

地理分布　在四川分布于荥经和川东北地区的剑阁、广元、南充（王应祥，2003；Smith和解焱，2009），但是还需要确认。亚种在国内的分布情况：东北亚种分布于黑龙江、吉林、辽宁、内蒙古；华东亚种分布于上海、江苏、四川。国外分布于朝鲜、俄罗斯远东地区、韩国。

分类学讨论　大麝鼩的分类一直无争议。

大麝鼩全世界共3亚种；中国分布有2个亚种：东北亚种 *C. l. lasiura* Dobson，1890和华东亚种 *C. l. campluslincolnensis* Sowerby，1945。四川分布有华东亚种。

分省（自治区、直辖市）地图——四川省

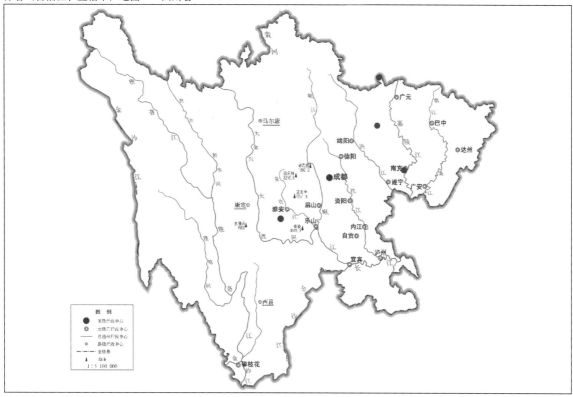

审图号：GS（2019）3333号　　　　　　　　　　　　自然资源部　监制

大麝鼩在四川的分布
注：红点为物种的分布位点。

大麝鼩华东亚种　*C. l. campluslincolnensis* Sowerby, 1945

Crocidura lasiura campluslincolnensis Sowerby, 1945. Musee Heude Notes de Mammalogie, 3:2（模式产地：上海西区）。

鉴别特征　尾相对其他亚种较长，稀疏长针毛极少。其他特征同种级描述。

地理分布　在四川分布于剑阁、南充、荥经（王应祥，2003）。国内还分布于江苏和上海。

（17）华南中麝鼩　*Crocidura rapax* Allen，1923

英文名　Chinese White-toothed Shrew

Crocidura rapax Allen, 1923. Amer. Mus. Nov., No. 100, p. 9（模式产地：云南兰坪营盘）；Wilson and Reeder, 1993. Mamm. Spec. World, 2nd ed., 94；Wilson and Reeder, 2005. Mamm. Spec. World, 3rd ed., 247；胡锦矗和胡杰，2007. 西华师范大学学报，28(2): 165-171；Smith和解焱，2009. 中国兽类野外手册，227-228；Wilson and Mittermeier, 2018. Hand. Mamm. World, Vol. 8: 485；魏辅文，等，2021. 兽类学报，41(5): 265-300.

Crocidura russula rapax Ellerman and Morrison-Scott, 1951. Check. Palaea. Ind. Mamm., 81.

Crocidura horsfieldii kurodai Jameson and Jones, 1977. Proc. Biol. Soc. Wash., 90: 461. Linkou（模式产地：中国台湾）。

Crocidura gueldenstaedtii Corbet and Hill, 1992. Mamm. Indo-Malay. Reg., 45.

Crocidura pullata Hutterer, 1993. Insectivora. In Wilson. Mamm. Spec. World, 94(模式产地：克什米尔).

鉴别特征　中型麝鼩。体型类似西南中麝鼩 *Crocidura vorax*，但比其稍小。头骨上关节面呈角状，人字脊稍发达，乳突膨大。从牙齿侧位看，上前臼齿的原尖位于前尖之后，舌后缘圆而深凹，展现出新月形骨。第2上臼齿颌面齿冠形成连续的W形的脊。

形态

外形：头体长64 mm，尾长42 mm，后足长12.5 mm（Allen，1923；模式标本）。尾长为头体长的63%～69%；长针毛沿着尾巴近端部分的50%延伸。

毛色：背毛颜色较西南中麝鼩浅，为棕色，但头部及肩部毛色偏灰，腹毛基部为灰棕色，末端浅灰，背腹颜色界限不明显。耳部略突出于毛发，背部覆深棕色短毛。四肢毛色较浅，后足背部覆有灰色细毛。胡须较短，长至耳部。尾双色，背面为棕色，腹面毛色苍白。

头骨：骨质薄脆，脑颅饱满近圆形，从侧面看顶骨略呈弧形；基枕骨宽阔，两侧各具不明显的脊；头骨上关节面呈角状，人字脊稍突出于顶骨，从侧面看鳞骨向外侧延伸，与膨大的乳突形成深凹。髁齿长18 mm，基长16.3 mm，腭长8 mm，颅宽8.2 mm，下颌长11.4 mm，上齿列长8 mm，臼齿宽5.3 mm，下齿列长7.4 mm（Allen 1923，模式标本）。

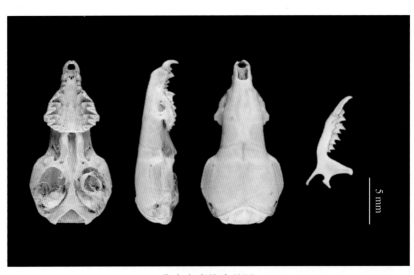

华南中麝鼩头骨图

牙齿：上颌门齿基部粗壮，略突出于吻部，前尖发达，稍向后弯曲，后尖小且钝。第1上颌单尖齿最大，第2上颌单尖齿和第3上颌单尖齿几乎等大，为第1上颌单尖齿的1/3，其齿尖与上前臼齿的前附尖在同一水平线上，侧位看，上前臼齿的原尖位于前尖之后，舌后缘圆而凹，展现出中等深度的新月形骨。第2上臼齿颌面齿冠形成连续的W形的脊。

下颌门齿齿尖略向上弯曲，切缘1/3处有不明显突起。下颌单尖齿1/3处与下颌门齿重叠；下前臼齿不发达，无后尖；下颌第1臼齿＞下颌第2臼齿＞下颌第3臼齿。下颌第3臼齿上有发育良好的下跟座（下内尖、下次尖和下次小尖）。

量衡度（衡：g；量：mm）

外形：

编号	体重	体长	尾长	后足长	耳高	采集地点
SAF12016	10	62	57	13	7	四川木里
SAF09618	5	55	42	12	7	四川夹金山
SCNU3725	8	65	53	13	7	四川雅江
SCNU3726	8	65	40	11	6	四川雅江
SCNU1696	7	63	45	13	5	四川布拖
SCNU3800	—	63	56	13	9	四川美姑
KIZ010029	6	65	42	12	7	云南弥勒东山
KIZ005083	6	63	45	13	6	云南中甸上桥头
KIZ005098	6	59	42	12	7	云南阿东

头骨：

编号	颅全长	腭长	腭枕长	上齿列长	眶间宽	腭骨宽	第2上臼齿宽	颅宽	颅高	下颌骨长	下齿列长
SAF12016	18.48	8.31	8.49	7.90	4.02	5.85	5.39	8.85	5.58	11.47	7.26
SAF09618	18.15	8.12	8.16	7.94	3.97	5.39	5.28	8.10	4.95	11.20	7.39
SCNU3725	17.44	7.83	8.19	7.41	4.24	5.61	5.30	7.97	5.00	10.83	6.96
SCNU3726	18.24	8.27	8.11	8.07	4.10	5.80	5.56	8.37	5.07	11.28	7.58
SCNU1696	18.19	8.14	8.21	7.99	4.02	5.65	5.51	8.29	4.94	11.48	7.44
SCNU3800	18.70	8.21	8.71	8.04	4.01	5.84	5.49	8.58	5.18	—	—
KIZ010029	18.36	8.25	8.81	8.01	3.95	5.64	5.35	7.99	5.04	11.25	7.27
KIZ005098	17.59	7.73	8.22	7.64	3.89	5.45	5.32	8.51	4.87	10.74	7.00
KIZ005097	18.30	8.44	8.25	8.28	4.17	5.63	5.47	8.68	5.12	11.54	7.52

生态学资料　资料缺乏。

地理分布　在四川分布于昭觉、布拖、美姑、石棉、宝兴、九龙、木里、雅江、小金等地以及西昌、米易（Jiang 和 Hoffomann，2003），国内还分布于云南、四川、贵州、广东、广西、海南。国外分布于缅甸北部、印度东北部。

分类学讨论　华南中麝鼩的分类史与西南中麝鼩相似。Allen（1923）在同一篇文章中描述了这两个物种。随后，这个物种先后被看作是中麝鼩 *Crocidura russula*、古氏麝鼩 *C. gueldenstaedtii*、黑袍麝鼩 *C. pullata* 的亚种。随后 Jiang 和 Hoffmann（2001）从形态上确立了其物种地位，把台湾的 *C. r. tadae* 和 *C. r. kurodai* 作为其亚种。这个观点被一些学者赞同（Hutterer，2005；Hoffmann and Lunde，2008；Jenkins et al.，2009）。Chen 等（2020）进一步从分子的角度确立了其物种地位。

分省（自治区、直辖市）地图——四川省

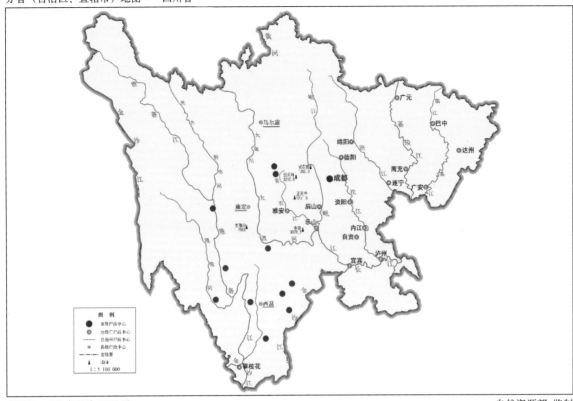

审图号：GS (2019) 3333 号　　　　　　　　　　　　　　　　　　自然资源部 监制

华南中麝鼩在四川的分布
注：红点为物种的分布位点。

（18）山东小麝鼩 *Crocidura shantungensis* Miller，1901

英文名 Asian Lesser White-toothed Shrew

Crocidura shantungensis Miller, 1901. Proc. Biol. Soc. Wash., 14: 158(模式产地：山东即墨); Wilson and Reeder,
　　1993. Mamm. Spec. World, 2nd ed., 95; Wilson and Reeder, 2005. Mamm. Spec. World, 3rd ed., 249; 胡锦矗和
　　胡杰，2007. 西华师范大学学报, 28(2): 165-171; Smith 和解焱, 2009. 中国兽类野外手册, 228; Wilson and
　　Mittermeier, 2018. Hand. Mamm. World, Vol. 8: 495; 魏辅文，等，2021. 兽类学报, 41(5): 265-300.

Crocidura suaveolens orientis Ognev, 1921. Contribution à la classificaton des mammifères insectivores de la
　　Russie. Annuaire du Musée zoologique de l'Académie des sciences de St. Pétersbourg, 311-350(模式产地：乌苏里
　　地区).

Crocidura ilensis phaeopus Allen, 1923. Amer. Mus. Nov., 1-11(模式产地：四川万县，即现重庆万州).

Crocidura ilensis shantungensis Allen, 1938. Mamm. Chin. Mong., 131.

Crocidura suaveolens shantungensis Ellerman et Morrison-Scott, 1951. Check. Palaea. Ind. Mamm., 77.

Crocidura russula hosletti Jameson and Jones, 1977. Proc. Biol. Soc. Wash., 459-482.

鉴别特征　欧亚地区最小的麝鼩。尾部整体具有长而稀疏的针毛，尾短，近头体长之半。

形态

外形：体型小。体长41 ～ 71 mm，尾长31 ～ 41 mm，后足长10 ～ 13 mm。尾短，通常小于头体长一半。

毛色：被毛颜色深于其他麝鼩属近似物种。

背毛灰棕色，腹毛浅灰色；尾双色，覆有浓密短毛及长针毛；耳部突出，覆有深棕色短毛；四肢背部内侧毛色浅，外侧较深；胡须长至耳部。

头骨：头骨脆弱纤细，具明显的人字脊，矢状脊不明显。颅全长20.10 mm，腭长18.20 mm，脑颅宽8.90 mm，白齿间宽6.30 mm，上齿列长9.10 mm，下齿列长8.20 mm。

颅骨较麝鼩属其他物种扁平，骨质脆弱纤细，脑颅较窄，上关节面呈圆形，乳突不明显。顶骨不呈弧形，较平直，矢状脊和人字脊不发达，但明显可见，基枕骨宽阔，其两侧具不明显的脊状突起。颅全长15.86 ～ 17.61 mm，腭长7.71 ～ 6.98 mm，脑颅宽7.07 ～ 7.67 mm，第2白齿宽5.36 ～ 4.27 mm，上齿列长7.55 ～ 6.77 mm，下齿列长6.23 ～ 6.97 mm。

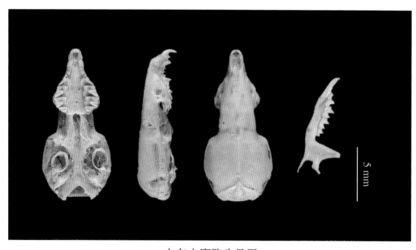

山东小麝鼩头骨图

牙齿：齿式1.3.1.3/1.1.1.3 = 28。上颌门齿略突出至吻端，前尖发达，略垂直向后弯；后尖退化，齿尖明显；具3枚单尖齿，第1枚最大，第2枚和第3枚极小；上前白齿较发达，其后缘深凹，其舌面原尖的后缘不圆；第1、2上白齿具发达的齿冠，颌面排列呈W形的齿冠，前后尖明显。舌面原尖和次尖均较明显。第1上白齿和第2上白齿几乎等大，第3上白齿远小于第1、2上白齿，近三角形。

下颌门齿前伸，齿尖向上，切缘突起不明显。下颌单尖齿约2/3与门齿重叠，下前白齿不发达，下颌第1白齿略大于下颌第2白齿，两者颌面前尖大，后尖小。下颌第3白齿小。

量衡度（衡：g；量：mm）

外形：

编号	性别	体重	体长	尾长	后足长	耳高	采集地点
SAF192027	—	—	62	33	9.5	3	四川若尔盖

（续）

编号	性别	体重	体长	尾长	后足长	耳高	采集地点
AMNH56013	♀	—	62	37	12	9	重庆万州
SAF10202	♀	6	58	33	11	5	山西宁武
SAF10165	♀	8	69	33	12	—	河北遵化
SAF10232	♀	6	64	35	11	—	山西宁武
SCNU01486		4	57	31	13	—	辽宁新宾
SCNU01487	—	—	54	31	12	—	辽宁新宾
SCNU01495		3	47	34	10	7	辽宁新宾
SCNU01502	—	6	60	34	11	5	辽宁新宾
SCNU01523	—	9	58	38	11	7	辽宁新宾
SCNU01530	—	4	53	36	11	6	辽宁新宾
SCNU01590	—	—	57	38	11	6	辽宁新宾
SCNU01595	—	—	57	39	11	6	辽宁新宾
SAF21066	♂	5	55	41	11	5	北京门头沟
SAF21070	♂	10	71	—	13	5	北京密云

头骨：

编号	颅全长	腭长	腭枕长	上齿列长	眶间宽	腭骨宽	第2上臼齿宽	颅宽	颅高	下颌骨长	下齿列长
AMNH56013	16.90	7.60	—	7.30	—	4.00	5.00	7.60	—	10.70	6.60
SCNU01495	15.86	7.05	7.15	7.04	3.49	4.87	4.77	7.53	4.20	9.69	6.46
SCNU01502	16.55	7.11	7.77	7.06	3.58	4.89	4.77	7.11	4.19	10.08	6.63
SCNU01523	16.63	7.23	7.51	7.44	3.58	5.07	4.95	7.65	4.19	10.23	6.74
SCNU01590	16.14	6.98	7.51	7.11	3.58	4.96	4.76	7.25	4.28	9.69	6.37
SCNU01595	17.17	7.33	7.91	7.33	3.68	5.15	4.79	7.61	4.55	10.21	6.61
SAF21066	17.61	7.71	8.48	7.55	3.87	5.50	5.36	7.67	4.52	10.64	6.97
SAF21070	16.72	7.48	7.52	7.27	3.85	5.16	4.96	7.58	4.59	10.12	6.74

生态学资料　分布范围广，曾记录有多种栖息地，可见于半荒漠草地、干草原、针叶林和针阔混交林的边缘、山地森林、河谷、农业区等。

地理分布　在四川分布于若尔盖。亚种在国内的分布情况：指名亚种分布于北京、河北、山西，安徽、江苏、山东和浙江；东北亚种分布于黑龙江、吉林、辽宁和内蒙古；西南亚种分布于甘肃、青海、陕西、贵州、四川、云南和湖北；台湾亚种仅分布于台湾。国外分布于朝鲜半岛、俄罗斯西伯利亚东部。

分省（自治区、直辖市）地图——四川省

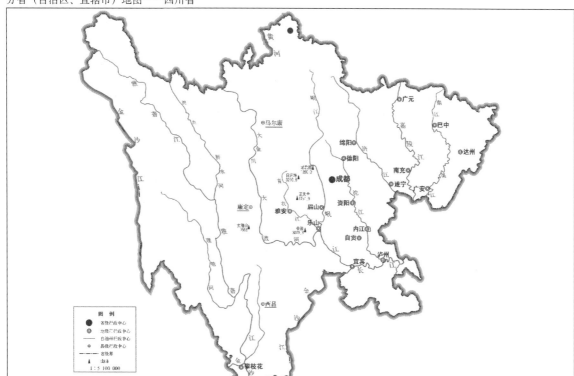

审图号：GS（2019）3333号　　　　　　　　　　　　　　　　　　　　自然资源部 监制

山东小麝鼩在四川的分布
注：红点为物种的分布位点。

分类学讨论　山东小麝鼩的分类在相当长的一段时期里较为混乱。Allen（1938）认为它是 *Crocidura ilensis* 的1个亚种，Ellerman 和 Morrison-Scott（1951）将它归类到小麝鼩 *C. suaveoleus* 的1个亚种，后 Hoffmann（1996）将其分类提升到种。Jiang 和 Hoffmann（2001）分析了分布在中亚地区的3个物种 *C. shantungensis shantungensis*、*C. gmelini* 和 *C. suaveoleus* 的头骨形态，支持其种级地位。

山东小麝鼩全世界有5个亚种，中国分布有4个亚种：指名亚种 *C. s. shantungensis* Miller，1901；东北亚种 *C. s. orientis* Ognev，1921；西南亚种 *C. s. phaeopus* Allen，1923；台湾亚种 *C. s. hosletti* Jameson and Jones，1977。四川仅分布有西南亚种。

山东小麝鼩西南亚种 *Crocidura shantungensis phaeopus* Allen, 1923

Crocidura ilensis phaeopus Allen, 1923. Amer. Mus. Nov., 1-11（模式产地：四川万县，现重庆万州）.

鉴别特征：与其他亚种的区别在于山东小麝鼩的足颜色为深棕色，其他亚种的足颜色为白色。其他特征同种级描述。

地理分布：四川分布于若尔盖，国内还分布于重庆、贵州、湖北、陕西、甘肃、青海。

（19）台湾灰麝鼩 *Crocidura tanakae* Kuroda，1938

别名　尖嘴老鼠

英文名　Taiwanese Gray White-toothed Shrew

Crocidura tanakae Kuroda, 1938. List Japan. Mamm., Published by the author（模式产地：中国台湾台中）; Wilson and Reeder, 2005. Mamm. Spec. World, 3rd ed., 251; Smith 和解焱, 2009. 中国兽类野外手册, 229; Wilson and Mittermeier, 2018. Hand. Mamm. World, Vol. 8: 491; 魏辅文, 等, 2021. 兽类学报, 41(5): 265-300.

Crocidura attenuata tanakae Ellerman and Morrison-Scott, 1951. Check. Palaea. Ind. Mamm., 83; Corbet and Hill, 1991. World List Mamm. Spec. 3rd ed., 32; Hutterer, 1993. Mamm. Spec. World, 82; Jiang and Hoffmann, 2001: 1067; 王应祥, 2003. 中国哺乳动物种和亚种分类名录与分布大全, 24.

鉴别特征　中大型麝鼩。上关节面在背侧稍呈圆弧状；基枕骨前面区域宽阔，且脊状突起不明显；上前臼齿原尖的舌面后缘较圆。

形态

外形：中、大型麝鼩，外形与灰麝鼩类似，但体型略小，嘴更尖长。眼小，外耳壳明显，尾从基部至末端逐渐变细。头体长62.49 ~ 86 mm，尾长41 ~ 60 mm，后足长11 ~ 14.69 mm，耳长5 ~ 10 mm。

毛色：背毛长约6 mm，呈灰褐色，背部和体侧毛色相同，腹面色稍淡，为浅灰色。尾较长且粗，尾上毛色同背部，尾下毛色稍淡，显双色，约2/3具稀疏长针毛。耳突出于毛发，背面覆盖灰褐色短毛。四肢背面内侧毛色苍白，腹面内侧裸露皮肤色浅，腹面外侧裸露皮肤、足垫及背面外侧毛色较深。须长，伸至耳后。

头骨：头骨较坚实，整体呈狭长三角形，吻端较钝，颅骨饱满，具明显的人字脊，矢状脊不明显。相较于灰麝鼩，其腭缝呈M形，上关节面较圆，基枕骨处宽阔且脊状突起不明显。颅全长18.88 ~ 20.74 mm，腭长8.38 ~ 9.61 mm，脑颅宽8.15 ~ 9.46 mm，第2上臼齿间宽5.47 ~ 6.72 mm，上齿列长8.13 ~ 9.29 mm，下齿列长7.32 ~ 8.63 mm。

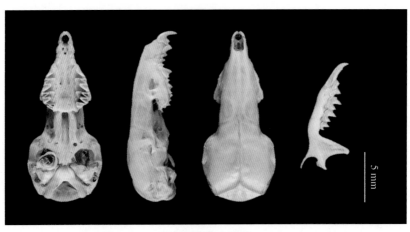

台湾灰麝鼩头骨图

牙齿：齿式3.1.1.3/1.1.1.3 = 28。上颌门齿略突出至吻端，前尖发达，略垂直向下，后尖退化，齿尖稍突；具3枚单尖齿，相对大小与灰麝鼩相似。第1枚最大，第2枚比第3枚略；上前白齿较发达，其后边缘浅凹，其舌面原尖的后缘较圆，使上前白齿的咬合面看起来较灰麝鼩大；第1、2上白齿具发达的齿冠，颌面排列呈W形的齿冠，前、后尖明显。舌面原尖和次尖均较明显。第1上白齿大于第2上白齿；第3上白齿远小于第1、2上白齿，近三角形。

下颌门齿向前平伸，齿尖上钩，其1/3处齿缘突起。下颌单尖齿小，其基部约1/2与下颌门齿接触。下前白齿不发达，仅前尖明显。下颌第1白齿略大于下颌第2白齿，两者颌面前尖大而尖，后尖小。下颌第3白齿小。

量衡度（衡：g；量：mm）

外形：

编号	性别	体重	体长	尾长	后足	耳高	采集地点
SAF16143	—	17	81	53	13	10	四川合江
SAF16682	♂	11	73	57	13	5	四川合江
SCNU00599	—	—	67	44	13	—	四川华蓥山
SCNU00600	—	—	63	45	13	—	四川华蓥山
SCNU00602	—	—	68	51	15	—	四川华蓥山
SCNU00754	♀	11	62	51	116	61	四川三台
SAF19028	♀	7	68	54	11	6	四川珙县
SAF19868	♀	10	86	47	13	7	四川叙永
SAF19832	—	11	78	41	14	7	四川叙永
SCNU02267	♀	—	69	47	12	9	四川安岳
SAF21157	♂	—	80	55	13	7	海南白沙
SAF13051	♂	14	80	60	14	7	贵州梵净山
SAF13054	♂	14	76	56	14	7	贵州梵净山
SAF13159	♀	10	78	53	13	7	广西崇左
SAF17040	♂	10	72	53	14	10	浙江东阳
SAF13352	♀	8	81	57	14	8	青海班玛美浪沟

头骨：

编号	颅全长	腭长	腭枕长	上齿列长	眶间宽	腭骨宽	第2上白齿宽	颅宽	颅高	下颌骨长	下齿列长
SCNU02917	19.68	8.97	8.66	8.66	4.18	6.09	5.83	8.60	5.13	12.81	8.14
SCNU02920	19.89	8.84	8.92	8.68	4.31	6.22	5.78	8.52	—	12.69	8.11
SCNU02837	19.62	9.20	8.82	8.76	4.40	6.25	6.13	8.65	4.90	12.65	8.15
SCNU02838	20.00	9.01	9.14	8.75	4.50	6.48	6.28	8.73	5.61	12.25	8.29

（续）

编号	颅全长	腭长	腭枕长	上齿列长	眶间宽	腭骨宽	第2上臼齿宽	颅宽	颅高	下颌骨长	下齿列长
SCNU00600	19.08	9.26	8.57	8.73	4.35	5.95	5.78	8.15	5.30	12.35	8.18
SCNU03575	18.69	9.01	7.75	8.58	4.24	5.96	5.57	8.54	4.86	12.27	7.99
SCNU03576	18.85	8.68	8.33	8.31	4.17	5.76	5.61	8.42	4.87	11.83	7.75
SAF19868	18.88	8.38	8.72	8.13	4.33	6.31	6.01	8.76	5.24	11.74	7.32
SAF19832	19.85	8.54	9.47	8.32	4.52	6.69	6.20	9.24	5.53	12.07	7.63
SAF21157	20.45	9.34	9.20	9.02	4.84	6.61	6.26	9.05	—	12.93	8.23
SAF13051	20.74	9.26	9.92	—	4.73	6.46	6.11	9.46	5.48	13.02	8.35

生态学资料　在台湾分布于从海平面到海拔2 200 m（Fang et al., 1997）的草地、次生林、竹丛林和牧场。3月和8月发现过雌体怀有1～2个胚胎，2月雌体有2～3个胚胎。

地理分布　在四川分布于阆中、都江堰、绵阳、广安、宝兴、峨眉山、泸州、宜宾、叙永、资阳、达州，国内还分布于安徽、浙江、湖北、江西、湖南、福建、台湾、广东、海南、广西、重庆、贵州、云南。国外分布于菲律宾、老挝、越南。

分省（自治区、直辖市）地图——四川省

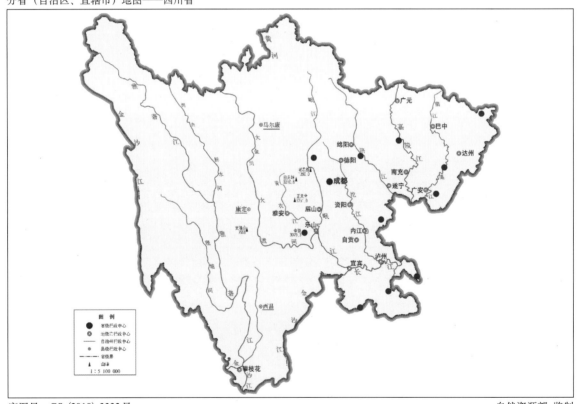

审图号：GS（2019）3333号　　　　　　　　　　　　　　　　自然资源部 监制

台湾灰麝鼩在四川的分布
注：红点为物种的分布位点。

分类学讨论 最初被描述为1个种，后被视为灰麝鼩的亚种（Ellerman and Morrison-Scott，1951；Jameson and Jones，1977；Corbet and Hill，1992；Hutterer，1993；Fang et al.，1997）， 直到 Motokawa 等（2001）发现了两者染色体的差异，将台湾灰麝鼩独立为种（Motokawa et al.，2001），后得到了一些学者的赞同（Esselstyn et al.，2009；Esselstyn and Oliveros，2010；Bannikova et al.，2011；Abramov et al.，2012；Li et al.，2019；Chen et al.，2020）。该物种染色体数目呈多态（$2n = 24 \sim 40$；$FN = 45 \sim 56$）（Li et al.，2020）。从前一直认为台湾灰麝鼩仅分布于台湾，但后来的一些研究表明，它的分布范围远大于灰麝鼩（程峰等，2017；陈顺德等，2018；雷博宇等，2019；Li et al.，2019）。无亚种分化。

（20）西南中麝鼩 *Crocidura vorax* Allen，1923

别名 尖嘴老鼠

英文名 **Voracious Shrew**

Crocidura vorax Allen，1923. Amer. Mus. Nov.，100: 8(模式产地：云南丽江山谷)；Wilson and Reeder，1993. Mamm. Spec. World, 2nd ed.，94；Wilson and Reeder，2005. Mamm. Spec. World, 3rd ed.，253；Smith 和解焱，2009. 中国兽类野外手册，230；Wilson and Mittermeier，2018. Hand. Mamm. World, Vol. 8: 492；魏辅文，等，2021. 兽类学报，41(5): 265-300.

Crocidura russula vorax Ellerman and Morrison-Scott，1951. Check. Palaea. Ind. Mamm.，81.

鉴别特征 中型麝鼩。类似华南中麝鼩，但体型略大，上关节面呈角状，具发达的人字脊和深的乳突。侧位上可见上前白齿原尖与前尖对齐，上前白齿舌后缘圆而深凹，显露出深新月形骨。第2上白齿的颊脊在中附尖尖端分离，因此在未磨损的第2上白齿中可见两个独立的V形脊。

形态

外形：体型中等。头体长为 $55 \sim 80$ mm，尾长 $40 \sim 58$ mm，后足长 $11 \sim 14$ mm，颅全长 $17.44 \sim 18.70$ mm。

毛色：背部毛皮淡褐色，腹侧毛皮淡灰棕色，背腹毛色分界不明显。尾长约为头体长度的71%，尾双色，上面棕色，下面苍白，白色的长针毛沿着尾巴近端部分（80%）延伸。耳部突出，耳郭外部覆盖深褐色短毛。四肢背部外侧毛发稍深，外侧浅棕色。

头骨：头骨坚实，吻端较钝；颅顶呈弧形，颅骨饱满；上关节面呈角状，人字脊发达，脊峰较高，乳突膨大；基枕骨较窄，脊峰较平。模式标本量度（AMNH44383）：颅全长 19.40 mm，颅宽 9.10 mm，颅高 5.00 mm，白齿间宽 5.60 mm，上齿列长 8.20 mm，下齿列长 7.50 mm。

牙齿：上颌门齿前尖垂直向下伸，后尖基座粗壮，后尖小。第2上颌单尖齿和第3上颌单尖齿齿尖高度依次降低，约等大，为第1上单尖齿的1/3。侧位看，上前白齿原尖与前尖对齐，上前白齿舌后缘圆而深凹，显露出深新月形腭骨。第2上白齿的颊脊在中附尖尖端（the mesostylar cusp）分离，因此在未磨损的第2上白齿中可见两个独立的V形脊。第1上白齿＞第2上白齿＞第3上白齿，第3上白齿不发达，近三角形。

下颌门齿齿尖略向上弯曲，切缘1/3处有不明显突起。下颌单尖齿1/3处与下颌门齿接触；下前

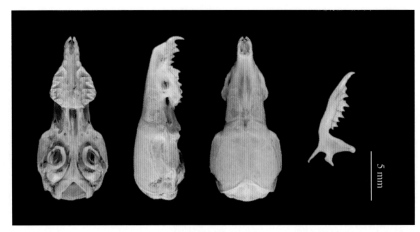

西南中麝鼩头骨图

臼齿不发达；第1下臼齿＞第2下臼齿＞第3下臼齿。

量衡度（衡：g；量：mm）

外形：

编号	性别	体重	体长	尾长	后足长	耳高	采集地点
SAF18824	♂	7.5	69	43.0	13	6	四川布拖
SAF18840	♂	7	63	45.0	13	5	四川布拖
SAF18845	♂	11	70	42.0	12	5	四川布拖
SAF19995	—	—	63	56.0	13	9	四川美姑
SAF19002	♂	9	70	58.0	13	7	四川石棉
SCNU02715	—	9	62	46.5	13	10	云南兰坪
SAF09159	♀	5	47	53.0	14	11	云南丽江
SAF09190	—	10	70	48.0	13	9	云南丽江
SAF09191	—	8	65	45.0	12	8	云南丽江
SAF13079	♂	10	74	43.0	11	4	贵州威宁
SAF04305	♂	15	80	74.0	13	7	云南丽江

头骨：

编号	颅全长	腭长	腭枕长	上齿列长	眶间宽	腭骨宽	第2上臼齿宽	颅宽	颅高	下颌骨长	下齿列长
SAF18824	—	7.89	—	7.80	3.98	5.45	5.18			11.08	7.31
SAF18840	18.19	8.14	8.21	7.99	4.02	5.65	5.51	8.29	4.94	11.48	7.44
SAF18845	—	—	—	—	4.14	5.70	5.45	—	—	11.17	7.12
SAF19995	18.70	8.21	8.71	8.04	4.01	5.84	5.49	8.58	5.18	—	—
SCNU02715	—	8.22	—	7.97	4.16	5.97	5.81			11.46	7.37
SAF09190	20.07	8.85	9.17	8.58	4.22	6.16	5.97	8.91	5.43	12.27	7.79
SAF13079	—	8.13	—	—	4.08	5.73	5.36	—	—	11.33	7.12

生态学资料　所知甚少，生活于高地，正模标本采自海拔4 000 m的林线森林（雪线）。

地理分布　在四川分布于布拖、美姑、石棉。国内还分布于贵州、云南、湖南、广西。国外分布于印度、老挝、泰国、越南。

分省（自治区、直辖市）地图——四川省

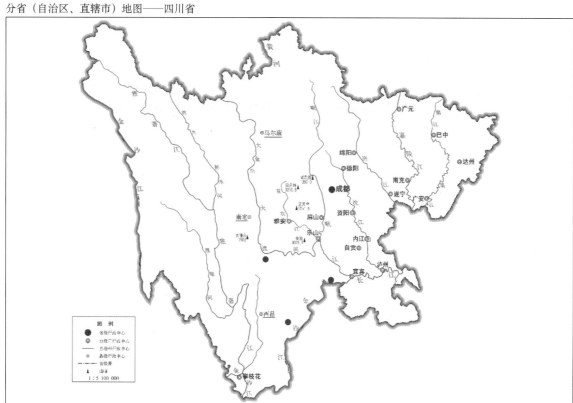

审图号：GS（2019）3333号　　　　　　　　　　　　　　　　　　　　　　自然资源部　监制

西南中麝鼩在四川的分布
注：红点为物种的分布位点。

分类学讨论　Allen（1923）通过采集于云南丽江的3个标本首次描述了西南中麝鼩。之后又认为这个物种与欧洲的中麝鼩 *Crocidura russula* 有近的亲缘关系，应该作为它的亚种，但未作定论。Ellerman和Morrison-Scott（1951）基于头体长和尾长把它作为中麝鼩的亚种。之后Catzeflis等（1985）指出中麝鼩仅分布在西欧和非洲北部和西北部，中国没有分布。Corbet和Hill（1992）后又把它安排到古氏麝鼩 *C. gueldenstaedtii*。Hutterer（1993）认为西南中麝鼩应该属于黑袍麝鼩 *C. pullata*。Jiang和Hoffmann（2001）检测了大量标本，认为西南中麝鼩是不同于黑袍麝鼩的独立物种。Chen等（2020）进一步从分子的角度确立了其物种地位。目前没有亚种的分化。

（二）鼩鼱亚科 Soricinae Murray，1866

Soricinae Fischer, 1814. Zoognosia tabulis synopticis illustrate, 3: X.

Sorexineae Lesson, 1842. Nouveau tableau du regne animal. Mammiferes. Paris, Arthus Bertrand, 204.

Soricinae Murray, 1866. Geogr. Distr. Mamm. Lond., Day and Son, Ltd., xvi, 420, 101 maps.

　　形态特征　鼩鼱亚科体型小，似鼠，耳短但部分穴居种类隐于皮下。尾上一般不具有稀疏的白色长针毛，穴居或半穴居的种类尾短，而树栖的种类尾变长。除短尾鼩属Anourosorex、蹼足鼩属Nectogale、水鼩属Chimarrogale外，齿尖呈红色或棕色，鼩鼱属Sorex、异黑齿鼩鼱属Parablarinella、黑齿鼩鼱属Blarinella最为明显。其单尖齿一般2～5枚，是主要分属的鉴定特征，第4下前白齿均有后舌凹；下颌骨髁关节在唇边结合形成一明显的舌凹。

　　分类学讨论　鼩鼱亚科全世界共有13属181种（Wilson and Mittermeier，2018）。该亚科的特征是第4下前白齿有后舌凹；下颌骨髁关节面分开，两关节面间形成一明显舌凹。短尾鼩属、水鼩属、蹼足鼩属的牙齿色素缺失，但其他属色素存在。

　　主要分布在亚洲、欧洲、北美洲（即全北界）。鼩鼱亚科物种由于其形态分化非常显著，因此又被进一步划分为6个族，包括北美短尾鼩族Blarinini、黑齿鼩鼱族Blarinellini、鼩鼱族Soricini、短尾鼩鼱族Anourosoricini、蹼足鼩族Nectogalini、Notiosoricini（Dubey et al.，2007；Ohdachi et al.，2006）。中国除北美短尾鼩族和Notiosoricini族外，分布有其他4个族，这4个族四川均有分布。

四川分布的鼩鼱亚科分族分属检索表

1.尾长小于或等于后足长；上颌单尖齿2齿 ············· 短尾鼩鼱族 Anourosoricini（仅1属：短尾鼩属Anourosorex）
　尾长长于后足长；上颌单尖齿3枚及以上 ···2

2.齿尖着色很深，几乎为黑色 ·· 3（黑齿鼩鼱族Blarinellini）
　齿尖着色浅红色，甚至不着色 ···4

3.下颌第一枚和第二枚白齿的下内尖和下后尖很靠近，下内尖微小或无 ······················ 黑齿鼩鼱属Blarinella
　下颌第一枚和第二枚白齿的下内尖和下后尖很好地分开，下内尖存在且明显 ·········· 异黑齿鼩鼱属Parablarinella

4.上颌单尖齿5枚，牙齿齿尖着色浅红色 ································· 鼩鼱族Soricini（仅1属：鼩鼱属Sorex）
　上颌单尖齿少于5毛枚，牙齿齿尖着色浅或白色 ····································· 5（蹼足鼩族Nectogalini）

5.齿冠没有任何红色着色的痕迹 ···6
　齿冠有红色着色 ···7

6.尾基1/3处横切面呈方形，有4条明显的脊，沿每条脊角长有硬毛 ······························ 蹼足鼩属Nectogole
　尾长大于后足长；上颌有3枚单尖齿 ·· 水鼩属Chimarrogale

7.上颌有3枚单尖齿 ·· 缺齿鼩属Chodsigoa
　上颌有4枚单尖齿 ·· 须弥鼩鼱属Episoriculus

短尾鼩鼱族 Anourosoricini Anderson，1814

　　短尾鼩鼱族和蹼足鼩族亲缘关系密切，并且曾均属于Neomyini族。短尾鼩鼱族仅有短尾鼩鼱属Anourosorex这1个属，现存4个种，主要分布于中国中部至泰国北部。现存物种的共同祖先可能在更新世时期。尽管如此，这个族有着悠久的进化历史，并且非常多样化，在中新世居住在欧亚大陆和北美洲。

10. 短尾鼩属 *Anourosorex* Milne-Edwards，1872

Anourosorex Milne-Edwards, 1872. Rech. 1' Hist. Nat. Mamm., 264, (模式种: *Anourosorex squamipes* Milne-Edwards, 1872).

Anurosorex Anderson, 1875. Ann. Mag. Nat. Hist., 16: 282.

鉴别特征 短尾鼩属是鼩鼱亚科中唯一完全适应地下生活的类群，眼极小，外耳郭不可见；尾极短，一般尾比后足短，尾基部无毛但具鳞片。虽然该属属于鼩鼱亚科，但牙齿齿尖均未着色，单尖齿齿式 1.2.1.3/1.1.1.3 = 26。

形态 吻钝而凸出；前足有发达的爪；眼和外耳很退化；耳郭藏于毛被中；头骨坚固，矢状脊和人字脊很发达。上、下颌的第3臼齿退化严重。尾很短，比后足短；尾无毛但覆有鳞片。

生态学资料 短尾鼩属是鼩鼱亚科中唯一能够较好适应地下生活的类群，而黑齿鼩鼱属和大爪长尾鼩半适应地下生活。善于掘土，在松土中挖隧道或落叶层生活，适应性广，喜潮湿环境，杂食性，主要以多汁的蚯蚓、各类昆虫及谷物类茎叶和果实为食，常见于中海拔（1 200 ～ 3 000 m）地区的山地森林、灌木、草丛中。一般栖息在阴暗潮湿的沟缘两岸和人居环境的房前屋后，洞穴比较固定，通常无明显季节性扩散。

地理分布 短尾鼩属的物种是东洋界物种，分布广泛，有化石研究证明在早更新世曾分布于华北地区和华南地区，在中更新世至全新世分布于华中地区。目前主要分布在亚洲东南部，从中国中部和西南部到越南北部、泰国、缅甸、印度、不丹、印度东部均有分布。

分类学讨论 短尾鼩属是短尾鼩族唯一现存的属（Reumer，1998），1926年该属曾被归入Amblycoptini 族中。Motokawa 和 Lin（2002）、Motokawa 等（2004） 研究了现存物种的地理变异。Storch（1991）对该属的化石记录进行了回顾。现存物种的共同祖先可能生活在更新世时期。四川短尾鼩 *Anourosorex squamipes* 是该属的典型代表。该物种最早被认为包含3个亚种，即 *A. s. assamensis*、*A. s. schmidi*、*A. s. yamashinai*（Petter，1963；Jameson and Jones，1977；Motokawa and Lin，2002），目前已将这3个亚种提升为种。全世界该属有4种：*A. assamensis* Anderson，1875；*A. schmidi* Petter，1963；*A. squamipes* Milne-Edwards，1872；*A. yamashinai* Kuroda，1935（Motokawa and Lin，2002；Motokawa et al.，2004；Smith 和解焱，2009；Wilson and Reeder，2005），其中分布于中国的有2种，即四川短尾鼩 *A. squamipes* 和台湾短尾鼩 *A. yamashinai*。

(21) 四川短尾鼩 *Anourosorex squamipes* Milne-Edwards，1872

别名 地滚子、臭耗子

英文名 Chinese Mole Shrew

Anourosorex squamipes Milne-Edwards, 1872. Rech. 1' Hist. Nat. Mammiferes, 264(模式产地：四川宝兴); Hoffmann, 1987. 兽类学报，7(2): 126, 137, 139; Wilson and Reeder, 1993. Mamm. Spec. World, 2nd ed., 106; 王酉之和

胡锦矗，1999. 四川兽类原色图鉴，62; Wilson and Reeder, 2005. Mamm. Spec. World, 3rd ed., 268; 胡锦矗和胡杰，2007. 西华师范大学学报，28(2): 165-171; Smith和解焱，2009. 中国兽类野外手册，233; Wilson and Mittermeier, 2018. Hand. Mamm. World, Vol. 8: 447; 魏辅文，等，2021. 兽类学报，41(5): 265-300.

Anourosorex squamipes capnias Allen, 1923. Amer. Mus. Nov., 10.

Anourosorex assamensis capito Allen, 1923. Amer. Mus. Nov., 11.

鉴别特征　中等体型。眼睛极小。尾短，尾长小于后足长，尾基部无毛但具鳞片。外耳退化只留下一个细小的开口，耳郭不可见。

形态

外形：体型中等。吻相对其他鼩鼱较钝而短；眼睛极小，外耳退化呈较小的开口。体重18～21 g，体长80～110 mm，尾长10～13 mm，后足长15～17 mm。体披浓密柔软灰色短毛；尾通常短于后足长，基部无毛但具鳞片。前足爪发达，略显粗壮，适于掘土和地表落叶层生活。

毛色：体披浓密柔软短毛，背毛通常为黑色或暗灰褐色，腹毛较浅呈淡灰色，微染淡黄色，皮毛紧实。两颊常具一赭色细斑，四足背面灰黑色，指（趾）、爪均白。尾毛短呈黑棕色。

头骨：颅全长23.28～26.97 mm，颚长10.25～12.10 mm，脑颅宽12.88～14.58 mm；第2臼齿间宽6.93～8.27 mm，上齿列长10.80～12.44 mm，下齿列长10.33～11.53 mm。头骨坚实，颅骨平坦，颧弓缺失，无听泡。上颌长于下颌，形成铗状。颅骨不发达，各骨片间的骨缝不明显。矢状脊发达，人字脊突出且发达，后面观成半月形，头顶部最大宽度处形成突出角。

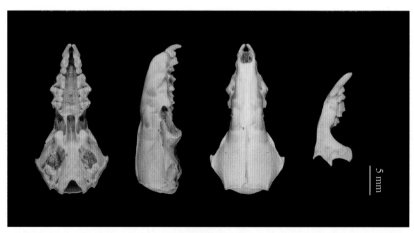

四川短尾鼩头骨图

牙齿：上、下颌门齿外侧附有银白色珐琅质层，齿冠没有任何栗红色着色的痕迹。齿式1.2.1.3/1.1.1.3＝26。上颌有2枚单尖齿，上颌第1门齿强大，突出于吻前，前尖发达，有一后尖，但小于第1上颌单尖齿。有单尖齿2枚，第2上颌单尖齿小于第1上颌单尖齿。第1上臼齿较强大，第2上臼齿、第3上臼齿依次变小且第3上颌臼齿很退化。上臼齿侧面观W形，外脊具齿尖，前后齿尖明显。下颌门齿直向前突出，1枚单尖齿，1枚前臼齿和3枚臼齿；第3下臼齿退化严重。

量衡度（衡：g；量：mm）

外形：

编号	性别	体重	体长	尾长	后足长	耳高	采集地点
SAF08556	♂	18	80	12	15	—	四川宝兴
SAF08576	♀	20	93	12	15	—	四川宝兴
SAF15108	♀	25	96	10	12	—	四川石棉
SAF01063	♀	20	78	16	14	—	四川松潘
SAF01080	♀	17	83	14	15	—	四川松潘
SAF02435	♀	32	108	10	15	—	四川天全
SAF02446	♂	18	90	9	14	—	四川天全
SAF02448	♂	22	85	10	15	—	四川天全
SAF03162	♀	30	90	13	13	—	四川美姑
SAF06106	♂	20	100	13	14	—	四川美姑
SAF05099	♀	35	107	14	15	—	四川茂县
SAF05181	♂	25	88	13	16	—	四川荥经
SAF05182	♂	30	83	15	17	—	四川荥经
SAF05231	♂	23	92	10	12	—	四川宝兴
SAF05530	♀	30	95	6	16	—	四川青川

头骨：

编号	颅全长	额骨-门牙	额枕	上齿列长	框间宽	额骨宽	第2臼齿宽	颅宽	颅高	下颌骨长	下齿列长
SAF06761	24.26	10.81	10.84	11.72	5.68	6.88	7.37	12.96	7.62	14.96	10.62
SAF02411	25.02	11.8	10.43	12.09	6.07	7.14	7.29	13.19	7.96	16.74	10.75
SAF02439	24.78	11.81	10.54	11.31	5.90	7.29	7.28	13.25	7.37	16.56	10.33
SAF08547	24.26	11.72	10.25	11.40	5.95	7.75	7.76	13.14	7.78	16.29	10.27
SAF09699	23.84	11.66	10.05	11.23	5.75	7.27	7.28	13.30	7.38	16.07	10.48
SAF08556	23.28	11.28	10.21	10.80	6.20	7.26	7.27	12.94	7.36	15.66	9.88
SAF09674	24.55	11.68	10.47	11.46	6.56	7.43	6.98	13.03	7.51	16.23	10.49
SAF08576	24.51	11.66	10.91	10.96	5.88	7.51	6.93	13.31	7.81	16.25	10.31
SAF05171	25.12	12.11	10.28	11.72	6.02	7.73	6.99	13.64	7.69	16.46	10.57
SAF05182	25.01	11.54	10.81	11.76	6.91	8.21	7.85	14.03	7.93	16.53	10.46
SAF15108	23.68	11.34	10.48	10.86	6.02	7.53	7.19	12.76	7.78	15.94	10.02
SAF15085	24.91	11.84	10.81	10.63	5.74	7.97	7.17	12.88	7.71	16.74	10.61
SAF06633	25.85	12.57	11.89	12.01	6.21	8.55	7.96	13.86	8.22	17.44	10.72

（续）

编号	颅全长	额骨-门牙	额枕	上齿列长	框间宽	额骨宽	第2臼齿宽	颅宽	颅高	下颌骨长	下齿列长
SAF06638	26.97	12.98	11.98	12.52	6.79	8.48	8.27	14.58	8.18	18.43	11.53
SAF06632	26.71	12.66	11.77	12.44	6.89	8.33	7.83	14.16	8.34	18.01	10.91

生态学资料 栖息于海拔300～4 000 m的阔叶林、针叶林、竹林、亚高山灌丛和草地等各种生境。非常适应人类的生存环境，包括农场、种植园、花园和公园，营地下及地面落叶层生活，善于掘土，可能在地表的枯枝落叶层下觅食。杂食性，但多以无脊椎动物为食，提取样本的胃容物发现有蚯蚓、幼虫、成虫和蜘蛛等。最新的研究表明，四川短尾鼩也吃一些禾本科植物，对农业生产有害（Tang et al., 2021）。中国西南地区的四川短尾鼩在4—10月繁殖，每胎有3～7只幼仔。为四川盆地内优势兽类物种之一。

地理分布 在四川分布于除川西北高原外的盆地及盆周山区，国内还分布于甘肃、陕西、重庆、贵州、云南、湖北、广西、广东和江西。国外分布于印度东部（Mizoram），缅甸西部和北部、越南北部，泰国北部。

分省（自治区、直辖市）地图——四川省

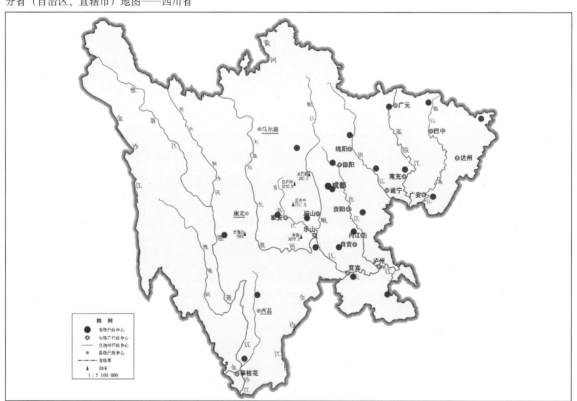

审图号：GS (2019) 3333号

自然资源部 监制

四川短尾鼩在四川的分布
注：红点为物种的分布位点。

分类学讨论 无分类争议。

亚种描述 曾经包括台湾短尾鼩 *Anourosorex yamashinai*。Motokawa 等（2004）依据染色体核型的不同，将短尾鼩的台湾亚种独立为有效种。目前该种无亚种分化。

黑齿鼩鼱族 Blarinellini Rrumer，1998

目前，黑齿鼩鼱族包括黑齿鼩鼱属 *Blarinella* 和异黑齿鼩鼱属 *Parablarinella* 2 个属。该族和北美短尾鼩族是姊妹群。黑齿鼩鼱属包括狭颅黑齿鼩鼱 *B. wardi* 和川鼩 *B. quadraticauda* 两个物种。该属是适应地下掘土生活的属，类似于短尾鼩鼱族。异黑齿鼩鼱属物种曾经属于黑齿鼩鼱属（Thomas，1912），后被提升为 1 个新属（He et al.，2018；Bannikova et al.，2019）。目前，异黑齿鼩鼱属仅有 1 个物种——淡灰黑齿鼩鼱，仅分布于中国。

11. 异黑齿鼩鼱属 *Parablarinella* Bannikova et al.，2019

Pantherina He, et al., 2018. Zool. Res., 39(5): 321-334. (模式种：*Blarinella griselda* Thomas, 1912)

Parablarinella Bannikova, et al., 2019. Zookey, 888: 133-158(模式种：*Blarinella griselda* Thomas, 1912).

鉴别特征 异黑齿鼩鼱属动物的牙齿着色深，呈深红色至黑色。人字脊呈三角形，上前白齿呈三角形，第 1 和第 2 下白齿上的下内尖和下后尖很靠近，但明显分开，下内尖尖峰明显且低于下后尖。齿式 1.5.1.3/1.1.1.3 = 32。

形态 异黑齿鼩鼱属动物一般体呈圆柱状，略粗壮，外耳壳退化。体背灰棕色，略具金属光泽；腹面为暗灰色，毛尖染以淡棕黄色泽。尾短。头骨结实，头骨吻部较粗钝。矢状脊明显，人字脊呈三角形。牙齿着色深，呈深红至黑色。第 5 枚单尖齿着生于前白齿的中线位置，被第 4 单尖齿及前白齿遮挡，侧面观不可见。第 1 和第 2 下白齿上、下趾完整，下内尖明显存在。

生态学资料 半穴居生活；生活在中高海拔的潮湿、多苔藓落叶的山地森林中。

地理分布 在四川分布于王朗等地，国内分布于甘肃、陕西、宁夏。国外无分布。

分类学讨论 单型属。异黑齿鼩鼱属和黑齿鼩鼱属同属于黑齿鼩鼱族 Blarinellini。长期以来该属一直归并到黑齿鼩鼱属。He 等（2018）发现陕西地区的淡灰黑齿鼩鼱种群和其他地方的种群在分子和形态上差异极大，达到属级水平，把原来的淡灰黑齿鼩鼱 *Blarinella griselda*（Thomas，1912a）首次提升为新属——豹鼩属 *Pantherina*。后 Bannikova 等（2019）测定了淡灰黑齿鼩鼱的模式标本基因序列，并结合形态和染色体，也支持淡灰黑齿鼩鼱应为 1 个新属的观点，但认为 He 等（2018）提出的豹鼩属 *Pantherina* 属名已经被某种昆虫的属名占用（Curletti，1998），故提出 1 个新的属名——异黑齿鼩鼱属 *Parablarinella*。

(22) 淡灰黑齿鼩鼱 *Parablarinella griselda*（Thomas，1912）

别名 肥鼩、短尾鼩

英文名 Gray Short-tailed Shrew

Blarinella griselda Thomas, 1912. Ann. Mag. Nat. Hist., 8, 10: 400（模式产地：甘肃临潭）.

Blarinella quadraticauda griselda Allen, 1938. Mamm. Chin. Mong. Part 1, 620.

Blarinella griselda Hutterer, 1993. Zool. Res.

Pantherina griselda He, et al., 2018. Zool. Res., 39(5): 321-334.

Parablarinella griselda Bannikova, et al., 2019. Zookey, 888: 133-158; 魏辅文，等，2021. 兽类学报，41(5): 265-300.

鉴别特征　牙齿着色深，呈深红色至黑色。齿式 1.5.1.3/1.1.1.3 = 32。淡灰黑齿鼩鼱上门牙比川鼩的前端较前伸，人字脊呈三角形，上前臼齿呈三角形；下颌的冠状突比川鼩的更向前倾，其第 1 和第 2 下臼齿上的下内尖和下后尖很靠近但很好地分开，下内尖尖峰明显。

形态

外形：体呈圆柱状，略粗壮；外耳壳退化。体重 6 ~ 9 g，成体体长 60 ~ 75 mm，尾长 35 ~ 43 mm，后足长 10 ~ 13 mm，耳长 3 ~ 4 mm。

毛色：体背灰棕色，略具金属光泽；腹面为暗灰色，毛尖染以淡棕黄色泽。尾上下两色，上面黑棕色，下面色淡略呈污白。四足背面淡棕色。

头骨：颅全长 19.11 ~ 19.97 mm，颚长 8.44 ~ 9.25 mm，脑颅宽 9.42 ~ 9.99 mm；臼齿间宽 5.13 ~ 5.39 mm，上齿列长 8.36 ~ 8.88 mm，下齿列长 7.56 ~ 8.19 mm。头骨致密结实，吻部较粗钝。脑颅饱满但扁平，枕骨小。矢状脊明显，人字脊呈三角形。上颌颧骨突尖锐。下颌的冠状突相较于黑齿鼩鼱属物种更向前倾。

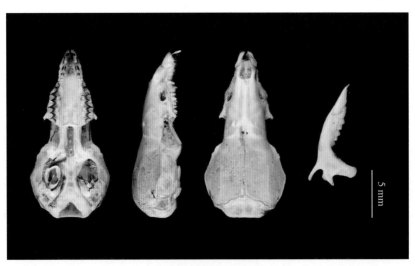

淡灰黑齿鼩鼱头骨图

牙齿：牙齿着色深，呈深红色至黑色。齿式 1.5.1.3/1.1.1.3 = 32。上门牙前端前伸，着色线较黑齿鼩鼱属物种更高。从腹面看，上颌门齿末端分开呈叶状，使第 1 单尖齿斜向前嵌入门齿末端，第 2、3 单尖齿均斜向前紧靠在前一枚单尖齿上。共具 5 枚单尖齿，各单尖齿的尺寸及齿尖着色面积从第 1 ~ 5 枚依次递减，其中第 4 枚单尖齿仅有轻微着色，第 5 枚单尖齿几乎不着色。第 4、5 枚单尖齿侧面观不可见。上前臼齿咬合轮廓呈三角形；舌面的齿缘弯曲；下颌门齿发达，从唇面看，其后端到达第1下臼齿的前端。第1下臼齿和第2下臼齿上下根座完整，下内尖和下后尖很靠近但很好地分开，下内尖尖峰明显。第3下臼齿较小，下根座不完整。

量衡度（衡：g；量：mm）

外形：

编号	性别	体重	体长	尾长	后足长	耳高	采集地点
SAF18977	♀	7	60	40	10	3	四川王朗
SAF18997	—	7	68	41	12	4	四川王朗
SAF181120	♂	6	61	42	13	3	四川王朗
SAF181297	♂	8	65	37	12	3	四川王朗
SAF181389	♀	9	75	39	12	4	四川王朗
SAF181390	♂	6	70	35	12	4	四川王朗

头骨：

编号	颅全长	颅宽	颅高	腭骨-门牙	腭枕长	上齿列长	眶间宽	腭骨宽	第2臼齿宽	下颌骨长	下齿列长
SAF18977	19.88	9.45	5.97	8.93	8.69	8.83	4.23	5.81	5.19	11.98	7.98
SAF18997	19.71	9.52	5.92	9.25	8.77	8.88	4.40	5.84	5.26	12.26	8.15
SAF181120	19.97	9.99	5.87	8.97	9.14	8.87	4.69	5.94	5.39	12.15	8.02
SAF181297	19.74	9.88	5.82	8.77	8.56	8.63	4.31	5.89	5.13	11.99	7.86
SAF181389	19.11	9.42	5.62	8.44	8.93	8.36	4.49	6.13	5.36	11.76	7.56
SAF181390	19.19	9.43	6.16	8.81	8.50	8.64	4.36	5.88	5.18	11.75	7.81

生态学资料　在四川王朗，淡灰黑齿鼩鼱与川鼩同生活在中高海拔的潮湿、多苔藓、落叶的山地森林中。

地理分布　在四川分布于王朗等地，国内还分布于甘肃、陕西、宁夏。国外无分布。

分类学讨论　该种首次被Thomas（1912a）在甘肃临潭描述。后Allen（1938）把它作为川鼩 Blarinella quadraticauda 的1个亚种，一些研究者同意这个观点（Ellerman and Morrison-Scott，1951，1966；Corbet，1978；Honacki et al.，1982；Corbet and Hill，1992）。然而，Jiang等（2003）通过整理该属物种的头骨形态，支持淡灰黑齿鼩鼱的物种地位，后被一些学者所接受（Hutterer，2005）。随后，Ye等（2006）调查了淡灰黑齿鼩鼱的染色体（$2n = 44$，$NFa = 56$），进一步支持了2个物种的地位。Bannikova等（2017）发现他们采集于甘肃的淡灰黑齿鼩鼱与之前发表的淡灰黑齿鼩鼱的 Cytb 基因差异很大，且之后染色体核型分析也与之前报道的染色体不同（$2n = 49$，$NFa = 50$）（Sheftel et al.，2018）。He等（2018）发现陕西地区的淡灰黑齿鼩鼱种群和其他地方的种群在分子和形态上差异极大，达到属级水平，把原来的淡灰黑齿鼩鼱 Blarinella griselda 首次提升为新属——豹鼩属 Pantherina，新种——淡灰豹鼩。而后Bannikova等（2019）测定了淡灰黑齿鼩鼱的模式标

分省（自治区、直辖市）地图——四川省

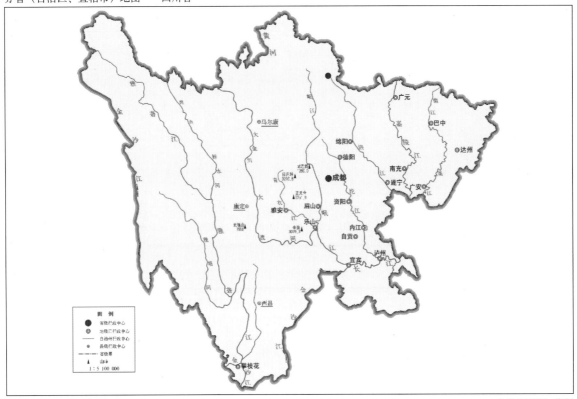

审图号：GS (2019) 3333号   自然资源部 监制

淡灰黑齿鼩鼱在四川的分布
注：红点为物种的分布位点。

本的基因，并比较了3个物种的分子系统、形态、染色体，也支持淡灰黑齿鼩鼱作为1个新属，并提出1个新的属名 *Parablarinella*，认为He等（2018）提出的豹鼩属 *Pantherina* 属名已经被一种昆虫的属占用（Curletti，1998）。根据国际动物命名规则，淡灰黑齿鼩鼱拉丁学名订为 *Parablarinella griselda*。

12. 黑齿鼩鼱属 *Blarinella* Thomas，1911

Blarinella Thomas, 1911. Proc. Zool. Soc. Lond., 166(模式种: *Sorex quadraticauda* Milne-Edwards, 1872).

鉴别特征 外耳退化；头骨相当结实；颅骨宽平；翼间孔壁网状；前足强健；尾相对短，短于头体长一半。单尖齿，齿式1.5.1.3/1.1.1.3 = 32。下颌门齿比鼩鼱属 *Sorex* 短，向上弯，在上切边缘有2个低的圆齿尖；第4上单尖齿很小，第5上单尖齿特别微小，这2枚牙齿通常从侧面看不见。齿尖着色在鼩鼱科中最深暗，近似黑色。该属是鼩鼱亚科中为数不多的适应地下掘土生活的属之一。

形态 黑齿鼩鼱属内物种体型相当粗壮。外耳极短，尾细长，约为头体长的一半。体色一般深于棕灰色，腹面颜色稍浅。四肢爪背为淡棕色。尾被稀疏短毛，尾背颜色与身体背毛颜色相近，尾腹面颜色稍浅。头骨狭长，与鼩鼱属相比更加致密厚重，吻部略粗钝，脑颅棱角明显。具有5颗上颌单尖齿，大小依次减小，其中第1、2上颌单尖齿较大，第3上颌单尖齿仅为前一枚的一半，第4上颌单尖齿很小，第5上颌单尖齿极小，一般被前一枚单尖齿及前臼齿遮挡导致侧面观不可见，仅狭颅黑齿鼩鼱Blarinella wardi侧面部分可见。

生态学资料 生活于海拔1 000 ～ 3 000 m的沟谷季风阔叶林和灌丛林、山地针叶林中沿溪流生长的河岸植被，包括开阔地和林缘的温带森林等，上可分布至亚高山带。栖息于蕨草丛生，地表植物覆盖度较大的生境中。可掘土，以地表或覆盖层下的无脊椎动物为食。

地理分布 黑齿鼩鼱属主要分布于我国西南部。其中狭颅黑齿鼩鼱B. wardi主要分布于云南西部及西北部、四川西南部；川鼩B. quadraticauda分布较广，包括甘肃、陕西、四川、重庆、云南、河北、贵州。国外主要分布于缅甸东北部和越南北部。

分类学讨论 该属目前包括2个种，即川鼩B. quadraticauda和狭颅黑齿鼩鼱B. wardi。黑齿鼩鼱属的分类研究始于19世纪后期，第1个被确认的物种是Sorex quadraticauda，由Milne-Edwards（1872）根据四川宝兴的标本描述。Thomas（1911d）研究了四川西部峨眉山的标本，发现相比于鼩鼱属，S. quadraticauda与北美短尾鼩鼱属Blarina和小耳鼩鼱属Cryptotis更接近，因此将其归入黑齿鼩鼱属Blarinella。Thomas随后发现了另外2种黑齿鼩鼱属物种——淡灰黑齿鼩鼱Blarinella griselda Thomas，1912和狭颅黑齿鼩鼱Blarinella wardi Thomas，1915。此后，尽管这3个物种的分类地位一度存在争议，但在中国南部和越南北部大部分地区收集的黑齿鼩鼱属的标本仍被归入这3个物种中的1个。Allen（1938）、Hutterer（1993）将B. griselda和B. wardi列为B. quadraticauda的亚种，而Corbet（1978）、Hutterer（2005）则认为这3个物种都是不同的物种。Jiang等（2003）回顾了该类群的分类和分布，支持这3种类群是不同的物种，但只将四川西北部的少数种群划分为B. quadraticauda。这种分类已被广泛接受（Hutterer，2005；Smith和解焱，2009）。Chen等（2012）通过对采集自四川西部和陕西的样本进行分子系统发育学研究，确认了B. griselda的物种地位，并发现四川西部以及陕西的B. quadraticauda样品嵌入了B. griselda支系内部，使得后者形成并系。He等（2018）根据分子及形态学上的证据，证实只有甘肃南部和陕西南部的种群才是真正的B. griselda，且进化关系与其他黑齿鼩鼱甚远，因此被独立为新属——豹鼩属。随后，由于该属名已被其他物种所占用，Bannikova et al.（2019）将豹鼩属更改为异黑齿鼩鼱属Parablarinell。而分布于重庆、贵州和云南的"B. griselda"暂时被归入B. quadraticauda。由此，曾被认为分布于四川西部高原的B. quadraticauda被修正为广域分布的物种，且不同地理种群之间存在明显的形态和遗传变异。黑齿鼩鼱属的分类系统仍有待进一步厘定。目前该属有2种——川鼩Blarinella quadraticauda和狭颅黑齿鼩鼱Blarinella wardi，中国均有分布。

四川分布的黑齿鼩鼱属Blarinella分种检索表

尾相对头体长较长（头体长60 ～ 80 mm，尾长46 ～ 60 mm），下第1枚和第2枚臼齿的下内尖微小……………
…………………………………………………………………………………… 川鼩B. quadraticauda

尾相对头体长较短（头体长60 ～ 80 mm，尾30 ～ 40 mm），下第1枚和第2枚臼齿的下内尖缺失………………
……………………………………………………………………………… 狭颅黑齿鼩鼱B. wardi

（23）川鼩 *Blarinella quadraticauda*（Milne-Edwards，1872）

别名　肥鼩、短尾鼩

英文名　Asiatic Short-tailed Shrew

Sorex quadraticauda Milne-Edwards, 1872. Rech. 1' Hist. Nat. Mamm., 261(模式产地：四川宝兴).

Blarinella quadraticauda Thomas, 1911. Proc. Zool. Soc. Lond., 166; Corbet, 1978. Mamm. Palaea. Reg., 25; Hoffmann, 1987. 兽类学报, 7(2): 121; Wilson and Reeder, 1993. Mamm. Spec. World, 2nd ed., 106; 王酉之和 胡锦矗, 1999. 四川兽类原色图鉴, 57; Wilson and Reeder, 2005. Mamm. Spec. World, 3rd ed., 268; 胡锦矗和 胡杰, 2007. 西华师范大学学报, 28(2): 165-171. Smith和解焱, 2009. 中国兽类野外手册, 235; Wilson and Mittermeier, 2018. Hand. Mamm. World, Vol 8: 446; 魏辅文, 等, 2021. 兽类学报, 41(5): 265-300.

鉴别特征　黑齿鼩鼱属中川鼩体型最大，尾最长。背毛和腹毛有一致的暗棕色，没有任何灰棕色加亮区；尾色和四足背面颜色一样深，或比背毛更深暗。

形态

外形：体重5～10 g，体长67～78 mm，尾长42～51 mm，后足长12～14 mm，耳长3～5 mm。体型呈圆柱状，略粗壮，外极短，耳壳退化。是黑齿鼩鼱属中体型最大、尾最长的种。前足较后足稍大，前爪锋利。

毛色：体背深褐色或黑色，略具金属光泽；腹面颜色较浅，为暗灰色，毛尖染以淡棕黄色泽。尾巴毛很短，分上下两色，上面黑棕色，下面色淡，略呈污白色。四足背淡棕色。

头骨：颅全长18.44～20.40 mm，颚长9.04～10.07 mm，脑颅宽9.14～10.00 mm；臼齿间宽5.12～5.44 mm，上齿列长8.76～9.22 mm，下齿列长8.32～8.68 mm。头骨结实，狭长，吻部略粗钝。上颌颧骨突尖锐，从背面观，上颌两侧颧骨突与门齿形成三角形。吻突两侧凹陷较浅。脑颅圆润，但较扁。矢状脊明显，人字脊末端轻微弯曲。

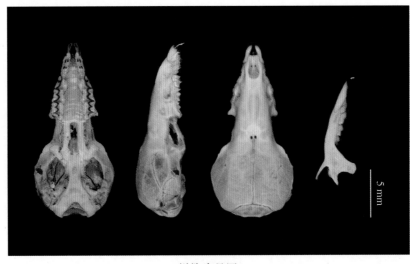

川鼩头骨图

牙齿：齿式 1.5.1.3/1.1.1.3 = 32。牙齿尖端的色素很深呈赤褐色，上前臼齿及臼齿着色主要在舌面，下颌各类型齿的着色主要在唇面。各类型牙齿排列紧密，上颌门齿末端呈叶状，半包住第 1 枚单尖齿，第 2、3 枚单尖齿斜向前紧靠在前一枚单尖齿上。上颌具 5 枚单尖齿，侧面观，第 1、2 上颌单尖齿大而几乎等大，第 3 枚仅为前者之半，第 4 枚小，第 5 枚更小，第 5 枚外侧观为第 4 枚和前臼齿所遮掩而不能见。上颌门齿向前延伸并拢，着色线与前两颗单尖齿的着色线几乎等高。上前臼齿舌面齿缘稍有棱角，具有梯形的咬合轮廓；其齿缘在舌面与第 1 上臼齿的齿缘基本处于同一边界。次尖明显但较低，与原尖之间具有相对较宽的凹槽。最后一枚臼齿很小。下颌门齿向上弯，在上切边缘有 2 个低的圆齿尖。第 1 下颌单尖齿较小，正面观 3 枚下臼齿齿冠呈 M 形，在舌面的内切边缘平齐。第 1 下臼齿、第 2 下臼齿具有较低的下次小尖，内尖同样较低，并通过内尖齿冠与下后尖相连。第 3 下臼齿较小，下跟不完整，前叶明显大于后叶。

量衡度（衡：g；量：mm）

外形：

编号	性别	体重	体长	尾长	后足长	耳高	采集地点
SAF08592	♂	8	67	45	13	4	四川宝兴
SAF08382	♂	7	75	49	12	—	四川宝兴
SAF09657	♂	9	72	48	13	—	四川宝兴
SAF09284	♂	8	78	51	12	3	四川宝兴
SAF09738	♀	6	68	50	13	5	四川宝兴
SAF09652	♂	7	68	46	13	—	四川宝兴
SAF09632	♂	8	70	43	13	—	四川宝兴
SAF09763	♂	10	75	48	14	—	四川宝兴
SAF06826	♂	9	72	45	14	—	四川天全
SAF06938	♀	7	78	45	13	—	四川天全
SAF06773	♀	5	73	42	12	—	四川天全
SAF06954	♂	9	72	43	14	—	四川天全

头骨：

编号	颅全长	颅宽	颅高	腭骨-门牙	腭枕长	上齿列长	眶间宽	腭骨宽	第2臼齿宽	下颌骨长	下齿列长
SAF08592	19.90	9.48	5.60	9.51	9.81	9.14	4.22	6.03	5.44	13.28	8.50
SAF08382	20.00	9.74	5.90	9.39	9.84	8.90	4.36	6.09	5.30	13.24	8.51
SAF09657	20.10	9.64	5.90	9.47	9.79	9.20	4.32	5.72	5.20	13.49	8.68
SAF09284	20.40	9.66	6.10	9.43	10.01	9.22	4.32	6.12	5.38	13.29	8.50
SAF09738	19.42	9.50	5.82	9.33	9.58	8.80	4.22	5.96	5.44	13.00	8.38

（续）

编号	颅全长	颅宽	颅高	腭骨-门牙	腭枕长	上齿列长	眶间宽	腭骨宽	第2臼齿宽	下颌骨长	下齿列长
SAF09652	19.36	9.90	6.20	9.24	9.59	8.86	4.26	6.00	5.40	13.28	8.61
SAF09632	19.62	9.62	5.82	9.39	9.46	8.96	4.12	6.05	5.38	13.09	8.57
SAF09763	20.20	10.00	5.70	9.35	10.07	9.18	4.28	6.10	5.34	13.20	8.43
SAF06826	18.44	9.70	5.50	9.31	9.69	8.92	4.42	6.11	5.40	13.05	8.39
SAF06938	19.18	9.32	5.70	9.04	9.35	8.76	4.30	5.80	5.22	12.52	8.32
SAF06773	19.40	9.14	6.18	9.31	9.04	8.90	4.28	5.67	5.12	12.79	8.44
SAF06954	19.62	9.46	6.14	9.15	9.52	9.02	4.30	5.97	5.40	12.70	8.41

　　生态学资料　栖息于海拔 1 000 ~ 2 500 m 的山地林缘、灌丛；常见于山地林带；也生活在远离溪流的次生林。营半地下生活，挖洞穿过落叶层下或草地层以觅食无脊椎动物。

　　地理分布　在四川分布较广，包括盆周山地、川北、川南、川西北及川西南台地。国内还分布于云南、贵州、甘肃、陕西。国外无分布。

分省（自治区、直辖市）地图——四川省

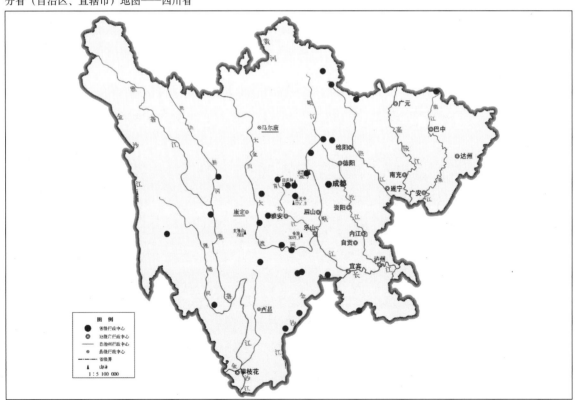

审图号：GS（2019）3333号　　　　　　　　　　　　　　　　自然资源部 监制

川駒在四川的分布

注：红点为物种的分布位点。

分类学讨论 川鼩这个物种争议很少。Milne-Edwards（1872）首次基于1个标本在四川宝兴描述了这个物种。随后，Thomas（1911d）确立了新属 *Blarinella*，并将川鼩（原 *Sorex quadraticauda*）、淡灰黑齿鼩鼱 *B. griselda* Thomas，1912 和狭颅黑齿鼩鼱 *B. wardi* Thomas，1915 放入这个属。后来，Allen（1938）和随后的一些学者（Ellerman and Morrison-Scott，1951，1966；Corbet，1978；Honacki et al.，1982；Corbet and Hill，1992）不同意 Thomas 的分类，把 *B. griselda* 和 *B. wardi* 看成是川鼩 *B. quadraticauda* 的亚种。Jiang 等（2003）基于形态学，确立了这两个亚种的独立物种地位。Chen 等（2012）研究了该属物种的分子系统进化关系，发现川鼩被包含在"前期被鉴定为淡灰黑齿鼩鼱的种群"内，使后者呈现多态。以前被认为是"淡灰黑齿鼩鼱 *B. griselda*"的个体可能都属于"川鼩 *B. quadraticauda*"。该种可能还存有未被发现的物种。目前无亚种分化。

（24）狭颅黑齿鼩鼱 *Blarinella wardi* Thomas，1915

别名 尖嘴老鼠

英文名 Burmese Short-tailed Shrew

Blarinella wardi Thomas, 1915. Ann. Mag. Nat. Hist., 8, 15: 336(模式产地：云南泸水片马); Wilson and Reeder, 1993. Mamm. Spec. World, 2nd ed., 106; Wilson and Reeder, 2005. Mamm. Spec. World, 3rd ed., 269; 胡锦矗和胡杰, 2007. 西华师范大学学报, 28(2): 165-171; Smith 和解焱, 2009. 中国兽类野外手册, 235-236; Wilson and Mittermeier, 2018. Hand. Mamm. World, Vol. 8: 446; 魏辅文, 等, 2021. 兽类学报, 41(5): 265-300.

鉴别特征 黑齿鼩鼱属中最小者。头骨比其他2种更窄，其最大宽度短于9 mm。

形态

外形：黑齿鼩鼱属中体型最小。头体长60～73 mm，尾长35～63 mm，后足长11～14 mm。体呈圆柱状，尾相较于川鼩更短。

毛色：背毛色一致，为深灰色略带棕色，如同川鼩，但腹面较淡，浅灰色。尾背颜色略深于尾腹，尾末端具有2～3 mm尾毛。足和爪浅白色，川鼩为暗黑色。

头骨：颅全长18.72～19.71 mm，腭长8.01～8.87 mm，脑颅宽8.30～8.70 mm；白齿间宽4.43～4.90 mm，上齿列长7.87～8.58 mm，下齿列长7.38～7.87 mm。头骨狭长，与川鼩相比更短而窄，是黑齿鼩鼱属中脑颅最窄的，最大宽度不超过9 mm。上颌门齿后端吻突两侧向内深陷；人字脊和矢状脊明显，人字脊后端具有圆滑的弧形波峰。

牙齿：齿式1.5.1.3/1.1.1.3 = 32。上颌门齿齿尖向中间弯曲，左右门齿形成钳子状；着色线与前2颗单尖齿的着色线几乎等高。具有5枚单尖齿，其大小及着色面积依次减少；侧面观，上颌的5枚单尖齿中，有4枚明显可见，第5枚单尖齿的着生位置相比于川鼩更加靠近唇面，侧面可见，而川鼩的上颌第5枚单尖齿不可见。

上颌上前白齿舌面的齿缘略弯曲，咬合轮廓近似四边形；具有较低但是明显的次尖，次尖与原尖之间有较大的凹槽；舌面齿缘略超过第1上白齿。

下颌门齿后缘达到第1下白齿的1/3处；下颌仅1枚单尖齿，较小。

下颌第1、2下白齿具有较低但明显的下次小尖；下内尖缺失，仅留模糊且较低的痕迹。第3下白齿下跟座不完整。

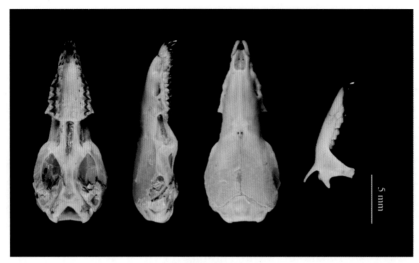

狭颅黑齿鼩鼱头骨图

量衡度（衡：g；量：mm）

外形：

编号	性别	体重	体长	尾长	后足长	耳高	采集地点
SAF15374	♂	5	66	42	11	4	云南维西
SAF15388	♂	6	70	41	12	4	云南维西
SCNU02746	♂	7	62	38	11	7	云南兰坪
SCNU02752	♀	8	63	34	11	7	云南兰坪

头骨：

编号	颅全长	颅宽	颅高	腭骨-门牙	腭枕长	上齿列长	眶间宽	腭骨宽	第2臼齿宽	下颌骨长	下齿列长
SAF15374	19.60	8.70	5.43	8.87	9.07	8.49	4.05	5.43	4.43	12.07	7.72
SAF15388	19.71	8.34	5.33	8.74	9.21	8.58	4.07	5.50	4.90	12.00	7.87
SCNU02746	—	—	—	8.31	—	7.93	3.97	5.53	4.83	11.4	7.38
SCNU02752	18.72	8.30	5.00	8.01	8.88	7.87	4.04	5.45	4.87	11.48	7.40

生态学资料 栖息于海拔 1 600～3 000 m 的温带森林，包括开阔地和林缘。在凉爽、潮湿的地面覆盖层觅食。

地理分布 王应祥（2003）明确描述该种分布于四川西南部。可能分布于四川与云南西北地区交界的区域，包括得荣、盐源。但在四川境内目前还未采集到标本。

国内还分布于云南西北部（隆阳、腾冲、泸水、福贡、贡山、德钦、维西、香格里拉、玉龙）。国外分布于缅甸东北部。

分类学讨论 狭颅黑齿鼩鼱这个物种争议很少。Thomas（1915a）首次在云南片马地区描述了这个物种。后来，Allen（1938）和随后的一些学者（Ellerman and Morrison-Scott，1951，1966；Corbet，1978；Honacki et al.，1982；Corbet and Hill，1992）不同意 Thomas 的分类，把狭颅黑齿鼩鼱 *Blarinella wardi* 看成是川鼩 *B. quadraticauda* 的亚种。Jiang 等（2003）又恢复这个亚种的种级地位。Chen 等（2012）研究了该属物种的分子进化，进一步支持了这个物种的种级地位。目前无亚种分化。涂飞云等（2012）在夹金山，孙治宇等（2013）在二郎山记录的狭颅黑齿鼩鼱经分子鉴定均为川鼩（Chen et al.，2012）。

分省（自治区、直辖市）地图——四川省

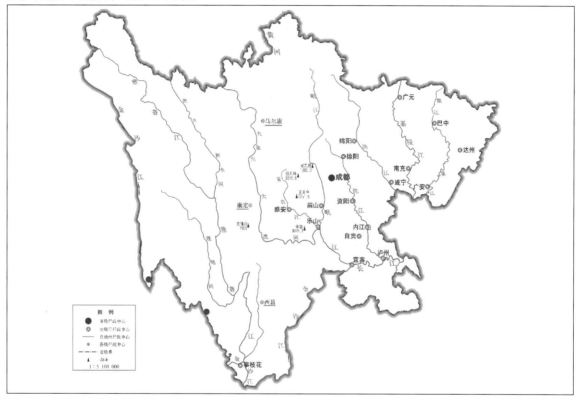

审图号：GS（2019）3333号 自然资源部 监制

狭颅黑齿鼩鼱在四川的分布
注：红点为物种的分布位点。

蹼足鼩族 Nectogalini Anderson，1878

蹼足鼩族现有8个属（须弥鼩鼱属 *Episoriculus*、长尾鼩鼱属 *Soriculus*、缺齿鼩属 *Chodsigoa*、水鼩属 *Chimarrogale*、蹼足鼩属 *Nectogale*、水鼩鼱属 *Neomys*、*Pseudosoriculus* 属和 *Crossogale* 属）共31个物种组成，是鼩鼱亚科中分类最不清楚的1个族。蹼足鼩族最古老和最丰富的化石分类群是 *Asoriculus* 的化石，在中新世至更新世期间广泛分布于欧洲。蹼足鼩族的化石属 *Asoriculus*、*Macrooneomys*、*Neomysorex*、*Nesiotites* 最晚在更新世冰期灭绝。水鼩鼱属 *Neomys* 的3个物种分布于温带古北界，可能在更新世晚期扩散到亚洲。缺齿鼩属包括10个物种，须弥鼩鼱属包括7个物种，蹼足鼩属包括2个物种，长尾鼩鼱属只包括1种，这4个属主要分布于中国西南部和喜马拉雅山脉南部，水鼩属包含4个种，主要分布于印度、中国、日本地区；*Pseudosoriculus* 属仅有1

个物种，分布于中国台湾；*Crossogale* 属包含 3 个种，分布于东南亚岛屿上。尽管在之前的分子系统发育分析中，缺齿鼩属和须弥鼩鼱属并没有证据表明其为近亲，但由于其相似的形态和牙齿，曾被作为亚属被纳入长尾鼩鼱属。目前，这些属的属间系统关系不明确，线粒体基因与核基因之间存在不一致的情况，可能与远古杂交、快速辐射和适应性进化有关。蹼足鼩族的鼩鼱以显著和极端的形态多样性为特征，并适应多种生活方式，比如陆生（须弥鼩鼱属和缺齿鼩属的大多数物种）、半地下（长尾鼩鼱属）、半水生（*Crossogale* 属、水鼩属、水鼩鼱属和蹼足鼩属）、半树栖（细尾缺齿鼩、烟黑缺齿鼩、小长尾鼩鼱和台湾长尾鼩鼱）。核基因树支持水鼩鼱属是所有亚洲分类群的姊妹群，这表明蹼足鼩族对游泳的适应可能是经历了两次甚至更多趋同进化形成的，也可能是某些群体丢失了这种原始适应。

13. 缺齿鼩属 *Chodsigoa* Kastschenko，1907

Chodsigoa Kastschenko, 1907. Ann. Mus. Zool. Acad. Imp. Sci. St. Petersbourg, for 1905, 10: 252.

鉴别特征 缺齿鼩属的最大特征是上齿列只有 3 枚单尖齿，单尖齿，齿式 1.3.1.3/1.1.1.3 = 28。在上前白齿、第 1 上白齿、第 2 上白齿的后缘有深凹。

形态 缺齿鼩属由 Kastschenko 于 1907 年建立，原为长尾鼩鼱属的亚属，Thomas（1908）将其提升为属，形态上接近长尾鼩鼱属，但在齿列上呈现出明显的差异。鼩鼱属 *Sorex* 和川鼩属 *Blarinella* 上颌有 5 枚单尖齿，须弥鼩鼱属上颌有 4 枚单尖齿，缺齿鼩属上颌仅有 3 枚单尖齿，且上前白齿的后缘有深凹口，脑颅较扁（除云南缺齿鼩颅骨拱起）。

生态学资料 缺齿鼩属通常生活在较高海拔的地区（Lunde et al., 2003；Smith 和解焱，2009）。

地理分布 该属动物主要分布在中国西南部、东部和北部地区，以及邻近的缅甸北部、越南北部（Hoffmann，1985；王应祥，2003）和泰国（Lekagul and McNeely，1977）地区。

分类学讨论 该属原为长尾鼩鼱属的 1 个亚属（Kastschenko，1907；Ellerman and Morrison-Scott，1951；Hoffmann，1985；Corbet and Hill，1992），而 Thomas（1908f）发现该亚属缺少第 4 单尖齿，后来将其提升为属。Allen（1938）、Hutterer（1994）、Motokawa（1997，1998）等人也同意其属级地位。随后的一些学者（王应祥，2003；Hutterer，2005；Hoffmann and Lunde，2008）也赞同了这个观点。何锴等（2012）发现高氏缺齿鼩分布在中国云南个旧。直到 2017 年，Chen 等利用形态和分子数据回顾了整个属的分类，确定了该属的单系性，并发现 1 个新物种——霍氏缺齿鼩和 1 个隐存种。Chen 等（2022）发表该属另一新种——大别山缺齿鼩 *Chodsigoa dabieshanensis*。

目前，该属有 11 种（包括 1 个隐存种），中国均有。该属可能还有更多有待发现的物种。四川目前包括 4 个缺齿鼩属物种：川西缺齿鼩 *Chodsigoa hypsibia*、大缺齿鼩 *C. salenskii*、斯氏缺齿鼩 *C. smithii*、霍氏缺齿鼩 *C. hoffmanni*。

四川分布的缺齿鼩属 *Chodsigoa* 分种检索表

1. 脑颅扁平，尾长＜体长 ·· 川西缺齿鼩 *C. hypsibia*

   脑颅隆起，尾长≥体长 ··· 2

2. 体大；髁齿长＞24.5 mm；后足长＞21.0 mm ·················· 大缺齿鼩 *C. salenskii*

   体小；髁齿长＜24.0 mm；后足长＜21.0 m ····················· 3

3. 吻部在前颌骨突然变窄，尾端裸露，髁齿长＞21.4mm ·············· 斯氏缺齿鼩 *C. smithii*

   吻部在前颌骨逐渐变窄，尾端有毛簇，髁齿长＜19.6mm ·············· 霍氏缺齿鼩 *C. hoffmanni*

(25) 川西缺齿鼩 *Chodsigoa hypsibia* (de Winton，1899)

别名 川西长尾鼩

英文名 De Winton's Brown-toothed Shrew、De Winton's Shrew

Soriculus hypsibia de Winton, 1899. Proc. Zool. Soc. Lond., 574(模式产地：四川平武杨柳坝)；王酉之和胡锦矗，
　　1999. 四川兽类原色图鉴，55.

Soriculus beresowskii Kastschenko, 1907. Ann. Mus. Zool. Acad. Imp. Sci. St. Petersbourg, for 1905, Vol. 10: 252(模
　　式产地：四川北部).

Chodsigoa hypsibia Thomas, 1908. Proc. Zool. Soc. Lond. (1): 639; Thomas, 1912. Proc. Zool. Soc. Lond., 133; Wilson
　　and Reeder, 2005. Mamm. Spec. World, 3rd ed., 276; Smith 和解焱，2009. 中国兽类野外手册，238; Wilson and
　　Mittermeier, 2018. Hand Mamm. World, Vol. 8: 452; 胡锦矗和胡杰，2007. 西华师范大学学报，28(2): 165-171.
　　魏辅文，等，2021. 兽类学报，1(5): 265-300.

Chodsigoa larvarum Thomas, 1911. Proc. Zool. Soc. Lond., 120-158; Thomas, 1911. Ann. Maz. Nat. Hist., Ser. 8, 7:
　　378-383.

鉴别特征 体中至大型。头骨外形明显扁平；髁齿长＞18.0 mm，颅宽＜8.3 mm。体背呈银灰色，染以棕色调；腹面与体背同色，相较背色更淡。尾双色不明显，通常比头体长略短，尾巴尖上有簇毛。

形态

外形：体型较大。体重11～21 g，体长72～87 mm，尾长55～75 mm，耳长6～10 mm，后足长14～17 mm。吻部较短，须柔软而细密，呈丝绒状，吻部自腭后缘向前逐渐尖细，直至吻端，形成等腰三角形。尾短于体长，约为体长的80%，尾中部至尾端有鳞状环纹。耳壳圆，露于皮毛外。足细长，爪细弱。

毛色：体背呈银灰色而染以棕色色调；腹面与体背同色，相较背色更淡。尾上、下两色不明显，上面灰棕，下面略暗淡，尖端棕色，具棕褐色长毛尖，个体总体呈灰色。四足背面白色。

头骨：头骨纤细，颅骨平坦，人字脊明显。颅全长19.00～23.00 mm，腭长9.20～10.35 mm，脑颅宽9.48～10.61 mm，第2白齿宽6.03～6.51 mm，上齿列长8.98～10.00 mm，下齿列长8.03～9.04 mm。

牙齿：齿式1.3.1.3/1.1.1.3＝28。吻部在大前白齿前突然变窄，故显脑颅部较宽。上颌门齿、第1上颌单尖齿和上前白齿齿尖呈深棕色，第2、3单尖齿齿尖着色不明显，上颌门齿前尖大而呈钩状，3颗单尖齿从侧面看逐渐变小；上白齿呈W形，第1上白齿最大，第3上白齿最小，形成尖端向外侧的楔形。

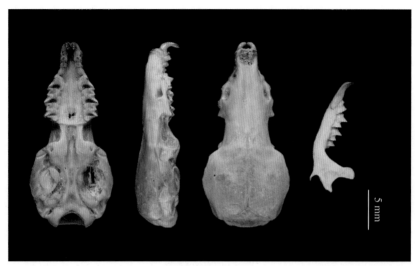

川西缺齿鼩头骨图

下颌门齿、单尖齿和前臼齿齿尖着色较深，其他齿尖无着色；第1和第2下臼齿几乎等大，第3下臼齿最小；冠状突发达，角突尖细。

量衡度（衡：g；量：mm）

外形：

编号	性别	体重	体长	尾长	后足长	耳高	采集地点
SAF06523	♂	15	85	72	15.0	6	四川康定
SAF19026	♂	14	75	55	14.0	7	四川雅江
SAF06405	♂	12	87	72	17.0	7	四川丹巴
SAF06395	♂	14	72	74	15.5	9	四川丹巴
SAF06566	♀	21	80	69	16.0	10	四川炉霍
SAF06404	♀	13	76	74	16.0	7	四川丹巴
SAF06396	—	16	80	75	15.0	7	四川丹巴
SAF06393	—	11	79	70	15.0	9	四川丹巴
SAF04554	♂	13	73	65	16.0	10	四川理塘

头骨：

编号	颅全长	腭骨-门牙	腭枕长	上齿列长	眶间宽	腭骨宽	第2臼齿宽	颅宽	颅高	下颌骨长	下齿列长
SAF06523	22.62	9.90	10.65	9.94	5.68	6.55	6.51	10.61	5.55	14.02	8.86
SAF19026	20.87	9.24	9.29	8.98	5.24	6.41	6.28	10.28	5.12	12.73	8.17
SAF06405	22.29	9.87	10.27	9.40	5.45	6.35	6.04	9.50	5.40	13.52	8.60
SAF06395	22.81	10.35	10.39	10.00	5.53	6.61	6.31	10.27	5.72	14.02	9.04
SAF06566	21.99	9.75	9.87	9.40	5.35	6.31	6.25	9.93	4.96	13.45	8.63
SAF06404	22.07	9.87	9.95	9.59	5.66	6.48	6.17	10.1	5.60	13.73	8.97

（续）

编号	颅全长	腭骨-门牙	腭枕长	上齿列长	眶间宽	腭骨宽	第2臼齿宽	颅宽	颅高	下颌骨长	下齿列长
SAF06396	23.04	10.29	10.72	9.71	5.76	6.60	6.40	10.42	5.46	14.05	8.99
SAF06393	21.88	9.97	9.53	9.86	5.50	6.30	6.28	10.00	5.11	13.73	8.84
SAF04554	20.20	9.20	9.00	8.99	5.12	6.22	6.03	9.48	5.34	12.21	8.03

生态学资料　除河北分布点海拔高度在300 m以外，其他种群都分布在海拔1 200 ～ 3 500 m的半高山和高山地区。主要以蚯蚓、昆虫等为食，亦食植物种子。

地理分布　川西缺齿鼩在四川分布于平武、黑水、小金、九龙、康定、木里、青川、汶川、峨眉山、丹巴、炉霍等川西北地区；为中国特有种。川西亚种 *C. h. hypsibia* 分布于青海、陕西、四川、西藏、云南；华北亚种 *C. h. larvarum* 分布于北京、河北、山西。

分类学讨论　de Winton 和 Styan（1899）首次描述了川西缺齿鼩。后来 Thomas（1912b）把 *Chodsigoa beresowskii*（Kastschenko，1907）当作这个物种的同物异名。随后 Allen（1938）又把甘肃缺齿鼩 *Chodsigoa lamula*（Thomas，1912a）作为川西缺齿鼩的亚种。但 Hoffmann（1985）认为 Thomas（1912a）

分省（自治区、直辖市）地图——四川省

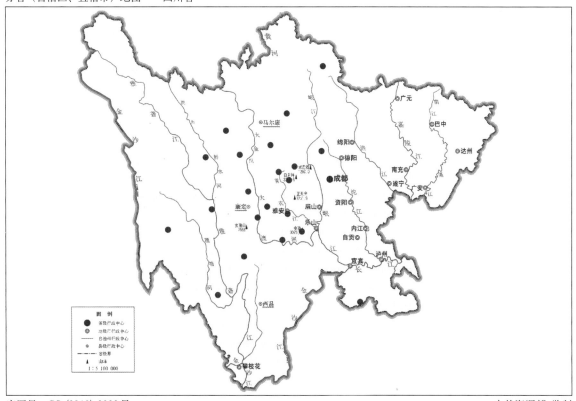

审图号：GS（2019）3333号　　　　　　　　　　　　　　　　　自然资源部　监制

川西缺齿鼩在四川的分布
注：红点为物种的分布位点。

确立的甘肃缺齿鼩和川西缺齿鼩是不同的物种，Hutterer（2005）支持这个观点。分子研究和形态研究不支持甘肃缺齿鼩的物种地位，把这两者作为同种（Chen et al.，2017），但是他们的结果仅来自 1 个标本。因此，甘肃缺齿鼩和川西缺齿鼩的分类关系仍然需要在进一步确定。该种目前分为 2 个亚种，中国均有分布：川西亚种（*C. h. hypsibia*，de Winton and Styan，1899）和华北亚种（*C. h. larvarum*，Thomas，1911）。四川分布有川西亚种。

川西缺齿鼩川西亚种 *Chodsigoa hypsibia hypsibia*（de Winton et Styan，1899）

Soriculus hypsibia De Winton and Styan, 1899. Proc. Zool. Soc. Lond., 574（产地模式：四川平武杨柳坝）

特征描述 一般头骨比华北亚种的更狭窄、更扁平。其他特征同种级描述。

地理分布 在四川分布于平武、黑水、小金、九龙、康定、木里、青川、汶川、峨眉山、丹巴、炉霍等川西北地区，国内还分布于青海、陕西、西藏、云南。

（26）霍氏缺齿鼩 *Chodsigoa hoffmanni* Chen et al.，2017

英文名 Hoffmann's Long-tailed Shrew

Chodsigoa hoffmanni Chen, et al., 2017. Zool. Jour. Linn. Soc. Lond., 180(3): 694-713（模式产地：云南楚雄双柏）；

　　Lunde et al., 2003. Mamm. Study, 28(1): 31-46; Wilson and Mittermeier, 2018. Hand.Mamm. World, Vol. 8: 396;

　　魏辅文，等，2021. 兽类学报，41(5): 265-300.

鉴别特征 尾双色，尾长大于头体长，尾梢有一簇较长的毛。上颌门齿和第 1 上单尖齿齿尖呈深棕色，第 2、3 上单尖齿齿尖呈浅棕色。3 颗单尖齿有轻微重叠，从第 1 单尖齿至第 3 单尖齿逐渐减小。

形态

外形：中等体型。成体体长 58 ~ 75 mm，尾长 74 ~ 88 mm，后足 14 ~ 17 mm，耳高 7 ~ 11 mm。吻部较短，自腭后缘向前逐渐变细，两侧有较长胡须。尾长略长于头体长，约为头体长的 120%；后足细长。

毛色：背部毛呈深灰色，腹部毛色较背毛浅，呈灰白色。尾呈双色但不明显，其背面呈褐色而腹面呈淡褐色，尖端有一簇长毛。前、后足均呈乳白色。总体呈暗灰色。

头骨：头骨细弱，整体狭长。颅全长 18.30 ~ 19.60 mm，颅宽 8.50 ~ 9.40 mm，颅高 5.30 ~ 5.90 mm，第 2 臼齿宽 5.10 ~ 5.60 mm，上齿列长 7.6 ~ 8.8 mm，下齿列长 7.10 ~ 8.10 mm。颅面光滑，无明显的突起，前颌骨细长，脑颅呈圆形。门齿和单尖齿附着于前颌骨，前臼齿和臼齿附着于上颌骨，前颌骨、上颌骨细长。上颌骨两侧均有一眶下孔和一泪孔，眶下孔位于第 1 上白齿正上方，泪孔位于第 1 上白齿和第 2 上白齿之间的正上方。鳞骨颧突退化，不形成颧弓。腭板与颚骨相连，腭缝呈圆弧状，翼骨较为粗壮，组成的头骨前半部较为坚实。顶骨薄且脆弱，人字脊和矢状脊相交与枕骨，形成钝角。下颌骨前段平直，后段水平向上弯曲，上有 3 个明显的突起，其中冠状突发达，与下颌骨前段垂直，角突尖细，略微乡下倾斜颌关节突位于二者之间，较为发达。

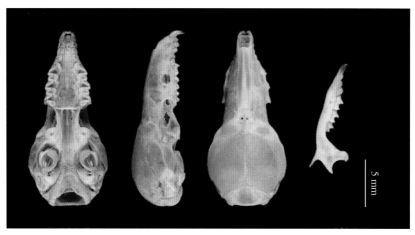

霍氏缺齿鼩头骨图

牙齿：齿式 1.3.1.3/1.1.1.3 = 28。上颌有 3 颗单尖齿，上颌门齿和第 1 单尖齿齿尖呈深棕色，第 2、3 单尖齿齿尖呈浅棕色。上颌门齿的前尖明显弯曲成镰状；其侧面从第 1 单尖齿至第 3 单尖齿逐渐减小；第 1、2 臼齿等大，第 3 臼齿最小。

下颌门齿、单尖齿和前臼齿齿尖着色较深，第 1、2 臼齿仅前尖着色浅，其他尖无着色，第 1、2 臼齿几乎等大，第 3 臼齿最小；角突尖细，冠状突发达。

量衡度（衡：g；量：mm）

外形：

编号	体重	体长	尾长	后足长	耳高	采集时间（年-月）	采样点
SCNU02522	8	65	80	17	10	2020-11	四川老君山
SCNU02554	7	67	7	15	9	2020-11	重庆奉节
SCNU02555	8	69	83	16	10	2020-11	重庆奉节

头骨：

编号	颅全长	腭骨-门牙	腭枕长	上齿列长	眶间宽	腭骨宽	第2臼齿宽	颅宽	颅高	下颌骨长	下齿列长
SCNU02522	19.21	8.40	8.66	8.21	4.30	5.19	5.23	8.73	5.44	12.17	7.76
SCNU02554	19.27	8.62	8.78	8.31	4.48	5.28	5.15	8.91	5.71	11.81	7.64
SCNU02555	19.92	8.97	8.93	8.71	4.71	5.63	5.54	9.07	5.69	12.37	8.05

生态学资料　除云南双柏县分布点在海拔 2 600 m 以外，其他种群都分布在海拔 1 500 ～ 2 000 m 的半高山地区。四川宜宾老君山、重庆奉节以及越南河江的标本均采集于腐殖层较厚的竹林及竹林周边的灌丛，其他地区常采集于针阔混交林。主要以昆虫、蚯蚓等为食。

地理分布　四川仅在宜宾老君山自然保护区有发现，国内还分布于云南、湖北、贵州、重庆。国外分布于越南北部。

分类学讨论　该物种分类无争议。无亚种分化。

分省（自治区、直辖市）地图——四川省

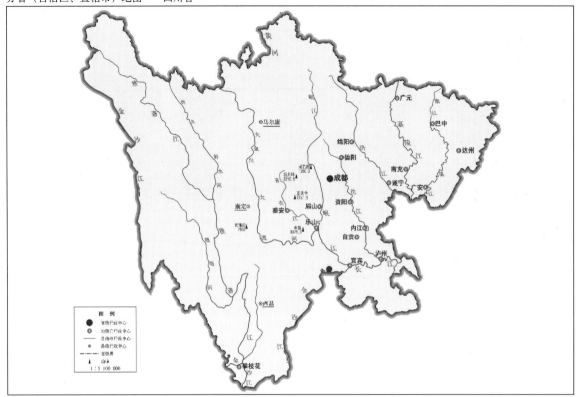

审图号：GS（2019）3333号 自然资源部 监制

霍氏缺齿鼩在四川的分布
注：红点为物种的分布位点。

（27）大缺齿鼩 *Chodsigoa salenskii*（Kastschenko，1907）

英文名 Salenski's Shrew

Soriculus salenskii Kastschenko, 1907. Ann. Mus. Zool. Acad. Sci. St. Pétersbourg, 10: 253.

Chodsigoa salenskii Thomas, 1911. Proc. Zool. Soc. Lond., 166., Allen, 1938. Mamm. Chin. Mong., 108; 王酉之和胡锦矗，1999. 四川兽类原色图鉴，52; Wilson and Reeder, 2005. Mamm. Spec. World, 3rd ed., 277; 胡锦矗和胡杰，2007. 西华师范大学学报，28(2): 165-171; Smith和解焱，2009. 中国兽类野外手册，240; Wilson and Mittermeier, 2018. Hand. Mamm. World, Vol. 8: 452-453; 魏辅文，等，2021. 兽类学报，41(5): 265-300.

鉴别特征 该种是缺齿鼩属最大的物种。具有长的后足（*HF* = 23.5 mm）和大的头骨（*CIL* = 25 mm）（Kastschenko，1907）。外形和斯氏缺齿鼩 *Chodsigoa smithii* 非常相似，但更大。

形态

外形：体型较大。体重22 g，体长80 mm，尾长110 mm，后足长19 mm。尾长一般为体长的138%，后足长超过21 mm。

毛色：全体为灰黑色泽，唯腹色较浅淡；尾明显二色，上面黑棕色，下面淡棕色。4足背均为淡棕色。吻部髭毛特长，可达其肘部；眼特小，但显然可见。

头骨：颅全长23.40 mm，腭长10.60 mm，脑颅宽10.90 mm；白齿间宽6.40 mm，上齿列长

10.50 mm，下齿列长 9.40 mm。

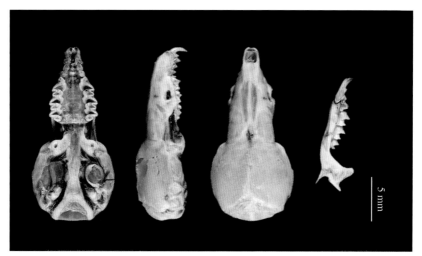

大缺齿鼩头骨图

牙齿：上颌单尖齿 3 枚，下颌门齿具小齿尖。

生态学资料 平武样本捕自有水的岩洞内。以昆虫及其幼虫为食。

地理分布 四川分布于平武，国内其他地方无分布。国外无分布。

分省（自治区、直辖市）地图——四川省

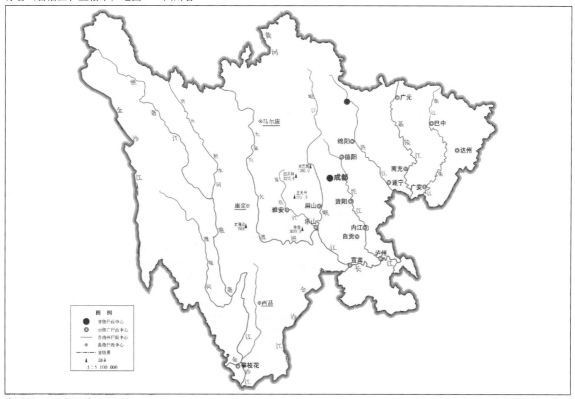

审图号：GS (2019) 3333 号　　　　　　　　　　　　　　　　自然资源部 监制

大缺齿鼩在四川的分布

注：红点为物种的分布位点。

分类学讨论　大多数学者基于大缺齿鼩较大的头骨而将其认定为有效物种（Allen，1938；Corbet，1978；Corbet and Hill，1992）。Hoffmann（1985）测量了模式标本，认为测量数值小于由Kastschenko（1907）报道的原始测量值，头体长和尾巴的长度与斯氏缺齿鼩的取值范围相似，故把它们作为斯氏缺齿鼩的同种。Chen等（2017）建议暂时保留两个物种的地位，待进一步研究确认。无亚种分化。

（28）斯氏缺齿鼩 *Chodsigoa smithii* Thomas，1911

别名　缺齿鼩

英文名　Smith's Shrew

Chodsigoa smithii Thomas, 1911. Abstr. Proc. Zool. Soc. Lond., 14 (90): 4; Proc. Zool. Soc. Lond., 166(模式产地：四川康定)；王酉之和胡锦矗，1999. 四川兽类原色图鉴，53；Wilson and Reeder, 2005. Mamm. Spec. World, 3rd ed., 277; 胡锦矗和胡杰，2007. 西华师范大学学报，28(2): 165-171；Smith 和解焱，2009. 中国兽类野外手册，240-241；Wilson and Mittermeier, 2018. Hand. Mamm. World, Vol. 8: 452; 魏辅文，等，2021. 兽类学报，41(5): 265-300.

Soriculus salenskii smithii Ellerman and Morrison-Scott, 1951. Check. Palaea. Ind. Mamm., 60.

鉴别特征　在本属中为大型物种，比川西缺齿鼩大，但是比大缺齿鼩 *Chodsigoa salenskii* 小。背部和腹部皮毛一般为深灰色。尾巴比头体长长，没有明显的双色。头骨大，脑颅隆起，吻部在前颌骨突然变窄，类似于烟黑缺齿鼩 *C. furva*。

形态

外形：体型较大。体重12 g，体长81 mm，尾长97 mm，后足长18 mm；尾等于或略长于体长，为体长的110%左右，细长，有明显鳞状环纹。吻短、吻侧有长须，须柔软而细密，呈丝绒状。

毛色：背毛深灰色，腹部毛色较背部浅，腹背分界不明显，个体均一致为深灰色。尾上、下2色，上面淡棕，下面污白色。4足背淡棕或污白色，明显长于该属其他物种。

头骨：头骨较粗壮而扁平；颅骨呈圆形，枕骨较大，人字脊连接紧密，吻部较长。颅全长22 mm，腭长9.9 mm，脑颅宽9.9 mm；臼齿间宽6 mm，上齿列长7.6 mm，下齿列长8.8 mm。

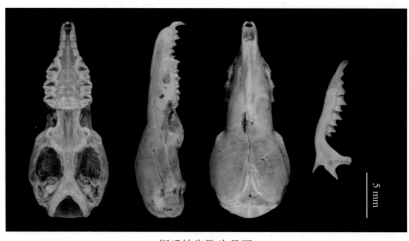

5 mm

斯氏缺齿鼩头骨图

牙齿：齿式 1.3.1.3/1.1.1.3 = 28。第 1 上颌门齿、第 1 单尖齿和前臼齿齿尖呈深棕色，第 2、3 单尖齿齿尖呈浅棕色；第 1 上颌门齿前尖大而呈钩状。3 颗单尖齿从侧面看逐渐变小，在上颌第 3 单尖齿处突然变窄，形成吻部尖长的趋势。上颌 3 枚单尖齿，第 1 枚较大，第 2、3 枚较小；上臼齿呈 W 形，第 1 上臼齿最大，第 3 上臼齿最小，形成尖端向外侧的楔形。

下颌门齿、单尖齿和前臼齿轻微着色，第 1、2 臼齿等大，第 3 臼齿最小；冠状突发达，角突尖细。

量衡度（衡：g；量：mm）

外形：

编号	性别	体重	体长	尾长	后足长	耳高	采集地点
SAF11604	♀	12	80	100	18	9.0	四川康定
SAF11577	♂	10	83	110	22	17.0	四川康定
SAF05634	♀	8	72	90	17	5.5	四川康定
SAF01087	♀	12	71	106	19	10.0	四川黄龙
SAF06721	♀	7	70	91	17	8.0	四川二郎山
SAF05484	♀	11	75	97	17	9.0	四川丹巴
SAF081095	♀	10	78	96	16	7.0	四川九龙
SAF06337	♀	63	79	15	15	5.0	四川平武
SAF14323	♀	9	78	104	18	7.0	四川卧龙

头骨：

编号	颅全长	腭骨-门牙	腭枕长	上齿列长	眶间宽	腭骨宽	第2臼齿宽	颅宽	颅高	下颌骨长	下齿列长
SAF11604	22.74	9.93	10.14	9.97	5.68	6.11	5.91	9.65	6.10	13.79	9.17
SAF11577	22.02	9.68	9.99	9.56	5.70	5.92	5.91	9.95	6.00	13.41	8.77
SAF05634	19.94	8.16	8.61	8.03	3.98	4.79	4.54	8.32	4.96	12.71	8.33
SAF01087	22.30	10.43	10.85	10.49	4.31	6.04	5.41	10.26	6.21	14.11	9.03
SAF06721	20.67	8.90	9.64	8.98	4.29	5.37	5.13	9.77	5.62	12.75	8.57
SAF081095	22.31	9.83	9.96	9.79	4.29	5.95	5.38	9.95	6.53	13.72	8.87
SAF16189	21.75	9.34	10.04	9.44	4.14	5.74	5.61	9.92	5.86	12.91	8.19
SAF06337	21.34	9.2	9.43	9.31	3.83	5.38	5.02	9.36	5.72	12.92	8.30
SAF14323	21.34	9.08	10.07	9.59	3.99	5.45	5.21	10.24	6.19	13.59	8.68

生态学资料 栖息于海拔 2 500 ～ 3 000 m 的高原地带。

地理分布 在四川分布于康定、泸定、汶川、九龙、丹巴、黄龙、平武等县，国内还分布于陕西、贵州、云南。国外无分布。

分类学讨论 Anderson 和 Smith 于 1910 年在四川康定采集到样品，后来 Thomas（1911d）将该样品命名为斯氏缺齿鼩。Allen（1923）认同斯氏缺齿鼩是独立种，并命名了该种的 1 个亚种：云南

分省（自治区、直辖市）地图——四川省

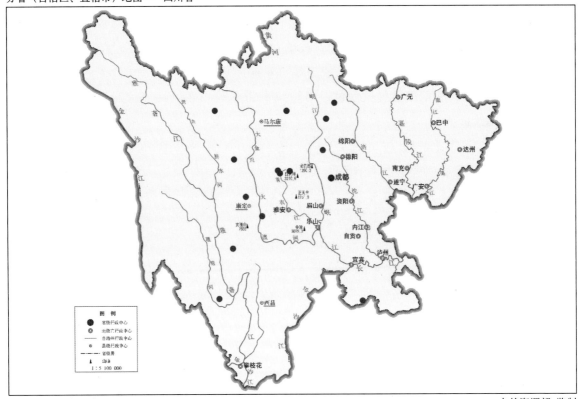

审图号：GS（2019）3333号　　　　　　　　　　　　　　　自然资源部　监制

斯氏缺齿鼩在四川的分布
注：红点为物种的分布位点。

亚种 *Chodsigoa smithii parca*。Allen（1938）认同其种级地位。Ellerman 和 Morrison-Scott（1951）指出斯氏缺齿鼩应为大缺齿鼩的 1 个亚种。Hoffmann（1985）认为斯氏缺齿鼩的分布较大缺齿鼩更为广泛，且头体长大于川西缺齿鼩，认为斯氏缺齿鼩应具有树栖的习性，所以将其作为 1 个独立种。Corbet（1978）、Honacki（1982）、Hutterer（1993）、Smith 和解焱（2009）、Wilson 和 Mittermeier（2018）亦将其作为 1 个单独的物种。无亚种分化。

14. 水鼩属 *Chimarrogale* Anderson，1877

Chimarrogale Anderson, 1877. Jour. Asiat. Soc. Bengal, 46: 262（模式种：*Crossopus himalayicus* Gray, 1842）;

　　Ellerman and Morrison-Scott, 1951. Check. Palaea. Ind. Mamm., 810.

Crossopus Gray, 1842. Ann. Mag. Nat. Hist., 10: 261(part, for *Crossopus himalayicus*).

鉴别特征　适应水中生活的大鼩鼱。针毛细而柔软；臀部有长而纤细的毛；尾约与头体等长；后足沿趾侧有硬毛栉；头骨相对宽广、平坦，逐渐向前变窄。齿式 1.3.1.3/1.1.1.3 = 28；上颌门齿后尖突不发达，前端尖；上颌 3 枚单尖齿约等长；齿冠全白色。

形态　水鼩属除部分物种毛色存在差异，外形、头骨及牙齿特征均十分相似。头骨相对宽广、平坦平，矢状脊与人字脊明显，上颌门齿后尖突不发达；前端尖；上颌 3 枚单尖齿约等长；齿冠全白色。该属具有极其密集和相对较长的芒毛及复杂的毛发结构，这种结构具有保持毛皮中的空气、扩散光线和防水等功能，是适合水生生活的特征。这种芒毛一般散布全身，在臀部分布最多。

生态学资料 主要栖息在海拔400～3 500 m较原始森林的清澈溪沟及大小水体附近，为半水栖小型哺乳动物，生存环境的河岸植被覆盖良好。该属物种对污染很敏感，主要以无脊椎动物为食，食物包括螃蟹、虾、幼虫、成虫、蚯蚓和鱼类。提取部分标本的胃容物发现有毛翅目、蜉蝣目、蜘蛛目，偶有鱼或者两栖动物的遗骸。

地理分布 分布遍及东亚。在国内分布于云南、四川、湖北、湖南、陕西、贵州、广西、福建、台湾、浙江、台湾等地。国外分布于印度、尼泊尔、越南、缅甸、泰国、老挝、日本。

分类学讨论 很早以前该属被归于Neomyini族（Repenning，1967）。由于水鼩属的物种牙齿为纯白色无色素沉淀，所以曾将该属分入麝鼩亚科；从Repenning（1967）起，大量的证据证明该属是一类鼩鼱（Mori et al.，1991；Vogel and Besancon，1979）。Gureev（1971）将该属分入Blarinini族中的Nectogalina亚族，随后Reumer（1984）又将其归类于鼩鼱族。直到Hutterer（1993，2005）确认了该属有6个物种：*Chimarrogale hantu* Harrison，1958；*Chimarrogale himalayica* Gray，1842；*Chimarrogale phaeura* Thomas，1898；*Chimarrogale platycephalus* Temminck，1842；*Chimarrogale styani* De Winton，1899；*Chimarrogale sumatrana* Thomas，1921。Mittermeier and Wilson（2018）认为全世界水鼩属有7种，中国有3种。Wahab等（2020）成立一新属——*Crossogale*，包含*C. hantu*、*C. sumatrana*和*C. phaeura* 3个物种。目前，该类群分类上与缺齿鼩属、蹼足鼩属、长尾鼩鼱属、缺齿鼩属、*Crossogale*属、水鼩鼱属、*Pseudosoriculus*属归于蹼足鼩族，该属的4种水鼩的系统进化关系基本清楚。在中国分布的3种，分别为喜马拉雅水鼩*Chimarrogale himalayica* Gray，1842；利安德水鼩*C. leander* Thomas，1902；灰腹水鼩*C. styani* De Winton，1899。其中四川分布有利安德水鼩和灰腹水鼩2种。

四川分布的水鼩属*Chimarrogale*分种检索表

个体稍小；背毛明显有别于浅灰色的腹毛⋯⋯⋯⋯⋯⋯⋯⋯⋯⋯⋯⋯⋯⋯⋯⋯⋯⋯⋯⋯⋯⋯⋯⋯⋯⋯ 灰腹水鼩*C. styani*
个体稍大；背毛颜色逐渐融入浅灰色的腹毛⋯⋯⋯⋯⋯⋯⋯⋯⋯⋯⋯⋯⋯⋯⋯⋯⋯⋯⋯⋯⋯⋯⋯ 利安德水鼩*C. leander*

（29）灰腹水鼩 *Chimarrogale styani* De Winton，1899

别名 水老鼠

英文名 Chinese Water Shrew

Chimarrogale styani De Winton and Styan, 1899. Proc. Zool. Soc. Lond., 574(模式产地：四川平武杨柳坝)；Hoffmann, 1987. 兽类学报, 7(2): 111-116; Wilson and Reeder, 1993. Mamm. Spec. World, 2nd ed., 107; 王酉之和胡锦矗, 1999. 四川兽类原色图鉴, 63; Wilson and Reeder, 2005. Mamm. Spec. World, 3rd ed., 276; 胡锦矗和胡杰, 2007. 西华师范大学学报, 28(2): 165-171; Smith和解焱, 2009. 中国兽类野外手册, 237; Wilson and Mittermeier, 2018. Hand. Mamm. World, Vol. 8: 455; 魏辅文，等, 2021. 兽类学报, 41(5): 265-300.

鉴别特征 体型较大。与喜马拉雅水鼩相似，但稍小于喜马拉雅水鼩。背毛较深，近乎黑色，背毛明显有别于全白色的腹毛。长的白色芒毛主要集中在臀部附近。

形态

外形：体型较大。体重17～26.9 g，体长80～105 mm，尾长91～100 mm；后足长20～22 mm，耳长5～6 mm。四足内外侧及指（趾）间具白色硬毛形成的毛栉穗缘，便于游泳。吻部尖而长。半水中生活。

毛色：体背自吻端直至尾基一致为深灰黑色，其间杂以散布的白色芒毛，除头部外遍布体背，尤以臀部长而明显；腹面白色，毛尖微染淡黄色，毛基灰色；背腹间有明显界限。尾双色，上面为稍浅的体背色，下面具白而密的短毛。前足背面白色，后足背面颜色稍深。

头骨：颅全长22.38～23.34 mm，颚长10.90 mm，脑颅宽12.08～12.30 mm；臼齿间宽7.20 mm，上齿列长10.00～10.55 mm，下齿列长9.30～9.59 mm。头骨外观狭长具坚实感，颅骨骨壁薄、颅部扁平而宽阔，矢状脊与人字脊发达、明显。

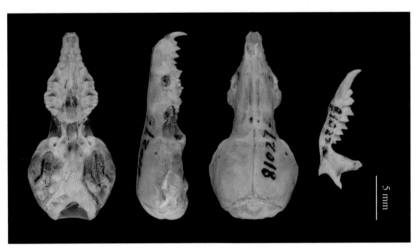

灰腹水鼩头骨图

牙齿：齿式1.3.1.3/1.1.1.3＝28。牙齿无色素沉积，上颌门齿弯曲向下延伸，后尖极小；第1和第2枚单尖齿几乎等大，第3枚单尖齿小；第1和第2枚臼齿几乎等大，第3枚臼齿极小。下颌门齿向上延伸呈刀状，下颌门齿唇面后有一长的凹槽。

量衡度（衡：g；量：mm）

外形：

编号	性别	体重	体长	尾长	后足长	耳高	采集地点
SAF20007	—	—	93	80	20	5	四川若尔盖
SAF20008	—	—	89	83	22	5	四川若尔盖
SCNU02754	♂	27	105	91	20	—	云南兰坪
SCNU02856	♂	17	80	94	22	—	云南兰坪
SCNU02857	♀	22	90	85	21	—	云南兰坪
SCNU02858	♂	28	103	100	22	—	云南兰坪
SCNU02859	♀	20	95	93	22	—	云南兰坪

头骨:

编号	颅全长	额骨-门牙	额枕	上齿列长	框间宽	额骨宽	第2臼齿宽	颅宽	颅高	下颌骨长	下齿列长
SAF20008	24.50	11.89	9.79	11.05	4.20	7.20	7.48	12.85	6.89	15.55	10.15
SCNU02754	22.38	10.77	10.53	9.81	5.48	7.38	7.32	12.13	6.59	14.77	9.45
SCNU02856	22.83	10.67	9.72	10.42	5.52	7.11	7.21	12.08	6.78	14.51	9.59
SCNU02857	23.09	11.22	10.31	10.55	5.44	7.09	7.05	12.30	6.57	14.67	9.41
SCNU02858	23.34	11.19	10.63	10.24	5.52	7.23	7.11	12.11	6.63	14.78	9.34
SCNU02859	23.08	11.48	10.03	10.47	5.61	7.24	7.25	12.09	6.70	14.57	9.62

生态学资料 生活在 1 700 ~ 3 500 m 的高海拔地区，见于凉爽的山地溪流或邻近地区。对灰腹水鼩所知甚少。以水生昆虫、小鱼虾等为食。

地理分布 在四川分布于平武、九寨沟、若尔盖等地，国内还分布于甘肃南部、青海南部、西藏南部、云南西北部。国外分布于缅甸北部。

分类学讨论 分类无争议。

分省（自治区、直辖市）地图——四川省

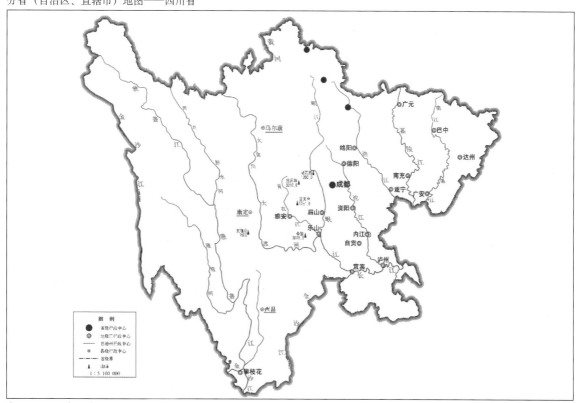

审图号：GS (2019) 3333号

自然资源部 监制

灰腹水鼩在四川的分布
注：红点为物种的分布位点。

（30）利安德水鼩 *Chimarrogale leander* Thomas，1902

别名 水老鼠

英文名 Leander's Water Shrew

Chimarrogale leander Thomas, 1902. Ann. Mag. Nat. Hist., 10(56): 163-166(模式产地：福建挂墩); Hoffmann,
1987. 兽类学报，7(2): 106, 126; Wilson and Reeder, 1993. Mamm. Spec. World, 2nd ed., 107; Wilson and Reeder,
2005. Mamm. Spec. World, 3rd ed., 275; Wilson and Mittermeier, 2018. Hand. Mamm. World, Vol. 8: 455. 魏辅文，
等，2021. 兽类学报，41(5): 265-300.

鉴别特征 与喜马拉雅水鼩 *Chimarrogale himalayica* 相似，与其背部和臀部都散布有白色芒毛
不同，利安德水鼩只在臀部附近散布有白色芒毛，背毛颜色逐渐融入浅灰色的腹毛。

形态

外形：体毛绒密，吻较长，具短髭毛；外耳耳郭小，隐于毛下，耳郭上长有毛发，听孔后部具
一半月形的耳屏瓣，为入水时覆盖听孔之用。尾长，尾腹面沿尾基2/3有白色毛栉。4指（趾）蹼状。
体重22 g，体长105 mm，尾长86 mm，后足长22 mm。

毛色：鼻部和吻部毛色深黑色。身体两侧和臀部具有长的白色芒毛，臀部的分布更为集中；身
体背腹面分界不明显，体背中部色深，两侧逐渐转变为较暗的浅淡色泽，腹部毛基灰色，毛尖棕灰
色；尾背面黑棕色，下面端部1/3黑棕色的栉毛，基部2/3污白色的栉毛。前后足腹面黑褐色，深于
背面。趾的两侧均有白色状栉毛，栉毛毛尖白色。

头骨：颅全长25.14～25.40 mm，颚长12.30 mm，脑颅宽12.79～13.72 mm；臼齿间宽7.58～8.24 mm，
上齿列长11.48～11.56 mm，下齿列长10.42～10.48 mm。头骨外观狭长具坚实感，颅骨骨壁薄，
脑颅部扁平而宽阔，矢状脊与人字脊明显，下颌骨角突短且纤细。

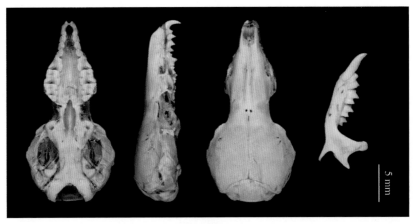

利安德水鼩头骨图

牙齿：齿式1.3.1.3/1.1.1.3 = 28。齿尖无色。第1上颌门齿前尖向下，几近垂直，有一极小后
尖，3枚上颌单尖齿基部约等大且等高；上前臼齿前尖尖长，次尖后缘平直；下颌第1下颌门齿切缘
直呈刀状；下颌第1臼齿最大，下颌第3臼齿最小。

量衡度（衡：g；量：mm）

外形：

编号	性别	体重	体长	尾长	后足长	耳高	采集地点
SAF03163	♀	14	75	73	15	—	四川美姑
SCNU02914	—	—	—	—	—	—	湖南洪江雪峰山

头骨：

编号	颅全长	额骨-门牙	额枕	上齿列长	眶间宽	额骨宽	第2臼齿宽	颅宽	颅高	下颌骨长	下齿列长
SAF03163	25.14	11.84	11.04	11.48	6.48	7.61	7.58	12.79	6.66	16.01	10.48
SCNU02914	25.40	12.46	11.56	11.56	5.78	8.04	8.24	13.72	7.16	16.55	10.42

生态学资料　主要栖息在海拔400～2 000 m比较清澈的溪沟及水体附近，一般生存环境的河岸植被覆盖良好。该物种对污染很敏感，主要以无脊椎动物为食，食物包括螃蟹、虾、幼虫、成虫、蚯蚓和鱼类。提取部分标本的胃容物，发现有毛翅目、蜉蝣目、蜘蛛目，极少有鱼或两栖动物的遗骸。

地理分布　在四川分布于美姑、金堂和青川等地，国内还分布于湖北、湖南、陕西、贵州、广西、福建、台湾、浙江。

分省（自治区、直辖市）地图——四川省

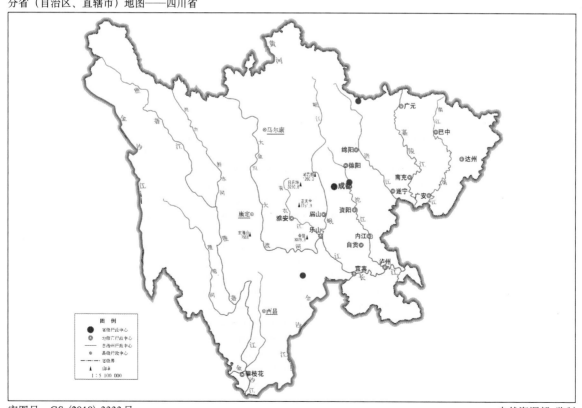

审图号：GS（2019）3333号　　　　　　　　　　　　　　　　　　　　自然资源部　监制

利安德水鼩在四川的分布
注：红点为物种的分布位点。

分类学讨论　利安德水鼩最早由 Thomas（1902）基于采集于中国福建挂墩山的标本命名，Thomas 在描述该新种时也认为其体型小于喜马拉雅水鼩，且二者毛色存在差异。随后又被当作喜马拉雅水鼩的亚种（Allen，1938）。Hoffmann（1987）查看并测量水鼩属57号标本，认为喜马拉雅水鼩包括3个亚种：分布于印度、尼泊尔、老挝、缅甸北部的 *C. h. himalayica* Gray，1842；分布于越南、老挝、泰国、缅甸和中国云南的 *C. h. varennei* Thomas，1927；分布于中国福建、浙江、台湾的 *C. h. leander* Thomas，1902。三者在体型大小和牙齿着色程度上有所不同。随后分子研究支持分布于中国台湾的 *C. h. leander* 和日本水鼩的亲缘关系更近，而与尼泊尔的喜马拉雅水鼩进化关系更远（Ohdachi et al.，2006；Dubey et al.，2007）。Yuan 等（2013）首次对中国喜马拉雅水鼩进行了分子系统学研究，结果显示，福建、陕西、湖北的水鼩与台湾的 *C. h. leander* 构成单系，且与日本水鼩为姊妹群关系，与喜马拉雅水鼩并非同一物种。随后，Abramov 等（2017）利用形态和分子研究了越南及邻近国家的水鼩的分类和分布情况。Burgin 和 He（2018）恢复了 *C. h. leander*（即利安德水鼩）的种级分类地位。汪巧云等（2020）回顾了中国水鼩鼱属的分布，修订了利安德水鼩的分布范围，确定其分布在四川、湖北、湖南、陕西、贵州、陕西、福建、台湾、浙江等地区，而喜马拉雅水鼩仅分布于云南。无亚种分化。

15. 须弥鼩鼱属 *Episoriculus* Ellerman et Morrison-Scott，1951

Episoriculus Ellerman and Morrison-Scott, 1951. Cat. Mamma. Mus. Hon.(模式种: *Sorex caudatus* Horsfield, 1851).

鉴别特征　体型较大。尾长略等于体长，或大于体长的150%。具有4颗上单尖齿，第4上单尖齿远远小于前3颗单尖齿，位于齿列中，呈椭圆形，无色素附着。除第4上单尖齿外，其余牙齿的尖端均附着有棕黄色素。齿式 1.4.1.3/1.1.1.3 = 30。

形态　体型较大的鼩鼱。颜色一般较深，背毛由肉桂棕色至暗棕色，腹毛由浅灰色至暗棕色，尾双色，尾长大于或略等于体长，小长尾鼩鼱尾特殊，长度达到体长的150%。区别其他鼩鼱亚科的物种，须弥鼩鼱属有4枚上单尖齿，前3枚上单尖齿大小通常依次递减，第4上单尖齿很小，位于齿列中，呈椭圆形。无色素附着。除第4上单尖齿外，其余牙齿的尖端均附着有棕黄色色素。

生态学资料　须弥鼩鼱属主要分布在中国西南部中高海拔地区。分布的植被类型多为潮湿针叶林、阔叶落叶林、杜鹃花林等环境。海拔2 000～3 500 m均有分布，须弥鼩鼱属物种生境的共同特点是潮湿，腐殖质较厚，地被物较为丰富（杂草、枯枝落叶等）。多为地栖型，小长尾鼩鼱为半树栖型。主要以昆虫、蚯蚓等为食物。通常有两个繁殖期，为4—6月和8—10月，每胎通常3～6仔。

地理分布　须弥鼩鼱属在我国分布于喜马拉雅—横断山区域，包含四川、云南、西藏3个省份。在国外主要沿着喜马拉雅东部分布，从尼泊尔中部向东延伸至不丹、印度北部、缅甸北部、越南北部及越南。

分类学讨论　Ellerman 和 Morrison-Scott（1951）建立须弥鼩鼱亚属 *Episoriculus*，并将其作为长尾鼩鼱属 *Soriculus* 的亚属，包含了2个种，即褐腹长尾鼩鼱 *S. caudatus* 和大长尾鼩鼱 *S. leucops*。

Repenning（1967）根据两者在牙齿上存在显著的差异，提出须弥鼩鼱亚属应独立于长尾鼩鼱属，成为1个独立的属。Jameson和Jones（1977）同意Repenning（1967）的意见。然而Walker（1975）、Corbet（1978）仍将须弥鼩鼱属作为鼩鼱属的亚属。Honacki等（1982）也同意Walker（1975）、Corbet（1978）的意见，并提出须弥鼩鼱亚属应包含4个种，除Ellerman和Morrison-Scott（1951）提及的两个种外，还将米什米长尾鼩鼱*S. c. baileyi*和台湾长尾鼩鼱*S. c. fumidus*提升为独立种。Hoffmann（1985）也认为须弥鼩鼱亚属包含4个种，即大长尾鼩鼱、小长尾鼩鼱、褐腹长尾鼩鼱、台湾长尾鼩鼱，并把米什米长尾鼩鼱*S. baileyi*降为大长尾鼩鼱的1个亚种。Corbet和Hil（1992）、Wilson和Reeder（1993）同意Hoffmann（1985）的观点。Hutterer（1994）研究认为须弥鼩鼱亚属和长尾鼩鼱属在形态学研究中存在较为显著的差异，应为1个独立的分类单元。王应祥（2003）仍将须弥鼩鼱属的物种归于长尾鼩鼱属中，包括5个种：大爪长尾鼩鼱*S. nigrescens*、褐腹长尾鼩鼱、灰腹长尾鼩鼱、小长尾鼩鼱、大长尾鼩鼱、台湾长尾鼩鼱。Wilson和Reeder（2005）、Smith和解焱（2009）都认为须弥鼩鼱亚属为1个独立的属，包含4个物种，与Hoffmann（1985）一致。Motowaka和Lin（2005）通过形态学比较将大长尾鼩鼱*E. leucops*的亚种*E. l. baileyi*提升为独立种。潘清华等（2007）认为须弥鼩鼱属包含长尾鼩鼱、褐腹长尾鼩鼱、灰腹长尾鼩鼱、小长尾鼩鼱、大长尾鼩鼱和台湾长尾鼩鼱5个种。蒋志刚等（2015，2017）则认为须弥鼩鼱属包含6个种，与潘清华等（2007）相比，增加了米什米长尾鼩鼱。Abramov等（2017）通过系统发育学研究，认为须弥鼩鼱属包含米什米长尾鼩鼱、褐腹长尾鼩鼱、大长尾鼩鼱、小长尾鼩鼱、灰腹长尾鼩鼱、*E. soluensis*和云南长尾鼩鼱*E. umbrinus*7个独立种，并指出台湾长尾鼩鼱应单独构成一个新属*Pseudosoriculus*。Wilson和Mittermeier（2018）认为该属包含8个种，相比Wilson和Reeder（2005），增补了米什米长尾鼩鼱、*E. umbrinus*、灰腹长尾鼩鼱和*E. soluensis*，并仍将台湾长尾鼩鼱作为须弥鼩鼱属中的1个种。四川分布有2种。

四川分布的须弥鼩鼱属Episoriculus分种检索表

尾长为头体长的1.5倍 ·· 小长尾鼩鼱 *E. macrurus*

尾长略小于或等于头体长·· 灰腹长尾鼩鼱 *E. sacratus*

（31）小长尾鼩鼱 *Episoriculus macrurus*（Blanford，1888）

别名 灰褐长尾鼩、褐腹长尾鼩鼱、小长尾鼩

英文名 Long-tailed Mountain Shrew

Sorex macrurus Hodgson, 1863. Cat. Mamm. Nepal and Tibet, ed., 91: 9(nomen nudum)（模式产地：印度大吉岭）.

Soriculus macrurus Blanford, 1888. Fanua Brit. Ind., Mamm., 231; Wroughton and Journ, 1916. Bombay Nat. Hist. Soc., 24: 481; Allen, 1938. Mamm. Chin. Mong., 98-101; Hoffmann, 1985. Jour. bombay Nat. Hist. Soc., 82: 459-481; Wilson and Reeder, 1993. Mamm. Spec. World, 2nd ed., 123; 王酉之和胡锦矗，1999. 四川兽类原色图鉴，51.

Soriculus irene Thomas, 1911. Abstr. Proc. Zool. Soc. Lond., October 31: 49; Proc. Zool. Soc. Lond., 1912: 132(模式

产地 : Yanching Hsien); Allen, 1938. Mamm. Chin. Mong., 98-101.

Episoriculus macrurus Wilson and Reeder, 2005. Mamm. Spec. World, 3rd ed., 278; 胡锦矗和胡杰 , 2007. 西华师范大学学报 , 28(2): 165-171; Wilson and Mittermeier, 2018. Hand. Mamm. World, Vol. 8: 450. 魏辅文 , 等 , 2021. 兽类学报 , 41(5): 265-300.

鉴别特征　尾长约为体长的1.5倍；后足较长，为15 ～ 18 mm。具有长尾、长足的形态特征。头骨宽度和眶间距较须弥鼩鼱属其他物种更小，呈明显的穹顶形；上尖齿呈方形，其基部宽大于长。

形态

外形：体型较小、身形纤细。体长47 ～ 73 mm，尾长76 ～ 101 mm，后足长14 ～ 18 mm，耳高8 ～ 11 mm。体长中等，但尾很长，通常尾是头体长的1.5倍。

毛色：身体背面为灰褐色，体侧色泽较浅，腹面淡灰色，毛尖呈淡黄色。尾上、下两色，上面棕黑色，下面污白色，尾端具短毛。4足背面呈淡棕色。每边30 ～ 40根须，最短约2 mm，最长约25 mm。基部1/3呈棕褐色，中段及毛尖呈白色。前、后足均有5指（趾），均具有指（趾）甲，呈污白色，前足第1指最短，其余各指等长；后足第1趾较短，其余各趾等长，但后足趾长较前足指更长。前足6枚指垫，后足6枚趾垫。

头骨：颅面几乎平直、光滑，无明显的凸起。前颌骨、上颌骨和鼻骨较为细长，脑颅呈穹形。上颌门齿和上单尖齿附着于前颌骨，上前臼齿和上臼齿附着于上颌骨。上颌骨两侧各有1个眶前孔，连通眼眶，视神经孔消失。上颌骨存在颧突，颧骨缺失，鳞骨颧突退化。额骨短小，其上有2个卵圆孔，中轴对称。额骨与顶骨连接处下陷，顶骨较额骨更为凸起。顶间骨较小，几乎呈三角形。上枕骨较大，与枕髁和顶骨融合。前颌骨、上颌骨的腭板与腭骨连接。腭骨与前蝶骨连接处接近水平。翼骨较为发达。基枕骨纤细。听泡分两室，中耳、内耳结构明显。下颌骨前端较为平直，后端有3个明显的突起，其中冠状突与下颌骨几乎垂直，顶端几乎呈圆弧形，角突长而纤细，关节突位于冠状突和角突之间，长度和角突接近。

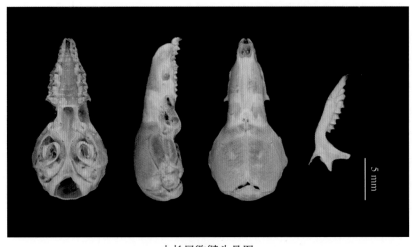

小长尾鼩鼱头骨图

牙齿：齿式1.4.1.3/1.1.1.3 = 30。除上颌第4上单尖齿外，所有牙齿的尖部均附着棕黄色素。第1上颌门齿有2个齿尖，后齿尖小于前齿尖，高于上颌门齿着色线。第1、2、3上单尖齿依次变小，呈方形，其基部宽大于长，第1上单尖齿的栉缘仅有1个突起，第4上单尖齿远远小于前3颗单尖齿，位于齿列中，呈椭圆形，无色素附着。前上白齿和第1、2上白齿具W形外脊，前上白齿略小于第1、2上白齿，唇面齿冠倾斜连接第4上单尖齿和第1上白齿，原尖和前尖明显低于后尖，没有观察到前小尖和后小尖。第1上白齿略大于第2上白齿，二者形态几乎一致，前尖、后尖、原尖、前次尖、中次尖和后次尖均存在，前尖和后尖最高。第3上白齿较小，只能观察到前尖、后尖和原尖。

下颌门齿从下颌骨前段延伸出来，长且硬实，有2个凸起，下单尖齿只有1颗。下前白齿只有下原尖和下次尖。3颗下白齿依次变小，均可见下原尖、下前尖、下后尖、下次尖和下内尖。

量衡度（衡：g；量：mm）

外形：

编号	性别	体重	体长	尾长	后足	耳高	采集地点
SAF14317	♂	7	60	90	16	—	四川卧龙
SAF15123	♀	6	63	90	15	7	四川石棉
SAF09629	♂	5	58	93	16	7	四川宝兴
SAF09654	♂	7	57	94	15	8	四川宝兴
SAF06692	♀	5	64	86	15	—	四川天金
SAF06726	♀	6	62	87	15	—	四川天金
SAF06932	♂	5	58	87	16	—	四川天金
SAF06688	♀	7	60	85	15	—	四川天金
SAF06181	♂	7	54	78	15	6	四川美姑
SAF06177	♂	6	55	88	15	6	四川美姑

头骨：

编号	颅全长	眶间距	颅宽	颅高	腭宽	腭骨-门牙	腭枕长	上齿列长	第2臼齿宽	下颌骨长	下齿列长
SAF14317	18.02	3.94	8.89	5.84	1.65	7.15	7.54	7.63	4.61	7.54	6.88
SAF15123	17.92	3.89	8.41	5.76	1.62	7.08	7.56	7.56	4.93	7.50	6.74
SAF09629	17.98	3.96	8.50	5.84	1.65	7.15	7.57	7.64	4.97	7.57	6.85
SAF09654	17.94	3.83	8.62	5.81	1.61	7.10	7.51	7.61	4.89	7.52	6.79
SAF06692	17.99	3.93	8.98	5.91	1.66	7.21	7.61	7.59	4.64	7.59	6.95
SAF06726	18.00	3.89	8.67	5.86	1.64	7.08	7.83	7.69	4.97	7.67	7.02
SAF06932	17.77	3.92	8.48	5.86	1.52	6.81	7.47	7.49	4.91	7.56	6.72

（续）

编号	颅全长	眶间距	颅宽	颅高	腭宽	腭骨-门牙	腭枕长	上齿列长	第2臼齿宽	下颌骨长	下齿列长
SAF06688	17.81	3.90	8.52	5.87	1.57	6.83	7.56	7.45	4.94	7.51	6.68
SAF06181	17.51	3.85	8.60	5.69	1.51	6.72	7.38	7.59	4.91	7.38	6.65
SAF06177	17.14	3.56	8.15	5.52	1.44	6.66	7.19	7.44	4.52	7.16	6.64

　　生态学资料　栖息于 2 000 ~ 3 000 m 的山地地区，生境主要为潮湿的阔叶林、针叶林和高山灌丛，在倒木附近易采集，偶尔也见于靠近水的灌丛中。身体灵巧，尾巴十分灵活，可缠绕树枝固定身体，也可保持身体的平衡。具有半树栖的习性，也在地表或腐殖层下活动。据报道，该物种对昆虫扇翅的声音十分敏感，昆虫可能是其主要的食物来源之一。

　　地理分布　四川省内广泛分布于成都、绵阳、乐山、雅安、甘孜、阿坝、凉山，国内还分布于云南、西藏。国外分布于尼泊尔、印度东北部、缅甸北部、越南。

分省（自治区、直辖市）地图——四川省

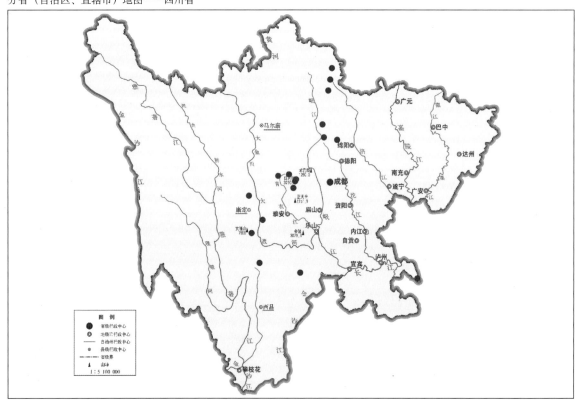

审图号：GS (2019) 3333 号　　　　　　　　　　　　　　　　　　　　　　　自然资源部 监制

小长尾鼩鼱在四川的分布
注：红点为物种的分布位点。

　　分类学讨论　1863 年，Hodgson 把从印度大吉岭（Darjeeling）地区采集到的标本命名为 *Sorex macrurus*。Blanford（1888）在大英博物馆查看标本时指出其模式标本已经丢失，后对 Hodgson 采集于同一区域的另一号标本进行了测量和描述，变更为小长尾鼩鼱 *Soriculus macrurus*。Wroughton（1916）指出 *Soriculus macrurus* 是无效名称。直到 Allen（1938）确定了小长尾鼩鼱独立种的分类学地位。但 Osgood（1932）、Anthony（1941）、Ellerman 和 Morrison-Scott（1951）都认为小长尾鼩鼱应为大长尾鼩鼱 *Soriculus leucops* 的同物异名。Abe（1982）认为小长尾鼩鼱应从大长尾鼩中划分出来。Hoffmann（1985）通过检查存放于大英博物馆的标本，也认为小长尾鼩鼱不是大长尾鼩的同物异名，并将其重新提升为 1 个独立的物种。王酉之和胡锦矗（1999）认为小长尾鼩鼱在四川分布于峨眉山、川西北、川西南的横断山区，并指出采集于林区（冕宁）和灌丛区（盐源、汶川、康定）是否为 2 个亚种仍有待研究。王应祥（2003）、Wilson 和 Reeder（2005）、潘清华等（2007）、Smith 和解焱（2009）、Abramov 等（2017）、Wilson 和 Mittermeier（2018）均将小长尾鼩鼱作为须弥鼩鼱属的 1 个独立种，其中 Smith 和解焱（2009）、Wilson 和 Mittermeier（2018）认为该种仅包含 *Episoriculus macrurus macururus* 和 *E. m. irene* 2 个亚种。本书支持 Thomas（1921b）、Allen（1938）的观点，认为小长尾鼩鼱没有亚种的分化。

（32）灰腹长尾鼩鼱 *Episoriculus sacratus*（Thomas，1911）

英文名 Thomas Brown-toothed Shrew、Gray-bellied shrew

Soriculus sacratus Thomas, 1911. Abstr. Proc. Zool. Soc. Lond., February 14: 4; Proc. Zool. Soc. Lond., 1911: 165(模式产地：四川峨眉山).

Soriculus caudatus sacratus Allen, 1938. Mamm. Chin. Mong., 99; Ellerman and Morrison-Scott, 1951. Check. Palaea. Ind. Mamm, 59; Hoffmann, 1985. Jour. bombay Nat. Hist. Soc., 82: 459-481; Wilson and Reeder, 1993. Mamm. Spec. World, 2nd ed., 122.

Soriculus sacratus umbrinus Anthony, 1941. Mamm. Coll. Vernay-Cutting Burma Exp., 68-69;

Soriculus caudatus Wilson and Reeder, 1993. Mamm. Spec. World, 2nd ed., 122; 王酉之和胡锦矗，1999. 四川兽类原色图鉴，50; Wilson and Reeder, 2005. Mamm. Spec. World, 3rd ed., 277.

Soriculus (Episoriculus) caudatus Corbet and Hill, 1992. Mamm. Indo-Malay. Reg., 31.

Episoriculus caudatus Wilson and Reeder, 2005. Mamm. Spec. World, 277.

Episoriculus sacratus Motokawa, 2009. Integr. Zool, 3: 180-185; Wilson and Mittermeier, 2018. Hand. Mamm. World, Vol. 8: 451; 魏辅文，等，2021. 兽类学报，41(5): 265-300.

Episoriculus sacratus soluensis Motokawa, 2009. Integr. Zool. 2008, 3: 180-185.

鉴别特征 尾长通常小于头体长。背毛通常为深棕色，腹面淡灰色。尾双色，背部棕色，腹部污白色。有 4 枚上单尖齿，第 4 上单尖齿非常小，牙齿有明显的红褐色色素沉积，但主要着色在牙齿的尖端。

形态

外形：体长 58 ～ 74 mm，尾长 48 ～ 69 mm，后足长 13 ～ 16 mm，耳高 8 ～ 11 mm。尾长略小于或等于体长。

毛色：身体背面毛色随季节变化，为石板灰色至深棕色，腹毛烟灰色。尾通常背腹异色，背部棕色，腹部污白色。须每边30～40根，浅灰色，最短约2 mm，最长约20 mm。4足背面呈土黄色，足部没有毛发覆盖。前后足均有5指（趾），均具有甲，呈污白色；前足第1指和第5指较短，其余各指几乎等长。后足第1趾和第5趾较短，其余各趾等长；但后足趾长较前足指更长。前足6枚指垫，后足6枚趾垫。

头骨：头骨较为扁平，颅面几乎平直、光滑，无明显的突起。前颌骨、上颌骨和鼻骨较为细长，脑颅呈穹形。上颌门齿和上单尖齿附着于前颌骨，上前臼齿和上臼齿附着于上颌骨。上颌骨两侧各有1个眶前孔，连通眼眶，视神经孔消失；上颌骨存在颧突，颧骨缺失，鳞骨颧突退化。额骨短小，其上有2个卵圆孔，中轴对称；额骨与顶骨连接处下陷，但不如小长尾鼩鼱明显。顶间骨较大，几呈梯形。上枕骨较小，与枕髁和顶骨融合。前颌骨、上颌骨的腭板与腭骨连接。腭骨与前蝶骨连接处接近水平。翼骨纤细。基枕骨较为粗壮。听泡分2室，中耳、内耳结构明显。下颌骨前端中段内陷形成一定弧度，后端有3个明显的突起，其中，冠状突与下颌骨几乎垂直，顶端呈三角形，角突较小长尾鼩鼱粗短，关节突位于冠状突和角突之间。

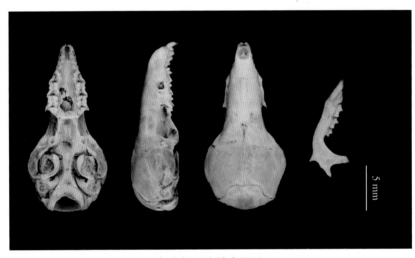

灰腹长尾鼩鼱头骨图

牙齿：齿式1.4.1.3/1.1.1.3 = 30。除上颌第4上单尖齿外的牙齿的尖部均附着棕黄色素。第1上颌门齿有2个齿尖，后齿尖小于前齿尖，高度接近上颌门齿着色线。第1、2、3上单尖齿依次变小，接近为正方形，其基部宽接近于长；第4上单尖齿远远小于前3颗单尖齿，位于齿列中，呈椭圆形，无色素附着。前上白齿和第1、2上白齿具W形外脊；前上白齿略小于第1、2上白齿，唇面齿冠倾斜连接第4上单尖齿和第1上白齿，原尖和前尖明显低于后尖，下内尖明显，没有观察到前小尖和后小尖。第1上白齿略大于第2上白齿，二者形态几乎一致，前尖、后尖、原尖、下内尖、前次尖、中次尖和后次尖均存在，前尖和后尖最高。第3上白齿较小，只能观察到前尖、后尖和原尖。

下颌门齿从下颌骨前段延伸出来，长且硬实，有两个凸起，下单尖齿只有3颗。前下白齿只有下原尖和下次尖；3颗下白齿依次变小，均可见下原尖、下前尖、下后尖、下次尖和下内尖。

量衡度（衡：g；量：mm）

外形：

编号	性别	体重	体长	尾长	后足	耳高	采集地点
SAF06920	♂	—	—	56	14	—	四川二郎山
SAF06889	♂	5	62	63	15	—	四川二郎山
SAF06926	♀	4	60	59	14	—	四川金阳
SAF07103	♀	7	73	54	13	5	四川瓦屋山
SAF12661	♀	8	68	66	13	—	四川芦山
SAF16066	♂	5	65	57	14	6	四川芦山
SAF16070	♂	6	66	56	13	6	四川金阳

头骨：

编号	颅全长	眶间距	颅宽	颅高	腭宽	腭骨-门牙	腭枕长	上齿列长	第2臼齿宽	下颌骨长	下齿列长
SAF06920	18.14	3.94	8.69	5.68	1.34	7.21	7.87	7.69	4.46	7.63	6.85
SAF06889	17.71	3.72	8.66	5.69	1.30	7.10	7.59	7.20	4.33	7.56	6.60
SAF06889	18.03	3.65	8.67	5.78	1.44	7.14	7.62	7.58	4.85	7.79	6.94
SAF06926	18.06	3.62	8.65	5.73	1.40	7.18	7.65	7.61	4.86	7.74	6.98
SAF07103	18.27	3.94	8.84	5.85	1.55	7.30	8.02	7.85	4.73	7.99	7.07
SAF12661	18.34	4.06	8.81	5.84	1.68	7.44	8.21	7.87	4.96	8.39	7.12
SAF16066	18.15	3.89	8.73	5.63	1.39	7.22	7.89	7.67	4.91	7.83	6.84
SAF16070	18.22	3.95	8.75	5.76	1.42	7.25	7.95	7.71	4.71	7.83	7.00

生态学资料　主要栖息于海拔 1 700 ～ 3 500 m 的阔叶林、针叶林和杜鹃林等生境中。喜欢较为潮湿、阴暗的环境。营地表生活。以昆虫及其幼虫为食。与小纹背鼩鼱同域分布。

地理分布　为四川特有种，分布于成都、绵阳、乐山、雅安、甘孜、阿坝、凉山。

分类学讨论　1910 年，Anderson 于峨眉山海拔约 1828 m 的地方采集到 6 号标本。1911 年，Thomas 将这些标本中编号为 2485 的样品作为 *Soriculus sacratus* 的模式标本。Allen（1938）认为 *S. sacratus* 应为 *S. caudatus* 的 1 个亚种。Anthony（1941）将 *S. sacratus* 提升为独立种，把 *S. umbrinus* 当作其 1 个亚种。然而 Ellerman 和 Morrison-Scott（1951）仍将其作为 *S. caudatus* 的 1 个亚种。Hoffmann（1985）指出 *S. sacratus* 是 *S. caudatus* 的亚种。随后 Wilson 和 Reeder（1993，2005）、Smith 和解焱（2009）都将灰腹长尾鼩鼱作为褐腹长尾鼩鼱 *E. caudatus* 的亚种。王应祥（2003）、潘清华等（2007）均将灰腹长尾鼩鼱作为独立种。Motowaka 等（2009）基于染色体核型的研究结果，也将灰腹长尾鼩鼱提升为独立种。蒋志刚等（2015，2017）、Abramov 等（2017）、Wilson 和 Mittermeier（2018）均同意灰腹长尾鼩鼱独立种的分类地位。无亚种的分化。

分省（自治区、直辖市）地图——四川省

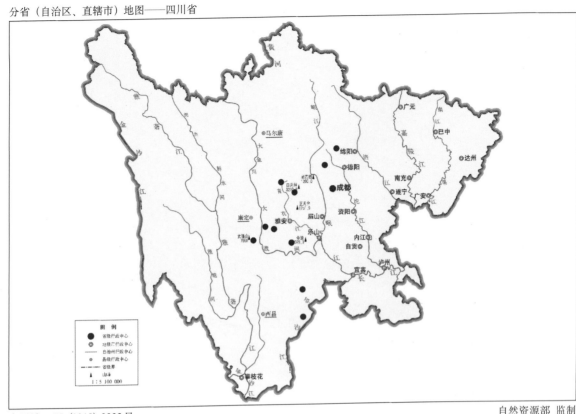

审图号：GS（2019）3333号

自然资源部 监制

灰腹长尾鼩鼱在四川的分布
注：红点为物种的分布位点。

16. 蹼足鼩属 *Nectogale* Milne-Edwards，1870

Nectogale Milne-Edwards, 1870. Compt. Rend. Acad. Sci., Paris, 70: 341(模式种：*Nectogale elegans* Milne-Edwards, 1870).

鉴别特征 蹼足鼩属是鼩鼱科中最适应水中生活的属。该属物种尾呈棱脊状，棱脊上着生较密的白色梳状栉毛。前后足趾间具蹼。前足外侧缘具长而白的硬毛形成的穗缘，内侧仅基端具穗缘；后足两侧均具较发达的白色穗缘。该属物种的蹼足和独特的毛尾使该属易于辨认。

形态 外耳耳郭消失；体毛细密且柔软。尾硬毛的长度不同，致使尾的横切面在基部从方形转变成三角形，最终到尾尖呈扁平状。足全蹼；沿趾侧有硬毛栉；足特化，使其适于游泳，可以攀附于水边光滑的石头表面而不被水流冲走。尾基部1/3呈现方形，两侧具白色流苏状穗缘，尾巴的形状使其在湍急的水流中能更好地掌握方向；尾色同体背色，尾两侧由密集的栉毛构成白色"流苏"。背、腹毛发明显异色，背部黑色，腹部灰白色。脑颅宽且圆，脑颅向两侧膨胀。该属牙齿齿尖白色，无任何色素沉积。齿式1.3.1.3/1.1.1.3 = 28。

生态学资料 主要栖息于海拔2 000～3 000 m的高山峡谷湍急的溪流中，善游泳，行动敏捷，捕食水生动物及鱼类，兼食沟边草本植物的茎和果实。昼夜活动。

地理分布 该属在中国主要分布在横断山脉和喜马拉雅山脉的高山峡谷水域。横断山地区包括甘肃南部、陕西南部、四川西部、云南西北部与中部；喜马拉雅山脉包括西藏南部、云南西北部（高黎贡山）。国外分布于尼泊尔、印度（锡金）、不丹、缅甸。

分类学讨论 该属分类上与缺齿鼩属、水鼩属、长尾鼩鼱属、须弥鼩鼱属、水鼩鼱属等属于蹼足鼩族，其分子系统地位与水鼩属有最近的亲缘关系，是姊妹群。

该属包括蹼足鼩和锡金蹼足鼩2个物种（Fan et al., 2022），四川分布有蹼足鼩1个物种。

（33）蹼足鼩 *Nectogale elegans* Milne-Edwards，1870

别名 美雅游鼩、水耗子

英文名 Web-footed Water Shrew、Tibetan Water Shrew

Nectogale elegans Milne-Edwards, 1870. Compt. Rend. Acad. Sci., Paris, 70: 341, February（模式产地：四川宝兴）；Hoffmann, 1987. 兽类学报, 7(2): 113-126; Wilson and Reeder, 1993. Mamm. Spec. World, 2nd ed., 110; 王酉之和胡锦矗, 1999. 四川兽类原色图鉴, 65; Wilson and Reeder, 2005. Mamm. Spec. World, 3rd ed., 278; 胡锦矗和胡杰, 2007. 西华师范大学学报, 28(2): 165-171; Smith 和解焱, 2009. 中国兽类野外手册, 244; Wilson and Mittermeier, 2018. Hand. Mamm. World, Vol. 8, 456; 魏辅文, 等, 2021. 兽类学报, 41(5): 265-300.

Nectogale elegans David, 1873. Proc. Zool. Soc. Lond., 555(errorim).

鉴别特征 根据身体结构，蹼足鼩是鼩鼱科中最适应水中生活的物种。外耳郭有瓣膜；毛被从头部到臀部混杂有白色长毛。尾呈棱脊状，棱脊上着生较密的白色梳状栉毛；尾中部和两侧有硬短毛栉。前、后足趾间具蹼；前足外侧缘具长而白的硬毛形成的穗缘，内侧仅基端具穗缘；后足两侧均具较发达的白色穗缘。蹼足和独特的毛尾使该种易辨认。

形态

外形：体型较大。头体长88 ~ 115 mm，尾长100 ~ 118 mm，后足长25 ~ 30 mm。眼睛很小，外耳耳郭消失，耳道藏于毛发之下。体毛细密且柔软，如天鹅绒状。散生有许多带白尖的长锋毛，臀部的锋毛最长。吻较长，吻部周围的触须发达，耳瓣退化。硬毛的长度不同，致使尾的横切面在基部从方形转变成三角形，最终到尾尖呈扁平状；足全蹼；沿趾侧有硬毛栉，足特化，使其适于游泳，可以攀附于水边光滑的石头表面而不被水流冲走。尾基部1/3呈现方形，两侧具白色流苏状穗缘，占1/3，汇合向下延伸成尾下面的长穗缘（毛长3 ~ 4 mm）直达尾端；尾上面的穗缘自末段1/3起逐渐变长，直达尾端，其毛长仅为下面穗毛的一半；侧缘穗毛短，起于基段1/3末，止于末段1/5处，毛长，仅为下缘穗毛的1/4。尾巴的形状使其在湍急的水流中能更好地掌握方向。

毛色：毛发短而密集。背腹明显异色，体侧与腹面有明显的分界；腹部则为灰白色。尾色同体背色，尾两侧由密集的栉毛构成白色流苏。足背暗褐色。

头骨：脑颅宽且圆，向两侧膨胀；吻短，颧弓不完整。头骨扁平，变窄，前部更尖；颅骨平宽；具矢状脊与人字脊。头骨宽15.00 ~ 16.00 mm，颅全长24.50 ~ 26.10 mm，眶间宽5.90 ~ 6.40 mm，颅宽14.70 ~ 15.80 mm；上齿列10.40 ~ 11.90 mm，下齿列9.60 ~ 10.90 mm。

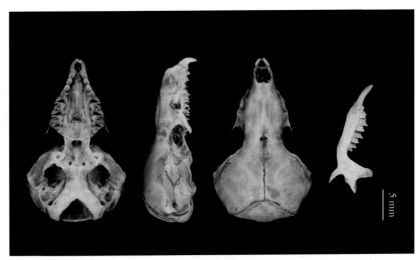

蹼足鼩头骨图

牙齿：牙齿齿尖白色，无任何色素沉积。齿式1.3.1.3/1.1.1.3＝28。上颌门齿前尖发达，后尖尖突微弱；具3枚单尖齿，第1和第2单尖齿等大，第3单尖齿较小。具3枚上臼齿，其中第1上臼齿较大，第1上臼齿最小。

下颌第1门齿较长且细，齿尖略微向上弯曲，唇面光滑，舌面有一凹槽从基部延伸至端部但并未贯穿齿尖。下单尖齿最小，整体位于下颌门齿基部上方；下前臼齿次尖退化，原尖明显长于次尖；从唇面看下前臼齿1/2与下单尖齿重合，从舌面看仅1/3与下单尖齿重合。3颗下臼齿第1、2枚几乎等大，第3枚较小，下前尖、下次尖和下内尖尖峰明显，能很好地分开；下颌骨后段几近垂直于前段，具3个明显突起，其中冠状突发达，角突较粗，略微向下，颌关节突位于两者之间，呈三角形。

量衡度（衡：g；量：mm）

外形：

编号	性别	体重	体长	尾长	后足长	采集地点
790426	—	—	95	100	25.0	四川宝兴
74046	—	—	88	106	27.0	云南泸水
780352	—	—	110	102	12.0	贵州碧江
74386	—	—	105	115	25.0	云南泸水
37252	—	—	100	117	30.0	云南贡山
73852	—	—	95	112	29.0	云南贡山
73940	—	—	100	100	28.0	云南贡山
90006	—	—	84	106	26.0	云南贡山
90019	—	—	94	109	25.5	云南贡山
20160312	—	—	110	95	35.0	云南双柏

（续）

编号	性别	体重	体长	尾长	后足长	采集地点
SCNU02849	♀	—	118	120	27.0	云南兰坪
SCNU02850	♂	—	110	119	28.0	云南兰坪
SCNU02851	♂	—	105	120	27.0	云南兰坪
SCNU02852	♀	—	99	119	27.0	云南兰坪
SCNU02854	♀	—	101	118	25.0	云南兰坪

头骨：

编号	颅全长	颅宽	颅高	腭骨-门牙	腭枕长	上齿列长	眶间宽	腭骨宽	第2臼齿宽	下颌骨长	下齿列长
790426	25.66	15.96	8.65	12.36	9.28	11.70	6.23	9.02	8.01	16.47	10.63
74046	26.16	15.00	8.94	12.83	9.55	11.91	6.35	8.75	7.89	16.64	11.10
780352	25.85	15.23	8.65	12.75	9.34	11.71	6.37	9.05	7.81	16.67	10.60
74386	26.16	14.89	9.07	12.84	9.85	12.07	6.33	8.66	7.93	16.70	11.10
37252	25.80	15.71	8.86	12.83	9.45	11.71	6.30	9.38	7.92	16.40	10.67
73852	25.68	15.6	8.80	12.61	9.49	11.37	6.38	8.95	8.05	15.60	9.42
73940	24.51	15.04	8.52	11.67	9.10	10.98	6.16	9.06	7.77	15.21	9.68
90006	25.55	15.32	8.84	12.43	9.39	11.83	6.56	8.69	7.85	16.33	10.61
90019	24.63	14.83	8.48	12.01	9.17	11.50	6.03	8.87	7.59	15.76	10.19
20160312	24.51	14.75	8.26	12.10	8.90	11.35	6.39	8.42	8.09	15.86	10.19
SAF06144	26.84	16.03	8.93	13.50	9.37	12.42	5.27	8.55	8.35	17.38	11.46
SCNU02849	25.46	15.42	8.79	12.39	9.21	11.37	6.64	8.06	7.85	16.23	10.38
SCNU02851	26.68	15.91	8.93	13.02	9.40	12.15	6.72	8.59	8.27	17.01	11.08
SCNU02850	25.98	15.48	8.93	12.63	9.35	11.45	6.66	8.58	8.07	16.72	10.44
SCNU03048	26.97	15.81	9.11	12.75	9.82	11.88	6.45	8.66	8.12	16.91	10.83

生态学资料　主要栖息于海拔2 000 ～ 3 000 m高山峡谷湍急的溪流中，善游泳，行动敏捷。通常认为捕食水生动物及鱼类，兼食沟边草本植物的茎和果实。可能昼夜活动。

地理分布　在四川分布于宝兴、丹巴、美姑、峨眉山等地，国内还分布于甘肃、陕西、青海、云南。国外无分布。

分省（自治区、直辖市）地图——四川省

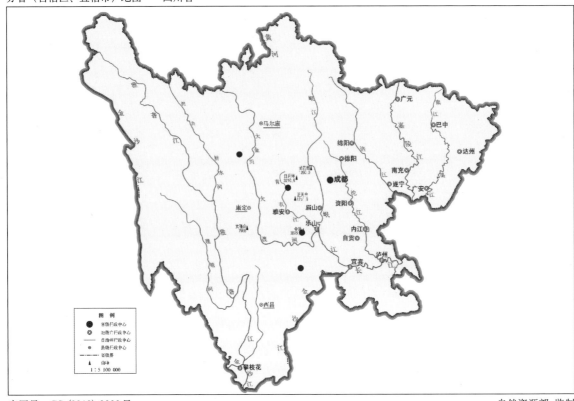

审图号：GS (2019) 3333号   自然资源部 监制

蹼足鼩在四川的分布
注：红点为物种的分布位点。

分类学讨论　该种以前包括指名亚种 *N. e. elegans* Milne-Edwards，1870 和喜马拉雅亚种 *N. e. sikhimensis* de Winton et Styan，1899，目前喜马拉雅亚种已经独立成种（Fan et al., 2022）。

鼩鼱族 Soricini Fischer，1814

鼩鼱族是北美短尾鼩族+黑齿鼩鼱族的姊妹群，有近的亲缘关系。鼩鼱族仅包括一个现存的鼩鼱属 *Sorex*。它由2个亚属（*Sorex* 和 *Otisorex*）共86个物种组成，分别分布在古北界和新北界。一些种类存在跨白令海峡的跨大陆扩散，例如鼩鼱属中的苔原鼩鼱 *S. tundrensis* 和北极鼩鼱 *S. arcticus* 从旧世界到新世界扩散，以及 *Otisorex* 属的 *S. camtschaticus* 和 *S. portenkoi* 从新世界到旧世界扩散。许多分子系统发育研究支持这2个亚属的划分，只有约17个物种尚未归入这2个亚属，包括 *S. troubridgii* 种组、*S. merriami* 种组、*S. saussurei* 种组、*S. salvini* 种组和 *S. veraepacis* 种组。大多数鼩鼱属的物种是非特化的陆生动物。

只有少数种如半水生的北美水鼩（*S. navigator*、*S. albibarbis*、*S. palustris*）和半倔地的长爪鼩鼱 *S. unguiculatus* 例外。

17. 鼩鼱属 *Sorex* Linnaeus，1758

Sorex Linnaeus, 1758. Syst. Nat., 10th ed., 1: 53(模式种：*Sorex araneus* Linnaeus, 1758); Allen, 1938. Mamm. Chin.
　　Mong., 84; Ellerman and Morrison-Scott, 1951. Check. Palaea. Ind. Mamm., 43; Corbet, 1978. Mamm. Palaea.
　　Reg., 17; Hoffmann, 1987. 兽类学报, 7(2): 100-139; Wilson and Reeder, 1993. Mamm. Spec. World, 2nd ed.,
　　111; Wilson and Reeder, 2005. Mamm. Spec. World, 3rd ed., 282; Smith 和解焱, 2009. 中国兽类野外手册, 246;
　　Wilson and Mittermeier, 2018. Hand. Mamm. World, Vol. 8: 335.

Musaraneus Brisson, 1762. T. Haak, Paris, 296(模式种：Sorex musaraneus F. Cuvier, 1789).

Oxyrhin Kaup, 1829. Entw. Gesch. U. Nat. Syst. Europ. Thirewelt, I: 120(模式种：*Sorex tetragonurus* Hermann, 1780).

Amphisorex Duvernoy, 1835. Mem. Soc. Mus. 1' Hist. Nat. Strasbourg, 2: 23(模式种：*Sorex hermanni* Duvernoy,
　　1834= *Neomys fodiens* Pennant, 1771).

Corsira Gray, 1838. Proc. Zool. Soc. Lond., 123(模式种：*Sorex vulgaris*=*Sorex araneus* Linnaeus, 1758).

Otisorex De Kay, 1842. Zool. New York, I: Mamm., 22(模式种：*Sorex platyrhinus*=*Sorex personatus* I. Geoffroy, 1828).

Homalurus Schulze, 1890. Schriften Nat. Vereins Harzes in Wernigerode, 5: 28(模式种：*Sorex alpinus* Schinz, 1837).

Soricidus Altobello, 1927. Rev. Franc. Mamm., I: 6(模式种：*Soricideus monsvairani* Altobello, 1927=*Sorex tetragonurus*
　　Hermann, 1870).

Stroganovia Yudin, 1989. Nauka, Sibirskoe Otdelenie, Novosibirsk, 360(模式种：*Sorex daphaenodon* Thomas, 1907).

形态特征　鼩鼱属齿式 1.5.1.3/1.1.1.3 = 32。齿尖附着红色素，上单尖齿 5 颗，耳近乎隐于毛中。

形态　鼩鼱属物种体型差异较大，最小的个体仅 3 g，最大的个体近 16 g。背毛一般浅灰到浅红棕色，背中部色较深，腹面通常色较淡。头长，吻部尖；四肢细长，前足有 5 指，后足有 5 趾；尾通常略短于头体长。

头骨：扁平，前颌骨、上颌骨和鼻骨细长，脑颅近圆形。门齿和单尖齿附着于前颌骨，前臼齿和臼齿附着于上颌骨。上颌骨颧突退化，颧骨缺失，鳞骨颧突退化，不形成颧弓。下颌骨前段平直，后段有 3 个明显的突，冠状突几乎与下颌骨垂直，角突纤细，略微向下，关节突在二者中间。

齿式：1.5.1.3/1.1.1.3 = 32。齿尖附着红色素。第 1 上颌门齿有 2 个齿尖，两门齿中间通常夹有附齿尖，5 颗上单尖齿依次排列。臼齿齿冠呈月齿形，前臼齿较大，唇面齿冠倾斜连接第 5 上单尖齿和第 1 上臼齿。第 1 上臼齿略大于第 2 上臼齿，二者形态几乎一致，前尖、后尖、原尖、后次尖、前小尖、后小尖都存在，构成 W 形；第 3 上臼齿相对较小。

下颌门齿从下颌骨前段延伸出来，长且硬实，有 4 个凸起，下单尖齿只有 1 颗；第 2 下臼齿和第 3 下臼齿相对较大。

生物学资料　鼩鼱属物种喜寒冷、潮湿。在纬度高的地区，分布于湖泊旁的湿地灌丛、山地针叶林、针阔混交林；在纬度低的地区，分布于山脉高海拔段森林、高山灌丛、高山草甸等地。喜栖息于土壤肥沃、疏松、腐殖质较厚的石缝、倒木、树根及落叶下。在 6—8 月可见怀孕雌体，每胎仔数 3～9 只，幼年期出行排成 1 排，用嘴衔住前一个体的臀部，最前面的个体衔住母体。捕食昆虫、蚯蚓、田螺，也捕食小型鱼类、两栖类、爬行类和鸟类幼体，在极度饥饿时也捕食鼠类和同类，甚至是自己所生幼体。

地理分布　在国内分布于北京、重庆、黑龙江、吉林、辽宁、内蒙古、新疆、甘肃、青海、陕西、宁夏、山西、四川、贵州、云南、西藏，随着秦岭、横断山脉延伸到青藏高原和云贵高原的高海拔地区。国外广布于亚洲北部、欧洲、北美洲，欧亚地区主要分布于纬度较高的中温带和温暖带地区。

分类学讨论　鼩鼱属为鼩鼱科的模式属，是劳亚食虫目中物种多样性较高的属之一。目前，该属全世界有86种，中国有18种（Wilson and Mittermeier，2018）。鼩鼱属现存2个亚属：指名亚属 *Sorex*（主要分布在欧亚）和 *Otisorex* 亚属（主要分布在新北区）（Repenning，1967；Storch et al.，1998）。这种划分得到了包括形态、染色体、生化和分子证据的支持（George，1988；Zima et al.，1998；Fumagalli et al.，1999；Demboski and Cook，2001，2003；Ohdachi et al.，2006；Dubey et al.，2007；Shaffer and Stewart，2007；Hope et al.，2014）。最近的研究发现，鼩鼱属在新北区可能还存在尚未命名的亚属，其中包含 *S. trowbridgii* 种组、*S. merriami* 种组、*S. saussurei* 种组等（Wilson and Mittermeier，2018）。

中国鼩鼱属的分类研究一直争议不断，主要原因在于它们形态上的保守性和相似性（Douady and Douzery，2009），而且没有任何模式标本保存于中国，这给该属的分类研究带来了很大的困难（Hoffmann，1987）。在过去的几十年，该属的物种数一直在变化，从9个物种（张荣祖，1997）增加到20个物种（蒋志刚等，2017）。研究主要集中在形态（Hoffmann，1978；吴毅等，1990；涂飞云等，2010；Chen et al.，2014；刘铸等，2018）和染色体（Lukáčová et al.，1996；Zima et al.，1998；Moribe et al.，2009；Motokawa et al.，2009）等方面，尤其是Hoffmann（1987）查阅了该属大部分物种的模式标本，系统地回顾和整理了中国鼩鼱属的物种分类研究和地理分布，并编制了物种检索表。近年来，分子研究手段的应用极大地促进了物种分类研究的发展，鼩鼱属的分子生物学研究已经开展（Fumagalli et al.，1999；Ohdachi et al.，2006；Dubey et al.，2007；Chen et al.，2015；刘铸等，2019；Bannikova et al.，2018），但较少涉及中国的物种，且涉及的基因也较少，更全面的研究还待开展（参见中国鼩鼱属 *Sorex* 的主要分类系统一览表）。

中国鼩鼱属 *Sorex* 的主要分类系统一览表

Hoffmann 1987	张荣祖等 1997	王应祥等 2003	Musser and Carleton 2005	潘清华等 2007	Smith 和解炎 2009	蒋志刚等 2015	Wilson and Mittermeier 2018
S. asper	*S. asper*	*S. asper*	*S. asper*	*S. asper*	*S. asper*	*S. asper*	*S. asper*
S. bedfordiae	*S. bedfordiae*	*S. bedfordiae*	*S. bedfordiae*	*S. bedfordiae*	*S. bedfordiae*	*S. bedfordiae*	*S. bedfordiae*
S. caecutiens	*S. caecutiens*	*S. caecutiens*	*S. caecutiens*	*S. caecutiens*	*S. caecutiens*	*S. caecutiens*	*S. caecutiens*
S. cansulus		*S. cansulus*	*S. cansulus*	*S. cansulus*	*S. cansulus*	*S. cansulus*	*S. cansulus*
S. cylindricauda	*S. cylindricauda*	*S. cylindricauda*	*S. cylindricauda*	*S. cylindricauda*	*S. cylindricauda*	*S. cylindricauda*	*S. cylindricauda*
S. daphaenodon	*S. daphaenodon*	*S. daphaenodon*	*S. daphaenodon*	*S. daphaenodon*	*S. daphaenodon*	*S. daphaenodon*	*S. daphaenodon*
S. excelsus		*S. excelsus*	*S. excelsus*	*S. excelsus*	*S. excelsus*	*S. excelsus*	*S. excelsus*
S. gracillimus		*S. gracillimus*	*S. gracillimus*	*S. gracillimus*	*S. gracillimus*	*S. gracillimus*	*S. gracillimus*
S. isodon		*S. isodon*	*S. isodon*	*S. isodon*	*S. isodon*	*S. isodon*	*S. isodon*
S. minutissimus		*S. minutissimus*	*S. minutissimus*	*S. minutissimus*	*S. minutissimus*	*S. minutissimus*	*S. minutissimus*
S. minutus	*S. minutus*	*S. minutus*	*S. minutus*	*S. minutus*	*S. minutus*	*S. minutus*	*S. minutus*
S. mirabilis	*S. mirabilis*	*S. mirabilis*	*S. mirabilis*	*S. mirabilis*	*S. mirabilis*	*S. mirabilis*	*S. mirabilis*
			S. planiceps	*S. planiceps*	*S. planiceps*	*S. planiceps*	*S. planiceps*
S. roboratus			*S. roboratus*		*S. roboratus*	*S. roboratus*	*S. roboratus*
S. sinalis		*S. sinalis*	*S. sinalis*	*S. sinalis*	*S. sinalis*	*S. sinalis*	*S. sinalis*
S. thibetanus		*S. thibetanus*	*S. thibetanus*	*S. thibetanus*	*S. thibetanus*	*S. thibetanus*	*S. thibetanus*
S. tundrensis			*S. tundrensis*	*S. tundrensis*	*S. tundrensis*	*S. tundrensis*	*S. tundrensis*
S. unguiculatus	*S. unguiculatus*	*S. unguiculatus*	*S. unguiculatus*	*S. unguiculatus*	*S. unguiculatus*	*S. unguiculatus*	*S. unguiculatus*
			S. kozlovi	*S. kozlovi*		*S. kozlovi*	
S. buchariensis	*S. buchariensis*					*S. buchariensis*	

目前，基于分子生物学研究，我国已证实的鼩鼱属物种为17个，分别为：大鼩鼱 *Sorex mirabilis*、小纹背鼩鼱 *S. bedfordiae*、纹背鼩鼱 *S. cylindricauda*、云南鼩鼱 *S. excelsus*、陕西鼩鼱 *S. sinalis*、扁颅鼩鼱 *S. roboratus*、栗齿鼩鼱 *S. daphaenodon*、天山鼩鼱 *S. asper*、苔原鼩鼱 *S. tundrensis*、小鼩鼱 *S. minutus*、藏鼩鼱 *S. thibetanus*、姬鼩鼱 *S. minutissimus*、细鼩鼱 *S. gracillimus*、长爪鼩鼱 *S. unguiculatus*、远东鼩鼱 *S. isodon*、中鼩鼱 *S. caecutiens*、甘肃鼩鼱 *S. cansulus*。此外，帕米尔鼩鼱 *S. buchariensis* 物种地位得到支持，但其在中国的分布还有待证实；柯氏鼩鼱 *S. kozlovi* 为藏鼩鼱的同物异名（暂未发表）；克什米尔鼩鼱 *S. planiceps* 物种地位有待证实，本书中将其作为藏鼩鼱的亚种。四川分布有6种：小纹背鼩鼱 *S. bedfordiae*、纹背鼩鼱 *S. cylindricauda*、云南鼩鼱 *S. excelsus*、陕西鼩鼱 *S. sinalis*、藏鼩鼱 *S. thibetanus*、甘肃鼩鼱 *S. cansulus*。

四川分布的鼩鼱属 *Sorex* 分种检索表

1. 从颈沿脊椎到臀部有1条黑色条纹，可能明显或隐约 ·· 2

   背部无条纹 ·· 3

2. 尾长约为头体长的70%；背中线条纹与毛色差异显著；颅全长大于19.0mm ·········· 纹背鼩鼱 *S. cylindricauda*

   尾长通常大于头体长；背中线条纹与毛色差异不显著；颅全长小于19.0mm ·········· 小纹背鼩鼱 *S. bedfordiae*

3. 个体较大，下颌长大于13.0mm ··· 陕西鼩鼱 *S. sinalis*

   下颌长小于13.0mm ··· 4

4. 个体较小，颅全长小于16.0mm ··· 藏鼩鼱 *S. thibetanus*

   不符合上述 ··· 5

5. 尾长约为头体长的65%，5颗上单尖齿依次缩小 ····································· 甘肃鼩鼱 *S. cansulu*

   尾长约为头体长的85%，第1、2上单尖齿等大，第3、4上单尖齿等大，但明显小于第2上单尖齿 ··············

   ·· 云南鼩鼱 *S. excelsus*

（34）小纹背鼩鼱 *Sorex bedfordiae* Thomas，1911

别名　山地纹背鼩鼱

英文名　Lesser Striped Shrew

Sorex bedfordiae Thomas, 1911a. Abstr. Proc. Zool. Soc. Lond., 1911(90): 3(模式产地：四川峨眉山); Corbet, 1978. Mamm. Palaea. Reg., 24; Hoffmann, 1987. 兽类学报, 7(2): 100-139; Wilson and Reeder, 1993. Mamm. Spec. World, 2nd ed., 112; 王酉之和胡锦矗, 1999. 四川兽类原色图鉴, 46; Wilson and Reeder, 2005. Mamm. Spec. World, 3rd ed., 285; 胡锦矗和胡杰, 2007. 西华师范大学学报, 28(2): 165-171; Smith和解焱, 2009. 中国兽类野外手册, 248; Wilson and Mittermeier, 2018. Hand. Mamm. World, Vol. 8: 396; 魏辅文, 等, 2021. 兽类学报, 41(5): 265-300.

Sorex wardi Thomas, 1911a. Abstr. Proc. Zool. Soc. Lond., (90): 165(模式产地：甘肃临潭).

Sorex wardi fumeolus Thomas, 1911b. Abstr. Proc. Zool. Soc. Lond., (90): 132(模式产地：四川汶川).

Sorex bedfordiae gomphus Allen, 1923. Amer. Mus. Novit., No. 100, 3(模式产地：云南怒江); Corbet, 1978. Mamm. Palaea. Reg., 24; Wilson and Reeder, 1993. Mamm. Spec. World, 2nd ed., 112; Wilson and Reeder, 2005.

Mamm. Spec. World, 3rd ed., 285; Smith和解焱, 2009. 中国兽类野外手册, 248; Wilson and Mittermeier, 2018. Hand. Mamm. World, Vol. 8: 396.

Sorex cylindricauda gomphus Allen, 1938. Mamm. Chin. Mong., 97; Ellerman and Morrison-Scott, 1951. Check. Palaea. Ind. Mamm., 55.

Sorex cylindricauda wardi Allen, 1938. Mamm. Chin. Mong., 96; Ellerman and Morrison-Scott, 1951. Check. Palaea. Ind. Mamm., 55.

Sorex cylindricauda nepalensis Weigel, 1969. Ergeb. Forsch. Nepal Him., 3: 149-196(模式产地: 尼泊尔).

Sorex bedfordiae wardi Corbet, 1978. Mamm. Palaea. Reg., 24; Wilson and Reeder, 1993. Mamm. Spec. World, 2nd ed., 112; Wilson and Reeder, 2005. Mamm. Spec. World, 3rd ed., 285; Smith和解焱, 2009. 中国兽类野外手册, 248; Wilson and Mittermeier, 2018. Hand. Mamm. World, Vol. 8: 396.

Sorex bedfordiae nepalensis Corbet, 1978. Mamm. Palaea. Reg., 24; Wilson and Reeder, 1993. Mamm. Spec. World, 2nd ed., 112; Wilson and Reeder, 2005. Mamm. Spec. World, 3rd ed., 285; Wilson and Mittermeier, 2018. Hand. Mamm. World, Vol. 8: 396.

Sorex bedfordiae fumeolus Wilson and Reeder, 1993. Mamm. Spec. World, 2nd ed., 112; Wilson and Reeder, 2005. Mamm. Spec. World, 3rd ed., 285.

鉴别特征　从吻部开始沿着背脊有1条黑色条纹延伸至臀部，条纹与两侧颜色差异较显著，逐渐隐入两侧。门齿附齿尖略低于着色线。5颗上单尖齿大小依次为第1上单尖齿≥第3上单尖齿≥第2上单尖齿＞第4上单尖齿＞第5上单尖齿。

形态

外形：体型在鼩鼱属物种中属中等。体长60（58～65）mm，尾长62（59～68）mm，后足长12 mm；耳高6 mm。吻尖、细长，身体整体呈圆柱状。尾长略短或略长于头体长。

耳短，通常藏于毛内。耳前缘覆短毛，毛色与背毛一致，耳背覆以灰黑色短毛。

前、后足主体呈黄色，边缘浅黑色，前足6枚指垫，后足6枚趾垫。爪呈黄色，半透明，覆以较长的浅棕色刚毛。

每边约30根须，最短约2 mm，最长约20 mm。较长的须为棕褐色，约占1/3，较短的须为白色，剩余1/3的须基部棕色，毛尖白色。

毛色：背腹两色，背毛约7 mm，背面呈肉桂色，腹面浅棕灰色夹杂淡肉桂色，毛基和中段均为灰黑色。从吻部开始沿着背脊有1条黑色条纹延伸至臀部，条纹与两侧颜色差异较显著，逐渐隐入两侧。尾通常覆稀疏的短毛或不覆毛，上、下一色，为黑褐色或棕褐色。

头骨：头颅略显扁平，前颌骨、上颌骨和鼻骨细长，脑颅近圆形。门齿和单尖齿附着于前颌骨，前白齿和白齿附着于上颌骨。颅面几乎平直光滑，无明显的突起，在额骨与顶骨连接处略微下凹，额骨短小，其上有2个卵圆孔，中轴对称分部。上颌骨两侧各有1个眶前孔，连通眼眶，视神经孔消失。上颌骨颧突退化，颧骨缺失，鳞骨颧突退化，不形成颧弓。顶骨骨质较薄，相对脆弱，顶间骨较大，近梯形。上枕骨、枕髁和顶骨融合，听泡分两室。前颌骨、上颌骨的腭板与腭骨连接，两根翼骨粗壮，组成的头骨前半部分非常硬实。

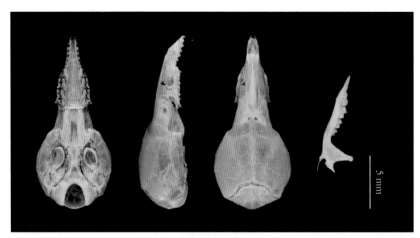

小纹背鼩鼱头骨图

下颌骨前段平直，后段有3个明显的突，冠状突几乎与下颌骨垂直，角突纤细，略微向下，关节突在二者中间。

牙齿：齿式1.5.1.3/1.1.1.3 = 32。所有牙齿尖部附着红色素。第1上颌门齿有两个齿尖，后齿尖小于前齿尖，两门齿中间夹有附齿尖，附齿尖略低于着色线。5颗上单尖齿大小依次为第1上单尖齿≥第3上单尖齿≥第2上单尖齿＞第4上单尖齿＞第5上单尖齿。白齿齿冠呈月齿形，前白齿较大，唇面齿冠倾斜连接第5上单尖齿和第1上白齿，前尖和原尖较小，后次尖微弱，原尖和前尖明显低于后尖，没有观察到前小尖和后小尖。第1上白齿略大于第2上白齿，二者形态几乎一致，前尖、后尖、原尖、后次尖、前小尖、后小尖都存在，前尖和后尖最高，构成W形。第3上白齿相对较小，只能观察到前尖、后尖和原尖和后次尖。单尖齿唇面和舌面两面着色，门齿唇面着色，前白齿和白齿舌面着色。

下颌门齿从下颌骨前段延伸出来，长且硬实，有4个凸起，下单尖齿只有1颗，前下白齿和第3下白齿只有下原尖和下次尖，第2下白齿和第3下白齿相对较大，还有下内尖。下齿列均为唇面着色，舌面不着色。

量衡度（衡：g；量：mm）

外形：

编号	性别	体重	体长	尾长	后足长	耳高	采集地点
SCNU00058	—	6	62	63	12	6	四川峨眉山
SCNU00059	—	4	60	63	11	6	四川峨眉山
SCNU00102	—	6	60	61	12	6	四川峨眉山
SCNU00096	—	5	62	62	12	6	四川峨眉山
SCNU00097	—	6	60	61	11	6	四川峨眉山
SCNU00101	—	6	61	63	12	6	四川峨眉山

头骨：

编号	颅全长	眶间宽	头骨宽	颅高	腭骨宽	腭骨-门牙	腭枕长	上齿列长	第2臼齿宽	下颌骨长	下齿列长
SCNU00058	17.54	2.59	8.18	5.66	4.07	7.44	7.35	7.54	3.88	10.17	6.97

（续）

编号	颅全长	眶间宽	头骨宽	颅高	腭骨宽	腭骨-门牙	腭枕长	上齿列长	第2臼齿宽	下颌骨长	下齿列长
SCNU00059	17.60	2.68	8.53	5.79	4.06	7.35	7.35	7.35	4.05	10.18	6.93
SCNU00102	17.64	2.49	7.98	5.54	4.06	7.48	7.52	7.48	3.84	10.60	7.00
SCNU00096	17.57	3.32	8.28	5.12	4.35	7.31	7.31	7.37	3.91	10.26	6.72
SCNU00097	17.18	3.16	8.18	5.13	4.15	7.21	7.21	7.27	3.92	10.12	6.63
SCNU00101	17.17	3.28	8.16	5.06	4.29	7.24	7.34	7.28	3.96	10.07	6.82

生态学资料 小纹背鼩鼱分布的生境多样，包括针叶林、阔叶林、针阔混交林、杜鹃灌丛和高原草甸等生态类型，同大纹背鼩鼱一样栖息于树根或者倒木附近的腐殖层下。小纹背鼩鼱与大纹背鼩鼱部分地区同域分布，但小纹背鼩鼱分布区域更广，分布海拔范围也更广，海拔1 450 ～ 5 100 m均有采集到。根据海拔不同，在7—10月见有怀孕雌体，每胎仔数3 ～ 7只。

地理分布 在四川广泛分布于成都、巴中、雅安、乐山、绵阳、广元、甘孜、阿坝、凉山，国内还分布于云南、甘肃、陕西、青海、重庆、安徽。国外分布于尼泊尔、缅甸。

分省（自治区、直辖市）地图——四川省

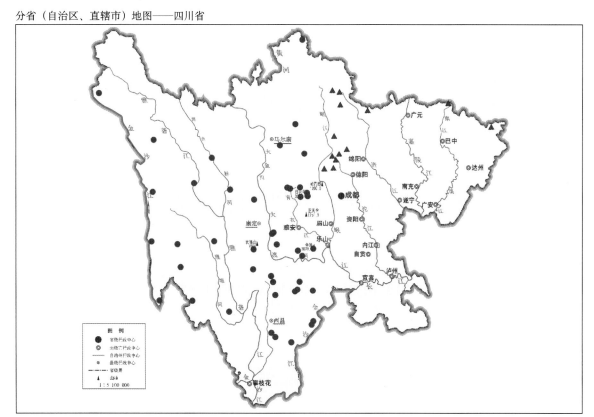

审图号：GS（2019）3333号　　　　　　　　　　　　　　　　自然资源部 监制

小纹背鼩鼱在四川的分布
注：红圆点为指名亚种的分布位点，红三角形为甘肃亚种的分布位点。

分类学讨论 Milne-Edwards（1871）根据采自四川宝兴的标本命名为 *Sorex cylindricauda*；Thomas（1911a）根据峨眉山的标本命名为 *S. bedfordiae*，同时还根据采自甘肃临潭的标本命名了 *S. wardi*；Thomas（1911b）根据采自四川汶川的标本命名了 *S. wardi fumeolus*；Allen（1923）根据采自云南怒江流域（Mucheng）的标本命名了 *S. bedfordiae gomphus*；Weigel（1969）根据采自尼泊尔东部的标本命名了 *S. cylindricauda nepalensis*。Allen（1938）将 *S. bedfordiae*（Thomas，1911a）和 *S. w. fumeolus*（Thomas，1911b）作为 *S. cylindricauda*（Milne-Edwards，1871）的同物异名，将 *S. wardi*（Thomas，1911a）和 *S. b. gomphus*（Allen，1923）作为 *S. cylindricauda*（Milne-Edwards，1871）的亚种 *S. c. wardi* 和 *S. c. gomphus*。直到 Corbet（1978）提出，上述种群应该只分为 2 个物种——*Sorex cylindricauda*（Milne-Edwards，1872）和 *S. bedfordiae*（Thomas，1911），*S. wardi*、*S. gomphus*、*S. nepalensis* 均作为 *S. bedfordiae* 的亚种，取消了 *S. b. fumeolus* 亚种，该结论在一段时间内得到广泛认可。Chen 等（2015）通过分子生物学研究验证了该结论——汶川亚种 *S. b. fumeolus* 和指名亚种 *S. b. bedfordiae* 系统发育树聚在一个支系上。最新的研究（Chen et al.，2022）揭示小纹背鼩鼱可能存在 4 个额外的分类单元。

小纹背鼩鼱共 4 亚种，四川有 2 亚种分布。

四川分布的小纹背鼩鼱 *Sorex bedfordiae* 分亚种检索表

体型较大，尾长长于体长·······································指名亚种 *S. b. bedfordiae*
体型较小，尾长短于体长·······································甘肃亚种 *S. b. wardi*

① 小纹背鼩鼱指名亚种 *S. b. bedfordiae* Thomas，1911

Sorex bedfordiae bedfordiae Thomas, 1911. Abstr. Proc. Zool. Soc. Lond., (90): 164(模式产地：四川峨眉山).

鉴别特征 尾长长于头体长，背毛棕色带铁锈色，黑色背纹和背毛色差明显。其他特征同种级描述。
地理分布 只分布于四川峨眉山、都江堰、大邑、洪雅、泸定、小金、宝兴、芦山，以及甘孜、阿坝及凉山州一些县。

② 小纹背鼩鼱甘肃亚种 *S. b. wardi* Thomas，1911

Sorex bedfordiae wardi Thomas, 1911. Abstr. Proc. Zool. Soc. Lond. (90): 165(模式产地：甘肃临潭).

鉴别特征 尾长短于头体长，背毛深棕色偏黑，黑色背纹和背毛色差不明显。
地理分布 在四川境内分布于宝兴、平武、黑水和青川，国内还分布于甘肃临潭。

(35) 甘肃鼩鼱 *Sorex cansulus* Thomas，1912

英文名 Gansu Shrew

Sorex cansulus Thomas, 1912. Ann. Mag. Nat. Hist., 8, 10: 400(模式产地：甘肃临潭); Hoffmann, 1987. 兽类学报，7(2): 100-139; Wilson and Reeder, 1993. Mamm. Spec. World, 2nd ed., 113; Wilson and Reeder, 2005. Mamm.

Spec. World, 3rd ed., 287; Smith 和解焱 , 2009. 中国兽类野外手册 , 249; Wilson and Mittermeier, 2018. Hand.

Mamm. World, Vol. 8: 402; 魏辅文 , 等 , 2021. 兽类学报 , 41(5): 265-300.

Sorex buxtoni cansulus Allen, 1938. Mamm. Chin. Mong., 90.

Sorex caecutiens cansulus Ellerman and Morrison-Scott, 1951. Check. Palaea. Ind. Mamm., 50; Corbet, 1978. Mamm.

Palaea. Reg., 20.

鉴别特征　5 颗上单尖齿依次缩小，其中第 5 上单尖齿高度约为第 4 上单尖齿高度的一半，上颌门齿附齿尖远低于着色线。尾长长于头体长之半，约为头体长的 65%。

形态

外形：体型在鼩鼱属物种中属中等大小。体长 64（58 ～ 70）mm，尾长 45（38 ～ 52）mm，后足长 13 mm；耳高 8 mm。吻尖、细长，身体整体呈圆柱状。尾长长于头体长之半，约为头体长的 65%。

耳短，通常藏于毛内；耳前缘覆短毛，毛色与背毛一致，耳背覆以灰黑色短毛。

前、后足的背、腹面一致，均为灰白色。前足 6 枚指垫，后足 6 枚趾垫。爪苍白色，半透明，覆以较长的银白色刚毛。

每边约 30 根须，最短约 2 mm，最长约 25 mm。基部 1/3 呈棕色，中段及毛尖白色。

毛色：背腹两色，不同生境采集的标本毛色不一致，在山地森林采集的标本毛更长更浓密，背毛约 10 mm，背面呈灰褐色，腹面白灰色，毛基和中段均为灰黑色；高原草甸采集的标本背毛约 5 mm，背面呈浅棕色，腹面呈白灰色略微带黄，毛基和中段均为灰黑色。尾覆浓密的毛，毛长约 3 mm；尾毛上、下两色，分界明显，背面较深，为黑褐色或棕褐色，腹面较浅，灰白色；尾尖有一簇毛，约长 8 mm。

头骨：头颅较高，不显扁平；前颌骨、上颌骨和鼻骨细长，脑颅近圆形。门齿和单尖齿附着于前颌骨，前臼齿和臼齿附着于上颌骨。颅面几乎平直光滑，无明显的突起，在额骨与顶骨连接处略微下凹，额骨短小，其上有 2 个卵圆孔，中轴对称分部。上颌骨两侧各有 1 个眶前孔，连通眼眶，视神经孔消失；上颌骨颧突退化，颧骨缺失，鳞骨颧突退化，不形成颧弓。顶间骨较大，近梯形。上枕骨、枕髁和顶骨融合，听泡分 2 室。前颌骨、上颌骨的腭板与腭骨连接，2 根翼骨粗壮不平行，组成的头骨前半部分非常硬实。

下颌骨前段平直，后段有 3 个明显的突，冠状突几乎与下颌骨垂直，角突纤细，略微向下，关

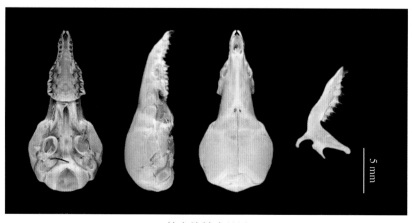

甘肃鼩鼱头骨图

节突在二者中间。

牙齿：齿式 1.5.1.3/1.1.1.3 = 32。所有牙齿尖部附着红色素。第1上颌门齿有两个齿尖，后齿尖小于前齿尖，两门齿中间夹有附齿尖，附齿尖远低于着色线。5颗上单尖齿大小依次为第1上单尖齿＞第2上单尖齿＞第3上单尖齿＞第4上单尖齿＞第5上单尖齿。臼齿齿冠呈月齿形，前臼齿较大，唇面齿冠倾斜连接第5上单尖齿和第1上臼齿，后次尖微弱，原尖和前尖明显低于后尖，没有观察到前小尖和后小尖。第1上臼齿略大于第2上臼齿，二者形态几乎一致，前尖、后尖、原尖、后次尖、前小尖、后小尖都存在，前尖和后尖最高，构成W形。第3上臼齿相对较小，只能观察到前尖、后尖和原尖。单尖齿唇面和舌面两面着色，门齿唇面着色，前臼齿和臼齿舌面着色。

下颌门齿从下颌骨前段延伸出来，长且硬实，有4个凸起，下单尖齿只有1颗，前下臼齿和第3下臼齿只有下原尖和下次尖，第2下臼齿和第3下臼齿相对较大，还有下内尖。下齿列均为唇面着色，舌面不着色。

量衡度（衡：g；量：mm）

外形：

编号	性别	体重	体长	尾长	后足长	耳高	采集地点
SAF181430	♀	5	64	46	12	6	四川王朗
SAF181429	♀	6	60	46	11	6	四川王朗
SAF181432	♂	6	66	41	12	6	四川王朗
SAF181413	♀	5	59	45	12	7	四川王朗
SAF181463	♀	6	63	44	12	6	四川王朗
SAF181464	♀	5	57	43	12	6	四川王朗
SAF181705	♀	6	60	42	12	5	四川王朗
SAF181394	♂	5	65	42	12	7	四川王朗
SAF14252	♀	6	73	52	12	5	四川卧龙
SAF19553	♂	6	70	50	12	6	陕西太白山
SAF13364	♂	7	60	45	12	6	青海班玛
SAF13365	♀	7	60	41	11	5	青海班玛
SAF13338	♂	8	68	40	12	6	青海班玛

头骨：

编号	颅全长	眶间宽	头骨宽	颅高	腭骨宽	腭骨-门牙	腭枕长	上齿列长	第2臼齿宽	下颌骨长	下齿列长
SAF181430	19.03	3.52	9.06	5.79	4.83	8.29	8.13	8.05	4.42	11.54	7.48
SAF181429	19.23	3.57	8.93	6.19	4.75	8.56	8.09	8.12	4.46	11.5	7.54
SAF181432	19.11	3.55	8.94	5.80	4.78	8.35	7.95	8.29	4.45	11.74	7.60
SAF181413	19.38	3.61	9.00	5.87	4.81	8.49	8.31	8.31	4.56	11.92	7.77
SAF181463	19.24	3.71	8.86	5.52	4.84	8.46	8.23	8.24	4.62	11.94	7.77
SAF181464	18.69	3.50	8.58	5.73	5.05	8.30	8.19	8.11	4.50	11.61	7.52
SAF181705	18.92	3.70	8.71	5.63	5.05	8.50	8.27	8.51	4.57	11.65	7.77
SAF181394	19.57	3.63	9.33	5.89	4.75	8.52	8.34	8.32	4.55	12.21	7.78
SAF14252	19.04	3.81	9.24	5.81	5.16	8.33	8.22	8.18	4.68	11.93	7.58

（续）

编号	颅全长	眶间宽	头骨宽	颅高	腭骨宽	腭骨-门牙	腭枕长	上齿列长	第2臼齿宽	下颌骨长	下齿列长
SAF19553	20.41	3.71	9.24	6.14	5.01	8.92	8.82	8.75	4.78	12.83	8.16
SAF13364	18.65	3.46	8.92	5.92	4.53	8.09	7.71	7.98	4.43	11.76	7.47
SAF13365	18.73	3.34	8.58	6.11	4.68	8.07	7.78	7.70	4.23	11.55	7.27
SAF13338	18.32	3.44	8.77	5.67	4.66	8.02	8.11	7.72	4.37	11.31	7.07

生态学资料 甘肃鼩鼱生活在高海拔（2 650 ~ 4 350 m）地带，生境多样，包括针叶林、针阔混交林、杜鹃灌木林、高原低矮灌丛和高原草甸，栖息于腐殖层下。

地理分布 中国特有种。在四川分布于平武、汶川、石渠、黑水、茂县、康定、炉霍、石渠、白玉，国内还分布于云南、甘肃、陕西、青海。

分省（自治区、直辖市）地图——四川省

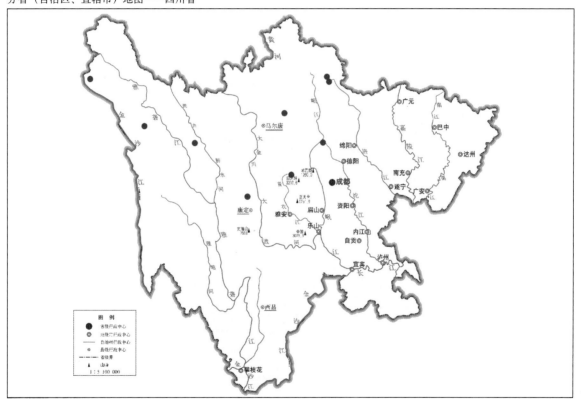

审图号：GS (2019) 3333 号　　　　　　　　　　　　　　　　　　　　自然资源部 监制

甘肃鼩鼱在四川的分布
注：红点为物种的分布位点。

分类学讨论 Thomas（1912）首次根据采自甘肃临潭的标本描述了这个物种。后来被认为是中鼩鼱 *Sorex caecutiens* 的亚种或同物异名（Ellerman and Morrison-Scott，1951）。Corbet（1978）同意这个观点。Hoffmann（1987）查阅了世界各地鼩鼱属物种的模式标本，通过头骨腭骨和单尖齿列形态大小的比较，认为 *S. cansulus* 和苔原鼩鼱 *S. tundrensis* 的亲缘关系更近，而不应是 *S. caecutiens* 的亚种，并认可 *S. cansulus* 的物种地位。该观点被广泛认可并沿用至今，长期以来，甘肃鼩鼱被认为只分布于甘肃。Bannikova（2018）在甘肃太子山采集到标本，并对其进行分子生物学研究，证实了该物种的种级地位。宋文宇等（2021）在云南也采集到该物种。黄韵佳等（2022）报道了该种在四川、青海、陕西3个省的新记录。该种无亚种分化。

（36）纹背鼩鼱 *Sorex cylindricauda* Milne-Edwards，1872/1871

别名　纹背鼩鼱、背纹鼩鼱

英文名　Stripe-backed Shrew、Large Striped Shrew

Sorex cylindricauda Milne-Edwards, 1872. Nouv. Arch. Mus. d'Hist. Nat. Paris, Bull, 7: 92(模式产地：四川宝兴）; Allen, 1938. Mamm. Chin. Mong., 92; Ellerman and Morrison-Scott, 1951. Check. Palaea. Ind. Mamm., 55; 胡锦矗和王酉之, 1984. 四川资源动物志　第二卷　兽类, 20; 王酉之和胡锦矗, 1999. 四川兽类原色图鉴, 45; Corbet, 1978. Mamm. Palaea. Reg., 24; Hoffmann, 1987. 兽类学报, 7(2): 100-139; Wilson and Reeder, 1993. Mamm. Spec. World, 2nd ed., 114; Wilson and Reeder, 2005. Mamm. Spec. World, 3rd ed., 287; 胡锦矗和胡杰, 2007. 西华师范大学学报, 28(2): 165-171; Smith和解焱, 2009. 中国兽类野外手册, 250; Wilson and Mittermeier, 2018. Hand. Mamm. World, Vol. 8: 396; 魏辅文, 等, 2021. 兽类学报, 41(5): 265-300.

鉴别特征　从吻部开始沿着背脊有1条黑色条纹延伸至臀部，条纹与背毛色差非常显著。个体大小明显比另一种带有背纹的鼩鼱要大。门齿附齿尖远低于着色线。颗上单尖齿大小依次为第1上单尖齿＞第3上单尖齿＞第2上单尖齿≥第4上单尖齿＞第5上单尖齿。

形态

外形：体型在鼩鼱属物种中较大。体长73（52～84）mm，尾长52（45～60）mm，后足长13 mm；耳高6 mm。吻尖，细长，身体整体呈圆柱状。尾长长于头体长一半，约为头体长的70%。

耳短，通常藏于毛内。耳前缘覆短毛，毛色与背毛一致，耳背覆以灰黑色短毛。

前、后足主体呈黄色，边缘浅黑色；前足6枚指垫，后足6枚趾垫。爪呈黄色，半透明，覆以较长的浅棕色刚毛。

每边约30根须。最短约2 mm，最长约20 mm。较长的须为棕褐色，约占1/3，较短的须为白色，剩余1/3基部棕色，毛尖白色。

毛色：背毛约长10 mm；背、腹两色，背面呈肉桂色，腹面浅棕灰色，毛基和中段均为灰黑色。从吻部开始沿着背脊有1条黑色条纹延伸至臀部，条纹与背毛色差非常显著。尾通常不覆毛或覆稀疏的短毛，上下两色，分界明显，背面较深为黑褐色或棕褐色，腹面较浅，呈灰白色。

头骨：头颅较高，不显扁平，前颌骨、上颌骨和鼻骨细长，脑颅近圆形。门齿和单尖齿附着于前颌骨，前白齿和白齿附着于上颌骨。颜面几乎平直光滑，无明显的突起，在额骨与顶骨连接处略微下凹，额骨短小，其上有2个卵圆孔，中轴对称分部。上颌骨两侧各有1个眶前孔，连通眼眶，视神经孔消失。上颌骨颧突退化，颧骨缺失，鳞骨颧突退化，不形成颧弓。顶骨骨质较薄，相对脆弱，顶间骨较大，近梯形。上枕骨、枕髁和顶骨融合，听泡分2室。前颌骨、上颌骨的腭板与腭骨连接，2根翼骨粗壮不平行，组成的头骨前半部分非常硬实。

下颌骨前段平直，后段有3个明显的突，冠状突几乎与下颌骨垂直，角突纤细，略微向下，关节突在二者中间。

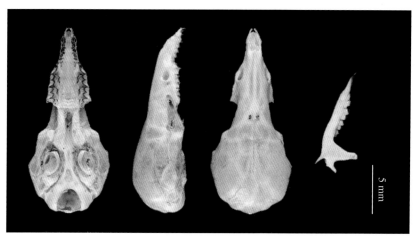

纹背鼩鼱头骨图

牙齿：齿式1.5.1.3/1.1.1.3 = 32。所有牙齿尖部附着红色素。第1上颌门齿有2个齿尖，后齿尖小于前齿尖，两门齿中间夹有附齿尖，附齿尖远低于着色线。5颗上单尖齿大小依次为第1上单尖齿＞第3上单尖齿＞第2上单尖齿≥第4上单尖齿＞第5上单尖齿。白齿齿冠呈月齿形，前白齿较大，唇面齿冠倾斜连接第5上单尖齿和第1上白齿，前尖和原尖较小，后次尖微弱，原尖和前尖明显低于后尖，没有观察到前小尖和后小尖。第1上白齿略大于第2上白齿，二者形态几乎一致，前尖、后尖、原尖、后次尖、前小尖、后小尖都存在，前尖和后尖最高，构成W形。第3上白齿相对较小，只能观察到前尖、后尖和原尖和后次尖。单尖齿唇面和舌面两面着色，门齿唇面着色，前白齿和白齿舌面着色。

下颌门齿从下颌骨前段延伸出来，长且硬实，有4个凸起。下单尖齿只有1颗；前下白齿和第3下白齿只有下原尖和下次尖。第2下白齿和第3下白齿相对较大，还有下内尖。下齿列均为唇面着色，舌面不着色。

量衡度（衡：g；量：mm）

外形：

编号	性别	体重	体长	尾长	后足长	耳高	采集地点
SAF06839	♂	7	82	58	12	6	四川二郎山
SAF06822	♀	8	84	60	12	6	四川二郎山
SAF09321	♂	8	72	50	12	6	四川夹金山
SAF09322	♀	10	75	52	12	6	四川夹金山
SAF09300	♀	8	74	51	12	6	四川夹金山
SAF09287	♂	8	65	53	12	6	四川夹金山
SAF09278	♂	8	73	48	12	6	四川夹金山
SAF09240	♀	5	70	54	12	6	四川夹金山
SAF09241	♀	5	52	45	12	6	四川夹金山
SAF09334	♀	8	78	51	12	6	四川夹金山

头骨：

编号	颅全长	眶间宽	头骨宽	颅高	腭骨宽	腭骨-门牙	腭枕长	上齿列长	第2臼齿宽	下颌骨长	下齿列长
SAF06839	20.58	3.82	9.22	6.14	5.10	8.94	8.86	8.70	4.68	11.60	7.60
SAF06822	19.74	3.46	9.38	6.09	5.02	8.44	8.32	8.34	4.72	12.06	7.66
SAF09321	18.70	3.80	8.94	5.86	5.26	7.90	7.62	7.68	4.72	11.81	7.12
SAF09322	18.86	3.74	9.00	6.03	5.40	7.76	7.73	7.54	4.88	11.18	7.50
SAF09300	19.76	3.44	8.64	6.15	5.00	8.52	8.49	8.33	4.72	11.54	7.20
SAF09287	19.44	3.54	9.10	5.99	5.12	8.34	8.24	8.12	4.66	11.58	7.68
SAF09278	19.22	3.70	8.84	5.76	5.12	8.10	8.06	7.82	4.62	11.36	7.26
SAF09240	19.42	3.58	8.84	5.88	5.10	8.32	8.28	8.10	4.54	11.00	7.64
SAF09241	19.14	3.48	9.00	5.68	4.72	7.92	7.91	7.71	4.44	11.38	7.42
SAF09334	19.00	3.58	9.00	5.81	5.22	7.72	7.69	7.55	4.78	11.38	7.46

生态学资料　该物种分布于四川盆地边缘高山山地森林中，从阔叶林、针阔混交林和杜鹃灌丛等植被中均有捕获到，栖息于树根或倒木附近的腐殖层下。随着生境类型的变化，在不同海拔（1 750 ~ 3 800 m）均有分布。7—10月可见怀孕雌体，每胎仔数3 ~ 6只。

地理分布　中国特有种。在四川分布于黑水、宝兴、九寨沟、康定、大邑、峨眉山、金河口、天全、青川、芦山、都江堰、汶川、美姑，国内还分布于云南（丽江、贡山、香格里拉）。

分省（自治区、直辖市）地图——四川省

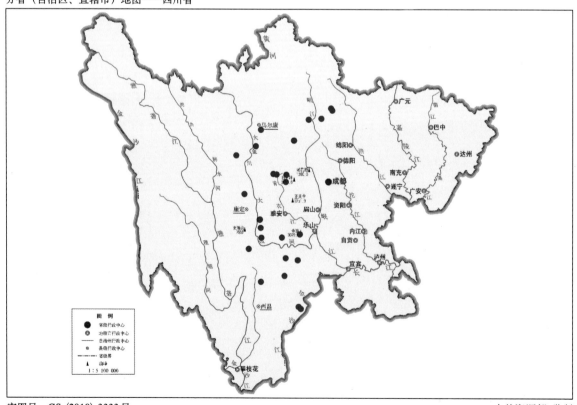

审图号：GS (2019) 3333号

自然资源部 监制

纹背鼩鼱在四川的分布
注：红点为物种的分布位点。

分类学讨论 *Sorex cylindricauda*是Milne-Edwards（1871）根据采自四川宝兴的标本命名，模式标本量度：头体长56 mm，尾长58 mm，后足12.5 mm，颅全长17.5 mm。Thomas（1911a）根据峨眉山的标本命名*S. bedfordiae*，模式标本头体长55 mm，尾长55 mm，髁基底长17.4 mm；同时，还根据采自甘肃临潭的标本命名了*S. wardi*，模式标本头体长53 mm，尾长49 mm，后足长12 mm，髁基底长17 mm。Thomas（1911b）根据采自四川汶川的标本命名了*S. wardi fumeolus*，模式标本头体长60 mm，尾长60 mm，后足长13 mm，颅全长18.5 mm。Allen（1923）根据采自云南怒江流域（Mucheng）的标本命名了*S. bedfordiae gomphus*，模式标本头体长55 mm，尾长39 mm，后足长13 mm，颅全长16.6 mm；Weigel（1969）根据采自尼泊尔东部的标本命名了*S. cylindricauda nepalensis*。Allen（1938）将*S. bedfordiae*（Thomas，1911a）和*S. w. fumeolus*（Thomas，1911b）作为*S. cylindricauda*的同物异名，将*S. wardi*（Thomas，1911a）和*S. b. gomphus*（Allen，1923）作为*S. cylindricauda*的亚种——*S. c. wardi*和*S. c. gomphus*。直到Corbet（1978）提出，上述种群应该只分为2个物种——个体较大的纹背鼩鼱*S. cylindricauda*（Milne-Edwards，1872）和个体较小的小纹背鼩鼱*S. bedfordiae*（Thomas，1911）。需要说明的是，Milne-Edwards（1871）命名的纹背鼩鼱模式标本量度属于小纹背鼩鼱的量度，远比纹背鼩鼱量度小，所以*S. bedfordiae*可能是*S. cylindricauda*的同物异名，二者都指体型较小的物种，体型较大的物种尚无有效的命名和描述，需要重新描述并命名。该种无亚种分化。

（37）云南鼩鼱 *Sorex excelsus* Allen，1923

别名 高原鼩鼱

英文名 Chinese Highland Shrew

Sorex excelsus Allen, 1923. Amer. Mus. Nov., 100: 4(模式产地：云南中甸，现香格里拉市); Allen, 1938. Mamm. Chin. Mong., 87; Hoffmann, 1987. 兽类学报, 7(2): 100-139; Wilson and Reeder, 1993. Mamm. Spec. World, 2nd ed., 114; 王酉之和胡锦矗, 1999. 四川兽类原色图鉴, 49; Wilson and Reeder, 2005. Mamm. Spec. World, 3rd ed., 287; 胡锦矗和胡杰, 2007. 西华师范大学学报, 28(2): 165-171; Smith和解焱, 2009. 中国兽类野外手册, 251; Wilson and Mittermeier, 2018. Hand. Mamm. World, Vol. 8；395; 魏辅文, 等, 2021. 兽类学报, 41(5): 265-300.

Sorex araneus excelsus (Allen, 1923). Ellerman and Morrison-Scott, 1951. Check. Palaea. Ind. Mamm., 53.

鉴别特征 背、腹颜色相似，背面呈浅棕褐色，腹面稍浅。尾长长于头体长一半，约为头体长的85%。5颗上单尖齿大小通常为第1和第2上单尖齿等大，第3和第4上单尖齿等大但明显小于第2上单尖齿，第5上单尖齿最小。

形态

外形：体型在鼩鼱属物种中偏大。体长59（52～72）mm，尾长51（46～55）mm，后足长为12 mm；耳高6 mm。吻尖，细长，身体整体呈圆柱状。尾长长于头体长一半，约为头体长的85%。

耳短，通常藏于毛内。耳前缘覆短毛，毛色与背毛一致，耳背覆以灰黑色短毛。

前、后足的背、腹面一致，均为灰白色。前足6枚指垫，后足6枚趾垫。爪苍白色，半透明，覆以较长的银白色刚毛。须每边约30根，最短约2 mm，最长约20 mm；较长的须为棕褐色，约占1/3，较短的须为白色；剩余1/3基部棕色，毛尖白色。

毛色：背、腹颜色相似，背面呈浅棕褐色，腹面稍浅；背毛长约7 mm。毛基和中段均为灰黑色。尾覆毛，延伸出尾尖，形成一簇；尾毛上、下两色，分界明显，背面较深为黑褐色或棕褐色，腹面较浅，灰白色。

头骨：前颌骨、上颌骨和鼻骨细长，脑颅近圆形。门齿和单尖齿附着于前颌骨，前臼齿和臼齿附着于上颌骨。颅面几乎平直光滑，无明显的突起，在额骨与顶骨连接处略微下凹，额骨短小，其上有2个卵圆孔，中轴对称分部。上颌骨两侧各有1个眶前孔，连通眼眶；上颌骨颧突退化，颧骨缺失，鳞骨颧突退化，不形成颧弓。顶骨质较薄，相对脆弱，顶间骨较大，近梯形。上枕骨、枕髁和顶骨融合，听泡分两室。前颌骨、上颌骨的腭板与腭骨连接，两根翼骨粗壮，组成的头骨前半部分非常硬实。

下颌骨前段平直，后段有3个明显的突，冠状突几乎与下颌骨垂直，角突纤细，略微向下，关节突在二者中间。

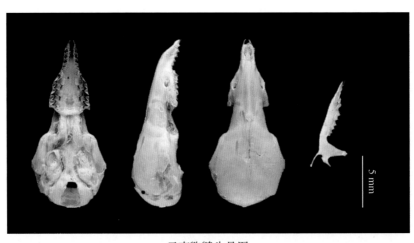

云南鼩鼱头骨图

牙齿：齿式1.5.1.3/1.1.1.3 = 32。所有牙齿尖部附着红色素。第1上颌门齿有2个齿尖，后齿尖小于前齿尖，两门齿中间夹有附齿尖，附齿尖低于着色线。5颗上单尖齿大小通常为第1和第2上单尖齿等大，第3和第4上单尖齿等大但明显小于第2上单尖齿，第5上单尖齿最小。臼齿齿冠呈月齿形，前臼齿较大，唇面齿冠倾斜连接第5上单尖齿和第1上臼齿，前尖和原尖较小，后次尖微弱，原尖和前尖明显低于后尖，没有观察到前小尖和后小尖。第1上臼齿略大于第1上臼齿，二者形态几乎一致，前尖、后尖、原尖、后次尖、前小尖、后小尖都存在，前尖和后尖最高，构成W形。第3上臼齿相对较小，只能观察到前尖、后尖和原尖。单尖齿唇面和舌面两面着色，门齿唇面着色，前臼齿和臼齿舌面着色。

下颌门齿从下颌骨前段延伸出来，长且硬实，有4个凸起；下单尖齿只有1颗；前下臼齿和第3下臼齿只有下原尖和下次尖，第2下臼齿和第3下臼齿相对较大，还有下内尖。下齿列均为唇面着色，舌面不着色。

量衡度（衡：g；量：mm）

外形：

编号	性别	体重	体长	尾长	后足长	耳高	采集地点
SAF12028	♀	5	57	52	12	6	四川木里
SAF05007	♂	6	52	48	11	5	四川雅江
SAF06001	♂	4	54	46	12	6	四川雅江
SAF07023	♀	6	61	51	12	6	四川木里
SAF06514	♀	8	67	55	13	6	四川巴塘
SAF04466	♂	6	57	54	12	6	四川理塘
SAF06520	♀	8	72	54	13	7	四川巴塘
SAF04492	♂	6	57	48	12	6	四川理塘

头骨：

编号	颅全长	眶间宽	头骨宽	颅高	腭骨宽	腭骨-门牙	腭枕长	上齿列长	第2臼齿宽	下颌骨长	下齿列长
SAF12028	18.27	3.33	8.10	5.39	4.91	7.90	7.90	7.92	4.32	10.89	7.24
SAF05007	18.99	3.51	8.51	5.81	4.92	8.50	8.12	8.53	4.71	11.41	7.80
SAF06001	17.87	3.34	8.52	5.31	4.45	7.70	7.70	7.70	4.19	10.65	7.17
SAF07023	18.05	3.40	8.70	5.32	4.57	7.82	7.82	7.51	4.33	10.64	7.14
SAF06514	19.06	3.66	8.07	5.18	4.87	8.28	8.28	8.20	4.60	11.43	7.60
SAF04466	19.21	3.68	8.69	5.53	5.14	8.04	8.45	8.23	4.64	11.21	7.66
SAF06520	18.98	3.39	8.89	5.60	4.78	8.34	8.15	8.32	4.63	11.37	7.80
SAF04492	19.30	3.43	8.95	5.61	5.11	8.27	8.41	8.41	4.82	11.52	7.72

生态学资料　云南鼩鼱主要分布于云南，在四川只分布于西部甘孜少数几个靠近云南的县。一般可在潮湿的针阔混交林或灌丛中采集到（海拔2 900～4 300 m），栖息于树根或倒木附近的腐殖层下。7—10月可见怀孕雌体，每胎仔数3～6只。

地理分布　在四川分布于雅江、木里、德格、得荣，国内还分布于云南、青海。国外分布于尼泊尔。

分类学讨论　*Sorex excelsus* 是Allen（1923）根据采集于云南中甸（现香格里拉）一座雪山（Peitai）山顶的标本命名的。Ellerman和Morrison-Scott（1951）将其作为普通鼩鼱的亚种 *Sorex araneus excelsus*。Dolgov（1985）认为 *S. excelsus* 是中鼩鼱 *S. caecutiens* 的同物异名。Hoffmann（1987）表示对这个观点不做评论，并通过标本形态的比较认可 *S. excelsus* 的种级地位；他认为 *S. excelsus*

分省（自治区、直辖市）地图——四川省

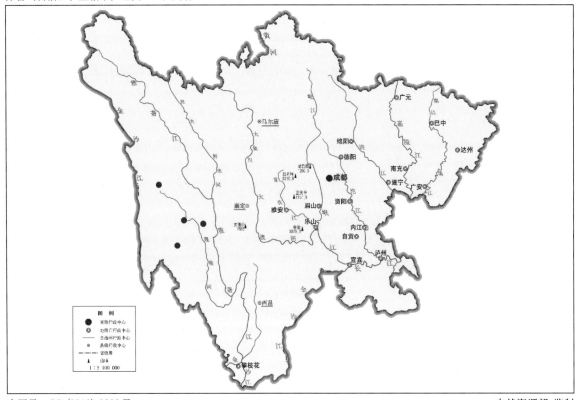

审图号：GS (2019) 3333号　　　　　　　　　　　　　　　　　　　　　　　　　自然资源部 监制

云南鼩鼱在四川的分布

注：红点为物种的分布位点。

和天山鼩鼱 *S. asper*、苔原鼩鼱 *S. tundrensis* 的亲缘关系很近，如它们都有细长的喙，没有磨损的单尖齿呈圆锥形，且非常高。Fumagalli 等（1999）、He 等（2010）根据分子生物学研究方法（线粒体基因）得出结论：*S. excelsus* 和 *S. cylindricauda*、*S. bedfordiae* 亲缘关系最近。Chen 等（2015）通过分子生物学研究（线粒体基因和核基因）将 *S. excelsus* 作为 *S. bedfordiae* 的 1 个亚种。后经过了更深入的研究，Chen 等（2022）赞同 *S. excelsus* 的物种地位。该种无亚种分化。

（38）陕西鼩鼱 *Sorex sinalis* Thomas，1912

英文名　Chinese Shrew

Sorex sinalis Thomas, 1912a. Ann. Mag. Nat. Hist., 8, 10: 398(模式产地：陕西凤县西南72km); Allen, 1938. Mamm. Chin. Mong., 88; Corbet, 1978. Mamm. Palaea. Reg., 22; Hoffmann, 1987. 兽类学报, 7(2): 100-139; Wilson and Reeder, 1993. Mamm. Spec. World, 2nd ed., 120; 王酉之和胡锦矗, 1999. 四川兽类原色图鉴, 48; Wilson and Reeder, 2005. Mamm. Spec. World, 3rd ed., 297; 胡锦矗和胡杰, 2007. 西华师范大学学报, 28(2): 165-171; Smith 和解焱, 2009. 中国兽类野外手册, 255; Wilson and Mittermeier, 2018. Hand. Mamm. World, Vol. 8: 400; 魏辅文, 等, 2021. 兽类学报, 41(5): 265-300.

Sorex araneus sinalis Ellerman and Morrison-Scott, 1951. Check. Palaea. Ind. Mamm., 50.

Sorex isodon sinalis Corbet, 1978. Mamm. Palaea. Reg., 22.

鉴别特征 头骨相对同属物种较扁平，下颌骨长大于 13 mm。5颗上单尖齿大小依次为第1上单尖齿＞第2上单尖齿＞第3上单尖齿＞第4上单尖齿＞第5上单尖齿。

形态

外形：成体体长 68 (61 ~ 85) mm，尾长 59 (49 ~ 68) mm，后足长 13 mm，耳高 7 mm。吻尖，细长，身体整体呈圆柱状。

耳短，通常藏于毛内。耳前缘覆短毛，毛色与背毛一致，耳背覆以灰黑色短毛。

前、后足的背、腹面一致，均为灰白色。前足6枚指垫，后足6枚趾垫。爪苍白色，半透明，覆以较长的银白色刚毛。

每边约30根须，最短约 2 mm，最长约 25 mm。基部1/3呈棕色，中段及毛尖白色。

毛色：背、腹没有明显的分色线，不同生境采集的标本毛色不一致；在山地森林采集的标本背面呈灰褐色，腹面白灰色夹杂浅黄色污毛，毛基和中段均为灰黑色；在高原草甸采集的标本背面呈棕褐色，腹面呈浅棕色，毛基和中段均为灰黑色。尾覆细密的毛，上、下两色，分界明显，背面较深为黑褐色或棕褐色；腹面较浅，灰白色。

头骨：头骨相对较扁平，前颌骨、上颌骨和鼻骨细长，脑颅近圆形。门齿和单尖齿附着于前颌骨，前臼齿和臼齿附着于上颌骨。颅面几乎平直光滑，无明显的突起，在额骨与顶骨连接处略微下凹，额骨短小，其上有2个卵圆孔，中轴对称分部。上颌骨两侧各有1个眶前孔，连通眼眶，视神经孔消失。上颌骨颧突退化，颧骨缺失，鳞骨颧突退化，不形成颧弓。顶间骨较大，近梯形。上枕骨、枕髁和顶骨融合，听泡分2室。前颌骨、上颌骨的腭板与腭骨连接，翼骨粗壮，组成的头骨前半部分非常硬实。下颌骨前段平直，后段有3个明显的突，冠状突几乎与下颌骨垂直，角突纤细，略微向下，关节突在二者中间。

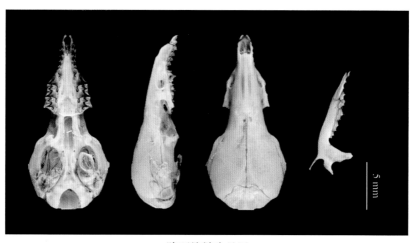

陕西鼩鼱头骨图

牙齿：齿式 1.5.1.3/1.1.1.3 = 32。所有牙齿尖部附着红色素。第1上颌门齿有2个齿尖，后齿尖小于前齿尖，两门齿中间夹有附齿尖，附齿尖略低于着色线。5颗上单尖齿大小依次为：第1上单尖齿＞第2上单尖齿＞第3上单尖齿＞第4上单尖齿＞第5上单尖齿。臼齿齿冠呈月齿形，前臼齿较大，唇面齿冠倾斜连接第5上单尖齿和第1上臼齿；后次尖微弱，原尖和前尖明显低于后尖，没有观察到前小尖和后小尖。第1上臼齿略大于第2上臼齿，二者形态几乎一致，前尖、后尖、原尖、后次尖、前小尖、后小尖都存在，前尖和后尖最高，构成W形。第3上臼齿相对较小，只能观察到前尖、后尖和原尖。单尖齿唇面和舌面两面着色，门齿唇面着色，前臼齿和臼齿舌面着色。

下颌门齿从下颌骨前段延伸出来，长且硬实，有4个凸起，下单尖齿只有1颗；前下臼齿和第3下臼齿只有下原尖和下次尖，第2下臼齿和第3下臼齿相对较大，还有下内尖。下齿列均为唇面着色，舌面不着色。

量衡度（衡：g；量：mm）

外形：

编号	性别	体重	体长	尾长	后足长	耳高	采集地点
JJSB004	♀	5	67	59	12	5	四川夹金山
炉霍-002-002	♀	12	77	54	15	7	四川炉霍
SCNU01798	♂	7	68	49	13	6	四川若尔盖
SCNU02413	♀	7	70	57	13	7	甘肃临潭
SCNU02434	♀	8	70	57	14	6	甘肃临潭
SAF12335	♀	6	62	56	13	6	青海玉树
SAF12336	♀	7	62	57	13	6	青海玉树
SAF12337	♂	7	62	60	13	6	青海玉树
SAF12338	♀	6	61	59	13	6	青海玉树
SAF13354	♂	8	70	58	14	7	青海班玛

头骨：

编号	颅全长	眶间宽	头骨宽	颅高	腭骨宽	腭骨-门牙	腭枕长	上齿列长	第2臼齿宽	下颌骨长	下齿列长
SCNU01798	20.68	3.82	9.48	6.00	5.83	9.67	8.51	9.35	5.48	13.47	8.78
SCNU02413	20.85	3.87	9.57	5.59	5.80	9.56	8.78	9.35	5.48	13.38	8.74
SCNU02434	20.52	3.83	9.23	5.64	5.77	9.37	8.83	9.20	5.38	13.39	8.61
SAF12335	21.19	3.88	8.98	5.47	5.59	10.04	8.64	9.80	5.30	14.1	9.29
SAF12336	20.99	3.88	9.31	5.73	5.81	9.83	8.67	9.53	5.35	13.53	9.02
SAF12337	20.80	3.94	8.88	5.78	5.82	9.94	8.60	9.77	5.50	13.94	9.29
SAF12338	21.13	3.81	8.90	5.65	5.70	9.92	8.73	9.64	5.34	13.82	9.14
SAF13354	20.75	3.66	9.26	5.79	5.68	9.37	8.83	9.05	5.26	13.35	8.61

生态学资料 生活在多石的长满苔藓的山顶生境，海拔在2 700 ~ 3 500 m。其余不详。

地理分布 中国特有种。四川分布于若尔盖、丹巴、德格、石渠、汶川、小金、炉霍，国内分布于甘肃、陕西、青海、西藏。

分类学讨论 Thomas（1912d）首次从陕西凤县西南72 km处采集到标本并描述这个物种，同时在甘肃临潭也采集到1号标本，归入模式标本系列。Ellerman和Morrison-Scott（1951）认为陕西鼩鼱是普通鼩鼱Sorex araneus的1个亚种。Stroganov（1957）支持这个观点。后来部分中国的学者也认同这个观点并将其分布范围扩大到青海（张洁和王宗祎，1963）和西藏（冯祚建等，1980）。

分省（自治区、直辖市）地图——四川省

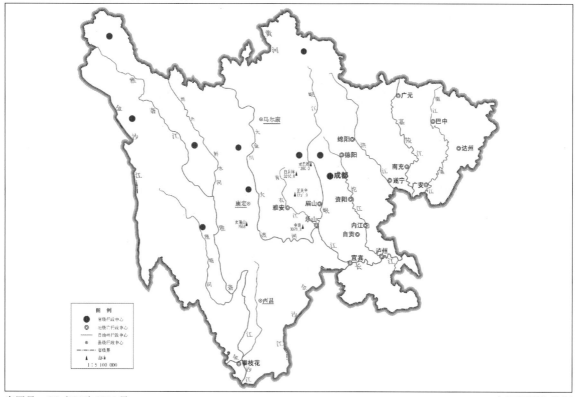

审图号：GS（2019）3333号

自然资源部 监制

陕西鼩鼱在四川的分布

注：红点为物种的分布位点。

Corbet（1978）首次将 *S. sinalis* 作为远东鼩鼱1个亚种 *S. isodon sinalis*。Hoffmann（1987）在整理世界各地的标本中发现，Thomas描述 *S. sinalis* 有细长的吻和较宽的颅骨，而 *S. isodon* 恰恰相反，吻短而宽，颅骨相对较窄。同时 *S. isodon* 的上单尖齿侧面观呈方形，而 *S. sinalis* 上单尖齿侧面观长明显大于宽。基于以上分析，Hoffmann认同 *S. sinalis* 物种地位。随着近年来分子研究手段的进步，该物种的地位得到分子数据的支持，其亲缘关系和 *S. cylindricauda*、*S. bedfordiae* 最近（Chen et al.，2022）。该种无亚种分化。

（39）藏鼩鼱 *Sorex thibetanus* Kastschenko，1905

英文名 Tibetan Shrew

Sorex minutus thibetanus Kastschenko, 1905. Lzv Tomsk Univ., 27: 93(模式产地：青海海西柴达木盆地); Allen, 1938. Mamm. Chin. Mong., 91; Ellerman and Morrison-Scott, 1951. Check. Palaea. Ind. Mamm., 48; Corbet, 1978. Mamm. Palaea. Reg., 19.

Sorex thibetanus Hoffmann, 1987. 兽类学报, 7(2): 100-139; Wilson and Reeder, 1993. Mamm. Spec. World, 2nd ed., 121; Wilson and Reeder, 2005. Mamm. Spec. World, 3rd ed., 297; Smith和解焱, 2009. 中国兽类野外手册, 256; Wilson and Mittermeier, 2018. Hand. Mamm. World, Vol. 8: 405; 魏辅文，等，2021. 兽类学报, 41(5): 265-300.

Sorex kozlovi Stroganov, 1952. Byull. Moscow Ova. Ispyt. Prir. Otd. Biol., 57: 21(模式产地：青海玉树); Wilson and Reeder, 1993. Mamm. Spec. World, 2nd ed., 116; Wilson and Reeder, 2005. Mamm. Spec. World, 3rd ed., 290.

Sorex thibetanus kozlovi Hoffmann, 1987. 兽类学报, 7(2): 100-139; Smith 和解焱, 2009. 中国兽类野外手册, 256; Wilson and Mittermeier, 2018. Hand. Mamm. World, Vol. 8: 405.

Sorex planiceps Miller, 1911. Proc. Biol. Soc. Wash., 24: 242(模式产地：克什米尔Dachin, Khistwar); Wilson and Reeder, 1993. Mamm. Spec. World, 2nd ed., 119; Wilson and Reeder, 2005. Mamm. Spec. World, 3rd ed., 294; Smith 和解焱, 2009. 中国兽类野外手册, 254; Wilson and Mittermeier, 2018. Hand. Mamm. World, Vol. 8: 405.

Sorex minutus planiceps Ellerman and Morrison-Scott, 1951. Check. Palaea. Ind. Mamm., 48; Corbet, 1978. Mamm. Palaea. Reg., 19.

Sorex thibetanus planiceps Hoffmannn, 1987. 兽类学报, 7(2): 100-139.

鉴别特征　腹毛与背毛界限明显。前3枚上单尖齿几乎等大；颅骨较窄，呈椭圆形，颅高较高。

形态

外形：体型在鼩鼱属物种中排第2小。体长50（46～55）mm，尾长39（30～48）mm，后足长11 mm，耳高6 mm。吻尖，细长，尾长长于头体长一半，约为头体长的65%。

耳短，通常藏于毛内。耳前缘覆短毛，毛色与背毛一致，耳背覆以灰黑色短毛。

前后足皮为黑色，覆以较长的银白色刚毛。前足6枚指垫，后足6枚趾垫。爪苍白色，半透明。

每边约20根须，最短约2 mm，最长约12 mm。基部1/3呈黑棕色，中段及毛尖白色。

毛色：背腹两色，背毛约5 mm，背面呈棕褐色，腹面白灰色略微带黄色，毛基和中段均为灰黑色。尾覆浓密的毛，毛长约2 mm，上下两色，分界明显，背面较深为棕褐色，腹面较浅，灰白色，尾尖有一簇毛，长约8 mm。

头骨：头骨非常小，骨质脆，易碎。头颅较高，不显扁平，前颌骨、上颌骨和鼻骨细长，脑颅近椭圆形。门齿和单尖齿附着于前颌骨，前臼齿和臼齿附着于上颌骨。颅面几乎平直光滑，无明显的突起，在额骨与顶骨连接处略微下凹，额骨短小，其上有2个卵圆孔，中轴对称分部。上颌骨两侧各有1个眶前孔，连通眼眶，视神经孔消失。上颌骨颧突退化，颧骨缺失，鳞骨颧突退化，不形

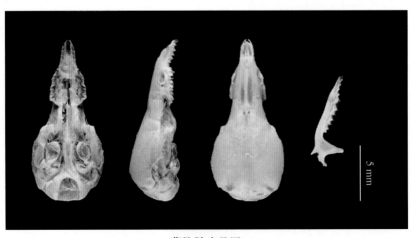

藏鼩鼱头骨图

成颧弓。顶间骨较大，近梯形。上枕骨、枕髁和顶骨融合，听泡分2室。下颌骨前段平直，后段有3个明显的突，冠状突几乎与下颌骨垂直，角突纤细，略微向下，关节突在二者中间。

　　牙齿：齿式1.5.1.3/1.1.1.3 = 32。所有牙齿尖部附着红色素。第1上颌门齿有2个齿尖，后齿尖小于前齿尖，两门齿中间夹有附齿尖，附齿尖低于着色线。5颗上单尖齿大小依次为第1上单尖齿 = 第2上单尖齿 = 第3上单尖齿＞第4上单尖齿＞第5上单尖齿，第5上单尖齿不似鼩鼱属其余物种突然变小。臼齿齿冠呈月齿形，前白齿较大，唇面齿冠倾斜连接第5上单尖齿和第1上白齿，原尖和前尖低于后尖，后次尖微弱，不着红色素，没有观察到前小尖和后小尖。第1上白齿略大于第2上白齿，二者形态几乎一致，前尖、后尖、原尖、后次尖、前小尖、后小尖都存在，前尖和后尖最高，构成W形，后次尖不着红色素。第3上白齿相对较小，只能观察到前尖、后尖和原尖，原尖不着红色素。单尖齿唇面和舌面两面着色，门齿唇面着色，前白齿和白齿舌面着色。

　　下颌门齿从下颌骨前段延伸出来，长且硬实，有4个凸起，下单尖齿只有1枚，前下白齿和第3下白齿只有下原尖和下次尖，第2下白齿和第3下白齿相对较大，有下内尖。下齿列均为唇面着色，舌面不着色。

量衡度（衡：g；量：mm）

外形：

收藏号	性别	体重	体长	尾长	后足长	耳高	采集地点
SAF09367	♀	5	50	41	11	6	四川夹金山
SAF09333	♂	4	55	38	11	5	四川夹金山
SAF09366	♀	4	52	39	11	5	四川夹金山
SAF09378	♀	6	47	40	11	6	四川夹金山
SAF09448	♂	4	45	39	11	6	四川夹金山
SAF09379	♀	5	50	39	11	5	四川夹金山
SAF09239	♀	5	50	40	11	6	四川夹金山
SAF09474	♀	6	55	42	11	6	四川夹金山
SAF181472	♂	4	48	38	11	5	四川王朗
SAF181570	♀	5	53	41	11	6	四川王朗
SAF181569	♂	4	46	38	11	6	四川王朗
SAF181352	♂	4	46	39	11	6	四川王朗
SAF181354	♀	5	50	39	11	5	四川王朗
SAF181393	♂	4	48	38	11	6	四川王朗
SAF181412	♀	4	46	39	11	6	四川王朗
SAF181555	♂	5	50	40	11	6	四川王朗
SAF13401	♂	4	50	30	11	5	青海班玛

头骨：

编号	颅全长	眶间宽	头骨宽	颅高	腭骨宽	腭骨-门牙	腭枕长	上齿列长	第2臼齿宽	下颌骨长	下齿列长
SAF09367	15.25	2.70	6.75	4.54	3.57	6.18	6.76	6.33	3.47	8.76	5.79

（续）

编号	颅全长	眶间宽	头骨宽	颅高	腭骨宽	腭骨-门牙	腭枕长	上齿列长	第2臼齿宽	下颌骨长	下齿列长
SAF09333	15.30	2.76	7.03	4.58	3.86	6.26	6.72	6.21	3.42	8.52	5.50
SAF09366	15.06	2.62	6.96	4.57	3.70	6.17	6.84	6.01	3.41	8.44	5.79
SAF09378	15.16	2.77	6.96	4.52	3.78	6.49	6.67	6.40	3.63	8.71	5.71
SAF09448	15.11	2.74	7.03	4.51	3.71	6.47	6.59	6.43	3.50	8.53	5.87
SAF09379	14.98	2.62	6.67	4.67	3.46	6.53	6.51	6.15	3.35	8.59	5.95
SAF09239	15.10	2.58	6.76	4.40	3.55	6.56	6.93	6.41	3.30	8.83	5.88
SAF09474	15.27	2.70	6.89	4.38	3.86	6.64	6.64	6.38	3.57	8.33	5.82
SAF181472	15.01	2.66	6.43	3.82	3.50	6.22	6.67	6.05	3.26	9.20	5.59
SAF181570	15.05	2.51	6.56	4.02	3.46	6.23	6.76	5.96	3.32	9.18	5.71
SAF181569	15.22	2.63	6.45	3.83	3.76	6.49	6.82	6.22	3.51	9.20	5.85
SAF181352	15.44	2.74	6.88	4.20	3.70	6.41	7.13	6.33	3.36	9.27	5.91
SAF181354	15.24	2.68	6.89	3.85	3.67	6.31	6.96	6.25	3.51	9.44	5.85
SAF181393	15.24	2.65	6.72	4.08	3.69	6.52	6.85	6.32	3.48	9.35	5.77
SAF181412	15.07	2.59	6.38	4.02	3.65	6.37	6.92	6.18	3.39	9.14	5.88
SAF181555	15.26	2.74	6.55	3.64	3.75	6.39	6.93	6.20	3.50	9.08	5.78
SAF13401	15.57	2.86	6.93	5.34	4.00	6.79	6.79	6.78	3.60	8.84	6.03

生态学资料　栖息地海拔较高，分布于海拔3 200～3 700 m的针叶林或针阔混交林中。同甘肃鼩鼱和小纹背鼩鼱同域分布，但三者亲缘关系较远。

地理分布　在四川分布于平武、九寨沟、石渠、小金、九龙，国内还分布于云南、甘肃、青海、西藏。国外分布于尼泊尔。

分类学讨论　藏鼩鼱的分类一直非常混乱，与其相似的标本很多，被命名为不同的种名，且模式标本采集地很接近。如今这些标本几乎全部散落在国外，国内采集到的标本非常少，导致这个种组分类极其混乱。Kastschenko（1905）最早根据采集于青海海西州柴达木盆地的标本命名小鼩鼱的亚种 Sorex minutus thibetanus，大部分学者认为保存于托木斯克学院的正模标本丢失了，但 Hoffmann（1987）认为该模式标本现保存在莫斯科动物标本馆（Baranova et al.，1981）。Miller（1911）根据采自于克什米尔（Dachin, Khistwar）的标本命名了克什米尔鼩鼱 S. planiceps。Ognev（1921）根据采自于塔吉克斯坦帕米尔高原的标本命名帕米尔鼩鼱 S. buchariensis。Stroganov（1952）根据采自于青海玉树杂多县扎曲河（Dze-Chyu, zi-Qu River）的标本命名科氏鼩鼱 S. kozlovi。沈孝宙（1963）在西藏拉萨采集到小鼩鼱 S. minutus，也有研究团队在甘肃和四川采集到 S. minutus，钱燕文等（1965）报道在新疆采集到 S. minutus。Hoffmann（1987）认为，S. minutus 主要分布在欧洲，蔓延到俄罗斯西南部，在中国只分布于新疆北部；而上述几种鼩鼱差别非常小，又显然不是 S. minutus，所以将 S. planiceps、S.

分省（自治区、直辖市）地图——四川省

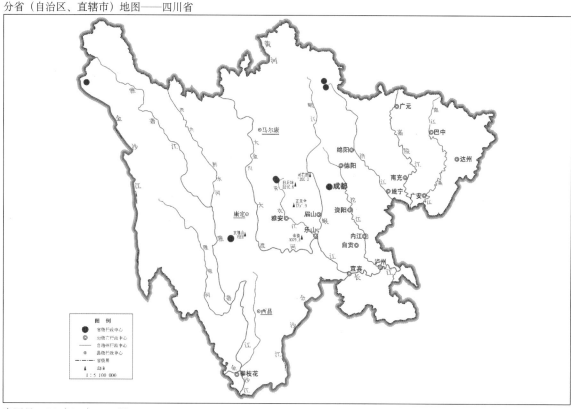

审图号：GS (2019) 3333 号

自然资源部 监制

藏鼩鼱在四川的分布

注：红点为物种的分布位点。

buchariensis 和 S. kozlovi 都作为 S. thibetanus 的亚种。Zaitsev（1988）指出了 S. buchariensis 和 S. thibetanus 的区别，S. buchariensis 物种地位得到认可，后来分子研究结果也支持这是两个不同的物种。何锴分析了保存于美国自然博物馆的 S. kozlovi 标本（标本号：USNM449080）线粒体基因组，发现与 S. thibetanus 完全一致（暂未发表），所以可以将 S. kozlovi 作为 S. thibetanus 的同物异名。由于 S. planiceps 的地模标本没有再被采集过，所以没有分子研究揭示它们之间的物种关系，目前暂将 S. planiceps 作为藏鼩鼱的 1 个亚种 S. t. planiceps。

综上所述，藏鼩鼱有 2 个亚种，四川分布的为指名亚种。

藏鼩鼱指名亚种 *Sorex thibetanus thibetanus* Hoffman, 1987

Sorex minutus thibetanus Kastschenko, 1905. Lzv Tomsk Univ., 27: 93（模式产地：青海海西柴达木盆地）.

Sorex thibetanus thibetanus Hoffman, 1987. 兽类学报, 7(2): 100-139.

鉴别特征 同种的描述。

地理分布 同种的描述。

攀鼩目

SCANDENTIA Wagner, 1855

Scandentia Wagner, 1855. Die Affen, Zahnlucker, Beutelthiere, Hufthiere, Insektenfresser und Handflugler, Erlangen, in Commission der Palm' schen, supplementband, pat. 5, 26: 1-810.

Tupaioidea Dobson, 1882. Amonog. Insect., Syst. Nnat. Lond., John Van Voorst, pat. 1: 4.

起源与演化 攀鼩目包括树鼩科 Tupaiidae 和笔尾树鼩科 Ptilocercidae 2 个科。树鼩科的分类系统尚有争议，大多数学者承认其包括 2 个亚科：树鼩亚科 Tupaiinae、笔尾树鼩亚科 Ptilocercinae。但最新的分类系统认为后者独立为科（Wilson and Mittermeier, 2018），一些学者不予承认（李传夔和邱铸鼎，2019）。攀鼩目化石仅发现于亚洲。树鼩科包括 3 个现生属和 3 个化石属。最早的化石是化石属 *Eodendrogale* 的小始细尾树鼩 *E. parva*，发现于我国河南中始新世地层。另外一个化石属的云南原细尾树鼩 *Prodendrogale yunnanics* 发现于云南晚中新世地层；恩氏原细尾树鼩 *P. engesseri* 发现于云南元谋中新世地地层。最近（Li and Ni, 2016）在云南发现笔尾树鼩属化石：麒麟笔尾树鼩 *Ptilocercus kylin*。发现地地层属于渐新世早期，距今 3 400 万年，并被认为是基干灵长类（包括灵长类，狐猴、猿猴和树鼩）的祖先。现生属树鼩属 *Tupaia* 的 1 个化石种施氏树鼩 *Tupaia storchi* 发现于元谋中新世地层。另外，Chopra（1979）在印度中新世地层发现古树鼩属化石种 *Palaeotupaia sivalicus*，并认为它和现生树鼩属有很近的亲缘关系；Mein 和 Ginsburg（1997）在泰国中新世地层发现现生树鼩属的中新树鼩（*Tupaia miocennica*），是一种个体很大的树鼩。可见，所有化石均发现于亚洲，是攀鼩目起源于亚洲始新世的直接证据。树鼩属在中新世就已经出现，所以树鼩类确实是个非常古老的类群。现在大多数种类出现在东南亚和巽他陆架岛屿（包括马来半岛、苏门答腊、加里曼丹岛、爪哇及相关岛屿）。

最初的遗传研究涉及东南亚和加里曼丹岛的树鼩的核型。尽管这些研究的范围有限，但澄清了两个物种的界限，将二倍体数量为 60 的普通树鼩 *Tupaia glis* 与二倍体数量为 62 的北树鼩分开。对数量有限的物种（根基部物种 *Urogale everetti* 现属于树鼩属）的 DNA 杂交研究发现，大山树鼩 *Tupaia montana* 和细树鼩 *Tupaia gracilis* 的亲缘关系密切，小树鼩 *Tupaia minor* 和细树鼩 *Tupaia gracilis* 的亲缘关系较远，而普通树鼩 *Tupaia glis* 和棉兰老树鼩 *Tupaia everetti* 是分化程度最高的物种。这项研究包含数量有限的物种，它无疑掩盖了一些关系（Wilson and Mittermeier, 2018）。

北树鼩线粒体基因组是第一个被测序的，并被用来将树鼩目与其他真兽哺乳动物联系起来。Schmitz 等（2000）发现，在一次重建中，北树鼩的完整线粒体基因组与兔子的关系最为密切，或与一大群含有蝙蝠、有蹄类动物和食肉动物的真兽哺乳动物的姊妹关系最为密切。但这一点没有得到有力的支持，该研究所涵盖的进化时间的深度很可能被线粒体基因组的饱和性影响。至少，Schmitz（2000）表明，树鼩的线粒体（母系）特征并不一定与灵长类密切相关。他们还发现，北树鼩的线粒体基因组的结构和组成与其他已测序的真兽类的线粒体基因组相似。

树鼩科多分子系统发育关系构建的系统树中包含较多有效种。Roberts 等（2009, 2011）使用核基因和线粒体基因标记相结合的方法发表了一系列论文，评估了树鼩全科系统发育关系，为物种级系统发育提供了更好的解决方法。这些分子研究解决了许多树鼩物种之间的关系，而这些关系的解决仅仅依靠形态特征是不可能的。他们的研究结果质疑了 *Urogale* 作为 1 个独立属的有效性，认为棉兰老树鼩 *Urogale everetti* 应该属于树鼩属。棉兰老树鼩与主要分布在东南亚大陆的树鼩属的几个物种形成 1 个分支；长足树鼩 *Tupaia longipes* 和金腹树鼩 *T. chrysogaster* 分布在巽他大陆架岛屿。这些研究把印度树鼩属 *Anathana* 放在东南亚大陆的 1 个树鼩分支中，但没有强有力的支持。此外，Roberts 等（2011）的研究包括了对大多数树鼩动物物种间分歧时间的估计。笔尾树鼩科 Ptilocercidae 大约在 6 000 万年前分化出来，该科现在仅剩下代表物种笔尾树鼩 *Ptilocercus lowii* 1 个种，树鼩科在3 500万年前分化，细尾树鼩属 *Dendrogale* 最先分化出来。大约2 000万年前，当两个主要分支出现时，剩下的树鼩科物种开始多样化，与地理区域松散相关（即东南亚大陆与巽他大陆架上分布的物种分离）。马德拉斯树鼩 *Anathana ellioti* 似乎与东南亚大陆树鼩科物种形成姊妹关系，尽管由于地理上的分离，它有着漫长而孤立的历史。余下的树鼩科物种（均属于树鼩属）显示了物种间的长期进化历史，据估计大多数姊妹物种的分化超过500万年。

Roberts 等（2009，2011）在一系列论文中提供的系统发育重建数据，证明了从东南亚大陆到巽他大陆架的多重迁移扩散事件，在哺乳动物（啮齿动物、灵长类、有蹄哺乳动物、食虫动物、食肉动物和大象）及多种分类群（鸟类、两栖动物、爬行动物）中观察到的模式表明，该地区历史上的海平面变化可能是扩散模式的原因。因此，该地区的生物地理对树鼩物种的多样性产生了重要影响。

由于一些亚种提升为种，树鼩科目前有22个物种。这在一定程度上是由于通过分子生物学方法对各种岛屿居群进行了详细研究，恢复了被忽视的或稀有物种。然而，基于物种间的短暂进化分化和仅限于毛皮特征的变异，常常导致同物异名。另外，棉兰老树鼩所属的 *Urogale* 属已被归入树鼩属，因为形态学和分子数据显示，没有证据表明其有显著的进化特征，以支持它作为1个独立的属。

在局域分布的生境中发现的许多树鼩材料稀少，大多数科学研究都是根据19世纪博物馆收集的标本发表的。广泛分布的树鼩，如北树鼩，在系统学研究中仅有少数，可能代表了有待进一步系统分析物种复合体。新提升种的加入有望为树鼩的进化史增加另一个维度。对广泛分布物种的大规模取样，可以提供许多已命名居群物种的进一步细分的证据，特别是大树鼩、普通树鼩和北树鼩。博物馆馆藏标本对这类研究仍然是非常宝贵的。随着越来越多的精细尺度研究和成果发表，对这一复杂哺乳动物群体的理解变得越来越清晰，这对于理解生物地理学和景观动态（如东南亚和圣代兰）中物种的进化非常重要。

形态特征 树鼩科物种体似松鼠，吻长而尖；前、后足具5指（趾），无指（趾）甲结构。树鼩属尾两侧着生长毛，不如松鼠蓬松，耳在树鼩科中最小。细尾树鼩属尾长，尾着生短毛、圆形，耳大于树鼩属；印度树鼩属耳朵更大，皮毛厚，肩条纹和腹面近白色。笔尾树鼩科物种耳大而薄，胡须长；足垫大而软；尾长于体长，尾尖着生羽状长毛，尾其余部分裸露无毛，着生鳞片。

分类学讨论 树鼩曾经被放置到各种哺乳动物群，包括灵长类、有盲肠总目 MENOTYPHLA、统兽总目 ARTHONTA 和 VOLITATIA。这些类群的组成差异很大，表明很难厘清这些哺乳动物类群之间的关系。1825年，Gray 将树鼩归入鼹科 Talpidae，因为它具有以下特点：明显的切齿、管状白齿、适于挖掘或行走的短腿。这个类群曾经包含许多历史上很难明确其分类地位的哺乳动物类群，包括猬科 Erinaceidae、鼩鼱属 *Sorex* 和马岛猬科 Tenrecidae，这个历史群体的成员有着共同的牙齿特征，这些特征导致它们被归为现今不再使用的食虫目 INSECTIVORA。对树鼩记述最全面的是 Lyon（1913）写的一本书，树鼩被认为是象鼩（象鼩科 Macroscelididae）的近亲。这种姊妹支的关系也受到广泛的争论。

Ellerman 和 Morrison-Scott（1951）、McKenne（1975）等不少学者认为树鼩属于食虫目，而Simpson（1961）的研究认为已知灵长类在大约第三纪时演化自食虫目，树鼩是目前地球上幸存的少数灵长类原型中的一种。Elliott（1971）支持Simpson（1945）的观点，并对1870—1969年树鼩的分类研究进行了综述。戴长柏等（1983）通过树鼩血清蛋白电泳的比较研究，也支持树鼩属于灵长类。杨晓密（2007）等基于*Cytb*基因从分子方面对攀鼩目的系统发生进行了分析，认为攀鼩目与皮翼目关系更接近，贾婷等（2008）的研究也支持这一观点。Porter等（1996）在分析了27个物种的血管性血友病因子（von Willebrand Factor，vWF）后认为树鼩是啮齿目近缘。Hallstrom和Janke（2010）对31个物种用3 364个同源基因建树分析后认为树鼩与啮齿目的亲缘关系更近。Fan等（2013）选择了15个代表物种的2 117个单拷贝基因构建系统发育树，结果表明树鼩是灵长目近亲。Lin等（2014）的类似研究也支持相同结论。树鼩和灵长类之间有相似之处，这导致了1960年前的研究将树鼩纳入灵长类中并被普遍接受。相似之处包括眼睛周围有个眶后棒，与灵长类原猴亚目狐猴下目动物一样，有相对较大的脑颅，等等。

灵长类动物和树鼩的共同特征后来被证明是观察错误。Campbell（1966，1974）对众多学者"树鼩属于灵长类"的观点表示怀疑，他认为是趋同进化。随后，Butler（1972）将树鼩从灵长类移除，将树鼩提升为攀鼩目（包含笔尾树鼩亚科和树鼩亚科2个亚科），这也是McKenna（1963）的观点。随后的形态学数据也支持将树鼩独立为攀鼩目（Zeller，1986），而且关于姊妹关系的争论很可能是由于缺乏对树鼩形态特征（特别是颅骨特征）的充分观察。Dene等（1978）用免疫扩散技术研究了树鼩和被认为与树鼩较近的物种的亲缘关系，结果显示树鼩类为单独1个目，和食虫类、象鼩类关系很远，与灵长类、狐猴类关系较近。

在众多的分类方案中，树鼩在基干灵长类、象鼩类和食虫类之间不断变系统地位，现在看来它们似乎没有直系亲缘关系。今天，所有的树鼩动物都被归为攀鼩目，这个目包含2个科，这2个科是从最初的亚科提升的。笔尾树鼩科可能代表了更古老的树鼩类型，是来自渐新世早期的化石（Li and Ni，2016）与现代物种表现出显著的相似性，被认为是"整个新生代东南亚持续稳定的热带环境对这种形态的保守性起了关键作用"。树鼩类化石的年代可以追溯到始新世，尽管只有少数不完整的标本。虽然现有的化石数量有限，但它们与现存的树鼩物种非常相似。树鼩科包含白天活动的3个属（*Anathana*、*Dendrogale*、*Tupaia*）物种，目前包含22种和许多亚种及同物异名。

攀鼩目包括树鼩科Tupaiidae和笔尾树鼩科Ptilocercidae 2个科。中国只分布有树鼩科1个科。

四、树鼩科 Tupaiidae Gray，1825

Tupaina Gray, 1825. Ann. Philos., n.s., 10: 339.

Tupaiidae Mivart, 1868. Jour. Anat. Physiol. Lond., 4(模式属：*Tupaia* Raffles, 1822).

Tupaiadae Bell, 1839. Insectivora. In Cyclop. Anat. Phys. (Robert Bentley Todd, ed.). Lond., Sherwood, Gilbert and
    Piper, 2: 994.

Tupaiinae Layon, 1913. Proc. U. S. Nat. Mus., 45(1976): 4.

起源与演化 见攀鼩目。

形态特征 见攀鼩目。

分类学讨论 树鼩科于1825年由Gray建立，由于原来树鼩曾被归入灵长目、食虫目等，因此，树鼩科分类地位也多次改变，有10余个科的同物异名，也曾被作为亚科。

树鼩科包括树鼩属*Tupaia*、细尾树鼩属*Dendrogale*、印度树鼩属*Anathana* 3个属。四川仅分布树鼩属1个属。

18. 树鼩属 *Tupaia* Raffles，1821

Tupaia Raffles, 1821. Trans. Linn. Soc. Lond., 13: 256(模式种：*Tupaia ferruginea* Raffles, 1821).

Sorex-glis F. Cuvier and É. Geoffroy, 1822; Hist. Nat. Mamm., 33, 35: 1(模式种：*Sorex glis* Diard and Duvaucel,
    1822).

Glisorex Desmarest, 1822. Mammalogie footnote, 536(替代*Sorex-glis*).

Chladobates Schinz, 1824. Dents Mamm., 251(模式种：*Tupaia ferruginea* Raffles, 1822).

Hylogale Temminck, 1827. Mon. Mamm., 19(替代*Tupaia*).

Hylogalea Schlegel and Mueller, 1843. Verh. Nat. Gesch. Ned. Overz. Bezitt: 259.

Glisosorex Giebel, 1855. Odontographie, 18.

Tapaia Gray, 1860. Ann. Mag. Nat. Hist., 5: 71.

Glirisorex Scudder, 1882. Npomencl. Zool., 2: 131.

Glipora Jentink, 1888. Cat. Syst. Mus. Nat. Hist., Pays Bas. 12, Mamm., 118(模式种：*Tupaiaminor* Gunther, 1876).

Tana Lyon, 1913. Proc. U. S. Nat. Mus., 45: 134(模式种：*Tupaia tana* Raffles, 1822).

鉴别特征 体形似松鼠。吻较尖长。尾覆扁平长毛，不如松鼠蓬松。上颌犬齿单齿根。

形态 体形似松鼠。吻较尖长，耳小。大多肩部具暗色条带，尾毛伸向两侧而不如松鼠蓬松。

生态学资料 栖息于海平面至海拔1 400 m的森林、次生林、农耕地等环境，部分物种也可栖息于海拔2 000 m，甚至超过3 000 m的地区；杂食性（植物、昆虫、小动物）；有两个活动高峰期：早晨及傍晚；在地面活动的时间长。

地理分布 树鼩属物种分布于菲律宾、爪哇、缅甸、泰国、越南、中国、苏门答腊岛、加里曼丹岛（一半属印度尼西亚，一半属马来西亚）、马来半岛（在亚洲东南部，包括马来西亚西部、泰国南部和新加坡）。在中国分布于中南部，其中在四川分布于攀西地区及稻城。

分类学讨论　树鼩属由Raffles于1821年建立，属模式种为分布于苏门答腊的 *Tupaia ferruginea*。树鼩属是树鼩科中物种最丰富、居群最多、分布最广的类群，它们分布在东南亚大陆至中国，巽他大陆架几乎所有地区和菲律宾。在树鼩属中，一些种类如北树鼩 *Tupaia belangeri* 广泛分布，一些种类分布非常局限，例如尼科巴树鼩 *Tupaia nicobarica* 仅分布于尼科巴群岛。在广泛分布的物种中描述有较多不同的居群和同物异名。在20世纪里，树鼩属的许多居群已经发生了很大的变化，研究人员从集中或分化的角度来研究这个属。然而对这一群体没有一个的观点是"正确的"，因为数量有限的博物馆标本无法充分评估众多居群复杂的形态之间的变化。目前，某些物种有许多同物异名，而其他物种有许多亚种。Sargis等（2013，2017）对许多亚种和同物异名进行了评估，并得出结论，一些亚种和同物异名需要提升到种，而另一些应该保持为亚种。由于这种相互矛盾的模式，需要仔细评估每个居群，以确定树鼩属真实的物种数。全世界有树鼩属物种19个，我国仅有北树鼩1个物种。

（40）北树鼩 *Tupaia belangeri*（Wagner，1841）

英文名　Northern Tree Shrew

Cladobates belangeri Wagner, 1841. Schreber's Saugeth. Suppl., 2: 42(模式种产地：缅甸仰光附近的 Siriam).

Tupaia chinensis Anderson, 1878. Anat. Zool. Res. West Yunnan, 129(模式产地：云南).

Tupaia modesta J. Allen, 1906. Bull. Amer. Mus. Nat. Hist., 22: 48(模式产地：海南).

Tupaia belangeri yunalis Thomas, 1914. Ann. Mag. Nat. Hist., 13:244(模式产地：云南).

Tupaia belangeri pingi Ho, 1936. Contr. Biol. Lab. Sci. Soc. China, 12(4): 78(模式产地：海南).

Tupaia glis belangeri Ellerman and Morrison-Scott, 1951. Check. Palaea. Ind. Mamm., 10.

Tupaia belangeri chinese Allen, 1938. Mamm. Chin. Mong., 31-34.

Tupaia glis chinensis 胡锦矗和王酉之，1984. 四川资源动物志　第二卷　兽类：9-10.

Tupaia belangeri Wilson and Reeder, 1993. Mamm. Spec. World, 2nd ed., 131-132; Wilson and Reeder, 2005. Mamm. Spec. World, 105; 王酉之和胡锦矗，1999. 四川兽类原色图鉴，68; 王应祥，2003. 中国哺乳动物种和亚种分类名录与分布大全，25; Wilson and Mittermeier, 2018. Hand. Mamm. World, Vol. 8, Insectivores, Sloths and Colugos, 264.

鉴别特征　形似松鼠。吻部尖长，无胡须；颧弓有窗形孔。体毛短而致密；尾毛较短，向两侧分开而不松散。

形态

外形：外形颇似松鼠。体重约157 g，体长约168 mm，尾长约170 mm，后足长约40 mm，耳高约14 mm。吻部尖长若食虫类，耳较小且远低于毛丛。尾毛绒密向两侧分开，但较短，不如松鼠的长、蓬松；尾腹部的尾毛特短，因此尾部腹面从肛门到尾尖似1条棕黄色的纵沟。前后足发达，爪尖锐，足下有发达的肉垫。

毛色：吻、额、眼下、4 足背黄色较重，呈棕黄色似鼩猬体色。体背、尾背呈棕灰色，毛尖染以棕灰色泽，毛基灰色；背部自顶部直至尾基有一隐约黑色条带。腹面毛由颌下、喉、胸、腹直至肛门均为淡棕黄色，胸部两侧色泽略深，尾腹毛色棕黄色泽；背腹间色泽有明显界限。

头骨：吻部尖圆，脑颅大而圆，侧面观眶环后至鼻骨后缘呈斜坡状。颅全长约 46.14 mm，基长约 39.27 mm，颧宽约 23.64 mm，眶间宽约 13.13 mm，颅高约 16.43 mm。眶后突发达，向下延伸与颧突向上延伸部分相接形成骨质眶环。颧骨发达，颧弓亦发达；鼓骨大，听泡完全。枕骨较小。

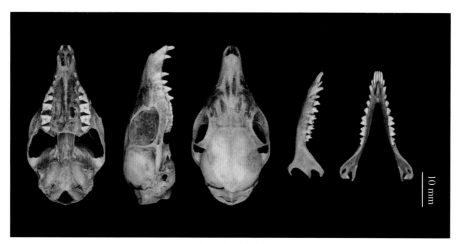

北树鼩头骨图

牙齿：齿式 2.1.3.3/3.1.3.3 = 38。上齿列长 23.16 mm。上颌门齿之间及第 2 门齿与犬齿之间齿隙较宽，似二者间缺少一齿，第 1 门齿稍大于第 2 门齿。犬齿与第 1 前臼齿及第 1 前臼齿与第 2 前臼齿之间间隙渐小；犬齿与第 2 门齿几乎等大。3 枚前臼齿逐步增大而齿形渐复杂；3 枚臼齿渐小，第 1、2 枚臼齿约等大，第 3 枚极小，齿冠面外侧观呈 W 形的齿脊如食虫类。

下齿列长约 22.11 mm。下颌第 1、2 枚门齿平行并列，几乎等大；第 3 枚门齿约为第 1、2 枚的 1/2，与第 1 前臼齿约等高。犬齿略粗且略高，向上向前倾斜，高于第 3 门齿及第 1 前臼齿。第 1 枚前臼齿较小，第 2、3 前臼齿等大且明显大于第 1 前臼齿。第 1、2 枚臼齿发达，约等大，冠面有 W 形齿脊；第 3 枚略小，W 形不甚完整。下颌长约 34.72 mm。

量衡度（衡：g；量：mm）

外形：

编号	性别	体重	体长	尾长	后足长	耳高	采集时间（年-月）	采集地点
SAFDCBA07	♂	132	144	153	37	14	2005-09	四川稻城
SAF04018	♂	153	168	170	40	14	2004-04	四川木里
SAF13597	♂	155	195	146	42	15	2013-05	海南吊罗山
SAF13609	♂	175	195	155	44	14	2013-12	海南吊罗山

头骨:

编号	颅全长	基长	颧宽	眶间宽	颅高	上齿列长	下齿列长	下颌骨长
SAFDCBA07	44.74	39.55	20.43	13.18	14.22	22.28	20.69	28.42
SAF04018	46.35	39.61	23.89	13.67	16.57	23.42	23.12	29.76
SAF13597	50.28	44.22	25.51	13.48	16.42	26.15	24.78	33.97
SAF13609	51.12	45.08	26.32	13.97	16.34	26.42	25.19	34.56

生态学资料　分布于低海拔至海拔3 000 m左右的高原;栖于炎热河谷地区的落叶阔叶林、常绿阔叶林、灌丛、岩隙间、农耕地及村庄附近。昼行性,在地面及小树上活动,攀登及跳跃能力不及松鼠强,常单独活动,也可见三五成群;杂食性,以昆虫、小鸟、鸟卵等动物性食物为主,也食花、果等植物性食物。胎仔数1～4个,以2个居多,1年繁殖1～2代。

地理分布　在四川分布于凉山西昌、宁南、会东、木里、德昌,攀枝花米易、西区(标本)、仁和区(标本)和甘孜稻城东义,国内还分布于云南、西藏南部、广西、贵州和海南岛。国外分布于尼泊尔南部、印度北部、不丹、孟加拉国、越南、老挝、泰国、柬埔寨,最南抵达克拉地峡。

分省(自治区、直辖市)地图——四川省

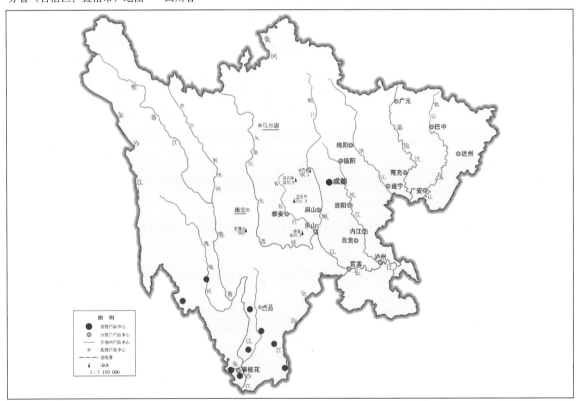

审图号:GS (2019) 3333号　　　　　　　　　　　　　　　　　　自然资源部 监制

北树鼩在四川的分布
注:红点为物种的分布位点。

分类学讨论　Allen（1938）认为北树鼩有 *Tupaia belangeri chinensis*、*T. b. yunalis*，*T. b. modesta* 3个亚种。Ellerman 和 Morrison-Scott（1951）认为云南东南部的 *T. b. yunalis* 和云南北部的 *T. b. tonquinia* 实际上是 *T. b. modesta* 的异名而废止。王应祥（2003）将北树鼩分为海南亚种 *T. b. modesta* J. Allen，1906、瑶山亚种 *T. b. yaoshanensis* Wang，1987、越北亚种 *T. b. tonquinia* Thomas，1925、滇东南亚种 *T. b. yunalis* Thomas，1914、滇西亚种 *T. b. chinensis* Anderson，1878、高黎贡山亚种 *T. b. gaoligongensis* Wang，1987、藏东南亚种 *T. b. versurae* Thomas，1922、藏南亚种 *T. b. lepcha* Thomas，1922 等8个亚种。Wilson 和 Mittermeier（2018）认为北树鼩有指名亚种 *T. b. belangeri* 和中国亚种 *T. b. chinensis* 2个亚种。Roberts 等（2011）的研究中发现，在少数几个有多个样本的物种中，北树鼩似乎是并系。也许研究中的样本可能鉴定错误，或者需要对有问题的样本进行额外的分类学调查。在缅甸采集的北树鼩样本构建的系统发育关系显示其是并系，与 Roberts 等人的结论一致，并和苏门答腊岛两个普通树鼩样本构成姊妹关系。基于此，本书观点：北树鼩应包含较多的亚种，对中国分布的树鼩进行更多的深入研究是十分必要的。四川北树鼩亚种分类地位有待进一步研究。

翼手目

CHIROPTERA Blumenbach, 1779

Chiroptera Blumenbach, 1779. Handbuch der Naturgeschichte. Gottingen, Johann Christian
Dieterich. 58.

起源与演化　翼手目动物CHIROPTERA俗称蝙蝠，最早的化石发现于古新世和始新世分界线（5 500万年），是在葡萄牙Silveirinha发现的*Archaeonycteris praecursor*，其次是在法国南部发现的*Australonycteris*。发现于美国怀俄明州早始新世（5 300万年）的溺水蝠属*Icaronycteris*的1副完整骨架显示，它和现生蝙蝠一样具有飞行能力。与溺水蝠属同时出现的早始新世蝙蝠还有法国和北美洲的阿热蝠属*Agenia*、意大利的初蝠属*Archaeonycteris*，澳大利亚的澳蝠属*Australonycteris*，北非的*Dizzya*属，英国的爱普森蝠属*Eppsinycteris*，德国的黑森蝠属*Hassianycteris*，北美洲的荣蝠属*Honrovits*，以及法国的古蝠属*Palaeochiropteryx*等属。中国最早的翼手类化石是发现于河南淅川中始新世中期的初蝠属，山西垣曲中始新世晚期的石蝠属*Lapichiropteryx*、溺水蝠属，河南渑池中始新世的鼠耳蝠属*Myotis*化石，以及内蒙古晚始新世小蝙蝠亚目MICROCHIROPTERA的2个未定种（董永生，1997；李传夔和邱铸鼎，2019）。可见，这些物种在亚洲、欧洲、澳大利亚、非洲等均有发现，只是时间稍有差别而已。上述这些物种个体均很小，按照以前的分类系统属于小蝙蝠亚目。大蝙蝠亚目最早的化石是发现于泰国晚始新世地层的狐蝠科Pteropodidae物种，我国最早的相近物种发现于云南绿丰晚中新世地层（李传夔等，2015）。可见，大蝙蝠亚目MEGACHIROPTERA物种的起源要晚得多。从这些化石可以推断大蝙蝠亚目物种起源于亚洲南部，而小蝙蝠亚目的物种可能是多系起源。

形态特征　翼手目CHIROPTERA一词源自希腊文cheir（手）和pteridion（翼），是哺乳动物中唯一能够飞行的类群。前肢的掌骨和指骨特别延长，掌骨、指骨（除拇指外）之间、后肢与前肢间连有翼膜，后肢（除足部外）与尾之间有尾膜连接；骨骼轻盈，锁骨强大，胸骨具有像鸟类的龙骨突起，胸肌发达，这些特点有利于其飞行。短的拇指具有勾爪，利于攀爬；腰带退化，后肢较短小，5趾等长，具有爪，利于倒挂在岩壁树枝等处栖息。后足常具有软骨化的跟骨（距），其功能是支撑作用。大多数种类为食虫性，臼齿齿冠有齿尖和齿脊，排列成原始的W形外脊。有些种类则为食果性，臼齿齿冠相对平坦。

生态学资料　蝙蝠通常栖息于岩洞、废弃的矿洞与防空洞、建筑物的天花板与墙缝、树洞等处，一些蝙蝠挂在树枝休息。因此，根据栖息环境可将其分为洞栖性、房栖性及树栖性类群。

传统分类中的大蝙蝠类分布于旧大陆热带地区，主要以果实及花蜜为食，通常是树栖性类群，多在白天活动，主要依靠眼的视觉确定飞行方向。小蝙蝠类除两极外，几乎遍布全球，以热带和温带居多，种类多样性与纬度呈负相关（Nowak，1999）。洞栖、房栖及树栖3种类群均具有。主要以昆虫为食，耳发达，眼较退化，靠发出超声波回声定位。也有一些蝙蝠会捕食鱼类、青蛙、蜥蜴、鸟类或其他小型哺乳动物，甚至也会捕食蝙蝠。吸血蝙蝠吸取鸟类和哺乳动物的血液。

蝙蝠寿命数年到10余年不等，个别最高可达30年，一些蝙蝠具有迁徙和冬眠习性。每年繁殖一次，多数蝙蝠一胎带一个幼仔，体型小的蝙蝠如中华山蝠等一胎2个幼仔（石红艳等，2008），通常具有延迟着床或者延迟发育现象。幼蝠具有乳齿，最多22枚，恒齿20～38枚（林良恭等，1997；Nowak，1999）。

分类学讨论　更高阶元的关系还未明晰，传统上分成2个亚目，即大蝙蝠亚目MEGACHIROPTERA和小蝙蝠亚目MICROCHIROPTERA。大蝙蝠亚目仅狐蝠科Pteropodidae 1个科，小蝙蝠亚目包括除狐蝠科外的所有其他科。近些年的分子系统学研究（Eick et al.，2005；Hutcheon and Kirsh，2006；

Teeling et al., 2002, 2003; Teeling, 2009) 显示, 小蝙蝠亚目与大蝙蝠亚目为并系 (paraphyletic),
菊头蝠超科 Rhinolophoidea 与大蝙蝠亚目种类亲缘关系相比于其他小蝙蝠亚目的更近, 因而
将翼手目分为阴蝙蝠亚目 YINPTEROCHIROPTERA (= PTEROPODIFORMES) 和阳蝙蝠亚目
YANGOCHIROPTERA (= VESPERTILIONIFORMES), 前者包括狐蝠超科 Pteropodidae 和菊头蝠
超科 Rhinolophoidea, 后者包括其余的 20 余科 180 余属 1 200 余种 (Hutcheon, Kirsh, 2006; Teeling
et al., 2005; Kruskop, 2013)。Wilson 和 Nittermeier 在 2019 年出版的 *Handbook of the Mammals of
the world* 中沿用了此观点, 并结合近年来的研究成果修正了翼手目分类系统。本书主要参考 Wilson
和 Nittermeier (2019) 的分类系统, 将翼手目分为阴蝙蝠亚目和阳蝙蝠亚目 2 个亚目, 共 21 科。我
国分布的翼手类有 8 科 36 属 140 种 (魏辅文等, 2021)。

　　胡锦矗和胡杰 (2007) 修订了四川哺乳动物名录, 记录翼手目物种 6 科 19 属 45 种。近 10 多
年来, 由于分子系统学运用于系统分类, 翼手目分类体系发生了很大变化, 许多种类被重新厘
定, 亚种提升为种, 或另立新属。结合最新研究并主要参照 Wilson 和 Mittermeier (2019) 的分类系
统, 现四川 (除去原属于四川的重庆) 记录翼手目 7 科 20 属 49 种。新名录较旧名录增加了长翼蝠
科 Miniopteridae、毛翼蝠属 *Harpiocephalus* 及宽吻蝠属 *Submyotodon*, 删除了彩蝠属 *Kerivoula*, 假
吸血蝠属 *Megaderma* 修正为印度假吸血蝠属。在种级阶元上的变动涉及 26 种: 一是增加锦矗管鼻
蝠 *Murina jinchui* (Yu et al., 2020) 新种, 增加毛翼蝠 *Harpiocephalus harpia*、金毛管鼻蝠 *Murina
chrysochaetes*、梵净山管鼻蝠 *Murina fanjinshanensis*、奥氏菊头蝠 *Rhinolophus osgoodi* 新记录, 修订
肥耳棕蝠 *Eptesicus pachyotis* 和宝兴宽吻蝠 *Submyotodon moupinensis*; 二是剔除扁颅蝠 *Tylonycteris
pachypus*、小彩蝠 *Kerivoula hardwickii* (也称哈氏彩蝠) 及角菊头蝠 (*Rhinolophus cornutus*); 三
是原种名变更 10 种, 分别为印度假吸血蝠 *Lyroderma lyra*、宽吻犬吻蝠 *Tadarida insignis*、亚洲长
翼蝠 *Miniopterus fuliginosus*、东方棕蝠 *Eptesicus pachyomus*、中华山蝠 *Nyctalus plancyi*、东亚伏
翼 *Pipistrellus abramus*、托京褐扁颅蝠 *Tylonycteris tonkinensis*、华南水鼠耳蝠 *Myotis laniger*、渡
濑氏鼠耳蝠 *Myotis rufoniger*、大足鼠耳蝠 *Myotis pilosus*; 四是根据新证据将亚种提升为种, 共 7
种, 包括日本马铁菊头蝠 *Rhinolophus nippon*、短翼菊头蝠 *Rhinolophus shortridgei*、北绒大菊头蝠
Rhinolophus perniger、大耳菊头蝠 *Rhinolophus episcopus*、安氏小蹄蝠 *Hipposideros gentilis*、阿
拉善伏翼 *Hypsugo alaschanicus*、东方宽耳蝠 *Barbastella darjelingensis* (以上变更原因论述参见
总论)。

四川分布的翼手目分科检索表

1. 食果, 眼大, 前肢第 2 指通常具爪 ……………………………………………………… 狐蝠科 Pteropodidae
　食虫或食鱼, 眼较小; 前肢第 2 指无爪 ………………………………………………………………… 2
2. 吻部有突出的叶状衍生物, 形成鼻叶 (nose leaf) ……………………………………………………… 3
　吻部无突出的叶状衍生物 ………………………………………………………………………………… 5
3. 耳屏 (tragus) 分叉, 无对耳屏 (antitragus); 鼻叶简单 ………………………… 假吸血蝠科 Megadermatidae
　耳屏缺失, 对耳屏发达; 鼻叶复杂 ……………………………………………………………………… 4
4. 鼻叶无鞍状叶和连接叶, 顶叶宽叶状, 端部平滑或有 2～3 个凸起 ……………………… 蹄蝠科 Hipposideridae

鼻叶具鞍状叶和连接叶，顶叶竖直，近似三角形 ……………………………………………… 菊头蝠科 Rhinolophidae

5.尾从尾膜边缘明显伸出尾膜外 ……………………………………………………………… 犬吻蝠科 Molossidae

尾包含在尾膜中或仅伸出尾膜 1～2 mm ………………………………………………………………………… 6

6.第3指的第2指节长为第1指节的3倍，静息时第2指节折转 ……………………………… 长翼蝠科 Miniopteridae

第3指的第2指节长不及第1指节的2倍，静息时第2指节不折转 ……………………………… 蝙蝠科 Vespertilionidae

五、狐蝠科 Pteropodidae Gray，1821

Pteropodidae Gary, 1821. Lond. Med. Repos., Vol. 15, pt. 1: 299(模式属: *Rousettus* Gray, 1821).

起源与演化　狐蝠科Pteropodidae是个古老的谱系，可以追溯到3 000万年前。最古老的化石为泰国始新世地层狐蝠科物种的，但因为化石头骨只保存了1颗牙齿而存在争议。中新世狐蝠科的记录包括来自非洲、亚洲和欧洲的遗迹。来自肯尼亚西部的6块带有牙齿成分的下颌骨碎片，最初被认为属于原猴；在20世纪60年代的一次修订中，将其重新归为翼手目狐蝠科，定名为*Propotto leakeyi*，然而，这一观点最近受到了质疑，如今*Propotto*被认为是1种手形狐猴。欧洲中新世的记录包括来自法国中新世中期（Serravallian时代，1 160万～ 1 380万年前）的大量牙齿碎片。这些牙齿化石是在岩溶裂隙填充物中发现的，疑似属于果蝠属*Rousettus*，且发现环境与该属物种所居住的洞穴环境一致。这些牙齿化石遗骸表明西欧中新世处于亚热带环境，并支持了"源自亚洲的西向传播到达地中海"的假设，这可能导致了现代非洲翼手类动物的出现。狐蝠科在亚洲的化石记录来自中国中新世晚期（云南陆丰），该化石只有两个单独的臼齿（右侧第1上臼齿及左侧第2下臼齿）（Wilson and Mittermeier, 2019）。

最近的研究结果表明，短鼻果蝠亚科Cynopterinae和果蝠亚科Rousettinae是所有其他大蝙蝠亚目的姊妹群，位于最基部。其次，雕形果蝠亚科Harpyionycterinae和长舌果蝠亚科Macroglossinae形成了一个群系姊妹支，其中翼足蝠科Eidolinae是背翼果蝠亚科Notopterinae、管鼻果蝠亚科Nyctimeninae和狐蝠亚科Pteropodinae的姊妹支（Wilson and Mittermeier, 2019）。

形态特征　体型中到大型；耳屏缺失；耳缘形成一完整的环；第2指游离，有3节指骨，通常有爪；尾退化或缺失；头骨和吻部相对延长；前颌骨游离，无腭骨；硬腭向后延伸超过最后1枚臼齿的后缘；眶后突发达；基枕骨和基蝶骨较狭窄；下颌角突宽而低或完全缺失。

齿式2.1.3.2/2.1.3.3 = 34。牙齿构造特化，适宜食果：齿尖不发达；齿冠平坦，有呈直线的中沟；上、下臼齿齿冠前部有2枚钝的齿尖；上臼齿有上原尖和上前尖；下臼齿有下原尖和下后尖。

分类学讨论　传统分类上狐蝠科属于大蝙蝠亚目，该科最初是由Gray在1821年命名，在1875年和1878年被Dobson有影响力的著作重申，该著作建立了大蝙蝠亚目（Gray 称之为果翅目FRUCTIVORAE）和小蝙蝠亚目。由此，常用术语"大蝙蝠类"（megabat）代表旧大陆的狐蝠科中果蝠，无回声定位（non-echolocating）能力，而"小蝙蝠类"（microbat）则指所有其他蝙蝠，这些蝙蝠能发出超声波回声定位（echolocating）（Wilson and Mittermeier, 2019）。

在新的分类系统中狐蝠科属于阴蝙蝠亚目。分类变更原因详见翼手目分类学讨论。目前狐蝠科包括8个亚科：短鼻果蝠亚科、果蝠亚科、长舌果蝠亚科、雕形果蝠亚科、翼足蝠科、管鼻果蝠亚科、背翼果蝠亚科、狐蝠亚科，46属191种（Wilson and Mittermeier, 2019）。我国有4亚科7属10种（魏辅文等，2021），四川分布1属1种。

19. 果蝠属 *Rousettus* Gray，1821

Rousettus Gray, 1821. Lond. Med. Repos., 15:299(模式种: *Pteropus egyptiacus* É. Geoffroy, 1810); 王应祥, 2003. 中国哺乳动物种和亚种分类名录与分布大全, 27.

鉴别特征 体型较大，但在狐蝠科中属中等体型的类群；前臂长73～103 mm；第2指具爪；具尾和距；头骨枕部向下弯；左、右前颌骨的最前端相接或接近；吻长，眼大。齿式2.1.3.2/2.1.3.3 = 34。臼齿齿尖不甚发达。

形态

外形：体型较大，前臂长73～103 mm。头面部似狐。吻长，眼大。耳郭卵圆形，无耳屏和对耳屏。尾短，后端游离。第1指具强大的爪，第2指有3指骨，末端为较弱小的爪，第3～5掌骨长几乎相等，形成较短而宽的翼。冀黑褐色，侧膜背面沿肱骨和前臂骨中部生长有毛。腹面除可见肘关节和前臂骨附近密生绒毛外，尚可见10余条绒毛斜线。股间膜极窄而中部具毛。头顶及背部为棕褐色，腹部毛色较背部浅，为淡棕褐色。颅骨吻鼻部较长，矢状脊可见而人字脊不甚明显。额骨两侧眶后突发达，呈三角形。前颌骨细弱，在吻端左右相接触或愈合，有门齿附着。牙齿特化为食果型，齿冠较平坦，齿尖不甚尖锐，仅可见小的突起，但在臼齿中央可见到浅纵沟。

地理分布 果蝠属分布于非洲和亚洲南部（至印度尼西亚的群岛）。

分类学讨论 McKenna和Bell（1997）认为*Cercopteropus* Burmett，1829，*Eleutherura* Gray，1844，*Cynonycteris* Peters，1852，*Xantharpyia* Gray，1843，*Senonycteris* Gray，1870，*Lissonycteris* Andersen，1912和*Stenonycteris* Andersen，1912是*Rousettus*属的同物异名，*Boneia* Jetink，1879是一独立的属。Simmons（2005）又将*Boneia*作为*Rousettus*属的1个亚属并将*Lissonycteris*排除该属。Wilson和Mittermeier（2019）则将*Boneia*、*Stenonycteris*及*Lissonycteris*分别另立为独立的属。

该属有9种，中国记录有棕果蝠*Rousettus leschenaulti*和抱尾果蝠*R. amplexicaudatus* 2种（魏辅文等，2021）。其中四川仅分布1种——棕果蝠*R. leschenaultii*。

（41）棕果蝠 *Rousettus leschenaultii*（Desmarest，1820）

英文名 Leschenaults's Rousette

Pteropus leschenaultii Desmarest, 1820. Encycl. Meth. Mamm., 1: 100(模式产地: 印度本地治理India Pondicherry); Simmons, 2005. Chiroptera. In Wilson and Reeder. Mamm. Spec. World, 3rd ed., 348, Smith和解焱, 2009. 中国兽类野外手册, 278; Wilson and Mittermeier, 2019. Hand. Mamm. World, 86; 魏辅文, 等, 2021. 兽类学报, 41(5): 487-501.

Pteropus pyrivorus Hodgson, 1835. Jour. Asiat. Soc. Bengal, 4: 700(模式产地: 尼泊尔).

Pteropus pirivarus Hodgson, 1841. Jour. Asiat. Soc. Bengal, 4: 908.

Cynopterus marginatus Gray, 1843. List Mamm. Brit. Mus., 38.

Cynopterus seminudus Kelaart, 1850. List Mamm. Brit. Mus., 38(模式产地: 喜马拉雅地区).

Eleutherura fuliginosa Gray, 1871. Cat. Monkeys, Lemurs and Fruiteating Bats, 118(模式产地: 老挝).

Eleutherura fusca Gray, 1871. Cat. Monkeys, Lemurs and Fruiteating Bats, 119(模式产地：印度).

Cynoycteris infuscata Peters, 1873. Mber. Preuss. Akad. Wiss., 487(模式产地：印度).

Rousettus leschenaulti 谭邦杰，1992. 哺乳动物分类，61；张荣祖，1997. 中国哺乳动物分布，23；吴毅和李操，1997.
　　四川动物，16(1)：48；王应祥，2003. 中国哺乳动物种和亚种分类名录与分布大全，27.

Rousettus leschenaulti leschenaulti 王应祥，2003. 中国哺乳动物种和亚种分类名录与分布大全，27.

鉴别特征　体型大，前臂长约82～88 mm。头面部似狐。吻长，眼大。毛棕褐色至淡棕褐色。第2指末端具爪。

形态

外形：体型大，前臂长约82～88 mm。头面部似狐。吻长，眼大。耳郭卵圆形，无耳屏和对耳屏。尾短，后端游离。第1指具强大的爪，第2指有3节指骨，末端为较弱小的爪，第3～5掌骨长几乎相等，形成较短而宽的翼。翼黑褐色，侧膜背面沿肱骨和前臂骨中部生长有与体毛相连的毛。腹面除可见肘关节和前臂骨附近密生绒毛外，尚可见10余条绒毛斜线。股间膜极窄而中部具毛。

毛色：头顶及背部为棕褐色，腹部毛色较背部浅，为淡棕褐色。

头骨：颅骨吻鼻部较长，矢状脊可见而人字脊不甚明显。额骨两侧眶后突发达，呈三角形。前颌骨细弱，在吻端左右相接触或愈合，有门齿附着。

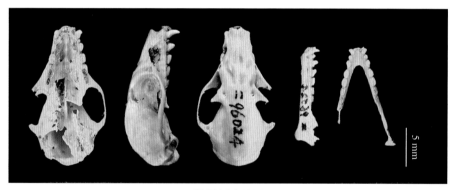

棕果蝠头骨图

牙齿：齿特化为食果型，齿冠较平坦，齿尖不甚尖锐，仅可见小的突起，但在臼齿中央可见到浅纵沟。

量衡度（衡：g；量：mm）

外形：

编号	性别	体重	体长	尾长	后足长	耳长	前臂长	采集地点
CWNU96023	♂	110	123	19	21	22	83	四川盐边
CWNU96024	♀	110	132	21	22	22	83	四川盐边
CWNU96025	♀	80	120	19	20	22	88	四川盐边
CWNU96026	♂	98	132	18	22	22	82	四川盐边

头骨：

编号	颅全长	基长	颧宽	眶间宽	脑颅宽	颅高	上齿列长	下齿列长	下颌骨长
CWNU96024	39.68	36.03	23.10	8.49	15.12	16.35	15.24	16.42	28.10

生态学资料　棕果蝠为典型的夜行性热带蝙蝠。四川仅在盐边新坪乡境内采集到6号标本，采集点海拔1 410 m。该洞位于新坪河畔附近的半山腰。洞口东南向，洞内高度5～20 m。同栖于该洞的还有大蹄蝠*Hipposideros armiger*、普氏蹄蝠*H. pratti*和中菊头蝠*Rhinolophus affinis*等。采集地农民反映，棕果蝠夜间食熟透、优质的水蜜桃和芒果等（吴毅和李操，1997）。每年繁殖2次，每胎1仔，哺乳期2个月，雌体性成熟约5个月，雄性性成熟约15个月（Smith和解焱，2009）。

地理分布　四川仅在盐边采集到标本，国内还分布于福建、广西、广东、云南、海南、贵州、江西、西藏、澳门及香港。国外分布于巴基斯坦、印度、尼泊尔、不丹、孟加拉国、缅甸、泰国、老挝、越南、柬埔寨、斯里兰卡、苏门答腊岛、爪哇岛、巴厘岛、龙目岛。

分省（自治区、直辖市）地图——四川省

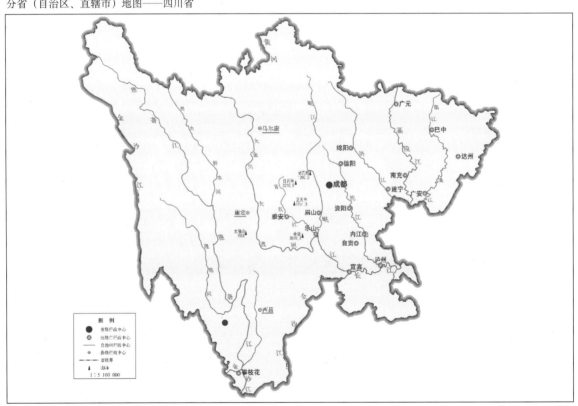

审图号：GS（2019）3333号　　　　　　　　　　　　　　　　自然资源部 监制

棕果蝠在四川的分布

注：红点为物种的分布位点。

分类学讨论　棕果蝠学名有时写作*Rousettus leschenaulti*（Koopman，1993，1994；谭邦杰，1992；张荣祖，1997；吴毅和李操，1997；王应祥，2003）。Simmons（2005）查证原文，提出应遵照拉丁学名的原文，Wilson和Mittermeier（2019）及魏辅文等（2021）采用了*Rousettus leschenaultii*。目前分为3个亚种，四川分布的是指名亚种*R. l. leschenaultii*。

六、假吸血蝠科 Megadermatidae H. Allen, 1864

Megadermatidae H. Allen, 1864. Monogr. Bats N. Am., xxiii, 1(模式属: *Megaderma* É. Geoffory, 1810).

起源与演化 假吸血蝠科Megadermatidae属于阴蝙蝠亚目YINPTEROCHIROPTERA菊头蝠超科Rhinolophoidea, 该总科还包括鼠尾蝠科Rhinopomatidae、凹脸蝠科Craseonycteridae、三叉戟蝠科Rhinonycteridae、蹄蝠科Hipposideridae和菊头蝠科Rhinolophidae。根据分子分析, 估计它们是从始新世(4 100万~4 400万年前)凹脸蝠科中与之关系最近的亲戚分化而来, 大约在翼手目分化为阴蝙蝠亚目和阳蝙蝠亚目的2 000万年后分化的(Wilson and Mittermerei, 2019)。

直到几年前, 假吸血蝠科最古老的成员一直被认为是食死蝠属*Necromantis*的物种。该物种属于1887年首次由A.Weithofer依据法国科尔西磷岩组(Quercy Phosphorites Formation)沉积物中发现的模式种食死蝠*N. adichaster*的下颌骨描述, 这是在这些沉积物中发现的最大的蝙蝠化石之一, 估计有3 600万~4 400万年的历史。其宽而短的下颌及发达且适合咬切的牙齿与现代食肉动物相似, 推测是一种食肉型的动物。进一步将其与杀螳蝠科的牙齿进行详细比较的结果也支持了这一观点, 这应该是假吸血蝠科亲缘关系较近的另一科。

目前仍认为假吸血蝠科最古老的化石是*Saharaderma pseudovampyrus*。该物种是G. F. Gunnell等在2018年基于从埃及北部的一个采石场大约3 400万年前始新世晚期的材料中发现的。模式标本保留了部分下颌、最后一枚前臼齿和3枚白齿。从牙齿来看, 它比食死蝠或现存的*Macroderma gigas*小得多, 并且可能与一些现存物种(如印度假吸血蝠*Lyroderma lyra*)相似。

人们从欧洲和北非的化石沉积物中发现了许多其他种, 其中大多数来自法国、德国、西班牙、摩洛哥, 全部归为假吸血蝠属*Megaderma*, 表明该科曾经比现在分布更广泛。基于化石记录的分子分析表明, 所有目前公认的物种可能在2 300万年前发生了分歧。

形态特征 耳特别大, 与耳屏分离; 吻部有凸出的皮肤衍生物, 形成简单、狭长的鼻叶; 第2指有1节发达的指节, 第3指有2节指节; 无尾; 头骨的前颌骨退化; 眶突很短, 有时缺失; 上颌无门齿; 犬齿向前凸出, 后小尖发达。齿式 0.1.1-2.3/2.1.2.3 = 26-28。

地理分布 分布在亚洲南部、非洲、澳大利亚。

分类学讨论 假吸血蝠科中, 不同属之间的系统发育关系尚不明确。基于线粒体细胞色素氧化酶 I(COI)基因对所有6种现存物种的分析表明, *Lyroderma lyra* 与 *Lavia frons* 或 *Macroderma gigas* 的关系比与 *Megaderma spasma* 的关系更密切。使用线粒体和核基因(不包括COI)对蝙蝠科和属之间的高级关系进行独立分析, 同样得出*Lyroderma lyra* 与 *Macroderma gigas* 的关系比与 *Megaderma spasma* 的关系更密切这一结论。但它们的树状结构仍未被厘清, 部分原因使所有物种之间的差异很大。这些遗传差异与一项关于舌骨肌形态的研究相矛盾, 该研究表明*Lyroderma lyra* 和 *Megaderma spasma* 具有相同的肌肉形态, 并且在一个或多个特征上与其他物种不同, 尽管 *Lavia fros* 仅在一个次要特征上有所不同。然而, 其他几个形态特征支持将*Lyroderma lyra* 和 *Megaderma spasma* 区分到它们自己的属中。所有6种已知的假吸血蝠动物的雄性阴茎骨节都各不相同。*Megaderma spasma* 由一个带有两个发达尖头的短轴组成；*Lyroderma lyra* 有2根分开但非常细长且短的骨头，没有分叉；*Macroderma gigas* 也有2根独立的骨头，但它们很大且呈钩状；*Lavia frons* 有个中等长度的轴，带有2个发达的尖头；*Cardioderma cor* 有个扁平的端部，头部和底部都扩大了；*Eudiscoderma thongareece* 有个很长的轴和非常短的尖头。*Megaderma spasma* 和 *Lyroderma lyra* 都有个额外的小上前白齿，这与其他现存物种不同，但一些 *Macroderma* 属化石也有这个额外的前白齿，这表明它不是个可靠的通用特征。它们还有个类似被拉长的后鼻叶，呈简单的圆形或半圆形（而不是心形）的中鼻叶，以及不覆盖口吻的缩小的前鼻叶。因此，虽然不能确定彼此确切的关联关系，但似乎将所有现存物种放在不同的属中更为适合（Wilson and Mittermeier，2019）。本书采用 Wilson 和 Mittermeier（2019）的观点。假吸血蝠科有6属，中国仅2属2种，其中四川分布1属1种。

20. 印度假吸血蝠属 *Lyroderma* Peters，1872

Lyroderma Peters, 1872. Monatsber, k. preuss. Akad. Wissensch., Berlin, 195 [as Subgenus of *Megaderma*]（模式种：*Meyaderma lyra* É. Geoffroy 1810); Tate, 1947. Mamm. East. Asia, 101; Ellerman and Morrison-Scott, 1951. Check. Palaea. Ind. Mamm., 108-109; Corbet and Hill, 1992. Mamm. Indom. Reg. Syst. Rev., 89-90; Simmons, 2005. Chiroptera. In Wilson and Reeder. Mamm. Spec. World, 3rd ed., 380.

Lyroderma Peters, 1872 [valid genus]. Miller, 1907. Fam. Gen. Bat., 104; Allen, 1938. Mamm. Chin. Mong., 161-164; Wilson and Mittermeier, 2019. Hand. Mamm. World, 183-184, 192-193.

鉴别特征 体型中等，前臂长65～72 mm，耳很大，呈卵圆形，耳屏分叉，鼻叶单片呈长卵圆形，有2条纵沟。齿式0.1.2.3/2.1.2.3 = 28。

形态 体型中等，前臂长65～72 mm。耳很大，呈卵圆形，双耳内缘在额部前方相连接。鼻叶单片呈长卵圆形，具2条纵沟；尾退化或消失。毛色鼠灰棕到深灰色，头骨较细长，前颌骨缺失，矢状脊特别发达，吻部较窄，颧弓发达，颧宽明显超出后头宽，听泡很小，其长度不及听泡间基枕骨的宽度。犬齿特别发达，上颌小前白齿被犬齿和后面的前白齿挤出齿列稍外侧。白齿中附尖全部退化，上次尖均缺失，故W形齿冠稍缺损。下颌门齿较大，略呈三叉形，排成前凸的圆弧形；下颌白齿冠排列十分紧密，内齿尖不发达；第3下白齿没有内后尖。

生态学资料 栖息于海拔850～1 500 m的山洞（王酉之和胡锦矗，1999）、地坑、建筑物和树洞，以大型昆虫如蟑螂、甲虫和白蚁以及一些小型的脊椎动物如蜥蜴、蛙类、鱼、啮齿类、鸟类甚至其他种类的蝙蝠为食，食性组成在不同季节有一定差异（张礼标等，2007）。通常在离地面0.5～1 m的高度低飞和缓慢飞行捕食。据印度研究报道，交配高峰期在11月到12月，妊娠期145天，3—5月产仔；每胎产1仔，有时2仔，哺乳期2～3个月。雄性15个月性成熟，雌体19个月性成熟（Wilson and Mittermeier，2019）。

地理分布 国内分布于西藏、云南、四川、贵州、湖南、广东、广西、福建、海南。国外分布于阿富汗东部、巴基斯坦、印度、斯里兰卡、孟加拉国、缅甸西部及南部、泰国、老挝、越南、马来西亚半岛。

分类学讨论　*Lyroderma* 这个名字是 Peters 于 1872 年提出的，作为 *Megaderma* 的 1 个亚属，包括 *Lyroderma lyra*。Miller 在 1907 年建议应将 *Lyroderma* 视为 1 个独特的属，但 Tate 在 1941 年使用 *Lyroderma* 作为通用名称时建议，其仍应被视为 *Megaderma* 的 1 个亚属，之后的学者也一直沿用此观点（谭邦杰，1992；Corbet and Hill，1992；Bates et al.，1994；Bates and Harrison，1997；王应祥，2003；Simmons，2005）。大多数学者将 *Megaderma spasma* 和 *Lyroderma lyra* 视为 *Megaderma* 的代表，但最近的遗传分析表明它们不是近亲，应该被放在不同的属中，故将 *Lyroderma* 提升为独立的属（Wilson and Mittermeier，2019），但魏辅文等（2021）未采用此观点。本书按照 Wilson 和 Mittermeier（2019）的分类系统，认为本属仅 1 种，为印度假吸血蝠 *Lyroderma lyra*。

（42）印度假吸血蝠 *Lyroderma lyra*（É. Geoffroy, 1810）

英文名　Greater False Vampire Bat、Greater False Vampire、Greater Asian False-vampire、Indian False-vampire

Megaderma lyra É. Geoffroy, 1810. Ann. Mus. Natn. Hist. Nat. Paris, 15: 190(模式产地：印度马德拉斯)；胡锦矗和王酉之，1984. 四川资源动物志　第二卷　兽类，31-32；谭邦杰，1992. 哺乳动物分类名录，74；王酉之和胡锦矗，1999. 四川兽类原色图鉴，71；Simmons, 2005. Chiroptera. In Wilson and Reeder. Mamm. Spec. World, 3rd ed., 380. 魏辅文，等，2021. 兽类学报，41(5): 487-501.

Megaderma (Lyroderma) lyra Peters, 1872. Über die Arten der Chiropterengattung Megaderma. Monatsber. Konigl. Preuss. Akad. Wiss. Berlin, 1872: 192-196; Corbet and Hill, 1992. Mamm. Indom. Reg., Syst. Rev., 90; 王应祥，2003. 中国哺乳动物种和亚种分类名录与分布大全，30；张荣祖，1997. 中国哺乳动物分布，25；Smith 和解焱，2009，中国兽类野外手册，302.

Lyroderma lyra Allen, 1938. Mamm. Chin. Mong., 162-164; Wilson and Mittermeier, 2019. Hand. Mamm. World, 192-193.

鉴别特征　同属的描述。

形态

外形：体型中等。前臂长 65 ～ 72 mm，后足长 14 ～ 20 mm；耳很大，卵圆形，耳长 34 ～ 38 mm，双耳的内缘在额部之上连接；鼻叶凸起呈长卵圆形，长约 10 mm，具 2 条纵沟。尾退化或缺失。

毛色：背毛呈鼠灰棕色，腹面较淡，毛基深灰，毛尖白色。

头骨：头骨较细长，颅全长 29 ～ 32 mm，吻部较窄，前颌骨缺失。颅骨侧面观可见，吻部逐渐上升到颅顶，达最高后略下降，矢状脊特别发达。颧弓发达，颧宽远超出后头宽。听泡很小。

牙齿：犬齿特别发达，上颌犬齿齿冠高约为第 2 上前臼齿的 2 倍；第 1 上前臼齿极其退化，被挤在齿列内侧，肉眼几乎看不见，上颌犬齿与第 2 上前臼齿几乎挨着。第 3 上白齿齿冠面约为第 2 上白齿齿冠面的 1/3。下颌犬齿高约为第 2 下前臼齿的 2 倍，2 枚前白齿大小相近，3 枚白齿大小形态相似。

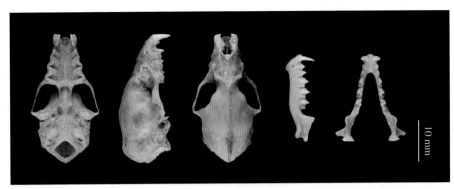

印度假吸血蝠头骨图

量衡度（衡：g；量：mm）

外形：

编号	性别	体重	体长	尾长	后足长	耳长	前臂长	胫骨长	采集地点
SAF00075	♀	64	89	—	19	38	72	—	四川雷波
SAF00096	♀	60	80	—	15	34	67	31.56	四川雷波
SAF00097	♂	50	77	—	15	35	69	29.20	四川雷波
SAF00098	♂	40	75	—	15	33	65	27.10	四川雷波
SAF00099	♀	41	75	—	16	34	67	30.53	四川雷波
SAF00100	♂	52	73	—	16	34	70	33.07	四川雷波
SAF00101	♂	43	72	—	16	34	65	—	四川雷波
SAF00102	♂	44	72	—	16	36	66	30.26	四川雷波
SAF00103	♂	56	75	—	17	37	67	—	四川雷波
SAF00104	♂	54	81	—	17	38	66	28.43	四川雷波
SAF00105	♂	50	80	—	16	37	70	31.19	四川雷波
SAF00106	♀	50	76	—	17	37	68	36.11	四川雷波

头骨：

编号	颅全长	基长	颧宽	眶间宽	脑颅宽	颅高	上齿列长	下齿列长	下颌骨长
SAF00075	31.16	28.16	—	5.54	12.95	12.10	12.55	13.31	22.41
SAF00096	31.43	28.64	17.40	—	12.98	13.12	12.05	13.49	21.34
SAF00097	30.65	27.71	17.65	5.28	13.02	13.08	12.04	13.08	21.99
SAF00098	29.75	27.16	16.80	5.34	12.57	12.74	11.74	13.09	21.53
SAF00099	29.92	27.37	17.50	5.06	13.18	11.98	11.61	12.89	22.21
SAF00100	30.38	28.07	17.51	5.74	13.06	13.53	11.81	12.96	21.83
SAF00101	30.96	27.11	17.16	5.41	12.93	11.77	11.70	12.74	20.85
SAF00102	30.16	28.34	—	5.63	12.89	13.29	11.80	12.94	21.37
SAF00104	31.29	28.01	18.32	5.36	13.01	11.52	12.00	13.06	22.11

（续）

编号	颅全长	基长	颧宽	眶间宽	脑颅宽	颅高	上齿列长	下齿列长	下颌骨长
SAF00105	29.76	27.24	16.70	5.69	12.68	11.82	11.85	13.02	21.74
SAF00106	30.17	27.19	17.02	5.31	13.26	11.95	11.82	12.71	21.28

生态学资料　见属的阐述。

地理分布　在四川记录于雷波和雅安，国内还分布于福建、重庆、广东、海南、西藏、云南、贵州、广西、湖南。国外分布于阿富汗东部、巴基斯坦、印度、斯里兰卡、孟加拉国、缅甸西部及南部、泰国、老挝、越南、马来西亚半岛，不丹也可能有分布。

分类学讨论　印度假吸血蝠原属于 *Megaderma* 属的 *Lyroderma* 亚属（Bates et al.，1994；Bates and Harrison，1997；Simmons，2005），因 *Lyroderma* 提升为独立的属而更名为 *Lyroderma lyra*（Wilson and Mittermeier，2019），魏辅文等（2021）未采用此观点。本书按照 Wilson 和 Mittermeier（2019）的分类系统。全世界有 2 个亚种，四川分布的是华南亚种 *Lyroderma lyra sinensis*（Anderson and Wroughton，1907）。

分省（自治区、直辖市）地图——四川省

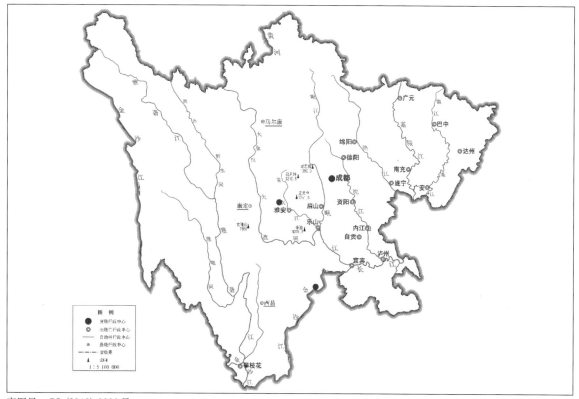

审图号：GS（2019）3333号

自然资源部　监制

印度假吸血蝠在四川的分布
注：红点为物种的分布位点。

印度假吸血蝠华南亚种 *Lyroderma lyra sinensis*（Anderson et Wroughton，1907）

Eucheira sinensis Andersen and Wroughton, 1907. Ann. Mag. Nat. Hist., 7, 19: 136(模式产地：福建厦门).

Lyroderma lyra sinensis Sanborn, 1933. Proc. Biol. Soc. Wash., Vol. 46, 55; Allen, 1938. Mamm. Chin. Mong., 162-164; Wilson and Mittermeier, 2019. Hand. Mamm. World, 192-193.

Megaderma lyra sinensis Ellerman and Morrison-Scott, 1951. Check. Palaea. Ind. Mamm., 109; 王应祥, 2003. 中国哺乳动物种和亚种分类名录与分布大全, 30; 张荣祖, 1997. 中国哺乳动物分布, 25; Smith 和解焱, 2009. 中国兽类野外手册, 302.

英文名　Chinese Vampire、Big-Eared Bat

鉴别特征　耳特别大，卵圆形，双耳内缘基部在额部相连；耳屏长，分叉。鼻叶发达，长 10 cm 左右，胫长超过前臂长之半。

形态　个体较指名亚种略大，其余特征见种的阐述。

生态学资料　栖息于海拔 850 ~ 1 500 m 的山洞（王酉之和胡锦矗，1999）、地坑、建筑物和树洞，以大型昆虫如蟑螂、甲虫和白蚁以及一些小型的脊椎动物如蜥蜴、蛙类、鱼、啮齿类、鸟类甚至其他种类的蝙蝠为食，食性组成在不同季节有一定差异（张礼标等，2007）。

地理分布　在四川记录于雷波及雅安，国内还分布于福建、重庆、广东、海南、贵州、广西、湖南。国外分布于缅甸、泰国、老挝、越南、柬埔寨、马来半岛（Wilson and Mittermeier, 2019）。

分类学讨论　本亚种首次描述时以 *Eucheira sinensis* 命名（Andersen and Wroughton，1907），四川的首次记录是 Sanborn（1933）在四川西部记录到的，并将其作为 *Lyroderma lyra* 的亚种 *Lyroderma lyra sinensis*。Allen 采用了 Sanborn 的观点，并详细描述了形态结构特征（Allen, 1938）。Ellerman 和 Morrison-Scott（1951）将 *Lyroderma* 归为 *Megaderma* 属，之后学名一直沿用 *Megaderma lyra sinensis*。Wilson 和 Mittermeier（2019）将 *Lyroderma* 亚属提升为独立的属，物种名恢复为 *Lyroderma lyra sinensis*。

七、菊头蝠科 Rhinolophidae Gray，1825

Rhinolophinae Gray, 1825. Ann. Philos., new Ser., 10: 338(模式属: *Rhinolophus*, Lacepede, 1799).

Rhinolophinae Gervais, 1854. [Rhinolophidae] "Rhinolophides" Histoire Naturelle des Mammiferes, 200(part); Dobson, 1875. Ann. Mag. Nat Hist., 4th Ser., XVI: 348; Ellerman and Morrison-Scott, 1951. Check. Palaea. Ind. Mamm., 109-110.

Rhinolophidae Miller, 1907. Fam. Gen. Bats, 106-110; Allen, 1938. Mamm. Chin. Mong., 164-188; Tate, 1947. Mamm. East. Asia., 102-107; Csorba. P. Ujhelyi and N. Thomas, 2003. Horseshoe Bats of the World; Wilson and Mittermeier, 2019. Hand. Mamm. World, 260-332.

起源与演化　　菊头蝠科最早的化石是现生菊头蝠属*Rhinolophus*的化石，发现于欧洲的中始新世地层（Simpson，1945）。另外1个化石属——古夜蝠属*Palaeonycteris*化石发现于欧洲渐新世地层。我国没有古夜蝠属化石，全是菊头蝠属现生种的一些化石，包括中菊头蝠*R. affinis*、大耳菊头蝠*R.macrotis*等14种。发现地点广布我国南方，包括海南、广西、云南、重庆、湖北、安徽、江苏、浙江，北方仅见于北京、辽宁。地层是更新世早期至全新世。可见，菊头蝠科化石比狐蝠科略晚，起源地可能是欧洲。

形态特征　　本科蝙蝠种类耳郭宽大，无耳屏，但有非常明显的对耳屏。鼻吻部皮肤衍生的鼻叶形态复杂。前肢第2指退化，第3指2节指骨；后肢第1趾2节趾骨，其余各趾均具3节趾骨。肩带高度特化，第7颈椎，第1、2胸椎，第1肋骨和前胸骨愈合成环状。雌体有真乳头1对位于胸部，育幼期在鼠鼷部近肛门处有1对假乳头，供幼蝠咬挂之用。

颅骨无眶后突（postorbital process），矢状脊发达。前颌骨不发达，仅残留较窄的腭骨支，与上颌骨不相连，呈游离状，其前端有细小的门齿。腭部前后均凹入很深，多成较短的腭桥，其中央长度小于齿列间的最短宽度。听泡小而耳蜗大。

牙齿：齿式1.1.2.3/2.1.3.3 = 32。上颌门齿极其退化，肉眼不易看见；第1上前臼齿也很小，位于齿列外，有时消失；上颌犬齿与第2上前臼齿的齿基缘靠近或接触。3枚臼齿大小相近。下颌第2枚前臼齿极小，被挤在齿列外侧，通常无实质性功能。

分类学讨论　　本科早期被列为蝙蝠科的一个类群（Gray，1825），起始于Lacépède（1799）发现的菊头蝠属*Rhinolophus*。菊头蝠科由Gervais（1854）首次提出，但Gervais同时将蹄蝠科Hipposideridae的种类也包含在内。Dobson（1875）将后者从菊头蝠科中移除，提出分属2个亚科——Rhinolophinae和Phyllorhininae。之后也有其他学者不赞同Gervais的分法，Miller（1907）对所有蝙蝠进行了科和属水平系统的研究，认为菊头蝠科仅包含菊头蝠1个属，他将蹄蝠亚科另列为科。但Miller之后的一些分类学家仍将菊头蝠科分为蹄蝠亚科Hipposiderinae和菊头蝠亚科Rhinolophinae（Tate，1947；Koopman，1994；Simmons and Gaisler，1998）。

目前被普遍接受的观点是蹄蝠科Hipposideridae单列为1个科，菊头蝠科 Rhinolophidae 仅包含1个属，即菊头蝠属*Rhinolophus*（Allen，1938；Hill，1992；谭邦杰，1992；Csorba et al.，2003；

王应祥，2003；Simmons，2005；Smith 和解焱，2009；Wilson and Mittermeier，2019；魏辅文等，2021）。Csorba 等（2003）对菊头蝠科进行了系统的分类研究，列出7个种组，并详细描述全世界分布的71种菊头蝠的结构特征（Csorba et al.，2003）。近年来，由于分子遗传学应用于分类，许多亚种被提升为种，Wilson 和 Mittermeier（2019）记录全世界共有109种。中国分布有19种（魏辅文等，2021）。四川记录有11种。随着新物种的发现及分类研究的深入，分类系统可能还会变动。

21. 菊头蝠属 *Rhinolophus* Lacépède，1799

Rhinolophus Lacépède, 1799. Tabl. Div. Subd. Orders Genres Mammifères: 15(模式种: *Vespertilio ferrum-equinum* Schreber, 1774=*Rhinolophus ferrum-equinum*); Wilson and Mittermeier, 2019. Hand. Mamm. World, 260.

Rhinocrepis Gervais, 1836. Diet. Pittoresque Hist. Nat., 4, 2: 617(模式种: *Vispertilio ferrum-equinum* Schreber, 1774).

Aquias Gray, 1847. Proc. Zool. Soc., 15(模式种: *Rhinolophus luctus* Tcmminck, 1835)

Coelophyllus Peters, 1867. Proc. Zool. Soc. Lond., 1886: 427(模式种: *Rhinolophus coeloplyllus* Peters, 1867) .

鉴别特征　见科的描述。

形态　见科的描述。

生态学资料　栖息于岩石洞、防空洞、矿洞或矿山坑道、水渠涵洞等环境，夏季偶见一些种栖息于屋檐，或以屋檐为临时休息场所。成体每晚从栖宿地飞行2～3km去觅食，主要以金龟子、螟虫和蚊类等昆虫为食。冬眠时选择温度和湿度合适的山洞，集群冬眠。

地理分布　生活于热带、亚热带和温带地区。分布从欧洲、亚洲，向东直达日本、菲律宾和澳大利亚。国内南北各地均有分布。

分类学讨论　本属种类繁多，Csorba 等（2003）划分为7种组71种，我国分布有20种（含近年发表的华南菊头蝠*Rhinolophus huananus*、施氏菊头蝠*Rhinolophus schnitzleri*和锲鞍菊头蝠*Rhinolophus xinanzhongguoensis* 3个新种以及小褐菊头蝠*Rhinolophus stheno*和马氏菊头蝠*Rhinolophus marshalli* 2个新记录种），其中四川有11种。

四川分布的菊头蝠属*Rhinolophus*分种检索表

1. 前臂长大于64 mm，鞍状叶两侧基部扩大呈盘翼状侧翼 …………………………… 北绒大菊头蝠 *R. perniger*

   前臂长小于63 mm，鞍状叶两侧基部不扩大呈盘状侧翼 ……………………………………………… 2

2. 鞍状叶特别宽大，端部明显高出顶叶 …………………………………………………… 贵州菊头蝠 *R. rex*

   鞍状叶不特别宽大，端部低于顶叶或略等于顶叶高 ………………………………………………… 3

3. 顶叶端部钝圆，呈舌形 ……………………………………………………………… 大耳菊头蝠 *R. episcopus*

   顶叶端部尖锐，呈三角形 ……………………………………………………………………………… 4

4. 连接叶从鞍状叶顶部呈弧形下降，顶端与鞍状叶间无凹缺 …………………………………………… 5

   连接叶起自鞍状叶顶端以下部位，顶端与鞍状叶间有凹缺 …………………………………………… 6

5. 马蹄叶较小（约7.5 mm×7.5 mm）；前臂长48～52 mm …………………………… 皮氏菊头蝠 *R. pearsonii*

   马蹄叶较大（约10 mm×10 mm）；前臂长55～64 mm ………………………… 云南菊头蝠 *R. yananensis*

6. 连接叶顶端呈小于45°的锐角，明显高出鞍状叶 ························· 小菊头蝠 *R. pusillus*

连接叶顶端钝圆，顶端略高出鞍状叶或低于鞍状叶 ······························· 7

7. 体型较大，前臂长58 ~ 63 mm，下唇正中1条纵行的颏沟 ······ 日本马铁菊头蝠 *R. nippon*

体型中等，前臂长小于56 mm，下唇3条纵行的颏沟 ························· 8

8. 鞍状叶两侧平行 ···9

鞍状叶两侧中间微凹略呈马提琴形 ······························ 中菊头蝠 *R. affinis*

9. 顶叶基部宽略等于侧缘长，呈正三角形但侧边略外凸 ············ 中华菊头蝠 *R. sinicus*

顶叶基部宽小于侧缘长，呈较狭长的等腰三角形 ······························· 10

10. 连接叶端部更圆，顶叶相对较矮，不呈戟状 ··············· 丽江菊头蝠 *R. osgoodi*

连接叶呈三角形，顶叶相对较高，呈戟状 ··············· 短翼菊头蝠 *R. shortridgei*

（43）日本马铁菊头蝠 *Rhinolophus nippon* Temminck，1835

英文名 **Greater Horseshoe Bat**

Rhinolophus nippon Temminck, 1835. Monogr. de Mammalogie, Vol. 2, 8th monogr: 30(模式产地：日本).

Rhinolophus ferrum-equinum nippon Andersen, 1905. Proc. Zool. Soc. Lond., 2: 110; Allen, 1938. Mamm. Chin. Mong., 172-174; Ellerman and Morrison-Scott, 1951. Check. Palaea. Ind. Mamm. , 111; 胡锦矗和王酉之，1984. 四川资源动物志 第二卷 兽类，33-34; 张荣祖，1997. 中国哺乳动物分布，26; 王应祥，2003. 中国哺乳动物种和亚种分类名录与分布大全，31; Simmons, 2005. Chiroptera. In Wilson and Reeder. Mamm. Spec. World, 3rd ed., 355; Smith和解焱，2009. 中国兽类野外手册，282-283.

Rhinolophus ferrumequinum 王酉之和胡锦矗，1999. 四川兽类原色图鉴，78.

Rhinolophus nippon Wilson and Mittermeier, 2019. Hand. Mamm. World, 297-298.

Rhinolophus tragatus Hodgson, 1835. Jour. Asiat. Soc. Bengal, 4: 699(模式产地：尼泊尔).

Rhinolophus nippon tragatus Wilson and Mittermeier, 2019. Hand. Mamm. World, 297-298.

鉴别特征 体型较大，前臂长52 ~ 62 mm，胫骨长25 ~ 28 mm。鞍状叶较窄，两侧缘内凹，如提琴状；联接叶起自鞍状叶近顶端处，从侧面看呈圆弧形，略高于鞍状叶。

形态

外形：菊头蝠中体型较大的种类。前臂长52 ~ 62 mm，胫骨长25 ~ 28 mm。翼膜宽，后端伸展到踝；第3、第4到第5掌骨长度依次递增，差距明显。尾长明显大于胫骨长，为后者的120% ~ 150%。马蹄叶宽，略大于鞍状叶基部到顶叶尖端的距离；鞍状叶较窄，两侧中部内凹，呈提琴形，顶端宽圆，联接叶起自鞍状叶近顶端处，从侧面看呈圆弧形，略高于鞍状叶。顶叶尖长，为楔形。下唇仅中央颏沟。

毛色：体被背亮灰色或浅褐棕色绒而长的毛，毛基浅褐色，毛尖色略深，毛色与年龄及季节有关。

头骨：颅骨狭长，脑颅略侧扁；中央1对鼻隆较高，近圆形；两侧的鼻隆长方形；矢状脊发达。

牙齿：上颌门齿低小，齿冠比齿根宽，顶端分叉；犬齿发达。第1上前臼齿位于齿列之外或缺

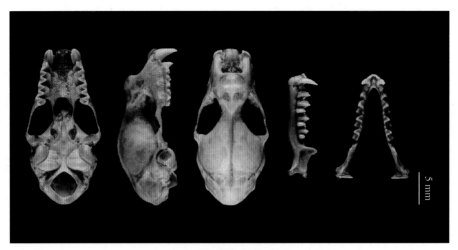

日本马铁菊头蝠头骨图

失，犬齿与第2上前臼齿的齿基缘直接接触。第2上前臼齿大，齿冠面积与第2上白齿等大，其前尖发达，峰高仅次于犬齿，没有附尖。第3上白齿大小仅及第2上白齿的2/3，后附尖及其连接缘均缺失。下颌门齿齿冠发达，分叉成3叶；第2下前臼齿很小，位于齿列外（有些仅留痕迹甚至完全退化）；第1下前臼齿和第3下前臼齿基缘相接触或重叠。

阴茎骨较大，最大长度约5 mm。正面观上端呈梭镖状，基部膨大分叉，呈二基座；侧面观基部近球形，中上部向背部弯曲，并逐渐变细。

量衡度（衡：g；量：mm）

外形：

编号	性别	体重	体长	尾长	后足长	耳长	前臂长	胫骨长	采集地点
CWNU03053	♂	25	60	26	13.0	21	52.5	28	四川美姑
CWNU87008	♂	19	60	37	13.5	24	60.5	26	四川卧龙
IOZSC-2022-051	♀	—	69	34	13.0	20	59.0	25	四川北川
MYTC21098	♀	23	66	35	12.0	26	62.0	27	四川青川
MYTC21102	♀	22	65	36	14.0	25	61.0	27	四川青川
MYTC23010	♂	16	62	37	12.0	24	62.0	25	四川旺苍
SAF02355	♀	21	71	40	13.0	25	61.0	27	四川美姑
SAF02356	♀	18	63	36	11.0	24	60.0	28	四川美姑
SAF02357	♀	18	68	35	12.0	26	62.0	27	四川美姑
SAF02358	♀	—	—	—	—	—	—	—	四川美姑
SAF02359	♂	—	—	—	—	—	—	—	四川美姑

头骨：

编号	颅全长	基长	颧宽	眶间宽	脑颅宽	颅高	上齿列长	下齿列长	下颌骨长
CWNU00114	24.00	18.40	12.00	2.60	10.40	9.60	8.40	8.90	16.40
CWNU03051	24.20	18.30	12.30	3.00	10.60	10.20	8.70	9.00	16.70
CWNU03052	23.60	—	11.20	2.80	9.90	—	8.40	9.80	16.30
CWNU03053	25.30	20.80	12.20	2.60	10.00	8.80	9.90	10.40	17.40
CWNU65021	24.00	19.83	11.30	2.50	10.40	8.40	9.20	10.00	16.40
CWNU65057	24.10	18.80	12.30	2.70	10.60	9.60	8.70	9.30	16.60
CWNU87008	24.20	15.10	12.30	2.70	10.80	9.10	8.90	9.80	16.30
GZHU05058	23.40	19.20	11.80	3.20	10.60	9.00	8.50	9.00	15.70
IOZ17358	23.40	17.70	12.00	2.8	10.50	9.60	8.60	9.00	16.00
SAFY23023	—	21.13	11.72	—	9.53	—	8.49	9.13	15.81
SAF02355	24.26	21.53	11.71	3.10	9.68	9.53	8.66	9.46	15.94
SAF02356	23.08	20.25	11.60	3.01	10.40	8.52	8.84	9.01	15.97
SAF02357	23.50	20.99	12.02	3.08	10.08	8.58	8.59	9.44	16.52
SAF02358	24.02	21.58	11.64	3.04	9.91	9.00	8.72	9.43	16.36
SAF02359	23.40	21.02	11.66	3.01	10.21	8.52	8.50	9.38	16.31

生态学资料 日本马铁菊头蝠是菊头蝠属中分布最北的种类，占据广泛的分布区。栖息于岩洞、防空洞、矿洞或矿山坑道、水渠涵洞等环境，夏季偶见栖息于屋檐，或以屋檐为临时休息场所。成体每晚从栖宿地飞行2～3 km去觅食，主要以金龟子、蛾虫和蚊类等昆虫为食。冬眠时选择温度和湿度合适的山洞，集群冬眠。有存活达26年的记录。雌性平均5岁第1次生育，有时隔1年再生育。每胎产1仔，偶尔也会产2仔。哺乳期约45天，幼体断奶前已可以出飞觅食（Smith 和解焱，2009）。

地理分布 在四川分布于青川、平武、江油、北川、峨眉山、天全、彭州、康定、卧龙、美姑、雷波、会东、广安及阆中等处，国内还分布于河北、吉林、陕西、山东、安徽、江西、福建、河南、湖北、重庆、贵州、云南等地。

亚种在国外的分布情况：指名亚种分布于朝鲜半岛、日本（包括一些附近岛屿）。尼泊尔亚种 Rhinolophus nippon tragatus 分布于印度北部、尼泊尔、不丹、孟加拉国北部和西南部。

分类学讨论 日本马铁菊头蝠Rhinolophus nippon以前一直被认为是马铁菊头蝠R. ferrumequinum 的1个亚种（Andersen，1905；Allen，1938；Ellerman and Morrison-Scott，1951；谭邦杰，1992；王应祥，2003）。Andersen（1905）将R. ferrumequinum分作3支，分布于亚洲的属于东支。Allen

分省（自治区、直辖市）地图——四川省

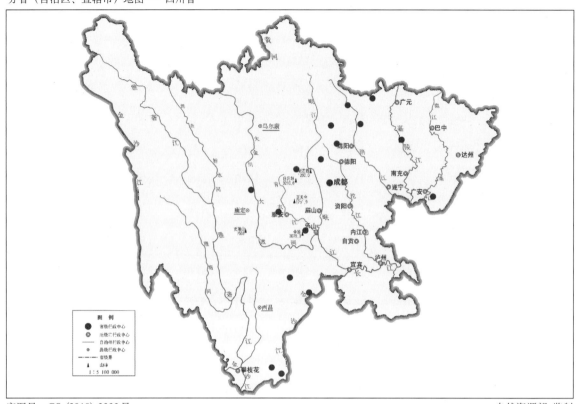

审图号：GS (2019) 3333 号   自然资源部 监制

日本马铁菊头蝠在四川的分布
注：红点为物种的分布位点。

（1938）、谭邦杰（1992）、张荣祖（1997）、王应祥（2003）、Simith 和解焱（2009）均列出分布于我国有 2 个亚种，即日本亚种 *R. f. nippon* 和尼泊尔亚种 *R. f. tragatus*，且都承认四川有分布的记录，但亚种具体分布有争议。除张荣祖外，都认为四川有日本亚种分布；谭邦杰认为 2 个亚种在四川都有分布，但在中文名使用上，他用西南亚种代替了尼泊尔亚种。张荣祖认为尼泊尔亚种在四川西部和云南分布，王应祥认为尼泊尔亚种在云南和贵州分布。近年来遗传学证据显示 *R. f. nippon* 与 *R. ferrumequinum* 是不同的种，应将 *R. f. nippon* 提升为独立为种，*R. ferrumequinum* 分布范围主要在欧洲南部、非洲西北部，向东延伸到吉尔吉斯斯坦、塔吉克斯坦、阿富汗、巴基斯坦、印度北部。由于研究缺少中亚和南亚地区的标本资料，2 个种具体的分布界限还需要进一步研究，以获取分子数据确证。目前将日本马铁菊头蝠 *R. nippon* 分为指名亚种 *R. n. nippon*（＝日本亚种）及尼泊尔亚种 *R. n. tragatus* 2 个亚种，四川分布的是指名亚种（Wilson and Mittermeier，2019）。文献资料提到指名亚种个体相对于尼泊尔亚种小，但列出的数据值有交叉（Allen，1938），或没有区别（Smith 和解焱，2009）；Wilson 和 Mittermeier（2019）指出尼泊尔亚种前臂长（58～64 mm）明显大于指名亚种的前臂长。由于缺乏系统的形态学及分子遗传学证据，本书依照大多数学者的观点暂定四川分布的是指名亚种，有待系统地采集标本开展分类研究，进一步厘清四川分布的日本马铁菊头蝠的分类地位。

（44）中菊头蝠 *Rhinolophus affinis* Horsfield，1823

别名　间型菊头蝠、海南菊头蝠

英文名　Intermediate Horseshoe Bat

Rhinolophus affinis Horsfield, 1823. Zool. Res. Java, 6, pl. figs. a, b(模式产地：印度尼西亚，爪哇）; 胡锦矗和王酉之，1984. 四川资源动物志　第二卷　兽类，33; 王酉之和胡锦矗，1999. 四川兽类原色图鉴，77; 王应祥，2003. 中国哺乳动物种和亚种分类名录与分布大全，31-32; Wilson and Mittermeier, 2019. Hand. Mamm. World, 320-321. 魏辅文，等，2021. 兽类学报，41(5): 487-501.

Rhinolophus andamanensis Dobson, 1872. Jour. Asiat. Soc. Bengal, 2, 41: 337(模式产地：南安达曼群岛）; Simmons, 2005. In Wilson and Reeder. Mamm. Spec. World, 3rd ed., 351; Wilson and Mittermeier, 2019. Hand. Mamm. World, 320-321.

Rhinolophus hainanus J. Allen, 1906. Bull. Amer. Mus. Nat. Hist., 22: 482(模式产地：海南岛 Pouten).

Rhinolophus affinis himalayanus Andersen, 1905. Proc. Zool. Soc., 2: 103(模式产地：印度西北 Masuri, Kumaon).

Rhinolophus affinis macrurus Andersen, 1905. Proc. Zool. Soc., 2: 103(模式产地：缅甸).

鉴别特征　体型中等，前臂长51～56 mm。鼻叶的连接叶侧面观顶端钝圆，与鞍状叶之间具凹缺；鞍状叶从前面观中部两侧缘微凹，呈提琴状。下唇3条纵沟将唇分割成4瓣。

形态

外形：体型中等大小，前臂长51～56 mm。马蹄叶宽9～9.5 mm，其两侧的附叶退化呈疣状；鞍状叶两侧中部边缘微凹（前面观）；侧面观连接叶顶端钝圆，与鞍状叶间具凹缺；顶叶尖锐呈矛状，下唇3条纵沟将唇分割成4瓣。翼膜起于踝部。

毛色：体毛较长而蓬松，背毛尖端茶褐色，基部较淡呈沙黄色，腹部毛色较浅，呈沙黄褐色或偏灰色。幼体或亚成体毛色稍浅，呈灰褐色。

头骨：前颌骨退化，着生1对小门齿。1对鼻骨隆起呈泡状，眶上脊较短，于眶间区前部合拢呈V形，矢状脊发达，前与V形脊相连，后与人字脊相遇。

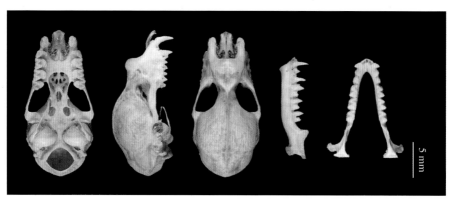

中菊头蝠头骨图

牙齿：第1上前臼齿较小，但着生于齿列中，侧面观可见微小齿冠；第2下前臼齿极小，位于齿列之外；第1和第3下前臼齿直接相接触。

量衡度（衡：g；量：mm）

外形：

编号	性别	体重	体长	尾长	后足长	耳长	前臂长	胫骨长	采集地点
CWNU98009	♀	—	45	24.0	11.0	17.0	51.0	22	四川开江
CWNU98011	♂	—	50	25.0	11.0	18.5	53.0	23	四川开江
CWNU98013	♀	—	50	23.0	10.5	18.0	53.5	24	四川开江
CWNU98015	♂	—	57	25.5	11.0	18.0	54.5	25	四川开江
CWNU98017	♂	—	52	22.0	11.0	19.0	53.0	23	四川开江
CWNU96056	♂	16	51	25.0	11.0	21.0	54.0	25	四川盐边
CWNU96058	♂	13	51	22.0	11.0	21.0	52.0	23	四川盐边
CWNU96059	♂	12	49	22.0	10.0	19.0	51.0	23	四川盐边
CWNU96060	♂	13	53	23.0	12.0	20.0	51.0	23	四川盐边
CWNU96061	♂	14	52	25.0	10.0	21.0	53.0	24	四川盐边
MYTC21-10	♀	13	48	25.0	10.0	19.0	52.0	24	四川绵阳

头骨：

编号	颅全长	基长	颧宽	眶间宽	脑颅宽	颅高	上齿列长	下齿列长	下颌骨长
CWNU96055	21.00	—	10.40	2.50	9.80	9.10	8.10	8.00	14.40
CWNU96056	21.60	—	10.90	2.50	10.40	9.50	8.40	8.40	14.10
CWNU96058	21.20	—	10.70	2.10	10.20	8.60	8.20	8.00	14.40
CWNU96059	20.80	—	10.20	2.20	10.30	8.90	8.20	8.00	—
CWNU96060	21.40	—	10.30	2.40	10.20	9.30	8.60	8.60	—
CWNU98011	21.60	—	11.00	2.30	10.20	9.50	8.40	8.50	14.90
CWNU98013	21.90	—	10.80	2.40	10.30	9.10	8.20	8.70	15.00
CWNU98015	22.30	—	11.10	2.10	10.50	9.60	8.60	8.80	15.10
CWNU98017	22.20	—	10.70	2.20	10.20	9.30	8.60	8.50	15.20
CWNU98018	21.70	—	11.10	2.50	10.40	9.00	8.20	8.30	14.90
MYTCLJ1008	22.26	19.68	10.76	2.73	9.40	8.91	8.26	8.73	14.29

生态学资料　常单只或成群倒挂于岩洞或废弃的矿井侧壁上，栖息高度2～3 m，同洞栖居的曾见有中华菊头蝠、小菊头蝠、大蹄蝠、中华鼠耳蝠和亚洲长翼蝠等。以昆虫为食。1—4月于栖洞中捕捉时，受干扰不惊飞，至4月陆续出眠。11月左右交配，5—6月为产仔育幼季节。胚胎孕育于子宫右侧角，每胎产1仔，部分雌性第2年性成熟。声波恒频，主频率约85 kHz。

地理分布 在四川分布于绵阳、开江、万源、天全、攀枝花（盐边二滩）等处，国内还分布于陕西、云南、江苏、浙江、江西、湖南、福建、广东、海南、广西、重庆、香港等省份。国外广布东南亚及印度次大陆。

分省（自治区、直辖市）地图——四川省

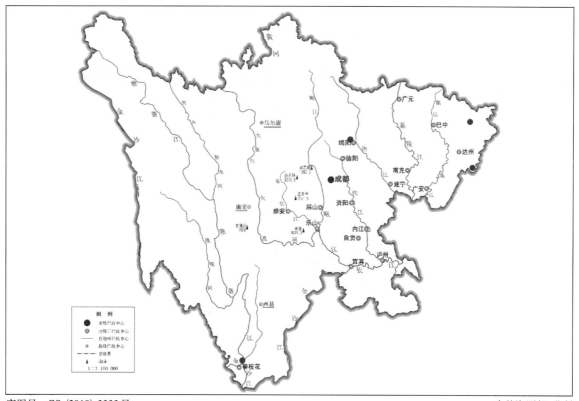

审图号：GS（2019）3333号　　　　　　　　　　　　　　　　　　　　自然资源部 监制

中菊头蝠在四川的分布
注：红点为物种的分布位点。

分类学讨论 中菊头蝠属于菊头蝠属的 *megaphyllus* 种组，Sinha（1973）将 *andamanensis* 划分到本种；对于 J. Allen（1906）早期发表的模式产地为我国海南岛保亭县的保亭菊头蝠 *Rhinolophus hainanus* J. Allen，1906，现在的学者也认为属于该种。其分类学讨论可参见 Bergmans 和 van Bree（1986）、Bates 和 Harrison（1997），还可参考 Csorba（2002）和 Csorba 等（2003）对该种的分类。

该种分化为5个亚种（Ellerman and Morrison-Scott，1951）。但 Wilson 和 Mittermeier（2019）列出了6个亚种，并同时指出 *R. a. princeps* K. Andersen 亚种是唯一没有通过形态和遗传学证据证实的亚种（Wilson and Mittermeier，2019）。本书暂时采用5个亚种的观点。我国共有3个亚种：海南亚种 *R. a. hainanus* J. Allen，1906，马蹄叶稍宽，分布于海南岛；喜马拉雅亚种 *R. a. himalayanus* Andersen，1905，头骨较狭窄，听泡狭窄，见于印度西北部向东至缅甸及我国山西、湖北、贵州、四川、重庆和云南等地；华南亚种 *R. a. macrurus* Andersen，1905，分布于我国浙江、福建、江西、湖南、广东、广西、江苏、安徽、香港等地，其体型大于前2个亚种。各亚种具体分布范围还有待进一步研究。四川分布的是喜马拉雅亚种 *R．a. himalayanus* Andersen K., 1905（王应祥，2003；Simmons，2005；Smith 和解焱，2009）。

中菊头蝠喜马拉雅亚种 *Rhinolophus affinis himalayanus* Andersen，1905

Rhinolophus affinis himalayanus Andersen，1905．Proc．Zool．Soc.，2: 103(模式产地：印度西北部)．

鉴别特征 毛色棕褐色，马蹄叶较海南亚种的窄，头骨及听泡均较狭长。

形态 详细特征见种的描述。

生态学资料 见种的阐述。

地理分布 在四川分布于绵阳、达州（开江）、攀枝花（盐边二滩）等处，国内还分布于湖南、山西、湖北、贵州、重庆、云南。国外延伸到印度北部、尼泊尔、不丹、孟加拉国东北部及缅甸北部。

分类学讨论： Csorba 等（2003）列出英国自然历史博物馆有来自黑龙江的 1 号标本，暂且认为是该亚种。Andersern（1905）列出在南京有分布。该亚种的确切分布范围及其与其他亚种间的区别有待进一步研究。

(45) 中华菊头蝠 *Rhinolophus sinicus* Andersen，1905

别名 鲁氏菊头蝠、杏红菊头蝠

英文名 Chinese Rufous Horseshoe Bat、Chinese Rufous Horseshoe Bat、Little Nepalese Horseshoe Bat

Rhinolophus rouxii sinicus Andersen K，1905．Proc．Royal Soc．Lond．B.，2: 98(模式产地：安徽)；Allen，1938．
    Mamm．Chin．Mong.，166-168；Ellerman and Morrison-Scott，1951．Check．Palaea．Ind．Mamm.，114．胡锦矗和王
    酉之，1984．四川资源动物志 第二卷 兽类，34-35；张荣祖，1997．中国哺乳动物分布，28；王酉之和胡锦矗，
    1999．四川兽类原色图鉴，76；王应祥，2003．中国哺乳动物种和亚种分类名录与分布大全，32．

Rhinolophus sinicus，Thomas，2000．Bonner Zoologische Beitrage，49(1): 1-18(18)；Smith 和解焱，2009.中国兽类野
    外手册，291；Simmons，2005．In Wilson and Reeder．Mamm．Spec．World，3rd ed.，363；Wilson and Mittermeier，
    2019．Hand．Mamm．World，Bats，325-326：魏辅文，等，2021.兽类学报，41(5): 487-501．

Rhinolophus thomasi septentrionalis Sanborn，1939: 40(模式产地：云南丽江)．

Rhinolophus sinicus septentrionalis Csorba，2002．Ann．Hist．Nat．Mus．Nat．Hung.，94: 217-226；Csorba, et al.，2003.
    Horseshoe Bats of the World，118-120．

鉴别特征 体型中等，前臂长 42.2 ～ 48.7 mm。马蹄叶较窄，鞍状叶侧缘平行，联接叶侧面观端部钝圆，与鞍状叶间几乎无凹缺；顶叶正面观近似正三角形。下唇裸露部分有 3 条纵行的颏沟。颅全长 17.4 ～ 20.1 mm，颧宽 8.7 ～ 11.1 mm。第 1 上前臼齿一般位齿列中，第 2 下前臼齿位齿列外。

形态

外形：体型中等，前臂长 42.2 ～ 48.7 mm。马蹄状叶宽约 6.8 mm，两侧有 1 对很小的小附叶；

鞍状叶两侧平行，顶端宽圆；联接叶侧面观端部钝圆，与鞍状叶间几乎无缺刻。顶叶正面观近似正三角形（或饱满的倒心形），顶端尖细，侧缘外凸。下唇裸露部分有3条纵行的颏沟。

毛色：背毛赭褐色，毛基淡棕白色，肩背形成V形的淡色斑；腹毛浅于体背，喉和胸部很浅呈淡白色。雌、雄间略有差异：雌性较深暗，雄性较鲜亮。

头骨：头骨矢状脊明显，但人字脊不甚显著。鼻隆明显，具有4个几乎相等的鼻泡。颧弓较宽而强壮。颅全长17.5 ～ 19.8 mm，眶间宽2.3 ～ 2.8 mm。

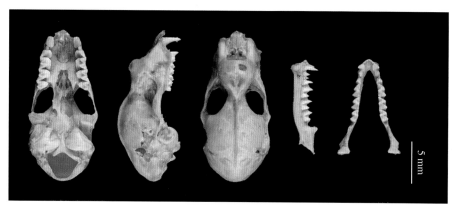

中华菊头蝠头骨图

牙齿：上齿列长平均6.0 ～ 7.7 mm。第1上前臼齿微小，但位齿列之中，分隔犬齿与第2上前臼齿；第1上白齿最大，舌缘方形；第2下前臼齿位齿列外，第1下前臼齿与第3下前臼齿基缘相接触。

阴茎骨：腹面观其基部1/3为锥状，中间有一凹陷，中部与上部为杆状，端部微微膨大；侧面观基部塔形微向背面倾斜，经中部与端部杆状直立，无弯曲。

染色体2n = 62，FN = 60。

量衡度（衡：g；量：mm）

外形：

编号	性别	体重	体长	尾长	后足长	耳长	前臂长	胫骨长	采集地点
CWNU87062	♀	12	48	22	9.0	19	45	18.0	四川汶川
CWNU87065	♀	15	51	23	10.0	18	45	17.0	四川汶川
CWNU87067	—	14	52	23	9.0	18	45	18.0	四川汶川
CWNU87069	♀	12	49	24	9.5	—	45	20.0	四川汶川
CWNU02016	♂	11	53	24	8.0	16	42	19.5	四川广元
MYTC峨眉1002	♂	11	47	17	8.0	16	44	18.0	四川峨眉山
MYTC21-11	♂	9	42	—	9.0	17	44	19.0	四川绵阳
MYTC21-12	♂	9	47	23	9.0	18	47	18.0	四川绵阳

（续）

编号	性别	体重	体长	尾长	后足长	耳长	前臂长	胫骨长	采集地点
IOZSC-2022-069	♂	9	50	25	9.0	18	46	19.0	四川绵阳
IOZSC-2022-073	♂	9	51	22	8.0	19	44	18.0	四川绵阳
IOZSC-2022-094	♂	9	51	23	8.0	16	47	20.0	四川绵阳

头骨：

编号	颅全长	基长	颧宽	眶间宽	脑颅宽	颅高	上齿列长	下齿列长	下颌骨长
CWNU87060	17.50	13.40	8.70	2.30	8.10	7.20	6.00	6.40	11.70
CWNU87056	17.40	13.70	9.30	2.50	8.50	7.00	6.20	6.70	12.30
CWNU87059	18.50	14.00	9.50	2.80	8.80	7.50	6.60	6.70	12.10
CWNU87062	19.00	14.30	10.00	2.70	9.20	8.00	6.80	7.40	12.80
CWNU87065	18.90	14.40	10.20	2.80	9.70	8.20	7.00	7.10	13.10
CWNU87067	18.30	14.20	9.90	2.80	9.40	8.20	6.90	7.20	12.40
CWNU87069	18.10	14.80	10.00	2.80	9.40	8.20	7.00	7.10	12.20
CWNU98020	18.40	14.10	9.70	2.60	9.20	7.80	6.70	6.80	12.60
CWNU98033	18.30	13.60	9.50	2.60	8.90	8.20	6.90	7.20	12.50
CWNU98043	18.40	13.90	9.70	2.60	9.20	8.00	6.80	7.00	12.10
CWNU98044	18.30	14.50	9.90	2.80	9.30	8.30	7.10	7.20	12.70
CWNU98081	18.60	14.60	9.90	2.50	9.10	8.10	7.10	7.30	12.60
SAFY23040	19.77	18.17	10.14	2.57	8.73	7.46	7.70	8.36	13.52
MYTC峨眉1214	18.90	17.00	9.79	2.58	8.33	6.57	6.64	7.21	12.77

生态学资料　栖息于各种岩洞环境，尤其是黑暗潮湿、常有积水的洞穴。多集大群，往往与其他菊头蝠和大蹄蝠同栖于一洞。食虫。平均气温持续在10 ℃左右开始冬眠，翌年4月出眠。秋末冬初交配，冬季因冬眠而胚胎发育延迟，出眠后胚胎迅速发育；每胎产1仔，翌年秋性成熟。

地理分布　在四川分布于绵阳、峨眉山、广安（华蓥）、阿坝（汶川）、达川、雷波等处，国内还广泛分布于长江以南，江苏、浙江、安徽、江西、福建、湖北、广东、海南、广西、云南、贵州、陕西、湖南、重庆、香港。

国外延伸到印度北部、尼泊尔、缅甸北部、越南北部及中部。

分类学讨论　中华菊头蝠属于*rouxii*种组。自Andersen描述新亚种鲁氏菊头蝠中华亚种*Rhinolophus rouxii sinicus*以来（Andersen，1905），很长时间被认为是*R. rouxii*（有时写成*rouxi*）的

分省（自治区、直辖市）地图——四川省

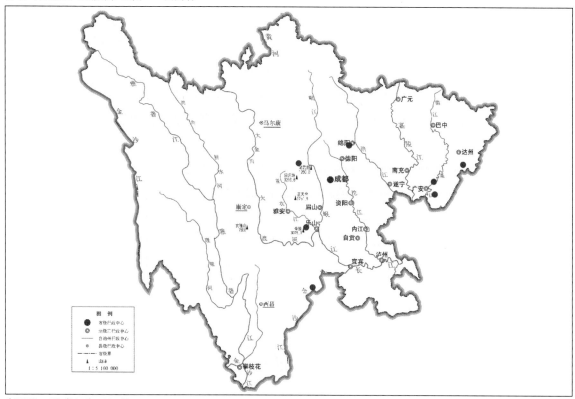

审图号：GS（2019）3333 号

自然资源部 监制

中华菊头蝠在四川的分布
注：红点为物种的分布位点。

亚种（Allen，1938；Ellerman and Morrison-Scott，1951，王应祥，2003）。Thomas（2000）基于形态学分类及分子数据将 *R. r. sinicus* 提升为独立的种。吴毅等（2004）报道了中华（栗黄）菊头蝠的核型（2*n* = 36）与安徽张维道（1985）报道的 *R. rouxii sinicus* 的相同，而与印度和斯里兰卡分布的 *R. rouxii* 核型 2*n* = 56 迥异。因此，也赞同将 *R. rouxi sinicus* 提升为种，即中华菊头蝠 *R. sinicus*。该观点得到国际学者一致认同（Simmons，2005；Smith 和解焱，2009；Wilson and Mittermeier，2019）。*R. septentrionalis* 原属于 *R. thomasi* 下亚种，（王应祥，2003），Csorba（2002）、Csorba 等（2003）则将其归于 *R. sinicus*。故 *R. sinicus* 有 2 个亚种：指名亚种 *R. s. sinicus*，K. Andersen 1905，广布于中国西南、华中、华东及华南各省份；云南亚种 *R. s. septentrionalis*，Sanborn 1939，仅分布于云南。四川分布的为指名亚种（Simmons，2005；Smith 和解焱，2009；Wilson and Mittermeier，2019）。Wilson 和 Mittermeier（2019）提出 *R. rouxii* 分布地记录存在混淆不清，印度北部的原来属于 *R. rouxii* 的应为 *R. sinicus*，此外，一些种类可能与 *R. thomasi* 混淆，因此该物种在东南亚的分布以及支系关系还有待进一步研究确认。

（46）小菊头蝠 *Rhinolophus pusillus* Temminck，1834

别名　角菊头蝠、菲菊头蝠

英文名　Least Horseshoe Bat

Rhinolophus pusillus Temminck, 1834. Tijdschr. Nat. Gesch. Physiol., 1: 29(模式产地：印度尼西亚爪哇). Smith
和解焱, 2009. 中国兽类野外手册, 281-282; Wilson and Mittermeier, 2019. Hand. Mamm. World, 313; 魏辅文,
等, 2021. 兽类学报, 41(5): 487-501.

鉴别特征 体型小，前臂长约37 mm。身较大，联接叶端部高出鞍状叶，向上突起成三角形，
与鞍状叶间有凹缺。体色深暗，翼不延长。口盖和齿列均短；第1上前白齿位齿列中。

形态

外形：前臂长32.9 ～ 38.05 mm，胫长14.60 ～ 15.99 mm，尾长约17 mm，约占体长的1/2。第
3、4、5掌骨近等长，第3指第2指节长接近第1指节的1.5倍。马蹄叶宽约6 mm，没有小附叶；连
接叶起于鞍状叶的亚顶端，侧面观顶端呈小于45°的锐角，明显高出鞍状叶，顶叶高出鞍状叶很多，呈
较狭长的等腰三角形。耳长约16 mm。

毛色：背暗烟褐色，是菊头蝠中体色较深暗者，但毛基和腹毛浅褐色。

头骨：颅全长约16 mm。后鼻凹三角较深，鼻隆后沿中央有深槽。颧宽接近后头宽，宽度为
7 ～ 8 mm。

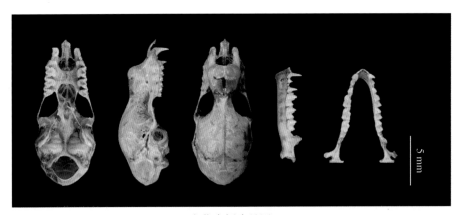

小菊头蝠头骨图

牙齿：上齿列长约5 mm。第1上前白齿位齿列中，齿尖明显呈锥状，尖锋锐利；第2下前白齿
位齿列外，少数位于齿列中，第1下前白齿与第3下前白齿齿基缘多不连接。

染色体：$2n = 62$，$FN = 60$。

量衡度（衡：g；量：mm）

外形：

编号	性别	体重	体长	尾长	后足长	耳长	前臂长	胫骨长	采集地点
IOZ0092	♀	—	—	—	7.5	—	33.0	15	四川
MYTC1016	♂	4	27	16	7.0	14	36.0	15	四川绵阳
MYTC1017	♂	4	29	16	7.0	15	37.0	16	四川绵阳
SAF23041	♂	—	31	17	8.0	16	38.0	16	四川青川
WCNU88001	♀	4	35	21	8.0	14	38.0	—	四川南充

（续）

编号	性别	体重	体长	尾长	后足长	耳长	前臂长	胫骨长	采集地点
WCNU90027	♂	—	42	20	5.0	15	35.0	—	四川雷波
WCNU90028	♀	—	40	16	8.0	14	37.5	16	四川雷波
WCNU90035	♀	6	—	23	7.0	17	39.0	18	四川冕宁
WCNU95009	♂	4	32	20	6.0	12	38.0	—	四川华蓥
WCNU95010	♂	4	28	16	6.0	10	37.0	—	四川华蓥
WCNU95011	♂	4	28	18	7.0	13	38.0	—	四川华蓥
WCNU95012	♂	4	34	17	7.0	9	35.0	—	四川华蓥

头骨：

编号	颅全长	基长	颧宽	眶间宽	脑颅宽	颅高	上齿列长	下齿列长	下颌骨长
MYTC1016	16.19	14.34	7.40	2.20	7.20	6.65	5.72	6.13	10.13
MYTC1017	16.64	14.78	7.41	2.27	6.91	5.95	5.78	6.15	10.02
SAF23041	16.71	14.30	7.51	2.32	7.21	6.19	5.77	6.10	10.54
WCNU13	14.89	14.89	6.52	1.94	7.10	5.62	5.33	5.78	9.36
WCNU14	14.42	14.42	6.55	2.01	7.04	5.45	5.23	5.32	9.01
WCNU15	14.43	14.43	6.10	1.91	6.66	5.41	5.28	5.61	9.08
WCNU17	14.79	14.79	6.11	1.87	6.87	5.37	5.09	5.60	9.43
WCNU19	14.58	14.58	6.66	1.89	6.97	5.53	5.22	5.44	9.23
WCNU90078	15.35	15.35	7.05	1.83	7.34	5.49	5.61	5.68	9.82
WCNU90079	15.21	15.21	6.94	2.13	7.30	5.81	5.54	5.81	9.94
WCNU90080	15.14	15.14	7.25	2.03	7.50	5.94	5.41	5.78	9.63
WCNU90083	15.33	15.33	7.03	1.97	7.14	5.83	5.61	5.82	10.05
WCNU90085	15.50	15.50	7.60	2.15	7.61	6.05	5.69	5.92	10.32

生态学资料 栖息于较低的潮湿岩洞或废弃防空洞。Allen（1938）报道过中国西部较高海拔地区的若干标本，多采自山洞或岩石缝隙，在其栖宿地下面曾发现过各种蛾类的翅。生态环境与中华菊头蝠近似，并可发现它们生活于同一山洞。有冬眠习性，不易受干扰，出眠也较迟。

地理分布 在四川分布于绵阳、青川、南充、阆中、广安、巴中、泸州、宜宾、彭山、乐山、金阳及雷波等地，国内还分布在湖北、重庆和西藏等地。国外分布于苏门答腊岛、加里曼丹岛、爪哇岛、巴厘岛、印度（锡金）、孟加拉国、尼泊尔、泰国、缅甸、老挝、越南、柬埔寨、马来西亚半岛、阿南巴斯群岛、明打威群岛。

分省（自治区、直辖市）地图——四川省

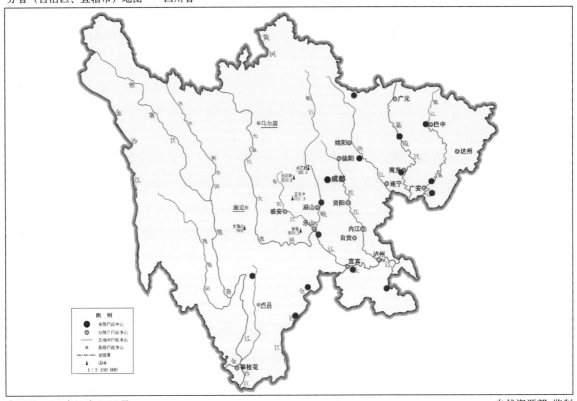

审图号：GS（2019）3333号　　　　　　　　　　　　　　　　　　　　自然资源部　监制

小菊头蝠在四川的分布
注：红点为物种的分布位点。

分类学讨论　关于该种的分类，各学者意见不统一，分类一直较混乱（Csorba et al., 2003）。Andersen（1918）以 *pusillus* 作为菊头蝠的1个种组，包含 *Rhinolophus blythi*、*R. cornutus* 等一系列的小型菊头蝠。Allen（1938）沿用了此观点，列出的 *pusillus* 种组里，分布于中国的有 *R. lepidus shortridgei*、*R. cornutus pumilus*、*R. blythi szechwanus*、*R. blythi calidus* 及 *R. blythi parcus*（Allen，1938）。Ellerman 和 Morrison-Scott（1951）则将 *R. b. szechwanus*、*R. blythi* 等归入角菊头蝠 *Rhinolophus cornutus* 作为亚种，认为全世界该种有9个亚种。Allen（1938）报道过采集于中国西部较高地区的若干标本。然而，那些标本很多被认为是小菊头蝠 *R. pusillus*（Corbet and Hill，1992），使得中国存在角菊头蝠的真实性难以确定。王应祥（2003）列出中国广东、广西、贵州和四川分布有角菊头蝠的琉球亚种 *R. c. pumilus* Andersen, 1905，但 Csorba 等（2003）观点是角菊头蝠 *R. cornutus* 局限于日本和周边岛屿，认为所有中国大陆的角菊头蝠都是小菊头蝠 *R. pusillus*。Simmons（2005）沿用了此观点；Smith 和 解焱（2009）赞同 *R. pusillus* 的分类地位，但同时列出 *R. c. pumilus* 在中国南部有分布，指出中国区系包含的 *R. cornutus* 是暂时的。Wilson 和 Mittermeier（2019）再次肯定了 *R. pusillus* 的种级分类地位，中国没有 *R. cornutus* 分布（Wilson and Mittermeier，2019）。

全世界有9个亚种（Wilson and Mittermeier，2019）。据王应祥（2003）、Smith 和解焱（2009）研究成果，我国有4个亚种：福建亚种 *Rhinolophus pusillus calidus* Allen，1923，模式产地为福建；清迈亚种 *Rhiolophus pusillus lakkhanae* Yoshiyuki，1990；海南亚种 *Rhinolophus pusillus parcus* Allen，1923，模式产地为海南；四川亚种 *Rhinolophus pusillus szechwanus* Andersen，1918，模式产地为重庆。四川仅分布有四川亚种。

小菊头蝠四川亚种 *Rhinolophus pusillus szechwanus* Andersen，1918

Rhinolophus blythi szechwanus Andersen, 1918. Ann, Mag．Nat．Hist., 2: 376, 377(模式产地：重庆); Allen, 1938. Mamm. Chin. Mong., 176, 177-178.

Rhinolophus cornutus szechwanus. Ellerman and Morrison-Scott, 1951. Check. Palaea. Ind. Mamm., 117; Corbet, 1978. Mamm. Palaea. Reg. Taxon. Rev., 43.

Rhinolophus blythi szechwanus 胡锦矗和王酉之，1984. 四川资源动物志 第二卷 兽类，35-36.

Rhinolophus pusillus szechwanus Csorba, et al., 2003. Horseshoe Bats of the World, 110; 王应祥，2003. 中国哺乳动物种和亚种分类名录与分布大全, 33; Smith 和解焱, 2009. 中国兽类野外手册, 288; Wilson and Mittermeier, 2019. Hand. Mamm. World, 313.

鉴别特征 个体小，前臂长36～38 mm。胫部较短，长为13.5～15 mm。鞍状叶狭窄，顶端为三角形。体背绣棕黄色，腹毛棕褐色。毛色较其他亚种更深。

形态 见种的描述。

地理分布 在四川分布于绵阳、青川、阆中、广安、南充、巴中、泸州、宜宾、彭山、乐山、金阳、雷波等地，国内还分布于重庆、湖北、贵州，云南也可能有分布。国外见于缅甸。

分类学讨论 Andersen（1918）将W. R. Brown于1912年9月27日在我国重庆采集的1个雌性菊头蝠标本列为 *Rhinolophus blythi* 的亚种——*Rhinolophus blythi szechwanus*（Andersen，1918），Ellerman和Morrison-Scott不同意此观点，将其归于角菊头蝠的亚种——*Rhinolophus cornutus szechwanus*；Corbet（1978）沿用了Ellerman和Morrison-Scott的观点，并将 *R. blythi* 及其亚种 *R. b. calidus*, *R. b. parcus* 都列为 *R. cornutus* 的亚种。

胡锦矗和王酉之（1984，1999）列出角菊头蝠 *Rhinolophus cornutus* 和小菊头蝠在四川均有分布，但小菊头蝠学名有变动，在1984年采用的是 *Rhinolophus blythi szechwanus*，而在1999年则采用了 *Rhinolophus pusillus*。王应祥（2003）同意 *R. szechwanus* 归于 *R. pusillus* 亚种，并列出其在四川、贵州、西藏有分布（王应祥，2003）。Smith 和解焱（2009）、Wilson 和 Mittermeier（2019）采用了此观点。

（47）短翼菊头蝠 *Rhinolophus shortridgei* Andersen，1918

英文名 Shortridge's Horseshoe Bat

Rhinolophus lepidus shortridgei Andersen, 1918. Ann. Mag. Nat. Hist., 2, 9: 376-377(模式产地：缅甸蒲甘伊洛瓦底江); Allen. 1938, Mamm. Chin. Mong., 175-176; Ellerman and Morrison-Scott, 1951. Check. Palaea. Ind. Mamm.,

118; 王应祥, 2003. 中国哺乳动物种和亚种分类名录与分布大全, 33.

Rhinolophus lepidus 胡锦矗和王酉之, 1984. 四川资源动物志 第二卷 兽类, 33; 王酉之和胡锦矗, 1999. 四川兽类原色图鉴, 79.

Rhinolophus shortridgei Csorba, 2002. Ann. Hist. Nat. Mus. Nat. Hung., 94: 217-226; Csorba, et al., 2003. Horseshoe Bats of the World, 113-114; Smith 和解焱, 2009. 中国兽类野外手册, 290; Wilson and Mittermeier, 2019. Hand. Mamm. World, 312.

鉴别特征 体型中等大小, 前臂长 40 ~ 45 mm, 颅全长 16.3 ~ 17.5 mm。连接叶顶端呈三角形, 与鞍状叶间具缺刻。

形态

外形: 菊头蝠属中体型中等大小的种类, 前臂长 40 ~ 45 mm。尾稍长于胫长。马蹄叶不完全覆盖上唇, 每侧具一小附叶, 鞍状叶先端较基部稍窄, 从侧面观连接叶端部呈三角形, 与鞍状叶间具缺刻, 顶叶突出。第 3 指的第 2 指节长不及第 1 指节的 1.5 倍; 第 4 掌骨稍长, 第 3、5 掌骨几等长。鼻孔不全被鼻叶遮盖, 鼻叶中间具一缺刻, 两侧有小凹陷; 下唇有 3 条纵沟。

毛色: 体被细软而较长的毛, 背部毛端褐色, 毛基淡灰褐色; 腹部毛稍浅, 毛尖棕色, 毛基黑灰色。

头骨: 颅全长 16.3 ~ 17.5 mm, 侧面观鼻隆前面几乎垂直上升或略倾斜; 矢状脊较发达, 额部具浅凹; 颧突宽约等于或稍超过乳突宽。

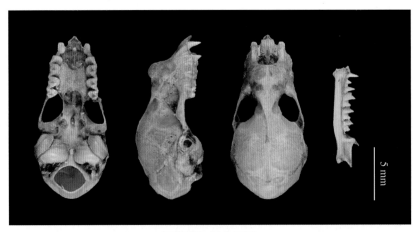

短翼菊头蝠头骨图

牙齿: 第 1 上前白齿位于齿列中; 第 2 下前白齿有变化, 但经常位于齿列外侧; 第 1 下前白齿不与第 3 下前白齿相接。

量衡度 (衡: g; 量: mm)

外形:

编号	性别	体长	尾长	后足长	耳长	前臂长	胫骨长	采集地点
GZHU98008	♀	44	16	7.5	15	40	17	四川广元
GZHU10123	♂	42	19	9.0	15	45	17	四川天全

（续）

编号	性别	体长	尾长	后足长	耳长	前臂长	胫骨长	采集地点
MYTCM1104	♂	43	16	7.0	17	43	18	四川旺苍
MYTCM1108	♂	42	20	8.0	18	44	17	四川旺苍

头骨：

编号	颅全长	基长	颧宽	眶间宽	脑颅宽	颅高	上齿列长	下齿列长	下颌骨长
GZHU98008	16.30	13.20	7.40	2.20	7.80	6.40	5.90	6.10	10.10
GZHU10123	17.10	13.80	7.30	2.40	7.10	6.20	5.90	6.20	10.70
MYTCM1104	17.41	15.63	7.68	2.38	7.53	6.52	5.88	6.35	10.76
MYTCM1108	17.80	15.87	7.99	2.17	7.55	7.08	6.00	6.20	11.01

生态学资料　栖于岩洞中，种群数量不多。同栖一洞的常是中华菊头蝠、皮氏菊头蝠、中华鼠耳蝠、长翼蝠等。在缅甸该种被采集于季节性干旱的龙脑香林（标本保存于美国国家自然历史博物馆，USNM）。有关短翼菊头蝠的自然史知之甚少。

地理分布　在四川分布于广元、旺苍、天全等处，国内还分布于云南、贵州、湖南、广西、福

分省（自治区、直辖市）地图——四川省

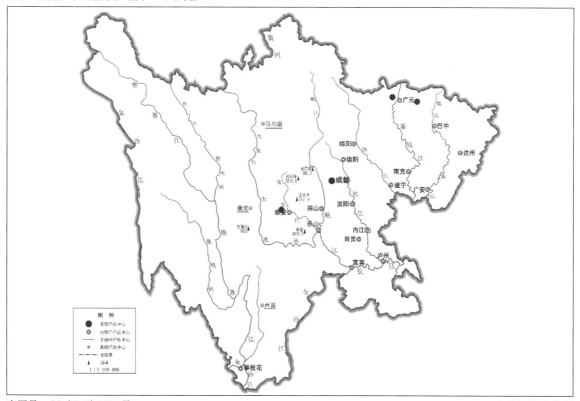

审图号：GS（2019）3333号　　　　　　　　　　　　　　　　　　　自然资源部　监制

短翼菊头蝠在四川的分布
注：红点为物种的分布位点。

建；王应祥（2003）列出其还分布于湖北、海南和广东；Smith 和解焱（2009）认为其可能还分布于重庆、江西、浙江。国外分布于印度北部、缅甸等地。

分类学讨论　短翼菊头蝠 Rhinolophus shortridgei 原是 R. lepidus 的亚种，是 Andersen（1918）根据 Guy C. Shortridge 1913年9月12日采集于缅甸蒲甘伊洛瓦底江的菊头蝠标本命名的，属于 pusillus 种组的成员（Andersen，1918）。Allen（1938）根据四川万县（Wanhsien，Szechwan，现属于重庆，即重庆万州）一剥制标本（头骨已经丢失）再次描述了该物种的特征，也是该物种在中国的首次记录。Ellerman 和 Morrison-Scott（1951）沿用前人观点，将 R. lepidus 分为2个亚种，即指名亚种和缅甸亚种 R. l. shortridgei Andersen，1918，我国分布的为缅甸亚种。Hill 和 Yoshiyuki（1980）、Corbet 和 Hill（1992）将 R. lepidus 划分为4个亚种，即 R. l. Lepidus、R. l. feae、R. l. monticola、R. l. refulgens。Csorba 等（2002）根据形态结构的区别，认为 R. l. shortridgei 应是独立的种，典型的区别是：头骨上颌犬齿较 R. lepidus 粗壮，矢状脊向后延伸至人字脊后。Corbet 和 Hill（1992）以及 Csorba 等（2003）均认为应该将 R. l. shortridgei 独立为种。Simmons（2005）除了将 R. l. shortridgei 独立为种外，还将 R. lepidus 分为5个亚种，即 R. l. lepidus Blyth，1844，R. l. cuneatus Andersen，1918，R. l. feae Andersen，1907 R. l. monticola Andersen，1905 R. l. refulgens Andersen，1905。Smith 和解炎（2009）同意将 R. l. shortridgei 独立为种；Soisook 等（2016）根据形态学及遗传学特点再次证实了 R. l. shortridgei 与 R. lepidus 应区分为不同的种。Wilson 和 Mittermeier（2019）沿用此观点。本书遵此观点，记为 R. shortridgei。

本种无亚种分化。

（48）皮氏菊头蝠 *Rhinolophus pearsoni* Horsfield，1851

英文名　Pearson's Horseshoe Bat

Rhinolophus pearsoni Horsfield, 1851. Cat. Mamm. Mus. E. India Co, 33(模式产地：印度西孟加拉邦大吉岭)；Allen, 1938. Mamm. Chin. Mong., 176: 181-182; Ellerman and Morrison-Scott, 1951. Check. Palaea. Ind. Mamm., 122; 胡锦矗和王酉之，1984. 四川资源动物志　第二卷　兽类，36-37；王酉之和胡锦矗，1999. 四川兽类原色图鉴，82；王应祥，2003. 中国哺乳动物种和亚种分类名录与分布大全，34; Simmons, 2005. In Wilson and Reeder. Mamm. Spec. World, 3rd ed., 360; Smith 和解焱，2009. 中国兽类野外手册，287; Wilson and Mittermeier, 2019. Hand. Mamm. World, 332; 魏辅文，等，2021. 兽类学报，41(5): 487-501.

Rhinolophus larvatus Milne-Edwards, 1872. Rech. 1'Hist. Nat. Mamm., 248(模式产地：中国四川穆坪) [not Horsfield, 1823].

Rhinolophus pearsoni chinensis Andersen, 1905. Ann. Mag. Nat. Hist., 7, 16: 289(模式产地：中国福建)(原文写成 pearsoni).

鉴别特征　体型较大，前臂长51～59 mm。鞍状叶宽大，侧缘内凹，基部扩展程度较低，联接叶起自鞍状叶的顶端，向后呈弧形下降。顶叶呈较狭长的等腰三角形，毛被长而绒密，棕褐色。颅宽略大于后头宽。

形态

外形：菊头蝠属中体型较大的种类，前臂长51 ~ 61 mm。马蹄叶宽9.3 mm左右，鞍状叶宽大，两侧缘向中间凹入，基部与鼻孔内缘突起联成浅杯形，中叶顶部钝圆；联接叶起自鞍状叶顶端，呈弧形向下延伸，显著低于鞍状叶顶端；顶叶削尖。耳长18.9 ~ 26.0 mm，下唇正中具1条纵行的颏沟。

毛色：被毛较长，纤细茸密。背毛棕褐色，有些个体偏肉桂色，毛基和腹面毛色较淡。

头骨：颅全长22.7 ~ 25.2 mm，颧宽10.1 ~ 12.3mm，略大于后头宽（9.7 ~ 11.4 mm），脑颅较高，颅高7.9 ~ 9.8 mm，眶间宽2.4 ~ 3.1 mm。鼻隆的中央和两侧共计4个隆起近等大，鼻孔缘成骨脊。眶上脊较短，约6.6 mm，后鼻凹三角可见，而有些个体不显，眶上脊汇合后形成明显的矢状脊。

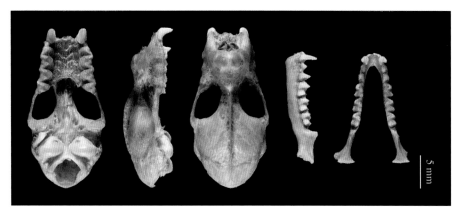

皮氏菊头蝠头骨图

牙齿：齿式 1.1.2.3/2.1.2.3 = 32。第1上前臼齿位于齿列中或略偏中线外侧；第2下前臼齿位齿列外，偶见缺失，从而使第1和第3下前臼齿齿冠相接触。

阴茎骨：背面和腹面观其基部1/3为塔形，中部和端部变细长；侧面观中部和端部刀片状，基部向腹面出现1个分支，向背面形成2个突起。

染色体：$2n = 42$，$FN = 64$。

量衡度（衡：g；量：mm）

外形：

编号	性别	体重	体长	尾长	后足长	耳长	前臂长	胫骨长	采集地点
CWNU90008	♀	26	53	21	13.0	21.0	51	24.5	四川冕宁
CWNU90010	♀	19	56	23	13.0	23.0	59	28.0	四川冕宁
CWNU90011	♀	18	60	23	12.0	23.0	56	28.0	四川冕宁
CWNU90013	♀	13	50	21	13.0	21.0	55	28.0	四川冕宁
CWNU90015	♀	22	51	21	13.0	23.1	55	27.0	四川冕宁
CWNU90023	♀	—	56	18	12.0	21.0	53	28.0	四川木里
CWNU90024	♀		55	21	12.2	23.4	56	28.0	四川木里
CWNU90025	♀		60	20	12.0	21.0	55	—	四川木里
CWNU96026	♀	19	70	—	13.0	—	58	28.0	四川广安

（续）

编号	性别	体重	体长	尾长	后足长	耳长	前臂长	胫骨长	采集地点
CWNU90034	♂	20	60	22	12.0	23.0	56	29.0	四川冕宁
CWNU96044	♂	20	50	22	13.0	26.0	54	—	四川盐源
CWNU96017	♂	20	65	21	13.0	23.0	57	29.0	四川广安
CWNU98001	—	—	57	24	12.0	22.0	58	27.0	四川广元
CWNU98002	—	—	53	22	12.0	23.5	57	29.0	四川广元
CWNU98003	—	—	55	26	12.0	22.0	55	28.0	四川广元
CWNU98004	—	—	—	26	14.0	22.0	57	28.0	四川广元
MYTCM1101	♂	18	58	22	11.0	20.0	55	29.0	四川旺苍
MYTCM1102	♂	17	56	23	11.0	19.0	54	29.0	四川旺苍
MYTCM1105	♂	18	58	21	13.0	21.0	54	27.0	四川旺苍
MYTCM1109	♂	14	56	26	11.0	21.0	56	28.0	四川旺苍
MYTCM1111	♂	17	60	20	13.0	21.0	54	28.0	四川旺苍
SAFY23020	♂	—	54	20	12.0	21.0	57	28.0	四川天全
SAF01145	♀	—	58	22	12.5	21.0	58	29.0	四川天全
MYTC21-13	♂	—	24	25	13.0	25.0	60	31.0	四川绵阳
MYTC21-14	♂	—	23	25	13.0	25.0	58	28.0	四川绵阳

头骨：

编号	颅全长	基长	颧宽	眶间宽	脑颅宽	颅高	上齿列长	下齿列长	下颌骨长
CWNU90008	—	—	11.30	2.50	9.90	—	9.20	9.60	15.80
CWNU90010	—	—	11.30	2.60	9.90	—	9.00	9.80	15.90
CWNU90011	—	—	10.90	2.30	9.90	—	9.20	9.60	15.80
CWNU90013	—	—	—	—	—	—	8.70	9.30	15.10
CWNU90015	—	—	10.10	2.70	9.80	—	8.60	9.20	15.80
CWNU90023	—	—	10.80	2.50	9.10	—	9.10	9.70	16.30
CWNU90024	—	—	—	—	—	—	8.90	9.40	15.90
CWNU90025	—	—	11.10	2.50	9.60	—	8.80	9.00	15.50
CWNU96026	—	—	11.50	2.60	9.50	—	9.50	10.80	16.60
CWNU90034	—	—	12.10	2.40	10.30	—	9.30	9.90	16.80
CWNU96044	—	—	12.30	2.40	10.30	—	9.40	10.00	16.70
CWNU96017	—	—	10.90	2.30	9.10	—	9.00	9.30	16.40
CWNU98001	—	—	12.00	2.50	10.20	—	9.60	10.30	16.90
CWNU98002	—	—	11.80	2.50	10.40	—	9.30	10.30	16.70
CWNU98003	—	—	11.50	2.40	9.60	—	9.60	9.90	16.50

(续)

编号	颅全长	基长	颧宽	眶间宽	脑颅宽	颅高	上齿列长	下齿列长	下颌骨长
CWNU98004	—	—	11.50	2.30	10.30	—	9.50	10.10	16.70
SAFY23020	24.31	21.84	11.80	2.87	10.39	8.43	9.46	10.47	16.54
SAF01145	25.17	23.24	12.07	3.08	10.40	9.53	9.40	10.28	17.15
MYTCM1105	24.86	22.45	11.80	2.37	9.82	8.30	9.34	9.99	16.39
MYTCM1109	24.69	22.45	12.15	2.75	9.68	8.09	9.26	10.15	16.94

　　生态学资料　为洞穴型蝙蝠，生活于石灰岩溶洞、岩洞、矿洞等洞穴，在洞口附近有阔叶林和灌丛的环境觅食。可单只或集小群栖息在洞道侧壁，或与其他蝙蝠如中华菊头蝠、中菊头蝠和小菊头蝠混聚集群于一洞。在秋季或初冬冬眠前交配，出眠后产仔，每胎1仔。幼仔重约7 g。发育到翌年秋季达性成熟，参与繁殖。

　　地理分布　在四川分布于绵阳、广元、旺苍、青川、广安、天全、甘孜、冕宁、木里、盐源等处，国内还分布于浙江、安徽、江西、福建、广东、广西、湖南、湖北、云南、贵州。国外的分布横跨亚洲南部。

分省（自治区、直辖市）地图——四川省

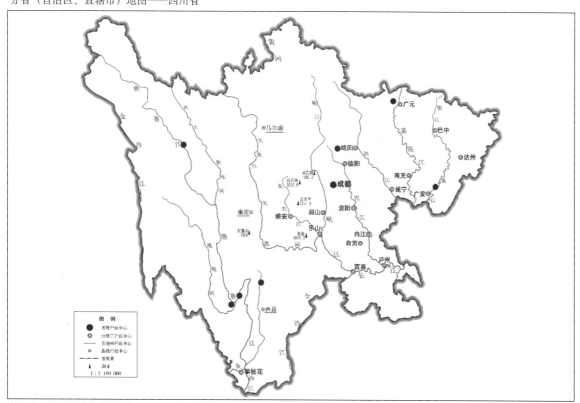

审图号：GS (2019) 3333号

自然资源部 监制

皮氏菊头蝠在四川的分布
注：红点为物种的分布位点。

分类学讨论　皮氏菊头蝠属于*pearsonii*种组。Andersen（1905）根据中国福建的标本描述了 *Rhinolophus pearsonii* 华南亚种 *R. p. chinensis*，并指出，根据 *R. yunanensis* Dobson 和 *R. larvatus* A. Milne-Edwards（模式产地：四川穆坪）的描述及图片，二者与 *R. pearsonii* 无法区分，但 *R. p. chinensis* 个体偏小，可以从这些蝙蝠中区分出来（Andersen，1905）。Allen（1938）、Ellerman 和 Morrison-Scott（1951）沿用了 Andersen（1905）的观点，将皮氏菊头蝠分为指名亚种和华南亚种，*R. yunanensis* 和 *R. larvatus* 是 *R. pearsoni* 的同物异名并入指名亚种。Corbet 和 Hill（1992）认为华南亚种的分类有疑问，并将 *R. p. yunanensis* 从 *R. pearsonii* 移除，将其恢复为独立种。Bates 和 Harrison（1997）、王应祥（2003）、Simmons（2005）、Smith 和解焱（2009）、Wilson 和 Mittermeier（2019）均赞同将 *R. p. yunanensis* 从 *R. pearsonii* 移除。有的学者将本种学名拼写为 *R. pearsoni*，如王应祥（2003）等。

全世界有2个亚种，中国均有分布，其中四川分布的是指名亚种。该种与云南菊头蝠分布界限有待进一步确证。

（49）北绒大菊头蝠 *Rhinolophus perniger* Hodgson，1843

别名　东方大菊头蝠、绒毛菊头蝠、大菊头蝠

英文名　Woolly Horseshoe Bat

Rhinolophus perniger Hodgson, 1843. Jour. Asiat. Soc. Bengal, 12: 409-414(模式产地：尼泊尔，喜马拉雅中部地区).

Rhinolophus perniger Wilson and Mittermeier, 2019. Hand. Mamm. World, 328-329.

鉴别特征　本种在菊头蝠中体型最大，前臂长69～71 mm，颅全长30～32 mm。体毛烟褐色，呈绒毛状。鞍状叶基部两侧扩展成盘状侧翼，中叶顶部宽圆两侧微凹，与侧翼合成三叶草状；联接叶起自鞍状叶中叶的亚顶端，与鞍状叶间无凹缺；顶叶长，顶端呈舌形延伸。

形态

外形：体型大，前臂长69～71 mm，胫骨长35～37 mm。耳长37～42 mm。第3、4、5掌骨逐渐增长，第3掌骨长约46 mm。鼻叶复杂，马蹄状叶宽16.3～17.2 mm，马蹄叶前后径10.1～10.9mm。有1对较大的小附叶。鼻孔内外缘突起，衍生成杯状的鼻间叶；鞍状叶基部两侧扩展突出成盘状侧翼，中叶顶部宽圆两侧微凹，与侧翼合成三叶草状；联接叶起自鞍状叶中叶的亚顶端，后缘作弧形并向后下方倾斜；顶叶长，顶端呈舌形延伸。下唇中间具1条纵行的颏沟。

毛色：体被绒而密的烟褐色毛，背腹色泽一致，背毛长达17 mm，毛尖端略有光泽，耳和翼膜色较深。

头骨：颅全长30～32mm。眶上脊长约11 mm，棱起突出，构成其间很深的后鼻凹三角；眶上脊汇合后形成的矢状脊很高，刀片状。颧宽略大于后头宽，颧骨有较明显而高的眶突；腭桥长大于上齿列长的1/3。

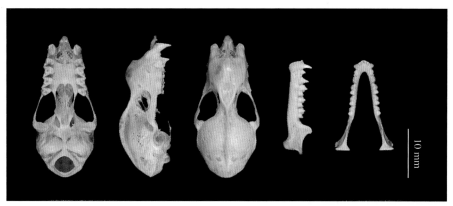

北绒大菊头蝠头骨图

牙齿：齿列较长。上颌门齿顶端两叉，下颌门齿三叉，均明显可见。上颌犬齿及第2上前臼齿发达，明显高出臼齿，且上颌犬齿略高于第2上前臼齿。第1上前臼齿很小，位齿列中，侧面观其高度约为上颌犬齿的1/7；齿冠面观其面积约为上颌犬齿的1/6。下颌犬齿约高于最后1枚前臼齿，稍超过第1下前臼齿高度的2倍。第2下前臼齿极小，位于齿列外侧，齿冠面面积约为第1下前臼齿的1/5，第1下前臼齿与第3下前臼齿的齿基缘不接触。

量衡度（衡：g；量：mm）

外形：

编号	性别	体重	体长	尾长	后足长	耳长	前臂长	胫骨长	采集地点
MYTC21001	♀	36	65	52	19	38	70	36	四川绵阳
MYTC22002	♀	28	68	43	18	42	72	36	四川绵阳

头骨：

编号	颅全长	基长	颧宽	眶间宽	脑颅宽	颅高	上齿列长	下齿列长	下颌骨长
MYTC21001	31.37	27.89	14.66	3.11	12.72	12.01	11.32	11.92	20.97

生态学资料　为洞穴型蝙蝠，多栖息在岩石洞穴、水渠或公路涵洞。数量稀少，通常为单一个体，可与中华菊头蝠、中菊头蝠等栖息在相同的洞穴中，但不见混群生活。北绒大菊头蝠多发现在洞穴入口，曾见其冬眠时悬挂在河岸较小洞穴的顶壁，两翼膜将身体包裹在之间。也曾见其倒挂于树枝上休眠。以较大型的昆虫为食。

地理分布　在四川见于巴中、绵阳（安州）、华蓥、汶川（卧龙），国内还分布于贵州、浙江、江西、广东、广西、重庆、福建、安徽、陕西、海南、云南等地。国外见于缅甸、尼泊尔、印度（锡金）、印度、斯里兰卡、越南、老挝、柬埔寨、泰国、马来西亚、印度尼西亚等。

分省（自治区、直辖市）地图——四川省

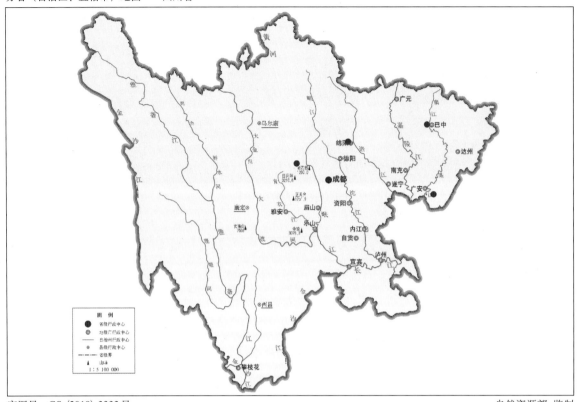

审图号：GS (2019) 3333号　　　　　　　　　　自然资源部 监制

北绒大菊头蝠在四川的分布
注：红点为物种的分布位点。

　　分类学讨论　北绒大菊头蝠 *Rhinolophus perniger* 属于 *trifoliatus* 种组，过去认为大菊头蝠 *R. luctus* 有7个亚种（包括 *R. l. perniger*、*R. l. lanosus*、*R. l. spurcus*、*R. l. formosae* 等）中的1个亚种（Ellerman and Morrison-Scott，1951）。张荣祖（1997）列出我国分布有大菊头蝠的3个亚种，分布于福建广东的华南亚种 *R. l. lanosus* Andersen，1905；分布于海南的海南亚种 *R. l. spurcus* Allen，1928；分布于台湾的台湾亚种 *R. l. formosae* Sanborn，1939。王应祥（2003）也认为中国的大菊头蝠分3个亚种，但他只承认张荣祖列出的华南亚种及海南亚种，将台湾亚种单独列为台湾菊头蝠 *R. formosae*，且认为华南亚种广布于浙江、安徽、福建、江西、广东、广西、贵州和四川（卧龙）。其列出的第3个亚种是分布在云南西部（泸水）的喜马拉雅亚种 *R. l. perniger* Hodgson，1843。Volleth等（2017）根据形态学及遗传学特征差异，认为喜马拉雅亚种应该从大菊头蝠中分出来独立为种，他同时发现中国以前鉴定的大菊头蝠 *R. lanosus* 与印度的 *R. perniger* 相似度很高。Wilson 和 Mittermeier（2019）沿用了该观点，列出北绒大菊头蝠 *R. perniger* 目前有3个亚种：指名亚种 *R. p. perniger* Hodgson，1843；华南亚种 *R. p. lanosus* Andersen，1905；海南亚种 *R. p. spurcus* Allen，1928。四川分布的属于华南亚种 *R. p. lanosus* Andersen 1905（Wilson and Mittermeier，2019）。

北绒大菊头蝠华南亚种 *Rhinolophu perniger lanosus* Andersen 1905

Rhinolophus lanosus Andersen，1905(模式产地：福建). Andersen and Knud，1905. Ann. Mag. Nat. Hist., 7, 16: 248-249.

Rhinolophus luctus lanosus Ellerman and Morrison-Scott, 1951. Check. Palaea. Ind. Mamm. 121; 吴毅，等，1988.
　　四川动物，7(3): 39; 谭邦杰，1992. 哺乳动物分类名录，77; 王酉之和胡锦矗，1999. 四川兽类原色图鉴，85;
　　张荣祖，1997. 中国哺乳动物分布：35; 王应祥，2003. 中国哺乳动物种和亚种分类名录与分布大全，34-35;
　　Simmons, 2005. In Wilson and Reeder. Mamm. Spec. World, 3rd ed., 358; Smith 和解焱，2009. 中国兽类野外手
　　册，284;

Rhinolophus perniger lanosus Wilson and Mittermeier, 2019. Hand. Mamm. World, 328-329.

鉴别特征　同种的描述。

生态学资料　少见。在四川仅遇见过单只栖息在洞穴中的情况，也曾见过其倒挂在树枝上休眠。

地理分布　同种的叙述。

分类学讨论　*Rhinolophus lanosus* 是 Andersen（1905）依据采集于福建1只雌性菊头蝠标本描述的新种。Allen（1938）将 *Rhinolophus lanosus* 分为2个亚种：福建亚种 *Rhinolophus lanosus lanostis* Andersen，1905. 及海南亚种 *Rhinolophus lanosus spurcus* G. M. Allen，1928。Ellerman 和 Morrison-Scott（1951）则将 *R. l. lanosus* 归为 *Rhinolophus luctus* 的1个亚种。之后一直沿用此观点（Tate，1947；王应祥，2003，Simmons，2005；Smith 和解焱，2009）。直到2017年，Volleth 等根据形态学及遗传学特征差异，认为 *R. l. perniger* 应该从 *R. luctus* 中分出来独立为种，他同时发现中国以前鉴定的大菊头蝠 *R. lanosus* 与印度的 *R. perniger* 相似度很高。由于 *R. lanosus* 与 *R. perniger* 原本就是同一种下的不同亚种，故 *R. lanosus* 仍列入 *R. perniger* 的亚种（Wilson and Mittermeier，2019）。

（50）丽江菊头蝠 *Rhinolophus osgoodi* Sanborn，1939

别名　奥氏菊头蝠、西南菊头蝠

英文名　Osgood's Horseshoe Bat

Rhinolophus osgoodi Sanborn, 1939. Field Mus. Nat. Hist. Publ., Zool. Ser., 24: 40(模式产地：云南丽江); 谭邦杰，
　　1992, 哺乳动物分类名录，75; 王应祥，2003. 中国哺乳动物种和亚种分类名录与分布大全，33; Simmons, 2005.
　　In Wilson and Reeder. Mamm. Spec. World, 3rd ed., 360; Smith 和解焱，2009. 中国兽类野外手册，286; Liu, et
　　al., 2019. Mol. Phylogenet Evol., 139: 1-14(on line); Wilson and Mittermeier, 2019. Hand. Mamm. World, 328-
　　329.

鉴别特征　体型中等，前臂长36.0～41.6 mm。头骨在前臂长相近种类中偏小，颅全长约16 mm。马蹄叶宽6.4 mm，覆盖吻的大部分；鞍状叶较宽，两侧平行且顶端圆弧形，端部与鞍状叶间有缺刻。下唇具3条纵行的颏沟。

形态

外形：体型中等，前臂长36.0～41.6 mm，马蹄叶宽约6.4 mm，覆盖吻的大部分；鞍状叶较宽，顶端钝圆，两侧平行；连接叶有变化，从尖锐到钝三角形，端部与鞍状叶间有缺刻；顶叶似较狭长的等腰三角形。下唇具3条纵行的颏沟。掌骨长大致相等。

毛色：毛被背面淡棕色，毛基灰色，腹面淡灰色。

头骨：头骨在前臂长相近种类中偏小，但强壮；颅全长约16 mm。乳突宽大于颧宽；矢状脊微弱；额骨凹浅，有明显的人字脊。

牙齿：第1上前臼齿位于齿列中，其高度约为上颌犬齿高的1/4；第2下前臼齿很小，有一半位于齿列外。

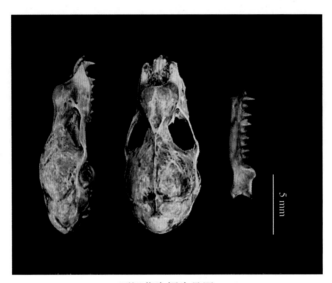

丽江菊头蝠头骨图

量衡度（量：mm）

外形：

编号	性别	前臂长	距长	后足长	尾长	耳长	采样地点
NENUSC37	♂	42	9	8	15	13	四川峨眉山
NENUSC39	♂	36	9	8	15	17	四川峨眉山
NENU2016 H01	♀	40	—	9	16	20	—

头骨：

编号	颅全长	基长	颧宽	眶间宽	脑颅宽	颅高	上齿列长	下齿列长	下颌骨长
NENU7981	16.90	13.40	6.60	7.80	6.60	5.90	5.70	5.70	9.80
GZHU4183	16.40	12.30	7.80	2.10	6.60	5.90	5.80	5.90	10.10
NENU2016 H01	16.67	10.16	8.05	2.29	—	—	—	—	—

生态学资料　栖息于洞穴，夜间活动。声波为FM/CF/FM.CF型，频率85～94 kHz。

地理分布　在四川分布于峨眉山（Liu et al., 2019），国内还分布于云南、贵州、湖南。国外分布于越南。

分省（自治区、直辖市）地图——四川省

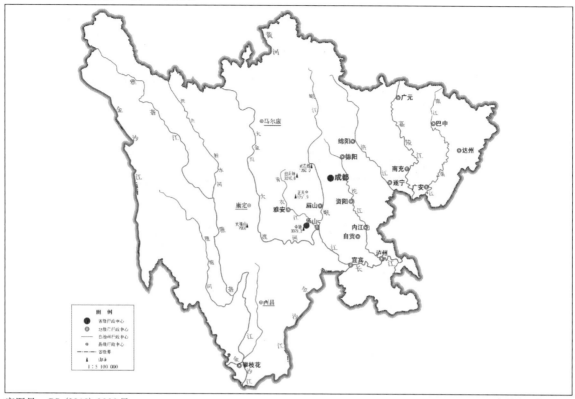

审图号：GS (2019) 3333号 自然资源部 监制

丽江菊头蝠在四川的分布
注：红点为物种的分布位点。

分类学讨论 Osgood（1932）最早在一组短翼菊头蝠 *Rhinolophus lepidus* 中发现10号采集于中国云南丽江北部（Nguluko）的标本，其特征区别于已有的中国的所有菊头蝠种类，但由于当时资料限制没有列为新种。Sanborn（1939）对菊头蝠进行了分类厘定，将这批标本定为新种 *R. osgoodi*，并给出以下鉴别性特征：与短翼菊头蝠很相似，但连接叶顶端更圆，顶叶顶端不及后者尖，与前臂长相近的其他菊头蝠相比头骨更小。此观点未被普遍接受，Corbet 和 Hill（1992）提出其可能是 *R. lepidus* 的同物异名。Koopman（1994）承认其独立种地位。该种一直被列为 *pusillus* 种组（Csorba et al.，2003；Simmons，2005；Simth 和解焱，2009），直到2019年，Liu 等根据形态特征及分子系统学特征将其归为 *macratis* 组（Liu et al.，2019），Wilson 和 Mittermeier（2019）沿用此观点。本种在四川的分类及分布有待厘清。

(51) 大耳菊头蝠 *Rhinolophus episcopus* Blyth，1844

英文名 Allen's Horseshoe Bat

Rhinolophus episcopus Allen, 1923. American Mus. Nov., 85: 2(模式产地：重庆万州).

Rhinolophus macrotis episcopus Tate, 1947. Mamm. Eastern Asia, 106; Ellerman and Morrison-Scott, 1951. check.

Palaea. Ind. Mamm. 122; 胡锦矗和王酉之，1984. 四川资源动物志 第二卷 兽类，33；张荣祖，1997. 中国哺乳动物分布, 31; Bates and Harrison, 1997. Bats of Indian Subcontinent, 72; 王应祥, 2003. 中国哺乳动物种和亚种分类名录与分布大全, 35; Smith 和解焱, 2009. 中国兽类野外手册, 284-285.

Rhinolophus macrotis 王酉之和胡锦矗, 1999. 四川兽类原色图鉴, 83; Simmons, 2005. In Wilson and Reeder. Mamm. Spec. World, 3rd ed., 358; 魏辅文, 等, 2021. 兽类学报, 41(5): 487-501.

Rhinolophus episcopus Liu, et al., 2019. Mol Phylogenet Evol., 139: 1-14(on line); Wilson and Mittermeier, 2019. Hand. Mamm. World, 301.

鉴别特征　体型较小，前臂长 45.1 ～ 49.0 mm。耳大，对耳屏相应较小。鞍状叶较宽，其宽约为高度的一半，基部侧翼与鼻孔内缘侧叶联成浅小的杯状叶，联接叶起自鞍状叶的亚顶端，侧面观其端部圆弧状；顶叶宽大，呈舌状。下唇具 3 条纵行颏沟。

形态

外形：菊头蝠科中体型较小的种类。体长 34.7 ～ 47.4 mm，前臂长 45.1 ～ 49.0 mm。耳大，但次于贵州菊头蝠 *Rhinolophus rex*，耳长 23.2 mm，对耳屏不特别发达。马蹄叶宽约 8.9 mm，完全盖住吻部，两侧的 1 对小附叶向下延伸到中间缺刻。鞍状叶顶端宽圆宽约 3.5 mm，高约 4.9 mm；基部两侧呈叶状与鼻孔内缘侧叶联成较浅小的杯状叶。联接叶起自鞍状叶近顶端处，侧面观呈弧形，顶端略低于鞍状叶。顶叶宽大，顶端舌形，高与鞍状叶平齐；与联接叶基部间的两侧有明显的长毛。下唇中央和两侧的颏沟均明显。

毛色：体毛棕褐色，毛基和胸灰白色。背毛长约 11.9 mm，远端毛色烟褐色，毛基部占全长 2/3 的部分灰白色，故烟褐色调未能遮盖整个毛被。腹部两侧和后腹肉桂色，向胸部及下颏转灰白。

头骨：颅骨颞窝窄小，腭桥长等于或略超过齿列长的一半，矢状脊很低。颧宽小于后头宽。鼻隆宽接近吻宽，鼻孔缘成微细骨脊。后鼻凹三角明显，眶上脊可见并与矢状脊相连形成 Y 形；矢状脊很低，到额骨后部渐消失。

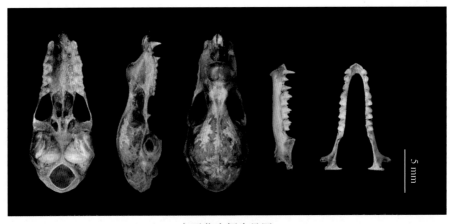

大耳菊头蝠头骨图

牙齿：第 1 上前臼齿位齿列中，第 2 上前臼齿与后面臼齿几乎等大，但 W 形齿尖不显著。第 2 下前臼齿位齿列中线偏外，第 1 和第 3 下前臼齿齿冠不相接触。上、下颌犬齿均发达，明显高出最后一枚前臼齿。

阴茎骨：背面和腹面观其基部1/6处膨大，中部为直立的杆状，顶端微微变大，呈球形；侧面观基部微向背面形成一个突起，中部近杆状约有弯曲，端部有一向后的弯曲。

染色体：$2n = 62$，$FN = 60$。

量衡度（衡：g；量：mm）

外形：

编号	性别	体重	体长	尾长	后足长	耳长	前臂长	胫骨长	采集地点
GZHU8381	♀	—	42	21	9	22.0	49.0	21.0	四川绵阳
GZHU8383	♀	—	43	19	10	22.0	47.0	18.0	四川绵阳
MYTC98006	—	—	—	—	9		47.5	19.0	四川广元
GZHU000-207	♀	—	40	22	10	21.5	47.0	18.0	四川江油
CWNU02049	♀	6	44	22	9	22.5	45.0	18.5	四川开江
CWNU02056	♀	8	47	21	9	22.0	48.0	16.5	四川开江
GZHU00-208	♂	—	35	22	9	23.0	46.0	18.5	四川绵阳
SAF01147	♂		36	19	9	23.0	49.0	19.0	四川天全

头骨：

编号	颅全长	基长	颧宽	眶间宽	脑颅宽	颅高	上齿列长	下齿列长	下颌骨长
GZHU8381	19.00	15.60	8.70	2.70	9.20	5.40	7.00	7.10	11.50
GZHU8383	19.20	15.70	8.60	2.50	9.40	5.70	7.10	7.30	12.20
MYTC98006	18.20	15.20	8.00	2.40	8.50	5.10	6.40	6.70	11.70
GZHU00207	18.70	15.20	8.40	2.50	8.50	5.50	6.80	6.90	12.00
CWNU02049	19.40	15.90	8.40	2.80	7.80	5.30	6.70	6.90	12.20
GZHU00208	18.40	15.80	8.10	2.50	9.20	5.50	6.80	6.90	11.70
SAF01147	19.01	17.16	8.39	2.49	7.78	7.88	6.95	7.14	12.42

生态学资料 栖息于海拔200～2 000 m的洞穴中，栖息的洞内还可见其他菊头蝠类或蹄蝠科、蝙蝠科种类，有冬眠习性，6月产仔育幼。

地理分布 在四川分布于绵阳、江油、开江、广元、天全、兴文等处，国内还见于山西（王延校等，2012）、重庆、陕西、江西、贵州、湖南、广东等地；此外，可能在中国云南、缅甸东北部有未描述的亚种（Wilson and Mittermeier，2019）。

分省（自治区、直辖市）地图——四川省

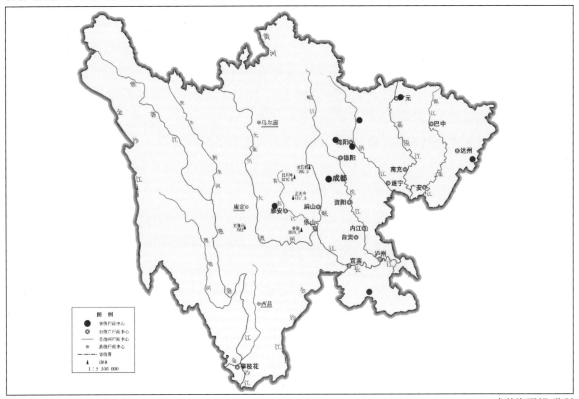

审图号：GS (2019) 3333 号

自然资源部 监制

大耳菊头蝠在四川的分布
注：红点为物种的分布位点。

分类学讨论　1923年，Allen将美国中亚考察队于1921年10月9日 在万县（现重庆万州）采集到的1号菊头蝠标本定为*Rhinolophus episcopus*，他同时将Caldwell于1919年10月31日在福建优溪（Yuki，Fu）采集到的标本定为*R. episcopus*的亚种*R. e. caldwell*。Tate（1947）认为*R. episcopus* 不是独立种，而是*R. macrotis* 的亚种，此后一直沿用此分类观点（Simmons，2005；王应祥，2003；Smith 和解焱，2009）。直到2019，Liu 等依据系统发生学研究将*R. episcopus*再次提升为种，且赞同中国分布有2个亚种，即指名亚种*R. e. episcopus* Allen，1923和福建亚种*R. e. caldwelli* Allen，1923。Wilson 和 Mittermeier（2019）沿用此观点。四川分布的为指名亚种*R. e. episcopus*。

（52）云南菊头蝠 *Rhinolophus yunanensis* Dobson，1872

英文名　Dobson's Horseshoe Bat

Rhinolophus yunanensis Dobson, 1872. Jour. Asiat. Soc. Bengal, 41: 336(模式产地：中国云南户撒); Bates and
　　Harrison, 1997. Bats of the Indian Subcontinent, 78-79; 王应祥, 2003. 中国哺乳动物种和亚种分类名录
　　与分布大全, 34; Simmons, 2005, In Wilson and Reeder. Mamm. Spec. World, 3rd ed., 365; Wu Yi, et al.,
　　2009. Acta Chiropterologica, 11(2): 237-246; Smith 和解焱, 2009. 中国兽类野外手册, 293-294; Wilson and
　　Mittermeier, 2019. Hand. Mamm. World, 331; 魏辅文, 等, 2021. 兽类学报, 41(5): 487-501.

鉴别特征 鞍状叶基部略为扩展，联接叶上部起自鞍状叶的顶端，侧面观其后缘呈弧形下降；马蹄叶较宽。尾短于胫长。毛长而密，棕褐色。颧宽略大于后头宽。

形态

外形：体型较大，前臂长53.6～59.3 mm，胫骨长25.0～30.2 mm。马蹄叶宽9.3 mm；鞍状叶两侧缘平行，基部略微扩展；连接叶起自鞍状叶顶端，侧面观其端部作弧形向后下方延伸。耳长19.9～27.0 mm。

毛色：被毛纤细绒密，较长，棕褐色，毛基较淡，腹毛颜色较浅。

头骨：颅全长23.8～25.9 mm，颧宽12.2～12.9 mm，略大于后头宽（10.7～11.7 mm），脑颅较高，颅高8.5～10.0 mm，眶间宽2.4～2.7 mm。鼻隆不太显著，鼻孔侧缘向后形成骨脊，在眼眶上部形成眶上脊，汇合后与矢状脊相连。

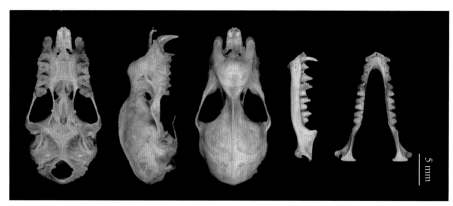

云南菊头蝠头骨图

牙齿：第1上前臼齿位于齿列中（有时单侧缺失），第2下前臼齿位于齿列外侧，但第1下前臼齿和第3下前臼齿的齿冠不相接触。

阴茎骨：背面和腹面观其基部1/2为塔形，上部为杆状；侧面观上部片状，宽度为背面观的2倍；侧面观基部在腹侧膨大较短，背侧膨大且突出形成一个明显的突起。

染色体：$2n = 46$，$FN = 60$（吴毅等，2006）。

量衡度（衡：g；量：mm）

外形：

编号	性别	体重	体长	尾长	后足长	耳长	前臂长	胫骨长	采集地点
GZHU02037	♀	—	59	—	13.0	22	56.0	28	四川峨眉山
GZHU04301	♂	—	62	22	11.5	23	59.0	29	四川峨眉山
GZHU04302	♂	—	58	22	14.0	21	59.0	29	四川峨眉山
GZHU04303	♂	—	56	18	13.0	20	57.0	28	四川峨眉山
GZHU04304	♂	18	52	19	11.0	22	55.5	28	四川峨眉山
CWNU03053	♂	25	66	26	13.0	21	54.0	25	四川美姑

头骨：

编号	颅全长	基长	颧宽	眶间宽	脑颅宽	颅高	上齿列长	下齿列长	下颌骨长
GZHU02037	23.80	—	12.60	2.50	10.80	10.00	9.60	10.10	17.00
GZHU04301	25.10	21.10	12.90	2.70	11.70	9.50	10.00	10.60	17.50
GZHU04302	25.10	21.30	12.20	2.70	11.10	9.10	10.00	10.50	17.10
GZHU04303	24.20	20.70	12.50	2.40	10.80	8.60	9.60	10.40	16.90
GZHU04304	23.90	20.20	12.20	2.70	10.70	8.50	9.60	10.50	16.20
CWNU03053	25.10	—	12.20	2.70	11.10	8.90	10.10	11.20	17.40

生态学资料　洞穴型蝙蝠，外形和生活习性与皮氏菊头蝠十分相似。栖息于相同洞穴的蝙蝠种类还有中华菊头蝠、西南鼠耳蝠 *Myotis altarium*、大蹄蝠 *Hipposideros armiger* 等。

地理分布　在四川分布于峨眉山、美姑等地，国内还分布于云南。国外分布于缅甸、泰国、印度东北部。

分省（自治区、直辖市）地图——四川省

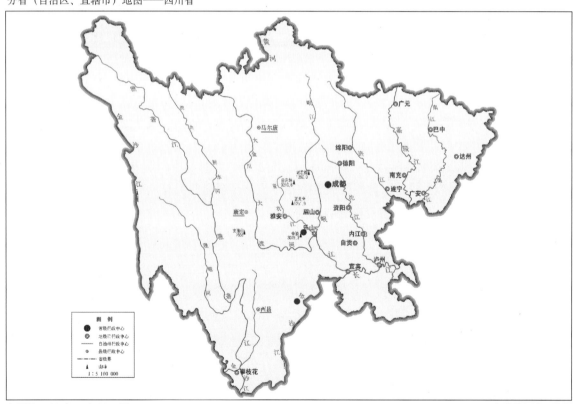

审图号：GS (2019) 3333号　　　　　　　　　　　　　　　　　　　　　自然资源部　监制

云南菊头蝠在四川的分布
注：红点为物种的分布位点。

分类学讨论 云南菊头蝠属于*pearsonii*种组。为1872年Dobson依据采集于中国云南户撒（Yunnan，China）海拔1 371.6 m的2只雄性和1只雌性标本发表的新种——*Rhinolophus yunanensis*。1876年，他本人又将其合并到皮氏菊头蝠*R. pearsonii*内。Andersen（1905）根据该种的描述及图表和*R. pearsonii*比较，发现它们应该属于同一物种。Corbet和Hill（1992）认为*R. yunanensis*应恢复为1个独立的种。相关讨论详见皮氏菊头蝠，还可参考Yoshiyuki（1990）、Lekagul和McNeely（1977）、Bates和Harrison（1997）、Csorba等（2003）等人的研究成果。国内学者Wu等（2009）也依据中国的标本及其染色体对其分类地位进行了讨论，认为该种成立。魏辅文等（2021）沿用此观点。本种无亚种分化。

（53）贵州菊头蝠 *Rhinolophus rex* Allen，1923

英文名 King Horseshoe Bat

Rhinolophus rex Allen, 1923. Am. Mus. Novit., 85: 3(模式产地：重庆万州); Allen, 1938. Mamm. Chin. Mong., 123; 胡锦矗和王酉之, 1984. 四川资源动物志 第二卷 兽类, 33; 王酉之和胡锦矗, 1999. 四川兽类原色图鉴, 84; 王应祥, 2003. 中国哺乳动物种和亚种分类名录与分布大全, 35-36; Simmons, 2005. In Wilson and Reeder. Mamm. Spec. World, 3rd ed., 36; Smith和解焱, 2009. 中国兽类野外手册, 288-289. Zhang, et al., 2018. Zool Scr, 1-18; Wilson and Mittermeier, 2019. Hand. Mamm. World, 302.

鉴别特征 前臂长54.0 ~ 57.5 mm。马蹄叶和鞍状叶异常宽大，鞍状叶呈舌状，其基部侧翼与鼻孔内缘皮翼联成巨大的杯状；联接叶起自鞍状叶的近顶端1/3处，低矮略呈弧形；顶叶退化。耳巨大，对耳屏特发达。

形态

外形：体型较大。鼻叶特异；马蹄叶宽达13.2 mm，明显超出吻部，其腹缘中央缺刻较深，两侧没有小附叶；鞍状叶呈舌状，顶端宽圆，两侧略内凸，高可达10.42 mm，宽6.66 mm，侧翼薄，与鼻孔内缘上翘而宽大的侧叶联成巨大的杯状叶，犹如蹄状叶内再衍生蹄状叶。联接叶起自鞍状叶背面近顶端。侧面观低而窄，呈弧形下降，两侧有细毛，顶叶窄小而低矮，三角形，其顶端高约5 ~ 6 mm。耳巨大，对耳屏发达，长达1/2耳长。

毛色：体毛长，体色棕褐或灰褐。背毛长约15 mm，纤细绒密。背毛基部和腹毛略淡。

头骨：颅骨颞窝窄，颧宽低于乳突间宽。腭桥特长，远超过上齿列长的1/2。听泡较大。颅

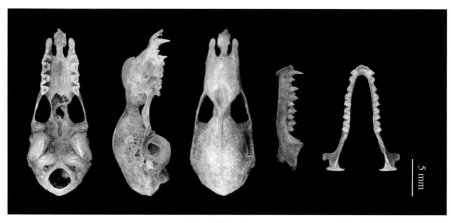

贵州菊头蝠头骨图

全长 21.1 ～ 23.3 mm，颞窝窄小，颧宽小于或等于后头宽，前者为 9.1 ～ 10.0 mm，后者为 10.2 ～ 10.8 mm。脑颅较低，眶间宽 2.7 ～ 3.0 mm。鼻隆宽中等，5.7 ～ 5.9 mm，但中央的 1 对宽大而高隆，致使两侧的 1 对压缩居侧壁；鼻孔缘圆滑无骨棱；后鼻凹三角长且明显深凹。眶上脊汇合后的矢状脊很低，到顶骨后仅呈一线。

牙齿：第 1 上前白齿和第 2 下前白齿均在齿列中。上齿列长 7.6 ～ 7.9 mm，腭桥特长，平均 4.9 mm，超出上齿列长 1/2。

阴茎骨：背面和腹面观基部约 1/4 膨大，形成对称分叉的 2 支，中部及端部为直立的杆状，顶端未出现明显膨大；侧面观基部向背面形成一个小的突起，腹面突出更加明显，中部直立，到 3/4 处向后微微弯曲，顶端向相反方向突出。

染色体：$2n = 62$，$FN = 60$。

量衡度（衡：g；量：mm）

外形：

编号	性别	体重	体长	尾长	后足长	耳长	前臂长	胫骨长	采集地点
CWNU80001	♀	13	40	38.0	11.0	32.0	55.0	23	四川兴文
CWNU05017	♀	—	50	24.0	9.5	30.0	55.0	23	四川
CWNU05018	♂	—	53	24.0	8.5	31.0	57.5	26	四川
CWNU05019	♀	—	52	26.5	10.0	30.5	57.0	24	四川
CYTC06-215	♂	11	—	30.0	11.0	32.0	57.0	25	四川绵阳

头骨：

编号	颅全长	基长	颧宽	眶间宽	脑颅宽	颅高	上齿列长	下齿列长	下颌骨长
CWNU05017	22.70	18.30	9.60	3.00	8.60	8.00	7.90	8.50	14.30
CWNU05018	21.30	17.60	9.30	3.00	8.50	8.00	7.70	8.00	13.80
CWNU05019	21.90	17.10	9.60	2.80	9.10	7.90	7.60	7.60	14.30
MYTC06-215	21.56	17.68	9.33	2.90	8.05	7.98	7.90	8.50	14.08

生态学资料　洞穴型蝙蝠，有冬眠习性，数量稀少，单只或小群聚集，5—6 月产仔。

地理分布　模式产地为重庆万州（原文为四川万县，现在属于重庆市，更名为万州）。在四川分布于兴文、绵阳安州、广元旺苍米仓山等处，国内还分布于重庆（万州、巫溪）、贵州（习水）、云南、广东（英德、乐昌）、广西。

指名亚种在国外没有分布，高鞍亚种 *R. r. paradoxolophus* Bourret，1951 还分布于缅甸、泰国、老挝、越南北部及中部（Wilson and Mittermeier，2019）。

分省（自治区、直辖市）地图——四川省

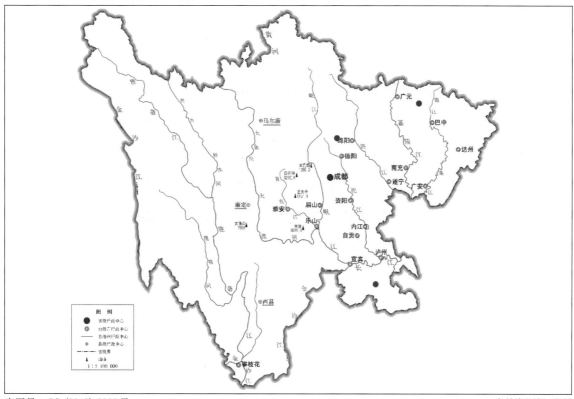

审图号：GS（2019）3333号

自然资源部 监制

贵州菊头蝠在四川的分布
注：红点为物种的分布位点。

分类学讨论 属于*philippinensis*种组。Allen（1923）发现于四川万县（Szechwan，Wanhsien，现重庆万州），Sanborn（1933）发现于贵州习水（东皇场），故中文名叫贵州菊头蝠。Hill（1972）对该种再次进行描述；Corbet和Hill（1992）认为贵州菊头蝠与高鞍菊头蝠*R. paradoxolophus*是同一种类。但Csorba等（2003）、王应祥（2003）、Simth和解焱（2009）、Wu和Thong（2011）认为它们是独立的2个种类。Zhang等（2018）综合分析了*philippinensis*种组菊头蝠的形态学、声学及遗传学数据，系统发育、遗传、表型分化及种界划分结果都支持高鞍菊头蝠应该归为贵州菊头蝠的亚种。Wilson和Mittermeier（2019）采用了此观点，但同时指出，它们二者在声波和体型上还存在差异，需要进一步对整个分布范围的个体进行研究比对，以确认二者之间的亲缘关系。本书采用Wilson和Mittermeier（2019）观点：四川分布的属于指名亚种。

八、蹄蝠科 Hipposideridae Lydekker，1891

Hipposideridae Lydekker, 1891. In Flower and Lydekker. Mamm., Living and Extinct, 657(模式属：*Hipposideros* Gray 1831); Miller G. S., Jr. 1907. The Families and Genera Bats, 109-116; Simmons, 2005. In Wilson and Reeder. Mamm. Spec. World, 3rd ed., 365-379; Wilson and Mittermeier, 2019. Hand. Mamm. World, 210-258.

　　起源与演化　蹄蝠科最早的化石发现于始新世早期的欧洲，包含化石亚科Palaeophyllophorinae的2个属——*Palaeophyllophora*和*Paraphyllophora*。现生蹄蝠亚科Hipposiderinae有1个化石属*Pseudorhinolophus*，发现于欧洲中始新世地层（Simpson，1945）。我国最早的蹄蝠科化石是发现于云南绿丰石灰坝的1个未定种，时间是晚中新世。另外，我国发现的化石全部是现生种，包括大蹄蝠*Hipposideros armiger*、中蹄蝠*H. larvatus*、普氏蹄蝠*H. partii*等8个种，均是更新世以来的化石（李传夔和邱铸鼎，2019）。一些相同属种的化石在欧洲和非洲要早于亚洲，如蹄蝠属*Hipposideros*化石在欧洲最早发现于始新世中期，在非洲发现于中新世，而亚洲最早的化石是更新世晚期。显然，蹄蝠属物种起源于欧洲。但无尾蹄蝠属*Coelops*和三叶蹄蝠属*Aselliscus*的化石仅发现于亚洲，因此，它们也起源于亚洲。早期基于形态学的分类，蹄蝠科被认为是菊头蝠科的蹄蝠亚科（详见菊头蝠科的分类学讨论）。然而，分子系统学显示蹄蝠科已在4 200万年前从菊头蝠科中分支出来。

　　形态特征　具有鼻叶，但鼻叶构造与菊头蝠科不同，其前鼻叶与菊头蝠的马蹄叶相似，但两侧有小附叶，小附叶数目在各属、种有所差异；中鼻叶较菊头蝠简单，仅有1个横行突起；后鼻叶直立，多有纵脊分割而形成的深凹缺。额部多具额囊腺。耳郭较短，阔而圆；无耳屏，具对耳屏。前肢第2指退化，其余各指各具2节指骨。颅骨窄长，鼻额区因属种有变化，或有小的鼻隆或成宽阔的平面。眶间部狭窄，一般有矢状脊，但仅部分种类的发达。颅高隆，呈卵球形；颧宽等于或小于后头宽（乳突间宽），多有直立的颧弓板。前颌骨退化，仅具颌支，呈全游离状。除*Asellia*属和大耳蹄蝠*Hipposideros megalotis*上颌仅1枚前臼齿（齿式为1.1.1.3/2.1.2.3 = 28）外，多数种类齿式为1.1.2.3/2.1.2.3 = 30。上颌犬齿发达，最后一枚上前臼齿也很发达，外侧观似犬齿形状。与菊头蝠科比较缺少中间1枚下前臼齿；且该科种类第3上臼齿甚小，齿冠脊棱不完整。

　　细胞学研究表明，蹄蝠科的染色体核型较恒定，$2n = 30 \sim 32$，与菊头蝠科种类比较核型差异较大。

　　分类学讨论　蹄蝠科蝙蝠形态特征与菊头蝠科十分相似，因此长期以来对其分类地位存在争议。早期分类学家将其归为菊头蝠科（Gervais，1854）。1866年Gray以Rhinonycterinae命名，将蹄蝠类作为菊头蝠科的1个亚科，但几乎没有被采纳，直到1997年McKenna和Bell采用了此命名。Miller（1907）对所有蝙蝠进行了科和属水平系统的研究，将蹄蝠亚科独立为科，因为*Hipposiders* Gray，1931（Hipposideridae的模式属）优先于*Rhinonycteris* Gray，1866（= *Rhinonicteris* Gray，1847），故以Hipposideridae命名（Miller，1907）。Miller之后仍然有不少学者赞成将蹄蝠类作为菊头蝠科中蹄蝠亚科的观点（Koopman，1993，1994；Simmons，1998；Simmons and Geisler, 1998; Teeling et al., 2002)。不过更多学者同意可把蹄蝠科作为独立的科 Hipposideridae (Allen, 1938; Hill, 1992; 谭邦杰, 1992; Corbet and Hill, 1992; Bates and Harrison, 1997; Bogdanowicz and Owen, 1998; Hand and Kirsch, 1998; Csorba, 2003; 王应祥, 2003; Simmons, 2005; Smith 和解焱, 2009; Wilson and Mittermeier, 2019; 魏辅文等, 2021), 此观点得到了国际动物命名委员会 (International Commission on Zoological Nomenclature) 的认同。Simmons (2005) 列出蹄蝠科在全世界9属81种 (Simmons, 2005)。Jutglar (2019) 列出本科有7属88种 (Wilson and Mittermeier, 2019), 他将 *Rhinonicteris* 及 *Paracoelops* 从蹄蝠科中移除, 将 *Rhinonicteris* 纳入三叉叶鼻蝠科 Rhinonycteridae。而 *Paracoelops* 属已知的仅1种 *Paracoelops megalotis* Dorst, 1947, 且只有正模标本, 后被确认该标本鉴定错误, 实际是 *Hipposideros pomona* (Vu Dinh Thong et al., 2012; Kruskop, 2013)。

中国分布有3个属：蹄蝠属 *Hipposideros*、三叶蹄蝠属 *Aselliscus*、无尾蹄蝠属 *Coelops* (魏辅文等, 2021), 其中四川仅1属——蹄蝠属 *Hipposideros*。

22. 蹄蝠属 *Hipposideros* Gray, 1831

Hipposideros Gray, 1831. Zoological Miscellany, 1: 37(模式种: *Vespertilio speoris* Schneider 1800).

Phyllorrhina Bonaparte, 1837. Iconogar. d. Fauna Ital., Vol. 1, pt. 21: 3(模式种: *Rhinolophus diadema* É. Geoffroy, 1813).

Rhinophylla Gray, 1866: 82; Gray, 1866. Zool. Soc. Lond., 81-83(模式种: *Phyllorrhina labuanensis*, 1859).

Thyreorhina Peters, 1871. Mber. Preuss. Akad. Wiss., 327(模式种: *Phyllorrhina coronata* Peters, 1871).

Hipposiderus Blanford, 1888. Proc. Zool. Soc., 1887: 367-378, 637.

鉴别特征 中鼻叶简单, 仅有1个横行突起; 后鼻叶直立, 多有由纵脊分割形成的深凹缺, 多有额腺囊。尾正常而发达。颅骨鼻额区多宽阔。齿式 1.1.2.3/2.1.2.3 = 30 (但大耳蹄蝠除外, 其上颌少1枚前臼齿)。犬齿发达, 第1上前臼齿位于齿列之外,' 有的种类犬齿有附齿尖 (如大蹄蝠和普氏蹄蝠)。

染色体：该属全部为 $2n = 32$。

生态学资料 栖息于岩洞及寺庙房梁, 聚集成大小不等的群体栖息, 集群个体数最多可达5 000只, 栖息时一般个体之间间隔一定距离, 不同种个体间隔距离有差异, 以各种昆虫为食。繁殖研究资料匮乏。在四川, 发现大蹄蝠和普氏蹄蝠6月左右产仔, 一般1胎1仔; 育幼期母蝠生殖孔旁有2个发达程度不等的假乳头, 可供幼仔咬挂, 便于母蝠带着幼仔移动。夜行性, 能靠超声波回声定位, 声波为 FM 型。

地理分布 广布非洲及周边岛屿、中东、印度次大陆、东南亚及大洋洲。

分类学讨论 蹄蝠属是蹄蝠科中种类最多的1个属, 分类存在较多的争议。Simmons (2005) 列出本属现生种类有67种。但近年来随着分类研究的深入, 分类系统有较大的变动, 一些种类归为其他属, 新的物种不断被发现, Wilson 和 Mittermeier (2019) 列出全世界蹄蝠属65种。王应祥 (2003) 记录中国蹄蝠属有8种, 但 Simmons (2005) 认为中国分布的双色蹄蝠 *Hipposidero bicolor* 实际应为果树蹄蝠 (又称小蹄蝠) *H. pomona*, 同时认为台湾蹄蝠 *H. terasensis* 应为大蹄蝠的同物异名。郑锡奇等（2010）同意此观点，认为是大蹄蝠的台湾亚种 *H. armiger terasensis* (Kishida，1924)。Smith 和解焱（2009）认为台湾蹄蝠 *H. terasensis* (Kishida，1924) 为有效种。Wilson 和 Mittermeier（2019）及魏辅文等（2021）均不承认 *H. terasensis* 为独立种。对于 *H. pomona*，近期研究认为该物种的指名亚种仅分布于印度以南，其亚种 *H. p. gentilis* 分布于印度以北到东南亚（Douangboubpha et al.，2010）。Bhargavi 和 Chelmala（2018）根据 *H. p. gentilis* 与 *H. pomona* 在阴茎骨、颅骨及鼻叶形态上的区别认为 *H. p. gentilis* 应为独立的种。Wilson 和 Mittermeier（2019）赞同此观点，并列出中国分布的原 *H. pomona* 应列为 *H. gentilis*，同时将中蹄蝠的缅甸亚种 *H. laravtus grandis* 提升为独立种——缅甸蹄蝠 *H. grandis*。魏辅文等（2021）仍然列出中国分布的为小蹄蝠 *H. pomona*，未采用 *H. grandis* 为独立种的观点。Smith 和解焱（2009）、王应祥（2003）列出的大耳小蹄蝠 *H. fulvus* (Gray，1838)，目前为止没有可靠证据证实其在中国有分布存在。Smith 和解焱（2009）列出的缅甸蹄蝠 *H. grandis* (Allen，1936) 和丑蹄蝠 *H. turpis* (Bangs，1901)，这 2 种在我国是否有分布尚待进一步核实。经查证标本，四川原记录的双色蹄蝠 *H. pomona* 是安氏小蹄蝠 *H. gentilis*。

本书采用 Wilson 和 Mittermeier（2019）的观点，加上谭敏等（2009）发表的中国蹄蝠新纪录种——灰小蹄蝠 *H. cineraceus*，我国目前已知分布有蹄蝠属蝙蝠 8 种，包括大蹄蝠、灰小蹄蝠、大耳小蹄蝠、中蹄蝠、缅甸蹄蝠、莱氏蹄蝠、安氏小蹄蝠、普氏蹄蝠。其中四川分布有 3 种，包括大蹄蝠、安氏小蹄蝠、普氏蹄蝠。

四川分布的蹄蝠属 *Hipposideros* 分种检索表

1. 个体大，前臂长 79 ～ 98 mm ·· 2

   个体较小，前臂长 39 ～ 45 mm ······························· 安氏小蹄蝠 *H. gentilis*

2. 前鼻叶两侧各有 3 ～ 4 枚小附叶 ······························· 大蹄蝠 *H. armiger*

   前鼻叶具有两侧各有 2 枚小附叶 ······························· 普氏蹄蝠 *H. pratti*

(54) 大蹄蝠 *Hipposideros armiger* (Hodgson，1835)

别名 大马蹄蝠、普通蹄蝠

英文名 Great Leaf-nosed Bat、Great Roundleaf Bat、Great Himalayan Leaf-nosed Bat

Hipposideros armiger Hodgson, 1835. Jour. Asiat. Soc. Bengal, 4: 699(模式产地：尼泊尔). Allen, 1938. Mamm. Chin. Mong., 190-193; Ellerman and Morrison-Scott, 1951. Check. Palaea. Ind. Mamm., 128; 谭邦杰，1992. 哺乳动物分类名录，80; 张荣祖，1997. 中国哺乳动物分布，33; 胡锦矗和王酉之，1984. 四川资源动物志 第二卷 兽类，38-40; 王酉之和胡锦矗，1999. 四川兽类原色图鉴，74; 王应祥，2003. 中国哺乳动物种和亚种分类名录与分布大全，37; Simmons, 2005. In Wilson and Reeder. Mamm. Spec. World, 3rd ed., 367; 胡锦矗和胡杰，2007. 西华师范大学学报：自然科学版，28(3): 165-171; Smith 和解焱，2009. 中国兽类野外手册，297; Wilson and Mittermeier, 2019. Hand. Mamm. World, 237-238; 魏辅文，等，2021. 兽类学报，41(5): 487-501.

Phyllorhina swinhoei Peters, 1871. In Swinhoe. Proc. Zool. Soc., 616(模式产地：福建厦门).

Hipposideros armiger swinhoii Allen, 1923. Amer. Mus. Novitates, 85: 4; 王应祥，2003. 中国哺乳动物种和亚种分类名录与分布大全，37.

Hipposideros debilis K. Andersen, 1906. Ann. Mag. Nat. Hist., 17: 37(模式产地：马来半岛).

Hipposideros armiger terasensis Kishida, 1924. Zool. Mag. Tokyo, 36: 42(模式产地：中国台湾).

Hipposideros terasensis Kishida, 1924. 王应祥, 2003. 中国哺乳动物种和亚种分类名录与分布大全, 37-38.

Hipposideros tranninhensis Bourret, 1942. C. R. Conseil Rech. Sci. Indochine, 2: 20(模式产地：越南).

Hipposideros armiger fujianensis Zhen, 1987. 武夷科学, 7: 237-242; 王应祥, 2003. 中国哺乳动物种和亚种分类名录与分布大全, 37.

鉴别特征　体型大，前臂长 89.0 ～ 95.3 mm。鼻叶复杂，前鼻叶（马蹄叶）无中央缺刻，两侧各有 3 ～ 4 枚小附叶。颅全长 30.5 ～ 32.1 mm。颅骨鼻额区呈斜面与矢状脊前端连接在一直线上，矢状脊发达。

形态

外形：体型大，前臂长 89.0 ～ 95.3 mm。鼻叶复杂，前鼻叶没有中央缺刻，鼻间隔不高隆，前缘两侧各有 4 片小附叶，最外的一片退化，呈隆突状；中鼻叶呈横行突起，中央微膨胀；后鼻叶直立，窄于前鼻叶，三叶状，由明显的中央隔支持；后鼻叶基的后部中央有额腺囊。两侧到眼内眦后有厚的皮叶，老年雄性个体皮叶发达，额腺囊口中有成束黑毛伸出；幼体或雌性成体皮叶不显，但总能见到 3 撮黑毛（两侧的是皮叶的痕迹）；老年雌性个体也能见到较小的皮叶。鼻叶和皮叶均黑褐色。耳大而阔，顶端较尖，后缘内凹。翼膜黑褐色。

毛色：被毛细长而密，毛色变化大，犹如 2 个色型：深暗色型的，背灰褐色甚至黑褐色，毛基颜色浅淡，腹灰褐色；鲜亮色型的，背棕褐色，偏赭黄色，腹淡棕褐色。毛色变化与年龄（老幼）有关，也因地区不同而有所差异。

头骨：颅全长 30.5 ～ 32.1 mm。前颌骨甚小，呈游离状。吻部较宽，鼻额区宽大呈斜坡型，颞颥脊棱角清晰。矢状脊高耸、发达。颧弓发达而宽，有高隆的颧弓板。犁骨超出腭骨后缘。有较深的蝶骨凹。

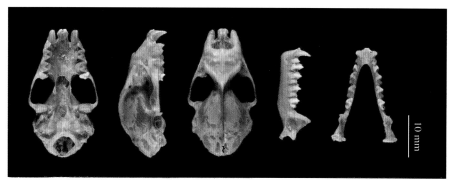

大蹄蝠头骨图

牙齿：齿式 1.1.2.3 / 2.1.2.3 = 30。上颌门齿齿冠有两叉。犬齿前脊上有低小的附小尖。第 1 上前臼齿小，位于齿列外，犬齿与第 2 上前臼齿靠近。第 3 上臼齿的后接合缘（后脊）退化，呈 V 形。下颌第 2 门齿的齿冠大于第 1 下颌门齿齿冠。第 1 下前臼齿位于齿列线中，其高占第 2 下前臼齿的 1/3 ～ 1/2。

量衡度（衡：g；量：mm）

外形：

编号	性别	体重	体长	尾长	后足长	耳长	前臂长	胫骨长	采集地点
MYTC峨21-03	♀	47	90.0	55	19	31	92	39	四川峨眉山
MYTC峨21-04	—	48	91.0	62	17	30	95	42	四川峨眉山
MYTC峨21-05	♀	52	94.0	59	17	32	95	41	四川峨眉山
MYTC峨21-06	♀	47	85.0	53	17	32	89	40	四川峨眉山
MYTC峨21-07	—	35	86.0	58	16	33	89	39	四川峨眉山
SAF雷金沙004	♀	47	75.0	63	13	31	92	—	四川雷波
SAF雷金沙005	♀	39	80.0	64	13	31	91	—	四川雷波
GZHU02019	♂	—	83.0	50	15	30	86	—	四川峨眉山
GZHU02020	♂	—	81.0	58	16	31	91	—	四川峨眉山
GZHU02021	♂	—	74.0	51	18	31	94	—	四川峨眉山
GZHU99210	♀	—	77.0	49	17	24	90	—	四川开江
GZHU99211	♂	—	76.0	51	17	28	95	—	四川开江
GZHU99212	♂	—	70.0	48	18	25	90	—	四川开江
GZHU99213	♂	—	73.0	55	15	23	92	—	四川开江
GZHU99214	♀	—	67.0	42	17	26	90	—	四川开江
GZHU04328	♂	—	94.0	52	18	28	95	—	四川夹江
GZHU04329	♂	—	96.0	55	19	30	92	—	四川夹江
GZHU04330	♂	—	100.0	58	17	33	90	—	四川夹江
GZHU04331	♂	—	91.0	50	15	32	96	—	四川夹江
GZHU04332	♂	—	92.0	52	17	26	94	—	四川夹江
SC-2022-071	♀	47	94.0	55	14	30	88	40	四川绵阳
SC-2022-075	♂	33	96.0	57	15	31	90	40	四川绵阳
SC-2022-076	♀	37	89.5	63	18	31	93	40	四川绵阳
SC-2022-077	♀	42	94.0	62	18	24	92	38	四川绵阳
SC-2022-081	♂	36	85.0	57	16	28	96	41	四川绵阳
SC-2022-083	♀	35	86.0			25		—	四川绵阳
SC-2022-084	♂	38	88.0	58	17	23	94	43	四川绵阳
SC-2022-087	♂	37	86.0	—		26		—	四川绵阳

头骨：

编号	颅全长	基长	颧宽	眶间宽	脑颅宽	颅高	上齿列长	下齿列长	下颌骨长
SAF00081	31.32	28.59	17.52	4.33	11.70	12.34	11.98	13.18	22.61
SAF00082	31.15	28.19	17.30	4.58	11.44	12.03	12.48	13.52	21.89
SAF00089	31.38	28.35	17.27	4.80	12.00	12.98	12.12	13.53	22.00
SAF00093	30.89	27.85	17.13	4.10	11.38	11.51	11.99	13.47	21.52
SAF00095	30.54	28.00	17.68	4.05	12.38	12.24	12.09	13.36	21.35
MYTC10613B	32.08	28.81	18.58	4.66	12.34	12.98	12.48	13.84	22.93

（续）

编号	颅全长	基长	颧宽	眶间宽	脑颅宽	颅高	上齿列长	下齿列长	下颌骨长
MYTC10613A	31.50	28.51	18.49	4.65	12.09	13.29	12.74	13.73	23.25
MYTCLBD01	32.00	29.09	18.45	4.90	15.38	12.66	12.75	13.88	22.67
MYTCLBD02	30.98	27.90	17.96	5.02	12.36	13.39	12.25	13.47	21.95
MYTCME1208	31.37	28.25	17.82	4.58	12.08	13.40	12.07	13.58	22.19

生态学资料　为四川常见的优势种。多群栖于海拔400～1 500 m阴暗潮湿的自然溶洞或废弃的矿洞中，也有栖息在寺庙房梁的。集群栖息的个体间有一定距离，呈点状分布。常与普氏蹄蝠亚洲长翼蝠以及菊头蝠属、鼠耳蝠属的一些种类共栖，但栖息位置分离。傍晚出洞觅食，遇到阴天、小雨也外出。活动于森林及山村附近，以各种昆虫为食，以蛾类为主。晚上临时休息时，以脚爪倒挂在岩壁、树枝或房梁柱上。夏季繁殖季节分布较为分散，冬季选择温度、湿度适宜的洞穴集中冬眠，集群较大，在川东一洞穴中曾见上万只冬眠种群。第2年达性成熟。10—11月发情交配，翌年5—6月产仔。每年1胎，一般1胎生1仔。

地理分布　在四川分布于广元、旺苍、绵阳、江油、平武、峨眉山、甘孜、广安、华蓥、乐山、夹江、巴塘、开江等处，国内还分布于云南、贵州、广东、广西、海南、福建、香港、湖南、湖北、江西、浙江、江苏、陕西、台湾。国外广布印度北部、尼泊尔、缅甸、越南、老挝、柬埔寨、泰国、马来半岛。

分省（自治区、直辖市）地图——四川省

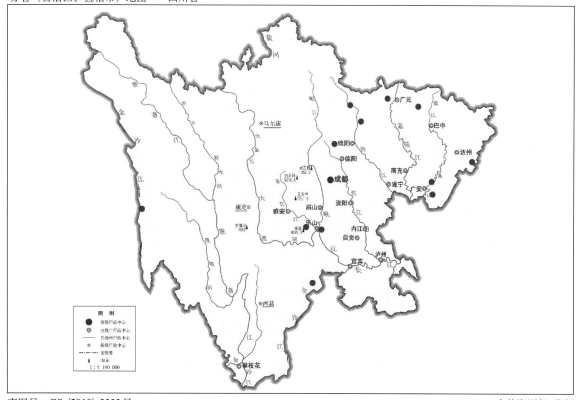

审图号：GS（2019）3333号　　　　　　　　　　　　　　　　自然资源部 监制

大蹄蝠在四川的分布
注：红点为物种的分布位点。

分类学讨论 大蹄蝠与其他种类形态结构上很好区分，种级分类比较稳定，但种下分类有不同意见。Allen（1938）认为中国大陆有指名亚种*Hipposideros armiger armiger*和华东亚种*H. a. swinhoei* 2个亚种；郑秀芸（1987）基于采集自福建南部上杭、漳平、诏安的8号标本发表了新亚种——闽南亚种*H. a. fujianensis*。Yoshiyuki（1991）认为*H. a. terasensis*与泰国分布的指名亚种*H. a. armiger*有大的差异，达到种级地位，应提升为种，即台湾蹄蝠*H. terasensis*。林良恭等（1997）、王应祥（2003）和盛和林（2005）均认同此观点。Corbet和Hill（1992）认可闽南亚种的有效性，同时将台湾的大蹄蝠确认为大蹄蝠的1个亚种，但是不承认华东亚种。王应祥（2003）列出中国的大蹄蝠有四川亚种（＝指名亚种）*H. a. armiger*、华东亚种*H. a. swinhoei*、闽南亚种*H. a. fujianensis*这3个亚种分布。Simmons（2005）、Wilson和Mittermeier（2019）均认为大蹄蝠共有4个亚种：指名亚种*H. a. armiger*（Hodgson，1835）；闽南亚种*H. a. fujianensis* Zhen，1987；台湾亚种*H. a. terasensis* Kishida，1924；越南亚种*H. a. tranninhensis* Bourret，1942。中国分布有除越南亚种外的3个亚种。四川的大蹄蝠为指名亚种。

（55）安氏小蹄蝠 *Hipposideros gentilis* K. Andersen，1918

别名 双色蹄蝠、坡氏小蹄蝠、果树蹄蝠

英文名 Andersen's Leaf-nosed Bat、Andersen's Roundleaf Bat、Exotic Leaf-nosed Bat

Hipposideros gentilis K. Andersen, 1918. Ann. Mag. Nat. Hist., 9, 2: 380, 381（模式产地：缅甸Masuri, Burma, Pegu）; Tate, 1941. Bull. Amer. Mus. Nat. Hist., 78: 353-393; Allen, 1938. Mamm. Chin. Mong., 197-199.

Hipposideros bicolor gentilis Tate, 1947. Mamm. Eastern Asia, 109; Hill, 1963. Bull. Brit. Mus. Nat. Hist., 2(1): 1-129.

Hipposideros pomona gentilis Ellerman and Morrison-Scott, 1951. Check. Palaea. Ind. Mamm., 126-127; Hill, et al., 1986. Mammalia, 50: 536-540; Corbet and Hill., 1992. Nat. Hist. Mus. Publ., Oxford, 488; Smith和解焱, 2009. 中国兽类野外手册, 299-300.

Hipposideros gentilis Bhargavi Srinivasulu and Chelmala Srinivasulu, 2018. Jour. Threat. Taxa 10:12018-12026; Wilson and Mittermeier, 2019. Hand. Mamm. World, 254.

鉴别特征 体型小，前臂长40.9～43.5 mm。前鼻叶外侧无附小叶。颧宽略小于乳突间宽；前鼻隆略膨胀，犁骨上缘略厚。第1上前白齿很小，位于齿列之外；第1下前白齿高超过第2下前白齿的1/2。

形态

外形：小型蹄蝠，前臂长40.9～43.5 mm。前鼻叶宽4.1～5.3 mm，前缘中央有小缺刻；鼻间叶在两鼻孔间上部较窄，基部较宽，外侧微高隆，与前鼻叶外部间成深沟。前鼻叶外无小附叶。中鼻叶不发达，微有横行突起；后鼻叶薄而直立，横置于鼻叶后部。雌、雄均有小的额囊位于后鼻叶之后，开口不易见，但可从伸出的黑毛束辨别；在后鼻叶后背基部两侧各有1束黑毛，分别还见2～3枚长毛高出后鼻叶顶缘外。耳大，阔而圆；耳长17.7～23.5 mm；耳郭前缘微突，对耳屏低，与耳壳全部相连。

毛色：毛色因年龄而有变化。成年个体背毛毛尖棕褐色，毛基2/3灰白色，似黑白双色；具有灰色的肩斑；腹毛略深，灰白色。幼体毛色较暗，显示黑灰色。成年或老年个体偏棕红色。

头骨：颅全长16.6～18.3 mm脑颅膨胀。吻窄。鼻隆较为突出，眶上脊不显，后鼻凹三角很小。眶间距很窄，仅2.3～2.6 mm。矢状脊可见，不太发达。人字脊不明显。颧宽略小于脑颅宽。犁骨纵长，前部呈刀刃状，后伸出腭骨后边缘加厚。耳泡宽略大于听泡距离，其前有浅圆盘状的蝶骨凹。

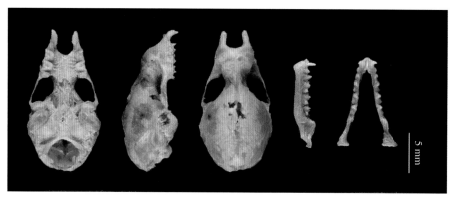

安氏小蹄蝠头骨图

牙齿：齿式1.1.2.3 / 2.1.2.3 = 30。上颌门齿齿冠有两叉，不明显。第1上前臼齿小，位于齿列外。最后一枚上臼齿退化，其后脊（后接合缘）略低于前脊的一半，呈V形。第1下前臼齿位于齿列中，基部略长于第2下前臼齿的1/2。

阴茎骨：外形似一细小垒球棒，上部较细小，下部稍微膨大。侧面观，阴茎骨向近腹面有轻微弯曲。长约0.59 mm，腹面最小宽度约为0.06 mm，最大宽度约为0.13 mm。

染色体：2n = 32。

量衡度（衡：g；量：mm）

外形：

编号	性别	体重	体长	尾长	后足长	耳长	前臂长	胫骨长	采集地点
CWNU90012	♀	—	47.0	33.5	7.5	23.0	43.5	19	四川金阳
CWNU90016	♂	—	48.0	34.0	8.0	23.5	42.0	18	四川金阳
CWNU90017	♀	—	49.0	35.0	8.0	23.5	43.5	19	四川金阳
CWNU90018	♂	—	48.0	35.0	8.0	23.0	42.1	19	四川金阳
CWNU96045	♂	7	42.0	33.0	7.0	24.0	41.5	19	四川盐源
CWNU96046	♂	7	43.0	33.0	7.0	25.0	43.0	20	四川盐源
CWNU96047	♂	8	41.5	33.0	7.5	23.5	42.0	19	四川盐源
CWNU96048	♂	6	42.0	33.0	8.0	23.0	42.0	19	四川盐源
CWNU96052	♀	7	44.0	33.0	7.5	24.0	43.0	19	四川盐源
SAF00121	♂	6	38	33.0	6.0	24.0	41.0	—	四川金阳

（续）

编号	性别	体重	体长	尾长	后足长	耳长	前臂长	胫骨长	采集地点
SAF00144	—	—	44.0	29.0	8.0	—	43.0	—	四川金阳
SAF00162	♀		41.0	28.0	8.0	24.0	42.0	19	四川金阳
SAF00171	—	—	50.0	28.0	8.0	—	42.0	—	四川金阳
SAF00172	♂		33.0	25.0	8.0	23.0	42.0	18	四川金阳
SAF00173	—		53.0	28.0	7.0	—	43.0	—	四川金阳
SAF00177	♀		33.0	29.0	8.0	22..0	41.0	19	四川金阳
SAF00187	♀	—	36.0	32.0	8.0	21.0	43.0	20	四川金阳
SAF00218	—	—	49.0	31.0	7.0	—	41.0	—	四川金阳
SAF00219	♀		42.0	26.0	8.0	24.0	43.0	18	四川金阳
SAF00118	♀	—	36.0	33.0	7.0	23.0	43.0	19	四川金阳

头骨：

编号	颅全长	基长	颧宽	眶间宽	脑颅宽	颅高	上齿列长	下齿列长	下颌骨长
CWNU90012	16.90	15.10	—	—	8.80	6.50	5.90	6.00	10.30
CWNU90016	17.80	15.70	8.70	—	9.10	7.60	6.10	6.50	10.80
CWNU90017	18.00	15.80	8.80	—	9.00	7.70	6.20	6.40	10.80
CWNU90018	17.50	15.40	8.60	—	9.10	7.50	6.00	6.30	10.50
CWNU96045	17.80	15.60	8.60	—	8.90	7.60	6.10	6.30	10.70
CWNU96046	17.60	15.70	8.50	—	8.90	7.40	6.30	6.30	10.50
CWNU96047	17.00	14.90	8.40	—	8.90	7.50	6.20	6.20	10.20
CWNU96048	17.30	—	7.40	—	8.80	7.10	6.20	6.20	10.50
CWNU96052	18.00	—	8.50	—	9.00	7.80	6.40	6.50	10.80
CWNU96053	17.40	15.20	8.10	—	9.00	7.60	6.00	6.30	10.60
SAF00121	17.99	16.02	8.52	2.57	8.28	7.41	6.18	6.63	10.77
SAF00144	—	—	—	2.80	—	—	6.20	7.00	11.30
SAF00162	17.87	15.79	8.92	2.38	7.87	7.15	5.99	6.54	10.74
SAF00172	18.07	16.20	8.63	2.66	8.42	7.40	6.16	6.66	10.86
SAF00173	—	15.80	—	2.60	7.80	7.50	6.10	6.50	11.00
SAF00177	17.78	15.95	9.35	2.68	8.44	7.55	6.05	6.44	11.13
SAF00187	18.10	15.97	9.00	2.63	8.14	7.81	6.39	6.56	10.85
SAF095	16.60	15.20	—	2.70	9.00	7.10	6.10	6.60	10.60
SAF00119	18.23	16.09	8.80	2.54	7.94	8.01	6.13	6.52	10.92
SAF00118	17.93	15.78	8.76	2.61	8.61	7.56	6.14	6.50	10.80

生态学资料　栖息于海拔100～1 200 m阴暗潮湿的岩洞或废弃矿洞、隧道、防空洞等，可数百只乃至上千只集群。1996年在四川金阳调查时，在金沙江河谷江边石洞采集到数只，为四川该种

首次记录。该种与棕果蝠、菊头蝠类、鞘尾蝠、鼠耳蝠等栖于同一洞穴。以小型昆虫为食，有冬眠习性；秋季交配，翌年4—6月产仔，每胎1仔。为我国长江以南地区分布较广泛的蹄蝠种类之一。

地理分布　在四川记录于金阳、盐源，国内还分布于云南、贵州、广西、广东、香港、海南、福建、湖南。国外分布于尼泊尔、印度东北部、孟加拉国、缅甸、泰国、马来西亚半岛、安达曼群岛、老挝、越南、柬埔寨。

分省（自治区、直辖市）地图——四川省

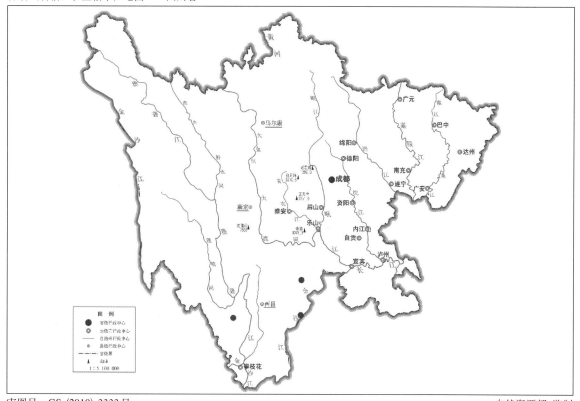

审图号：GS（2019）3333号　　　　　　　　　　　　　　　　　　自然资源部 监制

安氏小蹄蝠在四川的分布
注：红点为物种的分布位点。

分类学讨论　Andersen（1918）将 *bicolor* 种组中采集于印度东北、缅甸到苏门答腊岛西海岸鼻叶不太宽、马蹄叶4.5 ~ 5.5 mm、鞍状叶3.7 ~ 4.8 mm 的标本定为新种——*Hipposideros gentilis*；他同时另列出3个新亚种：*H. g. sinensis*、*H. g. atrox*、*H. g. major*。Andersen（1918）、Allen（1938）沿用了该分类系统。Ellerman 和 Morrison-Scott（1951）则将 *H. gentilis* 和 *H. g. sinensis* 列为 *H. pomona* 的2个亚种，但 Hill（1963）不同意该观点，他将 *H. pomona*、*H. gentilis*、*H. g. sinensi*、*H. g. atrox*、*H. majo* 均列为 *H. bicolor* 的亚种。在1986年，Ellerman 重新修订了分类系统，将 *H. pomona* 重新提升为独立种，包括 *H. gentilis* 及 *H. g. sinensis*，而 *H. g. atrox* 和 *H. major* 仍归为 *H. bicolor* 的亚种。Yenbutra 和 Felten（1986）、Zubaid 和 Davison（1987）、Corbet 和 Hill（1992）以及 Simmons（2005）也沿用其观点。王酉之等（1992）确认四川分布的种类为 *H. pomona*。然而，近期研究认为 *H. pomona* 仅分布于印度以南，*H. gentilis* 分布于印度以北到东南亚（Douangboubpha et al.，2010）。Bhargavi 和 Chelmala（2018）根据 *H. gentilis* 与 *H. pomona* 在阴茎骨、颅骨及鼻叶形态上的区别认为 *H. gentilis*

应为独立的种，*H. gentilis* 阴茎骨细且小仅0.4 ~ 0.8 mm，而 *H. pomona* 的阴茎骨明显更粗更长（1.367 mm），颅骨较大，鼻叶宽大于长（Douangboubpha et al., 2010）。Wilson 和 Mittermeier（2019）列出中国分布的原 *H. pomona* 应列为安氏小蹄蝠的华南亚种 *Hipposideros gentilis sinensis*。

亚种分化　安氏小蹄蝠在全世界可分为2个亚种，即指名亚种 *Hipposideros gentilis gentilis*（Andersen，1918）和华南亚种 *Hipposideros gentilis sinensis*（Andersen，1918）。中国仅有华南亚种分布（Wilson and Mittermeier, 2019）。

安氏小蹄蝠华南亚种 *Hipposideros gentilis sinensis*（Andersen，1918）

Hipposideros gentilis sinensis Andersen, 1918. Ann. Mag. Nat. Hist. 1918, 2: 374-384(模式产地：福建厦门); Allen, 1938. Mamm. Chin. Mong., 197-199; Bhargavi Srinivasulu and Chelmala Srinivasulu, 2018. Jour. Threat. Taxa 10: 12018-12026; Wilson and Mittermeier, 2019. Hand. Mamm. World, 254.

Hipposideros pomona sinensis Ellerman and Morrison-Scott, 1951. Check. Palaea. Ind. Mamm., 126-127; Hill, Zubaid et Davison, 1986. Mammalia, 50: 536-540; Smith 和解焱, 2009. 中国兽类野外手册, 299-300.

Hipposideros bicolor gentilis Tate, 1947. Mamm. Eastern Asia, 109; Hill, 1963. Bull. Brit. Mus. Nat. Hist., 2(1): 1-129.

Hipposideros pomona 王酉之和胡锦矗, 1999. 四川兽类原色图鉴, 73; 胡锦矗和胡杰, 2007. 西华师范大学学报, 28(3): 165-171; Simmons, 2005. In Wilson and Reeder. Mamm. Spec. World, 3rd ed., 375; 魏辅文, 等, 2021. 兽类学报, 41(5): 487-501.

鉴别特征　见种的描述。

生态学资料　见种的描述。

地理分布　在四川记录于金阳、盐源，国内还分布于云南、贵州、广西、广东、香港、海南、福建、湖南。国外分布于泰国、老挝、越南、柬埔寨。

分类学讨论　该亚种曾经被归为 *Hipposideros pomona* 及 *Hipposideros bicolor* 的亚种（详见种的分类学讨论）。

（56）普氏蹄蝠 *Hipposideros pratti* Thomas，1891

英文名　Pratt's Leaf-nosed Bat

Hipposideros pratti Thomas, 1891. Ann. Mag. Nat. Hist., 6, 7: 527(模式产地：中国四川); Allen, 1938. Mamm. Chin. Mong., 193-196; 胡锦矗和王酉之, 1984. 四川资源动物志　第二卷　兽类, 38, 40; 王酉之和胡锦矗, 1999. 四川兽类原色图鉴, 75; 胡锦矗和胡杰, 2007. 西华师范大学学报, 28(3): 165-171; Simmons, 2005. In Wilson and Reeder. Mamm. Spec. World., 3rd ed., 375-376; Smith 和解焱, 2009. 中国兽类野外手册, 300; Wilson and Mittermeier, 2019. Hand. Mamm. World, 240; 魏辅文, 等, 2021. 兽类学报, 41(5): 487-501.

鉴别特征　体型大。前臂长82.5 ~ 88.6 mm。前鼻叶前缘中央有较大的缺刻，两侧各有2片小附叶（大蹄蝠为4片）。鼻额区平坦（与上齿列平行，为与大蹄蝠头骨特征的区别之处），额凹可见。

犁骨薄片状，伸出腭骨后缘之外。

形态

外形：体型大。前臂长82.5 ～ 88.6 mm。前鼻叶前缘中央有缺刻。两侧各有2片小附叶，后鼻叶呈弧形，中央稍突起。雌、雄均有额腺囊。雄性个体特别是老年个体，在鼻叶后形成发达的皮叶。

毛色：毛色棕褐色至暗褐色。幼体毛色暗灰褐色，老年雄性多赭黄色。

头骨：颅全长30.4 ～ 33.9 mm。矢状脊发达，长而高耸，前端与眶上脊相连。鼻额区非斜坡状，宽大而平坦。颧骨宽大于脑颅宽。腭骨后缘呈U形。蝶骨区有明显的似三角形凹窝，但小而不深。

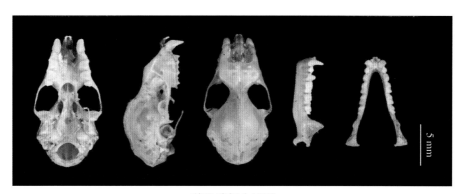

普氏蹄蝠头骨图

牙齿：齿式1.1.2.3 / 2.1.2.3 = 30。上颌门齿齿冠有两叉，内侧叶稍大；第1上前臼齿很小，肉眼几乎看不见，位于齿列之外；第3上臼齿退化，仅可见一个V形齿冠。下颌门齿2枚，均分叉状；2枚前臼齿几乎同等大小。

阴茎骨：上部分叉，分支弧度较大，分叉口位于上部约2/5处。基部稍微膨大，呈内凹形。侧面观可见基部不对称，近腹面比背面约长。阴茎骨全长约1.88 mm，腹面的最小宽度约为0.39 mm，最大宽度约为1.0 mm。

染色体：$2n = 32$。

量衡度（量：mm）

外形：

编号	性别	体长	尾长	后足长	耳长	前臂长	胫骨长	采集地点
GZHU02014	♀	69	55.0	18.0	27.0	85.5	35.0	四川峨眉山
CWNU65018	♀	—	57.0	—	31.0	85.4	36.0	四川
CWNU65029	♀	—	58.0	—	33.0	87.4	37.0	四川
CWNU65025	♀	—	54.5	—	28.5	84.6	36.0	四川
CWNU65034	♀	—	53.0	—	31.0	85.6	37.0	四川
GZHU02015	♂	85	55.0	22.0	28.0	87.5	37.0	四川峨眉山

（续）

编号	性别	体长	尾长	后足长	耳长	前臂长	胫骨长	采集地点
GZHU02016	♂	79	55.0	18.0	26.0	83.0	36.5	四川峨眉山
GZHU02017	♂	82	50.0	17.5	32.0	82.5	35.5	四川峨眉山
GZHU02018	♂	83	54.0	17.0	28.5	85.0	38.0	四川峨眉山
CWNU65030	♂	—	56.0	—	30.0	89.0	37.0	四川
CWNU65033	♂	—	51.0	—	31.0	86.0	37.0	四川
CWNU90026	♂	97	55.0	16.0	31.0	86.0	38.0	四川雷波
CWNU90025	♂	95	54.0	17.0	30.0	86.0	37.0	四川雷波
CWNU90024	♂	90	56.0	16.0	27.0	87.0	37.0	四川雷波
MYTCE21-01	♀	96	56.0	21.0	33.0	88.0	38.0	四川峨眉山

头骨：

编号	颅全长	基长	颧宽	眶间宽	脑颅宽	上齿列长	下齿列长	下颌骨长
GZHU02014	31.90	26.20	17.30	4.60	15.40	11.80	13.20	22.00
CWNU65018	30.40	26.10	15.90	4.20	14.40	11.50	12.60	21.10
CWNU65029	31.90	27.20	17.20	4.70	15.30	11.70	13.40	21.90
CWNU65025	31.50	26.80	17.10	4.10	15.10	11.50	13.10	22.10
CWNU65034	32.70	26.50	17.90	4.20	15.50	12.60	13.90	22.50
GZHU02015	32.50	26.70	17.60	4.70	15.20	12.60	14.30	22.70
GZHU02016	32.10	27.70	17.40	4.50	15.80	12.60	13.90	22.50
GZHU02017	—	—	16.70	4.80	—	12.40	13.60	22.10
GZHU02018	33.90	27.10	18.80	4.80	15.90	12.70	14.10	24.10
CWNU65030	31.30	26.20	17.40	4.00	14.90	11.80	13.20	22.20
CWNU65033	32.00	26.50	17.70	4.20	15.30	12.00	13.50	22.30
CWNU90026	32.20	27.10	17.30	4.10	15.50	12.30	13.60	22.30
CWNU90025	32.00	26.30	17.00	4.20	15.10	12.30	13.50	21.80
CWNU90024	32.00	27.20	16.90	4.20	14.70	12.00	13.10	22.00
MYTCM99002	31.86	28.73	17.21	4.56	13.16	11.82	13.18	21.96
MYTCM99001	32.43	29.30	17.49	4.97	13.50	12.18	13.65	22.60
MYTCME1205	31.92	28.62	17.53	4.68	12.96	11.87	13.24	22.59

生态学资料 栖息于溶洞、岩洞、防空洞等较大的洞穴中，也有栖息于寺庙柱梁的。通常数只到数十只集群。同一洞内还有大蹄蝠、中菊头蝠、小菊头蝠等。以蚊类和蛾类等昆虫为食。越冬前11月左右交配，翌年6月左右产仔，每胎1仔。

地理分布 在四川分布于峨眉山、绵阳（安州）、雷波、甘孜、兴文、彭州、万源等处，国内还分布于陕西、江苏、浙江、安徽、湖南、江西（赣州）、云南、贵州、广东（连州、封开）、广西、福建。国外分布于缅甸、泰国、马来西亚、越南（Simmons，2005；Smith 和解焱，2009），但Robinson 等（2003）、Wilson 和 Mittermeier（2019）仅列出中国、越南北部，认为缅甸的记录不确定。

分省（自治区、直辖市）地图——四川省

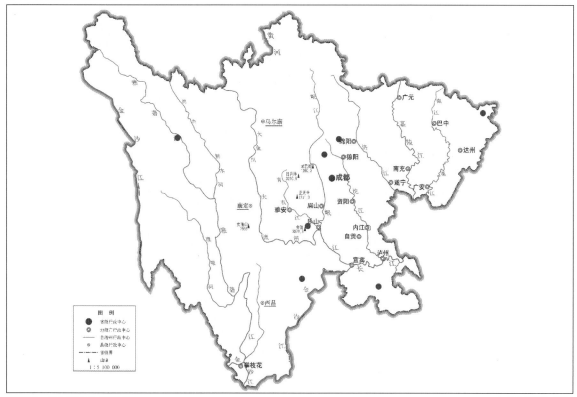

审图号：GS（2019）3333号

自然资源部 监制

普氏蹄蝠在四川的分布
注：红点为物种的分布位点。

分类学讨论 属于 *pratti* 种组，Ellerman 和 Morrison-Scott（1951）将莱氏蹄蝠 *Hipposideros lylei* 归为 *H. pratti* 的亚种，但大多数学者认为它们是一个种组的2个独立种。Hendrichsen 等（2001）、Robinson 等（2003）对 *pratti* 种组的分类进行了讨论，提出需要进一步研究确定 *pratti* 种组内的物种是否同域分布。

该种无亚种分化。

九、犬吻蝠科 Molossidae Gervais，1856

Molossidae Gervais, 1856. In Comte de Castelnau, Exped. Partes Cen. Am. Sud., Zool. 7, 1 pt. 2: 53(模式属：*Molossus*); Allen, 1938. Mamm. Chin. Mong., 274; Ellerman and Morrison-Scott, 1951. Check. Palaea. Ind. Mamm., 132-136; 谭邦杰，1992. 哺乳动物分类名录，122-129; 张荣祖，1997. 中国哺乳动物分布，35-36; 王应祥，2003. 中国哺乳动物种和亚种分类名录与分布大全，39; Simmons, 2005. In Wilson and Reeder. Mamm. Spec. World, 3rd ed., 432-451; Smith 和 解焱，2009. 中国兽类野外手册，306-307; Wilson and Mittermeier, 2019. Hand. Mamm. World, 598-620; 魏辅文，等，2021. 兽类学报，41(5): 487-501.

起源与演化 根据对分子数据的不同解释及推测，犬吻蝠类可能起源于古新世的旧大陆（欧亚大陆或非洲）。已知最早的犬吻蝠化石（*Wallia* 属）来自距今 4 900～3 700 万年始新世中期的北美洲（Green Formation of Wyoming），这证明该类群在始新世就已经迁移到了北美洲。在 530 万年前的始新世中期到中新世末期之间，已经描述了 8 个属和 15 个灭绝的化石物种。Ammerman 等还证明了裸蝠（naked bat；*Cheiromeles* 属）在 4 400 万年前从其他蝙蝠分化而来，但 *Tomopeas* 属没有包括在他们的研究中（Wilson and Mittermeier, 2019）。

根据 M. S.Springer 研究团队 2001 年提出的蝙蝠两大亚群（YANGOCHIROPTERA 亚目和 YINPTEROCHIROPTERA 亚目）蛋白质编码基因的分子证据，犬吻蝠科与筒耳蝠科 Natalidae、长翼蝠科 Miniopteridae、翼腺蝠科 Cistugidae 和蝙蝠科 Vespertilionidae 聚在阳蝙蝙蝠亚目 YANGOCHIROPTERA 中的蝙蝠超科 Vespertilioidea 这一支。近年来，该科的新种不断被发现，N. B. Simmons 在 2005 年确认了犬吻蝠科的 16 属和 100 种，而目前在世界各地的热带和暖温带地区确认的 22 属和 126 种。物种发现仍在进行中，无论是在属还是在种的水平上，犬吻蝠分类都将不断变化（Wilson and Mittermeier, 2019）。

形态特征 毛被细软，略呈绒毛状。耳小，近乎方形，其内缘增厚；两耳有时与额部相连，耳屏退化，对耳屏发达。上唇肥厚，具褶皱。无鼻叶。尾膜窄短而肥厚，尾的后半段穿出尾膜后缘，后肢粗短；第 5 指较短，使其翼狭长，适应快速飞行的运动方式。头骨无眶后突。齿式：1.1.1-2.3/1-3.1.2.3 = 26-32。

地理分布 分布在热带和亚热带地区。

分类学讨论 Pallas 在 1766 年描述了犬吻蝠科的首个物种 Pallas's Mastiff Bat，以 *Vespertilio molossus* 命名。1805 年，É. Geoffroy 以其为模式种描述了新属——犬吻蝠属 *Molossus*。P. Gervais 在 1856 年首次描述了犬吻蝠科 Molossidae。但在 1875 年，G. E. Dobson 将"group Molossi"归为鞘尾蝠科 Emballonuridae 中的犬吻蝠亚科 Molossinae。1907 年，G. S. Miller 再次根据翼和后肢的形态将犬吻蝠视为 1 个独立的科，但他将最近描述的 Blunt-eared Bat（*Tomopeas ravus*，现在被认为是犬吻蝠科的 Tomopeatinae 亚科）单独纳入蝙蝠科的一个亚科。P. W. Freeman 在 1981 年基于形态学分类，列出犬吻蝠科包含 12 个属，没有分亚科，而是用"Mormopterus-like"和"Tadarida-like"群体区分。随着分子系统发育研究的深入，最新的分子数据为犬吻蝠的系统发育提供了不同的分类依据，分类发生了很大变化，并不断发现有新的物种。根据M.S.Springer等在2001年提出的蝙蝠两个主要亚目——阳蝙蝠亚目 YANGOCHIROPTERA 和阴蝙蝠亚目 YINPTEROCHIROPTER 的蛋白质编码基因分子证据发现，无尾蝙蝠与筒耳蝠科 Natalidae、长翼蝠科 Miniopteridae、翼腺蝠科、蝙蝠科均属于阳蝙蝠亚目的蝙蝠总科。

Simmons N.B. 在2005年列出该科包括 Molossinae 亚科和 Tomopeatinae 亚科。确认了犬吻蝠科有16属100种，Tomopeatinae 亚科仅包含1个属 *Tomopeas*。最新分类数据统计显示，目前全球热带和暖温带地区确认的犬吻蝠科已有22属和126种，Wilson and Mittermeier（2019）赞成犬吻蝠科分为2个亚科的观点，但指出亚科内的物种间区别及亲缘关系还有很多有待解决的问题，如T. Naidooetal（2016）提到的非洲大陆和阿拉伯一些犬吻蝠复合种群存在一些隐藏种有待描述，而在热带地区，2009年以来发现了7个该科的新物种，一些类群尤其是 *Eumops* 属的分类有待深入研究，不排除有隐藏种（Wilson and Mittermeier, 2019）。本书采用 Wilson 和 Mittermeier（2019）的分类系统。

23. 犬吻蝠属 *Tadarida* Rafinesque，1814

Tadarida Rafinesque, 1814. Precis Som, 55（模式种：*Cephalotes teniotis* Rafinesque, 1814）; 谭邦杰, 1992; Simmons, 2005. In Wilson and Reeder. Mamm. Spec. World, 3rd ed., 449-451; Wilson and Mittermeier, 2019. Hand. Mamm. World, 664-667.

鉴别特征　体型中等或更小。尾从尾膜后缘伸出一半，胫短，翼膜窄长。头骨的前颌骨完整或缺少鼻支，因此，在最前端有一缺凹；吻部眶间区有一浅的直沟；头骨宽，稍扁；前枕骨稍凹陷；矢状脊不发达；眶上脊低，不明显。上颌有2枚前臼齿，下颌有2～3对门齿。齿式 1.1.2.3/2-3.1.2.3 = 30-32。

生态学资料　栖息于洞穴，也见于房屋的瓦缝中。

地理分布　犬吻蝠属是犬吻蝠科中分布最广的，遍布东、西两半球的热带和亚热带地区。

分类学讨论　谭邦杰（1992）列出犬吻蝠属有47个种。该属过去包括 *Chaerephon*、*Mops*、*Mormopterus*、*Nyctinomops*、*Platymops*、*Sauromys*，Simmons（2005）将这些亚属均提升为独立的属，并列出该属有10种。Wilson 和 Mittermeier（2019）仅列出8种，他们将 *Tadarida kuboriensis* 及 *T. australis* 归为 *Austronomus* 属。中国已知有2种，其中四川有1种，即宽耳犬吻蝠 *Tadarida insignis*（Blyth, 1862）（王应祥, 2003；Smith 和解焱, 2009；魏辅文，等, 2021）。

（57）宽耳犬吻蝠 *Tadarida insignis*（Blyth，1862）

英文名　East Asian Free-Tailed Bat

Nyctinomus insignis Blyth, 1862. Jour. Asiat. Soc. Bengal, 30: 90（模式产地：福建厦门）.

Tadarida septentrionalis Kishida, 1931. Kishida and Mori, 1931. Zool. Mag., Tokyo, 43: 379.

Nyctinomus teniotis insignis Allen, 1938. Mamm. Chin. Mong., 276-277; Tate, 1947. Mammals of Eastern Asia, 98.

Tadarida teniotis insignis Ellerman and Morrison-Scott, 1951. Check. Palaea. Ind. Mamm., 134; 吴毅，等, 1992. 四川动

物, 11(1): 1; 张荣祖, 1997. 中国哺乳动物分布, 35; 王应祥, 2003. 中国哺乳动物种和亚种分类名录与分布大全, 39.

Tadarida teniotis 王酉之和胡锦矗, 1999. 四川兽类原色图鉴, 111.

Tadarida insignis Simmons, 2005. In Wilson and Reeder. Mamm. Spec. World, 3rd ed., 450; Smith 和解焱, 2009. 中国兽类野外手册, 306-307; Wilson and Mittermeier, 2019. Hand. Mamm. World, Vol. g: 666.

鉴别特征 体型较大, 前臂长 54.9 ~ 65.4 mm, 颅全长 21.7 ~ 25.5 mm。耳后缘在中部凹入; 鼻吻部有 24 ~ 26 个硬瘤。毛双色, 毛端较淡, 有被霜覆盖的感觉, 背部为均一的淡黄褐色; 有龙骨的距; 翼膜附着于胫靠近踝关节处 (到踝关节距离约为胫长的 1/4 ~ 1/3), 腭缘缺刻深, 长大于宽。尾后半段伸出股间膜。

形态

外形: 犬吻蝠属中体型较大的种类。前臂长 54.9 ~ 65.4 mm。耳缘腹面和背面均有毛, 鼻吻部有 24 ~ 26 个硬瘤; 有龙骨的距; 翼膜附着于胫靠近踝关节处 (到踝关节距离为胫长的 1/4 ~ 1/3)。内侧趾 (第 5 趾) 缘具很长的硬毛, 排列成梳状。

毛色: 毛双色, 毛端较淡, 似覆盖了一层霜。背部为均一的淡黄褐色。

头骨: 颅全长 21.7 ~ 25.5 mm。耳后缘在中部凹入, 颅高约 10 mm; 腭缘缺刻深, 长大于宽。颧骨细弱, 颅顶平滑, 顶骨与枕骨间下凹, 无矢状脊; 颅骨侧面观吻部到额部略上升, 看起来几乎平直。

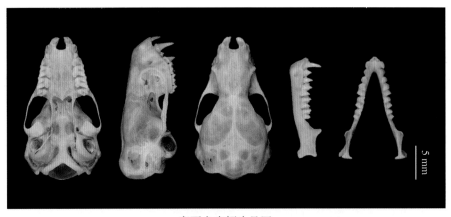

宽耳犬吻蝠头骨图

牙齿: 齿式 1.1.2.3/3.1.2.3 = 32。犬齿发达, 上、下颌犬齿均较细长, 明显高出最后一枚前臼齿。

量衡度 (衡: g; 量: mm)

外形:

编号	性别	体重	体长	尾长	后足长	耳长	尾伸出股间膜长	前臂长	胫长	采集地点
MYTC1101	♀	—	71.0	44	12	22.0	27	55	18	四川绵阳

（续）

编号	性别	体重	体长	尾长	后足长	耳长	尾伸出股间膜长	前臂长	胫长	采集地点
MYTC160613	—	20	79.0	45	10	20.0	—	55	18	四川绵阳
CWNU90043	♀	—	79.0	48	13	28.0	—	64	19	四川阆中
CWNU96002	♀	—	75.0	48	9	24.0	—	63	20	四川阆中
CWNU96010	♀	33	88.5	59	14	27.5	—	63	17	四川阆中
CWNU97001	—	—	83.0	47	12	22.0	—	65	20	四川阆中

头骨：

编号	颅全长	基长	颧宽	眶间宽	脑颅宽	颅高	上齿列长	下齿列长	下颌骨长
MYTC1101	21.74	20.88	12.11	4.51	10.57	9.10	9.34	9.45	15.08
MYTC160613	21.70	20.98	12.66	4.79	10.73	8.74	9.24	9.33	15.11
CWNU90043	25.50	—	14.20	4.70	13.00	—	11.00	10.30	17.40
CWNU96010	25.30	—	14.70	4.90	11.70	9.60	9.40	10.00	18.20

生态学资料 栖息于天然岩洞顶壁的石缝中，也见于建筑物瓦缝内。1992年11月10日，曾观察到在阆中一洞穴中栖息有数量较多的个体，但于该月底再次观察时未能见到（吴毅等，1992）。1996年夏季在阆中做蝙蝠调查期间，再次见到该洞穴顶壁缝隙中栖息有数只个体，此间还在阆中市一建筑物瓦缝中发现有栖息的个体。2011年及2016年11月左右，在绵阳曾见到误入绵阳师范学院教学楼及办公楼室内的个体。

地理分布 在四川分布于绵阳、阆中，国内还分布于云南、福建、安徽、广西、台湾、贵州、湖北。国外分布于韩国、日本、俄罗斯远东地区东南部。

分类学讨论 宽耳犬吻蝠 *Tadarida insignis* 曾是 *teniotis* 种组的一员，对这一类群所知甚少，急需系统学上的修订。自从 Dobson（1874）认为 *T. insignis* 和 *T. teniotis* 是同物异名后，讨论就停顿下来，直到 Imaizumi 和 Yoshiyuki（1965）又将问题重提。王应祥（2003）列出 *T. insignis*、*T. coecata* 和 *T. latouchei* 都是 *T. teniotis* 的亚种。Simmons（2005）则认为 *T. latouchei* 及 *T. insignis* 是独立的种，并指出 *T. coecata* 是 *T. insignis* 的同物异名。此观点一直沿用至今（Simth 和解焱，2009；Wilson and Mittermeier，2019；魏辅文等，2021）。

分省（自治区、直辖市）地图——四川省

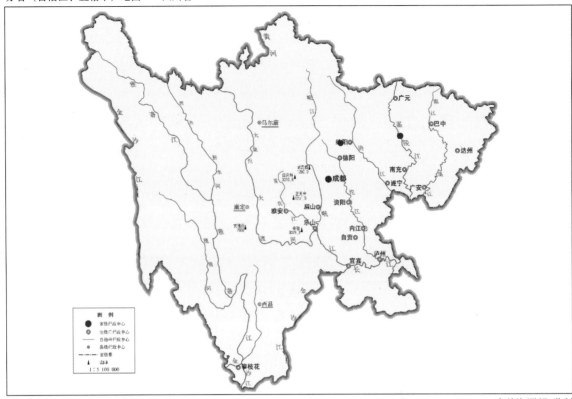

审图号：GS（2019）3333号

自然资源部 监制

宽耳犬吻蝠在四川的分布
注：红点为物种的分布位点。

十、长翼蝠科 Miniopteridae Dobson，1875

Miniopterus Dobson, 1875. Ann. Mag. Nat. Hist., 4, 16: 349.

Miniopterinae Miller, 1907. Fami. Gen. Bats, 227-228(模式属：*Miniopterus* Bonaparte, 1837).

Miniopteridae Mein P and Tupinier Y, 1977. Mammalia, 41: 207-211; Moyers, et al., 2018. Jour. Mamm., 16; Wilson and Mittermeier, 2019. Hand. Mamm. World, 674-709.

起源与演化　长翼蝠科仅有1属——长翼蝠属 *Miniopterus*，化石亦如此。最早的长翼蝠属化石发现于欧洲，地层为早中新世。非洲的化石则为早上新世，亚洲和澳大利亚的化石发现于早更新世地层中。显然，长翼蝠起源于欧洲。化石和现生种均不分布于北美洲和南美洲。中国的长翼蝠化石分别发现于安徽的早更新世地层，北京、辽宁和山东的中更新世地层，湖北的晚更新世地层（李传夔和邱铸鼎，2019）。将化石校准的分子钟应用于系统发育研究显示，长翼蝠科和蝙蝠科起源于大约4 300万年前的共同祖先，而犬吻蝠科大约在4 800万年前已与它们分离开，大约在4 200万年前，长翼蝠科与蝙蝠科分开，该结果支持了将长翼蝠提升为一个独立的科的提议。

形态特征　体型小到中等。无鼻叶，第3指第2指节特别延长，为第1指节的3倍，是该科的典型特征。齿式2.1.2.3/3.1.3.3 = 36。

分类学讨论　长翼蝠科Miniopteridae Dobson，1875 过去一直被归入翼手目中最大的一个科——蝙蝠科。它包含1个属，即长翼蝠属。自19世纪以来，W. K. H. Peters、J. E . Gray、G. E. Dobson、W. H. Flower R. Lydekker、E. L. Trouessart发现长翼蝠属是与蝙蝠科的其他种类有明显区别的一个类群。对这个类群分类的认识有许多争议，出现一些非正统的分类单元如section、tribe、division等。这些分类群中的一些还包括长翼蝠属以外的其他属，如筒耳蝠属 *Natalus*、烟蝠属 *Furipterus*、盘翼蝠属 *Thyroptera*。普遍认为长翼蝠科归于 Dobson 于1875年创建的Minopteri组。 Miller在1907年主要检视了美国国家博物馆的蝙蝠标本，对所有蝙蝠进行了科和属水平的系统研究，他将长翼蝠属归入蝙蝠科长翼蝠亚科。其主要鉴别特征是胸骨前、中叶发达，占据胸骨的大部分，第3指的第2指节长度几乎是第1指节的3倍。至此后，这个亚科分类地位一直保持稳定，直到 20 世纪末，长翼蝠亚科和蝙蝠科长翼蝠亚科以外的其他物种间的差异有了新的证据。Mein 和Tupinier（1977）根据之前建立的区分特征，他们注意到：在 *Miniopterus schreibersii* 的上颌犬齿和第1上前白齿之间存在1颗小残牙，这一特征在任何其他种类的蝙蝠科中都没有出现；肱骨和肩胛骨之间的双关节以及指向内部非常长的喙突，并且没有杆状突起。据此，他们将长翼蝠亚科从蝙蝠科中分离出来，成为独立的科。尽管有越来越多不同类型的特性支持该组的独特性，但大多数学者继续将长翼蝠科视为蝙蝠科的1个亚科（谭邦杰，1992；王应祥，2003；Simmons，2005；Smith 和解焱，2009 ）。

最近，许多涉及长翼蝠科的基于分子的系统发育证实了其为独立科。其中S. R. Hoofer和R. A.Van Dan Bussche在2003年提出的蝙蝠科系统发育图使用了2.6 kb的线粒体DNA片段，对蝙蝠科和翼手目其他科的成员开展了系统的分类。他们的系统发育重建支持了长翼蝠独立为科。Miller

Butterworth 等在 2007 年结合了来自16个核基因和所有蝙蝠科代表的 11 kb 序列数据对，包括长翼蝠属的 2 个物种，他们的结果也支持长翼蝠科为独立科，证实了长翼蝠科与蝙蝠科的亲缘关系比与犬吻蝠科 Molossidae 的亲缘关系更近。Amador L. I 等在 2018 年使用4个线粒体基因（3 ~ 7 kb）和 5个核基因（7.7 kb）标记，代表了来自所有科的 800 多种蝙蝠物种，再次证实了长翼蝠科在蝙蝠科总科中科的分类地位。

24. 长翼蝠属 *Miniopterus* Bonaparte，1837

Miniopterus Bonaparte, 1837. Fauna Ital., 1, fasc., 20(模式种：*Vesperetilio schreibersii* Kuhl, 1817).

Miniopteris Gary, 1866. Ann. Mag. Nat. Hist., 17: 91.

Minyopterus Winge, 1892. Jordfundne og nulevende Flagermus fra Lagoa Santa, Minas Geraes, Brasilien, 36.

Minneopterus Lampe, 1900. Jb. Nassau. Ver. Naturk., 53, Catal. Saugeth. Samml., 12.

鉴别特征　体型小到中等。无鼻叶。第3指的第2指节特别长，为第1指节的3倍。

形态　体型中等。无鼻叶。耳短而宽，耳屏细长，约为耳长的1/2，其尖端稍向前弯。翼膜狭长，第3掌骨较短，第3指的第2指节长度为第1指节的3倍，被毛短而密。头骨的吻突低而略宽，吻尖稍向上翘，中间略低凹；颅高、大而圆，眶前孔离眼眶较远，位于前臼齿上方略靠前的位置；矢状脊和人字脊都较低；下颌骨的冠突较低。齿式 2.1.2.3/3.1.3.3 = 36。上颌门齿几乎等高，第1上前臼齿齿冠退化程度不高，位于齿列偏内侧，其高约为第2上前臼齿一半。第3上白齿不甚退化；下颌前2枚前臼齿约等大，小于第3下前臼齿。

生态学资料　栖息于洞穴内，洞内同栖的有中华鼠耳蝠、大足鼠耳蝠、普氏蹄蝠、大蹄蝠等种类，7—8月产仔育幼。

地理分布　广布于亚洲、欧洲南部、非洲北部的热带、亚热带地区。

分类学讨论　该属分类比较复杂，主要依靠体型大小区分种，自1837年Bonaparte C. L. 描述长翼蝠属 *Miniopterus* 以来，该属的分类和系统学发生了很大的变化。近年来的研究揭示了属内分类学多样性比以前认为的更高这一事实，许多既未划分到亚属甚至未划分到种组的，还需要进一步修订（Appleton et al., 2004；Tian et al., 2004；Juste et al., 2007）。Wilson 和 Mittermeier（2019）将很多亚种提升为独立种，列出该属共有38种。王应祥（2003）列出我国有5种，认为 *M. fuliginosus* 是独立种，*M. f. chinensis* 和 *M. f. parvipes* 是其亚种；他也依据Maeda的观点，承认南长翼蝠 *M. oceanensis* Maeda，1982。Smith 和解焱（2009）列出中国分布有3种，将王应祥（2003）列出的 *M. fuliginosus* 列为 *M. schreibersii* 的亚种，同时指出南长翼蝠只是根据从云南得到的2个破损的头骨来确立的分类单元，没有承认其作为种的地位。Wilson 和 Mittermeier（2019）也没有承认 *M. oceanensis* Maeda，1982的分类单元，并综合各学者的研究，认为 *M. fulginosus* 是独立的种，*M. schreibersii* 主要分布于欧洲南部及非洲北部，中国没有分布。魏辅文等（2021）沿用了此观点。

综上所述，该属目前全世界有38种（Wilson and Mittermeier, 2019），中国分布有3种（魏辅文等，2021），其中四川1种，为亚洲长翼蝠 *Miniopterus fuliginosus* Hodgson，1835。

（58）亚洲长翼蝠 *Miniopterus fuliginosus*（Hodgson，1835）

英文名　Asian Long-fingered Bat、Eastern Bent-winged Bat

Vespertilio fuliginosus Hodgson, 1835. Jour. Asiat. Soc. Bengal, 4: 700(模式产地：尼泊尔).

Miniopterus schreibersii (Kuhl, 1817). 胡锦矗和王酉之, 1984. 四川资源动物志　第二卷　兽类, 42; 王酉之和胡锦矗, 1999. 四川兽类原色图鉴, 89; Simmons, 2005. In Wilson and Reeder. Mamm. Spec. World, 3rd ed., 521-522.

Miniopterus schreibersii fuliginosus 张荣祖, 1997. 中国哺乳动物分布, 52; Smith 和解焱, 2009. 中国兽类野外手册, 351.

Miniopterus fuliginosus fuliginosus 王应祥 2003. 中国哺乳动物种和亚种分类名录与分布大全, 56; Wilson and Mittermeier, 2019. Hand. Mamm. World, 693.

鉴别特征　体型中等，耳短而宽，耳屏细长，约为耳长的1/2，其尖端稍向前弯。翼膜狭长，第3掌骨较短，第3指的第2指节为第1指节的3倍，被毛短而密。脑颅高、大且圆。

形态

外形：体型中等，前臂长47～50 mm；耳短而宽，耳屏细长，约为耳长的1/2，其尖端稍向前弯；翼膜狭长。第3、4、5掌骨长依次递减。第3指的第2指节为第1指节的3倍。

毛色：被毛短而密，毛色为均匀的深灰棕色到棕色，毛基部黑褐色。背部毛色黑褐色，腹毛深棕色。吻端，耳端及翼膜深棕色，耳基部及脸颊裸露处颜色较浅。

头骨：颅全长15.7～17.2 mm。头骨的吻突低、略宽，吻尖稍向上翘，吻背中央明显有纵凹，脑颅发达，高而圆，额部明显隆起，眶前孔离眼眶较远，位于大前臼齿上方略靠前；矢状脊和人字脊都较低；颧骨细弱，颧弓不发达；下颌骨的冠突较低。

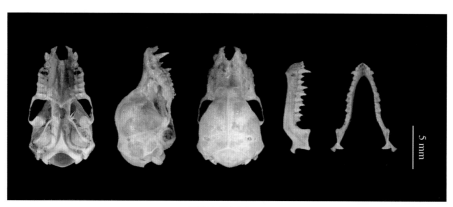

亚洲长翼蝠头骨图

牙齿：上颌门齿几乎等高，大小也相近；上颌小前臼齿齿冠退化程度不高，略偏齿列内侧，其高约为大前臼齿一半；上颌大前臼齿齿冠高约为上颌犬齿2/3。第3上臼齿齿冠面约为第2上臼齿的一半，W形脊不完整。下颌第1及第2门齿分3叶，齿冠面狭长型，第3门齿齿冠近圆形，齿冠面积接近第1下前臼齿，前2枚下前臼齿约等大，但小于第3下前臼齿，齿冠高约为犬齿高的1/2，第3下前臼齿高约为下颌犬齿高的3/4。3枚臼齿大小形态相近，第3下臼齿稍小。

量衡度（量：mm）

外形：

编号	性别	体长	后足长	耳长	前臂长	胫长	采集地点
MYTCAC06001	♀	50	10	11	48.50	20	四川绵阳
MYTCAC06002	♂	50	10	10	49.0	21	四川绵阳

头骨：

编号	颅全长	基长	颧宽	眶间宽	脑颅宽	颅高	上齿列长	下齿列长	下颌骨长
MYTCAC06001	15.77	15.42	8.90	3.98	8.08	8.27	7.42	7.69	11.58
MYTCAC06002	15.49	15.08	8.72	3.85	8.08	8.04	7.24	7.73	11.28

生态学资料　主要洞栖，喜栖于顶壁较高且相对干燥的支洞中，一些个体也见于建筑物或树洞中。黄昏时很早就开始觅食，以特有的快速和飘忽不定的飞行方式捕捉飞行甲虫和其他昆虫，常在离地10 m或更高的空中飞行。在北方，冬季在山洞中冬眠。某些种群也能季节性迁徙。高度集群，某些栖宿地可聚集上万只个体。每胎产1仔，母蝠外出觅食时会将幼仔留在公共育幼场。

地理分布　在四川分布于绵阳、江油、广元、广安、阆中、盐源、盐边、南江等地，国内还分布于北京、河北、陕西、重庆、贵州、云南、河南、湖南、安徽、福建、台湾、浙江、澳门、广东、广西、海南、香港。国外分布于阿富汗东北部、巴基斯坦北部、印度、尼泊尔、斯里兰卡、缅甸北部、越南北部、韩国、日本（北海道除外）、俄罗斯远东地区南部，不丹、孟加拉国也可能有分布。

分类学讨论　该种在我国原多被鉴定为*Miniopterus schreibersii*（Kuhl，1817）。曾用名为狭翼蝠、普通长翅蝠及普通折翅蝠。但近年来遗传学特点及形态学特点证实，*M. schreibersii*仅分布在欧洲南部及非洲北部。中国分布的原被鉴定为*M. schreibersii*的应该是*M. fuliginosus*（Wilson and Mittermeier，2019）。王应祥（2003）根据Meada（1982）的物种修订认为*M. fuliginosus*是独立种，*M. f. chinensis*和*M. f. parvipes*是其亚种。但Smith和解焱（2009）没有采用此观点，认为*M. fulginosus*是*M. schreibersii*的亚种。魏辅文等（2021）再次肯定了*M. fuliginosus*是独立种的观点。

分省（自治区、直辖市）地图——四川省

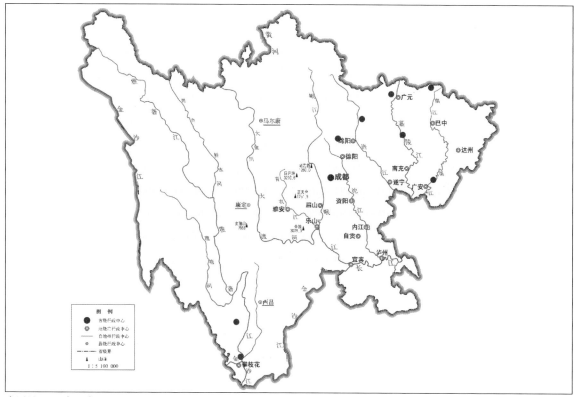

审图号：GS (2019) 3333 号

自然资源部 监制

亚洲长翼蝠在四川的分布
注：红点为物种的分布位点。

十一、蝙蝠科 Vespertilionidae Gray，1821

Vespertilionidae Gray, 1821. Lond. Med. Repos., 15: 299(模式属：*Vespertilio* Linnaeus, 1758); 谭邦杰，1992. 哺乳
动物分类名录，296-122；王应祥，2003. 中国哺乳动物种和亚种分类名录与分布大全，41-61；Simmons, 2005.
In Wilson and Reeder. Mamm. Spec. World, 3rd ed., 451-529; Wilson and Mittemeier, 2019. Hand. Mamm. World,
Vol. 9, Bats, 716-981.

起源与演化　蝙蝠科是翼手目最大的科，也是分布最广的科。古老的化石不多，现生种的化石
比较丰富。最早的化石发现于欧洲早始新世地层，分类上属于蝙蝠亚科，包括2个属——*Stehlinia*
和*Revilliodia*（Simpson，1945）。我国河南渑池中始新世地层发现鼠耳蝠属*Myotis*至少3个种的化
石（李传夔和邱铸鼎，2019）。在北美洲渐新世晚期地层发现化石属*Simonycteris*，在希腊发现化石
属*Samonycteris*（Simpson，1945）。可见，蝙蝠科动物大概率是从欧亚大陆起源的。我国蝙蝠科化
石非常丰富，共计15属24种，分布地点很广，包括河南、山东、内蒙古、安徽、重庆、湖北、广
西、北京、江苏、辽宁、海南、云南。除河南渑池发现的化石属于中始新世地层外，其余的均属于
中新世至晚更新世，主要是现生种；其分布和现生物种的分布格局基本相似，表明自中新世以来，
蝙蝠科物种的种类和分布相对稳定，但由于蝙蝠科物种的迁徙能力强，不排除它们的种群数量在历
史上由于气候变化而经历了大规模迁徙和灭绝、重建的过程。

形态特征　耳发育正常；双耳通常分离，只有少数种在额前相连；耳屏发达，其顶端尖或圆
钝。吻部没有特殊的皮肤衍生物。第2指有发育正常的掌骨和1个小指节；第3指有3个指节，末端
一节除基部外为软骨。尾膜完整，尾不延伸到尾膜外或只有端部稍伸出。头骨无眶后突；前颌骨无
腭支，因此腭前端具窗状小孔。牙齿有正常发育的齿尖，为典型的食虫齿。齿式1-2.1.1-3.3/2-3.1.2-
3.3 = 28 -38。

分类学讨论　1758年，林奈的《自然系统》（第10版）出版，是动物命名法的第一部官方著
作，也是首部描述蝙蝠属*Vespertilio*的著作，尽管他将蝙蝠属列为灵长类动物。林奈在书中厘定了
灵长类动物的4个属，其中包括有蝙蝠属的7个种。这些种中，有2种目前属于蝙蝠科，分别是普通
长耳蝠*Plecotus auritus*和普通蝙蝠*Vespertilio murnus*。J. F .Blumenbach在1977年首先将蝙蝠视为1
个独立于灵长类之外的群体，用翼手目这个名字来统称属于蝙蝠属的蝙蝠。Gray于1821年将翼手
目分为Fructivorae总科（包括Pteropodidae、Cephalotidae）、Insevtivorae总科（包括Noctiliondae
和Vespertilionidae），第1次以蝙蝠属*Vespertilio*为模式属、普通蝙蝠*V. murinus*为模式种描述了
蝙蝠科。

1907年，G. S. Miller在他的开创性著作*The Families and Genera of Bats*中，将蝙蝠科（共40个
属）分为6个亚科：蝙蝠亚科Vespertilioninae、夜蝠亚科Nyctophilinae、长翼蝠亚科Miniopterinae、
彩蝠亚科Kerivoulinae、管鼻蝠亚科Murininae和裂豆蝠亚科Tomopeatinae。他保留了Dobson认可的
16属中的14属，只去除了长腿蝠科Natalidae和盘翼蝠科Thyropteridae。在20世纪的大部分时间里，
Miller的贡献是为蝙蝠科及属分类提供了主要参考资料。例如谭邦杰（1992）列出蝙蝠科有6个亚

科完全参照 Miller 的观点，只是裂豆蝠亚科 Tomopeatinae，应该是排版错误，写成了 Tomopealinae。K. F. Koopman 在 1993 年出版的 *Mammals Species of the World*（第二版）中确认了 5 个亚科，包括 Miller 确认的亚科，但 Nyctophilinae 除外，Nyctophilinae 被视为蝙蝠亚科的 1 个族。Simmons 和 J. H. Geisler 在 1998 年根据形态学和化石证据，确认了彩蝠亚科、长翼蝠亚科、鼠耳蝠亚科 Myotinae、管鼻蝠亚科和蝙蝠亚科。基于线粒体 DNA 和后来的核 DNA 的分子重建支持了传统的高水平分类的许多观点，也带来了一些重要的变化。在这些变化中，S. R. Hoofer 和 R. Van Den Bussche 在 2003 年发现的证据，证明了 *Miniopterus* 代表了一个不同的谱系，应该属于长翼蝠科 Miniopteridae。他们还发现，鼠耳蝠属 *Myotis* 应该从蝙蝠亚科 Vespertilioninae 中移除，单独列为鼠耳蝠亚科 Myotinae，进一步支持了 Simmons 和 Ceisler（1998）提出的鼠耳蝠亚科独立的观点。2005 年，Simmons 在 *Mammals Species of the World*（第三版）中几乎采用的是这一分类系统。唯一的区别是将长翼蝠亚科和 Antrozoinae 列为蝙蝠亚科。

　　由于分类学和系统研究的不断进步，目前已知蝙蝠科的种类数量在不断变化。C. J. Burgin 等人在 2018 年列出了蝙蝠科共 493 个物种，其中 70 个新命名物种和 55 个异名、亚种自 2005 年 N. B. Simmons 的评估以来，变动到了新的分类地位。最新由 Wilson 和 Mittemeier 主编的 *Handbook of the Mammals of the World*，Vol. 9. *Bats* 中，列出蝙蝠科共 4 个亚科 54 属 496 种。魏辅文等（2021）列出中国分布有蝙蝠科 20 属 92 种。

　　地理分布　翼手目中最普遍、分布最广、种类最多的 1 个科，有很多广布种。除极地外，广布东、西两半球的大陆和很多大的岛屿。

25. 蝙蝠属 *Vespertilio* Linnaeus，1758

Vespertilio Linnaeus, 1875. Syst. Nat., 10th ed., 1: 32 (模式种：*Vespertilio murinus* Linnaeus, 1758).

Vesperugo Keyserling and Blasius 1839. Arch. Naturg., 5(1):312.

Vesperus Keyserling and Blasius, 1839. Arch. Naturg., 5(1):313.

Meteorus Kolenati, 1856. Allg. Dtsch. Naturh. Ztg., 2:131.

Aristippe Kolenati, 1863. Horae Soc. Ent. Ross., 2(2):40.

Marsipolaemus Peters, 1872. Mber. Preuss. Akad. Wiss.:260.

　　鉴别特征　体型中等大小，耳短圆，耳屏蚕豆型。头骨颅面较平直，吻背部两侧具宽而浅的凹陷，鼻凹大，三角形，向后延伸至吻端到眶间狭窄区之间的中部。齿式 2.1.1.3/3.1.2.3 = 32。

　　形态　体型中等大小，耳短圆，耳屏蚕豆型。头骨颅面较平直，吻背部两侧具宽而浅的凹陷；鼻凹大，三角形，向后延伸至吻端到眶间狭窄区之间的中部。第 1 上门齿颊侧副尖高度接近主尖高度，2 齿尖清楚分开；第 2 上门齿略小于第 1 上门齿，主尖高度略为该齿的一半，副尖轻微发育；第 3 上白齿近似三角形，中副尖向外突出明显，具后尖，但缺乏后副尖。

　　生态学资料　以昆虫为食，多栖息于建筑物的柱梁及瓦缝等处，5—7 月产仔育幼，一般一胎 2 仔。

　　地理分布　分布于欧洲和亚洲。

　　分类学讨论　蝙蝠属是翼手目命名最早的属之一，很多其他属的物种在早期均以该属作为属名，如鼠耳蝠属*Myotis*、棕蝠属*Eptesicus*、山蝠属*Nyctalus*、伏翼属*Pipistrellus*、宽耳蝠属*Barbastella*等属的很多种。但蝙蝠属的地位一直很稳定。

（59）东方蝙蝠 *Vespertilio sinensis* Peters，1880

别名 霜毛蝙蝠、霜毛蝠

英文名 Asian Particolored Bat

Vesperus sinensis Peters 1880. Monatsber. K. Preuss. Acad. Wiss., 259(模式产地：北京).

Vespertilio murinus superans Thomas, 1899. Proc. Zool. Soc. Lond., 770.

Vespertilio superans Corbet, 1978: 58; 胡锦矗和王酉之，1984.四川资源动物志 第二卷 兽类，42, 44-45; 张荣祖，1997.中国哺乳动物分布，43; 王酉之和胡锦矗，1999.四川兽类原色图鉴，104.

Vespertilio orientalis Wallin, 1969. 张荣祖，1997.中国哺乳动物分布，43; 吴毅，等，1993.四川师范学院学报（自然科学版），14(4): 312-314; 王应祥，2003.中国哺乳动物种和亚种分类名录与分布大全，50.

Vesperus sinensis Simmons, 2005. In Wilson and Reeder. Mamm. Spec. World, 3rd ed., 498; Smith和解焱，2009.中国兽类野外手册，334. Wilson and Mittermeier, 2019. Hand. Mamm. World, 785-786.

鉴别特征 中等体型，前臂长44.7～50.6 mm。毛基部黑褐色，毛端霜白色。吻部颜色深。耳短圆，略呈三角形，耳屏蚕豆形。

形态

外形：体型中等，前臂长44.7～50.6 mm。耳短圆，略呈三角形，耳屏蚕豆形。翼膜附着于趾基，具距缘膜。

毛色：毛基部黑褐色，毛端呈霜白色。

头骨：颅全长16.7～17.6 mm。头骨吻较低扁，从侧面观前端背面具一微凹，额部到顶部平直。上面观头骨背面两侧各具一长圆形凹沟。矢状脊及人字脊不发达。

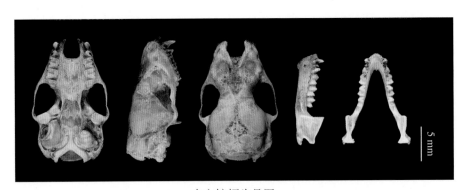

东方蝙蝠头骨图

牙齿：齿式2.1.1.3/3.1.2.3 = 32。上颌第1门齿较大，而上颌第2门齿很小；上颌犬齿发达，犬齿高约为前白齿的两倍，与第2上门齿之间有一小间隙。

量衡度（衡：g；量：mm）

外形：

编号	性别	体重	体长	尾长	后足长	耳长	前臂长	胫长	采集地点
MYTCD734	♀	15	69	42	16	—	45	18	四川南充
SC-2022-007	♀	19	68	46	12	17	49	18	四川广汉
SC-2022-010	♀	17	67	45	9	16	50	18	四川广汉
MYTC22017	♀	15	65	49	11	15	50	20	四川广汉
MYTC22017	♀	14	7	46	12	16	51	19	四川广汉

头骨：

编号	颅全长	基长	颧宽	眶间宽	脑颅宽	颅高	上齿列长	下齿列长	下颌骨长	采集地点
MYTCD792	17.51	17.48	11.26	4.71	8.46	8.16	6.18	6.70	13.05	四川南充
MYTCD734	16.67	16.66	10.08	4.45	8.53	7.03	6.22	6.59	12.39	四川南充
MYTCD836	17.52	17.42	11.40	4.68	8.38	7.37	6.45	6.79	13.01	四川南充

生态学资料　以昆虫为食。多栖于各类建筑物的裂缝及梁柱处。5—7月产仔育幼，一般1胎产2仔。

地理分布　在四川分布于南充、宜宾、峨眉山、广汉、汶川卧龙、美姑等地，国内还分布于福建、湖南、湖北、河北、山西、甘肃、内蒙古、重庆、云南、江西、广西、台湾。国外分布于西伯

分省（自治区、直辖市）地图——四川省

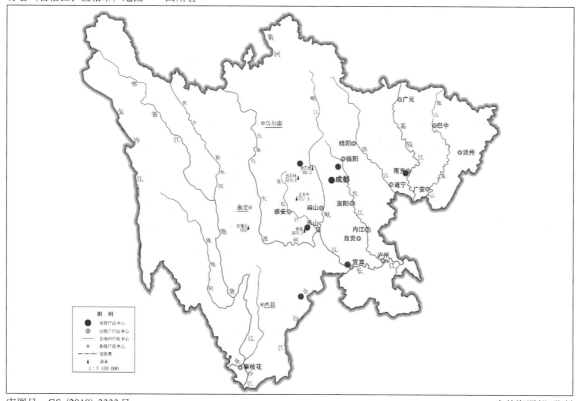

审图号：GS（2019）3333号　　　　　　　　　　　　　　　　　　自然资源部　监制

东方蝙蝠在四川的分布

注：红点为物种的分布位点。

利亚地区南部、俄罗斯远东地区南部、蒙古东部、朝鲜半岛、日本。

分类学讨论 曾用名霜毛蝙蝠、霜毛蝠。据记载，四川有体色较深的日本蝙蝠 *Vespertilio orientalis*（吴毅等，1993）。但据日本学者的研究（阿布，1994），认为两者体色上的差异是因年龄不同而形成，实际同属东方蝙蝠。Yoshiyuki（1989）及 Horácek（1997）列出包含 *Vespertilio namiyei* 和 *Vespertilio orientalis*。Horácek（1997）对该种分类进行厘定，他通过检视曾被认为是 *Vesperugo plancyi* Gerbe，1880 同物异名的 *Vesperus sinensis* Peters，1880 模式标本，发现标本跟 *Vespertilio superans* Thomas，1899 一致，*Vespertilio sinensis*（Peters，1880）具有优先权，故 *Vespertilio superans* 是无效名。一直以来普遍使用的学名 *Vespertilio superans*（胡锦矗和王酉之，1984；谭邦杰，1992；张荣组，1997；王酉之和胡锦矗，1999；王应祥，2003）应更改为 *Vespertilio sinensis*（Horácek，1997），此观点一直沿用至今（Simmons，2005；Smith 和解焱，2009；Sogorb，2019；魏辅文等，2021），但王应祥（2003）仍然列出了中国分布有东亚蝙蝠 *Vespertilio superans*，并列出指名亚种及内蒙古亚种 *Vespertilio superans andersoni* Wallin，1963，他同时还列出四川等省份分布有东方蝙蝠 *Vespertilio orientalis*。该种的亚种分类界限很不清楚（Smith，2009），需要重新评估（Wilson and Mittermeier，2019）。本书采用 Wilson 和 Mittermeier（2019）的观点，将东方蝙蝠暂定为单型种。

26. 棕蝠属 *Eptesicus* Rafinesque，1820

Eptesicus Rafinesque，1820. Ann. Nat.，2 [模式种：*Eptesicus melanops* Rafinesque，1820(= *Vespertilio fuscus* Beauvois，1796)].

鉴别特征 外形与伏翼属 *Pipistrellus* 种类相似，但吻部更厚；耳屏长直，顶端钝；阴茎骨常呈三角状。头骨吻部相对扁平强壮，无明显长沟；脑颅在吻部处稍微提升；无第 1 上前白齿。

牙齿：齿式 2.1.1.3/3.1.2.3 = 32。齿尖构造正常；上颌内门齿大，具一主尖与一小附尖；外门齿小，与犬齿隔以小齿隙；犬齿基部常无齿带；上白齿有明显的次尖；第 1 上前白齿缺失。

形态 中小型蝙蝠，外形与伏翼属 *Pipistrellus* 种类相似，但吻部稍厚。耳屏长直，顶端钝。翼相对较宽。阴茎骨常呈三角状，顶部杆状，基部宽。头骨吻部相对扁平或略厚；脑颅在吻部处稍微提升；鼻窦不显著扩大。

生态学资料 飞行灵活，常以飞虫为食；部分物种具有采集地面昆虫能力。洞穴或建筑物栖息型蝙蝠。

地理分布 现全世界该属有 24 种（Wilson and Mittermeier，2019），分布在温带和热带地区。中国分布 4 种，其中四川分布 2 种，即东方棕蝠 *Eptesicus pachyomus* 和肥耳棕蝠 *Eptesicus pachyotis*。

分类学讨论 棕蝠属被划分至 Espesicini 族，种类繁多。传统认为，该属可划分出 *Eptesicus* 和 *Rhinopterus* 2 个亚属（Simmons，2005）；近期的系统发育学研究提示，这些亚属并非单源，故该亚属分类设置可能存在疑问（Artyushin et al.，2009）。该属最古老的化石记录见于欧洲的葡萄牙和德国，以及亚洲的中国云南中新世地层中。早期分类学研究认为中国仅分布 2 种，即北棕蝠 *Eptesicus nilssonii* 和大棕蝠 *Eptesicus serotinus*（张荣祖，1997；王应祥，2003；盛和林，2005），且把 *E. n.*

gobiensis 作为 *E. nilssonii* 的亚种（王应祥，2003）。但近期的研究指出 *E. gobiensis* 应为有效独立种（Strelkov，1986；Pavlinov and Rossolimo，1987；Corbet and Hill，1992；Simmons，2005；Smith 和解焱，2009；Wilson and Mittermeier，2019）。此外，王应祥（2003）认为中国有北棕蝠西藏亚种 *E. n. centrasiaticus* 分布，并指出其与肥耳棕蝠 *E. pachyotis* 为同物异名，但 *E. pachyotis* 已被认为是独立的种（Simmons，2005；Smith 和解焱，2009；Wilson and Mittermeier，2019），而大棕蝠 *E. serotinus* 实际分布区仅在欧洲至中亚区域，亚洲种群实为东方棕蝠 *E. pachyomus*，故原中国记录的大棕蝠 *E. serotinus* 实际应为东方棕蝠 *E. pachyomus*（Juste et al.，2013）。值得注意的是，该类群由于基础生物学资料和标本相对匮乏，研究相对滞后，不排除后续有分类变动的可能。

四川分布的棕蝠属 Eptesicus 分种检索表

体型大；前臂长 49.0 ～ 65.0 mm；颅全长大于 20.0 mm ················ 东方棕蝠 *E. pachyomus*

体型小；前臂长 38.0 ～ 42.0 mm；颅全长约 16.0 mm ················ 肥耳棕蝠 *E. pachyotis*

（60）东方棕蝠 *Eptesicus pachyomus*（Tomes，1857）

别名 大棕蝠

英文名 Oriental Serotine

Scotophilus pachyomus Tomes，1857. Proc. Zool. Soc. Lond.，50-54（模式产地：印度普塔纳）.

Zima, et al., 1991. Myotis, 29: 31-33; Lin, Motokawa et Harada, 2002. Zool. Stud., 41: 347-354.; Smith 和 解焱，2009. 中国兽类野外手册，314-315; Artyushin,et al., 2009. Zootaxa, 2262: 40-52; Juste, et al., 2013. Zool. Scr., 42(5): 441-457; Benda and Gaisler, 2015. Acta Soc. Zool. Bohemicae, 79: 267-458; Artyushin, et al., 2018. Biol. Bull., 45: 469-477; Wilson and Mittermeier, 2019. Hand. Mamm. World, 850; 魏辅文，等，2021. 兽类学报，41(5): 487-501.

鉴别特征 体型较大，体长 56.0 ～ 80.0 mm，前臂长 48.5 ～ 64.5 mm。背毛深黄褐色，常具灰斑；腹毛浅黄褐色。头骨较扁平；颅全长 20.00 ～ 23.00 mm；颧弓的眶后突发达；枕部具有凸起的脊；眶上脊发达。内门齿主尖有后附尖，外门齿主尖与内门齿后面的附尖大小相似。

形态

外形：体型较大，体长 56.0 ～ 80.0 mm，尾长 35.0 ～ 61.0 mm；后足长 8.0 ～ 13.1 mm，前臂长 48.5 ～ 64.5 mm，胫骨长 15.0 ～ 23.3 mm。翼相对较宽，第 2 掌骨长于第 3 和第 4 掌骨；翼膜和股间膜均为黑棕色。耳较短，呈黑色，前折至口角处，耳郭具横皱褶；耳屏短，前部较直，端部钝，后部弯曲，在基部和耳垂处具缺刻。鼻吻部几无毛，呈黑色，具有腺体状隆起，上唇具须。尾椎尖端突出股间膜约 5 mm。

毛色：背毛深黄褐色，常具灰斑，腹部毛色较淡，呈浅黄褐色，毛基亦为浅黄褐色。

头骨：头骨强壮，脑颅较扁平。颅全长 20.00 ～ 23.00 mm。吻部宽，具有泪突。颧弓发达且外扩，其后缘为最宽处；矢状脊明显，向后升高至人字缝；鼻窦和腭窦前凹较宽，深至约与上颌犬齿中部齐平处。听泡较小；下颌骨冠状突高而钝，角突不甚发达。

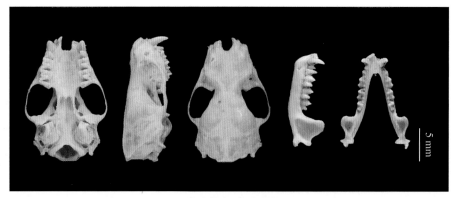

东方棕蝠头骨图

牙齿：齿式 2.1.1.3/3.1.2.3 = 32。上齿列长 7.37 mm；上颌第 1 门齿宽大，双尖齿；上颌第 3 门齿小，高仅及上颌第 1 门齿的齿带；上前臼齿 1 枚，大小仅为上颌犬齿一半；第 1 上臼齿和第 2 上臼齿齿冠等大，其后尖均大于前尖；第 3 上臼齿弱，齿冠面积小于第 2 上臼齿之半，中附尖和后尖退化，后附尖缺失；下颌 3 枚下颌门齿紧靠；第 1 下前臼齿高与齿冠面积为第 2 下前臼齿之半；第 1 下臼齿和第 2 下臼齿等大，原尖发达；第 3 下臼齿下跟座明显小于下三角座。

量衡度（衡：g；量：mm）

外形：

编号	性别	体重	体长	尾长	后足长	耳长	前臂长	胫骨长	采集地点
Beij17366	♂	19	70	51	9	12	53	21	四川会东

头骨：

编号	颅全长	基长	颧宽	眶间宽	脑颅宽	颅高	上齿列长	下齿列长	下颌骨长
Beij17366	21.22	18.84	14.23	4.78	9.66	—	7.37	8.19	15.55

生态学资料　该种类能适应不同类型的栖息地，如半荒漠、温带和亚热带森林、灌丛、农田及郊区。常在牧场、草地、林地、花园和森林区域活动，以鞘翅目、双翅目和鳞翅目昆虫为食。在夏季，常集群栖息在人工建筑、树洞或岩石裂缝中，冬季则在相对干燥的环境下栖息或冬眠。繁殖季节常在9—10月，春季雌性形成孕蝠群，幼蝠在6—7月出生，6周后逐渐停止哺乳。

地理分布　在四川仅记录于会东，国内还分布于黑龙江、吉林、辽宁、北京、河北、内蒙古、山西、天津、甘肃、宁夏、陕西、新疆、贵州、云南、河南、湖北、湖南、安徽、福建、江苏、江西、山东、上海、浙江、西藏、台湾。国外分布于俄罗斯、哈萨克斯坦、土库曼斯坦、阿富汗、伊朗、蒙古、巴基斯坦、印度、尼泊尔、缅甸、越南、老挝、泰国。

分省（自治区、直辖市）地图——四川省

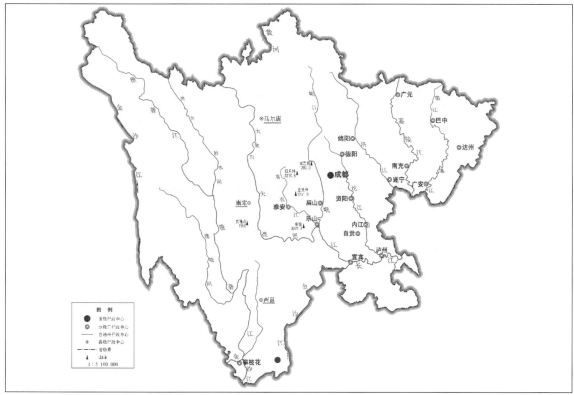

审图号：GS（2019）3333号

自然资源部 监制

东方棕蝠在四川的分布
注：红点为物种的分布位点。

分类学讨论 传统观点认为该物种在中国及周边种群为大棕蝠*Eptesicus serotinus*（王应祥，2003；盛和林，2005；张荣祖，1997），但Juste等（2013）基于系统发育学证据支持欧洲至中亚区域的为真正大棕蝠*E. serotinus*，与亚洲种群存在明显的遗传差异，故将其东方亚种*E. s. pachyomus*提升为种，即东方棕蝠*E. pachyomus*。目前该物种设置为4个亚种（Wilson and Mittermeier，2019），分别是：指名亚种，分布在西藏；台湾亚种，分布于台湾；安氏亚种和帕氏亚种，分布地为除西藏和台湾外的中国大部分省份，具体分布区及亚种界限尚待确认。四川种群的亚种归属尚未明确。

（61）肥耳棕蝠 *Eptesicus pachyotis* Dobson，1871

英文名 Thick-eared Serotine

Eptesicus pachyotis Dobson, 1871. Proc. Asiat. Soc. Bengal, 211（模式产地：印度阿萨姆）.

Vesperugo (Vesperus) pachyotis Dobson, 1871. Proc. Asiat. Soc. Bengal, 211.

Eptesicus pachyotis (Dobson, 1871). Corbet and Hill, 1992. A World List of Mammalian Species, 131; Bates and Harrison, 1997. Bats of the Indian Subcontinent, 155-156; Myers, et al., 2000. Z. Säugetierkd., 65: 149-156; Simmons, 2005. Mamm. Spec. World, Taxon. Geo. Ref., 3rd ed., 456; Francis, 2008. Guide Mamm. Southeast Asia, 245; Smith 和解焱，2009. 中国兽类野外手册, 313-314; Srinivasulu, et al., 2010. Jour. Threat. Taxa 2: 1001-

1076; 蒋志刚, 等, 2015. 中国哺乳动物多样性及地理分布, 118; Ruedi, et al., 2017. Jour. Mamm., 99: 209-222; Wilson and Mittermeier, 2019. Hand. Mamm. World, 853; 魏辅文, 等, 2021. 兽类学报, 41(5): 487-501.

鉴别特征　体中、小型种类，前臂长41.0 ～ 44.0 mm。颅全长约16.00 mm。耳呈三角形，肥厚；耳屏短圆，向内弯；头扁平，鼻吻部短。翼膜附着于趾基。背毛深棕色，腹毛较淡。头骨背面轮廓平稳地上升到人字脊；颧骨粗壮；听泡小。第1上颌门齿叉状，较第2上颌门齿长；上颌犬齿有齿带，无附尖；缺第1上前白齿。

形态

外形：体中小型，前臂长41.0 ～ 44.0 mm。体长55.0 ～ 56.0 mm，尾长约40.0 mm，后足长9.0 ～ 11.0 mm，耳长12.0 ～ 14.0 mm。耳呈三角形，耳端圆，肥厚；耳屏短，顶部近似圆形，与山蝠属*Nyctalus*相似，向内弯。头略扁，鼻吻部短，具腺体。翼附着于趾基。

毛色：背毛深棕色，腹毛较淡。

头骨：颅全长约16.00 mm。头骨背面轮廓平稳地上升到人字脊；人字脊和乳突发达；颧骨粗壮，具小的颧上突。听泡小，听泡间隔与听泡宽相近。

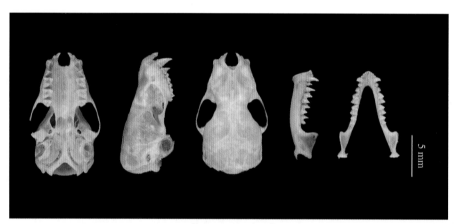

肥耳棕蝠头骨图

牙齿：齿式2.1.1.3/3.1.2.3 = 32。第1上颌门齿叉形，明显高于第2门齿。上颌犬齿发达，具有齿带，无附尖；上前白齿缺失；第2上前白齿发达，高及上颌犬齿的2/3；第3上白齿小于第2上白齿齿冠之半。下颌门齿3枚；第1下前白齿小，紧靠于下颌犬齿与第2下前白齿之间。

量衡度（衡：g；量：mm）

外形：

编号	性别	体重	体长	尾长	后足长	耳长	前臂长	胫骨长	采集地点
GZHU98009	♂	8	49	40	10.5	14.0	43	16.5	四川巴塘
MYTC2020-2	♂	—	51	40	9.0	12.5	42	17.0	四川王朗

头骨：

编号	颅全长	基长	颧宽	眶间宽	脑颅宽	颅高	上齿列长	下齿列长	下颌骨长
GZHU98009	16.32	15.55	9.67	4.35	7.85	6.83	5.87	6.55	11.70
MYTC2020-2	16.77	16.16	10.36	4.44	8.40	6.95	5.94	6.44	12.00

地理分布 在四川仅记录于巴塘英西林场、平武王朗，国内还分布于甘肃、宁夏、青海、西藏。国外分布于孟加拉国、印度的梅加拉亚邦和米佐拉姆邦、缅甸北部、泰国北部。

分省（自治区、直辖市）地图——四川省

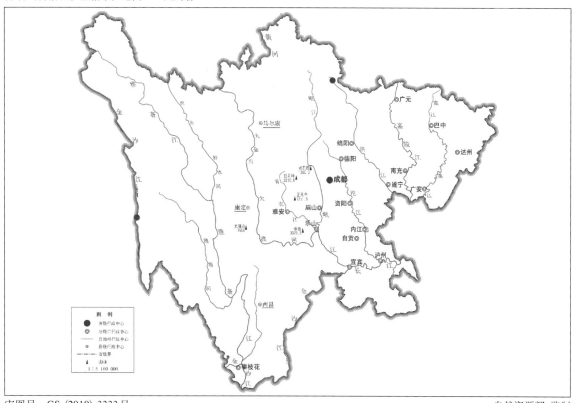

审图号：GS（2019）3333号   自然资源部 监制

肥耳棕蝠在四川的分布

注：红点为物种的分布位点。

分类学讨论 曾认为肥耳棕蝠与*Eptesicus dimissus*存在较近的亲缘关系，但该物种近期被修订为1个新属*Cassistrellus*，故肥耳棕蝠的分类设置与系统发育位置有待进一步研究（Wilson and Mittermeier，2019）。

27.山蝠属 *Nyctalus* Bowditch，1825

Nyctalus Bowditch, 1825. Excursions in Madeira and porto Santo, 36 (as a subgenus); Lesson, 1842. Nouv. Tableau

Règne Anim., Mamm, 27 (as a subgens of *Vespertilio*) [模式种：*Nyctalus verrucosus* Bowdich, 1825 (=*Vespertilio leisleri* Kuhl, 1817)] .

Pterygistes Kaup, 1829. Skizzirte Entwickl. Gesh u. natü rl. Syst. d. europ. Thierw., Vol. 1: 99.

Nyctulinia Gray, 1842. Ann. Mag. Nat. IIIist., X: 258.

Panugo Kolenati, 1856. Allg. Deutsch.naturh. Zeitung, (n. f.) Ⅱ : 131.

Noctula Gerbe, 1880. Le Naturaliste, 2 me anée, 24: 187.

Pterygistes Miller 1907. Families and Genera of Bats, 207(模式种: *Vespertilio noctula* Schreber).

鉴别特征　中等体型。耳屏短而弯曲，近肾形。翼狭长且尖。头骨短宽，吻部稍高；颧弓相对细弱。第1上前白齿细小，常被挤到齿列的内侧，下白齿为Nyctalodont型。

形态　中等体型，身体粗壮。耳短宽，耳屏短而弯曲，近肾形。翼狭长且尖，第5掌骨短，第3掌骨与前臂近等长。鼻孔大；头骨短宽，吻部稍高；颧弓相对细弱；人字脊发达；第1上前白齿细小且被挤入齿列的内侧，下白齿为Nyctalodont型。

牙齿：齿式2.1.2.3/3.1.2.3 = 34。上颌门齿有一主尖，外门齿后有一小附尖；上颌犬齿与最后一枚上前白齿相接；第1前白齿被挤在齿列的内侧，侧面观常被犬齿的齿带遮挡；上颌犬齿无小后尖；第1上白齿和第2上白齿的附尖小，第3上白齿后尖发达。

生态学资料　常在高空中快速飞行，栖息于房屋屋檐、天花板、瓦缝及墙缝等处。

地理分布　广泛分布于古北区，包括日本、中国、泰国、越南（Francis et al., 2008；Corbet and Hill, 1992；Smith和解焱, 2009）。

分类学讨论　该属分类地位为Vespertilioninae中较为稳定类群之一，自1907年被Miller明确承认后无分类变动。而近期的系统发育学证据支持其与伏翼属*Pipistrellus*具有较近的亲缘关系（Roehrs et al., 2010）。全世界共18种，中国记录有3种，其中四川分布有1种（Wilson and Mittermeier, 2019）。

(62) 中华山蝠 *Nyctalus plancyi*（Gerbe, 1880）

英文名　Chinese Noctule

Vesperugo plancyi Gerbe, 1880. Bull. Soc. Zool. Framce, 5: 71(模式产地: 北京).

Nyctalus velutinus Allen, 1923. Amer. Mus. Nov., 85: 7; 张荣祖, 1997. 中国哺乳动物分布, 44-45; 王酉之和胡锦矗, 1998. 四川兽类原色图鉴, 103; 王应祥, 2003. 中国哺乳动物种和亚种分类名录与分布大全, 52; 盛和林, 2005. 中国哺乳动物图鉴, 126-127.

Nyctalus noctula velutinus Ellerman and Morrison-Scott, 1951. Check. Palaea. Ind. Mamm., 158; Zhang Weidao, 1990. Jour. Anhui Norm. Univ., 4: 58-63.

Nyctalus noctula mecklenburzevi 王应祥, 2003. 中国哺乳动物种和亚种分类名录与分布大全, 52.

Nyctalus plancyi Gerbe, 1880. Liang Renji and Dong Yongwen, 1985. Acta Theriol. Sinica, 5: 11-15; Yoshiyuki, 1989. Nat. Sci. Mus. Monogr. 7. Tokyo, 242; Shi Hongyan, et al., 2001. Acta Theriol. Sinica, 21: 210-215; Lin Liangkong, et al., 2002. Zool. Stud., 41: 347-354; Shi, et al., 2003. Jour. Zool., 38: 25-30; 王应祥, 2003. 中国哺乳动物种和亚种分类名录与分布大全, 52; Wu Yi, Harada et Li Yanhong, 2004. Acta Theriol. Sinica,

24: 30-35; Simmons, 2005. Chiroptera: Vespetilionidae, In Mamm. Spec. World (Wilson and Reeder, eds), 3rd ed., 1: 472; Ao Lei, et al., 2006. Chrom. Res., 15: 257-267; Müller, et al., 2006. Jour. Acoust. Soc. Am., 119: 4083-4092; Salgueiro, et al., 2007. Genetica, 130: 169-181; 胡锦矗和胡杰, 2007. 西华师范大学学报（自然科学版）, 28(3): 167; Shi Hongyan, et al., 2008. Acta Theriol. Sinica, 28: 42-48; Smith 和解焱, 2009. 中国兽类野外手册, 320-321; Tian Lanxiang, et al., 2010. Bioelectromagnetics, 31: 499-5031; Heaney, et al., 2012. Acta Chiropterol., 14: 265-278; 蒋志刚, 等, 2015. 中国哺乳动物多样性及地理分布, 121; Tian Lanxiang,et al., 2015. PLoS ONE 10: e0123205. 11; Kruskop and Vasenkov, 2016. Mamm. Stud., 41: 35-41; Heiker, et al., 2018. Toxicol., 75: 585-593; Liu Sha, et al., 2018. Environ. Pollut., 242: 970-975; Jiang Lichun, et al., 2019. Conserv. Genet. Resour., 11: 259-262; Wilson and Mittermeier, 2019. Hand. Mamm. World, 764; 魏辅文, 等, 2021. 兽类学报, 41(5): 487-501.

鉴别特征　体型较大的蝙蝠，前臂长 50.0 ~ 56.0 mm。耳郭小，耳长 12.0 ~ 20.0 mm；耳屏短，似横置的肾形。头骨吻端宽；颅全长 16.90 ~ 18.00 mm，吻鼻部至颅顶过渡平直。

形态

外形：中等体型，体长 65.0 ~ 81.0 mm，前臂长 50.0 ~ 56.0 mm。翼膜起自踝关节处。耳郭顶部圆，整体较小；耳屏短，呈横置肾形。

毛色：被毛深褐色，腹毛色略浅，基部暗褐色，毛尖沙灰色，下腹部毛色更浅，体毛沿前臂骨腹侧翼膜向第 5 掌骨延伸，体侧至膝部股间膜近缘亦有黄褐色短毛，翼膜深褐色。

头骨：头骨吻端宽，颅全长 16.90 ~ 18.00 mm，吻鼻部至颅顶过渡平直；具低矮的矢状脊和较发达的人字脊。

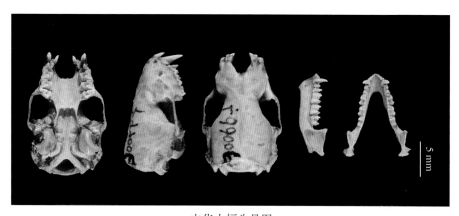

中华山蝠头骨图

牙齿：齿式 2.1.2.3/3.1.2.3 = 34。上颌外门齿很小，不及内侧门齿齿冠面 1/2；上颌犬齿很发达；第 1 上前臼齿较退化；下臼齿为 Nyctalodont 型。

量衡度（衡：g；量：mm）

外形：

编号	性别	体重	体长	尾长	后足长	耳长	前臂长	胫骨长	采集地点
CWNU9601	—	—	—	—	—	—	—	—	四川南充
CWNU9602	—	—	—	—	—	—	—	—	四川南充
CWNU96018	♂	—	75.5	50.0	12	12.0	54.0	21.0	四川南充
CWNU96019	♂	—	74.0	50.0	11	12.5	53.0	21.0	四川南充
CWNU96021	♀	20	75.0	53.0	12	12.5	54.0	22.0	四川南充
CWNU97012	♀	23	72.0	50.5	12	14.0	52.0	19.0	四川南充
CWNU97038	—	—	—	—	—	—	—	—	四川南充
CWNU97040	♀	22	71.0	52.0	11	15	52.5	20.0	四川南充
CWNU97063	♀	18	67.0	48.0	12	15	51.0	20.0	四川南充
CWNU97064	♀	18	70.0	52.0	12	15	51.0	20.0	四川南充
IOZ28060	♀	18	70.0	46.0	13	18.0	50.0	18.5	四川石棉
IOZ28061	♂	18	78.0	45.0	12	16.0	52.0	17.5	四川石棉
IOZ28062	♀	21	74.0	49.0	11	19.0	50.0	18.0	四川石棉
IOZ28063	♀	23	73.0	47.0	12	20.0	51.0	17.5	四川石棉
IOZ28064	♀	21	76.0	55.0	10	17.0	51.0	—	四川石棉
IOZ28065	—	—	—	—	—	—	—	—	四川石棉
IOZ28067	—	—	—	—	—	—	—	—	四川石棉
IOZ28068	♀	15	65.0	51.0	10	17.0	52.0	18.0	四川石棉

头骨：

编号	颅全长	基长	颧宽	眶间宽	脑颅宽	颅高	上齿列长	下齿列长	下颌骨长
CWNU9601	17.40	15.70	12.40	5.30	—	—	7.10	8.20	—
CWNU9602	17.20	—	11.30	5.30	—	—	7.10	8.10	—
CWNU97038	17.90	15.90	12.40	5.30	—	—	6.80	8.40	—
CWNU97040	18.20	16.30	11.90	5.40	—	—	7.60	8.50	—
IOZ28062	17.10	17.60	12.10	5.40	9.30	9.40	7.20	8.10	13.40
IOZ28063	16.90	17.30	12.00	5.30	9.20	8.80	7.20	8.20	13.60
IOZ28064	17.20	17.70	12.30	5.50	9.30	9.70	7.40	8.40	13.70
IOZ28065	17.20	17.60	12.20	5.10	9.50	9.00	7.40	8.40	13.70
IOZ28067	17.40	17.90	12.10	5.50	9.20	9.40	7.50	8.50	13.80
IOZ28068	17.10	17.50	11.90	5.50	9.20	8.60	7.30	8.40	13.30

生态学资料 中华山蝠已发现能栖息于屋檐、天花板、瓦缝及墙缝等处。5—6月母蝠集群产仔，通常产1～2仔，曾观察到母蝠产仔后吃掉胎盘（石红艳等，2001）。9—10月交配，之后迁走进入冬眠。外出觅食活动高峰在黄昏及清晨，以昆虫为食（梁仁济和董永文，1985；石红艳等，2001；石红艳等，2003）。核型：$2n = 36$，$FN = 50$（张维道，1990；Wu et al.，2004）。

地理分布 在四川分布于成都、南充、南江、通江、峨眉山，国内还分布于甘肃、陕西、山西、河南、北京、山东、辽宁、吉林、贵州、云南、重庆、湖北、湖南、安徽、江苏、上海、台湾、广东、广西、海南、香港。国外分布于菲律宾。

分省（自治区、直辖市）地图——四川省

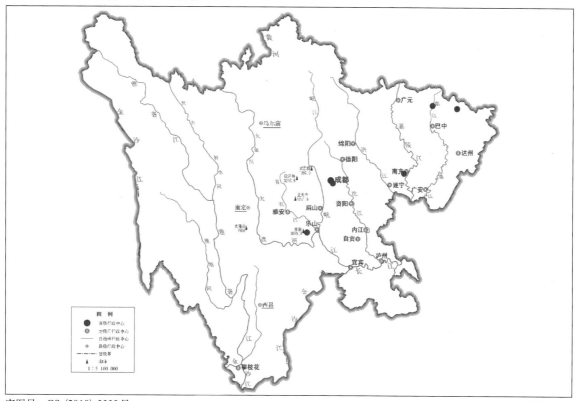

审图号：GS（2019）3333号

自然资源部 监制

中华山蝠在四川的分布
注：红点为物种的分布位点。

分类学讨论 Allen（1923）根据体型、颜色、牙齿等的差异，将我国南方的山蝠从普通山蝠 *Nyctalus noctula* 中分出，命名为中华山蝠 *Nyctalus velutinus*，认为中国河北和北京存在 *N. n. plancyi* 亚种。Ellerman 和 Morrison-Scott（1951）认为二者差别不明显，仅是地理上的隔离分布，在形态上没有区别，故并入普通山蝠中，作为其福建亚种 *N. n. velutinus*。Corbet（1978）同意该意见。张维道（1990）及胡刚（1998）等根据解剖结构、核型及同工酶特征肯定了 Allen 的观点。王应祥（2003）列出 *N. n. plancei* 亚种应该是 *N. n. plancyi*。Simmons（2005）列出中国北方和南方的山蝠均为中华山蝠 *N. plancyi*（Gerbe，1880），认为 *N. n. plancyi* 应该是中华山蝠福建亚种 *N. plancyi velutinus*。目前国内中华山蝠可划分为指名亚种 *N. p. plancyi*（Grebe，1880）和福建亚种 *N. p.*

velutinus。前者分布于甘肃、陕西、山西、河南、北京、天津、山东、辽宁、吉林；后者分布于贵州、四川、云南、湖北、湖南、安徽、江苏、上海、台湾、广东、广西、海南、香港。四川分布的种群为福建亚种，但两亚种之间的界限有待进一步研究。

28. 伏翼属 *Pipistrellus* Kaup，1829

Pipistrellus Kaup, 1829. Skizz. Europ. Thierw., I: 98(模式种: *Vespertilio pipistrellus* Schreber 1774).

Romicia Gray, 1838. Mag. Zool. Bot., 2: 495 (*Romicia. calcarata* Gray, 1838).

Hypsugo Kolenati, 1856. Allg. Dtsch. Naturh. Ztg., 2: 131 (*Vespertilio savii* Bonaparte, fixed by Wallin, 1969).

Nannugo Kolenati, 1856. Allg. Dtsch. Naturh. Ztg., 2: 131 (included *Vespertilio nathusii* Keyserling and Blasius, *V. kuhlii* Kuhl and *V. pipistrellus* Schreber).

Falsistrellus Troughton, 1943. Furred Anim. Australia, 1st ed., 349 (*Vespertilio tasmaniensis* Gould, 1856).

Arielulus Hill and Harrison, 1987. Bull. Brit. Mus. Nat. Hist., 52, 250 (*Vespertilio circumdatus* Temminck, 1840).

鉴别特征 体型较小，外形与棕蝠类近似。鼻间沟明显；吻鼻部腺体明显，几近裸露；耳短宽，耳屏常为耳高一半，前缘具浅凹，边缘几乎呈直线，顶端钝圆。部分种类阴茎骨长，侧面观通常呈弯曲状，基部通常膨大，中部有凹槽，顶部渐细。脑颅不扁平，无矢状脊。下臼齿为Nyctalodont型。

形态 体型较小，外形与棕蝠类近似。无突出外鼻孔，鼻间沟明显；吻鼻部腺体明显且几近裸露。耳短宽，对耳屏不明显；耳屏常为耳高一半，前缘具浅凹，边缘几乎呈直线，顶端钝圆。拇指和后足均无加厚的肉质垫；距明显。脑颅无扩张，无明显矢状脊。阴茎骨细长，侧面观通常显弯曲，基部通常膨大，中部有凹槽，顶部渐细；阴茎骨是属内物种鉴定的主要特征之一。

牙齿：齿式2.1.2.3/3.1.2.3 = 34。第1上颌门齿简单，通常具明显的次尖；第2上颌门齿较弱，比第1上颌门齿小，但仍超出齿带；上颌犬齿相对弱，后缘通常具一较弱的次尖；第1上前臼齿位于齿列内侧，与上颌犬齿间的间隙在不同种类中差异较大，部分种类几乎紧贴；下臼齿为Nyctalodont型。

生态学资料 典型的中低空飞行蝙蝠，飞行灵活，但速度慢。栖息于各种人工建筑、洞穴或树木的缝隙中。

地理分布 广泛分布在亚洲、欧洲、非洲及大洋洲区域。

分类学讨论 Hill和Harrison（1987）将伏翼属划分为7个亚属（*Pipistrellus*、*Hypsugo*、*Falsistrellus*、*Perimyotis*、*Arielulus*、*Vespadelus*、*Neoromica*），但是这些亚属中大部分后来被提升为属，如金背伏翼属*Arielulus*（Hill and Harrison，1987）、假伏翼属*Falsistrellus*（Troughton，1944）、高级伏翼属*Hypsugo*（Kolenati，1856）等。目前，全世界合计31种，中国记录7种，其中四川分布4种（Wilson and Mittermeier，2019）。

四川分布的伏翼属*Pipistrellus*分种检索表

1. 第1上前臼齿在齿列中，侧面具明显可见；上颌犬齿和上前臼齿分隔 ……………………………… 普通伏翼 *P. pipistrellus*

   第1上前臼齿在舌侧凹内，侧面不可见；上颌犬齿和上前臼齿相接，除上前臼齿齿尖外，其余结构均无法看清 …2

2. 脑颅在颧区以上鼓胀；吻突较宽；上颚较窄；上白齿不强健…………………………… 东亚伏翼 *P. abramus*

   脑颅在颧区以上稍凸圆；吻突较窄；上颚较宽；上白齿强健 …………………………………………3

3. 基长大于11.4 mm；上白齿间宽大于5.3 mm ………………………………… 印度伏翼 *P. coromandra*

   基长小于11.4 mm；上白齿间宽小于5.3 mm …………………………………………… 侏伏翼 *P. tenuis*

（63） 东亚伏翼 *Pipistrellus abramus*（Temminck，1840）

别名 日本伏翼、家蝠、黄头油蝠

英文名 Japanes Pipistrelle

Vespertilio abramus Temminck, 1840. Mon. Mamm., 2: 232, pl. 58（模式产地：日本九州长崎）.

Vespertilio akokomuli Temminck, 1840. Mon. Mamm., 2: 233, pl. 57（模式产地：日本）.

Vespertilio irretitus Cantor, 1842. Ann. Mag. Nat. Hist., 481（模式产地：浙江舟山）.

Scotophilus pumilioides Tomes, 1857. Proc. Zool. Soc. Lond., 51（模式产地：中国）.

Scotophilus pomiloides Mell, 1922. Mell. Arch. Naturgesch., 10: 14（模式产地：中国）.

Pipistrellus abramus. Ellerman and Morrison-Scoot, 1951. Check. Palaea. Ind. Mamm., 165; Takayama, 1959. Jpn. Jour. Genet., 34: 107-110; Mori and Uchida, 1974. Zool. Mag., 83: 163-170; Obara, et al., 1976. Sci. Rep. Hirosaki Univ., 23: 39-42; Mori, 1980. Jour. Mammal. Soc. Japan, 8: 117-121; Huang Wenji and Huang Xing, 1982. Acta Theriol. Sinica, 2: 143-155; Hill and Harrison, 1987. Bull. Brit. Mus. (Nat. Hist.) Zool., 52: 225-305; Yoshiyuki, 1989. Nat. Sci. Mus. Monogr., 7. Tokyo, 242; Corbet and Hill, 1992. Mamm. Indo-Malayan Reg. Syst. Rev., 136; Das and Sinha, 1995. Jour. Bombay Nat. Hist. Soc., 92: 252-254; Lee Lingling, 1995. Acta Zool. Taiwanica, 6: 61-66; 胡锦矗和王酉之，1984. 四川资源动物志 第二卷 兽类, 46; Yasui, et al., 1997. Wildl. Conserv. Japan, 2: 51-59; 张荣祖，1997. 中国哺乳动物分布, 45-46; Hendrichsen, et al., 2001. Myotis, 39: 35-122; Lin Liangkong, Motokawa et Harade, 2002. Raffles Bull. Zool., 50: 507-510; 王应祥，2003. 中国哺乳动物种和亚种分类名录与分布大全, 48; Hirai and Kimura, 2004. Jpn. Jour. Ecol., 54: 159-163; Wu Yi, Harada et Li Yanhong, 2004. Acta Theriol. Sinica, 24: 30-35; 盛和林，2005. 中国哺乳动物图鉴, 116-117; Lee Yafu and Lee Lingling, 2005. Zool. Stud., 44: 95-101; Simmons, 2005. In Wilson and Reeder. Mamm. Spec. World, 3rd ed., 473; Tokita, 2006. Zoology, 109: 137-147; Hiryu, Hegino et Riquimaroux et al., 2007. Jour. Acoust. Soc. Am., 121: 1749-1757; Luo Feng, et al., 2007. Zool. Stud., 46: 622-630; Francis, 2008. A Guide to the Mammals of Southeast Asia, 238; Hiryu, et al., 2008. Jour. Acoust. Soc. Am., 124: EL51-EL56; Smith 和解焱，2009. 中国兽类野外手册, 322; Wu Yi and Motokawa, et al., 2009. Int. Jour. Biol. Sci., 5: 659-666; Goto, et al., 2010. Jour. Acoust. Soc. Am., 128: 1452-1459; Wei Li, et al., 2010. Biol. Jour. Linn. Soc., 99: 582-594; Fujioka, et al., 2011. Jour. Acoust. Soc. Am., 129: 1081-1088; Kruskop, 2013. Bats of Vietnam: Checklist and an Identification Manual, 208; Fujioka, et al., 2014. Jour. Acoust. Soc. Am., 136: 3389-3400; Takahashi, et al., 2014. Jour. Exp. Biol., 217: 2885-2891; 蒋志刚，

等, 2015. 中国哺乳动物多样性及地理分布, 109; Wilson and Mittermeier, 2019. Hand. Mamm. World, 777-778; 魏辅文, 等, 2021. 兽类学报, 41(5): 487-501.

鉴别特征 体型小，前臂长31.0 ~ 37.0 mm。背毛灰褐色或棕褐色，腹部色淡，呈灰褐色。阴茎骨长超过10.0 mm。头骨吻突宽，上颌内门齿齿冠呈双叉形。

形态

外形：体型小，前臂长31.0 ~ 37.0 mm。无鼻叶结构；耳郭近似三角形；耳屏弧形，尖端较圆钝，略向前弯转，内缘凹外缘凸出。尾最末端伸出股间膜；翼膜始于趾基部；距缘膜发达，呈圆弧形。阴茎骨呈S形弯曲，长超过10.0 mm。

毛色：背毛呈灰黑色、灰褐色或棕褐色；腹部色更淡，呈灰褐色；额前及下颌毛短，毛基与毛端颜色基本一致；耳、吻鼻部、翼膜呈褐色。总体上体毛显浅色，略微泛白（较普通伏翼毛色更暗一些）。

头骨：头骨宽。颧弓纤细；吻突宽扁；眶间部较宽，无眶上突。矢状脊不明显，人字脊不发达，在中间部分向前凸。

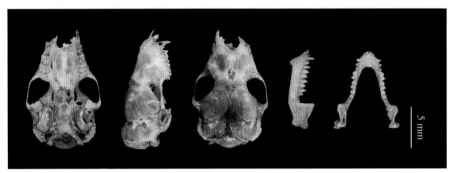

东亚伏翼头骨图

牙齿：上颌内门齿齿冠双叉形；第1上前白齿大小约等于外门齿，但小于上颌内门齿，向内入侵，位于齿列内侧，从侧面仅其齿尖可见；每枚犬齿后有1个小齿尖。

量衡度（衡：g；量：mm）

外形：

编号	性别	体重	体长	尾长	后足长	耳长	前臂长	胫骨长	采集地点
GZHU20204	♀	13	49.0	37.0	11	8	36	14	四川唐家河
GZHU20205	♀	11	46.0	35.5	11	7	34	13	四川唐家河
GZHU21116	—	8	49.0	37.0	13	8	34	13	四川唐家河
GZHU21117	♀	8	50.0	34.0	13	7	35	14	四川唐家河
GZHU21118	♂	8	50.0	34.0	13	7	35	14	四川唐家河
GZHU21119	♀	7	46.0	38.0	13	7	31	15.1	四川唐家河
GZHU21120	♀	8	48.5	39.0	12	7	34	13	四川唐家河
MYTC101	♂	—	46.0	33.0	8	11	33	15	四川绵阳

头骨：

编号	颅全长	基长	颧宽	眶间宽	脑颅宽	颅高	上齿列长	下齿列长	下颌骨长
GZHU21118	13.24	13.08	9.05	3.89	7.00	5.84	4.83	4.93	9.78
GZHU21119	13.39	13.08	8.66	3.88	6.94	6.08	4.66	4.92	9.87
MYTC101	13.24	12.59	8.82	3.75	6.94	5.99	4.64	4.96	9.57

生态学资料 常见蝙蝠种类，栖息于建筑物和人类居住区附近，常钻入房屋或其他建筑物的顶楼或墙壁缝隙间，营小群。夜晚可见其在空旷的场所围绕着灯光觅食。适应性强，能栖息于城市、农田及森林等各类生态系统中。核型：$2n = 26$，$FN = 44$（Wu et al., 2004）。

地理分布 在四川分布于成都、绵阳、南充、青川唐家河等，为广布种，国内还分布于黑龙江、辽宁、河北、内蒙古、山西、天津、甘肃、陕西、贵州、西藏、云南、湖北、湖南、安徽、福建、江苏、江西、山东、台湾、浙江、澳门、广东、广西、海南、香港。国外分布于俄罗斯、日本、朝鲜、越南、缅甸、印度。

分省（自治区、直辖市）地图——四川省

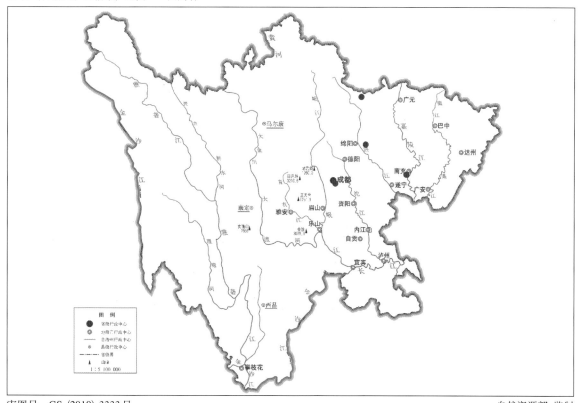

审图号：GS (2019) 3333号　　　　　　　　　　　　　　自然资源部 监制

东亚伏翼在四川的分布
注：红点为物种的分布位点。

分类学讨论　东亚伏翼隶属*Pipistrellus*亚属，该种的分类地位被Ellerman等（1951）予以承认，以前曾被视为爪哇伏翼*P. javanicus*的亚种，但二者明显不同，为独立种（Hill and Harrison，1987；Yoshiyuki，1989；Corbet and Hill，1992；Tiunov，1997）；之前也曾被视为棒茎伏翼，但后者也被独立为有效种（Hill and Harrison，1987；Corbet and Hill，1992；Bates and Harrison，1997；Bates et al.，1997；Hendrichsen et al.，2001）。单型种，无亚种分化。

（64）印度伏翼 *Pipistrellus coromandra* (Gray，1838)

别名　暗褐伏翼

英文名　Indian Pipistrelle

Scotophilus coromandra Gray, 1838. Mag. Zool. Bot., 489(模式产地：印度科罗曼德海岸).

Pipistrellus portensis J. Allen, 1906. Bull. Amer. Mus. Nat. Hist., 22: 487(模式产地：海南保亭).

Pipistrellus coromandra Tate, 1942. Bull. Amer. Mus. Nat. Hist., 80: 221-297; Takayama, 1959. Jpn. Jour. Genet., 34: 107-110; Shaw, et al., 1966. Acta Zootax. Sinica, 3 (3): 266; Gopalakrishna and Madhavan, 1971. Proc. Ind. Acad. Sci., Sect. B, 73: 43-49; Mori and Uchida, 1974. Zool. Mag., 83: 163-170; Obara, et al., 1976. Sci. Rep. Hirosaki Univ., 23: 39-42; Mori, 1980. Jour. Mamm. Soc. Japan, 8: 117-121; Huang Wenji and Huang Xing, 1982. Acta Theriol. Sinica, 2: 143-155; Hill and Harrison, 1987. Bull. Brit. Mus. (Nat. Hist.) Zool., 52: 225-305; Yoshiyuki, 1989. Nat. Sci. Mus. Monogr., 7. Tokyo, 242; Das and Sinha, 1995. Jour. Bombay Nat. Hist. Soc., 92: 252-254; Lee Lingling, 1995. Acta Zool. Taiwanica, 6: 61-66; Yasui, et al., 1997. Wildl. Conserv. Japan, 2: 51-59; 张荣祖, 1997. 中国哺乳动物分布, 46-47; Hendrichsen, et al., 2001. Myotis, 39: 35-122; Lin Liangkong, Motokawa et Harade, 2002. Raffles Bull. Zool., 50: 507-510; Hirai and Kimura, 2004. Jpn. Jour. Ecol., 54: 159-163; Wu Yi, Harada et Li Yanhong, 2004. Acta Theriol. Sinica, 24: 30-35; 盛和林, 2005. 中国哺乳动物图鉴, 118-119; Lee Yafu and Lee Lingling, 2005. Zool. Stud., 44: 95-101; Simmons, 2005. In Wilson and Reeder. Mamm. Spec. World, 3rd ed., 474; Tokita, 2006. Zoology, 109: 137-147; Hiryu et Riquimaroux, et al., 2007. Jour. Acoust. Soc. Am., 121: 1749-1757; Luo Feng, et al., 2007. Zool. Stud., 46: 622-630; 胡锦矗和胡杰, 2007. 西华师范大学学报：自然科学版, 28(3): 167; Francis, 2008. A Guide to the Mammals of Southeast Asia, 238; Smith 和解焱, 2009. 中国兽类野外手册, 323-324; Wu Yi and Motokawa, et al., 2009. Int. Jour. Biol. Sci., 5: 659-666; Goto, et al., 2010. Jour. Acoust. Soc. Am., 128: 1452-1459; Fujioka and Mantani, et al., 2011. Jour. Acoust. Soc. Am., 129: 1081-1088; Kruskop, 2013. Bats of Vietnam: Checklist and an Identification Manual, 210; Takahashi, et al., 2014. Jour. Exp. Biol., 217: 2885-2891; 蒋志刚, 等, 2015. 中国哺乳动物多样性及地理分布, 110; Wilson and Mittermeier, 2019. Hand. Mamm. World, 779-780; 魏辅文, 等, 2021. 兽类学报, 41(5): 487-501.

鉴别特征　体型小，前臂长32.0～34.0 mm。被毛鲜亮，毛基黑色，中部棕褐色，毛尖肉桂褐色。颅全长12.00～13.50 mm。口盖宽和上臼齿间宽大。阴茎骨长约3 mm，茎杆上部明显弯曲，深叉状，其基底上部无明显二裂状缺刻。

形态

外形：体型较小的伏翼种类，前臂长32.0～34.0 mm。耳郭短宽，耳长9.0～11.0 mm，前折不及吻部，顶端略尖；耳屏呈长条形。尾较长；距缘膜发达；翼膜止于踝关节处。胫骨长12.0～13.3 mm；第3、4、5掌骨近等长。阴茎骨长约3.0 mm，基部较宽厚、侧观无明显的二裂状缺刻，茎杆弯曲，尖端内弯，呈短叉状。

毛色：吻鼻部和面部具短毛，呈浅褐色；额部毛发致密，暗褐色；颈部和背部毛基暗褐，毛尖棕褐色；翼膜色淡，浅褐色；股膜淡棕黄色；腹较背色淡，毛尖肉桂褐色。

头骨：颅全长12.00～13.50 mm。吻、颧弓、口盖和臼齿横宽较宽，颧宽7.90～9.00 mm，上臼齿宽5.40～5.60 mm。

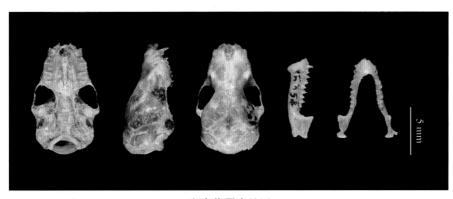

印度伏翼头骨图

牙齿：第1上颌门齿双尖型；第2上颌门齿较发达，其齿尖约与第1上颌门齿齿尖等高；上颌犬齿发达，具明显小附尖；第1上前臼齿完全被挤入上齿列内侧，上颌犬齿与第2上前臼齿近乎接触；第2上前臼齿齿基内侧有一小舌叶；第1上臼齿和第2上臼齿正常，外侧为典型的W形，第3上臼齿外侧的W齿棱不完整。

下颌门齿3对，齿冠均为3叶；第3下颌门齿齿冠略高于前2枚下颌门齿的齿冠；下颌犬齿发达，具一小附尖，第1下前臼齿大于第2下前臼齿，但未被下颌犬齿和第2下前臼齿挤向下齿列外侧。

量衡度（衡：g；量：mm）

外形：

编号	性别	体重	体长	尾长	后足长	耳长	前臂长	胫骨长	采集地点
SAFD624	♀	—	35	35	7.0	10	33	13	四川凉山德昌
WCNU95005	♂	—	42	39	6.5	10	33	12	四川金阳
WCNU95006	♀	—	42	38	6.5	8	30	12	四川金阳
WCNU96005	♀	8	49	38	6.0	9	33	13	四川盐边

头骨：

编号	颅全长	基长	颧宽	眶间宽	脑颅宽	后头宽	颅高	上齿列长	下齿列长	下颌骨长
SAFD624	12.19	11.57	8.02	3.86	6.51	7.23	5.82	4.48	4.48	9.12
WCNU95005	12.20	11.90	7.90	—	6.40	—	5.00	4.50	—	9.20
WCNU95006	13.20	12.70	8.30	—	6.70	—	5.40	4.80	—	8.90
WCNU96005	13.00	12.50	8.80	—	7.00	—	6.10	4.50	—	9.20

生态学资料　夜行性，常在村庄附近捕食，以昆虫为食，常栖息在房屋内，对其自然生活史了解甚少。

地理分布　在四川分布于盐边、金阳、凉山，国内还分布于贵州、西藏、云南、广东、海南。国外分布于印度、缅甸、阿富汗。

分省（自治区、直辖市）地图——四川省

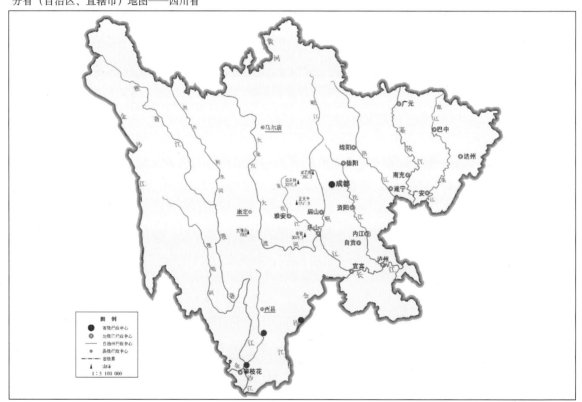

审图号：GS（2019）3333号　　　　　　　　　　　　　　　　　　　　自然资源部　监制

印度伏翼在四川的分布

注：红点为物种的分布位点。

分类学讨论　印度伏翼最早为Gray（1838）根据于印度本地治里科罗曼德海岸采集的标本定名，即 *Scotophilus coromandra*。随后Tate（1942）将其归入伏翼属，作为1个有效种 *Pipistrellus coromandra*。早期分类学者认为该种在我国华南地区广泛分布，含2个亚种：*P. c. tramatus*（华南亚种）和*P. c. portensis*（海南亚种）（Allen, 1938; Ellerman and Morrison, 1951; 寿振黄等, 1966; 梁智明, 1993; 王酉之和胡锦矗, 1999; 王应祥, 2003）。但Corbet and Hill（1992）认为这2个亚种均为印度小伏翼*P. tenuis*的亚种，而仅将西藏察隅的标本列为本种。Wilson and Mittermeier（2019）则进一步认为：*P. coromandra*仅分布于中国西藏，其大陆种群实为*P. tenuis portensis*。魏辅文等（2022）认为*P. coromandra*在中国四川有分布。

在形态学上，Corbet和Hill（1992）、Smith和解焱（2009）给出印度伏翼*P. coromandra*与小伏翼*P. tenuis*的差异：前者个体较大，基长11.20 ~ 12.50 mm，上臼齿间宽5.20 ~ 5.80 mm；小伏翼基长10.10 ~ 11.60 mm、上臼齿间宽4.70 ~ 5.40 mm。Wilson and Mittermeier（2019）虽认可二者体型差异，但备注道："对于小型的印度伏翼与大型的小伏翼而言，二者在形态学几乎无法区分。"鉴于作者团队在查阅比较国内标本时，发现该批标本在度量学指标及形态学特征与*P. coromandra*相符，故认为该物种在四川存在分布，但随着亲缘地理学及分类学研究的开展，不排除该物种分类变动的可能性。

(65) 普通伏翼 *Pipistrellus pipistrellus* (Schreber, 1774)

别名 欧洲家蝠、油蝠

英文名 Commom Pipistrelle

Vespertilio pipistrellus Schreber, 1774: 167, pl. 54(模式产地：法国).

Pipistrellus aladdin Thomas, 1905: 23 (and 1906: 521) (模式产地：伊朗伊斯法罕).

Pipistrellus bactrianus Satunin, 1905: 67, 85 (模式产地：土耳其斯坦).

Pipistrellus pipistrellus Neuhauser and DeBlase, 1971. Mammalia, 35: 273-282; Racey, 1974. Jour. Zool., 173: 264-271; Fedyk and Ruprecht, 1976. Caryologia, 29: 283-289; Lundberg and Gerell, 1986. Ethology, 71: 115-124; Kalko, 1995. Anim. Behav., 50: 861-880; Bates and Harrison, 1997. Bats of the Indian Subcontinent: 166-169; Barlow, 1997. Jour. Zool., 243: 597-609; Jones, 1997. Jour. Zool., 241: 315-324; Verboom and Huitema, 1997. Landscape Ecol., 12: 117-125; 张荣祖, 1997. 中国哺乳动物分布, 45-46; 王酉之和胡锦矗, 1999. 四川兽类原色图鉴, 108; Verboom and Spoelstra, 1999. Can. Jour. Zool., 77: 1393-1401; Arlettaz, Godat et Meyer, 2000. Biol. Conserv., 93: 55-60; Warren, et al., 2000. Mammalia, 74: 333-338; Nagy and Szántó, 2003. Acta Chiropterol., 5: 155-160; 王应祥, 2003. 中国哺乳动物种和亚种分类名录与分布大全, 46; Benda Hulva and Gaisler, 2004. Acta Chiropterol., 6: 193-217; Hulva, et al., 2004. Mol. Phylogenet. Evol., 32: 1023-1035; 盛和林, 2005. 中国哺乳动物图鉴, 122-123; Simmons, 2005. In Wilson and Reeder. Mamm. Spec. World, 3rd ed., 477; Davidson-Watts, et al., 2006. eZool., 268: 55-62; Nicholls and Racey, 2006. Ecography, 29: 697-708; Hulva, et al., 2007. Folia Zool., 56: 378-388; Smith和解焱, 2009. 中国兽类野外手册, 325-326; Sztencel-Jablonka, et al., 2009. Acta Chiropterol., 11: 113-126; Evin, et al., 2011. Jour. Biogeogr., 38: 2091-2105; Arslan and Zima, 2014. Folia Zool., 63: 1-62; 蒋志刚, 等, 2015. 中国哺乳动物多样性及地理分布, 112; Wilson and Mittermeier, 2019. Hand. Mamm. World, 771; 魏辅文, 等, 2021. 兽类学报, 41(5): 487-501.

鉴别特征　体型较东亚伏翼*Pipistrellus abramus*小，前臂长25.0 ～ 33.0 mm。背毛浅黑灰色，接近体侧较浅。头骨狭窄，脑颅稍升高。第1上前臼齿小，稍低于外门齿，位于齿列内侧，与上颌犬齿和第2上前臼齿接触。

形态

外形：小型蝙蝠，前臂长25.0 ～ 33.0 mm。尾短，尾端从尾膜中露出。胫骨短，后足小。吻鼻部鼓胀，腺体明显。耳短宽，前缘稍外凸，顶端钝；耳屏接近耳高一半。翼膜和尾膜裸露，仅翼膜与身体连接处、尾膜与后足连接处背面具稀疏毛发。阴茎骨小，前端双叉，基部膨胀。

毛色：毛纤细绒密；背毛呈浅黑灰色，体侧较浅；头部和背部毛尖呈浅黄色至栗褐色，毛基乌黑；喉部和腹部毛基亦乌黑，毛尖色稍浅；翼膜和尾膜褐色。

头骨：头骨小，狭窄，颅全长12.00 ～ 13.00 mm；吻突狭长，中央具一浅槽，无眶后突；从侧面可以观察到从鼻孔处逐渐隆起到人字脊处，脑颅稍升高而不显扁平；眼眶前部具一浅凹痕；无矢状脊，人字脊弱；颧弓弱，稍微向外扩张；下颚骨冠状突不明显，角突较弱。

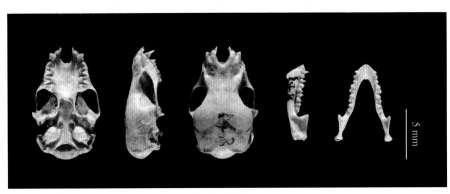

普通伏翼头骨图

牙齿：上颌第1门齿向内倾斜，双尖；第2门齿齿冠面积与上颌第1门齿相等，高度仅及上颌第1门齿次尖，具一附尖，与上颌犬齿分离，但接近；上颌犬齿强壮，后缘次尖高度接近主体一半；第1上前臼齿稍低于上颌第2门齿，齿冠面积相近，位于齿列内侧（舌侧），与上颌犬齿和第2上前臼齿接触，侧面明显可见；第1上臼齿稍微比第2上臼齿窄；第3上臼齿齿冠面积约为第2上臼齿的2/3；上齿列长约4.80 mm；下颌门齿为三尖型，彼此重叠；第3下颌门齿与下颌犬齿相连；下颌犬齿短宽，前中部具一次尖；第1下前臼齿高度为第2下前臼齿的1/2 ～ 3/4，齿冠面积为第2下前臼齿的2/3；第1下臼齿和第2下臼齿大小一致；第3下臼齿较小。

量衡度（量：mm）

外形：

编号	性别	体长	尾长	后足长	耳长	前臂长	胫骨长	采集地点
GZHU00-148	♂	40	36	7	9	30	—	广东广州
SAFY23042	♂	44	34	6	7	32	13	四川成都

头骨：

编号	颅全长	基长	颧宽	眶间宽	脑颅宽	颅高	上齿列长	下齿列长	下颌骨长
GZHU00-148	12.30	10.17	7.81	3.54	6.57	4.71	4.79	4.78	7.93
SAFY23042	12.90	12.40	—	4.00	6.50	5.10	4.80	5.10	9.40

生态学资料 主要以小型鳞翅目、双翅目昆虫为食。在温带、亚热带和热带的林地、林缘、农作区均有发现，似乎更偏好人工建筑。8月底至9月底交配，有延迟受精现象。雌蝠形成孕蝠群，随后形成育幼群。妊娠期35～51天，6月至7月初产仔，每胎1～2仔。寿命可达17年。

地理分布 在四川记录于成都、南充、广安、金阳，国内还分布于陕西、新疆、云南、江西、山东、台湾、浙江、澳门、广东、广西。国外从英国、爱尔兰到欧洲大陆西部、非洲北部，再向东延伸到中亚，向南到印度、中南半岛均有分布。

分省（自治区、直辖市）地图——四川省

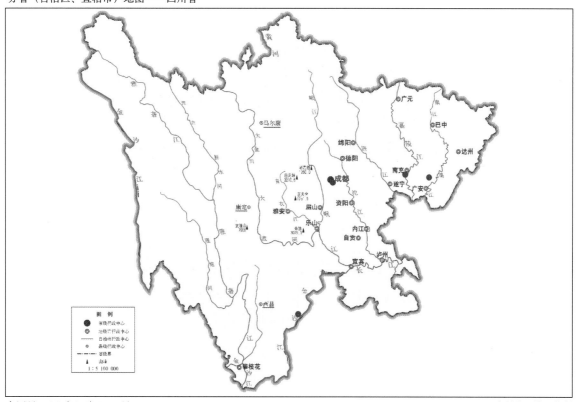

审图号：GS（2019）3333号

自然资源部 监制

普通伏翼在四川的分布
注：红点为物种的分布位点。

分类学讨论 该种曾被认为与高音伏翼 *P. pygmaeus* 为复合种，但后者后被列为独立种。根据分子系统学的研究结果，Wilson 和 Mittermeier（2019）列出该物种为复合种，应存在2～3个有效的种，故随着亲缘地理学及分类学研究的开展不排除该物种存在分类变动的可能性。

（66）侏伏翼 *Pipistrellus tenuis* (Temminck，1840)

别名　小伏翼、印度小伏翼

英文名　Least Pipistrelle

Vespertilio tenuis Temminck, 1840. Monog. Mamm., 2: 229（模式产地：苏门答腊岛）.

Scotophilus nitidus Tomes, 1859. Proc. Zool. Soc. Lond., 538（模式产地：加里曼丹岛）.

Pipistrellus murrayi Andrews, 1900. Bull. Brit. Mus. Nat. Hist., 13: 26（模式产地：澳大利亚圣诞岛）.

Pipistrellus principulus Thomas, 1915. Ann. Mag. Nat. Hist., 15: 231（模式产地：印度阿萨姆）.

Pipistrellus coromandra tramatus Thomas, 1928. Proc. Zool. Soc. Lond., 144（模式产地：越南东京湾）; Ellerman and Morrison-Scott, 1951. Check. Palaea. Ind. Mamm., 166; Hill and Harrison, 1987. Bull. Brit. Mus. Nat. Hist. Zool., 52 (7): 241; Liang, 1993. Order Chiroptera. In: The Mamm. Faun. Guizh., (Luo, ed.): 130-131; Koopman, 1994. Chirop. Syst., 112; 张荣祖, 1997. 中国哺乳动物分布, 46-47.

Pipistrellus tramatus Thomas and Tate, 1942. Bull. Amer. Mus. Nat. Hist., 80: 239-240.

Pipistrellus tenuis Tate, 1942. Bull. Amer. Mus. Nat. Hist., 80: 242-243; Pathak and Sharma, 1969. Caryologia, 22: 35-46; Topál, 1974. Vertebr. Hungarica, 15: 83-94; Bhunya and Mobarty, 1975. Proc. Ind. Sci. Congr. (B), 62(3): 137; McKean and Price, 1978. Mammalia, 31: 101-119; Sinha, 1980. Rec. Zool. Surv. India, 76: 7-63; Wang Yingxiang, 1982. Zool. Res., 3 (Suppl.): 343-348; Hill, 1983. Bull. Brit. Mus. Nat. Hist. (Zool.), 45 (3): 164-167; Sinha, 1986. Rec. Zool. Surv. Ind., 77 (Misc. Publ.): 1-60; Hill and Harrison, 1987. Bull. Brit. Mus. (Nat. Hist.) Zool., 52: 225-305; Coebet and Hill, 1992. Mamm. Indo-Malay. Reg., 136-137; Sreepada, et al., 1996. Mammalia, 60: 407-416; Bates and Harrison, 1997. Bats. Ind. Subcont., 174; Volleth, et al., 2001. Chrom. Res., 9: 25-46; 王应祥, 2003. 中国哺乳动物种和亚种分类名录与分布大全, 48; Simmons, 2005. In Wilson and Reeder. Mamm. Spec. World, 3rd ed., 479; Francis, 2008. A Guide to the Mammals of Southeast Asia, 238; Smith 和解焱, 2009. 中国兽类野外手册, 326; Javid, Mahmood-ul-Hassan et Afzal, 2012. Jour. Anim. Plant Sci., 22: 1042-1047; Thapa, et al., 2012. Asian Jour. Conserv. Biol., 1: 1-4; Kruskop, 2013. Bats of Vietnam: Checklist and an Identification Manual, 209-210; Raghuram, et al., 2014. Curr. Sci., 107: 631-641; Benda and Gaisier, 2015. Acta Soc. Zool. Bohemicae, 79: 267-458; 蒋志刚, 等, 2015. 中国哺乳动物多样性及地理分布, 112; Wilson and Mittermeier, 2019. Hand. Mamm. World, 780-781; 魏辅文, 等, 2021. 兽类学报, 41(5): 487-501.

鉴别特征　外形与印度伏翼相似，但更小。前臂长 29.0 ～ 33.0 mm，颅全长 11.80 ～ 12.90 mm。吻、颧弓和口盖较窄，颧宽 6.90 ～ 7.70 mm；上白齿间宽 4.70 ～ 5.40 mm。阴茎骨长 3.4 ～ 4.0 mm，茎杆直、尖端略弯、基部和端部均呈短叉状。

形态

外形：体型小，前臂长 29.0 ～ 33.0 mm。面部裸露，鼻孔稍向外侧倾斜；吻鼻和面部具稀疏的短毛。耳郭大，耳长约 10.0 mm，前折不及吻端，顶缘钝圆；耳屏不足耳长一半，前端钝圆，稍向吻部弯曲；第 3、4、5 掌骨长度依次递减；翼膜止于趾基，有距缘膜。

毛色：吻鼻和面部毛发呈浅褐色。额部毛发致密，黑色；颈部和背部毛色较额部浅，深褐色，毛尖棕色。腹毛毛色较背毛淡，呈浅灰色。

头骨：头骨纤细，脑颅小且扁平。颅全长 11.80 ～ 12.90 mm，基长 10.00 ～ 11.60 mm；吻狭窄，上白齿间宽 4.70 ～ 5.40 mm；颅顶最高处常位于听泡垂直线上方；颧弓细弱，颧宽 6.90 ～ 7.90 mm。

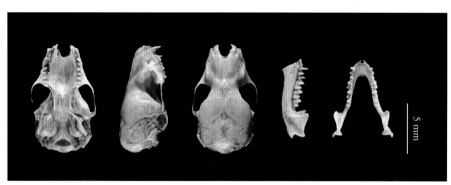

5 mm

侏伏翼头骨图

牙齿：上齿列长 4.00 ～ 4.60 mm，白齿宽 4.70 ～ 5.40 mm；第 1 上颌门齿双尖型，第 2 上颌门齿单尖型，高于第 1 上颌门齿，相对发达；上颌犬齿发达；第 1 上前白齿向内侧（舌侧）靠，与上颌犬齿接触；第 2 上前白齿齿基内侧具小附尖；第 1 上白齿和第 2 上白齿正常，外侧为典型的 W 形，第 3 上白齿外侧的 W 形齿棱不完整；下颌门齿 3 对，齿冠均为三尖型；第 3 下颌门齿齿冠略大于前面的两个下颌门齿；下颌犬齿发达，具一小附尖，第 1 下前白齿发达，略小于第 2 下前白齿，与下颌犬齿接触，被下颌犬齿和第 2 下前白齿挤向齿列外侧（唇侧）。

量衡度（衡：g；量：mm）

外形：

编号	性别	体重	体长	尾长	后足长	耳长	前臂长	胫骨长	采集地点
GZHU15209	♀	4	37	32	7	10	29	12	江西九连山

头骨：

编号	颅全长	基长	颧宽	眶间宽	脑颅宽	颅高	上齿列长	下齿列长	下颌骨长
GZHU15209	11.79	9.99	7.32	3.63	6.39	5.57	4.03	4.31	8.12

生态学资料　适应性强，从干旱地区至湿润和潮湿地区均能发现其分布。栖息地包括：树洞、洞穴裂缝、建筑物墙壁裂缝甚至是枯叶中。其飞行灵活，常于黄昏飞出觅食。食性相对较杂，具地域性与季节性，有报道称其以白蚁、飞蛾、膜翅目昆虫、双翅目昆虫和季风季节的甲虫为食。

地理分布　在四川的分布有待明确，国内还分布于重庆、贵州、云南、福建、浙江、江西、广东、广西、海南。国外分布于印度、中南半岛、南洋群岛、菲律宾、澳大利亚北部。

分省（自治区、直辖市）地图——四川省

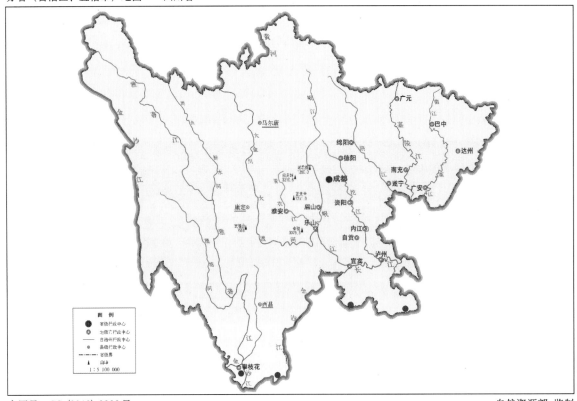

审图号：GS（2019）3333 号 自然资源部 监制

侏伏翼在四川的分布
注：红点为物种的分布位点。

分类学讨论 Temminck（1840）根据苏门答腊的标本定名为 *Vespertilio tenuis*，Tate（1942）修订为伏翼属种 *Pipistrellus tenuis*。目前，小型伏翼的分类疑难较多，如 *P. abramus*、*P. javanicus*、*P. tenuis*、*P.mimus*、*P. tramatus*、*P. portenis*、*P. coromandra*、*P. nitidus* 等，其真实物种界限及分布仍有待明确。Allen（1938）曾把 J. Allen（1906）采自海南岛的 3 个 *P. portenis* 标本归入 *P. abramus*，把分布于福建延平的 1 号标本 *P. coromandra tramatus* 归为 *P. tralatitius tralatitius*（= *P. javanicus*）；Ellerman and Morrison-Scott（1951）把 *P. abramus*、*P. mimus*、*P. coromandra* 作为有效种，承认 *P. coromandra tramatus* 的亚种地位；与此同时把海南岛的 *P. portensis* 认为是 *P. coromandra* 的另 1 个亚种；Hill 和 Harrison（1987）根据阴茎骨的大小和形态差异，证明它们中的多数为有效种，但 *P. portenis* 和 *P. tramatus* 均为 *P. coromandra* 的亚种。目前，多数学者仍采纳该分类意见（Lekagul and McNeely，1988；Koopman，1994；Borissenko and Kruskop，2003）。Corbet and Hill（1992）将 *P. nitidus*、*P. mimus*、*P. tramatus* 和 *P. portenis* 都并入侏伏翼 *P. tenuis* 作为亚种或同物异名，同时指出侏伏翼和印度伏翼 *P. coromandra* 的区别在于前者体型较小，后者体型较大。Koopman（1994）认为在亚洲大陆分布的是倭伏翼 *P. mimus* 和印度伏翼 *P. coromandra*，其中，倭伏翼最小，前臂长 26.0 ～ 30.0 mm，外侧上颌门齿非常发达，吻短而纤细，额部凹陷，较低平；后者前臂长 29.0 ～ 32.0 mm，但吻较宽阔，前额微凹陷，但上述小型伏翼的前臂长大多数重叠，难凭此特征加以分类，而头骨的特征方面，各学者鉴别特征的取舍不尽相同。值得注意的是，不同研究者对

侏伏翼的特征描述比较混乱，采用的标本极可能存在误判，故可能是多个种的混合，需仔细勘别。Wilson and Mittermeier（2019）指出侏伏翼和*P. mimus*应为独立种，但鉴于该种混乱的分类设置及相对较广的自然分布，侏伏翼应为复合种，其真实的物种界限及本底分布有待进一步研究。在亚种设置上，该种全世界分6个亚种，中国分布1个亚种，即海南亚种*P. t. portensis*。

29. 高级伏翼属 *Hypsugo* Kolenati，1856

Hypsugo Kolenati, 1856. Allegemeine Deutsche Naturhist. Zeit., 2: 131 [模式种：*Vespertilio savii* (Bonaparte, 1837)]. Fauna Ital., 1, fasc. 20.

鉴别特征　外形与伏翼属*Pipistrellus*相似。耳及耳屏似伏翼属；距较弱。阴茎骨短，主体部分宽且平行，基部膨胀，轻微分叉，末端不同程度的扩展。下臼齿Myotodont型。

形态

外形：外形与伏翼属*Pipistrellus*相似的小型蝙蝠科类群。耳似伏翼属，耳屏通常轻微向前弯曲；距较弱。阴茎骨短，主体部分宽且平行，基部膨胀，轻微分叉，末端不同程度的扩展。

牙齿：齿式2.1.1(2).3/3.1.2.3 = 32-34。第1上前臼齿位于齿列内侧，大小不等，从相对较大到缺失（部分个体可能存在单侧缺失）；上外门齿不显著减弱，仅比上内门齿稍微小一些，常具小附尖；上颌犬齿无附尖；下臼齿齿冠呈W形，为Myotodont型。

生态学资料　夜行性种类，飞行迅速且灵活，在觅食与栖息地选择上似与伏翼属种类类似。

地理分布　广泛分布于欧洲、亚洲北部、非洲大部分地区和小巽他群岛以南的印度洋地区。

分类学讨论　高级伏翼属*Hypsugo*曾被归在棕蝠属*Eptesicus*（Ognev，1928），随后被归并入伏翼属*Pipistrellus*（Hill and Harrison，1987；Corbet and Hill，1992；Koopman，1994）。Heller和Volleth（1984）将其与伏翼属*Pipistrellus*进行了特征差异比较，认为其应为独立的属；随后的分类文献均同意此分类观点（Simmons，2005；潘清华等，2007；Smith和解焱，2009；Görföl和Csorba，2018；刘少英和吴毅，2018；刘少英等，2019；Wilson and Mittermeier，2019）。Görföl和Csorba（2018）通过整合形态学和分子系统学证据对伏翼属*Pipistrellus*、高级伏翼属*Hypsugo*和假伏翼*Falsistrellus*进行厘定，进一步明确后二者的差异，确定高级伏翼主要分布于亚洲与东南亚区域，而假伏翼则分布于澳洲区域。单型种，无亚种分化。全世界分布12种，中国分布有4种，其中四川分布2种（Wilson and Mittermeier，2019）。

四川分布的高级伏翼属*Hypsugo*分种检索表

第1上前臼齿前部分退化程度较低 ···························· 灰伏翼*H. pulveratus*
第1上前臼齿前部分极度退化 ···························· 阿拉善伏翼*H. alaschanicus*

（67）灰伏翼 *Hypsugo pulveratus*（Peters，1871）

别名　中国伏翼

英文名　Chinese Pipistrelle

Vesperugo pulveratus Peters, 1871. In Swinhoe. Proc. Zool. Soc. Lond., 1870: 618 [1871](模式产地 : 福建厦门).

Pipistrellus pulveratus (Peters). Ellerman and Morrison-Scott, 1951. British Museum (Natural History), 167; 胡锦矗和王酉之 , 1984. 四川资源动物志　第二卷　兽类 , 42; Zhang Weidao, 1986. Hereditas, 8: 44-45; Corbet and Hill, 1992, Mamm. Indo-Malay. Reg. Syst. Rev., 138; 王酉之和胡锦矗 , 1999. 四川兽类原色图鉴 , 105; 王应祥 , 2003. 中国哺乳动物种和亚种分类名录与分布大全 , 46; 盛和林 , 2005. 中国哺乳动物图鉴 , 122-123.

Hypsugo pulveratus 张荣祖 , 1997. 中国哺乳动物分布 ; Simmons, 2005. In Wilson and Reeder. Mamm. Spec. World, 3rd ed.,491; Ao Lei, et al., 2006. Chrom. Res., 15: 257-267; Francis, 2008. Guide Mamm. Southeast Asia, 241; Smith 和解焱 , 2009. 中国兽类野外手册 , 317; Chang Chien, et al., 2013. Taiwan Jour. Biodivers., 15: 49-61; Kruskop, 2013. Bats of Vietnam: Check. Identif. Man., 216-217; 蒋志刚 , 等 , 2015. 中国哺乳动物多样性及地理分布 , 115; Lim, et al., 2016. Jour. Trop. Ecol., 30: 111-121; Görföl and Csorba, 2018. Mamm. Biol., 93: 56-63; Wilson and Mittermeier, 2019. Hand. Mamm. World, 812; 魏辅文 , 等 , 2021. 兽类学报 , 41(5): 487-501.

鉴别特征　体型较小。前臂长 31.0 ～ 36.0 mm。耳缘与金背伏翼属 *Arielulus* 物种相似，稍微泛白；颅全长约 12.75 mm。第 1 上前白齿前部分不退化；其齿冠大小与外门齿相等；上内门齿双尖型；下白齿齿冠呈 W 形，为 Myotodont 型；阴茎骨短，呈杆状，基部和端部略膨大。

形态

外形：外形与伏翼属 *Pipistrellus* 种类相似，但距缘膜更弱；为小型蝙蝠种类。前臂长 31.0 ～ 36.0 mm。耳相对狭窄，耳缘与金背伏翼属 *Arielulus* 物种相似，稍微泛白，但不显著；耳屏短宽，高度仅为耳长的 1/3。翼膜附着于趾基，距缘膜较伏翼属 *Pipistrellus* 种类弱。阴茎骨短，粗呈杆状，基部和端部略微膨大。

毛色：背毛色暗，呈浅黑棕色，毛尖呈金黄褐色；腹面毛色相对较淡，近棕色，毛尖灰白色。

头骨：头骨相对低长，脑颅中部隆起，后侧区域宽，眶上区域窄；颧弓发达，略微隆起；具发达的眶上突；上腭长大于宽，左、右上齿列近平行；无基蝶凹。

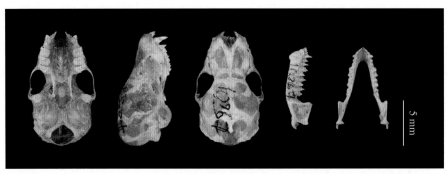

灰伏翼头骨图

牙齿：齿式 2.1.2.3/3.1.2.3 = 34。上颌上内门齿双尖型，后尖约为前尖高度的 3/4；第 2 上颌门齿相对宽大，齿冠面积等于或略大于第 1 枚上门齿；第 2 枚上门齿与上颌犬齿分离；第 1 上前白齿不退化，齿冠大小与第 2 枚上门齿相等，稍往齿列内侵入，紧贴上颌犬齿与第 2 上前白齿，侧面观可见；上颌犬齿单齿尖；下颌 3 枚门齿边缘彼此重叠，第 3 下颌门齿略大；第 1 下前白齿齿冠面积略小于第 2 下前臼齿一半，高度为后者的 1/2 ～ 3/4；下臼齿齿冠呈 W 形，为 Myotodont 型。

量衡度（衡：g；量：mm）

外形：

编号	性别	体重	体长	尾长	后足长	耳长	前臂长	胫骨长	采集地点
GZHU10267	♂	5	39	30	11	10.5	31	13	江西井冈山
WCNU87073	♂	8	48	32	7	12.0	35	13	四川卧龙

头骨：

编号	颅全长	基长	颧宽	眶间宽	脑颅宽	颅高	上齿列长	下齿列长	下颌骨长
GZHU10267	12.75	10.79	7.82	3.71	6.52	6.51	4.45	4.58	8.60

生态学资料 夜行性蝙蝠，在水域或村庄附近捕食，以昆虫为食。常栖息在森林地区山洞内。目前对其自然史知之甚少。

地理分布 在四川分布于卧龙、达州（万源）、南充，国内还分布于陕西、重庆、贵州、云南、湖南、安徽、福建、江苏、上海、广东、广西、海南、香港。国外分布于越南、老挝、泰国。

分省（自治区、直辖市）地图——四川省

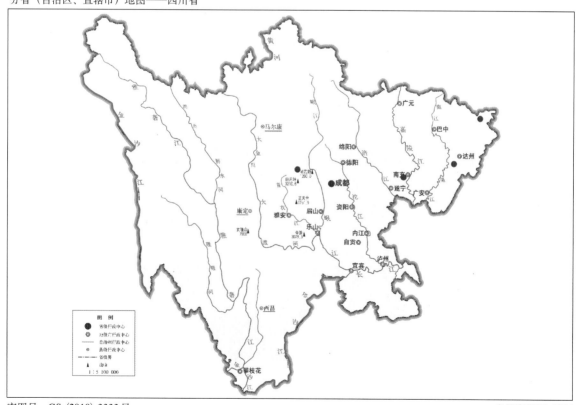

审图号：GS（2019）3333 号

自然资源部 监制

灰伏翼在四川的分布
注：红点为物种的分布位点。

分类学讨论　Ellerman 和 Morrison-Scott（1951）将灰伏翼归入伏翼属 *Pipistrellus* 的 *affinis* 种组，Corbet 和 Hill（1992）根据形态特征将 *P. pulveratus* 归入 *Hypsugo* 亚属的 *savii* 种组 *pulveratus* 亚组中。王应祥（2003）将其列为 *P. pulveratus*。Simmons（2005）、潘清华（2007）、Smith 和解焱（2009）、刘少英和吴毅（2018）、刘少英等（2019）、Wilson 和 Mittermeier（2019）均将其归入高级伏翼属 *Hypsugo*。Görföl 和 Csorba（2018）通过整合形态学和分子系统学证据对伏翼属 *Pipistrellus*、高级伏翼属 *Hypsugo* 和假伏翼 *Falsistrellus* 进行厘定，进一步明确后二者的差异，确定高级伏翼属种类主要分布于亚洲与东南亚区域，而假伏翼属种类则分布于澳洲区域。单型种，无亚种分化。

（68）阿拉善伏翼 *Hypsugo alaschanicus*（Bobrinski，1926）

英文名　Alashanian Pipistrelle

Eptesicus alaschanicus Bobrinski, 1926. Compt. Rend. Acad. sci. URSS., 98（模式产地：蒙古）.

Hypsugo alaschanicus (Bobrinski). Simmons, 2005. In Wilson and Reeder. Mamm. Spec. World, 3rd ed., 489; Smith 和解

焱, 2009. 中国兽类野外手册, 316-317; Lim, et al., 2016. Jour. Trop. Ecol, 30: 111-121; Wilson and Mittermeier, 2019.

Hand. Mamm. World, 810-811; 魏辅文, 等, 2021. 兽类学报, 41(5): 487-501.

鉴别特征　体型较小，前臂长 32.0～38.0 mm。背毛浅棕色，腹面较淡。头骨较小，头骨在眶间区上面弯曲。第 1 上前白齿前部极度退化；2 枚上颌门齿约等高；下白齿齿冠呈 W 形，为 Myotodont 型。

形态

外形：小型蝙蝠种类，前臂长 32.0～38.0 mm。耳郭宽，后缘在接近顶端时略凹陷，前缘在基部明显凸起；对耳屏小；耳屏高度常为耳高的一半，较窄，顶端钝圆，有明显的基叶。翼膜、指部、鼻吻部及耳裸露部分均为深褐色；翼膜有明显的浅色边界。

毛色：毛厚密，背毛毛色从黄褐色到深褐色或深褐色（几乎为黑色），但毛尖色淡；腹面较背毛浅淡，毛基深棕色。

头骨：头骨较小，颅全长 12.00～14.50 mm。颅骨在眶间区上略微隆起。

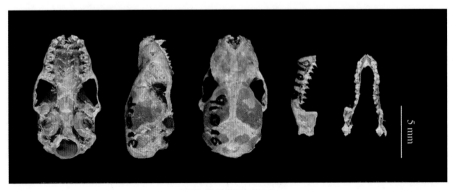

阿拉善伏翼头骨图

牙齿：齿式 2.1.1(2).3/3.1.2.3 = 32-34。2 枚上颌门齿约等高；第 1 上前白齿退化或缺失，存在时其前部也极度退化；下白齿为 Myotodont 型。

量衡度（量：mm）

外形：

编号	性别	体长	尾长	后足长	耳长	前臂长	胫骨长	采集地点
SAFY23043	—	39.5	24	6	9	32	8	四川黄龙
CWNUN91016	♀	43.0	34	5	13	33	15	四川南充

头骨：

编号	颅全长	基长	颧宽	眶间宽	脑颅宽	颅高	上齿列长	下齿列长	下颌骨长
SAFY23043	13.20	12.90	—	3.90	6.50	5.30	4.70	5.00	9.50
CWNUN91016	12.62	9.98	7.18	3.79	5.99	5.54	4.32	4.81	8.48

生态学资料 夜行性种类。最初见于中国北部沙漠山地，现在已知其可栖息多种生境。日间常栖息于房屋的屋檐或建筑物缝隙里，洞穴栖息相对稀少。黄昏外出觅食。常于11月至翌年3月冬眠，在此期间体温较低。在韩国，6月下旬至7月上旬产仔，通常为1胎2仔。目前对该物种自然史的了解相对匮乏。

地理分布 在四川分布于达州（万源）、南充，国内还分布于黑龙江、吉林、辽宁、内蒙古、甘肃、宁夏、河南、安徽、山东。国外分布于蒙古、俄罗斯、朝鲜。

分省（自治区、直辖市）地图——四川省

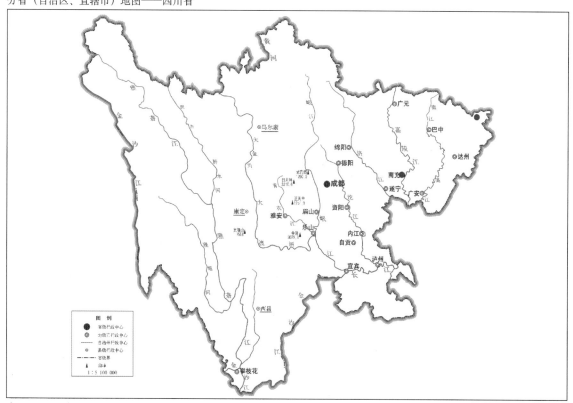

审图号：GS (2019) 3333号

自然资源部 监制

阿拉善伏翼在四川的分布
注：红点为物种的分布位点。

分类学讨论 该种的亲缘关系不清楚，长时间被认作是萨氏伏翼 *Hypsugo savii* 的亚种。王应祥（2003）将其列为萨氏伏翼的阿拉善亚种 *Pipistrellus savii alaschanicus*。但形态学和遗传学证据均支持其属的变动及种的地位提升，故 Simmons（2005）、潘清华（2007）、Smith 和解焱（2009）、刘少英和吴毅（2018）、刘少英等（2019）、Wilson 和 Mittermeier（2019）均将其归入 *Hypsugo alaschanicus*。目前 *H. coreensis* 和 *H. velox* 均被认为是 *H. alaschanicus* 的同物异名。单型种，无亚种分化。

30. 南蝠属 *Ia* Thomas，1902

Ia Thomas, 1902. Ann. Mag. Nat. Hist., 7(10): 163(模式种：*Ia io* Thomas, 1902).

鉴别特征 体型硕大，前臂长 70.0 ～ 77.0 mm；外部形态特征与棕蝠属 *Eptesicus* 类似。耳短，近三角状；耳屏相对钝。被毛呈灰褐色。翼长而窄，与山蝠属近似；无距缘膜；颅骨壮硕；人字脊发达；腭部狭窄。

形态 南蝠属为该科体型最大的蝙蝠种类。前臂长 70.0 ～ 77.0 mm。耳短，近三角状；耳屏相对钝。被毛呈灰褐色，背毛略带光泽。翼膜、耳郭和鼻吻部均深色；翼长且窄，第 4 指短，指长仅及第 3 指第 1 指节的 1/2 或 2/3，没有距缘膜。颅骨壮硕，人字脊发达，枕部向后上方显然突出；腭部狭窄，腭窦亦狭小，凹入仅达第 2 上前臼齿的前缘连线。

牙齿：齿式 2.1.2.3/3.1.2.3 = 34。与山蝠属和伏翼属相同，但有别于棕蝠属，后者第 1 枚上前臼齿完全缺失。第 1 上颌门齿非单尖型，有不发达的外附小尖；第 2 上颌门齿退化，齿高仅及第 1 上颌门齿齿基缘，齿冠平缓，中央不突出成齿尖，以此区别于伏翼属。上颌犬齿长，无附小尖；第 1 上前臼齿略可见，比第 1 上颌门齿小，位于上颌犬齿与第 2 上前臼齿的内缘三角区；第 1、2 上臼齿的中附尖不明显，其 W 形棱脊唇缘中央凹缺；下颌门齿齿冠 3 叶，覆瓦式排列。

生态学资料 洞穴型蝙蝠种类，常形成几个个体的小种群（Topál, 1970；Csorba et al., 1998）。飞行速度相对较慢，不甚灵活。根据国内食性分析的结果，南蝠属主要以鞘翅目昆虫为食，其次为鳞翅目和双翅目，但在 3 月和 11 月观察到捕获了相当数量的鸟类。

分类学讨论 南蝠属与伏翼属形态近似，Ellerman 和 Morrison-Scott（1951）曾将之列为伏翼属的亚属。随后大部分学者认为二者形态差异大，将南蝠属单独立为 1 属。该属主要分布于我国华东、华中和西南地区，国外分布记录仅见于越南。全世界仅 1 种（Wilson and Mittermeier, 2019）。

(69) 南蝠 *Ia io* Thomas，1902

别名 大夜蝠

英文名 Great Evening Bat

Ia io Thomas, 1902. Ann. Mag. Nat. Hist., 7 (10): 164-165(模式产地：湖北长阳).

Pipistrellus io Ellerman and Morrison-Scott, 1951. Check. Palaea. Ind. Mamm., 173.

Ia io Thomas, 1902. Allen, 1938. Mamm. Chin. Mong., 232; 胡锦矗和王酉之，1984. 四川资源动物志 第二卷 兽
　　类, 42-47; Das and Sinha, 1995. Jour. Bombay Nat. Hist. Soc., 92: 252-254; Bates and Harrison, 1997. Bats of the

Indian Subcontinent, 160-162; 张荣祖, 1997. 中国哺乳动物分布, 47-48; 潘清华, 等, 2007. 中国哺乳动物彩色图鉴, 66; 盛和林, 2005. 中国哺乳动物图鉴, 124-125; 王应祥, 2003. 中国哺乳动物种和亚种分类名录与分布大全, 49; 王酉之和胡锦矗, 1999. 四川兽类原色图鉴, 102; Simmons, 2005. In Wilson and Reeder. Mamm. Spec. World, 3rd ed., 492; Thabah, et al., 2007. Jour. Mammal., 88: 728-735; 胡锦矗和胡杰, 2007. 西华师范大学学报: 自然科学版, 28(3): 167; Francis, 2008. A Guide to the Mammals of Southeast Asia, 246; Smith 和解焱, 2009. 中国兽类野外手册, 318-319; Abramov, et al., 2010. Russian Jour. Theriol., 8: 61-73; Kruskop, 2013. Bats of Vietnam: Check. Identif. Man., 224-225; 蒋志刚, 等, 2015. 中国哺乳动物多样性及地理分布, 116; Wilson and Mittermeier, 2019. Hand. Mamm. World, 836; 魏辅文, 等, 2021. 兽类学报, 41(5): 487-501.

鉴别特征 体型硕大，前臂长72.0～80.0 mm。外部形态特征与棕蝠属 *Eptesicus* 类似。耳短，近三角形；耳屏相对钝。被毛呈灰褐色。翼长而窄；无距缘膜。颅骨壮硕；人字脊发达；腭部狭窄。

形态

外形：体型硕大的蝙蝠。前臂长72.0～80.0 mm，胫骨长27.0～34.0 mm。第3、4、5掌骨依次递减，距长20.2～24.0 mm，约占股间膜缘的1/2，无距缘膜。耳短，近三角状，耳长16.0～27.0 mm；耳屏相对钝，约为耳长的10%，其前内缘深凹，整体呈新月形，后外缘近基部深缺成小基叶。尾椎骨全包于股间膜内。后足大，爪强壮。

毛色：背毛呈烟褐色；腹毛稍浅；部分种类有局部白化现象；体毛覆盖至股间膜基部。吻、鼻毛稀少，甚至完全裸露，但在眼与吻端间，从口角到前额具长而硬的黑色毛发。

头骨：颅骨壮硕，狭长，颅全长26.00～29.00 mm。人字脊发达，脑颅枕部显著向后上方突出，人字脊顶呈尖三角形；腭部狭窄，腭窦狭小，凹入仅达第2上前白齿的前缘连线；颧弓粗壮，眶上突可见。

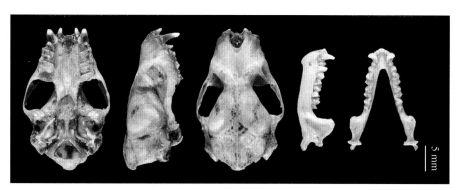

南蝠头骨图

牙齿：第1上颌门齿双尖型，外附小尖均可见；第2上颌门齿退化，齿冠平而低矮，齿高仅及第1上颌门齿齿基缘，齿冠平缓；上颌犬齿粗壮锥形，无附小尖；第1上前白齿略小于第2上颌门齿，位置内移，上颌犬齿与第2上前白齿接触，第1上前白齿位于其内缘三角区；第1、2上白齿的中附尖不明显，未及前、后中附尖的连线，故其W形棱脊唇缘中央凹缺；下颌门齿齿冠3叶，呈覆瓦式排列。

量衡度（衡：g；量：mm）

外形：

编号	性别	体重	体长	尾长	后足长	耳长	前臂长	胫骨长	采集地点
CWNU96011	♂	50	165	67	18.5	19	75.0	—	四川阆中
CWNU97002	♂	67	83	54	13.0	23	74.0	34	四川阆中
CWNU97107	♂	55	90	65	30.0	19	74.0	28	四川阆中
CWNU02028	♂	72	95	75	16.0	21	79.5	32	四川阆中
CWNU03013	♂	61	98	52	15.0	23	75.0	30	四川阆中
CWNU04204	♂	58	85	67	20.0	24	—	—	四川阆中
GZHU02022	♀	—	93	32	20.0	17	77.0	—	四川峨眉山
GZHU02023	♀	—	86	36	25.0	16	77.0	—	四川峨眉山
IOZ17554	♀	72	90	65	16.0	26	77.0	31	四川会东
IOZ17555	♀	68	94	76	16.0	27	73.0	28	四川会东
IOZ17556	♀	78	98	73	15.0	25	80.0	31	四川会东

头骨：

编号	颅全长	基长	颧宽	眶间宽	脑颅宽	颅高	上齿列长	下齿列长	下颌骨长
CWNU97002	26.39	—	17.39	5.78	11.58	11.64	11.39	12.36	19.85
CWNU04204	26.77	23.55	17.03	5.63	11.92	11.60	11.15	12.74	20.37
GZHU02022	27.27	24.14	17.36	5.58	12.02	11.68	12.02	13.04	20.02
GZHU02023	—	—	18.28	5.50	—	—	11.69	12.80	20.85

生态学资料　常栖息于岩洞中，有报道称其与大蹄蝠、中华鼠耳蝠共栖。4月下旬见孕蝠，每胎1仔。核型：$2n = 50$，$FN = 48$（Wu et al., 2004）。

地理分布　在四川分布于会东、峨眉山、阆中、绵阳，国内还分布于贵州、云南、湖北、安徽、江苏、江西、广东、海南。国外分布于越南北部。

分类学讨论　彭鸿绶等（1962）曾将四川会东的标本命名为长翼南蝠 Ia longimana，其主要特征为第1枚上颌门齿无齿尖；而贵州标本的第1枚上颌门齿均有2个齿尖，能见外附小尖，有

分省（自治区、直辖市）地图——四川省

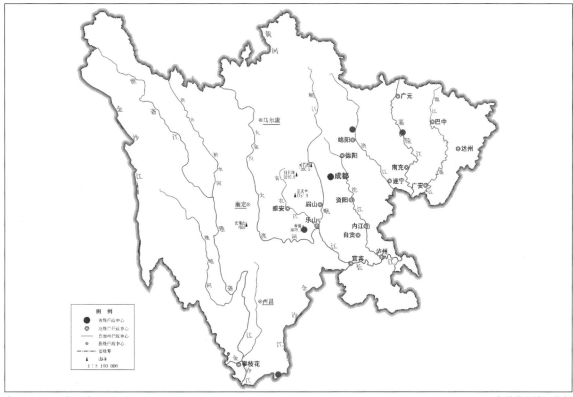

审图号：GS (2019) 3333号 　　　　　　　　　　　　　自然资源部 监制

南蝠在四川的分布
注：红点为物种的分布位点。

些个体磨损较深但也能见其痕迹，均应属南蝠。但大部分研究学者认为前者实为南蝠的同物异名
（Simmons，2005；潘清华等，2007；Smith和解焱，2009；刘少英和吴毅，2018；刘少英等，2019；
Wilson and Mittermeier，2019）。单型种。

31. 扁颅蝠属 *Tylonycteris* Peters，1872

Tylonycteris Peters, 1872. Monatsb. K. Preuss. Akad. Wiss. Berlin, 1872: 703(模式种：*Vespertilio pachypus* Temminck,
　　1840).

鉴别特征　小型蝙蝠种类。头部扁平状；耳屏短，尖端钝圆形。拇指基部和后足底有肉质垫。
颅骨扁平，听泡处脑颅的高度仅及后头宽之半；吻突短而宽；颧弓纤弱。

形态

外形：体长35.0 ～ 45.0 mm。头部不隆起，扁平状；耳屏短，尖端钝圆形；拇指基部和后足底
有肉质垫。

牙齿：齿式2.1.1.3/3.1.2.3 = 32。第1上颌门齿的齿尖为双尖型；上颌犬齿主尖之后有1个小附
尖；上颌前臼齿仅1枚；3枚下颌门齿齿冠均3叶，第2下前臼齿在齿列中，齿尖较发达，下臼齿为
Myotodont型。

生态学资料 飞行高度的范围为低至中等，飞行较灵活。常栖息于竹林中或其附近。

地理分布 该属多为热带动物，主要分布于亚洲南部和亚洲大陆附近岛屿，从中国南部到印度东部、越南、菲律宾。

分类学讨论 2004年前，传统蝙蝠分类学者认为扁颅蝠属全世界仅2种：扁颅蝠 *Tylonycteris pachypus*，体型较小，毛色偏棕黄色、茶褐色；褐扁颅蝠 *T. robustula*，体型较大，毛色偏暗褐色（Simmons，2005；Smith 和解焱，2009）。二者的分布区均从中国南部一直延伸至东南亚各岛屿（Simmons，2005；Smith 和解焱，2009）。随着标本的积累及分子系统学研究的开展，该属分类体系得到不断完善。Feng 等（2008）根据云南西双版纳标本，描述了1种体型更小的"竹蝠"的形态特征，将其命名为侏扁颅蝠 *T. pygmaeus*。Huang 等（2014）通过核型分析、形态学分析、系统发育和种群遗传结构分析等方法，将中国区域的扁颅蝠华南亚种 *T. pachypus fulvida* 提升为种，即华南扁颅蝠 *T. fulvida*。Tu 等（2017）基于形态学、系统发育学、生物地理学等方面的证据，进一步揭示扁颅蝠属中存在多个隐种。分布于苏门答腊岛的褐扁颅蝠保留原种名不变，将分布在马来西亚半岛、中南半岛南部和印度北部的原褐扁颅蝠马来亚种提升为种——马来褐扁颅蝠 *T. malayana*，将分布于中南半岛北部的"褐扁颅蝠" *T. robustula* 重新命名为托京褐扁颅蝠 *T. tonkinensis*，并认为在中国分布的"褐扁颅蝠"可能亦为该种。梁晓玲等（2021）对我国8个省份75份馆藏的"褐扁颅蝠"标本进行分类厘定，其结果显示标本均为托京褐扁颅蝠 *T. tonkinensis*。目前，扁颅蝠属全世界已知6种，中国分布3种，四川分布1种，即托京褐扁颅蝠（Wilson and Mittermeier，2019）。

（70）托京褐扁颅蝠 *Tylonycteris tonkinensis* Tu et al.，2017

别名 褐扁颅蝠

英文名 Tonkin Greater Bamboo Bat

Tylonycteris tonkinensis Tu, et al., 2017. Eur. Jour. Taxon., 274: 1-38（模式产地：越南东京湾）.

Tylonycteris robustula Thomas, 1915. Ann. Mag. Nat. Hist., 8, 15: 227（模 式 产 地：Malaysia, Borneo, Sarawak, Upper Sarawak）; Bates and Harrison, 1997. Bats of the Indian Subcontinent, 165-167; 王应祥，2003. 中国哺乳动物种和亚种分类名录与分布大全, 53; 盛和林，2005. 中国哺乳动物图鉴, 130-131; 胡锦矗和胡杰，2007. 西华师范大学学报：自然科学版, 28(3): 167; Smith 和解焱，2009. 中国兽类野外手册, 332; Kruskop, 2013. Bats of Vietnam: Check. Identif. Man., 221-222; 蒋志刚，等，2015. 中国哺乳动物多样性及地理分布, 122; Wilson and Mittermeier, 2019. Hand. Mamm. World, 788.

Tylonycteris tonkinensis Tu, Csorba, Ruedi et Hassanin, 2017. Wilson and Mittermeier, 2019. Hand. Mamm. World, 788; 魏辅文，等，2021. 兽类学报, 41(5): 487-501; 余文华，等，2021. 兽类学报, 41(5): 502-524; 梁晓玲，等，2021. 野生动物学报, 42(4): 987-997; 魏辅文，等，2021. 兽类学报, 41(5): 487-501.

鉴别特征 小型蝙蝠种类，前臂长25.0～28.0 mm；颅全长11.20～12.80 mm。脑颅极端扁平。第1指和后足蹄部各有发达的肉垫。眶上突发达；人字脊不发达；鼻凹延伸至眶下孔水平线。

形态

外形：为2017年从原褐扁颅蝠 *Tylonycteris robustula* 中发现的新种。小型蝙蝠种类，前臂长为

25.0 ~ 28.0 mm。外形特征及头骨特征与褐扁颅蝠 *T. robustula* 极为相似，难以区分。头颅扁平，鼻孔向前并稍朝下；耳三角形，尖端钝圆。体型较华南扁颅蝠 *T. fulvida* 及扁颅蝠 *T. pachypus* 大。毛色呈深灰色。翼的第1指和后足掌部各有发达的肉垫，前者椭圆形，后者近梯形；翼长较短，第3、4、5掌骨等长。阴茎骨从正面观近似等边三角形；从侧面观基部膨大，顶部纤细而弯曲。

毛色：背毛毛色较深，呈肉桂棕色；腹部毛色较浅，呈淡棕色。

头骨：头骨小巧，脑颅极扁平，形态与其他扁颅蝠种类相似。颅全长 10.90 ~ 12.80 mm，鼻凹相对较大，延伸至眶下孔水平线处；人字脊较华南扁颅蝠 *T. fulvida* 及扁颅蝠 *T. pachypus* 弱。

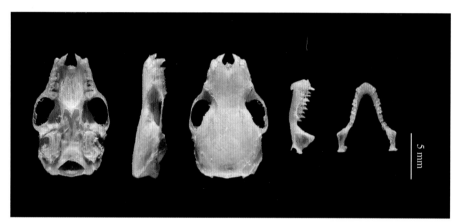

托京褐扁颅蝠头骨图

牙齿：牙齿特征与华南扁颅蝠 *T. fulvida* 及扁颅蝠 *T. pachypus* 相似，难以区分，但大于二者。第2上前臼齿相对较大，齿冠面积约为第3上白齿的 1/3。

量衡度（衡：g；量：mm）

外形：

编号	性别	体重	体长	尾长	后足长	耳长	前臂长	胫骨长	采集地点
SAFY23044	♀	—	39	—	5	10.5	28	13	四川宜宾
SAFY23045	♂	—	34	27.0	5	9.0	26	12	四川宜宾
SAFY23046	♂	—	34	25.0	5	8.0	27	13	四川宜宾
王酉之和胡锦矗，1998	—	5	36	30.5	—	10.5	25	—	四川南充
张礼标等，2009	♂	—	—	—	—	—	—	—	四川南充

头骨：

编号	颅全长	基长	颧宽	眶间宽	脑颅宽	颅高	上齿列长	下齿列长	下颌骨长
SAFY23044	12.69	12.46	9.26	4.18	7.21	4.19	4.34	4.53	9.12
SAFY23045	11.49	11.13	8.22	3.59	7.02	3.46	3.74	4.22	8.01

（续）

编号	颅全长	基长	颧宽	眶间宽	脑颅宽	颅高	上齿列长	下齿列长	下颌骨长
SAFY23046	10.91	10.70	8.00	3.21	6.55	3.31	3.95	3.92	7.98
王酉之和胡锦矗，1999	12.00	10.00	—	3.90	—	—	4.00	4.20	—
张礼标等，2009	11.25	—	8.86	4.13	6.69	—	3.85	4.05	8.33

生态学资料　习性与其他扁颅蝠相似，栖息于竹筒内。营小群，由成年雄性个体或成年雌性及幼仔组成。有报道称其与华南扁颅蝠 *T. fulvida* 同栖息于一个竹洞内（张礼标等，2008）。

地理分布　在四川分布于广安（岳池）、南充、乐山（沐川）、峨眉山，国内还分布于贵州、云南、广东、广西、香港。国外分布于越南北部、老挝东北部。

分省（自治区、直辖市）地图——四川省

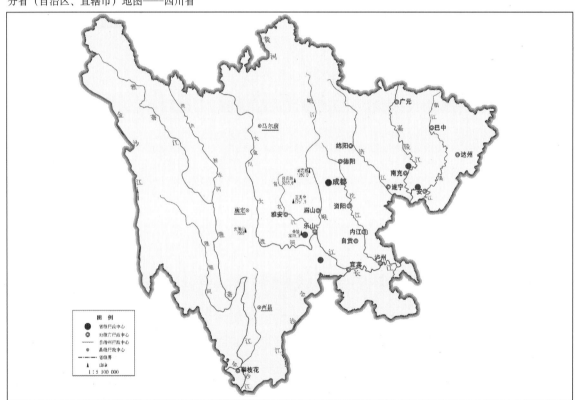

审图号：GS（2019）3333号　　　　　　　　　　　　　　　　　自然资源部　监制

托京褐扁颅蝠在四川的分布
注：红点为物种的分布位点。

分类学讨论　该物种为 Tu 等人根据遗传学和部分形态学证据从原褐扁颅蝠复合群 *Tylonycteris robustula* complex 中区分描述的扁颅蝠新种，而 Thomas（1915d）命名的褐扁颅蝠 *T. robustula* 现仅分布于东南亚区域。梁晓玲等（2021）通过对国内 8 个省份的"褐扁颅蝠"标本进行遗传学和形态学分析后进一步明确国内的"褐扁颅蝠"实为托京褐扁颅蝠 *T. tonkinensis*。

32. 宽耳蝠属 *Barbastella* Gray，1821

Barbastella Gray, 1821. Lond. Med. Repos., 15: 300（模式种：*Vespertilio barbastellus* Schreber, 1774）.

Synotus Keyserling, Blasius, 1839. Arch. Naturgesch. 5, 1: 305.

鉴别特征　体型中等偏小。耳宽，双耳在额部相连；鼻孔位于鼻垫后，朝上；头骨脑颅长而圆；吻突延长，在背面中央有显著凹陷；颧弓纤弱，中部不突起。

形态

外形：体型中等偏小。耳较特殊，朝前，宽大，彼此相靠，且双耳在额部相连，常呈三角形；鼻孔位于鼻垫后，朝上。股间膜近体侧处覆有短毛。

牙齿：齿式 2.1.2.3/3.1.2.3 = 34。第1上前臼齿小，位于上颌犬齿和第2上前臼齿间的内角。上颌犬齿没有小附尖，下颌犬齿主尖之前有一小附尖。上臼齿无上次尖；第3上臼齿齿冠较小，但大于第1上臼齿或第2上臼齿齿冠之半。

生态学资料　多为森林型蝙蝠，常栖息于山区植被环境较好的环境。

地理分布　广泛分布于亚洲中部和东南部、欧洲、非洲北部。

分类学讨论　为 Plecotini 族中的一员。全世界已报道6种，但有报道指出，部分的亚种应提升为种的等级。中国有2种，四川分布1种（Wilson and Mittermeier, 2019）。

（71）东方宽耳蝠 *Barbastella darjelingensis*（Hodgson，1855）

英文名　Eastern Barbastelle

Plecotus darjelingensis Hodgson, 1855. in Horsfield, Ann. Mag. Nat. Hist., 2, 16: 103（模式产地：印度大吉岭）.

Barbastella blanfordi Bianchi, 1917. Loc. cit. Renaming of *darjelingensis*. Range: as in the species, except Sinai.

Barbastella leucomelas（Cretzschmar, 1826）. 胡锦矗和王酉之，1984. 四川资源动物志　第二卷　兽类，42；张荣祖，1997. 中国哺乳动物分布，49-50；王酉之和胡锦矗，1999. 四川兽类原色图鉴，92；王应祥，2003. 中国哺乳动物种和亚种分类名录与分布大全，53；盛和林，2005. 中国哺乳动物图鉴，132-133；潘清华，等，2007. 中国哺乳动物彩色图鉴，68；Simmons, 2005. In Wilson and Reeder. Mamm. Spec. World, 3rd ed., 480；蒋志刚，等，2015. 中国哺乳动物多样性及地理分布，123；Wilson and Mittermeier, 2019. Hand. Mamm. World, 861；张翰博，等，2020. 动物学杂志，55(2): 172-177.

Barbastella darjelingensis Hodgson, 1855. Kruskop, 2013. Bats of Vietnam: Check. Identif. Man., 202-203；Kruskop, Kawai et Tiunov, 2019. Zootaxa, 4567: 461-476；Wilson and Mittermeier, 2019. Hand. Mamm. World, 861-862；魏辅文，等，2021. 兽类学报，41(5): 487-501.

鉴别特征　中、小体型，前臂长 39.0 ~ 47.0 mm。耳朝前，宽大，彼此相靠，且双耳在额部相连，耳郭近乎方形，缺少对耳屏。毛色深灰色，毛尖白色；接近尾膜的腹毛呈白色。头骨较小；颧弓和眶上脊较弱；听泡小；基枕骨宽。

形态

外形：中、小体型，前臂长 39.0 ～ 47.0 mm。尾长与头躯长相近。鼻与吻部短、扁平和宽阔，鼻、吻部隆起；上唇边有稠密的毛。耳朝前，宽大，彼此相靠，且双耳在额部相连，耳郭近乎方形。翼附着于外趾。尾长。

毛色：毛呈灰色，毛尖白色；接近尾膜的腹毛白色。

头骨：头骨较小；颧弓和眶上脊微弱；听泡小；基枕骨宽。

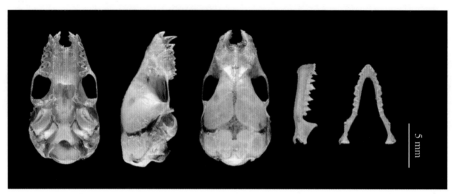

东方宽耳蝠头骨图

牙齿：第1上前臼齿微小，位于上颌犬齿和第2上前臼齿间的内角；上颌犬齿没有小附尖，下颌犬齿主尖之前有一小附尖；上臼齿无上次尖；第3上臼齿齿冠大于第1上臼齿或第2上臼齿齿冠一半。

量衡度（衡：g；量：mm）

外形：

编号	性别	体重	体长	尾长	后足长	耳长	前臂长	胫骨长	采集地点
GZHU14459	♀	11	53	52	8.0	16.0	43	21.5	四川卧龙
GZHU14460	♂	8	51	47	8.0	16.0	40	21.0	四川卧龙
GZHU16142	♀	—	—	—	—	—	43	21.0	四川宝兴
GZHU16145	♀	9	51	49	7.0	18.0	42	20.0	四川宝兴
GZHU16146	♂	8	50	46	7.0	16.0	39	18.0	四川宝兴
GZHU16155	♀	9	53	47	6.0	16.0	40	20.0	四川宝兴
GZHU17094	♀	9	48	47	9.0	15.0	42	21.0	四川宝兴
GZHU17095	♀	9	48	47	9.0	14.0	42	20.0	四川宝兴
GZHU17096	♀	11	49	48	7.5	16.0	44	20.0	四川宝兴

（续）

编号	性别	体重	体长	尾长	后足长	耳长	前臂长	胫骨长	采集地点
GZHU20238	♀	9	50	47	6.0	17.0	40	21.0	四川唐家河
GZHU20259	♀	10	52	50	9.0	17.0	42	20.0	四川唐家河
GZHU20260	♀	10	53	50	8.0	16.5	41	20.0	四川唐家河
GZHU21139	♂	9	50	46	8.0	17.0	41	19.0	四川唐家河

头骨：

编号	颅全长	基长	颧宽	眶间宽	脑颅宽	颅高	上齿列长	下齿列长	下颌骨长
GZHU14459	15.57	14.48	7.99	3.89	7.78	6.90	5.03	5.58	10.10
GZHU14460	15.16	—	—	3.96	7.96	—	4.60	4.76	9.70
GZHU16142	—	13.77	7.70	3.75	—	6.72	4.76	5.28	—
GZHU16145	15.42	14.19	7.95	3.90	7.75	6.65	4.87	5.39	—
GZHU16146	14.85	—	—	3.88	8.15	—	4.39	4.92	9.30
GZHU16155	15.21	13.79	7.56	3.89	7.64	6.55	4.92	5.21	—
GZHU17094	15.65	14.20	7.70	3.94	7.57	6.98	4.80	5.43	9.80
GZHU17095	15.44	14.37	7.88	3.86	7.94	6.67	4.94	5.43	10.13
GZHU17096	15.50	14.38	7.81	3.92	7.79	6.71	4.86	5.36	10.48
GZHU20238	15.49	12.85	8.15	3.97	7.72	7.03	4.96	5.32	9.91
GZHU20260	15.69	14.35	8.32	4.06	7.72	6.78	4.87	5.56	10.14
GZHU21139	15.32	14.13	7.69	3.90	7.65	6.90	4.76	5.56	10.20

生态学资料　飞行缓慢，但灵活，常低飞。在温带森林和干针叶林地区中飞行觅食。主要栖宿于山洞、隧道、裂缝、旧建筑、矿山中，有时会在中空的树干或树皮下栖息。繁殖期，3～8只雌性个体会聚集一起，形成育幼群，雄性常分开栖息。

地理分布　在四川分布于峨眉山、峨边、都江堰、汶川卧龙、宝兴、青川唐家河，国内还分布于内蒙古、山西、甘肃、青海、新疆、云南、河南、湖南、江西、台湾。国外从阿富汗向东延伸到印度、尼泊尔、老挝、越南北部。

分类学讨论　传统认为东方宽耳蝠为 *Barbastella leucomelas* 下的东方亚种 *B. l. darjelingensis*，但近期遗传学和形态学证据提示其应为独立种（Wilson and Mittermeier，2019）。值得注意的是，

分省（自治区、直辖市）地图——四川省

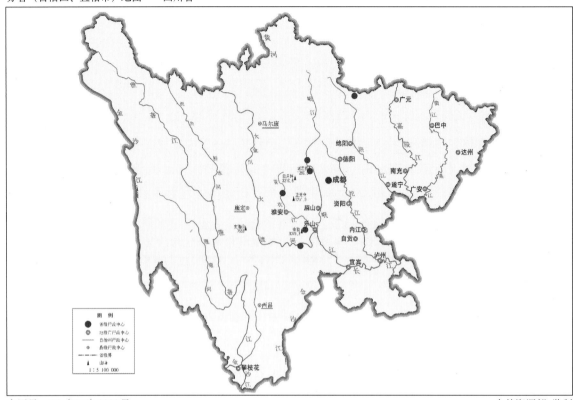

审图号：GS（2019）3333号　　　　　　　　　　　　　　自然资源部 监制

东方宽耳蝠在四川的分布
注：红点为物种的分布位点。

原B. pacifica被认为是东方宽耳蝠的同物异名，但Kruskop等（2019）基于分子证据与形态学证据又将其独立，且认为印度及喜马拉雅地区的东方宽耳蝠为真正的东方宽耳蝠，而中国与东南亚种群极可能为另一有效种，鉴于目前缺少针对性的研究，故本书仍将中国种群认作东方宽耳蝠B. darjelingensis。

33. 斑蝠属 *Scotomanes* Dobson，1875

Scotomanes Dobson, 1875. Proc. Zool. Soc. Lond., 371（模式种：*Nycticejus ornatus* Blyth, 1851）; Miller G. S. Jr, 1907.

The Families and Genera of Bats, 217; Sinha and Chakraborty, 1971. Proc. Zool. Soc. Calcutta, 53-57.

Scoteinus Dobson, 1875. Proc. Zool. Soc. Lond., 371（模式种：*Nycticejus emarginatus* Dobson, 1871）.

鉴别特征　中等体型，外形特征与棕蝠属*Eptesicus*近似，但其背部和腹部毛发常镶有白色条纹及斑块。颧突基部颞隅突间宽显著；颞颞脊交角呈三角形；腭窦较狭窄，仅及上颌犬齿齿尖外宽一半；听泡小，其听泡宽小于听泡间宽。

外形：外形与棕蝠属*Eptesicus*近似，耳卵圆形。体色较特殊，背部和腹部毛发呈棕褐色，镶有白色条纹及斑块，毛色与棕蝠显著不同。

牙齿：齿式1.1.1.3/3.1.2.3＝30。单侧上颌门齿仅1枚；上颌犬齿前缘无沟；第1、2上臼齿中附尖退化，齿冠呈W形；第3上臼齿退化，呈长条形，无W形齿冠。第3下颌门齿未退化，与第2下颌门齿等大；第1、2下臼齿的下跟座比下三角座大。

生态学资料　栖息生境多样，可栖息于阴湿的石缝内、建筑物墙缝、瓦缝或树皮树洞中。黄昏及夜间出飞活动，以昆虫为食。

地理分布　分布区较广，从尼泊尔喜马拉雅山区域至中国南部和越南中部（Wilson and Mittermeier, 2019）。

分类学讨论　斑蝠属*Scotomanes*为Dobson（1875）根据Blyth（1851）的*Nycticejus ornatus*因毛被具白斑而作为属模建立的，同时，把他于1871年订的*N. emarginatus*因毛被无白斑而作为属模，另订为大耳黄蝠属*Scoteinus*。Miller（1907）和Tate（1941）采纳Dobson（1875）的分类设置，指出2属的区别在于大耳黄蝠比前者的头骨狭窄，牙齿精细。Sinha 和 Chakraborty（1971）则认为：虽然大耳黄蝠的前臂和齿列较短，毛被缺乏白斑，但斑蝠的毛色和毛斑也有变异，大耳黄蝠的齿式和毛色基本与斑蝠*S. ornatus*相似，所以大耳黄蝠属应并入斑蝠属，但可作为另一有效种，即印度斑蝠*Scotomanes emarginatus*。部分学者接受该分类设置（Hill, 1974；Koopman, 1994；Bates and Harrison, 1997；王应祥, 2003；潘清华等, 2007；Wilson, 2008）。但由于*S. emarginatus*仅依赖正模标本描述定种，故部分研究学者建议在无更多的证据（标本）前，应将其作为斑蝠*S. ornatus*的同物异名（Simmons, 2005；Kuskop, 2013；Wilson and Mittermeier, 2019）。本书认同该分类观点，为单型属。

（72）斑蝠 *Scotomanes ornatus* Blyth, 1851

别名　花蝠、印度斑蝠、大耳皇蝠、大耳黄蝠

英文名　Harlequin Bat、Emarginate Harlequin Bat

Nycticejus ornatus Blyth, 1851. Jour. Asiat. Soc. Bengal, 20: 517（模式产地：印度阿萨姆）。

Nycticejus emarginatus Dobson, 1871. Proc. Zool. Soc. Lond., 11（模式产地：印度）。

Scotomanes ornatus Dobson, 1875. Proc. Zool. Soc. Lond., 371.

Scoteinus emarginatus Dobson, 1875. Proc. Zool. Soc. Lond., 211; Sinha and Chakraborty, 1971. Proc. Zool. Soc. Calcutta, 53-57; Peng and Peng, 1972. Coll. Sci. Res. Yunn. Inst. Zool., 2: 1-7; 梁明智, 1993. 翼手类. In 罗蓉. 贵州兽类志, 141-143; 张荣祖, 1997. 中国哺乳动物分布, 50; 王应祥, 2003. 中国哺乳动物种和亚种分类名录与分布大全, 54; 潘清华, 等, 2007. 中国哺乳动物彩色图鉴, 69.

Scotomanes ornatus (Blyth, 1851). Allen, 1938. Mamm. Chin. Mong., 165; 胡锦矗和王酉之, 1984. 四川资源动物志　第二卷　兽类, 42, 48-49; 梁明智, 1993. 翼手类. In 罗蓉. 贵州兽类志, 138-141; Das and Sinha, 1995. Jour. Bombay Nat. Hist. Soc., 92: 252-254; Bates and Harrison, 1997. Bats of the Indian Subcontinent, 144-146; 张荣祖, 1997. 中国哺乳动物分布, 50-51; 王酉之和胡锦矗, 1999. 四川兽类原色图鉴, 90; 王应祥, 2003. 中国哺乳动物种和亚种分类名录与分布大全, 4; Simmons, 2005. In Wilson and Reeder. Mamm. Spec. World, 3rd ed., 465; 盛和林, 2005. 中国哺乳动物图鉴, 130-131; 胡锦矗和胡杰, 2007. 西华师范大学学报, 自然科学版, 28(3): 167; 潘清华, 等, 2007. 中国哺乳动物彩色图鉴, 70; Francis, 2008. Guide Mamm.

Southeast Asia, 248; Smith 和解焱, 2009. 中国兽类野外手册, 329; Kruskop, 2013. Bats of Vietnam: Check. Identif. Man., 231-232; 蒋志刚, 等, 2015. 中国哺乳动物多样性及地理分布, 136; Wilson and Mittermeier, 2019. Hand. Mamm. World, 837; 魏辅文, 等, 2021. 兽类学报, 41(5): 487-501.

鉴别特征 体型中等，外形特征与棕蝠属 *Eptesicus* 近似，但毛色特殊，其背部和腹部毛发呈棕褐色或赤褐色，镶有白色条纹及斑块。前臂长 33.3 ~ 61.1 mm，颅全长 19.0 ~ 21.0 mm。鼻额短宽，脑颅较低；单侧上颌门齿仅 1 枚。

形态

外形：中等体型。前臂长 53.3 ~ 61.1 mm。吻、鼻短而裸露。耳较长，卵圆形，耳屏较宽，内缘直，外缘呈弧形，尖端钝，向前弯曲。翼膜止于外趾基部，距长，无距缘膜。尾长超过体长的 1/2。背毛毛被柔软，额顶和耳前被密而长的绒毛。

毛色：被毛棕褐色或赤褐色具白色和深茶褐色斑点。吻、面侧、耳及翼膜均为暗褐色，股间膜及耳颜色稍浅；头顶毛尖端棕黄色，毛中部沙黄色，基部茶褐色，头顶中央具一小块白斑；背和腰棕褐色，枕部、背中央及肩侧具白色点斑；喉中央、颈一直到臀部具一近似倒三角形的深茶褐色斑；喉侧毛白色；胸、腹至臀的两侧毛尖为白色或灰白色，毛基深茶褐色。

头骨：相对较为宽扁；吻部短钝，额骨宽平，额中央具纵形凹窝；眶上脊明显；脑颅较平，矢状脊及人字脊发达，矢状脊后部显著隆起；腭窦甚小。颧弓特别发达，颧宽超过脑颅宽的 1.5 倍。

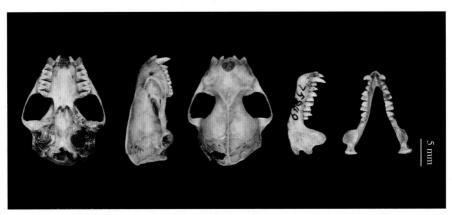

斑蝠头骨图

牙齿：单侧上颌门齿仅 1 枚，长且尖锐，与上颌犬齿间有明显的齿隙；上颌犬齿尖长，基部粗壮，齿带发达，无附尖；第 1 上前臼齿大而尖锐，其齿宽超过上颌犬齿齿宽，齿冠高约为上颌犬齿齿冠高的 2/3。第 1、2 上臼齿大小约相等，中附尖退化，齿冠呈 W 形；第 3 上臼齿退化，呈长条形，无后尖，斜向内后方；下颌门齿 3 对，排成弧形，各具 3 齿尖；第 3 下颌门齿大小约等于第 2 下颌门齿；下颌犬齿细长，与下颌第 3 门齿齿冠紧密接触；第 1 下前臼齿小，不及第 2 下前臼齿一半；第 1 和第 2 下臼齿的下跟座比下三角座大。

量衡度（衡：g；量：mm）

外形：

编号	性别	体重	体长	尾长	后足长	耳长	前臂长	胫骨长	采集地点
CWNU92003	♂	—	70	57	14	20	54	25	四川金城山
CWNU92002	♀	—	68	54	13	18	54	22	四川金城山
CWNU59	—	—	72	60	13	19	57	22	四川南充
SAF00656	—	—	70	60	13	17	61	25	四川成都
SAF00657	—	—	60	50	13	19	53	22	四川成都
MYTCM180106	♂	—	70	45	14	20	56	24	四川绵阳
MYTC21-79	—	23	72	61	14	21	59	24	四川绵阳

头骨：

编号	颅全长	基长	颧宽	眶间宽	脑颅宽	颅高	上齿列长	下齿列长	下颌骨长
MYTC180106	19.80	18.94	15.64	4.92	9.00	—	7.49	8.39	15.95
SAF00656	20.98	20.54	16.80	5.10	10.54	9.94	8.16	9.10	17.10
SAF00657	19.79	19.26	15.72	4.45	10.32	9.45	7.73	8.81	15.48

生态学资料　栖息于热带和温带阴湿的石缝、建筑物墙缝、瓦缝等处。黄昏及夜间出飞活动，以昆虫为食，秋季发现过有误入办公楼及教学楼等建筑物内的个体，有时白天可见其出飞。在成都曾有鸟类摄影爱好者拍到过白天在湖边飞行的斑蝠，也偶见单只栖息在城市的乔木树上。

地理分布　在四川见于成都、绵阳、宜宾、南充、内江、古蔺、自贡、雅安等地，国内还分布于重庆、贵州、湖南、云南、安徽、福建、江西、浙江、广东、广西、海南。国外分布于尼泊尔喜马拉雅山区域至越南中部。

分类学讨论　斑蝠自订名直到1921年，被认为是单型种。Thomas（1921a）将印度阿萨姆和中国福建的两个标本分别订为2个新亚种，即 *S. o. imbrensis* 和 *S. o. sinensis*。Das 等（1995）认为 *S. o. imbrensis* 不成立，系指名亚种的同物异名。Bates and Harrison（1997）同意这一意见，把采自尼泊尔、西孟加拉、缅甸东北部的标本也列为指名亚种，并得到大部分分类学者的支持（Simmons，2005；Kruskop，2013；Wilson and Mittermeier，2019）。故目前该物种下设置2个亚种——指名亚种 *S. o. ornatus* 和华南亚种 *S. o. sinensis*。指名亚种主要分布于印度北部、孟加拉国、尼泊尔；华南亚种主要分布于缅甸、越南、老挝、泰国、中国。四川分布的属于华南亚种。

分省（自治区、直辖市）地图——四川省

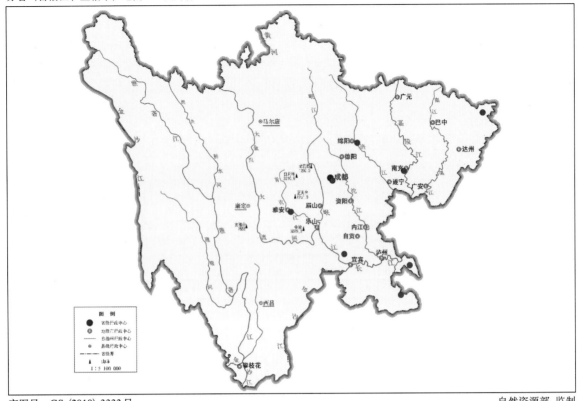

审图号：GS（2019）3333 号   自然资源部 监制

斑蝠在四川的分布
注：红点为物种的分布位点。

斑蝠华南亚种 *Scotomanes ornatus sinensis* Thomas，1921

Scotomanes ornatus sinensis Thomas, 1921. Jour. Bomb. Nat. Hist. Soc., 27: 772（模式产地：福建挂墩）; Allen,

1938. Mamm. Chin. Mong., 1: 250-251; Wilson and Mittermeier, 2019. Hand. Mamm. World, 837.

鉴别特征　斑蝠华南亚种与指名亚种的区别在于体色深浓，多褐棕色、茶褐色，胸腹中央甚至黑褐色；白色斑块和条纹显著，界线清晰。

形态　详细特征见种的描述。

生态学资料　见种的叙述。

地理分布　见种的叙述。

分类学讨论　彭鸿绶等（1972）将贵州兴义的 2 只接近成年的标本定为阿萨姆亚种 *Scotomanes ornatus imbrensis*，特征是体型较大，前臂长 54 ～ 55 mm；而将云南西双版纳的标本订为指名亚种 *S. o. ornatus*，贵州江口的为华南亚种 *S. o. sinensis*；梁智明（1993）把贵州兴义和江口的标本都判为阿萨姆亚种。王应祥（2003）认为云南西部和南部、贵州东北部（江口）和西南部（兴义）的标本为阿拉姆亚种，四川、贵州南部及其余各省份标本为华南亚种。并认为云南和贵州西南部分布有印度斑蝠 *S. emarginatus*。Smith 和解焱（2009）认为，中国分布的所有斑蝠（包括印度斑蝠 *S. emarginatus*）都是斑蝠华南亚种。Wilson and Mittermeier（2019）沿用了此观点。

34. 长耳蝠属 *Plecotus* É. Geoffory，1818

Plecotus É. Geoffory, Description de I' Egypte, 1818. 2: 112（模式种：*Vespertilio auritus* Linnaeus, 1758）.

鉴别特征 小至中型蝙蝠。耳郭显著扩大、延长，其长度达到或超过头体长，仅略短于前臂长；耳屏长。

形态

外形：小至中型蝙蝠。耳郭显著扩大，其长度超过头体长，仅略短于前臂长，耳屏长。鼻孔朝上，向后延伸。翼膜止于趾基。尾长约等于体长，全部包在股间膜内。头骨脑颅大，吻突较细；眶上脊显著，听泡大。

牙齿：齿式 2.1.2.3/3.1.3.3 = 36。上颌门齿较大，双尖型，但第2枚上颌门齿比第1枚上颌门齿小很多；第1上前臼齿位于齿列中；第1、2上臼齿次尖缺失，第3上臼齿齿冠面积约为第2上臼齿一半；下颌3枚前臼齿中第3前臼齿最小。

生态学资料 夜行性蝙蝠类群。常栖于建筑物和山洞中。营小群。

分类学讨论 全世界记录18种，中国分布3种，其中四川分布1种（Wilson and Mittermeier, 2019）。

（73）灰长耳蝠 *Plecotus austriacus*（Fischer，1829）

别名 灰大耳蝠

英文名 Grey Long-eared Bat

Vespertilio auritus austriacus Fischer, 1829. Synops. Mamm., 117（模式产地：奥地利维也纳）.

Plecotus wardi Thomas, 1911. Ann. Mag. Nat. Hist., 7: 209（模式产地：印度）；张荣祖，1997. 中国哺乳动物分布，52-53；王应祥，2003. 中国哺乳动物种和亚种分类名录与分布大全，55.

Plecotus ariel Thomas, 1911. Abstr. Proc. Zool. Soc. Lond., 3; Proc. Zool. Soc. Lond., 160.（模式产地：四川）.

Plecotus austriacus Roberts, 1977. Mamm. Pakistan, 80-83; Corbet, 1978. Mamm. Palaea. Reg. Taxon. Rev., 61, 328；张荣祖，1997. 中国哺乳动物分布，52-53; Simmons, 2005. In Wilson and Reeder. Mamm. Spec. World, 3rd ed., 482-483；潘清华，等，2007. 中国哺乳动物彩色图鉴，374; Smith 和解焱，2009. 中国兽类野外手册，328; 蒋志刚，等，2015. 中国哺乳动物多样性及地理分布，126; Wilson and Mittermeier, 2019. Hand. Mamm. World, 865; 魏辅文，等，2021. 兽类学报，41(5): 487-501.

鉴别特征 体型中等，前臂长 37.0 ~ 43.0 mm。毛厚密且长，整体呈灰棕色，毛基深色，背毛淡黄色至棕色，腹部毛尖较浅，呈浅白色。耳显著扩大，其长度超过头体长，仅略短于前臂长；耳屏较长。头骨稍大，听泡大，基枕区狭窄。

形态

外形：中型蝙蝠，前臂长 37.0 ~ 43.0 mm。耳郭发达，超过头体长，仅略短于前臂长，耳内侧缘的下部具明显的凸出耳垂，耳基内缘有突出的垂叶，隐于毛中；耳屏大，呈三角状。尾长约超过体长。相对于褐长耳蝠，其阴茎骨杆部更短、更宽，基部膨胀更显著。

毛色：毛色相对多变。背部呈浅黄褐色或灰褐色，有些个体泛白，毛基灰黑色或黑色，毛尖灰黄褐色；腹毛呈灰白色，毛基颜色与背毛相同，毛尖泛白；体侧稍显淡黄色；耳郭、翼膜、股膜、距间膜及后足均呈浅褐色。

头骨：颅全长16.00～17.50 mm。相对于褐长耳蝠，其头骨更大，吻部狭短，脑颅明显凸出，颅高较褐长耳蝠高；颧弓粗壮，其中部向上弯曲并变宽；听泡发达，枕骨底部区域窄。

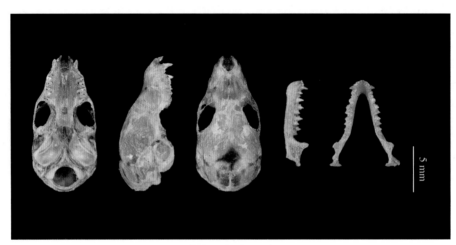

灰长耳蝠头骨图

牙齿：第1上颌门齿齿尖分叉，第2上颌门齿小；第1上前臼齿相对弱，第2上前臼齿发达；3枚下颌门齿大小相等；下前臼齿共3枚，第2下前臼齿小于第1下前臼齿和第3下前臼齿。

量衡度（衡：g；量：mm）

外形：

编号	性别	体重	体长	尾长	后足长	耳长	前臂长	胫骨长	采集地点
GZHU21105	♂	6	48.0	47	38.0	11.0	41.5	20	四川唐家河
GZHU21106	♂	5	40.0	49	40.0	9.0	37.0	17	四川唐家河
GZHU21107	♀	6	44.5	48	38.0	8.5	38.0	17	四川唐家河
GZHU21112	♀	6	42.0	49	40.0	9.5	41.0	20	四川唐家河
GZHU21113	♀	8	42.0	54	40.5	9.0	42.0	20	四川唐家河
SAF02352	—	—	—	—	9.5	32.5	43.0	21	四川洪溪
SAF02353	♀	—	—	—	9.0	37.0	43.0	21	四川洪溪
SAF02355		—	—	—	8.5	33.0	42.0	20	四川洪溪
SAF02362	♀	—	—	—	10.0	32.0	43.0	20	四川洪溪

头骨：

编号	颅全长	基长	颧宽	眶间宽	脑颅宽	颅高	上颌犬齿宽	下齿列长	下颌骨长
GZHU21105	16.57	15.19	—	2.36	8.93	7.42	3.75	6.87	10.35
GZHU21107	16.08	15.13	8.22	2.30	8.03	7.26	3.73	6.83	9.93
GZHU21113	16.99	15.84	8.82	2.59	9.11	7.44	3.72	7.05	10.47
SAF02355	17.42	14.46	7.40	3.89	8.05	7.63	3.65	5.75	10.74

生态学资料 夜行性种类，常以小型鳞翅目、鞘翅目和双翅目昆虫为食，常见于人类居住地周围。栖于建筑物和山洞，营小群。

地理分布 在四川分布于康定、青川唐家河、汶川卧龙、美姑洪溪，国内还分布于青海、内蒙古、甘肃、宁夏、陕西、新疆、西藏。国外分布于亚洲、欧洲、非洲北部。

分省（自治区、直辖市）地图——四川省

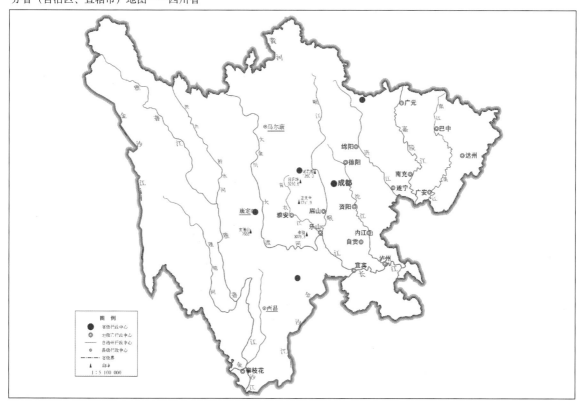

审图号：GS（2019）3333号

自然资源部 监制

灰长耳蝠在四川的分布
注：红点为物种的分布位点。

分类学讨论 长耳蝠类群分类疑难较多，且标本和基础数据相对匮乏。Spitzenberger 等（2006）指出，*Plecotus austriacus* 应仅局限欧洲种群。由于国内缺乏对此的研究，中国的类型尚不清楚。在此，仍沿用Simmons（2005）的观点，尚且认为中国的类型为*P. austriacus*。在亚种分化方面，王应祥（2003）认为中国有4个亚种，分别为：四川亚种*P. a. ariel*（Thomas，1911d），分布于四川和青海东部；阿拉善亚种 *P. a. kozlovi*（Bobrinski，1926），分布于内蒙古西部、青海西北部、甘肃和宁夏；新疆亚种*P. a. mordax*（Thomas，1926），分布于新疆；克什米尔亚种 *P. a. wardi*（Thomas，1911d），分布于西藏西部。但其亚种设置有效性有待核实。

35. 毛翼蝠属 *Harpiocephalus* Gray，1842

Harpiocephalus Gray, 1842. Ann. Mag. Nat. Hist., 10: 259（模式种：*Harpiocephalus rufus* Gray, 1842 = *Vespertilio harpia* Temminck, 1840）.

Harpyiocephalus Gary, 1866. Ann. Mag. Nat. Hist., 17: 90.

鉴别特征 与管鼻蝠属*Murina*相似，鼻孔呈管状，但体型更大。头骨很粗壮，吻突更短、更宽。牙齿结构更粗壮且钝，与管鼻蝠属明显不同。

形态

外形：鼻孔呈管状，与管鼻蝠属*Murina*相似，但体型更大。翼展相对较窄而尖，第3指指骨较长。背部毛色与众不同，呈黄褐色、橙褐色或灰栗色。阴茎骨小，腹侧内凹，杆部短，基部宽。头骨强壮，吻突相对短宽。

牙齿：齿式2.1.2.3/3.1.2.3 = 34。上颌门齿大，齿冠低，次尖明显；上颌犬齿短粗，无次尖；上前臼齿大；第1、2上臼齿原尖和前尖较小，后尖发达；第3上臼齿极退化。下颌3枚臼齿除了下原尖较弱之外，其他齿尖正常。

地理分布 分布于马来半岛、新几内亚岛、越南、缅甸、老挝、印度尼西亚、菲律宾、泰国、中国东部。

生态学资料 基础生物学资料相对匮乏，但应与管鼻蝠属*Murina*种类近似。

分类学讨论 目前认为毛翼蝠属*Harpiocephalus*（Gray，1842）为单型属，仅包含1种——毛翼蝠*Harpiocephalus harpia*。Hill and Francis（1984）、Corbet and Hill（1992）曾认为*H. mordax*为有效种，但是Koopman（1993）、Bates and Harrison（1997）认为*H. mordax*其实是*H. harpia*的亚种。Matveev（2005）通过对雌、雄标本的对比分析，明确*H. mordax*与*H. harpia*的差异为性二型所致，二者实为同一物种。

（74）毛翼蝠 *Harpiocephalus harpia*（Temminck，1840）

别名 毛翼管鼻蝠、赤褐毛翼蝠

英文名 Hairy-winged Bat

Vespertilio harpia Temminck, 1840. Mon. Mamm., 2: 219, pl. 55（模式产地：印度尼西亚爪哇岛）[Lectotype designated by Husson (1955)].

Harpiocephalus rufus Gray, 1842. Ann. Mag. Nat. Hist. H., 10: 259.

Noctulinia lasyura Hodgson, 1847. Jour. Asiat. Soc. Bengal, 16: 896（模式产地：印度大吉岭）.

Lasiurus pearsoni Horsfield, 1851: 36 (模式产地: 印度大吉岭).

Harpiocephalus harpia madrassius Thomas, 1923. Jour. Bombay Nat. Hist. Soc., 29: 88 (模式产地: 印度).

Harpiocephalus mordax Thomas, 1923. Jour. Bombay Nat. Hist. Soc., 29: 88. (模式产地: 缅甸).

Harpiocephalus harpia Ellerman and Morrison-Scott, 1951. Check. Palaea. Ind. Mamm., 187; Peng and Peng, 1972. Coll. Sci. Res. Yunn. Inst. Zool. (2): 1-9; Das and Sinha, 1995. Jour. Bombay Nat. Hist. Soc., 92: 252-254; Bates and Harrison, 1997. Bats of the Indian Subcontinent, 210-212; 张荣祖, 1997. 中国哺乳动物分布, 54-55; 潘清华, 等, 2007. 中国哺乳动物彩色图鉴, 73; 盛和林, 2005. 中国哺乳动物图鉴, 140-141; Simmons, 2005. In Wilson and Reeder. Mamm. Spec. World, 3rd ed., 522; Lin Liangkong, et al., 2006. Mammalia, 70: 170-172; Francis, 2008. A Guide to the Mammals of Southeast Asia, 253-254; Smith 和解焱, 2009. 中国兽类野外手册, 352; Kruskop, 2013. Bats of Vietnam: Check. Identif. Man., 177-178; 周全, 等, 2014. 动物学杂志, 49(1): 41-45; 陈柏承, 等, 2015. 四川动物, 34(2): 211-215, 222; 蒋志刚, 等, 2015. 中国哺乳动物多样性及地理分布, 136; 余文华, 等, 2017. 广州大学学报 (自然科学版), 16(3): 15-20; Wilson and Mittermeier, 2019. Hand. Mamm. World, 907; 岳阳, 等, 2019. 兽类学报, 39(2): 34-46; 石红艳, 等, 2020. 四川动物, 39(4): 429-430; 魏辅文, 等, 2021. 兽类学报, 41(5): 487-501.

鉴别特征　外形与管鼻蝠属 *Murina* 种类近似, 具有明显管状鼻孔, 向上翘, 但体型显著较大, 前臂长 44.0 ~ 53.0 mm, 颅全长 20.80 ~ 22.80 mm。

形态

外形: 外形与管鼻蝠属 *Murina* 种类近似, 但体型较大, 前臂长 44.0 ~ 53.0 mm。毛被厚密而柔软。耳卵圆形, 耳郭质薄; 耳屏长, 披针状, 基部有一凹陷。鼻孔隆起, 管状。股间膜、翼膜、后腿、足均覆有细毛。体型雌性较雄性大。阴茎骨特殊, 末端双叉状, 似钳子; 双叉部位比主杆部位要长, 每一叉的中部变宽, 主杆部位较小。背部隆起, 腹部有凹槽。

毛色: 被毛厚密; 背毛呈浅黄褐色、橙褐色或灰栗色; 腹毛呈淡棕色或淡灰色; 体侧和股间膜橙褐色; 后腿、翼膜和尾膜被覆细毛, 呈淡黑褐色。

头骨: 头骨粗壮。颅全长 20.00 ~ 23.00 mm, 枕犬长 18.00 ~ 19.80 mm; 吻突短宽, 中央凹陷; 颧弓长且强壮, 颧骨扩张; 矢状脊和人字脊明显; 听泡较小; 枕骨底部存在浅凹痕; 下颌骨的冠状突发达, 角突小。

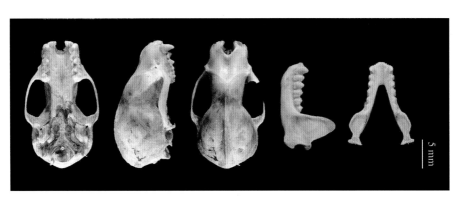

毛翼蝠头骨图

牙齿：上齿列长 6.20 ～ 6.80 mm。上颌门齿较大，有低齿冠；内门齿短且粗壮，具一次尖，且前侧面具一明显的舌面脊尖；外门齿位置靠外，被第 1 枚上颌门齿与上颌犬齿挤压明显，具 3 个附尖，其齿冠面积略微超过第 1 枚上颌门齿；上颌犬齿发达，齿冠明显；2 枚上前白齿大，边缘的次尖明显，第 1 上前白齿齿冠面积比第 1 上白齿大；第 3 上白齿极退化，仅保留了外内尖；下齿列长 7.20 ～ 8.30 mm，下颌门齿 3 个齿尖；下颌犬齿低且粗；第 1 下前白齿齿冠面积为第 2 下前白齿的 2/3；第 3 下白齿齿冠面积约为第 2 下白齿一半，第 2 下白齿的齿冠面积较第 1 下白齿稍小。

量衡度（量：mm）

外形：

编号	性别	体长	尾长	后足长	耳长	前臂长	胫骨长	采集地点
MYTC17815	♀	61	46	12	15	51	21	四川通江

头骨：

编号	颅全长	基长	颧宽	眶间宽	脑颅宽	颅高	上齿列长	下齿列长	下颌骨长
MYTC17815	22.14	20.32	13.32	5.72	9.60	10.48	6.71	8.21	16.04

生态学资料　毛翼蝠的生物学资料较匮乏。

地理分布　在四川，目前仅记录于巴中通江芝苞乡（石红艳等，2021），国内还分布于贵州、云南、湖北、湖南、福建、江西、台湾、浙江、广东、广西、海南。国外分布于马来半岛、新几内

分省（自治区、直辖市）地图——四川省

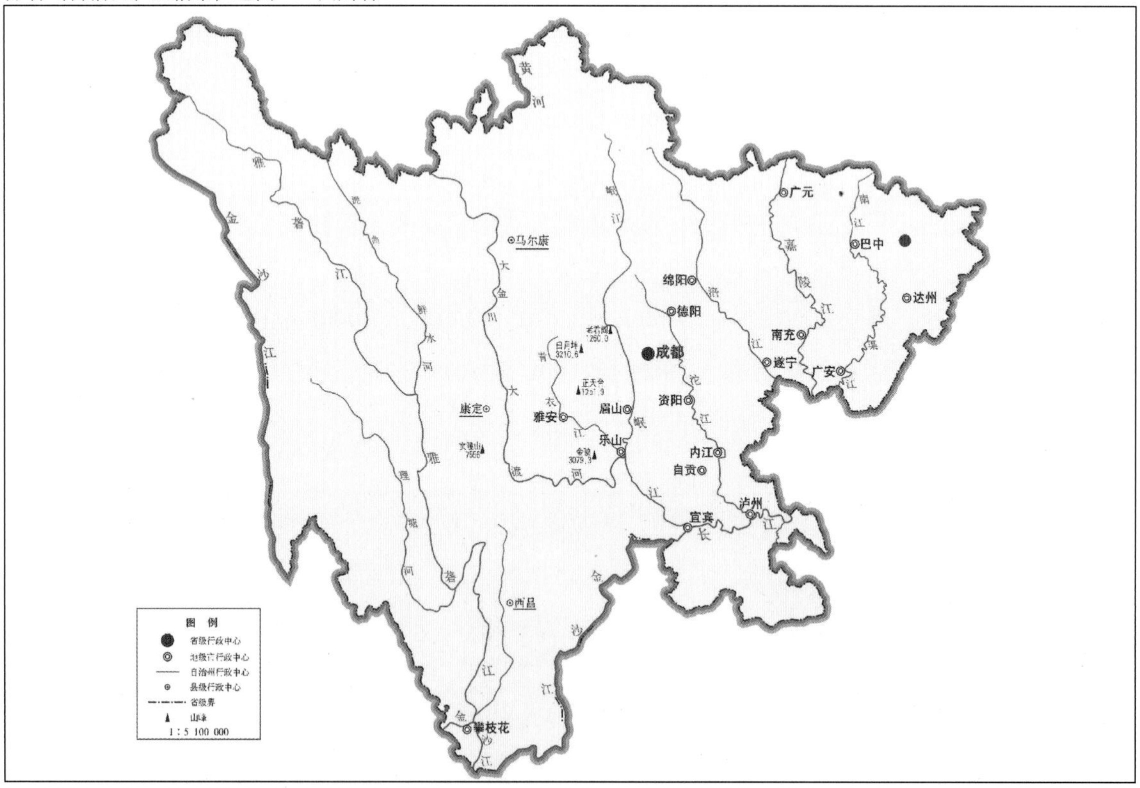

审图号：GS (2019) 3333 号　　　　　　　　　　　　　　　　　　　　　　自然资源部 监制

毛翼蝠在四川的分布

注：红点为物种的分布位点。

亚岛、越南、缅甸、老挝、印度尼西亚、菲律宾、泰国。

分类学讨论 Hill 和 Francis（1984）、Corbet 和 Hill（1992）认为 *H. mordax* 为独立种，Koopman（1993）、Bates 和 Harrison（1997）则认为 *H. mordax* 其实是 *H. harpia* 中的 1 个亚种，随后 Matveev（2005）通过对雌、雄标本的对比分析明确 *H. mordax* 与 *H. harpia* 的差异为性二型所致，二者实为同一物种，并统一为 *H. harpia*。中国仅分布有越北亚种 *H. h. rufulus*（Smith 和解焱，2009）。

36. 管鼻蝠属 *Murina* Gray，1842

Murina Gray, 1842. Ann. Mag. Nat. Hist., 10: 258（模式种：*Vespertilio suillus* Temminck, 1840, from Java）.

Ocypetes Lesson, 1842. Nouv. Tabl. Règne Anim, 30 (included *Vespertilio suillus*)[Preoccupied by *Ocypetes* Risso, 1826. (Arachnida) and *Ocypetes* Wagler, 1929 (Aves)].

Harpiola Thomas 1915. Ann. Mag. Nat. Hist., 16: 309 (*Murina grisea* Peters, 1872). Valid as a subgenus.

鉴别特征 鼻孔显著延长，呈明显管状。耳郭上端圆滑，无缺刻，耳屏披针形。尾膜和后足背面被覆短毛。

形态 外形：除了鼻孔显著的延长，其他特征与鼠耳蝠属 *Myotis* 相似。耳短宽且端部圆滑，耳屏披针状；后足和尾膜背面覆毛；头骨与鼠耳蝠属亦相似，狭长，从吻突到脑颅逐渐升高。

牙齿：齿式 2.1.2.3/3.1.2.3 = 34。上颌门齿发达，常没有明显的次尖；第 2 枚上颌门齿较第 1 枚上颌门齿大，其齿冠与上颌犬齿靠近；第 2 上前臼齿显著大；第 1 上前臼齿较小，形态与第 2 上前臼齿相似，位于齿列中，部分种类发达；第 1、2 上臼齿为典型的 W 形，但是由于前附尖和中附尖较弱，次尖缺失；第 3 上臼齿退化。

生态学资料 典型森林型蝙蝠，常栖息于不同植被带森林中。可在空中或地面捕获食物，飞行极其灵活。可见栖息于树洞、树皮缝隙和部分洞穴等。

地理分布 该属种类较多，分布区从西伯利亚的西南和南部、特斯拜卡利亚、俄罗斯、日本西南延伸至巴基斯坦、印度北部，南至菲律宾、新几内亚岛、澳大利亚东北部。

分类学讨论 Pavlinov 等（1995）认为本属包含 15 种；2 个亚属，即指名亚属和 *Harpiola*（Thomas，1915）亚属，后者仅含 1 个种，而指名亚属被划分出 2～5 个族群。Koopman（1994）则根据形态证据认为应将其划分 2 个族群，分别为 *cyclotis* 族群和 *suilla* 族群。但近期的分子系统学研究指出，*cyclotis* 族群和 *suilla* 族群并非单起源，应为趋同进化结果（Yu et al.，2020）。由于该类群栖息在远离人烟的区域，标本和基础生物学资料匮乏，故分类疑难较多。自 Simmons（2005）记载世界上管鼻蝠属包含 19 种之后，近几年该属陆续发表了 20 多个新种。目前，全世界记录 37 种，中国记录 21 种，其中四川分布 4 种。

四川分布的管鼻蝠属 *Murina* 分种检索表

1. 体型大，前臂长大于 40.0 mm ·· 2

    体型小，前臂长小于 40.0 mm ·· 3

2. 背毛红棕色，颅全长大于 18.0 mm ································· 白腹管鼻蝠 *M. leucogaster*

背毛浅棕色，颅全长小于18.0 mm ·· 梵净山管鼻蝠 *M. fanjingshanensis*

3. 背毛黄褐色，具有金黄色刚毛；前臂长小于32.0 mm，颅全长小于15.0 mm ·································· 4

背毛棕灰色，散布暖灰色刚毛；前臂长33.0～36.0 mm，颅全长15.0～17.0 mm ··········· 锦矗管鼻蝠 *M. jinchui*

4. 背毛金色毛尖较长，毛基为黑色；头骨前额部骤然隆起，头骨呈圆顶状，颅全长小于14.0 mm ··················· ·· 金毛管鼻蝠 *M. chrysochaetes*

背毛金色毛尖较短，毛基呈深棕色；头骨前额部逐渐隆起至颅顶，颅全长大于14.0 mm········ 金管鼻蝠 *M. aurata*

（75）金管鼻蝠 *Murina aurata* Milne-Edwards，1872

别名 小管鼻蝠

英文名 Little Tube-nosed Bat

Murina aurata Milne-Edwards, 1872. Rech. 1'Hist. Nat. Mamm., 250, pls 37b, 37c（模式产地：四川宝兴）；胡
  锦矗和王酉之，1984. 四川资源动物志 第二卷 兽类，41；Bates and Harrison, 1997. Bats of the Indian
  Subcontinent, 204-205；张荣祖，1997. 中国哺乳动物分布，53-54；盛和林，2005. 中国哺乳动物图鉴，136-
  137；王酉之和胡锦矗，1999. 四川兽类原色图鉴，86；Simmons, 2005. In Wilson and Reeder. Mamm. Spec.
  World, 3rd ed., 523；胡锦矗和胡杰，2007. 西华师范大学学报：自然科学版，28(3)：167；Francis, 2008.
  Guide Mamm. Southeast Asia, 253；Smith和解焱，2009. 中国兽类野外手册，353-354；Francis and Eger,
  2012. Acta Chiropterol., 14: 15-38；Son, et al., 2015. Acta Chiropterol., 17: 15-38；蒋志刚，等，2015. 中国哺
  乳动物多样性及地理分布，129；Wilson and Mittermeier, 2019. Hand. Mamm. World, 910；魏辅文，等，2021.
  兽类学报，41(5): 487-501.

鉴别特征 体型小。前臂长28.0～32.0 mm。鼻孔外翘，呈明显管状。背毛毛基深棕色，金色毛尖较短。头骨吻突很低，前额部逐渐隆起至颅顶，颅全长大于14.30 mm。牙齿特征为 *sullia*-type；上颌第1枚前臼齿远小于第2枚前臼齿。

形态

外形：体型小，前臂长28.0～32.0 mm。鼻孔呈管状，较长，向上翘。耳郭卵圆形，较宽，后缘无凹刻；耳屏狭窄，末端尖细。背毛短而柔软，其中散布细而长的粗毛；腹毛无粗毛。翼膜较宽，无毛；翼膜游离缘终止于后足第1趾爪垫基部的外缘。股间膜后缘始于后距，无距缘膜；股间膜、尾和后足背面被覆稀疏长毛；尾端略突出于股间膜约1 mm。胫骨短，后足小，趾细长。

毛色：躯体背毛颜色较暗，背面呈暗黄褐色，绒毛基部呈灰黑色，尖端暗褐色，粗毛毛基深棕色，毛尖褐色并渐变为亮黄色，呈金色色调；腹面毛色灰白；前臂上具有黄色的短毛。

头骨：头骨小，颅全长13.60～15.36 mm；头骨吻部狭长，吻突不粗壮，中线具一浅凹槽，达眼眶部位；脑颅显著隆起，近圆形，从侧面看，头骨前额部逐渐隆起至颅顶，脑颅中部的高度明显超出人字脊部位；颧弓细小而平直，后部最宽；颚骨狭长；下颌细小，冠状突不显著扩大。

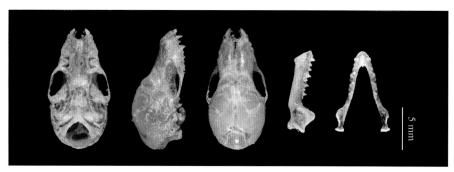

金管鼻蝠头骨图

牙齿：齿式2.1.2.3/3.1.2.3 = 34。上齿列长4.20 ～ 5.00 mm。上、下颌门齿与犬齿间相互接触，无空隙；第1上颌门齿分叉状，第2上颌门齿稍大，不分叉；第1枚上颌门齿位于第2枚上颌门齿之前方，第2枚上颌门齿齿冠似方形，且其面积超过第1枚上颌门齿；上颌犬齿低于第2上前白齿，大小相近；第1上前白齿甚小，仅为第2枚上前白齿一半；上颌3枚白齿依次变小，第3枚上白齿退化，呈狭长型；下颌第1枚下颌门齿、第2枚下颌门齿和第3枚下颌门齿近等大，下颌犬齿短小，第1下前白齿稍低于下颌犬齿，第2下前白齿略小于最后下白齿，而第1、2下白齿均大于第3枚下白齿。

量衡度（衡：g；量：mm）

外形：

编号	性别	体重	体长	尾长	后足长	耳长	前臂长	胫骨长	采集地点
GZHU16149	♀	6	35.5	31	7	13	30.0	13	四川宝兴
IOZ014	—	4	32.0	32	7	14	29.5	12	四川平武
IOZ32327	♂	3	30.0	25	7	12	29.0	12	四川泸定
CWNU87052	♂	5	40.0	30	7	14	31.0	14	四川卧龙

头骨：

编号	颅全长	基长	颧宽	眶间宽	脑颅宽	颅高	上齿列长	下齿列长	下颌骨长
GZHU16149	15.07	11.95	8.07	4.46	7.27	7.18	4.89	5.28	9.28
IOZ014	14.30	11.20	7.40	4.10	7.20	—	4.40	4.50	9.30
IOZ32327	13.60	11.00	7.50	3.90	6.70	—	4.20	4.60	8.70
CWNU87052	15.36	14.01	8.23	4.39	7.72	6.65	4.58	4.17	9.61

生态学资料 夜行性，食虫，可能利用树洞、树皮或树叶栖息。

地理分布 在四川分布于宝兴（模式产地）、汶川卧龙、平武、泸定，国内还分布于甘肃、广西、海南。国外分布于印度东北部、尼泊尔、缅甸、泰国。

分类学讨论 王应祥（2003）将西藏和云南的管鼻蝠标本列为该种的亚种 *Murina aurata feae* (Thomas，1891)（错写为*feai*），但Maeda（1980）认为它是 *M. aurata* 的同物异名。随着形态学和分子生物学证据的积累，*M. feae* 已被承认为有效种（Francis and Eger，2012；Kruskop，2013；Son

分省（自治区、直辖市）地图——四川省

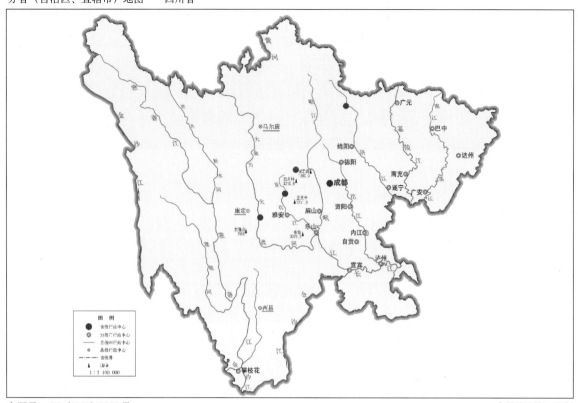

审图号：GS (2019) 3333 号 自然资源部 监制

金管鼻蝠在四川的分布
注：红点为物种的分布位点。

et al.，2015；Wilson and Mittermeier，2019）。在外部形态特征上，该种容易与艾氏管鼻蝠 *M. eleryi* 混淆，后者为2009年发表的新种，模式产地为越南北部（Eger and Lim，2009），二者在我国均有分布，但二者在头骨和牙齿特征上存在差异。

（76）金毛管鼻蝠 *Murina chrysochaetes* Eger and Lim，2011

英文名 Golden-haired Tube-nosed Bat

Murina chrysochaetes Eger, Lim, 2011. Acta Chiropterolog., 13(2): 227-243（模式产地：广西底定）；Kruskop, 2013. Bats of Vietnam: Check. Identif. Man., 174-175; Son, et al., 2015. Acta Chiropterol., 17: 15-38; 蒋志刚，等，2015. 中国哺乳动物多样性及地理分布，130; Wilson and Mittermeier, 2019. Hand. Mamm. World, 911-912; 魏辅文，等，2021. 兽类学报，41(5): 487-501; 余文华，等，2021. 兽类学报，41(5): 502-524.

鉴别特征 小型管鼻蝠种类，前臂长28.0～30.3 mm。鼻孔前端突出延长成短管状。背部整体呈现黑色和金色毛尖毛发混合、间杂状态，十分明显。耳朵小且圆，无凹陷。头骨小，脑颅前缘骤然隆起，牙齿特征为*sullia*-type；第1上前臼齿小，高度仅为第2上前臼齿高度一半，齿冠面积约为第2枚上前臼齿的1/3；上颌犬齿较第1枚上前臼齿低矮。第1、2上臼齿的中齿尖弱；下颌犬齿齿高与第2下前臼齿相当，但齿冠面积大于后者。

形态

外形：小型管鼻蝠，前臂长28.0～30.3 mm。鼻孔呈管状，向外延长且发达。耳郭圆，后缘无明显凹痕；耳屏基部略宽、端部尖而细长。嘴部、眼睛周围及下巴处毛发为黑色。前臂覆有金色的短毛；尾翼背表面、尾椎、胫骨和足部均覆盖有基部黑色、尖端金色毛发，尾膜边缘附着黑色短毛。翼膜连接至第1趾基部。

毛色：背部和头部的颜色相近。背毛厚密，背部整体呈现黑色和金色毛尖毛发混合、间杂状态，十分明显；其中间杂的毛，基部黑色，中部棕色，毛尖金褐色且显金属光泽；腹毛毛尖为灰白色，基部为黑色。

头骨：头骨小，颅全长13.20～14.20 mm。吻突骤然上升至前额，鼻、吻部中间有一明显凹槽；颧弓纤细，脑颅稍膨大圆润，无矢状脊和人字脊；基蝶骨为泪滴状的浅凹陷。

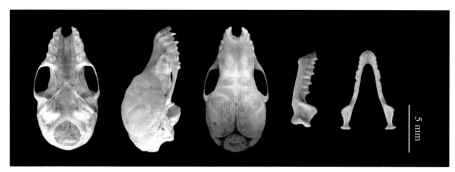

金毛管鼻蝠头骨图

牙齿：第1、2上颌门齿等高，其高度为上颌犬齿的2/3；上颌犬齿小，齿高小于第2上前臼齿；第1上前臼齿较小，高度为第2上前臼齿的1/2，齿冠面积为第2枚上前臼齿的1/3；第1、2上臼齿的中齿尖弱；下颌犬齿略高于第1下前臼齿，但基部面积超过第1下前臼齿；下颌犬齿齿高与第2下前臼齿相当，但基部齿冠面积大于后者。

量衡度（衡：g；量：mm）

外形：

编号	性别	体重	头躯长	尾长	后足长	耳长	前臂长	胫骨长	采集地点
GZHU14458	♀	4	33.0	28	6	12	29	12	四川卧龙
GZHU14481	♂	4	33.5	31	8	12	29	13	四川卧龙
GZHU14482	♂	4	35.5	31	6	13	29	12	四川卧龙
GZHU14483	♂	4	31.0	28	6	12	28	13	四川卧龙
GZHU14485	♂	4	32.0	29	8	12	30	13	四川卧龙
GZHU14497	♀	4	32.0	30	7	11	30	14	四川卧龙

头骨：

编号	颅全长	基长	颧宽	眶间宽	脑颅宽	颅高	上齿列长	下齿列长	下颌骨长
GZHU14458	13.98	12.73	7.63	3.94	7.00	6.51	4.31	4.65	8.98
GZHU14481	13.82	12.47	7.34	3.68	6.70	6.76	4.14	4.64	8.88
GZHU14482	13.73	12.48	7.39	3.80	6.83	6.78	4.04	4.34	8.51

（续）

编号	颅全长	基长	颧宽	眶间宽	脑颅宽	颅高	上齿列长	下齿列长	下颌骨长
GZHU14483	13.25	12.40	7.22	4.00	6.99	7.09	4.20	4.52	8.71
GZHU14485	14.04	12.69	7.54	4.16	7.29	7.04	4.26	4.70	8.82
GZHU14497	14.11	12.78	7.54	3.79	7.01	12.78	4.39	4.81	8.92

生态学资料　该物种的生态学资料相对匮乏。栖息于常绿与落叶阔叶混交林或针叶林环境。栖息相同环境的还有锦矗管鼻蝠、马铁菊头蝠、皮氏菊头蝠、亚洲宽耳蝠和长尾鼠耳蝠等。飞行状态下回声定位声波类型为调频型、单谐波。声波主频率为90.70 ~ 110.10 kHz，脉冲持续时间为1.40 ~ 2.70 ms（钟韦凌等，2022）。

地理分布　在四川，仅记录分布于汶川卧龙（钟韦凌等，2022），国内还分布于广东、广西（模式产地）、云南。国外分布于越南。

分省（自治区、直辖市）地图——四川省

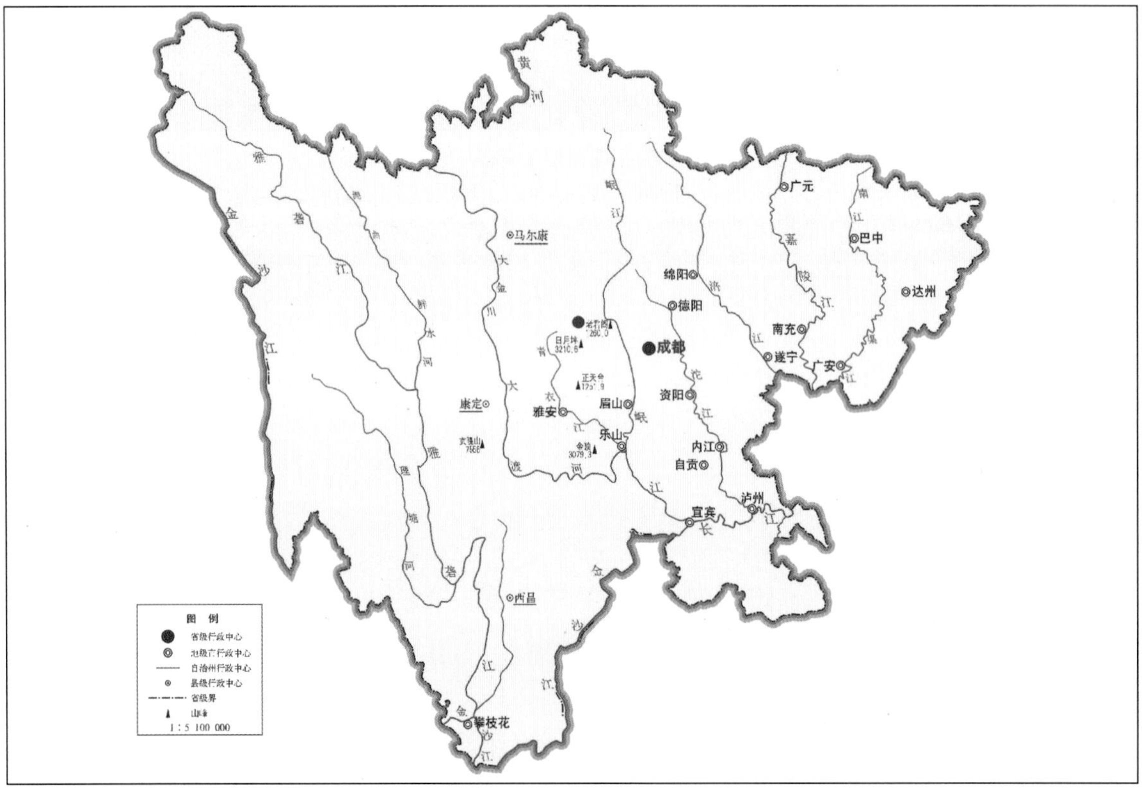

审图号：GS (2019) 3333号　　自然资源部 监制

金毛管鼻蝠在四川的分布

注：红点为物种的分布位点。

分类学讨论　无亚种分化。

（77）梵净山管鼻蝠 *Murina fanjingshanensis* He，Xiao and Zhou，2020

英文名　Fanjingshan Tube-nosed Bat

Murina fanjingshanensis He, Xiao et Zhou, 2015. Cave Res., 2: 2-6（模式产地：贵州梵净山）；魏辅文，等，2021. 兽类学报，41(5): 487-501；余文华，等，2021. 兽类学报，41(5): 502-524.

鉴别特征　中型管鼻蝠种类，前臂长约40.0 mm。鼻孔前端突出延长，呈短管状。背毛红棕色，散布红棕色刚毛；腹毛在胸部、喉部和腹部为黄色。头骨较粗壮，颅全长约18.50 mm；脑颅呈圆顶状。牙齿特征为*sullia*-type。

形态

外形：中型管鼻蝠种类，前臂长约40.0 mm。鼻孔前端突出延长，呈短管状。耳呈椭圆形，后缘有缺刻；耳屏尖长。第2掌骨和前臂的底部被少量的红棕色毛发覆盖；后肢和尾膜，尤其是沿尾部和股骨部分被深棕色毛。

毛色：背部毛厚实，红棕色，毛根深灰色至黑色，毛中浅棕色，毛尖呈暗褐色和微红色，散布亮棕色粗毛；腹毛在胸部、喉部和腹部均为黄色，毛基淡黄色，毛尖橙黄色；翼膜黑褐色，尾膜覆毛。

头骨：头骨较小，颅全长18.0～19.0 mm。脑颅稍膨大，吻突及其凹陷较发达；矢状脊与人字脊不明显，颧弓较弱；左、右上颌齿向前收拢，符合*sullia*-type特征；下颌骨强壮。

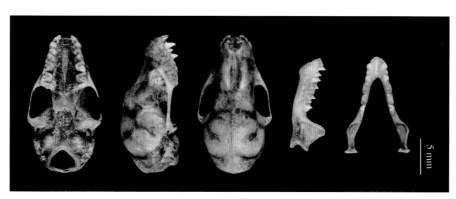

梵净山管鼻蝠头骨图

牙齿：上颌齿列向前收敛；第1上颌门齿为双尖型；第2上颌门齿在舌侧具小次尖，仅为外尖之半；第1枚上颌门齿和第2枚上颌门齿等高；上颌犬齿较壮，垂直向下；第1上前臼齿齿高约为上颌犬齿的1/3；第1枚上前臼齿齿高约为第2上前臼齿一半；第1、2上白齿基底面积等大，中齿尖稍退化；原尖高度约为后小尖之半；第3上白齿无后尖。下颌门齿为3尖型；下颌犬齿高于第1下前臼齿，但基底面积等大；第1枚下前臼齿稍小于第2下前臼齿；第2枚下前臼齿基底面积约与下颌犬齿等大；下白齿为Nyctalodont型；第1、2下白齿的下跟座与下三角座面积相等；第3下白齿约为第1下白齿的2/3。

量衡度（衡：g；量：mm）

外形：

编号	性别	体重	体长	尾长	后足长	耳长	前臂长	胫骨长	采集地点
N20140224001	♂	—	50	42	10	15	41	18	贵州梵净山
N20140224002	♀	—	54	47	10	15	41	19	贵州梵净山
SAFLY011	—	—	48	36	9	15	39	19	四川旺苍

头骨：

编号	颅全长	基长	颧宽	眶间宽	脑颅宽	颅高	上齿列长	下齿列长	下颌骨长
N20140224001	18.39	15.02	10.42	5.43	8.55	7.52	5.76	6.37	13.24
N20140224002	19.05	15.58	11.05	5.95	8.96	7.58	6.10	6.65	13.56
SAFLY011	—	—	—	—	—	—	—	—	—

生态学资料　尚缺乏生态学资料。目前仅记录于模式产地——贵州梵净山国家级自然保护区、湖南湘西龙山、四川旺苍米仓山国家级自然保护区。值得注意的是，该物种能栖息在洞穴中，其共栖种类已发现有中华菊头蝠、皮氏菊头蝠、西南鼠耳蝠、大蹄蝠。

地理分布　在四川记录于旺苍米仓山国家级自然保护区，国内还分布于贵州、湖南。国外暂无分布记录。

分省（自治区、直辖市）地图——四川省

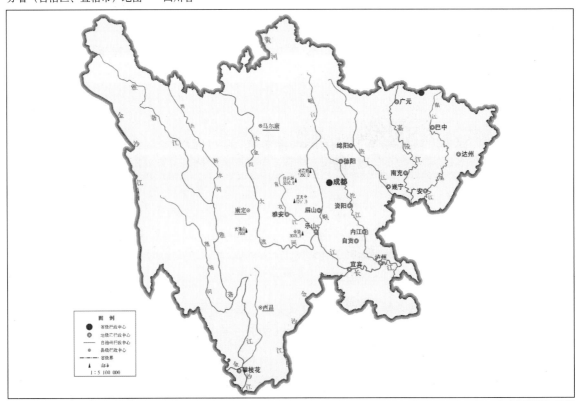

审图号：GS (2019) 3333号　　　　　　　　　　　　　　　　自然资源部　监制

梵净山管鼻蝠在四川的分布
注：红点为物种的分布位点。

分类学讨论　无亚种分化。

(78) 锦矗管鼻蝠 *Murina jinchui* Yu et al.，2020

英文名　Jinchu's Tube-nosed Bat

Murina jinchui Yu, Csorba et Wu, 2020. Zool. Res., 47: 70-77（模式产地：四川卧龙）；魏辅文，等，2021. 兽类学报，41(5): 487-501；余文华，等，2021. 兽类学报，41(5): 502-524.

鉴别特征 小型管鼻蝠种类，前臂长33.0～36.5 mm。鼻孔前端突出延长，呈短管状。背毛棕灰色，散布暖灰色刚毛。头骨较小，颅全长15.00～17.00 mm；脑颅稍膨大。牙齿特征为sullia-type。

形态

外形：小型管鼻蝠种类，前臂长33.0～36.5 mm。鼻孔前端突出延长，呈短管状，鼻、吻部黑色。耳小且圆，无缺刻；耳屏尖长。后肢和尾膜，尤其是沿尾部和股骨被深棕色毛；翼膜延至趾基部，前臂和掌骨没有毛；在拇指的背表面具有短金毛。

毛色：被毛厚密。背毛基部黑色，中部棕灰色，毛尖深褐色，背部整体毛色呈棕灰色，散布较长的暖灰色粗毛；腹毛毛基黑色，毛尖呈冷灰色，散布金色粗毛。

头骨：头骨较小，颅全长15.00～17.00 mm。脑颅稍膨大，吻突及其凹陷较发达；矢状脊与人字脊不明显，颧弓纤弱；左、右上颌齿向前收拢，符合sullia-type。

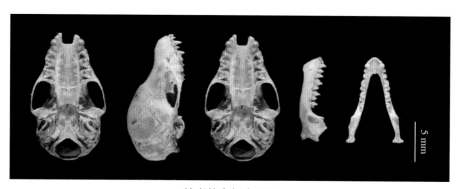

锦矗管鼻蝠头骨图

牙齿：上颌齿列向前收敛；第1上颌门齿为双尖型；第2上颌门齿在舌侧具小次尖；第1枚上颌门齿和第2枚上颌门齿等高，第1枚上颌门齿齿基面积约为第2枚上颌门齿之半；第2枚上颌门齿与上颌犬齿接触，高约为后者之半；上颌犬齿齿基底面积与第1上前臼齿相等；第1枚上前臼齿齿高约为第2上前臼齿一半；第2枚上前臼齿明显高于上颌犬齿，基底面积为其2倍；第1、2上臼齿后尖明显高于其他次尖；第1上臼齿和第2上臼齿的中齿尖相对发达；第3上臼齿无后尖。下颌骨纤弱，下颌门齿为3尖型；下颌犬齿的高度和基底面积超过2枚下前臼齿，与第3枚下颌门齿接触；第1枚下前臼齿基底面积约为第2枚下前臼齿的2/3，第1枚下前臼齿高度约等于第2枚下前臼齿；下臼齿为Nyctalodont型；第1、2下臼齿的下跟座与下三角座面积相等。

量衡度（衡：g；量：mm）

外形：

编号	性别	体重	体长	尾长	后足长	耳长	前臂长	胫骨长	采集地点
GZHU14453	♀	8	43	33.0	8.0	15	36	16.0	四川卧龙
GZHU14454	♀	7	46	38.0	9.0	14	36	16.5	四川卧龙
GZHU14455	♀	7	45	33.5	7.0	16	36	16.0	四川卧龙
GZHU14461	♂	5	40	34.0	8.0	15	35	16.0	四川卧龙
GZHU14462	♂	5	40	35.0	7.5	15	32	15.0	四川卧龙
GZHU14463	♂	5	40	36.0	7.0	14	34	15.0	四川卧龙

头骨：

编号	颅全长	基长	颧宽	眶间宽	脑颅宽	颅高	上齿列长	下齿列长	下颌骨长
GZHU14453	16.86	16.07	8.60	4.32	7.60	7.50	5.47	5.68	11.49
GZHU14454	16.10	15.50	8.53	4.38	7.72	7.43	5.52	5.85	11.40
GZHU14455	16.44	15.87	8.79	4.52	7.60	7.69	5.58	5.81	11.34
GZHU14461	15.66	15.15	—	4.50	7.15	7.33	5.12	5.57	10.78
GZHU14462	15.83	15.15	8.60	4.16	7.22	7.41	5.20	5.75	10.68
GZHU14463	15.71	15.12	8.49	4.05	7.18	7.04	5.32	5.72	10.90

生态学资料　尚缺乏生态学资料。目前仅记录于模式产地——中国四川汶川卧龙国家级自然保护区核桃坪大熊猫基地附近森林，周边为常绿和落叶阔叶混交林，包括青冈、栎属、桦树等。栖息在相同环境的还有金毛管鼻蝠、马铁菊头蝠、皮氏菊头蝠和长尾鼠耳蝠等。

地理分布　该物种为Yu等（2020）发表的新种，目前仅记录于模式产地——四川汶川卧龙核桃坪，但根据采集标本的数量，该物种极可能在周边区域存在分布。国内其他省份和国外暂无分布记录。

分省（自治区、直辖市）地图——四川省

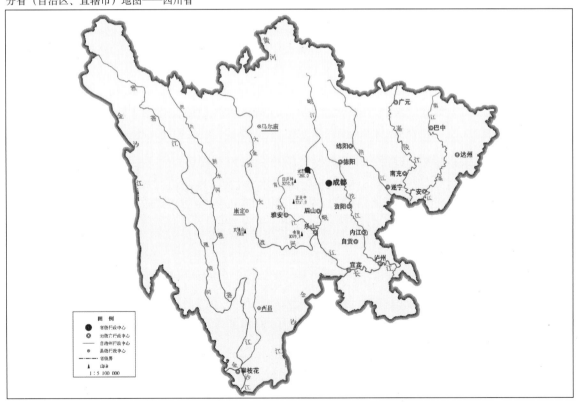

审图号：GS（2019）3333号　　　　　　　　　　　　　　　　　自然资源部　监制

锦矗管鼻蝠在四川的分布
注：红点为物种的分布位点。

分类学讨论 无亚种分化。

（79）白腹管鼻蝠 *Murina leucogaster* Milne-Edwards，1872

别名 大管鼻蝠

英文名 Greater Tube-nosed Bat

Murina leucogaster Miline-Edwards, 1872. Rech. 1'Hist. Nat. Mammiferes, 252, pls 37b, 37c（模式产地：四川宝兴）.

Murina rubex Thomas, 1916: 639. Pashok, near Darjeeling, NE India.

Murina leucogaster Miline-Edwards, 1872. 胡锦矗和王酉之, 1984. 四川资源动物志 第二卷 兽类, 49; Yoshiyuki, 1989. Nat. Sci. Mus. Monogr., 7. Tokyo, 242; Bates and Harrison, 1997. Bats of the Indian Subcontinent, 202-204; 张荣祖, 1997. 中国哺乳动物分布, 53-54; 盛和林, 2005. 中国哺乳动物图鉴, 138-139; 王酉之和胡锦矗, 1999. 四川兽类原色图鉴, 87; 王应祥, 2003. 中国哺乳动物种和亚种分类名录与分布大全, 58; Csorba and Bates, 2005. Acta Chiropterol., 7(1): 1-7; Simmons, 2005. In Wilson and Reeder. Mamm. Spec. World, 3rd ed., 524; 胡锦矗和胡杰, 2007. 西华师范大学学报: 自然科学版, 28(3): 167; Francis, 2008. Guide Mamm. Southeast Asia, 252; Smith 和解焱, 2009. 中国兽类野外手册, 356; Kruskop, 2013. Bats of Vietnam: Checklist and an Identification Manual, 171-172; Lin Hongjun, et al., 2015. Zoology, 118: 192-202; 蒋志刚, 等, 2015. 中国哺乳动物多样性及地理分布, 133; Wilson and Mittermeier, 2019. Hand. Mamm. World, 908; 魏辅文, 等, 2021. 兽类学报, 41(5): 487-501.

鉴别特征 体型较大的管鼻蝠，前臂长 35.0 ～ 44.0 mm，颅全长 16.00 ～ 19.00 mm。毛被浅棕红色或浅棕深色，背毛掺有灰白色细软长毛，腹毛白色。头骨吻突较宽，具矢状脊和人字脊。牙齿特征为 *suilla*-type；第 1 上前臼齿不及第 2 上前臼齿一半。

形态

外形：管鼻蝠属 *Murina* 中较大型种类，前臂长 35.0 ～ 45.0 mm。吻、鼻部和下唇裸露，呈黑色，鼻孔管状突起，鼻孔圆形向两侧斜开；上唇常具须。耳郭相对窄短，耳郭顶端圆钝，前缘无凹痕，后缘中、下部具一凹痕；耳屏狭长，尖端细，基部具有一浅凹。全身被毛细长而柔软；股间膜背面及后足均被有细而密的毛，股间膜腹面无毛。翼膜连于趾基；翼膜较短宽。拇指较大。阴茎短且窄。

毛色：被毛厚。背面毛色灰棕，常具有灰白色细软长毛，故背面亦略带灰白色；腹面毛色较浅，显白色；全身的毛基部均为深褐色；翼膜浅灰褐色。

头骨：头骨较粗壮，颅全长 16.00 ～ 20.00 mm。吻突较宽，中央具一浅凹槽；鼻孔凹痕明显；颧弓纤细，无颧骨突，后部最宽；脑颅逐渐隆起，中部最高，超出后部的人字脊处；矢状脊弱，人字脊中等。

上腭呈收敛状，符合 *sullia*-type；上腭前缘的凹槽向后延伸到犬齿的后缘。听泡小；下颌冠状突较角突粗壮。

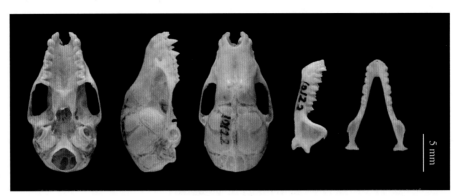

白腹管鼻蝠头骨图

牙齿：上齿列长约6.70 mm。第1上颌门齿短，双尖，且两尖高度几近相同；第1枚上颌门齿位于第2枚上颌门齿前方，从侧面观可见；第2枚上颌门齿粗壮，次尖明显，第2枚上颌门齿与上颌犬齿接触或接近；上颌犬齿宽短，单尖，前缘具一浅凹槽，齿带明显；第1上前白齿齿冠面积小于第2上前白齿一半，第2枚上前白齿具一明显的主尖，其高度接近上颌犬齿，齿带明显；第1、2上白齿均有显著的3尖；第3上白齿明显较弱。3枚下颌门齿均3尖型，相互重叠；下颌犬齿前后缘各有次尖；2枚下前白齿被下颌犬齿和后面的第1下白齿挤压，其宽大于长，第1枚下前白齿齿冠面积约等于第2枚下前白齿一半。

量衡度（衡：g；量：mm）

外形：

编号	性别	体重	体长	尾长	后足长	耳长	前臂长	胫骨长	采集地点
GZHU10122	♂	11	50.0	39	11	14	41.5	—	四川天全
MYTC06002	♀	—	50.5	42	10	11	44.0	20	四川平武
MYTC06001	♂	—	41.0	37	10	10	40.0	19	四川平武
MYTC06003	♀	—	43.0	37	10	12	44.0	20	四川平武
MYTC06004	♀	—	52.0	38	10	12	43.0	20	四川平武
MYTC06005	♀	—	46.4	37	10	11	43.0	20	四川平武

头骨：

编号	颅全长	基长	颧宽	眶间宽	脑颅宽	颅高	上齿列长	下齿列长	下颌骨长
GZHU10122	19.50	17.91	10.84	5.50	8.77	8.16	6.34	6.58	12.98
MYTC06002	19.32	18.01	10.95	5.79	8.92	9.11	6.39	6.92	13.61
MYTC06003	18.74	17.46	10.75	5.55	9.07	8.67	6.12	6.83	13.36
MYTC06004	19.11	17.77	10.68	5.29	8.86	8.83	6.25	6.85	13.61
MYTC06005	19.12	17.94	10.49	5.32	8.33	8.68	6.46	6.85	13.74

生态学资料　栖息于山洞、树林和房屋内；在树林和开阔地觅食，主要捕食鞘翅目等小型昆虫。

地理分布　在四川分布于峨眉山、雷波、南江、汶川、宝兴（王酉之和胡锦矗，1998）、平武、天全，宝兴穆坪为本种模式产地，国内还分布于北京、河北、山西、陕西、贵州、西藏、河南、福建、广西。国外分布于印度东北部、尼泊尔、泰国西部、越南。

分省（自治区、直辖市）地图——四川省

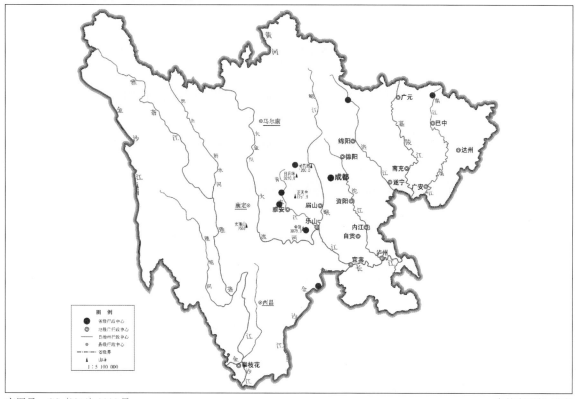

审图号：GS（2019）3333号　　　　　　　　　　　　　　　　　　自然资源部 监制

白腹管鼻蝠在四川的分布
注：红点为物种的分布位点。

分类学讨论　在印度的拟大管鼻蝠*Murina rubex*（Thomas，1916）应为白腹管鼻蝠*Murina leucogaster*的 亚 种（Ellerman and Morrison-Scott，1951；Corbet and Hill，1992）。 但Bates和Harrison（1997）认为二者无法区分，*M. l. rubex*应为*M. l. leucogaster*的同物异名。王应祥（2003）、潘清华等（2007）把西藏的标本记录为拟大管鼻蝠*M. rubex*，但Smith和解焱（2008）认为*M. rubex*属于白腹管鼻蝠在印度的亚种*M. l. rubex*，并建议把所有中国标本均认作*M. l. leucogaster*。该观点得到大部分动物分类学者的认同（Simmons，2005；Wilson and Mittermeier，2019）。同时东北管鼻蝠*M. hilgendorfi*曾被归为白腹管鼻蝠的亚种，并定为东北亚种（Ellerman and Morrison-Scott，1951），但是*M. hilgendorfi*已被定为有效的独立种（Yoshiyuki，1989）。基于前期形态学与亲缘地理学数据，本书观点：该物种分类设置疑问较多，可能是一个复合群，有待进一步研究。

37. 宽吻蝠属 *Submyotodon* Ziegler，2003

Submyotodon Ziegler, 2003. Geobios, 36 (2003): 447-490（模式种：*Submyotodon petersbuchensis* Ziegler, 2003）.

鉴别特征　小型蝙蝠。与鼠耳蝠属特征相似，但头骨形状和牙齿截然不同。头骨脑颅低平，牙齿兼具山蝠及鼠耳蝠属的特点下颌前2枚臼齿山蝠型，第3臼齿为鼠耳蝠型。耳似伏翼，但耳屏像鼠耳蝠耳屏，耳缘具有缺刻。

形态

外形：体型小，前臂长33～36 mm。形似鼠耳蝠，但耳较鼠耳蝠短，耳郭的外缘具明显的凹形缺刻；耳屏较长而宽，尖端钝圆。大拇指小而细，爪钝而小。足小而弱，足长约为胫长的一半，距有明显的距缘膜。翼膜起于外趾基部。脸部被毛长密，毛发长而柔滑，有金属光泽。

头骨：头骨小而弱，脑颅低平，枕颅高4.0～4.8 mm。吻、鼻背中央有较明显的纵沟，吻侧面略显浅凹。矢状脊、人字脊均不显，上枕骨微外凸。

牙齿：第2上前臼齿最小，仅为第1上前臼齿的1/2高，第3上前臼齿最长，约为犬齿的4/5。第3上前臼齿约为第2上前臼齿的1/2高；上臼齿没有原小尖的痕迹，次尖和原尖呈脊，没有明显的界线。上下颌的第1、2前臼齿都在齿列线上，上颌犬齿明显高于最后一枚前臼齿，下颌犬齿略高于最后一枚前臼齿。

生态学资料　相关资料较缺乏。房栖或者洞栖。

地理分布　在喜马拉雅地区（阿富汗、巴基斯坦、印度、尼泊尔、中国）广泛分布。

分类学讨论　宽吻蝠属最早是从欧洲中新世沉积物中发现的化石种类，模式种为*Submyotodon petersbuchensis*（Ziegler，2003）。Ruedi等（2015）根据*latirostris*独特的头骨及臼齿形状，将其归入*Submyotodon*属。这一观点在Benda和Gaisler（2015）的形态学修订中得到了证实，并进一步提出，一些以前被认为是*Myotis muricola*属同物异名的小型鼠耳蝠（*M. caliginosus*、*M. blanfordi*和*M. moupinensis*）也归入*Submyotodon*（Benda and Gaisler，2015）。一些学者认为*M. blanfordi*是*M. caliginosus*的同物异名（Ruedi et al.，2015）。Wilson 和 Mittermeier（2019）、Ruedi等（2021）同意此观点，并将*M. blanfordi*、*M. caliginosus*和*M. moupinensis*分别定为独立的种。该属目前世界上有3种，中国均有分布，其中四川分布1种。

（80）宝兴宽吻蝠 *Submyotodon moupinensis*（Milne-Edwards 1872）

英文名　Moupin Broad-muzzled Bat

Vespertilio moupinensis Milne-Edwards, 1872. Milne-Edwards M. H.1868-1874. Recherches pour servir à l' histoire naturelle des mammifères: comprenant des considérations sur la classification deces animaux, 253-255.

Myotis moupinensis Thomas, 1911. Proc. Zool. Soc. Lond., 162.

Myotis mystacinus moupinensis Ellerman and Morrison-Scott, 1951. Check. Palaea. Ind. Mamm., 139; 谭邦杰，1992. 哺乳动物分类名录，98; 张荣祖，1997.中国哺乳动物分布，36; 王酉之和胡锦矗，1999.四川兽类原色图鉴，97.

Myotis muricola moupinensis Allen, 1938. Mamm. Chin. Mong., 206, 221-223; 王应祥，2003. 中国哺乳动物种和亚种分类名录与分布大全，50; Simmons, 2005. In Wilson and Reeder. Mamm. Spec. World, 3rd ed., 512; Smith和解焱，2009, 中国兽类野外手册，346; 魏辅文，等，2021. 兽类学报，41(5): 487-501.

Submyotodon moupinensis Ruedi, et al., 2015. Zootaxa, 3920 (1): 301–342; Wilson and Mittermeier, 2019. Hand. Mamm. World, 924.

鉴别特征　体型较小，前臂长34.3～38.1 mm。外形似鼠耳蝠，但耳较鼠耳蝠短，耳郭的外缘具明显的凹形缺刻，其底部有明显的耳垂；耳屏较长而宽，尖端钝圆。大拇指小而细。有发达的距缘膜。翼膜起于外趾基部。头骨似鼠耳蝠，但脑颅较鼠耳蝠低平。

形态

外形：体型小，前臂长33～36 mm。形似鼠耳蝠，但耳较鼠耳蝠短，耳郭的外缘具明显的凹形缺刻，其底部有明显的耳垂；耳屏较长而宽，尖端钝圆。大拇指小而细，爪钝而小。足小而弱，足长约为胫长的一半；距有明显的距缘膜，其两端狭窄，中间略为扩展。翼膜起于外趾基部。

毛色：脸部被毛长密。毛发长而柔滑，有金属光泽。体背中心微黄褐色，有长且亮的毛尖，体背侧面毛色深黑褐色到乌黑色，毛基灰褐色；体腹面毛基深土褐色，毛尖浅灰黄色。

头骨：头骨小而弱，脑颅低平，枕颅高4.0～4.8 mm。吻、鼻背中央有较明显的纵沟，吻侧面略显浅凹。矢状脊、人字脊均不显，上枕骨微外凸。

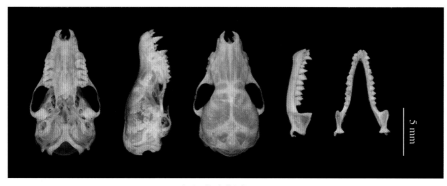

宝兴宽吻蝠头骨图

牙齿：第1上前臼齿高约超过上颌犬齿高的1/4，第2枚前臼齿约为第1枚前臼齿的1/2高；上臼齿没有原小尖的痕迹，次尖和原尖呈脊，没有明显的界线。上、下颌第1、2枚前臼齿都在齿列线上，上颌犬齿明显高于最后一枚上前臼齿。下颌犬齿略高于下颌最后一枚前臼齿。

量衡度（衡：g；量：mm）

外形：

编号	性别	体重	体长	尾长	后足长	耳长	前臂长	胫长	采集地点
SAFY23047	—	—	—	—	6.0	—	36	—	四川雅安
GZHU16144	♂	5	43	40	6.0	13	36	—	四川宝兴
GZHU17073	♂	5	36	35	9.0	10	37	14.0	四川宝兴
GZHU17075	♀	5	41	38	5.0	14	36	15.0	四川宝兴
GZHU17076	♀	5	39	38	8.0	10	38	15.0	四川宝兴
GZHU17077	♀	7	44	37	6.0	11	37	15.0	四川宝兴
GZHU17078	♀	7	42	40	8.0	11	36	15.0	四川宝兴
GZHU17079	♀	7	44	39	8.0	10	37	15.0	四川宝兴
GZHU20214	♀	5	43	41	7.0	15	37	15.0	四川青川
GZHU20215	♀	6	45	36	6.0	15	37	15.0	四川青川
GZHU20216	♀	5	45	36	7.0	13	35	13.0	四川青川
GZHU20217	♀	6	43	40	6.0	14	37	14.0	四川青川
GZHU20219	♀	5	43	39	5.5	13	37	14.0	四川青川
GZHU20220	♂	5	45	36.75	6.0	12	36	14	四川青川

（续）

编号	性别	体重	体长	尾长	后足长	耳长	前臂长	胫长	采集地点
GZHU20221	♀	6	45	37.89	6.0	15	38	16.0	四川青川
GZHU20222	♀	5	42	36.85	6.0	14	36	15.0	四川青川
GZHU20224	♀	5	40	34.99	6.0	14	37	14.0	四川青川
GZHU20225	♂	4	41	32.17	6.0	14	34	15.0	四川青川
GZHU20237	♀	5	36	—	8.0	13	38	15.0	四川青川
MYTC180605-2	♂	—	—	31.0	6.0	18	36	13.5	四川北川

头骨：

编号	颅全长	基长	颧宽	眶间宽	脑颅宽	颅高	上齿列长	下齿列长	下颌骨长
GZHU17073	12.94	—	7.86	3.41	6.44	5.50	5.18	5.59	9.91
GZHU17075	13.82	—	8.45	3.69	6.64	5.62	5.30	5.64	10.10
GZHU17076	14.02	—	8.37	3.70	6.65	5.83	5.50	5.76	10.45
GZHU17079	13.83	—	8.38	3.71	6.62	5.75	5.42	5.72	10.27
GZHU16144	13.61	—	8.33	3.67	6.56	5.61	5.20	5.53	10.03
MYTC180605-2	13.36	12.97	8.06	3.67	6.78	5.47	5.07	5.46	9.78

生态学资料 见于海拔较高的山区，栖息于岩洞或木瓦结构的房屋缝隙中。

地理分布 中国特有种。四川除模式产地宝兴外，还分布于平武、青川、天全、北川、峨眉

分省（自治区、直辖市）地图——四川省

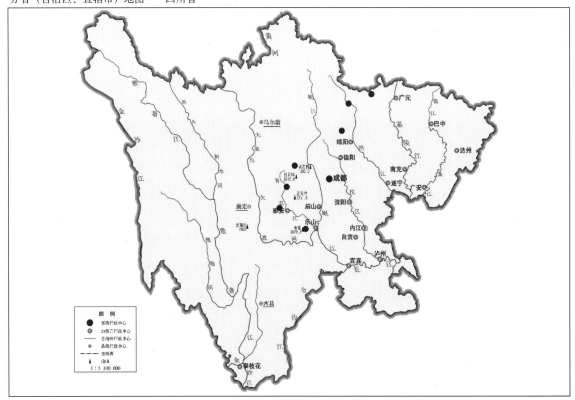

审图号：GS（2019）3333号

自然资源部 监制

宝兴宽吻蝠在四川的分布

注：红点为物种的分布位点。

山、汶川卧龙等处，种群数量较大，国内还分布于云南。

分类学讨论 该种曾被列为鼠耳蝠属 *Myotis*，Thomas（1911）认为是区别于 *M. muricola* 的独立种，Allen（1938）将其作为喜山鼠耳蝠 *M. muricola* 的亚种 *M. m. moupinensis*，而 Tate（1941）、Ellerman（1951）把该种归为须鼠耳蝠 *M. mystacinus* 的亚种。Corbet（1978）已将 *M. muricola* 从须鼠耳蝠的异名中除去，但在他的兽类名录中并未把它列为独立种，只在讨论伊氏鼠耳蝠 *M. ikonnikovi* 时，将 *M. muricola* 的分类问题提了出来。Kyerkhh（1965）认为分布于欧洲到东西伯利亚、朝鲜北部、日本北海道等地的伊氏鼠耳蝠 *M. ikonnikovi* 与该种是同一种。Hill（1983）认为该种为有效种。该种与须鼠耳蝠的区别除毛色不同外，具有发达的距缘膜，上、下颌第 2 前白齿均在齿列线上。在同一分布区内，2 种常同时出现，而且本种量度略偏小，前臂长在 35 mm 以下。冯祚建等（1986）认为 *M. muricola* 应为独立种，它与其他种类的区别是耳壳的内缘尖端下面的凸叶明显，耳壳外缘具凹形缺刻，其底部有明显的耳垂，耳屏较长而宽，尖端圆形；大拇指小而细。Corbert（1992）把 *M. muricola* 列为独立种，从外形上把它和 *M. mystacinus* 区分开来，张荣祖（1997）则认为是 *M. mystacinus* 的亚种。王应祥（2003）、Simmons（2005）、Smith 和解焱（2009）均将宝兴宽吻蝠列为 *M. muricola* 的川西亚种 *M. m. moupinensis*，分布于中国的四川和云南。Smith 和解焱还同时列出了 *M. muricola* 在中国分布的 2 个亚种，一是西藏亚种 *M. m. caliginosus* Tomas，1859，分布于中国西藏；二是 *M. m. latirostris* Kishida，1932，分布于中国台湾。许多证据支持 *M. m. latirostris* 应该从 Myotinae 分出来独立为属（Ruedi et al.，2013）。Ruedi 等（2015）根据 *M. m. latirostris* 独特的头骨及臼齿形状，将其归入 Ziegler（2003）从欧洲中新世沉积物中发现的形态相似的 *Submyotodon* 属。这一观点在 Benda 和 Gaisler（2015）的形态学修订中得到了证实，并进一步提出，一些以前被认为是 *M. muricola* 同物异名的小型鼠耳蝠（*M. caliginosus*、*M. blanfordi*、*M. moupinensis*）也归入 *Submyotodon*（Benda 和 Gaisler，2015）；Wilson 和 Mittermeier（2019）及 Ruedi 等（2021）均同意此观点，并分别定为独立的种。

无亚种分化。

38. 鼠耳蝠属 *Myotis* Kaup，1829

Myotis Kaup, 1829. Skizz., Europ. Thierw., Vol. 1: 106 [模式种：*Vespertilio myotis* Borkhausen, 1797)= *Myotis myotis*(Borkh)].

鉴别特征 体型大、中、小型均有。被毛浅褐色至黑褐色，个别种类为橙红色。耳及耳屏均较长。第 3 指的第 2 指节长度不及第 1 指节的 2 倍。头骨的吻、鼻端尖。齿式 2.1.3.3/3.1.3.3 = 38，上颌前白齿显著退化，上颌白齿是显著的 W 形齿。

生态学资料 食虫，也有部分种类食鱼，大多数栖息于潮湿的山洞，也有栖息于建筑物瓦缝等处的。

地理分布 除澳大利亚部分地区外，全球几乎都有分布（Wilson and Mittermeier，2019）。

分类学讨论 鼠耳蝠属是翼手目中种类最多的 1 个属，目前已发现的种类有 127 种，这一类群曾被划分为许多种组和不同的亚属，Findley（1972）将该属划分为 3 个亚属：*Myotis*、*Leuconoe*、*Selysius*。Pavlinov 等（1995）则将其划分为 9 个亚属。一段时间曾普遍被接受的分类体系将该属分为4个主要亚属（Koopman，1994）：*Myotis* s. str.、*Selysius*、*Leuconoe*、*Cistugo*，然而，这一观点主要是基于适应特征划分的。近年来，许多分子遗传学（Reudi and Mayer，2001；Stadelmann et al.，2004，2007）和形态学证据不支持这些观点。Hoofer和Van den Bussche（2003）建议将该属划分为2个亚属——*Myotis* s. str.和*Aeorestes*，但这一系统显然不能反映欧亚地区鼠耳蝠的丰富多样性。Stadelmann等（2004）将*Cistugo*提高到属的水平，随后又将其从蝙蝠科Vespertilionidae分离出来独立为Cistugidae科；同时，*M. latirostris*被认为是独立于鼠耳蝠属之外的一个属（Lack et al.，2010）。Ruedi等（2015）根据*M. latirostris*独特的头骨及臼齿形状，将其归入宽吻蝠属*Submyotodon*中（详见宽吻蝠属分类讨论）。Wilson和Mittermeier（2019）、Ruedi等（2021）同意此观点。现已知中国分布有鼠耳蝠属30种，其中四川分布9种。

四川分布的鼠耳蝠属*Myotis*分种检索表

1. 毛及翼膜大部分呈鲜明的橙红色 ……………………………… 渡濑氏鼠耳蝠 *M. rufoniger* (Incl. *watasei*)

   毛及翼膜不呈橙红色 ………………………………………………………………………………… 2

2. 后足连爪略等于胫长 ………………………………………………………… 大足鼠耳蝠 *M. pilosus*

   后足连爪明显短于胫长 …………………………………………………………………………… 3

3. 体型较大，前臂长大于60 mm ……………………………………………… 中华鼠耳蝠 *M. chinensis*

   体型中等或更小，前臂长小于50 mm ……………………………………………………………… 4

5. 体型中等，前臂长42～50 mm …………………………………………………………………… 6

   体型小，前臂长小于41 mm ………………………………………………………………………… 7

6. 耳较长，向前折转超过吻鼻端5～7 mm …………………………………… 西南鼠耳蝠 *M. altarium*

   耳中等长度，前折略超过吻端 ……………………………………………… 北京鼠耳蝠 *M. pequinius*

7. 翼膜起自踝部或跖部 ……………………………………………………………………………… 8

   翼膜起自外趾基部 ………………………………………………………………………………… 9

8. 前臂长小于39 mm ………………………………………………………… 华南水鼠耳蝠 *M. laniger*

   前臂长大于39 mm ………………………………………………………… 毛腿鼠耳蝠 *M. fimriatus*

9. 耳较短圆，前折不达吻端，耳屏较宽 ……………………………………… 长尾鼠耳蝠 *M. frater*

   耳较尖长，向前折转可达其吻部，耳屏细 ………………………………… 大卫鼠耳蝠 *M. davidii*

（81）西南鼠耳蝠 *Myotis altarium* Thomas，1911

英文名 South-western Mouse-eared Bat、Szechwan Myotis

Myotis altarium Thomas, 1911. Abstr. Proc. Zool. Soc. Lond. (90): 3（模式产地：四川峨眉山）; Allen, 1938. Mamm. Chin. Mong., 207; 胡锦矗和王酉之，1984. 四川资源动物志 第二卷 兽类，42-43; 张荣祖，1997. 中国哺乳动物分布，37; 王酉之和胡锦矗，1999. 四川兽类原色图鉴，95; 王应祥，2003. 中国哺乳动物种和亚种分类名录与分布大全，41; Simmons, 2005. Chiroptera. In Wilson and Reeder. Mamm. Spec. World, 3rd ed., 501; Smith和解焱，2009. 中国兽类野外手册，337; Wilson and Mittermeier, 2019. Hand. Mamm. World, 956. 魏辅文，等，2021. 兽类学报，41(5): 487-501.

鉴别特征　体型中等，前臂长43.0～46.7 mm。耳长，向前折超过吻端5～7 mm。翼膜起于踝部；后足连爪长度约为胫长的1/2。头骨吻很短，明显上翘。

形态

外形：体型中等，前臂长43.0～46.7 mm。吻较短，口须发达。耳及耳屏尖长，耳向前折超过吻端5～7 mm；耳屏基部宽，尖端尖；耳垂明显，耳靠眼侧基部有一突出部。翼膜起于踝部，距发达，距长约为同侧股间膜缘长度的1/2，距缘膜较窄。尾长超过前臂长，接近体长，后足连爪长度约为胫长1/2。胫部及股间膜外缘均无毛。

毛色：体背毛基黑棕色，毛尖棕褐色；腹面毛基棕褐色，毛尖浅沙黄色。

头骨：头骨形态比较特别，前颌骨与脑颅的过度很平缓；吻很短，明显上翘，从侧面看，上翘的上颌齿列线与颧骨（或颅底面）大约呈135°的夹角；矢状脊及人字脊均不明显；腭桥明显上凹；吻、鼻背侧中央具较浅的纵形凹沟；脑颅较大。

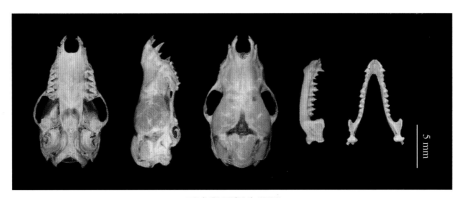

西南鼠耳蝠头骨图

牙齿：齿式2.1.3.3/3.1.3.3 = 38。上颌第1、2枚前白齿特别小，均在齿列线上，外侧面观，第1上前白齿高约为上颌犬齿的1/3，第2上前白齿高接近第1枚上前白齿，略小于第1上前白齿，上颌犬齿尖长，明显高于第3上前白齿。下颌第1、2前白齿略大于上颌第1、第2前白齿，均位于齿列线上，第1下前白齿高约为下颌犬齿的1/2，第2下前白齿高接近第1下前白齿，下颌犬齿略高于第3下前白齿。

量衡度（衡：g；量：mm）

外形：

编号	性别	体重	体长	尾长	后足长	耳长	前臂长	胫长	采集地点
GZHU04313	♀	—	46.0	—	11	18	45	20.0	四川峨眉山
GZHU04314	♂	—	—	—	10	20	43	19.5	四川峨眉山
GZHU04317	♂	—	47.0	—	11	20	45	20.0	四川峨眉山
GZHU20202	♂	13	48.0	47	10	20	46	22.0	四川青川
GZHU20229	♂	9	48.0	49	12	21	44	20.0	四川青川

(续)

编号	性别	体重	体长	尾长	后足长	耳长	前臂长	胫长	采集地点
CWNU02043	♀	8	50.0	49	10	20	45	—	四川开江
CWNU02063	♀	—	51.5	—	8	18	47	21	四川开江
CWNU02064	♀	—	—	41	8	20	46	—	四川开江
MYTCP06006	♀	9	52.0	49	—	20	47	22.0	四川平武
MYTCP06008	♂	8	52.	48	11	20	45	—	四川平武

头骨：

编号	颅全长	基长	颧宽	眶间宽	脑颅宽	颅高	上齿列长	下齿列长	下颌骨长
GZHU98010	15.10	15.30	9.90	5.00	7.80	6.80	5.90	6.80	11.40
GZHU98011	14.70	14.90	9.80	4.90	7.80	6.70	6.00	6.70	11.40
GZHUH95016	14.80	15.20	—	5.10	7.90	7.50	6.10	6.50	11.80
GZHU04313	15.40	15.20	9.90	5.00	8.20	7.20	6.20	6.70	11.50
GZHU04314	15.10	15.00	9.70	4.80	7.60	7.10	6.10	6.80	11.60
GZHU04317	15.20	15.10	10.70	4.90	8.00	7.10	6.20	6.80	11.70
GZHU20202	15.31	—	9.76	4.83	7.68	7.26	6.30	6.79	11.95
GZHU20229	15.33	—	9.87	4.77	7.86	7.09	6.08	6.40	11.61
CWNUH95004	14.70	14.60	9.20	4.90	7.50	7.40	6.20	6.60	11.40
CWNUH95006	15.20	14.80	9.10	4.90	7.90	7.60	6.10	6.50	11.40
MYTCP06006	15.20	15.50	—	4.70	7.80	6.30	6.40	7.00	11.90
MYTCP06008	15.00	14.80	9.60	4.80	7.50	6.30	—	6.60	11.40

生态学资料 栖息于潮湿的山洞内，与其同栖的有中华菊头蝠、贵州菊头蝠、皮氏菊头蝠、小菊头蝠等，但不混栖一处，冬季常见单只倒挂在有水流的洞壁冬眠（吴毅，1999；石红艳等，2006；符丹凤，2010）。声波为FM型，频率范围63.3～42.9 kHz。

地理分布 模式标本产自四川峨眉山，在四川还分布于江油、平武、广元（青川唐家河）、华蓥、开江、渠县，国内还分布于陕西、重庆、贵州、云南、河南、湖北、湖南、安徽、福建、江西、广东、广西。国外分布于印度东北部、泰国东部、越南北部。

分类学讨论 本种无亚种分化。

分省（自治区、直辖市）地图——四川省

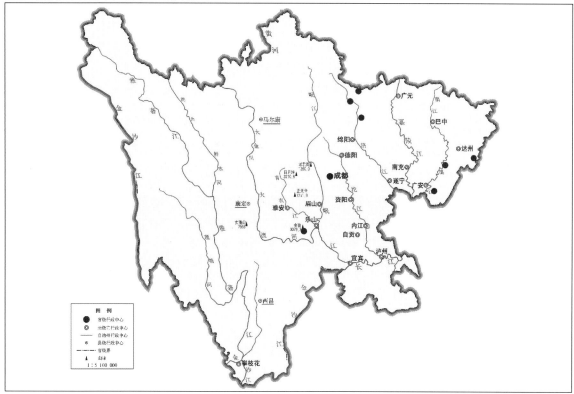

审图号：GS（2019）3333号

自然资源部 监制

西南鼠耳蝠在四川的分布
注：红点为物种的分布位点。

（82）中华鼠耳蝠 *Myotis chinensis*（Tomes，1857）

别名 大鼠耳蝠

英文名 Large Myotis

Vespertilio chinensis Tomes, 1857. Proc. Zool. Soc.Lond., 52（模式产地：中国南部）.

Myotis chinensis Allen, 1923. Amer. Mus. Novitates, 85; Allen, 1938. Mamm. Chin. Mong., 208-210.

Myotis myotis chinensis Ellerman and Morrison-Scott, 1951. Check. Palaea. Ind. Mamm., 44; 张荣祖，1997. 中国哺乳动物分布，39.

Myotis chinensis Corbet and Hill, 1992. Mamm. Indo-Malay. Reg., 120-121; 王酉之和胡锦矗，1999. 四川兽类原色图鉴，93; 王应祥，2003. 中国哺乳动物种和亚种分类名录与分布大全，43; Simmons, 2005. Chiroptera. In Wilson and Reeder. Mamm. Spec. World, 3rd ed., 504-505; Smith 和解焱，2009. 中国兽类野外手册，339-340; Wilson and Mittermeier, 2019. Hand. Mamm. World, 981; 魏辅文，等，2021. 兽类学报，41(5): 487-501.

鉴别特征 体型较大，前臂长62.3～66.8 mm。吻较长，吻、鼻端毛很稀少。耳长，耳尖端钝圆，耳屏长不及耳长的1/2或约为1/2。翼膜起自趾基部。胫及股间膜背腹侧均无毛，距不发达，无距缘膜。尾较长，约等于或超过前臂长。后足连爪长度约为胫长1/2。

形态

外形：体型较大，前臂长62.3～66.8 mm。吻较长，似鼠，吻鼻端毛很稀少。耳长，耳约1/2处向内侧凹入，形成很多褶皱，耳尖端钝圆，耳屏尖长约超过耳长的一半。距较短，距基部略有距缘膜。尾不由股间膜的后缘伸出。后足连爪长度约为胫长1/2。

毛色：体背毛整体深棕褐色，毛基黑色，毛尖深棕褐色，亚成体毛色更深；腹面毛基黑灰色，毛尖在腹面中心占整个腹面约一半的地方是灰白色或浅沙褐色，体两侧的稍深些。

头骨：头骨较狭长，前颌骨与脑颅的过渡较平缓，吻较尖而长，吻、鼻背侧很平滑，中央不具纵形沟；矢状脊及人字脊发达，矢状脊及人字脊交叉处明显向颅骨后突起，脑颅椭圆形。

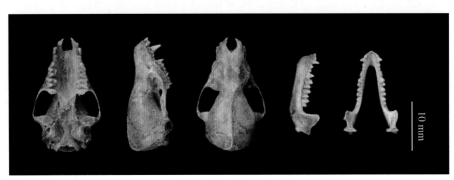

中华鼠耳蝠头骨图

牙齿：齿式2.1.3.3/3.1.3.3 = 38。第1、2上白齿的W形齿冠很明显，上颌第1、2枚前白齿很小，上颌第2枚前白齿偏向齿列的内侧，从齿冠面观，第2上前白齿大小是第1上前白齿的1/3，侧面观不易见到第2上前白齿，上颌第1枚前白齿高齐上颌犬齿的基盘。第3上前白齿高于白齿，上颌犬齿明显高出第3上前白齿。下颌的第1、2枚前白齿位于齿列线上。下颌第1枚前白齿高约为下颌犬齿的1/2，第2下前白齿高约为第1下前白齿的1/2。下颌犬齿略高于第3下前白齿。

量衡度（衡：g；量：mm）

外形：

编号	性别	体重	体长	尾长	后足长	耳长	前臂长	胫长	采集地点
CWNUK98025	♂	—	60	50.0	12.0	20.0	65.0	29	四川开江
CWNUK98067	♂	—	67	68.0	12.0	19.0	65.0	29	四川开江
CWNUK98068	—	—	63	55.0	12.5	20.0	64.0	30	四川开江
CWNUY95039	♂	30	82	73.0	13.0	20.5	62.0	27	四川华蓥
MYTCM05010	♀	34	74	71.0	17.0	19.0	66.0	30	四川绵阳
MYTCM05011	♀	40	77	71.0	16.0	19.0	67.0	31	四川绵阳
MYTCM05012	♀	38	72	71.0	16.0	19.0	67.0	30	四川绵阳
MYTCM05018	♂	38	76	72.0	18.0	20.0	66.5	31	四川绵阳
MYTCM05025	♀	—	72	69.5	16.0	18.0	63.0	30	四川绵阳

头骨：

编号	颅全长	基长	颧宽	眶间宽	脑颅宽	颅高	上齿列长	下齿列长	下颌骨长
CWNUK98025	23.60	22.40	15.20	5.20	10.20	10.10	9.50	10.50	18.30

（续）

编号	颅全长	基长	颧宽	眶间宽	脑颅宽	颅高	上齿列长	下齿列长	下颌骨长
CWNUK98067	22.90	21.90	15.00	5.30	10.10	10.00	9.20	10.00	17.60
CWNUK98068	23.50	22.30	14.80	5.40	10.50	9.90	9.50	10.50	18.10
CWNUY95039	23.30	22.70	15.30	5.30	10.30	9.10	9.60	11.20	17.90
MYTCM05010	24.00	22.50	15.10	5.50	10.50	9.60	9.70	10.80	18.30
MYTCM05011	23.60	22.60	15.20	5.60	10.00	10.30	9.60	10.40	18.30
MYTCM05012	22.40	21.50	14.80	5.50	10.10	9.70	9.10	10.10	17.60
MYTCM05018	23.90	23.00	15.70	5.80	10.50	10.50	9.80	10.70	18.30
MYTCM05025	21.60	21.70	14.30	5.40	10.10	9.40	9.30	9.80	17.60

生态学资料 常单只到数十只栖息于潮湿的岩洞缝隙或洞壁，在它们栖息的岩洞上常形成很多大小不等的圆或半圆洞，距地面1～10 m，同栖者有蹄蝠、中菊头蝠、水鼠耳蝠、毛腿鼠耳蝠、大足鼠耳蝠、亚洲长翼蝠等。白天少活动，主要在黄昏活动，主要吃昆虫。5—7月产仔育幼，1998年5月10日，在开江一洞穴发现中华鼠耳蝠幼仔已全身长毛。

地理分布 在四川分布于绵阳（安州）、江油、华蓥、开江、会东等处，国内分布于内蒙古、重庆、贵州、云南、湖北、湖南、安徽、福建、江苏、江西、浙江、广东、广西、海南、香港。国外分布于缅甸东部、泰国北部、老挝北部、越南北部和中部。

分省（自治区、直辖市）地图——四川省

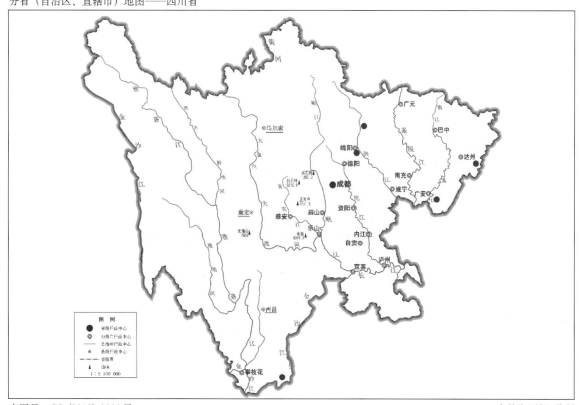

审图号：GS（2019）3333号 自然资源部 监制

中华鼠耳蝠在四川的分布

注：红点为物种的分布位点。

分类学讨论　中华鼠耳蝠曾被列入大鼠耳蝠 *Myotis myotis* 下亚种（Ellerman and Morrison-Scott，1951；张荣祖，1997），但此观点未得到普遍承认（Lekagul and Mcneely，1997；Corbet，1978；Horácek et al.，2000；Kawai et al.，2003）。Allen 通过查看大量标本、测量并比对，将分布于四川的定为四川亚种 *Myotis chinensis luctuosus*；分布于浙江、福建、云南的定为华南亚种 *Myotis chinensis chinensis*（Allen，1923，1938）。王应祥（2003）也列出中华鼠耳蝠的2个亚种：分布在江苏、浙江、福建、江西、广东、香港、广西、海南、湖南的为华南亚种；分布在四川、贵州、云南（保山）的为四川亚种。Simmons（2005）、Smith 和解焱（2009）均未列出亚种，认为该种的地理变异需要进一步研究，Wilson 和 Mittermeier（2019）、魏辅文等（2021）也赞同此观点，认为其为单型种。

（83）毛腿鼠耳蝠 *Myotis fimbriatus*（Peters，1870）

别名　栉鼠耳蝠

英文名　Fringed Long-footed Myotis、Hairy-legged Myotis

Vespertilio fimbriatus（Peters, 1870）. Peters, 1870. Proc. Zool. Soc. Lond., 617(模式产地：福建厦门).

Myotis capaccinii fimbriatus 张荣祖, 1997. 中国哺乳动物分布, 42.

Myotis hirsutus Howell, 1926. Proc. Biol. Soc. Wash., 39: 139. Yeping, FuKien, 1929. Prpc. U. S. Nat. Mus, Vol. 75, art. I. 15; 王应祥, 2003. 中国哺乳动物种和亚种分类名录与分布大全, 44-45.

Myotis fimbriatus Allen, 1938. Mamm. Chin. Mong., 214; 王酉之和胡锦矗, 1999. 四川兽类原色图鉴, 98; 王应祥, 2003. 中国哺乳动物种和亚种分类名录与分布大全, 44; Simmons, 2005. Chiroptera.In Wilson and Reeder. Mamm. Spec. World, 3rd ed., 507; Smith 和解焱, 2009. 中国兽类野外手册, 342. Wilson and Mittermeier, 2019. Hand. Mamm. World, 974; 魏辅文, 等, 2021. 兽类学报, 41(5): 487-501.

鉴别特征　体型中等，前臂长 39 ～ 43 mm。胫背有较密的绒毛。后足强大，连爪的长度约 8 ～ 10 mm，没有距缘膜。翼膜起于跖部。

形态

外形：体型中等，前臂长 39 ～ 43 mm。后足强大，连爪长度约 8 ～ 10 mm。胫背侧有毛，距没有距缘。耳尖长，耳屏较细长，不及耳长的一半。翼膜起自跖部近踝关节处。

毛色：毛短而密，无光泽。头顶毛色与体背的相似，为灰棕色，毛基较暗；腹面毛基深灰，毛尖淡褐色；尾基和肛门周围毛基和毛尖灰白色；股间膜近躯体部和胫的背腹面密布绒毛（背面为灰棕色，腹面灰白色），最后一节尾椎骨伸出股间膜。

头骨：头骨较华南水鼠耳蝠 *Myotis laniger* 略大。吻、鼻部相对较长，略上翘，吻、鼻背侧中央具明显的纵形凹沟；颅顶圆形，上枕部向后凸出，使脑颅呈球状，矢状脊和人字脊均不显著。

牙齿：齿式 2.1.3.3/3.1.3.3 = 38。上颌犬齿齿冠略高于最后一枚前白齿，第1、2上前白齿很小，位于齿列线上或略偏内侧，从外侧面观，第1上前白齿齿冠高略超过上颌犬齿的1/3，第2上前白齿齿冠高约为第1上前白齿的2/3，从齿冠面观，第2上前白齿齿冠面积大小约为第1上前白齿的2/3，第2上前白齿与第3上前白齿间有明显的缝隙。第3上前白齿齿锋略高于白齿。下颌第3门齿是犬齿

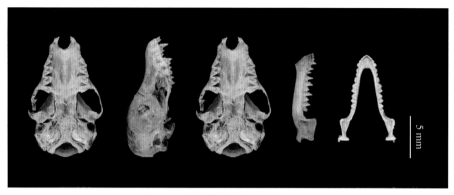

毛腿鼠耳蝠头骨图

的一半高，下颌犬齿高与第3下前臼齿相近。

模式标本量度：前臂长40 mm。Howwell（1929）给出了12号标本的平均值：体长48 mm，尾长39 mm，耳长15 mm，前臂长39 mm，后足长10.4 mm，胫骨长15.1 mm。

量衡度（衡：g；量：mm）

外形：

编号	性别	体重	体长	尾长	后足长	耳长	前臂长	胫长	采集地点
GZHU14085	♀	8	47	41	9	16	43	18	广东双柏

头骨：

编号	颅全长	基长	颧宽	眶间宽	脑颅宽	颅高	上齿列长	下齿列长	下颌骨长
MYTCA07001	15.04	14.65	9.34	3.35	8.43	6.34	5.95	6.23	11.02
GZHU14085	15.20	14.70	9.62	4.14	8.05	7.23	5.88	6.13	11.26

生态学资料　栖息于岩洞和隧道，数只成群，初夏产仔。

地理分布　中国特有种。在四川分布于石棉及绵阳（安州），在省外，福建亚种分布于贵州、云南、安徽、福建、江苏、江西、浙江、广东、香港；台湾亚种分布于台湾。

分类学讨论　某些学者将毛腿鼠耳蝠与*Myotis daubentonii*并为1个种，如Dobson（1878），但是Allen（1938）、彭鸿绶（1962）、王应祥（2003）将其独立为种。Howell（1929）认为该种可能和欧洲种类*Myotis capaccinii*是1个种，它们的头骨和大的足、胫上多毛等特征都很相似。Ellerman等（1951）也认为毛腿鼠耳蝠可能是*M. capaccinii*在中国的代表。Corbet（1980）等仍将之单列为1个种。Simmons（2005）认为王应祥（2003）列出的分布于福建和云南的毛须鼠耳蝠*M. hirsutus*是毛腿鼠耳蝠的同物异名。*M. f. taiwanensis* Linde，1908原来是独立种，现认为是毛腿鼠耳蝠的1个亚种。全世界共2个亚种，福建亚种（指名亚种）*M. f. fimbriatus* Peter，1871，模式产地为中国福建厦门；台湾亚种*M. f. taiwanensis* Linde，1908，模式产地为中国台湾。四川的毛腿鼠耳蝠是指名亚种，但资料匮乏，有待进一步采集标本，并通过形态结构结合分子遗传学研究进一步确认。

分省（自治区、直辖市）地图——四川省

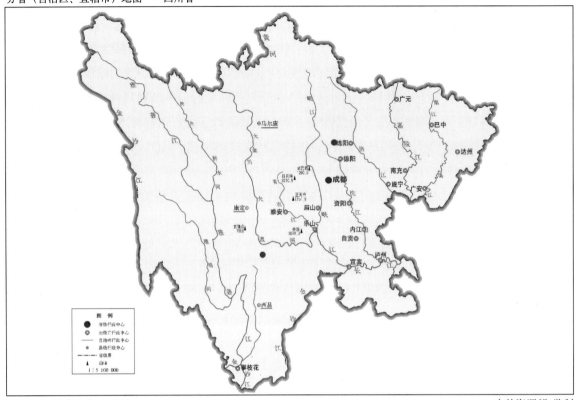

审图号：GS (2019) 3333号

自然资源部 监制

毛腿鼠耳蝠在四川的分布
注：红点为物种的分布位点。

(84) 华南水鼠耳蝠 *Myotis laniger*（Peters，1870）

英文名 Chinese Water Myotis、Woolly-faced Bat

Vespertilio laniger Peters, 1870. In Swinhoe, Proc. Zool. Soc. Lond., 617(模式产地：福建厦门).

Vespertilio fimbriatus Dobson, 1878. Cat. Chiroptera Brit. Mus., 298 (part).

Myotis sowerbyi A. B. Howell, 1920. Proc. Biol. Soc., 39: 138; U. S. Nat. Mus., Vol. 75, art. I, 16, 1929.

Myotis daubentoni laniger Peters, 1870. Ellerman and Morrison-Scott, 1951. Check. Palaea. Ind. Mamm. 147; 张荣祖，
1997. 中国哺乳动物分布，40; 王应祥，2003. 中国哺乳动物种和亚种分类名录与分布大全，44.

Myotis laniger Peters, 1870. Allen, 1938. Mamm. Chin. Mong., 218-220; Simmons, 2005. Chiroptera. In Wilson and
Reeder. Mamm. Spec. World., 509; Wilson and Mittermeier, 2019. Hand. Mamm. World, 964-965.

鉴别特征 体型较小，前臂长36.6 ～ 40.5 mm。后足连爪长约超过胫长一半。毛无光泽。

形态

外形：体型较小，前臂长36.6 ～ 40.5 mm。肘部及股附近具有浅褐或者浅灰色长毛。耳端狭尖，耳屏细长，其长约为耳长一半。翼膜附着于跖部近踝关节。后足连爪长约6.2 ～ 10.3 mm，略超过胫长的一半，具较多硬毛。距没有明显的距缘膜。阴茎呈棒状。

毛色：被毛相对较短，浓密而无光泽。背侧毛整体深灰褐色，毛基黑褐色；体腹面毛基黑色，腹部毛尖灰白色。

头骨：头骨纤弱。吻部略向上翘；头骨侧面轮廓自眼眶前急剧上升到顶部几乎水平地到达枕区；脑颅表面凸圆，较光滑；缺乏矢状脊。

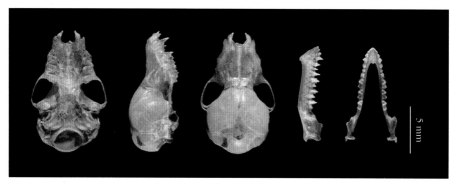

华南水鼠耳蝠头骨图

牙齿：齿式2.1.3.3/3.1.3.3＝38。牙齿特别细弱，上颌臼齿有1个明显的原小尖；上颌犬齿略高于最后一枚前臼齿；上颌第2上前臼齿比第3上前臼齿小，位于齿列中；门齿小。下颌臼齿鼠耳蝠型（myotodont）。下颌犬齿比上颌犬齿更小，不及最后一枚下前臼齿高。

量衡度（衡：g；量：mm）

外形：

编号	性别	体重	体长	尾长	后足长	耳长	前臂长	胫长	采集地点
GZHU16156	♀	5	43	36	8	13	37	16.0	四川宝兴
GZHU16157	♂	4	36	35	7	12	37	14.0	四川宝兴
GZHU20213	♀	6	46	37	10	15	38	16.0	四川青川
GZHU20236	♀	6	44	36	10	15	39	17.0	四川青川
GZHU20249	♀	7	46	36	10	16	39	16.5	四川青川
MYTC21123	♀	7	43	35	10	16	39	16.0	四川青川
MYTC21124	♂	7	45	31	10	16	37	16.0	四川青川

头骨：

编号	颅全长	基长	颧宽	眶间距	脑颅宽	颅高	上齿列长	下齿列长	下颌骨长
GZHU16154	14.10	—	9.38	4.35	7.23	6.68	5.31	5.69	10.39
GZHU16157	13.54	—	8.33	3.62	6.72	5.72	5.41	5.64	10.22
GZHU16156	12.98	—	8.05	3.25	6.41	6.07	4.71	5.08	9.61
GZHU20213	14.77	—	8.89	3.44	7.32	7.33	5.66	6.08	10.91
MYTC21123	14.41	13.80	8.95	3.49	7.35	6.73	5.72	6.12	10.80
MYTC21124	14.55	13.68	8.72	3.39	7.21	—	—	—	10.32

生态学资料　栖于潮湿通风的岩洞中，爬伏于石缝或倒挂在石壁上，有时与毛腿鼠耳蝠和亚洲长翼蝠混居在一起。主要捕食近水面活动的双翅目 DIPTERA 及其幼虫，体积百分比和频次百分比分别为 79.7% 和 100%；其次为小型的鞘翅目 COLEOPTERA，主要为金龟子科 Scarabaeidae 和鳞翅目 LEPIDOPTERA，体积百分比分别为 6.4% 和 4.3%，频次百分比分别为 34.9% 和 20.3%（胡开良等，2012）。

地理分布　在四川分布于青川、平武、宝兴金汤、孔玉等处，其他地区有待调查。国内还分布于安徽、云南、江西、江苏、浙江、福建、海南、台湾等地。国外分布于印度东北部、老挝中部及东北部、越南北部。

分省（自治区、直辖市）地图——四川省

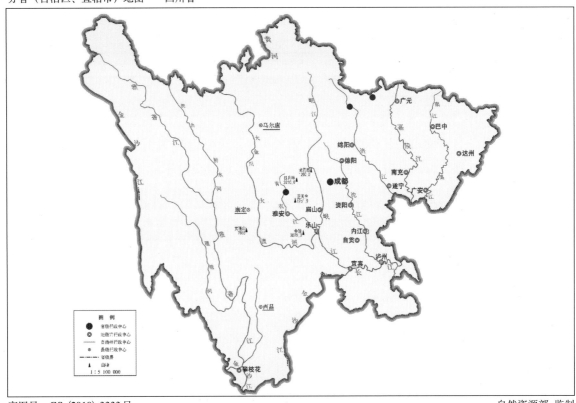

审图号：GS (2019) 3333 号　　　　　　　　　　　　　　　　　　　自然资源部 监制

华南水鼠耳蝠在四川的分布
注：红点为物种的分布位点。

分类学讨论　Peters 在 Swinhoe（1870）的书中对 *Myotis laniger* 的描述相对简短，仅提到了该物种的一些主要区分特征，如：相对较长的后足超过胫骨长度一半，翼膜附着在跖中部，犬齿弱小。Allen（1938）在其影响深远的著作中，对该物种做了详细的描述，然而其描述很大程度上是基于 *M. laniger* 类型系列的另一物种 *M. sowerbyi*，由此引发了许多关于 *M. laniger* 确切特征的困惑。Shamel（1942）重新研究了 *M. sowerbyi*，并将其归为 *M. siligorensis* 的 1 个亚种，这是其目前的分类位置（Corbet and Hill 1992；Simmons，2005；Peacock，2019）。Tate（1941）、Bates 和 Harrison（1997）依据 Allen（1938）对 *M. laniger* 形态的详细描述，得出的结论是 *M. laniger* 应该被视为 *M. daubentonii* 的同物异名。然而 *M. daubentonii* 现在被认为局限于古北界西部（Rudi，2015；Wilson and Mittermeier，2019）。*M. laniger* 作为水鼠耳蝠亚种 *M. daubentonii laniger* 的观点在一段时期内被许多学者使用（Ellerman and Morrison-Scott，1951；Corbet，1992；王应祥，2003；张荣组，1997）。

无亚种分化。

（85）大卫鼠耳蝠 *Myotis davidii*（Peters，1869）

别名　小鼠耳蝠

英文名　David's Myotis

Vespertilio davidii Peters, 1869. Mber. Preuss. Kad. Wiss., 402; Sinhoe, 1870. Proc. Zool. Soc. Lond., 618.

Myotis davidii J. Allen, 1906. Bull, Amer. Mus. Nat. Hist., 22: 488; Howell, 1929. Proc. U. S. Nat. Mus., 75, art. I:15; Allen, 1938. Mamm. Chin. Mong., 223; Ellerman and Morrision-Scott, 1951. Check. Palaea. Ind. Mamm., 149; Xu, et al., 1983. Birds and Beasts of Hainan Island: Mammalia, 302; Lao, 1993. Mamm. Faun. Guizhou, 121; 张荣祖, 1997. 中国哺乳动物分布, 42; Simmons, 2005. Chiroptera. In Wilson and Reeder. Mamm. Spec. World, 3rd ed., 506; 吴毅, 2005. 翼手目. In 盛和林. 中国哺乳动物图鉴, 112; Smith 和解焱, 2009. 中国兽类野外手册, 341-342; Zheng and Song, 2010. Mamm. Qinling Mountain Area, 125; Wilson and Mittermeier, 2019. Hand. Mamm. World, 956-957; 魏辅文, 等, 2021. 兽类学报, 41(5): 487-501.

Myotis mystacinus davidii 王应祥, 2003. 中国哺乳动物种和亚种分类名录与分布大全, 42.

鉴别特征　体型较小的鼠耳蝠，前臂长 32 ～ 37 mm。翼膜起始于外趾基部，无距缘膜。胫裸露，尾膜具少许毛发。颅全长 12 ～ 13 mm。脑颅圆鼓光滑，头骨侧面观额部上升较陡，顶部较为平缓。第 2 上前白齿很小，略微偏向齿列线内侧。

形态

外形：小型鼠耳蝠，前臂长 32 ～ 37 mm。耳较尖长，向前折转可达其吻部；耳屏细而短，约为耳长的 1/2。翼膜起始于外趾基部，股间膜起始于踝关节，无距缘膜，胫裸露；尾膜具少许毛发，尾尖游离少许。后足连爪长约为胫长的一半。

毛色：背毛和腹毛毛基黑色，毛尖分别为灰褐色和浅灰色。

头骨：颅全长 12 ～ 13 mm。头骨的额—鼻部弯曲不明显，脑颅圆鼓，矢状脊及人字脊不显；颧弓细弱外凸，颧宽明显超过后头宽，听泡较为发达。

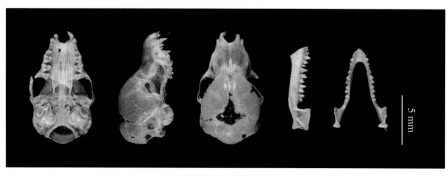

大卫鼠耳蝠头骨图

牙齿：齿式2.1.3.3/3.1.3.3 = 38。上颌第1门齿略高于第2门齿，且上颌第1门齿向内倾斜程度大于第2门齿。上颌犬齿不发达，仅略高于第3上前白齿。第1和第2上前白齿都很小，第2上前白齿高度约为第1上前白齿的2/3，第1上前白齿位于齿列线上，第2上前白齿略微偏向齿列线内侧。第1、2上白齿的W脊明显，第3上白齿退化，W脊不完整，齿冠面积略超过第1上白齿和第2上白齿的一半。下颌第1、2门齿扁长，下颌犬齿不发达，侧面观略低于第3下前白齿的高度；第1上前白齿较发达，第2下前白齿高度约为第1下前白齿的1/2，二者都位于齿列线上。3枚白齿均呈W形，前一齿尖明显高于第2齿尖。

量衡度（衡：g；量：mm）

外形：

编号	性别	体重	体长	尾长	后足长	耳长	前臂长	胫骨长	采集地点
MYTCM1106	♂	7	35	39	8	13	36	16	四川旺苍

头骨：

编号	颅全长	基长	颧宽	眶间宽	颅宽	颅高	上齿列长	下齿列长	下颌骨长
MYTCM10030	12.02	11.18	8.14	2.96	6.35	6.33	4.64	5.01	9.18
MYTCM99007	12.84	12.02	8.06	3.20	6.47	6.20	4.42	5.29	9.11
MYTCM99005	12.69	11.97	7.91	3.25	6.28	6.01	4.61	5.24	9.23
MYTCA06012	12.92	12.34	8.14	3.24	6.36	6.26	4.70	5.41	9.32
MYTCM99008	12.42	12.09	—	3.08	6.01	5.85	4.69	4.92	9.11
MYTCM1106	12.57	12.13	7.74	3.30	6.18	6.02	4.87	5.18	9.33

生态学资料　喜栖息在潮湿的山洞中，周围分布有复杂茂密的乔灌木或阔叶林，郁闭度60%～90%。另外，大卫鼠耳蝠发射短时、宽带、高频的调频声波，这能为其提供更精确的目标信息，其高主频对应较短的波长，更适合探测小体型猎物。

地理分布　在四川分布于绵阳（安州）、天全、广元（旺苍）等处，国内还分布于北京、陕西、甘肃、安徽、重庆、广东、广西、贵州、江苏、江西、云南、海南、香港（You et al., 2010；Smith 和解焱，2009；王应祥，2003；张荣祖，1997）。

国外分布于欧洲东南部，从阿尔巴尼亚、希腊（包括克里特岛）北部到乌克兰南部、俄罗斯南部、高加索、土耳其、伊朗北部，并通过亚洲中部到蒙古西部及北部、喜马拉雅山地区、克罗地亚南部、韩国。

分类学讨论　大卫鼠耳蝠被认为与分布在欧洲的水鼠耳蝠Myotis daubentonii很相似，但前者体型略小，且以第2上前白齿略微偏向齿列线内侧和翼膜起始于趾基部而有别于后者。王应祥（2003）把大卫鼠耳蝠列为须鼠耳蝠Myotis mysticinus的北京亚种Myotis mystacinus davidii，然而，依据ND1和Cytb基因，Kawai等（2003）认为它们属于不同的物种。由玉岩和杜江峰(2011)依据分子数据将大卫鼠耳蝠在中国的分布划分为3个区域，即中东部平原区、南方丘陵区和西南高原区，各区内种

分省（自治区、直辖市）地图——四川省

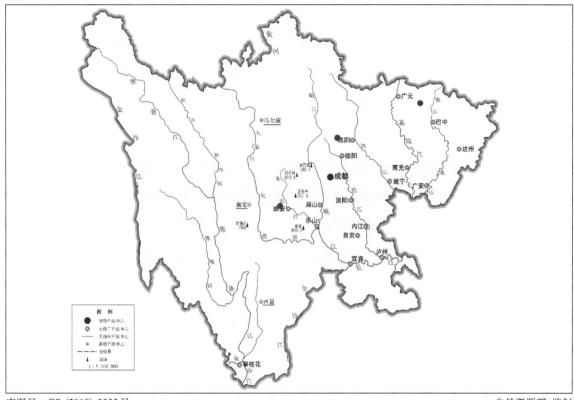

审图号：GS（2019）3333号　　　　　　　　　　　　　　　　　　　　　自然资源部 监制

大卫鼠耳蝠在四川的分布
注：红点为物种的分布位点。

群遗传结构明显。Wilson 和 Mittermeier（2019）将之前独立的 2 个种 *M. nipalensis* 及 *M. aurascens* 并入 *Myotis divedii*，但提出该物种分布与分类存在很多混淆不清之处，3 个分支暂时保留在此复合种中，需要进一步重新厘定。目前暂定为单型种。

(86) 北京鼠耳蝠 *Myotis pequinius* Thomas，1908

英文名　Peking Myotis.

Myotis (Leuconoe) pequinius Thomas, 1908. Proc. Zool. Soc. Lond., 637(模式产地：北京西部); Allen, 1938. Mamm. Chin. Mong., Vol. 11, part. 1: 212-213; 张荣祖, 1997. 中国哺乳动物分布, 41; 王应祥, 2003. 中国哺乳动物种和亚种分类名录与分布大全, 45; Simmons, 2005. Chiroptera. In Wilson and Reeder. Mamm. Spec. World, 3rd ed., 514-515; Smith 和解焱, 2009. 中国兽类野外手册, 347-348; Wilson and Mittermeier, 2019. Hand. Mamm. World, 980-981.

鉴别特征　体型中等，前臂长约 45 mm。耳较长，前折略超过吻端，耳端窄而不尖，耳屏较细长，约为耳长一半。翼膜止于距部。胫部无毛。距发达，长约 26 mm。距缘膜不显。股间膜后缘皮黄色或浅白色，具明显的稀疏短毛缘。

形态

外形：体型中等，前臂长约45 mm。耳较长，前折略超过吻端，耳端窄而不尖，耳屏较细长，约为耳长一半。翼膜止于跖部。胫部无毛。距发达，长约26 mm。距缘膜不显。

毛色：体背毛基暗褐色，毛尖灰褐色，腹面毛基暗褐色，毛尖灰白。

头骨：头骨吻部低矮，略向上翘，吻、鼻部和额部与脑颅的过渡较平缓；顶间骨突出，吻背中央有纵凹，矢状脊和人字脊均不明显。

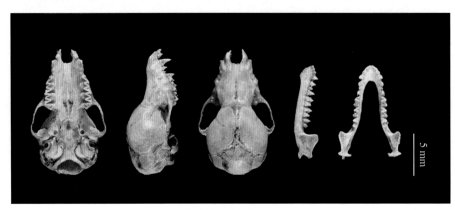

北京鼠耳蝠头骨图

牙齿：齿式2.1.3.3/3.1.3.3 = 38。上颌第1门齿具内、外2个齿尖，外尖长，内尖短，第2门齿齿冠面稍宽。上、下颌第2枚前臼齿均较小，略偏齿列内侧，第1上前臼齿高约为上颌犬齿的1/3，第2上前臼齿高约为第1上前臼齿的2/3，上颌犬齿明显高于第3上前臼齿。下颌第1下前臼齿大，高约为犬齿的2/3，第2下前臼齿高约为第1下前臼齿的1/2，犬齿略高于第3下前臼齿3枚臼齿均呈W形，前齿尖略高于后齿尖。第3下臼齿略小。

量衡度（衡：g；量：mm）

外形：

编号	性别	体重	体长	尾长	后足长	耳长	前臂长	胫长	采集地点
GZNU20203	♀	7	47	48	9	17	45	18	四川青川

头骨：

编号	颅全长	颧宽	眶间宽	脑颅宽	颅高	上齿列长	下齿列长	下颌骨长
GZNU20203	16.38	10.28	4.15	8.11	7.43	6.46	6.65	12.22

生态学资料 栖息于天然岩洞，数量稀少，呈小群栖息，以昆虫为食。四川标本采集于唐家河国家级自然保护区公路边一个约1.7 m高很小的岩洞顶壁石缝，仅见单独的1只处于休眠状态。

地理分布 四川目前仅在广元青川有分布记录，国内还分布于安徽、山东、陕西、北京、河北、江苏、河南。

分类学讨论 中国特有种，无亚种分化。

分省（自治区、直辖市）地图——四川省

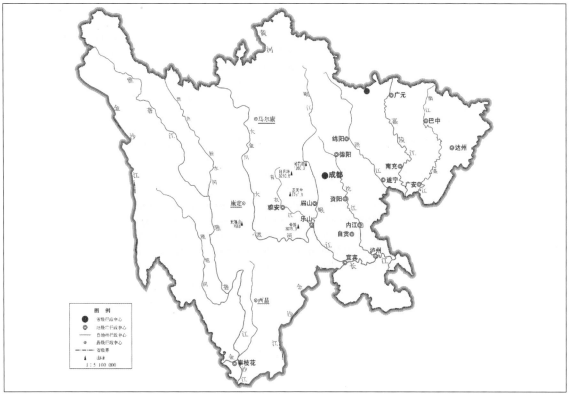

审图号：GS (2019) 3333号 自然资源部 监制

北京鼠耳蝠在四川的分布
注：红点为物种的分布位点。

(87) 长尾鼠耳蝠 *Myotis frater* Allen，1923

英文名 Fraternal Myotis

Myotis frater Allen, 1923. Amer. Mus. Nov., 85: 6(模式产地：福建); Ognev, 1927. Jour. Mamm., 8 (2): 144; Allen,
1938. Mamm. Chin. Mong., 220; 张荣祖, 1997. 中国哺乳动物分布, 38; 王应祥, 2003. 中国哺乳动物种和亚种
分类名录与分布大全, 42; Simmons, 2005. Chiroptera. In Wilson and Reeder. Mammal Species of the World, 3rd
ed., 507; Smith 和解焱, 2009. 中国兽类野外手册, 343; Rudei M, et al., 2015. Zootaxa, 3920 (1), 301-342; Wilson
and Mittermeier, 2019. Hand. Mamm. World, 976-977.

Myotis kaguyae Imaizumi, 1956. Bull. Nat. Sci. Mus., Tokyo, Ser. A, 3: 42-46.

Myotis eniseensis Tsytsulina, 2001. Bonner Zoologische Beiträge, 50: 15-26.

鉴别特征 体型较小，前臂长36.1～39.7 mm。耳较短圆，前折不达吻端，耳屏宽短，约为耳
长一半。胫很长，达17.3～19.4 mm。尾等于或略超过体长。翼膜起于外趾的基部。后足小，后足
连爪长度不及或约为胫长一半。脑颅圆鼓，鼻吻部短，后头极抬高，颞脊外凸。第2上前臼齿退化
并明显被挤到齿列线内侧。

形态

外形：体型较小。耳较短且相对较钝圆，前折不达吻端；耳屏较其他鼠耳蝠短宽，内缘略内凹；耳屏长约为耳长的一半，前缘微凹，下半段较宽，后缘上半段突然向尖端倾斜。胫较长，17.3～19.4 mm，约为后足长（连爪）的2倍。尾等于或略超过体长。翼膜起于外趾的基部。距近踝部渐增宽。胫部及股间膜背腹面无毛，股间膜毛孔排列成平行的V形。

毛色：背毛长而蓬松，毛基暗褐色，毛尖浅沙黄色带光泽；腹面毛基黑褐色，毛尖灰白色。

头骨：头骨的吻、鼻部较短，略向上翘，矢状脊和人字脊均不太明显，颅顶较圆；吻、鼻背中央有浅的纵沟，吻侧面略显浅凹，吻部到颅顶上升较陡，头后部抬高，颞脊外凸。

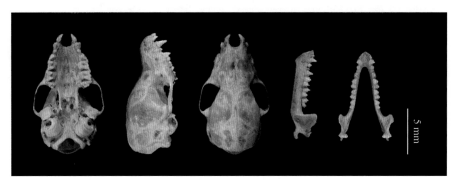

长尾鼠耳蝠头骨图

牙齿：齿式2.1.3.3/3.1.3.3 = 38。齿相对较小而弱，上颌第1上前臼齿、第2上前臼齿均很小，第2上前臼齿极小，肉眼几乎看不见，且明显偏向齿列线内侧，外侧观不到第2上前臼齿尖端。从外侧观，第1上前臼齿高不及上颌犬齿的1/3。上颌犬齿尖长明显超过第3上前臼齿。下颌的第2下前臼齿也很小，位于齿列线上略靠内侧。外侧观第1下前臼齿高约为下颌犬齿1/2，第2下前臼齿高约为第1下前臼齿1/2。下颌犬齿略高于第3下前臼齿。

量衡度（衡：g；量：mm）

外形：

编号	性别	体重	体长	尾长	后足长	耳长	前臂长	胫长	采集地点
SAFY23048	—	—	43.0	45.5	7.5	10.5	40	19	四川平武
CWNUWL81042	♂	7	47.0	47.0	9.0	12.0	36	19	四川卧龙
GZHU10066	♂	5	41.5	39.5	8.0	13.0	37	17	四川天全

头骨：

编号	颅全长	基长	颧宽	眶间宽	脑颅宽	颅高	上齿列长	下齿列长	下颌骨长
CWNUWL81042	13.60	13.60	—	4.10	7.30	6.40	5.10	6.30	12.40
SAFY23048	14.60	14.10	9.40	4.30	7.40	6.70	5.60	6.10	11.00
GZHU10066	13.70	13.20	8.80	4.10	6.70	5.90	5.50	5.90	10.60

生态学资料 多栖于海拔600 m的森林岩洞内，常单只混居于其他蝙蝠种类的集群附近。数量

不多。

　　地理分布　中国特有种。在四川分布于平武、天全、卧龙、甘孜，国内还分布于黑龙江、吉林、内蒙古、安徽、福建、江西、河南、云南、贵州、台湾等地。

分省（自治区、直辖市）地图——四川省

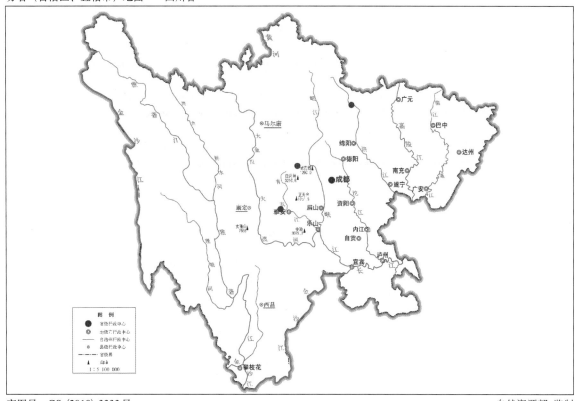

审图号：GS（2019）3333号　　　　　　　　　　　　　　　　自然资源部　监制

长尾鼠耳蝠在四川的分布
注：红点为物种的分布位点。

　　分类学讨论　长尾鼠耳蝠*Myotis frater* Allen，1923最初由 Allen（1923）依据 H. R. Caldwell 1920 年在福建延平采集到的1号标本命名。Ognev（1927）命名西伯利亚东部的标本为 *M. longicaudatus*，因其尾长略超过体长。Ellerman 和 Morrison Scott（1951）又将后者列为长尾鼠耳蝠的1个亚种，即长尾亚种 *M. f. longicaudatus*。王应祥（2003）、Smith 和解焱（2009）列出福建亚种 *M. f. frater*（Allen，1923）分布于福建、安徽、江西、四川；长尾亚种 *M. f. longicaudatus*（Ognev，1927）分布于内蒙古、黑龙江和吉林（马逸清等，1986；张桢珍等，2008）。《安徽兽类志》列出的标本个体稍大（王岐山，1990）。Tsytsulina 和 Strelkov（1999）认为长尾鼠耳蝠分4个亚种：福建亚种 *M. f. fater* Allen，1923；长尾亚种 *M. f. longicaudatus* Ognev，1927；*M. f. kaguyae* Imaizumi，1961 以及分布在西伯利亚红壤叶尼塞河河岸的 *M. f. eniseensis*（Tsytsulina and Strelkov，2001）。然而近期的分子系统学研究结果支持 *M. f. longicaudatus* 独立为种 *M. longicaudatus*；另外2个亚种 *M. f. eniseensis* 及 *M. f. kaguyae* 也作为 *M. f. longicaudatus* 的亚种（Rudei et al，2015）。Jo Yeong-Seok 等（2018）、Wilson 和 Mittermeier（1999）采用了此观点。

　　暂无亚种分化，需要进一步研究。

（88）大足鼠耳蝠 *Myotis pilosus*（Peters，1869）

别名　大脚鼠耳蝠、大足蝠

英文名　Rickett's Big-footed Myotis

Vespertilio pilosus Peters, 1869. Monatsber. Akad. Wiss. Berlin, 403(模式产地在描述新种时未给出); Allen, 1936. Jour. Mamm., XVII, 168 (believed it equal to *Rickettia ricketti*, and that it came from China).

Vespertilio (Leuconoe) ricketti Thomas, 1894. Ann. Mag. Nat. Hist., 14: 300 (模式产地：福建福州).

Capaccinius rickettia Bianchi, 1916. Annuaire Mus. Zool. Acad. Sci., Petrograd, XXI,. xxviii (as subgenus of *Capaccinius*).

Rickettia pilosa (=*pilosus* Peters 1869). Allen, 1938. Mamm. Chin. Mong., 11, part. 1: 224-226.

Myotis ricketti (Thomas, 1894). Ellerman and Morrison-Scott, 1951. Check. Palaea. Ind. Mamm., 150; Tate, 1947. Mammals of Eastern Asia, 84; Corbet and Hill, 1992. Mamm. Indo-Malay. Reg. Syst. Rev., 127; 张荣祖 , 1997. 中国哺乳动物分布 , 42; 吴毅 , 等 , 1999. 四川动物 , 18(2): 88-89; 王应祥 , 2003. 中国哺乳动物种和亚种分类名录与分布大全 , 45-46; Simmons, 2005. Chiroptera. In Wilson and Reeder. Mamm. Spec. World, 3rd ed., 515.

Myotis pilosus Smith 和解焱 , 2009. 中国兽类野外手册 , 348; Wilson and Mittermeier, 2019. Hand. Mamm. World, 974; 魏辅文 , 等 , 2021. 兽类学报 , 41(5): 487-501.

鉴别特征　体型较大，前臂长 57.0 ~ 61.3 mm。后足发达，连爪几乎与胫等长，爪尖利。体背毛深褐色，腹毛灰白色。翼膜始于胫部中间，距长接近股间膜外缘长 4/5。

形态

外形：体型较大，前臂长 57.0 ~ 62.0 mm。吻部具长须。耳向前折不超过吻端，耳屏较短，不及耳长的一半。后足发达，连爪长度几乎等于胫长。翼膜起于胫部中间，无距缘膜，距长约为股间膜外缘的 4/5，尾末端略伸出股间膜。胫部及近胫和尾基部的股间膜被较浓密的毛。

毛色：身体毛短而密。体背毛基黑色，毛尖灰褐色；腹面毛基黑色，毛尖灰白；股间膜上半部和两胁毛为淡黄色。

头骨：头骨较狭长，颅全长约 21.0 mm。人字脊较发达，略有矢状脊；吻、鼻部到颅较平缓，吻、鼻背侧中央具较浅的纵形凹沟。

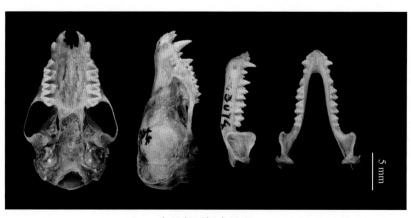

大足鼠耳蝠头骨图

牙齿：齿式2.1.3.3/3.1.3.3 = 38。上、下颌犬齿均发达，齿冠明显高于最后一枚前白齿；上颌第1枚前白齿高为上颌犬齿的1/4或不及1/4，略偏齿列线内侧；第2前白齿很小，齿冠面是第1上前白齿的1/2，明显被挤在齿列线内侧，从上颌外侧面看不见该枚前白齿。上颌犬齿与上颌第1枚前白齿间排列很紧，但与外侧门齿间具有较小的缝隙；上颌最后一枚白齿的W脊不完整，下颌3枚白齿大小相近。下颌第1枚前白齿高度不及下颌犬齿高度的1/2，从下颌外侧面观，第2下前白齿明显较第1下前白齿小，高度约为第1下前白齿的2/3，从齿冠面观，第2上前白齿略小于第1下前白齿，稍偏齿列线内侧。

量衡度（衡：g；量：mm）

外形：

编号	性别	体重	体长	尾长	后足长	耳长	前臂长	胫长	采集地点
CWNU98023	♂	20	69.0	58.0	21	20	61	23.5	四川开江
MYTC00001	♀	—	67.0	64.0	21	17	59	23.0	四川绵阳
MYTC99001	♀	—	69.0	53.5	21	19	59	23.0	四川绵阳
MYTC99002	♂	—	70.0	56.0	20	19	60	22	四川绵阳
MYTC05003	♀	26	68.0	44.5	21	18	59	23	四川绵阳
MYTC05005	♂	22	68.0	48.0	21	19	57	23.0	四川绵阳
MYTC05006	♀	23	71.0	56.0	22	18	58	23.0	四川绵阳
MYTC05008	♀	26	68.0	57.0	22	19	59	23.0	四川绵阳
MYTC05009	♀	26	70.5	56.0	22	17	59	23.0	四川绵阳
MYTC05013	♀	25	70.0	54.0	21	18	58	24.0	四川绵阳
MYTC05014	♀	24	70.0	58.0	21	18	60	23.0	四川绵阳

头骨：

编号	颅全长	基长	颧宽	眶间宽	脑颅宽	颅高	上齿列长	下齿列长	下颌骨长
MYTC00001	21.20	20.80	13.90	5.30	10.30	8.90	8.90	9.50	16.40
MYTC05003	21.60	21.10	13.60	5.10	10.00	9.10	9.00	9.60	16.90
MYTC05005	20.80	19.70	13.30	5.10	9.80	8.80	8.60	9.10	15.70
MYTC05006	21.20	20.50	13.50	5.20	10.00	9.10	8.90	9.40	16.30
MYTC05008	21.30	20.80	14.00	5.10	10.10	9.20	8.90	9.60	16.70
MYTC05009	21.40	20.60	13.80	5.00	10.50	9.00	8.70	9.50	16.20
MYTC05013	21.00	20.50	13.70	5.20	10.10	9.10	8.80	9.40	16.70
MYTC05014	21.40	20.80	13.60	5.30	9.90	8.90	8.70	9.40	16.50
CWNU98059	21.20	20.60	13.50	5.20	10.10	8.80	8.70	9.50	16.20
CWNU98064	21.30	20.70	13.70	5.20	10.40	9.10	8.80	9.60	16.50
CWNU98074	20.70	20.10	13.50	5.10	10.20	9.30	8.60	9.20	15.60

生态学资料　常成群栖于岩洞高处或城墙石缝内，洞内同栖的有普氏蹄蝠、中华菊头蝠、亚洲长翼蝠、中华鼠耳蝠等，曾在绵阳市安州区一洞穴发现一个数千只的繁殖群。现已经证实大足鼠耳蝠具有食鱼性（马杰等，2005）。它已被定为全球轻度濒危的哺乳动物，导致大足鼠耳蝠种群数量下降的原因主要是栖息地丧失和环境破坏。

地理分布　在四川分布于绵阳安州、江油、开江，国内还分布于黑龙江、北京、内蒙古、山西、甘肃、宁夏、青海、新疆、重庆、贵州、云南、湖南、安徽、江苏、江西、山东、浙江、澳门、广东、海南、香港等地（张荣祖等，1997；刘少英等，2001；王应祥，2003；江廷磊等，2008；Smith 和解焱，2009；罗丽等，2011）。国外分布于老挝中部、越南，有报道称在印度有记录，推测缅甸、泰国也可能有分布（Wilson and Mittermeier，2019）。

分省（自治区、直辖市）地图——四川省

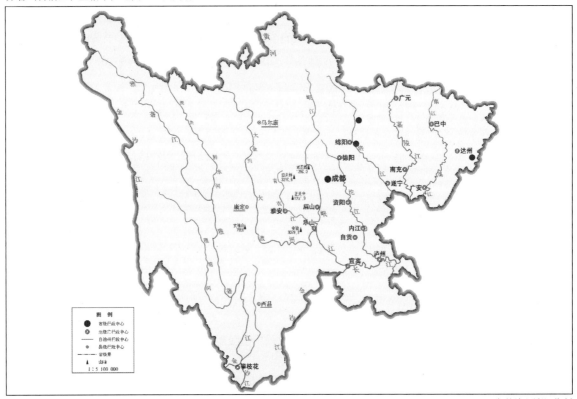

审图号：GS（2019）3333 号　　　　　　　　　　　　　　　　　　　　自然资源部　监制

大足鼠耳蝠在四川的分布
注：红点为物种的分布位点。

分类学讨论　Allen（1938）把大足鼠耳蝠独立为 *Rickettia* 属，认为是鼠耳蝠属 *Myotis* 的分支，其牙齿的齿数同鼠耳蝠，但是后足长与胫骨长相等及翼膜起于胫部中央的特征，明显区别于鼠耳蝠种类；他同时指出，Peters（1869）记录的新种 *Vespertilio pilosus* 应该是来自中国东部的 *Vespertilio (Leuconoe) ricketti* Thomas，1894。因为 Peters 最初是根据巴黎自然历史博物馆内乙醇保存的一只雌性成体蝙蝠命名的，并给出其模式产地在乌拉圭蒙得维的亚（Montevideo），不过在博物馆未查到该标本，也没有找到相关的任何记载，同时未见报道过来自南美洲的其他标本。但 *V. pilosus* 与 Thomas（1894）描述的来自中国福建的新种 *V. ricketti* 极其相似，适用于同一分类单元，故用 *V.*

pilosus 取代 *V. ricketti* （Allen，1938）。Ellerman 和 Morrison-Scott（1951）未采用此观点，仍然采用 *V. ricketti*，并将其归为鼠耳蝠属中的 *Rickettia* Bianchi，1916 亚属。之后，拉丁学名 *Myotis ricketti* 被普遍采用（Tate，1947；Corbet and Hill，1992；张荣祖，1997；王应祥，2003；Simmons，2005）。Nowaki（1993）还把大足鼠耳蝠列为 *Leuconoe* 亚属下的 1 个种。Smith 和解焱（2009）认为 *V. pilosus* 有优先权，学名采用 *Myotis pilosus* Peters。Wilson 和 Mittermeier（2019）、魏辅文等（2021）均沿用此观点。

无亚种分化。

（89）渡濑氏鼠耳蝠 *Myotis rufoniger*（Tomes，1858）

英文名 Redish-black Myotis、Watasei Myotis、Black-and-Orange Bat

Vespertilio rufo-niger Tomes, 1858. Proc. Zool. Soc. Lond., 26 (1): 78-90(模式产地：上海)。

Myotis formosus rufoniger 张荣祖，1997. 中国哺乳动物分布，40；吴毅，等，1988. 四川动物，7(3): 39；王应祥，2003. 中国哺乳动物种和亚种分类名录与分布大全，43-44；Simmons, 2005. Chiropera. In Wilson and Reeder. Mamm. Spec. World, 3rd ed., 507；Smith 和解焱，2009. 中国兽类野外手册，342-343.

Myotis rufoniger 党飞红，等，2017. 四川动物，36(1): 7-13；Wilson and Mittermeier, 2019. Hand. Mamm. World, 951-952；魏辅文，等，2021. 兽类学报，41(5): 487-501.

鉴别特征 体型中等，前臂长 50 mm 左右。体色艳丽，体被橙棕色及橙黄色绒毛。翼膜大部分黑褐色，耳缘及后足黑色。

形态

外形：体型中等，前臂长 50 mm 左右。耳相对于其他鼠耳蝠不特别尖长，尖端弯向外侧，外缘距耳基 1/2 处有一明显的钝角缺刻，有 6 条横列的皱；耳屏尖长，基部较宽，呈楔形，端部略向外弯，基部外侧有一明显的小基叶。翼膜起于外趾基部，距缘膜不明显。后足连爪长度略超过胫长的 1/2；后足及拇指的爪均尖而弯。

毛色：头部毛基部橙黄色，毛尖略有橙棕色；体背毛基到毛尖由黑褐色至橙黄色、橙棕色，毛尖略有黑色；股间膜橙棕色；翼膜大部分黑褐色，偶有橙棕色斑点，靠近体侧、胫骨、肱骨、掌骨和指骨周围的翼膜为橙棕色，两种颜色过渡区有大小不等、形状不同的橙棕色或黑色色斑；股间膜背侧近尾基部有较密的褐色绒毛，近尾缘有栉毛，其余部分无毛，胫部无毛，股间膜腹侧有成行的短的针毛，颜色与股间膜一致；体腹面毛基到毛尖由黑褐色过渡到橙黄色再到棕红色，且从胸部到尾基部黑褐色和棕红色所占比例逐渐增加，肛门周围的毛中间段几乎没有橙黄色；后足黑色，趾背具黑色长毛；爪背侧黑色，腹侧橙棕色，尖而弯；耳郭大部分橙棕色，耳端及外缘黑色，耳基部橙黄色，耳屏基部黄色，尖端橙棕色；鼻部皮肤橙棕色；头部皮肤黄色。

头骨：颅全长约 17 mm，头骨矢状脊较明显，脑颅部高突，颧弓发达。

牙齿：齿式 2.1.3.3/3.1.3.3 = 38。上颌第 1 枚前臼齿高略超过上颌犬齿的 1/3，第 2 枚前臼齿高不及第 1 枚前臼齿的 1/2。上、下颌犬齿均发达，第 2 前臼齿最小，但是都在齿列线上，上颌臼齿的次尖退化，下颌的牙齿与其他鼠耳蝠的牙齿相比偏小。

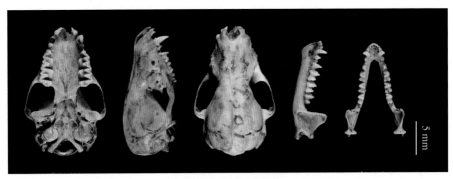

渡濑氏鼠耳蝠头骨图

量衡度（衡：g；量：mm）

外形：

编号	性别	体重	体长	尾长	后足长	耳长	前臂长	胫长	采集地点
CWNU97101	♂	10	52.5	50	12	16	50	22	四川阆中

头骨：

编号	颅全长	基长	颧宽	眶间宽	脑颅宽	颅高	上齿列长	下齿列长
CWNUN8601	17.39	16.67	11.13	4.18	8.16	6.98	7.03	7.60

生态学资料　栖于树林、竹林、洞穴中。发出短、宽带1～2个谐波的回声定位叫声，这种叫声适合在相对开阔的树冠上空、树冠中间以及林间空隙捕食，声波主频率54 kHz左右（刘颖等，2005；江廷磊等，2007）。

地理分布　在四川目前仅见于阆中及浦江，国内还广泛分布于吉林、辽宁、陕西、重庆、贵州、湖北、江西、河南、福建、安徽、浙江、江苏、上海、广西（王应祥，2003；刘颖等，2005；江廷磊等，2007；余燕等，2010；党飞红等，2017），台湾亚种分布于台湾。国外分布于韩国、日本（对马岛1号）、越南北部、老挝东南部（Wilson and Mittermeier，2019）。

分类学讨论　渡濑氏鼠耳蝠与黄金鼠耳蝠Myotis formosus均隶属于Chrysopteron亚属，二者种类划分一直比较混乱。Findley（1972）对M. flavus、M. formosus、M. hermani、M. rufoniger、M. rufopictus、M. welwitschii进行了形态比较，发现它们均很相似，将其划为一类，即formosus-group，但将这6个种归为M. formosus还是formosus-group并未表述清楚。Honacki等（1982）在Findley（1972）的基础上将M. formosus与formosus-group归为同一种，引起了M. formosus和M. rufoniger种名使用的混乱。Kuroda（1938）、Findley（1972）、Koopman（1994）把M. formosus作为M. rufoniger的同物异名，导致二者种名使用更加混乱，直接影响到后来的研究（党飞红等，2017）。党飞红等（2017）结合形态分类学及分子系统学方法对中国渡濑氏鼠耳蝠种名进行了订正，提出部分国内文献描述的绯鼠耳蝠M. formosus应为渡濑氏鼠耳蝠，分布区可能包括四川、贵州、广西、福建、浙江、江苏、安徽、上海、湖北、陕西、吉林、辽宁、重庆、江西、河南，而金黄鼠耳蝠M. formosus目前在中国则呈间断式分布，仅在台湾和江西有分布记录。

分省（自治区、直辖市）地图——四川省

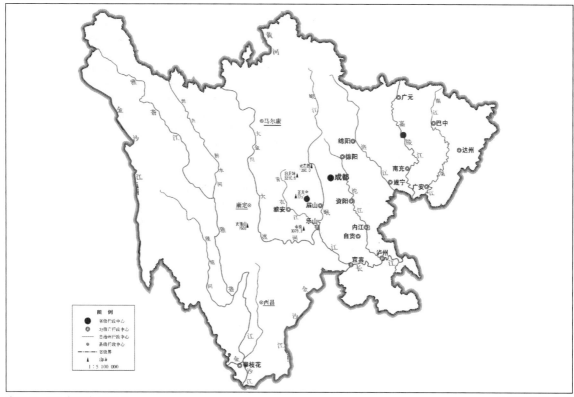

审图号：GS（2019）3333号

自然资源部 监制

渡濑氏鼠耳蝠在四川的分布
注：红点为物种的分布位点。

王应祥（2003）列出中国有2个亚种：指名亚种 *M. f. rufoniger*（Tomes，1858）（现应为 *M. rufoniger rufoniger*），模式产地为中国上海；台湾亚种 *M. f. watasei*（Kishida，1924）（现应为 *M. r. watasei*），模式产地为中国台湾。Wilson 和 Mittermeier（2019）认为 *M. rufoniger* 是单型种，*M. watasei* 是 *M. rufoniger* 的同物异名。该种分类疑点较多，有待进一步扩大标本采集范围开展分类研究。四川分布的是指名亚种。

灵长目

PRIMATES Linnaeus，1758

Primates Linnaeus, 1758. Systema naturae per regna tria naturae secundum classes, ordines, genera, species cum, differentiis, synonymis, locis. Editio decima, reformata. Stockholm, Laurentii Salvii, 1: 20.

灵长目 PRIMATES 是哺乳纲下的目，共2亚目15科，约78属522种，是动物界最高等的类群。通常营树栖生活，少数种类间或生活于地上。多为群栖性。杂食。大部分人以外的灵长目动物栖息于美洲、亚洲及非洲的热带或亚热带区域，只有人类可以住在南极洲以外的任何地区。

　　起源与演化　　在灵长目中最早出现的是一些发现于欧洲和北美洲的近猴类化石，多发现于古新世（Paleocene epoch，距今6 500万～5 300万年）地层。发现于北美洲普尔加托里山的普尔加托里猴（pur-gatorius）化石是迄今为止全球最古老的灵长类动物化石（Mantilla et al., 2021），普尔加托里猴的体型大约和现存的最小灵长类马达加斯鼠狐猴相当。这种哺乳动物有许多牙齿，包括齿冠相对较低的白齿，从这些白齿看，该物种似乎只食用水果，但不排除食用其他食物的可能性。我国山东发现的早始新世的杨氏亚洲更猴（*Asioplesiadpis yungi*）化石也是世界最早的猴类化石之一（傅静芳等，2002）。自始新世（Eocene）开始，狐猴类出现，如泄湖蓝田猴（*Lantianius xiehuensis*）（周明镇，1964）早期的都归入已绝灭的兔猴科，它们的分布范围广，亚洲、北美洲、欧洲均曾发现，但是在非洲没有发现化石证据。到渐新世（Oligocene），已经出现了猿和猴，并且朝不同的方向进化。

　　根据化石证据和分子钟理论研究，非人灵长类的起源可以追溯到距今8 500万～5 500万年，从白垩纪（Cretaceous period）中期到古新世晚期。最初的分子生物学研究认为，灵长类祖先早在9 000万年前的白垩纪中期，就已经与其他哺乳动物分开。2002年，一个由美国和英国科学家组成的研究小组建立了一种新的统计学方法，推断最早的灵长类始祖出现在大约8 150万年前，缩小了灵长类起源问题上化石证据的范围。2013年前后，中国科学院古脊椎动物与古人类研究所倪喜军研究组在我国湖北荆州附近的湖相沉积中发现一具距今5 500万年的最古老、最完整的灵长类化石骨架，被命名为"阿喀琉斯基猴*Archicebus achilles*"（Ni et al., 2013），是古灵长类和古人类学研究领域一项里程碑式的发现。这种古猴身长约7 cm，体重不超过30 g，体积接近现代的小侏儒狐猴。它还具有修长的四肢、尖小的牙齿和大眼窝，证明它善于跳跃和利用四肢走动，以昆虫为食并拥有良好的视力，这对确定类人猿与其他灵长类的分异时间和早期演化模式提供了非常关键的证据。研究人员猜测，这种古猴可能在后来的进化中分化为眼镜猴和类人猿两支，而后者在数百万年的进化后分化出人类。2018年，美国佛罗里达大学等机构研究人员在英国《人类进化杂志》上发表的论文中提出（Morse et al., 2019），他们在美国怀俄明州发现了163块牙齿和颌骨化石，分析认为这些化石属于生活在距今约5 600万年前的德氏猴，研究人员将其命名为勃兰特德氏猴*Teihardina brandti*，比阿喀琉斯基猴提早了约100万年。在我国湖南衡东找到的灵长类头骨化石标本，时代比勃兰特德氏猴还要早一些，但时间差距不大（5 600万～5 700万年前），属于始镜猴类，代表一个新种，被命名为亚洲德氏猴*Teilhardina asiatica*（Ni et al., 2004），是人类和猴子的远古近亲。德氏猴出现的时期，地球正在经历"古新世—始新世极热事件"，这时地球大气含碳量大幅增加，全球气温飙升。尽管德氏猴非常适应地球的温室环境，但它们随着"古新世—始新世极热事件"的结束消失了，取而代之的是全新的、生理特征截然不同的灵长目动物。1986年我国古人类学家林一璞、齐陶等人在江苏溧阳上黄镇发现的中华曙猿*Eosimias sinensis*，时代为4 500万年前的中始新世中期（Beard et al., 1994）。1994年，中美科学家在山西垣曲考察时发现了中国科学史上第一块始新世哺乳动物化石，是具有高等灵长类动物特征的猿类化石，命名为世纪曙猿*Eosimias centennicus*（Beard et al., 1996;

Gebo et al., 2000），它比中华曙猿略大，生活在大约4 000万年前的中始新世最晚期。曙猿化石发现前，世界上最早的高等灵长类动物化石发现于北非法尤姆，距今约3 500万年。世纪曙猿的发现，推翻了人类起源于非洲的论断，并且把类人猿出现的时间向前推进了1 000万年。

现生的灵长类从低等到高等排列有树猴、狐猴、眼镜猴、猴、猿和人。人是从猿发展分化来的。因此，人在动物界的位置也属于灵长类。灵长类是有胎盘类中最高等的一类，它和有胎盘类的基干——食虫类的亲缘关系非常密切。在7 000万年前白垩纪时出现一类原始食虫类，原始食虫类适应辐射分化出许多分支，其中有一支向灵长类方向发展。灵长类与食虫类基本亲缘关系最好的证据是现在分布在中国西南、海南岛，以及东南亚地区的树鼩。它的大小如松鼠，有一长吻和长尾。脑较大，嗅区小，眼眶和颞区之间有一骨隔开。大拇指（趾）和大脚指（趾）与其他的趾有点稍微分开。它的特点介于食虫类和灵长类之间，但更接近灵长类。

在新生代古新世（6 000万年前）时，灵长类从原始树鼩向着不同方向发展，产生了原始狐猴和眼镜猴。到5 000万年前始新世晚期时，又从原始狐猴进化辐射产生了原始的猴和猿类。到1 000万～2 000万年前中新世（Miocene）又从当时古猿中分化出一支向人的方向发展，到大约300万年前，终于出现了最早能制造工具、有自觉能动性的人类。现在的狐猴只生活在马达加斯加岛及其附近岛屿。但在古新世时狐猴广泛分布于亚洲、欧洲和美洲，有哈普鲁猴、更猴等，如我国始新世的蓝田狐猴（周明镇，1964；傅静芳等，2002）。现在的眼镜猴仅分布于马来西亚、菲律宾、加里曼丹岛、苏拉威西岛等地，但在始新世时分布于我国的眼镜猴有黄河猴、秦岭卢氏猴等童永生等（1999）。

现生猿猴类可分阔鼻猴类和狭鼻猴类。阔鼻猴类也称新大陆猴类，主要分布于南美洲、中美洲以及墨西哥。狭鼻猴类（包括狭鼻猴、猿、人）也称旧大陆猴类，主要分布于旧大陆。猕猴分布于印度和我国华南一带，但在地史上猕猴化石在中国华北更新统地层中常有发现。

现生的猿类有分布于非洲的黑猩猩和大猩猩，以及分布于亚洲东南部的猩猩和长臂猿。这些猿类在外貌和面部表情上，以及身体内部的结构上都与人相似。这说明人和猿有共同的祖先。最原始的猿类出现于3 000多万年前的渐新世（Oligocene）时期。到了1 000万～2 000万年前中新世时出现许多活跃的古猿。古猿中的一支后来下地向人的方向发展成为人类。已知和人类关系最近的古猿是在巴基斯坦和印度发现的腊玛古猿。这种古猿犬齿较小，齿弓近抛物线形，颌骨从面部突出的程度较小；总之，形态与人最为接近的中国云南开远小龙潭煤矿中发现的1 000万年前的森林古猿牙齿化石及非洲肯尼亚1 000多万年前地层中发现的肯尼亚古猿也可能属于从猿向人过渡的类型。古猿中其他几支继续在树上生活，或很久以后下地生活，后来发展成为猩猩、大猩猩和黑猩猩。长臂猿大概是从更早的渐新世的一种猿类发展来的。而从猿到人的转变过程更是一个漫长的过程。

鉴别特征 灵长目的体型变化很大，东非大猩猩雄性体长140～200 cm，体重110～250 kg，最大的可达350 kg；最小的灵长类动物是1992年在马达加斯加西部落叶林中发现的小鼠狐猴，被命名为伯特狐猴*Microcebus berthae*，该种动物体长仅10～11 cm，尾长12～14 cm，平均重量为30 g。灵长目动物的眼睛在面部的前面，有眉骨保护眼窝。视觉敏锐，类人猿有辨色能力，但是许多原猴没有。鼻子比其他的哺乳动物短，嗅觉退化。灵长目动物的脑相对于自身体重显得大且重，且很复杂。大部分灵长动物上、下颌前方都有一排牙床。位于中间的叫门齿，之后是犬齿。犬齿之后是前白齿，最后是臼齿。齿式一般为2.1.2.3/2.1.2.3 = 32。灵长目动物四肢会抓握，而且四肢各有5指（趾），接近人类特征。

灵长目的多数种类鼻子短，其嗅觉次于视觉、触觉和听觉，金丝猴属和豚尾叶猴属的鼻骨退化，形成上仰的鼻孔；长鼻猴属的鼻子大又长。多数种类的指和趾端均具扁甲，跖行性。长臂猿科和猩猩科的前肢比后肢长得多。猿类和人无尾，在有尾的种类中，其尾长差异很大，卷尾猴科大部分种类的尾巴具抓握功能。一些旧大陆猴（如狒狒）的脸部、臀部或胸部皮肤具鲜艳色彩，在繁殖期尤其显著。臀部有粗硬皮肤组成的硬块，称为臀胼胝。

多数种类在胸部或腋下有1对乳头，雄性的阴茎呈悬垂形，除人类和蜘蛛猴外多数具阴茎骨，雌体具双角子宫或单子宫。

原猴亚目的物种颜面似狐，眼较大，耳能转向，脑容量相对较小，额骨和下颌骨未愈合；无颊囊和臀胼胝；前肢短于后肢，拇指与大趾发达，能与其他指（趾）相对，5指（趾）只能同时伸屈，不能单独活动，指（趾）端有爪；尾不能卷曲或缺如。

简鼻亚目的物种颜面似人；大都具颊囊和臀胼胝；前肢大都长于后肢，大趾有的退化；尾长，有的能卷曲，有的无尾。按区域分布或鼻孔构造，高等种类可分为阔鼻猴（新大陆猴）类和狭鼻猴（旧大陆猴）类。

分类学讨论　灵长目过去一般分为二类：原猴及类人猿。原猴的特征接近最早期的灵长目，包括马达加斯加的狐猴、懒猴下目及跗猴。类人猿包括猴、猿及人。后来生物分类学会将灵长目分为原猴亚目STREPSIRRHINI及简鼻亚目HAPLORHINI。原猴亚目是指鼻部湿润的灵长目，包括跗猴以外的原猴；简鼻亚目是指鼻部干燥的灵长目，包括跗猴型下目TARSIIFORMES及类人猿下目SIMIIFORMES。

类人猿下目又可分为狭鼻小目CATARRHINI和阔鼻小目PLATYRRHINI。狭鼻小目为非洲及东南亚的猴及猿类，包括旧世界猴（如狒狒属及猕猴）、长臂猿及人科；阔鼻小目为中美洲及南美洲的猴类，即新世界猴（如卷尾猴、吼猴及松鼠猴属）。人是其中唯一成功在非洲、南亚及东亚以外地区繁衍的狭鼻小目动物，不过有化石证据指出其他狭鼻小目动物也曾出现在欧洲。

全世界灵长类物种共2亚目15科，约78属522种。我国灵长类共3科8属28种（不包括食虫目树鼩科的树鼩，有的分类将它列入灵长目；不包括人类），大多数种类分布于云南、广西一带。在四川境内仅有1科3种：猕猴*Macaca mulatta*、藏酋猴*Macaca thibetana*、川金丝猴*Rhinopithecus roxellanae*，均属于猴科Cercopithecidae，该科又可分为猴亚科Cercopithecinae和疣猴亚科Colobinae。猕猴、藏酋猴属于猴亚科，川金丝猴属于疣猴亚科。

十二、猴科 Cercopithecidae Gray, 1821

Cercopithecidae Gray, 1821. Lond. Med. Repos., 15: 297(模式属: *Cercopithecus* Brunnich, 1772).

起源与演化　在距今约5 000万年前，原猴类分化出了猴类，随后由于欧亚非大陆和美洲大陆在新世后期的分离，猴类被隔离成旧世界猴（Old world monkey）和新世界猴（New world monkey）两大类，旧世界猴在亚洲、欧洲和非洲大陆发展壮大。现有的化石证据表明，猴科 Cercopithecidae的最后一次向亚洲迁移是在中新世（Miocene）开始的。而中国境内的化石记录表明，猴科在中新世晚期到早更新世（Early Pleistocene）才出现在中国大陆。

在巴基斯坦西瓦立克地区发现的来自中新世晚期的化石表明，最早到达亚洲的猴科是疣猴亚科动物。而中猴（mesopithecus）是人类历史上有记录的最古老的灵长类动物之一，最早发现于希腊雅典附近佩克米（Pikermi）地区的上新世早期地层，后来在伊朗、阿富汗、俄罗斯、巴基斯坦等欧洲、西亚和南亚距今820万～710万年的地层中都有发现，是地理分布最广泛的非人灵长类化石代表之一。中猴的头骨构造很象树栖的疣猴（colobenes），在头骨和牙齿上几乎所有的特征都是典型疣猴类的特征。后肢明显比前肢长，肢骨较粗壮，显示出适应树栖的解剖特征。有人认为中猴不代表绝灭的一支，而更可能是接近亚洲疣猴类的主要祖先。在2009年和2010年云南昭通水塘坝发现的昭通中猴化石（Jablonski et al., 2020；Ji et al., 2020），是中猴属 *Mesopithecus* 物种首次在东亚地区被发现的化石，也是其到达欧亚大陆最靠东部的化石记录。该研究结果显示，亚洲金丝猴祖先可能是640万年前的昭通中猴。解剖学特征对比和定量分析表明，昭通中猴与欧洲中猴为同一种。中新世末期随着更多季节性降雨的发生，像中猴这样的疣猴很可能分散到更具季节性的晚中新世和上新世林地中。随着适应性进化，疣猴表现出前肠发酵优势，使其能够利用更广泛的季节性植物食物，包括种子、未成熟的水果和成熟的叶子。伴随着青藏高原的隆起，疣猴类得以沿着南边的森林走廊长途迁徙，来到东亚南部森林，并且在此期间开始飞速进化，成功演化成另一古老的物种——亚洲疣猴。当亚洲疣猴在东南亚森林中出现后，它们便一路进入到我国云南境内，开始了新一轮的演化。而且通过化石研究，发现亚洲疣猴极有可能后来通过亚洲进入非洲地区，这意味着，来自欧洲的中猴在数百万年的时间里，一路扩散演化，最终遍布欧洲、亚洲、非洲。

金丝猴最早的化石记录为1923年在四川万县（现重庆万州区）盐井沟中更新世裂隙堆积中发现的尺寸比现生金丝猴大且粗壮的金丝猴化石，最初定名为丁氏金丝猴 *Rhinopithecus tingianus*（潘悦容，2001），这是首次命名的金丝猴化石种类。1953年，将其头骨与牙齿的尺寸与现生金丝猴标本比较后认为差别不大，但因其个体大于现代标本平均值，且在地理分布范围上超出现生种，因而将其改为丁氏川金丝猴亚种 *R. roxellanae tingianus*，在湖南慈利发现的早更新世化石也被归于该种。1978年以来，考古工作者在陕西蓝田公王岭（即蓝田猿人遗址）、湖北十堰郧阳区曲远河口（即梅铺猿人遗址）和湖北十堰郧西羊尾镇发现了金丝猴化石。这些金丝猴化石显示，它们的个体很大，形态上明显不同于丁氏川金丝猴。胡长康和齐陶（1978）以高大的下颌骨和牙齿上的某些形态特征，将陕西蓝田公王岭动物群中唯一的灵长类动物化石定为一新属物种——蓝田伟猴 *Megamacaca lantianensis*。顾玉珉和江妮娜（1989）进一步研究发现蓝田伟猴形态更接近于金丝猴类（Jablonski et al., 1991），例如蓝田标本下颌支与下颌体垂直，冠状突略向后弯，齿尖起伏较大等都显示了金丝猴的一般性质，因而更名为蓝田金丝猴 *Rhinopithecus lantianensis*，时代为早更新世晚期。与蓝田金丝猴共生的动物群性质为南、北种类混合的动物群，不同于与丁氏川金丝猴共生的大熊猫—剑齿象动物群，它的发现扩大了蓝田金丝猴的地理分布，表明秦岭一带是研究金丝猴起源与进化的重要地区。2018 年，云南生物资源保护与利用国家重点实验室于黎研究员团队与中国科学院上海生命科学研究院李海鹏研究员团队合作，从群体遗传学角度，利用核基因组、线粒体基因组和 Y 染色体 3 种分别来自双亲、母系和父系的不同遗传分子标记，全面解析和阐述了我国珍稀濒危物种川金丝猴的起源和进化历史（Kuang et al., 2019）。对现生种川金丝猴 *R. roxellana* 的遗传研究发现，群体历史模拟分析支持川金丝猴的祖先群体最先广泛分布在我国中部和西南的山区，随后古气候变化影响导致群体间发生隔离，在大约 2.45 万年前，神农架群体最先与其他群体发生分歧，随后逐渐收缩到神农架等各大山系间，而后秦岭群体在 1.35 万年左右从四川或甘肃群体迁徙出去。

猕猴类的现生种在中国的分布极其广泛。根据基因组研究表明，猕猴类与猿类等旧世界猴的分化出现在 2 900 万年前。而在中国北部发现的化石表明，猕猴类是在上新世或更新世早期才出现在亚洲，并且在第四纪经历了一系列辐射进入温带、亚热带和热带地区。最早的猕猴类化石应是在河南渑池发现的属于中新世晚期的安氏猕猴 *Macacus andersson*i，目前普遍认为安氏猕猴可能是猕猴类与狒狒的过渡型。在中更新世的洞穴堆积中发现的周口店时期的硕猕猴 *Macacus robustus* 在我国的分布北至辽宁，南至安徽、福建以及四川、重庆地区。在欧洲上新世和更新世存在的一些猕猴类 *Paradolichopithecus arvernensis*、*M. sylvanus pliocena*、*M. sylvanus florentina*，但它们在中国西北地区未有记录。在东南亚、日本地区报道的一些猕猴类化石，除少数与硕猕猴对应，大部分与分布在华南的未定种猕猴类和晚更新世的红面猴 *M. speciosa* 等相同。

形态特征　猴科动物体型为中到大型，从 1.5 kg 左右到 50 kg 以上不等。许多猴科动物显示出明显的性二型性，主要体现在身体大小（在某些物种中，雄性的体重是雌性的 2 倍）、颜色或犬齿的发育程度方面。许多个体有粗壮的身材。四肢等长或后肢稍长，尾巴或长或短，大多有颊囊和臂部胼胝（疣猴亚科除个别外都无颊囊，臂疣很小）；营树栖或陆栖生活，这是猴类的共同特征。吻部突出，两颚粗壮；鼻孔朝前向下紧靠，它们的鼻孔紧靠在一起，并且朝下，这种情况被称为狭鼻类动物。手足均有 5 个指（趾），具扁平的甲，均能直立；除了疣猴属（小指几乎没有，拇指已退化成 1 个小疣），小指和拇指是可以对立的；脚的拇趾和其他趾能对握，使得手和脚成为抓握器官。掌面裸出，有指（趾）纹，纹路形态不一，具有非常软或宽的足垫。猴科有 1 个粗壮和重脊的头骨，一些物种（狒狒）的喙相当长。上腭长而凹陷，超过最后 1 颗臼齿。鼓膜很小，但有 1 个骨质的咽鼓管（由外耳道形成）。齿式 2.1.2.3/2.1.2.3 = 32。内侧门牙通常宽广，呈匙形；上颌犬齿通常较大，与门牙之间有小的隔阂；第 1 颗下前臼齿增大，其边缘与上颌犬齿的尖锐后缘相抵；臼齿有 4 或 2 个齿尖。猴类的面部肌肉很发达，面部表情在社会行为中起着重要作用。这些猴子的皮毛通常是灰色或棕色的，但有些有鲜艳的标记。

分类学讨论　多数学者将猴科 Cercopithecidae 归属于灵长目 PRIMATES、简鼻亚目 HAPLORHINI、类人猿下目SIMIIFORMES、狭鼻小目CATARRHINI、猴总科Cercopithecoidea下的1个科，该科包括猴亚科Cercopithecinae、疣猴亚科Colobinae 2个亚科（Groves，2001；Wilson and Reeder，2005；胡锦矗和王酉之，1984；王应祥，2003）。猴亚科是杂食性动物，有颊囊和简单的胃；而疣猴亚科是叶食性动物，没有颊囊，有复杂的胃。也有人将这2个亚科升级为2个科，即猴科Cercopithecidae、疣猴科Colobinae（Allen，1938）。

猴科包括22属133种，是灵长目最大的1个科，但都分布于东半球。这些猴类在旧大陆广泛分布，从欧洲南部（直布罗陀）到非洲西北部、撒哈拉以南的整个非洲，以及亚洲中部和东南部，包括中国南部和日本的大部分。因此，猴科动物又称为旧世界猴，有别于分布在南美洲和中美洲的阔鼻猴类（新世界猴）。猴科的2个亚科（猴亚科和疣猴亚科）在我国都有分布，共4属19种。其中四川有2属3种：猴亚科2种，分别为猕猴*Macaca mulatta*、藏酋猴*Macaca thibetana*；疣猴亚科有1种，即川金丝猴*Rhinopithecus roxellanae*。

四川分布的猴科分亚科检索表

尾短于头躯长，有颊囊……………………………………………………………… 猴亚科 Cercopithecinae
尾长于头躯长，无颊囊……………………………………………………………… 疣猴亚科 Colobinae

（一）猴亚科 Cercopithecinae Gray，1821

Cercopithecinae Gray, 1821. Lond. Med. Repos., 15: 297; 王应祥, 2003. 中国哺乳动物种和亚种分类名录与分布大全, 61; Groves, 2005. Cercopithecidae. In Wilson. Mamm. Spec. World, 3rd ed., 152(模式属: *Cercopithecus* Linnaues, 1758).

Papioninae Burnett, 1828. Quart. Jour. Sci. Lit. Art., 26:301-307(模式属: *Papio* Erxleben, 1777).

Macacidae Owen, 1843. Report of the British Fossil Mammals, Part. 1, Unguiculata and Cetacea. Repr. 12th meeting Brit. Assoc. Adv. Sci., 54-57(模式属: *Macaca* Lecepede, 1799).

Cercocebini Jolly, 1966. Lemur behavior. Univ. Chica, Illinois(模式属: *Cercocebus* É. Geoffroy, 1812).

Theropithecini Jolly, 1966. Lemur behavior. Univ. Chica, Illinois(模式属: *Theropithecus* I. Geoffroy, 1843).

Cynopithecinae Hill, 1966. Primates. Comparative Anatomy and Taxonomy, Vol. 6, Catarrhini, Ceropithecidea, Cercopithecinae. Edinburgh Univ. Press(模式属: *Cynopithecus* I. Geoffroy, 1835).

形态特征 前肢稍长于后肢。尾或长或短，有的甚至只有尾结。面部裸出，倾向长形；有颊囊；齿尖低；鼻骨延长，颅穹窿较低。足部通常为中轴足（第3指最长）。体型大小不一，最小的侏长尾猴*Miopithecus talapoin*成体体长约40 cm，体重1 kg左右，是旧大陆猴中体型最小的成员。狒狒属*Papio*物种体型较大，在灵长类中仅次于猩猩属，最大的体长可达114 cm，体重可达41 kg。

生态学资料 猴亚科代表旧大陆猴类的一个主要分支，从中新世到上新世已经分类繁多，延续至今，都成功地适应于各种生态小环境，但这种适应依然主要是依靠运动机构以及相应的感知和消化机能的特化完成的。猴亚科物种的生活景观类型主要为森林和草原，在社会性方面，大多数生活在多雄群体中。绝大多数猴亚科动物营不同形式的树栖或半树栖生活，只有少数种类如狒狒和叟猴地栖或在多岩石地区生活。通常以小家族群活动，也结大群活动。多数能直立行走，但时间不长。大多为杂食性，采食植物性或动物性食物，选择食物和取食方法各异。不同物种的猴子会吃不同的食物，但主要是水果、植物的叶子、种子、坚果、花、动物的蛋和小动物（昆虫、蜘蛛等）。虽然多数猴子是素食者，但狒狒偶尔会吃肉。

地理分布　猴亚科物种，除猕猴属以外广泛分布于非洲和阿拉伯地区。而猕猴属主要分布于亚洲，包括柬埔寨、中国、印度、老挝、马来西亚、缅甸、泰国、越南，孟加拉国、不丹、尼泊尔、日本、印度尼西亚、菲律宾、日本。

分类学讨论　猕猴亚科Cercopithecinae是灵长目猴科的1个亚科。可以分成2个族，一族为长尾猴族Cercopithecini，包括非洲的各种长尾猴；另一族为狒狒族Papioini，包括猕猴、狒狒和白睑猴，除了猕猴以外，分布限于非洲及阿拉伯地区。整个猴亚科共11属（约50种）：短肢猴属、侏长尾猴属、赤猴属、绿猴属、长尾猴属、猕猴属、冠白睑猴属、狒狒属、狮尾狒属、白眉猴属、山魈属。长尾猴族有很多属种，其中长尾猴属是最大的属，包括19种。狒狒族又可以分成2支，一支包括猕猴属Macaca，可能是人们最熟悉的灵长类，也是现存分布最广的灵长类，主要分布于亚洲东部、南部和东南部，最北可到达中国和日本的温带地区，是除了人类以外分布最北的灵长类；另有1种地中海猕猴（叟猴、巴巴利猕猴）Macaca sylvana分布于非洲北部，并被带入欧洲的直布罗陀，是欧洲唯一的非人灵长类，也是最常在地面活动的猕猴。狒狒族另一支包括狒狒属Papio、山魈属Mandrillus、狮尾狒属Theropithecus、白睑猴属Cercocebus，这几个属之间的关系有一定的争议，有人认为狒狒属、山魈属、白睑猴属关系比较密切，而狮尾狒属可单独为一类；也有人认为狒狒属和狮尾狒属关系比较密切，山魈属则为另一类；白睑猴属可以分成常在地面活动的无白色眼睑的和主要在树上活动而有白色眼睑的2支，有白色眼睑的和狒狒关系比较密切，无白色眼睑的和山魈关系比较密切。

猴亚科在四川乃至全国仅有1属，即猕猴属Macaca。

39. 猕猴属　*Macaca* Lacépède，1799

Macaca Lacépède, 1799. Tabl. Div. Subd. Orders Genres Mammifères, 4(模式种：*Arvicola melanogaster*).

Macaca Lacépède, 1799. Tableau des Mammifères, 4; 1801. Nouv. Tabl. Meth., Mamm., in Mém. de 1'Inst. Paris, 3: 490.

Macacus Desmarest, 1820. Mammalogie, 1: 63.

Pithecus É. Geoffroy and F. Cuvier, 1795(part). Mag. Encyclopédique, 3: 462; Elliot, 1913. Review of the Primates, 2: 176.

Rhesus Lesson, 1840. Revue Zool., 49, 95.

鉴别特征　主要特征是尾短，具颊囊。躯体粗壮，平均体长50 cm，有些种尾比躯体略长，有些则无尾。前肢与后肢约同长，拇指能与其他4指相对。前额低，有一突起的棱。

形态　尾短，具颊囊。躯体粗壮，平均体长50 cm，有些种尾比躯体略长，有些则无尾。前肢与后肢约同长，拇指能与其他4指相对。前额低，有一突起的棱。面部裸露无毛，轮廓分明；眼眶由骨形成环状，使两眼向前；眼间的距离较窄，视觉发达，立体化，可以在树林之间活动时较准确地判定距离，辨别色彩；嗅觉退化。头骨的构造也随之改变。齿式为异齿型，分为门齿、犬齿、前白齿和臼齿，颊齿通常为丘型齿和低冠齿，臼齿呈四方形并有4个较低的锥状突起，适于咀嚼。锁骨发达。四肢关节灵活，上腕部及大腿部由躯干部分离，因而前后肢可以前后左右自由运动，前腕和小腿的2根骨头分离而且松松地连接在一起，不必连带躯干即可回转前后脚，适合握住树枝。通常只胸前有1对乳头；有盲肠。四肢各具有5指（趾），可以灵活而稳定地抓握树枝，指（趾）的端部仅盖住指（趾）头背面的扁平指甲，突出的指（趾）部有发达的指（趾）纹，触觉灵敏，还有防止滑落的作用；掌面和跖面裸出，具有发达的2行皮垫，手（脚）的拇指（趾）和其余4指（趾）相对，可以握合。

生态学资料　栖息范围广，草原、沼泽、各类森林、草原至红树林沼泽地，从落叶树林到常青树林。可适应多种气候环境，从热带到温带，自海岸边地带至海拔4 000 m的高山处都有猕猴活动。群居性动物，可形成10余只乃至数百只大群。以果子、树叶、嫩枝、野菜、昆虫、鸟卵等为食。相互之间联系时会发出各种声音或手势，互相之间理毛也是一项重要社交活动。大多白天在地面活动，夜晚退到树上去睡觉。主要用四肢一起行走，也能用后腿走路或奔跑，尤其是当手中拿着东西或食物时。每胎产1仔，有时产2仔，孕期为5个半月至7个月。幼猴出生时体重约450 g，需要母猴哺乳1年。约4岁时性成熟，寿命约30年。

地理分布　主要分布于亚洲，包括柬埔寨、中国、印度、老挝、马来西亚、缅甸、泰国、越南、孟加拉国、不丹，尼泊尔、日本、印度尼西亚、菲律宾、日本。

分类学讨论　猕猴属*Macaca*在1799年被Lacépède正式描述。关于猕猴属种间亲缘关系曾有许多报道，Pocook（1921）基于外生殖器的比较将猕猴分为3个独立的属。Fooden（1976）同样基于外生殖器的形态将现生猕猴属分为4个组，分别为*silenus-sylvanus*组、*sinica*组、*fascicularis*组、*arctoides*组，这一观点得到了较为广泛的支持（Eudey，1980；Melnik et al.，1985；Delson，1980；张亚平等，1990）；但不同学者观点不尽一致，Delson（1980）从古生物学角度认为*M. sylvanus*应为独立的1支，而*M. arctoides*是从*M. assamensis*和*M. thibetana*的次支系中分出的；Nozawa等（1977）从分子生物学角度认为*M. nemestrina*与其他种关系较远，*M. arctoides*属于*sinica*组。而Cronin等（1980）的研究结果与前述均表现出较大差异，认为*M. assamensis*和*M. mulatta*在亲缘关系上较为接近，它们又与*M. arctoides*较为接近。蒋学龙等（1992）根据头骨特征和数十个比例性状的聚类分析，最终认为*M. assamensis*和*M. thibetana*、*M. mulatta*和*M. cyclopis*的关系最近。

猕猴属共记载23种，中国境内有8个种：藏酋猴*M. thibetana*，分布于中部地区，东至浙江、福建，西到四川，北达秦岭南部，南界为南岭；熊猴*M. assamensis*，分布于中国的广西、贵州、云南北部地区，喜马拉雅山南麓一带；白颊猕猴*M. leucogenys*，主要分布在中国西藏东南部；藏南猕猴*M. munzala*，主要分布于中国藏南的高海拔地区；猕猴*M. mulatta*，主要分布于南方诸省份，以广东、广西、云南、贵州等地分布较多，福建、安徽、江西、湖南、湖北、四川次之，陕西、山西、河南、河北、青海、西藏等局部地点也有分布；台湾猕猴*M. cyclopis*，主要分布于太鲁阁国家公园区内中低海拔各个溪谷附近；豚尾猴*M. leonina*，分布于西藏门隅、珞渝地，云南南部的西双版纳

（勐腊、勐仑、勐海）、思茅地区（景谷和景东）和西南部临沧地区（临沧、双江、沧源、耿马）；短尾猴 *M. arctoides* 主要在西南部和南岭以南的华南地区和福建南部，包括云南、广西、贵州南部、江西南部、湖南南部、广东以及福建南部。其中，藏酋猴和台湾猴都为我国特有种，白颊猕猴为中国科学家于2015年发现和命名的新物种。

猕猴属在四川分布有2种，即藏酋猴 *Macaca thibetana* 和猕猴 *M. mulatta*。

四川分布的猕猴属 *Macaca* 分种检索表

尾较长，尾长在100 mm以上；体背毛色橙黄或棕黄色 ·················· 猕猴 *M. mulatta*

尾较短，尾长不及100 mm；体背毛色棕褐或黑褐色 ·················· 藏酋猴 *M. thibetana*

（90）猕猴 *Macaca mulatta* Zimmermann，1780

别名 广西猴、恒河猴、黄猴、猴子、猢狲、沐猴、猴山、折（藏）、女色（nyushy，彝）

英文名 Rhesus Macaque

Macaca mulatta Zimmermann, 1780. Geogr. Gesch. Mensch. Vierf. Thiere, 2: 195(模式产地：India, Nepal Terai).

Cercopithecus mulatta Zimmermann, 1780. Geogr. Geschichte Menschen u. vierfüss. Thiere, 2: 195.

Simia rhesus Audebert, 1878. Hist. Nat. Des Singes et Makis, Family, 2: 5.

Simia erythræa Shaw, 1800. Gen. Zoology, 1: 33.

Inuus sancti-johannis Swinhoe, 1866. Proc. Zool. Soc. Lond., 556.

Macacus lasiotus Gray, 1868. Proc. Zool. Soc. Lond., 60, pl. 6; Sclater, 1871. Proc. Zool. Soc. Lond., 221.

Macacus tcheliensis Milne-Edwards, 1870. Recherches pour servir à 1'Hist. Nat. Des Mammifères: 227, pls. 32, 33, 1868-1874.

Macacus erythræus Swinhoe, 1870. Proc. Zool. Soc. Lond., 226.

Macacus sancti-johannis Swinhoe, 1922. ibid: 615; Mell, Arch. f. Naturgesch, 88, sect. A, 10.

Macacus lasiotis Anderson, 1878. Anat. Zool. Resear. Western Yunnan, 85 (synonymy; type skull figured).

Macacus rhesus Trouessart, 1897. Cat. Mamm.Viv. Foss., 27; Thomas, 1898. Proc. Zool. Soc. Lond., 770; J. A. Allen, 1906. Bull. Amer. Mus. Nat. Hist., 22: 488; 1909. ibid., 26: 242.

Macacus lasiotis tcheliensis Trouessart, 1897. Cat. Mamm. Viv. Foss., 27.

Pithecus littoralis Elliot, 1909. Ann. Mag. Nat. Hist., 8, 4: 250; 1913. Review of the Primates, 2:201.

Pithecus brachyurus Elliot, 1909. Ann. Mag. Nat. Hist., 8, 4: 251 (not of H. Smith). Hainan.

Pithecus sancti-johannis Elliot, 1913. Review of the Primates, 2: 198.

Pithecus brevicaudus Elliot, Review of the Primates 216, pl. 23(in place of *P. brachyurus*, preoccupied).

Macaca mulatta Hinton and Wroughton, 1921. Jour. Bombay Nat. Hist. Soc., 27: 668.

Macacus brevicaudus Mell, 1922. Arch. F. Naturgesch., 88, sect. A, 10: 11.

鉴别特征 较藏酋猴稍小，身体瘦长，尾长于后脚，全身棕黄色或棕灰色。

形态

外形：猕猴是自然界中最常见的一种猴。体长47～64 cm，尾长19～30 cm；雄猴体重约7.7 kg，雌猴体重约5.4 kg。在同属猴类中个体稍小，颜面瘦削；头顶没有向四周辐射的漩毛，呈棕色，额略突，眉骨高，眼窝深，具颊囊；肩毛较短，尾较长，约为体长之半。面部、两耳多为肉色；颜面随年龄和性别不同有差异，幼年时白色，成年时日益鲜红，雌体更红。臀胝发达，多为肉红色，幼年时白色，成年时鲜红，雌体更红。手脚具扁平黑褐色的指（趾）甲。成年雄猴的体型比雌猴大。

毛色：头脊部棕黄色。眉脊处有黑色稀疏的眉毛。其身上大部分毛色为灰黄色或灰褐色。肩部及前肢外侧略灰，毛干灰白色，毛尖青灰色。颈部、胸部及前肢内侧淡灰色。背部棕灰色或棕黄色，腰部以下为橙黄色或橙红色，腹部及后肢内侧淡黄色。因年龄、性别和产区的不同，毛色亦有个体差异，雄性较雌性和幼体深。个别大雄猴的肩部及前肢外侧青灰色较显著，故又有"青猴"之称。

头骨：从整体观，表面较平滑，肌脊不发达。成体头骨骨缝已全部愈合，且愈合得比较紧密。两性差异不明显，雄性头骨的眉脊和牙齿较雌性的略微发达和粗壮。

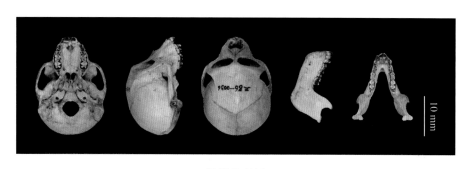

猕猴头骨图

牙齿：门齿的齿冠呈凿形，唇面为四边形，舌面呈扁平状；犬齿的齿冠呈锥形，较发达，尤其是雄性，长度可达3 cm，由于犬齿较长，出现了犬齿与邻近齿之间的空隙，即齿隙。

量衡度（量：mm）

头骨：

编号	颅全长	基底长	眶间宽	颧宽	上齿列长	下齿列长	枕鼻长	下颌骨长	颅高
SAFBBG20003	—	70.38	5.46	79.49	48.76	—	100.77	—	61.88
CWNUFB64003	101.60	60.55	5.29	—	34.94	33.94	89.79	67.37	59.31
CWNUJ65070	87.90	42.63	3.77	57.69	25.27	23.34	81.93	47.74	57.77
CWNUMB199811	101.13	62.13	5.71	71.68	38.42	35.85	90.81	68.19	61.94
CWNU-79066	130.94	87.38	6.14	98.28	51.08	52.57	105.48	96.28	67.12
CWNUY79066	129.39	85.68	6.10	88.10	55.09	55.57	111.20	94.2	68.37

生态学资料 栖息于热带、亚热带及暖温带阔叶林，从低丘到海拔3 000～4 000 m、僻静、有食物的各种环境都有栖息，是现存灵长类中对栖息条件要求较低的种。喜欢生活在石山的林灌地

带，特别是那些岩石嶙峋、悬崖峭壁又夹杂着溪河沟谷、攀藤绿树的广阔地段。喜群栖，雌、雄、老、幼家族性地同栖。其中以一体大年壮的雄猴为首，俗称"猴王"或"望山猴"，由它带领猴群活动。猴群活动或休息时，它也保持高度的警戒性，一边采食，一边不断向四周巡视，一遇惊扰，立即发出"唧——唧——"的惊叫声并带头逃跑；猴群闻声速逃，逃跑时均携带仔猴并相互照顾。猴群中猴的数量不等，有小群，亦有大群，少有单独活动的，小群15～30只，大群100～200只，一般为40～50只。繁殖和缺食季节，往往集群大些，故活动范围也较大。猕猴的视、听觉灵敏，行动敏捷，善攀缘跳跃，能游泳，也会泅水过河。

　　食性很杂，是最易人工饲养和繁殖的猴类。野外以野果、野菜、嫩叶、幼芽、花、竹笋和竹叶为食，亦可捕食小鸟、鸟卵和昆虫等。农作物成熟时，常到农耕地盗食农作物。

　　性成熟期4～8岁，交配期不固定，多夏季产仔，也有在春秋产仔的，怀孕期150～165天。每年1胎，每胎产1仔，偶有2仔的。哺乳期4～5个月。产后半个月即出乳齿，1年半开始换成恒齿。在正常的情况下，可活20多岁。

　　天敌与藏酋猴相似，但因猕猴更为机警灵活，行动十分敏捷，因此受害的更少。

　　地理分布　在四川主要分布于盆地周缘和川西南低山和深丘，国内还分布于广东、广西、云南、贵州、河南、河北、山西、陕西、安徽、湖南、湖北、福建、海南等地。国外分布于阿富汗、孟加拉国、不丹、印度、老挝、缅甸、尼泊尔、巴基斯坦、泰国、越南等。

分省（自治区、直辖市）地图——四川省

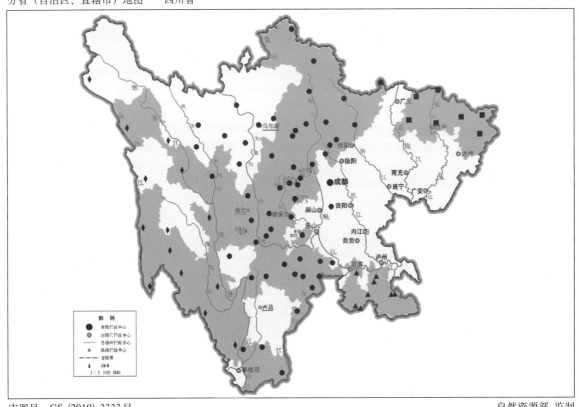

审图号：GS（2019）3333号　　　　　　　　　　　　　　　　　　自然资源部　监制

猕猴在四川的分布

注：红圆点为川西亚种的分布位点，红正方形为福建亚种的分布位点，红菱形为西藏亚种的分布位点，
红三角形为川南新居群的分布位点，绿色斑块表示历史分布区域。

分类学讨论 我国的猕猴亚种，除指名亚种外，先后被描记的有*Macaca sancti-johanii* Swinhoe，1866；*M. lasiotus* Gray，1868；*M. tcheliensis* Milne-Edwards，1870；*M. vestitus* Milne-Edwards，1892；*M. littoralis* Elliot，1909；*M. brevicaudus* Elliot，1912（= *M. brachyurus* Elliot，1909）。蒋学龙等（1991）根据国内收藏的130余号猕猴标本，在亚种分类上进行了系统整理，将中国猕猴划分为6个亚种：指名亚种*M. m. mulatta*，主要分布于云南西部、中部、南部和广西西南部；川西亚种*M. m. lasiotus*，主要分布于滇西北、川西和青海东南部班玛；福建亚种*M. m. littoralis*，主要分布于福建、浙江 安徽、江西、湖南、湖北、贵州、广东西北部、广西北部、云南东北部、四川东部和陕西南部；海南亚种*M. m. brevicaudus*，主要分布于海南岛、万山群岛的某些岛屿和香港附近的小岛；西藏亚种*M. m. vestitus*，主要分布于西藏东部、云南西北（德钦）；华北亚种*M. m. tcheliensis*，主要分布于河南北部，山西南部及河北东北部地区。王应祥（2003）在进一步考证的基础上，也认同中国猕猴有6个亚种，但在亚种的名称及亚种分布范围上略有差异，认为中国境内的猕猴指名亚种与指名亚种模式标本产地印度的猕猴在形态特征上差别甚大，因而认为中国无指名亚种，中国分布的亚种包括印支亚种*M. m. siamica* Kloss，1917；毛耳亚种*M. m. lasiotus* Gray，1868；藏东南亚种*M. m. vistita* Milne-Edwards，1892；河北亚种*M. m. tcheliensis* Milne-Edwards，1872（由华北亚种*M. m. tcheliensis*改称）。只是特征或分布地的反映有所差异，实质上无大的变化；福建亚种和海南亚种则与前述名称完全一致。近年来，徐怀亮等在开展中国猕猴的遗传多样性与遗传分化研究中，发现来自四川南部古蔺、贵州北部习水及云南东北部宣威、罗平等地的猕猴在分子系统树上形成完全独立的一支，与福建亚种明显不在一个支系上，而与川西亚种形成姊妹支系，因而推测四川南部、贵州北部、云南东北部等地的猕猴可能为1个新的亚种或居群。

四川地区的猕猴，先前的文献记载四川仅有1个亚种。胡锦矗和王酉之（1984）的《四川资源动物志 第二卷 兽类》中记载为指名亚种*Macaca mulatta mulatta* Zimmermann，1780，广泛分布于四川盆地周缘和川西南低山和深丘。蒋学龙（1991）和王应祥（2003）则认为四川只有毛耳亚种*M. m. lasiotus*，主要分布于四川西部。彭基泰和钟祥清（2005）认为四川省甘孜州存在2个猕猴亚种。分布于大渡河流域的康定、泸定、九龙的猕猴，行色较浅、毛被短薄，是毛耳亚种*M. m. lasiotus* Gray,1868；分布于金沙江、雅砻江流域各县的是藏东南亚种*M. m. vestitus* Milne-Eduards，1892。近年来的猕猴遗传分化研究结果显示四川的猕猴很可能存在4个亚种（居群）：西藏亚种*M. m. vestitus*，主要分布于四川西部靠近西藏的川西高原地区；川西亚种*M. m. lasiotus*，主要分布于雅砻江流域以东的川西及川西北地区；福建亚种*M. m. littoralis*，主要分布于靠近重庆方向的川东地区，如巴中；分布于靠近贵州方向的川南地区如古蔺一带的猕猴可能为一新的亚种或居群。

四川分布的猕猴*Macaca mulatta*分亚种检索表

1.体型中等，雄性颅全长平均长度小于130 mm，平均约127.1 mm（124.4～129.0 mm）；耳郭被毛长而密，不明显可见；肩背毛较长（100～130 mm）；上背橄榄色，下背橘红色 ⋯⋯⋯⋯⋯ 猕猴川西亚种*M. m. lasiotus*

体型较大，雄性颅全长平均长度大于130 mm，平均约135.2 mm（127.2～141.2 mm）；耳郭被毛较短略稀；肩背毛或长或短，下背黄褐到橘黄色；上背偏黄棕到橄榄色 ⋯⋯⋯⋯⋯⋯⋯⋯⋯⋯⋯⋯⋯⋯⋯2

2.雄性颅全长136.7 mm（127.2 ～ 141.2 mm）；耳郭被毛较长但不及川西亚种长而密；肩背毛略长（60 ～ 90

mm）；上背暗黄棕色到黄棕色，下背黄棕到橘黄色 ························· 猕猴西藏亚种 *M. m. vestitus*

雄性颅全长133.6 mm（129.3 ～ 138.3 mm）；耳郭被毛短，明显可见；肩背毛较短（40 ～ 70 mm）；上背褐黄棕

到橄榄色，腰、臀部锈黄褐色 ····················· 猕猴福建亚种 *M. m. littoralis*

①猕猴川西亚种 *Macaca mulatta lasiotus*（Gray，1868）

Macacus lasiotus Gray, 1868. Proc. Zool. Soc. Lond., 60, pl. 6; Sclater, 1871. Proc. Zool. Soc. Lond., 221(模式产地：

四川).

鉴别特征 体型中等；耳郭被毛长而密，不明显可见；肩背毛较长（100 ～ 130 mm）；上背橄

榄色，下背橘红色。

地理分布 主要分布于雅砻江流域以东的川西高原及川西北地区，如道孚、丹巴、小金、黑

水、北川等地。

②猕猴西藏亚种 *Macaca mulatta vestitus*（Milne-Edwards，1892）

Macacus vestitus Milne-Edwards, 1892. Rev. Gen. Sci., Paris, 670-672（模式产地：西藏纳木错 "Tengri Nor"）.

鉴别特征 体型较大；耳郭被毛较长但不及川西亚种长而密；肩背毛略长（60 ～ 90 mm）；上

背暗黄棕色到黄棕色，下背黄棕到橘黄色。

地理分布 主要分布于四川西部靠近西藏的川西高原地区，如石渠、白玉县等地。

③猕猴福建亚种 *Macaca mulatta littoralis*（Elliot，1909）

Pithecus littoralis Elliot, 1909. Ann. Mag. Nat. Hist., 8, 4: 250; 1913. Review of the Pimates, 2: 201(模式产地：福建

挂墩山).

鉴别特征 体型较大；耳郭被毛短，明显可见；肩背毛较短（40 ～ 70 mm）；上背褐黄棕到橄榄

色，腰、臀部锈黄褐色。

地理分布 主要分布于靠近重庆方向的川东地区，如巴中通江。

猕猴（拍摄地点：四川雅江帕姆岭（左）、柯拉乡（右） 拍摄者：徐怀亮）

（91）藏酋猴　*Macaca thibetana* Milne-Edwards，1870

别名　红面猴、断尾猴、四川猴、青猴、藏酋狭，马猴、阿哈（藏）、女诺（nyuno，彝）、猴玃、猳玃（《蜀中广记》）

英文名　Tibetan Macaque、Milne Edwards's Macaque

Macaca thibetana Milne-Edwards，1870. C. R. Acad. Sci. Paris，70: 341(模式产地：四川宝兴).

Macacus thibetanus Milne-Edwards，1870. Compt. Rend. Acad. Sci.，Paris，70: 341.

Macacus tibetanus Milne-Edwards，1868-1974. Recherches pour sevir à l'Hist. Nat. Des Mammifères: 224，pls. 34，35.

Macacus brunneus Anderson，1871. Proc. Zool. Soc. Lond.，628; 1872. Proc. Zool. Soc. Lond.，203，pl. 12; 1874. ibid: 652.

Macacus arctoides Anderson，1878. Anat. and Zool. Resear. WesternYunnan: 45，pls，1，2(in part).

Macacus arctoides tibetanus Trouessart，1897. Cat. Mamm. Viv. Foss.，27.

Pithecus thibetanum Elliot，1913. Review of the Primates，2: 196，pl. 21.

鉴别特征　体型比猕猴稍大，身体粗壮，背毛棕褐色或黑褐色，腹毛淡黄色。四肢等长，尾短于后脚，长约9 cm。雄性的阴茎龟头短且呈圆锥状。耳朵小，有颊囊，成年猴两颊和颏下有一圈须状髭毛。颜面初生时肉色，幼年时白色，成年时鲜红色，尤以眼圈最红。颜面随年龄不同而异色，性成熟时呈鲜红色，进入老年时变为紫色、肉色、黑色。雄猴头部深棕色。背为棕褐色，靠近尾基黑色；腹面及四肢内侧淡黄色，四肢外侧及手、脚的背面棕色。幼猴毛浅褐色。

形态

外形：体型比猕猴大，身体粗壮，四肢等长，尾短于后脚。耳较小，有颊囊，成兽两颊和颏下有一圈髭毛呈须状，类似人的胡须。颜面随年龄不同而异，初生时肉色；幼年时白色；成年日益鲜红，尤其眼周最红；年老时红色逐渐转变为紫色、肉色或黑色，并在颜面多具黑斑。雄兽的阴茎构造与猕猴不同，阴茎龟头长而尖，阴茎骨略呈S形。

毛色：雄兽头部深棕色。两颊和颏下的髭毛棕灰色。背毛棕褐色。腹面及四肢内侧淡黄色，四肢外侧及手、脚的背面棕色。指（趾）甲黑褐色。雌兽的毛色浅于雄兽，呈深棕色。

出生仔猴体重约500 g，体长190 mm，尾长40 mm，后脚长60 mm，耳长20 mm。仔猴的头部较大，颅部十分突出。颜面和两耳肉色。头部和背部胎毛较长而密呈棕褐色，腹面及四肢内侧胎毛较稀而短，呈淡黄色。手掌与脚掌肉色，指（趾）甲为白色。1岁以后全身深棕色，背面毛色深于腹面。

头骨：颅顶呈卵圆形，前窄后宽，各骨之间由缝或骨性结合相连，在两侧顶骨间形成矢状缝，矢状缝处有向外突起的外矢状脊。在顶骨和枕骨间形成人字缝，人字缝处有向外突起的外人字脊，外人字脊向前连于颧弓后部。

牙齿：共有32颗，分为门齿、犬齿和白齿。门齿的齿冠呈凿形，唇面为四边形，舌面扁平；犬齿的齿冠呈锥形，较发达，尤其是雄性，长度可达3 cm，由于犬齿较长，出现了犬齿与邻近齿之间

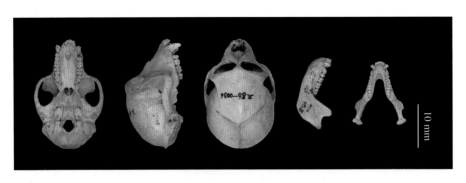

藏酋猴头骨图

的空隙，即齿隙。

量衡度（量：mm）

头骨：

编号	颅全长	基底长	眶间宽	颧宽	上齿列长	下齿列长	枕鼻长	下颌骨长	颅高
CWNUS860036	103.23	62.86	4.03	70.37	36.58	35.17	91.29	68.88	58.89
CWNUGL1998	—	—	7.01	112.79	—	—	134.70	—	75.42
SICAU000704	166.18	117.65	9.29	—	65.58	65.58	131.60	117.35	72.29

生态学资料　生活在高山深谷的阔叶林、针阔叶混交林或稀树多岩的地方，树木种类繁多。气候严寒，冬季积雪；夏秋多雨；温暖而潮湿。栖息场所较为固定，晚间多住岩洞或岩崖，有时也在树上过夜。天亮开始活动，黄昏进入栖息地。白天或在树上采食，或在树上攀缘跳跃，或在地上嬉戏追逐，或相互搔理找痂皮。喜群栖，雌、雄、老、幼均在一起生活。群体数量多少不等，少者十几只，多者百余只，一般为40～50只，少有单独活动的。每一群中有1只体大年壮的雄猴，通称作"猴王"或"望山猴"，由它发出呼唤声或惊呼声，带领群猴活动。

食性以植物性为主，也吃昆虫、蛙类、小鸟及鸟卵等。

性成熟期在4～5岁。雌性成熟较雄性略早。雌猴每月有月经现象，发情旺季多在10—12月，发情期吃食略有减少，活动频繁，主动求偶，阴部红肿并伴有经血流出。怀孕期150～160天，多在翌年3—5月产仔，每年1胎，每胎产1仔，偶产2仔。哺乳期4～5个月。寿命可达20～25年。

地理分布　在四川主要分布于西部高山深谷地带，包括邛崃山、茶坪山、大雪山、大小相岭和锦屏山及南部地区的大小凉山。国内还分布于广东、广西、福建、云南、贵州等地。

分类学讨论　Milne-Edwards（1870）将David采于四川宝兴的标本定名为*Macacus thibetanus*之后，大多数学者认为它是短尾猴*Macaca arctoides*（＝*M. spciosa*）的1个亚种（Allen，1938；Ellerman and Morrison-Scott，1951；Napier et al.，1967；全国强等，1981），这一观点在Fooden（1967，1971，1976）基于对猕猴属动物雄性外生殖器的比较后，藏酋猴的分类地位才得以澄清，恢复了其种级分类地位，并为众多动物学者所接受。关于藏酋猴的亚种分化，Fooden（1983）和

分省（自治区、直辖市）地图——四川省

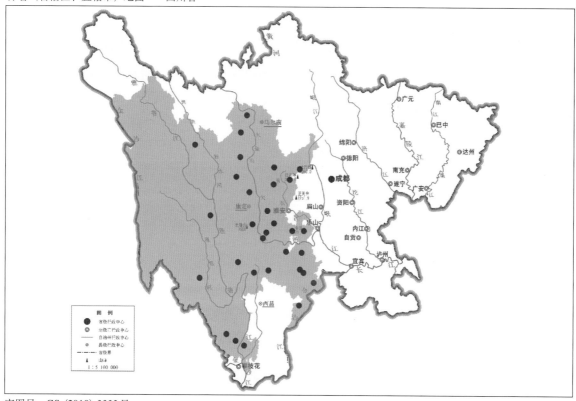

审图号：GS（2019）3333号　　　　　　　　　　　　　　　　　自然资源部 监制

藏酋猴在四川的分布
注：红点为物种的分布位点，绿色斑块表示历史分布区域。

Fooden 等（1985）报道藏酋猴颅全长在我国东西部虽存在差异，但差异较小，因而认为没有亚种分化；而 Tan（1985）发现黄山藏酋猴下颌胡须特别长且密，并向四周辐射，认为可能是1个独立的类群。蒋学龙等（1996）通过查看来自不同地区的40号藏酋猴标本，基于外部形态和头骨特征等将其划分为4个亚种：指名亚种 *Macaca thibetana thibetana* Milne-Edwards，1870，分布于川西、川北及陕西西南部；福建亚种 *Macaca thibetana esau* Matschie，1912，分布于福建、江西东部、浙江西南部、广州北部及湖北宜章一带；黄山亚种 *Macaca thibetana huangshanensis* Jiang and Wang，1996，分布于安徽南部山区；贵州亚种 *Macaca thibetana guizhouensis* Jiang and Wang，1996，分布于贵州东部、南部，云南东北部、湖南西部。王应祥等（2003）则将藏酋猴分为3个亚种和1个居群：川西亚种 *Macaca thibetana thibetana* Milne-Edwards，1870，分布于四川西部和云南东北部；贵州亚种 *Macaca thibetana guizhouensis* Jiang and Wang，1996，分布于贵州东北部（梵净山）；黄山亚种 *Macaca thibetana huangshanensis* Jiang and Wang，1996，分布于安徽南部（黄山）；湖北居群 *Macaca thibetana* Hubei form，分布于湖北西部（神农架林区）。这种划分实际上与前述蒋学龙等（1996）的划分基本上是一致的，湖北居群的划分可能是由于标本数量有限的原因。

四川地区的藏酋猴，胡锦矗和王酉之（1984）在《四川资源动物志 第二卷 兽类》中记载有2个亚种：川西亚种 *Macaca speciosa thibetana*，分布于四川西部邛崃山、大雪山、大相岭、小相岭等高山深谷地带，见于峨眉山、洪雅、汉源、石棉、天全、荥经、宝兴、冕宁、盐边、米易、木里、盐源等地；指名亚种 *Macaca speciosa speciosa*，分布于四川南部地区的大凉山和大小凉山，见于甘洛、美姑、峨边、马边、越西、雷波、金阳、屏山、高县、筠连、珙县、兴文、叙永，古蔺等地。与川西亚种不同，指名亚种头顶的毛由正中向两边分开，体毛稍短，毛色略深。雄兽背毛黑褐色，有的几近黑色，腹部淡灰色；雌兽背毛棕褐色，腹毛淡灰色。但来自这2个亚种分布地的藏酋猴样品的分子遗传研究结果显示两地间的遗传分化并不明显，因而这2个亚种可能应为同一亚种。总体上，四川藏酋猴亚种分化的研究报道尚较少，还有待于从形态和分子方面开展更多的系统性研究。

藏酋猴指名亚种 *Macaca thibetana thibetana* Milne-Edwards, 1870

Macaca thibetana Milne-Edwards, 1870. Compt. Rend. Acad. Sci. Paris, 70: 341(模式产地：四川宝兴).

鉴别特征和地理分布见种的描述。

藏酋猴（拍摄地点：四川天全喇叭河　拍摄者：姚永芳）

（二）疣猴亚科 Colobinae Jerdon，1867

Colobinae Jerdon, 1867. Mammals of Indian, 3(模式属：*Colobus* Illiger, 1811); 王应祥，2003. 中国哺乳动物种和亚种分类名录及分布大全，64; Groves, 2005. Colobinae. In Wilson. Mamm. Spec. World, 3rd ed., 167.

Presbytinae Gray, 1825. Ann. Philos., new Ser., 10: 337-344(模式属：*Presbytis* Eschscholtz, 1821).

Semnopithecinae Owen, 1843. Report of the British Fossil Mammals. Part. 1, Unguiculata and Cetacea. Repr. 12th meeting Brit. Assoc. Adv. Sci., 54-57(模式属：*Semnopithecus* Desmarest, 1822).

形态特征　臀疣很小，尾巴很长；除个别外都无颊囊，有比较复杂的消化系统，胃囊状，体积比前者大3倍。齿尖高，主要食树叶等植物性食物。拇指退化成一个小疣，故称疣猴。而拇趾粗大，后肢通常比前肢长。

生态学资料　栖息于热带雨林以及成熟的次级雨林，山地和沼泽森林，或接近草原的树林中，偶尔出现在沿海沙丘和森林草原。昼行动物，树栖性物种，居住在森林的上层和中层，很少下到地面；臂和腿几乎等长。具有在树间以半悬挂攀缘（双臂交互抓握）方式行进的能力。家庭由6～25只成员组成，通常包括1只成年雄性、几只雌性和它们尚未独立的子女。几只雌性会共同哺育家庭内年幼的小猴，雄性在成年前会离家独立，雌性则留在家族里。由成年雄性率领，有些会用洪亮的声音来保卫领地。动作灵敏，能在树枝之间做长距离的跳跃。主要吃植物的嫩芽、叶、鲜花和水果，也吃白蚁。

一年四季均可交配繁殖，婚姻方式为一夫多妻制。在家庭中雄性占主导地位，可以与群族中的任一成年雌性交配；雌猴每2年繁殖1次，孕期限175天，每胎产1～2仔。幼猴3个月后长得与父母体色相同，7月龄时就可以自由活动，4～6岁性成熟。平均寿命（野生）20年。

地理分布　大多数分布在东南亚，少数分布在非洲。

分类学讨论　现存的疣猴包括10个属，至少30种，占据亚洲南部和东部及热带非洲的森林和林地生境，体型有从4 kg左右的西非绿疣猴 *Procolobus verus* 到约20 kg的加里曼丹岛长鼻猴 *Nasalis larvatus*。在疣猴亚科之下，通常区分为非洲疣猴和亚洲疣猴2个群系，分别具有不同的系统发生史。亚洲疣猴存在2个非正式的组群：奇鼻猴（odd-nosed monkeys）与非奇鼻猴（长尾叶猴、叶猴、灰叶猴）。前者包括仰鼻猴、长鼻猴、豚尾叶猴和白臀叶猴等几个类群，由于均具有特殊形状的鼻部而得名。亚洲疣猴的分类一直处于争议当中。在20世纪70年代以前，5属系统：长鼻猴属 *Nasalis*、豚尾叶猴属 *Simias*、仰鼻猴属 *Rhinopithecus*、亚洲叶猴属 *Pygathrix*、叶猴属 *Presbytis* 较被认可。但是 Groves 认为过多的属使奇鼻猴的分类显得"头重脚轻"，因而把豚尾叶猴属并入长鼻猴属，把仰鼻猴属并入白臀叶猴属，其余的非奇鼻猴则全部归入亚洲叶猴属，从而使亚洲疣猴只剩下3个属——长鼻猴属、白臀叶猴属和亚洲叶猴属，这一修订被后来的许多学者所接受。在近年来的文献中，又不同程度地恢复细分的倾向，如把亚洲疣猴分为5个属：长鼻猴属、白臀叶猴属、亚洲叶猴属、灰叶猴属、长尾叶猴属；或6个属：长尾猴属、豚尾叶猴属、白臀叶猴属、亚洲叶猴属、灰叶猴属、长尾叶猴属。

疣猴亚科在中国有3个属，即乌叶猴属 *Trachypithecus*、长尾叶猴属 *Semnopithecus*、仰鼻猴属 *Rhinopithecus*。四川仅有1属，即仰鼻猴属 *Rhinopithecus*。

40. 仰鼻猴属 *Rhinopithecus* Milne-Edwards，1872

Rhinopithecus Milne-Edwards, 1872. Rech. 1' Hist. Nat. Mamm., 233（模式种：*Semnopithecus roxllana* Milne-Edwards, 1872).

Presbytiscus Pocock, 1924. Abstr. Proc. Zool. Soc., 17（模式种：*Rhinopithecus avunculus* Dollman, 1912).

鉴别特征　体型中等，体长51～83 cm，尾长与体长等长。毛色以金黄色或黑灰色为主。鼻孔与面部几乎平行，俗称"朝天鼻"。

形态 仰鼻猴属共有5种。体长51～83 cm。唇厚。金丝猴的鼻孔与面部几乎平行，俗称"朝天鼻"，鼻孔大，上仰。这一特点是对高原缺氧环境的适应，鼻梁骨的退化有利于减少在稀薄空气中呼吸的阻力。仰鼻猴背部有发亮的长毛。颜面青色，一般头顶、颈项、肩膀、上臂、背部和尾部灰黑色，头侧、颈侧、躯体侧面和四肢内侧褐黄色。不同种毛色也有不同：川金丝猴毛色金黄，黔金丝猴和滇金丝猴毛为黑灰色，缅甸金丝猴全身呈黑色。毛质十分柔软。吻部突出，两颚粗壮，牙齿32枚，鼻孔朝前向下紧靠。手、足均有5个指（趾），具扁平的甲。均能直立。无颊囊，齿尖低。通常四肢基本等长，尾长约与体长相等或长些。

生态学资料 仰鼻猴属为典型的森林树栖动物，常年栖息于高海拔（1500～3300 m）地区的森林中。分布地植被类型和垂直分布带属亚热带山地常绿阔叶林、落叶阔叶混交林、亚热带落叶阔叶林和常绿针叶林以及次生性的针阔叶混交林4个植被类型，随着季节的变化，它们不向水平方向迁移，只在栖息的环境中做垂直移动。群栖生活，有丰富的社群行为，每个大集群是以家族性的小集群为活动单位。有多种喊叫声。营树居生活，主要活动在高大乔木树冠的顶层，爬树灵活敏捷，跳跃能力特别强，常几十只结群活动，雌、雄、老幼一起，由雄性中的长者带队，在树上觅食。以植物为食，主要吃嫩枝、幼芽、鲜叶、竹叶和各种水果。仰鼻猴属拥有独特消化系统。解剖学研究发现，这一类群拥有膨大分室的前胃，胃内生存有能够发酵、分解纤维素的微生物菌群，这样的生理构造使得它们具备更强的消化植物叶片的能力，能够长时间忍耐缺乏果实的季节或环境，因此也有人把它们称为"叶食者"。

金丝猴以1雄多雌制的方式交配，雄性之间会竞争配偶，竞争激烈。每年秋季是金丝猴的发情期，雌性性成熟期早于雄性（雌4～5岁，雄7岁左右）。全年均有交配，但8—10月为交配盛期，孕期6个月左右，多在3—4月产仔，个别也有在2月或5月产仔。雌猴妊娠期为6个月左右，通常1胎1仔，偶产2仔。

地理分布 金丝猴都分布在亚洲，其中3种（滇金丝猴、黔金丝猴、川金丝猴）分布在中国的西南山区，越南金丝猴分布在越南北部，缅甸金丝猴分布在缅甸东北部。

分类学讨论 仰鼻猴属包括5个种，分别为川金丝猴*Rhinopithecus roxellana*、滇金丝猴*Rhinopithecus bieti*、黔金丝猴*Rhinopithecus brelichi*、越南金丝猴*Rhinopithecus avunculus*、缅甸金丝猴*Rhinopithecus strykeri*。关于金丝猴属内的分类一直存在争议。有人观察到人工饲养下不同种的金丝猴互配可育，认为应该是同一种的4个亚种。比较一致的看法是，金丝猴最早是分布在横断山脉的1个种，后来由于地质变化产生生殖隔离，从而演化出5个种，这种隔离发生于2.5万年前，由于隔离的时间较短，这些物种并不是完全种。依照不同的生态特点，进入高海拔生存的滇金丝猴称为进化上先进种，而越南金丝猴相对最原始，川金丝猴与黔金丝猴亲缘较近，黔金丝猴相对较原始。缅甸金丝猴因发现较晚，对其研究还不深。

(92) 川金丝猴 *Rhinopithecus roxellana* (Milne-Edwards, 1870)

别名 川金丝猴、狮子鼻猴、仰鼻猴、金绒猴、金丝绒、蓝面猴、长尾子、绒子、果然兽或狨（《蜀中广记》）、喜或嘉（藏）

英文名　Golden Snub-nosed Monkey

Semnopithecus roxellana Milne-Edwards, 1870. Compt. Rend. Acad. Sci., Paris, 70: 341(模式产地: 四川宝兴);

　　Milne-Edwards, 1872. Rech. 1'Hist. Nat. Mamm., 233-243; Elliot, 1913. Review of the Primates, 3: 102, col. Pl.

　　3, crania, pl. X.

Semnopithecus (nasalis) roxellanae Anderson, 1878. Anat. Zool. Res. WesternYunnan, 43.

鉴别特征　体型比猕猴大。颜面天蓝色, 鼻孔向上仰, 无颊囊, 颊部及颈侧棕红; 背有长毛, 色泽金黄; 尾与体长相等或更长。

形态

外形: 形态特殊, 唇肥厚而突出, 颜面天蓝色, 鼻孔向上仰, 无颊囊, 成兽嘴上方有很大的瘤状突起, 幼兽不明显。头圆, 耳短, 尾约与体长相等或更长。四肢粗壮, 后肢比前肢长, 手掌与脚掌为深褐色, 指(趾)甲为黑褐色。

毛色: 雄兽两颊、额部及顶侧为棕红色。眉脊处有黑色稀疏的眉毛, 长约3 cm, 两耳丛毛为乳黄色。头顶有黑褐色的冠状毛直立向上, 长约4 cm。枕部及颈背部黑色。背部绒毛黑褐色, 长约5 cm, 并披有细密金色的长毛, 最长在30 cm以上, 稀疏分布直到肘关节, 背部直到尾上部均有, 愈往下愈短。颈侧棕红色。颜部和喉部为红黄色, 胸腹部为黄白色。四肢外侧灰褐色, 前肢内侧乳黄色, 后肢内侧及脚背为黄红色。臀部和大腿的上部为黄白色。尾毛黑褐色, 尾尖白色。

雌兽毛色较雄兽色淡, 头顶冠状毛较雄兽小, 长度亦较短; 两颊、颈侧、颜部及喉部的毛色浅于雄兽, 呈棕黄色。背部绒毛及尾毛为灰褐色。

初生仔兽体重约500 g。全身毛色各异, 颜面浅蓝色, 头部乳黄色, 背部及四肢外侧为灰褐色, 胸腹部及四肢内侧为乳黄色, 尾毛灰褐色。1岁以后黑色冠状毛逐渐增多, 眉脊处也开始长黑色的眉毛, 枕部逐渐变为黑褐色, 颈侧开始变为棕黄色。2岁以后, 全身毛色变为金黄色, 头顶及背部绒毛黑褐色。吻部不断突出, 鼻孔逐渐向上仰, 颜面变成天蓝色。

不同的产区和不同的群体, 毛色也有差异。据人工饲养观察发现, 季节不同, 毛色有变化, 7—9月毛色特别鲜艳, 头部呈金红色, 披毛呈金黄色; 10月以后毛色渐淡。

头骨: 脑颅与面颅长度之比大于猕猴。面颅较猕猴略短。脑颅的顶面向后呈弧形隆起, 与猕猴相比显著隆起, 且猕猴的自额骨向后逐渐变低, 髁窝几乎呈矢状面, 其面积也较猕猴的小。颧骨外面较隆凸, 颧弓不如猕猴的向外凸, 较平直。额骨的顶面宽于猕猴; 鼻突较宽, 略隆凸; 眶口近似圆形, 比猕猴更向前倾, 眶上缘平滑隆起, 无眶上切迹, 其后方形成陷凹。枕骨的项面较高, 稍向前下方, 而猕猴的几乎向前方伸出, 故其项线与水平面的垂直距离远高于猕猴。上颌骨平滑, 较凹, 下颌骨体比猕猴的短, 下缘较厚而隆凸。切齿骨体较发达, 骨的联合孔不存在, 鼻突上缘较凹。鼻骨短小, 略上翘, 鼻骨腔不像猕猴的呈上宽下窄的带长形, 而是呈两端窄中间宽的卵圆形。

牙齿: 切齿骨位于上颌前部, 构成鼻腔底壁及口腔顶壁的前部, 可分骨体、齿槽突、鼻突、腭突。骨体为厚的前部, 唇面微凸, 内面粗糙, 与对侧同名骨相接。腭面微凹, 与上颌骨围成切齿孔。齿槽突较厚, 而弯成齿槽弓, 此弓上有切齿齿槽。鼻突由骨体向后并向背侧翘起, 紧贴于上颌

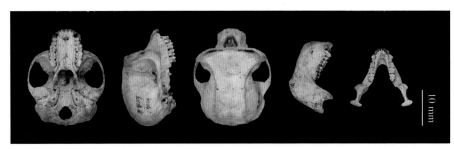

川金丝猴头骨图

骨体的内侧，构成鼻腔的外侧壁，背缘宽而略凹，而猕猴的锐而平。腭突不发达，呈水平向后突出，与上颌骨的腭突相接。

量衡度（量：mm）

头骨：

编号	颅全长	基底长	眶间宽	颧宽	上齿列长	下齿列长	枕鼻长	下颌骨长	颅高
CWNUT9804	117.50	82.93	16.51	95.43	46.17	49.46	93.24	87.73	67.45
CWNUT980405	108.71	70.76	13.69	85.00	40.66	—	90.65	—	63.54
CWNUT8601	111.45	74.73	11.34	—	42.00	47.51	89.39	79.57	62.85
CWNUT86021	116.66	77.36	14.90	—	45.29	—	94.57		67.90
CWNUB76204	93.17	55.48	8.58	66.60	32.62	32.18	83.25	58.35	55.73
CWNUCD79063	111.75	70.47	13.39	79.75	45.05	48.99	90.43	78.20	64.14
CWNUCD79060	99.21	63.53	9.76	76.19	37.24	38.97	84.38	69.53	59.35
CWNUN001	108.13	70.53	14.42	81.53	43.76	48.75	88.85	80.25	60.42

生态学资料　川金丝猴栖息于海拔1 500～3 500 m一带的针阔叶混交林和针叶林内，完全树栖，很少下地，无固定栖所。白天喜在树间或枝桠间采食、嬉戏、追逐和攀缘跳跃。活动疲倦了或午间在树叉间睡觉和休息，晚间则3～5只成群蹲在高大的树杈间睡觉。随着季节和食物地点的变化，栖息地每年有两次较大的迁移。夏秋气候炎热，高山雪融，食物丰富，就迁居高山，多栖于海拔3 000 m左右的针叶林内。冬季气候严寒，食物欠缺时就下移到海拔1 500 m左右的针阔叶混交林内。在更高或更低的地方都很少发现其活动的踪迹。

营群栖性的家族生活，每群多者100～200只，少者20～30只，还有500只以上的群。群中雌、雄、老、中、青、幼个体均有，其中小猴甚多，老猴较少；常在猴群的边缘活动，性机警灵活，一遇敌情立即隐藏或逃跑。在猴群中有1只壮年体大的雄兽统帅猴群活动。野外金丝猴的"猴王"不像猕猴、短尾猴那样明显可见。每群各有其活动范围，一般互不干扰，每群活动范围的大小视其群体大小和食物多少而有差别。总活动范围比较大，有的群体活动范围可达10 km²。在食物丰富又无任何干扰的情况下，每天游移的直线距离约1 km，有时可在一处附近活动5～6天。

食性很杂。春、夏季主食红桦、槭树、花椒、冷杉、冬青、楤木、木姜子等树的幼芽、嫩叶和花序；秋季则以各种籽实和浆果为食，如山樱桃、花楸和胡颓子等；冬季食物较为贫乏，除吃少量野果外，主食云杉、木姜子、楤木、稠李、五加、鹅掌楸等树的树皮，也吃竹笋和竹叶，偶食小鸟、鸟卵和昆虫等。

性成熟期一般为4～5岁。雌性成熟较雄性略早，配偶不固定，发情期雄兽间常有争雌现象。雌兽成熟后，每月周期性地出现月经，但性感皮肤和月经现象极不明显，流血量很少，如不注意观察很难发现。雌猴发情盛期多在9—11月，这期间交配最易受孕。雌猴孕后仍有交配行为，不过情绪低落，很不主动。孕期约7个月，多在翌年4—6月产仔。每年1胎，每胎1仔，偶产2仔，哺乳期5～6个月。正常情况下寿命在20～25年。

天敌有云豹、金猫等兽类，雕、鹫、鹭等猛禽也可危害幼猴。

地理分布　中国特有种。在四川主要分布于西北部岷山和邛崃山系的高山深谷，见于青川、平武、北川、绵竹、安州、天全、宝兴、芦山、大邑、什邡、都江堰、泸定、黑水、松潘、南坪、茂县、汶川、红原、若尔盖、雷波、马边等地，其中以天全、宝兴、南坪、平武、汶川等地最多；国内还分布于甘肃、陕西的南部地区和湖北西部神农架。

分省（自治区、直辖市）地图——四川省

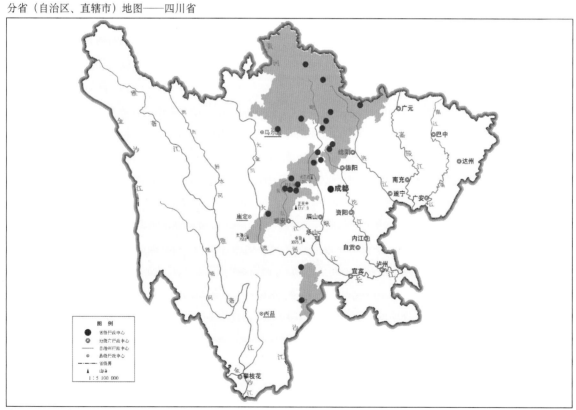

审图号：GS (2019) 3333号　　　　　　　　　　　　　　　　　　　　自然资源部 监制

川金丝猴在四川的分布

注：红点为物种的分布位点，绿色斑块表示历史分布区域。

分类学讨论　川金丝猴仅分布于中国四川、甘肃、陕西、湖北。目前比较一致的意见是，该物种分为3个亚种：指名亚种（或川西亚种）*R. r. roxellana* Milne-Edwards，1870，分布于四川西部和甘肃南部；在四川主要分布于岷山、邛崃山、大雪山、小凉山，包括松潘、黑水、平武、青川、北川、茂县、汶川、理县、安州、绵竹、大邑、什邡、都江堰、彭州、崇州、天全、芦山、宝兴、泸定、康定、马边等地境内的部分林区；在甘肃主要分布于文县、舟曲、武都等地的部分林区，属岷山和邛崃山向北伸延的山地。秦岭亚种 *R. r. qinlingensis* Wang，Jiang and Li，1998，分布于陕西南部秦岭山区，包括佛坪、洋县、周至、太白、宁陕等地的部分林区。湖北亚种 *R. r. hubeiensis* Jiang and Li，1998，分布于湖北西部神农架山区，包括房县、兴山、巴东3个县的部分林区，属大巴山东段。不同亚种颜色不同，指名亚种色更深，秦岭亚种为鲜亮的金黄色，湖北亚种更苍白。

四川省内仅有1个亚种，即指名亚种。

川金丝猴指名亚种 *Rhinopithecus roxellana roxellana*（Milne-Edwards，1870）

Semnopithecus roxellana Milne-Edwards，1870，Compt. Rend. Acad. Sci. Paris，70: 341(模式产地：四川宝兴).

鉴别特征和地理分布见种的描述。

川金丝猴（拍摄地点：四川宝兴县硗碛乡档巴沟　拍摄者：高华康）

鳞甲目

PHOLIDOTA Weber, 1904

Pholidota Weber, 1904. Die Saugetiere. Einfuhhring in die Anatomie und Systemstik der recenten und fossilen Mammalia. Fischer, 412.

起源与演化 最古老的鳞甲目化石来源于我国山东始新世早期Palaeonodontida科的*Auroratherium sinense*和来自德国梅塞尔始新世鳞甲属*Eomanis*，它们已经显示出与现存鳞甲目相似的形态特化程度（童永生和王景文，1997）。虽然没有穿山甲的所有特征，但有明显的证据表明，约5 000万年前，始新世鳞甲属披着一件没有覆盖整个尾巴的鳞甲；它的食物结构方面也非常特化，头骨呈锥形，没有牙齿。下颚非常薄且扁平，咀嚼肌薄弱，可能妨碍咀嚼。就像现生的穿山甲一样，前腿有强壮的肌肉，可以挖掘坚硬的物质。从化石的角度来看，穿山甲的形态自中始新世以来一直比较稳定，这种进化惯性可能是由于与食蚁和化石物种所栖息的环境的严格适应性。

最近的分子系统学研究表明，鲮鲤科Manidae是食肉目的姊妹类群，虽然穿山甲和食肉动物似乎共享哺乳动物特有的小脑幕（大脑和小脑之间的折叠），但这种系统发育假说仅得到形态学数据的微弱支持。穿山甲和食蚁兽之间的相似性也存在争议，随着对穿山甲和食蚁兽形态相似性的再分析证实，这两个类群之间的相似性在起源上并不同源。

包括化石在内的基于形态学的系统发育分析证实了全齿目PANTODONTA古脊齿兽科Archaeolambdiae和鳞甲目物种之间的姊妹群关系。尽管这种化石早于穿山甲和食肉动物之间的分化时间（6 700万～8 500万年前），研究表明，穿山甲的牙齿缺失可能是在釉质覆盖层急剧减少之前发生的，这导致了牙齿的强烈磨损，正如在古罗马岛观察到的那样，这可能伴随着出现一个特化的、拉长的舌器官。

最古老的鲮鲤科化石在欧洲的分布，支持了从欧洲向非洲和南亚扩散的生物地理学假设，现存穿山甲的起源可能是在渐新世晚期。尽管如此，实际情况可能并非如此，因为，从欧洲到非洲，然后再到南亚的通道也是被设想出来的。现存物种中最古老的化石记录是南非上新世早期的巨型穿山甲（Wilson and Mittermeier，2011）。

形态特征 体型小到中等的哺乳动物，体长60～150 cm。头呈三角形，鼻子尖，耳郭小或无，下颚无齿、非常脆弱，舌非常长，体背和尾覆盖有鳞甲等一系列独特形态特征。

鲮鲤科Manidae由8个现存物种组成，分布在非洲和亚洲。胸骨剑突要么分叉成2个分支，向后延伸到后肋骨（非洲），要么相对较短，结束于一个扩大的铲形板（亚洲）；中背鳞片行在尾巴上没有达到（非洲）或达到（亚洲）尾尖；鳞片之间无毛（非洲）或有毛（亚洲）；耳郭无（非洲）或有（亚洲）。

牙齿缺失，咀嚼肌发育不良。爪子锋利，前腿有很强的屈肌。外皮厚。耳郭缩小，鼻孔有瓣膜。此外，几乎所有舌肌都不同于标准的正常状态，特别是通过舌下肌和胸骨舌骨肌之间的融合，形成的一条长而连续的胸骨舌肌，从胸骨起至舌骨游离。这样的相似性使分类学家认为鳞甲目PHOLIDOTA、古乏齿兽目PALAEAONODONTA［丁因素等（2011）将其放入鳞甲目］、贫齿目XENARTHRA有着共同的祖先。

从化石的角度来看。穿山甲可以被认为是一个高度统一的群体，尽管它们的起源很古老：食蚁和掘地的适应成本可能限制了它们形态类型的进化。穿山甲最明显的特征是，除了头部和躯干腹侧、脚垫和腿部内侧外，均覆盖鳞甲。鳞片是表皮角质化的挤压物，由扁平、坚实和角化的细胞组成，它们不像犀牛或针鼹那样由压缩的毛发组成，而是与灵长类动物的指甲同源。穿山甲是唯一一种在手指以外发育了指甲结构的哺乳动物。鳞片是由相当大比例的硬蛋白组成的，生产硬蛋白可能需要消耗大量蛋白质。鳞片对热绝缘或防止蚂蚁、白蚁或皮肤寄生虫叮咬的作用不大，但可以防止捕食者和掘地活动造成伤害。鳞片对触摸很敏感，而且它们的方向可以通过皮肤肌肉来调整。

根据鳞片模式可以区分非洲穿山甲和亚洲穿山甲：非洲穿山甲有3个尖状鳞片，在老年个体标本中这种鳞片可能因磨损而消失；亚洲穿山甲有V形鳞片，轮廓光滑（Wilson and Mittermeier, 2011）。

穿山甲的另一个显著的形态特征是它们的摄食器官向食蚁动物的转变。下颚无牙，咀嚼能力几乎不存在，扁平的下颚和薄弱的颞下颌关节限制了下颚的活动。咀嚼肌可以发育良好（如巽他穿山甲），但在这种情况下，咀嚼肌可能参与了吞咽期间口腔压力的控制。舌头系统非常适合捕食蚂蚁和白蚁，与食蚁兽有许多相似之处。舌头很长，从巨型穿山甲 *Manis gigantea* 的 70 cm 到中华穿山甲 *Manis pentadactyla* 的 15 cm 不等。舌的长宽比大，可实现机械放大，从而提高其延伸率和突出度。下颌联合形成一个平坦的表面，舌头可以滑动；外部舌肌附着在下颌内侧的脊上。吞咽时，鼻翼皱襞会关闭鼻道，防止猎物逃走。舌头附着在喉部和气管下面，与一个典型的改良剑突相连。在非洲物种中，剑突软骨发育良好，形成两条细长的横杆，横穿髂窝，然后向背侧弯曲，最后在膈肌右侧脚形成铲形。在亚洲物种中，（胸骨的）剑突（xiphisternum）短，终止于一个扩大的铲形板。这种结构提供了必要的附件，以复杂的系统突出舌和牵开肌肉。舌骨的作用不同于其他哺乳动物，因为它有助于清除食道入口处舌头上的白蚁和蚂蚁。舌中的横向纤维隔本身起着附着舌肌的作用。

舌前半部分是一个管状结构，被称为舌管，舌管的腔与口腔是连续的。舌前1/3松散地连接在一起，部分折叠在喉部口袋里。舌有一个海绵状组织，在其他哺乳动物中也有发现；很少或没有咀嚼肌，这可能影响或控制其吻部的硬度水平。舌有众多的感受器，对触觉非常敏感。舌上味蕾很少，它的味觉功能较差。舌覆盖着无色、黏稠的碱性黏液，由位于咽喉和颈部几乎延伸到肩部的非常大的唾液腺（巨型穿山甲可达 10 cm × 6 cm × 7 cm）分泌。穿山甲肾脏独特的生理功能是具有突出和非常活跃的近端直小管，可能与唾液腺对水的巨大需求有关。

胃由2个腔组成，第1个腔约占总容积的80%，壁薄，可能起到储藏室的作用。第2个较小的腔在功能上类似砂囊，很可能起到研磨的作用。它的内壁肌肉发达，有许多皱褶，里面充满了小石块或泥土。有一个球形的组织块及一系列幽门角化的棘，位于幽门前面，主要将捕食到的昆虫研磨成食糜，然后送入十二指肠。

穿山甲的腿很强壮，前、后脚的伸肌很粗，可能加强了手指和脚趾的力量，从而加强了爪子的力量，这是地栖物种、树栖物种的特征，是撕开蚁巢和白蚁丘的必要条件（Wilson and Mittermeier, 2011）。

尽管穿山甲的特征是相对的形态同质性，但在群体中发现，不同生活方式也存在适应性差异。肌肉组织的主要区别在于，地栖物种有"足屈肌"和融合的比目鱼肌和腓肠肌。在小腿形成的三头肌等，也存在于像人类这样的两足物种中。这使得地栖物种（如地面穿山甲），可以两足觅食，尾巴被抬到地面上保持平衡，前腿像袋鼠一样悬空。与其他穿山甲相比，骨盆更加垂直，臀部肿胀更加突出，两种迹象都表明了可像两足动物一样运动。

地栖穿山甲的前掌爪比树栖穿山甲的前掌爪长，而且弯曲度要小。树栖穿山甲的后足爪比地栖穿山甲后足爪要长得多，有助于在树上活动；而脚掌着地行走的地栖穿山甲由于土壤磨损，后足爪要短得多。

穿山甲的尾巴肌肉发达，可以用来拍打敌人，也可以从腹部向上拉以保护自己。树栖物种的尾巴还可用来协助爬树。树栖物种尾巴相对较长，并在末端腹侧生长有许多帕西尼体的触觉感受器。长尾穿山甲是尾椎骨最多的现生哺乳动物（有50个）（Wilson and Mittermeier，2011）。

分类学讨论　鲮鲤科曾分为 *Manis* 属和 *Phataginus* 属2个属（Corbet and Hill，1992; Patterson，1978），或 *Manis* 亚属、*Paramanis* 亚属、*Smutsia* 亚属、*Uromanis* 亚属4个亚属（Meester，1972；Meester et al.，1986；Mohr，1961）。Gaudin 和 Wible（1999）根据67个现存穿山甲头骨和一个化石属做了支序分析后发现，亚洲穿山甲物种形成了一个单系，而非洲穿山甲形成了并系。穿山甲的分类在文献中仍然存在差异，主要是因为还未用分子研究来彻底阐明它们的分类。

鳞甲目单科单属。鲮鲤科由8个现存物种组成。非洲地栖穿山甲包括巨型穿山甲 *Manis gigantea* 和地面穿山甲 *M. temminckii*；非洲树栖穿山甲包括长尾穿山甲 *M. telradactyla* 和普通非洲穿山甲 *M. lricuspis*。亚洲穿山甲包括巽他穿山甲 *M. javanica*、巴拉望穿山甲 *M. ulionensis*、厚尾穿山甲 *M. crassicaudata*、中华穿山甲 *M. pentadactyla*。中国分布有除巴拉望穿山甲外的其余3种亚洲穿山甲，四川仅分布有中华穿山甲 *M. pentadactyla* 1个物种。

十三、鲮鲤科 Manidae Gray，1821

Manidae Gray, 1821. Lond. Med. Repos., 15: 305（模式属：*Manis* Linnaeus, 1758).

起源与演化 到目前为止，在形态学数据集的基础上评估了现存鲮鲤科的系统发育关系。一项详细的研究提出了该科应分为3个分支，并得到了较好的支持：亚洲穿山甲包括巽他穿山甲、巴拉望穿山甲、厚尾穿山甲和中华穿山甲；非洲地栖穿山甲包括巨型穿山甲和地面穿山甲；非洲树栖穿山甲包括长尾穿山甲和普通非洲穿山甲。非洲穿山甲是亚洲穿山甲的姊妹类群，但前者的单系性缺乏支持，从提供的证据来看，仍有争议。在亚洲穿山甲中，巽他穿山甲是厚尾穿山甲和中华穿山甲分支的姊妹种。穿山甲的分化时间尚未明确。据推测，巽他穿山甲和巴拉望穿山甲之间的分裂是从加里曼丹岛来的原巴拉望穿山甲在50万～80万年前的早更新世大陆桥被海平面上升隔离所致。

到目前为止，还没有对穿山甲的遗传差异进行详细评估的研究。染色体研究显示巽他穿山甲和中华穿山甲在分化过程中发生了巨大的核仁变化，包括7次罗伯逊重排，异染色质的数量和核仁组成区的数量也发生了很大的变化，这表明至少亚洲穿山甲之间存在着深刻的进化差异。

形态特征 体被鳞甲，鳞甲呈覆瓦状前后排列；鳞片之间的无毛或有毛。耳郭无或有；眼、耳均不发达。吻尖，无齿，舌发达，适于舔食蚁类等昆虫。前爪极长，适宜挖掘蚁穴。尾较长，形阔扁，背、腹亦被鳞甲。中背鳞片行在尾巴上没有达到或达到尾尖。头骨呈圆锥形，下颌骨退化，无角突或冠状突；鼻骨大，上枕骨亦大，无颧骨。（胸骨的）剑突要么分叉成2个分支，向后延伸到后肋骨；要么相对较短，结束于一个扩大的铲形板。

分类学讨论 鲮鲤科于1821年由Gray建立，为鳞甲目下1个单型科，该科建立后无分类争议。

鲮鲤科由8个现存物种组成，平均分布在非洲和亚洲的热带、亚热带地区。在我国，鲮鲤科仅鲮鲤属1个属，分布于南方各省份，主要为台湾和广东、海南等地。中国有巽他穿山甲（又称马来穿山甲）和中华穿山甲2种。四川仅1种，即中华穿山甲。

41. 鲮鲤属 *Manis* Linnaeus，1758

Manis Linnaeus, 1758. Syst. Nat., ed. 10, Vol. I:36（模式种：*Manis pentadactyla* Linnaeus, 1758).

Pholidotus Brisson, 1762. Regne Anim. in Classis IX distrib., Quadr., ed., 2: 18（模式种：*Manis pentadactyla* Linnaeus, 1758).

Pangolinus Rafinesque, 1815. Analyse, 57. No type.

Phataginus Rafinesque, 1821. Ann. Sci. Phys. Brux., 7: 214（模式种：*Manis pentadactyla* Linnaeus, 1758).

Phatages Sundevall, 1843. Kung. Svenska Vetensk. Akad. Handl. 1842: 258, 273 (vel Phatagenia)（模式种：*Manis laticauda* Illiger, 1815=*Manis crassicaudata* Gray, 1827).

Triglochinopolis Fitzinger, 1872. Sitz. Ost. Akad. Wiss. Wien: 57（模式种：*Pholidotus assamensis* Fitzinger, 1872).

Pangolin Gray, 1873. Hand-list Edentate, Thick-skinned and Rum. Mamm. Brit. Mus., 8（模式种：*Manis pentadactyla* Linnaeus, 1758).

Paramanis Pocock, 1924. Proc. Zool. Soc. Lond., Z. S., 722（模式种：*Manis javanica* Desmarest, 1822）.

鉴别特征 体被鳞甲，鳞甲呈覆瓦状前后排列。眼、耳均不发达；吻尖，无齿，舌发达。尾较长，形阔扁，背、腹亦被鳞甲。头骨呈圆锥形，下颌骨退化，无角突或冠状突。

形态 整个身体呈流线型，体披覆坚硬的鳞甲。头圆锥形，细长；眼圆、小；尾较长，阔扁形。背、腹被鳞甲。

生态学资料 主食蚂蚁、白蚁及昆虫幼体，分地栖及树栖两种分布类型。白昼常匿居洞中，并用泥土堵塞；晚间多外出觅食，昼伏夜出，遇敌时则蜷缩成球状。

地理分布 鲮鲤属分布于亚洲东部、南部、东南部，非洲的热带、亚热带地区。

分类学讨论 鲮鲤属由 Linnaeus 于1758建立。Ellerman 和 Morrison-Scott（1951）认为包括2个亚属：指名亚属 *Manis*、*Paramanis* 亚属。

（93）中华穿山甲 *Manis pentadactyla* Linnaeus，1758

别名 鲮鲤、陵鲤、龙鲤、穿山甲、石鲮鱼

英文名 Short-tailed Pangolin

Manis pentadactyla Linnaeus, 1758. Syst. Nat., 10th ed, 1: 36（模式产地：中国台湾）; Ellerman and Morrison-Scott,
    1951. Check. Palaea. Ind. Mamm., 214; 胡锦矗和王酉之, 1984. 四川资源动物志　第二卷　兽类, 60-62; Wilson
    and Reeder, 1993. Mamm. Spec. World, 2nd ed., 415; Wilson and Reeder, 2005. Mamm. Spec. World, 531; 王酉之
    和胡锦矗, 1999. 四川兽类原色图鉴, 114; Wilson and Mittermeier, 2011. Hand. Mamm. World, Vol. 97-98.

Manis dalmanni Sundevall, 1843. Kun. Vet. Akad. Hand., Stockholm, 256（模式产地：广东）.

Manis pentadactyla dalmanni G. Allen, 1938. Mamm. Chin. Mong., 516-519.

鉴别特征 全身被覆瓦状排列的硬角质鳞甲。耳郭明显。腹面被毛。体形狭长，半筒状，两端呈尖形，受惊时蜷缩呈球状。四肢粗短，前足中趾爪特长。尾扁平而长，由尾基至尾端逐渐变窄，尾端腹面中线无鳞片。体鳞 15 ～ 18 行。

形态

外形：体重 3.6 kg，体长 41.4 cm，尾长 27.6 cm，后足长 6.4 cm，耳长 1.96 cm；颅全长 83.9 mm，基长 75.6 mm，腭长 49.8 mm，颧宽 40 mm，眶间宽 28 mm，后头宽 38.5 mm，下颌长 5.8 mm。

整个背面被鳞片覆盖。鼻部有 1 枚小鳞片，向后分别为 2 枚、4 枚，到耳背面为 5 枚；耳后的鳞片和背部鳞片几乎等大。最大的鳞片位于臀部，最宽达到 31.2 mm。头部鳞片宽约 11.1 mm；背部鳞片宽约 23.4 mm。头部鳞片约 10 行，背部鳞片约 20 行，尾部鳞片约 12 行。尾尖部 7 行鳞片逐步变小，尾尖 1 枚鳞片约 6 mm 宽。整个背面的鳞片斜向排列，横向相邻鳞片前后错位，按横向，背面有 9 枚鳞片处于同一水平线，斜向，有 14 ～ 15 枚鳞片。脸颊没有鳞片，覆盖黄色短毛；眼小；耳低，圆弧形，耳尖部无毛。腹面无鳞，覆盖较长的黄色毛，毛坚硬。喉部毛色较浅，但无界限。前、后足背面均覆盖鳞片。头部鳞片圆弧形，背部鳞片略呈梯形，尾部鳞片略呈三角形。鳞片之间有黄棕色刚毛。鳞片前半部分有浅而密集的纵沟。尾腹面末端无鳞片。

前足5指，均具爪。第1爪纤细，短，长约12.5 mm；第2指爪约32 mm；第3指爪最长，最粗，达46 mm；第4爪粗壮，长约33.5 mm；第5指爪粗短，长约15 mm。前足掌腹面裸露无毛。后足具5趾，均具爪，相对前足爪短小得多，但均较粗壮；第1趾爪长约7.9 mm，第2趾爪长约14.6 mm，第3趾爪长约19.3 mm，第4趾爪长15 mm，第5趾爪长约10.5 mm。腹面无毛。前、后足腹面光滑，无垫。

雄兽肛门下方具一凹陷，雌兽胸腋部有乳头2对。背面略隆起，其横切面半椭圆形，尾基的宽度几乎与体相等，尾腹部末端缺乏中央鳞片，但有1个狭窄的皮肤垫；尾扁平而长，短于头体长；四肢粗短，前肢比后肢稍长。

体色：鼻垫裸露呈肉色；两颊、眼、颏及喉不被鳞，而被以黄白或红棕色的稀毛。背、腹毛棕色，毛粗硬，绒毛极少；皮肤黄白色。鳞片为黑色，但老年个体边缘呈黄褐色或橙褐色，在被鳞部位的各鳞片之间有稀疏黄棕色硬毛，呈丛状伸出鳞外。

头骨：前窄后宽，整体呈长三角形。最高点位于顶骨中部。由于适应捕食蚂蚁，没有牙齿，颧弓不完整，无颧骨。

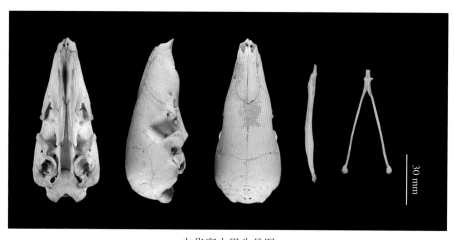

中华穿山甲头骨图

吻部前端是软骨；鼻骨前窄后宽，前面分叉，后缘与额骨的骨缝呈弧形。额骨很长，达35.2 mm（颅全长82.53 mm），超过颅全长的40%。后缘与顶骨之间的骨缝略呈直线。顶骨内侧窄，外侧宽，构成脑颅的背面，脑颅背面看不见鳞骨。顶间骨前缘圆弧形，后缘与上枕骨愈合，骨缝不清。上枕骨略向后斜，枕髁大，向后突出。前颌骨很小，长13.8 mm，窄，仅4.44 mm宽，位于鼻骨前下方，上颌骨前面。上颌骨长大，全长36.33 mm，其颧突不显著向外突出，而是向后突出且很短。无颧骨。鳞骨构成脑颅的侧面，颧突宽大。在腹面，前颌骨上有2个小孔，应是门齿孔的痕迹，整个硬腭为骨质，腭骨前端宽，形状不规则，前外侧向外有一突起，与上颌骨颧突的内侧相接触，后缘的切面为弧形，构成圆形的内鼻孔。翼骨呈直立的薄片状，前外侧下方有一粗壮的突起与鳞骨颧突的内侧相接触。翼骨后缘呈一游离的棒状，末端向背面弯曲。基蝶骨与翼骨之间的骨缝不清楚。听泡简单，为半圆形的骨质环。

下颌骨细长，无明显的冠状突、关节突和角突。前端两侧左右各有一小突起，伸向侧上方。

牙齿：中华穿山甲无牙齿。

量衡度（衡：g；量：mm）

外形：

编号	性别	体重	体长	尾长	后足长	耳高	采集地点
SICAU685	♀	2 900	393	289	72	21	四川西昌

头骨：

编号	颅全长	基底长	腭长	听泡长	鼻骨长	鼻骨宽	眶间宽	脑颅宽	颅高	下颌骨长
SICAU90024	86.37	81.51	35.03	11.84	29.63	13.85	27.83	37.94	32.99	68.65

生态学资料　地栖性兽类，喜炎热；掘穴而居，穴掘于半山地带草丛中，或丘陵杂灌较潮湿的地方；能在泥土中挖深2～4 m、直径20～30 cm的洞，洞口甚隐蔽。昼伏夜出，夜间活跃，行走时前肢以爪背着地，后足则为跖行。能爬树，爬树时常用尾作绕附器官；遇敌、睡觉则蜷缩成球状，头在内，尾在外，以鳞甲保护身体。舌长达200 mm，能自由伸缩舔食，有黏性唾液，便于粘住食物；喜食白蚁、蚂蚁、蜜蜂或其他昆虫；可上树捕食白蚁或蚂蚁，捕食后采用跌落的方式下树。川西产鸡枞菌，白蚁或蚂蚁喜利用鸡枞菌，因而有鸡枞菌的区域一般可见中华穿山甲活动的痕迹。一般喜雨后活动。4—5月发情交配，12月至次年1月分娩，每胎产1～2仔；幼仔常趴伏于母体背后，随母体活动。

地理分布　根据全国第2次陆生野生动物资源调查及四川穿山甲资源现状补充调查结果，中华穿山甲在四川曾分布于凉山会东、会理、宁南、德昌、西昌、盐源、昭觉、布拖、冕宁、美姑、雷波、甘洛、喜德、乐山沐川、马边、宜宾筠连、攀枝花米易、盐边和仁和等19个县（市、区）。2020—2021年调查发现美姑、甘洛、喜德、昭觉已多年未出现其踪迹，马边、筠连超过15年未发现穿山甲分布。现今中华穿山甲主要分布于冕宁、西昌、德昌和宁南以西，相对数量较多的县有冕宁、西昌、会理、盐边，但目前未发现实体。因此，具体分布还有待深入研究。

国内还分布于台湾、海南、广东、重庆、云南、江西、浙江、江苏、上海、安徽、福建、湖南、广西、贵州、湖北。国外分布于尼泊尔东部、不丹、印度东北部的喜马拉雅山麓到孟加拉国东北部、缅甸北部和中部、泰国北部、老挝北部、越南北部。

分类学讨论　Ellerman和Morrison-Scott（1951）认为中华穿山甲有3个亚种：指名亚种、华南亚种 *Manis pentadactyla auritus* Hodgson，1836和海南亚种 *Manis pentadactyla pusilla* J. Allen，1906。王应祥（2003）、Wilson和Mittermeier（2011）也认同上述3个亚种。指名亚种分布于台湾；海南亚种分布于海南；华南亚种分布于江苏、上海、浙江、安徽、江西、福建、广东、湖南、广西、贵州、云南、四川、湖北。分布于四川的中华穿山甲属于华南亚种。

2021年2月5日，我国将穿山甲属所有种由国家二级重点保护野生动物提升至一级。

分省（自治区、直辖市）地图——四川省

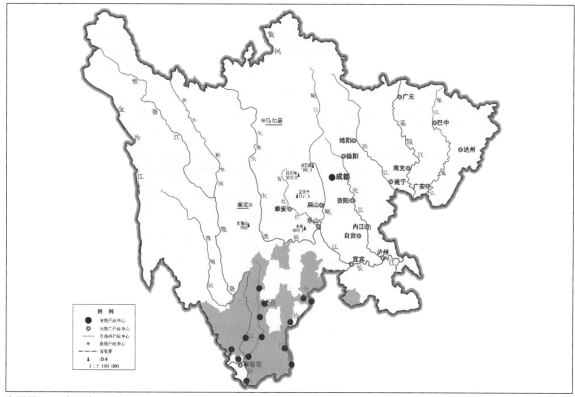

审图号：GS（2019）3333号

自然资源部 监制

中华穿山甲在四川的分布

注：红点为物种的分布位点，绿色斑块表示历史分布区域。

中华穿山甲华南亚种 *Manis pentadactyla auritus* Hodgson，1836

Manis auritus Hodgson, 1836. Jour. Asiat. Soc. Bengal, 5: 234（模式产地：尼泊尔）.

Manis dalmanni Sundevall, 1843. Kung. Vet. Akad. Hand. Stockholm, 256, 278（模式产地：广东）.

Pholidotus assamensis Fitzinger, 1872. Sitz. Ost. Akad. Wiss. Wien, 57（模式产地：阿萨姆）.

Phatages bengalensis Fitzinger, 1872. Sitz. Ost. Akad. Wiss. Wien, 72（模式产地：孟加拉国）.

Pholidotus kreyenbergi Matschie, 1907. Wiss. Ergebn. Exped. Filener to China, 10 (1): 234（模式产地：南京）.

鉴别特征 全身被覆瓦状排列的硬角质鳞甲。耳郭明显，皮肤裸露部分粉红色，尾显得宽阔，鳞片显得根宽大；四肢粗短，前足中趾爪特长；尾扁平而长，由尾基至尾端逐渐变窄，尾端腹面中线无鳞片。

地理分布 在国内分布于江苏、上海、浙江、安徽、江西、福建、广东、湖南、广西、贵州、云南、四川、湖北。国外分布于印度、尼泊尔、云南、缅甸、老挝。

分类学讨论 该亚种的模式产地为尼泊尔，最早是作为种描述。Allen（1938）将其作为广东产穿山甲 *Manis pentadactyla dalmanni* 的同物异名，由于 *Manis auritus* 命名在先，所以 Allen（1938）的归类并不合适。Ellerman 和 Morrison-Scott（1951）对其进行纠正，将 *Manis pentadactyla dalmanni* 作为 *Manis pentadactyla auritus* 的同物异名。

中华穿山甲（拍摄地点：浙江衢州　拍摄者：周佳俊）

食肉目

CARNIVORA Bowdich，1821

Carnivora Bowdich, 1821. Anal. Nat. Class. Mamm. Stud. Travel, 31.

起源与演化 食肉类从原始的有胎盘类的基干——有食虫类习性的动物演化而来。食肉类是最原始的哺乳类，真正的食肉目动物和真正的食虫类动物出现于同一时期。在古新世早期，属于食肉目的早期类群就已经出现。此时，啮型类最古老的类群单齿中目SIMPLICIDENTATA的Eurymylidae科和兔型类最古老的类群重齿中目DUPLICIDENTATA的Minotodiae科才出现，但它们还不是真正的啮齿类和兔类（丁素因等，2011）。

按照Simpson（1945）的分类系统，食肉目包括3个亚目——古食肉亚目CREODONTA、裂脚亚目FISSIPEDA、鳍脚亚目PINNIPEDIA。古食肉亚目全部是化石种，也是最原始的食肉目类群。裂脚亚目包括了现生所有陆生食肉类，也包括一些化石类群。有一个超科全部是化石类群，现生超科中一些亚科级、属级和种级分类阶元为化石类群。鳍脚亚目包括现生所有水生食肉类，有一个科全是化石类群，现生科中有一些属级和种级阶元为化石类群。原始的食肉类以古偶蹄类为食，牙齿分化不完全，真正的裂齿还没有形成，演化后期，有由M1/M2或M2/M3构成的原始裂齿。到渐新世末被新食肉类取代，新食肉类个体较小，具有真正的裂齿，由P4/M1组成，脑更大，最早发现于始新世，且在始新世较为繁盛，渐新世早期，由该类群发育为食肉类的各个科，演化顺序和时间非常清楚（古脊椎动物研究所高等脊椎动物研究室，1960）。

古食肉亚目CREODONTA包括5个化石科：① Arctocyonoidea科广泛分布于亚洲、欧洲和北美洲，包括3个亚科，最早的化石发现于古新世中晚期。② Hyeanodontidae科，包括4个化石亚科，最早化石发现于我国内蒙古的古新世晚期（丁素因等，2011），在内蒙古和山西始新世早期地层也有发现（古脊椎动物研究所高等脊椎动物研究室，1960）；在欧洲和北美洲也广泛分布，时间主要是始新世以后（Simpson，1945）。③ Oxyaenidae科包括2个化石亚科，最早的*Oxyaena*属发现于蒙古古新世晚期地层（丁素因等，2011）；古裂齿兽*Sarkastodon mongoliensis*则发现于内蒙古始新世早期地层（古脊椎动物研究所高等脊椎动物研究室，1960）；该科化石在欧洲和北美洲也广泛分布，最早的化石发现的地层为始新世早期（Simpson，1945）。④ Mesonychidae科约8个化石属，分布于欧洲、北美洲和亚洲，最古老的化石*Dissacus*属分布于欧洲，为古新世早期物种，是最早的食肉类化石之一，可能是食肉类的祖先之一。⑤ Creotarsidae科仅有1个属，分布于北美洲，为始新世早期物种。

裂脚亚目*Fissipeda*包括1个化石超科Miacoidea，以及犬超科Canoidea、猫超科Feloidea（Simpson，1945）。Miacoidea超科是一类由小到大的原始类群组成，形态上和犬超科、猫超科均有些相似，被认为是3个超科的共同祖先。最早的3种化石发现于广东南雄和安徽潜山，为Miacidae科古灵猫亚科Viverraninae祖鼬属*Pappictidops*的锐齿祖鼬*P. acies*、钝齿祖鼬*P. obtusus*、东方祖鼬*P. orientalis*（邱占祥和李传夔，1977；王伴月，1978）。古灵猫亚科是最古老的食肉目种类，全世界有6个属，我国仅有祖鼬属，在北美洲还有5个属：*Ictidopappus*（中古新世）、*Protictis*（中古新世）、*Didymictis*（中古新世至早始新世）、*Plesiomiacis*（渐新世）。在欧洲还有1个属，为*Quercygale*（晚始新世）。可见，我国的东方祖鼬是最原始的，可能是食肉类的祖先，所以，食肉类可能起源于亚洲。中国还有2个化石属——*Viverravus*属和*Miacis*属，在内蒙古被发现的地层属于始新世至渐新世，它们在北美洲和欧洲也有分布，时间多为始新世到中新世（古脊椎动物研究所高等脊椎动物研究室，1960）。

鉴别特征 食肉目动物身体分为头、颈、躯干（包括四肢）、尾4个部分。多数物种（例如鼬科、犬科、灵猫科动物）头吻部较长，颅型呈长三角形，颈部细长；部分物种（例如熊科、猫科动物）吻部短，颅近圆形，颈部短粗。全身被毛，多具有用于气味标记的腺体。四肢发达，运动能力强。前肢5指（个别种类4指），后肢4趾或5趾，趾端具爪。多数物种为趾行性，部分物种（例如熊科动物）为跖行性。

消化系统结构较简单，胃1室，肠道较短，盲肠通常小而退化。雌性双角子宫，腹部具乳头。雄性常具长条形的阴茎骨。

头骨坚固，顶部中央具骨缝愈合形成的棱脊，如矢状脊、人字脊等。颧弓粗大，强烈向两侧扩张，以容纳、附着发达的咀嚼肌。锁骨退化或缺如。

门齿通常为凿状。犬齿发达，呈圆锥状。大部分物种臼齿简单。最后一枚上前臼齿和下颌第1臼齿高度发达，特化为裂齿，具剪刀状齿尖。

食肉目绝大多数物种为陆栖，海豹、海狮、海獭等为水生。部分物种（例如狼 Canis lupus、赤狐 Vulpes vulpes、豹 Panthera pardus）具较强适应能力，分布范围广大，可栖息于多种生境类型。多数物种为肉食性，单独或集群捕杀猎物，猎物体型与其自身体型之间常呈正比；部分物种为杂食性，在猎食动物性食物的同时也取食较多的果实、种子、枝叶等植物性食物，许多物种亦常食腐；大熊猫 Ailuropoda melanoleuca 等少数物种食性高度特化。生活在高纬度或高海拔区域的部分物种，在冬季环境恶劣、食物匮乏的时间具有休眠（冬眠）习性。许多物种具明显的领域性。大型食肉动物窝仔数较小，通常为1～4只；中、小型食肉动物窝仔数较大，可达6只。初生幼仔发育程度较低，需母兽给予较长时间的哺育和照料。

分类学讨论 Flower（1869）将食肉类分为3个类群：熊型类 Arctoidae、犬型类 Cynoidae、猫型类 Aeluroidea。Winger（1875）根据听泡结构的不同，将食肉类分为熊型超科 Arcoidea 和獴型超科 Herpestoidea，前者包括犬科、熊科、浣熊科、鼬科，后者包括灵猫科、鬣狗科、猫科。Simpson（1945）将食肉类分得非常复杂，包括3个亚目：古食肉亚目 CREODONTA、裂脚亚目 FISSIPEDA 和鳍脚亚目 PINNIPEDIA。古食肉亚目包括3超科5科9亚科。裂脚亚目构成陆生食肉类的主体，分为3超科。Miacoidea 超科全是化石类，包括1科2亚科，12个化石属。现生类分为2超科——犬型超科 Canoidea 和猫型超科 Feloidea。犬型超科包括犬科 Canidae、熊科 Ursidae、浣熊科 Procyonidae、鼬科 Musteliade；猫型超科包括灵猫科 Viverridae、鬣狗科 Hyaenidae、猫科 Felidae。Winger 把大熊猫作为浣熊科的1个亚科——大熊猫亚科 Ailurinae，并把小熊猫作为大熊猫亚科的1个属——小熊猫属 Ailurus。鼬科分为5个亚科：鼬亚科 Mustelinae、蜜獾亚科 Mellivorinae、獾亚科 Melinae、臭鼬亚科 Mephitinae、水獭亚科 Lutrinae。灵猫科分为7个亚科、1个化石亚科 Stenoplesictinae 及6个现生亚科：灵猫亚科 Viverrinae、棕榈狸亚科 Paradoxurinae、带狸亚科 Hemigalinae、鼬形獴亚科 Galidiinae、獴亚科 Herpestinae、隐肛狸亚科 Cryptoproctinae。猫科有3个化石亚科：Proailurinae 亚科、Machairodontinae 亚科、Nimravinae 亚科；现生亚科1个：猫亚科 Felinae。猫亚科现生属仅有3属——猫属 Felis、豹属 Panthera、猎豹属 Acinonyx。猫属列出了15个亚属，现在很多亚属均作为独立属，如，猞猁属 Lynx、兔狲属 Otocolobus、云猫属 Pardofelis、豹猫属 Prionailurus。豹属分5个亚属，其中现生的云豹亚属 Naofelis、雪豹亚属 Uncia 有时均作为独立属。

高耀亭等（1987）将现生食肉类划分为熊型亚目ARCTOIDEA和猫型亚目AELUROIDEA。熊型亚目包括大型猫科、熊科、鼬科、犬科和浣熊科。猫型亚目包括灵猫科和猫科。

Handbook of the Mammals of The World（Wilson and Mittermeier，2009）将食肉目分为13科107属245种，包括：双斑狸科Nandiniidae（1属1种）、猫科Felidae（14属37种）、灵狸科Prionodontidae（1属2种）、灵猫科Viverridae（14属34种）、鬣狗科Hyaenidae（4属4种）、獴科Herpestidae（15属，34种）、马达加斯加狸科（食蚁狸科）Eupleridae（7属8种）、犬科Canidae（13属35种）、熊科Ursidae（5属8种）、小熊猫科Ailuridae（1属1种）、浣熊科Procyonidae（6属12种）、Hephitidae（4属12种）、鼬科（22属57种）。

高耀亭等（1987）记述中国的食肉类有7科33属55种126亚种。按照最新的分类系统（蒋志刚等，2017），我国现在共分布有食肉目动物10科41属63种，其中犬型亚目CANIFORMIA有6科24属40种，猫型亚目FELIFORMIA有4科17属23种。四川目前分布有食肉目动物8科24属33种，其中，犬形亚目4科13属21种，猫型亚目4科11属12种。

四川分布的食肉目分亚目分科检索表

1.筛鼻甲骨短，不及鼻腔前部，颌鼻甲骨较大；成体的鼓室仅由鼓骨组成，不分为内、外鼓骨，鼓室腔常不分隔。雄性具尿道球形腺，阴茎骨大 ………… 2（犬型亚目CANIFORMIA）
筛鼻甲骨长，伸至鼻腔前部，居于较小的颌鼻甲骨之上；鼓室由外鼓骨和内鼓骨组成，在二骨接合处，隔分鼓室腔为2室。雄性无尿道球形腺，阴茎骨小 ………… 5（猫型亚目FELIFORMIA）
2.体型较大，尾极短；跖行性，趾端具长爪；裂齿不发达，臼齿宽而长，咀嚼面具较多瘤状物 ………… 熊科Ursidae
体型小或中等，尾长；趾行性或半跖行性，指（趾）端爪短小；裂齿发达；臼齿中等大小，咀嚼面具少量齿尖 … 3
3.体型小、细长，四肢短，具发达肛门腺；颚部短，裂齿多为截切型 ………… 鼬科Mustelidae
体型中等，颚部不短，裂齿非典型截切型；具尾腺，肛门腺无或不发达 ………… 4
4.前足4指，后足5趾；四肢长，善奔跑 ………… 犬科Canidae
前足5指，后足5趾；四肢短，善攀援；尾具环纹，主食竹 ………… 小熊猫科Ailuridae
5.趾行性或半跖行性，爪一般无伸缩性；头骨长而低，前颚部长；上臼齿大 ………… 6
趾行性，爪可伸缩；前颚部短，头骨圆而高，仅具1枚小上臼齿；肛门、会阴部位无嗅腺或不发达 … 猫科Felidae
6.在肛门、会阴处常有发达嗅腺 ………… 灵猫科Viverridae
会阴处无嗅腺 ………… 7
7.尾毛长而蓬松；耳孔可自由闭合 ………… 獴科Herpestidae
背部和体侧具边缘清晰的实心、深色圆斑或卵圆斑；尾细长且具明显环纹 ………… 林狸科Prionodontidae

十四、犬科 Canidae Gray，1821

Canidae Gray, 1821. Lond. Med. Repos., 15, pt. 1: 301(模式属：*Canis* Linnaeus, 1758).

Canini Fischer, 1817. Mem. Soc. Imp. Nat., Moscow, 5: 372.

Amphicyonidae Trouessart, 1855. Catal. Des Mammiferes vivants et foss. Carniv., 14: 57(模式属：*Amphicyon* Lartet, 1851).

Lycaonidae Rochebrune, 1883. Fanue de la Senegambie. Mammiferes. Actes Soc. Linneenne Bordeaux, 37: 133(模式属：*Lycaon* Brookes, 1827).

Megalotidae Gray, 1869. Catal. Carnivorous, pachydermatous, edentate Mamm. Brit. Mus., 210(模式属：*Megalotis* Illiger, 1811=*Fennecus* Desmarest, 1804).

Otocyonidae Trouessart, 1855. Catal. Des Mammiferes vivants et foss. Carniv., 14: 51(模式属：*Otocyon*, Muller, 1836).

　　起源与演化　犬科的化石很丰富，这可能同它栖息的平原旷野易于保存化石有关。一般认为旷野的化石保存显著较森林的好。尽管如此，关于犬科系统发育史的认识还是不够清晰，甚至还有较大的分歧。较多的学者，如 Winge（1942）、Simpson（1945）、Gregory（1951）、Romer（1966）、Colbert（1969）等，根据第三纪的化石发现，认为犬科的起源和扩散中心可能在北美洲，因为最早的犬科化石发现于北美洲，且第三纪时北美洲的犬科化石丰富，而西欧化石材料很少，南美洲在第三纪末期开始出现犬科化石，真正的犬科化石发现于渐新世。然而这一点存在争议，Ewer（1973）认为旧大陆的犬科化石并不少于北美洲，欧洲已发现的第三纪犬科化石也相当多，时代是早渐新世；甚至在亚洲，犬科化石的地质时代也相当早。至于非洲和南美洲，在第四纪更新世以前未有犬科化石发现。澳洲犬分布于大洋洲更是近代的事，完全可能是由人类引入的。

　　犬科的渊源可以追溯到始新世早期——北美洲的细齿兽科 Miacidae 发展初期，犬形类的第二支系——熊犬类 *Uintacyon* 的发生。一般认为始新世早期北美洲的 *Procynodictis* 和欧洲的指狗 *Cynodictis* 及渐新世北美洲的拟指狗 *Pseudocynodictis* 等是犬科动物的直系祖先（Simpson，1945）。早期犬类都是林栖的，具有长尾、短肢、5趾、利爪等特征，它们可能是犬类、熊类和浣熊类的共同祖先。到渐新世早期，有了真正的犬科，具有比较肯定的犬科特征，它们的牙齿兼有切割和压碎的功能，裂齿较特化为刀状，脑颅扩张，但是牙齿的数目和功能尚无很大的改变。在美洲和欧洲发现很多它们的化石。到中新世，发生了较大的辐射进化。整个第三纪的犬类总共约有50属，系统关系复杂，其中新世的新鲁狼 *Cynodesmus* 到上新世的汤氏熊 *Tomarctos* 牙齿结构与现生狼、犬很相似，可能是朝现生犬类（犬亚科，包括狼、胡狼、狐等）发展的一条主要进化路线。这一发展在体型大小方面增长不大，但四肢有所延长，第1指（趾）趋于退化，其他一些支系，如熊犬 *Dephaenodon*、半狗 *Amphicyon*、恐熊 *Borophagus* 等，与现生熊、浣熊可能并无直接渊源关系，后者乃由原始犬类发展而来。这些支系在进化过程中均已绝灭。此外，*Temnocyon* 的下裂齿跟座具有单尖的切刃，而并非双齿尖，亦无齿谷。相比之下，现生犬类如猎狗属 *Lycaon*、豺属 *Cuon*、蓬毛犬属 *Spewhas* 亦具有相似的跟座齿尖，但更新世以前未发现有化石分布，故不足以说明这些现生犬类系由 *Temnocyon* 演化而来，它们之间没有其他特征可以说明具有共同祖先，而可能是平行进化。犬科分化的全盛时期主要是在更新世和现代，在北半球有狼、狐、大耳小狐、聪犬等，南美洲和南非也有一些高度特化的种类。多数种类以成群猎食为生，善于奔跑和追逐，但狐则不同，主要营独栖生活（高耀亭等，1987）。

简而言之，犬科是由古新世的古食肉类发展到新食肉类之后，约在晚始新世开始分化为不同支系，其中熊犬类的一个支系朝着现生犬类发展。真正的犬科化石发现于渐新世至中新世及上新世，发生过显著的辐射进化，有些支系在进化过程中已经绝灭。犬类分化的全盛时期是在更新世和现代。

有些学者认为，根据近代化石发现，犬类与鼬类（后者通常被看作熊犬类的一个支系）并不亲近，认为犬科起源于北美洲，而鼬类、熊类、浣熊类则源于旧大陆，而且犬类并非通常人们所认为的属于最早的食肉类，而是相当进步的类群。因为地质史上最早的犬类与早期的猫类具有许多共同的特征，如四肢与听觉器官的构造。似乎猫类与犬类之间的亲缘关系超过二类被归为犬猫超科 Cynofeloidea。下第三纪的半狗类 Amphicyonids 接近熊，Simocyonids 接近鼬类，犬类与它们无直接关系。有观点认为，最早的原始犬类栖于北美洲，第三纪时在北美洲经历了一段进化。所有的晚近的犬类均由渐新世北美洲的黄昏犬 Hesperocyon 发展而来。真正的犬科可能源自中新世到上新世北美洲的新鲁狼 Cynodesmus-汤氏熊 Tomarctos 类群。到了上新世，貉类由陆桥到达亚洲，灰狐在更新世进入南美洲。在旧大陆和南美洲产生了大量的种类。在旧大陆可以见到狼、非洲野犬、胡狼、豺、狐等，南美洲则有鬃狼、蓬毛犬等。冰期时，狼的1个属 Aenocyon 进入南美洲，后又绝灭。

我国犬科化石也很丰富，年代较近，渐新世才有记录，一直延续到全新世。代表性的化石包括：Cynoditis 属，是一个比较原始的属，第3上白齿虚位，上白齿很宽，下裂齿具高的外尖及强的内尖；中国有1种，为 C. elegans，发现于内蒙古渐新世地层。Pachycynodon teilhardi 也是1种发现于渐新世地层的古老犬科物种，地点是内蒙古。Gobicyon 属的 G. macrognathus 是1种大型犬科动物，下颌粗大，门齿大，前白齿很大，发现于内蒙古的中新世地层。Amphicyon 属2种（A. confucianus、A. tairumensis），头长，枕骨狭窄，前白齿略退化，发现于山西宝德、内蒙古、山东，时间是中新世。Simocyon 属的 S. aff. primigenius，发现于山西上新世地层，犬齿发达，第1上前白齿小，靠近犬齿，第2、3上前白齿虚位。另外还有 Hemicyon、Amphicticeps 等化石属。现生属包括犬属 Canis、貉属 Nyctereutes、豺属 Cuon、狐属 Vulpes 等。但除狼 Canis lupus、豺 Cuon alpinus、貉 Nyctereutes procyonoides、沙狐 Vulpes corsac 外，多是化石种（5种及3个变种）。化石发现点也以北方为主，如山西、北京、河南、内蒙古、甘肃；南方仅四川发现1种—豺，地层时代均较短，从上新世至全新世（古脊椎动物研究所，1960）。

形态特征　犬科包括狼、狐、貉等适于平原生活、陆栖且善于奔跑的中小型猛兽。体矫健而细长，四肢亦细长，足掌面小。尾较粗，覆毛蓬松。头较长，吻部尖长，鼻部的裸出部分比较发达。瞳孔圆形。耳较大，直立。趾行性，腕部及足踝部不着地。前、后足第1趾均较退化，国内分布的各种前足均具5趾，第1趾短小，位置高出其余4趾，后者做圆弧形排列。后足具4趾，其第1趾缺失。足掌除掌垫部分外，均密生短毛，掌垫前缘呈三叶状。爪略弯，短而粗钝，不能伸缩，故犬类足迹实际包括爪印。雄兽体型通常大于雌兽。狼 Canis lupus 是犬科体型最大者，体长可超过1 m；分布于非洲北部的耳郭狐 Vulpes zerda 体型最小，其头体长不及40 cm。犬科各种的毛色均较单一，或稍带斑点，仅犬属的侧纹胡狼 Canis adustus 体侧胁部具有条纹。此特征不同于猫科及灵猫科的一般种类，后者均富有斑点或条纹。同种的毛皮以北方所产毛长而绒密。除属于个体变异的黑变或白变外，冬季毛色变白的只有北极狐 *Vulpes lagopus*。雌兽乳头数3～7对。雄兽具发育很好的阴茎骨。尾部有臭腺，并具1对肛门腺。

头骨：长而较高，吻部或腭部很长，鼻骨较长，其中间一段外缘与上颌骨背缘相接，不被前颌骨与额骨隔开。眶间部在有些种类十分隆起，其额骨具额窦。额骨眶后突短，与敏弓眶突相对峙，但不形成闭锁的眼眶。颧弓显著扩展，脑颅不甚扩大，颅顶的矢状脊在部分种类十分发达。听泡鼓涨，呈卵圆形，中间无完全的隔壁。具翼蝶管。外听道口具突出的下缘。副枕突发育良好，形状侧扁，自听泡后部向下突出。具明显的醒孔和颌关节盂孔。下颌骨底缘后方在角突下面有时形成叶状圆形突起，或称"亚角突"（见于貉属）。

牙齿：齿式3.14.2/3.1.4.2-3 = 40-42。豺属少1对下颌第3臼齿。貉属有时出现上颌第3臼齿，齿数达44枚。犬科的牙齿构造总的说来不太特化。上颌门齿较尖，排列呈弧形。犬齿强大，尖长形；犬齿连同门齿一起，具把握及撕裂食物的功能。颊齿列发达，兼有切割与压碎的功能。上颌第1～3前臼齿与下颌前臼齿齿冠结构简单，均具侧扁的三角形齿峰，后方带有1或2个低小的附尖。这些齿主要行切割的功能。上颌第4前臼齿与下颌第1臼齿发育为强大的裂齿，其外侧均具强大的齿峰，由2个齿根支持。上裂齿的原尖最为发达，为该齿主峰，呈圆锥形，略向后弯转，其前、后分别为前附尖及后附尖，后附尖强大，大小仅次于前面的原尖。上裂齿之内叶甚小，上有一小形齿尖，称第二尖（denterocon），亦有将此尖认作原尖的（Ewer，1973）。下颌的裂齿以前尖及下原尖最强大，有些早期的属其下后尖亦较发达。同时，下裂齿具有发达的跟座，上有尖锐的下次尖，许多属尚有相当尖锐的下内尖。整个下裂齿起双重作用，即前部行切割的功能，后部跟座行压碎的功能。上、下颌咬合时，下裂齿之跟座与上颌第1臼齿相咬合。第1上臼齿主要有3个齿尖，通常它的宽度超过长度，外侧为发育很好的前尖与后尖，内侧前端的原尖强大，齿冠咀嚼面常形成内、外两个齿谷，中间为原尖与后尖间的齿崎所隔。上、下颌第2臼齿形同第1臼齿，但齿冠较小；下颌第3臼齿尤小，在较进化的种类中已不存在。裂齿以后的臼齿主要行压碎功能。

犬科各属牙齿结构的变异，显然与食性相关。单一的肉食性种类如豺 *Cuon alpinus*，其臼齿的压碎作用已变得次要，故臼齿退化，甚至数目减少。第1上臼齿仅具一齿谷，下裂齿跟座缺内侧的下内尖，且不形成齿谷。反之，杂食性的种类如貉 *Nyctereutes procyonoides*，其牙齿结构表现为裂齿齿峰刃部变短，臼齿变得强大，甚至多出1对第3上臼齿，以适应压碎功能的需要。

阴茎骨：犬科雄兽均具发达的阴茎骨，形如直棍，腹面具纵沟，背面中央为一纵行的崎，并出现1个或2个隆起。阴茎骨的变异较大，部分变异与年龄有关，如长度和骨崎的发育程度，远端头的骨化程度等。然而，犬科各种之间阴茎骨之差异却并不明显，因此很难仅依据阴茎骨作为分类鉴定。犬科雌兽乳头数为3～7对。

生态学资料　犬科种类均趾行性，善奔驰。栖息地广泛。多数昼夜活动，热带地区以晨昏时分活动为主。全年正常活动，仅貉属物种冬天大部时间冬眠。国内所产种类，狼、豺集群生活，能捕食大型动物；其余种类或独栖生活，或集小群生活，捕食小型动物或杂食性。栖树洞、土穴、岩隙或利用其他动物的弃洞。听觉、视觉均十分敏锐，但嗅觉在猎扑取食时起重要作用。繁殖力强，每窝产仔2～13个，偶可1年2窝；孕期50～80天。初生幼仔不睁眼，有毛。哺乳期6周（犬属）至10周（狐属）。1～2周岁始性成熟。寿命10～22年。

地理分布　犬科为世界性分布，世界各大动物地理区域都有。分布的北限到达北大陆的极限，往南则到达非洲的最南端，而新西兰、马达加斯加及一些海洋岛屿均无分布。

犬科在我国国内的分布，依动物地理区而言，各区均有分布，但台湾、海南岛及南海诸岛均无野生犬类。该科各属多数为国内广泛分布，在各类生态地理条件下均可生存。唯独貉属分布偏向我国东半部，在青藏及蒙新区不可见。各属的分布区出现空缺或断裂的现象，则显然与长期以来人类的经济活动有关。

分类学讨论　犬科分类地位的研究，最早可追溯到Flower（1869），他将食肉目分为3个类群，即熊型类Arctoidea、犬型类Cynoidea、猫型类Aeluroidea。犬科被认为与熊类不同，消化道具盲肠，而单独给予亚目的地位。其后，Winger（1875）根据听泡结构，将食肉目分为两大类群，犬科被归入熊科Ursidae，为熊型超科Arctoidea。后者尚包括浣熊科及鼬科，而与包括灵猫科、鬣犬科及猫科的獴型超科Herpestoidea相并列。其后的多数学者沿用他的分类，但将犬科与熊科分别确立。类群的名称虽屡经更迭，主要是基于命名规则方面的原因。Simpson（1945）则将熊型超科更名为犬型超科Canoidea。Thenius又提出将现生犬类分为3个类群，特别是将猫科与犬科归在一起，命名为犬猫超科Cynofeoidea，其理由前已提及，即基于犬类与猫类之间的亲缘关系最近，超过它与鼬类之间的关系。

犬科中现生种类的分类也有一些不同。Mivart（1890）将犬科分为5属。Simpson（1945）将现生犬类分为3亚科12属。Ewer（1973）的分类较Simpson的分类系统多出2属。Wilson和Mittermerei（2009）认为犬科全世界有13属35种。

中国分布有犬科动物4属8种，其中四川分布有4属5种，包括犬属*Canis* 1种，豺属*Cuon*（单型属）1种，狐属*Vulpes* 2种，貉属*Nyctereutes*（单型属）1种。

四川分布的犬科分属检索表

1. 整体毛呈棕红色；尾长而蓬松，黑色；耳圆，耳后毛红色。上颚拱形；颧骨宽大于基长的62%。下颌犬齿至第4下前臼齿排列紧密仅有1个大的齿隙，无第3下白齿；……………………………………豺属*Cuon*

    整体毛呈淡黄灰色、浅红黄色或褐色；耳后部黑色或褐色。上颚扁平；颧骨宽度小于基长的62%。下颌犬齿至第4下前臼齿排列稀疏各齿彼此不靠近，具第3下白齿存在但一些个体老年才出现 ……………………… 2

2. 头侧毛发长，形成环状领毛；颊部黑色；尾长小于头体长的33%。牙齿基缘形成一大而圆的次角突；上颌骨和颧骨缝直。………………………………………………………………… 貉属*Nyctereutes*

    头侧毛发短，无领毛；颊部非黑色；尾长大于头体长的33%。牙齿基缘无显著的次角突；上颌骨和颧骨缝呈V形。……………………………………………………………………………………… 3

3. 体型大；头体长大于90 cm；颅全长大于20 cm。颞脊在额骨后端就相互隔合成为矢状脊，矢状脊高耸；吻部较短和粗。………………………………………………………………………… 犬属*Canis*

    体型小；头体长小于90 cm；颅全长小于20 cm。颞脊在背面不愈合成矢状脊，直到上枕骨背面才愈合，且低矮；吻部较窄和长。……………………………………………………………… 狐属*Vulpes*

42. 犬属 *Canis* Linnaeus，1758

Canis Linnaeus, 1758. Syst. Nat., 10th ed, I: 38(模式种: *Canis familiaris* Linnaeus, 1758); Allen, 1938. Mamm. Chin.

Mong., 341; Ellerman and Morrison-Scott, 1951. Check. Palaea. Ind. Mamm., 217; Wozencraft, 1993. Mamm. Spec. World, 2nd ed., 280; 王应祥, 2003. 中国哺乳动物种和亚种分类名录与分布大全, 70; Wozencraft, 2005. Mamm. Spec. World, 3rd ed., 574; Wilson and Mittermeier, 2009. Hand. Mamm. World, Vol. 1, Canivores, 413.

Thos Oken, 1816. Lehrb. d. Naturgesch., 3(2): 1037(模式种: *Thos vulgaris* Wagner, 1841).

Lupus Oken 1816. Lehrb. d. Naturgesch., 3(2): 1039(模式种: *Canis lupus* Linnaeus, 1758).

Vulpicanis Blainville, 1837. Ann. Sci. Nat. Paris, Zool., 8(2): 279(模式种: *Canis aureus* Linnaeus, 1758).

Sacalius H. Smith, 1839. Jardine's Naturalists Library, Mamm., 25: 214(模式种: *Sacalius barbarus* Smith, 1839).

Oxygous Hodgson, 1841. Calcutta, Jour. Nat. Hist., 2: 213(模式种: *Canis aureus* Linnaeus, 1758).

Lupulus Gervais, 1855. Hist. Nat. Mamm., 2: 60-62.

Dieba Gray, 1869. Cat. Carn. Pachyd. & Edentate Mamm. Brit. Mus. I80(模式种: *Canis anthus* F. Cuvier, 1820).

Lupulella Hilzheimer, 1906. Zool. Beobachter, 47: 363(模式种: *Canis mesomelas* Schreber, 1778).

Schaeffia Hilzheimer, 1906. Zool. Beobachter, 47: 364(模式种: *Canis adustus* Sundevall, 1846).

Alopedon Hilzheimer, 1906. Zool. Beobachter, 47: 36(模式种: *Canis thooides*).

鉴别特征　犬属动物体型与普通家犬近似。头吻部较长，双耳三角形，常直立。瞳孔圆形。善奔跑，四肢相对身体比例较为细长，趾行性，前足5指，后足4趾，掌骨及跖骨延长。尾长通常为头体长的1/2 ～ 2/3。乳头5对。

头骨：狭长，高而粗壮，额部隆起高于吻部。脑颅部宽度大于基长2/3，鼻骨前宽后窄。眶间部隆起，额窦较大，眶后突粗钝，背面凸形，尖端平扁。

牙齿：齿式3.1.4.2/3.1.4.3 = 42。牙齿大而坚实。裂齿与白齿长为腭长的2/5。门齿排为一横列，与犬齿齿隙小，犬齿粗大。前白齿侧扁，第4上前白齿（裂齿）主峰高大，前内方具小叶，上具第2尖。上白齿为丘型齿，第1上白齿外侧具明显的前尖与后尖，内叶具低小的原尖与次尖，具发达的齿带。第2上白齿较发达，长于宽，约为第1上白齿的1/2。下白齿齿冠依次而小。下颌第1白齿（裂齿）原尖高大，下后尖及下内尖均小。下颌第2白齿发达，但齿冠不及下颌第1白齿颌一半，其跟座有2个齿尖。下颌第3白齿齿冠仅为一圆形小丘。

地理分布　犬属为世界广布型，广泛分布于除大洋洲、南极洲、南美洲之外的各个大陆。全世界共有犬属动物8种（不包括家犬）。中国分布有2种：狼 *Canis lupus*、亚洲胡狼 *Canis aureus*。四川分布有1种，即狼。

分类学讨论　在旧大陆，大约500万年前，真犬属 *Eucyon* 动物中分化出最早的犬属动物，随后逐渐演化成为古北界的优势捕食者。在距今180万年的早更新世，伴随着冰期的到来和大范围大陆冰川的形成，欧亚大陆的犬属动物出现爆发式增长，在演化历史中被称为Wolf Event。

在现生犬属动物中，在自然与圈养状态下多个物种间均可发生杂交，例如狼 *Canis lupus* 与家犬、郊狼 *Canis latrans*、红狼 *Canis rufus* 等。其中，家犬由狼驯化而来，有时被列为独立物种 *Canis familiaris*，或作为狼的亚种 *Canis lupus familiaris*。分布于澳大利亚大陆的澳洲野犬（英文名Dingo）是人类引入的家犬逸为野生，有时被列为狼的亚种，即 *Canis lupus dingo*。

2019年，世界自然保护联盟物种存续委员会（IUCN SSC）犬科动物专家组基于分子生物学

DNA证据，认为原被列为犬属动物的侧纹胡狼 *Canis adustus* 与黑背豺 *Canis mesomelas*，实际上属于"犬属/豺属/非洲野犬"支系之外的1个独特分支，因此将这2个物种从犬属中分出，置于独立的属 *Lupulella*（Hizheimer，1906），更名为 *Lupulella adustus* 与 *Lupulella mesomelas*。

（94）狼 *Canis lupus* Linnaeus，1758

别名　灰狼、豺狼、野狼

英文名　Grey Wolf

Canis lupus Linnaeus, 1758. Syst. Nat., 10th ed, I: 39(模式产地：法国、德国); Allen, 1938. Mamm. Chin. Mong., 342; Ellerman and Morrison-Scott, 1951. Check. Palaea. Ind. Mamm., 218; 胡锦矗和王酉之，1984. 四川资源动物志　第二卷　兽类, 75; 高耀亭，等，1987. 中国动物志　兽纲　第八卷　食肉目, 46; Wozencraft, 1993. Mamm. Spec. World, 2nd ed., 280; 王应祥，2003. 中国哺乳动物种和亚种分类名录与分布大全, 70; 王酉之和胡锦矗，2009. 四川兽类原色图鉴, 123; Wozencraft, 2005. Mamm. Spec. World, 3rd ed., 575; Wilson and Mittermeier, 2009. Hand. Mamm. World, Vol. 1, Canivores: 413.

Canis lupus flavus Kerr, 1792. Anim. Kingd., I: 37(模式产地：法国、德国).

Canis lupus niger Hermann, 1804. Observ. Zool. 32, not of Kerr, 1792(模式产地：法国东部阿尔萨斯).

Canis lupus communis Dwigubski, 1804. Prod. Faun. Ross., 10(模式产地：俄罗斯).

Canis lupus var. *canus* de Sélys Longchamps, 1839. Études de Micromamm, I: 44.

Lupus orientalis Wagner, 1841. Schreb. Säugeth. Suppl., 2: 367(模式产地：欧洲).

Lupus laniger Hodgson, 1847. Calcutta Jour. Nat. Hist., 7: 474(模式产地：西藏).

Canis chanco Gray, 1863. Proc. Zool. Soc. Lond., 94(模式产地：中国 Tartary).

Canis niger Sclater, 1874. Proc. Zool. Soc. Lond., 655(模式产地：克什米尔).

Canis ekloni Przewalski, 1883. Third Journey to Tibet, 216(模式产地：西藏).

Lupus filchneri Matschie 1907. In Filchners Exped. China, Wiss. Ergebn. 10, I: 153(模式产地：青海西宁).

Lupus tschilienis Matschie, 1907. *Canis lupus* Linnaeus, 1758. Syst. Nat. (模式产地：瑞典).

Canis lupus Linnaeus, 1758. Syst. Nat., 10th ed, I: 39(模式产地：法国、德国).

Canis lupus flavus Kerr, 1792. Anim. Kingd., I: 37(模式产地：法国、德国).

Canis lupus niger Hermann, 1804. Observ. Zool. 32, not of Kerr, 1792(模式产地：法国东部阿尔萨斯).

Canis lupus communis Dwigubski, 1804. Prod. Faun. Ross., 10(模式产地：俄罗斯).

Canis lupus var. *canus* de Sélys Longchamps, 1839. Études de Micromamm, I: 44.

Lupus orientalis Wagner, 1841. Schreb. Säugeth. Suppl., 2: 367(模式产地：欧洲).

Lupus laniger Hodgson, 1847. Calcutta Jour. Nat. Hist., 7: 474(模式产地：西藏).

Canis chanco Gray, 1863. Proc. Zool. Soc. Lond., 94(模式产地：中国 Tartary.).

Canis niger Sclater, 1874. Proc. Zool. Soc. Lond., 655, pl. 78(模式产地：克什米尔).

Canis ekloni Przewalski, 1883. Third Journey to Tibet: 216(模式产地：西藏).

Lupus filchneri Matschie 1907. In Filchners Exped. China, Wiss. Ergebn. 10, I: 153(模式产地：青海西宁).

Lupus tschiliensis Matschie 1907. In Filchners Exped. China, Wiss. Ergebn., I: 160(模式产地：天津).

Lupus altaicus Noack, 1911. Zool. Anz., 35: 465(模式产地：阿尔泰山).

鉴别特征　狼是全世界犬科动物中体型最大的物种。与其他犬科动物相比，狼的吻鼻部相对比例较长，双耳及双眼朝向正前方。尾长而蓬松。

形态

外形：头体长87 ～ 130 cm，尾长35 ～ 50 cm，雄性体重20 ～ 80 kg，雌性体重18 ～ 55 kg。不同区域种群或亚种间体型可存在较大差异。吻鼻部相对比例较长，双耳及双眼朝向正前方。作为一种大型犬科动物，狼的四肢相对身体的比例较长。

毛色：狼的典型毛色为沾棕的灰色，但具有多种多样的毛色变化，包括棕黄色、棕灰色及灰黑色，通常背部毛色较深而腹部稍浅。尾上的毛色较为均一。冬毛比夏毛更浓密、厚实，毛色通常更深。

头骨：整个头骨相对狭长，颜面部与其他种相比尤其显得较长，额骨形成一个平台，顶部有强大的矢状脊。鼻骨细长，长达90 mm，两鼻骨最宽处不到20 mm；两鼻骨之间下凹，它们分别向侧面卷曲，构成鼻孔顶部穹顶的一部分；鼻骨后端尖，插入额骨前端，额骨前面尖长，内侧与鼻骨相接，外侧与上颌骨相接；中部最宽，最宽处形成眶后突，是眼眶后上缘的一部分，顶部构成一个顶部平台，中间略下凹。顶骨向后变窄，后端与顶骨相接，后下缘与鳞骨相接；顶骨不规则，构成脑颅顶部的主体，老年时中缝愈合，并与顶间骨愈合，骨缝不清。成年以后，在顶骨中央及顶间骨中央形成矢状脊，老年时矢状脊高耸，并向后突出，其最后端超过枕髁最后端。枕部人字脊明显，上半部由侧枕骨构成，下半部由鳞骨后缘构成。整个枕骨大孔向后突出，枕髁大，髁面光滑。侧枕骨的侧面往下形成明显的颈突，但并不显著延长。侧面，前颌骨细长，长三角形，着生门齿。上颌骨宽大，着生犬齿和颊齿，在颜面部后端向两侧扩展。侧面形成颧弓的基座，颧骨发达，前端向上形成眼眶的前下缘，向后分为两叉，一叉向上形成眼眶的后下缘，另一叉向后与鳞骨的颧突相接。眼眶后缘不封闭。鳞骨在脑颅部分构成脑颅侧面下部的主体，侧面的颧突发达，尤其基部宽阔，其下面根部构成下颌的关节窝。关节窝与颈突之间是听泡位置，听泡的鼓室圆形，骨质外耳道开口于侧面；听泡后缘上方是鳞骨形成的乳突。翼蝶骨和眶蝶骨在老年时愈合，骨缝不清楚，它们共同构成眼窝下部的侧壁。眼眶前缘，泪骨明显，上有一个明显的神经孔；泪骨分别与上颌骨、颧骨和顶骨

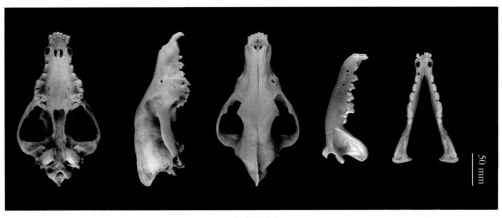

狼头骨图

相接，但侧面仅有一很窄的边。腹面，门齿孔长椭圆形，长约13 mm，宽约5 mm，大部分由前颌骨围成，1/3由上颌骨围成。硬腭较长，从前往后逐渐变宽，硬腭长（门齿孔后缘至腭骨后鼻孔前缘）约87 mm，最宽处63 mm。前段由上颌骨构成，后段由腭骨构成，腭骨整体呈扇形，腭骨两侧向后延伸与翼骨相接；腭骨在侧面向上扩展，构成眼眶的前下缘的内壁。翼骨薄片状。基枕骨和基蝶骨在老年时愈合，基蝶骨前段宽和赤狐有显著差别，前蝶骨后面窄，向前逐步扩大。基蝶骨、前蝶骨和腭骨共同构成内鼻孔的圆弧形穹顶。

牙齿：狼的牙齿结构与家犬相似而显著大于家犬。上颌门齿呈浅弧形排列，其大小依次增大，外门齿横切面大小已接近犬齿一半。齿尖钝圆，其两侧均有一小齿尖，但外齿不具小齿尖。犬齿强大，齿槽处的直径约15 mm，为齿高的2倍，表面光滑，但有一较低的前内纵棱。前白齿彼此隔以不大的齿隙，但第3前白齿与第4上前白齿（裂齿）几相接触。第1前白齿具单齿根，第2、3前白齿具双齿根，其主尖后均具一次尖。裂齿强大，约22 mm高，长为宽的2倍多。白齿外侧齿基缘十分狭小且不显著。第1上白齿齿冠甚大，其宽大于长，齿冠外侧长而内侧短。外侧具发达的切刃，由前尖与后尖组成，齿尖前后并具刃形齿脊。内侧为压碎型，原尖小而明显，次尖则如脊状，位于齿冠后内缘，与原尖以齿谷相隔。第2上白齿齿冠十分低小，不超过第1上白齿一半。

下颌门齿第1～3对形状近似，其大小依次增大。前面观高为宽的2倍，齿尖分为2叶，外叶宽为内叶一半。内门齿外叶的高度接近切缘水平处。门齿舌面略凹，具显著的小沟，顺齿叶缺刻向下。下颌犬齿弯度超过上犬齿。下裂齿较上裂齿狭长，齿冠高度则与之相近。下原尖最为发达，为该齿主尖，与上裂齿主尖相似；下前尖较小，位于齿冠前部；下后尖低小，位于下原尖后内方；下次尖与下内尖均较低，位于裂齿齿冠后部之跟座，下内尖之大小约为下次尖一半，而与下后尖相似。第2、3下白齿齿冠高度与裂齿之跟座相似，第2白齿略大于跟座，前面两个齿尖大小及形状与跟座下次尖和下内尖相似，后面的2个齿尖以外侧的下次尖较为明显，内侧的下后尖近乎退化。第3白齿十分退化，具单齿根，其齿冠大小仅略微超过第1下前白齿。

量衡度（衡：g；量：mm）

外形：

编号	性别	体重	体长	尾长	后足长	耳高	采集地点
IOZ-09461	♂	—	1 300	330	235	11.5	黑龙江
IOZ-07872	♂	27 800	1 200	310	220	10.5	吉林白城子

头骨：

编号	颅全长	基底长	基长	颧宽	眶间宽	颅高	上齿列长	下齿列长	下颌骨长
IOZ-09461	228.33	202.71	201.26	123.80	40.34	78.74	119.35	119.86	169.09
IOZ-07872	239.34	211.54	208.12	135.45	44.72	90.08	122.59	121.99	171.16
IOZ-37645	230.75	208.75	203.99	121.38	42.71	79.63	120.03	116.49	169.04

生态学资料 狼可以生存于多种生境，包括森林、灌丛、草原、高山草甸、荒漠等，可分布在从海平面到海拔5 000 m的宽广范围内。狼主要捕食大型有蹄类动物，包括鹿类、岩羊、原羚、野

猪、野驴等，但同时也会捕食其他体型较小的猎物如旱獭、野兔、鸟类。狼的耐力极佳，可以长途奔跑（>10 km）以追逐大型猎物。偶尔食腐，或抢夺同域分布的雪豹、豹或棕熊等其他大型食肉动物猎杀的猎物。偶尔会攻击家畜，可在局地引起严重的人兽冲突。狼是社会性群居动物，以小的家庭群或家族群为单位集体活动和捕食，在群内每个个体均有严格的等级地位。在多雄多雌群里，通常只有主雄和主雌两只个体参与繁殖。每窝产仔可多达6只，由家庭群体共同抚养照料。在狼的社群内，狼嚎是一种独特的行为，多用于宣示领地；在追捕猎物时，有时会发出类似犬吠的响亮叫声，这两种声音均可在远距离外听到。母狼在洞穴中产仔和育幼，这些洞穴有时是自己挖掘的，有时是利用其他动物留下的，有时则利用天然的岩洞或岩隙。狼的食物中家畜占有较大的比重，长期以来，狼在中国均被作为危害畜牧业的害兽，同时也被作为一种传统的毛皮兽，承受着较大的被人类捕杀的压力。

地理分布　狼广泛分布于北半球欧亚大陆大部与北美大陆北部。在我国历史上，狼曾经广布于台湾岛、海南岛以外的地区，但其当前的分布区大为缩减，主要集中在青藏高原至蒙古高原及周边地区，包括新疆、西藏、青海、四川、甘肃、宁夏、陕西、内蒙古和东北地区的部分地区。

在四川的历史分布区域：达县（现达川）、万源、通江、南江、平武、北川、松潘、古蔺、雷波、马边、雨城区、名山、荥经、汉源、石棉、宝兴、丹巴、炉霍、道孚、德格、甘孜、色达、石渠、阿坝、若尔盖、小金、红原、汶川、犍为、叙永、峨边。

分省（自治区、直辖市）地图——四川省

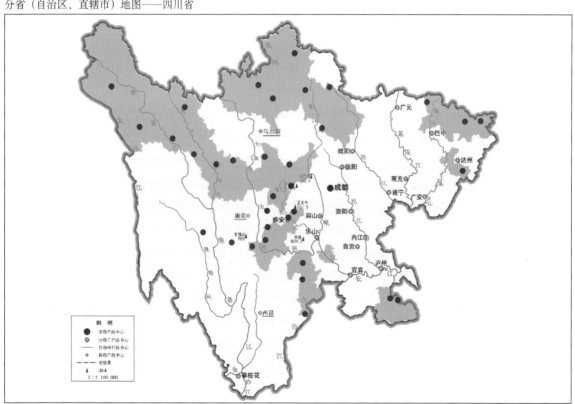

审图号：GS (2019) 3333号　　　　　　　　　　　　　　　　　　　　自然资源部 监制

狼在四川的分布
注：红点为物种的分布位点，绿色斑块表示历史分布区域。

2000年以来确认的在四川的分布区域：北川、阿坝、宝兴、达川、丹巴、道孚、德格、峨边、甘孜、古蔺、汉源、红原、康定、雷波、芦山、炉霍、名山、南江、平武、若尔盖、色达、石棉、石渠、松潘、天全、通江、万源、汶川、小金、荥经、叙永、雅安、雅江、马边。

分类学讨论　狼最初被列入*Lupus*属，即*Lupus lupus* Linnaeus，1758；后归为犬属*Canis*。狼是家狗的祖先，后者有时被列为单独的*C. familiaris*，两者至今仍可杂交。家狗被人类引入澳洲大陆后又逸为野生，被称为澳洲野犬，有时被列为狼的1个亚种，即*C. l. dingo*。有研究基于分子生物学证据，认为分布于青藏高原东部至喜马拉雅山脉的狼为独立物种，即喜马拉雅狼*C. himalayensis* (Aggawal，2003)；但该分类观点未获广泛认同，该类群有时亦被列为狼的亚种之一，即*C. l. himalayensis*。

狼的亚种非常多，分类较为复杂且混乱。全世界约有32个亚种，中国有4个亚种：指名亚种*C. l. lupus* (Linnaeus，1758)，模式产地为瑞典；新疆亚种*C. l. campestris* Dwigubski，1804，模式产地为新疆；东北亚种*C. l. chanco* Gray，1863，模式产地不详；青海亚种*C. l. filchneri* Matschie，1907，模式产地为青海西宁。

四川分布的狼为东北亚种*C. l. chanco*。

狼东北亚种　*C. l. chanco* Gray，1863

Canis lupus chanco Gray, 1863. Proc. Zool. Soc. Lond., 94-95; Ellerman and Morrison-Scott, 1951. Check. Palaea. Ind. Mamm., 219.

鉴别特征　个体略大于指名亚种，但小于东北亚种。胸斑较大，呈V形或U形，白色或略沾黄色。
生态学资料　见种的描述。

狼（拍摄地点：四川省雅江县格西沟国家级自然保护区　拍摄时间：2017年　红外相机拍摄　提供者：李晟）

43. 豺属 *Cuon* Hodgson，1838

Cuon Hodgson, 1838. Ann. Mag. Nat. Hist., I: 52(模式种：*Canis primaevus* Hodgson, 1833); Allen, 1938. Mamm. Chin.
   Mong., 358; Ellerman and Morrison-Scott, 1951. Check. Palaea. Ind. Mamm., 233; Wozencraft, 1993. Mamm. Spec.
   World, 2nd ed., 282; 王应祥，2003. 中国哺乳动物种和亚种分类名录与分布大全，773; Wozencraft, 2005. Mamm.
   Spec. World, 3rd ed., 578; Wilson and Mittermeier, 2009. Hand. Mamm. World, Vol. 1, Canivores, 423.

Chrysaeus Smith, 1839. Jardine's Nat. Libr. Mamm., 25: 167(模式种：*Canis dukhunensis* Sykes, 1831).

Cyon Blandford, 1888. Fauna Brit. India, Mamm., I: 142.

Anurocyon Heude. Mem. 1' Hist. Nat. Emp. Chin., 2: 102(模式种：*Anurocyon clamitans* Heude, 1892).

形态

外形：与犬属相似，头吻部稍短。双耳较小且圆钝，直立，耳后毛色与身体一致。尾毛蓬松，尾长不及头体长一半。四肢修长，善奔跑追逐，趾行性。整体毛色棕红，尾黑色。乳头6～7对。具肛腺。

头骨：吻部短宽，门齿前端至眶前孔外缘距离不及横跨颊齿列宽。整个面部显得鼓起，不同于犬科其余属（较为平直或凹陷）。鼻骨后半部显著扩展，后端超过上颌骨后端，几达眼眶中央的水平线。颚部门齿孔长而宽。

牙齿：齿式 3.1.4.2/3.1.4.2 = 40。门齿排列呈浅弧形。下颌白齿每侧2枚，下颌第3白齿缺失。上、下颌第2白齿均趋退化，下颌第2白齿齿冠大小仅及下裂齿跟座。上颌第2、3前白齿均具一小的后尖。上裂齿之前内叶低小，下裂齿跟座只具单一齿尖。

地理分布　豺属为单型属，下属豺1种。近代以来，豺曾经广泛分布于中亚以东、以南的亚洲大陆大部分区域，但近半个世纪以来，中亚至西伯利亚、蒙古、远东及中国的华北、华东地区的种群均已消失。当前主要分布在中国西部、西南部至东南亚、南亚的10多个国家。豺在四川中部邛崃山至西部川西高原目前仍有分布。

分类学讨论　传统的形态分类研究认为豺属*Cuon*与目前分布在非洲的非洲野犬属*Lycaon*和分布在中南美洲的蓬毛犬属*Speothos*亲缘关系较近，但其在犬科动物演化中的地位和与其他支系的关系仍需进一步研究。犬科动物全基因组序列的分析结果显示，在演化历史上豺与非洲野犬之间曾存在基因交流与融合，可能是由于更新世时这两个物种在中东及周边地区可能有过分布范围上的重叠。

在地质历史上，豺在更新世曾广泛分布于欧亚大陆及北美大陆，直至全新世早期在欧洲南部（例如伊比利亚半岛）仍有分布。在亚洲的日本列岛、海南岛、巴拉望岛、加里曼丹岛、斯里兰卡岛等近陆岛屿上，也曾发现有豺的化石记录。

1811年豺由Peter Simon Pallas命名为*Canis alpinus*，记录其分布于西伯利亚至远东地区。Brian Houghton Hodgson于1833年提出*Canis primaevus*的名称，并认为豺是犬属中较为原始的类群，是家犬的祖先。稍后BH Hodgson又根据豺的形态特征与犬属之间存在明显差异，命名了单独的豺属*Cuon*。此后Blandford于1888年将豺属改为*Cyon*，但应用不广，后又恢复为*Cuon*。

分布于亚洲南部的豺曾被分为若干独立种，后经Mivart于1890年修订合并为*Cuon javanicus*。此后Pocock又将分布于北方的*Cuon alpinus*与*Cuon javanicus*合并为*Cuon alpinus*，豺属成为单型属。

（95）豺 *Cuon alpinus* (Pallas，1811)

别名 亚洲野狗、亚洲野犬、红狼、豺狗、豺狗子、土狗

英文名 Dhole

Canis alpinus Pallas, 1811. Zoographia Rosso-Asiatica, Petropoli In officina Caes. Acadamiae Scientiarum, 1-568(模式产地：俄罗斯阿穆尔州)。

Cuon alpinus Ellerman and Morrison-Scott, 1951. Check. Palaea. Ind. Mamm., 233; 胡锦矗和王酉之，1984. 四川资源动物志　第二卷　兽类，80; 高耀亭，等，1987. 中国动物志　兽纲　第八卷　食肉目，73; Wozencraft, 1993. Mamm. Spec. World, 2nd ed., 282; 王应祥，2003. 中国哺乳动物种和亚种分类名录与分布大全，73; 王酉之和胡锦矗，2009. 四川兽类原色图鉴，122; Wozencraft, 2005. Mamm. Spec. World, 3rd ed., 578; Wilson and Mittermeier, 2009. Hand. Mamm. World, Vol. 1, Canivores, 423.

Anurocyon clamitans Heude, 1892. Mem. 1' Hist. Nat. Emp. Chin., 2(2): 102(模式产地：太湖).

Cuon javanicus Jason Pocock. Proc. Zool. Soc. Lond., 51(模式产地：阿勒泰); Allen, 1938. Mamm. Chin. Mong., 358.

鉴别特征 豺是中等体型的犬科动物，与狼相比体型较为纤细。头吻部较短，双耳较圆，相对狼头部比例较大。整体棕红色。尾长而蓬松，灰黑色至黑色，与身体毛色对比明显。

形态

外形：头体长80 ~ 113 cm，尾长32 ~ 50 cm，雄性体重15 ~ 21 kg，雌性体重10 ~ 17 kg。头吻部较短，双耳较圆。尾长，近头体长一半；尾毛蓬松。

毛色：身体背部与体侧的毛色为砖红色或棕红色至红褐色，腹部毛色稍浅；嘴周及下颌具白毛。耳郭内侧为白色；耳背面与颈、背部毛色一致，区别于赤狐（赤狐双耳背面为黑色）。尾长而蓬松，灰黑色至黑色，与身体毛色对比明显。

头骨：豺头骨吻部较短、宽，鼻骨中段略凹陷，末端上翘，额骨内陷，使得顶骨较为凸起，矢状脊明显。鼻骨细长，前宽后窄，前端分为两叉，边缘呈倒梯形。两鼻骨略有下凹，分别向侧面卷曲，构成鼻孔顶部穹顶的一部分。鼻骨后端尖，插入额骨前端。额骨较大，前端尖，尖的内侧与鼻骨相接，外侧与上颌骨相接。中部最宽，最宽处形成眶后突，是眼眶后上缘的一部分，顶部构成一个倾斜的顶部平台，中间略下凹，后端与顶骨相接，后下缘与鳞骨相接。额骨在眶后突以后两侧形成颞脊，颞脊向中央靠拢，在两额骨中央末端愈合，并向后延伸，穿过顶骨的中央和顶间骨的中央，形成矢状脊。老年时矢状脊明显，并向后突出，其最后端超过枕髁最后端。顶骨不规则，构成脑颅顶部的主体。枕部人字脊明显，上半部由侧枕骨构成，下半部由鳞骨后缘构成，形成较为明显的裙边。整个枕骨大孔向后突出，枕髁较大，髁面光滑。侧枕骨的侧面往下形成明显的颈突，但并不显著延长，与听泡分离。侧面，前颌骨细长，着生门齿。上颌骨宽大，着生犬齿和颊齿；在颜面部后端向两侧扩展。侧面形成颧弓的基座。颧骨发达，前端向上形成眼眶的前下缘，向后分两叉，一叉向上形成眼眶的后下缘，但不明显，使得眼眶后缘开放很大。另一叉与鳞骨的颧突相

接。鳞骨侧面的颧突发达，尤其基部较为宽阔，其下面根部构成与下颌关节相接的关节窝。鳞骨颧突向后延伸，形成裙边，与人字脊相接。鳞骨颧突关节窝与颈突之间，裙边的下面是听泡位置，听泡的鼓室椭圆形，骨质外耳道开口于侧面。听泡后缘上方是鳞骨形成的乳突，但不明显。翼蝶骨和眶蝶骨在老年时愈合，骨缝不清楚，它们共同构成眼窝下部的侧壁。眼眶前缘，泪骨明显，上有3个明显的神经孔。泪骨分别与上颌骨、颧骨和顶骨相接，侧面仅有一很窄的边。腹面，门齿孔长椭圆形，长约11 mm，宽约4 mm，大部分由前颌骨围成，末端由上颌骨围成。硬腭较长，中端较宽，两端较窄，硬腭长（门齿孔后缘至腭骨后鼻孔前缘）约60 mm，最宽处约49 mm。前段由上颌骨构成，后段由腭骨构成。腭骨前端圆弧形，后鼻孔宽阔，腭骨在后鼻孔后两侧向后延伸，与翼骨相接；腭骨在侧面向上扩展，构成眼眶前下缘的内壁。翼骨薄片状，向内弯曲。基蝶骨前窄后宽；基蝶骨、前蝶骨和腭骨共同构成软腭的圆弧形穹顶。基枕骨和基蝶骨在老年愈合，不见骨缝。

　　下颌骨较为粗壮，下缘几呈直线，后端侧面形成明显的凹陷，以附着强大的咬肌。冠状突粗大，顶端向后弯曲。关节突粗大，与下颌骨垂直。角突较小，不显著游离。

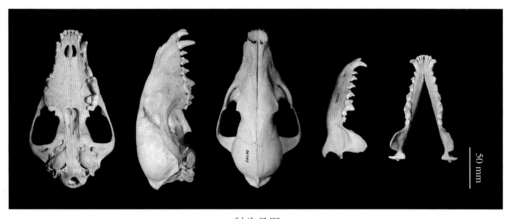

豹头骨图

　　牙齿：齿式3.1.4.2/3.1.4.2 = 40。上颌门齿呈浅弧形排列，其大小依次增大，舌侧根部均有一不明显的小尖；第3上颌门齿横切面大小已接近犬齿一半。犬齿强大，出露处根部约10 mm，出露长约20 mm，表面光滑，但有一较低的前内纵棱。上前白齿彼此基部相接，第1上前白齿单齿根，单尖；第2、3上前白齿几乎等大，具双齿根，其主尖之后均具一不明显的次尖。第4上前白齿粗壮，呈"山"字形，锋利，粗壮，为上裂齿。第1上白齿齿冠较大，横列长宽几乎相等，齿冠外侧长而内侧短；外侧具发达的切缘，由前尖与后尖组成，齿尖前后并具刃形齿脊；内侧原尖小而明显。第2上白齿齿冠十分低小，不超过第1白齿一半。

　　下颌门齿3枚（每边），依次增大，第3下颌门齿最大，切缘均呈撮状。犬齿发达，出露处根部约10 mm，出露长约20 mm，基部粗壮，中段逐渐变细，向后弯曲，内侧有一较低的前内纵棱。下前白齿4枚，逐渐变大；第1下前白齿单齿根，单尖；第2下前白齿双齿根，单尖；第3下前白齿双齿根，主尖后具一不明显的次尖；第4上前白齿粗壮，呈"山"字形，锋利。下白齿2枚，横列，第1下白齿大，内侧窄，外侧宽，前尖、后尖、原尖均明显；第2下白齿较小，略呈椭圆状，有2个不明显的齿尖。

量衡度（量：mm）

外形：

编号	体长	尾长	耳高	采集地点
IOZ-355131	1 065	375	6	云南怒江
IOZ-35132	935	390	7	西藏昌都

头骨：

编号	颅全长	基底长	基长	颧宽	眶间宽	颅高	上齿列长	下齿列长	下颌骨长
IOZ-37664-S	176.38	157.06	157.14	104.3	34.63	70.84	85.34	82.41	126.52
IOZ-10337-S	172.40	159.24	154.61	94.92	33.55	68.01	87.68	83.59	124.06
IOZ-26747-S	176.36	158.72	157.01	98.40	36.86	68.20	89.13	82.92	126.76
IOZ-37662-S	169.18	156.02	149.08	98.40	31.62	68.90	81.51	76.93	126.31

生态学资料　豺可生存于多种生境，包括茂密的森林、开阔的草地以及半干旱荒漠等。集小群生活，群内个体数可达12只，甚至更多，群体合作捕食大型有蹄类猎物。猎物包括野猪、鹿科动物、牛科动物等大型动物，也有体型较小的啮齿动物，如野兔等。豺还经常取食动物尸体残骸（食腐）。通常在春季繁殖，母兽每胎产4～6仔，由群内成年个体共同抚育。在过去几十年间，中国境内豺的野生种群经历了严重、快速的种群下降和分布区缩减。豺捕食家畜后被人报复性毒杀或猎杀；由家养动物携带扩散的高传染性疫病（例如犬瘟热和狂犬病），也可能是豺减少的主要原因。

地理分布　豺广泛分布于中亚、南亚、东南亚、东亚、俄罗斯，但分布区分为多片，之间可能存在不同程度的隔离。历史上，豺曾分布于中国除台湾岛与海南岛之外的大部分地区，近几十年来，仅有少量确认的分布记录。中国境内，对豺当前的具体分布区未有系统研究与报道，推测可能呈高度破碎化分布。在华东、华中、华南的大部分地区，豺可能已经区域性绝灭。近年来，确认的记录主要来自我国西部与西南部，散见于甘肃南部和西部，四川中部和西部，陕西南部，云南南部、西部与西北部，西藏东南部及青海部分地区。

在四川的历史分布区域：青川、绵竹、利州、安县、旺苍、北川、剑阁、平武 苍溪、达县（现达川）、宣汉、万源、南江、通江、屏山、古蔺、叙永、乐山市中、峨眉、沐川、洪雅、夹江、大邑、崇庆、汶川、雨城、汉源、石棉、天全、芦山、宝兴、冕宁、会东、盐边、米易、木里、盐源、康定、丹巴、泸定、九龙、雅江、炉霍、道孚、新龙、白玉、德格、甘孜、色达、石渠、理塘、稻城、乡城、得荣、巴塘、马尔康、阿坝、若尔盖。

2000年以来确认的在四川的分布区域：汶川、大邑、理塘、巴塘。

分类学讨论　豺最初被分为南、北2个物种，即北部的 *C. alpinus* 与南部的 *C. javanicus*，后被

分省（自治区、直辖市）地图——四川省

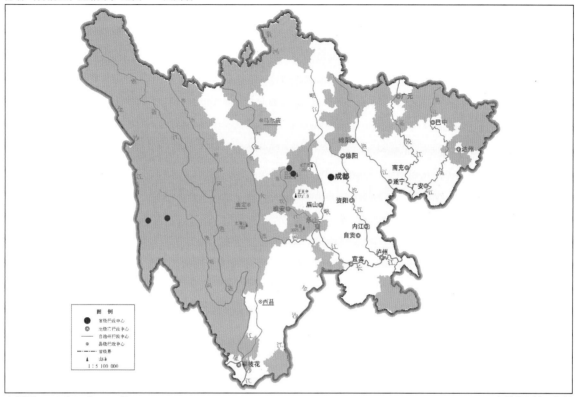

审图号：GS (2019) 3333号　　　　　　　　　　　　　　自然资源部 监制

豺在四川的分布
注：红点为物种的分布位点，绿色斑块表示历史分布区域。

合并为1个物种*C. alpinus*，使豺属*Cuon*成为单型属。基于形态特征，豺被分为11个亚种，但许多亚种的划分仍存在疑问，有待进一步研究。

中国记录有5个亚种：指名亚种*C. a. alpinus*（Pallas，1811），模式产地为俄罗斯乌次考侬奥斯特拉格附近；华南亚种*C. a. lepturus* Heude，1892，模式产地：安徽；川西亚种*C. a. fumosus* Pocock，1936，模式产地：四川西部；克什米尔亚种*C. a. laniger* Pocock，1936，模式产地：克什米尔地区；滇西亚种*C. a. adustus* Pocock，1941，模式产地：云南。

四川仅分布有川西亚种*C. a. fumosus*。

豺川西亚种　*C. a. fumosus* Pocock，1936

Cuon alpinus fumosus Pocock, 1936. Proc. Zool. Soc. Lond., 106(1): 49(模式产地：四川西部); Ellerman and
　　Morrison-Scott, 1951. Check. Palaea. Ind. Mamm., 234.

鉴别特征　个体略大于指名亚种，但小于东北亚种。胸斑较大，呈V形或U形，白色或略沾黄色。

生态学资料　见种的描述。

豺（拍摄地点：四川巴塘竹巴笼自然保护区　拍摄时间：2020年　红外相机拍摄　提供者：李晟）

44. 狐属 *Vulpes* Frisch，1775

Vulpes Frisch, 1775. Natur-System der vierfuss. Thiere, 15; Oken, 1816. Lehrb. d. Naturgesch, 3(2): 1033-1034(模式种：

 Vulpes communis); Allen, 1938. Mamm. Chin. Mong., 350: Ellerman and Morrison-Scott, 1951. Check. Palaea. Ind.

 Mamm., 223; Wozencraft, 1993. Mamm. Spec. World, 2nd ed., 285; 王应祥, 2003. 中国哺乳动物种和亚种分类名

 录与分布大全, 71; Wozencraft, 2005. Mamm. Spec. World, 3rd ed., 583; Wilson and Mittermeier, 2009. Hand. Mamm.

 World, Vol. 1, Canivores, 437.

Vulpes Fleming, 1822. Philosophy of Zoo. Edinburgh, 2: 184(模式种：*Canis vulpes*).

Cynalopex Smith, 1839. Jardine's Nat. Libr. Mamm., 25: 222(模式种：*Canis corsac*).

形态　中等或偏小体型的犬科动物。相比其他犬科动物，狐属吻部尖狭，双耳较大，呈三角形。身体细长，四肢相对身体的比例与犬属等大型犬科动物相比较短。趾行性。尾蓬松粗大，尾长一般超过头体长一半。瞳孔呈直缝状。乳头数6～10个，具尾下腺，趾垫与掌垫之间有腺窝。

头骨：长而低，吻部尖狭。眼眶前缘至吻尖端长度超过横跨白齿列间宽。眶间部低平，额窦不发达。眶后突低薄，略现凹形，前缘稍上翘。鼻骨后端延伸不超出上颌骨后端。侧面观之，由吻部往后至额部徐徐升高，但在第3上前白齿部位略现低凹。脑颅部高度小于基长1/3。

牙齿：齿式3.1.4.2/3.1.4.3＝42。犬齿细长，上犬齿的齿尖接近或达到下颌骨底缘，下颌犬齿的齿尖超出上颌的齿槽线。上裂齿与白齿长约占腭长1/3。颊齿列各齿的齿尖比犬属更尖锐。

地理分布　狐属*Vulpes*全球共有12个现生物种，广泛分布于北半球各大陆及非洲大陆。其中部分物种，如赤狐*Vulpes vulpes*与北极狐*Vulpes lagopus*及其变种，被广泛引种至世界各地并作为毛皮兽饲养。中国分布有4种，广布台湾岛、海南岛以外的地区。四川分布有2种：赤狐*Vulpes vulpes*、藏狐*Vulpes ferrilata*，前者广布，后者主要分布于四川北部与西部的高海拔地区。

分类学讨论 已知最早的化石记录发现于非洲，为距今约700万年的中新世。至更新世，狐属动物已广布旧大陆与北美大陆，其中部分物种如赤狐 *Vulpes vulpes*（red fox）、草原狐 *Vulpes velox*（swift fox）、敏狐 *Vulpes macrotis*（kit fox）一直延续至今。

狐属 *Vulpes* 物种最初被 Linnaeus 归入犬属 *Canis*，后由 Frisch 于1775年建立该属。属中的沙狐 *Vulpes corsac* 曾被置于独立的沙狐属 *Cynalopex*；北极狐 *Vulpes lagopus*（中国无分布）曾被置于独立的北极狐属 *Alopex*，但所依据的形态特征并无显著的独特性，因此现全部归入狐属 *Vulpes*。

四川分布的狐属*Vulpes*分种检索表

尾长小于头体长一半；耳长接近或小于后足长一半；耳背为与体背相似的棕黄色；体侧毛色浅灰，与背部迥异；
　　犬齿较长，咬合时上犬齿齿尖可超出下颌骨底缘 ·· 藏狐 *V. ferrilata*
尾长大于头体长一半；耳长大于后足长一半；耳背黑色或棕黑色；体侧毛色与背部无明显差别；犬齿较短，咬合
　　时上犬齿齿尖不达下颌骨底缘 ··· 赤狐 *V. vulpes*

（96）藏狐 *Vulpes ferrilata* Hodgson，1842

别名 藏沙狐、草狐狸、草地狐、狐狸
英文名 Tibetan Fox

Vulpes ferrilata Hodgson, 1842. Jour. Asiat. Soc. Bengal, 11: 278(模式产地：西藏拉萨附近); Ellerman and Morrison-
　　Scott, 1951. Check. Palaea. Ind. Mamm., 231; 胡锦矗和王酉之，1984. 四川资源动物志　第二卷　兽类，79; 高耀
　　亭，等，1987. 中国动物志　兽纲　第八卷　食肉目，60; Wozencraft, 1993. Mamm. Spec. World, 2nd ed., 286; 王
　　应祥，2003. 中国哺乳动物种和亚种分类名录与分布大全，72; 王酉之和胡锦矗，2009. 四川兽类原色图鉴，126;
　　Wozencraft, 2005. Mamm. Spec. World, 3rd ed., 584; Wilson and Mittermeier, 2009. Hand. Mamm. World, Vol. 1,
　　Canivores, 442.

Vulpes ferrilatus eckloni Jacobi, 1923. Abh. u. Ber. Mus. f. Tier. u. Volkerk, Dresden, 16: 6(模式产地：四川巴塘).

鉴别特征 藏狐为体型矮壮的狐狸。背部毛色浅棕红色，腹部白，体侧为较宽的铅灰色至银灰色。吻部、头部、颈部、四肢均为棕红色。尾长而蓬松，前1/2～2/3为铅灰色，末端1/3～1/2为灰白色。与同域分布的赤狐相比，藏狐脸部正面更为宽扁（从正面看头部外廓略呈长方形），双耳更小，身体更矮壮，四肢相对身体比例更短。

形态

外形：头体长49～70 cm，尾长22～29 cm，雄性体重3.2～5.7 kg，雌性体重3～4.1 kg。体型矮壮，四肢相对身体比例较短。尾长而蓬松，尾长略短于头体长一半。脸部正面宽扁。

毛色：背部毛色为浅棕红色，腹部白色，体侧为较宽的铅灰色至银灰色。吻部、头部、颈部、四肢均为棕红色。冬毛比夏毛更长、更密实，且体侧的银灰色区块更明显。耳背浅棕色，耳郭内毛色白。尾前1/2～2/3为铅灰色，末端1/3～1/2为灰白色。

头骨：藏狐头骨与赤狐、狼相比，颜面部显得更加细长，因而头骨显得更加狭长，最高点位于顶骨后段。鼻骨细长，前端略宽，中段两侧几乎平行，末端变尖，插入额骨前缘；鼻骨长占整个颅全长的

37%左右。额骨前端有4个叉，中间1对尖细而长，内侧与鼻骨相接，外侧与上颌骨相接。侧面1对短、弧形，伸向眼眶前上缘。构成眼眶前上缘的一部分，向后弧形向外扩展，最宽处形成眶后脊，眶后脊前段边缘构成眼眶上缘。眶后脊后呈弧形向中部逐步靠近，突出的脊即为颞脊，颞脊向后延伸，至顶间骨中部相互靠拢形成矢状脊。额骨在眼眶内形成眼窝内壁的主体；额骨与顶骨的骨缝总体呈向后突出的弧线，但缝合线弯弯曲曲；额骨后段仅与顶骨相接，不与鳞骨相接。顶骨大，覆瓦状，构成脑颅背面和侧面的主体，较圆鼓；侧面与鳞骨相接。顶间骨像1枚公章，前后长相对较大；背面中央有矢状脊，越到老年，矢状脊位置越靠前。枕部人字脊发达，上段由顶间骨构成，中段由顶骨和侧枕骨愈合构成；下端由鳞骨构成；末端形成较宽阔的乳突，止于听泡侧面。人字脊顶端向后略延伸，超过枕髁所在的平面。枕髁较发达，髁面半圆形，光滑。枕髁侧后方，侧枕骨向下延伸，形成颈突，不长，游离部分较短；侧面，前颌骨很窄，后段弧形，着生门齿。上颌骨长，侧面构成颜面部的主体，后段超过眼眶前缘。侧面向外侧扩展，构成颧弓的基座，着生犬齿和颊齿。颧骨较强大，前端3个叉，1叉向上呈弧形，构成眼眶前下缘；另外2个叉分别与上颌骨相接。中断向后呈弧形，构成眼眶的下缘和后下缘；眼眶后缘不封闭。颧骨后端向后下方延伸，末端尖，与鳞骨颧突相接；鳞骨较发达，前后长较大，高度略低于颧弓最高点，构成脑颅侧面的下部；上方分别与顶骨和额骨相接，前缘与翼蝶骨相接；鳞骨颧突较强大，颧突基部宽阔，腹面构成与下颌连接的关节窝，向后延伸形成一个裙边；裙边下是外耳道，骨质外耳道很短，位于听泡鼓室的侧方，而不像其他一些食肉类一样前后排列。鼓室较长，鼓胀。头骨腹面，门齿孔长椭圆形，2/3由前颌骨围成，1/3由上颌骨围成。硬腭狭长，平坦，2/3由上颌骨构成，1/3由腭骨构成，腭骨整体像一把火炬。后鼻孔位置和最后一枚上臼齿后缘平齐（犬属和狐属的共同特征），而不像其他食肉类（包括犬科的貉）一样向后显著延伸。腭骨在后鼻孔后两侧向后面延伸，与翼骨相接；翼骨较大、薄，略向内卷，与前面的腭骨、背面的基蝶骨和前蝶骨共同构成软腭的骨质穹顶；腭骨在侧面构成眼窝底部下方的一部分。翼蝶骨较宽阔，和鳞骨一样高，在鳞骨颧突下方向后延伸与听泡相接。眶蝶骨低矮，前后长较大，与翼蝶骨共同构成眼窝底部的一部分。基枕骨和基蝶骨在成年后愈合，基蝶骨前端中部与前蝶骨相接，前端侧面继续向前延伸，前蝶骨出露部分棒状。

下颌骨细长，冠状突宽而高耸，末端圆弧形，关节突向后突出，关节面光滑，弧形，和齿骨呈垂直排列。角突短小，末端略内收。

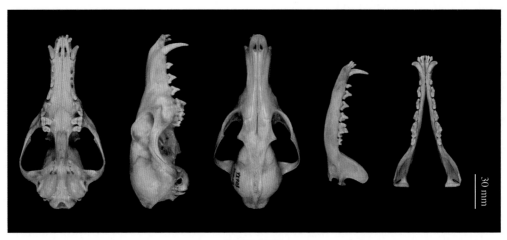

藏狐头骨图

牙齿：齿式3.1.4.2/3.1.4.2 = 40。上颌门齿3枚，第1～3枚依次变大，切缘撮状。犬齿较发达，相对细长，略向后弯曲。上前白齿4枚，第1枚单根单尖，第2、3枚双根，单尖；前3枚相互游离，不靠近，第1枚小，第2、3枚等大，齿尖均为三角形，锋利；第4枚上前白齿长、大、宽，有多个齿尖，前外侧第1个齿尖高、大而锋利，该齿为上裂齿。上白齿2枚，均略呈三角形，第1上白齿大，第2上白齿小，与前白齿呈垂直方向排列，前尖、后尖和原尖均明显，还有附尖。下颌门齿3枚，依次变大，切缘略变宽，撮状。下颌犬齿也较发达，细长，略向后弯曲。下前白齿4枚，第1枚小，第2～4枚约等大，前3枚彼此游离，第4枚靠近白齿；第4枚较宽；所有切缘均三角形，锋利。下白齿2枚，第1枚大，第2枚小，和前白齿呈直线排列。第1下白齿齿尖多，侧面之间齿尖高而锋利，为下裂齿。

量衡度（衡：g；量：mm）

外形：

编号	性别	体重	体长	尾长	后足长	耳高	采集地点
IOZ-37645-S	♂	3 800	580	280	130	5	西藏藏北、申扎
IOZ-21642	♂	4 600	590	290	140	6	西藏四普、班戈（路上）

头骨：

编号	颅全长	基底长	基长	颧宽	眶间宽	颅高	上齿列长	下齿列长	下颌骨长
IOZ-37645-S	145.36	134.88	133.14	82.19	25.23	49.42	78.89	77.43	113.72
IOZ-21642	154.78	148.42	142.58	83.88	24.15	50.46	84.59	83.48	119.32
YX2054（亚成体）	133.76	—	123.87	69.03	22.30	51.875	78.17	79.31	95.11
YX903	159.60	—	153.30	85.14	30.60	58.21	93.11	83.24	119.17

生态学资料　藏狐见于青藏高原的多种生境，包括草甸、草地、半干旱草原与干旱荒漠等，可上至海拔5 000 m。藏狐与赤狐、兔狲在体型及捕食生态位上相近，分布区也有部分重叠。藏狐最主要的猎物是小型啮齿类与鼠兔，但也会捕食蜥蜴、兔、旱獭、鸟类，并取食鹿类、岩羊、家畜等大型动物的尸体（食腐）。藏狐为日行性动物，独居，偶尔可见到雌雄成对活动或母幼一起活动，通常在山坡基部或旧河道岸基打洞而居。2月下旬交配，雌兽通常每胎产2～5只幼仔。历史上作为毛皮兽而常被捕猎。

地理分布　藏狐为青藏高原特有种，分布区主要位于我国，也见于尼泊尔与印度部分地区。在我国，藏狐分布于青藏高原及周边，包括青海、甘肃、四川西部、西藏、新疆。

在四川的历史分布区域：宝兴、丹巴、炉霍、道孚、白玉、德格、甘孜、色达、石渠、阿坝、若尔盖、小金、红原、汶川、壤塘。

2000年以来确认的在四川的分布区域：阿坝、白玉、宝兴、丹巴、德格、甘孜、红原、炉霍、壤塘、若尔盖、色达、石渠、汶川、小金、石渠。

分省（自治区、直辖市）地图——四川省

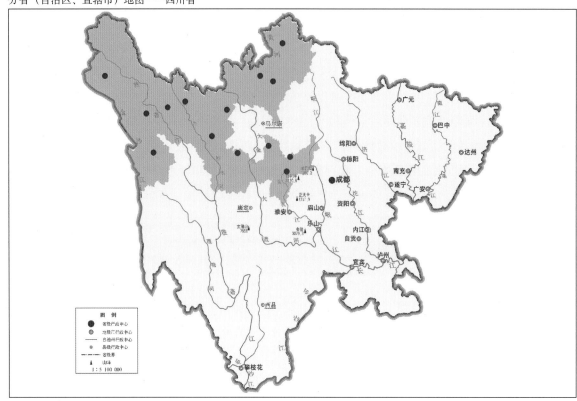

审图号：GS (2019) 3333号 　　　　　　　　　　　　　　自然资源部 监制

藏狐在四川的分布
注：红点为物种的分布位点，绿色斑块表示历史分布区域。

分类学讨论 藏狐无亚种分化。

藏狐（拍摄地点：四川石渠　拍摄时间：2010年　拍摄者：周华明）

（97）赤狐 *Vulpes vulpes*（Linnaeus，1758）

别名 红狐、狐狸、草狐

英文名 Red Fox

Canis vulpes Linnaeus, 1758. Syst. Nat., 10th ed: 1(模式产地：瑞典).

Vulpes vulpes Allen, 1938. Mamm. Chin. Mong., 350-355; Ellerman and Morrison-Scott, 1951. Check. Palaea. Ind.
  Mamm., 225; 胡锦矗和王酉之，1984. 四川资源动物志 第二卷 兽类，77; 高耀亭，等，1987. 中国动物志 兽
  纲 第八卷 食肉目，53; Wozencraft, 1993. Mamm. Spec. World, 2nd ed., 287; 王应祥，2003. 中国哺乳动物种
  和亚种分类名录与分布大全，71; 王酉之和胡锦矗，2009. 四川兽类原色图鉴，125; Wozencraft, 2005. Mamm.
  Spec. World, 3rd ed., 585; Wilson and Mittermeier, 2009. Hand. Mamm. World, 1, Canivores, 441.

Vulpes lineiventer Swinhoe, 1870. Proc. Zool. Soc. Lond., 632(模式产地：福建厦门).

Vulpes waddelli Bonhote, 1906. Abstr. Proc. Zool. Soc. Lond., 14(模式产地：西藏).

Vulpes aurantioluteus Matschie, 1907. Wiss. Ergebn. Exped. Filch. Chin., 10(1): 168(模式产地：四川康定).

Vulpes huli Sowerby, 1923. Nat. In Manch, 2: 44(模式产地：黑龙江).

鉴别特征 赤狐是中、小体型的犬科动物，具有相对细长的四肢，是该属中体型最大的种类。背面毛红棕色，腹面白色。尾毛蓬松，颜色与体色相近，但尾尖为白色。吻部长而尖，双耳三角形直立，耳背黑色。在青藏高原上，与同域分布的藏狐相比，赤狐四肢相对身体的比例更长，耳朵更大，吻部也更长。另一个与藏狐不同的显著特征是，赤狐双耳的背面为黑色或棕黑色。

形态

外形：中、小体型，具有相对细长的四肢。雄性比雌性体型更大：雄性头体长 59 ~ 90 cm，体重 4 ~ 14 kg；雌性头体长 50 ~ 65 cm，体重 3.5 ~ 7.5 kg。尾长 28 ~ 49 cm；尾长大于体长一半，尾毛蓬松。吻部长而尖，双耳三角形直立。

毛色：赤狐毛色变异较大，从黄色、棕色至暗红色均有，偶见黑色个体；人工饲养、培育的还有白色（银狐）与黑色（黑狐）品系的赤狐，在野外可偶见逃逸或人为放生的个体。常见的野生赤狐通常背面毛色为红棕色，肩部及体侧为棕黄色，腹面为白色。尾毛蓬松，颜色与体色相近，但尾尖为白色。冬毛比夏毛更密实，毛色更浅。

头骨：赤狐头骨整体弧形，最高点位于额骨的中部。两额骨之间有个明显的凹槽，并延伸到鼻骨之间，鼻骨中部部分突然向上翘；顶骨和顶间骨中部有明显的纵脊，越到老年越明显。

鼻骨很窄，较长，接近颅全长的40%；前端较宽，圆弧形，构成鼻孔的顶壁，两鼻骨之间略下凹，1/2处突然向上翘；后端尖，插入额骨前缘。额骨形状不规则，前面分两叉，内叉尖，分别与鼻骨和上颌骨相接，外叉宽，分别与上颌骨、泪骨和额骨相接；背面前1/3处向两边扩展，增粗增厚，使眉眶显得很粗厚，后面形成眶后突。两额骨之间有深的凹槽。额骨向后收窄，形成脑室前部的一部分，分别与顶骨（背面和背侧面）和鳞骨（侧面）相接。骨缝不规则。顶骨圆弧形，构成脑室背面和背侧面的主体。顶间骨三角形，背面中央形成明显的矢状，逐步向侧面，形成人字脊的一部分。枕区，上枕骨和顶间骨愈合，骨缝不清。顶间骨后端与上枕骨愈合部分向后突出，超过枕髁。

枕髁面光滑，向后突出，侧枕骨与鳞骨交界处向下形成颈突。侧面，前颌骨很窄，前端厚实，着生门齿，后端细长，三角形。上颌骨粗大，形状不规则，着生犬齿和颊齿，在吻端喉部显著向外扩展，其上缘形成颧弓的基座，颧骨很大，前面形成眼眶前壁的一部分，上缘弧形，构成眼眶的下前缘。后端斜向与鳞骨颧突相接。泪骨中等发达，但位于眼眶的前缘内壁，侧面仅很窄的一个边缘，和熊科动物显著不同。鳞骨构成脑室后下缘的一部分，颧突发达，颧突的基部尤其厚实，腹面形成与下颌连接的关节窝。关节窝后面和颈突之间是听泡，鼓室较大，鼓胀。骨质外耳道很短，开口侧面。翼蝶骨长而窄，后有一端与鳞骨相接，顶部与额骨和顶骨的交界区相接，前缘与眶蝶骨相接。眶蝶骨仅有翼蝶骨的一半高，后缘与翼蝶骨相接，顶部及前上部与额骨相接，前下缘与腭骨相接。腹面，门齿孔卵圆形，长约8.8 mm，宽约3 mm；一半为前颌骨围成，一半为上颌骨围成，中间犁骨完整。硬腭前窄后宽，平坦，长（门齿孔后缘至腭骨后鼻孔前缘）约60 mm，最宽处约50 mm；前段由上颌骨构成，后段由腭骨构成。腭骨整体呈扇形，除后端外，整体被上颌骨包裹；腭骨两侧向后继续延伸，并与后端的翼骨相接；腭骨在侧面扩大，构成眼眶的前下半部的内壁。翼骨相对较大，略呈方形，外侧面与翼蝶骨下缘内外贴合。基枕骨粗大，前面是基蝶骨，基蝶骨前面尖，后面宽，像一座宝塔。前蝶骨后面窄，向前变得宽大。

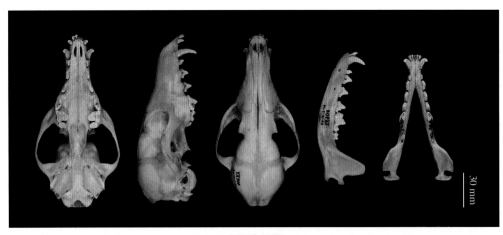

赤狐头骨图

牙齿：上颌门齿排列呈浅弧形；上颌犬齿细长，咬合时齿尖可接近下颌底缘；第1上前臼齿甚小，第2、3上前臼齿近乎等大，主峰之后具明显的后齿尖。上裂齿之前的内叶与狼相比发育很好，齿峰亦较狼的更锋利。上臼齿内侧前尖与后尖略小，但亦甚锋利，并具明显凸出的齿基缘（齿带）。第3下颌门齿具发育很好的外叶，下颌犬齿细长，下裂齿与下白齿齿峰亦较锋利，但结构与狼近似。下裂齿的跟座具2个小齿尖。

量衡度（量：mm）

外形：

编号	性别	体长	尾长	后足长	耳高	采集地点
IOZ-07854	♂	750	480	650	10	吉林抚松

头骨：

编号	颅全长	基底长	基长	颧宽	眶间宽	颅高	上齿列长	下齿列长	下颌骨长
IOZ-37708-S	148.09	134.76	137.74	79.08	28.37	54.79	83.58	79.04	106.79
IOZ-07854	154.78	146.48	145.9	80.33	28.42	51.81	80.33	78.52	116.52
YX904	148.45	138.65	141.84	76.90	30.90	55.66	82.10	79.19	106.32

生态学资料　赤狐适应能力极强，可生活于森林、灌丛、草地、半荒漠、高海拔草甸、农田，甚至人类定居点周边等各种生境。其分布的海拔范围可上至 4 500 m。赤狐为机会主义杂食性动物，食物包括小型啮齿类、野兔、鼠兔、鸟类、两栖类、爬行类、昆虫、植物果实、植物茎叶等。在冬季与早春，赤狐食腐的比例会增加，相当程度地依靠取食死亡动物尸体来应对食物短缺。白天、夜晚均较为活跃，没有特定的活动高峰。赤狐常掘洞栖息或产仔育幼，也会利用旱獭等动物的旧洞。通常为独居，但雌狐携带幼仔活动的母幼群也可经常见到。繁殖模式为单配制，雄狐也会参与照顾幼仔。母狐在3—5月产仔，窝仔数1～10只。历史上，赤狐曾被广泛猎杀，以获取其毛皮用作衣料与装饰。

地理分布　赤狐是全球分布范围最广的陆生食肉动物，遍布北半球欧亚大陆（除东南亚热带区）和北美大陆，并被人为引入至澳洲大陆等地。在我国，赤狐历史上广泛分布于除台湾岛、海南岛以外的地区，但对其当前的具体分布范围缺乏系统研究，在华北山地（例如山西、河北）、青藏

分省（自治区、直辖市）地图——四川省

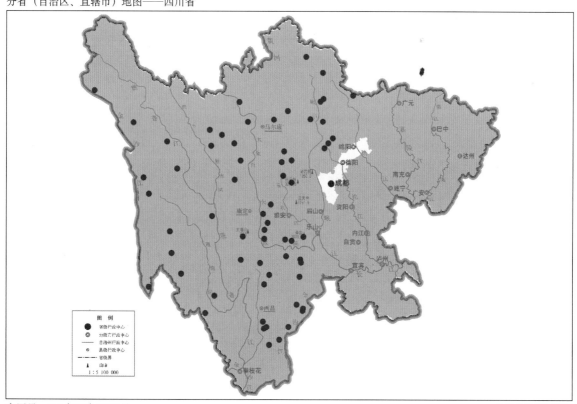

审图号：GS (2019) 3333号　　　　　　　　　　　　　　　　自然资源部　监制

赤狐在四川的分布
注：红点为物种的分布位点，绿色斑块表示历史分布区域。

高原至横断山（如西藏、青海、四川西部、云南西北部）、蒙古高原（如内蒙古）和西北地区（如新疆）仍较为常见。

在四川的历史分布区域：除成都平原少数县外，遍布四川全省各县。

2000年以来确认的在四川的分布区域：马边、阿坝、安州、巴塘、白玉、宝兴、北川、布拖、丹巴、道孚、稻城、得荣、德昌、德格、峨边、峨眉、甘洛、甘孜、汉源、黑水、红原、洪雅、会理、金川、金口河、金阳、九龙、九寨沟、康定、雷波、理塘、理县、芦山、炉霍、泸定、马尔康、茂县、美姑、绵竹、冕宁、木里、宁南、平武、普格、青川、壤塘、若尔盖、色达、什邡、石棉、石渠、松潘、天全、汶川、西昌、喜得、小金、新龙、荥经、雅江、盐源、越西、昭觉、乡城。

分类学讨论　近期基于全球赤狐样品的分子生物学研究结果显示，赤狐最早起源于中东地区，然后向外辐射扩散。现今分布在北美大陆的赤狐具有较大的遗传差异，有研究者建议应列为独立种美洲赤狐 *Vulpes fulva*。赤狐分布范围广，被描述的亚种众多，分类较为混乱。全世界共有约44个亚种，中国有5个亚种：蒙新亚种 *V. v. karagan* Erxleben，1777，模式产地为俄罗斯吉尔吉斯草原；西藏亚种 *V. v. montana* Pearson，1836，模式产地为西藏喜马拉雅地区；华南亚种 *V. v. hoole* Swinhoe，1870，模式产地为福建厦门附近；华北亚种 *V. v. tschiliensis* Matschie，1907，模式产地为北京；东北亚种 *V. v. daurica* Ognev，1931，模式产地为黑龙江。

四川分布有1个亚种，即华南亚种 *V. v. tschiliensis*。

赤狐华南亚种　*V. v. hoole* Swinhoe，1870

Vulpes vulpes hoole Swinhoe R, 1870. Proc. Zool. Soc. Lond., 15: 631; Ellerman and Morrison-Scott, 1951. Check. Palaea. Ind. Mamm., 227.

鉴别特征　个体略大于指名亚种，但小于东北亚种。胸斑较大，呈V形或U形，白色或略沾黄色。

生态学资料　见种的描述。

赤狐（拍摄地点：四川汶川卧龙国家级自然保护区　拍摄时间：2017年　红外相机拍摄　提供者：李晟）

45. 貉属 *Nyctereutes* Temminck，1838

Nyctereutes Temminck, 1839. In Van der Hoevens Tijdschr. Nat. Ges. Phys., 5: 258(模式种：*Nyctereutes viverrinus* Temminck, 1844); Allen, 1938. Mamm. Chin. Mong., 345; Ellerman and Morrison-Scott, 1951. Check. Palaea. Ind. Mamm., 232; 高耀亭，等，1987. 中国动物志 兽纲 第八卷 食肉目, 73; Wozencraft, 1993. Mamm. Spec. World, 2nd ed., 283; 王应祥，2003. 中国哺乳动物种和亚种分类名录与分布大全, 72; Wozencraft, 2005. Mamm. Spec. World, 3rd ed., 581; Wilson and Mittermeier, 2009. Hand. Mamm. World, Vol. 1, Canivores, 435.

形态 貉属体形矮壮、短小，与典型的犬科动物外形差别较大。吻部较短，耳小，颊部至颈部被毛发达、蓬松，显得头部较圆、较宽。四肢相对身体比例较短，不善奔跑。尾短，尾长不及头体长的1/3。毛色以灰黑色为主，眼周及颊部具明显黑色斑纹形成"眼罩"，与浣熊相似。

头骨：相对较短宽，吻部短。眶下孔后缘至吻端的距离大于横跨左右颊齿列的距离。额部往前由高而低逐渐倾斜。具发育良好的矢状脊与人字脊。硬腭后部显著延长，后缘明显超出颊齿列末端水平线。下颌骨底缘较为平直，角突发达，外侧缘呈圆弧形隆起。底缘后端在角突之下前方另形成一钝圆形亚角突。

牙齿：齿式3.1.4.2/3.1.4.3 = 42。部分个体可见到上颌多1枚第3臼齿。上裂齿不甚发达，第1上臼齿内侧具相当突出的跟座。下裂齿具较强的下后尖和跟座，后者有明显的下次尖和下内尖。

地理分布 貉广泛分布于西伯利亚、我国中部和东部地区大部（不包括台湾岛、海南岛）、朝鲜半岛、日本列岛、中南半岛北部，并被人为引入至欧洲等部分地区。在四川盆地及周边中低海拔地区有分布。

分类学讨论 貉属*Nyctereutes*最早的化石记录发现于中国北部，在距今约550万年的中新世与上新世之间。截至目前共发现有貉属*Nyctereutes* 5 ~ 10个化石物种，均与现生种形态相近，仅体型大小差别较为明显；均大于现生种。

该属最早由Temminck于1839年订立，后曾一度被归入犬属*Canis*，但由于该属与其他犬科各属之间存在明显的形态差异，之后均被认为是独立的属。基于形态学的研究认为，在犬科内貉属*Nyctereutes*与狐属*Vulpes*具有较近的亲缘关系。

貉属*Nyctereutes*为单型属，下属貉*Nyctereutes procyonoides* 1种。部分研究者把分布在日本的*N. p. viverrinus*亚种列为独立种，即日本貉*Nyctereutes viverrinus*。该分类意见在*American Society of Mammalogists*及*Mammal Diversity Database*中被认可，但未被世界自然保护联盟（IUCN）犬科动物专家组及*Mammal Species of the World*（Wilson et al., 2005）所采纳。

（98）貉 *Nyctereutes procyonoides*（Gray，1834）

别名 狸、毛狗、土狗

英文名 **Raccoon Dog**

Canis procyonoides Gray, 1834. Illustr. Ind. Zool., 2(模式产地：广东).

Nyctereutes procyonoides Allen, 1938. Mamm. Chin. Mong., 346-349; Ellerman and Morrison-Scott, 1951. Check.

Palaea. Ind. Mamm., 232; 胡锦矗和王酉之, 1984. 四川资源动物志 第二卷 兽类, 80; 高耀亭, 等, 1987. 中国

动物志 兽纲 第八卷 食肉目, 73; Wozencraft, 1993. Mamm. Spec. World, 2nd ed., 283; 王应祥, 2003. 中国

哺乳动物种和亚种分类名录与分布大全, 72; 高耀亭, 等, 1987. 中国动物志 兽纲 第八卷 食肉目, 65; 王

酉之和胡锦矗, 2009. 四川兽类原色图鉴, 124; Wozencraft, 2005. Mamm. Spec. World, 3rd ed., 581; Wilson and

Mittermeier, 2009. Hand. Mamm. World, Vol. 1, Canivores, 435.

Nyctereutes sinensis Brass, 1904. Nutzbare Tiere Ostasiens, 22(模式产地: 长江河谷).

Nyctereutes stegmanni Matschie, 1907. Wiss. Ergebn. Filch. Exped. China, 10(1): 175, 180(模式产地: 江苏).

鉴别特征 貉身体矮壮, 四肢与尾均较短, 双耳小而圆, 头吻部较短, 且具有黑色或棕黑色 "眼罩"。两眼周围为黑色, 双耳也为黑色, 而额部和吻部为白色或浅灰色, 与浣熊相似。貉两颊至颈部的毛发较长, 形成明显的环颈鬃毛。

形态

外形: 貉头体长 49 ~ 71 cm, 尾长 15 ~ 23 cm, 体重 3 ~ 12.5 kg。整体形态更类似于浣熊而不似典型的犬科动物。尾毛长而蓬松, 尾长小于头体长的 1/3。

毛色: 从正面看, 貉的两眼周围为黑色, 双耳也为黑色, 额部和吻部为白色或浅灰色, 毛色的明显对比形成深色 "眼罩" 状的面部特征, 与浣熊相似。貉两颊至颈部的毛发较长, 形成明显的环颈鬃毛。身体和尾整体毛色棕灰, 毛尖黑色; 四肢和足的毛色为较暗的棕黑色。

头骨: 貉头骨相对显得较粗短, 尤其颜面部 (宽而短)。最高点位于顶骨前部。鼻骨宽而短, 远未达上颌骨背面后端, 和藏狐、赤狐、狼均不同。前端向侧面延伸并卷曲, 构成鼻孔的上壁, 后端弧形, 插入额骨前缘。额骨前端尖而细, 内侧与鼻骨相接, 外侧与上颌骨相接; 向后变得较宽阔, 眼眶上方顶部中央较宽, 为眶后突, 但粗而钝。额骨在眶后突之后变细, 然后再次显著扩展, 后端与顶骨相接, 接缝整体呈向后突的 V 形。顶骨宽阔, 构成脑颅背面和侧面的主体; 顶骨后 1/3 突然向下; 顶骨中央至顶间骨中央有矢状脊, 越到老年越明显。末端与人字脊相接。顶间骨略呈梯形。枕区上枕骨中央有 1 条不明显的垂直纵脊。人字脊明显, 上段由顶间骨构成, 中段由顶骨和侧枕骨融合构成, 下段由鳞骨构成; 末端为宽阔的乳突, 止于听泡侧面。枕髁发达, 和人字脊处于同一平面, 髁面较大, 光滑。在枕髁侧面, 侧枕骨形成颈突, 从后面包裹听泡, 不游离。侧面, 前颌骨狭窄, 略呈弧形, 着生门齿。上颌骨宽大向后延伸, 在眼眶前上方构成眼眶前上缘; 下侧方向外扩展, 构成颧弓的基座。颧骨较发达, 整体呈 S 形, 前段构成眼眶前下缘和下缘, 后方与鳞骨相接。眼眶后部开放。鳞骨前后长较大, 最高处和颧弓一样高, 构成脑颅侧面下部。鳞骨颧突中等发达, 基部较宽, 腹面构成和下颌骨相接的关节窝。向后延伸, 有较低的裙边, 后端和人字脊接近。裙边下面是外耳孔, 骨质外耳道很短; 外耳道位于鼓室侧面, 外耳道所在部分构成听泡的前室, 听泡鼓室长椭圆形。翼蝶骨和眶蝶骨在成年时愈合, 构成眼窝底部下方的一部分; 翼蝶骨在鳞骨颧突下方向后延伸与听泡前端接触。腹面, 门齿孔长椭圆形, 斜向排列。绝大部分由前颌骨围成, 仅在孔的底部由上颌骨围成。硬腭前宽后窄, 一半由上颌骨构成, 一半由腭骨构成。腭骨前端略呈梯形, 整体像是没有头的凤蝶; 腭骨后缘后鼻孔尖, 和其他几种犬科动物不一样; 腭骨在眼窝内构成眼窝内壁底部一部分, 在门齿孔后两侧向后延伸, 末端分叉, 内叉与翼骨相接, 外叉与翼蝶骨相接。后鼻

孔向后延伸，不像狼和赤狐，后鼻孔开口和最后一颗白齿后缘平齐。翼骨薄片状，后缘有一尖。基枕骨宽阔，基蝶骨、基枕骨、前蝶骨在老年愈合。基蝶骨前缘、翼骨、翼蝶骨和腭骨构成软腭的骨质穹顶。

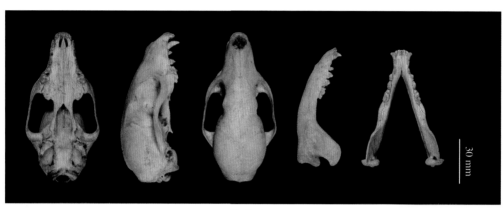

貉头骨图

牙齿：齿式 3.1.4.2/3.1.4.3 = 42。有时上颌一侧多1枚第3上臼齿，上颌门齿呈弧形排列，第1对具3个齿峰，第2对具2个齿峰，第3对为单齿峰。犬齿狭长而尖。上颌前白齿形状侧扁，齿冠依次增大，前3枚均为单齿峰，第4枚（裂齿）外侧具强大的齿峰（原尖）和后齿峰（中附尖），前内叶尚有一小齿尖。第1上白齿宽而短，外侧为发达的前尖和后尖，内侧为较小的原尖与次尖，最内侧基部有一相当突出的跟座。第2上白齿的结构与前者相似。下颌门齿3对均相靠拢，前3对前白齿为单齿峰，第4对主峰之后有一小附尖。第1下白齿为裂齿，前部具发达的下原尖，下前尖与下后尖、后部跟座有低小的下次尖与下内尖。第2下白齿齿冠近长方形，具前、后2对齿突。第3下白齿齿冠特小，近乎圆形。

量衡度（衡：g；量：mm）

外形：

编号	性别	体重	体长	尾长	后足长	耳高	采集地点
IOZ-9459	♂	4 200	633	180	115	65	吉林辑安

头骨：

编号	颅全长	基底长	基长	颧宽	眶间宽	颅高	上齿列长	下齿列长	下颌骨长
IOZ-23015	116.49	106.69	106.43	65.92	22.73	43.00	57.47	54.28	82.43
IOZ-37684-S	122.92	113.52	114.18	66.36	21.96	47.36	58.21	57.18	88.16
IOZ-37687-S	113.10	103.30	104.39	60.92	19.08	42.28	53.79	52.92	82.67
IOZ-09459	122.73	114.20	114.64	68.86	21.92	45.31	58.23	55.87	91.19

生态学资料　貉常见于开阔和半开阔生境，例如稀疏的阔叶林、灌丛、草甸、湿地，且常接近水源；喜好在下层植被丰富的开阔林地觅食。虽然貉的主要食物为啮齿类小兽，但与其他犬科动物相比，貉的食性更杂。捕食啮齿类、两栖类、软体动物、鱼类、昆虫、鸟类（包括鸟卵）等动物，

并取食植物的根、茎、种子和各类浆果与坚果。夜行性动物，通常独居，但有时也可见到成对活动或家庭群集体活动。貉为单配制，在春季繁殖，每窝产仔5～8只。历史上，貉被人类广泛捕猎以获取肉食或毛皮。同时，由于貉会捕食家禽和采食农作物，它们也是造成人兽冲突的野生动物之一。貉被作为毛皮兽广泛养殖，因此在中国和国外均可见到养殖个体逸为野生的现象。

地理分布　貉历史上广泛分布于东亚与东北亚，包括日本列岛与现属俄罗斯的库页岛，并被人为引入欧洲。在我国，貉广泛分布于从东北经华北至华中、华东、华南、西南的广大地区。

在四川的历史分布区域：贡井、涪城、顺庆、达川、东兴、翠屏、乐山市中、雨城、温江。

2000年以来确认的在四川的分布区域：高县、珙县、古蔺、合江、江安、纳溪、南溪、兴文、叙永、翠屏、筠连、长宁。

分省（自治区、直辖市）地图——四川省

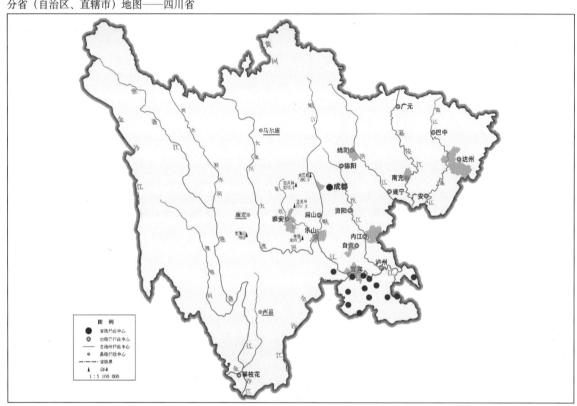

审图号：GS (2019) 3333号　　　　　　　　　　　　　　　　自然资源部 监制

貉在四川的分布

注：红点为物种的分布位点，绿色斑块表示历史分布区域。

分类学讨论　部分早期历史文献中把貉归入犬属，记为 *Canis procyonoides*。貉属 *Nyctereutes* 为单型属，传统观点认为其祖先为犬科内较为原始的支系。近年有观点认为分布于日本列岛的貉应列为独立种日本貉 *N. viverrinus*，包含2个亚种，即 *N. V. viverrinus* 和 *N. V. albus*。

貉全世界共有6个亚种，中国有3个亚种：指名亚种 *N. p. procyonoides*（Gray，1834），模式产地为广州附近；东北亚种 *N. p. ussuriensis* Matschie，1907，模式产地为乌苏里江口；西南亚种 *N. p. orestes* Thomas，1923，模式产地为云南丽江。

四川仅分布有貉西南亚种 *N. p. orestes*。

貉西南亚种 *N. p. orestes* Thomas，1923

N. p. orestes Thomas, 1923. Ann. Mag. Nat. Hist., 11: 655-663; Ellerman and Morrison-Scott, 1951. Check. Palaea.

    Ind. Mamm., 233.

鉴别特征　个体略大于指名亚种，但小于东北亚种。胸斑较大，呈V形或U形，白色或略沾黄色。

生态学资料　同种的描述。

貉（拍摄地点：上海市区　提供者：王放）

十五、熊科　Ursidae Gray，1825

Ursidae Gray, 1825. Ann. Philos., new Ser., 10: 339(模式属: *Ursus* Linnaeus, 1758).

Ursinidae Gray, 1821. Lond. Med. Repos., 15, pt. 1: 301.

Ursini Fischer, 1817. Mem. Soc. Imp. Nat., Moscow, 5: 372.

Ailuropodinae Greve, 1894. Dire Geogr. Verbr. Leben. Raubt. Nova Acta Acad. Caes. Leopoldino-Carolinae, 63: 217(模式属: *Ailuropoda* Milne-Edwards, 1870).

起源与演化　在进化史上，熊类的起源和食肉目其他各科相比发生最晚。一般认为，熊类是中新世由熊型类Arctoidea分化而成，中新世后期的半犬属*Hemicyon*很可能就是现代熊的祖型。熊的进化，在牙齿特征上表现为前臼齿退化，裂齿变小，失去切割功能；第3上臼齿缺失后，其余的臼齿延长，变得大而多瘤状突起，发展了挤压磨碾的咀嚼面，这些都与其杂食性相适应。从发现的化石来看，熊科动物虽然发生很晚，但发展很快，在上新世和更新世都很繁盛，仅我国记录的熊科动物化石就有5属7种。到了现代，熊科动物是一类适应性很强的大型兽类，它们广泛分布于各自然地理带，无论是北冰洋沿岸，或者是热带雨林，都有它们的适应性类群。

在我国华南、华北、山西、北京均有化石发现。大多数的化石发现于上新世，主要是一些化石属种，如*Helarctos*、*Euarctos*、*Hyaenarctos*、*Indarctos*等化石属。现生熊属有2个化石种——*Ursus angustidens*、*U. spelaeus*，1个现生种——棕熊*Ursus arctos*。前两者发现于上新世和更新世，棕熊化石发现于更新世和全新世。总体来看，化石属种类均较小，现生属物种较大。

大熊猫*Ailuropoda melanoleuca*化石在我国南方和东南亚较普遍，地层属于中晚更新世。大熊猫是我国大熊猫—剑齿象动物群的重要成员，大熊猫化石包括1个种和2个亚种：小种大熊猫*Ailuropoda microta*、大熊猫武陵山亚种*Ailuropoda melanoleuca wulingshanensis*、大熊猫巴氏亚种*Ailuropoda melanoleuca baconi*。至20世纪上半叶，大熊猫的化石相继在野外被发现。Woodward于1915年在缅甸摩谷洞发现第1个大熊猫化石，并据此划分出化石新亚种，即大熊猫巴氏亚种*Ailuropoda melanoleuca baconi*。1921年，Granger在四川万县（现万州，属重庆）盐井沟发现了大熊猫化石，1923年，他和Mathew研究了这批标本并将其定义为1个新种——洞穴熊猫*Ailuropoda fovealis*。1974年，王将克认为缅甸摩谷熊猫化石与万县盐井沟熊猫化石所产出的地层年代及形态特征大致一致，后把洞穴亚种*Ailuropoda fovealis*作为巴氏亚种*Ailuropoda melanoleuca baconi*的同物异名。1956年，裴文中在广西柳城巨猿洞发现了大熊猫化石，在随后的研究中根据其个体小等特征而另立新种，即小种大熊猫*Ailuropoda microta*。1978年，王令红等在湖南的保靖洞泡山发现了小种熊猫与巴氏熊猫之间的1个过渡成员——大熊猫武陵山亚种*Ailuropoda melanoleuca wulingshanensis*。

大熊猫小种和大熊猫巴氏亚种发现的地点非常广泛，包括越南北部、缅甸，我国广西、广东、四川、云南、贵州、湖北、湖南、福建、江西、浙江、陕西、山西、北京。

大熊猫现生种的化石也有发现，但分布区域大大缩小。一般认为，近1万年来的大熊猫已经是现生种，这时，其他2个亚种已经灭绝。大熊猫现生种化石发现地点包括广西来宾、河南淅川（属于汉江流域的支流）、陕西秦岭。

形态特征 熊科动物是现代生存的陆生食肉目动物中体型最大者。在熊科动物内，不同物种之间个体大小差异却很大。其中，体型最大者是北极熊，有的成兽头体长可达2.5 m，体重达1 000 kg；体型最小者是马来熊，成兽头体长1 ~ 1.4 m，体重30 ~ 60 kg。

熊粗壮健实，头大而圆，吻部较长；眼小，耳不大，尖端圆钝。颈部短粗。尾很短，隐于体毛内。四肢粗壮有力，均具5趾，爪长而弯曲，不能伸缩；跖行性。毛被厚密。除大熊猫通常具黑白体色外，其他熊类仅有1个基本色调，由白色、棕色至漆黑色组成。雌熊有乳头3对，雄熊具有骨质性阴茎骨。

熊头骨大而厚实，颧弓发达。听泡较小，内无骨质性隔壁。属异齿型，分为门齿、犬齿、前臼齿和臼齿。门齿横列，外侧门齿大；犬齿粗而略长，微向后弯，下颌犬齿紧靠门齿，上犬齿与门齿有间距；第1 ~ 3前臼齿甚小，排列稀疏，有的种类在成体时下颌第2、3前臼齿消失，形成较宽的齿隙；臼齿强大，齿冠宽而低，咀嚼面具小瘤状突起，适于研磨食物，以适应食竹大熊猫的臼齿为最。熊多属杂食性，裂齿亦不如其他食肉类发达。齿式一般为3.1.4.2/3.1.4.3 = 42，但马来熊属 *Helarctos* 的上、下颌均缺1对前臼齿，齿式为3.1.3.2/3.1.3.3 = 38。

生态学资料 熊适应能力强，可见于从极地、寒漠苔原到热带雨林的各种不同环境中，甚至同一种熊也能够栖息在完全不同的生境条件下。主要营地栖生活，能涉水游泳，更善于爬树。由于栖息环境的不同，亦形成一定的适应性分化，如生活在北冰洋沿岸和岛屿的北极熊，常在海洋中活动觅食，主要是白天出来活动，为昼行性；有些在热带或亚热带生活的种类，常在树上活动觅食，主要是黄昏或夜间出来活动，为夜行性动物。熊的视觉较差，但嗅觉和听觉发达。大部分熊科动物为杂食性，食物包括嫩叶、草根、果实、昆虫以及一些脊椎动物等，有时也袭击大型兽类的幼体，并经常食腐尸。冬眠是熊类动物对寒冷环境及食物短缺产生的一种适应性低体温现象，伴随着体温降低，呼吸和脉搏减弱。大熊猫不冬眠。熊类多在洞穴内冬眠，持续时间在不同物种和性别间有差异。在我国东北地区的林区也有因食物或个体生理状况原因而不冬眠的熊。

熊多数在春末夏初交配，怀孕期6 ~ 8个月，受精卵具有延迟着床现象，因此胚胎发育的时间并不长。多数熊于冬末或早春（12月至翌年2月）在洞穴内产仔，每胎通常2仔，亦有1仔或3仔者，最多5 ~ 6仔。野生大熊猫每年在冬末春初发情（3—4月）交配，于8月中下旬至9月上旬产仔；每胎产1仔，偶有2仔者。熊在自然界中天敌很少，除寄生虫侵袭外，食物、气候及人为干扰等是影响熊类生存的重要因素。

分类学讨论 人类对熊的认识很早，这是由于熊是大型兽类，又有特殊的形态、生态特点和较大的经济利用价值。有些熊类化石在更新世地层中与中国猿人化石同时发现。按现在较广为接受的在熊科下单列大熊猫亚科的观点，现代熊类动物包括3属8种，其中在四川分布有3属3种。

近代动物分类学对熊的记载开始于18世纪中叶。1758年，林奈在《自然系统》（第10版）中根据瑞典的标本记载欧洲棕熊为 *Ursus arctos*。由于熊的体形粗大，尾巴短小，头骨和牙齿的特异，与食肉目其他类群的动物均有明显的不同，故1825年Gray提议建立熊科 Ursidae，之后其分类地位比较稳定，一直没有什么争议。熊的科下分类，最初是Pocock（1914）依据外部特征将现代生存的熊划分为5属，亚洲的黑熊归属于 *Tremarctos* 属内；后来，Pocock（1932，1941）比较研究了欧亚大陆的黑熊和棕熊，认为黑熊的特异性明显，黑熊属 *Selenarctos* 应为独立属，现代生存的熊共分6属。1945年，Simpson在检查了熊的化石种类之后，仍然沿用这一系统。但看法并未一致，有些人（Hobhkob，1956，1963）还是认为 *Selenarctos* 和 *Thalarctos* 是 *Ursus* 的亚属。根据现在的认识，可以认为黑熊属和北极熊属虽然都是单型属，但它们都占有一定的生态环境，各有其相适应的生活方式，况且无论是头骨和牙齿，或是外部形态特征，都与棕熊属有明显的区别，因而各自确立为独立的属是合理的。

大熊猫分类地位的争论已100多年。20世纪80年代以前其争论形成3派学说——熊科、浣熊科、大熊猫科（独立1科），以后逐渐形成2派——熊科、大熊猫科。80年代中期，O'Brien（1984，1985）根据大熊猫、小熊猫、浣熊和几种熊的蛋白质及DNA序列比较，认为浣熊科是从熊科的共同祖先第1次分离出的类群；之后不久，小熊猫又从浣熊科主支中分出，但大熊猫更接近熊而远离浣熊。因此，多数西方学者认为大熊猫起源于熊类这一问题已经解决。一些近期世界性的兽类学著作（Nowak，1991；Corbet，1992；Wilson and Reeder，1993，2005）都将大熊猫归入熊科。IUCN红皮书名录（1994）和CITES附录Ⅰ（1993）等均将其归入熊科。

中国多数学者认为，解决分类问题仅从一个方面有失公允，主张从演化特征、时序、空间、生态行为、功能形态、生理和古生物等生物学的各分支学科分析论证。故一些全国性的兽类著作，如《中国动物志 兽纲 第八卷 食肉目》（高耀亭等，1987）、《中国哺乳动物分布》（张荣祖，1997）中均将大熊猫独立为1科。

从古生物学看，熊类起源于北半球，地质时期是在上新世，而大熊猫起源于南方，地质时期更古老，早在1200万年前，两者就各自独立演化。1989年，邱占祥等进一步深入研究了云南的始熊猫化石，它们的形态特征和系统关系介于祖熊与现生大熊猫之间；它们的前白齿不同于祖熊，而已具有了大熊猫的齿型。这些相似特点，说明始熊猫已属于大熊猫类。但是它们的白齿结构又具有始熊的原始特征，而始熊又是熊类的祖先。这说明在中新世晚期开始，大熊猫和熊类已开始平行发展，彼此只有较远的亲缘关系。1993年，黄万波通过对大熊猫、小熊猫及熊类化石和现生种的材料进行综合分析，用电子显微镜扫描技术对大熊猫、小熊猫及熊类的颅骨、下颌骨的形态及牙齿结构进行比较研究，认为大熊猫与始熊猫的始裔征不同于熊科成员，应独立为单一大熊猫科。从始熊猫发现于中新世横断山脉东南山间盆地褐煤层，进而到更新世演化为大熊猫—剑齿象动物群，这些表明大熊猫属于南方动物区系；而从熊类的起源与演化看，熊类一般被认为是北方动物区系的成员。

形态解剖比较，大熊猫的吻比较短，化石稍长。它们的白齿不仅磨面宽大于长，齿根也增长，而且换齿序也与黑熊不同。大熊猫整个骨骼都比熊类粗壮厚重，腰和骨盆腔较大。消化道保留了食肉类较短的肠道，而熊类相对较长。大熊猫的呼吸道在喉部有2个开孔，而熊类和小熊猫仅1个开孔。大熊猫肾的结构单位是肾叶，每叶由2～3个原始的小肾合并而成，而熊类的肾则分为许多小叶，组成复肾，较之更为原始。大熊猫的外生殖器既原始又特殊。1984年，谢竞强等在对大熊猫脑的定量分析中认为，大熊猫脑既有与黑熊相似的结构，也有与浣熊相似的结构，同时还具有许多独特的结构，而且大熊猫的整个脑进化指数、新脑皮进化指数和小脑进化指数都高于黑熊和浣熊。1986年，北京动物园等单位对大熊猫进行系统解剖和器官组织全面观察，认为大熊猫脑外型与熊相似，不同的是皮质脊髓束较大，咀嚼运动中枢也较熊大，在延脑腹侧，大熊猫的锥体宽占脑宽的

1/2，锥体交叉也宽，这与大熊猫前脚内侧有"假指"可以外展握物的特点相关。大熊猫有些血管分支与熊类有差别。认为诸多不同特点是继祖先而来，应独立为大熊猫科。

大熊猫初生幼仔尾与后肢几乎等长，成体相对缩短，而熊类初生幼仔尾很短；前者初生幼仔特别小，体重仅为母兽的1/900，而熊类初生幼仔为母兽的1/300～1/200，反映出二者系统发生渊源不同。从行为生态看，大熊猫的生态位狭窄，食物单一，而熊类生活领域和食物都很广阔，大熊猫不冬眠，粪便形状特殊。它们的交配方式也与熊不同，发情时间在春季，为单发情，并发出特殊的咩叫声和哼声；而熊类发情在夏季，为多发情，发出吼叫声。大熊猫的前、后脚都向内撇，前脚可以外展握物，而熊类只是后脚向内撇，且5趾并拢不能外展（胡锦矗，2000）。

蔡昌平等（1995）对大熊猫、马熊、黑熊和小熊猫的头骨进行测量，用所得的55项形态学特征进行比较，通过聚类分析，分为3类，黑熊和马熊为一类，而大、小熊猫各为一类，表明3类应分别为熊科、小熊猫科、大熊猫科。

随着分子生物学的发展，一些现代生物技术也被用于大熊猫分类问题的研究。用电泳、血清学、DNA分子杂交、染色体核型及免疫距离等方法对大熊猫的研究结果一致表明，大熊猫与熊科的关系更近一些。Li等使用新一代测序技术完成并绘制出大熊猫基因组精细图，通过基因组测序分析，结果进一步支持了大多数科学家所持的"大熊猫是熊科的一个成员"这种观点。然而张亚平等认为大熊猫与小熊猫在系统发育上更接近。王希成等利用兔抗大熊猫IgG免疫扩散和微量免疫电泳的方法，Hashimoto等通过测定基因表达产物的方法，均对大熊猫分类地位予以确定：大熊猫与熊的关系较与小熊猫的更亲近。罗昌蓉等通过血清蛋白、乳酸脱氢同工酶的电泳等研究，以及分子钟理论推算结果，认为大熊猫不隶属于熊科或浣熊科，已形成了一个独立的演化体系，达到了科的定义范畴（张明，2013）。综上所述，大熊猫的高阶分类仍然有急需深入探讨的必要。因此，按照最新的观点（Wilson and Mittermeier，2009；魏辅文等，2021），本书中暂时将大熊猫放入熊科。

我国分布有熊科动物4属5种，其中四川分布有2属3种，包括熊属 *Ursus* 2种、大熊猫属 *Ailuropoda*（单型属）1种。

四川分布的熊科分属检索表

吻部较长；矢状脊不明显；杂食性··熊属 *Ursus*

吻部较短；矢状脊发达；主要以竹类植物为食····································· 大熊猫属 *Ailuropoda*

46. 熊属 *Ursus* Linnaeus，1758

Ursus Linnaeus, 1758. Syst. Nat., 10th ed, 1: 47(模式种: *Ursus arctos* Linnaeus, 1758); Allen, 1938. Mamm. Chin. Mong., 325; Ellerman and Morrison-Scott, 1951. Check. Palaea. Ind. Mamm., 235; Wozencraft, 1993. Mamm. Spec. World, 2nd ed., 338; 王应祥, 2003. 中国哺乳动物种和亚种分类名录与分布大全, 74; Wozencraft, 2005. Mamm. Spec. World, 3rd ed., 588; Wilson and Mittermeier, 2009. Hand. Mamm. World, Vol. 1, Canivores, 490.

Thalarctos Gray, 1825. Ann. Philosophy, N. S., 10: 62(模式种: *Thalarctos polaris* Gray, 1825).

Thalassarctos Gray, 1825. Ann. Philosophy, N. S., 10: 339.

Euarctos Gray, 1864. Proc. Zool. Soc. Lond., 692(模式种: *Ursus americanus* Pallas, 1780); Allen, 1938. Mamm. Chin.

Mong., 330.

Myrmarctos Gray, 1864. Proc. Zool. Soc. Lond., 694(模式种：*Myrmarctos eversmanni* Gray, 1864).

Thalassiarchus Koblet, 1896. Bericht Senckenberg. Naturf. Ges. Frankfurt am Main., 93.

Ursarctos Heude, 1898. Mem. 1' Hist. Nat. Emp. Chin., 4: I: 17.

Melanactos Heude, 1898. Mem. 1' Hist. Nat Emp. Chin., 4: I: 18(模式种：*Melanactos cavifrons* Heude, 1898).

Selenarctos Heude, 1901. Mem. 1' Hist. Nat Emp. Chin., 5: 2(模式种：*Ursus thibetanus* F. Cuvier, 1823); Allen, 1938.
　　Mamm. Chin. Mong., 326; Ellerman and Morrison-Scott, 1951. Check. Palaea. Ind. Mamm., 239.

Arctconus Pocock, 1917. Ann. Mag. Nat. Hist., 20: 129(模式种：*Ursus thibetanus* F. Cuvier, 1823).

Mylarctos Lonnberg, 1923. Proc. Zool. Soc. Lond., 91(模式种：*Ursus pruinosus* Blyth, 1854).

形态　熊属物种体型较大，棕熊最大体重可超过 700 kg。头宽而圆，肩部隆起，尾甚短，隐于毛下。四肢粗壮，脚掌裸露，前掌腕垫小，与掌垫分离。毛被长而密，胸部毛长于 10 cm；毛色变异很大，有棕黑色、棕黄色或棕红色，甚至银灰色。幼兽颈部常有一白色领斑，有的种群此白色领终生保存。

营陆栖生活。

头骨：鼻面部较长，鼻骨长通常超过第 1 上臼齿前头骨的宽度；眼眶前缘至中央门齿槽前缘大于左、右眶后突之间的距离。

牙齿：正常齿式 3.1.4.2/3.1.4.3 = 42。臼齿大，齿冠低而宽，咀嚼面平坦多瘤。第 1、2 上臼齿的总长度不超过第 1 上臼齿之间骨质腭的宽度。

最后下臼齿后部变窄，呈圆三角形。

地理分布　熊属广泛分布于北半球，包括亚洲、欧洲、北美洲，最南到非洲北部。在我国见于青藏高原、西北地区及东北地区。

分类学讨论　棕熊是现代熊的典型代表。但熊属与其他各属相比，发生历史较早，特化程度较小。也就是说，无论是外形特征，或是头骨和牙齿构造，适应性特化均不如其他各属，而熊属的化石却早在上新世就陆续发现于亚洲、欧洲、北美洲。

熊属 *Ursus* 自 1758 年林奈订名之后，属名被沿用，几无变动。然而，由于熊的地理分布很广，形态变异幅度较大，以致在 20 世纪下半期和 21 世纪初被记述了大量的新种和新类型，在许多情况下，仅是依据少数标本或个别特征记述的，甚至还分立出一些新属或新亚属。例如，Lonnberg（1923）在研究了 *U. pruinosus* Blyth 几个标本之后，因其趾垫有狭窄无毛皮肤与掌垫相连和最后上臼齿较大，建议给予亚属的分类地位，并订名为 *Mylarctos*，事实上这些特征都在棕熊的变异幅度之内。由于同样的原因还有 *Myrmarctos*（Cray，1864）、*Ursarctos*（Heude，1898）、*Melanarctos*（Heude，1898）等属名的记载，现在一般认为它们都是 *Ursus* 的异名。至于熊属内的分类，情形甚为相似，曾描记过大量的种，仅北美洲，Merriam（1918）就报告了 85 种棕熊；在古北区，OrHeB（1931）记述了 19 个种和亚种。

现在，一般学者都已确认，除了美洲黑熊 *U. americanus* 之外，分布在北半球包括北美洲和欧亚大陆及其邻近岛屿上的棕熊，都是 1 个种，即棕熊。

四川分布的熊属*Ursus*分种检索表

吻部较长，肩部具发达肌肉高高隆起；毛色变异较大，包括棕黑色、棕黄色等；头骨鼻面部较长，鼻骨长通常超

    过第1上臼齿之间的横宽；臼齿的咀嚼面多瘤状突 ·· 棕熊 *U. arctos*

吻部较短，颈部具浓密黑色长毛形成明显的鬃毛丛；毛黑色，胸部具有明显的V形白斑；头骨鼻面部较短，鼻骨

    长约等于第1上臼齿外侧之间的横宽；臼齿的咀嚼面平坦·································· 黑熊 *U. thibetanus*

(99) 棕熊 *Ursus arctos* Linnaeus，1758

别名 马熊、藏马熊、藏棕熊、罴、人熊、老熊

英文名 **Brown Bear**

Ursus arctos Linnaeus, 1758. Syst. Nat., 10th ed., I: 47(模式产地：瑞典北部); Allen, 1938. Mamm. Chin. Mong.,

    328; Ellerman and Morrison-Scott, 1951. Check. Palaea. Ind. Mamm., 236; 高耀亭，等，1987. 中国动物志　兽

    纲　第八卷　食肉目, 79; Wozencraft, 1993. Mamm. Spec. World, 2nd ed., 338; 王应祥，2003. 中国哺乳动物种

    和亚种分类名录与分布大全, 74; 王酉之和胡锦矗，2009. 四川兽类原色图鉴, 128; Wozencraft, 2005. Mamm.

    Spec. World, 3rd ed., 588; Wilson and Mittermeier, 2009. Hand. Mamm. World, Vol. 1, Canivores, 495.

Ursus leuconyx Severtzov, 1873. Mem. Soc. Amis. Sci. nat., Moscow, 8: 79(模式产地：天山).

Ursus lagomyiarius Przewalski, 1883. Third Journ. Cent. Asia, 216(模式产地：西藏).

Melanarctos cavifrons Heude, 1901. Mem. 1' Hist. Nat. Emp. Chin., 5(1): 1(模式产地：黑龙江).

Ursus pruinosus Allen, 1938. Mamm. Chin. Mong., 326; 胡锦矗和王酉之，1984. 四川资源动物志　第二卷　兽类, 71.

鉴别特征　体型壮硕的大型熊科动物。肩部具有发达的肌肉，高高隆起，是区别于黑熊最为明显的
特征之一。与黑熊相比，棕熊的头部相对身体比例更为硕大，吻部更长，四肢更为粗壮，爪也更长。

形态

外形：雄性头体长160～280 cm，体重135～725 kg；雌性头体长140～228 cm，体重55～277 kg；
尾长6.5～21 cm。棕熊是在我国分布的体型最大的陆生食肉目动物，但不同地理种群或亚种间体型
具有较大变异；其中，在青藏高原、蒙古高原地区分布的棕熊亚种体型相对较小。棕熊肩部具有发
达的肌肉，使得其肩部外观高高隆起。

毛色：棕熊的毛色多变，包括灰黑色、棕黑色、深棕色、棕红色、浅棕黄色及灰色，偶见白化
个体。在青藏高原及周边地区分布的棕熊，不管主体基调是什么颜色，通常毛色显得斑驳，四肢色
深，而身体和头部色浅；许多个体颈部一周有白色或污黄色的浅色带，并延伸至肩部和胸部，但其
尺寸变化很大，在部分个体中甚至完全缺失。

头骨：棕熊头骨整体很长，颅面弧形，最高点位于额骨后缘。鼻骨很窄，向后均匀缩小，插入
额骨前缘；前端远未达前颌骨前缘。额骨前面尖长，前内侧与鼻骨相接，外侧与上颌骨相接；额骨
很长，接近颅全长的50%；额骨前面形成一个平台，平台侧面形成眶后突，是眼眶后缘的一部分，
向后有颞脊，颞脊较弱，向后往中央靠拢，与顶骨中央的矢状脊相接，矢状脊在老年时很明显，刚
成年时较弱；额骨后缘与顶骨的骨缝整体平直，顶骨中央略突出，顶骨和顶间骨成年后愈合，骨缝

不清。顶骨构成脑颅的主要部分，鳞骨构成脑颅的下半部分。枕部有发达的人字脊，与矢状脊的交汇点略超过枕髁的长度。侧枕骨的枕髁发达，向后突出；侧枕骨在与鳞骨相接处形成乳突，乳突大，但不长。颈突由鳞骨向侧下方延长而成，也不长，但粗大。头骨侧面，前颌骨很窄，但较长，与鼻骨相接，后端接近鼻骨的中部。前颌骨着生门齿。上颌骨发达，着生犬齿和颊齿。上颌骨颧突不显著，略向侧面突起，形成颧骨的基座。颧骨发达，很长，成体超过120 mm；前半部分较粗壮，后半部分较纤细；前上方向上突出，形成眼眶的后下部分。整个眼眶开放，不封闭，呈骨质框。鳞骨的颧突很发达，尤其根部很宽阔，向侧面扩展，下缘形成与下颌的关节窝。颈突前和鳞骨侧翼下方是听泡，听泡扁平，鼓室不隆起。骨质外耳道开口侧面。翼蝶骨和眶蝶骨构成眼眶后部的内壁；眶蝶骨的前端构成眼眶的内壁的一部分；翼蝶骨上有4个大的神经孔。

腹面，门齿孔很短，卵圆形。硬腭长约130 mm，腭骨发达，超过50%的硬腭由腭骨构成。腭骨前端尖，后缘两侧向后延伸，与翼骨相接。翼骨很发达，与腭骨侧面的延伸部分构成后鼻孔顶部的圆形穹顶。基枕骨宽大，前面与基蝶骨相接，成年时愈合。前蝶骨与基蝶骨的骨缝平直，侧面翼蝶骨的骨缝呈平滑的曲线向前侧面延伸，然后再与腭骨侧面及其构成的内鼻孔的上壁相接。整体呈酒杯状，杯底很厚。

下颌骨很结实，冠状突很宽大，圆弧形，比关节突高，其外侧有1个大窝，供咬肌附着，并对下颌有支撑作用。关节突的髁面圆弧形，左右宽达42 mm。角突小，末端向内弯曲。

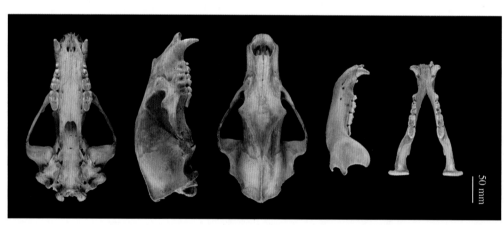

棕熊头骨图

牙齿：齿式3.1.2.2/3.1.2(3).3 = 34-36。上颌门齿3枚，第3枚最大；犬齿发达，露出基部直径约20 mm，长约35 mm。前白齿2枚，第1前白齿小，单尖，第2前白齿大，咀嚼面3个齿突，前面1枚，后面2枚内外相对排列，前面齿突大而锋利，为上裂齿。臼齿2枚，第2枚很长，约39.5 mm，第1上白齿长约24 mm。咀嚼面丘状，显示其杂食性。

下颌门齿每边3枚，第3枚大，前2枚内外交错排列，而非直线排列。下颌犬齿也很发达，露出根部接近19.5 mm左右，长约33 mm。前白齿2枚或者3枚，有时同一个体左边2枚，右边3枚。如果是2枚，第1枚靠近犬齿，离第2枚下前白齿很远，中间有约26 mm的缝隙，若是3枚，第1枚的位置也靠近犬齿，第2枚则靠近第3枚，且接触。第1枚前白齿（2枚前白齿时）或者前2枚前白齿（3枚前白齿时）为单尖，最后1枚前白齿较大，齿尖"山"字形之间齿突高而锋利。白齿3枚，第1

枚较窄，齿尖锋利，为下裂齿，后面2枚宽，第2枚下臼齿比最后1枚略长。咀嚼面丘型。

　　总体来看，棕熊的牙齿符合其杂食性的特点，犬齿发达，存在裂齿，是肉食性动物的标志，但后面几枚白齿丘型，适于咀嚼，如研磨坚果、植物体等，体现非肉食动物的特点。

　　量衡度（量：mm）

　　头骨：

编号	颅全长	基底长	基长	颧宽	眶间宽	颅高	上齿列长	下齿列长	下颌骨长
IOZ-28391	349.00	304.50	313.00	204.12	84.83	137.06	149.14	150.66	237.91
IOZ-37719-S	321.00	317.00	288.00	186.83	74.89	131.63	145.32	148.70	222.06
IOZ-09436	416.00	409.40	369.00	237.25	100.50	161.37	169.90	172.72	281.98
SAF-BBG002	335.00	327.20	308.00	202.00	72.00	112.00	153.00	153.00	230.00

　　生态学资料　在世界范围内，棕熊生活于大部分的陆地生境类型中，包括森林、草原甚至戈壁荒漠。在青藏高原区域，棕熊可分布到海拔5 000 m的地区，一般生活在高寒草原、高山灌木生境和针叶林边缘区域。随着栖息地内不同季节可获取食物的种类不同，棕熊的食性也随之变化。其食谱中包含相当比例的植物成分，包括各类草本植物、植物球茎、块茎、储藏根等，鼠兔和旱獭是棕熊常见的动物类猎物。棕熊会花大量的时间与精力来挖掘它们的洞穴；也经常掠夺雪豹、狼等其他食肉动物捕杀的有蹄类猎物或食腐。在东北地区，棕熊长期以来面临人类的捕猎压力，过去半个世纪以来，种群数量下降尤为剧烈。青藏高原的棕熊种群相对较为稳定，但近一二十年以来，随着青藏高原上人类生活方式逐渐由游牧向定居和半定居转变，棕熊与人之间的冲突事件不断增长，棕熊会破门翻窗进入无人的房屋搜寻食物，偶尔也会捕杀家畜。棕熊一般在10月末开始冬眠，然后在翌年5月初复苏；近年来的记录显示，其冬眠开始时间有所延迟，可能是由于高原上气候变暖，或者是由于夏、秋季节食物短缺造成其身体状况变差。棕熊通常在5月初至7月交配，但母熊体内的胚胎则延迟到10—11月着床，然后在冬眠期间产仔。雌性在4.5～7岁首次生育，平均2年1胎，每胎产1～3仔（平均2仔）。青藏高原的棕熊具有广大的活动范围，有研究显示，棕熊个体1年内活动区域的面积可在2 000 km² 以上。

　　地理分布　棕熊是全世界熊科动物中分布范围最广的物种，包括北半球欧亚大陆大部、北美大陆北部与西部。在我国，棕熊现今主要分布在东北地区、青藏高原及周边高于或接近树线的区域，以及西北天山至中亚高原地区，包括黑龙江、吉林、辽宁、内蒙古、新疆、甘肃、青海、西藏、四川。

　　在四川的历史分布区域：平武、宝兴、康定、雅江、炉霍、道孚、新龙、白玉、德格、甘孜、理塘、巴塘。

　　2000年以来确认的在四川的分布区域：巴塘、白玉、宝兴、道孚、德格、甘孜、康定、理塘、炉霍、新龙、雅江。

　　分类学讨论　由于分布范围广大且存在较大的形态变异，棕熊有非常多的亚种，且较为复杂和混乱，需要进一步研究厘清。目前认为全世界约有16个亚种，中国有3个亚种，分别为天山亚种 *U. a. isabellinus* Horsfield, 1826，模式产地为尼泊尔山地；青藏亚种 *U. a. pruinosus* Blyth, 1853，模式产地为西藏拉萨；东北亚种 *U. a. lasiotus* Gray，1867，模式产地为中国北部。

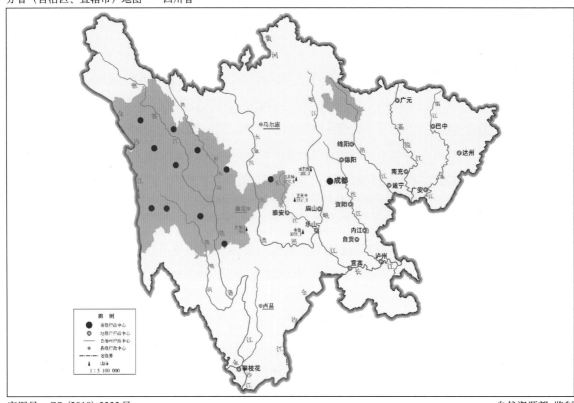

审图号：GS（2019）3333号　　　　　　　　　　　　　　　　　自然资源部 监制

棕熊在四川的分布

注：红点为物种的分布位点，绿色斑块表示历史分布区域。

棕熊（拍摄地点：四川雅江格西沟国家级自然保护区　拍摄时间：2017年　红外相机
拍摄　提供者：李晟）

四川仅分布1个亚种，即青藏亚种 *U. a. pruinosus*，又称藏马熊、藏棕熊或藏熊。

棕熊青藏亚种 *U. a. pruinosus* Blyth，1853

U. a. pruinosus Blyth, 1853. Jour. Asiat. Soc. Bengal, Vol. 22: 589(模式产地: 拉萨); Ellerman and Morrison-Scott, 1951. Check. Palaea. Ind. Mamm., 239.

U. pruinosus Allen, 1938. Mamm. Chin. Mong., 326; 胡锦矗和王酉之，1984. 四川资源动物志 第二卷 兽类, 77.

鉴别特征 棕熊青藏亚种个体略大于天山亚种，但明显小于东北亚种。第2上臼齿宽大，长度超过40 mm，臼齿长度小于东北亚种，但宽度一般大于东北亚种。颈部常具白色领斑。

生态学资料 见种的描述。

(100) 黑熊 *Ursus thibetanus* F. Cuvier，1823

别名 亚洲黑熊、月熊、月牙熊、狗熊、老熊、熊瞎子、黑瞎子
英文名 Asiatic Black Bear

Ursus thibetanus F. Cuvier, 1823. Mémoires du Muséum d' Histoire Naturelle(Paris), 9: 413-484(模式产地: 锡尔赫特，在孟加拉国与印度阿萨姆之间); Wozencraft, 1993. Mamm. Spec. World, 2nd ed., 339; Wozencraft, 2005. Mamm. Spec. World, 3rd ed., 590; Wilson and Mittermeier, 2009. Hand. Mamm. World, Vol. 1, Canivores, 490.

Selenarctos thibetanus Ellerman and Morrison-Scott, 1951. Check. Palaea. Ind. Mamm., 239; 胡锦矗和王酉之，1984. 四川资源动物志 第二卷 兽类, 73; 高耀亭，等，1987. 中国动物志 兽纲 第八卷 食肉目, 91; 王应祥，2003. 中国哺乳动物种和亚种分类名录与分布大全, 74; 王酉之和胡锦矗，2009. 四川兽类原色图鉴, 127.

Selenarctos leuconyx Heude, 1901. Mem. 1' Hist. Nat. Emp. Chin., 3(4): 8(模式产地: 太白山).

Ursus torquatus macneilli Lyddkker, 1909. Proc. Zool. Soc. Lond., 609(模式产地: 四川康定).

Selenarctos melli Matschie, 1922. Arch. Nat., 88(10): 34(模式产地: 海南).

Selenarctos thibetanus wulsini Howell, 1928. Proc. Zool. Soc. Wash., 41: 115(模式产地: 河北东陵).

Euarctos thibetanus Allen, 1938. Mamm. Chin. Mong., 326.

鉴别特征 毛色以黑色为主的大型熊科动物，身体结实壮硕，四肢较短但强壮有力，具有宽大的足掌与长爪，双耳较圆。最显著的形态特征是胸部具有1个显眼的V形白斑，因其形状近似新月，黑熊有时也被称为"月熊"。

形态

外形：雄性头体长120 ～ 190 cm，体重60 ～ 200 kg；雌性头体长110 ～ 150 cm，体重40 ～ 140 kg；尾长5 ～ 16 cm。身体结实壮硕，四肢较短但强壮有力，具有宽大的足掌与长爪，双耳较圆。相对于体长，其尾巴较短，甚不显眼。

毛色：整体毛色黑，头、吻部灰黑色至棕黑色。成年个体颈部具有浓密的黑色长毛，形成1圈或2个半圆形的明显鬏毛丛，使得其颈部看起来显得十分粗壮。最显著的形态特征是胸部具有1个显眼的V形白斑。胸部白斑的大小与形状具有个体特异性，因此可将其作为黑熊个体识别的

标志。

头骨：头骨颅面弧形，最高点位于额骨的后缘。鼻骨短，从前向后逐渐缩小，末端圆弧形，插入额骨前缘。额骨前面尖，前内侧和鼻骨相接，前外侧和上颌骨相接；额骨很长，约占颅全长的50%，后端与顶骨的分界线平直，但以短折线或者弧线与顶骨形成骨缝。额骨前1/3处向侧面扩展，外侧形成眶后突，构成眼眶的后上壁。顶骨中缝在成体愈合，并与后面的顶间骨愈合，骨缝不清；顶骨构成脑颅的主体。在接近老年或者老年个体的额骨、顶骨、顶间骨、鳞骨均愈合，骨缝不清。越到老年，眶间宽越小，脑颅显得越大；顶骨和顶间骨中央的矢状脊越发达。矢状脊成年初期不发达且宽；老年时高而窄。顶骨后缘与鳞骨、上枕骨上缘形成人字脊；越到老年人字脊越高。上枕骨中央纵向有一纵脊，越到老年越明显。枕髁发达，向后突出，形成圆弧形关节髁。侧枕骨的乳突和颈突均不长，不形成悬垂状，但颈突宽大、结实。脑颅侧面，前颌骨和上颌骨在成年后愈合，骨缝不清，前颌骨着生门齿，上颌骨着生犬齿和颊齿。上颌骨颧突短，颧骨较长，占颧弓的大部分，中等强大。鳞骨颧突强大，尤其基部宽阔。听泡位于鳞骨颧突下方，鼓室不显著鼓胀，骨质外耳道存在，成横向。头骨腹面，门齿孔长椭圆形，全部由前颌骨围成；硬腭弧形；一半由上颌骨构成，一半由腭骨构成，所以腭骨很长大。后缘与翼骨相接，翼骨薄片状，尾端上翘，与腭骨一起构成圆筒状骨质后鼻孔。基枕骨宽阔，成年后与基蝶骨愈合。前蝶骨光滑，蝴蝶状，构成内鼻孔的上壁，前端与腭骨的背面部分相接。

下颌骨强大，冠状突较大，圆弧形，比关节突高得多。关节突强大，形成左右宽近17 mm的圆弧形关节髁。角突存在，但较小，末端向内收。冠状突侧面形成一个凹面，供咬肌附着。

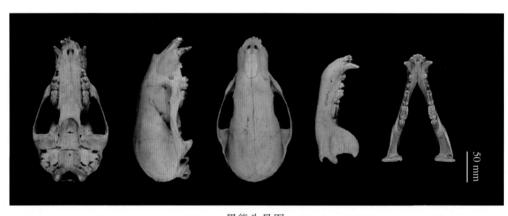

黑熊头骨图

牙齿：前齿式3.1.4.2/3.1.4.3 = 44。上颌门齿每边各3枚，第3枚最大，第2枚比第1枚略大，咬合面略呈圆形。犬齿中等发达，远不及猫科动物发达。黑熊的上犬齿基部直径约21 mm，长约31 mm。上前臼齿4枚，第2、3枚最小，4枚上前臼齿相互不靠近，咬合面呈圆形。第4枚上前臼齿较大，齿尖锋利，为上裂齿。上臼齿2枚，一样宽，齿尖锋利，但第2枚更长。下颌门齿每边各3枚，第3枚最大。下颌犬齿也中等发达，根部直径约19 mm，长约28 mm。下前臼齿4枚，第2、3枚很小，最后一枚下前臼齿较大，是第1枚的1.5倍长。下臼齿3枚，第1、2下臼齿几乎等长，但第2枚更宽；第1枚较薄，锋利，为下裂齿；第3枚下臼齿最短，但最宽。

量衡度（量：mm）

头骨：

编号	颅全长	基底长	基长	颧宽	眶间宽	颅高	上齿列长	下齿列长	下颌骨长
IOZ-37724-S	222.28	212.46	199.13	132.74	52.02	87.94	100.98	106.19	152.89
IOZ-37721-S	262.72	252.91	235.36	152.36	64.16	99.75	114.63	112.72	173.39
IOZ-25000	258.44	250.47	235.61	161.37	60.36	89.91	104.34	111.12	176.37
IOZ-H721	238.27	229.41	208.55	174.73	62.89	108.49	94.13	98.04	158.72
SAFHX01	263.00	251.00	229.00	156.00	63.00	92.00	102.00	102.00	178.00
SAFHX02	259.00	246.00	231.00	150.00	63.00	93.00	99.00		

生态学资料　黑熊在其分布区内生存于多种森林生境，既包括阔叶林，也包括针叶林，活动的海拔跨度可从接近海平面至4 000 m以上，偶尔也可出现在高海拔的开阔草甸。黑熊为杂食性动物，食性随季节和食物资源的不同而有很大变化。食谱包括春季时柔嫩多汁的植物，夏季时的昆虫和乔木、灌木的果实，以及秋季的各类坚果。黑熊具极佳的爬树能力，秋季时阔叶林中结实的坚果在黑熊秋季的营养摄入中具有重要作用，以帮助它们积累下足够多的脂肪用于越冬。黑熊会搜寻野生和人工饲养的蜂巢以取食蜂蜜。当遇到大型野生兽类的尸体或残骸时，它们也会食腐。黑熊偶尔会捕食家畜，此外还会经常进入农田取食农作物，给当地居民造成较大的作物损失，从而引起严重的人熊冲突。在气候寒冷的地区（北方或海拔>2 500 m的高海拔区），冬季食物资源匮乏时，黑熊的雌、雄个体均会寻找岩洞、岩缝或树洞进行冬眠，最早可以在秋季10月下旬进洞，最晚在春季5月上旬复苏。但成年雄性个体可以在整个冬季保持活动状态。黑熊是独居动物，发情期在6—7月。母兽冬季11月至翌年3月间在冬眠洞穴中产仔。雌性个体4～5岁时首次生育，之后每2年产1胎，每胎1～3仔。在野外经常能够见到包括2～4个个体的母幼群，带仔的母熊极具攻击性。受惊扰或受伤后的成年黑熊会对人类进行狂暴的攻击，造成严重的人员伤亡事件。在其分布区内，黑熊是人类偷猎的主要对象之一，以获取熊肉、熊掌用于非法野味贸易，身体组织（例如熊胆、熊油）用作传统中药，活体幼仔用于非法驯养和交易。在人熊冲突频发的地区，对黑熊的报复性猎杀及毒杀也非常普遍。

地理分布　历史上黑熊广泛分布于亚洲的热带、亚热带与温带地区（包括接近大陆的大型岛屿），但现今只片段化分布在东亚、东南亚、南亚与中亚的部分地区，包括俄罗斯、日本、朝鲜、韩国、中国、越南、老挝、柬埔寨、泰国、缅甸、孟加拉国、不丹、尼泊尔、印度、巴基斯坦、阿富汗、伊朗。在我国，黑熊目前主要分布在东北、华中与西南地区（大横断山、云贵高原至喜马拉雅），华东、华南地区的黑熊种群已呈高度破碎化的零星分布；在近陆岛屿上，台湾中央山脉仍有野生种群分布，但海南岛上的原有种群已接近灭绝或已经灭绝。

在四川的历史分布区域：江油、青川、绵竹、安县、旺苍、北川、平武、宣汉、万源、平昌、巴州、南江、通江、屏山、古蔺、叙永、峨眉山、沐川、洪雅、夹江、甘洛、美姑、雷波、金阳、越西、马边、峨边、雨城、名山、荥经、汉源、石棉、天全、芦山、宝兴、冕宁、盐边、米易、木里、盐源、邛崃、大邑、什邡、崇州、都江堰、康定、丹巴、泸定、九龙、雅江、炉霍、道孚、新龙、白玉、德格、甘孜、理塘、稻城、乡城、得荣、巴塘、马尔康、阿坝、若尔盖、黑水、松潘、小金、九寨沟、红原、金川、壤塘、理县、茂县。

2000年以来确认的在四川的分布区域：峨边、沐川、若尔盖、阿坝、安州、巴塘、巴州、白玉、宝兴、北川、大邑、丹巴、道孚、稻城、得荣、德格、峨眉山、甘洛、甘孜、古蔺、汉源、黑水、红原、洪雅、夹江、江油、金川、金阳、九龙、九寨沟、康定、雷波、理塘、理县、芦山、炉霍、泸定、马边、马尔康、茂县、美姑、米易、绵竹、冕宁、名山、木里、南江、平昌、平武、屏山、青川、邛崃、壤塘、什邡、石棉、松潘、天全、通江、万源、旺苍、汶川、乡城、小金、新龙、荥经、叙永、宣汉、雨城、雅江、盐边、盐源、越西、都江堰、崇州。

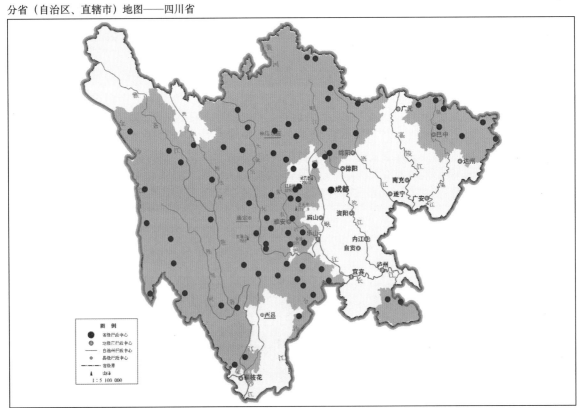

分省（自治区、直辖市）地图——四川省

审图号：GS（2019）3333号

自然资源部 监制

黑熊在四川的分布
注：红点为物种的分布位点，绿色斑块表示历史分布区域。

分类学讨论 黑熊历史上曾被归入黑熊属 *Selenarctos*（Heude，1901）。1920年，Sowerby指定黑熊 *Selenarctos thibetanus* 为该属模式种。Allen（1938）认为亚洲黑熊除了掌垫比较发达之外，无论牙齿构造还是外部特征，都与美洲黑熊极相似，因而把亚洲黑熊归属于 *Euarctos* 属内。

全世界共有7个亚种，中国有5个亚种：指名亚种 *U. t. thibetanus* F. Cuvier，1823，模式产地为锡尔赫特；台湾亚种 *U. t. formosanus* Swinhoe，1864，模式产地为中国台湾；东北亚种 *U. t. ussuricus* Heude，1901，模式产地为乌苏里地区；四川亚种 *U. t. mupinensis* Heude，1901，模式产

地为四川宝兴；喜马拉雅亚种 *U. t. laniger* Pocock，1932，模式产地为克什米尔地区。

四川仅分布有黑熊四川亚种 *U. t. mupinensis*。该亚种亦为在我国分布范围最广的黑熊亚种。

黑熊四川亚种 *Ursus thibetanus mupinensis* Heude，1901

Ursus thibetanus mupinensis Heude, 1901. Mem. 1' Hist. Nat. Emp. Chin., 5(1): 2; Ellerman and Morrison-Scott, 1951. Check. Palaea. Ind. Mamm., 239.

鉴别特征 黑熊四川亚种个体略大于指名亚种，但小于东北亚种。胸斑较大，呈V形或U形，白色或略带黄色。

生态学资料 见种的描述。

黑熊（拍摄地点：四川平武老河沟保护地 拍摄时间：2012年 红外相机拍摄 提供者：李晟）

47. 大熊猫属 *Ailuropoda* Milne-Edwards，1870

Ailuropoda Milne-Edwards, 1870. Ann. Sci. Nat. Zool. 13. art., 10: 1(模式种: *Ursus melanoleucus* David, 1869); Allen, 1938. Mamm. Chin. Mong., 317; Pocock, 1941. Fauna Brit. Ind., incl. Ceyl. and Bur., Mammalia, Vol. 1: 232; Ellerman and Morrison-Scott, 1951. Check. Palaea. Ind. Mamm., 242; 寿振黄，1962. 中国经济动物志 兽类，335; David, 1964. Fieldiana: Zool. Mem., 3: 1-339; 王朗保护区调查组，1974. 动物学报，20(2): 162-173; 王将克，1974. 动物学报，20(2): 191-201; 朱靖，1974. 动物学报，20(2): 174-187; 裴文中，1974. 动物学报，20(2): 188-190; 高耀亭，等，1987. 中国动物志 兽纲 第八卷 食肉目，112; Wilson and Reeder, 1993. Mamm. Spec. World, 2nd ed., 336; 王应祥，2003. 中国哺乳动物种和亚种分类名录与分布大全，76; Wilson and Reeder, 2005. Mamm. Spec. World, 3rd ed., 586; Wilson and Mittermeier, 2009. Hand. Mamm. World, Vol. 1, Canivores, 487.

Pandarctos Gervais, 1870. Nouv. Arch. Mus. d' Hist. Nat. paris, 6: 161(模式种: *Ursus melanoleucus* David, 1869).

Ailuropous Milne-Edwards, 1871. In David. Nouv. Arch. Mus. d' Hist. Nat. Paris, 7, Bull: 92.

鉴别特征　体肥壮,体型结构均介于熊属和浣熊科动物之间。尾极短,前、后肢几乎等长,具掌垫和趾垫,跖行性。吻短。颧弓宽而粗大,矢状脊高。臼齿齿冠宽,无锐利的齿尖,裂齿不明显。

大熊猫形态似熊,体色黑白分明,是食肉动物中以植物为主食的著名"素食者",几乎是唯一的一种大型食竹兽。

形态　见种的描述。

(101) 大熊猫 *Ailuropoda melanoleuca* (David, 1869)

别名　大猫熊、竹熊、白熊、花熊、貘、貊

英文名　Giant Panda

Ursus melanoleucus David, 1869. Nouv. Arch. Mus. d' Hist. Nat. Paris. 5, Bull, 13(模式产地:四川宝兴).

Ailuropoda melanoleuca Allen, 1938. Mamm. Chin. Mong., 319; Ellerman and Morrison-Scott, 1951. Check. Palaea.
　　Ind. Mamm., 243; 胡锦矗和王酉之, 1984. 四川资源动物志　第二卷　兽类, 66; 高耀亭, 等, 1987. 中国动物
　　志　兽纲　第八卷　食肉目, 112; Wilson and Reeder, 1993. Mamm. Spec. World, 2nd ed., 336; 王应祥, 2003.
　　中国哺乳动物种和亚种分类名录与分布大全, 76; Wilson and Reeder, 2005. Mamm. Spec. World, 3rd ed., 586;
　　王酉之和胡锦矗, 2009. 四川兽类原色图鉴, 130; Wilson and Mittermeier, 2009. Hand. Mamm. World, Vol. 1,
　　Canivores, 487.

鉴别特征　体肥胖似熊,但头圆尾短,体色黑白分明。头骨颧弓宽大而粗壮,矢状脊高。吻短,臼齿齿冠宽而低,无尖锐齿尖,也无明显的裂齿。咀嚼肌强大。

形态

外形:体肥胖似熊,头圆,尾短,前后肢几等长,鼻端裸露的皮肤为黑色,颜面的髭毛较少。前后肢各具5指(趾),指(趾)端具琥珀色爪。前肢桡侧籽骨膨大,形成"伪拇指"以利握持竹茎进食。雄性较雌性个体稍大。

毛色:体色黑白,但在陕西和四川均偶见棕色个体者。

雄兽头和颈部除眼圈和耳为黑色外,概为乳白色,但吻部稍沾浅棕色,并具稀疏黑色髭毛。前肢黑色毛被延伸至肩部形成深黑色环带,常具光泽;背和腰为乳白色,具浅棕色毛基;臀部和股外侧棕褐色,至腿由暗褐色而逐渐转为黑色;颏白色沾浅肉桂棕色,两侧至口角具黑褐色沾棕色的斑纹;喉暗棕褐色,至胸逐渐转为黑色,腹部为棕褐色。

雌兽的眼圈、耳、肩及前后肢下部均为黑褐色,无明显光泽,颏、下颌口角的斑纹、胸和腹部等部位毛色均较雄体浅,为灰褐色或灰白色。颏为浅棕,口角具暗棕褐色斑纹,喉部灰褐色,胸为黑褐色,腹为浅棕褐带灰色。

初生幼兽全身呈浅红肉色,仅具稀疏的白色胎毛,尾约为体长的1/3。1周后眼圈、耳和肩部微

发黑。8 ~ 9天后眼圈和耳部黑色区域扩大，肩部出现黑带，前肢亦出现黑色。10 ~ 12天后肢出现黑色，眼圈和肩部黑色部分继续扩大。13日龄时鼻端裸露的皮肤出现黑色。16日龄时原有黑色部位增浓，胸部出现黑色，眼的黑圈由圆形扩大成斜长方形，几乎与成兽相似。18日龄之后，颈和前、后掌出现黑色。25日龄后由胸至颈部扩大为黑色，眼圈黑色区域进一步扩大。到30日龄时除尾显得长些，已和成兽毛色相似。50日龄后胸部中线和下腹部毛色为红棕色，其余为黑色，略带深棕，尾尖出现一撮黑毛。

头骨：吻短，颅较圆，颧弓粗大，矢状脊、人字脊厚实。颧弓骨板宽厚，颧突和颞突愈合较早，颞侧端最宽处约6 cm，颧宽185 ~ 238 mm。

颌关节强大，下颌横柱形关节突亦较长，其关节面自关节突横轴外下前方斜向内端后下方，呈螺线形延长。关节后突很发达，呈匙状向下突出，末端稍弯向前达关节的腹侧面。

听泡与关节后突完全融合在一起，不呈突泡状。无骨质外耳道和翼管，乳突发达，副乳突细小。

矢状脊发达，其基部内有腔窦（相当额窦），两侧扩展到颅腔背外侧壁，其腔窦比熊、浣熊等更发达。人字脊呈半圆形板状突起，沿枕骨颈面（项面）的背侧缘向外突出。

下颌骨粗厚，其门齿齿槽部愈合早，结合面大。下颌角外缘向外突出较高，从而增大颌关节前的咬肌附着面和凹陷深度。冠状突颇高，其末端尖削并弯向后。下颌骨后部相距较宽，有利于下颌内侧发达咀嚼肌的附着。

大熊猫在头骨构造上的特点是咀嚼肌附着面增大、颌关节构造加强以及具有发达的臼齿等。粗大的颧弓、深陷的下颌骨咬肌面以及下颌骨角外缘构成了咀嚼作用的基础。颌关节后面的关节后突向下伸达关节内端的腹侧面，从而强固颌关节，高大的矢状脊和人字脊也增大了颞肌附着面。人字脊更扩大了枕骨颈面的面积，使连接头与颈之间的肌肉附着面增大，加强了头部与躯干间的连接。

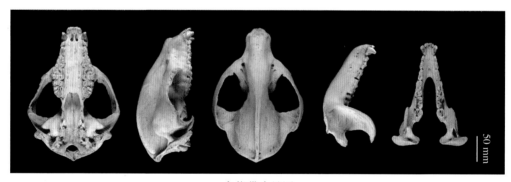

大熊猫头骨图

牙齿：齿式3.1.4.2/3.1. 4.3 = 42。大熊猫的臼齿非常发达，是食肉目各科中最发达的种。臼齿构造较复杂，接近杂食类动物；裂齿分化不明显，犬齿和前臼齿发达，无齿槽间隙。

上颌门齿呈弧形排列，下颌门齿呈一横列，第2对下颌门齿位置常靠后，似乎形成双列，这种现象在老龄头骨上较明显。

犬齿齿根粗大，而齿冠显短，齿尖不太锋利。

第1对前臼齿极小，常见一侧或双侧缺失的现象。第2对上前臼齿前缘偏向内，后缘偏向外，呈半斜位。第3、4对上前臼齿齿冠呈棱形，外侧有3个齿突，内侧有2个齿突。

臼齿属杂食兽结节型齿（或称丘突型齿），咀嚼面特宽大，约呈长方形，具大小不同的结节形齿尖。然而，尽管秦岭大熊猫头骨较小，但其臼齿较四川大熊猫为大（Wan et al.，2005）。

大熊猫上臼齿2枚，第1上臼齿有4个较大的齿尖，第2上臼齿特大。下臼齿3枚，向后延伸于颧骨后部，冠面具有复杂的小棱形齿突。第3下臼齿小且齿尖不明显，位于下颌支前缘内侧。一般食肉类最后上臼齿均位于冠状突基部前缘处，而大熊猫臼齿的后移，既可限制上、下臼齿的左右摆动，又可增强咀嚼效果，但碾磨作用受到限制。

随年龄增加，大熊猫臼齿开始出现磨损，但磨损情况在上、下臼齿间不同。下臼齿的磨损始自外侧，而上臼齿则始于内侧，原因是左、右上臼齿列之间的距离大于下颌白齿列的间距。

大熊猫幼仔3～4月龄后开始生乳齿，完全出齐需2～3个月。乳齿式2.1.3.0/2.1.3.0 = 24。恒齿的生长序是先出第1上臼齿，再出第4上前臼齿和第1上颌门齿。此后，第2、3上前臼齿，第2上臼齿，第2上颌门齿几乎同时萌发。但第2上臼齿生长缓慢和以后长出的第3上颌门齿同时长齐。第1上臼齿很晚才长出，最后生犬齿。下颌出齿的齿序基本同于上颌。大熊猫从生乳齿到长成恒齿的过程较其他熊类晚且缓慢。

量衡度（量：mm）

头骨：

编号	颅全长	枕鼻长	基长	颧宽	眶间宽	颅高	上齿列长	下齿列长	下颌骨长
SAF-DXM-01	295.00	271.00	254.00	209.00	46.90	132.00	151.00	154.00	226.00
SAF-DXM-02	294.00	266.00	242.00	200.00	39.20	136.00	141.00	—	—

生态学资料　大熊猫是一种典型的山地林栖动物，常年生活在海拔1 300～3 600 m各种类型的森林环境中，在地形上尤以流水切割线的夷平面、平缓上升的山脊和平台等更为常见。这些区域土质肥厚、地形平缓、水源丰富、林深竹茂，为大熊猫提供了良好的食物基地和隐蔽条件（胡锦矗等，1985）。根据全国第4次大熊猫调查结果，全国大熊猫栖息地植被可分为自然植被和栽培植被两大类型，包括5个植被型组、16个植被型、26个植被亚型、51个群系组（国家林业和草原局，2021）。就植被型而言，大熊猫栖息地中分布面积最大的是落叶阔叶林，面积达745 349 hm²，其次是寒温性针叶林，面积达691 077 hm²，分别占栖息地总面积的28.93%、26.82%。在大熊猫栖息地内共有8属37种竹子分布，其中四川7属32种，陕西5属7种，甘肃3属9种，竹林分布总面积达2 330 525 hm²。

在地球上现存哺乳动物中，大熊猫无疑是食性上非常引人注目的物种之一，其年食谱组成中99%以上均为竹子成分。此外，也发现大熊猫偶尔摄食一些其他的植物，如野当归、白亮独活、香柏韭、风毛菊等，并捡食一些动物的尸体，如扭角羚 *Budorcas taxicolor*、林麝 *Moschus berezovskii*、毛冠鹿 *Elaphodus cephalophus* 等（胡锦矗等，1985）。大熊猫的年食谱组成具有明显的区域和季节性变化：四川大熊猫春季多采食新笋，秋季摄食当年萌发的竹叶较多，而在其他季节除竹叶外，竹茎也占很大比例；秦岭大熊猫在春季以竹笋为生，其他季节采食竹叶，仅在冬末春初时少量采食竹茎（<17%）（Wei et al.，2017）。大熊猫日食量大，一般成体在食茎、叶的季节每天可达18 kg，而在食笋的季节每天可达38 kg。除采食竹笋的季节外，大熊猫粪便含水量往往超过其所食竹子的含水量，因此常依赖外界水源补充水分。

　　大熊猫每天摄入食物较多，相应地来说，食物在其消化肠道内停留的时间较短，其中，竹笋约5 h，竹茎为（8.6±2.8）h，竹叶约14 h。研究表明，大熊猫对竹子干物质的消化率仅为17%（Wei et al.，1999）。每只成年大熊猫每天需要消耗的能量为3 500～4 000 kcal，但随季节的不同，每天摄入的能量在4 300～5 500 kcal，并不比消耗量高多少，这表明以竹子为生的大熊猫营养保险差相对较小（胡锦矗等，1985）。然而，在长期的进化过程中，大熊猫产生了一系列适应性机制以应对竹子这种含有低营养质量的食物来源，包括形态、生态、生理等诸多方面（Zhang et al.，2006；Zhang et al.，2007；Nie et al.，2015）。除可消化利用竹子中可溶性碳水化合物以及80%～90%的粗蛋白质和粗脂肪外，近年来的研究发现还表明，大熊猫肠道菌群能够辅助消化利用竹子中的部分纤维素和半纤维素（Zhu et al.，2011）。

　　生境需求是大熊猫生态学研究中涉及较多的领域。从现有研究结果来看，大熊猫对生境的利用受诸多因素的影响，例如季节、性别、空间尺度以及人为干扰等。不同季节因食物及物候条件的不同，大熊猫在生境选择上可能会出现不同的模式（Wei et al.，2017）。雌性个体因承担哺育幼体的职责，在生境利用上也与雄性大熊猫个体有所不同（Qi et al.，2011）。与微生境尺度上的研究相比，Zhang等.（2011）发现在景观尺度上原始林和竹林是影响大熊猫生境选择最为重要的因素。采伐、放牧等人为干扰活动会导致大熊猫生境选择行为的漂移（Wei et al.，2018）；随着天然林保护工程的持续实施，到第4次全国大熊猫调查时大熊猫在次生林中出现的比例增加（Hong et al，2021）。总体而言，原始林、竹林、水源和较为平缓的坡面是构成大熊猫生境的基本要素（Zhang et al.，2011）。

　　不同区域大熊猫家域（home range）面积大小似乎各不相同。在卧龙，佩戴无线电颈圈大熊猫个体的家域面积在3.9～6.4 km²（胡锦矗等，1985）。在秦岭南麓佛坪国家级自然保护区，2只佩戴GPS颈圈的成年雄性大熊猫（"喜悦""灿灿"）的家域面积分别为9.19 km²和10.62 km²，另1只佩戴GPS颈圈的成年雌性个体（"丽丽"）的家域面积为7.89 km²，并有明显的"冬居地"和"夏居地"之分（Zhang et al.，2014）。总体而言，雄性个体的家域面积较雌性个体大。然而，大熊猫在空间利用上似乎并不存在明显的领域行为，不仅是在性别内还是性别间，相邻个体的家域范围均存在广泛的重叠。除发情交配季节外，大熊猫似乎并不好动，其日均移动直线距离往往不超过500 m。

　　对卧龙佩戴无线电颈圈的大熊猫个体监测表明，大熊猫1天内约有60%的时间在活动，日活动在08：00—09：00和19：00之后达到最低水平，而在04：00—06：00和16：00—19：00达到最高峰（胡锦矗等，1985；潘文石等，2001）。春季大熊猫活动最强，秋季较短。大熊猫每天中约有50%以上的时间都用于进食，这与非反刍的草食性动物在时间分配上非常相似。大熊猫在日活动节律上表现出了觅食与休息多次交替往复的模式。季节性食物因素及自身生理状况（如孕期、哺乳）等均可对大熊猫活动节律产生影响（Zhang et al.，2017）。

　　与大多数兽类不同，野生大熊猫种群内部存在明显的偏雌扩散（female-biased dispersal）现象，即雌性个体离开出生地向外发生扩散（Zhan et al.，2007）。从现有材料来看，雌性个体的向外扩散主要发生在亚成体阶段，在时间上多以冬末春初为主。大熊猫种群内部偏雌扩散现象的存在可有效避免近亲繁殖的出现，可能反映了个体之间对食物资源及同一性别内对繁殖资源竞争的结果（Zhan et al.，2007；Li et al.，2016）。此外，研究人员在佛坪国家级自然保护区还观察到了成年雌性大熊猫"丽丽"在不同年份的繁殖季节发生了2次长距离移动现象（Zhang et al.，2014）。现有研究结果显示，在大熊猫种群内部也存在明显的沿海拔梯度进行的垂直迁移行为，可能反映了食物及外界环境条件（如温度等）的综合影响，但不同区域大熊猫表现的模式并不相同。在佛坪国家级自然保护区，大熊猫每年自5月逐步从冬居地迁入夏居地，至11月时又从夏居地返回冬居地，每年约3/4的时间生活在冬居地中。在卧龙国家级自然保护区，野生大熊猫每年约70%的时间都生活在海拔较高的冷箭竹 *Bashania fangiana* 中，仅在春季拐棍竹 *Fargesia robusta* 萌发新笋后下迁采食，然后随着竹笋沿海拔梯度的次第萌发又返回冷箭竹林。基于营养几何学的研究表明，佛坪大熊猫季节性垂直迁移可能反映了平衡营养摄入（N、P、Ca）与满足繁殖活动的需要（Nie et al., 2015）。

大熊猫可通过视觉、听觉和嗅觉进行个体之间的交流，其中可能主要通过嗅觉信息来保持与社群内其他成员之间的联系。除发情交配与育幼期间外，大熊猫通常是一种较为"沉默"的动物。然而，在发情交配期，参与竞争配偶权的个体可发出多种类型的叫声，包括羊叫声、唧唧声、鼓鼻声、呼气声、犬吠声、吼叫声、咆哮声等，不同声音类型声谱结构不同，表达的情绪各异，并在不同性别之间多存在差异（胡锦矗等，1985）。大熊猫可通过尿液与肛周腺进行标记，其标记物中蕴含有个体性别、年龄及发情状况等方面的信息。雄性个体全年均会进行嗅味标记，而雌性个体的嗅味标记主要出现在发情交配季节（Nie et al., 2012）。在野外的大熊猫标记位点常位于山脊、沟谷的树干或地表突出物上，形成所谓的"嗅味走廊"。目前所知大熊猫嗅味标记的姿势包括蹲坐式、站立式、犬式、倒立式等不同类型。

大熊猫属于季节性发情的动物，每年发情交配季节在冬末春初，然而秦岭和四川有所不同（蒋辉等，2012）。在四川，野生大熊猫发情交配时间多在3月下旬至4月上、中旬，卧龙大熊猫因冷箭竹开花的影响也有延迟至5月发情交配的（魏辅文，1994）。秦岭山系纬度较四川更北，但该地大熊猫发情交配活动出现更早，多集于3月中、下旬。大熊猫妊娠期97～163天，平均135天。与黑熊 *Ursus americanus* 相似，大熊猫受精卵也有延迟着床的现象，时间持续1.5～4个月。野外大熊猫多在8月中旬至9月上旬产仔，多1胎1仔，在野外也发现有1胎2仔的，但多数仅哺育1仔，存在弃婴的现象。大熊猫幼仔初生时发育程度极不完全，体重仅约为母体重量的1/933，为真兽亚纲动物之极（胡锦矗等，1990）。

野外大熊猫通常在洞穴内产仔育幼，洞内常有一些简单的铺垫物，如枯枝、木屑、竹条等。适宜的产仔育幼洞穴为幼仔的生长发育提供了保温、安全等方面的保障。然而，不同区域大熊猫产仔育幼洞穴类型不同，在秦岭为石洞，而在四川主要为树洞（Zhang et al., 2007；Wei et al., 2019）。大熊猫对产仔育幼石洞存在明显的选择行为，偏好洞口较小而内洞相对宽敞的洞穴类型。秦岭与四川适宜大熊猫育幼的洞穴在结构特征上有相似的一面，但在立地环境上有所不同：四川大熊猫育幼洞穴位于较为平坦的区域，可能反映了能形成树洞的高大乔木的生长需求。基于自动温湿度仪收集的数据，无论是树洞还是石洞，适宜的育幼洞穴均为大熊猫幼仔的发育提供了较为稳定的小气候环境，表现在更为温暖且温度波动幅度小，更为干燥且湿度波动幅度小。与石洞相比，树洞能为大熊猫幼仔的生存提供更为稳定的小气候环境（Wei et al., 2019）。

刚出生的野生大熊猫幼仔双眼紧闭，全身仅有一层稀疏的白毛，以在洞穴内生活为主。幼仔在5～6月龄时开始吃竹子，在8～9月龄时基本断奶，约1.5岁时离开母体营独立生活。因此，野生大熊猫胎间隔多为2年（胡锦矗，1990）。在卧龙国家级自然保护区，雌性大熊猫性成熟时间为

6.5 ～ 7.5岁，雄性为7.5 ～ 8.5岁（魏辅文，1994），而长青国家级自然保护区内的野生大熊猫在4.5岁即可达性成熟。卧龙国家级自然保护区内雄性大熊猫的繁殖年限可能为13年，雌性大熊猫的可生育年限至少为6年。就目前所知，野生大熊猫最长寿命可达22岁，而在圈养条件下大熊猫最长寿命可达38岁。

从对唐家河国家级自然保护区等地大熊猫种群生存力分析的结果来看，在理想情况下（没有近亲繁殖、没有灾害影响等），种群在未来100年内具有潜在的正增长率，但基因杂合率会下降，累积绝灭率将增加，提高环境容纳量等措施能在不同程度上有利于该种群的长期存活，而近亲繁殖、灾害等因素则将加速种群的灭绝步伐（张泽钧等，2002）。全国第4次大熊猫调查结果显示，现存野生大熊猫数量仅1 864只，并被分割为33个局域种群，其中约2/3的局域种群因个体数量太少而面临较高的灭绝风险（国家林业和草原局，2021）。有研究表明，大熊猫在栖息地内的出现具有面积敏感性（area-sensitive），在90%存活概率的情况下，大熊猫种群续存最小栖息地面积需求为114.7 km^2（Qing et al.，2016）。就四川现有各山系大熊猫分布区而言，仅有10个栖息地斑块的面积超过了该阈值，其中6个在岷山和邛崃山系、2个在凉山山系、2个在大相岭山系。小相岭山系的大熊猫栖息地最为破碎，所有栖息地斑块的面积均在该阈值以下。

影响野生大熊猫种群续存的外来因素很多，包括自然因素和人为因素2类。在自然因素方面，大熊猫栖息地内的天敌动物包括豹*Panthera pardus*、金猫*Catopuma temminckii*、黄喉貂*Martes flavigula*、豺*Cuon alpinus*等，但这些动物主要危害的是大熊猫幼体或者亚成体，而豺在大熊猫栖息地内已极为罕见。蛔虫是威胁野生大熊猫健康的常见寄生虫，犬瘟热在圈养大熊猫种群中也偶有发生。在人为因素方面，自进入21世纪以来，在大熊猫栖息地内采伐发生率急剧下降，放牧活动大量增加并已排首位，随之而来的是挤占、破坏大熊猫栖息地并迫使大熊猫分布海拔向上"漂移"（Wei et al.，2018）。研究发现，控制放牧、耕作、设施建设及其他类型干扰，可促进恢复大熊猫适宜栖息地面积2 012 km^2，其中仅控制放牧干扰即可恢复大熊猫适宜栖息地面积830 km^2，表明放牧干扰是目前大熊猫栖息地内最严重的干扰类型（Qiu et al.，2019）。气候变暖是全球生物多样性面临的主要威胁之一，然而与大多数报道不同的是，近期的研究揭示尽管过去30年内气候因子是影响大熊猫分布的最主要因素，但其重要性却随时间下降，相反景观变量的重要性在不断增加，暗示了积极的人工干预（如栖息地保护等）可在一定程度上抵消气候变暖的影响（Tang et al.，2020）。

当代大熊猫分布于从青藏高原向四川盆地过渡的高山峡谷地带，在第四纪冰期时没有遭受大面积冰盖的影响。该区域生物多样性丰富，除大熊猫外，尚分布有其他众多的珍稀濒危动植物，包括川金丝猴、扭角羚、林麝、雪豹*Panthera uncia*、黑熊、中华小熊猫*Ailurus styani*、绿尾虹雉*Lophophorus lhuysii*、斑尾榛鸡*Bonasa sewerzowi*、红腹角雉*Tragopan temminckii*、珙桐*Davidia involucrata*、水青树*Tetracentron sinense*、连香树*Cercidiphyllum japonicum*等。大熊猫是著名的"旗舰"物种，大熊猫分布区属全球生物多样性的"热点"地区之一。然而，最近有研究显示，在全国第3次大熊猫调查到第4次调查期间，许多大中型食肉动物，如豺等，在大熊猫栖息地内已基本消失，表明单纯依靠对大熊猫的保护可能并不足以确保与其同域分布的其他许多物种的长期续存（Li et al.，2021）。现存大熊猫栖息地位于长江上游各支流（如嘉陵江、涪江、岷江、大渡河、青衣江等）的源头或者汇水区，保护大熊猫及其栖息地对维系长江上游生态屏障，确保国土空间生态安全亦至关重要。

我国政府历来重视大熊猫保护工作，周恩来总理曾指示要像对待国宝一样对待大熊猫。自1963年第1批4个大熊猫自然保护区创建以来，我国在大熊猫分布区已先后创建以保护大熊猫为主的自然保护区达67个，总面积达3 356 205 hm²。近期研究表明，从全国第3次大熊猫调查到第4次调查期间，在大熊猫保护区内出现的人为干扰更少，干扰下降的比例更大；在保护区内分布有更多的大熊猫适宜栖息地，乔木胸径与竹林盖度恢复更好，并支撑了更大的大熊猫种群数量的增长，这表明在过去10多年中我国大熊猫自然保护区建设是卓有成效的（Wei et al.，2020）。自20世纪70年代以来，我国政府已先后组织开展了4次全国大熊猫调查，初步摸清了大熊猫本底及种群消涨情况，为推动大熊猫保护工作的有效开展奠定了必要基础。秦岭与四川大熊猫30万年前在进化上即已发生分化，两地大熊猫在形态、生态及遗传上均有明显差异，应作为单独的"单元"进行管理（Zhang et al.，2007；Zhao et al.，2013）。近期的一项研究表明，大熊猫及其栖息地的生态系统服务价值每年在26亿～69亿美元，是大熊猫保护投入资金的10～27倍，充分说明了对大熊猫保护的投入是非常值得的（Wei et al.，2018）。尤其需要指出的是，党的十九大提出了"建立以国家公园为主体的自然保护地体系"的重大改革任务，在2021年10月召开的《生物多样性公约》第十五次缔约方大会上，我国政府正式宣布设立了首批包括保护大熊猫在内的5个国家公园，表明我国大熊猫自然保护事业迈进了新阶段。在当下，大熊猫保护已成为"绿水青山就是金山银山""山水林田湖草是生命共同体"等生态文明思想的具体体现，也是在自然保护领域展示我国负责任大国形象的生动诠释。

大熊猫（拍摄地点：四川平武老河沟自然保护区　拍摄者：李晟）

地理分布　现存野生大熊猫分布于我国中西部的四川、陕西、甘肃3个省份。根据全国第4次大熊猫调查的结果，大熊猫分布在秦岭、岷山、邛崃山、大相岭、小相岭以及凉山六大彼此隔离的山系中，地理坐标介于101°54′06″E—108°37′08″E，28°09′35″N—34°00′07″N，在分布范围上东起陕西宁陕太山庙乡，西至四川九龙湾坝乡，南起四川雷波拉咪乡，北至陕西周至厚畛子乡（国家林业和草原局，2021）。在行政区划上，现今大熊猫分布区包括四川、陕西、甘肃3个省份的17个地（市、州）、49个县（市、区）、196个乡（镇）。

四川既是大熊猫的科学发现地，也是现存野生大熊猫最主要的分布区，在11个市（州）、37个县（市、区）、152个乡（镇）发现有大熊猫分布，种群数量1 387只，约占全国总数的74.4%，栖息地面积2 027 344 hm²，约占全国总面积的76.68%。就山系而言，岷山是我国野生大熊猫的主要分布区，包括甘肃的文县、迭部、舟曲3个县20个乡（镇）和四川的平武、松潘、青川、北川、茂县、九寨沟、都江堰、安县、绵竹、彭州、什邡11个县（市、区）52个乡（镇），种群数量797只，约占全国总数42.8%；栖息地面积971 319 hm²，约占全国总面积的37.70%。在各山系中，以小相岭山系分布的大熊猫种群数量最少（仅30只）、栖息地面积最小（119 364 hm²）。由于受水热条件及人为活动等的影响，各山系内部大熊猫分布在水平面上自东向西有少—多—少的趋势，在垂直面上自下而上也有少—多—少的趋势（胡锦矗，1990）。

在四川的历史分布区域：青川、绵竹、安县、北川、平武、峨眉山、洪雅、甘洛、美姑、雷波、越西、马边、峨边、荥经、石棉、天全、芦山、宝兴、冕宁、邛崃、大邑、彭州、什邡、崇州、都江堰、康定、泸定、九龙、若尔盖、黑水、松潘、小金、九寨沟、汶川、理县、茂县。

分省（自治区、直辖市）地图——四川省

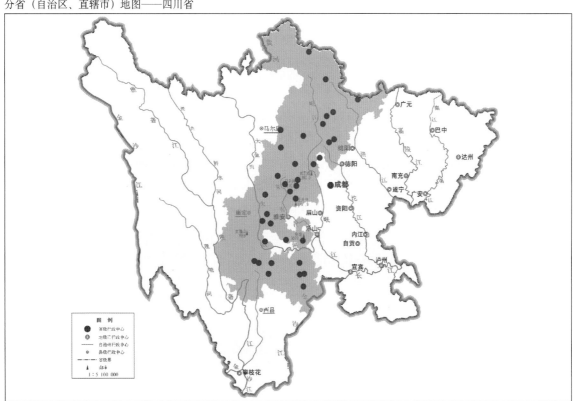

审图号：GS（2019）3333号　　　　　　　　　　　　　　　　　　　　　自然资源部 监制

大熊猫在四川的分布
注：红点为物种的分布位点，绿色斑块表示历史分布区域。

2000年以来确认的在四川的分布区域：安县、宝兴、北川、崇州、大邑、都江堰、峨边、峨眉山、甘洛、黑水、洪雅、九龙、九寨沟、康定、雷波、理县、芦山、泸定、马边、茂县、美姑、绵竹、冕宁、彭州、平武、青川、邛崃、若尔盖、石棉、松潘、天全、汶川、小金、荥经、越西。

从地质史分布变迁上看，现有化石证据表明大熊猫起源于我国西南地区的云贵高原，禄丰始熊猫 *Ailuractos lufengensis*（约800万年前）和元谋始熊猫 *Ailuractos yuanmouensis*（约700万年前）均是始发期的代表，生活的地质年代为中、上更新世之交（黄万波等，2010）。在更新世之初已出现小种大熊猫 *Ailuropoda microta*，在分布范围上已辐射至我国西南地区的贵州和重庆等地，华南地区的广东和广西等地，长江中下游地区的湖南、湖北、安徽等地，以及西北内陆的陕西。在早更新世晚期出现了大熊猫巴氏亚种 *Ailuropoda melanoleuca baconi*，并逐渐发展成为大熊猫家族中最为繁盛的类型，分布范围覆盖我国北起北京周口店，南至东南沿海（包括海南岛）及毗邻的泰国、越南、老挝、缅甸等地，是我国更新世中晚期广布华南的"大熊猫—剑齿象动物群"（*Ailuropoda-Stegodon Fauna*）的主要成员。有学者认为在小种大熊猫和大熊猫巴氏亚种之间存在一过渡类型，即大熊猫武陵山种 *Ailuropoda wulingshanensis*，体型大小介于小种大熊猫与大熊猫巴氏亚种之间。通常将全新世以来的大熊猫视为大熊猫现生种 *Ailuropoda melanoleuca*。然而，有化石资料表明，大熊猫巴氏亚种可能一直延续生存进入了全新世，并可能最后灭绝于全新世大暖期之后的一次短暂冰期（约5 000年前）。

大熊猫现今分布格局的形成既是自身生理生态需要的反映，也是环境变迁与人类活动影响的结果，包括自上新世末以来青藏高原的隆起，更新世期间冰期与间冰期气候的往复波动，以及自全新世以来人类的繁盛等。青藏高原在上新世时平均海拔在1 000 m左右，为热带、亚热带环境，而现在平均海拔达4 700 m。无论是现今大熊猫还是化石大熊猫，均主要分布于我国东部及中部润湿季风能够深入的区域，青藏高原的存在是地质史上大熊猫分布范围向西拓展的天然屏障。全球更新世气候的一个主要特点是冰期与间冰期的交替往复，并由此导致我国现存大多数生物类群均经历了第四纪冰期的洗礼：在冰期时分布向南退缩，在间冰期期间可向北扩展。进入全新世以来，人类数量的增加和活动范围的不断扩大是导致大熊猫数量及分布范围迅速缩小的主要原因，包括猎杀、采伐、道路修建以及矿山开采等。有资料显示，宝成铁路的修建导致岷山大熊猫分布区向西退缩了100 km，四川江油等地的大熊猫就此绝迹。近期有研究表明，在全国第3次大熊猫调查到第4次调查期间，四川野生大熊猫在分布海拔上平均向上"漂移"了近80 m，可能更主要反映了放牧等人为活动的影响（Wei et al., 2018）。

十六、小熊猫科　Ailuridae Gray，1843

Ailuridae Gray, 1843. List Specimens Mamm. Coll. Brit. Mus., xxi(模式属：*Ailurus* F. Cuvier, 1825).

Ailurinae Trouessart, 1885. Catal. Mamm. Viv. Foss. Carnivores, Ibid., 14: 25.

Procyonina Gray, 1825. Ann. Philos., new Ser., 10: 339(模式属：*Procyon* Storr, 1780).

Procyoniae Gill, 1872. Smithsonian Misc. Coll., Vol. 11, pat. 1: 6.

起源与演化　　小熊猫科在分类上属于食肉目动物，现代食肉目动物的最早祖先可追溯至古新世晚期出现的麦芽西兽（Miacids）。麦芽西兽生活的地质年代在3 400万～5 500万年前，广布于欧亚大陆和北美洲，适应茂密的森林环境。在始新世晚期，由麦芽西兽分化为2个类群，即*Hesperocyonines*(最早的CANIDS）和最早的URSIDA，后者的代表为出现在美洲的MUSTELAVUS。MUSTELAVUS进一步分化为CANIFORMIA中的2个大类群：AILURIDS+PROCYONIDS和MUSTELIDS（Salesa et al.，2011）。

小熊猫可能出现在晚渐新世至早中新世之间的欧洲大陆。由于颅底及牙齿特征与现今小熊猫相近，*Sivanasua*被认为是迄今所发现最古老小熊猫的化石祖先（Pilgrim，1932）。*Sivanasua*是一种似浣熊的哺乳动物，出现于中新世的欧洲及上新世的亚洲。到了上新世晚期，在欧洲和北美洲均出现了*Parailurus*，其颅底和牙齿特征与现今小熊猫极为接近（Tedford et al.，1977）。一些学者认为*Parailurus*的发现表明*Ailurinae*起源于欧亚大陆，随后穿过白令海峡辐射进入北美洲（Tedford et al.，1977；Roberts，1984）。另外一种观点是浣熊科在渐新世晚期（2500万年前）首先在北美洲从狗型类演化而成古浣熊属*Phlacyon*。由古浣熊在中新世末再分化成为两支。一支为浣熊类，并发展成现今的卷尾浣熊*Potos*和在北美洲至南美洲分布的其他浣熊；另一支演化为化石小熊猫*Parailurus*，其中一部分留在北美洲，即在华盛顿发现的北美化石小熊猫*Parailurus hungaricus*；另一部分则通过白令海峡的陆桥渗入欧亚地区。到欧洲的一支延伸至中欧和南欧，出现在上新世，即欧洲化石小熊猫*P. anglicus*。小熊猫现生种化石在我国出土于贵州、云南和湖北等地的更新世中期地层（徐东煊等，1957；Kurtén，1968）。值得注意的是，近年来在西班牙马德里中新世地层中发现的*Simocyon batalleri*已具有"伪拇指"，表明小熊猫科*Ailuridae*动物在伪拇指的起源上有很长的历史。与大熊猫伪拇指适应于抓握竹子以利采食不同，小熊猫祖先类型（如*Simocyon batalleri*）伪拇指的出现更可能与辅助树栖生活有关，包括逃避地面捕食者及在树上觅食等，现今小熊猫前肢伪拇指的功能乃是对其生活方式改变后的次级适应（Salesa et al.，2006）。在北美洲东部第三纪地层中出土的*Pristinailurus bristoli*化石表明北美与欧亚大陆至少在中新世晚期仍保持着较强联系（Wallace，2004）。

近期基于基因组学的一项研究结果显示，现存小熊猫可划分为2个系统发生种：喜马拉雅小熊猫*Ailurus fulgens*和中华小熊猫*Ailurus styani*，彼此之间存在显著的遗传分歧，线粒体基因组单倍型和Y染色体SNP单倍型均无共享（Hu et al.，2020）。从重构的种群波动和分歧历史来看，2个系统发生种在更新世倒数第2个冰期遭遇严重种群瓶颈后便开始发生分化，雅鲁藏布江最可能是2个物种分化的地理边界。

形态特征 为中小型的兽类。在蜂桶寨国家级自然保护区，3只佩戴无线电颈圈的成年雄性小熊猫个体体重分别为5.5 kg、5.85 kg和5.90 kg，2只佩戴无线电颈圈的成年雌性小熊猫个体的体重分别为5.70 kg和6.0 kg。小熊猫外形似猫，但较猫体型肥大，全身红褐色。圆脸，吻部较短，脸颊有白色斑纹。耳大，直立向前。四肢粗短，为黑褐色。尾长超过体长一半，较粗而蓬松，并有红暗相间的9个环纹；尾尖深褐色。跖行性；前后足均具5指（趾）。性二型不明显。

分类学讨论 现存熊形食肉动物间的系统发育关系曾一度难以彻底厘清，在这之中，大熊猫、小熊猫由于食性的特化及学者在彼此进化关系上的长期争论而处于核心位置（Flynn et al.，2000）。就大熊猫而言，目前较为一致的观点是大熊猫隶属于熊科Ursidae，并在其下单列1个大熊猫亚科（Flynn et al.，2000；Salesa et al.，2006）。

自1825年F. Cuvier将小熊猫定为1个新属新种以后，动物学家对其分类地位一直争论不已。其问题的焦点是小熊猫既与大熊猫相似，又与浣熊类同。一些学者认为与大熊猫的相似之处反映了它们的亲缘关系，因此主张将2种熊猫单独列为1个科（Pocock，1921；Raven，1936；Segall，1943；Ginsburg，1982），而另一些学者则认为2种熊猫相似是由于食物相同所产生的趋同演化，而与浣熊的相似才是本质，主张将小熊猫归于浣熊科（F. Cuvier，1825；O 'Brien et al.，1995；Gorman et al.，1989；Slattery and O' Brien，1995；Wang et al.，1997）。然而，近年来在形态、生理、生化、分子等方面的证据却导致了不同的分类结果，概括起来包括：与熊类（或熊类＋鳍脚类）有亲缘关系，与浣熊类有亲缘关系，与MUSTELOID（包括浣熊类及部分或全部鼬类动物）有亲缘关系，为大熊猫的姊妹群，处于广义的MUSTELOIDEA中（包括小熊猫、臭鼬、浣熊和鼬类组成的单系群）（Flynn et al.，2000）。

现存小熊猫单独为1科1属，在种下曾分为2个亚种，即指名亚种Ailurus fulgens fulgens和川西亚种Ailurus fulgens styani。然而，关于2个亚种的划分却存在广泛的争议（Pocock，1941；Roberts，1982；冯祚建等，1986）。近年来，Hu等（2020）基于65个全基因组、49个Y染色体和49个线粒体基因组的数据揭示了当今小熊猫包括2个系统发生种，即中华小熊猫Ailurus styani和喜马拉雅小熊猫A. fulgens。

48. 小熊猫属 *Ailurus* F. Cuvier，1825

Ailurus F. Cuvier, 1825. In E. Geoffroy & F. Cuvier. Hist. Nat. Mamm., 3(50): 3(模式种：*Ailurus fulgens* F. Cuvier, 1825); Pocock, 1921. Proc. Zool. Soc. Lond., 389- 422; Allen, 1938. Mamm. Chin. Mong., 313; Pocock, 1941. Fauna Brit. Ind. Incl. Ceyl. Bur., Mammalia, 250; Simpson, 1945. Bull. Amer. Mus. Nat., 85: 225; Ellerman, 1951. Check. Palaea. Ind. Mamm., 242; 寿振黄，等，1962.中国经济动物志 兽类，332-335; Walker, 1964. Mamm. World, Vol. 2, 900; 朱靖，1974.动物学报，20(2): 174-187; 钱燕文，等，1974.珠玛朗玛峰地区科学考察报告 生物与高山生理，55-59; Wozencraft, 1993. Mamm. Spec. World, 2nd ed., 336; 王应祥，2003. 中国哺乳动物种和亚种分类名录与分布大全, 76; Wozencraft, 2005. Mamm. Spec. World, 3rd ed., 628; Wilson and Mittermeier, 2009. Hand. Mamm. World, Vol. 1, Canivores, 503.

Arctaelurus Gloger, 1841. Gemein. Hand. Nat., 1: 28(模式种：*Ailurus fulgens* F. Cuvier, 1825).

Aelurus Agassiz, 1846. Nomenclator Zool. index, Univ. 9. Emend. Pro *Ailurus*.

鉴别特征　全身红褐色，四肢黑色。体型似猫，但较肥大。圆脸，吻部较短，面颊部有白色花斑。耳大，直立向前。四肢短粗，为黑褐色，掌上长有厚密的毛。尾长，较粗，蓬松，约为体长的2/3，尾上带有9个环纹。

地理分布　小熊猫科全世界仅1属2种，仅分布于亚洲，包括不丹、印度、尼泊尔、缅甸、中国。

分类学讨论　小熊猫属历史上曾被归于浣熊科Procyonidae，现在单独成为1科——小熊猫科Ailuridae。以前一直认为仅存1种A. fulgens（Allen，1938；Ellerman and Morrison-Scott，1951；Corbet，1978；胡锦矗和王酉之，1984；王酉之和胡锦矗，1999；王应祥，2003；Mittermeier and Wilson，2009），且多认为种下包含2个亚种：指名亚种Ailurus fulgens fulgens和川西亚种A. f. styani。最新研究表明，现存小熊猫包括2个独立种——中华小熊猫Ailurus styani和喜马拉雅小熊猫A. fulgens。其中，在四川分布的为中华小熊猫。

（102）中华小熊猫 *Ailurus styani* Thomas，1897

别名　小猫熊、山门（闷）蹲、九节狼（四川）、金狗（商品名）
英文名　Lesser Panda、Red Panda、Red Cat-bear

Ailurus fulgens styani Thomas, 1900. Ann. Mag. Nat. Hist., 10: 251(模式产地：四川西北部平武杨柳坝); Allen, 1938. Mamm. Chin. Mong., 314; Ellerman and Morrison-Scott, 1951. Check. Palaea. Ind. Mamm., 242; 胡锦矗和王酉之，1984. 四川资源动物志　第二卷　兽类, 64; 高耀亭，等，1987. 中国动物志　兽纲　第八卷　食肉目, 105; Wozencraft, 1993. Mamm. Spec. World, 2nd ed., 336; 王应祥，2003. 中国哺乳动物种和亚种分类名录与分布大全, 76; 王酉之和胡锦矗，2009. 四川兽类原色图鉴, 129; Wozencraft, 2005. Mamm. Spec. World, 3rd ed., 628; Wilson and Mittermeier, 2009. Hand. Mamm. World. Vol. 1, Canivores, 503.

Ailurus styani Groves, 2011. Taxon. phyl. *Ailurus*. In Glatston. Biol. Conser. first panda, 101-124; Hu, et al., 2020. Sci. Adv., 6: eaax5751.

鉴别特征　外形像猫，但较猫肥大，全身红褐色。圆脸，脸颊有白色斑纹。耳大，直立向前，黑褐色，耳缘白色。四肢粗短，为黑褐色。尾长，较粗，蓬松，并有红暗相间的环纹。

形态

外形：小熊猫躯体肥壮，身上有粗的长毛。体长40～63 cm，尾长为体长的一半以上，成体体重一般5.5～6.0 kg。头部短宽，吻部突出，圆脸，颊有白斑。双眼前向，瞳孔圆形。鼻端裸露，皮肤表面颗粒状。耳大而直立，向前伸；耳郭尖，耳内有毛，耳基部外侧生有长的簇毛。四肢粗短，后肢略长于前肢。5指（趾），跖行性，足掌上长有厚密绒毛。爪弯曲而锐利，能伸缩。尾粗长，不能缠绕物体，尾上带有深浅相间的环纹。

毛色：成兽全身有红褐色长毛，部分个体在臀背部有鲜亮的橙黄色毛尖，绒毛灰褐色。鼻端、眼圈为黑褐色，胡须白色；嘴周、鼻上部、两颊及眉上都有白斑；头部前额为棕黄色或淡黄棕色；耳壳外缘及耳内长有白毛，耳背黑褐色，耳基部外侧有一簇白色长毛；颈下及腹部为黑褐色，腹部毛短，色稍浅；四肢黑色，足底绒毛黄色；尾毛粗长而蓬松，上有红褐色、沙白色相间的环纹，尾端为黑褐色。小熊猫雌雄毛色相似，无冬、夏毛的差异。

初生幼体毛色较浅，为灰黄色，绒毛蓬松。头部白色，没有脸斑；耳前白色，耳背黑褐色；四肢褐灰色；尾灰白色，不显环纹；头、脸部颜色较浅，无明显脸斑。数日后毛色逐渐变深，体背上棕黄色的针毛逐渐增长，四肢变为黑褐色，约1个月后尾上环纹才隐约显出。至2个多月后，幼兽脸斑形成并与成兽相似，耳基部长出簇毛。当年秋季幼兽逐渐长出红褐色的长针毛，杂于蓬松的灰色绒毛之中。

头骨：头骨轮廓高而圆。鼻、吻部较短，鼻骨明显向前倾斜。额骨高而隆起，中央略凹下。眶间距较宽，具有眶后突，并随年龄增长益发突出。颧弓粗大，后端显著向上拱起，颌关节强。矢状脊不发达，仅年老个体具有，前部低呈棱状，后部薄而高。腭骨成拱形，前端比较平缓，中段穹形，后段低斜，中间有一纵状沟。腭骨向后延伸，超出最后一个白齿后缘。在翼蝶骨基底部卵圆孔与圆孔之间有翼蝶骨沟管。听泡不发达，稍呈膨胀，外耳道长管状。副枕突显著长于乳突。下颌较短，约为颅全长的2/3。冠状突高，关节突强，角突大而低。

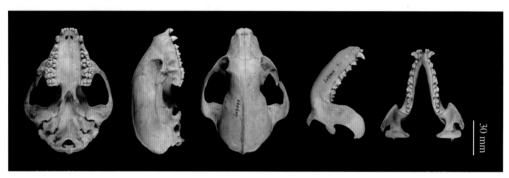

中华小熊猫头骨图

牙齿：齿式3.1.3.2/3.1.4.2 = 38。门齿3对，中间2对小，外侧1对较大。犬齿呈圆锥形，上颌犬齿内、外侧各有2条纵沟，下颌犬齿各有1条。前白齿与白齿为低冠型。上颌第1前白齿常缺失，第2前白齿小而尖锐，中间的1个齿尖极为突出。第3、4前白齿都比较宽大，外侧具3个齿尖，中间1个齿尖较高，前后齿尖较低；内侧也为3个齿尖，但与外侧相反，前后2个齿尖较高而中间低而小。第4前白齿无裂齿的明显特征，其构造与第1白齿相似，但较小。白齿每侧有2个，第1白齿大于第2白齿，咀嚼面宽，横径大于直径。每个白齿有4个齿尖，并有若干由齿带形成的小尖（附尖）。下颌第1前白齿很小，前白齿与白齿狭长，直径大于横径。

量衡度（量：mm）

头骨：

编号	颅全长	基长	颧宽	眶间宽	颅高	上齿列长	下齿列长	下颌骨长	下颌高	采集地点
SAFXXM01	120.00	103.00	87.50	23.90	54.00	54.00	57.00	88.00	65.80	四川鞍子河

生态学资料 现存小熊猫包括喜马拉雅小熊猫和中华小熊猫2个种，分布于喜马拉雅山脉及其邻近地区，包括尼泊尔、印度、不丹、缅甸以及中国西南地区的四川、云南、西藏3个省份，最西端位于尼泊尔西部的Mugu地区（82°E），最东端位于四川岷江上游河谷一带（约104°E），最南

端位于中缅边界处的高黎贡山南部（25°N），最北端位于四川岷江上游河谷的岷山山系（33°N）（Chounhury，2001）。全国第4次大熊猫调查结果表明，除在岷山山系最南端的绵竹、什邡一带可能有少量小熊猫个体残存外，在岷山山系其他地区（如平武、青川等地）的小熊猫可能已经绝灭。在我国，喜马拉雅小熊猫分布于西藏雅鲁藏布江以西的区域，中华小熊猫则分布于四川、云南、西藏雅鲁藏布江以东的区域。

Wei等（1999）曾对我国野生小熊猫的资源现状进行了调查，结果表明，全国野生小熊猫种群数量6 000 ~ 7 000只，其中四川3 000 ~ 4 000只，云南1 600 ~ 2 000只，西藏1 400 ~ 16 00只，栖息地面积为37 436.5 km^2。然而，现有数据显示，过去几十年间，我国小熊猫的分布范围可能大幅度缩减，种群数量也急剧下降，目前野生种群数量可能不足3 000只（Hu et al.，2020）。Choudhury等（2001）基于4.4 km^2/只的最低密度对全球野生小熊猫的种群数量进行了估计，全世界野生小熊猫总数16 000 ~ 20 000只，栖息地面积达142 000 km^2。

除了在梅加拉亚（Meghalaya）区域被发现生存于热带森林外，小熊猫基本上是一种生活于亚热带与温带森林中的动物。中华小熊猫分布的海拔范围为在1 400 ~ 3 400 m，但喜马拉雅小熊猫分布的海拔范围则广得多，Choudhury等（2001）报道该物种分布的海拔范围为1 500 ~ 4 800 m，在夏季甚至可达海拔5 000 m的雪线附近。在Meghalaya区域，曾发现小熊猫出现于海拔700 ~ 1 400 m的区域。在印度思俱鸟类保育区（Siju Bird Sanctuary），有人甚至在海拔200 m的地方也发现了小熊猫。

小熊猫可以生活在有竹林分布的多种植被类型的环境中，在海拔上从低到高包括常绿阔叶林、常绿与落叶阔叶混交林、落叶阔叶林、针阔叶混交林、针叶林等。在我国，小熊猫栖息环境中竹子的种类不少于40种，主要属于 *Fargesia*、*Yushania*、*Bashania*、*Chimonobambusa*、*Qiongzhuea*、*Indocalamus*、*Phyllostachys* 等属内的竹种（Wei et al.，2011）。然而，在四川每个山系内部，小熊猫通常仅采食1 ~ 2种竹子。例如，尽管邛崃山系分布有冷箭竹 *Bashania fangiana*、拐棍竹 *Fargesia robusta*、短锥玉山竹 *Yushania brevipaniculata* 等竹种，该区域的小熊猫通常仅采食冷箭竹。凉山山系分布的竹种很多，包括大叶筇竹 *Chimonobambusa macrophylla*、白背玉山竹 *Yushania glauca*、马边玉山竹 *Yushania mabianensis* 等，小熊猫主要采食大叶筇竹，偶尔采食白背玉山竹。小熊猫对环境中不同竹子的偏好可能反映了竹子的营养质量及可获得性的综合影响。

小熊猫在分类上属于食肉目动物，但在食性上却转化为以竹为生。由于仍保留着肉食动物消化肠道的特点，小熊猫对摄入食物的消化利用率很低，食物在通过消化肠道排出后大体仍保留着摄入时的形态。由此，科研工作者主要通过收集小熊猫新鲜粪便探讨其食谱组成。从目前对汶川卧龙、宝兴蜂桶寨、马边大风顶、冕宁冶勒等自然保护区以及尼泊尔朗塘（Langtang）国家公园内小熊猫的研究结果来看，在小熊猫年食谱组成上，竹子成分在90%以上，并体现出了以下特点：竹叶是一年中小熊猫最重要的食物来源，尤其冬季时小熊猫几乎全以竹叶为生；竹笋和浆果在小熊猫食谱中的出现具有季节性，春季时小熊猫大量采食新笋，在夏秋之间小熊猫除采食竹叶外也采食一定量的浆果；小熊猫偶尔也采食一些小型鸟兽，摄食鸟蛋、花蕾以及橡子等，有时在小熊猫的粪便内也发现有毛发、苔藓等成分（Zhang et al.，2009；Wei et al.，2011）。相较于竹茎、竹枝，竹叶、竹笋可消化摄取的营养成分更为丰富，小熊猫在长期的进化过程中似乎已发展出了一套适应以竹为生的优化觅食策略。

由于体型较小，小熊猫通常借助环境中的突出物以支撑身体采食竹叶，如灌木枝条、树桩、倒木以及其他地表突出物等。在冶勒自然保护区，57.8%的小熊猫粪便位于灌木枝条上，26.5%位于倒木上，其余的15.7%位于地面上（魏辅文等，1995）。在采食竹叶时，小熊猫通常较为精细地将竹叶一片片从竹枝处摘下，然而大熊猫在采食时则一把把地攫取，并常在竹枝上留下许多竹叶残片（胡锦矗等，1985）。小熊猫偏好采食较为年幼竹株上的当年生新叶，例如1年生或2年生。在马边大风顶自然保护区小熊猫采食的226个竹株中，80.1%为1年生或2年生，其余的为3年生及以上的竹株（魏辅文等，1995）。与老叶相比，竹子当年生新叶往往营养成分更为丰富。例如，卧龙冷箭竹新叶粗蛋白质含量达17.5%，而枯叶中的粗蛋白质含量仅为9%（Johnson et al.，1988）；在秦岭，巴山木竹当年生新叶粗蛋白质含量可达17.49%，而多年生老叶中仅为13.08%（孙宜然等，2010）。由于粪便含水量超过了竹叶含水量，因此环境水源在小熊猫日常生活中扮演着重要的角色。在尼泊尔郎塘（Langtang）国家公园，90%的小熊猫粪便被发现于距水源100 m的范围内。

与大熊猫相比，小熊猫对竹叶的咀嚼彻底得多，69.7%的粪便成分可通过0.84 mm的孔筛，而大熊猫仅为6.8%（Johnson et al.，1988）。在竹子摄入和消化方面，平均而言，1只成年小熊猫每天可摄入（1 622.4±199.4）g竹叶，排出（1 808.8±276.0）g粪便，干物质摄入和消化量分别为（611.6±67.3）g、（183.8±203）g（Wei et al.，1999）。1只成年小熊猫的日代谢能量需求在春季为2 603.3 kJ，夏、秋季为3 139.8 kJ和2 740.8 kJ，在优化觅食策略的情况下，相应季节的摄入量分别可达10 145.8 kJ、12 045.1 kJ和12 276.9 kJ。

小熊猫对不同食物类型及营养成分的消化利用率不同。就峨热竹 Bashania spanostachya 而言，小熊猫对竹叶的消化率为（29.67±0.79）%，远低于对竹笋的消化率（45.98±2.77）%（Wei et al.，1999）。小熊猫对竹内粗蛋白质和粗脂肪的消化率利用较高（70%～85%），然而对竹内纤维素和木质素的消化率极低，表明肠道微生物在其中可能扮演了非常次要的角色。不同食物成分通过小熊猫消化肠道的时间不同，竹笋为（147.5±33.38）min，竹叶为（208.0±35.03）min（Wei et al.，1999），均较卧龙地区的大熊猫短。小熊猫对铁线莲 Clematoclethra tiliaceae、喜阴悬钩子 Rubus mesogaeus、菰帽悬钩子 Rubus pileatus、宝兴茶藨子 Ribes moupinense、长序茶藨子 Ribes longtiacemosum 等浆果的消化利用较为彻底，在粪便中通常仅发现有种子存在（Reid et al.，1991）。

在卧龙国家级自然保护区，Johnson 等（1988）调查了小熊猫的18个休息位点，其中10个位于地面突出物上，包括9个超出地面高度（92±45）cm、1个超出地面高度13 m的。在马边自然保护区，魏辅文等（1995）调查了小熊猫52个休息位点，具有坡度较大（平均34.6°）、乔木郁闭度（平均47.8%）和竹林密度适中（19.5株/m²）以及靠近水源（<200 m）等特点。对冶勒和蜂桶寨自然保护区小熊猫生境选择研究表明，小熊猫偏好的微生境中倒木和树桩的密度较高，可能反映了支撑身体以利采食竹叶的需要（Wei et al.，2000；Zhang et al.，2004，2006）。

关于小熊猫家域的研究主要通过佩戴无线电颈圈进行。在卧龙，1只亚成体雌性（佩戴颈圈时8月龄）的家域面积为3.4 km²，超过了1只成年雌性和1只成年雄性的家域面积（分别为0.91 km²、1.1 km²）。在蜂桶寨自然保护区，3只成年雄性小熊猫的平均家域面积为2.6 km²，较3只成年雌性小熊猫的家域面积大（平均1.7 km²）（Zhang et al.，2009）。与大熊猫类似，相邻小熊猫个体之间在家域范围上也存在广泛重叠（18.9%～78.1%），在食物资源较为丰富的情况下，两种熊猫似乎没有必要发展出高耗能的领域行为以防止其他个体的进入。尽管不同区域的研究结果略有差异，总体上小熊猫的日移动距离较短。在蜂桶寨自然保护区，小熊猫日均移动距离为455 m，其中雄性为463 m，雌性为447 m（Zhang et al.，2009）。

在昼夜活动节律上，小熊猫最初被认为以晨昏和夜间活动为主。在卧龙，1只佩戴无线电颈圈的小熊猫主要在晨昏进行活动（Johnson et al.，1988）。随后，Reid等（1991）等人的发现表明该地成年小熊猫昼间活动率高于夜间，在晨昏时的活动率居中。在蜂桶寨自然保护区，成年小熊猫日均活动率为（48.6±12.4）%，有两个活动高峰期，分别为07：00—10：00和17：00—18：00（Zhang et al.，2011）。该地小熊猫昼间活动率亦高于夜间，而晨昏活动率居中。总体上看，小熊猫似乎是一种以白昼活动为主的动物。小熊猫活动节律存在季节性差异，春、夏、秋季较冬季高。在日活动模式上，与大熊猫相似，小熊猫也表现出了频繁觅食与休息相间隔的模式（Zhang et al.，2011）。

野外小熊猫一般1—3月发情交配，此时雌雄两性个体频繁地在地面、石头、树桩等上面摩擦生殖器官，并发出求偶叫声。尽管小熊猫在6～8月龄时可出现性行为，但圈养个体多在18～20月龄时才达到性成熟，雌性产下第1胎的时间多在24～26月龄。小熊猫幼仔一般在6—7月出生，新生幼仔体重110～130 g。每胎多2～3仔，偶尔可达5仔。小熊猫妊娠期约112～158天，多以枯树洞或石洞作为产仔育幼洞穴。小熊猫寿命12～18岁，其天敌动物主要有黄喉貂 *Martes flavigula*、豺 *Cuon alpinus*、豹 *Panthera pardus* 等猛兽以及一些猛禽（谭邦杰，1955；Johnson et al.，1988）。

小熊猫是一种山地林栖动物，森林采伐不仅可导致栖息地的破碎和可利用生境面积的减少，在生态功能上还直接影响到个体在不同生境斑块之间的迁移，进而可导致近亲繁殖程度的增加以及遗传多样性的丧失。据Wei等（1999）的报道，四川22个大型森工企业在25年内占据的小熊猫栖息地面积达3 597.9 km²。在尼泊尔朗塘（Langtang）国家公园，由于过度放牧，60%以上的小熊猫栖息地受到严重破坏，家畜的放牧活动是导致该地小熊猫幼仔死亡的主要原因（Jefferson et al.，1996）。作为一种较好的毛皮兽，猎杀和贸易也是导致该物种种群数量下降的重要原因。有报道指出，四川冕宁在1979—1981年收购的小熊猫毛皮为19张，西藏20世纪70年代收购的小熊猫毛皮数量在200张以上。在尼泊尔的一些地方，当地曾有人专门捕捉野生小熊猫以出售给西方动物园

中华小熊猫（拍摄地点：四川鞍子河省级自然保护区　拍摄者：付强）

（Choudhury et al.，2001）。

野生小熊猫的逐渐濒危引起了国际社会的广泛关注。世界自然保护联盟（IUCN）将小熊猫列为"濒危"等级，CITES亦将其列在附录 I 中。我国在1988年通过了《中华人民共和国野生动物保护法》，小熊猫等物种被列为国家 II 级重点保护野生动物。截至2020年，我国在小熊猫分布区内已建立自然保护区50个，其中四川37个、云南7个、西藏6个。

地理分布 四川中、西部以大雪山为中心，向东延至邛崃山，向西至沙鲁里山，向北至岷山，向南至大凉山，在国内还分布于云南、四川、西藏东部。

在四川的历史分布区域：青川、绵竹、安县、北川、平武、峨眉山、洪雅、昭觉、甘洛、美姑、雷波、金阳、喜德、普格、越西、马边、峨边、荥经、汉源、石棉、天全州、芦山、宝兴、宁南、冕宁、会理、会东、盐边、米易、木里、德昌、盐源、邛崃、大邑、彭州、什邡、崇州、都江堰、康定、丹巴、泸定、九龙、雅江、稻城、乡城、黑水、松潘、小金、九寨沟、汶川、理县、茂县。

2000年以来确认的在四川的分布区域：稻城、康定、雷波、喜德、安州、宝兴、北川、崇州、大邑、丹巴、德昌、都江堰、峨边、峨眉山、甘洛、汉源、黑水、洪雅、会东、会理、金阳、九龙、九寨沟、理县、芦山、泸定、马边、茂县、美姑、绵竹、冕宁、木里、宁南、彭州、平武、普格、青川、邛崃、什邡、石棉、松潘、天全、汶川、乡城、小金、荥经、雅江、盐边、盐源、越西、米易、昭觉、理塘。

分省（自治区、直辖市）地图——四川省

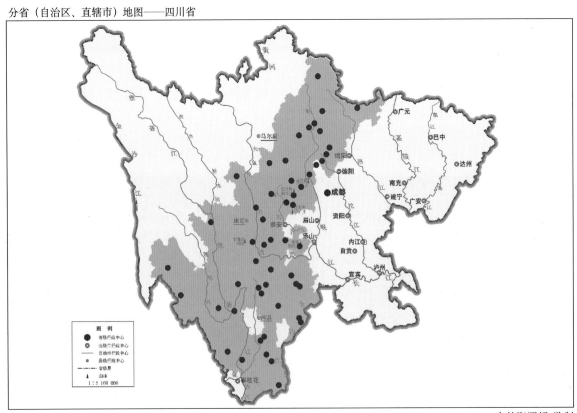

审图号：GS（2019）3333号 自然资源部 监制

中华小熊猫在四川的分布
注：红点为物种的分布位点，绿色斑块表示历史分布区域。

十七、鼬科　Mustelidae Swainson，1835

Mustelidae Swainson, 1835. On Nat. Hist. Class. Quad. In Rev. Dionysius Lardner, Cabinet cyclopaedia, Lond.,
　　321(模式属：*Mustela* Linnaeus, 1758).

Mustelini Fischer, 1817. Mém. Soc. Imp. Moscow, 5: 372.

Lutridae DeKay, 1842. Zoo. Yew-York, part. 1, Mammalia, Albany, Thurlow Weed, 39(模式属：*Lutra* Brisson, 1762).

Lutrina Bonaparte, 1838. Synopsis vertebr. Syst. Nuovi Ann. Sci. Nat., Bologna, Vol. 2: 111.

起源与演化　最早的鼬科化石发现于欧洲和亚洲的始新世地层，所以，欧亚大陆被认为是鼬科动物的起源和演化中心。早期鼬科动物通过陆桥和白令海峡数次迁徙扩散，到达北美洲、南美洲和非洲。最早到达北美洲的鼬科动物被认为是灭绝的Leptarctinae和被称为古鼬类Paleomutelids的1个类群，时间是中新世早期。它们到达非洲的时间是中新世晚期，化石种代表是发现于东非的Ekorus成员和1种水獭类成员——Vishnuonyx。鼬科动物进入南美洲的时间很短，被认为是在距今300万年前左右通过巴拿马地峡扩散的，最早的化石是水獭亚科成员*Lontra felina*、*L. longicaudis*。

鼬科Mustelidae在我国的化石比较丰富，貂亚科Martinae包括3个化石属：*Sinictis*、*Proputorius*、*Vormela*，发现于山西，地层为上新世；1个现生属：貂属*Martes*；5个化石种：*M. andersoni*、*M. palaeosinensis*、巨貂*M. crassa*、肿腭貂*M. pachygnatha*、师氏貂*M. zdanskyi*，分布于山西、河北、内蒙古和北京，地层主要为更新世，上新世也有发现。化石种普遍较大，最小的和现生的黄喉貂差不多，巨貂和肿腭貂个体很大。

鼬亚科Mustelinae在我国发现的化石全部属于现生属鼬属*Mustela*，包括3个现生种和1个化石种。化石种*M. constricta*，大小和黄鼬相似，分布于河北、山西，地层属于更新世。现生种包括香鼬*M. altaica*、黄鼬*M. sibirica*和艾鼬*M. eversmanni*，分布于河北、华北、东北地区及北京等地。艾鼬的地层属于上新世，其余均发现于更新世。

狼獾亚科Guloninae，仅发现1个化石属*Plesiogulo brachygnathus*，称为短腭古狼獾。没有现存的狼獾属动物分布。化石发现于华北地区，属上新世晚期。

蜜獾亚科Mellivorinae，现有唯一1种蜜獾*Mellivora capensis*，分布于非洲大陆、部分亚洲国家（印度、伊朗、以色列、约旦、巴基斯坦、阿联酋、乌兹别克斯坦），中国没有分布。在我国发现1个化石属*Eomellivorinae wimani*，发现于河南、山西，地层属于上新世。

水獭亚科Lutrinae，现生水獭属*Lutra* 2个化石种：*L. aonychoides*和*L. licenti*，发现地点为陕西、河北，地层为上新世和更新世。

獾亚科Melinae，既有现生属化石，也有化石属。后者包括*Parataxides*、*Melodon*，*Parataxides*有2个化石种，*Melodon*有4个化石种。发现点包括山西、甘肃、北京。地层全部属于上新世。现生属包括獾属*Meles*和猪獾属*Arctonyx*，但全部有化石种，前者有3个种，后者有1个种。地点包括华南地区、山西、北京、甘肃。地层主要是更新世，也有上新世和全新世，时间跨度较大。

臭鼬亚科Mephitinae，现生种主要分布于北美洲、中美洲和南美洲。中国无分布。但我国发现该亚科1个化石种 *Promephitis alexejewi*，发现于山西和内蒙古，地层属于上新世。

形态特征　鼬科动物为中、小型食肉兽。体重0.04～14 kg，体长130～860 mm，尾长17～440 mm。头部略圆，颈长，耳壳小而横宽，略高出毛层。全身被毛致密，具油亮光泽。多数种类毛色单一，从棕褐色、黄褐色、橙黄色、鼠灰色、棕黑色到咖啡色，腹部毛色略淡于背色，如紫貂、黄鼬、獾类等。有些种类掺杂有黑尖毛或柠檬黄色毛，如艾鼬、黄喉貂。有的种类夏毛深暗，背腹异色，冬毛全身变白，如白鼬、伶鼬。亦有个别的种类，背部具有明显的条纹或斑点。有的毛绒丰厚而齐整。有的种类背部毛绒转薄或背毛长短相差悬殊。

前、后肢均短。尾基部较粗，末端渐细，故尾毛丛呈尖或圆形。行动轻快敏捷，善疾走，拱肩曲背跳跃前进。趾端具爪，爪稍曲而尖锐，具半伸缩性，在捕猎时方伸出；有的种纤细，多隐在毛中；有的种像水獭，趾间具蹼，主营半水栖生活。多数能攀缘，也会游水。脚掌被毛或裸露，掌垫3～4枚，分裂成瓣状，或是不发达。

鼬科动物为陆栖食肉兽中较原始的类群，其特点是颅骨狭长，枕部渐宽，吻部缩短或较长。腭骨向后延伸，超过颌关节。听泡扁圆或低平，长形或三角形。无中隔。

门齿小，排成横列或半圆形。犬齿较长，咬合时犬齿末端能达对面齿槽。多数种类最后一枚前臼齿特化成裂卤，略呈Y形或三角形，共3个齿根。上白齿1对，横列；下白齿2对，第2对很小。上、下颌咬合时，门齿紧密吻合，仅猪灌门齿内切，裂齿外切。

前白齿数目的变化，随种类不同而异，多数种类的齿式 3.1.4.1/3.1.4.2 = 38，少数种类如水獭属少1对下前白齿而为36枚，狗獾属上、下均少1对前白齿而为34枚。

阴茎骨骨化较完全或软骨状。基部膨大具骨质小突起，骨体光滑，两侧沟浅，腹沟较深，一直通于末端。近末瑞1/3段向背面弯曲，但尖端形状不一。雌兽乳头2～5对。

生态学资料　该科动物经常具有固定的活动路线和一定范围，常在一个地区觅食或生活。水獭沿河活动范围为0.5～1 km，白鼬的活动领域28～40 hm²，貂熊长途跋涉10～20 km。行动通常采取非常敏捷的疾走，在捕猎时，伸长颈子，颈、胸、腹贴近地面爬行。多数种类不论在饱食或饥饿的情况下，遇见猎物就捕咬，甚至把所有的猎物全部咬死。

穴居，洞穴多构筑在乱石堆、倒木、河溪边岩石缝等处；有的则利用其他动物的弃洞为巢。像游猎生活的貂熊，并无固定的窝。獾的洞穴最复杂，且具冬眠习性。

许多动物的小型个体如鼠类、鱼类、爬行类、鸟类及昆虫都是鼬类猎捕的对象，甚至猎食比其自身大的兔和有蹄类的病残个体。獾亚科杂食性，善挖掘，进食玉米、土豆及其他作物。

该科动物交配后受精卵在子宫内发育缓慢。其滞育时间长短，依种类不同有所差异。受精卵在子宫内停止发育或发育缓慢的特殊规律称"延迟着床"，鼬类多具此生理现象。妊娠期1～3个月，年产仔1～8只，哺乳期30～60天，幼兽1年性成熟，亦有3年成熟的。

夜间或黄昏时活动。除繁殖和哺乳期外，多数单独活动。

性情凶猛，胆大。感觉器官都很敏锐。

地理分布　鼬科动物种类繁多，全世界现存约有70种，可分别归隶于5亚科26属。其中最常见的有黄鼬、水獭、狗獾等。

我国所产的鼬科动物多达20种。鼬科动物在我国境内分布极为广泛。小艾鼬可列为我国的特有种。古北界最多，达7种；东洋界仅3种；广布种9种。东北区有11种，青藏区有7种。东北区的鼬类不但种类多，而且数量多，一般被视为国内毛皮兽主要的狩猎区之一。

分类学讨论　对鼬科动物的分类系统，Gray（1869）曾列出鼬科和獾科，在2科之下列8个亚科（前者3亚科，后者5亚科）18属18种。Pocock（1921）对鼬类和獾类动物做了系统的比较研究，将鼬科划分为14亚科，主要根据种间的区别特征，加以分合。Simpson（1945）认为，鼬科是食肉目中十分古老的动物类群，它们在系统发育上有着共同的谱系；同时也包括许多不同的演化途径，所以鼬科动物的分类等级也有较多的差异性；他把鼬科重新归纳为6亚科（包括1个化石亚科）。现生种类隶于5亚科（鼬亚科Mustelinae、蜜獾亚科Mellivorinae、獾亚科Melinae、臭鼬亚科Mephitinae、水獭亚科Lutrinae），鼬科中除蜜獾亚科和臭鼬亚科外，我国的现生鼬类隶属3亚科9属，四川分布有3亚科（鼬亚科、獾亚科、水獭亚科）6属（貂属、鼬属、鼬獾属、水獭属、狗獾属、猪獾属）。

四川分布的鼬科分属检索表

1.体型较大，喉、胸部具明显块状斑，前臼齿4/4 ················· 貂属 *Martes*
　体型较小，喉、胸部无斑，前臼齿3/3 ·················2
2.体型细长，四肢短小；体背棕黄色或其他颜色 ················· 鼬属 *Mustela*
　体型粗短，四肢较长；体背呈浅灰色 ·················3
3.额部至背脊有1条白色纵纹，爪直而长；头骨2条颞脊近乎平行，前臼齿4/4 ················· 鼬獾属 *Melogale*
　额部至背脊无白色纵纹，爪弯曲而短；头骨颞脊不明显或并成矢状脊，前臼齿4/3或3/3 ·················4
4.趾间具蹼，前臼齿4/3 ················· 水獭属 *Lutra*
　趾间无蹼，前臼齿3/3 ·················5
5.喉部黑棕色，鼻垫与上唇间被毛，上臼齿几呈方形 ················· 狗獾属 *Meles*
　喉部白色，鼻垫与上唇间裸露，上臼齿斜方型 ················· 猪獾属 *Arctonyx*

49. 貂属 *Martes* Pinel，1792

Martes Pinel, 1972. Actes Soc. Hist. Nat. Paris, 1: 55(模式种: *Martes domestica* Pinel, 1792). Allen, 1938. Mamm. Chin. Mong., 367; Ellerman and Morrison-Scott, 1951. Check. Palaea. Ind. Mamm., 244; Wozencraft, 1993. Mamm. Spec. World, 2nd ed., 319; 王应祥, 2003. 中国哺乳动物种和亚种分类名录与分布大全, 78; Wozencraft, 2005. Mamm. Spec. World, 3rd ed., 608; Wilson and Mittermeier, 2009. Hand. Mamm. World, Vol. 1, Canivores, 628.

Zibellina Kaup, 1829. Entw. Gesch. u. Nat. Syst. Europ. Thierw., I: 31, 34(模式种: *Mustela zibellina* Linnaeus, 1758).

Charronia Gray, 1865. Proc. Zool. Soc. Lond., 108(模式种: *Mustela flavigula* Boddaert, 1785); Pocock, 1918. Ann. Mag. Nat. Hist., 9, 1: 308.

Lamprogale Ognev, 1928. Ognev, Mém. Sect. Zool., Amis des Sci. Nat., Anthrop. et Ethnogr., Moscow, 2, 26: 30.

形态　貂属为中、小型兽，大小如成年家猫。体躯细长，头部呈三角形，耳直立，四肢短健，尾长短不一，或与后肢相等，或超过，但不及体长的1/2。爪尖利而弯曲，并能部分收缩，为该科中适应树间攀登的类群。毛色或为纯色，或黑褐相嵌，但喉、胸部均具浅色斑。

头骨：外形狭长，颧弓不甚宽。吻、鼻部宽短，2犬齿外缘宽度略小于眶间宽；眶后区的脑颅部分并不显著变窄，眶后突及颧骨突明显；成兽人字脊特别隆起；骨缝愈合紧密，听泡呈卵圆形，均明显凸出。

牙齿：齿式3.1.4.1/3.1.4.2＝38。上颌门齿排成一横列，下颌门齿排列前后不齐；犬齿粗大，尖锐而弯曲；第1枚前臼齿似短锥状，其他3枚均具锋利的齿尖；上裂齿呈Y形，内叶具显著圆锥突起，下裂齿原尖内方尚具一小内尖。该属各种第4下前臼齿均具明显的小附尖，为该属鉴别特征之一。

阴茎骨：各种之间形状不同，紫貂阴茎骨短小，长35～40 mm，基部略膨大，骨干平直，前端1/5处倾斜并在末端分为两叉，相互扭曲，中间为一空隙。石貂阴茎骨长约50 mm，基部略膨大，骨干微曲，至前端1/5处略倾斜分叉，但分叉末端闭合成一圆环。黄喉貂阴茎骨基部膨大不明显，骨干较平直，至前端骨干呈S形约90°弯曲，末端分为两叉，每叉再分为两支，并在各支顶部形成小瘤状突。

地理分布　已知全世界现生种计10种，其中有紫貂、石貂、黄喉貂、松貂等，它们的分布主要在北半球，在欧洲由北部的森林线向南到地中海；在亚洲由北部向南越过喜马拉雅山至印度、中南半岛、马来西亚、苏门答腊岛等地；在美洲则由北部森林线直至美洲中部。个别种类为某些岛屿的特有种。

我国貂属有3种，即紫貂、石貂、黄喉貂。紫貂分布于我国东北地区、新疆。石貂的分布区域，东起辽宁西部，经河北西北部、山西、陕西北部、宁夏、甘肃、青海直达新疆；向南还见于四川、云南西北部、西藏。黄喉貂的分布除我国的内蒙古、新疆等少数省份外，还分布在包括台湾、海南在内的全国大部省份。

分类学讨论　Nilsson（1820）、Ognev（1925）最先提出松貂及紫貂应置于貂属下。Miller（1912）比较了松貂和石貂头骨牙齿间的区别，提到它们外形上虽然差别不大，但牙齿的形状及比例不同。Огнев（1931）更进一步指出了紫貂的尾椎骨是15～16节，石貂和松貂的是20节或更多。Бобринский等（1944）再次比较了紫貂、石貂及松貂的头骨形状，提出它们听泡的外听道、颈动脉孔、欧氏管孔及翼状骨形状及位置不同，这些工作为认识属的特征，区别貂、鼬2属，为确定属的分类位置提供了依据。虽然现生貂、鼬两属在外形、头骨及牙齿有某些相似之处，如具有细长的体型，脚全被毛，爪具伸缩性，第1上臼齿宽大于长，裂齿呈Y形，但从古貂类第1下臼齿具下后尖，第1上臼齿带叶，而现生鼬类第1下臼齿无下后尖，第1上臼齿带叶退化，表明齿型结构从古生种类开始，就向着不同方向演化，现生貂属比鼬属上、下颌均多1枚前臼齿，因此现生貂类独立1个属。

黄喉貂与貂属内其他各种相比，其形较特殊，处于属内应如何放置，其意见可分为2个方面：一是Gray（1865）最早提出黄喉貂应成为貂属内的1个亚属，并首先使用了"Charronia"作为亚属名称，Ellerman等（1951）同意这种意见；二是Pocock（1941）认为黄喉貂应在貂亚科下独立为属，其主要理由是青鼬的阴茎骨具完全不同的结构特征。由于黄喉貂外形、阴茎骨的形式不同，但头骨、齿数及齿型并无较大区别，特别是头骨外形与石貂酷似，故本书中将黄喉貂列入貂属下。四川有貂属2种，即黄喉貂和石貂。

四川分布的貂属Martes分种检索表

体型较大，体长在500 mm以上，尾长几达体长的2/3；体色鲜艳多样；颅全长一般超过90 mm，阴茎骨呈S形弯

曲并分4支而不闭合 ··· 黄喉貂 *M. flavigula*

体型较小，体长在500 mm以下，尾长短于或长于体长之半；颅全长不超过90 mm，阴茎骨弯曲度较小，末端或分

二叉或呈闭合环状 ··· 石貂 *M. foina*

（103）黄喉貂 *Martes flavigula*（Boddaert，1785）

别名　青鼬、密狗、黄猺、黄貂、黄腰狸、黑列（彝）、虎狸（《本草纲目》）

英文名　Yellow-throated Marten

Mustela flavigula Boddaert, 1785. Elench. Anim., 1: 88(模式产地：尼泊尔).

Martes flavigula Ellerman and Morrison-Scott, 1951. Check. Palaea. Ind. Mamm., 249. 胡锦矗和王西之, 1984. 四
　　川资源动物志　第二卷　兽类, 84; 高耀亭, 等, 1987. 中国动物志　兽纲　第八卷　食肉目, 144; Wozencraft,
　　1993. Mamm. Spec. World, 2nd ed., 320; 王西之和胡锦矗, 1999. 四川兽类原色图鉴, 132; 王应祥, 2003. 中
　　国兽类种和亚种分类名录与分布大全, 79; Wozencraft, 2005. Mamm. Spec. World, 3rd ed., 609; Wilson and
　　Mittermeier, 2009. Hand. Mamm. World, Vol. 1, Canivores, 629.

Martes chrysospila Swinhoe, 1866. Ann. Mag. Nat. Hist., 18: 288(模式产地：中国台湾).

Martes flavigula xanthospila Swinhoe, 1870. Proc. Zool. Soc. Lond., 623(模式产地：中国台湾).

Mustela flavigula kuatunensis Bonhote, 1901. Ann. Mag. Nat. Hist., 7, 7: 348(模式产地：福建挂墩山).

Mustela favigula szetchuensis Hilzheimer, 1910. Zool. Anzeiger, 35: 310(模式产地：四川松潘); Allen, 1938. Mamm.
　　Chin. Mong., 363.

Charronia melli Matschie, 1922. In Mell. Arch. f. Naturgesch, Vol. 88, Sect. A, 10, 17: 34(模式产地：广东).

Charronia yuenshanensis Shih, 1930. Bull. Dept. Biol, Sun Yatsen Univ., Canton, 9: 3(模式产地：湖南).

鉴别特征　体型大小如小狐狸，体躯细长；四肢短小；毛色鲜亮；前胸部具明显的黄橙色喉
斑；尾长不短于体长的2/3。为貂属中最大的1个种。

形态

外形：体躯细长，体长一般在500 mm以上。头部为三角形，四肢强健有力，趾爪粗壮尖利，
前、后肢各具5指（趾），趾行性。前掌由2个前后排列的掌垫组成，后掌由4个分离的掌垫，排列
成Γ形。尾圆柱形，一般在300 ~ 400 mm。

毛色：头部及颈背为亮黑或棕黑色，起于吻、鼻部，经眼下、耳下，止于颈背，下颏白纹向后
延伸至耳下，与紧靠的黄橙色喉斑明显分界，喉斑向后延伸至前胸。除头顶、体躯后部1/4处、尾
部、四肢下部为黑色外，整个体躯毛色从颈背由黄褐色（或黄棕色）向灰褐色（或暗褐色）逐渐加
深。毛色依个体变化较大，有的黑色背纹较显，有的则无黑色背纹。

头骨：脑颅背面较平直，最高点位于额骨后段。到成年后期，脑颅的很多骨块相互愈合，骨缝

不清。吻短，鼻骨短，前端宽，整体呈三角形，后端尖，插入额骨前缘中央，其末端向后略超过眼眶最前缘。额骨在眼眶之间最窄，在框后最宽，在眶后向两侧突出，但眼眶不形成完整的环，后侧开放；额骨和顶骨在成年后愈合，骨缝不清。眶后颞脊明显，向后平行延伸与人字脊相接，两颞脊之间形成一个略高的矩形平面。顶间骨和顶骨、鳞骨在成年后愈合，骨缝不清。顶骨、顶间骨后端与上枕骨接触处形成人字脊的上段。枕部枕骨大孔向后略突出，上枕骨中央有一垂直方向的纵脊。枕髁髁面较大，光滑。侧面，前颌骨与上颌骨成年后愈合，骨缝不清。泪骨位于眼眶内侧最前缘，略向眼眶内突出，与上颌骨界限不清。前颌骨着生门齿，上颌骨着生上犬齿、上前臼齿和上臼齿，上颌骨颧突短，前沿构成眶前孔，眶前孔后缘的孔壁由内、外2层构成，内层属于上颌骨部分，外层则为颧骨部分。颧骨较长，中部向上突出为眶后突；颧骨后段向后下方延伸，与鳞骨颧突上下贴合。颧弓在眼眶后与鳞骨、额骨之间有很宽的空间，供颞肌附着，表明其咬合力强大。翼蝶骨和眶蝶骨与周边骨骼愈合，骨缝不清。鳞骨在成年时与顶骨、额骨及翼蝶骨愈合，鳞骨颧突很长。向侧上方延伸与腹下方的颧骨贴合。鳞骨颧突基部较宽，腹面形成与下颌骨相关节的关节面，为一弧形的槽。鳞骨后缘与侧枕骨相接处形成人字脊下段，人字脊弧形，向侧下方延伸，止于骨质外耳道后上缘。腹面，门齿孔为一马蹄形的孔，短，较宽。硬腭较平坦，上颌骨形成的硬腭与腭骨成年后愈合，翼骨在复侧末端形成一刺状的尖，并向侧面略弯曲。基蝶骨、前蝶骨和基枕骨成年后愈合。听泡一室，较扁平。下颌骨强大，冠状突大，高耸，三角形，插入眼眶后面的空间内，供颞肌的一端附着。关节突位置低，顶端和最后一个前臼齿处于同一平面，关节面和下颌骨呈垂直关系，关节面圆弧形，较长。角突较小。

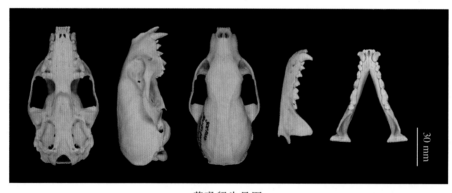

黄喉貂头骨图

牙齿：齿式3.1.4.1/3.1.4.2 = 38。上颌门齿排列呈一横列，下颌第2门齿错后。犬齿均为弯锥状；上、下颌前臼齿依次逐渐增大，均为单齿峰，唯第4下前臼齿后下方具明显的小附尖。上裂齿亦呈Y形，前内叶上的小尖钝圆；下裂齿外缘由两个齿尖组成，在前尖及原尖内缘尚具一小内尖。第1上臼齿呈哑铃形，宽度为长度的2倍；第2上臼齿圆形。

量衡度（量：mm）

头骨：

编号	颅全长	基底长	额宽	眶间宽	颅高	上齿列长	下齿列长	下颌骨长
SAF20120	—	—	60.84	24.20	39.10	—	—	—

（续）

编号	颅全长	基底长	颧宽	眶间宽	颅高	上齿列长	下齿列长	下颌骨长
CWNU-W81002	89.85	84.36	55.52	20.66	35.13	38.59	39.75	64.08
CWNUNOL01	85.54	81.18	57.67	23.47	36.33	34.88	35.75	57.50
CWNUP74006	87.03	84.91	53.22	21.35	35.73	37.46	38.39	60.42
CWNU-BMZ60807001	99.72	94.28	61.32	25.28	38.82	40.02	42.15	66.00
SAU00706	98.46	92.68	—	24.28	39.25	38.04	39.02	65.05
YX1020	115.37	108.05	64.63	25.14	48.06	46.02	50.68	79.09

生态学资料 栖息于丘陵、山地的林区，尤其是沟谷的林中最易被发现，常住在树洞中。行动敏捷，常在地上、山坡和河谷灌丛倒木枝丫中被发现，善于爬树。一般单栖、成对或结成3～5只小群，晨昏活动，尤其是早晨常见。为典型的食肉兽，昆虫、鱼类、蛙类及小型鸟兽均属捕食之列，也能合群捕食果子狸、林麝和毛冠鹿等中型兽类；有时还潜入村社盗食家禽，更喜食蜂蜜，故有"蜜狗"之称；食物缺乏时亦食兽尸。除动物性食物外，有时还采食一些野生浆果。发情在夏、秋之间，于翌年春季产仔，每胎一般产2仔，偶产3仔。幼仔产后，当年常随母兽在一起活动。

地理分布 为林栖兽类，产于亚洲大陆及一些岛屿。在四川盆周山地和成都平原丘陵地带均有分布，最高海拔在3 500 m以上，在国内还分布于黑龙江、吉林、辽宁、甘肃、陕西到山西、河南，从西藏、云南、贵州、湖南、湖北、安徽、江西、浙江、福建、江苏直到广东（包括海南岛）、广西诸省份广布，台湾亦有分布。在国外分布于西伯利亚地区东部、朝鲜、越南、缅甸、尼泊尔、泰国、马来西亚、印度尼西亚、克什米尔地区、印度等地。

在四川的历史分布区域：江油、旌阳、青川、绵竹、利州、安县、旺苍、北川、平武、苍溪、前锋、达川、宣汉、万源、开江、平昌、巴州、南江、通江、简阳、翠屏、江安、兴文、珙县、高县、筠连、屏山、纳溪、合江、古蔺、叙永、乐山市中、峨眉、青神、沐川、洪雅、夹江、雷波、马边、峨边、雨城、名山、荥经、汉源、石棉、天全、芦山、宝兴、邛崃、大邑、彭州（现属重庆）、什邡、崇州、新都、汶川、理县、松潘。

2000年以来确认的在四川的分布区域：峨边、珙县、名山、阿坝、安州、巴塘、巴中、白玉、宝兴、北川、苍溪、崇州、达川、大邑、丹巴、道孚、稻城、得荣、德格、德阳、峨眉山、甘孜、高县、古蔺、广安、广元、汉源、合江、黑水、红原、洪雅、夹江、江安、江油、金川、九龙、九寨沟、开江、康定、乐山、雷波、理县、芦山、炉霍、泸定、马边、马尔康、茂县、绵竹、沐川、纳溪、南江、彭州、平昌、平武、屏山、青川、青神、邛崃、壤塘、若尔盖、色达、什邡、石棉、石渠、松潘、天全、通江、万源、旺苍、汶川、乡城、小金、新龙、荥经、兴文、叙永、雅安、雅江、宜宾、筠连、宣汉。

分类学讨论 Swinhoe（1866）将台湾黄喉貂划为 *Martes flavigula chrysospila* Swinhoe，1866亚种；Pallas（1811）把黑龙江流域的黄喉貂划为 *M. F. aterrima* Pallas，1811亚种；在我国南方

分省（自治区、直辖市）地图——四川省

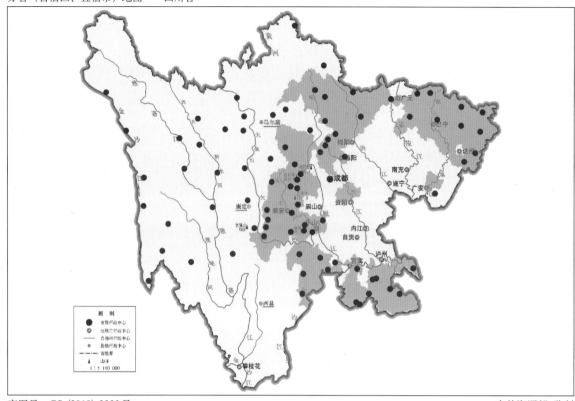

审图号：GS（2019）3333号　　　　　　　　　　　　　　　　　　自然资源部 监制

黄喉貂在四川的分布

注：红点为物种的分布位点，绿色斑块表示历史分布区域。

Bonhote（1901）把福建崇安的标本划为 *M. F. kuatunnensis* Bonhote，1901亚种。Hilzheimer（1910）把四川松潘的黄喉貂又命名为 *M. F. szetchuensis* Hilzheimer，1910亚种，除此以外，广东及湖南的黄喉貂均被列为不同亚种。Allen（1938）则将上述亚种统统列入指名亚种 *M. F. flavigula*（Allen，1938）之下，其理由是即使在同一个地区，也存在不同的色型。Ellerman 等（1951）则除指名亚种外，还分列了 *M. F. aterrima*（Ellerma，1951）、*M. F. chrysospila*（Ellerma，1951）2个亚种。

中国科学院动物研究所兽类组（1962）认为，*M. F. aterrima*（Pallas，1811）是体型较大、喉斑浅淡、头部暗纹黑亮的类型。云南西部、四川西南以及西藏珠峰地区兽类分类调查证明，这些地区的黄喉貂均应属 *M. F. flavigula*（Allen，1938）（高耀亭等，1962；彭鸿绶等，1962；钱燕文等，1974）。

《中国动物志 兽纲 第八卷 食肉目》编写组查看了南方的标本，包括广东、福建、云南、浙江、江苏、四川、安徽、陕西等省份的标本，它们之间色泽虽然略有差异，但个体大小、头骨特征并无明显不同，即使在同一地区，色泽也浓淡不一。将黄喉貂均列入指名亚种之下。

比较海南岛所产的黄喉貂特征发现，除了个体较小、体色深棕褐色之外，其特征是具明显的耳后纹，因而被划定为黄喉貂海南亚种 *Martes flavigula* Hainana（Xu and Wu，1981）。

四川仅1个亚种，即1785由Boddaert命名的 *Martes flavigula flavigula*（Boddaert，1785）亚种。鉴别特征、形态、地理分布等信息见种的描述。

黄喉貂（拍摄地点：四川平武老河沟自然保护区 拍摄者：李晟）

（104）石貂 *Martes foina*（Erxleben，1777）

别名 榉貂、岩貂、棕貂、崖貂、崖獭、扫雪、阿岗（藏）、狸狐（《本草拾遗》）

英文名 Beech Marten

Mustela foina Erxleben, 1777. Syst. Regni Animalis, Mammalia, 458(模式产地：德国).

Martes foina Allen, 1938. Mamm. Chin. Mong., 368, Ellerman and Morrison-Scott, 1951. Check. Palaea. Ind.
　　Mamm., 246; 胡锦矗和王酉之，1984. 四川资源动物志 第二卷 兽类, 83, 高耀亭，等，1987. 中国动物志 兽
　　纲 第八卷 食肉目, 128; Wozencraft, 1993. Mamm. Spec. World, 2nd ed., 320; 王应祥，2003. 中国哺乳动
　　物种和亚种分类名录与分布大全, 78; Wozencraft, 2005. Mamm. Spec. World, 3rd ed., 609; 王酉之和胡锦矗，
　　2009. 四川兽类原色图鉴, 132; Wilson and Mittermeier, 2009. Hand. Mamm. World, Vol. 1, Canivores, 629.

Mustela toufoeus Hodgson, 1842. Jour. Asiat. Soc. Bengal, II: 281(模式产地：西藏拉萨).

Martes foina kozlovi Ognev, 1931. Mamm. E. Europe, N. Asia, 2: 631(模式产地：西藏).

鉴别特征 体形及体重与紫貂相似。毛色单一，为灰褐色及淡棕褐色；喉胸部具鲜明的 V 形白
色块斑或略带棕色斑点。脑颅后方间顶骨具十分突出的弯尖。

形态

外形：吻、鼻部尖，耳圆钝。体躯粗壮，成体体长在 450 mm 左右；四肢粗短，但后肢略长于
前肢。尾长于后肢，略长于体长一半；尾毛蓬松而端毛尖长。四肢具 5 趾，跖行性，趾垫 5 枚，掌
垫 3 枚。

毛色：体背毛色淡棕褐色；喉部白斑发达，由下唇、前胸延伸到肩胛，一般为长方形，但有的
白斑中央有两个淡褐色小斑；尾近 1/3 处毛色与背部相同，其余部分为棕褐色，四肢与尾同色。在

前肢内侧各具白色小斑；腹部中央为污白色绒毛。

头骨：石貂头骨外形和黄喉貂很像，但小得多。鼻骨相对较长，长是宽的2倍；鼻骨中段向内侧略呈弧形，使得中段比后端略窄；末端略呈弧形，最后端不达眼眶最前缘。额骨在眼眶后部最宽，前端中央与鼻骨相接，前外侧与上颌骨相接，不与前颌骨相接；额骨后缘与顶骨、鳞骨之间的骨缝不清，成年后愈合。左、右颞脊呈三角形，向后延伸，后端与人字脊相接，最后端接近靠拢。眼眶的形态和黄喉貂一致，在颧弓和额骨、顶骨、鳞骨之间有很长的空隙，前端是眼眶，其后缘不封闭，后面的空隙供颞肌附着。顶间骨和顶骨、鳞骨、上枕骨之间骨缝不清，成年后愈合；顶骨后端与上枕骨接触处形成人字脊的上段。枕区仅枕髁髁突向后突出，成年时上枕骨、侧枕骨和基枕骨愈合。侧面，前颌骨很窄，在背面，前颌骨很短，仅在鼻骨侧面有很窄的边，不到鼻骨的一半长；前颌骨着生门齿。上颌骨很大，形状不规则，在背面很宽阔，向后超过鼻骨后端，构成眼眶前缘的一部分；上颌骨颧突前下方形成眶前孔，上颌骨颧突较短。颧骨较长，前段向背面弯曲，后端向腹面弯曲，后段与鳞骨颧突背腹贴合；整个颧弓呈向上的一个弧形。鳞骨宽大，与周边骨块愈合，侧面形成鳞骨颧突，较长；在颧突基部腹面形成与下颌相关节的关节窝，后缘与侧枕骨接触处形成弧形的人字脊。翼蝶骨和眶蝶骨成年时与周边骨块愈合。腹面，门齿孔1对，卵圆形，呈"八"字形排列。硬腭较宽，平坦，一半由上颌骨构成，一半由腭骨构成，腭骨前端较宽，与上颌骨接缝为弧形。翼骨直立，薄片状，最后的腹面游离部分呈刺状。基蝶骨、前蝶骨和基枕骨愈合。听泡1室，较鼓胀。下颌骨着生牙齿的部分较平直，下缘弧形。冠状突高耸，前后缘近平行，而非黄喉貂的三角形。关节突低矮，髁面横列，角突很小。

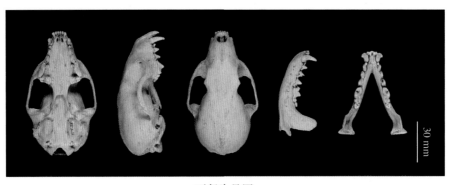

石貂头骨图

牙齿：齿型纤细，上颌门齿排列为一圆拱形，齿形呈刀刃状向外弯曲；下颌门齿排列前后不齐，第2下颌门齿位置略靠后；上犬齿齿尖与下颌骨垂直，下颌犬齿向斜外方弯曲。裂齿形状与紫貂裂齿相似。下颌前白齿3～4枚，有的标本第1下前白齿缺失，第3上白齿外缘有一个向内前方倾斜的缺口，第4上白齿齿根窄小，在第4下前白齿齿峰之后侧具明显的小附尖；白齿与紫貂白齿相似，仅体积较大。

量衡度（量：mm）

头骨：

编号	颅全长	基底长	颧宽	眶间宽	颅高	上齿列长	下齿列长	下颌骨长
CWNUW98001	107.56	102.79	51.17	23.10	40.95	46.09	—	—

（续）

编号	颅全长	基底长	颧宽	眶间宽	颅高	上齿列长	下齿列长	下颌骨长
YX2038	89.52	82.01	53.46	23.43	37.70	39.85	40.90	62.10
YX280	91.20	85.05	54.30	22.50	36.90	40.50	41.70	62.55
YX2062	86.46	81.37	48.14	21.15	34.21	39.13	40.91	60.51

生态学资料　石貂在四川栖息于川西北山林或多石的山脚、沟壑，喜出没于无林的岩石堆中，故有岩貂或崖獭之称。通常除交配和哺乳期外，多为独栖生活，没有固定的洞穴。有时也占据其他中、小型动物的洞穴，亦喜居树上。夜行性，活动大都在夜间。听觉发达，行动敏捷。胆大，性残忍，以各种啮齿动物、灰尾兔、小鸟甚至野鸡为食，也食鸟卵、小型爬行动物和两栖类，偶或兼食果实，尤其是榉实，故又称榉貂。每年3—4月产仔，每胎产3～5仔。

地理分布　四川见于松潘、理县、德格、白玉、巴塘等川西北高原一带，国内还分布于内蒙古、河北西北部（唐县、张家口一带）、山西、陕西北部、宁夏、甘肃、新疆，在西南部还分布于云南西北，直抵西藏。国外分布于欧洲西部、克里米亚、高加索、小亚细亚、伊朗、阿富汗、中亚、阿尔泰、蒙古等地。

在四川的历史分布区域：白玉、德格、巴塘、理县、松潘。

2000年以来确认的在四川的分布区域：白玉、德格、理县、石渠、松潘。

分省（自治区、直辖市）地图——四川省

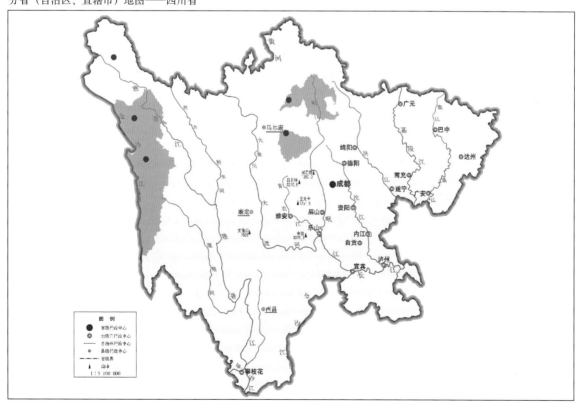

审图号：GS (2019) 3333号

自然资源部　监制

石貂在四川的分布

注：红点为物种的分布位点，绿色斑块表示历史分布区域。

分类学讨论　我国以往文献曾记录过4个亚种，即Hodgson（1842）在拉萨附近所获的*Martes*亚种*foina toufoeus*；Allen（1938）参照Sowerby（1923）在山西北部及辽宁沈阳的标本而确定的*M. f. foina*；根据Severtzov（1873）在新疆西北部得到的标本所定的*M. f. intermedia*；Огнев（1931）依西藏澜沧江上游的标本提出的*M. f. kozlovi*。

将紧靠山西北部的陕北标本与新疆阿尔泰的*M. f. intermedia*相比较后，觉得两者间并无差别，同时主要分布于欧洲到亚洲东部之间的*M. f. foina*亚种现已有其他亚种隔离，*M. f. foina*在我国已不可能分布，故本书中不采用。

西藏地区的石貂，Огнев认为*M. f. kozlovi*亚种的体色淡褐黄色，喉斑白色，而*M. f. toufoeus*亚种的体色沾红，喉斑黄色，它们的差异主要在体色及喉斑。《中国动物志　兽纲　第八卷　食肉目》编写组曾查看了云南迪庆的2张标本：夏皮（0332）褐色，微沾土红色；冬皮（03040）淡褐灰色；夏皮喉斑茧黄色而无分离斑点；冬皮喉斑白色且具2个褐色斑点。这些与Hodgson及Огнев先后描述的亚种近似，他们很可能是对这个亚种不同季节的皮张进行的分别描述。中国科学院西北高原生物研究所研究玉树地区的石貂后认为，除喉斑不同（是否具淡棕斑点）外，其余特征完全相同，且两者产地很近，很可能系同一亚种。《中国动物志　兽纲　第八卷　食肉目》编写组查看了北京畜产公司的4 000余皮张：西藏石貂冬、夏皮色泽变化很大，喉斑形式变化亦多，根据个别皮张的色泽变化难以判定，西藏石貂的这2个亚种应予合并。但Hodgson得到的标本未能符合第15届国际动物学会规定的"命名法规"第12条的描记，其记述应为无效，西藏石貂学名应为*M. f. kozlovi*。

四川省内仅有1个亚种：石貂青藏亚种。

石貂青藏亚种 *Martes foina kozlovi* Ognev，1931

Martes foina kozlovi Ognev, 1931. Mamm., E. Europe, N. Asia, 2: 631(模式产地：西藏东部).

鉴别特征　背毛颜色淡棕褐色，喉部白斑发达，由下唇、前胸直到肩部，形成长方形；尾近端1/3毛色和体背毛色一致，其余2/3颜色为棕褐色；四肢与尾同色，前肢内侧一般有白色小斑。

地理分布　四川省内有同种的分布，该亚种在国内还分布于西南地区东部、青海南部。

石貂（拍摄地点：四川卧龙国家级自然保护区　拍摄者：李晟）

50. 鼬属 *Mustela* Linnaeus，1758

Mustela Linnaeus, 1758. Syst. Nat., 10th ed, I: 45.(模式种：*Mustela ermine* Linnaeus, 1758); Allen, 1938. Mamm. Chin.

　　Mong., 378; Ellerman and Morrison-Scott, 1951. Check. Palaea. Ind. Mamm., 251; Wozencraft, 1993. Mamm. Spec.

　　World, 2nd ed., 321; Wozencraft, 2005. Mamm. Spec. World, 3rd ed., 613; Wilson and Mittermeier, 2009. Hand.

　　Mamm. World, Vol. 1, Canivores, 649.

Putorius Frisch, 1775. Natur-system der vierfüss. Thiere, IIsee: 2(模式种：*Mustela putorius* Linnaeus, 1758).

Putorius F. Cüvier, 1817. Régne Anim., I: 147(模式种：*Mustela putorius* Linnaeus, 1758).

Arctogale Kaup 1829. Entw. Gesch. Nat. Syst. Europ. Thierw., I: 30(模式种：*Mustela erminea* Linnaeus, 1758).

Ictis Kaup, 1829. Entw. Gesch. Nat. Syst. Europ. Thierw., I: 35, 40, 41(模式种：*Mustela vulgaris* Erxleben, 1777).

*Foe*torius Keyserling and Blasius, 1840. Wirbelth. Europ., 68(模式种：*Mustela putorius* Linnaeus, 1758).

Gale Wagner, 1841. Schreb. Säugeth. Suppl., 2: 234(模式种：*Mustela vulgaris* Erxleben, 1777).

Lutreola Wagner, 1841. Schreb. Säugeth. Suppl., 2: 239(模式种：*Viverra lutreola* Linnaeus, 1761).

Gymnopus Gray, 1865. Proc. Zool. Soc. Lond., II8(模式种：*Mustela leucocephalus* Gray, 1865).

Mustelina Bogdanov, 1871. Proc. Imp. Univ. Kazan, I: 167(模式种：*Mustela lutreola* Linnaeus, 1761).

Hydromustela Bogdanov, 1871. Proc. Imp. Univ. Kazan, I: 167(模式种：*Mustela lutreola* Linnaeus, 1761).

Eumustela Acloque, 1899. Faune de France, Mamm., 62(模式种：Based on *vulgaris* and *erminea*).

Kolonokus Satunin, 1911. Mitt. Kauk. Mus., 5: 264(模式种：*Mustela sibirica* Pallas, 1773).

Plesiogale Pocock, 1921. Proc. Zool. Soc. Lond., 805(模式种：*Mustela nudipes* F. Cuvier, 1821).

Pocockictis Kretzoi, 1947. Ann. Hist. Nat. Mus. Hung., 40: 285(模式种：*Mustela nudipes* F. Cuvier, 1821).

形态 体躯较细长，近似圆柱形；四肢短小；雄兽略大于雌兽。吻部钝圆，短；耳壳亦低圆。头骨狭长；听泡略微隆起，几近长圆形。矢状脊明显；下颌骨的冠状突较长，末端略尖，近似等腰三角形。

多数种类齿式 3.1.3.1/3.1.3.2 = 34。上白齿中部凹陷，形似"哑铃"，齿冠横轴线几与头骨纵轴线垂直；下颌最后白齿很小。

地理分布 广泛分布于我国诸省份。从北部的森林地带到南部的山地丘陵，以及东部沿海和荒漠高原，各种生境都有分布。其中以东北、华北、西北地区种类较多，而东南和西南地区种类较少。国外分布于俄罗斯、蒙古、朝鲜、印度、缅甸、克什米尔地区、不丹等。

四川分布的鼬属 Mustela 分种检索表

1. 体型小，雄鼬体重一般100 g 左右；冬毛变白 ··· 2

　体型较大，雄鼬体重100 g 以上；冬毛不变白 ·· 3

2. 背褐色，腹白；体长 158 mm，尾长 32 mm。齿式 3.1.3.1/3.1.3.2 = 34 ············ 伶鼬 *M. nivalis*

　背深褐色，腹从淡黄色至棕红色，或带棕红色斑块；体 147 mm，尾长 57 mm。齿式 3.1.3.1/3.1.3.1 = 32 ········

　·· 缺齿伶鼬 *M. aistoodonnivalis*

3.背腹、四肢和尾通体棕黄色；背腹毛色无明显分野 ···4

　通体毛色不一致 ···5

4.体型较大，体长340 ~ 400 mm；背部棕黄色，腹部较浅 ························· 黄鼬 *M. sibirica*

　体型较小，体长210 ~ 270 mm；背毛黄棕色，腹毛淡黄色，体侧略具分界线 ··············· 香鼬 *M. altaica*

5.背毛褐色，腹毛鲜黄色或橘黄色 ·· 黄腹鼬 *M. kathiah*

　背毛棕黄色或淡黄色，脸部有黑白斑纹，四肢黑色 ····························· 艾鼬 *M. eversmanni*

（105）香鼬 *Mustela altaica* Pallas，1811

别名　香鼠、香鼠子、小黄狼、社蒙（藏）

英文名　Mountain Weasel

Mustela altaica Pallas, 1811. Zoogr. Ross. As., 98（模式产地：阿尔泰山）; Allen, 1938. Mamm. Chin. Mong., 378; Ellerman and Morrison-Scott, 1951. Check. Palaea. Ind. Mamm., 259; 胡锦矗和王酉之，1984. 四川资源动物志　第二卷　兽类，87; 高耀亭，等，1987. 中国动物志　兽纲　第八卷　食肉目，165; Wozencraft, 1993. Mamm. Spec. World, 2nd ed., 321; 王应祥，2003. 中国哺乳动物种和亚种分类名录与分布大全，81; Wozencraft, 2005. Mamm. Spec. World, 3rd ed., 613; 王酉之和胡锦矗，2009. 四川兽类原色图鉴，136; Wilson and Mittermeier, 2009. Hand. Mamm. World, Vol. 1, Canivores, 649.

Mustela temon Hodgson, 1857, Jour. Asiat. Soc. Bengal, 26: 207（模式产地：印度锡金）.

Putorius alpinus Gebler, 1823. Mém. Soc. Imp. Nat. Mosc., 6: 212; Zoogr. Ross. As., 98（模式产地：阿尔泰山）.

Kolonocus alpinus birulai Ognev, 1928. Mém. Sect. Zool. Soc. Amis. Sci. Nat. Moscou, 2: 10, 28（模式产地：帕米尔山）.

Putorius dorsalis Trouessart, 1895. Bull. Mus. H. N. Paris, I: 235（模式产地：四川康定）.

Arctogale tsaidamensis Hilzheimer, 1910. Zool. Anz., 35: 309（模式产地：青海柴达木）.

鉴别特征　形似黄鼬，但较之略小，其雄体只及黄鼬雌体大。背腹毛色不同，背部黄褐色或浅棕黄色，腹部毛色较浅。

形态

外形：似黄鼬，身体细长，四肢短，雄体比雌体大。雄体体重425 ~ 500 g，雌体250 g；雄体体长310 ~ 335 mm，雌体270 mm；雄体尾长178 ~ 202 mm，雌体149 mm；雄体耳长25 ~ 29 mm，雌体22 mm；雄体后足长50 ~ 58 mm，雌体为45 mm。

毛色：冬毛很厚。上、下唇和颏部为白色，吻部和耳的背面为暗褐色；颊部、颈侧和体侧为黄褐色，与下体部分在毛色上可见一分界线。从头顶沿背中央毛色较深，呈灰棕黄色；尾部被毛较深为深棕黄色，腹部较浅为锈棕色，尾端为暗褐色；喉、胸、腹和鼠蹊部为浅橙黄色；四肢外侧似体侧的色泽，内侧似腹部的颜色，但前趾间及腕部和后趾间色较浅近棕白色。

较大的雄体（体重500 g）毛色较深，灰色调较重，背中为暗棕褐色，背的其余部分至体侧为黄褐带灰色，腹部浅赭黄色，与背部毛色的分界线不甚明显。

夏季毛色较深，背为深棕褐色，至体侧转为黄褐而带棕灰色调。

香鼬雄体与黄鼬四川亚种的雌体，有时毛色十分近似（在收购站一般都混为同一种），但香鼬尾较短些，尤以头骨易于区别。

头骨：香鼬头骨颅面略呈弧形，最高点位于顶骨中央。鼻骨整体很小，两鼻骨总宽小于或等于4 mm，长约5 mm；前端宽，末端尖，插入额骨前缘中央。额骨前端窄，前端中央与鼻骨相接，前侧面与上颌骨相接，与前颌骨不接触；额骨在眼眶后向侧面略扩展；向后略缩小，然后再次显著扩大，构成脑室前端背面的主体；与顶骨之间的骨缝总体平直。顶骨在成年时与额骨和鳞骨愈合，界限不明显；顶骨长约占颅全长的1/3，顶间骨成年后与顶骨、上枕骨愈合。存在颞脊，前段三角形，向后缓慢内收，末端与人字脊相连；但最末端两侧也不愈合成纵脊（矢状脊）。顶骨后端与上枕骨接触处构成人字脊的上段。侧面，前颌骨很窄，背面为一很窄的边，向后延伸，接近额骨，但不与额骨接触；前颌骨着生门齿。上颌骨大，背面宽阔，向后延伸，超过鼻骨后端，构成眼眶的前缘。腹面着生上犬齿、上前臼齿和上臼齿。侧面形成上颌骨颧突，颧突前腹侧形成眶前孔。颧骨较长，前端构成眼眶下缘，后段向腹下方延伸，与鳞骨颧突上下贴合。整个颧弓呈弧形。鳞骨颧突基部腹面构成关节窝，与下颌相关节；鳞骨与侧枕骨相接处形成人字脊的下半段，呈弧形，中段较低矮。翼蝶骨位于鳞骨颧突的前缘，不大，在鳞骨颧突腹面关节窝下缘向后延伸与听泡接触。眶蝶骨位于翼蝶骨前面，眼窝最底部，较窄；前上方与额骨相接，前下方与上颌骨相接。腹面，门齿孔卵圆形，呈"八"字形排列，几乎全部由前颌骨围成。硬腭宽阔平坦，大部分由上颌骨构成，后段中央由腭骨构成，腭骨向后形成一管状，为内鼻孔。腭骨与上颌骨之间的骨缝平直，略呈V形，翼骨短小，直立，薄片状，腹面末端略游离。听泡较大，呈扁平状，1室。下颌着生牙齿的面较平直，下缘弧形。冠状突高大，三角形，关节突低矮，低于最后一颗前臼齿的顶端，髁面横列，角突很小，基本不游离。

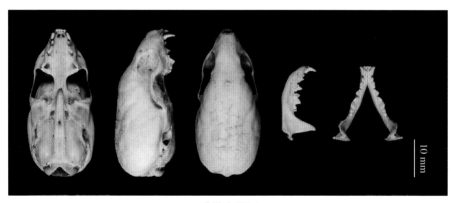

香鼬头骨图

量衡度（量：mm）

头骨：

编号	颅全长	基底长	颧宽	眶间宽	颅高	上齿列长	下颌骨长	下齿列长
SAF2007Z01	35.38	32.72	16.10	6.64	16.24	10.96	18.04	11.27

(续)

编号	颅全长	基底长	颧宽	眶间宽	颅高	上齿列长	下颌骨长	下齿列长
SAF16118	42.10	38.56	22.23	8.98	17.17	15.04	22.87	15.28
SAF17005	38.72	35.60	—	7.74	13.72	13.47	20.50	13.70
SAF20129	38.93	34.68	18.77	7.28	17.11	12.90	20.85	13.31
CWNUW780031	46.63	42.36	25.39	10.58	17.54	17.74	26.72	17.80
CWNUNJ65054	48.94	45.66	27.34	10.69	20.46	17.67	28.75	18.03
CWNUBC2002029	46.69	44.49	26.50	10.68	21.62	17.14	26.42	17.43
CWNUW78032	52.33	50.90	29.68	12.31	20.56	19.85	32.24	20.14
CWNUB060356	49.99	47.21	26.49	10.93	19.83	16.57	28.38	18.59
CWNUW81002	53.10	50.65	30.19	11.66	21.19	19.63	31.82	20.32
CWNUW78028	54.99	—	32.16	13.13	22.89	—	33.75	21.31

生态学资料　香鼬栖息于丘陵、山地的草莽、乱石、灌丛、森林、草原和高山草甸，以高山草原为多，可在海拔3 000 m以上（汶川）地区生存。通常喜欢利用其他动物的洞穴（尤其是鼠类），也栖于乱石堆和岩穴。一般独栖，繁殖时成对活动，哺幼期则由雌体与幼体结成家族性小群。足迹链似黄鼬，雄性两足分开，左前右后；雌兽并列。但雌兽缓行时也像雄兽两足分开，雄兽逃走时也并列跳跃。嗅、听、视觉都较灵敏，胆大，不甚畏人。1978年，在卧龙对大熊猫等野生动物进行生态观察时，见到香鼬有时白天也出来偷食猪肉，擅攀缘。行动迅速，食量较大，在自然界中它们主要以鼠类为食，卧龙获得的标本胃中检出林姬鼠；在古籍中，如《尔雅》亦记载它们爱啖鼠。性残忍，在卧龙曾发现它们咬死后弃置的6只（共4种）食虫类动物的尸体；也发现它们潜入住宅盗食家禽、米和未硝制的林麝毛皮等。春季交配，春末夏初产仔，每胎产7～8仔。

地理分布　香鼬为中亚地区的广布种。四川见于西北高山及东部盆地、丘陵和低山地带，国内多见于北方各省份。国外分布于俄罗斯、蒙古、克什米尔地区和印度锡金。

在四川的历史分布区域：岳池、万源、峨眉山、宝兴、若尔盖、松潘、汶川。

2000年以来确认的在四川的分布区域：宝兴、峨眉山、康定、若尔盖、松潘、万源、汶川、岳池。

分类学讨论　国内计有4个亚种：指名亚种 Mustela altaica altaica （Pallas，1811），模式产地是阿尔泰山，在我国分布于青海东南部，甘肃南部临潭（原洮州）、卓尼，山西太原，内蒙古的西部；在国外分布于西伯利亚地区西部和南部。喜马拉雅亚种 M. a. temon （Hodgson，1857），模式产地是锡金，在我国分布于西藏扎卡曲河谷、卡达河谷、绒辖河谷、定日和江孜一带。Milne-Edwards（1870）于四川宝兴采得1只雄性标本，定名为 P. astutus （Edwards，1870）。Allen（1929）认为 P.

分省（自治区、直辖市）地图——四川省

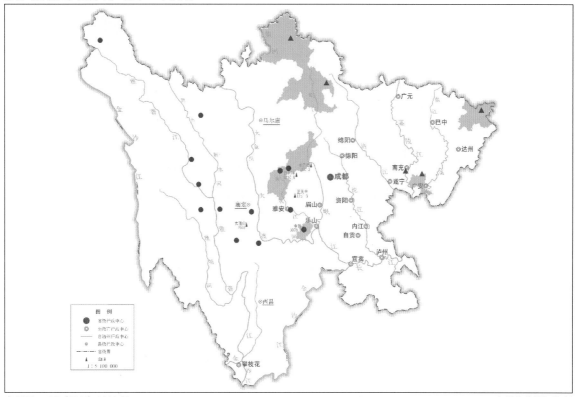

审图号：GS (2019) 3333号　　　　　　　　　　　　　　　　　　　　　　自然资源部　监制

香鼬在四川的分布

注：红圆点为喜马拉雅亚种的分布位点，红三角形为柴达木亚种的分布位点，绿色斑块表示历史分布区域。

香鼬（拍摄地点：四川新龙　拍摄者：周华明）

*astutus*是*M. kathiah*的异名。Pocock（1941）不同意，他认为其量衡度不像是雌性个体；依皮张描述与*M. a. temon*相似，故应属*M. a. temon*的异名，并指出其鉴别特征是前足为白色。通过查看来自四川西部的不少生态照片，发现该区域的香鼬确实背腹颜色界限不清，腹面棕黄色，更符合喜马拉雅亚种的特征。柴达木亚种*M.a.tsaidamensis*（Hilzheimer，1910），模式产地为柴达木西部库库诺尔，分布于青海东北部祁连（八宝音）、大通、天峻、贵南、同德、河南、共和，南部称多（周均）、玉树（结石）、果洛及西南部治多，四川北部昂多，西藏东部。Ellerman（1951）参阅文献之后，怀疑*M. a. tsaidamensis*是黄腹鼬*M. kathiah*的同物异名。《中国动物志　兽纲　第八卷　食肉目》编写组根据文献标本，比较了南方诸省份的黄腹鼬，从毛色上看，*M. a. tsaidamensis*背面不具深咖啡色，腹面毛色也不是鲜橘黄色，尤其是四肢的末端，与背面毛色不同，均截然区别于黄腹鼬，而恰与香鼬的毛色特点相似。因此，将*M. a. tsaidamensis*划入*M. altaica*中。其次，从地理分布上来看，黄腹鼬分布于我国南方各省份，栖于山地森林。而*M. altaica*为中亚地区的泛布种，在我国只产于东北、华北、西北、西南地区的部分省份；在青海多栖于草原、草甸草原及高山灌丛。东北亚种*M. a. raddei*（Ognev，1928），模式产地为外贝加尔、库鲁苏特也夫斯克，国内分布于内蒙古、黑龙江博克图、呼玛、安达、双鸭山、保清、密山、林口、尚志、嫩江，吉林敦化、辉南、靖宇，辽宁新金。国外见于蒙古，俄罗斯的外贝加尔等地。

在四川省内有2个亚种：喜马拉雅亚种*Mustela altaica temon*（Hodgson，1858），见于四川西北高山地带，如松潘、若尔盖、汶川、宝兴、石棉等地；西藏和青海有分布。柴达木亚种*Mustela altaica tsaidamensis*（Hilzheimer，1910），见于四川东部盆地、丘陵和低山地带；背为浅棕色，腹为稻草色带棕黄，体和尾毛都较浅，绒也较薄，采集记录的地区有岳池、南充、万源、万州、城口、南川峨眉山和雅安等地；另记录于甘肃和新疆。

四川分布的香鼬*Mustela altaica*分亚种检索表

背、腹面毛色相异，体侧间分界线明显·· 香鼬柴达木亚种*M. a. tsaidamensis*

背、腹面毛色相异，体侧间分界线模糊·· 香鼬喜马拉雅亚种*M. a. temon*

①香鼬柴达木亚种 *Mustela altaica tsaidamensis*（Hilzheimer，1910）

Arctogale tsaidamensis Hilzheimer, 1910. Zool. Anz., 35: 309（模式产地：柴达木西部库库诺尔）.

鉴别特征　背部灰棕褐色或者暗棕褐色，腹部白色，淡黄色或橘黄色，足背和指白色。

形态　背腹无色差异显著，背部灰棕褐色或者暗棕褐色；腹部毛色有变化，纯白色、淡黄色和橘黄色均有；喉部侧面有时有棕色斑点。前足背面及指均为白色。

地理分布　四川分布于若尔盖、九寨、岳池、南充、万源等地。

②香鼬喜马拉雅亚种 *Mustela altaica temon*（Hodgson，1857）

Mustela temon Hodgson, 1858. Jour. Asiat. Soc. Bengal, 26: 207（模式产地：锡金）.

Putorius astutus Milne-Edwards, 1870. Nouv. Mus. Arch. Mus. d' Hist. Nat. Paris, 7. Bull, 92（模式产地：四川宝兴）.

Mustela longstaffi Wroughton, 1911. Jour. Bombay Nat. Hist. Soc., 20: 931 (模式产地: 印度北部).

鉴别特征 背腹毛色差异显著或不显著，背腹毛色界限不明显；背面灰棕褐色或暗棕色，腹面淡棕色。

形态 背面灰棕褐色或暗棕色，腹面淡棕色；背腹毛色差异显著或者不显著，背腹毛色界限不明显；前足指和腕掌部白色；颈部腹面中央通常有小斑点。

地理分布 在四川分布于汶川、宝兴、石棉、乐山、雅安、九龙、康定、雅江、理塘、石渠、色达、甘孜、新龙等地，国内还分布于西藏、青海。

（106）艾鼬 *Mustela eversmannii* Lesson，1827

别名 艾虎、地狗、两头鸟、臭狗子、戴罗（藏）

英文名 **Steppe Polecat**

Mustela eversmannii Lesson, 1827. Manuel de Mammalogie, 144(模式产地: 塔吉克斯坦); Allen, 1938. Mamm. Chin. Mong., 386; 胡锦矗和王酉之, 1984. 四川资源动物志 第二卷 兽类, 94; 高耀亭, 等, 1987. 中国动物志 兽纲 第八卷 食肉目, 189; Wozencraft, 1993. Mamm. Spec. World, 2nd ed., 322; 王应祥, 2003. 中国哺乳动物种和亚种分类名录与分布大全, 83; Wozencraft, 2005. Mamm. Spec. World, 3rd ed., 614; 王酉之和胡锦矗, 2009. 四川兽类原色图鉴, 138; Wilson and Mittermeier, 2009. Hand. Mamm. World, Vol. 1, Canivores, 650.

Putorius larvatus Hodgson, 1849. Jour. Asiat. Soc. Bengal, 18: 447(模式产地: 西藏).

Putorius tibetanus Horsfield, 1851. Cat. Mamm. Emp. Ind. Co., 105(模式产地: 西藏).

Mustela tiarata Hollister, 1913. Proc. Biol. Soc. Wash., 26: 2(模式产地: 甘肃).

Mustela putorius eversmannii Ellerman and Morrison-Scott, 1951. Check. Palaea. Ind. Mamm., 265.

鉴别特征 比黄鼬稍大，颈部较长而粗；尾较短而细，呈黑色；四肢很短，呈黑色，和身体颜色区别显著。

形态

外形：身长315～460 mm，尾长110～200 mm，比鼬属的其他种大。吻部钝，颈稍粗，足短，尾长近体长一半。被毛长度不同，前肢间毛短；背中部毛最长，达45～50 mm；尾基毛次之，略为拱曲形，尾毛稍蓬松。跖行性，脚掌被毛，掌垫发达，前足4枚，呈瓣状，腕垫2枚；趾垫与前足相似，均呈暗肉褐色；爪粗壮而锐利，褐白色。

毛色：上唇和鼻周为白色，眼周和两眼间为暗栗色，额为棕黄色带灰色调，颊为棕白色，耳基黑褐色，耳缘白色；颈和肩部棕黄色，背为沙黄色，自腰部至尾基部毛尖渐转为黑色，故后体为黑色与沙黄色相间，尾的下半段全转为黑色；下唇和颏为白色，喉的上部为白色稍沾灰棕色，喉的下部灰棕色，胸和腋部黑褐色；腹部中央浅灰棕色，腹侧浅棕黄色，毛尖沙白色；鼠蹊部为黑褐色。前、后肢亦为黑褐色。

头骨：艾鼬由于犬齿较长，所以脑颅最高点位于额骨中部眼眶后缘处。整体看，眼眶后的脑室前端最窄，脑室在成年或幼年较圆，老年时整体呈三角形。颞脊发达，在成年后，两颞脊在额骨后端中央会合，形成纵脊（矢状脊），老年时愈合线靠前，达到脑室前端背面中央，后端与人字脊相连，越到老年中央纵脊越高，越窄。鼻骨相对较长，三角形，两鼻骨宽约 7 mm，长约 14 mm。额骨较长，接近颅全长 50%。前内侧与鼻骨相接，前外侧与上颌骨相接，不与前颌骨相接；中央向外侧突出，形成眶后突；向后先缩小，再扩大为脑室前部背面及侧面的一部分。顶骨与额骨之间的骨缝略呈 V 形；顶骨在成年后与鳞骨和顶间骨愈合，骨缝不清；顶骨后端与鳞骨后端一起形成人字脊，人字脊越到老年越高耸。枕区枕骨大孔略向后突出，枕髁突出明显，髁面较大而光滑。侧面，前颌骨很小，在背面为一窄边，向后延伸不达鼻骨的一半。上颌骨大，构成吻部背面和侧面的主体，并构成眼眶前约一半的框。上颌骨背面后端与鼻骨后端约等长。颧骨较长，前端构成眼眶下缘，与上颌骨颧突上下贴合，在眼眶后向后下方延伸，与鳞骨颧突上下贴合。鳞骨很大，构成脑室侧面的主体；侧面形成鳞骨颧突，颧突基部腹面构成与下颌相接的关节窝。鳞骨颧突前方为翼蝶骨，形状不规则，在鳞骨颧突下方与翼骨背面之间向后延伸与听泡接触。眶蝶骨在翼蝶骨前，较小。腹面，门齿孔卵圆形，呈"八"字形排列，后面正中央还有一个圆形小孔，为神经孔。硬腭宽阔，2/3 由上颌骨构成，1/3 由腭骨构成，腭骨后缘呈管状，为骨质内鼻孔。腭骨后缘两侧与翼骨相接，翼骨薄，直立，末端游离刺状，向外侧弯。基蝶骨和前蝶骨在内鼻孔上壁呈矩形。老年时与基枕骨愈合。听泡 1 室，较大且宽，略扁平。下颌骨较强大，腹面弧形，齿面较平直，冠状突大而高耸，三角形。关节突低，低于臼齿最高点，髁面横列，角突小，基本不游离。

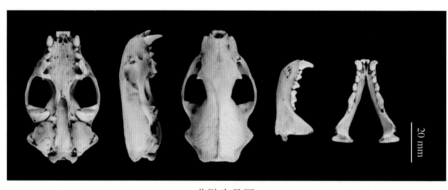

艾鼬头骨图

牙齿：上颌门齿呈"一"字形排列。犬齿尖长，如锥形。第 1 前臼齿斜置，其后缘向内，略为第 2 前臼齿的一半。裂齿宽厚，前缘外叶粗大，内叶略小，为外叶的 1/2。齿冠略呈峰形，但切缘较钝。臼齿横列，外叶略高，具 2 小尖；内叶较低，仅 1 个小尖。

量衡度（量：mm）

头骨：

编号	颅全长	基底长	颧宽	眶间宽	颅高	上齿列长	下齿列长	下颌骨长
SAF20121	72.26	67.92	42.26	18.28	25.61	24.96	25.19	42.85
SAF20122	68.21	65.24	—	18.31	25.25	24.92	26.82	43.24
SAF20123	—	—	40.25	17.92	—	25.50	26.48	42.15

生态学资料 艾鼬栖息于高原、丘原的草甸，穴居，大多侵占鼠兔或旱獭等其他动物的洞穴。视觉、听觉敏锐，性凶勇，行动敏捷，能攀缘，也会游泳。黄昏和夜间活动，有时白天也出来活动。肛门腺能放出恶臭，既有助于咬杀动物，也有利于自卫。食物以啮齿动物为主，如鼠类、鼠兔、旱獭等，也食鱼、蛙、鸟卵、鸟等。由于艾鼬的大量捕杀活动，在它们栖息地的附近，几乎见不到鼠类的踪迹。春季发情，此时雄兽间有争雌现象；孕期5～8周，每胎产8～10仔，少则3～5仔，哺乳期约为45天。

地理分布 艾鼬在四川与喜马拉雅旱獭分布一致，主要见于川西北高原草甸，国内还分布于长江以北各地，往北数量较多，向南渐稀少。广布亚洲北部、中部及东部地区，国外见于俄罗斯、蒙古国、克什米尔地区。

在四川的历史分布区域：甘孜、阿坝、松潘、红原。

分省（自治区、直辖市）地图——四川省

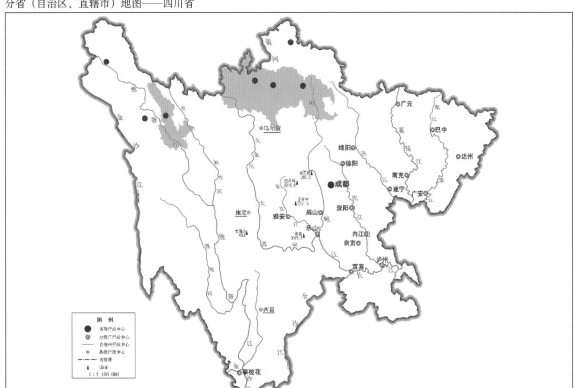

审图号：GS (2019) 3333号　　　　　　　　　　　　　　　　　　自然资源部 监制

艾鼬在四川的分布
注：红点为物种的分布位点，绿色斑块表示历史分布区域。

2000年以来确认的在四川的分布区域：阿坝、德格、红原、若尔盖、石渠、松潘、甘孜。

分类学讨论 关于艾鼬种的划分，有学者主张将艾鼬*Mustela eversmannii*与欧洲艾鼬*M. putorius*合并（Pocock，1936，1941；Ellerman and Morrison-Scott，1951）。亦有些学者认为，它们是两个不同的种，应加以区分（钱燕文等，1965）。《中国动物志 兽纲 第八卷 食肉目》编写组查看了藏于中国科学院动物研究所的2只欧洲艾鼬：头骨眶后突后面的眶间部颊缩不显著，两边近于平行；听泡小，轮廓似圆形。艾鼬的标本：眶间部显著狭窄；听泡大，近似三角形。同时，欧洲艾鼬标本的乳突与听泡间具明显的凹沟，艾鼬标本却无此特征。据此把艾鼬与欧洲艾鼬相互分开（高耀亭等，1987）。

按照高耀亭等（1987）的研究成果，艾鼬在我国境内分布5个亚种。

一是西藏亚种 *M. e. larvatus* Hodgson，1849，模式产地为锡金北部的Utsang。我国分布于青海天峻、治多，四川甘孜、石渠，西藏昌都、拉萨等地。国外见于克什米尔地区。

二是北疆亚种 *M. e. michnoi* Kastschenko，1910，模式产地为外贝加尔、特洛什可沙夫斯克。我国分布于北疆的布尔津、托里、和丰及南疆和靖等地。国外分布于俄罗斯外贝加尔的南部和西部，蒙古。

三是静宁亚种 *M. e. tiarata* Hllister，1913，又称甘肃亚种，模式产地为兰州东部、静宁。分布于山西忻县、朔县、运城，陕西榆林、宝鸡、渭南、西安市郊，青海祁连、天峻、同德、贵南、河南、西宁，江苏北部。

四是赤峰亚种 *M. e. admirata* Pocoek，1936，又称内蒙古亚种，模式产地为中国东北部赤峰。分布于辽宁义县、锦州，内蒙古正白旗、苏尼特右旗（朱日和）、赤峰、翁牛特旗、二连浩特、和硕庙，河北的邯郸等地。

五是东北亚种 *M. e. dauricus* Stroganov，1958，又称达乌尔亚种，模式产地：贝加尔湖附近、斯摩棱斯克的尼塔地区。国内分布于吉林白城东北部，向北一直到呼伦贝尔和三江平原以北，向东至伊春的西侧。国外分布于贝加尔湖的东南部。

艾鼬在四川有1个亚种，为西藏亚种 *M. e. larvatus*。

艾鼬西藏亚种 *Mustela eversmanni larvatus* Hodgson，1849

Mustela eversmanni larvatus Hodgson, 1849. Jour. Asiat. Soc. Bangal, 18: 447（模式产地：锡金木斯塘）.

Putorius tibetanus Hordfield, 1851. Cat. Mamm. E. Ind. Col., 105（模式产地：西藏南部）.

鉴别特征 身体颜色浅淡，后背黑尖毛发达，身体前半部毛色淡黄白色，耳白色，额部侧面具白色区；尾端4/5黑色。

形态 见种的描述。

地理分布 在四川分布于西部的草原地带，包括若尔盖、红原、阿坝、壤塘、甘孜、石渠，国内还分布于西藏。国外见于克什米尔地区。

艾鼬（拍摄地点：四川若尔盖湿地国家级自然保护区　拍摄者：董磊）

（107）黄腹鼬 *Mustela kathiah* Hodgson，1835

别名　香姑狼、松狼、小黄狼、绿鸡列（Lojgni，彝）

英文名　Yellow-bellied Weasel

Mustela (Putorius) kathiah Hodgson, 1835. Jour. Asiat. Soc. Bengal, 4: 702(模式产地：尼泊尔北部卡查尔)；

Ellerman and Morrison-Scott, 1951. Check. Palaea. Ind. Mamm., 260；胡锦矗和王酉之，1984. 四川资源动物

志　第二卷　兽类，89；高耀亭，等，1987. 中国动物志　兽纲　第八卷　食肉目，170；Wozencraft, 1993.

Mamm. Spec. World, 2nd ed., 322；王应祥，2003. 中国哺乳动物种和亚种分类名录与分布大全，81；Wozencraft,

2005. Mamm. Spec. World, 3rd ed., 615；王酉之和胡锦矗，2009. 四川兽类原色图鉴，137；Wilson and

Mittermeier, 2009. Hand. Mamm. World, Vol. 1, Canivores, 651.

Putorius dorsalis Trouessart, 1895. Bull. Mus. Hist. Nat. Paris Ⅰ: 235(模式产地：四川康定).

Arctogale melli Matschie, 1922. Arch. Mat. 88. Sect., A, 10: 17(模式产地：广东).

Mustela altaica kathiah Allen. 1938. Mamm. Chin. Mong., 381.

鉴别特征　体形似香鼬，但较之细长。毛被短，尾长超过体长一半。背部、体侧、尾及四肢咖啡褐色，腹面和四肢肘部淡黄色或黄白色，沿体侧具1条明显的毛色分界线。听泡低，前端与后关节盂几乎平齐。

形态

外形：体型比黄鼬小。尾长而细，长度大于体长一半。周身被毛短。尾毛略长，但不蓬松。趾行性。掌生稀疏短毛。前、后足掌、趾垫都很发达。掌垫4枚，第1枚单生，形小，似圆形；其余3枚附生，第3枚最大，呈卵圆形。腕垫1枚，中间分裂成大小不同的2瓣。趾垫3枚。爪短，略细，灰褐色。乳头2对。

毛色：上体背部为咖啡褐色。头颈、背部、四肢及尾部皆与背色一致；腹部从喉部经颈下至鼠鼷部及四肢肘部为沙黄色；下唇、下颌毛色较浅，呈淡黄色。腹侧间分界线直而清晰。

头骨：脑颅背面平直，吻部很短，头骨狭长，顶脊明显，人字脊高耸。成年后头骨颅面的各骨块愈合，骨缝不清。眼眶后缘开放，额骨的眶后突明显，但颧骨的眶后突不明显；眶间宽和框后脑

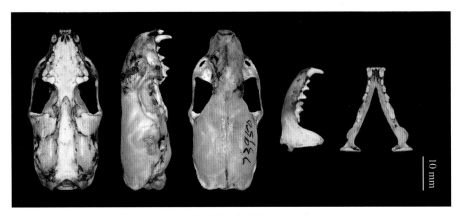

黄腹鼬头骨图

颅最窄处一样宽。颧弓相对较粗大。鳞骨颧突腹面关节窝较深。枕区垂直向下，枕骨大孔略向后突出，枕髁突出明显。顶间骨、顶骨与上枕骨接触处以及鳞骨与听泡接触处的棱脊共同构成人字脊，人字脊在侧面向前弯曲，止于听泡背面中央外耳道后缘。人字脊和顶脊越到老年越明显。颞脊在成年后就在额骨后缘愈合为中央纵脊（矢状脊）。头骨腹面，门齿孔近圆形，略呈"八"字形排列。额骨后缘呈扁平的管状，为骨质内鼻孔。听泡1室，长椭圆形。下颌骨粗短，腹面弧形，冠状突高耸，三角形。冠状突侧面下凹较深，为咀嚼肌附着区域；关节突横列，与下臼齿咀嚼面处于同一平面。角突小、钝，基本不游离。

牙齿：与香鼬比较，第3上颌门齿不如其粗长，门齿切缘平齐。上犬齿稍细，且较短。第1前臼齿尖锐。裂齿发达，前缘内叶粗大，近似外叶，齿冠略呈薄斧状。臼齿横列，外叶具3个小尖。

量衡度（量：mm）

头骨：

编号	颅全长	基底长	颧宽	眶间宽	颅高	上齿列长	下齿列长	下颌骨长
CWNUE96007	51.62	47.71	24.76	19.79	17.35	16.71	17.64	27.22

生态学资料　栖息于四川高山深谷和盆地边缘的中山河谷、石堆、灌丛和森林。习性与香鼬十分类似，在清晨和夜间活动。穴居，主要占用其他动物的洞为巢，有时亦在石堆、墓地或树洞中做窝。食物以小型鼠类为主，也食蛙、鸟等，有时也潜入山村盗食家禽。

地理分布　四川见于高山深谷和盆地周缘、低山，国内还分布于云南、贵州、湖北、广东、广西、安徽、福建等省份。国外分布于不丹、印度、老挝、缅甸、尼泊尔、泰国、越南。

在四川的历史分布区域：贡井、达川、万源、宜宾、叙永、市中、犍为、峨眉、青神、沐川、夹江、马边、雨城、荥经、康定、巴塘、松潘。

2000年以来确认的在四川的分布区域：巴塘、达川、峨眉山、夹江、犍为、康定、乐山、马边、沐川、青神、万源、荥经、叙永、雅安、宜宾、自贡、攀枝花。

分类学讨论　我国曾记载过2个种，即*Putorius dorsalis*和*Arctogale melli*，前者产于四川康定，后者产于广东。Allen（1938）认为，四川康定和广东的标本足部无白色，显然区别于云南、尼泊尔、印度西部的标本，而将*P. dorsalis*、*A. melli*作为香鼬*Mustela alticola kathiah*的异名。Ellerman等（1951）认为上述2种都是黄腹鼬*Mustela kathiah kathiah*的异名。高耀亭等（1987）比较了东北地区、内蒙古、青海、四川、西藏的香鼬标本，黄腹鼬体背不呈棕黄色，腹部亦不是淡黄色，四肢足背更无白色，阴茎骨尖端也不呈圆匙状，均明显区别于香鼬。然而这些特征恰与Hodgson（1853）、Pocock（1941）描述的黄腹鼬相同。因此，高耀亭等（1987）赞同Ellerman等（1951）的观点。

四川省内仅1个亚种，即指名亚种*Mustela kathiah kathiah* Hodgson，1835。鉴别特征、形态、地理分布等信息见种的描述。

分省（自治区、直辖市）地图——四川省

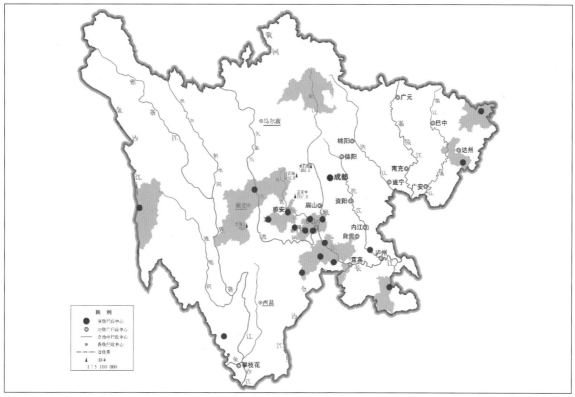

审图号：GS (2019) 3333号　　　　　　　　　　　　　　　　自然资源部 监制

黄腹鼬在四川的分布
注：红点为物种的分布位点，绿色斑块表示历史分布区域。

黄腹鼬（拍摄地点：四川攀枝花盐边格萨拉生态旅游区　拍摄者：彭毅）

（108）伶鼬 *Mustela nivalis* Linnaeus，1766

别名　银鼠、白鼠、倭伶鼬

英文名　Least Weasel

Mustela nivalis Linnaeus, 1766. Syst. Nat., 12th ed., 1: 69(模 式 产 地：瑞 典 西 博 顿); Ellerman and Morrison-Scott, 1951. Check. Palaea. Ind. Mamm., 260; 高耀亭，等，1987. 中国动物志　兽纲　第八卷　食肉目，16; Wozencraft, 1993. Mamm. Spec. World, 2nd ed., 323; 王应祥，2003. 中国哺乳动物种和亚种分类名录与分布大

全, 81; Wozencraft, 2005. Mamm. Spec. World, 3rd ed., 616; 王酉之和胡锦矗, 2009. 四川兽类原色图鉴, 133;

Wilson and Mittermeier, 2009. Hand. Mamm. World, Vol. 1, Canivores, 653.

Mustela stoliczkana Blanford, 1877. Jour. Asiat. Soc. Bengal, 46, 2: 260(模式产地: 吉尔吉斯斯坦).

Putorius (Arctogale) pygmaeus J. Allen, 1903. Bull. Amer. Mus. Nat. Hist., 19: 176(模式产地: 东西伯利亚).

Mustela russelliana Thomas, 1911. Abstr. Proc. Zool. Soc. Lond., 4; Proc. Zool. Soc. Lond., 168(模式产地: 四川康定); Allen, 1938. Mamm. Chin. Mong., 384.

鉴别特征 伶鼬为鼬科中体型最小的1个种, 大小似褐家鼠, 但尾很短, 不及头躯长一半。尾毛与背毛色一致, 与腹部毛色明显不同, 冬季全身白色。颊齿间宽略等于眶间宽。阴茎骨先端呈钩形。

形态

外形: 身体细长, 四肢短小; 两耳亦小, 呈椭圆形; 尾较短; 雄体比雌体稍大; 有明显的季节换毛现象。被毛短而致密。趾行性。足掌被短毛, 趾、掌垫隐于毛中。足具5趾, 爪稍曲且纤细, 很尖锐。前肢腕部着生数根白长毛。

毛色: 冬、夏毛异色。夏季, 背面自上唇向后经体侧, 直至尾端及四肢外侧为深褐色或咖啡色。自口角向后, 沿颈侧, 经体侧下方直至后肢内缘, 形成1条鲜明而直的分界线, 其下腹部为淡黄色稍带粉色, 前、后肢内侧为浅黄色, 自腹往前至喉、颏和唇渐转为白色; 嘴角具一褐色小斑。前、后足掌面有褐色浓密的毛。冬毛全身和尾概为白色。

头骨: 脑颅显长, 吻部很短。眶间宽大于眶后脑颅最窄处。颞脊较发达, 成年后在额骨后端中央汇合为中央纵脊(矢状脊), 人字脊较发达。鼻骨很短, 呈三角形, 不达眼眶最前缘。额骨在眼眶后形成粗钝的眶后突, 一些老年个体的眶后突较尖。成年后额骨、顶骨、顶间骨、鳞骨全部愈合, 骨缝不清。枕部几乎垂直向下, 枕骨大孔略向后突出, 枕髁突出明显, 髁面光滑。侧面, 前颌骨狭窄, 成年后与上颌骨、鼻骨愈合。上颌骨在侧面向外突出形成上颌骨颧突, 颧突前方有圆形或卵圆形眶前孔。颧骨纤细, 颧弓整体向上呈弧形。鳞骨颧突腹面形成关节窝; 鳞骨前面的翼蝶骨和眶蝶骨成年后与周围骨块愈合。顶骨后端与上枕骨之间以及鳞骨后端与听泡之间形成发达的人字脊, 在侧面向前弯曲, 止于听泡背面中央外耳道后上缘。腹面, 门齿孔略呈圆形, 相比缺齿伶鼬更大。硬腭宽短, 由上颌骨和腭骨构成, 成年后骨缝不清, 腭骨后段呈扁平的管状, 为骨质内鼻孔。翼骨末端扁平的片状, 向外侧略弯曲。听泡1室, 很长, 较鼓胀。基蝶骨、前蝶骨和基枕骨愈合。下颌骨相对较粗壮, 着生牙齿面平直, 腹面弧形, 冠状突高耸, 三角形, 关节突低矮, 比最后下前

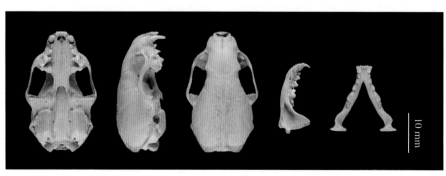

伶鼬头骨图

臼齿的齿尖低，横列，髁面小。无明显的角突。

牙齿：上颌门齿横列齐整，第3枚略粗。犬齿长而微侧扁，略向内曲。裂齿薄如刀状；前缘内叶大于外叶1/2。臼齿横置，中央凹陷成沟，外叶高于内叶，内叶中央具明显小尖。下颌门齿排列不平齐，第2枚门齿内移。下颌犬齿短于上犬齿。第1枚前臼齿较小。第2枚前臼齿齿冠斜形，前高后低。第1枚臼齿由3叶组成，前两叶似刀状，后叶很低略突出齿冠。臼齿很小，约为第1前臼齿的1/3。

量衡度（量：mm）

头骨：

编号	颅全长	基底长	颧宽	眶间宽	颅高	上齿列长	下齿列长	下颌骨长
SAF17176	34.16	31.48	16.33	7.68	12.42	10.36	10.45	16.08
SAF17042	34.17	31.76	18.05	7.69	13.23	11.07	11.10	18.07
SAF19142	31.73	28.33	—	6.79	12.79	10.24	10.72	16.03
CWNUP87779-40	38.71	35.01	17.65	7.10	16.19	12.17	12.78	19.73
CWNUB87545-31	31.95	27.08	15.85	6.47	10.15	10.22	—	—

生态学资料　栖息于川西北高原草甸、灌丛，常出入于旱獭和鼠兔等小型啮齿兽的洞穴，感觉敏

分省（自治区、直辖市）地图——四川省

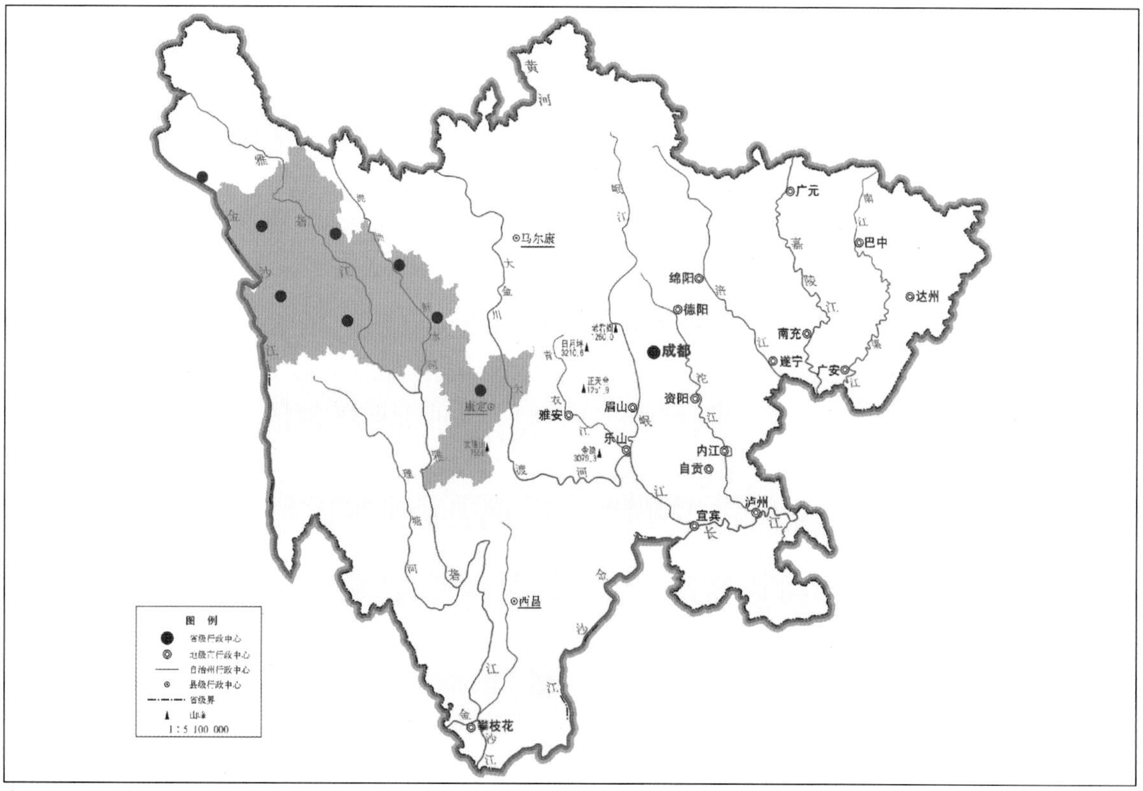

审图号：GS (2019) 3333号　　　　　　　　　　　　　　　　自然资源部 监制

伶鼬在四川的分布

注：红点为物种的分布位点，绿色斑块表示历史分布区域。

锐、动作灵巧。足迹链通常由前、后足足迹相重叠的双足迹或3足迹组成，但单足迹与步距较小，多曲折。昼夜活动，以小型啮齿动物和鼠兔等为食，春季开始发情，每胎产3～9仔，多为4～6仔。

地理分布　为古北界泛布种。分布于欧洲及亚洲西部、中部、东南部。四川见于康定至巴塘以北的川西北高原，国内还分布于东北、西南地区和新疆局部地区。国外见于俄罗斯、阿富汗、蒙古、朝鲜、日本。

在四川的历史分布区域：康定、炉霍、道孚、新龙、白玉、德格、甘孜。

2000年以来确认的在四川的分布区域：白玉、道孚、德格、甘孜、康定、炉霍、石渠、新龙。

分类学讨论　我国以往曾记载有2个种及1个亚种：*Mustela stoliczkana* Blanford，1877，*Mustela russelliana* Thomas，1911，*Mustela nivalis pygmaea* J. Allen，1903，分别产于新疆莎车（叶尔羌）、四川康定（打箭炉）和黑龙江的一面坡。Allen（1938）除认定2个种之外，还将亚种并入*M. rixosa*种。Ellerman 等（1951）认为，上述2个种及1个亚种都应该是*M. nivalis*的亚种。

经过对比研究，*M. n. russelliana*的背毛暗褐色，腹毛浅黄色或带粉红色调；*M. n. pygmaea*的背毛呈咖啡色，嘴角无深色斑点，腹毛白色，均显著区别于指名亚种，与原始描记相符，故Ellerman的意见是正确的。

文献记载，*M. stoliczkana*的背部茶褐色，腹部白色，眼先具白斑，嘴角有褐色斑；体长在306 mm，头骨颅全长44.2 mm。就其体色而言，较前述亚种暗；体长和头骨均较前述亚种大；眼及嘴角都具斑点。从以上特征看，均显著区别于前述2个亚种。

目前比较一致的意见是，伶鼬在我国仅1种，分为3个亚种：东北亚种 *Mustela nivalis pygmaea* J. Allen，1903，模式产地为鄂霍次克海西岸的Gichiga；四川亚种 *Mustela nivalis russelliana* Thomas，1911，模式产地为四川康定"打箭炉"；新疆亚种 *Mustela nivalis stoliczkana* Blanford，1877，模式产地为新疆莎车。

四川省内仅1亚种，即四川亚种 *M. n. russelliana* Thomas，1911，它与东北亚种 *M. n. pygmaea* J. Allen，1903 比较，尾较长，尾末端不另具色，毛色一致；腹部淡黄色；嘴具褐色小斑。较新疆亚种 *M. n. stoliczkana* Blanford，1877 的颜色要淡一些。

伶鼬（拍摄地点：四川石渠长沙贡玛国家级自然保护区　拍摄者：周华明）

伶鼬四川亚种 *Mustela nivalis russelliana* Thomas，1911

Mustela russelliana Thomas, 1911. Abstr. Proc. Zool. Soc. 4: Proc. Zool. Soc., 168（模式产地：四川康定）.

鉴别特征 个体小，背部毛咖啡褐色，腹部毛白色，毛尖淡黄色，有时浅黄色。吻部侧面有褐色斑点。

形态 见种的描述。

地理分布 分布于四川西部，包括康定—马尔康—雅江一线以北。分布于高山草甸与林线附近的多石地带。

（109）缺齿伶鼬 *Mustela aistoodonnivalis* Wu et Kao，1991

别名 伶鼬、银鼠

英文名 Lack-toothed Weasel

Mustela aistoodonnivalis Wu and Kao, 1991. Jour. Northwest Univ., 21(S1): 87（模式产地：陕西秦岭）; 胡锦矗和胡杰，2007. Jour. Chin. West Norm. Univ., 28(3): 165-171; 王应祥，2003. 中国哺乳动物种和亚种分类名录与分布大全，81; 王酉之和胡锦矗，2009. 四川兽类原色图鉴，134; Liu, et al., 2023. Ecol Evol., B: e9944.

鉴别特征 为鼬科中最小的种类之一，体形与伶鼬相似，唯尾较长，其长度超过体长的1/3。下颌比伶鼬少第2臼齿，仅有1枚，共32枚。

形态

外形：体长146 mm，尾长57.3 mm，后足长23 mm，耳长25.3 mm。是鼬科中最小的种类之一，体形与伶鼬相似，尾较长，其长度超过体长的1/3。5趾，趾基杂有污白色毛。爪细曲尖锐，呈黄褐色。

毛色：吻部有口须，为暗褐色。从吻部至头部、体背、尾和体侧均为一致的暗棕褐色。颊、口角、喉为污白色。胸和腹部毛基污白色，毛尖色淡，或呈淡棕黄色。鼠蹊部有棕黄色斑块。四肢外侧亦为暗棕褐色，内侧淡棕黄色。夏毛背部暗棕褐色，腹毛淡黄色，沾棕黄色块。

头骨：颅骨前短后宽，吻鼻部窄而短，脑颅部饱满圆长；颧宽与后头宽相近或略超过后头宽，颧弓细弱且略凸向颅骨内；眶后突较小，向后斜方伸出；鼻骨短，骨缝愈合不显；侧面观额顶部微微弯曲；脑颅部有与大脑沟回对应的隆起和凹陷；听泡大而饱满，内缘线平直，近乎平行；矢状脊

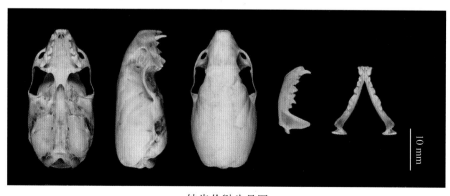

缺齿伶鼬头骨图

和人字脊均不明显。和伶鼬头骨基本相似，但脑颅显得略短，眼眶之前部分显得略窄，眶间宽不宽于眶后脑颅最狭窄部分。颞脊不如伶鼬明显，直到老年期颞脊也仅在顶间骨部位才愈合为中央纵脊（矢状脊）。缺齿伶鼬的颧弓显得更加纤细。其余特征和伶鼬接近。下颌骨相对伶鼬明显纤细。

牙齿：齿式3.1.3.1/3.1.3.1 = 32。门齿横列，上颌第3门齿粗扁；上颌犬齿较长，略弯；第1、2上白齿都为3尖齿，其中第1上白齿前尖不明显，原尖正向朝上，第2上白齿原尖斜向后；第3上白齿呈Y形，正面观前缘内叶大于外叶；上白齿横列，呈哑铃形，内叶圆扁具一小尖，外叶具有2个小尖。下颌犬齿稍短，微曲；第1、2下白齿均是单尖，呈前缘高后缘低的斜形；下白齿由3叶组成W形，与第3上白齿组成发达的裂齿；无第2下白齿。

量衡度（衡：g；量：mm）

外形：

编号	性别	体重	体长	尾长	后足长	耳高	采集地点
SAF03190	♀	—	114.5	62.5	22.5	11.5	四川九寨沟
SAF12703	♂	40	150.0	70.0	20.0	12.0	四川理县
SAF181732	♀	44	150.0	67.0	25.0	12.0	四川王朗
SAF09530	♀	42	155.0	64.0	25.0	11.0	四川小金
SAF16175	♀	53	163.0	59.0	24.0	11.0	四川三打古
SAF20169	♀	39	124.0	60.0	22.0	12.0	四川黄龙

头骨：

编号	颅全长	基底长	颧宽	眶间宽	颅高	上齿列长	下齿列长	下颌骨长
SAF20167	28.15	26.26	15.26	6.16	9.99	9.56	9.42	14.56
SAF09530	30.48	28.61	—	6.57	11.64	10.19	10.08	16.18
SAF20169	28.88	27.25	16.25	6.38	10.15	10.09	10.13	15.48
SAF12027	28.97	26.99	15.42	6.50	11.34	9.88	9.78	15.00
SAF16046	27.99	25.15	16.21	6.18	11.25	10.10	9.57	15.42
SAF1884	32.73	29.40	17.87	6.75	12.44	10.66	10.21	16.49
SAF-DKU-WAL-19017001	32.36	30.81	17.26	6.96	11.79	10.91	10.53	16.69
SAF-DKU-JZ-190101	29.05	27.44	15.62	6.29	10.73	9.91	9.74	15.12
SAF-DKU-JZ-190102	29.73	27.92	16.21	6.46	8.21	9.52	9.13	14.87
CWNUW860528	28.95	26.89	15.18	6.25	10.10	10.12	9.71	14.51

生态学资料　栖于海拔2 500 m以上的亚高山针叶林及草甸带。穴居于缺苞箭竹丛根下或附近石洞、石缝中。白天卧于洞穴内，晨昏活动，以鼠兔和小型鼠类为食。繁殖情况不详。秦岭5月所采亚成体标本尚在换齿。

地理分布　在四川分布于岷山山系，国内还分布于甘肃、陕西南部。

在四川的历史分布区域：平武。

分省（自治区、直辖市）地图——四川省

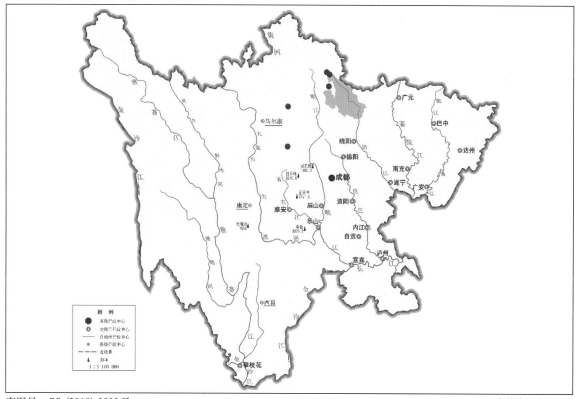

审图号：GS (2019) 3333号

自然资源部 监制

缺齿伶鼬在四川的分布
注：红点为物种的分布位点，绿色斑块表示历史分布区域。

2000年以来确认的在四川的分布区域：黑水、九寨沟、理县、平武、松潘。

分类学讨论 缺齿伶鼬是吴家炎和高耀亭（1991）在秦岭发现的新种，国内学者基本上都承认其种级地位（王西之和胡锦矗，1999；王应祥，2003；潘清华等，2007；刘少英等，2022；魏辅文等，2022），但国外学者很少提及该种，只有Wilson and Reeder（2005）认为其是伶鼬的亚种。四川省林业科学研究院刘莹洵等采集了系列标本，经形态学和分子系统学研究确认其独立种地位（Liu et al.，2023）。

目前尚未发现有亚种分化，且该种相关资料较缺乏。

缺齿伶鼬（拍摄地点：四川平武 拍摄者：李晟）

（110）黄鼬 *Mustela sibirica* Pallas，1773

别名 黄鼠狼、黄狼、黄老鼠、黄鼠猫、鼬鼠、䶄、貍䶄（《尔雅》）、鼠狼鼬（《博雅》）

英文名 Siberian Weasel

Mustela sibirica Pallas, 1773. Reise. Russ. Reichs. 2, appen., 701(模式产地：新疆阿勒泰)；Allen, 1938. Mamm. Chin. Mong., 371-375; Ellerman and Morrison-Scott, 1951. Check. Palaea. Ind. Mamm., 260; 胡锦矗和王酉之，1984. 四川资源动物志　第二卷　兽类，90; 高耀亭，等，1987. 中国动物志　兽纲　第八卷　食肉目，174; Wozencraft, 1993. Mamm. Spec. World, 2nd ed., 324; 王应祥，2003. 中国哺乳动物种和亚种分类名录与分布大全，82; Wozencraft, 2005. Mamm. Spec. World, 3rd ed., 618; 王酉之和胡锦矗，2009. 四川兽类原色图鉴，135; Wilson and Mittermeier, 2009. Hand. Mamm., World, Vol. 1, Canivores, 654.

Alustela canigula Hodgson, 1842. Jour. Asiat. Soc. Bengal, 11: 279(模式产地：西藏拉萨)。

Mustela hodgsoni Gray, 1843. Ann. Mag. Nat. Hist., 11: 118(模式产地：喜马拉雅山脉西段)。

Putorius davidianus Milne-Edwards, 1871. Nouv. Arch. Mus. d' Hist. Nat. Paris, 7, Bull: 92(模式产地：广西)。

Putorius sibiricus noctis Barrett-Hamilton, 1904. Ann. Mag. Nat. Hist., 13: 390(模式产地：福建)。

Mustela (Lutrcola) taivana Thomas, 1913. Ann. Mag. Nat. Hist., 12: 91(模式产地：中国台湾)。

Lutreola melli Matschie, 1922. Arch. Nat. 88, Sect. A, 10: 35(模式产地：广东)。

Putorius fontanierii Milne Edwards, 1871. Rech. Mamm., 205, pl. 61, flg. 1(模式产地：北京)。

Lutreola stegmanni Matschie, 1907. AViss. Ergebn. Exped. Filch. Chin., 10, 1: 150(模式产地：山东)。

Putorius moupinensis Milne-Edwards, 1874. Rech. Mamm., 347, pis. 59 (fig. 2), pis. 60(fig. 4)(模式产地：四川)。

Lutreola major Hilzheimer, 1910. Zool. Anz., 35: 310(模式产地：四川)。

Lutreola tafeli Hilzheimer, 1910. Zool. Anz., 35: 310(模式产地：四川)。

鉴别特征　全身背腹被棕褐色或棕黄色毛。身体细长柔软。尾长约为体长的1/2；耳壳短而宽；四肢短小。雌兽小，约为雄兽的1/3。

形态

外形：两性个体大小明显异型，一般雄性体长为340～400 mm，雌性为280～340 mm。绒毛稀薄，尾毛不散开。四肢各具5指（趾），指（趾）间有很小的皮膜。

头小，颈长，耳壳短而横宽，外侧后缘为双层，形成扁形裂缝。鼻端突出无毛；上唇两侧具粗长的髭毛。颈部较长，灵活。躯干长而柔软。四肢短小，各具5指（趾）；指（趾）端具爪，不能伸缩。掌、跖、指（趾）垫无毛。足半跖行性。尾长约为体长一半，冬季尾毛长而蓬松；夏毛较短，不甚蓬松。

毛色：黄鼬的毛色随季节和地区不同而有异。冬毛全身棕褐色或浅棕褐色，由脊背向两侧渐淡。腹面沙黄色或棕黄色。吻端、眼周、额部暗棕褐色。头顶及颈背部分或全部棕褐色。鼻孔下缘两侧有一小白斑，与唇周围、颏部的白色相连。颏部白斑的大小变化很大，喉部白斑或有或无。四肢外侧浅棕褐色，内侧棕黄色。尾毛棕黄色或深棕黄色，尖端暗棕褐色，一些个体杂有白色长毛。尾尖暗棕褐色区域大小可能随年龄增大而增长。

夏毛全身棕褐色或棕黄色，脊背和尾夹棕褐色或暗棕褐色，其他各部毛色相应较冬毛浅。

四川东部和东南部地区的个体体色偏棕黄色，褐色成分稍少，较鲜亮；中部、西部、西北部的个体毛色褐色成分大，较深暗。但不论冬、夏或不同地区的个体，在脊背中央均有明显的深色脊纹和暗褐色尾夹。

头骨：在亚成体时，脑颅显得圆润鼓胀，棱脊不明显。到成年以后，尤其老年个体脑颅变得略呈三角形，顶脊（矢状脊）和人字脊非常明显。亚成年时，头骨各骨块骨缝明显，但成年以后，脑颅的所有骨块均相互愈合，骨缝不清。吻部很短，鼻骨三角形，末端尖，插入额骨前缘。额骨较长，超过颅全长的50%；额骨前端很尖，前内侧与鼻骨相接，前外侧与上颌骨相接；不与前颌骨相接；在眼眶后缘，额骨向外突出形成眶后突，眶后突在幼年时很钝，老年时略尖；额骨在眼眶后扩展较大，构成脑室前端背面的主体，在眼眶内构成眼眶内壁的主体；额骨与顶骨之间的骨缝呈V形。顶骨宽大，和鳞骨在很早就愈合。顶间骨三角形，成年后与顶骨愈合。侧面，前颌骨很小，背面有很窄的一个边，向后延伸约为鼻骨长的一半。前颌骨着生门齿。上颌骨大，在背面向后延伸超过鼻骨后端，构成眼眶前缘；侧面形成上颌骨颧突，颧突前腹面为眶前孔，椭圆形，或三角形；上颌骨腹面着生上犬齿、上前白齿和上白齿。颧骨细长，前端与腹面的上颌骨颧突相接，并构成眼眶的下缘，在眼眶后，向下延伸并与鳞骨颧突上下贴合。鳞骨构成脑颅的侧面，中部侧面形成颧突，颧突腹面形成关节窝。翼蝶骨位于鳞骨前面，眶蝶骨位于翼蝶骨前面。腹面，门齿孔短小的椭圆形，呈"八"字形排列。硬腭较宽，平坦，前2/3由上颌骨构成，后1/3由腭骨构成。腭骨中央向后形成扁平的管状，为骨质内鼻孔；腭骨与上颌骨之间的骨缝呈梯形。翼骨末端片状。听泡1室，长，较扁。无明显骨质外耳道。下颌骨粗壮，着生牙齿的面平直，腹面显著弧形，冠状突高耸，三角形，侧面有很深的窝，供咬肌附着；关节突横列，较长，髁面圆弧形。角突部明显游离。

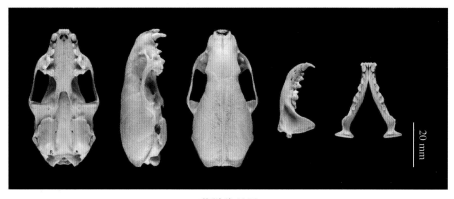

黄鼬头骨图

牙齿：上颌门齿成一横列，犬齿长而直。裂齿前缘内侧的小尖明显。上白齿横列，内叶大于外叶。内叶中央小尖明显，外叶具2个小尖。第2下颌门齿着生位置略靠后。下裂齿之后叶有一明显小尖。

量衡度（衡：g；量：mm）

外形：

编号	性别	体重	体长	尾长	后足长	耳高	采集地点
SAF18694	♀	343	270	185	55	25	四川汉源

(续)

编号	性别	体重	体长	尾长	后足长	耳高	采集地点
SAF18695	♀	196	240	180	75	20	四川汉源
SAF18696	♀	318	280	170	60	20	四川汉源
SAF18697	♀	279	240	185	46	20	四川汉源
SAF18698	♂	546	380	200	55	25	四川汉源
SAF18699	♀	425	300	265	55	25	四川汉源
SAF19797	♀	261	260	147	52	20	四川汉源
SICAU690	♂	900	392	234	67	24	四川雅安
SICAU691	♂	850	374	216	63	23	四川雅安紫石公社
SICAU292	♀	268	268	137	41	21	四川万源花萼山
SICAU293	♂	314	280	133	60	25	四川万源花萼山
SICAU20	♂	180	273	32	50	25	四川雅安
SICAU306	♀	268	212	150	47	22	四川泸定二郎山

头骨：

编号	颅全长	基底长	颧宽	眶间宽	颅高	上齿列长	下齿列长	下颌骨长
SAF20124	62.24	60.70	37.39	14.04	26.19	21.57	22.94	36.62
SAF20125	63.44	60.84	37.00	13.86	26.06	21.88	23.10	36.36
SAF20126	55.79	54.24	32.33	11.93	21.90	21.04	20.50	33.74
SAF20128	60.43	58.28	35.99	13.35	23.79	22.25	23.07	37.34
CWNUN79002	62.33	59.66	38.13	13.71	24.94	21.96	23.66	38.52
CWNUN1961	59.20	56.77	31.66	13.27	24.57	20.61	21.69	34.84
CWNUF64105	58.26	57.08	35.12	13.36	23.95	22.30	23.11	36.77
CWNUN80002	62.56	60.20	37.01	13.62	24.46	21.88	23.18	39.27
CWNUP81001	60.77	58.90	36.25	13.96	25.04	23.07	24.29	37.56
CWNUN6412	56.64	54.74	32.69	12.26	23.08	21.31	21.52	33.88
CWNUN79022	61.77	58.31	34.84	13.52	25.39	23.54	25.17	39.39
CWNUW81003	55.47	53.60	33.69	12.24	22.43	21.13	21.90	35.31
CWNUW82001	57.02	54.96	30.23	12.00	21.59	20.70	20.82	33.21
CWNUN79003	59.03	57.99	34.79	13.21	22.49	21.59	22.60	36.34
CWNUN80001	59.53	58.12	35.54	14.19	24.18	21.64	22.53	36.61
SICAU069	64.95	62.84	36.40	13.68	24.64	22.39	23.64	38.75

生态学资料 黄鼬是常见的小型食肉兽，栖息于各种环境中，更喜生活在河谷、草坡、灌木

丛、森林、草原、农耕地、城镇、村舍等地。栖住在各种洞穴中。在丘陵、平原、低山人口稠密地区，常以土洞、石穴、瓦堆等为栖息地；栖住时间较长，常达数月至2年之久。在山地、森林、草原等人口稀少地区，多以树洞、柴火堆、倒木以及其他小兽洞穴为栖息地；栖住时间较短，迁居频繁。黄鼬营独栖生活，在繁殖交配期可见成对或更多的在一起，抚幼期可见老幼成群。主要是夜间活动，白天亦可见。黄鼬是小型食肉动物，主要吃鼠类，亦吃鸟卵、雏鸟、蛙、蛇、昆虫、鼠兔、鱼等。每年2—4月发情，多在傍晚。雄性发情较早于雌性。妊娠期40天左右。每胎产5～6仔，少则2～3仔，多者可13仔。

地理分布　广泛分布于四川各地，国内还分布于甘肃，陕西南部，贵州，云南，西藏，重庆酉阳、秀山、黔江及万州等县（区），广西，福建，湖北等地。

在四川的历史分布区域：贡井、涪城、顺庆、达川、东兴、翠屏、锦江、金堂、双流、峨眉山、雨城、宝兴、康定、松潘、小金。

2000年以来确认的在四川的分布区域：宝兴、成都、达川、峨眉山、金堂、康定、绵阳、南充、内江、双流、松潘、小金、雅安、宜宾、自贡。

分省（自治区、直辖市）地图——四川省

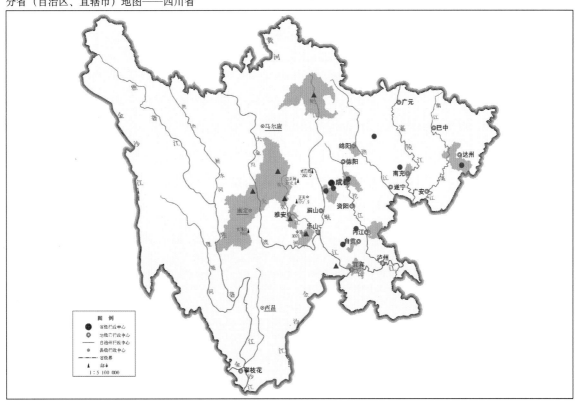

审图号：GS (2019) 3333号　　　　　　　　　　　　　　　　　　　　　　自然资源部 监制

黄鼬在四川的分布

注：红圆点为西南亚种的分布位点，红三角形为华南亚种的分布位点，绿色斑块表示历史分布区域。

分类学讨论　黄鼬具有两性个体大小差异、生态型的不同、喉部白斑的个体变异等，以至对我国黄鼬的分类记载曾达14个种和亚种。目前比较一致的意见是我国黄鼬分为7个亚种：

一是指名亚种 *Mustela sibirica sibirica* Pallas，1773，主要分布于大兴安岭、伊图里河、博克图、科尔沁右翼前旗（大黑沟）、鄂伦春旗，新疆阿勒泰的可能也是该亚种。

二是东北亚种 *M. s. manchurica* Brass，1911，见于东北大部分地区，包括小兴安岭、长白山区、松嫩平原、辽河平原。

三是华北亚种 *M. s. fontanieri* Milne-Edwards，1871，主要分布于内蒙古、辽宁西南部、江苏、安徽，以及华北各省份。

四是华南亚种 *M. s. davidiana* Milne-Edwards，1872，主要分布于浙江南部和西部、安徽南部、江西、福建、湖南、湖北南部平原，以及广东、广西、贵州的大部分地区、云南昆明以南地区。

五是西南亚种 *M. s. moupinensis* Milne-Edwards，1874，该亚种北限在秦岭、甘肃南部和青海东部，东至湖北和贵州西部山区，南至云南，西至西藏拉萨。

六是台湾亚种 *M. s. taivana* Thomas，1913，分布于台湾阿里山、太平山海拔 1 000 ～ 3 000 m 的山区。

七是西藏亚种 *M. s. canigula* Hodgton，1842，分布于西藏南部（拉萨）。原载标本得自拉萨，据 Hodgson（1842）所载，毛被肉桂色，没有黑尾梢。《中国动物志 兽纲 第八卷 食肉目》编写组1975年采自拉萨的3张黄鼬皮，全身暗棕褐色，尾梢毛色仍显暗褐色，针毛较细，约100μm。具有典型的高原型特征，因而该亚种可能应归入西南亚种 *M. s. moupinensis*。

另外，据王应祥（2003）报道，云南地区的黄鼬未归入西南亚种 *M. s. moupinensis*，暂被列为云南居群（*M. s.*Yunnan form），有待进一步研究。

在四川有2亚种：西南亚种 *M. s. moupinensis* Milne-Edwards，1874，广泛分布于四川各地，国内还分布在甘肃、陕西南部、贵州、云南、西藏等地。华南亚种 *M. s. davidiana* Milne-Edwards，1872，分布于川东及川东南地区，这些地区也是2个亚种的混杂分布区，但以西南亚种占绝对优势，并出现中间过渡类型。国内还分布于重庆酉阳、秀山、黔江、万州等县（区）以及广西、福建、湖北等省份。

四川分布的黄鼬 Mustela sibirica 分亚种检索表

毛色较深，体背富暗褐色，在背中脊处形成或浅或深的"黑脊"；尾尖端毛暗褐色，呈"黑尾梢" ……………………………………………………………………………………西南亚种 *M. s. moupinensis*

毛色略带红而呈红棕色，在背中脊处未形成"黑脊"；尾尖端毛色浅，未呈"黑尾梢" …… 华南亚种 *M. s. davidiana*

①黄鼬西南亚种 *Mustela sibirica moupinensis* Milne-Edwards，1874

Mustela sibirica moupinensis Milne-Edwards，1874. Rech. Mamm., 347（模式产地：四川宝兴）.

Lutreola major Hilzheimer，1910. Zool. Anz., 35: 310（模式产地：四川松潘）.

Lutreola tafeli Hilzheimer，1910. Zool. Anz., 35: 311（模式产地：四川松潘）.

鉴别特征 毛色较深，身体富含暗褐色。背面中央或多或少黑色（从后颈到尾基）。尾梢黑色。腹面黄棕色或肉桂色。夏毛颜色更深。腿短。

形态　毛色较深，身体富含暗褐色。背面中央或多或少黑色（从后颈到尾基）。尾稍黑色。腹面黄棕色或肉桂色。夏毛颜色更深。吻鼻部黑色，颏部白色。头顶和面颊黄棕色。尾黄棕色，仅尾尖黑色。

地理分布　四川主要分布于川西地区，国内还分布于青海、云南。

②黄鼬华南亚种 *Mustela sibirica davidiana* Milne-Edwards，1872

Mustela sibirica davidiana Milne-Edwards, 1872. Nouv. Arch. Mus. d' Hist. Nat. Paris(模式产地：福建).

Putorius sibiricus noctis Barrett-Hamilton, 1904. Ann. Mag. Nat. Hist., 13: 390(模式产地：福建).

Lutreola melli Matschie, 1922. Arch. Nat., 88, Sect. A, 10: 35(模式产地：广东).

鉴别特征　个体比西南亚种大。整体颜色带红棕色调，针毛少，绒毛稀疏。体毛毛向明显，不蓬松。尾显得细长。

形态　整体颜色带红棕色调。个体比西南亚种大，雄雌异型，雄性平均体重800 g，雌性小，平均350 g。雄性平均体长365 mm，雌性平均体长300 mm。针毛少，绒毛稀疏。体毛毛向明显，不蓬松。尾显得细长。

地理分布　四川分布于川东及川东南地区，国内还分布于重庆酉阳、秀山、黔江、万州等县（区）以及广西、福建、湖北等省份。

黄鼬（拍摄地点：四川九顶山　拍摄者：董磊）

51. 鼬獾属 *Melogale* Ⅰ. Geoffroy，1831

Melogale I. Geoffroy, 1831. Bellanger, Voy. Zool. Indes Orient., 129(模式种：*Melogale personata* I. Geoffroy, 1831); Ellerman and Morrison-Scott, 1951. Check. Palaea. Ind. Mamm., 269; Wozencraft, 1993. Mamm. Spec. World, 2nd ed., 314; 王应祥, 2003. 中国哺乳动物种和亚种分类名录与分布大全, 85; Wozencraft, 2005. Mamm. Spec. World, 3rd ed., 612; Wilson and Mittermeier, 2009. Hand. Mamm. World, Vol. 1, Canivores, 635.

Helictis Gray, 1831. Proc. Zool. Soc. Lond., 94(模 式 种：*Helicitis moschata* Gray, 1831); Allen, 1938. Mamm. Chin. Mong., 391.

Nesictis Thomas, 1992. Ann. Mag. Nat. Hist., 9: 194(模式种：*Helictis everetti* Thomas, 1922).

鉴别特征 鼬獾属动物体形较鼬属粗短。具软骨质的鼻端，且宽厚发达。前后足5趾，爪直而粗长，似趾长。头部有白色脸纹。头骨具两条颞脊，几乎平行，直至颅后端。上裂齿发达，外缘有1个齿尖，内缘有前后2个齿尖，白齿近乎平行四边形；下裂齿具3个齿尖，后叶凹陷如盆状。齿式 3.1.4.1/3.1.4.2 = 38。

鼬獾属为亚热带种类，分布于南亚地区，我国长江以南各省份有分布，为我国兽类区系的特有种。

地理分布 全世界有4种，仅分布于亚洲，包括中国、缅甸、印度、越南、老挝、柬埔寨、泰国及爪哇岛、加里曼丹岛。

分类学讨论 分类上属于鼬科、獾亚科 Melinae，属级单元于1834年建立后非常稳定，很少有争议，只有 Allen（1938）认为 *Melogale* 是山獾属 *Helictis* 的同物异名。这样的安排显然是不妥的，虽然都是1831年发表，但I. Geoffroy 发表 *Melogale* 的日期是3月19日，而 Gary 发表 *Helictis* 日期是8月5日，*Melogale* 在前。其他很多学者均承认其独立种地位（Simpson，1945；Ellerman and Morrison-Scott，1951；Corbet，1978）。Simpson（1961）、Corbet（1978）将 *Melogale* 和 *Helictis* 均作为独立属，Ellerman 和 Morrison-Scott（1951）将 *Helictis* 作为 *Melogale* 的亚属。现在很多学者将 *Helictis* 作为鼬獾属的同物异名（Wilson and Mittermeier，2009）。种类方面，Allen（1938）记述2种，Ellerman 和 Morrison-Scott（1951）记述2种，但和 Allen（1938）的有1种不一样。王应祥（2003）记录中国有2种，与 Ellerman 和 Morrison-Scott（1951）的一致。Wilson 和 Mittermeier（2009）认为全世界有4种，中国有2种，四川仅1种——鼬獾 *Melogale moschata*。

（111）鼬獾 *Melogale moschata*（Gray，1831）

别名 鱼鳅猫、山獾、山獭、猸子、小豚猫

英文名 Chinese Ferret-badger

Helictis moschata Gray, 1831, Proc. Zool. Soc. Lond., 94(模式产地：广州); Allen, 1938. Mamm. Chin. Mong., 392-394.

Melogale moschata Ellerman and Morrison-Scott, 1951. Check. Palaea. Ind. Mamm., 270. 胡锦矗和王酉之, 1984. 四川资源动物志 第二卷 兽类, 95; 高耀亭, 等, 1987. 中国动物志 兽纲 第八卷 食肉目, 213; Wozencraft, 1993. Mamm. Spec. World, 2nd ed., 314; 王应祥, 2003. 中国哺乳动物种和亚种分类名录与分布大全, 85; 王酉之和胡锦矗, 2009. 四川兽类原色图鉴, 139; Wozencraft, 2005. Mamm. Spec. World, 3rd ed., 612; Wilson and Mittermeier, 2009. Hand. Mamm. World, Vol. 1, Canivores, 635.

鉴别特征 小型獾类，头躯长在400 mm以下。体粗短，尾长几乎为体长一半。体被栗褐色或青灰色毛，腹毛浅淡。额部有一白色斑纹，自头顶向后至脊背中央有1条连续不断的白色纵纹。阴

茎骨末端成3列。上裂齿近似平行四边形。

形态

外形：体型似獾但较獾小，体躯粗短，体长360 mm左右，尾长170 mm左右；鼻端尖，裸出；鼻垫与上唇间被黄白色短毛。耳小，圆形，很明显。四肢短，爪侧偏呈白色，前爪长，约为后爪长的2倍。

毛色：头、颈、躯干、四肢外侧及尾的大部为褐栗色或青灰色，颏、喉、胸、腹和四肢内侧黄白色或乳白色，有的个体腹股和肛门周围橙黄色，个别的整个腹面为土橙黄色。尾部后段毛灰白色，头部前额、眼后、颊部、颈侧至上臂前侧有形状不定的白色、黄白色或乳白色斑。耳内和内缘多被白色短毛，耳背为栗褐色或青灰色。鼻部、眼周、耳前、头顶至颈背为暗栗色或黑灰色，尤以鼻部、额、头顶最深，向后渐淡。头顶至躯干前段背中线上，有一长短、宽窄断续不等的白色或黄白色脊纹。颈背脊纹两侧毛色较躯干深。一些个体背部、体侧间有少数白色针毛。夏毛栗色或青灰较浓，呈栗褐色或青灰毛，鼻、额、头顶深栗褐色或深青灰色。冬毛褐色或灰色较深，呈褐栗色或青灰色毛，鼻、额、头顶为黑褐色或深青灰色。绝大多数的前、后足与体侧同色，个别的前足为白色。幼体毛色与成体一致，但整个毛色浅淡，呈浅栗褐色。

头骨：脑颅背面从鼻骨到顶骨前缘为缓坡状，顶骨相对较平坦，后段向下呈弧形。整体上，脑颅相对狭长，眶间较大，颞脊明显，两侧颞脊几乎平行向后延伸，形成一个略高的台面。老年时，颞脊后段略向内靠，但相距仍然很远。两鼻骨之间下凹形成一槽，两鼻骨整体呈三角形，末端接近眼眶最前缘。额骨前面内侧与鼻骨相接，前外侧与上颌骨相接，不与前颌骨接触。额骨和顶骨在成年后愈合，骨缝不清。额骨在眼眶后形成较明显的眶后突。顶骨、顶间骨、鳞骨在成年后愈合。枕区4块枕骨成年后愈合，上枕骨中间纵向有一不甚明显的纵脊。枕骨大孔略向后突，枕髁突出明显，髁面较大，光滑。侧面，前颌骨很小，在背面为一窄边向后延伸，约为鼻骨的一半长。上颌骨大，背面较宽，构成吻部背面和侧面的主体。侧面形成上颌骨颧突，前面有很大的眶前孔。腹面着生上犬齿、上前白齿和上白齿。泪骨位于眼眶最前缘内侧，成年后与上颌骨愈合。颧骨细，整个颧弓向上呈弧形。鳞骨较大，构成脑颅侧面主体。上枕骨顶部与顶间骨、顶骨接触处构成人字脊的一部分，但较低矮，鳞骨和侧枕骨接触处构成人字脊的下段，较高，越到老年人字脊越明显，尤其侧面的脊向后超过上枕骨的脊。翼蝶骨位于鳞骨前缘，翼蝶骨前是眶蝶骨，成年后相互愈合。腹面，门齿孔蚕豆形。硬腭长，弧形。主要由上颌骨构成，后端1/3由腭骨构成，腭骨后段形成管状，为骨

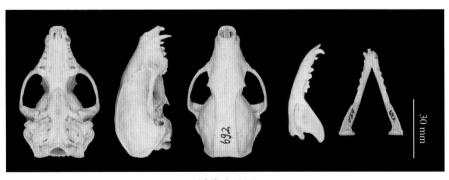

鼬獾头骨图

质内鼻孔。翼骨薄，直立，末端呈游离的刺状，向背面略弯。听泡相对较小，扁圆形，骨质外耳道明显。基蝶骨和前蝶骨成年后与基枕骨愈合。下颌骨相对细弱，冠状突大，高耸，向后呈弧形，关节突位置相对鼬属物种高得多，远高于任何齿的齿尖。角突小，游离很短。

牙齿：上颌门齿略呈弧状排列，犬齿圆锥状，裂齿外缘短于内缘，第1臼齿形似平行四边形，外缘稍凹入；下颌第2门齿内移，犬齿呈弯尖状，下裂齿前端有锋利的下前尖和下原尖，内侧有一齿尖与外侧下原尖相对称，后部凹陷呈盆状。

量衡度（衡：g；量：mm）

外形：

编号	性别	体重	体长	尾长	后足长	耳高	采集地点
SICAU606	♂	982	368	187	66	34	四川会东堵格
SICAU692	♂	920	380	160	63	30	四川雅安多营坪
SICAU701	♀	530	286	113	58	27	四川雅安

头骨：

编号	颅全长	基底长	额宽	眶间宽	颅高	上齿列长	下齿列长	下颌骨长
SAF20118	72.69	69.70	45.71	20.48	32.88	30.13	30.41	54.84
SAF20119	73.89	71.60	44.41	20.70	32.55	28.65	28.52	53.72
CWNUYB450036	72.26	69.22	44.10	18.24	27.67	29.66	31.34	52.20
CWNUN86012	70.64	67.28	42.39	19.93	30.92	28.75	28.32	50.52
CWNUL88003	71.72	68.89	42.26	19.36	30.39	29.63	28.69	50.60
CWNUX840010	—	—	—	—	—	—	29.90	51.91
SICAU606	73.23	70.54	45.50	20.91	30.49	32.76	—	—
SICAU692	75.72	72.68	45.43	19.43	30.95	31.38	31.09	55.46

生态学资料 鼬獾生活在低、中山区和丘陵、平坝、平原地区的林灌、草丛等潮湿环境中，尤喜生活在深丘、低山和中山地区的小溪、山沟、水田、塘库等潮湿地区附近。栖于自挖或自然洞穴中。主要是夜间出洞、寻食，天刚黑就外出，偶尔在天黑前外出，阴雨天出洞较早。黎明时一般回洞栖息，有时延迟到早晨才回洞。特别是林间潮湿水田和空地，更是经常活动的场所。亦常进入水干泥软的水田中捕食泥鳅，故多称其为"鱼鳅猫"。入冬以后，主要活动在潮湿的旱地、草、灌丛中觅食。杂食性，以蚯蚓、虾、蟹、泥鳅、昆虫、小鱼、蛙、小型鼠类或鼩鼱等为主，亦食植物的根茎和果实。每年繁殖1次，3月发情交配，5—6月产仔，每胎2～5仔，产于洞穴中。母兽带仔寻食。

地理分布 四川广泛分布于成都平原、附近丘陵及川西南、川南，国内还分布于湖北、湖南、江苏、浙江、陕西、重庆、云南、贵州、广东、海南等省份。

在四川的历史分布区域：锦江、崇州、彭州、翠屏、叙永、顺庆、南江、雷波、西昌、会东、木里、金堂、双流、贡井、都江堰、绵阳、达川、东兴、宜宾、乐山、马边、峨边、雨城、温江。

　　2000年以来确认的在四川的分布区域：成都、崇州、达川、都江堰、峨边、会东、金堂、乐山、雷波、马边、绵阳、木里、南充、南江、内江、彭州、双流、温江、西昌、叙永、雅安、宜宾、越西、自贡。

分省（自治区、直辖市）地图——四川省

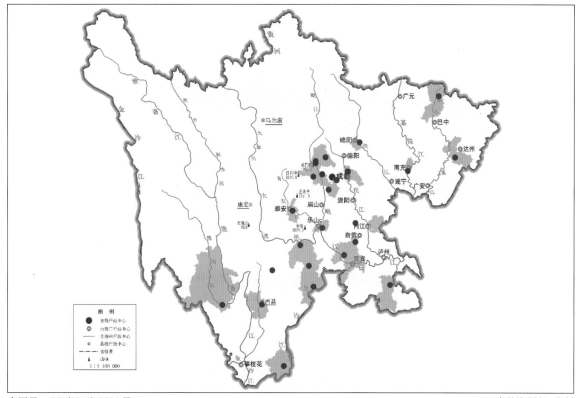

审图号：GS（2019）3333号　　　　　　　　　　　　　　　　　　　　　　自然资源部　监制

鼬獾在四川的分布
注：红点为物种的分布位点，绿色斑块表示历史分布区域。

　　分类学讨论　鼬獾自Gray（1831）根据Reeves（1830）从广州采获的标本命名以来，相继发现于东南亚地区。Ellerman等（1951）记载我国境内分布有3个亚种和1个疑问亚种。新中国成立后，经我国动物学工作者调查研究，确认了广东、贵州、云南西北部的为指名亚种*Melogale moschata moschata* Gray，1831，安徽南部、江苏、浙江、福建、江西直至四川，向北延伸至陕西南部巴山山地为江南亚种*M. m. ferreogrisea* Hilzheimer，1905。对于西南地区鼬獾分化问题，提及较少，Allen（1938）和Ellerman等（1951）均归为指名亚种。将广西南部、广东海南岛和云南东南部的标本与指名亚种相比较，差异十分显著，因此把广西南部和云南东南部单独划为滇南亚种*M. m. taxilla* Thomas，1925的分布区，为我国亚种新记录。台湾鼬獾有别于大陆分布的各亚种。目前比较一致的意见是我国鼬獾分为6个亚种：

　　一是指名亚种*M. m. moschata* Gray，1831，分布于广东广州、大埔、紫金、怀集、龙门，贵州贵阳。

　　二是台湾亚种*M. m. subaurantiaca* Swinhoe，1862，分布于台湾的台中和台南地区。

　　三是江南亚种*M. m. ferreogrisea* Hilzheimer，1906，分布于浙江宁海、常山、宁波、桐庐、杭

州、安吉、德青，江苏无锡、宜兴、南京、镇江、江阴、苏州、常熟，上海，江西鄱阳、临川，湖南郴县、岳阳，湖北汉口，福建厦门、崇安、福清、龙岩、邵武、南平、闽侯、屏南，安徽广德、蚌埠，四川木里、雷波、宜宾、乐山，陕西镇坪、平利。

四是滇南亚种 *M. m. taxilla* Thomas，1925，分布于广西南部的宜山、贵县、梧州、靖西、龙津、百色、南宁，广东，海南，云南金平、马关、昭通。国外还见于越南北部。

五是阿萨姆亚种 *M. m. millsi* Thomas，1922，分布于云南西北部（高黎贡山）。

六是海南亚种 *M. m. hainanensis* Zheng and Xu，1983，分布于海南。

据文献记载，四川有1个亚种：江南亚种 *M. m. ferreogrisea*，见于木里、雷波、成都、崇州、都江堰、彭州、宜宾、叙永、南充、苍溪、南江等地。

鼬獾江南亚种 *Mologale moschata ferreogrisea* Hilzheimer，1906

Helictis ferreogrisea Hilzheimer, 1906. Zool. Ann., 29: 298 (模式产地：汉口).

Helictis taxilla sorella Allen, 1929. Amer. Mus. Nov., 358: 8(模式产地：福建).

鉴别特征、形态及地理分布见种的描述。

鼬獾（拍摄地点：四川北川 拍摄者：王昌大）

52. 狗獾属 *Meles* Brisson，1762

Meles Brisson, 1762. Regn. Anim., 13(模式种：*Ursus meles* Linnaeus, 1758); Allen, 1938. Mamm. Chin. Mong., 398; Ellerman and Morrison-Scott, 1951. Check. Palaea. Ind. Mamm., 271; Wozencraft, 1993. Mamm. Spec. World, 2nd ed., 314; 王应祥, 2003. 中国哺乳动物种和亚种分类名录与分布大全: 86; Wozencraft, 2005. Mamm. Spec. World, 3rd ed., 611; Wilson and Mittermeier, 2009. Hand. Mamm. World, Vol. 1, Canivores, 622.

Taxus F. Cuvier and É. Geoffroy, 1795. Mag. Encyclop., 2: 187(模式种：*Ursus meles* Linnaeus, 1758).

形态 体肥壮，四肢短健，爪粗长、稍钝，适于拱土挖掘生活，有发达坚硬的鼻垫，吻部略似猪吻。喉部黑褐色，鼻垫与上唇间被毛，尾短（与猪獾属相区别）。头骨吻鼻部短窄，翼骨的钩状突呈棒状，超过关节窝，矢状脊隆起成一脊线。上颌第1臼齿呈矩形，中间由3个小齿尖组成纵走的低脊；下颌第1臼齿的长度约为宽度3倍，前部由下前尖、下原尖和下后尖组成，后部凹陷，呈盆状。

地理分布 该属只有1种，广泛分布于欧亚大陆。

分类学讨论 Linnaeus（1758）将首获的标本订名于 *Ursus* 下，Rafinesqus（1815）更正于 *Meles* 属下。Pocock（1921）、Allen（1938）比较了 *Meles* 和 *Arctonyx* 2属的区别，指出彼此类似，故均列入獾亚科 Melinae 之下。

（112）亚洲狗獾 *Meles leucurus*（Hodgson，1847）

别名 拱猪、土猪、聋猪、泥猪、疸子、汤猪、川猪、貒（《尔雅》）、天狗（《本草纲目》）

英文名 Asian Badger

Taxidea leucurus Hodgson, 1847. Jour. Asiat. Soc. Bengal, 16: 763(模式产地：西藏拉萨).

Meles meles leucurus Osgood, 1932.Publ. Fied. Mus. Nat. Hist., 18:26; Ellerman and Morrison-Scott, 1951. Check. Palaea. Ind. Mamm., 271; 胡锦矗和王酉之, 1984. 四川资源动物志 第二卷 兽类, 97; 高耀亭, 等, 1987. 中国动物志 兽纲 第八卷 食肉目, 215; Wozencraft, 1993. Mamm. Spec. World, 2nd ed., 314; 王应祥, 2003. 中国哺乳动物种和亚种分类名录与分布大全, 86; 王酉之和胡锦矗, 2009. 四川兽类原色图鉴, 140.

Meles leucurus Wozencraft, 2005. Mamm. Spec. World, 3rd ed., 611; Wilson and Mittermeier, 2009. Hand. Mamm. World, Vol. 1, Canivores, 623; 魏辅文等, 2021. 兽类学报, 41(5): 487-501.

鉴别特征 体粗壮、肥大，毛色白黑混杂，头顶有白色纵纹3条，颏和喉为黑棕色，鼻垫与上唇间被毛。翼骨钩状突成一细棒状超过关节窝。第1上臼齿中央由3个小齿尖组成，第1下臼齿的长度为宽度的3倍。

形态

外形：体肥大粗壮，头较尖长；鼻端突出而尖，鼻垫发达，内有软骨支持。眼较小；耳短呈半圆形，微突出于头毛之外。颈短而粗，躯干粗壮肥大呈长圆筒状，长450～550 mm。尾较短，长110～130 mm，尾毛蓬松。四肢粗壮较短，指（趾）端具强爪，为浅角褐色；前肢爪较后肢爪发达，为后肢爪长的1倍以上。乳头3对，胸、腹位。

毛色：随个体和季节不同亚洲狗獾的毛色变化很大。身体背面从头顶到尾端，被长而粗的针毛，下半段或下2/3段为白色，上半段或上1/3段大部分为黑棕色，毛尖白色，因此背部毛色呈黑白混杂状。因白色毛尖和黑棕色毛段的长短在各个个体中有所不同，故有的个体背色偏白，有的偏黑。体侧针毛的黑色毛段较短，或转为棕色，或全白，故体侧毛色逐渐浅淡，尤以胸腹为甚，绒毛白色。头部毛粗短，为黑棕色或暗棕色，其间贯有3条白色或白棕色纵纹。两侧白色纵纹与上、下唇缘白色环纹在口角处相连，经耳基部至颈侧与体侧的白色或浅色相连；中间1条白色纵纹，始于吻端至额部或至头顶。耳壳内、外黑棕色，耳缘内侧白色。颏、喉及四肢为黑棕色，胸部、腹部毛棕褐色。自颏至腹部毛短而稀，绒毛少或无，与其背侧和四肢的长毛之间形成明显的高低界线。尾毛长而蓬松,黑棕色或棕色毛段短,白色或白棕色毛段长,以至尾端全白。夏季针毛稀疏,弯曲紊乱,易断,绒毛少而粗;毛色变异较大,主要是针毛白色毛尖与黑棕色毛段的长短不同而引起的。

头骨:整个头骨和猪獾相比显得较粗短,尤其吻部要粗得多,且短得多。另外一个特征就是颞脊更发达,成年后在顶骨背面中央后端愈合为矢状脊(顶脊)。人字脊发达。成年后,人字脊的后端超过枕髁后端。越到老年,矢状脊和人字脊越高耸;老年时在眼眶后愈合,形成中央纵脊(矢状脊)。颧弓比猪獾更粗壮,着生上犬齿的上颌骨区域显著隆起。额骨的眶后突和颧骨的眶后突均较钝。枕面枕髁显得较大,枕骨大孔不显著后突。顶骨、顶间骨与上枕骨之间的纵脊、鳞骨与听泡之间的纵脊共同形成的矢状脊很发达,在侧面向前下方延伸,在听泡背面形成一很宽的裙边。鳞骨与侧枕骨之间形成明显的乳突,相对猪獾,乳突显著游离。腹面门齿孔椭圆形,几乎平行。硬腭相对猪獾更宽短。额骨后缘中央的后鼻孔管更短且更平。翼骨不像猪獾在腭骨后端两侧形成一个较宽的面,而是较窄。听泡相比猪獾更大。下颌骨显得更加粗壮而短,冠状突高耸,顶端弧形,不像猪獾向后倾斜。角突游离部分更尖。

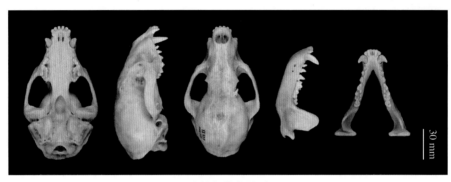

30 mm

亚洲狗獾头骨图

牙齿:齿式3.1.3.1/3.1.3.2 = 34。上颌门齿略呈弧状排列,犬齿圆锥状,前臼齿3枚,裂齿呈三角形,后内缘中央有1个低的齿尖,内侧顶端有2个小齿尖。第1臼齿宽大呈矩形,外缘短于内缘,外侧有发达的前尖和后尖,内侧有1个后小突,组成齿的后外角,中央由3个小齿尖构成一纵走的低脊,内缘与低脊间为一深槽。下颌犬齿长而向外斜,齿冠向后弯曲,裂齿长度超过宽度的3倍,有发达的下原尖、下前尖和下后尖,但其中下后尖不与下原尖在同一线上,而位于后内侧,后缘凹陷如盆,边缘由2个外尖和3个内尖构成;第2臼齿较小,圆形。

量衡度(量:mm)

头骨:

编号	颅全长	基底长	颧宽	眶间宽	颅高	上齿列长	下齿列长	下颌骨长
CWNUNO2	127.52	107.94	65.23	28.40	41.33	55.86	—	—
CWNUN86014	129.67	107.41	72.70	25.19	49.49	50.07	—	—
CWNU-202006	127.46	99.60	64.70	22.24	45.14	46.18	—	—
YX929	130.10	105.54	76.33	32.10	55.84	57.47	57.92	90.89
YX221	139.57	108.60	81.12	32.46	58.85	58.98	59.37	89.68
—	127.73	106.27	76.13	31.96	55.88	55.60	60.12	92.53

生态学资料　广泛栖息于丘陵、低山、中山及海拔3 000 m以上的高山灌木丛。尤喜生活在有隐蔽条件的稻田、溪河附近、森林、灌木丛等各类潮湿的环境中。随着人类生产活动的扩展，它们主要生活在僻静的深丘、低山、中山、高山灌丛和森林中，特别是人迹罕至的森林、灌木丛地带最多。冬季及早春在洞穴里冬眠。活动季节，天刚黑即出洞寻食，直到次日天明前回洞栖息。

杂食性，以植物的根、茎、果实及蛙、蚯蚓、小鱼、沙蜥、昆虫（幼虫及蛹）、小型哺乳类等为食。在草原地带喜食狼吃剩的食物，在作物播种期和成熟期危害刚播下的种子和即将成熟的玉米、花生、马铃薯、豆类、瓜类等。

有冬眠习性，冬季进入洞中冬眠。在海拔3 000 m以上的高山灌木丛地区，10月上、中旬就进入冬眠；在海拔3 000 m以下，10月下旬至11月上旬入洞冬眠；在丘陵和低山地带，则11月下旬至12月初冬眠。

狗獾每年繁殖1次，9—10月雌、雄互相追逐，进行交配；翌年4—5月产仔，每胎产2～5仔，少数少于3只或多于5只。

地理分布　在四川广泛分布于高、中、低山以及深丘地区，国内还分布于重庆、河北、河南、甘肃、山西、陕西、湖南、江苏、浙江、广东、海南。

在四川的历史分布区域：贡井、涪城、顺庆、达川、东兴、翠屏、市中、马边、峨边、雨城、邛崃、蒲江、大邑、郫县（现郫都）、什邡、都江堰、新都、崇州、若尔盖、理县、金堂、阆中、苍溪、阿坝。

分省（自治区、直辖市）地图——四川省

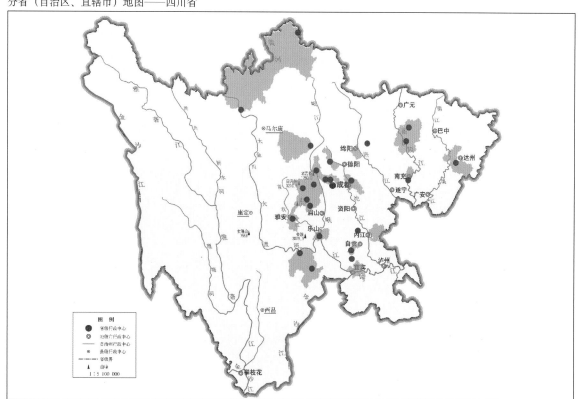

审图号：GS (2019) 3333号　　　　　　　　　　　　　　　自然资源部 监制

亚洲狗獾在四川的分布
注：红点为物种的分布位点，绿色斑块表示历史分布区域。

　　2000年以来确认的在四川的分布区域：石渠、甘孜、德格、壤塘、炉霍、新龙、道孚、雅江、理塘、稻城、巴塘、康定、阿坝、苍溪、崇州、达川、大邑、都江堰、峨边、金堂、阆中乐山、理县、马边、绵阳、南充、内江、郫都、蒲江、邛崃、若尔盖、什邡、新都、雅安、宜宾、自贡。

　　分类学讨论　亚洲狗獾 *Meles leucurus* 长期作为狗獾 *Meles meles* 的亚种。Abramov（2001）经分子系统学研究认为亚洲狗獾是独立种。据Ellerman（1951）记载，狗獾有24个亚种的分化，我国境内有6个亚种。黄河流域和长江以南狗獾分布区域很广，其体型和毛色随自然条件和种群的不同而存在较显著的差异。Gray（1868）按绒毛长短，把厦门标本订为 *Meles leucurus chinensis* Gray，1868。Matschie（1907）从华东毛皮厂购得陕西、青海西宁和山东等地的毛皮，按其针毛的长短和绒毛的厚薄，分别订立了 *M. hanensis* Matschie，1907，*M. siningensis* Matschie，1907，*M. tsingtanensis* Matschie，1907这3个分类单元。Allen（1938）分析了各季节狗獾的针毛和绒毛，发现变化十分显著，认为仅依个别标本毛绒长短和针毛褐色环的深浅难以划定，故认为以上分类单元均为 *M. l. leptorhynchus* 的同物异名。

　　高耀亭等（1987）把中国狗獾分为7个亚种：①分布于黑龙江、吉林、辽宁的狗獾为东北亚种 *M. l. amurensis* Schrence，1859；②分布于黄河流域的为北方亚种 *M. l. leptorhynchus* Milne-Edwards，1867；③分布于长江以南的为华南亚种 *M. l. chinesis* Gray，1868；④分布于内蒙古、陕西、甘肃、青海的为北方亚种 *M. l. leptorhyncus* Milne-Edwards，1867；⑤分布于新疆中部（天山地区）的为天山亚种 *M. l. tianschuanensisi* Hoyningen-Huene，1910；⑥分布于新疆西部（喀什和叶城）的为喀什亚种 *M. l. blanford* Matsch，1907；⑦分布于西藏的为 *M. l. leucurus* Hodgson，1847。修订为亚洲狗獾后，Wozencraft（2005）保留4个亚种：东北亚种、天山亚种、西伯利亚亚种 *Meles leucurus sibiricus* 和高加索亚种 *M. l. arenarius*。魏辅文等（2022）认为中国分布4个亚种：指名亚种 *M. l. leucurus*、东北亚种、天山亚种和西伯利亚亚种。

狗獾（拍摄地点：四川石渠　拍摄者：周华明）

53. 猪獾属 *Arctonyx* F. Cuvier，1825

Arctonyx F. Cuvier, 1825. In É. Geoffroy and F. Cuvier. Hist. Nat. Mammifères, pt. 3, S(51)(模式种: *Arctonyx collaris*
F. Cuvier, 1825); Allen, 1938. Mamm. Chin. Mong., 3402; Ellerman and Morrison-Scott, 1951. Check. Palaea. Ind.
Mamm., 274; Wozencraft, 1993. Mamm. Spec. World. 2nd ed., 313; 王应祥, 2003. 中国哺乳动物种和亚种分类名
录与分布大全, 87; Wozencraft, 2005. Mamm. Spec. World, 3rd ed., 605; Wilson and Mittermeier, 2009. Hand.
Mamm. World, Vol. 1, Canivores, 622.

Trichomanis Hubrecht, 1891. Notes Leyd. Mus., 13: 241(模式种: *Trichomanis hoevenii* Hubrecht, 1891).

形态　体型与狗獾属相似，但鼻吻部狭长而圆，酷似猪鼻。与狗獾属不同之处主要在于喉下具
白色斑块，鼻垫与上唇间裸露不被毛；尾白色。头骨的颅前区稍向前下方倾斜，腭骨两侧缘略膨
胀，呈长圆形鼓泡，中线部位略凹陷，钩状突宽而平直，向后延伸直达关节窝水平处。上白齿近似
菱形。

地理分布　该属在我国主要分布于华东、中南、西南、西北、华北、东北等地区及西藏等地。
据报道，在国外主要见于印度、老挝、泰国、巴基斯坦、阿富汗、不丹、马来西亚及苏门答腊岛
等地。

分类学讨论　我国自古对该种动物定名为"獾（tuān）"（《本草纲目》）。早期，有人主张依据
头骨和体型大小等特征划为2种：大型种 *A. collaris* 和小型种 *A. taxoides*。后期的Osgood（1932）、
Allen（1938）、Pocock（1939）、Ellerman（1951）等人指出上述特征的差别只是种内地理变异现象，
并将其合并为单种。

(113) 猪獾 *Arctonyx collaris* F. Cuvier，1825

别名　拱猪、獾子、聋猪、土猪、泥猪、汤猪、穿猪、沙獾、吾西（vosi，彝）、貒（《诗经》）、
貆（《本草纲目》）

英文名　Hog Badger

Arctonyx collaris F. Cuvier, 1825. In É. Geoffroy and F. Cuvier. Hist. Nat. Mammiferes, pt. 3. 5(51) (模式产地: 不丹);
Allen, 1938. Mamm. Chin. Mong., 404-406; Ellerman and Morrison-Scott, 1951. Check. Palaea. Ind. Mamm., 274;
胡锦矗和王酉之, 1984. 四川资源动物志　第二卷　兽类, 100; 高耀亭, 等, 1987. 中国动物志　兽纲　第八
卷　食肉目, 224; Wozencraft, 1993. Mamm. Spec. World. 2nd ed., 313; 王应祥, 2003. 中国哺乳动物种和亚种
分类名录与分布大全, 87; Wozencraft, 2005. Mamm. Spec. World, 3rd ed., 606; 王酉之和胡锦矗, 2009. 四川兽
类原色图鉴, 141; Wilson and Mittermeier, 2009. Hand. Mamm. World, Vol. 1, Canivores, 622.

Arctonyx isonyx Horsfield, 1856. Proc. Zool. Soc., 398(模式产地: 印度锡金).

Arctonyx collaris taraiyensis Gray, 1863. Catal. Hodgson's Coll. Brit. Museum., 2nd ed., 7(模式产地: 印度锡金).

Arctonyx taxoides Blyth, 1853. Jour. Asiat. Soc. Bengal, 22: 591(模式产地: 印度阿萨姆).

Meles albogularis Blyth, 1853. Jour. Asiat. Soc. Bengal, 22: 590(模式产地: 西藏).

Meles leucolaemus Milne-Edwards, 1867. Ann. Sci. Nat. Zool., 8: 374(模式产地: 河北).

Meles obscurus Milne-Edwards, 1871. Rech. 1' Hist. Nat. Mamm., 200(模式产地：四川).

Arctonyx leucolaemus orestes Thomas, 1911. Abstr. Proc. Zool. Soc., 27(模式产地：秦岭).

Arctonyx obscurus incultus Thomas, 1922. Ann. Mag. Nat. Hist., 10: 395(模式产地：安徽).

Arctonyx leucolaemus minlne-edwardsii Lonngerg, 1923. Ann. Mag. Nat. Hist., 11: 322(模式产地：甘肃岷山).

鉴别特征　体较粗壮，体毛黑色、白色或黑白相杂。鼻垫与上唇之间裸露，鼻吻部狭长而圆，酷似猪鼻。喉部白色。

形态

外形：较大的鼬科兽类，体肥壮，体重6～10 kg，体长55～70 cm。耳较短，眼小，腿短而粗，尾较长，脚掌裸露，爪无伸缩性，呈淡黄色，前肢爪较长。

毛色（冬毛）：上、下唇白色，鼻端裸露呈褐色。颊部棕褐色，有1块大白班，眼周棕褐色。1条宽的白色纵纹从鼻垫向后一直延伸到颈部，在颈部纵纹逐渐由白色变为浅棕色。头顶的其余部分为黑褐色，耳背基部及后缘黑色、上部白色；耳的内面基部黑色，上部白色。颊、喉及颈侧的一部分为白色或黄白色，颈的其余部分黑色。肩、背、腰、臀为黑色，针毛长达80 mm，其基部黄白色，上部黑色，绒毛黄白色。尾基的背侧棕褐色，腹侧白色，尾的其余部分白色。胸、腹、腋、鼠蹊部浅褐色，体侧黑色。四肢黑色。髭毛较短，黑褐色、棕褐色或白色。

猪獾毛色的变异很大，在商品上有黑猪獾和白猪獾之分。有的个体背、腰、臀部针毛及绒毛基本全白；有的个体肩部黑色，上体其余部分黑白斑驳。刚产出的幼体，背腹均为白色。

头骨：猪獾头骨相对较狭长，从鼻骨到顶骨逐渐上升，顶骨后端向下。脑颅最高点位于顶骨中部。颞脊明显，颞脊线略呈S形，老年时颞脊在顶骨前缘愈合成中央纵脊（矢状脊）。颞脊与人字脊相连。鼻骨较长，两鼻骨整体呈三角形，鼻骨后端接近眼眶后缘。额骨前内侧与鼻骨相接，前外侧与上颌骨相接，不与前颌骨相接；额骨在眼眶后缘形成钝的眶后突；额骨向后再次扩大，构成脑室前部的顶部，与顶骨之间的骨缝较平直。顶骨较宽大，成年后与鳞骨之间的界限不清；顶间骨与顶骨愈合。枕区人字脊很发达。成年及之前枕部垂直向下，老年时，人字脊显著向后突出，使得枕面呈向内的斜坡。枕骨大孔不向外突出，仅枕髁向外突出。侧枕骨在听泡后面形成一个向后略翘的较宽的乳突。侧面，前颌骨很小，在背面鼻孔两侧呈一窄边，向后延伸不达鼻骨的一半。上颌骨宽大，在侧面构成吻部的主体。中部向外突出成上颌骨颧突，颧突前面形成圆形的眶前孔，下缘着生上犬齿、上前白齿和上白齿。泪骨较大，位于眼眶最前缘内壁。颧骨较粗壮，前段构成眼眶的下缘，在眼眶后向上形成很弱的眶后突；往后向后下方延伸与鳞骨颧突上下贴合。鳞骨较大，构成脑颅侧面的一部分，侧面突出形成鳞骨颧突，颧突腹面形成深的圆弧形关节窝；鳞骨与侧枕骨和听泡接触处形成明显的脊（人字脊下半段），人字脊往前下方延伸形成一个宽阔的颈突，末端超过听泡所在的面。翼蝶骨位于鳞骨前部，再前是眶蝶骨，斜向。腹面门齿孔蚕豆形，门齿孔后面中央有一圆形小孔。整个硬腭较长，弧形，大多数为上颌骨构成，后段由腭骨构成。腭骨后段显著向后延伸，中央向背面凹，形成较深的槽，腭骨后面两侧与翼骨相接，翼骨形成一个弧形的面，末端显著向腹面翘起，末端游离部分较粗壮。听泡小而扁平。下颌骨相对细长，腹面弧形，冠状突高耸，前缘向上呈弧形，个别个体整体呈窄的扇形。关节突位置高，高于下颌犬齿顶端。角突小，游离部分很少。

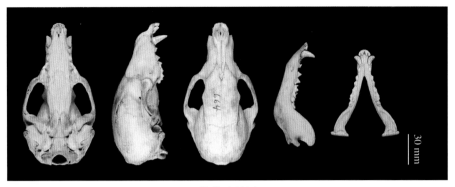

猪獾头骨图

牙齿：齿式3.1.4.1/3.1.4.2 = 38。上颌门齿排成马蹄状，外侧的1对宽大；咀嚼面长而侧扁，比第2对门齿约长2倍。犬齿粗大锋利，外侧后缘略向内收缩；与门齿间隔较大，为咬合时容纳下颌犬齿的位置。前白齿发育不健全，特别是第1对前白齿极小而退化，第2前白齿与第1前白齿相近，前白齿齿冠依次而大，第3枚前白齿单齿峰，第4前白齿为裂齿，呈三角形，外侧原尖强大，后尖较低，后内缘有一小齿突。白齿近似菱形，具一圆形后叶，外侧前尖和后尖较发达，后侧的两个小齿尖形成低而狭窄的脊，内侧基部为一半圆形跟座。第1对下前白齿仅为一不明显的小瘤；第2对下前白齿和第3对下前白齿的齿尖发达。下白齿发展为裂齿，下原尖和下后尖几在同一线上，下前尖低，后眼座盆状，边缘具5个小的齿突。第2下白齿近似圆形，前内缘低平，后缘具3个明显的齿突。

量衡度（量：mm）

头骨：

编号	颅全长	基底长	颧宽	眶间宽	颅高	上齿列长	下齿列长	下颌骨长
SAF20110	118.64	112.24	73.53	29.24	53.47	56.78	50.82	87.03
SAF20111	118.5	113.56	66.57	27.19	54.30	55.01	54.22	81.51
SAF20114	115.28	110.82	74.14	26.81	51.24	55.54	51.44	85.42
SAF20115	125.94	119.24	79.78	32.29	58.65	58.10	57.10	93.52
SAF20116	124.80	120.52	78.42	31.33	57.12	64.25	57.82	95.80
SAF20117	117.50	111.06	75.09	30.60	57.21	53.77	49.66	78.32
CWNUY65041	113.30	109.68	60.25	26.08	43.88	58.12	55.50	83.34
CWNUY65100	125.41	120.88	85.82	34.98	48.89	59.88	56.97	86.38
CWNUC65005	117.82	114.31	77.78	31.67	47.79	59.25	57.44	87.76
CWNUW80215	121.73	118.29	—	28.83	53.06	58.84	56.47	89.22
CWNUC560100	116.52	113.73	65.37	28.17	43.12	54.86	53.04	78.72
CWNUN86014	120.29	117.46	76.28	31.20	46.05	59.79	48.86	78.15
CWNUY65081	114.46	109.87	74.54	32.05	47.37	59.14	56.91	87.04
CWNUY65095	118.43	112.14	69.14	24.83	42.35	56.45	53.26	84.41
SICAU664	116.55	111.91	68.85	28.13	46.73	55.40	54.26	85.92

生态学资料 栖息于森林、灌丛、荒野等处,在平原,丘陵,高、中、低山地均能发现猪獾的踪迹。挖洞而居,有时也利用岩石中的天然洞穴,这些洞穴常在较干燥的岩脚、树蔸下,土洞较少,一般洞深2~3 m,最深可达8 m。有冬眠习性,但易惊醒。昼伏夜出,多单独活动,有时也结成小群。白天在洞中居住,隐蔽和食物等条件好时住得久,否则只住几天就另择洞穴。猪獾性情凶猛,常咬伤进洞的猎狗并与其搏斗。杂食性,以植物的根、茎、果实和蚯蚓、昆虫、鱼、蛙、啮齿类及大、中型兽类的尸体为食。发情交配期在夏季,由于冬眠,孕期较长,多于翌年4—5月产仔,每胎2~7仔,一般3~4仔。

地理分布 四川有2个亚种:南方亚种*Arctonyx collaris abogulris* Blyth,1853,广泛分布,国内还分布于福建、安徽、湖北、云南、重庆、江苏、陕西等地;北方亚种*A. c. leucolaemus* Milne-Edwards,1867,见于甘孜、若尔盖、黑水,国内还分布于河北、辽宁、河南、山西、甘肃等地。

在四川的历史分布区域:涪城、梓潼、江油、旌阳、青川、绵竹、利州、安县、旺苍、北川、剑阁、平武、中江、苍溪、达川、宣汉、万源、邻水、渠县、平昌、巴州、南江、通江、东兴、荣县、简阳、乐至、翠屏、乐山市内、喜得、越西、石棉、天全、汶川、金川、茂县、雨城、邛崃、蒲江、大邑、彭州、什邡、崇州、都江堰、康定、泸定、九龙、雅江、理塘、稻城、乡城、得荣、甘孜、若尔盖、黑水。

2000年以来确认的在四川的分布区域:安州、巴塘、巴中、北川、苍溪、达川、稻城、得荣、德阳、甘孜、广元、黑水、简阳、剑阁、江油、金川、九龙、康定、乐山、乐至、理塘、邻水、泸

分省(自治区、直辖市)地图——四川省

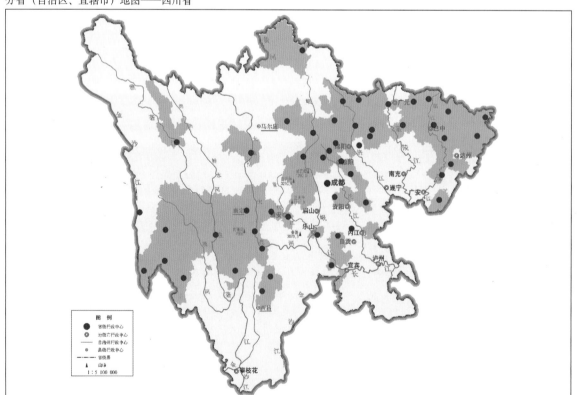

审图号:GS (2019) 3333号

自然资源部 监制

猪獾在四川的分布
注:红点为物种的分布位点,绿色斑块表示历史分布区域。

定、茂县、绵阳、绵竹、南江、内江、平昌、平武、青川、渠县、荣县、若尔盖、什邡、石棉、天全、通江、万源、旺苍、汶川、喜得、乡城、宣汉、雅安、雅江、宜宾、越西、中江、梓潼。

分类学讨论 据记载猪獾有5个亚种分化。Allen（1938）据头骨和毛色等特征变化，将我国境内猪獾分为南、北2个不同亚种，分布在长江流域及秦岭以南的猪獾定为指名亚种，分布在河北、北京及甘肃岷南地区的猪獾定为北方亚种 *Arctonyx collaris leucolaemus* Milne-Edwards，1867。Allen这一观点得到 Pocock 和 Ellerman 等人的赞同，但对指名亚种提出异议，Pocock 认为只有分布在阿萨姆和锡金的猪獾应属指名亚种，而广布我国南方诸省份的猪獾则应更名为南方亚种 *A. c. albogularis* Blyth，1853。

对比陕西、甘肃、安徽、浙江、江苏、福建、湖北、云南、广东及河北等地标本，各地皮张皆有毛色黑白变异，并不能作为亚种划分的主要根据。由于甘肃文县的3个标本，成体头骨量度（颅全长134.5 mm）与南方亚种吻合，而且毛色特征与陕西标本一致，故认为 Lönnberg（1923）将甘肃岷南地区标本定为北方亚种欠妥，应隶属 *A. c. albogularis* 亚种。北京及河北承德地区的未能获得头骨标本，从文献记载和对比皮张标本中，可以看出纯白的喉斑向后延伸，直达颈背并汇合，显著区别于南方亚种，符合 Allen 记述的北方亚种主要特征。

四川省内仅有1个亚种，即南方亚种 *A. c. albogularis*，模式产地为西藏东部或四川。

猪獾南方亚种 *Arctonyx collaris albogularis* Blyth，1853

Meles albogularis Blyth, 1853. Jour. Asiat. Soc. Bengal, 22: 590(模式产地: 西藏东部).

Meles obscurus Milne-Edwards, 1871. Rech. Nat. Hist. Mamm., 200, 202(模式产地: 四川).

Meles leucolaemus orestes Thomas, 1911. Abstr. Proc. Zool. Soc. Lond., 27(模式产地: 陕西秦岭).

Meles obscurus incultus Thomas, 1922. Ann. Mag. Nat. Hist., 10: 395(模式产地: 甘肃岷山).

鉴别特征 体型较大，颅全长134～137 mm。喉部白斑不达颈背。颈背黑褐色，仅夹杂少量白色针毛。老年个体脑颅较隆突，额骨向外较膨胀。

地理分布 四川西部和西北部。

猪獾（拍摄地点：四川红原 拍摄者：尹玉峰）

54. 水獭属 *Lutra* Brisson，1762

Lutra Brisson, 1762. Regn. Anim.: 13(模式种: *Mustela lutra* Linnaeus, 1758); Allen, 1938. Mamm., Chin. Mong.,
  408; Ellerman and Morrison-Scott, 1951. Check. Palaea. Ind. Mamm., 275; Wozencraft, 1993. Mamm. Spec.
  World, 2nd ed., 311; 王应祥，2003. 中国哺乳动物种和亚种分类名录与分布大全, 88; Wozencraft, 2005. Mamm.
  Spec. World, 3rd ed., 604; Wilson and Mittermeier, 2009. Hand. Mamm. World, Vol. 1, Canivores, 644.

Lortra Gray, 1843. Ann. Mag. Nat. Hist. [Ser. 1], 11: 118.

形态　个体较大，体重一般可达8 kg。四肢指（趾）爪较大而锐利。头骨扁而狭长，具第1前白齿。

水獭是鼬科动物中营半水栖生活的种群，其身体结构发生许多变化。头部扁平宽阔，耳朵小，位置很低。耳和鼻孔均生有小圆瓣，潜水时能关闭。四肢短，指（趾）间有蹼。皮毛致密油亮，其他如躯体扁圆形，尾长而富有肌肉等，均是其适于水中生活的特征。

头骨粗壮结实，老年头骨各骨缝消失，鼻骨短，眶间部狭窄，脑颅宽大呈扁梨形。门齿横列，外门齿大于内门齿2倍；犬齿圆锥形，几乎直立；上前白齿很小，紧靠于犬齿内侧，第2、3上前白齿较大，具圆锥形齿冠；第4上前白齿最大，外缘长刀形，具三尖，内缘低，呈圆形；上颌后白齿矩形，中间凹陷，具4尖。下颌3个前白齿，第1白齿大而狭长；第2白齿小，呈圆形。齿式3.1.4.1/3.1.3.2=36。

地理分布　水獭属是水獭亚科中最大的属。计有11种，几乎占该亚科6属水獭种类的2/3。广泛分布于欧洲、亚洲和美洲各地。我国有2种：水獭*Lutra lutra*，广泛分布全国各地；江獭*L. Perspicillata*，目前已知分布于云南、贵州、广东等省份。

分类学讨论　水獭属包括普通水獭亚属*Lutra*和印度水獭亚属*Lutrogale*。两者在外形、头骨和生态方面都有一些较显著的差别，如江獭的针毛甚短，尾较扁而后端几乎裸露；头骨较狭长，不太扁平，眼眶较大，多群体活动等。差异较大。因此，也有人主张将江獭另立一属。江獭在我国的种群数量较少，分布范围较狭窄，对其了解不多，有待今后进一步研究。

(114) 欧亚水獭 *Lutra lutra* Linnaeus，1758

别名　扁子、水扁子、水毛子、獭子、水獭子、鱼猫子、水猫子、水狗、獭猫、陕猫（藏）、学锁（Shosse，彝）、猵獭（《本草纲目》）

英文名　Eurasian Otter

Lutra lutra Linnaeus, 1758. Syst. Nat., 10th ed., 1: 45(模式产地: 瑞典); Allen, 1938. Mamm. Chin. Mong., 410-412;
  Ellerman and Morrison-Scott, 1951. Check. Palaea. Ind. Mamm., 275; 胡锦矗和王酉之，1984. 四川资源动物志　第
  二卷　兽类, 102; 高耀亭，等，1987. 中国动物志　兽纲　第八卷　食肉目, 224; Wozencraft, 1993. Mamm. Spec.
  World, 2nd ed., 312; 王应祥，2003. 中国哺乳动物种和亚种分类名录与分布大全, 88; Wozencraft, 2005. Mamm.
  Spec. World, 3rd ed., 604; 王酉之和胡锦矗，2009. 四川兽类原色图鉴, 142; Wilson and Mittermeier, 2009. Hand.
  Mamm. World, Vol. 1, Canivores, 644.

鉴别特征　头扁，身体较细长，体呈咖啡色。裸露的鼻垫上缘呈W形。四肢短，脚圆形，指（趾）间有蹼，指（趾）爪长而稍锐利。尾长，超过体长一半。

形态（据采自南江县的中华亚种标本）

外形：是鼬科中中型半水栖的种类，身体较细长。头部较扁，眼小，耳小且短圆，鼻垫小，触须发达。尾较长，其长超过体长一半，尾基部粗，向尖端逐渐变细。四肢短，前、后肢各具5指（趾），指（趾）间有蹼，后肢蹼较发达，趾端具侧扁的爪。

毛色（冬毛）：上、下唇白色，具光泽。上唇两侧及口角均长有许多白色髭毛。鼻垫裸出，黑褐色。颊部白色，眼的上缘灰白褐色，下缘棕色。额部、头顶暗褐色；耳背褐色，内棕白色。颏、喉白色。颈、肩、背、腰、臀至尾的背面呈棕褐色，尾腹面浅褐色。胸、腹部白色，具光泽。腋部白色沾褐色，鼠蹊部浅褐色，体侧较背部颜色稍浅。四肢的外侧暗褐色，内侧白色沾褐色。在前肢腕关节处有数根短且呈白色的刚毛。幼体背部冬毛与成体相似，为棕褐色；体侧浅棕色，腹部灰褐色。刚产下的幼仔为白色。雌、雄个体毛色相似。

头骨：欧亚水獭吻部短，且相对较宽。脑颅背面较平直。矢状脊和人字脊明显，且越到老年越高耸。眶后较窄，小于眶间宽，更小于吻宽，且越到老年眶后区越窄。脑颅较鼓圆。成年后，脑颅顶部各骨块（鼻骨、额骨、顶骨、顶间骨和鳞骨）相互愈合，骨缝不清。刚成年时，吻部的鼻骨、前颌骨、上颌骨组成较圆润的吻部，老年时，上颌骨向下塌陷，使得鼻中部高耸。刚成年时，枕区垂直向下，枕骨大孔略向外突出，枕髁显著向后突出。老年时，人字脊显著向后延伸，人字脊后端超过枕髁后端。上颌骨形成的眶前孔较大。颧弓相对粗壮，额骨的眶后突钝，颧骨的眶后突相对较明显。腹面门齿孔相对较大，椭圆形，呈"八"字形排列。硬腭相对较窄，腭骨后缘中央向后延伸为管状，扁平。翼骨较薄，直立，后端腹面显著游离，片状，且略向外扩展。听泡1室，较鼓胀，但较窄，外侧向骨质外耳道方向扁平。外耳道无明显的骨质管。下颌骨显得纤细，着生牙齿的面平直，腹面弧形。冠状突大而高耸，三角形，顶端较圆，侧面窝较深，供咬肌附着。关节突位置低，不高于最后一颗下臼齿的齿槽，横列。角突较小，游离部分圆弧形。

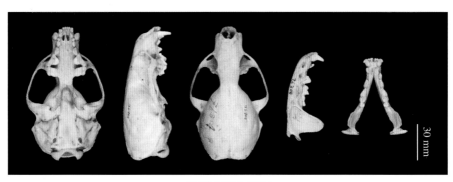

欧亚水獭头骨图

牙齿：齿式3.1.4.1/3.1.3.2＝36。门齿3对，排成横列，外侧1对较大，约为其他2对门齿的2倍。齿呈圆锥形。上颌犬齿比下颌犬齿长。第1前臼齿小，位于犬齿内侧。上裂齿很大，外缘刀状，内叶大而宽圆。上齿矩形，第2下臼齿圆形。

量衡度（量：mm）

头骨：

编号	颅全长	基底长	颧宽	眶间宽	颅高	上齿列长	下齿列长	下颌骨长
CWNUJ65053	—	—	—	—	—	41.71	43.89	68.72
CWNUQJ8001	86.64	82.75	60.24	16.82	33.50	37.09	38.38	59.38
CWNU-65030	89.85	85.74	59.33	15.37	36.05	36.86	—	—
CWNU-64002	83.29	79.51	53.55	17.48	35.91	36.80	39.24	57.12

　　生态学资料　欧亚水獭是一种半水栖的兽类，喜活动于鱼类较多的河流、湖泊、水库、溪流等处，尤其是水流较缓、透明度大的山溪。穴居，其巢穴多在河边乱石洞、石隙、大树根下，洞有多个出口，少数洞口在水中。洞口常留有一些鱼骨和粪便。无洞时也栖于竹林、灌丛下、茅草丛中。

　　欧亚水獭白天多隐藏在洞穴中睡觉，黄昏或天黑即出来活动，凌晨回洞休息。早春有晒太阳取暖的习性。夏季一般进入小河活动。听、视、嗅觉均好，遇惊即迅速入水潜逃或快跑钻入附近的石隙或天然洞中。多独栖，有时也能发现雌体带着幼仔成小群活动。冬季进入较潮湿的洞穴时要衔草、树叶垫窝，洞穴干燥则铺垫很少或无。

　　以鱼为食，从水中捕得鱼后，拉出水面，在河边或河中岩石上吃。有时也吃蟹、虾、水生昆

分省（自治区、直辖市）地图——四川省

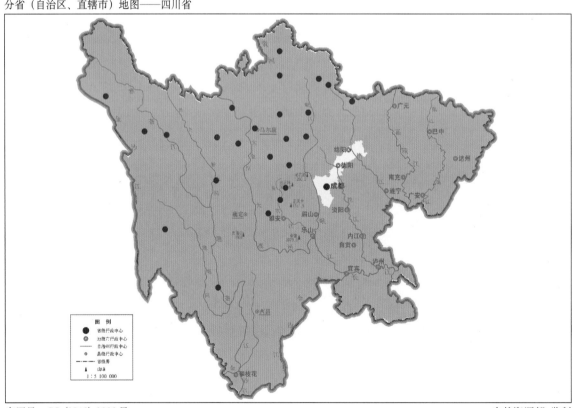

审图号：GS (2019) 3333 号　　　　　　　　　　　　　　　　　　　　　自然资源部　监制

欧亚水獭在四川的分布

注：红点为物种的分布位点，绿色斑块表示历史分布区域。

虫、蛙类，偶尔还盗食家禽。没有储食习性。

　　地理分布　在四川分布广泛，从川西高原到高山深谷，盆地周缘中、低山，丘陵，平原地区，几乎每县都有它的踪迹，国内还分布于河南、山西、陕西、甘肃、浙江、江苏、湖北、福建、台湾、广东、广西、云南等省份。

　　在四川的历史分布区域：除成都平原少数县外，遍布全省各地。

　　2000年以来确认的在四川的分布区域：阿坝、宝兴、道孚、德格、甘孜、黑水、红原、金川、九寨沟、理塘、理县、芦山、马尔康、茂县、木里、平武、青川、壤塘、若尔盖、石渠、松潘、天全、汶川、小金、叙永。

　　分类学讨论　关于欧亚水獭在我国各地区的亚种分化问题，综合前人的研究，共有5个亚种：指名亚种 *Lutra lutra lutra* Linnaeus，1758、滇西亚种 *L. l. nair* F. Cuvier，1823、中华亚种 *L. l. chinensis* Gray，1837、青藏亚种 *L. l. kutab* Schinz，1844、海南亚种 *L. l. hainana* Swinhoe，1870。对现有标本和各地收购的大量水獭皮观察，大致有3种类型：指名亚种类群的皮板大，皮毛颜色较深，针毛和绒毛长而致密，喉部没有白色斑块，主要产于东北地区；中华亚种类群的喉部白色斑块明显，南方的水獭白斑较大，向西北直到青海的水獭白斑渐渐缩小；喉部白色，但白斑界线不明显，这种类型包括2个亚种，滇西亚种在腹部有许多白色针毛，海南亚种颏喉部绒毛褐色。

　　四川仅有1个亚种：中华亚种 *Lutra lutra chinensis* Gray，1837，模式产地克什米尔地区。川西北高原可能有分布，尚需进一步调查。国内还分布于西藏、青海等地。

　　欧亚水獭中华亚种 *Lutra lutra chinensis* Gray，1837

Lutra lutra chinensis Gray, 1837. Ann. Mag. Nat. Hist., 2(1): 80(模式产地：广东).

　　鉴别特征　个体相对较大，体长约700 mm，尾长可达400 mm。喉部有较大的、界限分明的白色斑块。腹部毛色较浅。头骨的颧板较宽，脑颅较短，上颌臼齿相对较小。

　　地理分布　见种的描述。

欧亚水獭（拍摄地点：四川唐家河国家级自然保护区　拍摄者：马文虎）

十八、灵猫科　Viverridae Gray，1821

Viverridae Gray, 1821. Lond. Med. Repos., 15, pt. 1: 301(模式属: *Vierrra* Linnaeus, 1758).

Cryptoproctidae Flower, 1869. Proc. Zool. Soc. Lond., 29(模式属: *Cryptoprocta* Bennett, 1833).

Cryptoproctina Gray, 1864. Proc. Zool. Soc. Lond., 508.

Eupleridae Chenu, 1850-1858. Encylopedie d' histoire naturelle, Carnassiers avec la collaboration de M. E. Desmarest. Paris, Marescqet Compagnie, pts1-2: 165(模式属: *Eupleres* Doyere, 1835).

　　起源与演化　灵猫科在全世界的化石均很少。一般认为，灵猫科动物出现于渐新世早期，距今约3500万年。最早被认为属于灵猫科化石的是Stenoplesictinae亚科（包括 *Paleoprionodon*、*Leptoplesictis* 等化石属）一些成员，发现于法国和蒙古的渐新世地层。稍后还发现 *Herpestides* 为法国中新世地层，在2 300万年前；*Viverrictis*、*Jourdanictis*、*Semigenetta* 等属于灵猫科的化石，发现于欧洲，在1 300万 ~ 2 000万年前。非洲最早的化石发现于中新世中期，代表性物种包括 *Stenoplesictis*、*Orangictis* 等，地层年代在1 700万 ~ 1 900万年前。现存4个亚科在渐新世末或者中新世初期出现，距今约2 500万年。

　　也有人认为最早的灵猫科化石是 *Genetta* 属化石，发现于地中海沿岸，地层时间是渐新世末。是一种林栖的小型食肉类，其四肢、头骨和牙齿都与最原始的类群近似。且身体有斑点，香囊已经发育（高耀亭等，1987）。Cobert（1959）指出，灵猫类在渐新世起源后就按照3个不同的方向进化，最大的一支是亚洲和非洲的灵猫类；第二支是马达加斯加的隐灵猫 *Cryptoprocta*（现在为单独1个科，即马达加斯加狸科Eupleridae）；第三支是獴类（现在的獴科Herpestidae）。这也说明这3个科有共同的祖先。

　　灵猫科现生属种在我国很多，但化石种类很少，在内蒙古发现1个化石种——*Tungurictis spochi*，称为通古尔灵猫，发现于内蒙古的中新世。另外发现现生种花面狸化石，地点包括江苏和河北，地层为更新世。

　　形态特征　灵猫科多为中、小型食肉动物，体型瘦长，四肢较短，头吻部狭长突出。尾长，大于头体长一半。多数种类头面部和/或身体上具斑纹，部分物种尾上具环纹。多数物种前、后足均具5指（趾），爪半伸缩性。地栖性为主的灵猫亚科Viverrinae为趾行性，树栖性或半树栖性的长尾狸亚科Paradoxurinae与带狸亚科Hemigalinae为半跖行性。大多数物种在会阴部有会阴腺，灵猫亚科物种的最为发达。

　　头骨狭长，吻鼻部长而突出。额窄，脑颅低圆。听泡膨大，内有隔板把听泡分为前、后两部分。前臼齿排列稀疏，具齿间隙。臼齿较为退化，上臼齿内缘明显窄于外缘。

　　地理分布　灵猫科现生物种仅分布于旧大陆，见于亚洲南部、地中海沿岸与非洲。大多栖息于热带、亚热带森林与灌丛生境，少数物种（例如花面狸 *Paguma larvata*）分布范围偏北，可见于温带森林生境。许多物种善攀爬，具树栖性或半树栖性。食性较杂，可捕食中小型哺乳动物、鸟类、两栖类、爬行类、无脊椎动物等，亦取食鸟卵和植物果实、种子、嫩芽等。夜行性或晨昏活动为主，性警惕。

分类学讨论　灵猫科属于猫型亚目FELOIDEA，其高阶分类系统变化很大。Simpson（1945）将灵猫科分为7个亚科，包括1个化石亚科Stenoplesictinae及6个现生亚科（灵猫亚科Viverrinae、棕榈狸亚科Paradoxurinae、缟狸亚科Hemigalinae、鼬形獴亚科Galidiinae、獴亚科Herpestinae、隐肛狸亚科Cryptoproctinae），很多亚科又分为几个族。按照最新的分类系统，一些亚科和族变成了科级分类阶元，如原属于灵猫亚科的Prionodontini族现在是灵狸科；原属于棕榈狸亚科的Nandiniini族现在是双斑狸科；原属于缟狸亚科的Euplerini族现在是马达加斯加狸科；原属于灵猫亚科的大林獴属Genetta提升为亚科。獴亚科变成了獴科。原鼬形獴亚科划入马达加斯加狸科；原隐肛狸亚科降为马达加斯加狸科的1个属。这样，现在仅有4个亚科，分别为灵猫亚科、棕榈狸亚科、缟狸亚科和獴亚科Genettinae，共计14属34种。

中国分布有灵猫科动物7属8种，其中灵猫亚科Viverrinae 2属3种，棕榈狸亚科Paradoxurinae 4属4种，缟狸亚科Hemigalinae 1属1种。在四川分布有3属3种，其中灵猫亚科2属2种，棕榈狸亚科1属1种。

四川分布的灵猫科分属检索表

1.背部及体侧无明显斑纹；尾上无环纹 ···花面狸属 *Paguma*
　背部有深色纵纹；尾上有黑白相间的清晰环纹 ··· 2
2.体型大；背脊中央有1条粗黑的背鬃；颈侧及喉部具边缘清晰、显著的黑白领纹 ·············· 大灵猫属 *Viverra*
　体型较小；背部有3～5条深色纵纹；颈侧及喉部具模糊细领纹或缺如 ················· 小灵猫属 *Viverricula*

55. 大灵猫属 *Viverra* Linnaeus，1758

Viverra Linnaeus, 1758. Syst. Nat., 10th ed., 1: 43(模式种: *Viverra zibetha* Linnaeus, 1758); Allen, 1938. Mamm. Chin. Mong., 418; Ellerman and Morrison-Scott, 1951. Check. Palaea. Ind. Mamm., 280; Wozencraft, 1993. Mamm. Spec. World, 2nd ed., 347; 王应祥, 2003. 中国哺乳动物种和亚种分类名录与分布大全, 90; Wozencraft, 2005. Mamm. Spec. World, 3rd ed., 558; Wilson and Mittermeier, 2009. Hand. Mamm. World, Vol. 1, Canivores, 211.

Civettictis Pocock, 1915. Proc. Zool. Soc. Lond., 134(模式种: *Viverra civettina* Blyth, 1862).

Moschothera Pocock, 1933. Jour. Bombay Nat. Hist. Soc., 36: 441(模式种: *Viverra civettina* Blyth, 1862).

鉴别特征　中至大型灵猫，体长50～70 cm，体重6～10 kg。颜面部长而突出，颈侧、喉部有3道黑白相间的波形斑纹。背中央有1条由能竖起的硬鬃毛组成的粗黑的脊鬃。尾有清晰的黑白环纹。会阴部具发达的囊状香腺。

形态　头骨狭长，吻部前突，脑颅低圆。听泡较小，其长度约与上犬齿的齿尖距相等，但小于两个枕髁的横宽。听泡前部的鼓室较小而且低平，但后部的听室较大且鼓胀，呈锥状。副枕突包覆住听室的后壁，其顶端突出于听室之上。

齿式3.1.4.2/3.1.4.2 = 40。个别个体偶尔发现第3上臼齿，故齿数有时可多于40。上颌门齿一般呈半圆形排列。上裂齿原尖低圆但显著，前尖高而强大，后尖向后外方延伸呈刀刃状。上臼齿近似横置，其宽度约为长度的2倍，内、外叶之间有一极深的凹槽。

地理分布 大灵猫属分布于中国、印度、缅甸、越南、老挝、柬埔寨、泰国、马来西亚、菲律宾、印度尼西亚。

该属全世界4种，我国2种，其中四川分布有1种，即大灵猫 *Viverra zibetha*。

（115）大灵猫 *Viverra zibetha* Linnaeus，1758

别名 九节狸、麝香猫、灵狸、九江狸

英文名 Large Indian Civet

Viverra zibetha Linnaeus, 1758. *Viverra zibetha*. Syst. Nat., 10th ed., 44(模式产地：孟加拉国); Allen, 1938. Mamm.
 Chin. Mong., 419; Ellerman and Morrison-Scott, 1951. Check. Palaea. Ind. Mamm., 281; 胡锦矗和王酉之，
 1984. 四川资源动物志 第二卷 兽类, 105; 高耀亭，等，1987.中国动物志 兽纲 第八卷 食肉目, 249;
 Wozencraft, 1993. Mamm. Spec. World, 2nd ed., 348; 王应祥, 2003. 中国哺乳动物种和亚种分类名录与分布大
 全, 90; 王酉之和胡锦矗, 2009. 四川兽类原色图鉴, 144; Wilson and Mittermeier, 2009. Hand. Mamm. World,
 Vol. 1, Canivores, 212.

Viverra ashtoni Swinloe, 1864. Proc. Zool. Soc. Lond., 379(模式产地：福建).

Viverra filchneri Matschie, 1907. Wiss. Ergebn. Filchner Exped. to China, 10, 1 : 192(模式产地：陕西).

鉴别特征 最显著的形态特征包括颈部黑白相间的条纹（包括2条显眼的白色带状纹）、背脊中央的黑色纵纹，以及尾巴上的黑色环纹（环纹之间毛色棕黄）。

形态

外形：大型灵猫，为亚洲最大的地栖灵猫，体形似狗，头体长75～85 cm，尾长38～50 cm，体重8～9 kg。吻部较尖，身体及颈部粗壮，尾粗大，尾长大于头体长一半。

毛色：毛灰色至灰棕色，体表密布不清晰的斑点且相互连接，使得这些斑点看上去十分模糊。腹部毛色略浅，灰棕色，不具斑纹。尾具显眼的5～6条黑色环纹，尾尖黑。

头骨：大灵猫头骨较细长，最高点位于顶骨中部。两块鼻骨呈三角形，前端向侧面略延伸并卷曲，构成鼻孔的上壁。鼻骨后2/3及额骨前端中央下凹，形成一沟槽。鼻骨后端尖，插入额骨前缘。额骨前端尖长，内侧与鼻骨相接，外侧与上颌骨相接。眼眶上部，额骨中央向侧面扩展，形成眶后突，眶后突前、后部的额骨内收缩小。额骨侧面构成眼眶内壁的主体。后端仅与顶骨相接，不与鳞骨相接，与顶骨的骨缝为W形。顶骨较宽阔，构成脑颅顶部和侧面的主体。顶骨后1/3在中央形成矢状脊，矢状脊贯穿顶间骨中央，并与人字脊相接。顶间骨在老年个体与顶骨愈合，骨缝不清。人字脊上段由顶间骨构成，中段由顶骨和侧枕骨共同构成，下段由鳞骨构成。枕区枕髁大，髁面光滑，和人字脊处同一平面。侧枕骨在枕髁侧后方形成宽大的乳突，从后面包裹听泡。侧面，前颌骨狭窄，略呈三角形，着生门齿。上颌骨大，构成颜面部，在后端向侧面扩张，形成颧弓的基座。上颌骨着生犬齿和颊齿。颧骨发达，前段向上延伸，构成眼眶前下缘；中段向后上方延伸，构成眼眶的下缘和后下缘；后端向后下方延伸，和鳞骨颧突相接。鳞骨前后长较大，高度小，构成脑颅侧面下方的一部分。鳞骨颧突较发达，基部宽，腹面形成关节窝和下颌骨关节突相连接。鳞骨颧突向后

形成一裙边，接近人字脊，几乎相连。下方是耳道，几乎无骨质外耳道，耳道后面是鼓室，较鼓胀，长椭圆形。泪骨位于眼眶最前缘，构成眼眶前内壁的一部分，泪骨整体略呈半圆形，侧面出露较少，略呈菱形。翼蝶骨和眶蝶骨在老年个体愈合，骨缝不清；翼蝶骨和鳞骨一样高；它们构成眼窝底部下方的一部分，翼蝶骨在鳞骨颧突腹面向后延伸和听泡相接触。头骨腹面门齿孔呈向内弯曲的长椭圆形，绝大部分由前颌骨围成，后端由上颌骨围成。硬腭平坦，长远大于宽。55%左右由上颌骨构成，45%左右由腭骨构成。腭骨前端略呈梯形。内鼻孔以后侧面向后延伸，与翼骨相连。基枕骨略呈长方形，宽大。基蝶骨略呈三角形，前蝶骨出露部分棒状。下颌骨中等发达，较细长。冠状突薄，宽阔，顶端圆弧形，侧面有深窝，供咬肌附着。关节突髁面光滑，较大，与齿骨呈垂直排列。关节突较小，但显著游离，和果子狸不同。

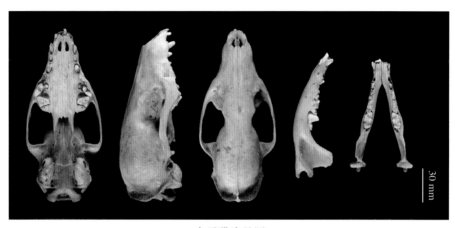

大灵猫头骨图

牙齿：齿式3.1.4.2(3)/3.1.4.2 = 40(42)。上颌门齿排列呈半圆形，第3上颌门齿明显大于第1、2门齿。犬齿粗壮而尖锐，略侧扁。前白齿排列稀疏，具齿隙。第2、3上前白齿侧扁，侧面观近似三角形。上裂齿最大。原尖低圆，前尖大而尖，齿尖略斜向后方；后尖低矮并向后外方延长呈一长棱；前尖前方的齿前缘齿带内侧常有小的前附尖。上白齿近似横置，内缘窄于外缘，内、外叶之间有一很深的凹槽。下颌门齿3枚，第3下颌门齿略大。下颌犬齿中等发达。下前白齿4枚，第1枚单根，单尖；第2枚双根，单尖；第3枚较大，前窄后宽；第4枚下前白齿冠面齿突复杂，有多个齿尖，下裂齿跟座特别显著。

量衡度（量：mm）

头骨：

编号	颅全长	基底长	基长	颧宽	眶间宽	颅高	上齿列长	下齿列长	下颌骨长
IOZ-35474-S	101.69	94.71	93.77	51.20	19.63	35.51	36.99	31.03	70.47
IOZ-35475-S	98.87	94.39	91.33	51.32	19.37	35.99	34.03	30.91	68.59
IOZ-35479-S	139.10	135.64	134.91	66.37	21.60	44.28	64.83	63.13	95.60
IOZ-35480-S	141.77	137.91	137.00	67.63	23.12	45.11	63.66	63.26	96.76
YX2063	143.66	140.92	141.09	70.10	26.26	54.27	72.67	74.05	114.78

生态学资料　在中国境内，大灵猫仅见于茂密的热带与亚热带森林，对其自然史和生态所知甚少。根据来自外国的文献，大灵猫活动隐秘，生性机警，主要捕食动物性食物，包括鸟类、蛙类、蛇类、小型兽类、鸟蛋和鱼类，偶尔也会取食植物果实与根茎。大灵猫具有领域性，在夜间及晨昏更为活跃。地面活动为主，但也善于攀爬树木和游泳。繁殖不具明显的季节性，每年可产2胎，每胎1～5仔。在中国南部，大灵猫承受了来自人类的巨大捕猎压力，许多区域性种群可能已经消失。大灵猫会阴腺可分泌油性分泌物，被涂抹或喷射在各种物体上用于标记个体领地。这种分泌物称"灵猫香"，被人类用于香水生产，历史悠久，因而大灵猫亦被人类长期养殖，用于产香。

地理分布　分布于东南亚中南半岛，并延伸至南亚东北部和喜马拉雅山脉南麓，包括越南、老挝、柬埔寨、缅甸、马来西亚、泰国、印度、孟加拉国、不丹、尼泊尔。在国内，大灵猫历史上在长江以南及西南诸省份均有报道，但近年来确认的记录仅见于云南南部、四川南部、西藏东南部的少数几个地方，分布区破碎化严重。指名亚种历史上记录于西藏南部，近年来无确认记录；华东亚种历史上分布于江苏南部、安徽、江西、湖北、湖南、浙江、福建、广东、广西、贵州、陕西、四川、西藏东部、云南东部等地，近年来仅见于四川南部；印缅亚种历史上分布于云南西部、西藏东南部，目前见于西藏东南部（墨脱）、云南西南部（德宏）；印支亚种历史上分布于贵州南部、云南南部、广西南部，目前仅见于云南南部；海南亚种历史上分布于海南，近年来无确认记录。

在四川的历史分布区域：贡井、涪城、梓潼、江油、旌阳、青川、绵竹、利州、安县、旺苍、北

分省（自治区、直辖市）地图——四川省

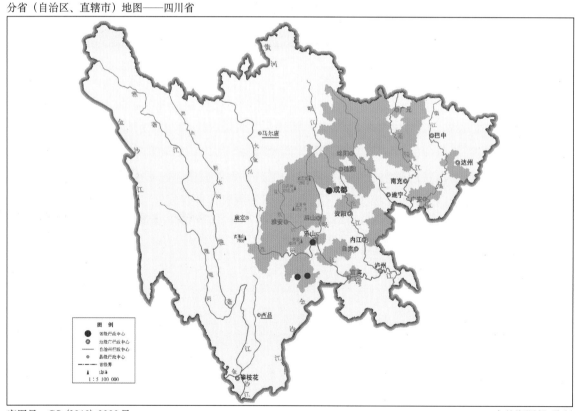

审图号：GS (2019) 3333号　　　　　　　　　　　　　　　　　　自然资源部 监制

大灵猫在四川的分布
注：红点为物种的分布位点，绿色斑块表示历史分布区域。

川、剑阁、平武、三台、中江、南部、阆中、苍溪、岳池、前锋、达川、内江、荣县、简阳、安岳、翠屏、乐山市中、犍为、眉山、峨眉山、丹棱、洪雅、马边、峨边、雨城、名山、荥经、汉源、石棉、天全、芦山、宝兴、邛崃、蒲江、大邑、郫都、彭州、什邡、崇庆、灌县（现都江堰）、新都、汶川。

2000年以来确认的在四川的分布区域：乐山、马边、美姑。

分类学讨论 全世界有5～6个亚种，中国分布有5个亚种：指名亚种 *Viverra zibetha zibetha* Linnaeus，1758，模式产地为孟加拉国；华东亚种 *V. z. ashtoni* Swinhoe，1864，模式产地为福建闽江水口；印缅亚种 *V. z. picta* Wroughton，1915，模式产地为缅甸北部亲敦江；印支亚种 *V. z. surdaster* Thomas，1927，模式产地为老挝杭康；海南亚种 *V. z. hainana* Wang et Xu，1983，模式产地为海南吊罗山。其中，印支亚种有时被归入印缅亚种。四川分布的是华东亚种。

大灵猫华东亚种 *Viverra zibetha ashtoni* Swinhoe，1864

Viverra ashtoni Swinhoe, 1864. Proc. Zool. Soc. Lond., 379(模式产地: 福建).

Viverra filchneri Matschie, 1907. Wiss. Ergebn. Filch. Exped. to China, 10(1): 192 （模式产地: 陕西安康).

鉴别特征 大灵猫华东亚种是大灵猫中毛最长的1个亚种。臀部的脊鬣毛（冬毛）长可达95 mm，体侧针毛长40～60 mm，绒毛长30～68 mm。尾毛长而丰厚；尾圆柱状，相对较长，平均为体长的67%。

大灵猫（拍摄地点：四川乐山市金口河区八月林县级自然保护区 拍摄时间：2020年 红外相机拍摄 提供者：王琦）

56. 小灵猫属 *Viverricula* Hodgson，1838

Viverricula Hodgson, 1838. Ann. Mag. Nat. Hist., I: 152(模式种: *Civetta indica* É. Geoffroy, 1803); Allen, 1938. Mamm. Chin. Mong., 425; Ellerman and Morrison-Scott, 1951. Check. Palaea. Ind. Mamm., 282; Wozencraft, 1993. Mamm.

Spec. World, 2nd ed., 348; 王应祥, 2003. 中国哺乳动物种和亚种分类名录与分布大全, 91; Wozencraft, 2005. Mamm. Spec. World, 3rd ed., 559; Wilson and Mittermeier, 2009. Hand. Mamm. World, Vol. 1, Canivores, 209.

鉴别特征　脑颅高而侧扁。听泡长而大，其长度超过上犬齿的齿尖距，高度超过副枕突。背部有3～5条黑色条纹。尾有7～9个暗色环。

形态

小灵猫属的体形比大灵猫属更为纤细。吻部更加尖凸。黑白相间的尾环较狭窄，数目较多（7～9个）。雌性乳头2对，均位于腹部。

头骨窄长，脑颅高而近乎侧扁。矢状脊特别发达，后部高隆。听泡长且明显膨胀，其长度大大超过上犬齿的齿尖距，与2个枕髁外缘宽接近相等，高度超过副枕突。齿形较大灵猫更为尖长锐利，第2上白齿相对较小。

小灵猫属的足型结构与大灵猫属相似。香腺也高度发达，但囊腔内壁有皱褶和棱脊。

地理分布　分布于中国、印度、不丹、尼泊尔、巴基斯坦、印度尼西亚（苏门答腊岛）、马来西亚、斯里兰卡。

该属全世界仅1种，分布于亚洲南部，也分布于中国四川及中国其他省份，即小灵猫 *Viverricula indica*。

（116）小灵猫 *Viverricula indica*（É. Geoffroy，1803）

别名　香狸、七间狸、乌脚狸

英文名　Small Indian Civet

Civetta indica É. Geoffroy, 1803. Cata. Mammifères Mus. Nat. Hist., 113（模式产地：印度南部）.

Viverricula indica Ellerman and Morrison-Scott, 1951. Check. Palaea. Ind. Mamm., 282; 胡锦矗和王西之, 1984. 四川资源动物志　第二卷　兽类, 107; 高耀亭，等, 1987. 中国动物志　兽纲　第八卷　食肉目, 224; Wozencraft, 1993. Mamm. Spec. World, 2nd ed., 348; 王应祥, 2003. 中国哺乳动物种和亚种分类名录与分布大全, 91; Wozencraft, 2005. Mamm. Spec. World, 3rd ed., 559; 王西之和胡锦矗, 2009. 四川兽类原色图鉴, 145; Wilson and Mittermeier, 2009. Hand. Mamm. World, Vol. 1, Canivores, 209.

Viverra pallida Gray, 1831. Zool. Misc., I: 17（模式产地：广东）.

Viverricula liancnsis Matschie, 1911. Wiss. Ergcbn. Filchner Expcd. to China, 10, 1: 196（模式产地：湖北汉口）.

Viverricula pallida taivana Schwarz, 1911. Ann. Mag. Nat. Hist., 7: 637（模式产地：中国台湾）.

鉴别特征　体纤细，四肢较短且后肢略长于前肢。吻部尖。尾粗长且具明显的黑色环纹。体表密布呈纵向排列的深色斑点，在背部中央及两侧相互连接，形成5～7条纵纹，从肩部延伸至臀部。

形态

外形：中等体型的灵猫科动物，头体长45～68 cm，尾长30～43 cm，体重2～4 kg。体纤细，四肢较短且后肢略长于前肢；吻部尖而突出；尾粗长，尾长大于头体长一半。

毛色：身体毛灰色至灰棕色，四足色深，近黑色。体表密布呈纵向排列的深色斑点；在背部中央及两侧，这些斑点相互连接形成5～7条纵纹，从肩部延伸至臀部。尾具黑棕相间的环纹，尾尖毛白色。

头骨：小灵猫头骨更加细长，最高点位于顶骨中部。鼻骨前端较宽，中部两侧平行，后端突然缩小，末端圆弧形，和大灵猫明显不同。额骨前端尖长，内侧与鼻骨相接，外侧与上颌骨相接。额骨向后，在颅面迅速扩大，最宽处为眶后脊，眶后脊后面顶骨在颅面突然缩小，其突出的边缘即为颞脊，颞脊使额骨后的颅面呈三角形，颞脊在额骨后端即愈合为矢状脊。在侧面，额骨构成眼窝内壁的大部分区域；额骨和顶骨之间的骨缝呈W形，在成年后额骨和顶骨愈合，骨缝不清。顶骨长、大，构成脑颅顶部及侧面的大部分区域，使脑颅呈长椭圆形。中央的矢状脊一直向后延伸，与人字脊相接。脑颅后段下凹，到人字脊又上翘，是枕部显得较长。枕区矢状脊向后超过枕髁所在的平面，人字脊向下延伸止于听泡侧面。侧枕骨形成一与人字脊平行的纵脊，末端为乳突，略游离，止于听泡后面。枕髁发达，髁面光滑。侧面，前颌骨狭窄，呈长三角形，着生门齿。上颌骨宽大，颜面部下凹，使鼻骨部分狭窄，腹面宽大，着生犬齿和颊齿；上颌骨在颊齿齿槽上方向外隆起，形成颧弓的基座，使得整个颧弓向外隆突。颧弓较纤细，前端向上呈弧形，构成眼眶的前下缘，略向后上背面弯曲，构成眼眶的下缘和后下缘；后端向后下方延伸，与鳞骨颧突相接。在眼窝的最前方是泪骨，泪骨略呈半圆形，侧面为很窄的边，构成眼眶的前缘。鳞骨狭长而低矮，构成脑颅侧面下部的一部分。鳞骨颧突较纤细，但颧突基部宽，腹面构成与下颌骨连接的关节窝。向后延伸的裙边与人字脊的末段略呈平行关系。鳞骨关节窝下面是耳孔，无骨质外耳道，耳孔较大。耳孔所在区域构成1个前室，后面是鼓室，鼓室较长，鼓胀，像个鱼鳔。眶蝶骨和鳞骨一样高，较长，在鳞骨关节窝下方向后延伸，与听泡前端接触。在翼骨方向，翼蝶骨和翼骨内外贴合。眶蝶骨更低，形状不规则。翼蝶骨和眶蝶骨共同构成眼窝底部下方的一部分。腹面门齿长椭圆形，4/5由前颌骨围成，后端1/5由上颌骨围成。硬腭狭长，长远大于宽，平坦；一半左右由上颌骨构成，一半由腭骨构成，腭骨后端在第2上臼齿后形成管状骨质后鼻道。在第2上臼齿之前，腭骨略呈方形。在后鼻孔后，腭骨的两侧继续向后延伸，末端略分叉，内侧的叉与薄片状的翼骨相接，外侧与眶蝶骨相接，腭骨在眼眶内构成眼眶内壁下缘的一部分。翼骨末端形成一个尖。基枕骨长方形，基蝶骨和前蝶骨、翼骨、腭骨的一部分在老年愈合，骨缝不清。下颌骨较细弱，整体呈弧形，冠状突高耸，略呈三角形，关节突横列，与齿骨呈垂直性关系，位置较低，角突较尖，末端游离。

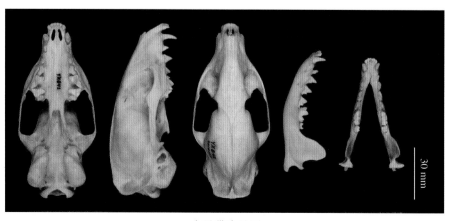

小灵猫头骨图

牙齿：齿式3.1.4.2/3.1.4.2 = 40。上颌门齿3枚（每边），第1枚最小，第2枚略大，切缘均为撮状，第3枚显著大而略高，切缘三角形，锋利。犬齿较发达，尖而长。上前白齿4枚，前2枚游离，后2枚彼此靠近；第1枚单根单尖，第2枚双根，单尖，切面为锋利的三角形；第3枚比第2枚低，但略厚，也是单尖；第4枚上前白齿最长，前宽后窄，前尖、原尖、后尖和后附尖均较发达，唇侧齿尖锋利，为上裂齿。上白齿2枚，着生在第4上前白齿后内侧，呈横列状；第1上白齿大，三角形，内侧原尖发达，但不高，外侧前尖和后尖略小，但略高；第2上白齿小得多，略呈椭圆形，齿尖小而不甚锋利。下颌门齿3枚，第1枚最小，第2枚大，第3枚比第2枚略大，切缘撮状。下颌犬齿尖长，锋利。下前白齿4枚，第1枚单根，单尖，尖较锋利；第2～4枚形状接近，且大小相同，前缘刀片状，后缘有3个齿，锋利。下白齿唇侧有4个齿尖，第1、3齿尖等大，第2齿尖最高，均锋利，内侧有原尖及附尖，该齿为下裂齿；第2下白齿略呈方形，内、外各有2个齿尖。

量衡度（量：mm）

头骨：

编号	颅全长	基底长	基长	颧宽	眶间宽	颅高	上齿列长	下齿列长	下颌骨长
IOZ-21453-S	100.73	94.12	93.53	44.08	11.77	36.08	44.94	42.79	67.66
IOZ-22858-S	103.61	96.77	97.80	49.48	14.52	40.29	46.42	45.31	70.89
IOZ-22859-S	101.61	96.95	94.25	47.09	15.52	37.46	45.09	43.39	67.79
IOZ-14933	94.17	91.59	90.94	42.32	11.59	36.31	40.22	38.99	60.09
YX746	103.95	99.52	99.45	48.92	15.26	42.00	45.75	43.50	69.90
YX842	99.00	94.61	95.55	46.05	14.71	40.50	46.35	46.50	69.75

生态学资料　小灵猫可以利用草地、灌丛、次生林、农田等多种生境。杂食动物，食物包括小型兽类、昆虫、蚯蚓、鸟类、鸟蛋、爬行类、甲壳动物、蜘蛛、蜗牛等，也会取食植物果实与嫩芽，偶尔还会袭击家禽。小灵猫为独居动物，以夜间及晨昏活动为主，雄性家域2～3 km²。关于其野外繁殖生态所知甚少，圈养个体每年可产2胎，窝仔数2～5只。会阴腺可分泌油性分泌物，被涂抹或喷射在各种物体上用于标记个体领地。在许多国家，人类饲养小灵猫已具有悠久历史，以获取"灵猫香"（即会阴腺分泌物），用于香水生产。

地理分布　小灵猫分布于东南亚与南亚大部分地区，并延伸至中国西南、华南、华东地区。在国外分布于越南、老挝、柬埔寨、泰国、马来西亚、印度尼西亚、缅甸、印度、孟加拉国、不丹、尼泊尔、巴基斯坦、斯里兰卡。经人为引入到科摩罗、马达加斯加、坦桑尼亚、也门等地区。在国内，小灵猫广泛分布于长江流域及以南、青藏高原以东大部分省份的低海拔区域。海南亚种分布于海南；华东亚种分布于秦岭以南的东部各省份，包括江苏、浙江、安徽、江西、福建、广东、香港、广西、四川、陕西、贵州、云南（东部）；印支亚种分布于贵州（西南部）、云南（南部）；台湾亚种分布于台湾；喜马拉雅亚种分布于西藏（南部）、云南（西部）。

在四川的历史分布区域：江油、平武、苍溪、仪陇、营山、蓬安、岳池、前锋、达川、东兴、宜宾、乐山、雨城、汉源、石棉、蒲江、什邡、崇州、都江堰、新都、汶川、顺庆、叙永、西昌、雷波、江津、温江。

2000年以来确认的在四川的分布区域：崇州、苍溪、都江堰、汉源、会东、江安、江油、雷波、马边、沐川、平武、什邡、石棉、汶川、西昌、叙永、雅安、仪陇、宜宾、乐山。

分省（自治区、直辖市）地图——四川省

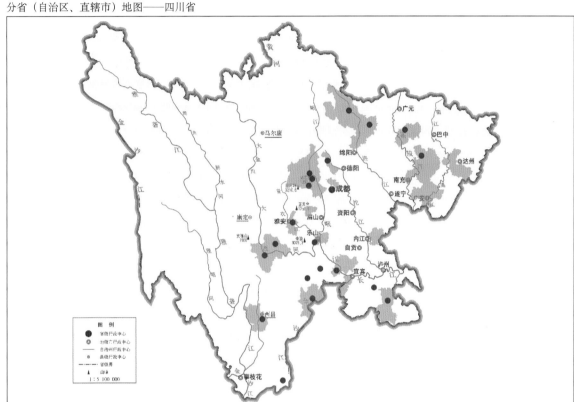

审图号：GS（2019）3333号　　　　　　　　　　　　　　自然资源部 监制

小灵猫在四川的分布
注：红点为物种的分布位点，绿色斑块表示历史分布区域。

分类学讨论　小灵猫亚种众多，目前认为有10 ~ 12个，但具体划分仍有待研究与复核。中国分布有5个亚种：华东亚种 *Viverricutus indica pallida* Gray，1831，模式产地为中国广东；印支亚种 *V. i. thai* Kloss，1919，模式产地为泰国；台湾亚种 *V. i. taivana* Schwarz，1911，模式产地为中国台湾；海南亚种 *V. i. malaccensis* Gmelin，1788，模式产地为中国海南；喜马拉雅亚种 *V. i. baptistae* Pocock，1933，模式产地为不丹。

四川分布的是华东亚种。

小灵猫华东亚种 *Viverricula indica pallida* Gray，1831

Viverricula pallida Gray, 1831. Zool. Misc., m 1: 17(模式产地：广东广州).

鉴别特征　为小灵猫中体型最大的亚种，尾较短，体色多黄色调或茶黄色调。喉、颈部的暗褐色领斑大多退化或者消失（尤其是冬毛）。尾末端暗褐棕色。

地理分布　同种的分布。

小灵猫（拍摄地点：四川马边大风顶国家级自然保护区　拍摄时间：2017年　红外相机拍摄　提供者：黄耀华）

57. 花面狸属 *Paguma* Gray，1831

Paguma Gray, 1831. Proc, Zool. Soc. Lond., 95 [模 式 种: *Paguma* (*Gulo*) *larvata* Smith, 1827]; Allen, 1938. Mamm.
　　Chin. Mong., 443; Ellerman and Morrison-Scott, 1951. Check. Palaea. Ind. Mamm., 288; Wozencraft, 1993. Mamm.
　　Spec. World, 2nd ed., 343; 王应祥, 2003. 中国哺乳动物种和亚种分类名录与分布大全, 93; Wozencraft, 2005.
　　Mamm. Spec. World, 3rd ed., 550; Wilson and Mittermeier, 2009. Hand. Mamm. World, Vol. 1, Canivores, 228.

Ambliodon Jourdan, 1837. Acad. Sci. Paris., 5: 445(模式种: *Paradoxurus jourdanii* Gray, 1832).

鉴别特征　中等体型的灵猫，营半树栖生活。足的形态、香腺结构和面纹与椰子狸近似。从鼻后经颜面至头顶的中央面纹特别宽。成体背部和尾均无任何条纹和斑点。雌性乳头2对，位于腹部。

　　形态

头骨粗壮，吻部较短而宽。眶后缩窄程度较小。成体等于或微窄于眶间距，幼体宽于眶间距。腭骨后部向后大大延长，几乎将翼窝孔全部覆盖。

　　齿式3.1.4.2(1)/3.1.4.2(1) ＝ 40。上、下颌第2臼齿退化严重，部分个体甚至终生缺失，故齿数可为38或36。老年个体的第1前白齿多半脱落。与椰子狸类比较，齿尖低矮、钝圆。上裂齿亦不呈刀刃状而是乳突状。

　　地理分布　分布于中国、印度、越南、老挝、柬埔寨、泰国、马来西亚、不丹、尼泊尔、巴基斯坦、加里曼丹岛。

　　花面狸属全世界仅1属1种，即花面狸*Paguma larvata*。分布于南亚和东南亚地区，也分布于我国。

（117）花面狸 *Paguma larvata*（Smith，1827）

别名　果子狸、围子、花鼻梁

英文名　Masked Palm Civet

Gulo larvatus Smith, 1827. Griffith's Cuvier Anim. Kingdom, 2: 281(模式产地：广东广州).

Paguma larvata Allen, 1938. Mamm. Chin. Mong., 435-439. Ellerman and Morrison-Scott, 1951. Check. Palaea.
Ind. Mamm., 289; 胡锦矗和王酉之, 1984. 四川资源动物志　第二卷　兽类, 111; 高耀亭, 等, 1987. 中国动物
志　兽纲　第八卷　食肉目, 282; Wozencraft, 1993. Mamm. Spec. World, 2nd ed., 343; 王应祥, 2003. 中国哺乳
动物种和亚种分类名录与分布大全, 93; Wozencraft, 2005. Mamm. Spec. World, 3rd ed., 550; 王酉之和胡锦矗,
2009. 四川兽类原色图鉴, 148; Wilson and Mittermeier, 2009. Hand. Mamm. World, Vol. 1, Canivores, 228.

Paguma larvata var. *taivana* Swinhoe, 1862. Proc. Zool. Soc. Lond., 354(模式产地：中国台湾).

Paguma reevesi Matschie, 1907. Wiss. Ergebn. Exped. Filchner to China, 10, 1: 183(模式产地：陕西安康).

Paguma larvata hainana Thomas, 1909. Ann. Mag. Nat. Hist., 3: 377(模式产地：海南五指山).

Paguma larvata rivalis Thomas, 1921. Ann. Mag. Nat. Hist., 8: 618(模式产地：湖北宜昌).

Paguma larvata yunalis Thomas, 1921. Ann. Mag. Nat. Hist., 8: 617(模式产地：四川盐源).

鉴别特征　大型灵猫，身体结实，尾粗长但四肢较短，尾长超过体长一半。身体、尾巴上没有斑点或条纹，这是与同域分布的其他大部分灵猫科物种（例如大灵猫、小灵猫）在外观上的最大区别。头部具有标志性的黑白"面罩"，包括黑色的眼周、头部正中并向后延伸至枕部的白色条纹、眼下颊部的白斑以及耳基的白斑。

形态

外形：大型灵猫科动物，头体长 51 ～ 87 cm，尾长 51 ～ 64 cm，体重 3 ～ 5 kg。身体结实，尾粗长但四肢较短，尾长超过体长一半。

毛色：花面狸毛色通常为浅棕色至棕灰色，偶见浅棕黄色，但头颈、四肢和尾中后部均为黑色。腹面毛色较背面与体侧浅。身体、尾巴没有斑点或条纹。头部具有标志性的黑白"面罩"，包括黑色的眼周、头部正中并向后延伸至枕部的白色条纹、眼下颊部的白斑以及耳基的白斑。

头骨：花面狸头骨相对较长，最高处位于顶骨中部；顶骨后部 1/3 突然下降。鼻骨前宽，后窄，后端 1/2 在两鼻骨之间下凹形成一沟槽；前端向前侧面略延伸，且略卷曲，构成鼻孔的上壁；后端插入额骨前缘。额骨前端很尖，前内侧和鼻骨相接，前外侧和上颌骨相接，在眼眶上部区域；额骨两侧几乎平行，仅在眶后略扩展，形成不明显的眶后突。眼眶以后，额骨显著向两侧扩展，在侧面形成眼眶内壁的主体，后缘仅与顶骨相接，不与鳞骨相接，与顶骨的骨缝呈一条直线或向后突出的弧形。顶骨构成脑颅的主体，较圆；形状不规则，其下缘与鳞骨相接，后缘与顶间骨及枕骨相接。顶间骨三角形，后端与上枕骨相接。枕区上枕骨中央向后略突出，枕髁不太发达，基枕骨很宽，方形或梯形。老年个体头顶存在矢状脊，但很弱，人字脊较发达，越到老年越明显，人字脊的上段由顶间骨构成，中段由顶骨构成，下段由鳞骨构成。侧枕骨在枕髁侧后方形成宽阔的乳突，从后面包裹听泡的后缘。头骨侧面，前颌骨很窄，略呈三角形，着生门齿；上颌骨较大，构成

颜面部侧面的主体，侧下方向外扩展，构成颧弓的基座。上颌骨着生犬齿和颊齿。颧骨发达，前段向上呈弧形，构成眼眶前下缘的一部分，后端向后上方翘，构成眼眶下缘，往后向后下方延伸，与鳞骨的颧突相接。泪骨较发达，构成眼眶前缘内壁的一部分，侧面出露为一窄边。鳞骨前后长较大，不高，构成脑颅侧面下部的一部分。颧突较发达，颧突根部腹面构成与下颌连接的关节窝，向后延伸几乎与人字脊相接，形成一裙边。裙边的下面是外耳道，骨质外耳道很短，开口较大，鼓室较大，鼓胀，三角形。翼蝶骨较大，和鳞骨一样高，在鳞骨颧突下方向后延伸，抵达听泡前缘；至腹面与翼骨内外相贴合。眶蝶骨更低，长条形，构成眼窝底部的一部分，翼蝶骨和眶蝶骨上有4个大的神经孔。头骨腹面，门齿孔长椭圆形，主要由前颌骨围成，后端底部由上颌骨围成。硬腭平坦，前窄后宽，最大长（从门齿孔后缘至后鼻孔）略大于最大宽，一半由上颌骨构成，一半由腭骨构成。腭骨前段略呈梯形，整体像一只无头的凤蝶；腭骨在侧面构成眼窝的下缘内壁，最后略分叉，内侧与翼骨相接，外侧与翼蝶骨相接。基蝶骨的后段略呈梯形，前段中间与前蝶骨相接，两侧向前延伸，侧面与翼骨相接。腭骨、翼骨、基蝶骨前段和前蝶骨共同构成后鼻孔的弧形穹顶。

下颌骨较发达，前段较粗壮，后段较薄，冠状突宽阔，圆弧形，侧面有深凹，供咬肌附着。关节突粗壮，和下颌骨呈垂直排列。角突粗壮，但不显著游离。

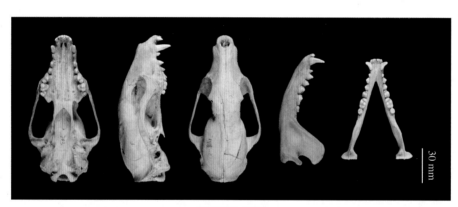

花面狸头骨图

牙齿：齿式3.1.3.1/3.1.3.1 = 32。上颌门齿3枚（每边），第1、2枚约等大，切缘撮状，第3枚最大，比第1、2枚高，切缘圆弧形。上颌犬齿不太发达，前后径约3.8 mm，高约7 mm。上前臼齿3枚，第1、2枚上前臼齿相互游离，彼此不靠近；第1枚单齿根、单尖，第2枚双齿根、单尖。第3枚较大，"山"字形，中间齿尖发达而锋利，为上裂齿；上臼齿1枚，大而粗壮，有3个呈三角形排列的齿尖（前尖、后尖和原尖），靠第3前臼齿有个小的前附尖。下颌门齿3枚，第1枚最小，切缘圆形；第2枚略大，切缘弧形；第3枚最大，切缘三角形。下臼齿较发达，出露根部前后径约4 mm，长约8 mm，根部一样粗，1/2左右处突然变细，显得向后勾。下前臼齿3枚，第1枚单根，单尖，第2枚双根，单尖，切缘三角形，锋利。第3下前臼齿最大，山形，锋利。下臼齿1枚，长大于宽，咀嚼面有5个齿突，后4个齿突左右相对排列，唇侧下裂齿齿尖较锋利。

量衡度（量：mm）

头骨：

编号	颅全长	基底长	基长	颧宽	眶间宽	颅高	上齿列长	下齿列长	下颌骨长
IOZ-22860-S	114.60	106.95	107.10	63.74	21.51	42.81	49.23	47.16	84.96
IOZ-05200-S	111.95	104.97	105.43	64.91	23.21	41.46	46.95	44.71	82.17
IOZ-05201-S	100.83	99.51	96.72	53.69	21.00	39.95	44.35	39.42	73.27
IOZ-24173-S	123.07	119.07	118.64	68.42	23.46	43.39	50.80	49.30	90.12

生态学资料　花面狸可在多种森林、灌丛生境中生活，包括原始常绿阔叶林至次生落叶阔叶林和针叶林。此外，在农田、村庄附近也可发现。在我国华南与西南的分布区可覆盖从海平面到海拔3 000 m以上的广大区域。杂食性，食谱包括乔木果实、灌木浆果、植物根茎、鸟类、啮齿类和昆虫等。偶尔会捕食家禽，常食腐。具有灵活的爬树能力，在果实成熟的季节，会花大量时间在树上取食各类浆果如野樱桃和杨梅等，并因此被称为"果子狸"。夜行性动物，白天时主要在洞穴中休息。营独居，但也常见到2 ~ 5只集群活动。花面狸1岁时达到性成熟，孕期70 ~ 90天。在四川的高海拔山地森林中，花面狸在冬季（12月上旬至翌年3月）会大大降低活动强度，进入浅休眠状态。在人类定居区周边，花面狸可能会由于在果树上觅食而给果园带来损失，因此人们会对其进行捕杀。尽管花面狸已被证实为多种动物传染病毒（例如SARS病毒）的重要中间宿主，但野生花面狸仍面临严重的偷猎压力，被大量捕捉后作为野味非法出售给餐馆。在中国，花面狸的人工饲养繁殖也非常普遍，以提供毛皮和肉食。

地理分布　花面狸是灵猫科中分布范围最广的物种，分布区主要包括华中、华南（部分向北沿太行山延伸至华北的北京周边），并向西延伸至喜马拉雅山脉南麓，向南延伸至东南亚中南半岛、苏门答腊岛、加里曼丹岛。在国外分布于巴基斯坦、印度、尼泊尔、不丹、孟加拉国、缅甸、泰国、柬埔寨、老挝、越南、马来西亚、印度尼西亚、文莱。在我国，花面狸分布于除黑龙江、吉林、辽宁、天津、内蒙古、新疆、青海、宁夏、山东以外的各省份。指名亚种分布于北京、河北、河南、陕西、甘肃、四川、重庆、湖北、湖南、安徽、江西、上海、浙江、福建、广东、广西；喜马拉雅亚种分布于西藏（南部）；台湾亚种分布于中国台湾；海南亚种分布于海南；西南亚种分布于广西（西部）、四川（西南部）、云南、贵州、西藏（东部）。

在四川的历史分布区域：涪城、旌阳、青川、绵竹、利州、安县、旺苍、北川、平武、船山、中江、顺庆、南部、阆中、苍溪、仪陇、营山、蓬安、岳池、前锋、武胜、西充、达川、宣汉、万源、邻水、渠县、平昌、巴州、南江、通江、内江、威远、荣县、简阳、资中、安岳、乐至、宜宾、泸州、南溪、江安、长宁、兴文、珙县、高县、筠连、屏山、纳西、泸县、隆昌、合江、古蔺、叙永、富顺、乐山市中、犍为、东坡、峨眉山、彭山、青神、井研、丹棱、沐川、洪雅、夹江、仁寿、邛崃、蒲江、大邑、郫都、彭州、什邡、广汉、崇州、都江堰、汶川、德昌。

2000年以来确认的在四川的分布区域：高县、犍为、泸县、筠连、安县、安岳、巴中、北川、苍溪、崇州、达川、大邑、丹棱、德昌、德阳、都江堰、峨眉山、富顺、珙县、古蔺、广安、广安、广汉、广元、合江、洪雅、夹江、简阳、江安、井研、阆中、乐山、乐至、隆昌、泸州、眉山、绵阳、绵竹、沐川、纳西、南部、南充、南江、南溪、内江、彭山、彭州、蓬安、郫都、平昌、平武、屏山、青川、青神、邛崃、渠县、仁寿、荣县、什邡、遂宁、通江、万源、旺苍、威远、汶川、武胜、西充、兴文、叙永、宣汉、仪陇、宜宾、营山、岳池、长宁、中江、资中、雅江、康定。

分省（自治区、直辖市）地图——四川省

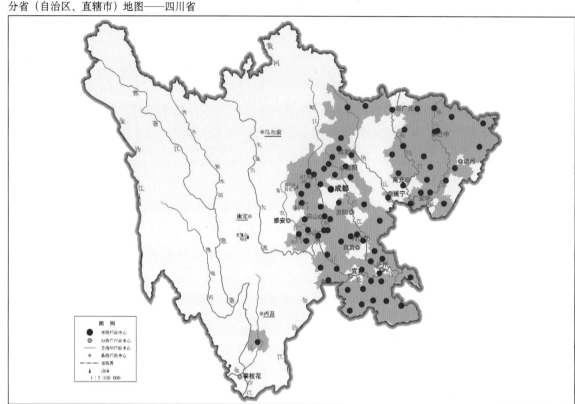

审图号：GS（2019）3333号　　　　　　　　　　　　　　　　　　　自然资源部 监制

花面狸在四川的分布
注：红点为物种的分布位点，绿色斑块表示历史分布区域。

分类学讨论 花面狸属*Paguma*为单型属。亚种划分较为混乱，全世界有6～17个亚种。中国有5个（Smith和解焱，2009）至9个（高耀亭等，1987）亚种。本书参照Smith和解焱（2009）的划分，把中国的花面狸列为5个亚种，包括：指名亚种*Paguma larvata larvata*（C. E. H. Smith，1827），模式产地为中国广东广州；西南亚种*P. l. intrudens*（Wroughton，1910），模式产地为缅甸密支那；喜马拉雅亚种*P. l. grayi*（Bennett，1835），模式产地为印度；海南亚种*P. l. hainana*（Thomas，1909），模式产地为中国海南五指山；台湾亚种*P. l. taivana*（Swinhoe，1862），模式产地为中国台湾。四川分布的属于西南亚种。

花面狸西南亚种 *Paguma larvata intrudens* Wroughton，1910

Paguma larvata intrudens Wroughton, 1910. Jour. Bombay Nat. Hist. Soc., 19: 793(模式产地：缅甸).

Paguma larvata yunalis Thomas, 1921. Ann. Mag. Nat. Hist., 9(8): 617(模式产地：四川盐源).

鉴别特征 体型大，颅全长平均121.5 mm。体色很深。夏毛焦棕色，夏毛尾有浓厚的鲜赭褐色，狐红色或棕黄色。面纹和颈纹均较宽，明显且达到前肩，黑白分明。

地理分布 同种的分布。

花面狸（拍摄地点：四川平武王朗国家级自然保护区 拍摄时间：2010年 红外相机拍摄 提供者：李晟）

十九、林狸科 Prionodontidae Gray，1864

Prionodontidae Gray, 1864. Proc. Zool. Soc. Lond., 507(模式属：*Prionodon* Horsfield, 1824).

Prionodontini Simpson, 1945. Bull. Amer. Mus. Nat. Hist., 85: 116.

起源与演化 林狸科物种的起源不是完全清晰，但一般认为它起源于渐新世早期，欧亚大陆发现的1种猫型动物化石属*Palaeoprionodon*，牙齿形态、头骨特征、听泡结构、大小均与林狸科物种接近。但同时该化石和渐新世另一化石属*Stenoplesictis*以及双斑带狸科Nandiniidae的现生属*Nandinia*有很多共同特征，如，有1个退化的鼓室，第1上前臼齿和第2下前臼齿均有双齿根等。*Palaeoprionodon*和林狸科*Prionodon*属动物的相似处包括：结实的齿列，狭窄的臼齿和第2上臼齿虚位。渐新世的*Palaeoprionodon*化石属可能是林狸科和非洲双斑带狸科的共同祖先，其他时代的化石发现很少，所以，其演化关系仍未厘清。

形态特征 体纤细，颜面部延长，颈部细长，高度特化的肉食性齿列。尾长，几乎和体长差不多。身体多斑点，臀部有2条大黑带。

地理分布 林狸科仅1属2种，主要分布于亚洲，包括缅甸、印度尼西亚（苏门答腊岛、爪哇岛）马来西亚、不丹、印度、尼泊尔、中国、越南、老挝、柬埔寨。

分类学讨论 林狸科曾长期作为灵猫科的成员（Allen，1938；Ellerman and Morrison-Scott，1951；Corbet，1978）。Gray（1864）将其作为1个亚科Prionondtinae，Pocock（1915）将其作为独立科Prionodontidae，Simpson（1945）将其作为灵猫亚科Viverrinae的1个族——Prionodontini。高耀亭等（1987）将其作为灵猫科的1个属。

分子系统学证实林狸科是猫型亚目的基干，是最原始的一类，应另立1个科。该科仅有1属——林狸属*Prionodon*，全世界2种，中国有1个种。其中四川分布有1属1种。

58. 林狸属 *Prionodon* Horsfield，1822

Prionodon Horsfield, 1822. Zool. Res. Java, pt. 5.(模式种：*Felis gracilis* Horsfield, 1822); Ellerman and Morrison-Scott, 1951. Check. Palaea. Ind. Mamm., 284; Wozencraft, 1993. Mamm. Spec. World, 2nd ed., 347; 王应祥，2003. 中国哺乳动物种和亚种分类名录与分布大全, 92; Wozencraft, 2005. Mamm. Spec. World, 3rd ed., 553; Wilson and Mittermeier, 2009. Hand. Mamm. World, Vol. 1, Canivores, 172.

Linsang Miiller, 1839. Verh. Nat. Ges. Nederl. 1, Taf.(3): 28(模式种：*Felis gracilis* Horsfield, 1822).

Priodontes Lesson, 1842. Nouv. Tabl. R. Anim., 60(模式种：*Felis gracilis* Horsfield, 1822).

Linsanga Lydekker, 1896. Geogr. Hist. Mamm., 20. Emendation of *Linsang*.

Pardictis Thomas, 1925. Proc. Zool. Soc. Lond., 498(模式种：*Prionodon pardicolor* Hodgson, 1842).

鉴别特征 林狸属的物种体纤细，类似小型灵猫。体背散布边缘清晰的深色实心圆斑、卵圆斑。尾有9～11个明显的黑色环纹。趾行性，前、后足4个主要趾均具爪鞘。两性均无香腺。雌性乳头两对，胸、腹各1对。

形态

头骨狭长，脑颅较为隆起，高而圆。左、右颞脊不形成矢状脊。听泡前部的鼓室鼓胀，几乎与后部听室等高。齿式3.1.4.1/3.1.4.2 = 38。

前白齿和裂齿特别侧扁、锋利。上裂齿原尖极小而且低下；下裂齿跟座退化，其长度仅为前部的1/4或更少。第1上白齿很小，横置。

地理分布　分布于中国、印度、不丹、尼泊尔、缅甸、泰国、老挝、越南、马来西亚、苏门答腊岛、加里曼丹岛。

属的地位稳定，该属在四川分布有1种，即斑林狸*Prionodon pardicolor*。

（118）斑林狸 *Prionodon pardicolor* Hodgson，1842

别名　斑灵狸、斑灵猫、点斑林狸

英文名　Spotted Linsang

Prionodon pardicolor Hodgson, 1842. Calcutta Journal of Natural History, 2: 57(模式产地：印度锡金); Ellerman and Morrison-Scott, 1951. Check. Palaea. Ind. Mamm., 285; 胡锦矗和王酉之，1984. 四川资源动物志　第二卷　兽类，109; 高耀亭，等，1987. 中国动物志　兽纲　第八卷　食肉目，261; Wozencraft, 1993. Mamm. Spec. World, 2nd ed., 347; 王应祥，2003. 中国哺乳动物种和亚种分类名录与分布大全，92; Wozencraft, 2005. Mamm. Spec. World, 3rd ed., 553; 王酉之和胡锦矗，2009. 四川兽类原色图鉴，146; Wilson and Mittermeier, 2009. Hand. Mamm. World, Vol. 1, Canivores, 173.

Prionodon pardochrous Gray, 1863. Cat. Hodgsons Coll. Brit. Mus. 4, *nom. Nud.*

Pardictis pardicolor presina Thomas, 1925. Proc. Zool. Soc. Lond., 499(模式产地：越南).

鉴别特征　与同域分布体型相近的灵猫类物种相比，斑林狸的身体更纤细，颈部更长。身体上散布明显的大型黑色斑，沿背脊两侧大致呈平行排列，接近背脊的斑块尺寸最大，多近圆形，实心，边缘清晰。臀部至尾部的黑色斑点有时可融合成类似中线的大块纵纹。颈部背面两侧的黑色斑延长为纵向条纹状，可后延至肩部。尾上密布8～10个清晰的黑色环纹；尾尖浅色。

形态

外形：头体长31～45 cm，尾长30～40 cm，体重0.6～1.2 kg。身体纤细，尾长与头体长相当。

毛色：毛为沙褐色至棕黄色，身体上散布明显的大型实心黑色斑，这些黑色斑沿背脊两侧大致呈平行排列，接近背脊的斑块尺寸最大，多近圆形，边缘清晰。臀部至尾部的黑色斑点有时可融合成类似中线的大块纵纹。颈部背面两侧的黑色斑延长为纵向条纹状，可后延至肩部。尾上密布8～10个清晰的黑色环纹；尾尖浅色。

头骨：斑林狸头骨背面显得细长，脑颅长椭圆形，腹面颊齿列部位显得较宽阔。鼻骨部位有一个狭窄的平台，脑颅顶部有颞脊围成的一个宝剑状平台，最高点位于顶骨中部。成年以后，鼻骨、额骨和顶骨全部愈合，骨缝不清；鼻骨狭长，前端略宽，中段两侧平行。在眼眶上部，额骨略扩展，形成不明显的眶后突，使得眼眶后缘开放很大。顶骨中央有矢状脊，顶间骨背面形成一个三角形平台，使得矢状脊后端分叉，在两侧与人字脊相接。枕区人字脊高耸，使得头骨枕部延长，但人字脊最后端与枕髁处于同一平面。枕髁较发达，髁面弧形，光滑。基枕骨在听泡之间向中间收缩，枕部形成一三角形脊，两边下凹。侧面，前颌骨狭窄，着生门齿。上颌骨较宽大，侧面形成颧弓的基座。颧骨较发达，前端向上呈弧形，构成眼眶的前下缘；后段向后上方弯曲，形成眼眶的下缘及后下缘；后段向后下方弯曲，与鳞骨颧突相接。老年个体鳞骨与额骨、顶骨愈合，骨缝不清楚。鳞骨颧突较发达，颧突腹面较宽阔，形成与下颌骨连接的关节窝；鳞骨颧突基部向后延伸，形成一个裙边，裙边与人字脊相接。在裙边下方是听泡，听泡2室，整体长椭圆形，前室侧面是外耳孔，后室更大。眼窝内，翼蝶骨、眶蝶骨、泪骨等在老年时愈合，骨缝不清。腹面，门齿孔椭圆形，由前颌骨和上颌骨围成，成年后前颌骨与上颌骨骨缝愈合。硬腭前窄后宽，后鼻孔向后延伸呈管状。腭骨和上颌骨在老年愈合；腭骨在后鼻孔后侧面相互延伸与翼骨相接，腭骨末端有一个游离的尖，伸向腹面。翼骨和腭骨后延的侧面一体，呈弧形，与背面的基蝶骨、前蝶骨构成软腭背面的骨质穹顶。老年时，基蝶骨、基枕骨、前蝶骨均愈合。骨缝不清。

下颌骨较发达，下缘弧形，冠状突较高，斜向后方延伸，顶端弧形。冠状突侧面有深窝，供咬肌附着。关节突横列，髁面光滑。角突较长而尖，末端向内略收。

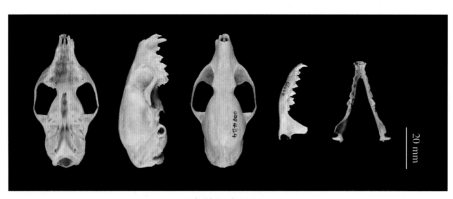

斑林狸头骨图

牙齿：齿式3.1.4.1/3.1.4.2 = 38。斑林狸的齿尖是我国灵猫科动物中显得最侧扁、锐利的，极似猫类。上颌门齿排列呈弧状，与獴类、鼬类和猫类相同。犬齿尖长。前白齿高而尖锐，近似侧扁。上裂齿原尖极小而低，前尖高而尖，后尖呈锋利的刀刃状。第1上白齿极小，横置，长小于宽，呈菱形，有4个小齿尖；故上裂齿后缘接近上齿列的最后缘，与猫类动物的齿形排列近似。下裂齿侧扁，齿尖尖锐，与其他灵猫动物相比，跟座极度退化，其宽度仅为前部宽度的一半，其长度仅占前部长度的1/4或更少。第2下白齿极小，约与第1下白齿跟座等大，卵圆形，具4个小齿突。

量衡度（量：mm）

外形：

编号	体长	尾长	后足长	耳高	采集地点
SICAU00434	370	330	65	34	四川雅安
IOZ-30096	354	349	—	19	湖南江永
IOZ-20757	397	289	52	13	贵州贵阳
IOZ-220759	458	326	—	18	—

（续）

编号	体长	尾长	后足长	耳高	采集地点
IOZ-20760	378	335	—	15	—
IOZ-33427	412	353	—	—	广西防城

头骨：

编号	颅全长	基底长	基长	颧宽	眶间宽	颅高	上齿列长	下齿列长	下颌骨长
SICAU00434	73.60	66.40	—	37.00	11.60	—	28.30	28.40	—
IOZ-30096	66.97	63.71	62.40	30.54	9.67	25.82	27.09	26.97	42.47
IOZ-24001-S	65.41	62.67	62.81	31.62	9.94	23.92	25.91	25.48	41.13

　　生态学资料　斑林狸主要栖息在热带与亚热带常绿阔叶林生境中，高度依赖森林，但偶尔也可见于林缘、灌木林或退化森林生境，通常分布在海拔2 700 m以下。主要以小型脊椎动物为食，包括啮齿类、食虫类、蛙类和爬行类，也会取食鸟蛋与植物浆果。树栖性动物，营独居生活，夜行性活动为主。在2—8月均可繁殖，每窝产仔2 ~ 4只。在四川的首次纪录是在雅安城关镇（李桂垣，1964）。

　　地理分布　分布于东南亚中南半岛的东部、北部，并延伸至中国南部、西南部和东喜马拉雅。国外分布于印度、尼泊尔、不丹、缅甸、柬埔寨、老挝、泰国、越南。在我国，指名亚种分布于西

分省（自治区、直辖市）地图——四川省

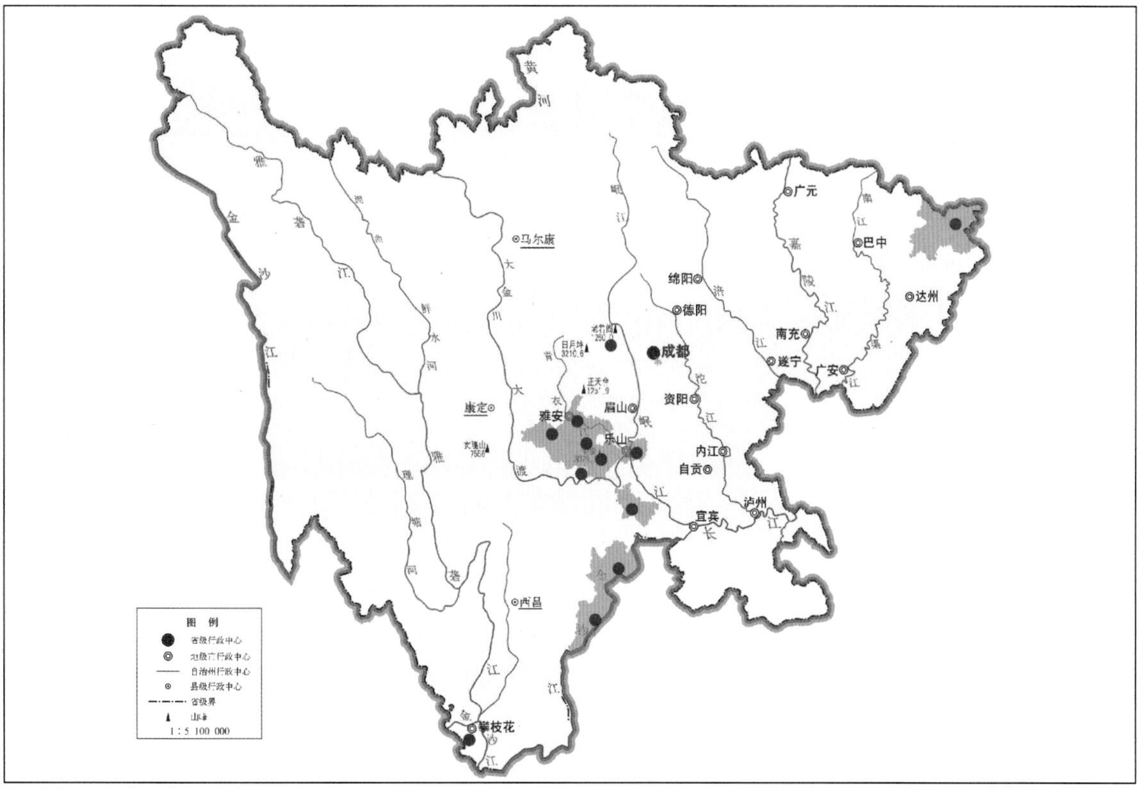

审图号：GS (2019) 3333号　　　　　　　　　　　　　　　　　自然资源部　监制

斑林狸在四川的分布
注：红点为物种的分布位点，绿色斑块表示历史分布区域。

藏、云南（西北部）；印支亚种分布于四川、云南、贵州、湖南、江西、广西、广东。

在四川的历史分布区域：锦江、万源、乐山、峨眉山、沐川、洪雅、雷波、金阳、雨城、荥经。

2000年以来确认的在四川的分布区域：崇州、峨眉山、洪雅、金阳、乐山（金口河区）、雷波、沐川、攀枝花、万源、荥经、雅安。

分类学讨论 斑林狸以前被认为是1种小型的灵猫，归入灵猫科Viverridae，但近期新的研究结果则把2种亚洲林狸（斑林狸 *Priondon pardicolor* 和条纹林狸 *P. linsang*）划入单独的林狸科Prionodontidae。全球有2个亚种，在中国均有分布：指名亚种 *P. p. pardicolor* Hodgson，1842，模式产地为锡金；印支亚种 *P. p. presina* Thomas，1925，模式产地为越南北部。高耀亭等（1987）认为2个亚种的特征不明显，因此怀疑其亚种分类的可靠性。王应祥（2003）也没有分亚种。本书作者团队查看的标本很少，无法判断其亚种分化的可靠性，暂按高耀亭等（1987）的意见处理，认为斑林狸没有亚种分化。

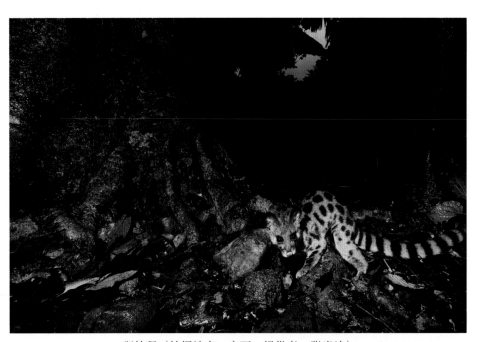

斑林狸（拍摄地点：广西 提供者：张肖诗）

二十、獴科 Herpestidae Gill，1872

Herpestidae Gill, 1872. Smithsonian Misc. Coll., Vol. 11, pat. 1: 61(模式属: *Herpestes* Illiger, 1811).

Herpestina Bonaparte, 1845. Catal. metodico dei mammiferi europei, 3.

Mungosina Gray, 1864. Proc. Zool. Soc. Lond., 509(模式属: *Mungos* É. Geoffroy and F. Cuvier, 1798).

Mungotidae Pocock, 1919. Ann. Mag. Nat. Hist., 9, 1: 515.

Herpestini Winge, 1895. Jordfundne og nulevende Rovdyr (Carnivora) fra Lagoa Santa, 2, 4: 47.

　　起源与演化　獴类化石很少，所以其地质演化的历史很不清楚。第1个被认为与獴类似的化石是*Leptoplesictis* sp.，发现于非洲的中新世早期地层，地层年代为1 700万～1 800万年前。后来在欧洲也发现相同属的化石，时期稍晚，为中新世中期。到渐新世早期距今500万年的非洲大陆已经出现现生属*Herpestes*及其近缘种，包括*Crossarchus*、*Cynictis*、*Helogale*、*Mungos*的化石，现在这类类群全部生活于非洲大陆。可以看出，獴科的起源和演化主要是在非洲大陆完成的。非洲大陆和欧亚大陆缝合于距今2 700万～2 000万年，獴属动物向亚洲扩散可以利用阿拉伯半岛为跳板。向欧洲扩散则通过西南欧—北非途径，欧洲的化石就是证据。亚洲的物种也不排除事先扩散到欧洲，然后再扩散到亚洲的可能性。目前，欧洲没有獴科动物分布，推测是气候变化造成的。

　　形态特征　獴科动物属于小型食肉类，身体纤细，体重一般在5 kg以下，最小的约200 g。獴科动物身体细长，头长吻短，四肢短小，耳短圆，尾毛基部蓬松，尾长接近或略超过体长。毛粗长，很多种类有暗纹。听泡2室。通常有40枚牙齿，齿式3.1.4.2/3.1.4.2 = 40。

　　地理分布　分布于非洲大陆、亚洲。在亚洲分布于中亚南部、中国、印度、东南亚各国。

　　分类学讨论　獴科一直被作为灵猫的亚科——Herpestinae（Allen；1938；Simpson, 1945；Ellerman and Morrison-Scott, 1951；高耀亭等，1987）。Simpson（1945）将獴亚科分为2个族，分别为Suricatini和Herpestini。Wozencraft（1993，2005）将其作为独立属，王应祥（2003）、Wilson和Mittermeier（2009）同意这一安排。现在分为2个亚科——Mungotinae（Suricatini属于该亚科）和獴亚科Herpestinae。獴科的分类也有些混乱，以前认为它们与马达加斯加獴有很近的亲缘关系而将其作为獴亚科的近亲，但分子系统学证实马达加斯加獴是个独立的进化支，现作为1个独立的科——马达加斯加狸科（食蚁狸科）Eupleridae。

　　根据Wilson和Mittermeier（2009）的分类系统，目前獴科有2亚科15属34种。

　　中国分布有獴科动物1属2种，属于獴亚科Herpestinae。四川分布有1属1种。

59. 獴属 *Herpestes* Illiger，1811

Herpestes Illiger, 1811. Prods, Syst. Mamm. et Avium, 135, misprint corrected to *Herpestes*: 302(模式种: *Viverra ichneumon* Linnaeus, 1758); Allen, 1938. Mamm. Chin. Mong., 440; Ellerman and Morrison-Scott, 1951. Check. Palaea. Ind. Mamm., 292; Wozencraft, 1993. Mamm. Spec. World, 2nd ed., 304; 王应祥, 2003. 中国哺乳动物种和亚种分类名录与分布大全, 96; Wozencraft, 2005. Mamm. Spec. World, 3rd ed., 567; Wilson and Mittermeier,

2009. Hand. Mamm. World Jour., Vol. 1, Canivores, 308.

Ichneumon Lacepede, 1799. Tabl. Div. Ord. Gen. Mamm. 7, not of Linnaeus, 1758.

Mangusta Horsfield, 1822. Zool. Res. Java, unpaged, pt. 5(模式种: *Ichneumon javanicus* É. Geoffroy, 1818).

Urva Hodgson, 1837. Jour. Asiat. Soc. Bengal, 6: 561(模式种: *Gulo urva* Hodgson, 1836).

Mesobema Hodgson, 1841. Jour. Asiat. Soc. Bengal, 10: 910(模式种: *Gulo urva* Hodgson, 1836).

Calogale Gray, 1864. Proc. Zool. Soc. Lond., 560(模式种: *Herpestes nepalensis* Gray, 1837).

Calictis Gray, 1864. Proc. Zool. Soc. Lond., 564(模式种: *Herpestes smithii* Gray, 1837).

Taeniogale Gray, 1864. Proc. Zool. Soc. Lond., 569(模式种: *Herpestes vitticollis* Bennett, 1835).

Onychogale Gray, 1864. Proc. Zool. Soc. Lond., 570(模式种: *Cynictis maccarthiae* Gray, 1851).

鉴别特征 獴属的体形似灵猫和鼬獾，但更为粗壮，尾蓬松。鼻、吻突出；耳缘没有耳囊而另生2个耳瓣，关闭耳瓣能封闭耳腔。尾长，尾基部粗大，向后逐渐尖细。四肢短，足垫不发达，很少膨胀。趾爪长而不具伸缩性，适于挖掘。没有芳香腺，肛门腺较发达并能通过腺孔放出臭气。阴茎较短，尿管开口向下。

形态

头骨的吻部短；眶上突发达，并与颧骨突相连形成骨质眼眶环。听泡略呈扁豆形，但后半部明显膨胀，副枕突低于听泡后缘。齿尖高而锐利，上颌裂齿之前内叶远大于前外叶，原尖很发达。上颌第1臼齿内侧齿尖与外侧齿尖隔一凹谷，第2臼齿甚小。齿式3.1.4.2/3.1.4.2 = 40。有时缺第1、2上前臼齿，使齿数减为36 ~ 38只。

地理分布 獴属主要分布于亚洲，包括伊拉克、伊朗、阿富汗、巴基斯坦、印度、尼泊尔、孟加拉国、不丹、缅甸、中国南部、斯里兰卡、越南、老挝、柬埔寨、泰国、菲律宾、马来西亚、新加坡、加里曼丹岛、苏门答腊岛、爪哇岛。有1个种——*Herpestes ichneumon*，广泛分布于非洲大陆。

分类学讨论 獴属于1811年被命名，其地位稳定，无论被放入不同亚科，还是不同族，其属级单元均没有争议。在全世界有10种；中国有2种，其中四川分布有1种，即食蟹獴 *Herpestes urva*。

(119) 食蟹獴 *Herpestes urva* (Hodgson, 1836)

别名 石獴、石獾、山獾、蟹獴、吻田猪

英文名 Crab-Eating Mongoose

Gulo urva Hodgson, 1836. Jour. Asiat. Soc. Bengal, 5: 238(模式产地: 尼泊尔).

Viverra fusca Gray, 1830. Ill. Ind. Zool. 1, pl. 5.

Urva cancrivora Hodgson, 1837. Jour. Asiat. Soc. Bengal, 6: 561-564(模式产地: 尼泊尔).

Urva hanensis Matschie, 1907. Wiss. Ergebn. Expcd. Filchncr to China, 10, 1: 190(模式产地: 湖北汉口).

Herpestes urva Allen, 1938. Mamm. Chin. Mong., 443; Ellerman and Morrison-Scott, 1951. Check. Palaea. Ind.
　　Mamm., 298; 胡锦矗和王酉之, 1984. 四川资源动物志 第二卷 兽类, 113; 高耀亭, 等, 1987. 中国动物
　　志 兽纲 第八卷 食肉目, 304; Wozencraft, 1993. Mamm. Spec. World, 2nd ed., 306; 王应祥, 2003. 中国哺
　　乳动物种和亚种分类名录与分布大全, 96; Wozencraft, 2005. Mamm. Spec. World, 3rd ed., 569; 王酉之和胡锦

蠹, 2009. 四川兽类原色图鉴, 149; Wilson and Mittermeier, 2009. Hand. Mamm. World, Vol. 1, Canivores, 311.

Herpestes urva annamensis Bechthold, 1936. Z. Saugeth., 11: 150(模式产地: 越南).

Herpestes urva formosanus Bechthold, 1936. Z. Saugeth., 11: 151(模式产地: 中国台湾).

Herpestes urva sinensis Bechthold, 1936. Z. Saugeth., 11: 152(模式产地: 广东).

鉴别特征 大型獴类，身体粗壮。尾长，尾基部粗大而末端尖细。颊部具长毛的白色条带是该物种最典型的特征。

形态

外形：大型獴类，头体长44～56 cm，尾长26～35 cm，体重3～4 kg。身体较粗壮，尾较长，基部粗大而末端尖细。

毛色：毛沙黄色至浅灰棕色，尾蓬松、色浅，基部粗大而末端尖细。四肢色深。嘴及颊部白色，具长毛，有1条白色带延伸至颈部。

头骨：食蟹獴头骨相对较粗短，尤其吻部较宽短，最高点位于顶骨中部。鼻骨整体呈三角形，前宽后窄，后端圆弧形，与上颌骨在背面的后端平齐，出入额骨前缘。额骨前端有2叉（每边各有1叉），短，内侧和鼻骨相接，外侧和上颌骨相接；额骨向侧面扩展构成眼眶上缘，向后显著变宽，最宽处即是眶后突，眶后突相比犬科动物更尖，更长，构成眼眶后上缘；再向后缩小，成为头骨背面最窄处；再向后扩大，成为脑颅前部顶部和侧面；在眼眶内，额骨构成眼窝底部的大部分；额骨与顶骨之间的骨缝整体略呈弧形，中间部分向前突出。存在颞脊，向后在顶骨中央汇合成为矢状脊。矢状脊穿过顶间骨中央后面与人字脊相连。顶骨较大，构成脑颅的背面和侧面的大部分区域；侧面与鳞骨相接。脑颅长椭圆形。顶间骨在成年后与顶骨愈合，骨缝不清。枕区人字脊上段由顶间骨构成，中段由顶骨构成，下段由鳞骨构成；向下形成乳突，止于听泡侧上方。枕髁较大，髁面光滑，和人字脊差不多处于同一个平面。侧枕骨在枕髁侧面向下形成宽阔的颈突，贴于听泡后上方。侧面，上颌骨狭窄，着生门齿。上颌骨宽大，着生犬齿和颊齿，在颊齿列上方，上颌骨向外扩张，形成颧弓的基座，颧骨附着其上，使得颧弓比齿槽宽。颧骨粗壮，前端向上弯曲，构成眼眶的下前缘，后段分两叉，一叉向上弯曲，构成眼眶的后下缘，眼眶后缘不封闭，但到老年接近封闭；颧骨后面另一叉向后下方延伸与鳞骨颧突相接。眼窝最前面是泪骨，泪骨在眼窝略呈半圆形，侧面出露小，为三角形。鳞骨长，比颧弓最高处略高，构成脑颅侧面下方；鳞骨颧突较发达，基部较宽，腹面形成与下颌骨连接的关节窝；向后延伸呈一窄的裙边，裙边下是外耳孔，骨质外耳道很短，鼓室大，鼓胀，略呈圆形。翼蝶骨比鳞骨略高，前后长较小，在鳞骨颧突基部下方向后延伸，与听泡前端接触。眶蝶骨低，上有2个大的神经孔，与翼蝶骨一起构成眼窝下方的底部。腹面门齿孔长椭圆形，向后各形成一条浅沟。门齿孔绝大多数由前颌骨围成，底部由上颌骨围成。硬腭狭长，后端平坦，约65%由腭骨构成，这一点和很多其他食肉目动物不同，仅35%由上颌骨构成。上颌骨前端略呈梯形，后端后鼻孔显著向后延伸，后鼻孔后的侧面，腭骨向后延伸形成内外叉，内侧与翼骨相接，外叉略低，和翼蝶骨相接。翼骨较发达，较宽，薄片状，末端形成一个长的尾，弯曲。基枕骨宽阔，基蝶骨形状不规则，前蝶骨出露部分棒状。

下颌骨相对比较粗壮，冠状突宽阔高耸，末端圆弧形。关节突较强大，横列，髁面光滑，长略超过冠状突后缘，角突相对明显，末端向内略收，比关节突略短。

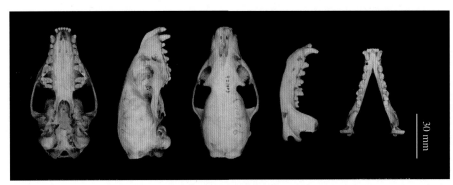

食蟹獴头骨图

牙齿：齿式3.1.4.2/3.1.4.2 = 40。上颌门齿3枚（每边），第1枚和第2枚约等大，第3枚大一些且略高，切缘撮状。犬齿中等发达，不长。上前臼齿4枚，第1枚单根单尖，小，游离；第2、3、4枚上前臼齿彼此靠近；第2、3枚上前臼齿形态接近，基座等腰三角形，主齿尖圆弧形，后面有小附尖；第4枚上前臼齿大，直角三角形，前面宽，内侧有原尖，前尖和后尖均发达，前附尖小，该齿为上裂齿。上臼齿2枚，第1枚大，三角形，第2枚小，基座略呈椭圆形，两臼齿均横列；第1上臼齿原尖发达，前进和后尖的齿突组成一个V形。下颌门齿3枚（每边），依次变大，切缘撮状。下颌犬齿相对更发达，略向后弯。下前臼齿4枚，彼此靠近，无齿隙，第1枚单根、单尖；第2、3枚形态接近，略呈三形，中间齿突高而较锋利；第4下前臼齿更宽，中间2个齿突，前一个大而高，后一个小，较低，前后还有附尖。下臼齿2枚，第1下臼齿最大，是下裂齿，唇侧切缘有3个大的齿突，第1个圆弧形，第2个更高，三角形，两者靠近，第3个低矮，切缘刀片状，内侧原尖也较发达，前面还有前附尖。第2下臼齿较小，基座椭圆形，唇侧切缘V形，内侧原尖较小。

量衡度（量：mm）

头骨：

编号	颅全长	基底长	基长	颧宽	眶间宽	颅高	上齿列长	下齿列长	下颌骨长
IOZ-19318-S	97.86	93.83	90.68	52.52	19.54	35.77	45.37	43.57	66.39
IOZ-20198-S	86.69	80.59	77.84	46.82	17.69	33.40	39.71	40.37	59.40
IOX-20197-S	84.78	80.42	77.37	43.91	15.62	38.98	32.47	39.74	57.75
IOZ10282S	93.72	89.68	86.17	49.78	17.91	36.44	40.86	40.49	61.66
YX1071	96.12	92.05	88.12	50.41	17.99	39.73	44.29	46.09	67.91

生态学资料　关于我国食蟹獴的生态所知甚少。其通常见于低海拔（上至2 000 m）常绿阔叶林的溪流附近，也可在水稻田等农业区活动。一般沿溪流捕食鱼类、蛙类、螃蟹、昆虫和蚯蚓。在晨昏及日间活跃，通常独居或成对活动，偶见3～4只的家庭群。窝仔数2～4只。

地理分布　食蟹獴分布于东南亚中南半岛并延伸至印缅区和我国华南地区。国外分布于越南、老挝、柬埔寨、泰国、缅甸、马来西亚、印度、孟加拉国、不丹、尼泊尔。在我国，食蟹獴见于长江流域以南的广大地区，包括江苏、安徽、浙江、江西、湖南、福建、广东、广西、贵州、重庆、四川、云南、台湾、海南。

在四川的历史分布区域：东兴、安岳、江津、江阳、江安、兴文、珙县、高县、筠连、纳溪、合江、古蔺、叙永、洪雅、夹江、雨城。

2000年以来确认的在四川的分布区域：高县、珙县、古蔺、合江、江安、江阳、纳溪、兴文、叙永、筠连。

分省（自治区、直辖市）地图——四川省

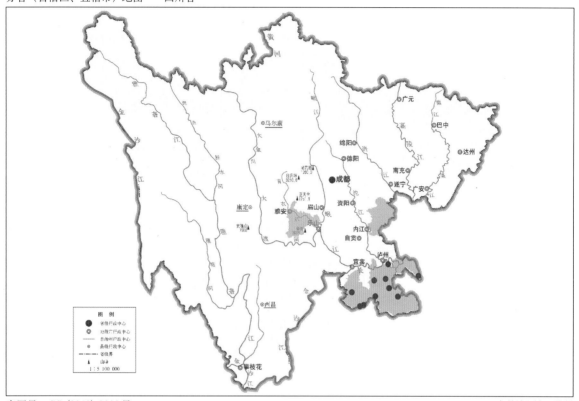

审图号：GS (2019) 3333 号   自然资源部 监制

食蟹獴在四川的分布
注：红点为物种的分布位点，绿色斑块表示历史分布区域。

分类学讨论　现普遍认为食蟹獴无亚种分化。

食蟹獴（拍摄地点：江西井冈山　拍摄时间：2013年8月18日　红外相机拍摄　提供者：宋大昭）

二十一、猫科　Felidae Gray，1821

Felidae Gray, 1821. Lond. Med. Repos., 15, pt. 1: 302(模式属：*Felis* Linnaeus, 1758).

Felini Fischer, 1817. Mem. Soc. Imp. Nat., Moscow, 5: 372.

　　起源与演化　　猫科Felidiae是食肉类最近进化的1个科，在始新世，古猫类就清晰地向2个方向演化：猫型类（Nemravinae亚科＝伪剑齿虎亚科Pesudailurinae），裂齿分化不完全，上颌犬齿发达程度中等；古剑齿虎类（Eusmilinae亚科），裂齿强烈地切割式，上颌犬齿尖刀状。到第三纪末和第四纪初，真猫类（Felinae亚科）形成，上裂齿仅有2个齿叶，前尖退化或者消失，下裂齿有明显的跟座，有时有下后尖，第2下臼齿及前面的前臼齿存在。中新世以来，中国还发现另一亚科——剑齿虎亚科Machairodontinae。

　　古剑齿虎类（Eusmilinae亚科）在我国仅发现1种——*Eusmilus*，发现地点为河南始新世晚期地层。

　　剑齿虎亚科在我国发现2属4种，其中*Megantereon*属3种，上犬齿很长，光滑，上裂齿第2尖发达，第3上前臼齿和第3下前臼齿中度退化；发现地点包括河南、河北、北京，地层属于上新世和更新世。*Epimachairodus*属上犬齿很长，有锯齿，上裂齿第2尖发达，第3上前臼齿和第3下前臼齿强烈退化。包括4个化石种，发现于陕西、河北、北京的上新世和更新世地层。

　　古猫类（伪剑齿虎亚科）裂齿强大，头骨粗壮厚实，上犬齿宽，切割式。特征上介于剑齿虎和真猫之间。我国发现1属3种：*Metailurus major*、*M. minor*、*M. tingurensis*，见于山西、内蒙古、河南、甘肃的中新世和上新世地层。

　　真猫类Felidae的豹亚科Pantherinae在我国发现有1个现生属——豹属*Pantheria*，有3个化石种，分别为亚氏虎*P. abeli*、杨氏虎*P. youngi*、中国古豹*P. paleosinensis*，发现于河南、北京，地层为上新世至更新世。2个现生种——虎*P. tigris*、豹*P. pardus*，化石发现于华南、华北、东北地区，均为更新世地层。

　　猫亚科Felinae发现猫属3个化石种，分别为中国野猫*Felis chinensis*、德式猫*F. teilhardi*、裴氏猫*F. peii*。发现地点为陕西和北京，全部为更新世地层。

　　猞猁亚科Lyncinae发现现生猞猁属*Lynx*1个化石种——山西猞猁*L. shansius*，地点为山西和河北，时代为上新世至更新世；现生种——猞猁*L. lynx*，地点为周口店，地层为更新世早期。

　　形态特征　　猫科的雌雄个体彼此相似，仅雄性头部粗圆，体型稍大。只有狮*Panthera leo*的成年雄性颈部生有长毛，具明显的雌雄异形。猫类的身体大小有明显差异，成体身长30～370 cm，尾长10～114 cm，体重2.5～275 kg。各种猫类的个体瘦削，但肌肉发达，结实强健。头圆，较大，吻部短，眼睛圆。颈部粗短，以便承受头和牙齿的猛烈咬啮动作而引起的震动。全身毛被密而柔软，有光泽，一般多具条纹或斑点，如豹、虎等。有的则无明显花纹。体色由灰色到淡红色、浅黄色以至棕褐色。在食肉类中是毛色绚丽的类群。

　　四肢较短，粗壮而沉重。尾长、末端钝圆。趾行性，足下有数个球形肉垫，均匀地承负体重，形成猫类轻快敏捷的步态。前足5指（趾），后足4指（趾），前足第1指（趾）短而高，绝不触及地面。各指（趾）间被毛，例如漠猫、猞猁、雪豹等足下的毛长而硬，可遮覆足垫，隔离冰雪或炽热沙地的刺激。指（趾）端具爪，爪粗大，强而弯，极锐利。爪大多具伸缩性，行走时可提起而不触及地表，只有在速奔或捕猎时才伸出来。伸缩性爪，有两对弹性韧带，拉起末端指（趾）节，爪缩入爪鞘内。当猫变得激动时，屈肌缩短，连接末端指（趾）节的肌肉收缩，使指（趾）节弯向下，爪随即伸出。有的种类，爪属半缩性或不能伸缩。

猫科动物为肉食类中高度特化的类群，牙齿数量减少，裂齿高度发达，上臼齿退化。小型直切门齿。剑形强大犬齿，前后有齿间隙，为咬合时容纳犬齿处。3个上前臼齿，只有猞猁属、兔狲属为2枚。上臼齿很小。齿式 3.1.3(2).1/3.1.2.1 = 28-30。在食肉目中，齿数最少。

裂齿发达，大且齿峰高。上裂齿外缘3个齿峰，排成一直线。第1齿峰小而低，第2齿峰（前尖）高而尖，后尖略低、薄，呈刀片状。另在内缘前端具一低小的原尖。下裂齿仅有外缘的下前尖和下原尖，形成二叶刀片状，组成外刃。与上裂齿的前尖和后尖组成的内刃，上下交错，形似铡刀状对切。

小型的门齿借舌的支持，能从骨上刮下肉或撕裂小块肉。长而有力的犬齿，用于深刺和杀死猎物。门齿、犬齿咬合，并向上升起头部可撕裂或拉曳肌肉，而对筋腱、韧皮等，则利用嘴角边的裂齿来切断。裂齿位置靠后，接近咀嚼肌，比其他牙齿更加有力，所以猫类的强力咬切动作均后移至嘴角。

舌的表面覆有具小刺的薄角质层，刺尖朝后，舌和牙齿协同行动，类似带刺的锉刀，可舐尽骨上余肉。

猫类头骨特点为吻部短，颧宽较大，超过颅全长一半。头骨轮廓近似圆形。鼻骨短，呈斜坡状，前颌骨狭，上颌骨高而短。下颌骨亦短，冠状突显高。额骨部高耸，颧弓粗大，并向两侧强烈扩张，以附着和容纳粗大的咀嚼肌。短的吻部，亦是加强和适应咬合动作的。多数种类具大型眼眶，额骨、顶骨均较宽。脑颅部近圆形，人字脊发达，矢状脊明显。头骨上无翼蝶骨沟。听泡高而膨大，鼓骨仅形成听泡外缘，内有骨质隔，将听泡分为内、外二部。

锁骨小，发育不全，不与肩带、胸骨相连接。雄性阴茎骨退化或仅有痕迹。雌性具2～4对乳头。

猫类体表缺乏汗腺，在趾垫间、掌垫间、唇部、喉部、乳头区和肛门区等处均有发达的汗腺。脂肪腺很小，仅存在上颌处。雄性在阴茎包皮处和尾上部较为显著。雌性有围绕肛门的脂肪腺和汗腺。雄性亦有肛门腺，肛门腺主要用来标记领域和用以吸引异性。

趾行性，常以后足随踏前足印的步伐前进。猫类大多不是追逐者。通常无声潜行或潜伏，隐蔽性伏击，用一短距离的猛冲来捕获猎物。感觉器官发达，具有灵敏的嗅觉，但不专靠追寻嗅迹捕猎，更多应用听觉和视觉。猫类听觉很灵敏，能确定声源的方位，这种高度进化的能力，对潜行、跳跃式扑猎颇为重要。

猫类所具有的圆眼，在比例上是食肉兽中最大者。在正常光照条件下，家猫和野猫有同样敏锐的视觉。猫的视网膜包括圆锥细胞、圆柱细胞。对家猫的试验证明其能区别颜色。猫类对短波光线的感受超过人类的6倍。对骤然的黑暗，猫眼睛亦比人类更能适应，调整得更快。小型猫类的眼睛在强光下，可缩成近于直立的窄缝，而大型猫类虎、豹则呈小圆开孔。

在夜间，当光线射入猫眼所见到的反射光，是猫眼的透明视网膜色素层的特殊反射现象。这种现象在夜行性食肉兽中均可见到，而猫类的较显著。

猫类头部的颊髭（胡须）、眉毛和上臂下端长而硬的刚毛，均与神经相通，具有触觉功能，在黑暗中可探寻路径。

许多种动物皆可被猫类捕食，从小鼠至超过自身重量的斑马、水牛。亦捕食大、小型鸟类，蜥蜴，蛙，鱼类和无脊椎动物（包括甲壳类和大型昆虫）等。但虎和大型猫类亦吃草，因食肉时常吞咽下较多的毛，在肠道内形成球状，而草和其他植物可帮助其排除毛球。

生态学资料　猫类多单独栖息，每个动物均有其自身的领域，即巡猎活动的范围。每一领域均有留居的动物作出的种种标记：主要是将分泌腺的分泌物抹在石块上、树桩上、土墩或其他突出点上，或在该地排小便；用爪抓搔过的树木更是显著性标记。

雄性领域大于雌性，几个领域可重叠，两性个体在交配、繁殖季节之外常避免相遇。巢区主要是睡眠处和幼兽居处，多为空木或石缝等。巢区保护严密，而领域的大部分地区，很少发生打斗。当外来的个体穿入时，留居者嗅其鼻区和肛门区，而后者常以潜行或发出咝咝声后逸去。

领域范围随种类不同而大小差异明显。多数猫类每年产1～2仔，较大型种类2～3年繁殖1次。妊娠期2～4个月，产仔数为1～6只。初生仔闭眼而无活动能力，但身上具毛并现斑纹。幼兽12～15个月达性成熟。

分类学讨论　自1758年双名制记载以来，猫科分类颇早。后Pocock（1917）把猫科划为3个亚科，即猫亚科Felinae、豹亚科Pantherinae、猎豹亚科Acinonychinae。

猫亚科，即典型猫类，绝大部为小型种类。其特点是舌骨骨化完全，亚科下分列为13个属。

豹亚科，即大型猫类，舌骨骨化不完全，舌骨下部具有或长或短的腱，有2属。

猎豹亚科，舌骨和猫亚科相似，但爪不能伸缩，仅1属。

各种猫类具有一定特殊性，猫科动物不论体型、毛色和斑纹的区别如何大，它们的头骨彼此有相似的一致性。猫科分类上的不一致，表现在属一级划分上的多寡不一。Allen（1938）曾记载我国部分猫科动物为9种，分隶2亚科2属7亚属。

猫族或称小猫类，具有完全骨化的舌骨。它们在呼气和吸气时，能发出呜呜的猫叫声，而不能发出豹族那样的怒吼声。吻端的鼻垫，覆盖范围大，沿鼻孔的上缘仍为鼻垫的裸区，鼻顶部的毛并不扩及鼻孔上缘。爪属伸缩性，爪鞘内侧不如外侧发育完好。小猫类能用前足，从耳后向前在较大部位上理正毛被。除云豹外，所有小猫类在进食时，蹲伏在猎物上，并不卧下，通常用前足按住食物。卧下休息时，前肢自腕关节处均掩覆在前半身之下。尾通常盘绕在身体近旁。只有云豹在休息时才伸展开前肢。

全世界猫族被划分为15属28种，小猫类体均较小，熟知种类为家猫。在强光下，瞳孔呈纺锤形，耳背面单一毛色，尾末端为黑色。

豹族或称大猫类，全世界共有2属5种。具有不完全骨化的舌骨，舌骨中部具有弹性软骨腱。狮的弹性腱长15 cm，可拉长到20～23 cm。大猫类能怒吼，但也限制吸气时的发声，仅在呼气时发呜呜声，只有雪豹例外，呼气和吸气均能发出类似小猫类的鸣叫。吻端裸区覆盖面积小，鼻顶部的毛扩及鼻孔正上方。大猫类的理正毛被活动，只限于舐、摩擦鼻部和前足。爪鞘发育完全。雪豹似小猫类，蹲伏在食物上进食。而其他大猫类卧下进食，它们并不用前足把持着食物。小猫类用臼齿切割下肉块，而大猫类用门齿、犬齿和臼齿衔住肉，向上急动头部，撕咬下来。当大猫类休息时，前足向前伸直，尾向后直伸。瞳孔收缩时呈小圆孔状。

根据Wilson和Mittermeier（2009）的分类系统，全世界的猫科动物分为豹亚科和猫亚科，总计14属37种。中国分布有猫科动物8属12种，其中猫亚科Felinae 6属8种，豹亚科Pantherinae 2属4种。四川目前分布有6属7种，其中猫亚科5属5种，豹亚科1属2种；历史上四川分布有虎*Panthera tigris*（大约20世纪中期绝灭）、云豹*Neofelis nebulosa*（21世纪以来未有确认记录），另有丛林猫*Felis chaus*的存疑记录，本书中未收录该3种。

四川分布的猫科分属检索表

1.体大型，头体长一半在1.2 m以上，舌骨骨化不完全 ……………………………………… 豹属*Panthera*

　体型小，身长多在1.2 m以下，舌骨骨化完全 …………………………………………………………… 2

2.体长大于700 mm，颧宽大于80 mm，基长大于110 mm，头骨侧面鳞骨与听泡之间纵脊向下形成的乳突显著超出鳞骨 ……………………………………………………………………………………………………… 3

　体长小于700 mm，颧宽小于80 mm，基长小于110 mm，头骨侧面鳞骨与听泡之间纵脊向下形成的乳突略超出鳞骨 ………………………………………………………………………………………………… 4

3.尾短，约等于后足长，耳端有毛束，喉部有长毛须，尾单色 ……………………………… 猞猁属*Lynx*

　尾长于后足长，耳尖无毛束，或者喉部无长须，尾明显双色 …………………………… 金猫属*Catopuma*

4.身体布满黑色斑点，尾上有斑点但无环纹 ……………………………………………… 豹猫属*Prionailurus*

　身体无黑色斑点，尾有环纹无斑点 …………………………………………………………………………… 5

5.耳尖有黑色毛束，尾环纹暗色 …………………………………………………………………… 猫属*Felis*

　耳尖无黑色毛束，尾环纹深黑色，尾尖明显的黑色 ………………………………………… 兔狲属*Otocolobus*

60. 猫属 *Felis* Linnaeus，1758

Felis Linnaeus, 1758. Syst. Nat., 10th ed., 1: 41(模式种：*Felis catus* Linnaeus, 1758); Allen, 1938. Mamm. Chin. Mong., 449; Ellerman and Morrison-Scott, 1951. Check. Palaea. Ind. Mamm., 301; Wozencraft, 1993. Mamm. Spec. World, 2nd ed., 289; 王应祥, 2003. 中国哺乳动物种和亚种分类名录与分布大全, 97; Wozencraft, 2005. Mamm. Spec. World, 3rd ed., 534; Wilson and Mittermeier, 2009. Hand. Mamm. World, Vol. 1, Canivores, 165.

Chaus Gray, 1855. List. Mamm., B. M., 44(模式种：*Felis chaus* Guldenstaedt, 1776).

Pardofelis Severtzov, 1858. Rev. Mag. Zool., 10: 387(模式种：*Felis marmorata* Martin, 1837).

Trichcelurus Satunin, 1905. Ann. Mus, Zool. St. Petersb, 9: 495.

鉴别特征　小型猫科动物，较家猫略大或相近。体色较单纯，具斑点或略具细纹但不显著。前足5指，后足4（趾），指（趾）端具可伸缩性锐爪。头骨脑颅部近圆形，听泡大而扁平，额骨部高耸，吻部短，颜面部较扁平。

地理分布　猫属仅分布于亚洲和非洲。

分类学讨论　该属分类有一定争议。Ellerman 和 Morrison-Scott（1951）将兔狲属、猞猁属、金猫属、豹猫属、原猫属等全部作为猫属的同物异名，因此，列出猫属 14 种。高耀亭等（1987）将猞猁属和原猫属作为独立属，但将兔狲属、金猫属、豹猫属作为猫属的同物异名。Wozencraft（1993，2005）将兔狲属、猞猁属、金猫属、豹猫属、原猫属均作独立属。Wilson 和 Mittermeier（2009）同意 Wozencraft（1993，2005）的意见。按照这个分类系统，全世界猫属仅 5 种。中国有 3 种，四川分布有 1 种，即荒漠猫 Felis bieti。

（120）荒漠猫 Felis bieti Milne-Edwards，1892

别名　漠猫、草猫、野猫、草猞猁

英文名　Chinese Mountain Cat

Felis silvestris bieti Milne-Edwards, 1892. Revu génér. des sci. pur. et appliq. Tome III: 670-671（模式产地：四川康定，新都桥东俄洛村）.

Felis pallida Buchner, 1892. Bull. Acad. Imp. Sci., St. Petersbourg, Vol. 35: 333（模式产地：青海大通）.

Felis bieti Allen, 1938. Mamm. Chin. Mong., 451; Ellerman and Morrison-Scott, 1951. Check. Palaea. Ind. Mamm., 306; 高耀亭，等，1987. 中国动物志　兽纲　第八卷　食肉目，315; Wozencraft, 1993. Mamm. Spec. World, 2nd ed., 289; 王应祥，2003. 中国哺乳动物种和亚种分类名录与分布大全，97; Wozencraft, 2005. Mamm. Spec. World, 3rd ed., 534; 王酉之和胡锦矗，2009. 四川兽类原色图鉴，152; Wilson and Mittermeier, 2009. Hand. Mamm. World, Vol. 1, Canivores, 166.

Felis pallida subpallida Jacobi, 1922. Abh. u. Ber. Mus. f. Tier-u. Volkerk., Dresden, Vol.16(1): 9（模式产地：四川松潘）.

鉴别特征　整体毛色的基调为沙褐色至黄褐色，下颌与腹部为较浅的灰白色至白色。体侧具不明显的暗色纵纹，四肢各具若干较深的横纹。面部两侧的眼下至颊部各具 2 条棕褐色的横列条纹。尾蓬松，短于头体长一半；尾中段至后段具有若干暗色的环纹，尾尖黑色。双耳为竖起的三角形，相对较长，耳尖具黑色毛簇。

形态

外形：小型猫科动物，体型大于普通家猫。头体长 68 ~ 84 cm，尾长 32 ~ 35 cm，体重 4.5 ~ 9 kg。尾蓬松，短于头体长一半。双耳为竖起的三角形，相对较长，耳尖具黑色毛簇。四足掌面具硬而密的黑褐色长毛。

毛色：整体毛色的基调为沙褐色至黄褐色，下颌与腹部为较浅的灰白色至白色。体侧具不明显的暗色纵纹，四肢各具若干较深的横纹。面部两侧的眼下至颊部各具两条棕褐色的横列条纹。尾中段至后段具有若干暗色的环纹，尾尖黑色。冬毛通常较夏毛颜色偏灰，也更为密实。

头骨：荒漠猫头骨外形与兔狲相似，头骨短圆。头骨最高点位于额骨中部，在额骨中央形成一个平台，顶骨后缘及顶间骨中央形成明显的纵脊（矢状脊）。鼻骨短，中段下凹，末端向上凸起，前宽后窄，最前端略呈弧形，构成鼻孔的顶壁；后端尖，插入额骨前缘。额骨前端尖，两叉，前内侧与鼻骨相接，前外侧与上颌骨相接；向后突然扩大，在顶部形成一个平台，后面向侧面延伸呈显著的眶后突，为眼眶的上后缘；与颧骨的眶突形成骨质眼眶，接近封闭但不完全封闭。额骨侧面在眼窝内构成眼窝内壁的绝大部分；额骨后缘与顶骨之间的骨缝略呈一条直线，但在靠近眼眶处可观察到骨缝明显的三角形突出，尖端向头骨中线偏转。顶骨宽大，前端与后端宽度几乎一致，构成脑颅顶部和侧面上部的主体；顶骨后段中部与顶间骨中央有矢状脊（纵脊），向后延伸与枕部的人字脊相接。顶间骨呈三角形，前部与顶骨相接，后端与上枕骨相接。枕面人字脊向后突，超过枕髁的后缘。枕髁髁面较大，向后突出。人字脊上段2/3由侧枕骨构成，下段1/3由鳞骨构成，往下在听泡的上侧面形成一个小的三角形乳突，附着于听泡上，高度不到听泡高度的一半；往前接鳞骨的颧突，形成一个明显的裙边。侧枕骨靠近髁突的地方形成一个圆弧形的突起——颈突，但不向下延伸，和乳突一样长，包裹听泡的后缘。听泡1室，大而扁平，鼓室浑圆，无骨质外耳道，开口于裙边之下；侧面前颌骨小而窄，着生门齿。上颌骨宽大，形状不规则，侧面向外扩张，着生犬齿和颊齿，侧面上缘形成颧弓的基座，构成眼眶前壁。颧弓发达粗壮，前端宽阔，后端形成2叉，一叉向上，弧形，形成眼眶的后下缘；另一叉向后，与鳞骨颧突相接。鳞骨粗壮，构成脑颅侧面下半部分，侧面形成颧突，颧突基部结实，腹面形成与下颌相接的关节窝。颧骨未与泪骨相接。泪骨位于眼窝前缘，较大，上有2个神经孔，构成眼窝前缘的一部分，侧面有一点出露。翼蝶骨构成眼窝后缘的一部分，在鳞骨颧突下面向后延伸到听泡。眶蝶骨低，长度小于翼蝶骨，构成眼窝下缘内壁的一部分。眶蝶骨和翼蝶骨上有4个神经孔。腹面门齿孔呈椭圆形，大部分由前颌骨围成，后缘由上颌骨围成。硬腭最大宽大于最大长，一半由上颌骨构成，一半由腭骨构成。腭骨在内鼻孔前呈梯形，前窄后宽，内鼻孔向后延伸；腭骨在内鼻孔后的两侧向后延伸，与翼骨相连；腭骨在眼眶内侧构成眼窝前下缘内壁。翼骨薄片状，末端形成一个悬垂状的尖，向腹内侧伸出。翼骨、腭骨的后侧面及基蝶骨、前蝶骨共同构成内鼻孔顶部的弧形穹顶。基蝶骨和基枕骨在老年时愈合，骨缝不清。基蝶骨前后端宽度一致，呈矩形。基蝶骨和前蝶骨在老年也愈合。前蝶骨出露部分像一片桑叶。前蝶骨中央几乎呈一条略微隆起的直线。

下颌骨下缘略呈弧形，冠状突高，略斜向上伸出，与下缘几乎呈垂直，其外侧形成较深的窝，供强大的咬肌附着。关节突横列，较长，与下颌骨呈垂直排列，髁突较粗壮。角突粗短，不显著游离，向内弯曲。

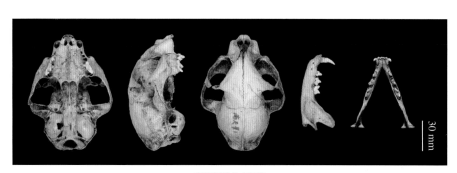

荒漠猫头骨图

牙齿：齿式3.1.3.1/3.1.2.1 = 30。上颌门齿3枚（每边），第1、2枚几乎等大，第3枚最大，切缘均为锉状。犬齿较发达，出露处根部5.85 mm，出露长约14 mm。第1上前白齿很小，单根，单尖；第2上前臼齿较大，呈"山"字形，中间齿尖高且锋利，与第3上前臼齿最高处几乎等高；第3上前臼齿为上裂齿，有4枚齿尖，前端内外排列2枚小齿尖，中间齿尖大，高，锋利，后面齿尖略低，刀片状。上臼齿很小，双齿根，单尖，与上前臼齿几乎垂直。下颌门齿3枚，切面圆形，第1枚与第2枚几乎等大，第3枚最大，切缘为锉状。犬齿长，尖端向内略弯曲。出露处根部5.77 mm，长约12.81 mm。下前臼齿2枚，第1、2下前臼齿均为山形，中间齿尖高而锋利。下臼齿1枚，为下裂齿，V形，切缘锋利，刀片状，内侧中间形成一小凹陷。

量衡度（衡：kg；量：mm）

外形：

性别	体重	体长	尾长	后足长	耳长	采集地点
—		840	356			四川松潘
—		855	356			四川松潘
		752	356			四川中部
		720	377			四川中部
		834	350			四川西北部
♀	5	965	320	130	70	青海门源
♀		680	340			青海门源
♀	4	680	280	135	70	青海门源

头骨：

编号	颅全长	基底长	基长	颧宽	眶间宽	颅高	上齿列长	下齿列长	下颌骨长
IOZ-25946	82.01	78.82	70.98	52.48	14.04	41.75	31.92	31.19	52.36
SNCNFB1	104.99	100.42	92.30	79.28	15.64	32.22	42.96	39.91	73.07
SNCNFB2	102.15	98.67	89.47	73.42	14.89	31.86	41.69	38.30	70.99
SAFJM01	99.30	95.40	86.60	74.30	18.90	49.30	39.50	38.80	59.70
SAFJM02	111.00	108.30	96.10	77.10	21.40	54.60	41.30	39.60	61.50
SAFJM03	110.00	106.90	94.40	80.00	21.80	54.20	41.20	38.90	60.40

生态学资料　荒漠猫数量稀少，分布密度较低，对其生活史所知甚少。通常见于海拔2 500～5 000 m干燥的高山与亚高山灌丛、戈壁、草甸生境中，亦可栖息于农田、草甸、灌丛、造林地镶嵌的复合景观中。荒漠猫主要捕食啮齿类和鼠兔等小型兽类以及雉类。营独居，以夜行性活动为主。通常在1—3月繁殖，5月左右产仔，一般每窝2～3仔，由母兽独立抚育。荒漠猫家域范围较大，具有较强的移动与扩散能力，可一次性持续迁移20～50 km。荒漠猫可以与家猫杂交，在其分布区内，有时可以见到两者之间不同程度的杂交后代，成为对野生荒漠猫种群的重要威胁之一。荒漠猫传统上也被人们捕猎，以获取其毛皮用作衣料。在中国西部地区，作为草原害兽控制手段之一的、对鼠兔的大规模毒杀，也可能是对荒漠猫野生种群的威胁之一。

地理分布 中国特有种。分布区仅限于青藏高原东缘，包括青海东部、四川西北部和甘肃西南部。

在四川的历史分布区域：受限于历史调查，仅记录于甘孜、康定、道孚、德格、松潘、壤塘。

2000年以来确认的在四川的分布区域：道孚、德格、甘孜、红原、康定、雅江、新龙、壤塘、若尔盖、平武、石渠、松潘。

分省（自治区、直辖市）地图——四川省

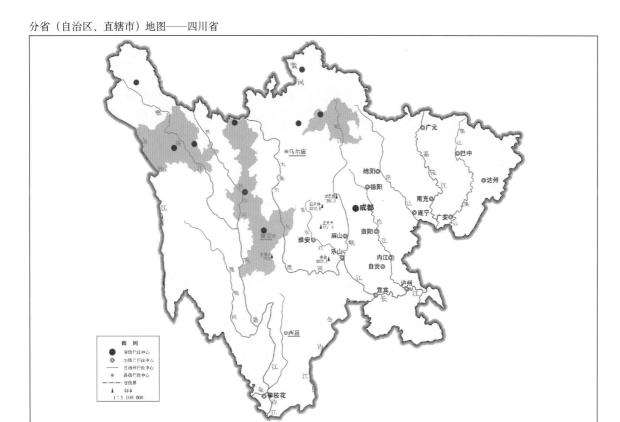

审图号：GS (2019) 3333 号 自然资源部 监制

荒漠猫在四川的分布
注：红点为物种的分布位点，绿色斑块表示历史分布区域。

分类学讨论 荒漠猫是中国所有猫科动物中仅有的特有种，但其作为独立物种的分类地位以及与野猫 *Felis silvestris* 之间的关系一直存在争议（Kitchener and Rees，2009；Riordan et al.，2015），部分文献中把荒漠猫列为野猫的亚洲亚种（亦称亚洲野猫、草原斑猫），即 *F. s. ornata*。Yu 等（2021）基于全基因组测序，综合系统发生、种群遗传结构、基因交流和种群动态历史分析的结果，认为荒漠猫与 *F. s. ornata*、*F. s. catus* 等亚种之间的遗传演化距离相当远，且分化时间在100万年以上；同时，荒漠猫与亚洲野猫在历史上存在密切的基因交流。因此，Yu 等（2021）建议，荒漠猫应被归为野猫的亚种之一，定名为 *F. s. bieti*；考虑到 *F. s. ornata*、*F. s. bieti* 以及与其他野猫亚种之间已具有非常久的分化历史，另一种分类上的解决方案是，把野猫各亚种，例如亚洲野猫 *F. s. ornata*、非洲野猫 *F. s. lybica* 均提升为独立种，即 *F. ornata*、*F. lybica*，同时保留荒漠猫的独立物种地位，即 *F. bieti*。

荒漠猫历史上记录有3个亚种，但其中2个可能鉴定有误：一是指名亚种 *F. b. bieti* Milne-

Edwards，1892，模式产地为四川康定；二是宁夏亚种 *F. b. chutuchta* Birula，1917，模式产地为宁夏，但该亚种的模式标本可能存在鉴定错误，可能为野猫 *F. silvestris* 的误判；三是陕西亚种 *F. b. vellerosa* Pocock，1943，模式产地为陕西榆林，但该亚种的模式标本亦可能存在鉴定错误，可能为野猫 *F. silvestris* 或家猫 *F. catus* 的误判。基于以上信息，本书保留荒漠猫作为独立物种的分类地位，认为其下无亚种分化。

荒漠猫（拍摄地点：四川红原　拍摄时间：2006年　红外相机拍摄　提供者：尹玉峰）

61. 豹猫属 *Prionailurus* Severtzov，1858

Prionailurus Severtzov, 1858. Rev. Mag. Zool., 10: 387(模 式 种：*Felis pardochrous* Hodgson, 1844); Allen, 1938. Mamm. Chin. Mong., 457(as subgenus of *Felis*); Ellerman and Morrison-Scott, 1951. Check. Palaea. Ind. Mamm., 312(as subgenus of *Felis*); Wozencraft, 1993. Mamm. Spec. World, 2nd ed., 295; 王应祥, 2003. 中国哺乳动物种和亚种分类名录与分布大全, 98; Wozencraft, 2005. Mamm. Spec. World, 3rd ed., 542; Wilson and Mittermeier, 2009. Hand. Mamm. World, Vol. 1, Canivores, 161.

Poliailurus Lonnberg. 1925. Arkiv. Zool. Stockholm(模式种：*Felis pallida* Buchner, 1893), 18A 2: 2.

鉴别特征　全身或腹侧有深色斑点或条纹，额部有2条明显的白色纵纹。颊部白色，有深色条纹。身体腹侧多为白色或苍白色。尾长略等于头体长一半，尾背腹毛色一致，或尾腹面略淡，尾背面多有深色横纹，行走时常略为上翘。

地理分布　豹猫属动物分布于中国、印度、斯里兰卡、爪哇岛、苏门答腊岛、菲律宾、马来西亚、越南、老挝、柬埔寨、缅甸、泰国、加里曼丹岛、朝鲜、俄罗斯远东地区。

该属4种，中国有1种，分布较广泛。

（121）豹猫 *Prionailurus bengalensis* (Kerr，1792)

别名 野猫、山猫、鸡豹子

英文名 Leopard Cat

Felis bengalensis Kerr, 1792. Anim. Kingd. Zool. Syst. Celebr. Sir Charles Linnaeus. Class I. Mammalia, 151(模式产地：孟加拉国南部); Allen, 1938. Mamm. Chin. Mong., 458-459; Ellerman and Morrison-Scott, 1951. Check. Palaea. Ind. Mamm., 312; 胡锦矗和王酉之，1984. 四川资源动物志 第二卷 兽类，119; Wozencraft, 1993. Mamm. Spec. World, 2nd ed., 295; 高耀亭，等，1987.中国动物志 兽纲 第八卷 食肉目，323; Wozencraft, 2005. Mamm. Spec. World, 3rd ed., 542; 王酉之和胡锦矗，2009. 四川兽类原色图鉴，154; Wilson and Mittermeier, 2009. Hand. Mamm. World, Vol. 1, Canivores, 162.

Felis scripta Milne-Edwards, 1870. Nouv. Arch. Mus., 7, Bull, 92(模式产地：四川).

Felis microtis Milne-Edwards, 1872. Rech. Hist. Nat. Mamm., 221(模式产地：河北).

Felis decolorata Milne-Edwards, 1872. Rech. Hist. Nat. Mamm., 223(模式产地：北京).

Felis ricketti Bonhote, 1903. Ann. Mag. Nat. Hist., 11: 374(模式产地：福州).

Felis ingrami Bonhote, 1903. Ann. Mag. Nat. Hist., 11: 474(模式产地：贵州梵净山).

Felis anastaseae Satunin, 1904. Anm. Mus. Zool. Acad. Imp. Sci. St. Petersb., 9: 528(模式产地：甘肃、四川).

Felis sinensis Shih, 1930. Bull. Dept. Biol. Sun. Yatsen. Univ., 4: 4(模式产地：广西金秀).

Prionailurus bengalensis Matschie, 1908. Wiss. Ergebn. d. Exped. Filchner nach China u. Tibet., Vol. 10, pt. 1: 201; Pocock, 1939. Fauna Brit. India, Mamm. (1): 273; 王应祥，2003. 中国哺乳动物种和亚种分类名录与分布大全，98.

鉴别特征 小型猫科动物，身体略显修长。全身密布深色斑点或条纹，面部具有从鼻子向上至额头的数条纵纹，并延伸至头顶和枕部。尾长略等于头体长一半，行走时常略为上翘。

形态

外形：小型猫科动物，体型与家猫近似。头体长40～75 cm，雄性体重1～7 kg，雌性体重0.6～4.5 kg。尾粗大，尾长略等于头体长一半，行走时常略为上翘。

毛色：头部、背部、体侧与尾巴为黄色至浅棕色，腹部灰白色至白色。全身密布深色的斑点或条纹，面部具有从鼻子向上至额头的数条纵纹，并延伸至头顶和枕部。身体上布满大小不等的深色斑点或斑块，前肢上部和尾巴背面具横纹状深色条纹，肩背部具数条粗大的纵向条纹。冬毛比夏毛更密实。北方豹猫体型更大，被毛更长更厚实，体表的斑点颜色较浅，较为模糊；而南方豹猫身体被毛更短，体表斑点与条纹的颜色更深、边缘更清晰，接近背脊的斑点较大，有时呈闭合或半闭合的环状斑块。

头骨：豹猫头骨相比金猫略显细长，金猫头骨显得更隆突。豹猫头骨颜面部显得更窄，最高点位于额骨中部，额骨形成一平台，顶骨后缘及顶间骨中央形成纵脊。鼻骨短，前宽后窄，最前端弧形，构成鼻孔的顶壁；后端插入额骨前缘。额骨前面尖，前内侧与鼻骨相接，前外侧与上颌骨相接；向后突然扩大，在顶部形成一平台，后面向侧面延伸成眶后突，形成眼眶的上后缘；与颧骨的眶突形成骨质眼眶，但不完全封闭，后缘开放。额骨侧面在眼窝内构成眼窝内壁的绝大部分；额骨后缘与顶骨之间的骨缝略呈一直线。顶骨宽大，构成脑颅顶部和侧面上部的主体，后段中部与顶间骨一起形成矢状脊（纵脊），并与枕部的人字脊相接。顶间骨马鞍状，前后长较小，左右宽较大。前部与顶骨相接，后端与上枕骨相接。枕面人字脊向后突，超过枕髁的后缘。上枕骨中央有1条不明显的垂直纵脊。枕髁髁面较大，向后突出。人字脊上段2/3由侧枕骨构成，下端1/3由鳞骨构成，往下在听泡的上侧面形成一粗壮的三角形乳突；往前连接鳞骨的颧突，形成一裙边。侧枕骨靠近髁突的地方形成1个圆弧形的突起，为颈突，但不向下延伸，和乳突一样长，包裹听泡的后缘。听泡相对较大，鼓室浑圆，无骨质外耳道，开口于裙边之下。侧面上颌骨狭窄，形状不规则，着生门齿。上颌骨在鼻骨方向高耸，侧面向外扩张，着生犬齿和颊齿；侧面上缘形成颧弓的基座，颧弓发达，前端宽阔，后端形成2叉，一叉向上，弧形，形成眼眶的后下缘；另一叉向后，与鳞骨颧突相接。鳞骨前后长较大，构成脑颅侧面下半部分，侧面形成颧突，颧突基部结实，腹面形成与下颌相接的关节窝。泪骨位于眼窝前缘，较大，上有2个神经孔，构成眼窝前缘的一部分，但侧面不出露。翼蝶骨高而窄，构成眼窝后缘的一部分，向后下方延伸到听泡位置。眶蝶骨低，但较长，构成眼窝下缘内壁的一部分。眶蝶骨和翼蝶骨上有4个大的神经孔。腹面门齿孔几乎圆形，大部分由前颌骨围成，后缘由上颌骨围成。硬腭宽大，平坦，最大宽大于最大长；一半由上颌骨构成，一半由腭骨构成。腭骨在内鼻孔之前呈梯形，前窄后宽，在内鼻孔后的两侧向后延伸，与翼骨相连。腭骨在眼眶内侧构成眼窝前下缘内壁。翼骨薄片状，在末端形成一个悬垂状的尖，向腹内侧伸出。翼骨、腭骨的后侧面及基蝶骨、前蝶骨共同构成内鼻孔顶部的圆弧形穹顶。基蝶骨和基枕骨在老年时愈合，骨缝不清。基蝶骨后端宽，前端变窄，矩形。前蝶骨向两侧扩大。

下颌骨下缘弧形，冠状突高，斜向上伸出，末段略向外扩展，最末端又向内略收，其外侧形成较深的窝，供强大的咬肌附着。关节突与下颌骨呈垂直排列，髁面内侧粗，外侧细。角突粗短，向内弯曲。

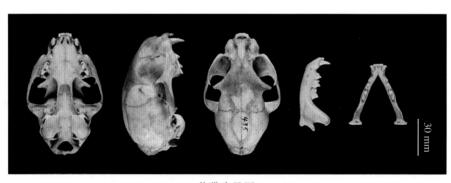

豹猫头骨图

牙齿：齿式3.1.3.1/3.1.2.1 = 30。上颌门齿3枚（每边），第1枚很小，第2枚略大，第3枚最大（最宽处1.67 mm）；3枚门齿切缘均为锉状。犬齿较发达，出露处根部4.64 mm，出露长约13 mm。第1上前臼齿很小，单尖，有时只有一边存在，有时两边都没有第1枚前臼齿（属于变异）。第2枚上前臼齿较大，"山"字形，中间齿尖高而锋利；第3上前臼齿有4枚齿尖，前端内外排列2枚小齿尖，中间齿尖大，高，锋利，后面齿尖略低，刀片状，该齿为上裂齿。

下颌门齿3枚，切面圆形；第1枚最小，第2枚略大，第3枚最大（最宽处约1.5 mm）。犬齿长，末端向内略弯曲。出露处根部4.54 mm，长约12.2 mm。下前臼齿2枚，第1下前臼齿"山"字形，中间齿尖高而锋利，第2下前臼齿略大，也是"山"字形。白齿1枚，V形。下裂齿切缘锋利，刀片状。

量衡度（衡：kg；量：mm）

外形：

性别	体重	体长	尾长	后足长	耳长	采集地点
♀	10	750	450	175	60	四川雅安

头骨：

编号	颅全长	基底长	基长	颧宽	眶间宽	颅高	上齿列长	下齿列长	下颌骨长
IOZ-05503-S	90.01	85.90	76.27	60.38	15.48	41.52	35.52	33.21	57.43
IOZ-10321-S	98.37	93.29	83.13	63.77	16.23	45.32	36.31	33.79	60.78
IOZ-10322-S	91.07	86.99	77.83	59.63	13.83	43.98	34.25	32.23	57.61
SAF- BBG20004	87.40	82.31	74.70	61.50	15.30	39.24	34.10	31.10	56.23

生态学资料　豹猫具有很强的适应能力，栖息于从热带到温带与亚寒带的各种森林类型中，偶尔栖息于灌木林，以及人类周围的果园、种植园、农田等生境，但通常较少出现在开阔的草原与荒漠。豹猫是机敏的捕食高手，捕食多种小型脊椎动物，包括啮齿类、鼠兔类、鸟类、爬行类、两栖类、鱼类，偶尔食腐。在其食物中也经常发现植物成分，包括草叶与浆果。豹猫主要在夜间与晨昏活动，营独居，偶尔可见母兽带幼仔集体活动。可爬树与游泳。无特定繁殖季节，每窝一般产2～3仔。人工圈养环境中，豹猫与家猫偶见杂交。

地理分布　国外分布于阿富汗、巴基斯坦、印度、尼泊尔、不丹、孟加拉国、缅甸、泰国、柬埔寨、老挝、越南、马来西亚、新加坡、印度尼西亚、文莱、菲律宾、日本、韩国、朝鲜、俄罗斯。在我国，豹猫见于除北部地区及西部地区干旱与高原区域以外的绝大部分省份。其中：指名亚种分布于云南、西藏、四川、甘肃、广西、贵州；北方亚种分布于黑龙江、吉林、辽宁、河北、北京、天津、山西、陕西北部、宁夏、青海、河南、山东；华东亚种分布于安徽、江苏、上海、浙江、江西、福建、台湾、湖北、湖南、广西（北部）、广东、香港、四川（东部）、重庆、陕西（南部）；海南亚种分布于海南。

在四川的历史分布区域：雷波、会东、木里、金堂、双流、贡井、涪城、南充、达川、内江、翠屏、康定、马尔康、越西、犍为、昭觉、名山、汉源、邛崃、都江堰、茂县、乐山、古蔺、江安、西昌、纳溪、江津、安岳、利州。

2000年以来确认的在四川的分布区域：安岳、达川、丹巴、都江堰、古蔺、广元、汉源、黑水、会东、会理、犍为、江安、金堂、金阳、九龙、九寨沟、康定、乐山、雷波、理县、泸定、泸州、马尔康、茂县、美姑、绵阳、名山、南充、内江、邛崃、双流、松潘、汶川、西昌、小金、新津、宜宾、越西、昭觉、自贡。

分省（自治区、直辖市）地图——四川省

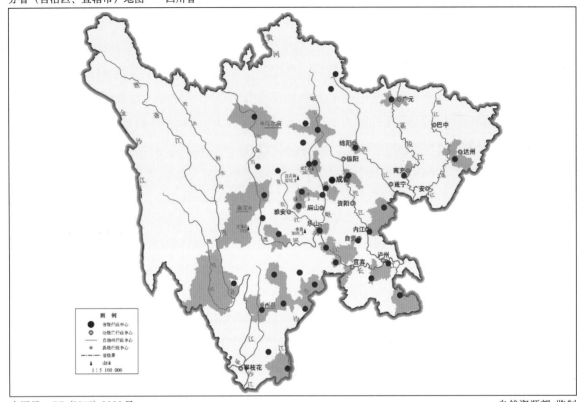

审图号：GS (2019) 3333号 自然资源部 监制

豹猫在四川的分布
注：红点为物种的分布位点，绿色斑块表示历史分布区域。

分类学讨论 豹猫分布范围广泛，亚种划分较为复杂和混乱，种内的分类仍需深入研究。豹猫全世界约有13个亚种，众多岛屿上的种群分别被列为亚种，在大陆上也有多个亚种被描述。其中，有观点认为，分布于俄罗斯远东地区、中国东北地区和朝鲜半岛的*Prionailurus bengalensis euptilura*应被列为独立种；分布于琉球群岛西表岛的*P. b. iriomotensis*有时也被列为独立种，即西表山猫*P. iriomotensis*或*Felis iriomotensis*。近期的遗传学研究结果显示，在豹猫的大陆种群中，印缅区和南部巽他区种群之间的遗传分化也达到了物种级别。

按照高耀亭（1987）观点，中国分布有4个亚种：指名亚种*P. b. bengalensis*（Kerr，1792），模式产地为孟加拉国南部；北方亚种*P. b. euptilura*（Elliott，1871），模式产地为俄罗斯；华东亚种*P. b. chinensis*（Gray，1837），模式产地为中国广东广州；海南亚种*P. b. alleni*（Sody，1949），模式产地为中国海南。

分布于中国四川、云南、西藏东部的豹猫通常被划归指名亚种，其鉴别特征、形态和地理分布见种的描述。

豹猫（四川平武王朗国家级自然保护区　红外相机拍摄　提供者：李晟）

62. 兔狲属 *Otocolobus* Brandt，1844

Otocolobus Brandt, 1844. Bull. Acad. Sci. St. Petersb., 9: 38(模 式 种: *Felis manul* Pallsa, 1776). Ellerman and Morrison-Scott, 1951. Check. Pala. Ind. Mamm., 308(as Subgenus of *Felis*); Wozencraft, 1993. Mamm. Spec. World, 2nd ed., 295; 王应祥, 2003. 中国哺乳动物种和亚种分类名录与分布大全, 98; Wilson and Mittermeier, 2009. Hand. Mamm. World., Vol. 1, Canivores, 161.

鉴别特征　身体粗短的小型猫科动物，颜面部宽扁，额头扁平，两耳间距较大。尾粗而蓬松，具黑色环纹，尾尖黑色。前额具小的实心黑色斑点，眼周具明显的白色眼圈。

地理分布　该属动物分布于中国、巴基斯坦、哈萨克斯坦、伊朗、尼泊尔、蒙古、俄罗斯。全世界仅1种，即兔狲 *Otocolobus manul*，在四川有分布。

（122）兔狲 *Otocolobus manul*（Pallas，1776）

别名　乌伦、玛瑙

英文名　Pallas's Cat

Felis manul Pallas, 1776. Reis. Versch. Prov. Russis. Reichs einem ausfüh. Ausz., 3: 692(模式产地: 俄罗斯贝加尔湖); Allen, 1938. Mamm. Chin. Mong., 455; Ellerman and Morrison-Scott, 1951. Check. Palaea. Ind. Mamm., 308; 胡锦矗和王酉之, 1984. 四川资源动物志　第二卷　兽类, 115; 高耀亭, 等, 1987. 中国动物志　兽纲　第八卷　食肉目, 320; Wozencraft, 1993. Mamm. Spec. World, 2nd ed., 295; Wozencraft, 2005. Mamm. Spec. World, 3rd ed., 535; 王酉之和胡锦矗, 2009. 四川兽类原色图鉴, 155; Wilson and Mittermeier, 2009. Hand. Mamm. World, Vol. 1, Canivores, 161.

Otocolobus manul 王应祥, 2003. 中国哺乳动物种和亚种分类名录与分布大全, 98.

鉴别特征　矮壮结实的小型猫科动物。与其他猫科动物相比，兔狲的面部宽扁，额头扁平，两耳间距较大。尾粗而蓬松，具黑色环纹，尾尖黑色。毛发浓密且长，毛整体泛灰白色或银灰色。前额具小的实心黑色斑点。眼周具明显的白色眼圈，从眼至颊部有1条白纹。腹部有粗糙的长毛，在冬季时甚至可接近地面。

形态

外形：小型猫科动物，头体长45 ~ 65 cm，体重2.3 ~ 4.5 kg。身体低矮粗壮，四肢明显较短，尾粗而蓬松。

毛色：毛长而浓密，毛尖白色，整体泛灰白色或银灰色。前额具小的实心黑色斑点。眼周具明显的白色眼圈，从眼至颊部有1条白纹。体侧及前肢具模糊的黑色纵纹。尾毛蓬松，具黑色环纹，尾尖黑色。冬毛比夏毛更长更密，毛色更浅。

头骨：兔狲头骨较特别，短而圆，颅面隆突，眼眶的骨质环完整（有时不相连，有一缺口）。额骨顶部宽阔，最高点位于额骨中后部。鼻骨宽而短，前端向侧面延伸，卷曲，构成鼻腔上壁；两鼻骨中央略下凹；后端尖，插入额骨前端。额骨长而宽，最宽处位于眼眶上部，在此形成眶后突，并与颧弓一起，形成完整的骨质眼眶环；额骨前端内侧有一尖，内侧和鼻部相接，外侧与上颌骨相接；前外侧向侧前方延伸，构成眼眶前上缘的一部分；在顶部形成一个平台，后端与顶骨相接，骨缝总体呈直线；额骨在眼窝内构成眼窝内壁的主体。顶骨宽大，构成脑颅的顶部和侧面上部。脑颅浑圆，侧面与鳞骨相接。顶间骨略呈三角形，前缘与顶骨相接，后缘与上枕骨相接。成体矢状脊不显著，老年个体有较弱的矢状脊。枕区人字脊明显；上段有侧枕骨构成，下段由鳞骨构成；向下延伸，止于听泡侧面。侧枕骨在枕髁侧面有一乳突，向下止于听泡后缘。人字脊在最后面略超过枕髁所在平面。枕髁较大，圆弧形，髁面光滑。侧面，前颌骨窄条状，着生门齿，上颌骨前端高耸，侧面向外突出，构成颧弓基座，上颌骨着生犬齿和颊齿。颧骨发达，前端向上弯曲，构成眼眶的前下缘，后段向后上方弯曲，构成眼眶的后缘和后下缘；有时与额骨的眶后突相接。从背面观，颧弓呈标准的圆弧形。颧骨后段另一支向后下方延伸，与鳞骨颧突相接，接口处不像很多其他猫科动物——颧骨和鳞骨颧突为斜向相接，两者上下呈斜线贴合，兔狲的颧骨与鳞骨是直线相接。鳞骨宽而高，构成脑颅下半部分；鳞骨颧突短，颧突基部较宽阔，腹面构成与上颌连接的关节窝；向后延伸呈裙边，裙边接近人字脊，但不直接相连。泪骨位于眼眶最前端，较窄，侧面出露很少。翼蝶骨低，仅鳞骨一半高，在鳞骨颧突关节窝下方向后延伸，与听泡相接。眶蝶骨比翼蝶骨略低，前后长较大，翼蝶骨和眶蝶骨共同构成眼窝底部下方内壁。腹面，门齿孔略呈圆形，主要由前颌骨围成，底部由上颌骨围成。硬腭宽阔平坦，最大宽大于最大长。后鼻孔扁圆形，相互延伸。硬腭一半由上颌骨构成，一半由腭骨构成。腭骨前段呈梯形，在内鼻孔后两侧向后延伸，与翼骨相接。翼骨较宽阔，薄，有一尖突向腹面延伸。基枕骨与基蝶骨愈合，骨缝不清。基蝶骨前段呈梯形。前蝶骨出露部分像一把火炬。听泡大而圆，1室。外耳孔开后侧面，无明显骨质外耳道。

下颌骨强大，底部呈弧形。冠状突高耸，斜向后方，顶端圆弧形；侧面有深窝，供咬肌附着。关节突横列，髁面圆弧形。角突较短，末端略向内。

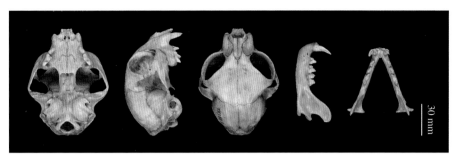

兔狲头骨图

牙齿：齿式3.1.2.1/3.1.2.1 = 28。上颌门齿3枚（每边），第1、2枚几乎等大，第3枚大，约等于前2枚的2倍。上犬齿发达，直向下伸，侧面有深沟。上前臼齿2枚，第1枚较小，双根，单尖，齿尖三角形，锋利；第2枚大，为上裂齿，有4个尖，前尖较小，中间1个齿尖大，后尖也很发达，3个齿尖均很锋利，前端内侧的原尖较低。上白齿小，位于第2上前臼齿后内侧，两者略呈直角排列。下颌门齿3枚（每边），依次变大。下颌犬齿也很发达，略向后弯，齿尖锋利，内侧和外侧均有齿沟。下前臼齿2枚，第2枚略大，齿尖均为"山"字形，锋利。下白齿1枚，为下裂齿，外侧略呈V形，原尖较发达。

量衡度（衡：kg；量：mm）

外形：

性别	体重	体长	尾长	后足长	耳长
♀	10	750	450	175	60

头骨：

编号	颅全长	基长	颧宽	眶间宽	后头宽	听泡长	上齿列长	下齿列长
IOZT0323	130.70	122.00	87.00	23.80	53.50	25.40	43.00	40.00

生态学资料　兔狲主要生活在没有深厚积雪的干燥高原区，包括草原、半荒漠与稀疏灌木区等生境，偶尔也可见于多石的山地。兔狲捕食鼠兔、旱獭、小型啮齿类、兔类和鸟类，以伏击为主要的捕猎策略。独居，以夜行性为主，在晨昏较为活跃。兔狲在冬春季节（2月前后）繁殖，母兽每胎产3～6仔。在自然生境中，同域分布的狐狸（赤狐、藏狐）与其他中小型猫科动物（例如荒漠猫）是兔狲的主要竞争者。历史上，它们经常被人类捕杀以获取其毛皮用于服饰。在草原地区，大范围、有组织的"草场害兽控制"（例如毒杀鼠兔）有可能对兔狲产生重要的影响。

地理分布　分布范围从中东经中亚至蒙古高原和青藏高原，包括阿塞拜疆、伊朗、阿富汗、巴基斯坦、哈萨克斯坦、吉尔吉斯斯坦、蒙古、中国、不丹、印度、尼泊尔、俄罗斯。在中国，兔狲广泛分布于新疆、西藏、青海、甘肃、四川、宁夏、内蒙古、陕西、山西、河北。

在四川的历史分布区域：平武、道孚、德格、甘孜、石渠、理塘、若尔盖、松潘、红原。

2000年以来确认的在四川的分布区域：阿坝、巴塘、白玉、丹巴、道孚、稻城、得荣、德格、甘孜、黑水、红原、金川、九龙、康定、理塘、炉霍、泸定、马尔康、壤塘、若尔盖、色达、石渠、松潘、乡城、新龙、雅江。

分省（自治区、直辖市）地图——四川省

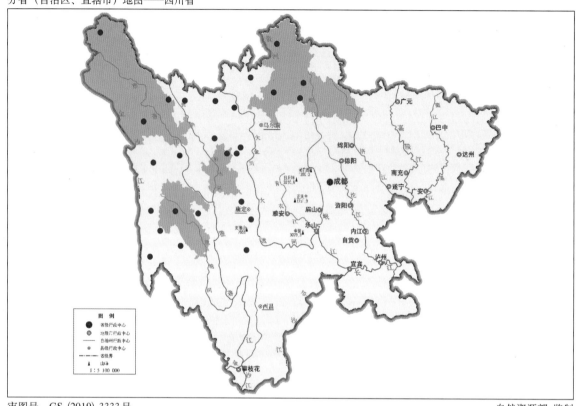

审图号：GS（2019）3333号　　　　　　　　　　　自然资源部 监制

兔狲在四川的分布
注：红点为物种的分布位点，绿色斑块表示历史分布区域。

分类学讨论　兔狲属Otocolobus为单型属。共有3个亚种，其中2个亚种在中国有分布。指名亚种O. manul manul（Pallas，1776），模式产地为俄罗斯贝加尔湖，在我国分布于内蒙古、河北、陕西、宁夏、甘肃；高原亚种O. m. nigripectus（Hodgson，1842）亦称青藏亚种，模式产地为中国西藏，在我国分布于西藏、青海、四川、新疆。有研究者将另一亚种——里海亚种O. m. ferruginea Ognev，1928（亦称西亚亚种）也归入指名亚种。

兔狲高原亚种 *Otocolobus manul nigripectus*（Hodgson，1842）
Felis nigripectus Hodgson, 1842. Jour. Asiat. Soc. Bengal, 11: 276(模式产地：西藏).

鉴别特征　背部具显著的细横纹，四肢末端白色，尾端黑色。
地理分布　同种的分布。

兔狲（拍摄地点：四川石渠色须寺 拍摄时间：2013年 拍摄者：李思琪）

63. 猞猁属 *Lynx* Kerr，1792

Lynx Kerr, 1792. Anim. Kingd. Cat. Mamm., 288-299(模 式 种：*Felis lynx* Linnaeus, 1758); Allen, 1938. Mamm.
Chin. Mong., 488; Ellerman and Morrison-Scott, 1951. Check. Palaea. Ind. Mamm., 308(as subgenus of *Felis*);
Wozencraft, 1993. Mamm. Spec. World, 2nd ed., 293; 王应祥, 2003. 中国哺乳动物种和亚种分类名录与分布大
全, 99; Wozencraft, 2005. Mamm. Spec. World, 3rd ed., 541; Wilson and Mittermeier, 2009. Hand. Mamm. World,
Vol. 1, Canivores, 149.

鉴别特征 猞猁属和小猫类各属均具有完全骨化的舌骨，区别于大猫类。但是，猞猁的粗长形
四肢和很短的尾，在体形上又与小猫类颇不相同。后肢长于前肢，足掌既宽又长，在雪地活动有利
于保持身体平衡。

形态 耳尖端具长毛，其长度略似耳长。头骨吻部短，颧弓宽而强。上颌骨的鼻支窄，下颌骨
底部平直。上颌缺第1前臼齿，齿式3.1.2.1/3.1.2.1 = 28。

地理分布 猞猁属动物分布较广，包括北美洲和欧亚大陆。

该属全世界有4种（美洲2种，欧亚大陆2种）。中国有1种——猞猁*Lynx lynx*。

（123）猞猁 *Lynx lynx*（Linnaeus，1758）

别名 欧亚猞猁、猞猁狲

英文名 Eurasian Lynx

Felis lynx Linnaeus, 1758. Syst. Nat. Sec. Clas. Ord. Gen. Spec. Charac. Differ. Synon., locis (in Latin). Tomus I
(decima, reformata ed), 43（模式产地：瑞典乌普萨拉附近）; Ellerman and Morrison-Scott, 1951. Check. Palaea.
Ind. Mamm., 308.

Lynx lynx Allen, 1938. Mamm. Chin. Mong., 489; 胡锦矗和王西之, 1984. 四川资源动物志 第二卷 兽类, 121;
高耀亭, 等, 1987. 中国动物志 兽纲 第八卷 食肉目, 333; Wozencraft, 1993. Mamm. Spec. World, 2nd ed.,
293; 王应祥, 2003. 中国哺乳动物种和亚种分类名录与分布大全, 99; Wozencraft, 2005. Mamm. Spec. World,
3rd ed., 541; 王西之和胡锦矗, 2009. 四川兽类原色图鉴, 156; Wilson and Mittermeier, 2009. Hand. Mamm.

World, Vol. 1, Canivores, 151.

鉴别特征　毛色浅，沙黄色至灰棕色，具不明显的黑色或暗棕色斑点（部分斑点十分模糊）。喉部及腹部毛色白或浅灰。双耳直立，呈三角形，耳尖具黑色毛簇，耳背面具浅色斑。尾极短，尾尖钝圆且色黑。四足宽大。

形态

外形：中等体型猫科动物，身体壮实，雄性头体长76～148 cm，体重12～38 kg；雌性头体长85～130 cm，体重13～21 kg。尾长12～24 cm双耳直立，呈三角形，耳尖具黑色毛簇，耳背面具浅色斑。相比于其体长及其他猫科动物，尾极短，尾尖钝圆且色黑。四足宽大，足掌周围及趾间具较长的浓密毛丛。与其他猫科动物相比，猞猁的四肢较长。

毛色：基本毛色为沙黄色至灰棕色，具不明显的黑色或暗棕色斑点（部分斑点十分模糊）。喉部及腹部毛白色或浅灰色。耳尖具黑色长毛簇。尾黑色。

头骨：猞猁头骨粗短，颅面隆起，整体呈弧形，最高点位于额骨后部。鼻骨宽而短，前端向侧面略卷曲，构成鼻孔上壁；后端圆弧形，插入额骨前缘。额骨宽阔，前端4叉，之间2叉尖而长，其内侧与鼻骨相接，外侧与上颌骨相接，侧面2叉分别伸向两侧眼眶上部，成为眼眶上缘的一部分；额骨中央向两侧各形成一分叉，并向下呈弧形，为眶后突，构成眼眶上缘和后上缘；后缘与顶骨相接处向后突出，侧面还有1～2个突出的叉，所以顶骨形状很特别；侧面构成眼窝上部内壁的主体。眶后突后面在脑颅顶面形成颞脊，颞脊向后在顶骨前缘愈合，形成矢状脊。矢状脊向后贯穿顶间骨中部，并与人字脊相接。顶骨较宽圆，构成脑颅的顶部和上侧面，侧面和鳞骨相接，在鳞骨和额骨之间的侧面，顶骨形成个宽的圆弧形突起，突起的顶端与翼蝶骨相接。顶间骨较宽，侧面形成一窄边。枕部人字脊高耸，后端略超过枕髁所在的平面。人字脊上段由顶间骨构成，下段由鳞骨构成，形状很特别；向下止于听泡侧面。枕髁中等发达，髁面光滑。在枕髁侧后面，侧枕骨形成一向下的突起，为颈突，止于听泡后缘；侧面前颌骨很窄，以至呈1条窄线状，前腹面较宽，着生门齿。上颌骨侧面观略呈三角形，前端一角着生犬齿，一角向上，达到眼眶前缘，但不构成眼眶的边缘。腹侧方一角着生颊齿，并向侧面扩展，成为颧弓的基座和颧弓下缘的一部分（颧突），这在食肉类中比较特别。颧骨粗大，前端向上翘，形成眼眶前缘的一部分；向后2叉，一叉向后上方，构成眼眶的下缘和后下缘，时整个眼眶接近封闭（不完全封闭）；另一叉向后下方，与鳞骨颧突相接。鳞骨较高，在脑颅侧面呈弧形，构成脑颅侧面下部的一部分；鳞骨颧突发达，基部较宽，腹面构成与下颌骨相接的关节窝；向后形成一个裙边，与人字脊相接；裙边下方是外耳孔，无明显骨质外耳道。听泡较大，鼓室鼓胀，圆形，听泡1室。翼蝶骨高而窄，在鳞骨颧突腹面向后延伸，抵达听泡前缘。眶蝶骨较宽，但较低。翼蝶骨和眶蝶骨构成眼窝底部下方的一部分，上有多个神经孔。眼眶最前缘是泪骨，侧面很窄很短，构成眼眶前缘的一部分。腹面，门齿孔略呈圆形，主要由前颌骨围成，下方底部由上颌骨围成。硬腭宽阔，平坦，长略大于宽。后鼻孔向后明显延伸。腭骨整体略呈弧形，在内鼻孔后缘呈弧形，两侧向后延伸，翼骨宽阔，腹面末端有长的针状突起。基枕骨宽阔，成年后与基蝶骨愈合，基蝶骨前缘弧形，中央与前蝶骨相接，侧面与翼骨相接。前蝶骨后面粗壮，前面棒状，侧面分别与翼骨、额骨及上颌骨相接；它们共同构成软腭的骨质穹顶。下颌齿骨很发达，前端粗大，后端的冠状突斜向后上方延伸，圆弧形。关节骨横列，髁面宽。角突很小。

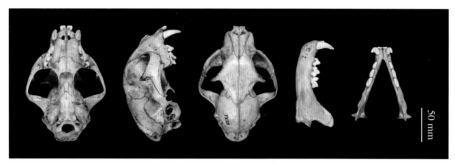

猞猁头骨图

牙齿：齿式3.1.2.1/3.1.2.1 = 28。上颌门齿3枚，彼此靠近，依次变大，离犬齿较远。上颌犬齿发达，尖端有2 ~ 3条沟。上前白齿2枚，均较大。第1前白齿浅灰有3个齿突，第1齿突大而高，齿尖锋利，第2、3齿尖小。第2上前白齿最大，是上裂齿，唇侧前后排列有3个齿突，第1个较小，第2个最大，第3个齿尖比第1个略小；前部内侧还有一个较大的齿尖（原尖）。上白齿很小，位于第2上前白齿的后内侧，椭圆形。下颌门齿3枚，依次变大，但均很小；彼此靠近且靠近犬齿，齿隙不明显。犬齿发达，尖部有2条纵沟。下前白齿2枚，均较大，第1下前白齿有前后2 ~ 3个齿尖，第1个很大，锋利；第2下前白齿前后有4个齿尖，第1齿尖小，第2个最大，高而锋利，第3、4齿尖小。下白齿1枚，与第2上前白齿约等长，但略宽，切缘V形，锋利，内侧原尖小。

量衡度（衡：kg；量：mm）

外形：

编号	性别	体重	体长	尾长	后足长	耳高	采集地点
IOZ08119	♂	25	1 000	190	250	90	吉林辉南
IOZ07809	♀	16	900	180	225	90	吉林敦化
IOZ09426	♂	22	980	210	240	80	—
IOZ08120	♀	17	850	190	240	90	—
IOZ08121	♀	10	800	220	230	80	—
IOZ08122	♀	16	930	180	230	90	—
IOZ09636	♀	—	1 000	200	250	95	—
IOZ09687	♀	—	1 000	200	250	95	—

头骨：

编号	颅全长	基底长	基长	颧宽	眶间宽	颅高	上齿列长	下齿列长	下颌骨长
IOZ07809	145.81	140.54	130.60	101.30	31.60	68.16	56.90	56.16	96.76
IOZ09424	163.23	160.55	150.83	113.76	36.10	72.79	66.49	64.24	110.02
IOZ08119	157.55	153.82	143.01	116.43	36.30	74.62	62.76	61.76	108.62
IOZ07809	145.70	140.94	131.02	110.79	31.74	68.39	56.96	56.09	97.31
YX201	170.00	165.88	154.50	120.50	40.25	88.50	67.50	66.75	127.50

生态学资料　猞猁是适应寒冷气候的古北界物种，分布广泛且适应多样的栖息地环境，包括高山至亚高山的针叶林、灌丛、草甸、荒漠、半荒漠以及多石生境。它们倾向于捕食中小体型的兽类，包括野兔、啮齿类、鼠兔、旱獭与小型有蹄类（狍子、原麝等），但野兔在多数地区都是猞猁最主要的食物。猞猁以潜伏突击为主要捕食策略，更喜欢有利于潜伏隐蔽的林区、高草丛、乱石堆、岩屑坡等，同时具有良好的攀爬与爬树能力。猞猁通常独居，偏好夜行，但白天也常出没活动，会避开同域分布的雪豹、狼等大型食肉动物。猞猁在繁殖季节会有在草地上标记的行为，1年1胎，母兽通常在石洞、岩缝或树洞中产仔，每胎产2～3仔。

地理分布　广泛分布于欧亚大陆北部，从欧洲有森林分布的山系到俄罗斯远东的北方针叶林，并延伸至中亚和青藏高原，包括俄罗斯、蒙古、芬兰、挪威、瑞典、波兰、德国、匈牙利、意大利、伊朗、阿富汗、中国等。在中国，猞猁分布于从西北经华北至东北的北方地区和青藏高原，见于新疆、西藏、青海、甘肃、四川、内蒙古、黑龙江、吉林与辽宁。

在四川的历史分布区域：青川、平武、宝兴、雅江、道孚、白玉、德格、甘孜、巴塘、松潘、小金、汶川。

2000年以来确认的在四川的分布区域：巴塘、白玉、道孚、稻城、得荣、德格、甘孜、九龙、康定、理塘、炉霍、泸定、色达、石渠、乡城、新龙、雅江。

分省（自治区、直辖市）地图——四川省

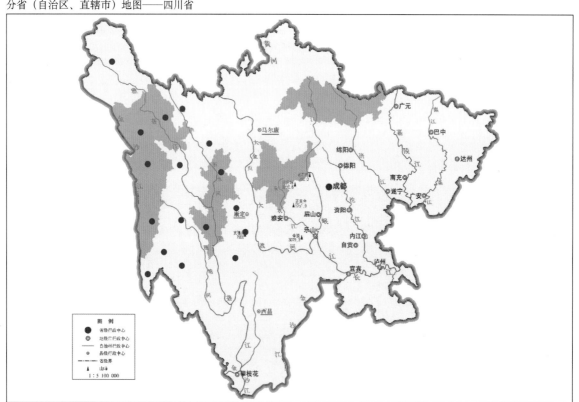

审图号：GS (2019) 3333号　　　　　　　　　　　　　　　　　　　　自然资源部 监制

猞猁在四川的分布
注：红点为物种的分布位点，绿色斑块表示历史分布区域。

分类学讨论 全球共有8个亚种，中国分布有2个亚种：中国亚种（亦称华北亚种）*Lynx lynx isabellinus*（Blyth，1847），模式产地为西藏；东北亚种 *L. l. stroganovi*（Heptner，1969），模式产地为俄罗斯贝加尔湖。中国亚种分布于新疆（南部）、西藏、青海、四川、甘肃、内蒙古（中部）、河北，历史上也曾记录于山西、陕西、云南；东北亚种分布于吉林、黑龙江、内蒙古（东部）、新疆（北部）。四川省内仅分布有中国亚种。

猞猁中国亚种 *Lynx lynx isabellinus*（Blyth，1847）

Files isabellinus Blyth, 1847. Jour. Asiat. Soc. Bengal, 16: 1178(模式产地：西藏).

Cynchus isabellinus kamensis Satunin, 1904. Ann. Mus. Zool. Acad. Sci. St. Petersb., 9: 13(模式产地：四川西部).

鉴别特征 毛沙黄色至灰棕色，具不明显的黑色或暗棕色斑点。喉部及腹部毛白色或浅灰色。耳尖具黑色毛簇，耳背面具浅色斑。尾短，尾尖钝圆，色黑。

地理分布 同种的描述。

猞猁（拍摄地点：四川雅江神仙山自然保护区 拍摄时间：2018年 红外相机拍摄 提供者：李晟）

64. 金猫属 *Catopuma* Severtzov，1858

Catopuma Severtzov, 1858. Rev. Mag. Zool., 10: 387(模式种：*Felis moormensis* Hodgson, 1831); Wozencraft, 1993. Mamm., Spec. World, 2nd ed., 289; 王应祥，2003. 中国哺乳动物种和亚种分类名录与分布大全，99; Wozencraft, 2005. Mamm. Spec. World, 3rd ed., 533; Wilson and Mittermeier, 2009. Hand. Mamm. World, Vol. 1, Canivores: 141.

Profelis Severtzov, 1858. Rev. Mag. Zool., 10: 386(模式种：*Felis aurata* Blyth, 1863); Ellerman and Morrison-Scott,

1951. Check. Palaea. Ind. Mamm., 311(as subgenus of *Felis*).

鉴别特征　中等体型，较为壮实，四肢相对身体比例较长；尾长大于头体长一半，尾末端常上翘。具有多种色型变化，如没有明显斑纹的麻褐色型、红棕色型、棕褐色型、灰色型等，具有明显空心深色斑的花斑色型以及介乎其间不同程度的过渡色型。

形态　头骨颅形略窄长，顶部宽平，脑室大而圆。额骨较宽，中部略凹陷，眶后突与颧骨额突细而尖锐。人字脊发达。听泡圆而突。该属在齿式上相同于猫属，第1上前臼齿或缺。

地理分布　金猫属动物分布于中国、印度、尼泊尔、不丹、马来西亚、苏门答腊岛、加里曼丹岛。

该属全世界2种。在中国四川分布有1种，即金猫*Catopuma temminckii*。

(124) 金猫 *Catopuma temminckii*（Vigors et Horsfield，1827）

别名　亚洲金猫、红春豹、狗豹子
英文名　Asiatic Golden Cat

Felis temminckii Vigors and Horsfield, 1827. Zool. Jour., Ⅲ (11): 451(模式产地：苏门答腊岛); Allen, 1938. Mamm.
　　Chin. Mong., 465; Ellerman and Morrison-Scott, 1951. Check. Palaea. Ind. Mamm., 311; 胡锦矗和王酉之，1984.
　　四川资源动物志　第二卷　兽类，117; Wozencraft, 2005. Mamm. Spec. World, 3rd ed., 534; 王酉之和胡锦矗，
　　2009. 四川兽类原色图鉴，150.

Felis dominicanorum Selater, 1898. Proc. Zool. Soc. Lond., 2, pl. 1(模式产地：福建福州).

Felis semenovi Satunin, 1904. Ann. Mus. Zool. Acad. Sci. St. Petersb., 9: 524(模式产地：四川东北部).

Felis temminckii mitchelli Lydekker, 1908. Proc. Zool. Soc. Lond., 433(模式产地：四川).

Felis melli Matschie, 1922. Arch. Nat., 88: A, 10: 36(模式产地：云南维西).

Felis temmincii bainsei Sowerby, 1924. China Jour. Sci. Arts, 2: 235(模式产地：云南腾冲).

Profelis temminckii 高耀亭，等，1987. 中国动物志　兽纲　第八卷　食肉目，337.

Catopuma temminckii Wozencraft, 1993. Mamm. Spec. World, 2nd ed., 289; 王应祥，2003. 中国哺乳动物种和亚种
　　分类名录与分布大全，99; Wilson and Mittermeier, 2009. Hand. Mamm. World, Vol. 1, Canivores, 141.

鉴别特征　中等体型的猫科动物。毛色与斑纹多变，具有多种色型。头部具有独特的斑纹，在额部及颊部长有对比明显的白色与深色条纹。身体壮实，头部比例较大；尾巴较长，尾长大于头体长一半，尾末段弯曲上翘，尾尖背面黑色而腹面为对比明显的亮白色。

形态

外形：中等体型，雄性头体长75～105 cm，体重12～16 kg；雌性头体长66～94 cm，体重8～12 kg；尾长42～58 cm。相比其他中小型猫科动物，金猫头部比例较大，尾巴较长，身体壮实。

毛色：毛色与斑纹多变，具有多种色型。中国记录有麻褐色型（亦称普通色型）、花斑色型、红棕色型、棕黑色型、灰色型、黑色型等色型（至少6种），其中四川分布有麻褐色型、花斑色型2

种。麻褐色型的金猫背部与颈部毛色为深棕色至棕红色，腹面为白色至沙黄色，头部具有独特的斑纹，在额部及颊部长有对比明显的白色与深色条纹；腹部和四肢具有模糊的深色斑点或短斑纹，尤其在四肢内侧更为明显。花斑色型的金猫，全身被毛的基色为浅黄色至污白色，在体侧和肩部具有明显的花斑（似豹斑，边缘黑色或深棕色，中心浅棕或棕黄色），在尾巴背面有黑色横纹，背脊中央有深色的纵纹，在四肢分布有实心的深色斑点与不规则斑块。不同色型个体的尾尖背面均为黑色或深色，而尾尖腹面为对比明显的亮白色。在同一种群中可以共存不同色型的个体，但在不同地区的局域种群中，各色型的出现比例会有明显的不同：在四川北部至甘肃南部的岷山山脉，麻褐色型与花斑色型个体的比例大体相当；在以沙鲁里山脉为代表的川西高原地区，主要为花斑色型。

头骨：金猫头骨整体短圆，隆突，背面弧形，最高点位于顶骨后缘。脑颅浑圆。鼻骨短而窄，前端较宽，向后逐渐缩小，末端尖，插入额骨前缘；鼻骨最前端向侧面卷曲，构成鼻孔顶部的一部分。额骨宽大，后侧面显著扩张，形成眼眶的后上缘，到老年，与颧骨的后眶突相接，形成完整的骨质眼眶，但成年初期和亚成体时，眼眶后缘开放；额骨前面尖，内侧与鼻骨相接，前外侧与上颌骨相接；额骨的侧面眼窝内构成眼眶内壁的绝大部分；后端与顶骨和鳞骨的前缘相接，骨缝总体呈直线。顶骨宽大，构成脑颅顶部和上侧面一部分。脑颅浑圆。顶间骨三角形，后端与上枕骨相接。成年后期及老年个体顶骨和顶间骨愈合，矢状脊明显，高耸而窄；成年初期矢状脊短、宽、低。人字脊在成年初期就存在，且明显，但向后不超过枕面。成年后期及老年，人字脊更加发达，且向后超过枕面。枕面枕骨大孔显得大，枕髁相对较小，髁面光滑。人字脊上段由侧枕骨构成，下段由鳞骨构成，并在听泡后上方形成一个粗壮的乳突。侧枕骨的侧下方形成一个宽阔的突起，为颈突，但不向下延伸，止于听泡后上缘。听泡很发达，鼓室圆形，鼓胀。无骨质外耳道，开口前侧面。头骨侧面，上颌骨窄，形状不规则，着生门齿。上颌骨在眼眶前相对窄、高，前端着生犬齿，后段向后延伸，着生颊齿。颧骨发达，但不构成眼眶的前眶壁，而是构成眼眶前下缘的一小部分。颧骨向后分2叉，一叉向后上方延伸，形成眼眶的后下缘；另一叉向后与鳞骨颧突相接。鳞骨构成脑颅侧下方的一部分，形状不规则，鳞骨的颧突发达，根部下缘构成和下颌骨相接的关节面；最后缘与侧枕骨相接。泪骨位于眼眶内最前面，有一个明显的神经孔，侧面不可见。翼蝶骨高而窄，前缘上部与额骨相接，下部与眶蝶骨相接，后上缘与鳞骨相接，最后端抵近听泡前缘。眶蝶骨高差不多为翼蝶骨的一半，但前后长较大，构成眼眶内壁后下缘的一部分。翼蝶骨和眶蝶骨上有4个大的孔。头骨腹面，门齿孔几乎圆形，绝大部分由前颌骨围成，后缘由上颌骨围成。硬腭宽阔，最宽处大于最长；一半由上颌骨构成，一半由腭骨构成，整体平坦。后鼻孔宽阔。腭骨侧面在后鼻孔后面向后延

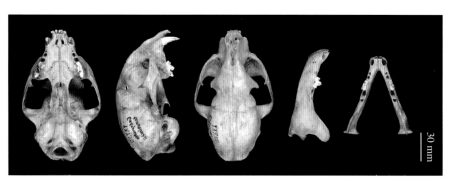

金猫头骨图

伸，与翼骨相接，翼骨宽大，薄片状，腹面向内卷，与腭骨后侧面、前蝶骨一起构成内鼻孔顶部的穹顶。下颌骨中等强大，冠状突高耸，斜向后方，顶端圆弧形，插入鳞骨颧突前缘，起到支撑下颌骨作用。关节突横列，内侧髁面较宽，外侧较窄。角突中等发达，短，略向内收。

牙齿：齿式 3.1.3.1/3.1.2.1 = 30，上颌门齿 3 枚，第 1 上颌门齿很小，直径不到 2 mm，第 2 枚略大，第 3 枚最大，前后径约 3 mm。上颌犬齿较发达，前后径 5.6 ~ 6.8 mm，长约 14.5 mm。上前白齿 3 枚，第 1 枚很小，单尖，前后径约 2.5 mm。靠近犬齿，离第 2 前白齿较远。第 2 上前白齿"山"字形，中间齿尖高而锋利；第 3 上前白齿有 4 个齿尖，前面内侧外侧各有 1 个小尖，中间齿尖高而锋利，后面的齿尖比中间齿尖略低，刀片状，该齿为上裂齿。上白齿 1 枚，很小，着生于第 3 上前白齿后内侧，与第 3 上前白齿呈 100° ~ 120°，长约 2.5 mm。下颌门齿 3 枚，第 1 枚很小，第 2 枚略大，第 3 枚最大（左右径约 1.7 mm）。下颌犬齿较发达，根部直径 5.4 mm 左右，出露长约 14 mm。下颌前白齿 2 枚，第 1 枚略小，第 2 枚略大，"山"字形，前后排列 3 个齿尖。下白齿 1 枚，形状和上白齿截然不同，很大，形状像前白齿，但呈 V 形，切缘锋利，为下裂齿。

量衡度（衡：kg；量：mm）

外形：

编号	性别	体重	体长	尾长	后足长	耳长
—	♀	10	750	450	175	60
—	—	—	720 ~ 970	340 ~ 515	145 ~ 180	49 ~ 60
0057	♂	8	710	430	167	63
—	♂	—	1 050	560	—	—
23601	♀	10	750	450	175	60
—	♀	—	940	490	—	—
—	♀	—	731	485	—	—
—	—	—	840	400	—	—

头骨：

编号	颅全长	基底长	基长	颧宽	眶间宽	颅高	上齿列长	下齿列长	下颌骨长
IOZ-23613	144.37	141.81	129.56	93.56	23.67	63.43	54.72	53.57	91.28
IOZ-25933	126.47	122.56	111.76	81.15	21.48	58.50	49.38	46.21	79.66
IOZ-25038	130.61	126.78	114.67	84.11	23.30	62.90	53.34	48.94	83.65
—	137.29	134.21	124.38	94.58	24.67	63.10	55.75	48.31	92.00
YX950	141.60	138.50	125.80	89.80	24.75	68.22	58.20	57.04	97.63

生态学资料　金猫可以在多种栖息地环境中生存，从南方潮湿的热带与亚热带常绿林，到北方干燥的温性落叶阔叶林。在四川西部和高黎贡山南部（云南与缅甸），金猫可上至海拔 3 000 m 以上

的亚高山针叶林与草甸，在贡嘎山记录到最高分布海拔约4 290 m。喜爱浓密植被遮蔽的环境，极少出现在开阔生境。独居，以夜行性为主，捕食多种脊椎动物，例如中小型偶蹄类食草动物（如林麝、小麂、毛冠鹿）、啮齿类、野兔、鸟类和爬行类。在四川北部岷山地区，雉类（红腹角雉与血雉）在金猫的食性中占据重要位置。未见报道金猫具有特定的繁殖季节。雌兽通常每胎生育1 ~ 2仔。

地理分布　分布范围从中国华南与西南向西延伸至喜马拉雅南麓，向南延伸至东南亚，包括中国、越南、老挝、柬埔寨、泰国、马来西亚、印度尼西亚、缅甸、印度、孟加拉国、不丹、尼泊尔。在我国，金猫历史上曾广布华中、华东、华南、西南的广阔区域，但在过去半个世纪内分布范围急剧退缩，如今仅见于少数几个高度破碎化、呈孤岛状分布的栖息地斑块中。华东、华中、华南地区的金猫种群可能已经局域消失或接近灭绝，近年来的确认记录为陕西南部、甘肃南部、四川北部与西部、云南西部与南部、西藏东南部。

在四川的历史分布区域：江油、青川、绵竹、北川、平武、万源、南江、屏山、乐山、峨眉山、沐川、洪雅、仁寿、雷波、马边、峨边、雨城、荥经、汉源、石棉、天全、宝兴、西昌、邛崃、崇州、汶川。

2000年以来确认的在四川的分布区域：青川、平武、九寨沟、石棉、康定、新龙、雅江。

分省（自治区、直辖市）地图——四川省

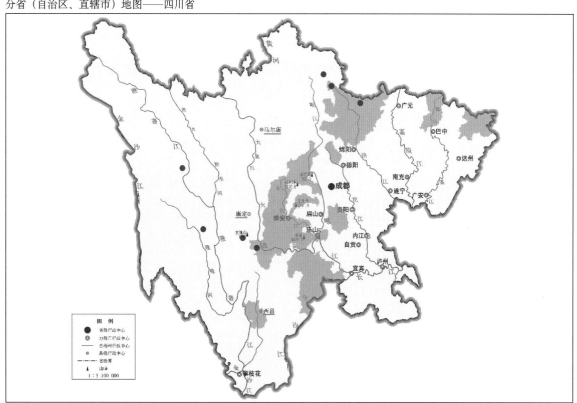

审图号：GS (2019) 3333号　　　　　　　　　　　　　　　　　　　　自然资源部 监制

金猫在四川的分布
注：红点为物种的分布位点，绿色斑块表示历史分布区域。

分类学讨论 Johnson 等（2006）基于分子生物学研究结果提出，金猫 *Catopuma temminckii*（英文名 Asiatic Golden Cat）、加里曼丹岛金猫 *C. badia*（英文名 Borneo Bay Cat）、非洲金猫 *C. aurata*（英文名 African Golden Cat）、云猫 *Pardofelis marmorata*（英文名 Marbled Cat）为近缘种，代表了猫科动物中最早辐射演化的支系之一，所以建议把这4个物种均归入云猫属 *Pardofelis*；但头骨形态特征的对比分析结果显示，金猫属 *Catopuma* 与云猫属 *Pardofelis* 物种的头骨形态之间具有较大的明显差异（Sicuro and Oliveira，2011），且云猫属物种具有一些金猫属物种所没有的适应树栖活动的独有形态特征，因而该分类意见未被广泛采用（McCarthy et al.，2015）。由于金猫分布范围广，存在众多色型，不同色型之间的形态特征差异较大，且可能存在不同程度的过渡色型个体，因此金猫的亚种划分较为混乱。传统认为金猫有3个亚种：分布于苏门答腊岛、马来半岛南部的指名亚种 *P. t. temminckii*（Vigors and Horsfield，1827），模式产地：苏门答腊；分布于我国华东、华南地区的南部亚种（亦称华南亚种）*P. t. dominicanorum*（Sclater，1898）；分布于我国西南地区的中国亚种（亦称缅甸亚种或川藏亚种）*P. t. tristis*（Milne-Edwards，1872）。其中，*P. t. dominicanorum*、*P. t. tristis* 在中国有分布；《四川资源动物志　第二卷　兽类》（胡锦矗和王酉之，1984）中记述，这2个亚种均在四川有分布，但认为由于缺乏标本对照，对其种下分类与分布存疑。近年，IUCN猫科动物专家组曾把后2个亚种合并为 *P. t. moormensis*（Hodgson，1831），与指名亚种并列为金猫仅有的2个亚种。本书根据《西藏哺乳类》（中国科学院青藏高原综合科学考察队，1986）、《中国动物志　兽纲　第八卷　食肉目》（高耀亭等，1987）、《中国哺乳动物种和亚种分类名录与分类大全》（王应祥，2003）等目前更广为接受的分类意见，认为金猫无亚种分化。

金猫麻褐色型（拍摄地点：四川平武老河沟自然保护区　拍摄时间：2013年　红外相机拍摄　提供者：李晟）

金猫花斑色型（拍摄地点：四川唐家河国家级自然保护区　拍摄时间：2008年　红外相机拍摄　提供者：李晟）

65. 豹属 *Panthera* Oken，1816

Panthera Oken, 1816. Lehrb. Naturgesch., 3, 2: 1052(模式种: *Felis parduss* Linnaeus, 1758); Allen, 1938. Mamm. Chin.
Mong., 472(as subgenus of *Felis*); Ellerman and Morrison-Scott, 1951. Check. Palaea. Ind. Mamm., 315; Wozencraft,
1993. Mamm. Spec. World, 2nd ed., 297; 王应祥, 2003. 中国哺乳动物种和亚种分类名录与分布大全, 101;
Wozencraft, 2005. Mamm. Spec. World, 3rd ed., 546; Wilson and Mittermeier, 2009. Hand. Mamm. World, Vol. 1,
Canivores, 127.

Tigris Oken, 1816. Lehrb. Naturgesch., 3, 2: 1066(模式种: *Felis tigris* Linnaeus, 1758).

Tigris Gray, 1843. List Mamm. B. H., 40.

Pardus Fitzinger, 1968 . S. B. K. Akad. Wiss. Wien, 58, 1: 459(模式种: *Ferlis pardus* Linnaeus, 1758).

　　鉴别特征　该属为体型最大的现生猫科动物。体长100 cm以上，尾长100 cm左右，体重一般超过50 kg，最重可达320 kg。体形似猫。头大，吻短，颈粗，四肢强壮有力，爪锐利，且能收缩。
　　形态　头骨颅形狭长。成兽骨质粗坚硬实，矢状脊、人字脊隆起。颧弓宽大而厚。犬齿特别发达。额骨高于顶骨。上腭骨较宽。听泡发达，似呈椭圆状。下颌骨的底缘较平，角突发达。
　　齿式3.1.2.1/3.1.2.1 = 30。门齿较小，横排1列，外侧门齿较内侧门齿大，最中间的门齿最小。犬齿粗大呈圆锥状，其后缘刃部锋利，顶端尖锐。第1前臼齿缺如，第2前臼齿和臼齿形小，有的个体甚至退化。裂齿发达，臼齿横列。
　　地理分布　豹属动物广泛分布于中国、印度、巴基斯坦、吉尔吉斯斯坦、阿富汗、俄罗斯、蒙古、越南、老挝、柬埔寨、缅甸、泰国、苏门答腊岛、马来西亚、印度尼西亚。在非洲分布于北非以外的整个大陆；在美洲，分布于美国南部，中美洲和南美洲。

该属全世界5种，中国有3种。目前在四川分布有2种，即豹*Panthera pardus*、雪豹*P. uncia*；历史上曾分布有虎*P. tigris*，20世纪中期已在四川省内绝灭。

四川分布的豹属*Panthera*分种检索表

整体毛棕黄色至橘黄色，尾长大于头体长一半 ··· 豹*P. pardus*

整体毛浅灰色至银灰色，尾长超过头体长的3/4，尾粗大蓬松 ···························· 雪豹*P. uncia*

（125）豹 *Panthera pardus*（Linnaeus，1758）

别名 金钱豹、花豹、土豹子、豹子

英文名 Leopard

Felis pardus Linnaeus, 1758. Syst. Nat. Sec. Class. Ord. Gen. Spec. Charac. Differ. Syn Loc. Tomus I (decima, reformata ed)：41-42 (in Latin)（模式产地：埃及）；Allen, 1938. Mamm. Chin. Mong., 473-477; Ellerman and Morrison-Scott, 1951. Check. Palaea. Ind. Mamm., 316.

Panthera pardus 胡锦矗和王酉之，1984. 四川资源动物志 第二卷 兽类，124; 高耀亭，等，1987. 中国动物志 兽纲 第八卷 食肉目，346; Wozencraft, 1993. Mamm. Spec. World, 2nd ed., 298; 王应祥，2003. 中国哺乳动物种和亚种分类名录与分布大全，101; Wozencraft, 2005. Mamm. Spec. World, 3rd ed., 547; 王酉之和胡锦矗，2009. 四川兽类原色图鉴，159; Wilson and Mittermeier, 2009. Hand. Mamm. World, Vol. 1, Canivores, 133.

鉴别特征 整体毛色为浅棕色至黄色或橘黄色，在背部、体侧及尾部密布显眼的黑色空心斑点；头部、腿部和腹部分布有实心的黑色斑点。尾粗，尾长大于头体长一半。头骨人字脊、矢状脊发达；上枕骨中央有一较明显的枕突；枕部呈等边三角形。

形态

外形：雄性头体长91～191 cm，体重20～90 kg；雌性头体长95～123 cm，体重17～42 kg；尾长51～101 cm。大型猫科动物，体型匀称而结实。

毛色：整体毛色为浅棕色至黄色或橘黄色，在背部、体侧及尾部密布显眼的黑色空心斑点。腹部和四肢内侧为白色。头部、腿部和腹部分布有实心的黑色斑点。黑色型个体（也称为"黑豹"）偶见报道，尤其在热带与亚热带森林生境中有分布；在这些黑色型个体身上，黄色的皮毛底色被黑色或灰黑色所取代。豹的两耳较圆，在头顶相距较远。四肢相对身体的比例与其他猫科动物相比较短。尾巴较粗，尾长大于头体长一半。在华南与西南地区，豹的分布区内同时分布有花斑色型的亚洲金猫（也称为"花金猫"），整体外表类似体型较小的豹；与花金猫相比，豹的头部相对身体的比例显得更小，尾巴更长、更粗，尾尖通常不上翘，头部、面部和尾部的斑纹特征也不同。

头骨：豹头骨宽短，颅面前段为一斜面，后段矢状脊非常发达，脑颅较圆。脑颅最高点位于额骨中段，眼眶上缘处。鼻骨前宽后窄，前段呈圆弧形，构成鼻腔上壁，两鼻骨结合处略下凹，后端尖，插入额骨前部。额骨、顶骨和顶间骨在成年后愈合，骨缝不清；额骨前半部形成一个平台，平台后面宽，并向侧面突出，形成眶后突；额骨后段中央与顶骨中央有一发达的矢状脊，直达上枕骨

背面，与人字脊中间最高点相接。鳞骨和额骨、顶骨也愈合，骨缝不清。枕区上枕骨显著向后突出，远超过枕髁；枕区的上枕骨、侧枕骨和基枕骨也愈合。枕髁大，关节面光滑。侧枕骨侧面向下形成乳突，乳突不长，外侧形成颈突，颈突不显著延伸，而是形成一个较宽大、厚实的面。头骨侧面，前颌骨很小，很窄，着生上颌门齿。上颌骨宽大，着生犬齿和颊齿；后侧面向外扩展，形成低矮的颧突，颧突前方有一大的神经孔。颧骨强大，宽阔，向后分2叉，一叉向后上方弯曲，形成眼眶的后下缘，但不与额骨的眶突相接，所以眼眶后缘开放；颧骨的另一叉向后延伸，与鳞骨的颧突相接。鳞骨的颧突非常发达，后部下缘形成关节窝，与下颌骨的关节突耦合。脑颅侧面，由额骨后段、顶骨和鳞骨形成一个宽大的圆弧形面，供强大的咀嚼肌附着。听泡位于鳞骨颧突后缘与侧枕骨相接处的腹面，长椭圆形。无明显的骨质外耳道，耳孔位于听泡的侧上方，鳞骨颧突下方。头骨腹面，门齿孔椭圆形，绝大部分为前颌骨围成，仅后缘底部部分为上颌骨。硬腭宽阔，后面中央向口腔内隆起。腭骨宽大，几乎占硬腭的一半；腭骨后缘形成圆筒形的骨质后鼻孔；侧面向后伸，与翼骨相接，翼骨薄片状。成体基枕骨和基蝶骨、前蝶骨愈合；构成眼窝底部的翼蝶骨、眶蝶骨也愈合。

下颌骨强大，冠状突高耸，弧形，插入鳞骨颧突前缘，对下颌起到支撑作用。关节突比冠状突低得多，关节面强大，形成左右宽约36 mm的圆弧关节髁。存在角突，短，较粗。冠状突侧面下部形成一大的窝，供强大的咬肌附着。

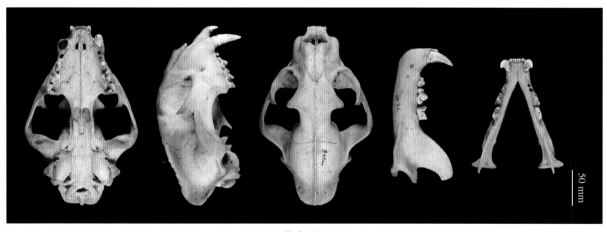

豹头骨图

牙齿：齿式3.1.3.1/3.1.2.1 = 30。上颌门齿3枚，第3枚最大，犬齿发达，根部直径接近15 mm，出露部分长约40 mm。上颌前臼齿3枚，第3枚强大，锋利，为上裂齿，长达25 mm。上臼齿小，和颊齿列呈垂直方向排列；前后长仅4.2 mm，左右宽约8.5 mm。下颌门齿3枚，第3枚最大，下颌犬齿也很发达，根部直径约15 mm，出露部分约18 mm。前臼齿2枚，第2枚大，均呈山形，中间齿突高而锋利。下臼齿1枚，和前臼齿形状一致，锋利，为下裂齿。

量衡度（衡：kg；量：mm）

外形：

编号	性别	体重	体长	尾长	后足长	耳长	采集地点
IOZ35505	雄	—	1 220	810	220	63	四川天全
IOZ73235	雌	25	985	660	225	89	四川万源

头骨：

编号	颅全长	基底长	基长	颧宽	眶间宽	颅高	上齿列长	下齿列长	下颌骨长
IOZ25008	201.18	196.50	176.99	129.81	36.54	88.14	78.68	75.78	131.18
IOZ18074	195.82	190.07	168.49	126.10	33.79	88.92	78.53	75.48	128.37
IOZ35505	227.40	222.40	197.23	147.61	41.58	97.38	85.92	83.83	146.06
IOZ73235	192.80	187.50	164.20	124.30	33.20	87.20	60.20	69.00	126.40
SAFB01	250.00	244.00	222.00	160.00	42.00	103.00	92.00	88.00	150.00

生态学资料 豹具有极强的适应能力，广泛分布在热带到温带的多种类型栖息地中，可分布在接近海平面至海拔5 000 m的海拔跨度巨大的区域。在欧亚大陆与非洲，除了沙漠与苔原之外，几乎所有的生境类型中，都可见到有豹活动。在四川西部、青海南部与西藏南部，均有研究报道显示豹与雪豹的活动范围可部分重叠，同时出现在海拔4 000 m以上的针叶林、高山灌丛或高山草甸生境中。豹是独居动物，但是也常见到有2 ～ 4只个体一起活动的母幼群。成年豹具有领域性，但相邻个体的家域范围之间通常会有不同程度的重叠；优势雄性个体的家域较大，通常会与区域内多个雌性个体的家域范围重叠。豹具有较强的爬树能力，可以把猎杀的猎物拖到大树上面隐藏。豹以夜行性为主，但也可以在白天捕猎；其猎物包括多种陆生脊椎动物，例如有蹄类、大型啮齿类、兔类、灵长类、雉类以及其他小型食肉类（例如狐狸和獾），猎物的组成在不同地域之间具有很大的差异。尽管豹主要捕食体重小于50 kg的猎物，但也具有猎杀体型更大猎物的能力，例如野猪、中华鬣羚、白唇鹿和水鹿；在遇到动物尸骸时，偶尔也会食腐。在近年基于粪便DNA食性分析的研究结果显示，甘孜雅江，豹进食的猎物中，出现频率最高的为毛冠鹿，此外还包括中华鬣羚、野猪、猕猴、灰尾兔等，亦包括少量家养牦牛。在四川西部和青海南部的部分地区，豹的活动时常接近居民点，有时会捕杀家马、山羊、家牦牛、家狗等家畜，从而引发人兽冲突。豹通常在2月交配，母兽孕期90 ～ 105天，每窝产仔1 ～ 3只，偶见4只。幼兽在独立之前，会与母兽一起生活1 ～ 1.5年。在中国，豹在过去1个世纪内经历了严重的种群下降与分布区退缩，主要是由于持续的高捕猎（偷猎）压力，以获取其毛皮作为装饰或服装材料，以及获取其身体器官（例如豹骨）作为传统中药。由人豹冲突而引起的报复性猎杀或毒杀，也是导致其种群下降的原因之一。

地理分布 为全球分布范围最广的猫科动物，分布区横跨欧亚大陆与非洲大陆，包括南非、坦桑尼亚、尼日尔、埃及、伊朗、阿富汗、印度、斯里兰卡、柬埔寨、印度尼西亚、俄罗斯等。在我国，印度亚种分布于西藏南部与东部、云南西北部、四川西部、青海；印支亚种分布于云南南部；华北亚种分布于河北、河南、山西、陕西、宁夏、甘肃、四川北部；东北亚种分布于吉林、黑龙江。在华东、华中、华南的浙江、福建、安徽、江西、湖北、湖南、广东、广西等历史分布区内已无豹的野外记录。

在四川的历史分布区域：梓潼、江油、旌阳、青川、绵竹、利州、安县、旺苍、北川、剑阁、平武、三台、盐亭、射洪、中江、阆中、苍溪、达川、宣汉、万源、邻水、渠县、巴州、南江、通江、安岳、乐至、翠屏、江安、高县、筠连、屏山、泸县、隆昌、古蔺、叙永、乐山市中、犍为、峨眉山、丹棱、沐川、洪雅、夹江、仁寿、昭觉、甘洛、美姑、雷波、金阳、喜德、普格、越西、布托、马边、峨边、雅安、名山、荥经、汉源、石棉、天全、芦山、宝兴、西昌、宁南、冕宁、会理、会东、盐边、米易、木里、德昌、盐源、邛崃、大邑、彭州、什邡、崇州、都江堰、康定、丹巴、泸定、九龙、雅江、炉霍、道孚、新龙、白玉、德格、甘孜、理塘、稻城、乡城、得荣、松潘。

2000年以来确认的在四川的分布区域：巴塘、白玉、宝兴、道孚、九龙、康定、理塘、炉霍、色达、泸定、木里、邛崃、万源、汶川、乡城、新龙、雅江。

分省（自治区、直辖市）地图——四川省

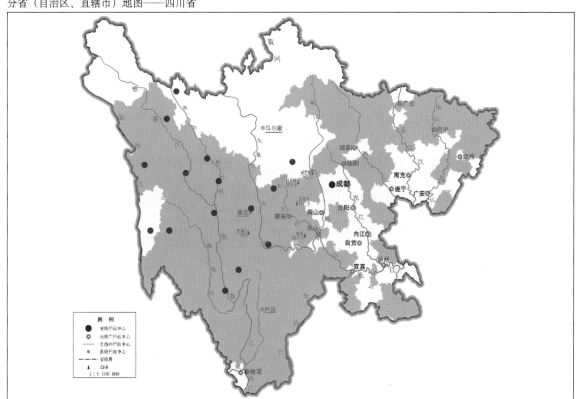

审图号：GS (2019) 3333号　　　　　　　　　　　　　　　　　　　自然资源部 监制

豹在四川的分布
注：红点为物种的分布位点，绿色斑块表示历史分布区域。

分类学讨论 豹被描述过的亚种甚多。结合分子生物学证据，IUCN确认有9个亚种，其中4个亚种在中国有分布，包括：分布于印度次大陆的印度亚种（印度豹，亦称华南亚种）*Panthera pardus fusca*（Meyer，1794），模式产地为孟加拉国；分布于东南亚至华南的印支亚种（印支豹）*P. p. delacouri* Pocock，1930，模式产地为越南（Hue in Annam）；分布于华北至横断山的华北亚种（华北豹）*P. p. japonensis*（Gray，1862），模式产地为中国华北（原始记录错误记为产自"日本"，推测应来自中国华北北京周边地区）；分布于中国东北至朝鲜半岛和远东的东北亚种（东北豹或远东豹）*P. p. orientalis*（Schlegel，1857），模式产地为朝鲜。分布于华中、华东、华南的豹的亚种归属在不同研究中存在争议，部分文献把分布于青藏高原东部至横断山（包括四川北部、西部）的豹归为华北亚种。

四川历史记录有印度亚种与华北亚种分布，其中华北亚种分布于四川北部（松潘、九寨沟县等），但近几十年来已无野外确认记录；四川现有印度亚种分布，近几十年来记录于四川中部（邛崃山）与西部（大雪山、凉山、沙鲁里山）。

豹印度亚种 *Panthera pardus fusca* (Meyer，1794)

Felis fuscus Meyer, 1794. Zool . Ann. Erst. Band., 394(模式产地：孟加拉国).

Felis pardus fuscus Ellerman and Morrison-Scott, 1951. Check. Palaea. Ind. Mamm., 316.

鉴别特征　第1、2上臼齿舌侧有3个齿突，第3上臼齿舌侧仅有2个齿突。背面中央有1条黑线，黑线很明显，起于额部，止于尾根。尾长短于体长。耳小，一般不超过15 mm。背毛棕褐色，腹部和四肢内侧灰白色，尾上、下2色，背面较深，为黑褐色；腹面较浅，有时为灰白色；体侧较背部稍淡，腹部与体侧间分界明显。

生态学资料　同种的描述。

母豹叼着幼仔转移巢址（拍摄地点：四川雅江格西沟国家级自然保护区　拍摄时间：2017年　红外相机拍摄　提供者：李晟）

(126) 雪豹 *Panthera uncia* (Schreber，1775)

别名　艾叶豹、青羊豹

英文名　Snow Leopard

Felis uncia Schreber, 1775. Die Saugt. Abbild. Nat. 100 (1776) and text Vol. 3386: 586(1777)(模式产地：阿尔泰山).

Uncia uncia 高耀亭，等，1987. 中国动物志　兽纲　第八卷　食肉目，359; Wozencraft, 1993. Mamm. Spec. World,

2nd ed., 298; 王应祥, 2003. 中国哺乳动物种和亚种分类名录与分布大全, 103; Wozencraft, 2005. Mamm. Spec. World, 3rd ed., 548.

Panthera uncia Ellerman and Morrison-Scott, 1951. Check. Palaea. Ind. Mamm., 320. 胡锦矗和王酉之, 1984. 四川资源动物志 第二卷 兽类, 128; 王酉之和胡锦矗, 2009. 四川兽类原色图鉴, 157; Wilson and Mittermeier, 2009. Hand. Mamm. World, Vol. 1, Canivores, 127.

鉴别特征 整体毛浅灰色, 有时略沾浅棕色, 毛长密而柔软。全身散布黑色的斑点、圆环或断续圆环; 头部有实心黑色斑点; 腹部毛白色。双耳圆而小。尾长超过头体长的3/4, 尾粗大、蓬松。

形态

外形: 大型猫科动物, 体形匀称结实, 雄性头体长104 ~ 130 cm, 体重25 ~ 55 kg; 雌性头体长86 ~ 117 cm, 体重21 ~ 53 kg; 尾长78 ~ 105 cm。尾长而粗大, 尾覆毛, 蓬松, 尾长超过头体长的3/4。双耳圆而小。与其他大型猫科动物相比, 雪豹的四肢相对身体的比例显得较短。

毛色: 整体毛浅灰色至灰白色, 有时略沾浅棕色, 上面散布黑色的斑点、环纹或断续环纹, 边缘常不太清晰。背脊中央及两侧的斑块颜色略深。腹部毛白色。额部具密集的边缘清晰的黑色实心斑点。尾上具黑色环纹或半环纹, 尾端黑色。

头骨: 雪豹头骨和豹相比显得更粗短, 颜面部更短, 脑颅显得更高耸, 颧骨显得更宽。脑颅最高点位于额骨中部靠前。鼻骨短而宽, 前端宽阔, 向侧面卷, 构成鼻孔上壁; 后端均匀缩小; 末端圆弧形, 插入额骨前缘。额骨前端呈4叉状, 中央1对叉较尖, 内侧与鼻骨相接, 外侧和上颌骨相接, 后面1对叉构成眼眶前上缘, 和上颌骨及泪骨相接; 额骨向后略缩小, 然后迅速扩大, 形成眶后突。眶后突向后形成颞脊, 在顶骨中央颞脊汇合为矢状脊。越到老年, 颞脊汇合处越靠前。顶骨在侧面构成眼眶内壁的主体。成年之后, 额骨和顶骨愈合, 骨缝不清。顶骨构成脑颅的顶部和侧面上部, 侧面脑颅中部与鳞骨弧形相接。顶间骨在成年后与顶骨愈合, 骨缝不清。枕区人字脊发达, 越到老年越明显, 上段由顶间骨构成, 中段由顶骨构成, 下段由鳞骨构成; 向下形成短的颈突。上枕骨向后突, 超过枕髁所在的面。侧枕骨在侧面形成乳突, 乳突宽大, 不明显向下游离。从侧面看, 前颌骨狭窄, 着生门齿, 上颌骨宽大, 着生犬齿和颊齿; 着生犬齿的区域向外突出; 侧面向外扩展, 构成颧弓的基座。颧骨粗壮, 前端向上略弯曲, 构成眼眶前下缘, 后端分2叉, 一叉向上弯曲, 构成眼眶的下缘和后下缘, 但眼眶后缘不封闭; 没有完整的骨质环状眼眶; 另一叉向后下方延伸, 与鳞骨颧突相接。泪骨较发达, 构成眼眶前内壁的一部分, 上有一个大的神经孔, 侧面近三角形窄边出露。鳞骨前后长较大, 不高, 构成脑颅侧面下部; 鳞骨颧突非常发达, 根部宽阔, 腹面构成和下颌连接的关节窝; 向后形成裙边并和人字脊相接, 裙边的下面是耳孔, 骨质外耳道不明显。听泡发达, 鼓室浑圆, 位于腹面。翼蝶骨和眶蝶骨构成眼窝底部的下半部分, 成体愈合, 骨缝不清, 上有4个大的神经孔。腹面门齿孔近圆形, 几乎全部由前颌骨围成, 仅后内侧一部分为上颌骨围成。硬腭宽阔, 前窄后宽, 一半由上颌骨构成, 一半由腭骨构成, 腭骨前端弧形, 中间宽大, 后段缩小, 侧面向后延伸与翼骨相接。翼骨呈薄片状, 后端尖。翼骨、腭骨、基蝶骨前段和前蝶骨构成后鼻孔的弧形穹顶。基蝶骨在成年后与基枕骨愈合。

下颌骨粗壮, 下缘较平直。冠状突宽大, 顶端弧形, 斜向后延伸, 侧面深凹, 供强大咬肌附着。角突粗壮，髁面光滑，横列；角突较小。

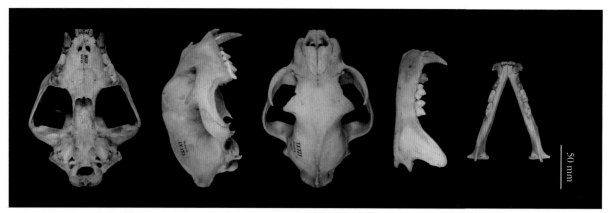

雪豹头骨图

牙齿：齿式3.1.3.1/3.1.2.1 = 30。上颌门齿3枚（每边），第1枚最小，第2枚略大，第3枚最大且高于第1、2枚。犬齿非常发达，粗壮，比豹的犬齿还要粗、长，上有纵沟。上前臼齿3枚，第1枚小，单尖，第2枚大，"山"字形，中央齿尖高而锋利。第3枚最大，唇侧山形，齿尖高而锋利，前内侧有一较低的齿尖，为原尖。该齿为上裂齿。上臼齿1枚，小，位于第3上前臼齿的后内侧，略呈圆形。下颌门齿3枚，第1~3枚均匀变大，下颌犬齿也很发达，有纵沟。下前臼齿2枚，第1枚较小，第2枚大，均呈"三"字形，齿尖锋利。下臼齿大，比第2下前臼齿大，切缘V形，锋利，为下裂齿。

量衡度（量：mm）

外形：

编号	性别	体长	尾长	后足长	耳长	采集地点
17974*	♀	1 195	852	265	61	内蒙古乌拉山
IOZT0934	—	1 100	810	180	—	—
IOZT110	—	1 050	850	190	—	—
IOZT0756	—	1 000	850	180	—	—

注：* 数据来源于高耀亭等（1987）。

头骨：

编号	颅全长	基底长	基长	颧宽	眶间宽	颅高	上齿列长	下齿列长	下颌骨长
IOZ22137	181.38	176.84	161.17	122.94	43.25	89.13	73.85	70.62	151.46
YX727	201.50	195.50	175.25	148.50	54.00	107.50	79.00	78.00	156.00
YX440	185.02	180.43	163.53	129.95	48.07	92.75	73.64	70.51	154.59
YX439	213.03	207.51	195.15	146.36	57.58	102.73	82.45	79.61	169.09
YX125（亚成体）	153.85	149.56	138.91	109.05	37.33	82.13	61.76	58.37	123.98

生态学资料　在分布范围内，雪豹均栖息于高海拔生境中，是全球分布海拔最高的猫科动物。喜欢在陡峭的地形中活动，包括高山流石滩、山脊、陡崖等，较短、粗壮的四肢及长而有力的尾巴，让雪豹在陡峭的岩石间行动自如。也会出现在高山草甸和高山灌丛区，但通常会避开森林生境，只是偶尔出现在接近树线的高山针叶林或灌丛。在青藏高原及周边山地，雪豹通常栖息于海拔3 300 ～ 5 000 m，偶尔可见于海拔更高的地点；而在新疆天山、阿尔泰山以及蒙古高原也可以低至海拔2 000 m以下。在四川西部和青海南部的部分区域，雪豹与豹的栖息地在空间上存在重叠，虽然后者一般是在较低海拔的森林生境中活动。以岩羊和北山羊为主要猎物，同时也会捕猎旱獭、鼠兔、野兔、雉类等体型较小的猎物。善于隐蔽接近并短距离突击，以大约每周1次的频率捕杀大型猎物（例如岩羊）。猎杀之后，雪豹有时会把剩余的新鲜猎物拖到隐蔽的岩洞或岩窝处隐藏，在随后的几天内多次返回进食。1—2月交配，母兽通常在5月前后产仔，每胎1 ～ 3仔。在岩洞或岩壁下的岩窝中休憩和哺育幼仔。洞的位置通常比较隐蔽，较难发现。幼豹在半岁左右开始跟随母亲在领地内巡行，一直到2岁左右扩散并确定自己的领地。亚成体与成体具有远距离扩散（数百乃至上千千米）的能力。雪豹捕杀家畜（绵羊、山羊以及牦牛）的情况在牧区一直存在，例如邛崃山地区雪豹食性分析结果显示，33%的雪豹粪便样品中包含有牦牛的残余。雪豹捕食家畜会导致一系列的人兽冲突；由此引起的报复性猎杀，以及广泛存在的偷猎（获取其皮毛用于服饰和装饰，以及豹骨用做中药材）是雪豹面临的主要直接威胁。近年来，在牧区内流浪狗数量的快速增长，也对野生雪

分省（自治区、直辖市）地图——四川省

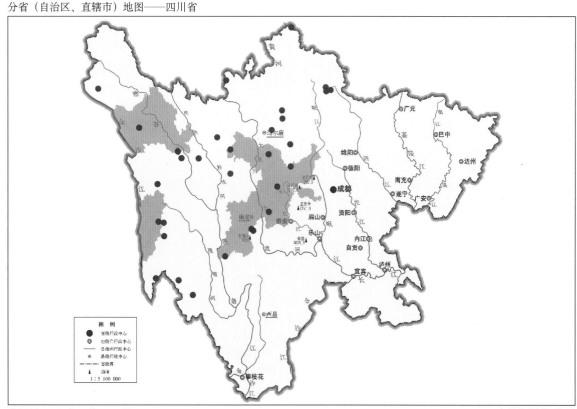

审图号：GS（2019）3333号　　　　　　　　　　　　　　　　　　　自然资源部 监制

雪豹在四川的分布
注：红点为物种的分布位点，绿色斑块表示历史分布区域。

豹构成了重要威胁。

　　地理分布　分布于中亚至东亚的帕米尔高原、青藏高原、蒙古高原及周边山地，分布区包括中国、蒙古、俄罗斯、哈萨克斯坦、塔吉克斯坦、吉尔吉斯斯坦、乌兹别克斯坦、阿富汗、巴基斯坦、印度、尼泊尔、不丹12个国家。中国是雪豹种群数量及栖息地面积均为最多的国家，分布于西藏、青海、新疆、甘肃、四川、云南、内蒙古。

　　在四川的历史分布区域：受限于有限的历史调查，历史记录见于宝兴、大邑、天全、德格、甘孜、巴塘、小金、金川、康定、汶川。

　　2000年以来确认的在四川的分布区域：阿坝、巴塘、白玉、宝兴、丹巴、稻城、得荣、德格、甘孜、黑水、红原、金川、九龙、九寨沟、康定、理塘、理县、炉霍、泸定、马尔康、木里、平武、壤塘、若尔盖、石棉、石渠、松潘、天全、汶川、乡城、小金、新龙。

　　分类学讨论　雪豹曾被置于雪豹属*Uncia* Gray，1854（单型属），即*U. uncia*，现普遍将其列入豹属*Panthera*。化石记录与分子生物学研究结果显示，雪豹起源于青藏高原，在现生猫科动物中与虎*P. tigris*的演化关系最为接近，两者在大约200万年前分化（O'Brien and Johnson，2007）。关于雪豹的亚种划分存在争议（Hemmer，1972），部分研究者认为有2个亚种：指名亚种*P. u. uncia*（Schreber，1775），模式产地为阿尔泰山；*P. u. uncioides*（Horsfield，1855），模式产地为尼泊尔。但2个亚种之间仅具微小形态差异（McCarthy et al.，2017）。Janecka等（2017）基于分子系统学研究的结果提出，雪豹可分为3个亚种：分布于西部天山、帕米尔、喜马拉雅西段的指名亚种*P. u. uncia*、分布于北部阿尔泰至蒙古高原的*P. u. irbis*亚种、分布于中部青藏高原及周边的*P. u. uncioides*亚种，但该分类意见未被广泛采用。本书根据《四川资源动物志　第二卷　兽类》（胡锦矗和王酉之，1984）、《西藏哺乳类》（中国科学院青藏高原综合科学考察队，1986）、《中国动物志　兽纲　第八卷　食肉目》（高耀亭等，1987）、《中国哺乳动物种和亚种分类名录与分类大全》（王应祥，2003）等目前更广为接受的分类意见，同意雪豹无亚种分化的观点。

雪豹（拍摄地点：四川汶川卧龙国家级自然保护区　拍摄时间：2009年　红外相机拍摄　提供者：李晟）

奇蹄目

PERISSODACTYLA Owen, 1848

PERISSODACTYLA Owen, 1848. Quart. Jour. Geol. Soc. Lond., 4: 131.

起源与演化　奇蹄目包括3个科：马科Equidae、犀牛科Rhinocerotidae、貘科Tapiridae。奇蹄目是一个非常古老的类群，在我国内蒙古二连盆地发现了该目的古新世中晚期化石（丁素因等，2011），它可能起源于有爪的、肉食性祖先。奇蹄目适应植物性食物，并逐步成为原始食肉类的捕食对象，为了逃避天敌，发展为适应高速奔跑、有蹄的动物。牙齿上，犬齿逐步退化，前白齿和白齿变为适应切割和研磨的月型齿。奇蹄目曾经是非常繁盛的一个类群，在我国内蒙古、山东、河南、湖南、江西等广大区域，以及蒙古、吉尔吉斯斯坦等地发现了大量始新世初期的化石，包括8科15属24种（丁素因等，2011）。我国是奇蹄目化石最丰富的国家之一，在20世纪50年代末，仅中新世至更新世就已经发现11个科的化石（古脊椎动物研究所高等脊椎动物研究室，1960）。后来在始新世至渐新世又陆续发现大量化石。童永生（1989）对我国始新世中晚期地层发现的奇蹄目化石进行了总结，列出了9科130多种，还包括以前没有发现的3个科，可见地质历史时期，我国奇蹄目物种非常丰富。

最早的犀类化石出现于始新世晚期的亚洲（距今4 500万年左右），它们可能的祖先是始新世广泛分布于亚洲、欧洲、北美洲的*Hyrachyus*属物种，它们和早期的马及貘都相似，小，体形纤细，没有角。始新世晚期出现的犀科化石和犀类另外2个科——跑犀科Hyracodontidae、水犀科Amynodontidae同时出现，而后2个科占据优势。跑犀科后来分化为体型差异显著的2个类群，一个类群体型大小与狗差不多，善于奔跑；另一个类群体型巨大，如分布于蒙古的巨犀就是典型代表，它是地球上出现过的体型最大的陆生哺乳动物，在中新世灭绝。水犀科物种在始新世末至渐新世初特别繁盛，其代表性属*Metamynodon*物种在北美洲生活了约1 000万年，它的直系后代*Cadurcotherium*属种类一直延续到中新世中期（巴基斯坦）。犀科种类繁盛于渐新世，体型逐渐变大。有意思的是，同时期非洲没有犀科化石出现，虽然最早的犀科化石出现于亚洲的始新世晚期，但渐新世北美洲犀科化石的多样性高于亚洲，且最早发现于北美洲的犀科化石是有角的。代表性属是*Diceratherium*，该类群在北美洲渐新世的近1 000万年间是唯一的巨型动物群。中新世末期，犀类在北美洲灭绝。亚洲的种类也减少，只有2个类群存活下来：一个类群具双角，很像现在的苏门答腊犀；另一个类群是披毛犀*Coelodonta antiquitatis*，生活于更新世的中国，并扩散至欧洲。后来在朝鲜、蒙古、俄罗斯西伯利亚等也有分布，是分布最广的犀类动物（Wilson and Mittermeier，2011）。现在仅存犀科的分类也有争议：Grubb（1993，2005）认为不分亚科，犀科下辖4属5种。Wilson和Mittermeier（2011）认为分2亚科5种，分别分布于亚洲和非洲，非洲2个种，属于Dicerotinae亚科；亚洲3个种，属于Rhinocerotinae亚科；大独角犀*Rhinoceros unicornis*边缘性分布于我国藏南地区及与尼泊尔的边界地区。蒋志刚等（2018）将3种均记录于我国（可能有误）。四川没有犀科动物分布。貘科Tapiridae化石最早见于始新世的北美洲，时间是距今5 000万年。现生的貘属*Tapirus*动物化石的祖先种出现于中新世（500万～2500万年前），它们的同属后代一直延续至今，被称为"活化石"。1种被称为史前貘的貘属动物曾经广泛分布于欧洲、北美洲、中国和南亚。在上新世末（200万～700万年前），北美洲分布的貘通过巴拿马地峡扩散到南美洲。不过澳大利亚和非洲没有发现貘的分布。现存的貘属于同1个属，即貘属。貘属有4个种，3种分布于南美洲和中美洲，1种分布于亚洲南部，包括马来西亚、泰国、缅甸、印度尼西亚（Wilson and Mittermeier，2011），分类系统没有争议。我国没有现生貘分布。最早的马化石出现在始新世，距今5 500万年，其大小和狐狸差不多，称始祖马 *Hyracotherium*（ = *Eohippus*）。总体而言，奇蹄目起源于始新世，马科化石出现最早，貘科和犀科起源时间差不多。早期它们之间的形态特征接近，随着适应不同的气候和食物，体型、头骨、牙齿均发生了明显的分异。

由于气候变化，更新世早期，我国北方地区绝大多数奇蹄目种类灭绝，仅有少量犀属（*Elasmotherium*、*Coelodonta*、*Dicerorhinus*、*Rhinoceros*）、貘属和三趾马属 *Hipparion* 分布；更新世中期，貘属和双角犀属 *Dicerorhinus* 化石还在北方分布，但板齿犀属 *Elasmotherium*、三趾马在该期末灭绝；更新世末期，所有的貘和犀类在北方灭绝，代之以现生的普氏野马 *Equus przewalskii*、野驴 *E. hemionus*。南方，犀类、貘类一直存活到全新世，由于人类活动，这些动物大规模向南退缩。

形态特征　奇蹄目是一类个体较大的哺乳动物，成体一般在 150 kg 以上。前臼齿臼齿化，颊齿都是具备强大切割和研磨能力的月型齿。一些种类适于奔跑，锁骨退化，四肢延长，如马；一些主要生活于沼泽的种类，有很厚的盔甲，鼻骨增厚，长超过上颌骨，有 1 ~ 2 个纤维质角，如犀类；一些种类颜面部逐渐变得细长，有长而柔软的上唇。四肢短，适于在森林内奔跑，如貘，它们的后肢趾蹄为奇数，均是第 3 趾发达。貘前足有 4 趾，后足 3 趾；犀前足有 3 ~ 4 趾，后足 3 趾；马前后足均只有 1 趾。

分类学讨论　奇蹄目曾经是非常繁盛的类群。Simpson（1945）将奇蹄目分为马型亚目 HIPPOMORPHA 和犀型亚目 CERATOMORPHA，前者包括现在的马属动物，后者包括貘类和犀类。Simpson（1945）列出了马型亚目 2 超科、4 科（包括 11 亚科）、76 属。其中 75 属物种灭绝，仅存马属 *Equus*。而犀型亚目列出了 2 超科、8 科（包括 12 亚科）、80 属。其中 75 属灭绝，现存 5 属，即：貘科 1 个现生属，犀科 4 个现生属。现生奇蹄目包括马科 Equidae、犀牛科 Rhinocerotidae、貘科 Tapiridae 3 个科。按 Wilson 和 Mittermeier（2011）的观点，貘科现存仅 1 属——貘属 *Tapirus*，4 种。犀科分 2 个亚科，非洲犀亚科 Dicerotinae 分 2 属 2 种；犀亚科 Rhinocerotinae 分 2 属 3 种，总计 5 种。马科仅 1 属——马属 *Equus*，有 7 种。可见，高阶分类系统在 Simpson（1945）就已经确定，没有争议。但马科的种数有争议，Grubb（1993）认为马科有 9 种，而他本人在 2005 年又认为马有 8 种；Wilson（2017）认为有 7 种。奇蹄目分布于亚洲、非洲、中美洲、南美洲，北美洲和欧洲曾经是其起源和演化中心之一，但现生种没有一种分布于该区域。四川奇蹄目仅有马科 1 种。

二十二、马科 Equidae Gray，1821

Equidae Gray, 1821. Lond. Med. Repos., 15: 307(模式属：*Equus* Linnaeus, 1758).

起源与演化　马科最早的化石发现于始新世，距今约5 500万年，命名为始祖马*Hyracotherium*。始祖马是1种个体小、多趾的食草动物，它被认为是马科动物的直系祖先，演化逻辑清晰：渐新马*Mesohippus*—中新马*Miohippus*—副马*Parahippus*—草原马*Merychippus*—三趾马*Hipparion*、斑马*Pliohippus*、马*Equus*。马科动物在历史上经历了爆炸性的多样性和快速灭绝的过程，它们在中新世从北美洲快速扩散至欧洲、南美洲、亚洲、非洲，到中新世末（大约500万年前）达到几十个属；现存仅1属，为马属*Equus*，分布于亚洲、非洲。

形态特征　马科物种是奇蹄目中最善于奔跑的类群，其特征也非常特化，锁骨消失，前足的腕掌部和后足的跗跖部融合并极度延长，四肢细长，肩胛骨和肩关节与胸骨连接。前、后足只剩余第4趾，有坚韧的纤维质蹄甲。

肌腱延长，四肢近端肌肉发达，肩关节和髋关节只限于前后水平运动。有粗大的颈韧带，其侧面固着于颈椎棘突，前面固着于头骨枕部，以保证其奔跑时头骨不至于过渡震动；另外还有粗大的弹跳韧带，位于前足腕掌部和后足跗跖部融合区的末端，向前还固着于第4趾外侧，对急速奔跑起到支撑作用，不至于使肌肉断裂。

前臼齿臼齿化，颊齿为粗大的月型齿，有利于研磨植物。胃变大，有利于储藏实物；盲肠和大肠均很大，有很多消化纤维的微生物位于盲肠和大肠中。食物在盲肠和大肠中停留时间可长达72h，有利于充分消化。

分类学讨论　马属的系统发育关系目前还不是完全清楚。早期通过形态学确定其亲缘关系，研究认为，马、斑马、驴分别为3个独立的进化支，且马和斑马有较近的亲缘关系。驴包括亚洲野驴和非洲野驴；斑马则包括细纹斑马和山斑马。它们之间的主要区别是头骨、牙齿、颜面部和肌肉。

近几十年来，基于分子生物学的系统发育，马科的系统发育研究取得了进展。研究肯定了马科分为3个进化支，马属是马科最早分化出来的，且和斑马有很远的关系，反而和野驴较近。有研究发现，非洲野驴和斑马聚在一起，而亚洲野驴为单独一支。不过，用不同的线粒体基因标记的结果往往不一致。几个核基因的研究结果甚至将平原斑马、细纹斑马和山斑马分为不同的进化支。关于家马的来源问题，现代分子系统学也还没有完全解决，一般认为来源于欧洲野马。马科动物的染色体数量变异很大，从山斑马的32条到普氏野马的66条。家马有64条染色体。研究发现，家马和普氏野马可以杂交，它们的后代有65条染色体。杂交过程中发生了染色体的罗伯逊融合（Robertsonian fusion）。这似乎是家马来源的一个有力例证，但不知道是在家马被驯化前还是在被驯化的过程中发生了罗伯逊融合。马科目前仅有1属7种，分布于亚洲和非洲。

中国分布有马科动物1属3种，其中四川分布有1属1种。

66. 马属 *Equus* Linnaeus，1758

Equus Linnaeus, 1758. Syst. Nat., ed., 10, Vol. I: 73(模式种: *Equus caballus* Linnaeus, 1758).

Asinus Brisson, 1762. Reg. Anim., 70(模式种: *Equus asinus* Linnaeus, 1758).

Onager Brisson, 1762. Reg. Anim., 70(模式种: *Equus asinus* Linnaeus, 1758).

Microhippus Matschie, 1924. S. B. Ges. Nat. Fr. Berlin, 1922: 68(模式种: *Microhippus tafeli* Matschie, 1924=*Equus kiang* Moorcroft, 1841).

鉴别特征 颈部长，颜面部长，耳长。前、后足仅存第3趾，形成蹄，有纤维质蹄鞘。四肢细长，其前足腕掌部融合，后足跗跖部融合，均延长。适于奔跑。单胃，有发达的盲肠和大肠。有长的鬃毛。颊齿为月型齿，适于研磨植物性食物。齿式3.0.3-4.3/3.1.3.3 = 36-42。

生态学资料 群栖，活动于草原、荒漠草原。取食各种禾草、莎草及灌木的枝叶。一雄多雌，6—9月交配，5—8月产仔，孕期约11个月。通常每胎产1仔，偶尔2仔。

分类学讨论 同科的论述。

(127) 藏野驴 *Equus kiang* Moorcroft，1841

别名 西藏野驴、野驴

英文名 Kiang

Equus kiang Moorcroft, 1841. Travels in the Himalayan provinces, 1: 312(模式产地: 印度克什米尔); Corbet, 1978. Mamm. Palaea., Reg., 195; 王酉之和胡锦矗, 1999. 四川兽类原色图鉴, 162; Grubb, 1993. In Wilson. Mamm. Spec. World., 2nd ed., 370; 王应祥, 2003. 中国哺乳动物种和亚种分类名录与分布大全, 114: Wilson and Mittermeier, 2011. Hand. Mamm. World, Vol. 2: 140.

Asinus equioides Hodgson, 1842. Jour. Asiat. Soc. Bengal, 11(1): 287(模式产地: 西藏).

Asinus polyodon Hodgson, 1847. Calcutta Jour. Nat. Hist., 7: 469(模式产地: 西藏).

Asinus kyang Kinloch, 1869. Large Game Shorting in Thibet, 1: 13(模式产地: 西藏).

Equus kiang holdereri Matschie, 1911. In Futterer. Durch Asien, 3: 5(模式产地: 新疆 Lake Kukunor).

Microhippus tafeli Matschie, 1924. S. B. Ges. Nat. Fr. Berlin, 1922: 68(模式产地: 西藏).

Equus hemionus kiang Ellerman and Morrison-Scott, 1951. Check. Palaea. Ind. Mamm., 342; 胡锦矗和王酉之, 1984. 四川资源动物志 第二卷 兽类, 130.

鉴别特征 身体壮实，头部比例较大，吻部钝圆。身体背部棕红色，腹面白色至污白色，体侧各有1条明显的背腹面分界线。颈后部有直立的鬃毛，沿背脊中央延伸至尾部有暗色背中线。两耳耳尖黑色。

形态

外形：身体壮实有力，头体长180～215 cm，体重250～400 kg。头部比例较大，吻部钝圆。

毛色：身体背面棕色至棕红色，腹面和四肢白色至灰白色，在体侧各有1条明显的背、腹面分界线。夏毛短而光滑，冬毛长而蓬松，且毛色更深。颈后部有直立的鬃毛，沿背脊中央延伸至尾部有暗色背中线。两耳耳尖黑色。

头骨：藏野驴头骨颅面平直，鼻部高，几乎与顶部平齐。脑颅部分占比小，颜面部占比很大，最高点位于眼眶背面。头骨后部较高；头骨最宽的地方位于眼眶后缘，背面观，眼眶之前呈三角形。鼻骨长，前端尖，前端游离向前伸，和前颌骨之间形成一个很大的凹口。成年后，鼻骨后端和额骨愈合，骨缝不清。额骨宽阔，向后扩展，最宽处侧面为眶后突，眶后突与鳞骨颧突、颧骨一起共同组成一个完整的骨质眼眶环。眼眶环后部形成颞窝，是咬肌上端的附着区，同时也是下颌骨冠状突的附着区。额骨向后形成颞脊，颞脊在顶骨中部汇合形成矢状脊；矢状脊向后延伸与人字脊相接。人字脊顶部显著向后延伸，超过枕髁所在的平面。额骨和顶骨、顶间骨在成年后愈合，骨缝不清；整个枕区显得很小，顶间骨和上枕骨向后延长。颈突粗大，枕髁形状特殊，像个豆荚。侧面前颌骨狭长、窄，着生门齿。上颌骨大，在门齿孔之后向侧面显著扩展，着生颊齿；上颌骨在臼齿上侧面再次向外扩展，形成颧弓的一部分，成年后颧弓整体愈合，骨缝不清。鳞骨低矮，颧突较发达；颧突腹面根部形成与下颌关节相接的关节窝。关节窝后是听泡，听泡较小。骨质外耳道存在，但较短。泪骨在成年后与额骨、上颌骨愈合，骨缝不清。眼窝内，翼蝶骨和眶蝶骨在成年愈合，和额骨、泪骨、上颌骨共同构成眼窝的底部。腹面门齿孔前端较宽，椭圆形，后面为窄缝状，整体较长，抵前臼齿前缘。硬腭相对狭窄，平坦。后鼻孔位于第2上臼齿中部，圆弧形。腭骨和上颌骨之间的缝隙成年后不清；腭骨在后鼻孔后两侧向后延伸，与翼骨相接，骨缝不清。基枕骨狭窄，基蝶骨略宽，前蝶骨前端中部呈棒状。成年后它们之间的骨缝不清。

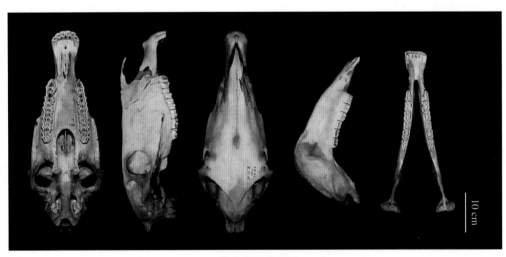

藏野驴头骨图

下颌骨粗大，冠状突和关节突区域高耸，冠状突游离部分狭窄，比关节突略高。关节突位置高，髁面横列，粗大。后缘圆弧形，无角突。

牙齿：齿式3.0.3.3/3.1.3.3 = 38。上颌门齿3枚，几乎等大，切面圆弧形，唇侧边缘较锋利。上颌无犬齿，前白齿3枚，第1枚前面略尖，其余均略呈方形；上白齿3枚，形状几乎一致，且和第2、3前白齿形状几乎一致。咀嚼面宽大，有复杂的齿棱，之间有马刺结构。下颌门齿3枚，几乎等大，切缘略呈圆形。下颌有犬齿，略向外弯曲；下前臼齿3枚，第1下前臼齿前端较尖，第2、3下前臼齿列呈长方形；下臼齿3枚，第3下臼齿后端较尖，第1、2下臼齿略呈方形，并与第2、3下前臼齿形状基本一致。咀嚼面也有复杂的棱脊，但棱脊多为弧形，没有马刺结构。

生态学资料 藏野驴主要栖息于高原开阔生境，包括高山草甸、草原与开阔河谷，也见于戈壁荒漠与干燥盆地等干旱生境。其分布的海拔范围广阔（2 700～5 400 m）。在开阔地形中，藏野驴对任何移动目标均具有较高警惕性，但同时也保持较强的好奇心。它们有时会追随机动车奔跑，并慢慢趋近人类以探查究竟。藏野驴没有固定的社会集群，但在秋、冬季节可以见到数百头个体组成的大群。年轻雄性个体会聚集成全雄群一起活动。在夏季交配季节，成年雄性个体会守护其雌性群并与外来雄性打斗。幼仔通常在7月至9月初出生。藏野驴群有时会追随植被的季节性变化而移动，但通常没有固定的迁徙模式。

地理分布 藏野驴广泛分布于青藏高原（除东南部）和喜马拉雅西部的广阔区域，包括中国、印度、尼泊尔、巴基斯坦。分布区大部分位于中国境内，包括西藏北部和西部、新疆南部、青海大部、四川西北部、甘肃西南部。

在四川的历史分布区域：若尔盖、红原、石渠。

2000年以来确认的在四川的分布区域：石渠。

分省（自治区、直辖市）地图——四川省

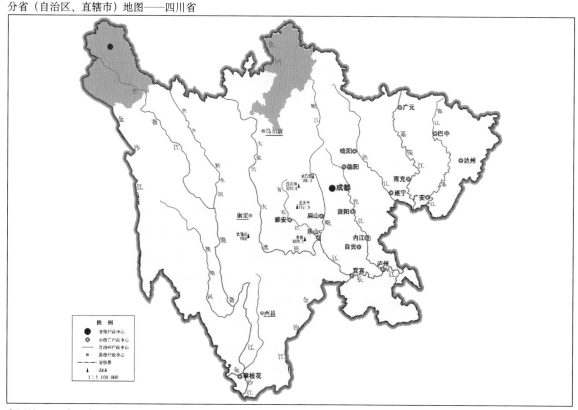

审图号：GS (2019) 3333号　　　　　　　　　　　　　　　　　　　　自然资源部 监制

藏野驴在四川的分布
注：红点为物种的分布位点，绿色斑块表示历史分布区域。

分类学讨论 藏野驴历史上曾被认为与蒙古野驴*Equus hemionus*是同一物种，或被列为蒙古野驴的亚种，即*E. h. kiang*。藏野驴下分为3个亚种，可根据分布区进行区分：西部的*E. k. kiang*（Western Kiang），分布于新疆南部、西藏西部与北部，并延伸至帕米尔；东部的*E. k. holdereri*（Eastern Kiang），分布于青海、甘肃西南部、四川西北部；南部的*E. k. polyodon*（Southern Kiang），分布于西藏南部。四川的藏野驴属于*E. k. holdereri*亚种。

藏野驴（拍摄地点：四川石渠 拍摄者：周华明）

鲸偶蹄目

CETARTIODACTYLA Montgelard, Catzejfis et Douzery, 1997

CETARTIODACTYLA Montgelard, Catzejfis et Douzery, 1997. Mol. Biol. Evol., Vol. 14: 550.

起源与演化 偶蹄类是个演化历史非常悠久的类群，可能和食肉类有共同祖先，它们的祖先在白垩纪就已经出现。在Simpson（1945）的分类系统中，将所有有蹄类和食肉类放入1个间目——猛兽有蹄间目FERUNGULATA，其下包括食肉超目FERAE（包括化石和现生所有食肉类）、古有蹄超目PROTONGULATA（包括踝节目CONDYLARTHRA、滑距蹄目LITOPTERNA和南方有蹄目NOTOUNGULATA 3个全化石目）、近有蹄超目PAENUNGULATA（包括全齿目或钝脚目PANTODONTA、恐角目DINOCERATA等6个全化石目，以及长鼻目PROBOSCIDEA、蹄兔目HYRACOIDEA和海牛目SIRENIA等既有化石又有现生种的3个目）、奇蹄超目MESAXONIA（包括奇蹄目PERISSODACTYLA）、偶蹄超目PARAXONIA（包括偶蹄目ARTIODACTYLA）。从拉丁学名可以看出，后4个超目均是有蹄的类群。这些有蹄的类群最古老的动物是踝节目，它出现在白垩纪和第三纪交界区，在广东南雄盆地的古新世早期（上湖期）地层就已经发现3个科的化石。所以最早的有蹄类是踝节目动物，但是它们和其他有蹄类的亲缘关系仍无法确定，很难判断所有的有蹄类都是起源于踝节目动物。这个时期，同样属于有蹄类的全齿目也很繁盛，中间经历浓山期，相当于古新世中期，物种组成没有大的变化。在古新世末期的格沙头期还出现了属于有蹄类的恐角目DINOCERATA化石。最早的偶蹄类动物化石属于猪形亚目SUINA、古齿兽副目PALAEODONTA、双锥齿科Dichobunidae的物种，时间为晚始新世，包括古偶蹄兽*Diacodexis*、原双锥齿兽类*Protodichobune*、双锥齿兽*Dichobune*、*Bunophorus*等北美洲和欧洲类群。在亚洲中晚始新世偶蹄类动物更丰富，包括古偶蹄兽、*Tsaganohyud*、*Eolantianius*、*Wuthyus*、*Olbitherium*等至少5属9种，分布于我国内蒙古、山东，以及蒙古、吉尔吉斯斯坦、哈萨克斯坦（丁素因等，2011）。始新世的猪形亚目化石很多，至少有18个属，它们广泛分布于亚洲、欧洲、北美洲。这些动物体型较小，重量可能不超过25 kg；其四肢的结构适于奔跑，杂食性（白齿为丘型齿），具有偶蹄目动物的典型特征——双滑车距骨。在始新世晚期（4 600万年前），现代各亚目已开始分化。然而当时是奇蹄目繁盛的时期，陆生偶蹄类动物只能占据一些边缘的生态位，但同时它们也是在这个时候开始了复杂的消化系统的进化。中新世干燥少雨，草原开始发育，并向全球蔓延。草本身是一种非常难消化的食物，而唯有拥有复杂消化系统的陆生偶蹄类能更有效地利用这种粗糙、低营养的食物。有证据表明，陆生偶蹄类动物在渐新世显著地适应辐射。这一时期的陆生偶蹄类动物化石在整个亚洲、欧洲和北美洲都有发现，随后逐渐取代日渐衰落的奇蹄类动物。

鲸类被认为是早期偶蹄类适应水生生活的一支，它们出现比陆地偶蹄类晚得多，鲸类祖先最早的化石出现于古新世的北美洲、南亚，包括Triisodontidae、Mesonychidae、Hapalodectidae等被认为属于鲸类这3个化石科的一些成员，如*Goniacodon*、*Eocondon*、*Triisodon*、*Stelocyon*、*Yantanglestes*、*Hukoutherium*、*Dissacusium*、*Hapalodectes*等化石属。Triisodontidae、Mesonychidae、Hapalodectidae等始新世化石科的晚期成员以及Basilosauridae、Protocetidae、Remingtonocetidae等化石科物种出现在北美洲、北非、欧洲、东亚等广大地区；渐新世鲸目的发展似乎经历了一个瓶颈期，仅在西亚、北美洲、新西兰、澳大利亚等少数几个化石点发现属于AUTOCETA下目（难于归类到特有科）及该下目5个化石科（Agorophiidae、Squalodontidae、Aetiocetidae、Mammalodontidae、Cetotheriidae）的成员。在中新世，它们的分布区和种类再次繁盛，分布地点和种类都有很大的增加。露脊鲸科Balaenidae和须鲸科Balaenopteridae被认为是2个最原始的类群，前者最早的化石种成员之一

Morenocetus parvus 出现于阿根廷的中新世地层。后来的很长一个时期（500万～2300万年前的中新世）露脊鲸的化石缺失，直到上新世（200万～500万年前）时露脊鲸的化石才丰富起来，发现地点包括北美洲、欧洲和日本等地，且形态上已经和现代露脊鲸基本一致。须鲸科包括2个亚科9个属，其中6个属为化石属（包括 *Plesiocetus*、*Idiocetus*、*Megapteropsis*、*Burtinopsis*、*Palaeocetus*、*Notiocetus*），前4个属的化石发现于北美洲、欧洲、日本的中新世地层，后2个化石属发现于欧洲、南亚地区的上新世地层。现生的须鲸属 *Balaenoptera*、大翅鲸属 *Megaptera* 和灰鲸属 *Eschrichtius* 广布于太平洋、大西洋、印度洋。前2属我国有分布（McKenna and Bell, 1997）。到上新世中期，鲸类的现代类群基本全部出现，少数科出现时间稍晚。

形态特征　鲸偶蹄目动物是哺乳动物的重要类群。陆生偶蹄类动物的头骨有眶后突，眶前区较长。角生长在扩大的额骨上，角为洞角（horn）（角不分叉，由骨化的角心和角质化的角鞘组成，二者终身都不脱换）或实角（antler）。现生的种类第1趾消失，侧趾（第2、5趾）退化，第3、4趾同等发达，并以此负重。与奔跑相适应，多数种类的锁骨缺失，第3、4掌骨或跖骨融合成炮骨（cannon bone）；趾端被蹄；肢体具弹跳韧带；具双滑车距骨（double trochlea astragalus），限制了侧向运动。与奇蹄目动物相比，陆生偶蹄类动物的股骨上没有第3转子（third trochanter）。陆生偶蹄类动物原始的齿式为3.1.4.3/3.1.4.3 = 44，但在进化过程中，上颌门齿常常退化或消失，而代之以角质垫；上颌犬齿在长角的种类中退化，而在无角的种类中高度发达；除少数种类的白齿为丘型齿（bunodont）外，多数种类为月型齿（selenodont），前白齿小于白齿。多数种类为严格的植食性，营社会性生活。

分类学讨论　传统的分类将偶蹄目ARTIODACTYLA Owen, 1848分为3个亚目，即胼足亚目TYLOPODA、猪形亚目和反刍亚目RUMINANTIA。但近年来，新的分子证据表明鲸类与偶蹄类河马科Hippopotamidae动物有着很近的亲缘关系（Montgelard et al., 1997; Geisler and Uhen, 2005；O' Leary and Gatesy, 2008）。同时，新发现的早期鲸类化石证据也表明：它们与现代偶蹄类动物具有相同的双滑车距骨结构（Gingerich et al., 2001）；在牙齿上也与某些化石偶蹄类动物存在相似性（Theodor and Foss, 2005），因此，有学者建议将鲸类与偶蹄类动物同置于鲸偶蹄目CETARTIODACTYLA中（Montgelard et al., 1997; Robert and Kristofer, 2010），新增鲸河马型亚目WHIPPOMORPHA（Waddell et al., 1999），将互为姊妹群的河马科动物和鲸类分别称为凹齿下目INFRAORDER ANCODONTA和鲸下目INFRAORDER CETACEA（Grove and Grubb, 2011）。但也有学者认为：该名称本身具有误导性，为了分类学的优先性和稳定性，建议放弃"鲸偶蹄目"这一名称，而恢复"偶蹄目"（Prothero et al., 2022）。胼足亚目曾被视作反刍亚目的近亲，因为它们体形相似，且都有反刍习性（尽管消化系统不同），但分子系统学的研究显示胼足亚目更接近鲸偶蹄目进化树的根部，是现生偶蹄类动物中最早分化的1批，胼足亚目现存仅1个科，即骆驼科Camelidae。猪形亚目现存2支——旧大陆的猪科Suidae与新大陆的西貒科Tayassuidae。反刍亚目拥有相当复杂的消化系统，是进化程度最高的陆生偶蹄类，也是陆生偶蹄类中最繁盛的一类，现存6科，包括鼷鹿科Tragulidae、长颈鹿科Giraffidae、叉角羚科Antilocapridae、鹿科Cervidae、麝科Moschidae和牛科Bovidae，但各科间的系统关系尚未有一致的意见。例如，有学者认为麝科与牛科的距离比麝科与鹿科的距离更近（Hassanin and Douzery, 2003；Agnarsson and May-Collado,

2008），但也有学者认为麝科是最原始的类群，最先分歧，然后依次是鹿科和叉角羚科，牛科与长颈鹿科的关系最近，叉角羚科是二者的姊妹群（O'Leary and Gatesy，2008）。鲸河马型亚目中陆生的仅1科，即河马科Hippopotamidae。因此，如果将鲸类排除在外，全世界的陆生偶蹄类共计10科380种（Wilson and Mittermeier，2011），中国有6科45种（魏辅文等，2021），其中四川有4科（猪科、麝科、鹿科和牛科）19种。

四川分布的鲸偶蹄目分亚目分科检索表

1. 有上颌门齿；下颌犬齿不与下颌门齿同型；臼齿为丘型齿；胃单室 ······················ 猪形亚目SUINA猪科Suidae

   无上颌门齿；下颌犬齿与下颌门齿同型；臼齿为月型齿；胃分4室 ·················· 2 （反刍亚目RUMINANTIA）

2. 鼻骨、泪骨、上颌骨和额骨间无孔隙；雄性和大部分雌性具有洞角；颊齿为高冠齿 ····················· 牛科Bovidae

   鼻骨、泪骨、上颌骨和额骨间有孔隙；雄性无角或具有实角；颊齿为低冠齿 ··· 3

3. 无角；无泪窝；有胆囊；雄性具有麝香腺 ···麝科Moschidae

   多数雄性具实角；有泪窝；无胆囊；雄性无麝香腺 ·······································鹿科Cervidae

二十三、猪科 Suidae Gray，1821

Suidae Gray, 1821. Lond. Med. Repos., Vol. 15, pt. 1: 296-310(模式属: *Sus* Linnaeus, 1758).

Phacochoeridae Gray, 1868. Proc. Zool. Soc. Lond., 17-49.

Tetraconodonridae Lydekker, 1876. Palaeont. Indica, 10, 1, pt. 2: 19-69.

Listriodontidae Lydekker, 1884. Palaeont. Indica, 10, 3, pt. 2: 33-104.

起源与演化　最早的猪超科化石发现于我国广西百色和永乐盆地，地层属于中始新世至晚始新世之间（刘丽萍，2001）。在该地层发现了5种始新世猪类化石，包括萨氏始新猪 *Eocenchoerus savagei*、广西华夏猪 *Huaxiachoerus guangxiensis*、粗壮暹罗猪 *Siamochoerus viriosus*、单尖旅猪 *Odiochoerus uniconus* 及1个未定种（刘丽萍，2001）。*Eocenchoerus* 属因其第3上臼齿有明显的跟座而被归为猪科。它们是最原始真猪类的化石，其起源晚于古猪科 Palaeochoeridae 和西猯科 Tayassuidae。后两者显然不是猪的直系祖先，而是和猪科平行进化的近亲。由于 *Eocenchoerus* 属化石的发现，刘丽萍（2001）认为全世界的现代猪科动物起源于亚洲。猪型超科 Suoidea 包括猪科 Suidae 和西猯科 Tayassuidae。猪科 Suidae 的一些近亲很多都是化石种类，其中 Hyotheriina 亚科起源于渐新世的欧洲，后扩散到亚洲和非洲；Listriodontinae 亚科出现于中新世和上新世的非洲、欧洲、印度；Kubanochoerinae 亚科种类起源于非洲，然后扩散至亚洲的西部和东部；Tetraconodontinae 亚科种类起源于印度，并快速扩张至非洲、欧洲、亚洲其他区域；猪亚科 Suinae 在中新世末（约600万年前）快速适应辐射，演化出至少15个属（Simpon，1945，McKenna and Bell，1997）。

分子系统学研究发现，猪属 *Sus* 和疣猪属 *Phacochoerus* 有较近的亲缘关系，和西猯科的分化时间是630万年前，但猪属和疣猪属与同科的印度野猪属 *Babirussa* 的分化时间是距今1 000万年，由此认为猪科非单系起源。所以，猪科动物的系统发育关系还有待深入研究。

形态特征　猪科动物胃简单，1室，无反刍机能。头骨长，枕区高。颈突长。没有具外耳道的听泡，但在颈突前有1个长的囊状结构，是内耳3块听骨所在的听囊。犬齿大，能终生生长，上颌犬齿獠牙状，突出唇外，雄性更明显。臼齿为丘型齿，最后一颗臼齿变长，多齿尖。齿式不稳定，同一种也有变异，总齿数34～44枚。四肢短，前、后足均有4个蹄。有明显的鼻垫。毛粗糙，很多种类有鬃毛。

分类学讨论　Simpson（1945）将猪科置于偶蹄目猪形亚目 SUIFORMES。下辖4个间目（INFRAORDER），包括6超科13科（19亚科）。只有猪科 Suidae、西猯科 Tayassuidae、河马科 Hippopotamidae 3个现生科。其中猪科属于猪形亚目、猪型间目 SUINA、猪型超科 Suoidea。猪型超科包括猪科和西猯科。猪科包括5个亚科，除猪亚科 Suinae 外，其余的全是化石种类。猪亚科包括5个现生属：猪属 *Sus*、疣猪属 *Phacochoerus*、河猪属 *Potamochoerus*（又叫非洲野猪属）、大林猪属 *Hylochoerus* 和印度野猪属 *Babirussa*（现为鹿豚属 *Babyrousa*）。除此之外，还有8个化石野猪属。按照 Grubb（1993）的观点，猪科的现生科包括3个亚科：猪亚科 Suinae、鹿豚亚科 Babyrousinae 和疣猪亚科 Phacochoerinae。共计5属16种。Grubb（2005）认为，现生猪科仅猪亚科1个现生亚科，有19种。Wilson等（2011）认为全世界猪科有6属17种，没有亚科分化。其中绝大多数分布于亚洲（印度尼西亚、马六甲海峡、菲律宾、越南、老挝、缅甸、印度、不丹、尼泊尔）及非洲大陆。只有1个种——野猪 *Sus scrofa*，分布广，分布区域包括整个亚洲、欧洲、北美洲和澳大利亚。南美洲没有猪亚科动物分布。

中国的猪科动物仅1属1种，即野猪 *Sus sacrofa*。

67. 猪属 *Sus* Linnaeus，1758

Sus Linnaeus, 1758. Syst. Nat., 10th ed., 1: 49(模式种：*Sus scrofa* Linnaeus, 1758).

鉴别特征　个体中型到大型，体重20～320 kg。身体壮硕，四肢粗短，前、后足均有2对蹄，1对着地。颜面部延长，上、下颌犬齿特化成獠牙状，雄性个体明显。身体通常披粗硬长毛，雄性个体通常有鬃毛。尾尖部有毛束，其余部分毛较短。

形态　个体中型至大型，有些种类雄雌个体差异明显，雌性明显小，如分布于菲律宾的米萨鄢野猪，雌性20～30 kg，雄性35～40 kg。猪属物种身体粗壮，四肢粗短，被毛通常黑色、棕褐色或者灰黑色，毛粗硬，缺乏绒毛。雄性个体肩部中央通常有较长且非常粗硬的鬃毛，个别种类鬃毛不显著（如分布于马来西亚、印度尼西亚等地的髯猪），但颜面部有长须。颜面部延长，鼻端扩大呈圆盘状。犬齿发达，突出口腔外，呈獠牙状，雄性尤其发达。前、后肢均具2对蹄，通常1对着地。耳中等，直立。尾短，长17～40 cm；尾端有毛束。

生态学资料　分布生境较复杂，森林、灌丛、农田、湿地均有分布。群居，杂食性。

地理分布　猪属动物仅分布于欧洲、亚洲。其他大陆没有分布。

分类学讨论　猪属的分类意见分歧较大，盛和林等（1985）认为全世界仅有4种；Grubb（1993）认为全世界有10种；Wilson和Mittermeier（2011）认为全世界有8种，且和Grubb（1993）有2种不重复。把Grubb（1993）中的 *Sus salvania* 另立为1个属——倭猪属 *Porcula*。所以，猪属究竟有多少种，目前还没有达成共识。但中国仅有野猪 *Sus scrofa* 是没有争议的。

（128）野猪 *Sus scrofa* Linnaeus, 1758

别名　山猪

英文名　Wild Boar

Sus scrofa Linnaeus, 1758. Syst. Nat. 10th., 1: 49(模式产地：德国).

鉴别特征　身体壮实，形似家猪而头、吻部更长。成年个体背及颈部有长鬃毛。成年雄性下颌犬齿显著延长且粗壮外翻，形成"獠牙"。幼仔体表有棕色和浅黄色相间的纵向条纹。

形态

外形：身体壮实的猪科动物，体形与家猪相似而头、吻部更长。头体长100～150 cm，尾长17～30 cm，体重50～200 kg。

毛色：体表被毛长而浓密。体色变化较大，从深灰色、棕色至灰黑色。成年个体背及颈部有黑色至棕色长鬃毛；幼仔体表有棕色和浅黄色相间的纵向条纹，并随年龄增长在第1年中逐渐消失。

头骨：野猪头骨整体前低后高，颅面呈斜面，顶骨和上枕骨构成的平面略平缓。头骨整体狭窄。鼻骨长，狭窄，约占颅全长的45%；鼻骨长为鼻骨最宽处的4倍。两额骨整体呈梯形，前面与鼻骨的骨缝略呈平直状，以短的折线为骨缝；后面与顶骨的骨缝为梯形窄边。脑颅的最宽处为额骨的后段。额骨在侧面形成眶突。顶骨向后明显收窄，成年时与顶间骨、上枕骨的顶部愈合，三者的骨缝不清楚。上枕骨很高，顶部后缘圆弧形。前颌骨着生门齿，略呈三角形，后端尖长，插入鼻骨和上颌骨之间；上颌骨构成侧面（脸部）的主体，着生犬齿、前臼齿和臼齿；上颌骨的后端向侧面略突起，并向后形成1个片状突起，与颧骨内外相贴和，所以上颌骨的颧突不显著。颧骨发达，构成粗大的颧弓前部主体，颧弓后段由鳞骨的颧突构成，该部分相对较薄。泪骨发达，位于眼眶前缘，上缘与额骨相接，前缘与上颌骨相接，下缘与颧骨相接。鳞骨构成后脑部下缘的一部分，与顶骨及上枕骨的侧面形成一平面，供咀嚼肌附着；鳞骨与顶骨之间的骨缝较平直，骨缝位置和鳞骨颧突一样高，成年后期和老年个体的骨缝愈合。侧枕骨和基枕骨在成年后愈合，枕髁很大，向后突出；侧枕骨从侧面向下形成很长的颈突；其下端远远超过上齿列的平面。听泡位于颈突前，呈长的水滴状。外耳道位于鳞骨颧突的后缘，很小。头骨腹面，门齿孔很短，长椭圆形，大部分位于前颌骨腹面后端内侧，小部分位于上颌骨前端内侧。硬腭部分很长，平坦，大部分由上颌骨构成，接近30%由腭骨构成。两腭骨后缘呈光滑的圆筒形，后内侧与翼骨相接，翼骨很小，窄，薄片状。基蝶骨短，位于基枕骨的前面，前蝶骨很长，腹面中央呈锋利的刀片状。翼蝶骨构成眼眶后缘的底部，形状不规则，长，前下缘与腭骨相接，前上缘与眶蝶骨相接，外缘很薄，游离，后上缘与鳞骨相接。翼蝶骨上前缘与眶蝶骨之间有一大的神经孔。眶蝶骨呈长的椭圆形，是眼窝底部的主要部分。中上区域有一大的神经孔。

下颌骨强大，冠状突薄片转，圆弧形，比关节突略高。关节突较大，关节髁略呈三角形。无角突，下颌骨后缘下端呈弧形。

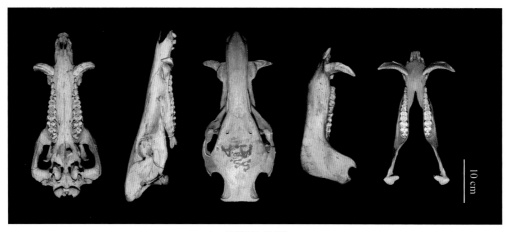

野猪头骨图

牙齿：齿式3.1.4.3/3.1.4.3 = 44。上颌第1门齿很大，第3门齿很小，犬齿发达，呈獠牙状，雄性的獠牙很明显，向外侧突出并上翘，伸出口腔外，上有很多纵沟。前白齿从前向后逐步变宽，第

1上前白齿窄，长度是宽度的约3倍，第4上前白齿略呈方形，其宽度约达到第1上白齿的80%。第3上臼齿很长，是第2上臼齿的1.3倍长；颊齿除第1上前白齿外，咀嚼面都是丘型突起，即丘型齿。

生态学资料 野猪具极强的适应能力，可以生活在多种类型的栖息地内，包括森林、灌丛、种植园、草地，以及森林—农田交界生境，甚至海拔4 000 m以上的高山草甸生境。杂食性，可以取食所遇到的几乎所有可吃的食物，包括植物根茎、枝叶、浆果、坚果、农作物、无脊椎动物、小型脊椎动物等，是重要的植物种子传播者；也会取食动物尸体残骸（食腐）。野猪通常群居，但社会结构松散，独居个体、母幼群或混合群都经常见到。野猪具有较强的繁殖力，窝仔数通常5～10只，成年雌性每年可繁殖2窝。在其分布区内，野猪是大型食肉动物（例如虎、豹和豺）的重要猎物物种。野猪可与家猪杂交，在部分山区可以见到人工繁育的杂交后代。在农—林交界地区，野猪会频繁在农田或种植园内取食，毁坏农作物与果木，偶见伤人，是引发人兽冲突的主要物种之一。

地理分布 野猪是全世界所有陆生兽类中分布范围很广的物种之一，广泛分布于亚欧大陆、近陆岛屿及非洲西北部一隅。国外分布于西班牙、法国、德国、土耳其、伊朗、俄罗斯、哈萨克斯坦、阿富汗、巴基斯坦、印度、泰国、马来西亚、越南、日本、韩国、蒙古等。野猪也被人为引入除南极洲以外的各大陆，见于美国、巴西、阿根廷、新西兰、澳大利亚、南非、苏丹等；在我国除青藏高原、蒙古高原、西北地区的荒漠和高寒荒漠外，广泛分布于东北、华北至华中、华东、华南、西南的广大地区。印度亚种分布于西藏南部、云南西部与南部；台湾亚种分布于台湾；华南亚

分省（自治区、直辖市）地图——四川省

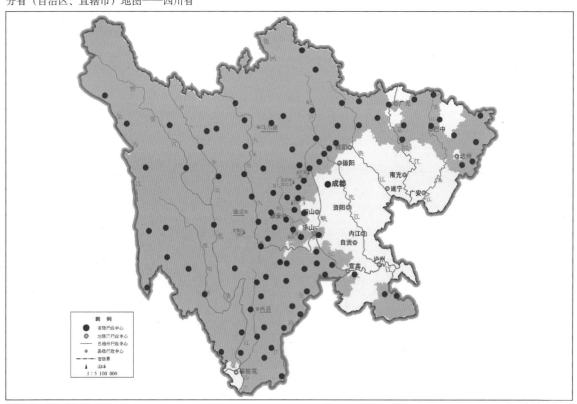

审图号：GS (2019) 3333号   自然资源部 监制

野猪在四川的分布
注：红点为物种的分布位点，绿色斑块表示历史分布区域。

种分布于河北、北京、天津、山西、陕西、宁夏、甘肃、青海、四川、西藏东部、重庆、云南、广西、贵州、海南、广东、福建、浙江、湖南、湖北、江西、安徽、江苏；新疆亚种分布于新疆；东北亚种分布于内蒙古、黑龙江、吉林、辽宁。

在四川的历史分布区域：受限于有限的历史调查，历史记录见于宝兴、大邑、天全、冕宁、德格、甘孜、巴塘、汶川、小金、金川、康定。

2000年以来确认的在四川的分布区域：黑水、汶川、宝兴、崇州、大邑、小金、康定、新龙、雅江、理塘、巴塘、炉霍、甘孜、色达、德格、石渠、白玉若尔盖、九寨沟、广安、青川、绵竹、九龙、广元、冕宁、雅安、石棉、都江堰、巴中、南江、通江。

分类学讨论 现通常认为全世界有16～17个亚种，可以分为4个区域性亚种群，分别为欧洲亚种群、印度亚种群、远东亚种群、印尼亚种群。其中印尼亚种群中的 *Sus scrofa vittatus* 有时被提议列为独立种（Banded Pig）*S. vittatus* Boie，1828。中国有5个亚种：分布于南亚次大陆至印缅区的印度亚种（Indian Boar）*S. s. cristatus* Wagner，1839，模式产地为印度马拉巴尔；分布于台湾岛的台湾亚种（Formosan Boar）*S. s. taivanus* Swinhoe，1863，模式产地为中国台湾；分布于华北、华东、华南地区至西南地区的四川亚种（亦称华南亚种或华北亚种）（Northern Chinese Boar）*S. s. moupinensis* Milne-Edwards，1871（包括 *S. s. chirodontus* Heude，1888 与 *S. s. taininensis* Heude，1888），模式产地为中国四川宝兴；分布于中亚至天山、蒙古高原西部的新疆亚种（Middle Asian Boar）*S. s. nigripes* Blanford，1875，模式产地不详；分布于俄罗斯远东地区至中国北方地区的东北亚种（Ussuri Boar）*S. s. ussuricus* Heude，1888，模式产地为俄罗斯。四川分布的是四川亚种 *S. s. moupinensis*。

野猪（拍摄地点：四川王朗国家级自然保护区　拍摄时间：2018年　拍摄者：罗春平）

二十四、麝科 Moschidae Gray, 1821

Moschidae Gray, 1821. Lond. Med. Repos., 15: 307 (模式属: *Moschus* Linnaeus, 1758).

起源与演化 盛和林和刘志霄（2007）对麝科动物的起源有较详细的描述。麝类和鹿类有共同的祖先，最早的祖先动物现于始新世，与原始偶蹄亚目的古双兽 *Diacodexis* 很相近，它广泛分布于北美洲和亚欧大陆，是一类体型大小似兔，以果实为主的杂食动物。鹿类化石最早发现于渐新世地层，以原鹿 *Eumeryx* 为代表。这种鹿的个体小，头骨上没有角，上颌犬齿扩大演变成獠牙，背脊弯曲，尾短，腿和脚延长，中央的 2 块掌骨愈合为炮骨，它们既像鹿也像麝。麝科动物在中新世和鹿类分开，但保留了这一时期鹿类动物的一系列性状，如不具角、颅骨无眶下窝、臼齿化程度相当低、炮骨保留愈合的痕迹、侧掌骨仅保留了掌骨远端等。但 Vislobokova（1990）认为麝类的祖先在鹿类进化主干中分化的时间至少应在渐新世之前。Flerov（1956）则认为麝的祖先似乎与 *Lophiomerix* 有着较近的亲缘关系，他同时还指出，麝类也许是另外一种古鹿类 *Hyemoschus aquaticus* 的直接后裔，它在麝科的系统发生中可能处于基干的地位。而 *Hyemoschus aquaticus* 的早期形态与渐新世后期至中新世分布于欧洲的欧鹿 *Dremotherium* 非常接近。因此，有学者主张麝科应是由欧鹿演化而来的。近期发现的化石则认为早期的麝科动物和鹿类相差很远，甚至都不是鹿类动物的姊妹群（Wilson，2011）。基于细胞色素 b 基因的分子生物学研究表明，麝科在 2 000 万 ~ 2 500 万年前就已分化，它们和鹿类较远，反而和牛科动物比较接近（Wilson，2011）。

早期麝科动物的化石在中国、印度北部、蒙古、乌兹别克斯坦境内都有发现。被描记和定名的有 *Moshus grandaevus*、*M. primaeuus* 和 *M. moschiterus* 等。其中，在蒙古渐新世地层中所发现的 *M. primaevus* 和 *M. grandaevus* 很可能是迄今所知最为古老的麝类。这些未特化的古麝类生存的时间跨度从渐新世晚期一直延伸到上新世的中期，属于著名的三趾马动物群成员。Teilhard de Chardin（1926）主张将这些原始的麝类单列为 1 个属——*Praemoschus*（盛和林和刘志霄，2007）。

Moshus grandaevus 被认为是一类最为原始的麝属动物，它们的个体要小于现生的麝类，具门齿，上颌犬齿呈长獠牙状，长 25 mm，宽 4.5 mm。除第 2 上前臼齿外，颊齿形态和现生种相似。第 2 上前臼齿相对较长，第 4 上前臼齿内侧具有发育良好的内尖，与下前尖内端连接，但不如现代麝那样高和尖；下原尖后方向内侧斜伸的脊棱内端有些增厚。下臼齿具有中等大小的内柱，但无古鹿褶。上臼齿缺小刺，但有内柱。下臼齿齿冠在比例上要比现生种低。颊齿的表面光滑，基琅质不褶皱（盛和林和刘志霄，2007）。

M. primaevus 的化石见于内蒙古的早上新世地层，比 *M. grandaevus* 更进步。第 2 上前臼齿有二叶，内叶弯曲。第 4 上前臼齿低冠，内新月形脊内有两小刺。第 1 上臼齿与第 2 上臼齿低冠，前附尖、中附尖和后附尖都已发育，呈圆锥形，无内柱；前尖很凸，后尖平；两内新月形脊的后内部有发育较强的小刺。第 3 上臼齿与第 1、第 2 上臼齿相似，有时在前新月形脊的前内部有附加的小刺。第 2 上前臼齿长，第 3 上前臼齿有发达的下后尖，下前尖和跟座都分为两叉，它们的长度相近。第

4上前白齿第1叶完全白齿化（下后尖与下原尖完全分开）。第2下白齿低冠，有外柱和强的古鹿褶。第3下白齿与第1、第2下白齿相似，但有第3叶，由小的外新月形脊和内结节构成。第4下前白齿有强的古鹿褶，前叶外面有发达的古鹿褶围绕（盛和林和刘志霄，2007）。

麝的化石还见于我国、日本的更新世中期地层，在俄罗斯远东和西伯利亚地区的第四季末期（晚更新世）地层也曾有过报道。在周口店就发掘出大量的麝类化石，时代为中更新世，距今约50万年。这种麝被命名为北京香麝 Moschus moschiferus var. pekinenisis，在形态上北京香麝已与现生的麝类非常接近，仅在某些细节特征上存有差异。北京香麝的上颌犬齿和现生的原麝相似，但珐琅质通常缺失，或仅在牙齿内侧有很薄的一层，髓腔从未消失。上前白齿的内新月形脊和白齿后内新月形脊内有附刺，而这一附刺在现生的麝中是没有的。下乳齿和恒齿有外柱。白齿齿带的前褶很发达。此外，在重庆的中更新世地层中，亦有麝的发现（郑绍华，1993），这种麝被称为褶齿香麝 Moschus moschiferus plicodon。它的形态与北京香麝相似，不同的是下白齿的齿带褶皱较前者发育得更为强烈（盛和林和刘志霄，2007）。

现生麝类中，原麝很可能是最早分化出的，据宿兵等（1999）基于 Cytb 基因的分析，它出现的时间应为70万年之前，相当于早更新世末期或中更新世的早期。而林麝、高山麝则是在原麝的基础上分化的，距今37万年左右。盛和林和刘志霄（2007）从生物地理学角度，认为麝的起源地应在北亚，我国似为麝类的演化和适应辐射的中心；更新世中晚期的气候复杂多变，而气候的变化则直接影响到植被景观和格局的相应改变；随着生存大环境的变化，麝类开始逐渐向南方扩散，并分化出数个形态来适应不同的气候、生境和植被类型。现存的3种麝都是麝科对中国不同生境类型充分适应辐射的代表。原麝是生活于北方寒冷的针叶林、泰加林的代表；而林麝是栖息于山地森林的典型；高山麝的演化则与青藏高原的隆升和晚更新世冰期与间冰期的交替有着密切的关系，是麝类由北方寒冷地区向高原地带迁徙扩散的成功代表（盛和林和刘志霄，2007）。

形态特征 躯体前低后高，耳大蹄小，两性无角，雄性有发达的獠牙；无眶下腺和额腺，有腓腺和蹄腺，尾腺特别发达；雄性在尿道口处还有麝香腺囊。前、后足均4趾，第2、4趾虽较小，但蹄尖能触及地面。外耳直立，能转动；眼较大；尾很短，隐于毛丛（林麝）或略外露（高山麝）；体毛粗硬，毛干波纹状，髓腔特别发达。眼眶环特别发达，单泪孔，无泪窝；泪骨上方与鼻骨间具一空隙。雄性具发达的上颌犬齿；下颌犬齿门齿化；白齿为低冠齿脊齿型，齿冠外侧具有皱褶。

分类学讨论 按照最新的分类学观点，麝科动物全世界7种，除克什米尔麝 Moschus cupreus 外，其余6种在我国均有分布。安徽麝 M. anhuiensis 和林麝 M. berezovskii 为我国特有种。因此，麝类动物主要以我国为分布中心。我国科学家对麝科动物的研究也处于世界前列。禹瀚（1958）对秦岭地区的麝类进行了研究；高耀亭（1963）发表了中国麝的分类；李致祥（1981）发表中国麝类一新种——黑麝 M. fuscus；王岐山等（1982）发表安徽麝 M. anhuiensis（当时作为原麝的亚种发表）；吴家炎等（2006）出版《中国麝类》；盛和林和刘志霄（2007）出版《中国麝科动物》。

麝科的分类地位争议很大，长期以来，麝类被作为鹿科动物的亚科——麝亚科 Moschinae，并认为麝类无角，应该是鹿科动物的原始类群。仅有少数科学家（如Flerov，1952）认为麝类是1个独立的科，并认为麝科和鼷鹿科Tragulidae有很近的亲缘关系。1978年，Corbet和Hamilton再次确认麝类为1个独立的科，并得到众多学者的认可。

麝类作为独立的科，在形态学上被大多数人接受，从分子水平上也能得到印证。兰宏等（1993）利用限制性酶切片段长度多态性（RFLP）法对麝和鹿的线粒体DNA（mtDNA）进行了分析，得出麝和鹿是在距今600万年左右开始分歧的。李明等（1998）根据哺乳动物mtDNA细胞色素b基因进化速度（每百万年2.5%），分析了麝、獐、麂和鹿之间mtDNA细胞色素b基因片段（367 bp）的序列差异及其进化关系，计算出麝与獐、麂、鹿间的差异分别为14.44%、13.94%和12.53%，平均为13.64%。都超过了亚科间的范围，而獐、麂与鹿间的平均序列差异为10.28%，是处在亚科间变化范围之内的，鹿科的3个亚科间的分歧时间是在350万～500万年前。麝科与鹿科的分歧时间是在500万～600万年前，麂与鹿是以后分化的，而麝却是最早分化出来的。Su Bing等（1999）进一步从分子水平提出麝类为单系群，支持了麝类独立为科的观点。至此，麝科从鹿科分离成独立的科，已被学者普遍认可。

麝科仅有1属，即麝属*Moschus*。

68. 麝属 *Moschus* Linnaeus，1758

Moschus Linnaeus, 1758. Syst. Nat., 10th ed, I: 66(模式种: *Moschus moschiferus* Linnaeus, 1758).

Odontodorcus Gistel, 1848. Naturgesch. Thierreichs, 82(模式种: *Moschus moschiferus* Linnaeus, 1758).

鉴别特征 中型偶蹄类动物，雄性有发达的獠牙。前、后足均4趾。尾腺特别发达，雄性在尿道口处还有麝香腺囊。外耳直立，能转动。尾很短，隐于毛丛或略外露。体毛粗硬，毛干波纹状，髓腔特别发达。眼较大；眼眶环特别发达，单泪孔，无泪窝。上颌犬齿门齿化；白齿为低冠齿脊齿型，齿冠外侧具有皱褶。

生态学资料 麝类主栖息于寒冷的中高山或者高纬度的北方森林内。在南方低海拔区域（最低600 m）森林中，只有林麝栖息，且其海拔跨度很大，可以上到4 000 m左右的高原灌丛。多为独居，性机敏，听觉敏锐。吴家炎等（2006）记述，麝类一般有10 hm^2的领地范围。植食性，取食种类多样，有300多种；尤喜食攀缘性藤本植物。日食量3～6 kg。初冬交配，1雄多雌，雄性在交配季节有斗殴争雌行为。孕期180天左右，5—6月产仔，每胎1仔，幼体全身具斑点。

分类学讨论 麝属的种级分类争议很大，Ellerman和Morrison-Scott（1951）认为全世界麝属仅有1种——原麝*Moschus moschiferus*，包括7个亚种。高耀亭（1963）认为全世界有3种，包括原麝、高山麝*M. chrysogaster*和林麝*M. berezovskii*。李致祥（1981）发表了黑麝*M. fuscus*。王岐山等（1982）发表了安徽麝*M. anhuiensis*。吴家炎等（2006）认为全世界的麝类有6种，除原麝、林麝、高山麝外，还有黑麝*M. fuscus*、喜马拉雅麝*M. leucogaster*、克什米尔麝*M. cupreus*。盛和林和刘志霄（2007）认为只有3种，分别是原麝、林麝和高山麝，并认为安徽麝属于林麝的亚种；黑麝是林麝的颜色变异；喜马拉雅麝是高山麝的亚种（没有提及克什米尔麝）。尽管李明（1998）和宿兵（2001）通过分子系统学支持安徽麝为独立种，但盛和林和刘志霄（2007）认为证据不足，从形态和生物地理学角度强烈支持其林麝的亚种地位。Grubb（1993）认为全世界麝科有4种，分别为林麝、高山麝、黑麝和原麝；Wilson（2011）认为全世界有7种，分别为原麝、高山麝、喜马拉雅麝、黑麝、克什米尔麝、安徽麝、林麝。按照这一分类系统，四川有2种——高山麝和林麝。

四川分布的麝属Moschus分种检索表

体型较小，头体长通常不足80 cm，体重不足9 kg······林麝 *M. berezovskii*

体型较大，成体头体长大于80 cm，体重大于9 kg；颈部背面具漩涡状毛丛······马麝 *M. chrysogaster*

（129）林麝 *Moschus berezovskii* Flerov，1929

别名 麝、獐子、林獐

英文名 Forest Musk Deer

Moschus chrysogaster berezovskii Flerov, 1929. Class. Geogr. Distr. Gen. *Moschus*(Mammalia, Cervidae). AH CCCP, 31: 1-20(模式产地：四川平武).

鉴别特征 小型有蹄类，前肢较后肢短，因此肩部明显低于臀部。尾短，甚不明显。雌、雄个体均无角，但雄性上颌犬齿发达，形成长而尖利的"獠牙"，向下伸出嘴外。喉部有2条明显的浅黄色条纹，平行向下延伸至胸部相连。相对于毛冠鹿与麂类，林麝的耳较大，耳尖黑色，耳郭内部密布较长的白毛。蹄狭长而尖，悬蹄发达。

形态

外形：林麝为小型有蹄类，头体长63～80 cm，尾长4～6 cm，体重6～9 kg。前肢较后肢短。

毛色：成体背部为暗棕黄色至棕褐色，臀部毛色更深至棕黑色，腹部浅黄色至浅棕色。喉部有2条明显的浅黄色条纹，平行向下延伸至胸部相连。两耳耳尖黑色，耳郭内密布较长的白毛。幼仔和幼体的背部有边缘模糊的浅色斑点。

头骨：颅面整体呈弧形，前段较平直，额骨前部略下凹，脑颅最高点位于额骨后缘。鼻骨狭窄，两侧平行，前端叉状，位于前颌骨中部，远未达前颌骨的前端；鼻骨后端楔状，嵌入额骨前缘内侧。额骨形状不规则，前端内侧和鼻骨相接，前端外侧和上颌骨相接，后面和泪骨相接；后端与顶骨相接，成体和老年个体额骨、顶骨和顶间骨愈合，骨缝不清；在额骨的侧面形成圆弧形的裙边（为眼眶的上缘），有小锯齿。该部分和鳞骨的一部分、颧骨及泪骨的后缘形成一个闭合的圆形骨质眼眶。顶骨后侧面构成脑颅的侧面，浑圆，鳞骨侧面构成脑颅侧下方的一部分，前侧面突起构成颧弓的一部分。鳞骨颧突和眼眶后缘围成一个三角形的颞窝。上枕骨背面和顶间骨形成一个三角形的面。枕部上枕骨、侧枕骨和基枕骨在成体愈合，骨缝不清。枕髁较大，向后突出。侧枕骨与鳞骨相接处向下形成颈突，颈突短，略超过基枕骨的腹面。头骨侧面，前颌骨略呈窄三角形。上颌骨大，形状不规则，雄麝的獠牙着生于上颌骨，突出于前颌骨与上颌骨中间。泪骨很发达，构成眼眶的前部内壁，前伸至第3上前白齿的背面。上颌骨颧突不明显，颧骨很大，下缘形成眼眶的下部，其后缘分2叉，一叉向后上方，形成眼后的后下缘；另一叉向后直伸，与鳞骨颧突相接。听泡位于侧枕骨与鳞骨之间，鼓室不显著鼓胀。脑颅腹面门齿孔较大，大部分由前颌骨构成，小部分由上颌骨构成。硬腭为一个弧形的面，在前臼齿和犬齿之间狭窄，后面宽阔；硬腭主要由上颌骨构成，后端由腭骨构成。腭骨后端圆筒形，两侧分别与翼骨相接，翼骨短，薄片状。基蝶骨在成年时与基枕骨愈合，前蝶骨长，中央向腹面突起呈刀片状。翼蝶骨和眶蝶骨构成眼窝的底部，成年时愈合。

下颌骨细长。冠状突很长，弧形向后突出，用于固定下颌于颞窝内，远远高于关节突。关节突髁面为椭圆形。无角突。

林麝头骨图

牙齿：齿式 0.1.3.3/3.0.2.3 = 30。上颌无门齿，犬齿存在，雄性呈獠牙状；上前臼齿3枚，从前向后逐渐变宽，臼齿3枚，第2上臼齿最大；颊齿均为月型齿。下颌门齿3枚，第3门齿最小，锉状；下颌无犬齿；下前臼齿2枚，下臼齿3枚，第3下臼齿最长；下颊齿均为月型齿。

生态学资料 林麝活动的海拔跨度较大，从低地丘陵至海拔3 800 m的高山针叶林和灌丛地带均有分布。林麝通常独居或成对活动，性情害羞且机警灵敏；借助其强壮的后肢，跳跃能力极佳。受惊后，林麝通常快速跳跃逃离，并在逃跑的过程中不断变换其跳跃前进的方向。林麝的蹄狭长而尖，悬蹄发达，因而可以借助其张开的悬蹄和极佳的跳跃能力，攀爬到灌木或树木较低的枝丫上取食或逃避敌害。林麝是其栖息地内多种食肉动物的猎物，包括豹、亚洲金猫、狐狸、黄喉貂、亚洲黑熊等，经常可以在这些食肉动物的粪便内发现林麝毛发。雄性林麝的腹部下方具一大型腺体，可分泌并存储麝香（麝香被广泛应用于香水产业与中医药）。成年林麝拥有固定的家域和活动路径，雄性会用其粪便和麝香腺分泌物标记其领地。利用此特性，偷猎者往往在其固定路径上设置猎套（脚套或脖套）进行捕捉。林麝是神经较为紧张、应激反应强烈的动物，一旦陷入猎套，高度的应激反应会使它们身体的生理机能快速衰竭，导致死亡。来自香水工业和中医药产业的大量需求，使林麝面临着严重的偷猎压力。在过去的半个世纪，在林麝整个分布区内，各地种群均出现严重下降，甚至已从部分区域内消失（局域性绝灭）。

地理分布 林麝分布区大部分位于中国境内，向南部分延伸至越南北部、老挝北部。在我国，林麝广泛分布于华中至华南地区。指名亚种分布于四川、青海、西藏；高平亚种分布于云南、广西、广东；云贵亚种分布于云南、贵州、湖南、江西；滇西北亚种分布于云南西北部；分布于甘肃南部、宁夏、陕西南部、湖北西部、河南西部秦巴居群的亚种分类地位待定。

在四川的历史分布区域：受限于有限的历史调查，历史记录见于宝兴、大邑、天全、冕宁、德格、甘孜、巴塘、汶川、小金、金川、康定。

2000年以来确认的在四川的分布区域：松潘、九寨沟、平武、青川、冕宁、石棉、汶川、宝兴、天全、康定、九龙等地。

分省（自治区、直辖市）地图——四川省

审图号：GS (2019) 3333 号 自然资源部 监制

林麝在四川的分布
注：红点为物种的分布位点，绿色斑块表示历史分布区域。

分类学讨论 林麝曾被认为与原麝 *Moschus moschiferus* 为同一物种，后被分开作为独立种。分布在安徽、湖北、河南3省交界的大别山区域的 *M. anhuiensis* 曾被作为原麝或林麝的亚种，现已被分出作为独立种。林麝共有4个亚种，在中国均有分布：指名亚种 *M. b. berezovskii* Flerov，1929，模式产地为中国四川平武；高平亚种 *M. b. caobangis* Dao，1969，模式产地为越南高平；云贵亚种 *M. b. yunguiensis* Wang et Ma，1993，模式产地为中国；滇西北亚种 *M. b. bijiangensis* Wang et Li，2003，模式产地为中国云南；分布于甘肃南部、宁夏、陕西南部、湖北西部、河南西部秦巴居群的亚种分类地位待定。

林麝（拍摄地点：四川崇州鞍子河自然保护区　拍摄时间：2017年　红外相机拍摄　提供者：李晟）

（130）马麝 *Moschus chrysogaster* Hodgson，1839

别名　高山麝、獐子、草地獐

英文名　Alpine Musk Deer

Moschus chrysogaster Hodgson，1839．Jour. Asiat. Soc. Bengal, 8: 202-203(模式产地：喜马拉雅山脉北部)．

鉴别特征　与其他麝类物种相比，马麝体型较大且壮实。前肢短于后肢，因而显得臀高于肩，这也是所有麝类物种的共有特征之一。蹄狭长，前端较尖，悬蹄发达。从喉部开始有2条颜色较浅的污白色至污黄色纵纹，向下延伸至胸部相接；部分个体2条纵纹从喉至胸完全相连，形成一整块较宽的浅色区域。相比于林麝，马麝的喉、胸部条纹颜色更浅，在野外观察时不明显甚至几乎观察不到。在马麝颈部的背面，具有漩涡状的毛丛，从而形成独特的横斑状斑纹（通常有3～4条横斑），是区别于林麝的主要特征之一。马麝两耳较大且长，耳郭内密布长毛。眼周具明显的橙色眼环。成年雄性具有1对较长的锋利"獠牙"（即延长的上颌犬齿），明显易见。

形态

外形：体型较大且壮实的麝科动物，头体长80～90 cm，尾长4～7 cm，体重9～13 kg。前肢短于后肢，因而体型显得臀高于肩。

毛色：成体背部毛色灰色至灰棕色，而腹部毛色较浅。四肢下半部为较浅的黄色或棕黄色。毛发质地干硬、粗糙，冬毛相较夏毛更为浓密且色深。从喉部开始有2条颜色较浅的污白色至污黄色纵纹，向下延伸至胸部相接；部分个体2条纵纹从喉至胸完全相连，形成一整块较宽的浅色区域。幼仔和幼体的背部具浅色斑点。

头骨：颅面整体呈弧形，与林麝相比更为狭长，前段较平直，额骨前部和鼻骨喉部区域略下凹，脑颅最高点位于额骨后缘。鼻骨较林麝更为狭长，两侧平行，前端叉状，其前端远远未达前颌骨的前端；鼻骨后端弧形，嵌入额骨前缘内侧。额骨形状不规则，前端略尖，前端内侧和鼻骨相接，前端外侧和上颌骨相接，后面和泪骨相接，后端与顶骨相接；成体和老年个体额骨、顶骨和顶间骨愈合，骨缝不清。额骨的侧面形成圆弧形的裙边（为眼眶的上缘），有小锯齿。该部分和鳞骨的一部分、颧骨及泪骨的后缘形成一个闭合的圆形骨质眼眶。眼眶后，顶骨形成颞脊，在接近顶间骨区域颞脊靠近。顶骨后侧面构成脑颅的侧面，浑圆，鳞骨侧面构成脑颅侧下方的一部分，前侧面突起构成颧弓的一部分。眼眶后缘比林麝粗壮，与鳞骨颧突围成一个三角形的颞窝。上枕骨背面和顶间骨形成一个近似三角形的面。枕部上枕骨、侧枕骨和基枕骨在成体愈合，骨缝不清。枕髁较大，向后突出。侧枕骨与鳞骨相接处向下形成颈突，颈突较林麝更长，超过基枕骨的腹面。头骨侧面，前颌骨略呈窄三角形，但较林麝略宽。上颌骨大，形状不规则，雄麝的獠牙着生于上颌骨，突出于前颌骨与上颌骨中间。泪骨发达，构成眼眶的前部内壁，前伸至第3上前白齿的背面。上颌骨颧突不明显。颧骨很大，上缘形成眼眶的下部，其后缘分2叉，一叉向后上方，形成眼眶的后下缘；另一叉向后直伸，与鳞骨颧突相接。听泡位于侧枕骨与鳞骨之间，鼓室不显著鼓胀。基蝶骨在成年时与基枕骨愈合，前蝶骨长，中央向腹面突起呈刀片状。翼蝶骨和眶蝶骨构成眼窝的底部；翼蝶骨比鳞骨高，在鳞骨颧突下方向后延伸，和听泡相接触。脑颅腹面，门齿孔较林麝更大，长椭圆形，一半由前颌骨构成，一半由上颌骨构成。硬腭为一个弧形的面，在前白齿和犬齿之间的狭窄，后面宽阔；硬腭约2/3由上颌骨构成，后端由腭骨构成。腭骨前端弧形，后端圆筒形，两侧分别与翼骨相接，翼骨短，薄片状，两翼骨间隔小于林麝。

下颌骨细长。冠状突很长，弧形向后突出，用于固定下颌于颞窝内，远远高于关节突。关节突髁面为椭圆形。无角突。

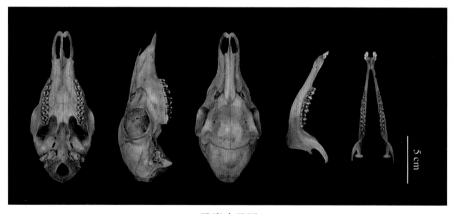

马麝头骨图

牙齿：齿式0.1.3.3/3.0.3.3 = 32。上颌无门齿，犬齿存在，雄性呈獠牙状；上前白齿3枚，从前向后逐渐变宽变大，白齿3枚，第2上白齿最大；颊齿均为月型齿，尖端在外侧。下颌门齿3枚，第3门齿最小，锉状；下颌无犬齿；下前白齿3枚，下白齿3枚，第3下白齿最长。下颊齿均为月型齿，尖端在内侧。

生态学资料　马麝亦称高山麝，通常生活在海拔2 000～5 000 m的高山生境中，包括高山草甸、草地、灌丛和杜鹃林、高山栎林与针叶林的林缘。在甘肃南部、四川西部、云南东北部的部分区域，马麝与林麝在高海拔的林线附近重叠分布，通常马麝的活动区域海拔比林麝高。马麝主要取食草与灌木叶子，其食谱也包括苔藓与地衣。马麝通常独居，也经常能观察到其母子成对活动。典型的晨昏活动型动物，但在白天也比较活跃。马麝习性羞怯、机警，强壮的后肢赋予其较强的跳跃能力。成年个体拥有固定的家域范围，其中雄性个体会使用其粪便和腺体分泌物标记其领地。雄性个体的家域较雌性大，通常会与多个雌性的家域相交。冬季（11—12月）交配，雌性在翌年晚春至初夏（4—6月）产仔，通常为单胎。在其栖息地内，马麝被多种食肉动物捕食，包括豹、狼、赤狐、猞猁、黄喉貂等。成年雄性可分泌麝香，被广泛用于传统中医药和香水生产。相关产业中对麝香持续、大量的需求，使得马麝和其他麝类物种均面临严重的偷猎压力。在过去的半个世纪，马麝的种群数量下降严重。在其分布区内传统的藏族文化区，由于受到当地居民基于传统文化和宗教信仰的保护，马麝的种群仍较为稳定，局域密度较高。

地理分布　马麝分布于青藏高原的东北缘至西南缘，以及部分邻近山区的高海拔区域。其分布区大部分位于中国境内，并部分延伸至周边的不丹、印度、尼泊尔。在我国，指名亚种分布于西藏（南部、东南部）；横断山亚种分布于甘肃、宁夏、四川、云南、青海、西藏（东部）。大体以贺兰山为其分布北界。

在四川的历史分布区域：受限于有限的历史调查，历史记录见于宝兴、大邑、天全、冕宁、德

分省（自治区、直辖市）地图——四川省

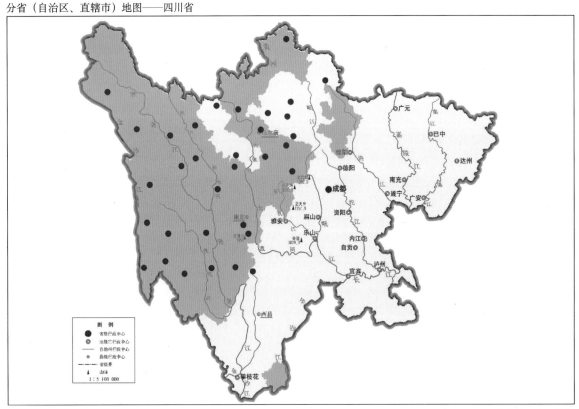

审图号：GS (2019) 3333号　　　　　　　　　　　　　　　　　　　　自然资源部　监制

马麝在四川的分布
注：红点为物种的分布位点，绿色斑点表示历史分布区域。

格、甘孜、巴塘、汶川、小金、金川、康定。

2000年以来确认的在四川的分布区域：石渠、德格、白玉、色达、壤塘、炉霍、道孚、新龙、理塘、巴塘、得荣、稻城、乡城、甘孜、雅江、康定、泸定、宝兴、天全、九龙、丹巴、小金、金川、木里、冕宁、阿坝、红原、若尔盖、黑水、理县、汶川、茂县。

分类学讨论 马麝亚种*Moschus chrysogaster sifanicus*曾被归入原麝*M. moschiferus*，或作为独立种*M. sifanicus*（亦称马麝，常见于中文文献）。另有*M. leucogaster*曾被作为马麝的亚种，现被列为独立种，即喜马拉雅麝*M. leucogaster*。部分研究者及文献把黑麝*M. fuscus*也作为马麝的亚种。马麝共有2个亚种，在中国均有分布：指名亚种*M. c. chrysogaster* Hodgson, 1839，模式产地为喜马拉雅北部；横断山亚种*M. c. sifanicus* Büchner, 1891，模式产地为甘肃南部。四川为横断山亚种。

马麝（拍摄地点：四川雄龙西省级自然保护区 拍摄时间：2018年 红外相机拍摄 提供者：李晟）

二十五、鹿科 Cervidae Goldfüss，1820

Cervidae Goldfüss, 1820. Hand. Zool., 2: ⅩⅩ, 374(模式属: *Cervus* Linnaeus, 1758).

起源与演化　鹿科动物是反刍动物中成功演化的重要一支。化石证据表明鹿科动物起源于亚洲。最古老的鹿亚科Cervinae、鹿族Cervini动物化石种类*Cervocerus novorossiae* 是在中新世/上新世交界时期的中亚地区发现，麂族Muntiacini的化石种类*Muntiacus leilaoensis*是在晚中新世亚洲发现的。现存的鹿亚科种类，除了马鹿*Cervus elaphus*和黇鹿*Dama dama*，其余种类仅分布于亚洲。有证据表明，鹿属和黇鹿属均是近期扩散到欧洲的，而马鹿是近期扩散到北美洲的。尽管狍亚科Capreolinae现在分布于欧亚大陆和美洲，但化石记录表明它先在中亚发生分化，然后再扩散到了美洲。事实上，狍亚科的3个族在中亚都曾出现：狍族Capreolini中*Procapreolus*属（化石种类）出现在中新世/上新世交界时期，美洲鹿族Odocoileini中*Pavlodaria*属的化石出现在哈萨克斯坦东北部上新世早期的地层，驼鹿族Alceini中*Cervalces*属的化石和驼鹿属*Alces*出现于上新世时期地层。分子数据也表明：鹿科动物为亚洲起源，而且估计其起源的时间大约是晚中新世（770万～960万年前），这将过去通常假定的鹿科动物的出现时间（2 000万年前）缩短了一半以上（Gilbert et al., 2006）。

鹿科动物的起源和族的分化发生在晚中新世的亚洲。这一时期的特点是亚洲的环境和景观发生了巨大的变化。青藏高原的隆升脉冲开始于1 100万年前左右，在900万年前时达峰值，持续到距今750万年。与此同时，全球季节性干旱及干旱程度也在增加，这导致了草原在亚洲和中非的蔓延。值得注意的是，在晚中新世期间，亚洲的许多其他反刍动物也开始多样化，由于所有这些类群都包括食嫩叶的/食草的种类，因此，它们在亚洲地区重叠的多样性所导致的竞争必然在鹿科动物的进化中起关键作用。

鉴于鹿科的2个亚科均起源于亚洲，它们在美洲的存在可解释为从亚洲横跨白令地峡的1次或多次扩散事件。化石记录表明，鹿科动物直到中新世晚期才进入北美洲（Webb, 2000）。大约在500万年前，出现了两个明显不同的美洲鹿属。一个是佛罗里达的*Eocoileus*（化石种类），另一个是内布拉斯加州东北部的*Bretzia*（化石种类），它们与上新世早期来自哈萨克斯坦东北部的*Pavlodaria*（化石种类）亲缘关系较近，表明它们是近期才迁移到北美洲的（Webb, 2000）。这也得到了分子证据的支持：美洲鹿族的共同祖先出现在420万～570万年前（Gilbert et al., 2006）。这意味着鹿科动物在中新世晚期跨越白令地峡是可能的。古生物学数据也支持这一假说，因为骆驼科是在580万～630万年前从北美洲扩散到亚洲的（Van Der Made et al., 2002）。晚中新世越来越开阔和干燥栖息地的扩展也有利于这些扩散。

由于美洲鹿族最早出现在美洲，它们可能有足够的时间发生分化，以适应不同的栖息地，一些物种可能已经发展出对温暖和潮湿环境的耐受性，使它们能够扩散到新热带地区。在上新世/更新世交界时期的南美洲，突然出现了至少4个不同属的美洲鹿族化石*Antifer*、*Epieuryceros*、*Morenelaphus*、*Paraceros*。这种适应辐射传统上被解释为，它们共同的祖先在巴拿马地峡形成后（300万～350万年前）来到南美洲分化形成。分子数据进一步表明，南美洲至少有2次鹿科动物的迁入：第1次发生在上新世早期，第2次发生在上新世末期（Gilbert et al.，2006）。南美洲特有鹿科动物的共同祖先出现的年代在340万～490万年前，这与上新世陆桥的形成相一致。化石记录表明：与普度鹿属Pudu和墨西哥鹿属Mazama亲缘关系较近的矮小类型在上新世/更新世交界时期进化为小个体的新热带型，而源于较大的新北界祖先的类型拥有更发达的鹿角（Webb，2000）。

虽然驼鹿属Alces和驯鹿属Rangifer现在在全北界有广泛的分布，但它们在美洲的分布可能是更新世早期的一次扩散事件造成的（Gilbert et al.，2006）。

形态特征　鹿科是陆生偶蹄类中的重要类群。小者如黄麂，体重10 kg左右；大者如驼鹿，体重400 kg左右。鹿科动物的共同特征：头骨有明显的泪窝（tearpit）和两个泪孔（lacrimal foramen），缺乏矢状脊，鼻骨、额骨、泪骨和上颌骨间具有裂隙或成规则的孔。具眶下腺（infraorbital glands），后足有蹄腺（hoof gland）。炮骨完全愈合。胃分4室，无胆囊。有性二型现象（sexual dimorphism），雄鹿通常比雌鹿大约25%。雄鹿通常具分支的实角，并定期脱换；雌性通常无角。长角的种类，上颌犬齿退化或缺失，小型种或无角种则有长的獠牙状上颌犬齿。齿式0.0-1.3.3/3.1.3.3 = 32-34。上颌门齿缺乏，而代之以角质垫；颊齿为低冠齿（brachyodont）、月型齿。每枚前白齿具2个、白齿具有4个新月形珐琅质齿突。雌鹿有乳头2对，位于鼠蹊部。

分类学讨论　从线粒体基因、核基因以及蛋白质氨基酸序列（核糖核酸、卡帕-酪蛋白等）的研究均证实了鹿科动物的单系起源（Groves and Grubb，1987；Gatesy and Arctander，2000b；Beintema et al.，2003；Kuznetsova et al.，2005；Zhang and Zhang，2012）。然而，鹿科各亚科和属间系统发育关系的证据一直存有争议。

传统上，鹿科分为3个亚科：獐亚科Hydropotinae、狍亚科Capreolinae（或空齿鹿亚科Odocoileinae）和鹿亚科Cervinae（Hernandez-Fernandez and Vrba，2005；Smith和解焱，2009）。獐亚科的划分主要依据其古老的特征，特别是无角这一特征通常被认为是鹿科动物最原始的特征（Harrington，1985；Groves and Grubb，1987）。Hassanin和Douzery（2003）基于3个mtDNA基因和4个核DNA基因的分析表明，空齿鹿亚科包括了2个分支：第1个分支包括驼鹿属Alces、獐属Hydropotes、狍属Capreolus；第2个分支包括驯鹿属Rangifer、墨西哥鹿属Mazama、空齿鹿属Odocoileus。Kuznetsova等（2005）分析了鹿科动物间线粒体12S和16S rRNA基因序列，以及核β血影蛋白基因（828 bp）的系统进化关系，也得到了类似的结论。因此，獐没有鹿角应属于次生性退化，而非原始的特征（Randi et al.，1998a；Cap et al.，2002），獐亚科的分类地位应当取消。

Gilbert等（2006）利用线粒体和核DNA重新构建了鹿科动物Cervidae物种间的系统发育关系，将其分为2个亚科——鹿亚科Cervinae和狍亚科Capriolinae。其中，鹿亚科包括了麂族Muntiacini和鹿族Cervini，麂族包括麂属Muntiacus和毛冠鹿属Elaphodus，鹿族包括鹿属Cervus、轴鹿属Axis、黇鹿属Dama、泽鹿属Rucervus等。狍亚科包括了驼鹿族Alceini、狍族Capreolini和空齿鹿族Odocoileini，其中，狍族包括了狍属Capreolus和獐属Hydropotes。Hassanin等（2012）、Zhang和Zhang（2012）通过分析线粒体全基因组研究了鹿科动物的系统发育树，构建的系统发育树强烈支持Gilbert提出的分类方法（参见"基于线粒体基因组鹿科动物系统进化树"图）。这一研究结果正好能与鹿科动物的形态学分类很好地结合起来。根据鹿科动物掌骨形态学差异，可将其分为两大类：一类为近端掌骨类Plesiometacarpalia，即仅保留有近侧端掌骨的种类，对应鹿亚科；另一类为远端掌骨类Telemetacarpalia，即仅保留有远侧端掌骨的种类，对应狍亚科（Feldhamer et al.，2015）。这一分类也受到行为学数据的支持（Cap et al., 2002）。

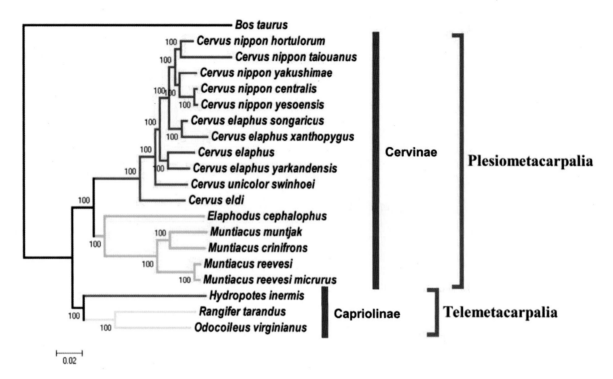

基于线粒体基因组鹿科动物系统进化树
（改编自 Zhang and Zhang，2012）

全世界现存的鹿科动物包括18属53种（Wilson and Mittermeier，2011; Feldhamer et al., 2015）。我国有鹿科动物10属15种（魏辅文等，2021），其中四川有6属8种。

四川分布的鹿科分亚科分属检索表

1.角分叉，但无眉叉，角表面覆有许多小结节 ················· 狍亚科 Capreolinae 狍属 *Capreolus*

  角多分叉，具有眉叉，角表面较光滑，无小结节 ························ 2 鹿亚科 Cervinae

2.角简单，或仅角干基有短梗；雄兽上颌犬齿为獠牙状 ······································ 3

  角至少分3叉；雄兽无或有上颌犬齿，若有也不呈獠牙状 ······································ 4

3.角短，隐于额部毛冠中，不分叉，角基未在额部延伸形成棱脊；泪窝大，泪窝直径约等于眼窝直径；无额腺······

  ·························· 毛冠鹿属 *Elaphodus*（单型属）

  角显著露出于额毛之外，最多有3个分叉，角基在额部延伸形成棱脊；泪窝小，泪窝直径明显于眼窝直径；有额

    腺 ·························· 麂属 *Muntiacus*

4.角分3叉；眉叉与主干成锐角 ·························· 水鹿属 *Rusa*

  角分3叉以上；眉叉与主干几成直角 ·························· 5

5.鼻侧和下唇白色；角分叉处扁形 ·················· 白唇鹿属 *Przewalskium*（单型属）

  鼻侧和下唇不为白色；角分叉处圆形 ·························· 鹿属 *Cervus*

69. 狍属 *Capreolus* Gray，1821

Capreolus, Gray, 1821. Lond. Med. Repos., 15: 296-320(模式种: *Cervus capreolus*); Allen, 1940. Mamm. Chin. Mong.,
　　1162; Ellerman and Morrison-Scott, 1951. Check. Palaea. Ind. Mamm., 355-357; Corbet, 1978. Mamm. Palaea.
　　Reg. Taxon. Rev., 203; Wilson and Reeder. 2005. Mamm. Spec. World, 3rd ed., 654; Wilson and Mittermeier,
　　2011. Hand. Mamm. World, 2: 427; 胡锦矗和王酉之，1984. 四川资源动物志　第二卷　兽类，158; 盛和林，等，
　　1992. 中国鹿类动物，234; 王酉之和胡锦矗，1999. 四川兽类原色图鉴，174; Groves and Grubb, 2011.Ungulate
　　Taxon., 83.

Caprea Ogilby, 1836. Proc. Zool. Soc. Lond., 4: 131-139.

鉴别特征　狍属动物属于中型鹿类。鼻端裸露。雄性具角，无眉叉，角在较高处分为3叉，角干上有很多节突。无上颌犬齿，泪窝浅。尾极短，隐于毛被内。

形态　体重20～45 kg；头体长950～1 400 mm，肩高650～950 mm，尾长200～400 mm。被毛短而细。蹄狭窄。仅雄性具角，角较短，分3叉，无眉叉。颈长，尾短，隐于毛被内。齿式0.0.3.3/3.1.3.3 = 32。泪骨不与鼻骨相连。

生态学资料　狍属动物多栖息于海拔2 000～4 000 m的阔叶林、针阔混交林、亚高山灌丛及高山灌丛草甸。主要在晨昏和夜间活动。以枝叶、树皮、青草为食。常独居，有时成小群活动。

地理分布　狍属动物广泛分布于除北部极地和南亚的欧亚大陆。在中国，主要分布于中部、东北部、西北部、西南部地区。

分类学讨论　狍属*Capreolus*最早是由Gray（1821）根据模式种*Cervus capreolus* Linnaeus, 1758提出来的。1836年，Ogilby又提出了*Caprea*的属名，但后来的研究均表明，二者应为同物异名（Allen, 1940; Ellerman and Morrison-Scott, 1951）。

根据最新的分类（Wilson and Mittermeier, 2011），全世界狍属动物共2种，分别是欧洲狍（西方狍）*C. capreolus*和西伯利亚狍（东方狍）*C. pygargus*，其系统进化关系见下图。

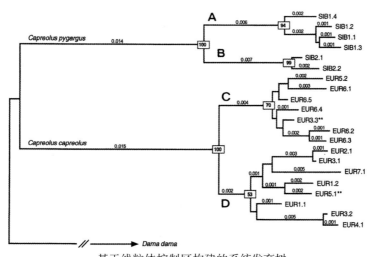

基于线粒体控制区构建的系统发育树
（引自 Randi et al., 1998）

分布于中国的狍属动物仅有1种。过去曾将中国分布的狍归入欧洲狍的亚种（Allen，1940；Corbert，1978；王应祥，2003）。但后来一些学者通过对其体型大小、角形结构和线粒体DNA的研究确定，分布于中国境内的狍应该属于*Capreolus pygargus* Pallas，1771（Groves and Grubb，1987；Wilson and Reeder，2005；张明海等，2005；Xiao et al.，2007）。四川境内有分布。

（131）狍 *Capreolus pygargus*（Pallas，1771）

别名 西伯利亚狍、东方狍

英文名 Siberian Roe Deer、Eastern Roe Deer

Cervus pygargus Pallas, 1771. Reise durch verschiedene Provinzen des Russischen Reichs., 453(模式产地：俄罗斯伏尔加河); Wilson and Reeder, 2005. Mamm. Spec. World, 3rd ed., 654; Wilson and Mittermeier, 2011. Hand. Mamm. World, 2: 428; 潘清华，等，2007.中国哺乳动物彩色图鉴，229; Groves and Grubb, 2011.Ungulate Taxon., 84.

Capreolus bedfordi Thomas, 1908. Proc. Zool. Soc. Lond., 645(模式产地：山西太原).

Capreolus tianschanicus Saturnin, 1906. Zool. Anz., 527(模式产地：天山固尔扎).

Capreolus pygargus var. ferganicus Rasewig, 1909. Semia okhotnikov, 16(模式产地：土耳其费尔干纳).

Capreolus pygargus var. caucasica Dinnik, 1910. Trans. Caucasus Depart. Imp. Russ. Geogr. Soc., 66(模式产地：北高加索).

Capreolus melanotis Miller, 1911. Proc. Biol. Soc. Wash., 231(模式产地：甘肃庆阳).

Capreolus capreolus ssp. *ochracea* Barclay, 1935. Ann. Mag. Nat. Hist., 627(模式产地：朝鲜).

Capreolus capreolus Linnaeus, 1758. Syst. Nat., 10th ed., 1: 68（模式产地：瑞典）; 胡锦矗和王酉之，1984.四川资源动物志 第二卷 兽类,158; 盛和林，等，1992.中国鹿类动物，234; 王酉之和胡锦矗，1999.四川兽类原色图鉴，174; 王应祥，2003.中国哺乳动物种和亚种分类名录与分布大全，127.

鉴别特征 中型鹿类。具有远端侧掌骨。臀高大于肩高。雄兽具角，无眉叉，角干上多节突，分为向前、向上、向后3枝。上颌无犬齿。尾极短，隐于毛被内。

形态

外形：体重32～40 kg；成体体长1 210～1 370 mm，尾长250～350 mm，后足长360～410 mm，耳长145～175 mm。

毛色：冬毛灰褐色，被毛较粗糙。夏毛为棕黄色到红棕色，腹部染黄色，白色的颏与黑色的鼻相对照。臀斑和尾下白色。喉部有一灰色斑。耳内、嘴唇和下颌往往呈乳白色，耳背灰棕色。四肢浅黄色。

头骨：上颌向前延伸，吻部突出。颅面较平直，额骨前部略下凹，脑颅最高点位于额骨后缘。鼻骨前缘较窄，后缘稍宽，前端有凹缺，远未达前颌骨的前端；鼻骨后端楔状，嵌入额骨前缘内侧。泪窝较浅，泪骨较短，不与鼻骨相连，额骨也不与上颌骨连接，彼此间形成一空隙。额骨、颧骨及泪骨的后缘形成一个闭合、外凸的骨质眼眶环。额骨眶上沟有一圆形的眶上孔。顶骨后侧面构成脑颅的侧面，鳞骨侧面构成脑颅侧下方的一部分，前侧面突起构成颧弓的一部分。鳞骨颧突、顶骨侧面和眼眶后缘围成一个三角形的颞窝。上枕骨背面和顶间骨形成一个三角形的面。成体枕部上枕骨、侧枕骨和基枕骨愈合，骨缝不清。枕髁较大，向后突出。上颌骨颧突较短。听泡位于侧枕骨与鳞骨之间，鼓室不显著鼓胀。脑颅腹面门齿孔较大，大部分由前颌骨构成，小部分由上颌骨构成。翼间窝略呈V形，其前缘超过最后一对臼齿后缘的连线。基蝶骨在成年时与基枕骨愈合，前蝶骨长，中央向腹面突起呈刀片状。翼蝶骨和眶蝶骨构成眼窝的底部，成年时愈合。雄兽额骨后外侧生有角，雌兽在相应部位为脊。

下颌骨前部稍窄。冠状突较长，稍向后弯曲，用于固定下颌于颞窝内，与颌关节相距较近。关节突髁面为椭圆形。角突明显。

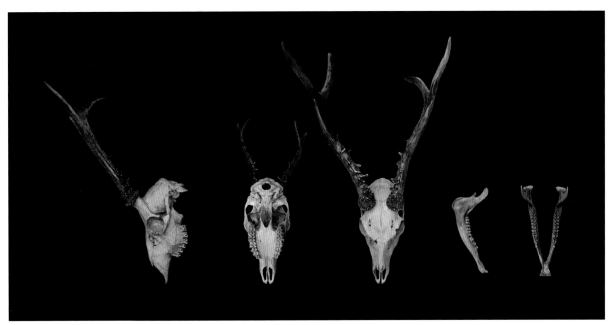

狍头骨图

牙齿：齿式0.0.3.3/3.1.3.3 = 32。无上颌犬齿；第1上前臼齿小，第2、3上前臼齿较大；各具1对新月形齿突。臼齿各具2对新月形齿突，排成2列。下颌门齿与犬齿均集中于前端，中央1对门齿大，最外侧的门齿和犬齿均狭小。第1前臼齿细，第2下前臼齿较大，第3下前臼齿与第1、2下臼齿各具新月形齿突2对，成2列排列。第3下臼齿较大，齿突有3横列。

角：雄兽具角，无眉叉。角干上多节突，分为向前、向上、向后3枝。角分叉处为扁形。

量衡度（衡：kg；量：mm）

外形：

编号	性别	体重	体长	尾长	后足长	耳长	采集地点
KIZCAS新0009（亚成体）	♀	—	1 050	320	360	145	新疆乌鲁木齐
KIZCAS新0011	♀	35	1 250	350	410	175	新疆乌鲁木齐

（续）

编号	性别	体重	体长	尾长	后足长	耳长	采集地点
KIZCASXJ0020	♀	—	1 210	250	380	175	新疆乌鲁木齐
KIZCAS0017（亚成体）	♂	—	1 140	200	390	155	新疆乌鲁木齐
KIZCAS0018	♂	—	1 220	300	395	175	新疆乌鲁木齐

头骨：

编号	性别	颅全长	基长	眶间距	颧宽	颅高	上齿列长	下齿列长	采集地点
SAF20090	♂	217.50	187.23	61.85	89.55	67.05	55.65	117.59	四川松潘
KIZCAS0018	♂	233.34	220.42	64.84	98.97	100.71	71.33	141.06	新疆乌鲁木齐
KIZCAS0017	♂	—	—	60.71	91.92	96.40	68.39	132.52	新疆乌鲁木齐
KIZCASXJ0009	♀	188.42	180.22	51.07	82.77	81.29	65.22	125.27	新疆乌鲁木齐
KIZCASXJ0020	♀	215.47	201.61	55.08	95.91	91.50	63.98	133.16	新疆乌鲁木齐
KIZCASXJ0011	♀	238.65	223.08	57.87	88.49	81.63	62.12	135.46	新疆乌鲁木齐

生态学资料　在四川，狍多分布在海拔2 000～4 000 m。栖息生境包括高山、中山草甸灌丛。常单独活动。主要在晨昏活动觅食。狍主要采食各种嫩枝叶、青草和树皮等。狍的寿命在10～12岁；8—9月发情，孕娠期294天，4—5月产仔，每胎多为2仔（Smith和解焱，2009）。

地理分布　狍分布于中国、俄罗斯、蒙古、朝鲜、韩国、哈萨克斯坦。在中国，狍分布于四川、黑龙江、吉林、辽宁、内蒙古、山西、北京、河北、河南、陕西、宁夏、甘肃、青海、新疆、湖北、重庆、西藏等省份（蒋志刚等，2015）。

分类学讨论　过去曾将中国分布的狍归为欧洲狍*Capreolus capreolus*的亚种（Allen，1940；Gorbert，1978；王宗仁 等，1988；王应祥，2003）。但后来一些学者通过对其体型大小、角形结构和线粒体DNA的研究确定，分布于中国境内的狍应该属于狍*Capreolus pygargus*（Groves and Grubb，1987；Wilson and Reeder，2005；张明海等，2005；Xiao et al.，2007）。

关于狍亚种的划分也存在一定的争议。狍曾被认为分为3个亚种：指名亚种*C. pygargus pygargus* Pallas，1771，中亚亚种（天山亚种）*C. p. tianschanicus* Saturnin，1906以及华北亚种*C. p. bedfordi* Thomas，1908（Danilkin，1995）。王应祥（2003）则认为中国有4个亚种：中亚亚种*C. c. tianschanicus* Saturnin，1906，分布于新疆的天山、塔里木和阿尔泰山；华北亚种*C. c. bedfordi* Thomas，1908，分布于河北、北京、河南、山西、湖北北部；东北亚种*C. c. mantschurivus* Noack，1889，分布于黑龙江、吉林、辽宁和内蒙古东部；西北亚种*C. c. melanotis* Miller，1911，分布于

分省（自治区、直辖市）地图——四川省

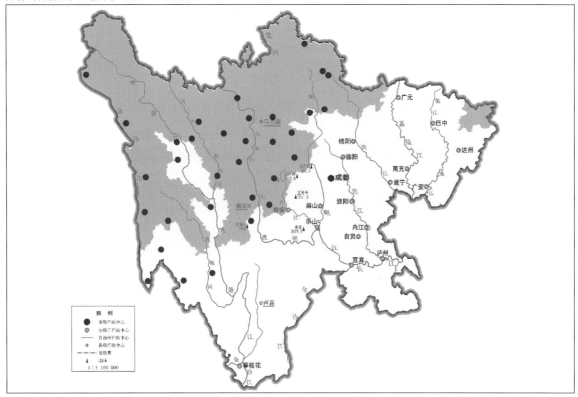

审图号：GS (2019) 3333 号　　　　　　　　　　　　　　　　　　自然资源部 监制

狍在四川的分布

注：红点为物种的分布位点，绿色斑块表示历史分布区域。

陕西、四川北部、甘肃、宁夏和青海。然而，最近的系统发育分析可能会对这些亚种的存在提出质疑。Lorenzini 等（2014）发现线粒体遗传谱系和地理分布之间没有关系，也没有检测到与亚种对应的特定单倍型。因此，尚需要进一步整合核DNA的研究，以解决这一分类问题。目前，多数学者认为狍仅2个亚种：*C. p. pygargus* Pallas，1771 和 *C. p. tianschanicus* Saturnin，1906（包括 *C. p. bedfordi*、*C. p. mantchuricus* 和 *C. p. melanotis*）（Sokolov et al., 1992; Wilson and Mittermeier, 2011）。指名亚种较中亚亚种体型大，而且在染色体上也存在显著区别：指名亚种通常拥有1～4条B染色体，而中亚亚种通常具有5～14条B染色体（Danikin et al., 1992; Markov, 1985）。

根据Wilson和Mittermeier（2011）的分类系统，分布于中国的狍仅有1个亚种，即中亚亚种。

狍中亚亚种 *Capreolus pygargus tianschanicus* Saturnin，1906

Capreolus pygargus tianschanicus Saturnin, 1906. Zool. Anz., 527.

鉴别特征　狍中亚亚种较指名亚种体型小。通常具有5～14条B染色体。

生态学资料　同种的描述。

地理分布

在四川的历史分布区域：青川、平武、万源、天全、宝兴、康定、九龙、丹巴、炉霍、道孚、

狍（拍摄地点：四川甘孜　拍摄者：周华明）

白玉、德格、甘孜、色达、石渠、理塘、巴塘、阿坝、若尔盖、黑水、松潘、九寨沟、红原、汶川、壤塘。

2000年以来确认的在四川的分布区域：康定、丹巴、炉霍、道孚、白玉、德格、甘孜、色达、石渠、理塘、巴塘、阿坝、若尔盖、黑水、松潘、九寨沟、红原、汶川、壤塘、新龙。

70. 毛冠鹿属 *Elaphodus* Milne-Edwards，1871

Elaphodus Milne-Edwards, 1871. Nouv. Arch. Mus. d' Hist. Nat. Paris, 7, Bull, 93(模 式 种: *Elaphodus cephalophus* Milne-Edwards, 1871); Allen, 1940. Mamm. Chin. Mong.,1142; Ellerman and Morrison-Scott, 1951. Check. Palaea. Ind. Mamm., 355; Corbet, 1978. Mamm. Palaea. Reg. Taxon. Rev., 201; Wilson and Reeder, 2005. Mamm. Spec. World, 3rd ed., 665; Wilson and Mittermeier, 2011. Hand. Mamm. World, 2: 409; 胡锦矗和王酉之，1984. 四川资源动物志　第二卷　兽类，145; 盛和林，等，1992. 中国鹿类动物，116; 王酉之和胡锦矗，1999. 四川兽类原色图鉴，169; Groves and Grubb, 2011.Ungulate Taxon., 86.

Lophotragus Swinhoe, 1874. Proc. Zool. Soc., 453(模式种: *Lophotragus michianus* Swinhoe, 1874).

鉴别特征　毛冠鹿属为单型属，属于小型鹿类。雄鹿具短角，不分叉，隐于额部浓密的毛丛中。泪窝发达，泪窝长径大于眼窝长径。耳宽、圆。

(132) 毛冠鹿 *Elaphodus cephalophus* Milne-Edwards，1871

别名　青麂

英文名　Tufted Deer

Elaphodus cephalophus Milne-Edwards, 1871, Nouv. Arch. Mus. d' Hist. Nat. Paris, 7, Bull., 93(模式产地: 四川宝兴).

Lophotragus michianus Swinhoe, 1874, Proc. Zool. Soc., 453(模式产地: 浙江宁波).

Elaphodus ichangensis Lydekker, 1904, Proc. Zool. Soc., 169(模式产地: 湖北宜昌).

Elaphodus michianus fociensis Lydekker, 1904. Proc. Zool. Soc., 169(模式产地：福建福州).

鉴别特征　小型鹿类。额部有一簇马蹄形的黑色长毛，雄兽角短小、不分叉，隐藏于毛丛中。无额腺，泪窝大，其泪窝长径大于眼窝长径。额骨两侧无隆脊。

形态

外形：成体体重30～40 kg；体长1 100～1 400 mm，尾长115～150 mm，后足长270～312 mm，耳长100～120 mm。

毛色：一般为黑褐色，冬毛几近黑色，夏毛暗褐色。背部毛色较深，体侧较浅，耳内侧白色，耳尖及耳基内缘有白斑。尾背色调与体背相同。腹部、鼠蹊部、尾的腹面及尾尖毛纯白色。幼兽毛色比成兽浅，呈暗褐色，在背中线两侧有不太明显的苍白色斑点，排成两纵列。四肢黑褐色。

头骨：头骨狭长。额骨前部略下凹，脑颅最高点位于额骨中部。鼻骨前缘较窄，后缘较宽，前端有小的凹缺，未达前颌骨的前端；鼻骨后端有较大的凹缺，嵌入额骨前缘外侧。泪窝大而深陷，泪窝长径大于眼窝长径，额骨、鼻骨、泪骨和上颌骨间形成一空隙。额骨、颧骨及泪骨的后缘形成一个闭合的骨质眼眶环；额骨眶上沟有一圆形的眶上孔。顶骨后侧面构成脑颅的侧面，鳞骨侧面构成脑颅侧下方的一部分，前侧面突起构成颧弓的一部分。鳞骨颧突、顶骨侧面和眼眶后缘围成一个三角形的颞窝。上枕骨背面和顶间骨形成一个三角形的面。成体枕部上枕骨、侧枕骨和基枕骨愈合，骨缝不清。枕髁较大，向后突出。上颌骨颧突较短。听泡位于侧枕骨与鳞骨之间，鼓室不显著鼓胀。脑颅腹面门齿孔较大，大部分由前颌骨构成，小部分由上颌骨构成。翼间窝略呈 V 形，其前缘接近或略超过最后一对白齿后缘的连线。基蝶骨在成年时与基枕骨愈合，前蝶骨长，中央向腹面突起呈刀片状。翼蝶骨和眶蝶骨构成眼窝的底部，成年时愈合。雄兽额骨后外侧生有角，雌兽在相应部位为脊。

下颌骨前部稍窄。冠状突较长，稍向后弯曲，用于固定下颌于颞窝内，与颌关节相距较近。关节突髁面为椭圆形。角突圆钝。

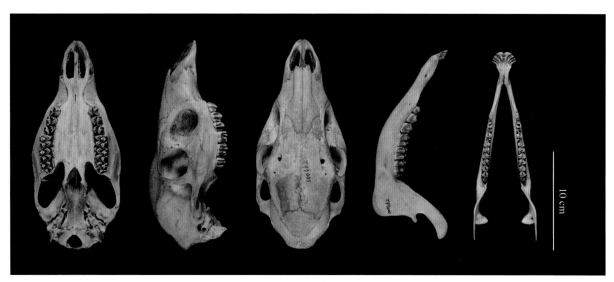

毛冠鹿头骨图

牙齿：齿式0.1.3.3/3.1.3.3 = 34。雄性上颌犬齿粗长，呈獠牙状，侧扁向下弯曲，露出唇外；下颌犬齿门齿化，颊齿为月型齿。

角：雄兽具角，角短小，不分叉，角尖微向后弯，角几乎隐于额部的簇状长毛中。

量衡度（衡：kg；量：mm）

外形：

编号	性别	体重	体长	尾长	后足长	耳长	采集地点
KIZCAS-84026（亚成体）	♂	16	847	90	250	100	云南新平
KIZCAS-74403（亚成体）	♂	—	1 030	115	310	105	云南泸水
KIZCAS-89020（亚成体）	♂	19	970	105	312	95	云南泸水
KIZCAS-79706	♀	30	1 120	115	300	120	云南德钦
KIZCAS-84018（亚成体）	♀	20	850	95	210	102	云南新平
KIZCAS-84011（亚成体）	♀	19	910	—	226	100	云南新平

头骨：

编号	性别	颅全长	基长	眶间距	颧宽	颅高	上齿列长	下齿列长
CWNU-天全76002	♀	186.81	169.92	42.01	79.38	56.13	89.12	115.68
CWNU-唐家河8804	♀	192.42	173.33	48.29	86.98	62.06	90.50	117.22
CWNU-4	♀	203.90	186.82	49.07	82.89	62.56	102.97	—
KIZCAS-84026	♀	186.52	172.87	42.28	78.39	74.43	86.66	116.86
KIZCAS-84011	♀	191.26	177.93	46.28	78.93	74.42	91.02	—
KIZCAS-79706	♀	207.24	192.39	49.62	88.19	84.47	93.89	128.53
CWNU-卧龙79084	♂	—	—	53.21	87.01	58.59	92.82	—
CWNU-王朗840012	♂	—	—	49.59	80.36		97.82	125.49
KIZCAS-74403	♂	193.23	181.09	47.92	87.09	81.78	102.83	126.28
CWNU-巫山64017	♂	191.90	170.11	44.03	82.90	64.13	92.14	—
CWNU-城口65050	♀	194.21	173.23	45.42	85.24	58.18	93.91	125.31

生态学资料 在四川，毛冠鹿多分布在海拔1 000～4 750 m。栖息生境包括高山灌丛、针叶

林、针阔混交林和阔叶林等。常单独或成对生活，具有防卫很好的家域，常沿固定的路径行走（Smith和解焱，2009）。晨昏活动觅食。毛冠鹿主要采食各种嫩枝叶、青草、竹笋或竹叶等。在四川卧龙国家级自然保护区，毛冠鹿主要以拐棍竹 *Fargesia robusta*、冷箭竹 *Bashania fangiana* 为食，4—5月还与大熊猫争食拐棍竹竹笋（胡锦矗等，1984）。在四川蜂桶寨国家级自然保护区，与同域分布的大熊猫、小熊猫不同的是，毛冠鹿主要利用灌木密度和草本植物覆盖相对较高、竹子密度较低的低海拔区域（Zhang et al., 2004）；在春季，毛冠鹿偏好选择低海拔、坡度为20°～30°、有适宜阳光照射、水源充足、不受干扰的阔叶林的生境（刘梁和胡锦矗，2008）。在陕西牛背梁国家级自然保护区和四川唐家河国家级自然保护区，阔叶林均是毛冠鹿偏好的生境（Zeng et al., 2007）。在野外，毛冠鹿最长寿命约为12岁（Leslie et al., 2013）。9—10月发情，孕娠期6个月，4—7月产仔，每胎多为1仔。

地理分布 毛冠鹿分布于中国和缅甸。在中国，毛冠鹿分布于陕西、甘肃、青海、安徽、浙江、湖北、江西、湖南、福建、广东、广西、四川、重庆、贵州、云南、西藏等省份（蒋志刚等，2015），在四川分布于四川盆周山区和川西高山深谷。

分省（自治区、直辖市）地图——四川省

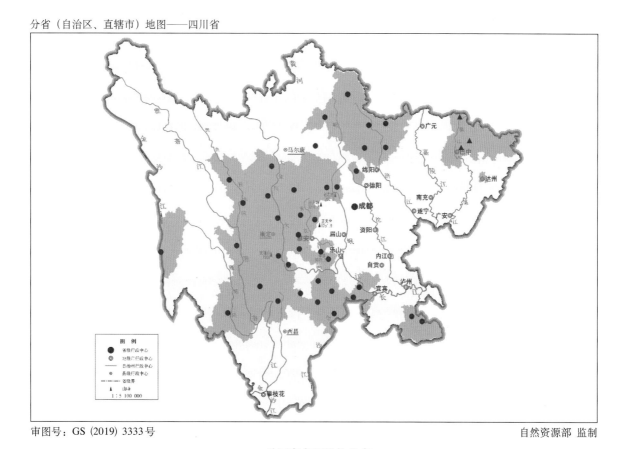

审图号：GS（2019）3333号　　　　　　　　　　　　　　　　　　　　　　　　　自然资源部 监制

毛冠鹿在四川的分布
注：红圆点为指名亚种的分布位点，红三角形为华中亚种的分布位点，绿色斑块表示历史分布区域。

分类学讨论 毛冠鹿 *Elaphodus cephalophus* 最早由Milne-Edwards于1871根据采自四川宝兴的标本命名。1874年，Swinhoe则根据采自宁波的标本，将其命名为 *Lophotragus michianus*，后来被证实二者是同物异名（Garrod，1876）。1904年，Lydekker根据采自湖北宜昌的标本，命名为 *Elaphodus ichangensis*，后来也被认为是 *Elaphodus cephalophus* 的同物异名（Allen，1940）。

王应祥（2003）、Smith和解焱（2009）、Mattioli（2011）、Wilson和Mittermeier（2011）均认为毛冠鹿分为3个亚种：指名亚种（川西亚种）*Elaphodus cephalophus cephalophus* Milne-Ediwards，1871，分布于云南、贵州西部、四川西部、陕西南部、甘肃南部、青海东南部、西藏东南部；华南亚种 *E. c. michianus* Swinhoe，1874，分布于安徽、江苏、浙江、江西、福建、广东、广西、湖南；华中亚种（湖北亚种）*E. c. ichangensis* Lydekker，1904，分布于湖南北部和西部、湖北、重庆、贵州东部、四川东部（万源）。王威等（2007）比较了这3个亚种的32个头骨指标，发现川西亚种和华南亚种间，以及华南亚种和华中亚种间分别在14、19个头骨变量存在显著区别，而仅有2个头骨变量在川西亚种和华中亚种间存在显著差异。

除了以上3个亚种外，有学者还曾提出了另外1个亚种 *E. michianus fociensis* Lydekker，1904，但由于对该亚种的描述仅依据的是1份标本，因此目前对该亚种的分类地位尚存在质疑（Grubb，2005）。此外，Allen（1940）也曾对华中亚种的分类地位提出过质疑，而Groves和Grubb（2011）则没有进行亚种的区分。

根据Wilson和Mittermeier（2011）的分类系统，中国分布有3个亚种，四川省内历史记录有毛冠鹿指名亚种和毛冠鹿华中亚种，现在仍有分布。

①毛冠鹿指名亚种 *Elaphodus cephalophus cephalophus* Milne-Ediwards，1871

Elaphodus cephalophus Milne-Edwards, 1871. Nouv. Arch. Mus. d' Hist. Nat. Paris, 7, Bull., 93.

鉴别特征　在各亚种中体型最大。颅全长（197.80±1.35）mm，吻宽（43.95±0.93）mm，上颊齿列长（57.49±1.07）mm。

生态学资料　同种的描述。

地理分布

在四川的历史分布区域：江油、青川、北川、平武、宜宾、叙永、峨眉山、洪雅、雷波、马边、天全、芦山、宝兴、泸定、巴塘、小金、金川、汶川、理县、九寨沟、康定、九龙、丹巴、道孚、雅江、炉霍、石棉、荥经、冕宁、美姑、越西、木里、松潘、绵竹、古蔺、屏山、峨边、都江堰。

2000年以来确认的在四川的分布区域：江油、青川、北川、平武、宜宾、叙永、峨眉山、洪雅、雷波、马边、天全、芦山、宝兴、泸定、巴塘、小金、金川、汶川、理县、九寨沟、康定、九龙、丹巴、道孚、雅江、炉霍、石棉、荥经、冕宁、美姑、越西、木里、松潘、绵竹、古蔺、屏山、峨边、都江堰。

②毛冠鹿华中亚种 *Elaphodus cephalophus ichangensis* Lydekker，1904

Elaphodus ichangensis Lydekker, 1904. Proc. Zool. Soc., 169; Wilson and Reeder, 1993. Mamm. Spec. World, 2nd ed.,398; Wilson and Reeder, 2005. Mamm. Spec. World, 3rd ed., 665; Wilson and Mittermeier, 2011. Hand. Mamm. World, 2: 409; 胡锦矗和王酉之. 1984. 四川资源动物志　第二卷　兽类, 147; 盛和林，等, 1992. 中国鹿类动物,

118; 王应祥, 2003. 中国哺乳动物种和亚种分类名录及分布大全, 121.

鉴别特征　本亚种体型中等。颅全长（194.01±2.07）mm，吻宽47.08±0.76 mm，上颊齿列长（60.42±0.82）mm。

生态学资料　同种的描述。

地理分布

在四川的历史分布区域：达州、万源、南江、通江、巴中。

2000年以来确认的在四川的分布区域：南江、通江、巴中。

毛冠鹿（拍摄地点：四川卧龙国家级自然保护区　拍摄者：李晟）

71. 麂属　*Muntiacus* Rafinesque，1815

Muntiacus Rafinesque, 1815. ICZN, Opinion, 460（模式种：*Cervus muntjak* Rafinesque, 1815）; Allen, 1940. Mamm. Chin. Mong., 1148; Ellerman and Morrison-Scott, 1951. Check. Palaea. Ind. Mamm., 355; Corbet, 1978. Mamm. Palaea. Reg., Taxon. Rev.,199; Wilson and Reeder, 1993. Mamm. Spec. World, 2nd ed.,1388; Wilson and Reeder, 2005. Mamm. Spec. World, 3rd ed., 666; Wilson and Mittermeier. 2011. Hand. Mamm. World, 2: 409; 胡锦矗和王西之, 1984. 四川资源动物志　第二卷　兽类, 142; 盛和林, 等, 1992. 中国鹿类动物, 89; 王西之和胡锦矗, 1999. 四川兽类原色图鉴, 167; Groves and Grubb 2011.Ungulate Taxon., 86.

Cervulus de Blainville, 1816. Bull. Sci., Soc. Philom. Paris, 3, 3: 105-124（模式种：*Cervus muntjak* de Blainville, 1816）.

Muntjacus Gray, 1843. List Spec. Mamm. Coll. Brit. Mus. Lond., 28: 1-216(模式种: *Muntjacus vaginalis = Cervus vagnalis* Gray, 1843).

Procops Pocock, 1923. Proc. Zool. Soc., Lond., 181-207(模式种: *Cervulus feae* Pocock, 1923).

鉴别特征 麂属动物属于小型鹿类。雄性具角，角柄长，角干分叉，角基在额骨侧缘形成棱脊。额骨在眶间处下陷。泪窝长径小于眼窝长径。具有额腺。

形态

体重14～33 kg；头体长640～1 350 mm，肩高406～780 mm；尾长65～240 mm。被毛短而细。四肢细长，蹄狭尖。仅雄性具角，外露显著。两性均有长的上颌犬齿，闭嘴时突出唇外。齿式0.1.3.3/3.1.3.3 = 34。头骨近于三角形，泪窝明显。

生态学资料 麂属动物多栖息于海拔3 000 m以下的阔叶林、针阔混交林及林缘灌丛。晨昏活动。以枝叶、青草和掉落的果实为食。单独或成对活动，具有领域性。受惊时，会发出低沉似犬吠的声音，因而有吠鹿（barking deer）之称。

地理分布 麂属动物在全世界分布于中国、印度、巴基斯坦、斯里兰卡、尼泊尔、不丹、孟加拉国、缅甸、越南、泰国、老挝、柬埔寨、印度尼西亚。在中国，主要分布于华东、华南、华中、西南地区，其中在四川主要分布于盆周山区、川东丘陵及川西南山地。

分类学讨论 麂属*Muntiacus*一词源自马来语。最早是由Rafinesque（1815）根据Zimmermann（1780）命名的产自爪哇的赤麂*Cervus muntjak*而提出来的。后来一些学者又相继提出和使用了另外的一些名称，如*Cervulus* de Blainville，1816；*Stylocerus* Hamilton Smith，1827；*Prox* Ogilby，1836；*Muntjacus* Gray，1843；*Procops* Pocock，1923。但Simpson（1945）认为它们均属同物异名，并进行了归并。Ellerman等（1951）也同意沿用此属名。此后，便无属名的争议（马世来等，1986）。

最早报道的现生种是爪哇赤麂*Muntiacus muntjak muntjac* Zimmermann，1780。之后相继发现了小麂*M. reevesi* Ogilby，1839；黑麂*M. crinifrons* Sclater，1885；菲氏麂（林麂）*M. feae* Thomas et Doria，1889；罗氏麂*M. rooseveltorum* Osgood，1932。自20世纪80年代以来，该属不断有新的现生种被报道，如贡山麂*M. gongshangensis* Ma，1990；瘤麂（加里曼丹岛黄麂）*M. atherodes* Groves et Grubb，1982；巨麂*M. vuquangensis* Tuoc et al.，1994；长山麂*M. truongsonensis* Giao et al.，1998；叶麂*M. putaoensis* Amato et al.，1999。其中，罗氏麂作为独立种的分类地位曾一度受到质疑（Groves and Grubb，1990），但Amato等（1999a）在老挝再次发现了该种的标本，并通过DNA序列分析证实罗氏麂为1个独立的物种。Amato等（1999b）根据线粒体16S rRNA、12S rRNA，*Cytb*及D-loop基因序列，构建了除瘤麂外其余9种麂属动物的系统发育树（参见"基于线粒体基因麂属动物系统发育树"图）。Wilson和Reeder（2005）认为，除了上述10种外，还有朴氏麂*Muntiacus puhoatensis* Chau，1997，这样全世界共有11种麂。Wilson和Mittermeier（2011）也认可这个观点。

Groves和Grubb（2011）主要依据形态特征和毛被差异，将一些原来的亚种提升为种，认为全世界的麂属动物共16种，并可分为4个种组：*Muntiacus muntjak*种组，包括爪哇赤麂；赤麂*M.*

vaginalis Boddaert, 1785；斯里兰卡赤麂 *M. malabaricus* Lydekker, 1915；印度赤麂 *M. aureus* Hamilton Smith, 1826；海南麂 *M. nigripes* Allen, 1930。*Muntiacus crinifrons* 种组，包括黑麂、贡山麂和菲氏麂。New Muntjac 种组，包括巨麂、叶麂、罗氏麂、长山麂、朴氏麂。*Muntiacus reevesi* 种组，包括小麂、瘤麂、苏门答腊麂 *M. montanus* Robinson et Kloss, 1918。由于此分类系统目前尚存有争议，因此，本书仍按照 Wilson 和 Mittermeier（2011）对麂属种级水平分类的观点，即全世界共11种麂。

分布于中国的麂属动物有5种：小麂、赤麂、黑麂、贡山麂、菲氏麂（魏辅文等，2021）。其中，小麂、黑麂和贡山麂为中国特有种。

四川境内分布有2种麂类，分别为小麂和赤麂。

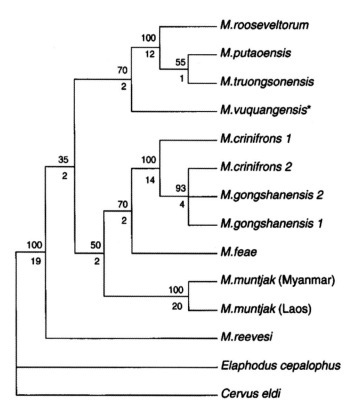

基于线粒体基因麂属动物系统发育树
（引自 Amato et al., 1999）

四川分布的麂属*Muntiacus*分种检索表

体型较小，基长不及170 mm，体重不超过16kg；颈背面具有深褐色条纹；头骨较短宽；泪窝大，约等于眼窝长；鼻骨与前颌骨显著分离；角柄短，明显短于角干··················小麂 *M. reevesi*

体型较大，基长超过170 mm，体重超过20kg；颈背面无深褐色条纹；头骨大而狭长；泪窝小，泪窝宽显著短于眼窝长；鼻骨与前颌骨相接触；角干多短于角柄··················赤麂 *M. vaginalis*

（133）小麂 *Muntiacus reevesi*（Ogilby, 1839）

别名 黄麂

英文名 Reeve's Muntjac

Cervus reevesi Ogilby, 1839. Proc. Zool. Soc., 105(模式产地：广东广州附近).

Cervulus lachrymans Milne-Edwards, 1871. Nouv. Arch. Mus. d' Hist. Nat. Paris, 7, Bull, 93(模式产地：四川宝兴).

Cervulus sclateri Swinhoe, 1872. Proc. Zool. Soc., 814(模式产地：浙江宁波).

Cervulus micrurus Sclater, 1875. Proc. Zool. Soc., 421(模式产地：中国台湾).

Cervulus sinensis Hilzheimer, 1905. Zool. Anz., 29: 297(模式产地：安徽黄山).

Cervulus reevesi pingshiangicus Hilzheimer, 1906. Abh. Mus. Nat. u. Heimatk. Magdeburg, 5: 169(模式产地：四川屏山).

Cervulus bridgemani Lydekker, 1910. Proc. Zool. Soc., 989(模式产地: 安徽黄山).

Muntiacus lachrymans teesdalei Wroughton, 1915. Cat. Vngalate Mamm. Brit. Mus., 4:27(模式产地: 长江流域).

Muntiacus reevesi Ellerman and Morrison-Scott, 1951. Check. Palaea. Ind. Mamm., 356; Corbet, 1978. Mamm. Palaea. Reg. Taxon. Rev., 199; Wilson and Reeder, 1993. Mamm. Spec. World, 2nd ed., 389; Wilson and Reeder, 2005. Mamm. Spec. World, 3rd ed., 667; Wilson and Mittermeier. 2011. Hand. Mamm. World, 2: 409; 胡锦矗和王酉之, 1984. 四川资源动物志 第二卷 兽类, 143; 盛和林, 等, 1992. 中国鹿类动物, 126; 王酉之和胡锦矗, 1999. 四川兽类原色图鉴, 168; 潘清华, 等, 2007. 中国哺乳动物彩色图鉴, 217; Groves and Grubb, 2011. Ungulate Taxon., 90.

鉴别特征　小型麂类。雄麂有"獠牙", 也有2叉短角, 角柄显著短于角干; 两性均有额腺和眶下腺, 额腺两侧至角柄内侧有1条棕黑色条纹; 头骨略呈三角形, 前颌骨与鼻骨显著分离。

形态

外形: 为麂属中体型最小者。体重10.5 ~ 15 kg; 体长700 ~ 850 mm, 尾长100 ~ 130 mm, 耳长70 ~ 85 mm。

毛色: 上体棕黄色; 耳内侧有长的白毛; 颈背常具黑色脊纹。尾背毛与背部同色, 尾腹面及腹部白色; 四肢细短、棕黑色。

头骨: 头骨较宽短。额骨前部略下凹, 脑颅最高点位于额骨后部。鼻骨前缘较窄, 后缘较宽, 前端有小的凹缺, 未达前颌骨的前端; 鼻骨后端呈楔形嵌入额骨前缘内侧; 鼻骨与前颌骨显著分离, 为颌骨上端较小舌状突所隔。泪窝大而深陷, 约与眼眶等大, 额骨、鼻骨、泪骨和上颌骨间形成一空隙。额骨、颧骨及泪骨的后缘形成一闭合的骨质眼眶环; 额骨眶上沟有一圆形的眶上孔。顶骨后侧面构成脑颅的侧面, 鳞骨侧面构成脑颅侧下方的一部分, 鳞骨前侧面突起构成颧弓的一部分; 鳞骨颧突、顶骨侧面和眼眶后缘围成一个三角形的颞窝。枕骨乳突较发达。上颌骨颧突较短。

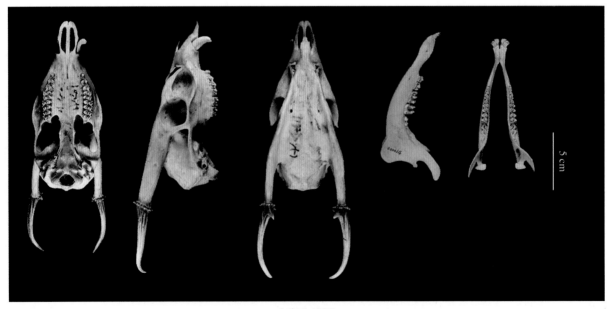

小麂头骨图

听泡位于侧枕骨与鳞骨之间，鼓室不显著鼓胀。脑颅腹面，门齿孔较大，大部分由前颌骨构成，小部分由上颌骨构成。翼间窝略呈 V 形，其前缘几乎达到最后一对臼齿后缘的连线。翼蝶骨和眶蝶骨构成眼窝的底部，成年时愈合。额骨两侧有棱状脊。

下颌骨前部稍窄。冠状突细长，稍向后弯曲，用于固定下颌于颞窝内，与颌关节相距较近。关节突髁面为椭圆形。角突圆钝。

牙齿：齿式 0.1.3.3/3.1.3.3 = 34。雄性上颌犬齿粗长，通常在 30 mm 以上；下颌犬齿门齿化。下颌门齿和犬齿均集中在颌骨前端，故与前臼齿形成齿间隙，中央 1 对门齿大，最外侧的门齿和犬齿均狭小。颊齿为月型齿。第 1 上前臼齿稍小，第 2、3 上前臼齿等大；各具 1 对新月形齿突。上臼齿各具 2 对新月形齿突，排成 2 列。第 1、2 下臼齿各具 2 对新月形齿突，呈 2 列排列。第 3 下臼齿较大，齿突有 3 横列。

角：雄兽具角，角干直向后伸展，角短，长约为头长一半；角尖向内下弯曲，角柄明显短于角干，角柄长约 40 mm，角干长约 70 mm，仅分 10～20 mm 的小叉。

量衡度（衡：kg；量：mm）

外形：

编号	性别	体重	体长	尾长	后足长	耳长	采集地点
CWNU-平武 74014（亚成体）	♂	8	700	125	208	75	四川平武
CWNU-城口 65014	♂	14	850	130	210	85	重庆城口
KIZCAS-830362	♂	12	715	100	172	82	云南昆明
KIZCAS-85068	♂	15	700	102	200	70	云南
KIZCAS-77003	♀	11	840	100	170	80	云南新平
KIZCAS-96026（亚成体）	♀	10	810	120	150	80	云南昭通

头骨：

编号	性别	颅全长	基长	眶间距	颧宽	颅高	上齿列长	下齿列长	采集地点
CWNU-南江 65055	♀	169.11	146.82	39.63	70.69	58.20	85.16	106.03	四川南江
CWNU-南江 65056	♀	156.83	139.91	39.04	74.25	57.02	81.16	98.31	四川南江
CWNU-南江 65057	♀	159.33	142.44	35.31	69.82	55.90	78.38	99.06	四川南江
KIZCAS-90038	♀	160.26	150.77	36.27	69.31	65.99	80.21	100.46	云南富民
KIZCAS-880035	♀	157.64	148.82	38.25	70.66	67.72	76.04	98.92	云南昆明

(续)

编号	性别	颅全长	基长	眶间距	颧宽	颅高	上齿列长	下齿列长	采集地点
KIZCAS-830363	♀	155.08	146.77	37.92	73.62	64.88	77.04	97.71	云南大姚
CWNU-南江65047	♀	167.93	147.62	36.21	74.92	56.11	77.56	102.27	四川南江
CWNU-平武74005	♀	160.60	143.10	37.93	73.92	55.13	75.80	100.32	四川平武
KIZCAS-77003	♀	160.22	149.69	35.18	66.91	65.97	74.12	100.39	云南新平

生态学资料　　小麂栖息于海拔2 000 m以下的森林和稀树灌丛，以各种青草、嫩枝叶、幼芽等为食。冬季交配，初夏产仔；每胎产1～2仔。哺乳期约90天，7～8月龄达性成熟。

地理分布　　小麂为中国特有种。在中国，小麂分布于四川、陕西、宁夏、江苏、浙江、湖北、江西、湖南、福建、台湾、广东、香港、广西、重庆、贵州、云南等地（潘清华等，2007；蒋志刚

分省（自治区、直辖市）地图——四川省

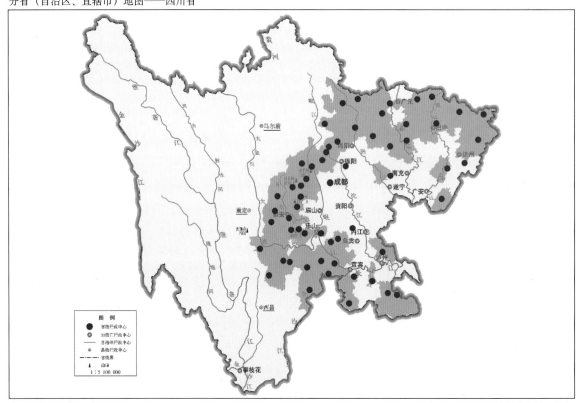

审图号：GS (2019) 3333 号　　　　　　　　　　　　　　　　　　　自然资源部　监制

小麂在四川的分布
注：红点为物种的分布位点，绿色斑块表示历史分布区域。

等，2015；罗娟娟等，2019），小麂在四川主要分布于盆地周缘低山、丘陵地带。

分类学讨论 对于小麂的种级分类地位过去也存在一些争议。Lydekker（1915）根据体形和泪窝大小及两角的叉开程度不同，将中国的小麂分为*Muntiacus reevesi*、*M. sinensis*、*M. lachrymans* 3种。Ellerman 等（1951）将其合并为1种。今泉吉典（1977）又根据角的叉开程度和角柄与眶后至吻端的比值差异，将安徽大别山一带的小麂重新恢复为独立种*M. sinensis*。但Corbet（1980）仍然认为中国的小麂仅为1种。后来，马世来等（1984）通过研究，也同意Ellerman等（1951）和Corbet（1980）的观点。

过去认为小麂仅分2个亚种（盛和林等，1992）：指名亚种*Muntiacus reevesi reevesi* Ogilby，1839；台湾亚种*Muntiacus reevesi micrurus* Sclater，1875。而王应祥（2003）、Smith和解焱（2009）认为小麂可区分为4个亚种：江口亚种*M. r. jiangkouensis* Gu et Xu，1998，模式产地为贵州江口，主要分布于贵州东北部的江口、重庆；指名亚种*M. r. reevesi* Ogilby，1839，分布于江苏、湖北、湖南，江西、四川、云南、福建、广东、广西、河南；台湾亚种*M. r. micrurus*仅分布于台湾岛；华东亚种*M. r. sinensis*主要分布在安徽、浙江。此外，王应祥（2003）认为还有云南居群（分布于云南东部）和陕甘居群（分布于陕西南部和甘肃南部）。但袁小爱（2011）利用线粒体*Cytb*片段探索了江口亚种的分类地位，结果对江口亚种的划分提出了质疑。Wilson和Mittermeier（2011）也认同小麂仅分2个亚种，即小麂指名亚种和小麂台湾亚种。四川历史记录为小麂指名亚种。

小麂指名亚种 *Muntiacus reevesi reevesi*（Ogilby，1839）

Cervus reevesi Ogilby, 1839. Proc. Zool. Soc. Lond., 105.

鉴别特征 体型较台湾亚种个体大。

生态学资料 同种的描述。

地理分布

在四川的历史分布区域：梓潼、江油、德阳、青川、绵竹、广元、安县、苍旺、北川、剑阁、平武、射洪、阆中、南部、苍溪、达州、宣汉、万源、邻水、渠县、巴中、南江、通江、荣县、宜宾、江安、高县、筠连、屏山、泸县、隆昌、古蔺、叙永、乐山、犍为、峨眉山、沐川、洪雅、甘洛、雷波、越西、马边、峨边、雅安、名山、荥经、汉源、石棉、天全、芦山、宝兴、邛崃、大邑、彭州、什邡、崇州、都江堰、汶川。

2000年以来确认的在四川的分布区域：梓潼、江油、德阳、青川、绵竹、广元、安县、旺苍、北川、剑阁、平武、射洪、阆中、南部、苍溪、达州、宣汉、万源、邻水、渠县、巴中、南江、通江、荣县、宜宾、江安、高县、筠连、屏山、泸县、隆昌、古蔺、叙永、乐山、犍为、峨眉山、沐川、洪雅、甘洛、雷波、越西、马边、峨边、雅安、名山、荥经、汉源、石棉、天全、芦山、宝兴、邛崃、大邑、彭州、什邡、崇州、都江堰、汶川。

小麂（拍摄地点：四川唐家河国家级自然保护区　拍摄者：李晟）

（134）赤麂 *Muntiacus vaginalis*（Boddaert，1785）

别名　角麂、印度麂、麂子

英文名　Red Muntjac

Cervus vaginalis Boddaert, 1785. Elench. Anim., Ⅰ: 136(模式产地：孟加拉国).

Cervus ratwa Hodgson, 1833. Asitick Res., 18, 2: 139(模式产地：尼泊尔).

Cervus melas Ogilby, 1840. In Royle, Illustr. Bot. Himalaya, lxxiii(模式产地：喜马拉雅).

Muntiacus muntjac vaginalis Ellerman and Morrison-scott, 1951. Check. Palaea. Ind. Mamm., 356; Wilson and
　　Reeder. 2005. Mamm. Spec. World, 3rd ed., 667; Wilson and Mittermeier, 2011. Hand. Mamm. World, 2: 410; 胡
　　锦矗和王酉之. 1984. 四川资源动物志　第二卷　兽类, 142; 盛和林, 等, 1992. 中国鹿类动物, 164; 王酉之和
　　胡锦矗, 1999. 四川兽类原色图鉴, 167; Smith和解焱, 2009. 中国兽类野外手册, 477.

Muntiacus vaginalis 王应祥, 2003. 中国哺乳动物种和亚种分类名录与分布大全, 122; 潘清华, 等, 2007. 中国哺乳
　　动物彩色图鉴, 216; 蒋志刚, 等, 2015. 中国哺乳动物多样性及地理分布, 199.

鉴别特征　大型麂类。雄兽具一分叉的角，角柄长，角柄前缘黑褐色；角干多短于角柄；角尖
向内下弯，二尖相对；有粗短的"獠牙"。前颌骨与鼻骨相接触；泪窝小而深，泪窝宽明显小于眼
窝长。全身包括尾背面呈鲜明的黄褐色，沾赤色，尾下纯白色；额部簇毛短，额腺在额前面相交呈
倒"人"字形。

形态

外形：赤麂体型中等，体重24～33 kg，成体体长980～1 150 mm，尾长160～215 mm，后足
长250～310 mm，耳长95～117 mm。

毛色：通体红棕色，额至吻部毛色较暗，呈浅黑褐色。耳背与颈背同色，毛色较深，呈灰黑色。耳基有一白色斑块，耳壳内沿有较稀疏的白色毛。眶下腺处毛灰黑色；下颏及喉部纯白色，胸部鲜黄褐色；腋部及鼠蹊部毛色纯白，形成白色块斑；后腹由淡黄色转纯白色。四肢前面略呈灰褐色，尾背面毛黄褐色，尾下面毛纯白色。

头骨：脑颅大而狭长，略呈三角形。额骨前部略下凹，脑颅最高点位于额骨后部。鼻骨前缘较窄，后缘较宽，前端有小的凹缺，未达前颌骨的前端；鼻骨后端呈楔形，嵌入额骨前缘内侧；鼻骨与前颌骨相连。泪窝小而深陷，泪窝宽明显小于眼窝长。额骨、鼻骨、泪骨和上颌骨间形成明显的略呈长方形的空隙。额骨、颧骨及泪骨的后缘形成一闭合的骨质眼眶环；额骨眶上沟有一圆形的眶上孔。顶骨后侧面构成脑颅的侧面，鳞骨侧面构成脑颅侧下方的一部分，鳞骨前侧面突起构成颧弓的一部分。鳞骨颧突、顶骨侧面和眼眶后缘围成个三角形的颞窝。枕骨乳突较发达。上颌骨颧突较短。听泡位于侧枕骨与鳞骨之间，鼓室不显著鼓胀。脑颅腹面门齿孔较大，大部分由前颌骨构成，小部分由上颌骨构成。翼间窝略呈V形，其前缘几乎达到最后一对臼齿后缘的连线。翼蝶骨和眶蝶骨构成眼窝的底部，成年时愈合。额骨两侧有棱脊。

下颌骨前部稍窄。冠状突细长，稍向后弯曲，用于固定下颌于颞窝内，与颌关节相距较近。关节突髁面为椭圆形。角突圆钝。

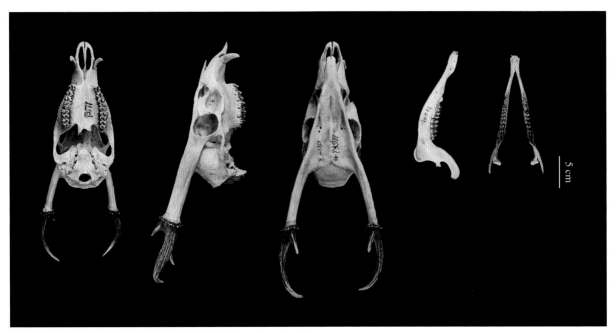

赤麂头骨图

牙齿：齿式0.1.3.3/3.1.3.3 = 34。雄性上颌犬齿粗长，通常在30 mm以上；下颌犬齿门齿化，颊齿为月型齿。

角：角短而直，向后伸展，仅分1叉，角尖向内下弯曲，两尖相对，角基前部被深色长毛，后部被白色或浅黄色毛所包被。角干内方有槽纹。

量衡度（衡：kg；量：mm）

外形：

编号	性别	体重	体长	尾长	后足长	耳长	采集地点
KIZCAS-73987	♂	26	1 045	215	310	100	云南泸水
KIZCAS-74035	♂	24	1 050	175	305	102	云南泸水
KIZCAS-73977	♂	—	1 150	160	295	115	云南泸水
KIZCAS-74401	♂	—	1 030	195	300	102	云南泸水
KIZCAS-74402	♂	—	1 035	175	302	105	云南泸水
KIZCAS-830013	♂	33	1 120	175	295	98	云南沧源
KIZCAS-830005	♂	33	1 080	170	295	95	云南沧源
KIZCAS-640107	♀	28	1 045	195	310	117	云南景东
KIZCAS-640089	♀	27	980	172	255	96	云南景东
KIZCAS-640300	♀	26	1 080	180	268	104	云南景东
KIZCAS-640164	♀	26	990	180	250	115	云南景东

头骨：

编号	性别	颅全长	基长	眶间距	颧宽	颅高	上齿列长	下齿列长
CWNU-团840025	♂	186.20	169.70	45.48	82.48	63.93	98.08	118.65
KIZCAS-879	♂	202.13	186.75	48.13	89.66	79.72	100.98	122.91
KIZCAS-830013	♂	215.86	201.75	48.15	90.33	79.95	107.35	137.23
KIZCAS-640302	♂	203.46	194.37	50.98	89.10	85.19	102.23	—
KIZCAS-84015	♂	—	—	48.43	85.75	84.60	99.18	127.14
KIZCAS-640603	♂	206.53	191.72	52.38	89.87	76.96	106.18	121.47
KIZCAS-72223	♂	197.23	187.38	48.58	90.24	77.01	97.40	126.34
KIZCAS-57263	♀	205.91	194.22	41.42	86.06	73.82	99.61	128.57
KIZCAS-640300	♀	208.23	197.22	41.55	83.43	74.00	100.02	135.63
KIZCAS-76236	♀	218.23	206.53	44.76	87.19	78.48	101.37	131.65
KIZCAS-640107	♀	219.11	208.28	40.27	87.87	82.45	101.27	—
KIZCAS-64059	♀	202.80	195.60	42.42	85.58	83.64	97.70	131.95

生态学资料　国内有关赤麂的生态学研究相对较少，主要见于对于海南赤麂的生态学研究（Teng et al., 2004; Teng et al., 2005）。栖息生境包括丘陵、山地林灌草丛，常出没于林缘。活动海拔过去记录均在3 000 m以下（盛和林等，1992），但新近的调查表明，该物种可分布到海拔3 945 m

的区域（胡杰等，2021）。营独栖生活，性胆小。赤麂主要采食嫩枝叶、青草，也喜食各种落地的果实。一般在冬季交配，孕娠期6个月，7—8月产仔，每胎多产1仔。

地理分布 分布于中国、孟加拉国、不丹、柬埔寨、印度、老挝、缅甸、尼泊尔、巴基斯坦、斯里兰卡、泰国、越南。在中国，分布于四川、江西、湖南、福建、广东、海南、香港、广西、贵州、云南、西藏等省份（蒋志刚等，2015），在四川主要分布于川西南地区。

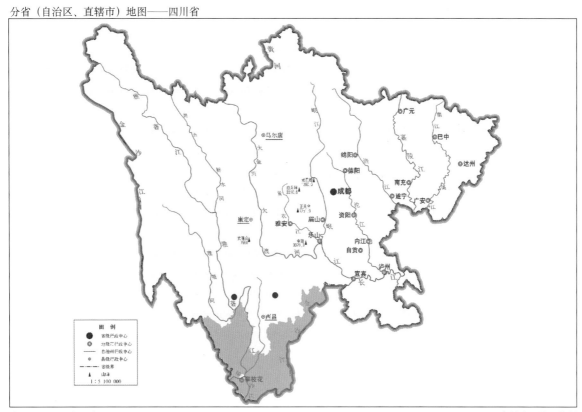

分省（自治区、直辖市）地图——四川省

审图号：GS (2019) 3333 号   自然资源部 监制

赤麂在四川的分布
注：红点为物种的分布位点，绿色斑块表示历史分布区域。

分类学讨论 在国内一些较早的文献中，多将分布于我国的赤麂记录为 *Muntiacus muntjac*（胡锦矗和王酉之，1984; 盛和林等，1992; 王酉之和胡锦矗，1999）。*Muntiacus muntjak* 的染色体 2n = 8（雌性），而我国南部所有赤麂的染色体 2n = 6（雌性），2n = 7（雄性），因此，二者应为不同的种（王应祥，2003）。

王应祥（2003）认为分布于中国的赤麂可分为5个亚种：指名亚种 *Muntiacus vaginalis vaginalis* Boddaert，1785，分布于西藏东南部；勐腊亚种（滇南亚种）*M. v. menglalis* Wang et Groves，1988，分布于云南南部（西双版纳），北纬23°以南地区；云南亚种（滇中亚种）*M. v. yunnanensis* Ma et Wang，1988，分布于四川、陕西（南部）和云南（南部除外）；海南亚种 *M. v. nigripes* Allen，1930，分布于海南；华南亚种 *M. v. guangdongensis* Xu，1996，分布于广东、广西、湖南、江西。此外，王应祥（2003）还将分布于贵州中部和南部的种群单列为贵州居群。Smith 和解焱（2009）则认为赤麂在中国只有2个亚种，即海南亚种*M. v. nigripes* Allen，1930；指名亚种*M. v. vaginalis* Boddaert，1785。

Groves和Grubb（2011）则将原赤麂*Muntiacus muntjak*的一些亚种提升为种：赤麂*M. vaginalis* Boddaert，1785；斯里兰卡赤麂*M. malabaricus* Lydekker，1915；印度赤麂*M. aureus* Hamilton Smith，1826；海南麂*M. nigripes* Allen，1930。这样，他们认为*M. vaginalis* Boddaert，1785下仅有2个亚种，即指名亚种和勐腊亚种（滇南亚种）。将海南亚种和云南亚种同时归属于海南麂*M. nigripes* Allen，1930，但他们也指出二者在大小和毛色上是有区别的，也许二者应该分开。华南亚种的分类地位尚待确定，而Wilson和Mittermeier（2011）认为目前的证据尚不足以将这些亚种提升为种。因此，本书综合以上赤麂亚种划分观点，确认中国分布的赤麂共有4个亚种：指名亚种、海南亚种、云南亚种（滇中亚种）和勐腊亚种（滇南亚种）。分布于四川的是云南亚种（滇中亚种）。

赤麂云南亚种 *Muntiacus vaginalis yunnanensis* Ma et Wang，1988

Muntiacus vaginalis yunnanensis Ma S L, Wang Y Xet

Groves C P, 1988. 云南赤麂的亚种分类记述（英文）. 兽类学报, 8(2): 95-104.

鉴别特征 体型较大。犬齿通常在30 mm以上。角柄显著延长，约等于角长。体毛较深暗。四肢的前、外侧及肩部具暗棕色或黑褐色。

生态学资料 同种的描述。

地理分布

在四川的历史分布区域：盐源、会东、金阳、雷波、布拖、会理、宁南、盐边、米易和攀枝花。

2000年以来确认的在四川的分布区域：九龙、越西。

赤麂（拍摄地点：四川贡嘎山国家级自然保护区　拍摄时间：2020年　红外相机拍摄　提供者：胡杰）

72. 鹿属 *Cervus* Linnaeus，1758

Cervus Linnaeus, 1758. Syst. Nat., 10th ed., 1: 67(模式种: *Cervus elaphus* Linnaeus, 1758); Allen, 1940. Mamm. Chin. Mong., 1181; Ellerman and Morrison-Scott, 1951. Check. Palaea. Ind. Mamm., 361; Corbet, 1978. Mamm. Palaea. Reg. Taxon. Rev., 199; Wilson and Reeder, 1993. Mamm. Spec. World, 2nd ed., 385; Wilson and Reeder, 2005. Mamm. Spec. World, 3rd ed., 667; Wilson and Mittermeier, 2011. Hand. Mamm. World, 2: 421. 胡锦矗和王酉之，1984. 四川资源动物志　第二卷　兽类，152; 盛和林，等，1992. 中国鹿类动物，90; 王酉之和胡锦矗，1999. 四川兽类原色图鉴，171; Groves and Grubb, 2011. Ungulate Taxon., 94.

鉴别特征 鹿属动物属于中、大型鹿类。雄性具有多叉的角，角的长度是颅骨长的2倍多。具眶下腺，但不具趾腺。鼻骨后端宽于前端。上颌犬齿小。喜欢集大群生活（Smith和解焱，

2009）。

形态 体重 100 ～ 250 kg；头体长 1 050 ～ 2 650 mm，肩高 640 ～ 1 500 mm，尾长 80 ～ 220 mm。仅雄性具 4 叉以上的角，有眉叉。上颌犬齿小，齿式 0.1.3.3/3.1.3.3 = 34。泪窝明显，眶下腺发达。

生态学资料 鹿属动物栖息的海拔范围较广，从海拔 536 m 的深丘到海拔 5 000 m 的高山均有分布。栖息的植被类型有灌丛、阔叶林、针阔混交林、针叶林及高山草甸。多晨昏活动。以枝叶、青草、地衣等为食。常集成小群活动。

地理分布 鹿属动物在全世界主要分布于欧亚大陆、北美洲和非洲西北部地中海沿岸地区。在中国，主要分布于东北、西北、华南、华中等地区，其中在四川主要分布于川西高原和川西北高山峡谷区域。

分类学讨论 自 1758 年 Linnaeus 以马鹿 *Cervus elaphus* Linnaeus，1758 为模式种首次命名鹿属 *Cervus* 以来，该属名一直沿用至今。

但有关其亚属的分类却一直存在争议。Corbert 和 Hill（1992）、Grubb 和 Groves（1983）、Ohtnaishi 和 Gao（1990）等将鹿属分为 7 个亚属，分别是水鹿亚属 *Rusa* Hamilton-Smith，1827；沼鹿亚属 *Rucervus* Hodgson，1838，暹罗鹿亚属 *Thaocervus* Pocock，1943；坡鹿亚属 *Panolia* Gray，1843；梅花鹿亚属 *Sika* Sclater，1870；白唇鹿亚属 *Przewalskium* Flerov，1930；鹿亚属 *Cervus* Linnaeus，1758。共有 10 个物种。国内较早出版的一些文献也主要依据这一分类系统（胡锦矗和王酉之，1984；盛和林等，1992；王应祥，2003）。

Wilson 和 Reeder（2005）认为全世界的鹿属只有 2 个亚属，即梅花鹿亚属和鹿亚属（二者在中国均有分布），而将其他的亚属提升为属级水平。潘清华等（2007）、Smith 和 解焱（2009）均认同该分类系统。但 Groves 和 Grubb（2011）根据系统进化树发现白唇鹿 *C. albirostris* Przewalski，1883 属于加拿大马鹿—梅花鹿进化支（Pitra et al.，2004），而将其归属于鹿属；同样，也将水鹿 *C. unicolor* Kerr，1792 归属于鹿属。Wilson 和 Mittermeier（2011）也将白唇鹿列入鹿属中，但将水鹿仍归属于水鹿属 *Rusa* 中。

在鹿属的种级分类水平上也存在争议。Grubb 曾将加拿大马鹿归属于马鹿（Wilson and Reeder，2005），但现有的研究已证实加拿大马鹿 *C. canadensis* 和马鹿 *C. elaphus* 是 2 个独立有效的物种（Zhang and Zhang，2012；Liu et al.，2013；Lorenzini and Garofolo，2015；Frey and Riede，2013）。Lorenzini 和 Garofalo（2015）利用线粒体 *Cytb* 和控制区全序列，基于贝叶斯算法重建了马鹿的系统发育树，证实马鹿分化为两个强健的单系演化支，对应于分布区的西部（包括新疆南部塔里木种群和欧洲种群）——马鹿 *C. elaphus* Linnaeus，1758，以及东部（新疆北部的种群及其亚洲种群）——东欧马鹿 *C. pannoniensis* Banwell，1997，但这一分类还需进一步证实。

近年来，一些学者还将马鹿和梅花鹿的一些亚种提升为种（Groves and Grubb，2011），但该分类系统尚存在较大的争议（Lovari，2018）。

本书综合 Wilson 和 Mittermeier（2011）、蒋志刚（2021）和魏辅文等（2021）的观点，认为全世界的鹿属动物包括 4 种，即梅花鹿 *C. nippon* Temminck，1838；西藏马鹿（中亚马鹿）*C. wallichii* G. Cuvier，1823；马鹿 *C. elaphus* Linnacus，1758；加拿大马鹿 *C. canadensis* Erxleben，1777。而将

白唇鹿单独列入白唇鹿属*Przewalskium*。中国境内分布有3种鹿属动物——梅花鹿、西藏马鹿、马鹿，其中四川境内分布有梅花鹿和西藏马鹿2种。

四川分布的鹿属*Cervus*分种检索表

体型中等，头体长小于170 cm；成体身上有白色斑点；角的第2叉距离眉叉较远；门齿孔小于眼窝直径…………
……………………………………………………………………………………………梅花鹿*C. nippon*

体型大，头体长大于170 cm；成体身上无斑点；角的第2叉接近眉叉；门齿孔等于或大于眼窝直径……………
……………………………………………………………………………………………西藏马鹿*C. wallichii*

（135）西藏马鹿 *Cervus wallichii* G. Cuvier, 1823

别名 白臀鹿、中亚马鹿

英文名 Tibetan Red Deer

Cervus wallichii G. Cuvier, 1823. Oss. Foss. ed., 2, 4: 505（模式产地：西藏）. Wilson and Mittermeier, 2011. Hand. Mamm. World, 2: 421. 蒋志刚, 2021. 中国生物多样性红色名录（脊椎动物）Vol. 1 哺乳动物（上册）, 288.

Cervus elaphus wallichii Ellerman and Morrison-Scott, 1951. Check. Palaea. Ind. Mamm., 368; 盛和林, 等, 1992. 中国的鹿类动物, 215; 王应祥, 2003. 中国哺乳动物种和亚种分类名录与分布大全, 125.

Cervus wallichii hanglu Wagner, 1844. Schreb. Säugeth. Suppl. Ind. Mamm., 368（模式产地：克什米尔地区）. Wilson and Mittermeier, 2011. Hand. Mamm. World, 2: 421.

Cervus cashmirianus macneilli Lydekker, 1909 Proc. Zool. Soc., 588: 69（模式产地：克什米尔）; 胡锦矗和王酉之, 1984. 四川资源动物志 第二卷 兽类, 150.

Cervus elaphus macneilli Ellerman and Morrison-Scott, 1951. Check. Palaea. Ind. Mamm., 370; 王应祥, 2003. 中国哺乳动物种和亚种分类名录与分布大全, 126.

Cervus canadensis wardi Lydekker, 1910. Abstr. Proc. Zool. Soc., 588（模式产地：四川西部）.

Cervus wallichii macneilli Wilson and Mittermeier, 2011. Hand. Mamm. World, 2: 421.

鉴别特征 大型鹿类。雄鹿角大型，通常分为6叉，眉叉自角座不远处长出，第2叉离眉叉的距离很近。臀斑大而显著，为白色或浅黄色，其上缘深褐色。

形态

外形：体重154～245 kg；成体体长1 600～2 260 mm，尾长90～155 mm，后足长425～596 mm，耳长240～300 mm。

毛色：唇棕色，额及头顶深褐色。耳长而尖，耳背深褐色，耳内侧白色。具黑褐色的中央背纹。毛被有季节性变化。夏季为红褐色，冬季为深褐色。臀斑大而显著，为白色，其上缘为深褐色。幼鹿有白斑，排成纵行。

头骨：头骨狭长。额骨前部略下凹，脑颅最高点位于额骨后部。鼻骨较长，且内侧隆起，后缘稍宽，前缘较窄，前端有小的凹缺，未达前颌骨的前端；鼻骨后端呈楔形嵌入额骨前缘内侧；鼻骨与前颌骨相连。泪骨呈三角形，泪窝深陷。额骨、鼻骨、泪骨和上颌骨间形成一个三角形的空隙；额骨、颧骨及泪骨的后缘形成一个闭合的骨质眼眶环；额骨眶上沟有一大而圆的眶上孔。顶骨后侧面构成脑颅的侧面，鳞骨侧面构成脑颅侧下方的一部分，鳞骨前侧面突起构成颧弓的一部分。鳞骨颧突、顶骨侧面和眼眶后缘围成一个三角形的颞窝。枕骨乳突较发达。上颌骨颧突较短。听泡位于侧枕骨与鳞骨之间，鼓室不显著鼓胀。脑颅腹面门齿孔较大，大于或等于眼窝直径，大部分由前颌骨构成，小部分由上颌骨构成。翼间窝略呈U形，其前缘超过最后一对白齿后缘的连线。翼蝶骨和眶蝶骨构成眼窝的底部，成年时愈合。

下颌骨前部稍窄。冠状突较高，稍向后弯曲，用于固定下颌于颞窝内，与颌关节突相距较近。颌关节突髁面为椭圆形。角突圆钝。

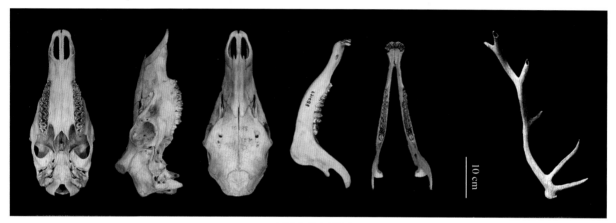

西藏马鹿头骨图

牙齿：齿式0.1.3.3/3.1.3.3 = 34。上颌犬齿小。颊齿为月型齿。

角：雄性具角。角通常分6叉。眉叉斜向前伸，几与主干呈直角，第2叉紧靠眉叉，第3叉与第2叉间距较大，以后主干再分2～3叉。

量衡度（衡：kg；量：mm）

外形：

编号	性别	体重	体长	尾长	后足长	耳长	采集地点
KIZCAS-820163	♂	—	1 820	110	596	250	四川石渠
NWIPB-83001*	♂	225	2 100	155	570	300	青海
NWIPB-65020*	♀	—	1 770	100	560	240	青海
NWIPB-83002*	♀	160	1 890	90	520	270	青海

注：*数据引自《青海经济动物志》。

头骨：

编号	性别	颅全长	基长	眶间距	颧宽	颅高	上齿列长	下齿列长
KIZCAS-820163	♂	374.92	367.54	110.28	148.02	136.35	195.29	235.23
NWIPB-83001*	♂	416.00	—	137.10	183.50	—	—	—

（续）

编号	性别	颅全长	基长	眶间距	颧宽	颅高	上齿列长	下齿列长
NWIPB-65020*	♀	—	—	108.10	150.60	—	—	—
NWIPB-83002*	♀	338.00	—	111.10	150.60	—	—	—

注：*数据引自《青海经济动物志》。

生态学资料　在四川，西藏马鹿多分布在海拔3 500～5 000 m的生境。生境类型包括亚高山针叶林、高山灌丛和草甸。雌鹿和幼鹿常集小群生活，冬季则集合成大群。雄鹿在夏季单独生活或结成单纯的雄鹿群，在夏末发情期则与妻妾群一起，无明显的领域。晨昏活动。夏季生活于海拔5 000 m左右的高山草甸区域，冬季则下移至高山灌丛和针叶林中生活。以青草、地衣、山麻柳树皮等为主要食物。喜欢喝有盐分的泉水。西藏马鹿的自然寿命为15年。1.5～2.5岁性成熟。9—10月为发情季节，6—7月产仔，怀孕期235天，每胎产1仔（Smith和解焱，2009）。

地理分布　西藏马鹿分布于中国、印度、不丹。在中国，西藏马鹿分布于四川、甘肃、青海、西藏等省份，其中在四川主要分布于川西高原。

分省（自治区、直辖市）地图——四川省

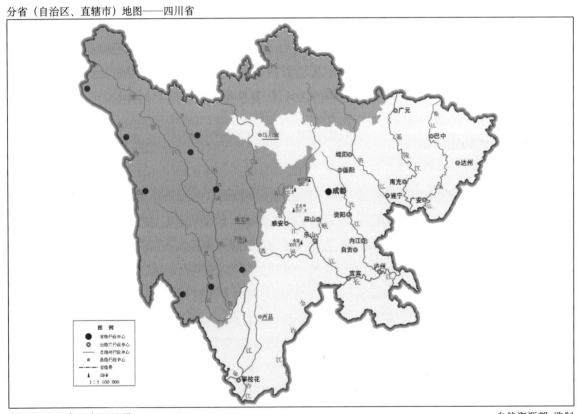

审图号：GS（2019）3333号　　　　　　　　　　　　　　　　　自然资源部　监制

西藏马鹿在四川的分布

注：红点为物种的分布位点，绿色斑块表示历史分布区域。

分类学讨论　马鹿是鹿科动物中分布最广、种内变异最丰富的种类，全世界曾记录有22个马鹿亚种（Ohtaishi and Gao，1990）。有关中国马鹿亚种的划分尚存有争议。

盛和林等（1992）和王应祥（2003）记录中国的马鹿 Cervus elaphus 共有8个亚种：藏南亚种 *C. e. wallichii* G. Cuvier，1823，分布于西藏南部；东北亚种 *C. e. xanthopygus* Milne-Edwards，1867，分布于黑龙江、内蒙古东部、吉林、河北；天山亚种 *C. e. songarica* Severtzov，1873，分布于新疆西部和北部；阿尔泰亚种 *C. e. sibiricus* Severtzov，1873；塔里木亚种 *C. e. yarkandensis* Blanford，1892，分布于新疆南部；川西亚种 *C. e. macneilli* Lydekker，1909，分布于四川西部和西藏东南部；甘肃亚种 *C. e. kansuensis* Pocock，1912，分布于青海、甘肃、四川北部；阿拉善亚种 *C. e.alxaicus* Bobrinskii et Flerov，1935，分布于宁夏贺兰山。Smith 和解焱（2009）描述了中国的7个亚种，未包括阿尔泰亚种，而将其与天山亚种合并。

Groves 和 Grubb（2011）则将一些亚种提升为单独的种，如阿拉善马鹿 *C. alxaicus* Bobrinskii et Flerov，1935；四川马鹿 *C. macneilli* Lydekker，1909；西藏马鹿 *C. wallichii* G. Cuvier，1823；东北马鹿 *C. xanthopygus* Milne-Edwards，1867；塔里木马鹿 *C. yarkandensis* Blanford，1892。但 Lovari（2018）认为在将这些亚种提升为种之前，还需要开展更深入的研究工作，比如核编码基因以及博物馆标本形态的确认。

本书主要依据 Wilson 和 Mittermeier（2011）的分类系统，将西藏马鹿 *C. wallichii* G. Cuvier，1823分为3个亚种，分别是指名亚种（西藏亚种）；克什米尔亚种 *C. w. hanglu* Wagner，1844；川西亚种 *C. w. macneilli* Lydekker，1909。分布于国内的有2个亚种，西藏亚种主要分布于藏东南，川西亚种分布于青海北部、甘肃、四川西部、西藏东部。四川历史记录仅有川西亚种。

西藏马鹿川西亚种 *Cervus wallichii macneilli* Lydekker，1909

Cervus cashmirianus macneilli Lydekker, 1909. Proc. Zool. Soc. Lond., 588: 69.

鉴别特征　背纹黑色，臀部有大面积的黄白色斑，几盖整个臀部，故又称"白臀鹿"。身体呈深褐色，背部及两侧有一些白色斑点。雄性有角，一般分为6叉，最多8个叉，角的第2叉紧靠于眉叉。

生态学资料　同种的描述。

地理分布

在四川的历史分布区域：宝兴、木里、康定、丹巴、泸定、九龙、雅江、炉霍、道孚、白玉、德格、甘孜、色达、石渠、理塘、稻城、乡城、得荣、巴塘、阿坝、小金、红原、汶川、壤塘、平武、青川、九寨沟、若尔盖、松潘。

2000年以来确认的在四川的分布区域：木里、九龙、稻城、炉霍、道孚、德格、白玉、石渠、色达。

西藏马鹿（拍摄地点：四川石渠　拍摄者：周华明）

（136）梅花鹿 *Cervus nippon* Temminck，1838

别名　花鹿

英文名　Sika Deer

Cervus nippon Temminck, 1838. Coup-d' oeuil sur la faùne des iles de la Sonde et de 1' Empire du Japon., XⅫ（模式产地：日本）; Allen, 1940. Mamm. Chin. Mong., 1148; Ellerman and Morrison-Scott, 1951. Check. Palaea. Ind. Mamm., 364; Corbet, 1978. Mamm. Palaea. Reg. Taxon. Rev., 200; Wilson and Reeder, 1993. Mamm. Spec. World, 2nd ed., 386; Wilson and Reeder, 2005. Mamm. Spec. World, 3rd ed., 663; Wilson and Mittermeier, 2011. Hand. Mamm. World, 2: 421; 胡锦矗和王酉之，1984. 四川资源动物志　第二卷　兽类，53; 盛和林，等，1992. 中国鹿类动物，202.

Cervus taiouanus Blyth, 1861. Jour. Asiat. Soc. Bengal, 90（模式产地：中国台湾）.

Cervus hortulorum Swinhoe, 1864. Proc. Zool. Soc. Lond., 169（模式产地：北京颐和园）.

Cervus mandarinus Milne-Edwards, 1871. Rech. 1' Hist. Nat. Mammiferes. Paris, 184 （模式产地：中国北方）.

Cervus kopschi Swinhoe, 1873. Proc. Zool. Soc. Lond., 574 （模式产地：江西）.

Cervus grassianus Heude, 1884. Privately Published, 12（模式产地：山西北部）.

Cervus nippon sichuanicus Guo, Chen et Wang, 1978. Acta Zool. Sinica, 187（模式产地：四川若尔盖）; Wilson and Mittermeier. 2011. Hand. Mamm. World, 2: 421; 胡锦矗和王酉之，1984. 四川资源动物志　第二卷　兽类，153;

盛和林,等,1992.中国鹿类动物,205;王酉之和胡锦矗,1999.四川兽类原色图鉴,171.

鉴别特征 中型鹿类。雄鹿具角,常分4枝。夏毛棕黄色,有鲜明的白色斑点。背中央有暗褐色纵纹。臀斑白色。尾短,尾仅占体长的8.8%。头骨门齿孔小于眼窝直径。

形态

外形:体重81 ~ 155 kg;成体体长1 420 ~ 1 700 mm,尾长130 ~ 180 mm,后足长410 ~ 460 mm,耳长170 ~ 190 mm。

毛色:夏毛稀疏而短,体背棕黄色或棕褐色,有鲜明的白色斑点,成行排列;背中央脊纹黑褐色。冬毛更厚,为烟褐色,白斑不显。下颌白色。腹部和臀斑白色,臀斑周围有黑色毛圈。尾短,尾背面黑色,尾侧和尾下均为白色。

头骨:头骨狭长。额骨前部略下凹,脑颅最高点位于额骨后部。鼻骨较长,后缘较宽,前缘较窄,前端有小的凹缺,未达前颌骨的前端;鼻骨后端呈楔形嵌入额骨前缘内侧;鼻骨与前颌骨相连。泪窝相对较小,但深陷。额骨、鼻骨、泪骨和上颌骨间形成一较大空隙;额骨、颧骨及泪骨的后缘形成一个闭合的骨质眼眶环;额骨眶上沟有一大而圆的眶上孔。顶骨后侧面构成脑颅的侧面,鳞骨侧面构成脑颅侧下方的一部分,鳞骨前侧面突起构成颧弓的一部分。鳞骨颧突、顶骨侧面和眼眶后缘围成个三角形的颞窝。枕骨乳突较发达。上颌骨颧突较短。听泡位于侧枕骨与鳞骨之间,鼓室显著鼓胀。脑颅腹面门齿孔较大,但小于眼窝长,大部分由前颌骨构成,小部分由上颌骨构成。翼间窝略呈U形,其前缘超过最后一对白齿后缘的连线。翼蝶骨和眶蝶骨构成眼窝的底部,成年时愈合。

下颌骨前部稍窄。冠状突较高,稍向后弯曲,用于将下颌固定于颞窝内,与颌关节突相距较近。颌关节突髁面为椭圆形。角突圆钝。

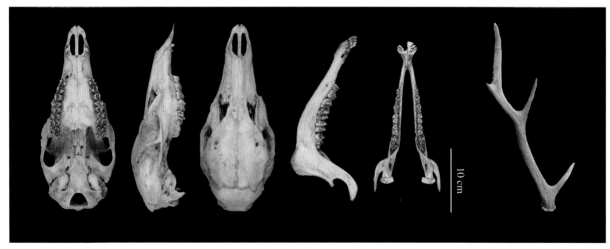

梅花鹿头骨图

牙齿:齿式0.1.3.3/3.1.3.3 = 34。上颌犬齿很小,紧靠门齿。颊齿为月型齿。

角:雄兽具角。角通常分4叉。眉叉斜向前伸,与主干呈锐角,第2枝距眉叉较远,从主干基部约55 mm处再次分叉。

量衡度（衡：kg；量：mm）

外形：

编号	性别	体重	体长	尾长	后足长	耳长	采集地点
SITCM-001724	♂	150	1 700	150	460	190	四川若尔盖
IZCAS-001715	♀	125	1 450	130	410	170	四川若尔盖
SITCM -00717	♂	120	1 440	140	430	190	四川若尔盖
SITCM -00723	♀	110	1 420	180	410	175	四川若尔盖

注：以上数据引自郭倬甫等（1964）。

头骨：

编号	性别	颅全长	基长	眶间距	颧宽	颅高	上齿列长	下齿列长
CWNU-若97-09	♀	261.30	237.20	68.12	107.61	78.14	131.14	167.58
CWNU-若87024	♂	316.10	287.10	95.15	137.01	93.67	140.02	178.48
CWNU-若2007	♀	302.10	269.40	86.71	126.92	83.32	133.22	—
CWNU-若97-11	♀	301.10	263.20	84.65	130.91	82.41	132.92	171.10
CWNU-若97002	♂	327.70	294.60	97.03	134.67	98.16	140.28	186.02
CWNU-若97003	♀	291.90	256.00	80.80	112.45	84.14	129.41	168.54
CWNU-若97004	♀	295.20	259.10	78.77	118.75	75.88	130.56	168.03
CWNU-若97005	♀	274.50	249.50	70.87	114.14	78.95	133.40	169.12
CWNU-若2009916	♂	304.90	274.90	98.08	136.52	90.26	143.26	—

生态学资料　梅花鹿四川亚种*Cervus nippon sichuanicus*多分布在海拔2 500～3 200 m的地区。生境类型包括森林、灌丛和草甸，水和干扰因素是影响梅花鹿四川亚种在草甸和灌木林生境利用的关键因素；食物的可得性可能会影响梅花鹿四川亚种对森林和灌丛的利用（Zhao et al., 2014）。夏季偏好选择草本盖度大、靠近水源和林缘的生境栖息（赵成等，2020）。四川铁布梅花鹿自然保护区分布有我国现存最大的野生种群（戚文华等，2014）。Zhao等（2014）对不同季节铁布梅花鹿自然保护区梅花鹿四川亚种的生境适宜性进行了评估，结果表明：梅花鹿四川亚种雨季潜在的适宜生境面积为220.8 km²，旱季为213.2 km²，分别占自然保护区总面积的80.8%和78.02%，但梅花鹿四川亚种实际的适宜生境面积要低得多，雨季为128.01 km²，旱季为109.17 km²，分别占自然保护区总

面积的46.84%和39.95%。究其原因，主要是受人为干扰——放牧的影响较大。

郭延蜀（2001）对梅花鹿四川亚种的食性研究表明：梅花鹿四川亚种共采食212种植物，其中杨柳科、桦木科、蓼科、小檗科、蔷薇科、豆科、胡秃子科、忍冬科、菊科、禾本科、莎草科植物是其主要的食物来源，占采食植物总数的67%。梅花鹿四川亚种在不同季节对食物基地和采食的植物有明显的选择性，同时，梅花鹿四川亚种还有舔盐的习性。

戚文华等（2010）建立了梅花鹿四川亚种的行为谱及PAE编码系统，分辨并记录了梅花鹿四川亚种的11种姿势、83种动作及136种行为，描述了各种行为的相对发生频次与性别、年龄、季节的关系。梅花鹿春季的昼夜活动规律性较强。白天，鹿群活动呈现明显的双峰型，2个高峰时段分别为8:30和19:30前后；鹿群夜间活动强于昼间，仅在01:30前后有个相对不活跃期（刘昊等，2004）。但鹿群的夜间活动节律与郭延蜀（2003）的报道有较大差异，郭延蜀报道鹿群在凌晨02:00有一活动高峰，推测是观察点和观测季节不同导致上述差异。

梅花鹿为季节性发情动物，发情交配行为发生在9月上旬至12月中旬，集中在10—11月，占（86.99 ± 3.24）%，跨度90 ~ 100天（±6天，$n = 90$）。雄鹿发情吼叫和爬跨行为具有明显的昼夜节律性，各有两个高峰期（05:00—08:00和18:00—21:00）。在发情期，梅花鹿的发声行为可分为雌、雄鹿的报警叫声，雄鹿的吼叫声和求偶叫声，雌鹿的报警叫声持续时间257 ~ 539 ms，频率范围1 409.5 ~ 4 474.6 Hz，主频率（3 534.8 ± 89.12）Hz；雄鹿的报警叫声持续时间136 ~ 187 ms，频率范围271.8 ~ 3 910.5 Hz，主频率（3 244.3 ±79.32）Hz；两者在持续时间、最低频率、最高频率上差异极显著（$P < 0.01$），在间隔时间上差异不显著（$P = 0.624$）。吼叫是雄鹿的主要发情行为之一。雄鹿每次吼叫1声，持续时间1 580 ~ 4 972 ms，频率范围234.6 ~ 6 171.4 Hz，主频率（2 264.6 ±166.44）Hz。雄鹿吼叫声的主频率存在显著的个体差异（$P < 0.01$）。在整个吼叫过程中，1只雄鹿的吼叫常会引起周围其他雄鹿的吼叫反应，雄鹿每日吼叫的次数与其在繁殖群中的等级序列有关，不同序列等级雄鹿的吼叫频次存在显著差异（$P < 0.01$）。雄鹿的吼叫声在白天和夜晚均能听到，但主要发生在06:00—08:00、17:00—19:00和01:00—03:00这3个时间段。雄鹿的求偶叫声有4种，其生物学意义与发情炫耀、追逐、激惹、爬跨等行为有关（宁继祖等，2008）。

雌鹿的产仔期从4月下旬开始到7月下旬结束，跨度80 ~ 90天（±5天，$n = 130$），集中在5—6月，占（91.51 ± 4.96）%。在妊娠期和哺乳期，梅花鹿采食行为分配占较大比率，其次是卧息和移动（戚文华等，2014）。

地理分布 在四川，梅花鹿仅分布在若尔盖，过去记录在若尔盖和红原曾有分布（胡锦矗和王酉之，1984），国内还分布于黑龙江、吉林、甘肃、安徽、江西、浙江、台湾等省份。国外分布于俄罗斯、日本，在朝鲜、越南可能已灭绝。

分类学讨论 历史上，梅花鹿曾广布于我国华北、华中、华东、华南、西南地区和青藏高原的东部（Whitehead，1993；郭延蜀和郑惠珍，2000）。中国有6个亚种（王应祥，2003；Smith和解焱，2009）。

华北亚种 *Cervus nippon mandarinus* Milne-Edwards，1871，分布于河北和北京（野生种群已灭绝）。

山西亚种 *C. n. grassianus* Heude，1884，曾分布山西，但野生种群已灭绝。

四川亚种 *C. n. sichuanicus* Guo，Chen et Wang，1978，仅分布于四川、甘肃。

台湾亚种 *C. n. taiouanus* Blyth，1860，仅分布于台湾，但野生种群已灭绝。

分省（自治区、直辖市）地图——四川省

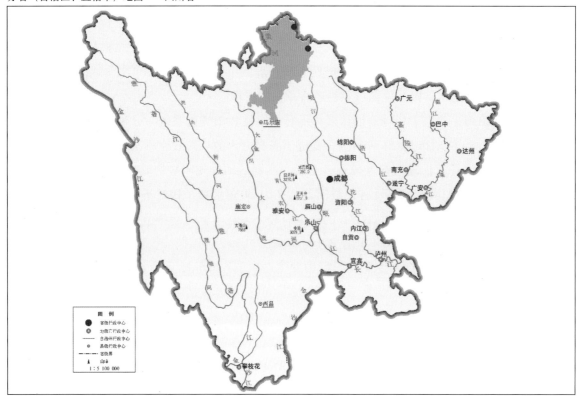

审图号：GS (2019) 3333 号   自然资源部 监制

梅花鹿在四川的分布
注：红点为物种的分布位点，绿色斑块表示历史分布区域。

华南亚种 *C. n. kopschi*（= *pseudaxis*）Eydoux et Soulcyct or Gervais，1841，残存于浙江、安徽、江西。

东北亚种 *C. n. hortulorum* Swinhoe，1864，分布于中国东北部。

尽管 Groves 和 Grubb（2011）将四川亚种、东北亚种、台湾亚种、华南亚种提升为了种，但 Wilson 和 Mittermeier（2011）、Harris（2015）均认为目前全世界梅花鹿的种和亚种的划分尚存有争议，需要积累更多的分类信息。因此，本书仍将全世界的梅花鹿视为 1 个种。中国现存 1 种 4 个亚种，分布于四川的为四川亚种。

梅花鹿四川亚种 *Cervus nippon sichuanicus* Guo，Chen et Wang，1978

Cervus nippon sichuanicus Guo，Chen et Wang，1978. 梅花鹿的一新亚种——四川梅花鹿. 动物学报，24(2): 84-89.

鉴别特征 体型较大。尾短，为体长的 8.8%。后足甚长；颈部无鬃毛；白色斑点小而密，且有成行的趋势；背中线从耳间到尾基部为黑色；上齿列长大于眶间宽。

生态学资料 同种的描述。

地理分布

在四川的历史分布区域：红原、若尔盖。

2000年以来确认的在四川的分布区域：若尔盖、九寨沟。

梅花鹿（拍摄地点：四川若尔盖铁布自然保护区 拍摄者：董磊）

73. 白唇鹿属 *Przewalskium* Flerov，1930

Przewalskium Flerov, 1930. Comp. Ren. Acad. Sci. U. R. S. S., 115(模式种: *Cervus albirostris* Przewalski, 1883);
Allen, 1940. Mamm. Chin. Mong., 1190 (as subgenus); Leslie, 2010. Mamm. Spec., 42(849): 7-18 ; 蒋志刚, 2021.
中国生物多样性红色名录(脊椎动物)Vol. 1 哺乳动物(上册), 290; 魏辅文, 等, 2021.兽类学报, 4(15): 487-
501.

鉴别特征　白唇鹿属是大型鹿类，尾短。与鹿属很相似。从头顶到背部有1条深色脊线，腹面奶油白色。耳缘、鼻、唇、颏部和臀斑均白色。1个眉叉。鼻骨短而宽，泪窝大，约为相同大小的马鹿的2倍。

地理分布　同种的描述。

分类学讨论　白唇鹿属*Przewalskium*成立后，一直被认为是鹿属的同物异名（胡锦矗和王酉之，1984; 盛和林，1985; Grubb，1993; 王酉之和胡锦矗，1999）；2005年，Grubb将其提升为独立属，后逐步得到承认（Smith 和解焱，2009；魏辅文等，2021）。不过，Wilson和Mittermeier（2011）认为白唇鹿的形态、生态学习性均和鹿属动物接近，另外分子上和马鹿、梅花鹿亲缘关系较近，所以坚持作为鹿属动物。可见，白唇鹿属的地位仍然有待深入研究。

(137) 白唇鹿 *Przewalskium albirostris* Przewalski，1883

别名　扁角鹿
英文名　White-lipped Deer

Cervus albirostris Przewalski, 1883. Iz Zaisana cherez Khamiv Tibetina verkhov' ia Zheltoirieki: 124(模式产地: 甘肃肃北); Allen, 1940. Mamm. Chin. Mong., 1191; Wilson and Mittermeier, 2011. Hand. Mamm. World, 2: 425. Groves and Grubb, 2011. Ungulate Taxon., 99; 胡锦矗和王酉之, 1984. 四川资源动物志 第二卷 兽类, 154; 盛和林, 等, 1992. 中国鹿类动物, 191; 王酉之和胡锦矗, 1999. 四川兽类原色图鉴, 172; 王应祥, 2003. 中国哺乳动物种和亚种分类名录与分布大全, 125.

Cervus sellatus Przewalski, 1883: 125(模式产地: 西藏和黄河上游); Allen, 1940. Mamm. Chin. Mong., 1191.

Cervus thoroldi Blanford, 1893. Proc. Zool. Soc. Lond., 61: 444 (模式产地: 西藏).

Przewalskium albirostre Flerov, 1930. Comp. Ren. Acad. Sci. U. R. S. S., 115-120; Wilson and Reeder, 2005. Mamm. Spec. World, 3rd ed., 668; Leslie, 2010. Mamm. Spec., 42(849): 7-18.

鉴别特征 大型鹿类。鼻、唇周和下颌纯白色。雄鹿具有扁角,多为5叉,第2叉与眉叉的距离较远。臀斑土黄色,边缘黑色。尾短。鼻骨短而宽,泪窝大而深。

形态

外形:体重162～230 kg;成体体长1 550～1 900 mm,尾长62～120 mm,后足长480～530 mm,耳长220～260 mm。

毛色:毛被粗硬而厚密,身体暗褐色,夏毛近黄褐色。从头顶到背部有黑褐色的中央脊纹。鼻、唇周和下颌纯白色。耳背灰褐色,耳内面为白色。臀斑土黄色,边缘黑色。

头骨:头骨略显狭长。额骨宽,前部略下凹,脑颅最高点位于额骨后部。鼻骨前部相对较窄,前端有小的凹缺,未达前颌骨的前端;鼻骨后翼特别宽阔,将鼻骨、泪骨、额骨和上颌骨间的空位覆盖,仅留狭窄空隙;鼻骨与前颌骨相连。整个泪骨凹陷为深的泪窝,相对较小。额骨、颧骨及泪骨的后缘形成一个闭合的骨质眼眶环;额骨眶上沟有一大而圆的眶上孔。顶骨后侧面构成脑颅的侧面,鳞骨侧面构成脑颅侧下方的一部分,鳞骨前侧面突起构成颧弓的一部分。鳞骨颧突、顶骨侧面和眼眶后缘围成一个三角形的颞窝。枕骨乳突较发达。上颌骨颧突较短。听泡位于侧枕骨与鳞骨之间,鼓室显著鼓胀。脑颅腹面门齿孔较大,但小于眼窝长,大部分由前颌骨构成,小部分由上颌骨构成。翼间窝略呈U形,其前缘远超过最后一对白齿后缘的连线。翼蝶骨和眶蝶骨构成眼窝的底部,成年时愈合。

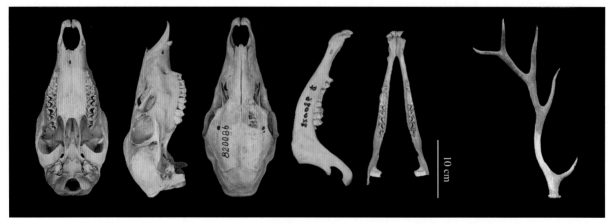

白唇鹿头骨图

下颌骨前部稍窄。冠状突较高，稍向后弯曲，与颌关节突相距较近。颌关节突髁面为椭圆形。角突圆钝。

牙齿：齿式0.1.3.3/3.1.3.3 = 34。上颌犬齿很小，紧靠门齿。颊齿为月型齿。

角：雄性具角。角大多分5叉，最多可达9叉。眉叉斜向前伸，与主干呈直角或钝角，第2枝距眉叉较远，第3叉最长。角干略侧边，愈向上愈侧扁。

量衡度（衡：kg；量：mm）

外形：

编号	性别	体重	体长	尾长	后足长	耳长	采集地
NWIPB（$n=27$）	♂	—	1 795	103	503	250	青海
NWIPB-无号	♀	196	1 880	62	530	260	青海

注：数据引自《青海经济动物志》，第1行数据为27个雄性个体的平均值。

头骨：

编号	性别	颅全长	基长	眶间距	颧宽	颅高	上齿列长	下齿列长
KIZCAS-820086	♀	312.89	291.50	91.12	133.04	124.09	158.58	192.25
SAF-20093	♂	395.10	354.50	135.32	163.22	101.12	173.68	217.10
NWIPB-001*	♂	398.00	—	124.70	183.60	—	—	—
NWIPB-A2*	♂	388.00	—	112.5	169.20	—	—	—
NWIPB-A3*	♂	404.00	—	—	173.10	—	—	—
NWIPB-A4*	♂	350.00	—	111.40	149.30	—	—	—
NWIPB-A5*	♀	369.00	—	110.40	163.00	—	—	—
NWIPB-A6*	♀	340.00	—	104.30	151.10	—	—	—
NWIPB-A7*	♀	360.00	—	107.60	151.50	—	—	—
NWIPB-A9*	♀	372.00	—	114.30	164.40	—	—	—

注：*数据引自《青海经济动物志》。

生态学资料　在四川，白唇鹿多分布在海拔3 500～5 000 m。生境类型包括高寒草甸、灌丛及流石滩。在白玉察青松多白唇鹿保护区的一项研究表明，白唇鹿夏季倾向于选择海拔4 000 m以上、中上坡位的高山草甸生境和离水源距离500 m以外的阳坡或阴坡生境，回避坡度大于60°的裸岩生境、下坡位生境和半阴坡生境（游章强等，2014）。

每年随着季节的变化，白唇鹿有垂直迁移的现象。同时，由于食物和水源的关系，它们还可进行长距离的迁移（胡锦矗和王酉之，1984）。白唇鹿的嗅觉、听觉、视觉都极为敏锐，奔跑速度快，耐寒怕热。

白唇鹿晨昏活动觅食。白唇鹿采食植物种类达95种，分别隶属25科。其中最喜食植物35种，喜食植物30种，分别占食物种类的37%和32%。禾本科和莎草科植物所占比重较大。在草本植物缺乏时，亦进食部分灌木的嫩枝叶、芽苞等（吴家炎和裴俊峰，2007）。同水鹿、马鹿一样，白唇鹿也有嗜盐的习性。

此外，白唇鹿还具有群居的习性。白唇鹿的集群形式依群体大小和组成，可划分为3个主要类型：非繁殖季节的雄性群（仅由雄鹿组成）、雌性群（包括雌鹿、幼鹿和3岁以下的小公鹿）以及发情交配期的混合群。这3个集群形式中，雄性群最小，雌性群次之，混合群最大，最多时的混合群有300多头鹿（蔡桂全，1992）。

白唇鹿的年龄、性别对个体警戒水平有显著影响，警戒水平幼仔高于成体，雌性高于雄性；人类干扰程度和个体所处空间位置对警戒水平的影响不显著；93.4%的警戒间隔片段均为随机分布，表明白唇鹿警戒行为模式符合Pulliam模型中关于警戒间隔顺序随机性的假设（汪开宝等，2018）。

9—10月为白唇鹿的发情交配期。发情时昼夜不停地鸣叫，以雄鹿最甚（郑生武等，1989）。雌鹿的初产年龄为2岁或3岁。孕期约8个月，6—7月产仔，每胎产1仔。

地理分布　白唇鹿既是青藏高原的，也是中国的特有种（吴家炎和王伟，1999），为国家一级重点保护野生动物，被《世界自然保护联盟濒危物种红色名录》列为易危（VU）（Harris，2015），被《中国脊椎动物红色名录》列为濒危（EN）（蒋志刚，2021）。在中国，白唇鹿仅分布于四川、甘肃、

分省（自治区、直辖市）地图——四川省

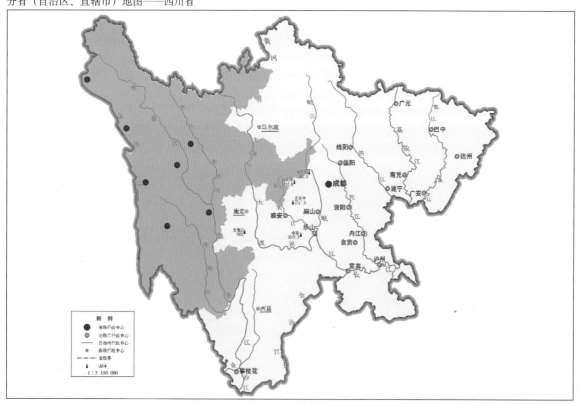

审图号：GS（2019）3333号　　　　　　　　　　　　　　　　　　　　　自然资源部 监制

白唇鹿在四川的分布
注：红点为物种的分布位点，绿色斑块表示历史分布区域。

青海、云南和西藏，其中在四川，白唇鹿主要分布在川西高原。

在四川的历史分布区域：汶川、小金、金川、宝兴、壤塘、阿坝、丹巴、色达、石渠、德格、甘孜、白玉、新龙、巴塘、理塘、炉霍、道孚、雅江、九龙、木里、稻城、乡城、得荣。

2000年以来确认的在四川的分布区域：白玉、石渠、德格、炉霍、新龙、理塘、雅江。

分类学讨论 Przewalski（1833）最早将*Cervus* Linnaeus, 1766 作为白唇鹿的属名。我国的学者过去也多用*Cervus*作为其属名（胡锦矗和王酉之，1984；盛和林等，1992；王应祥，2003）。后来，Trouessart（1898）又将其列为*Cervus* Linnaeus, 1766的1个亚属*Pseudaxis*。Flerov（1930）则命名了单独的属名*Przewalskium*，以纪念发现这一物种的陆军上校 Nicholas M. Przewalski。近年来，国内外的许多学者也相继采用了*Przewalskium*作为其属名（潘清华等，2007; Smith和解焱，2009; Grubb，2005; Leslie，2010; 蒋志刚，2021；魏辅文等，2021）。

但长期以来，旧大陆和新大陆鹿类动物的起源和亲缘关系是传统分类学家和分子系统学家一直有争议的问题（Groves，2006）。例如，Groves和Grub（1987）认为*Przewalskium*是*Rusa*（Flerov，1952）和*Rucervus*（Koizumi et al., 1993）的姊妹群，但Geist（1998）对此提出了异议。目前，有关遗传、形态和行为数据分析均表明，白唇鹿与马鹿的亲缘关系较近（Pitra et al., 2004; Wilson and Mittermeier，2011），故有的学者仍然沿用了*Cervus*作为白唇鹿的属名（Grove and Grubb，2011；Harris，2015）。

白唇鹿无亚种分化。

白唇鹿繁殖群（拍摄地点：四川石渠 拍摄者：周华明）

74. 水鹿属 *Rusa* Hamilton-Smith，1827

Rusa Hamilton-Smith, 1827. Class Mamm. Suppl. Ord Ruminantia, 105(模式种：*Cervus unicolor* Hamilton-Smith, 1827)(描述为*Cervus* Linnaeus, 1758的1个亚属); Hodgson, 1841. Class. Cata. Mamm. Nepal, 219(首次作为属名); Allen, 1940. Mamm. Chin. Mong., 1169; Ellerman and Morrison-Scott, 1951. Check. Palaea. Ind. Mamm., 362; Groves and Grubb, 2011. Ungulate Taxon., 106; 胡锦矗和王酉之, 1984. 四川资源动物志 第二卷 兽类,

147; 盛和林, 等, 1992. 中国鹿类动物, 174; 王酉之和胡锦矗, 1999. 四川兽类原色图鉴, 170; 王应祥, 2003. 中国哺乳动物种和亚种分类名录与分布大全, 123. Wilson and Reeder, 2005. Mamm. Spec. World, 3rd ed., 669; Wilson and Mittermeier, 2011. Hand. Mamm. World, 2: 417; 潘清华, 等, 2007. 中国哺乳动物彩色图鉴, 223; Smith 和解焱, 2009. 中国兽类野外手册, 480.

Stylocerus Hamilton-Smith, 1827. Pecora, Lin., 319.

Melanaxis Heude, 1888. Mém. 1' Hist. Nat. Emp. Chin., 2: 8(模式种: *Cervus alfredi* Sclater, 1870).

Sambur Heude, 1888. Mém. 1' Hist. Nat. Emp. Chin., 2: 8(模式种: *Cervus aristotelis* G. Guvier, 1823).

Roussa Heude, 1888. Mém. 1' Hist. Nat. Emp. Chin., 2: 8(模式种: *Cervus equinus* Guvier, 1823).

Ussa Heude, 1888. Mém. 1' Hist. Nat. Emp. Chin., 2: 8(模式种: *Ussa barandanus* Heude, 1888).

Hippelaphus Heude, 1896. Mém. 1' Hist. Nat. Emp. Chin., 3: 49.

鉴别特征　水鹿属动物为中小型到大型鹿类。雄性具角，眉叉与主干呈锐角，角分3叉。

形态　体重40～270 kg；头体长1 300～2 100 mm，肩高650～1 600 mm；尾长80～330 mm。仅雄性具角，眉叉与主干呈锐角，角分3叉。齿式0.0-1.3.3/3.1.3.3 = 32-34。缺乏或有短而钝的上颌犬齿。

生态学资料　水鹿属动物栖息于海拔3 800 m以下多种类型的森林、林灌草地。主要取食青草、嫩枝叶和水果。多晨昏或夜间活动，也有白天活动的，如爪哇鹿*Rusa timorensis*。

地理分布　水鹿属动物在世界上分布于中国、印度、尼泊尔、不丹、孟加拉国、斯里兰卡、菲律宾、马来西亚、印度尼西亚。在中国，主要分布于华南及西南地区，在四川主要分布于川西南山地。

分类学讨论　19世纪和20世纪的多数文献都将*Rusa*作为鹿属*Cervus*的1个亚属，直到1990年，Grubb才将其提升为属。但Grove和Grubb（2011）仍将其作为鹿属的1个亚属。本书主要参考Wilson和Mittermeier（2011）的分类系统，将*Rusa*视为单独的1个属。

Grubb（2005）认为水鹿属动物全世界共有4种：阿氏鹿*Rusa alfredi* Sclater, 1870；菲律宾黑鹿*Rusa marianna* Desmarest, 1822；鬣鹿*Rusa timorensis* de Blainville, 1822；水鹿*Rusa unicolor* Kerr, 1792。Leslie（2011）、Wilson和Mittermeier（2011）均同意此观点。而Grove和Grubb（2011）则认为水鹿属动物全世界共有7种，即除了上述4种外，他们还将原来水鹿的一些亚种提升为了种，如马来水鹿*Cervus equinus* G. Guvier, 1823；棉兰老岛水鹿*Cervus nigellus* Hollister, 1913；民都洛水鹿*Cervus barandanus* Heude, 1888。但Timmins等（2015）认为这些种的划分尚存在一定的争议。因此本书仍以Wilson和Mittermeier（2011）的分类系统为准，即全世界共有4种水鹿属动物，其中分布于中国的仅1种，即水鹿*Rusa unicolor* Kerr, 1792，在四川也有分布。

（138）水鹿 *Rusa unicolor* (Kerr, 1792)

别名　黑鹿

英文名　Sambar Deer

Cervus axis unicolor Kerr, 1792. Anim. Kingd., 300(模式产地: 斯里兰卡); 胡锦矗和王酉之, 1984. 四川资源动物志　第二卷　兽类, 147.

Cervus unicolor Bechstein, 1799.Aus dem Englischen übersetzt und mit Anmerkungen und Zusätzen Versehen, 112;
　　Ellerman and Morrison-Scott, 1951. Check. Palaea. Ind. Mamm., 362; 盛和林, 等, 1992. 中国鹿类动物, 174;
　　Wilson and Reeder, 1993. Mamm. Spec. World, 2nd ed., 387; 王酉之和胡锦矗, 1999. 四川兽类原色图鉴, 170;
　　Groves and Grubb, 2011. Ungulate Taxon., 106.

Cervus equinus G. Cuvier, 1823. Sur les ossemens fossils de ruminans, 45(模式产地: 苏门答腊岛).

Cervulus cambojensis Gray, 1861. Proc. Zool. Soc. Lond., 138(模式产地: 柬埔寨).

Cervus [Rusa] swinhoii Sclater, 1862. Proc. Zool. Soc. Lond., 151-152(模式产地: 中国台湾).

Cervus brookei Hose, 1893. Ann. Mag. Nat. Hist., 6, 12: 206(模式产地: 马来西亚).

Rusa dejeani de Pousargues, 1896. Bulletin du Muséum d' Histoire Naturelle, 2: 12(模式产地: 四川).

Rusa unicolor Allen, 1940. Mamm. Chin. Mong., 1169; Wilson and Reeder, 2005. Mamm. Spec. World, 3rd ed., 670;
　　Wilson and Mittermeier, 2011. Hand. Mamm. World, 2: 417; 潘清华, 等, 2007. 中国哺乳动物彩色图鉴, 223.

鉴别特征 大型鹿类。颈长，具长而蓬松的鬃毛。耳大而宽。尾长，密生蓬松的黑色长毛，显得很宽大，无浅色臀斑。泪窝长径大于眼窝长径。雄性具角，分3叉：眉叉与主干呈锐角，主干远端分出第2枝。

形态

外形：体重150～200 kg；成体体长1 750～1 980 mm，尾长236～293 mm，后足长455～478 mm，耳长129～179 mm。

毛色：毛被为黑棕色或栗棕色。自枕部至尾基有一宽窄不等的黑棕色脊纹。颈部的长鬃毛为深褐色。尾毛粗而蓬松，为黑棕色；尾腹面白色。幼仔通常体无斑点。

头骨：大而长。额骨和鼻骨发达，约占头骨表面的3/4；额骨前部略下凹，脑颅最高点位于额骨后部。鼻骨前部相对较窄，前端有小的凹缺，未达前颌骨的前端；鼻骨后部相对较宽；鼻骨、泪骨、额骨和上颌骨间形成一大的空隙；鼻骨与前颌骨相连。泪骨较大，泪窝长大于眼窝长。额骨、颧骨及泪骨的后缘形成一个闭合的骨质眼眶环。额骨眶上沟有一大而圆的眶上孔。顶骨后侧面构成脑颅的侧面。鳞骨侧面构成脑颅侧下方的一部分，鳞骨前侧面突起构成颧弓的一部分；鳞骨颧突、

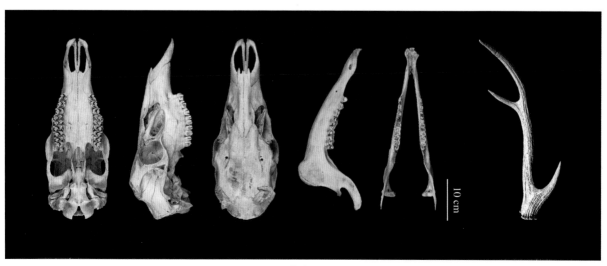

水鹿头骨图

顶骨侧面和眼眶后缘围成一个三角形的颞窝。枕骨乳突较发达。上颌骨颧突较短。听泡位于侧枕骨与鳞骨之间，鼓室显著鼓胀。脑颅腹面门齿孔较大，大部分由前颌骨构成，小部分由上颌骨构成。翼间窝略呈U形，其前缘几乎达到最后一对臼齿后缘的连线。翼蝶骨和眶蝶骨构成眼窝的底部，成年时愈合。

下颌骨前部较窄。冠状突较高，稍向后弯曲，与颌关节突相距较近。颌关节突髁面为椭圆形。角突圆钝。

牙齿：齿式0.1.3.3/3.1.3.3 = 34。上颌犬齿短而钝；下颌犬齿门齿化，中央下颌门齿特别粗大。颊齿为月型齿。

量衡度（衡：kg；量：mm）

外形：

编号	性别	体重	体长	尾长	后足长	耳长	采集地点
KIZCAS-640491	♀	200	1 750	260	455	175	云南景东
KIZCAS-640506（亚成体）	♂	—	730	135	305	110	云南景东
KIZCAS-68031	♂	186	1 978	236	478	179	云南版纳
KIZCAS-104	♂	198	1 980	240	485	129	云南版纳
KIZCAS-007	♂	150	1 816	293	—	160	云南勐腊

头骨：

编号	性别	颅全长	基长	眶间距	颧宽	颅高	上齿列长	下齿列长
KIZCAS-103	♀	384.52	365.54	96.57	156.16	136.05	177.63	234.99
KIZCAS-640027	♀	394.63	375.55	92.19	145.36	131.44	178.82	231.97
KIZCAS-640491	♀	346.52	330.15	85.42	140.63	118.31	163.24	—
KIZCAS-68031	♂	491.24	394.12	109.86	149.32	147.61	184.44	231.88
KIZCAS-104	♂	425.55	399.12	116.07	—	129.32	180.29	225.85
KIZCAS-007	♂	362.85	354.55	95.32	—	125.31	186.45	—
KIZCAS-901666	♂	375.10	356.21	116.07	156.79	135.22	183.06	—
SAF-20091	♀	381.10	336.20	99.58	142.26	94.78	168.16	212.50
SAF-20092	♂	331.50	105.82	150.70	101.98	101.98	178.60	—

生态学资料　在四川，水鹿多分布在海拔1 400～3 600 m的地区。栖息生境包括针阔混交林、阔叶林等。常独居或组成小的母子群，具有舔盐的习性（Smith和解焱，2009）。在四川卧龙国家级自然保护区，水鹿分布的海拔范围为1 354～3 841 m，其中95%的痕迹点分布在海拔1 600～

3 599 m。调查区域内水鹿总的平均密度为（0.25 ± 0.16）只/km²。而且从皮条河上游往下至耿达河流域，水鹿的密度呈现明显的递减趋势，水鹿活动痕迹点距居民点的距离与其密度间存在显著正相关性，这表明居民点确实对水鹿的分布有重要的影响（姚刚等，2017）。影响四川卧龙国家级自然保护区水鹿夏季生境选择的主要因素为隐蔽度、坡度、距人为干扰距离和距水源距离。在夏季，卧龙的水鹿通常选择隐蔽度较好、缓坡（<20°）、距人为干扰距离远（≥1 000 m）及距离水源近（< 500 m）的生境。此外，植被类型对于卧龙水鹿夏季生境选择也有一定的影响（$x^2 = 11.499$，$df = 4$，$P = 0.021$）。有约92%的利用样方分布于各种类型的森林中，仅有约8%的利用样方分布于海拔3 500 m左右的杜鹃及高山栎灌丛带（胡杰等，2018）。水鹿多在晨昏和夜间活动觅食。主要采食各种嫩枝叶、树皮、青草、竹笋、竹叶等。在四川，水鹿多在秋季发情，孕娠期8～9个月，4—5月产仔，每胎1仔（胡锦矗和王酉之，1984）。

　　地理分布　分布于中国、印度、孟加拉国、马来西亚、印度尼西亚。在中国，分布于四川、青海、江西、湖南、福建、台湾、广东、海南、广西、重庆、贵州、云南、西藏等省份，其中水鹿在四川分布于西部及西南部山区。

分省（自治区、直辖市）地图——四川省

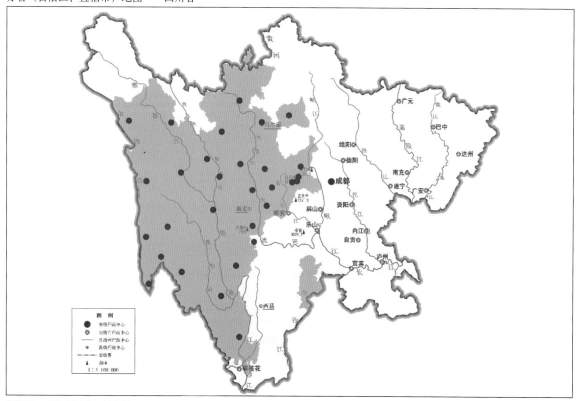

审图号：GS (2019) 3333号　　　　　　　　　　　　　　　　　　　　自然资源部　监制

水鹿在四川的分布
注：红点为物种的分布位点，绿色斑块表示历史分布区域。

　　分类学讨论　Groves 和 Grubb（2011）基于形态学差异，将原水鹿的2个亚种提升为种：马来水鹿 *Cervus equinus*，分布于东南亚（包括印度东北）、中国南部；印度水鹿 *C. unicolor*，分布于南亚，但由于Groves和Grubb既没有给出样本大小，也没有给出这2种动物相邻区域的信息，因而很难对其有效性进行准确评估（Timmins et al., 2015）。因此，本书主要参考Wilson和Mittermeier（2011）的分类系统，认定全世界的水鹿仅1种，即*Rusa unicolor*。

Leslie（2011）认为全世界的水鹿共有7个亚种。盛和林等（1992）认为分布于中国的水鹿共有4个亚种，分别是川西亚种*Rusa (Cervus) unicolor djeani* Pousargues, 1896，分布于四川、青海、广东、湖南、江西等地；西南亚种（印支亚种）*R. (C.) u. cambojensis* Gray, 1861，分布于云南和广西；海南亚种*R. (C.) u. hainana* Xu, 1983，分布于海南；台湾亚种*R. (C.) u. swinhoei* Sclater, 1862，分布于台湾。王应祥（2003）、Smith和解焱（2009）也认为中国的水鹿分为4个亚种，但除台湾亚种、海南亚种的划分无异议外，认为分布于云南、贵州、重庆、湖南、广西、广东、江西的是华南亚种（马来亚种）*R. (C.) u. equina* G. Cuvier, 1823，而非西南亚种；川西亚种只分布于四川西部和青海。但根据Wilson和Mittermeier（2011）的观点，他们认为全世界的水鹿共5个亚种，其中分布于中国的有2个亚种，即西南亚种*R. (C.) u. cambojensis*（包括了原海南亚种和川西亚种）和台湾亚种*R. (C.) u. swinhoei*。四川分布的水鹿为西南亚种。

水鹿西南亚种 *Rusa unicolor cambojensis* Gray, 1861

Rusa unicolor cambojensis Gray, 1861. Proc. Zool. Soc. Lond., 135-140.

鉴别特征　鬣毛较长，尾端部密生蓬松的黑色长毛。被毛黑褐色，冬毛深灰色。有黑棕色背线，臀周围呈锈棕色，无臀斑。

地理分布

在四川的历史分布区域：雷波、马边、天全、芦山、宝兴、盐边、米易、木里、盐源、大邑、崇州、康定、丹巴、泸定、九龙、雅江、炉霍、道孚、新龙、白玉、德格、甘孜、理塘、稻城、乡城、得荣、巴塘、马尔康、阿坝、黑水、小金、汶川、壤塘。

2000年以来确认的在四川的分布区域：天全、芦山、宝兴、石棉、木里、盐源、大邑、崇州、康定、丹巴、泸定、九龙、雅江、炉霍、道孚、新龙、白玉、德格、甘孜、理塘、稻城、乡城、得荣、巴塘、马尔康、阿坝、黑水、小金、汶川、壤塘。

水鹿（雌）（拍摄地点：四川贡嘎山国家级自然保护区
提供者：夏万才）

水鹿（雄）（拍摄地点：四川卧龙国家级自然保护区
提供者：李晟）

二十六、牛科 Bovidae Gray, 1821

Bovidae Gray, 1821. Lond. Med. Repos., 15: 308. (模式属: *Bos* Linnaeus, 1758)

起源与演化 有证据表明，牛科动物是由鼷鹿型tragulid祖先在欧亚大陆衍生而来。最早的牛科动物出现在渐新世（约3 000万年前）的亚洲北部。翟毓沛（1986）报道在我国甘肃的塔本布拉克动物群就发现了真正的牛亚科Bovinae的化石。在中国内蒙古境内发现的古高冠齿兽属 *Palaeohypsodontus*、瀚海兽属 *Hanhaicerus* 可能是最古老的牛科成员。就已知的中新世牛科化石而言，非洲是牛科动物早期快速适应辐射的中心，已知的牛科动物化石属（约70属）远比现生的属（约50属）多（Vaughn et al., 2015）。在更新世末期，冰河时代迫使大多数欧亚牛科动物南下。但是，一些经过冷适应的物种，如野牛属 *Bos* 及麝牛属 *Ovibos* 等通过白令陆桥（Beringian Land Bridge）来到了北美洲（Vaughn et al., 2015）。而旧大陆耐寒性较差的羚羊和瞪羚属 *Gazella* 在更新世时被迫从欧洲和亚洲的北部退回到非洲和亚洲，也就是它们当前的分布区内生活。

鉴别特征 牛科是偶蹄类中种类最丰富的一科。除野牛属外，其余种类吻端多被毛。牛科动物成、幼体均不具斑点。头骨缺乏矢状脊，泪骨完整，多无泪窝，与鼻骨、额骨间无空隙。齿式 0.0.3.3/3.1.3.3 = 32。与食草的生活方式相适应，牛科动物的颊齿为高冠齿，上颌门齿和上颌犬齿常缺失；每颗前白齿具有2个、白齿具有4个新月形珐琅质齿突。与草原性生活相适应，侧指（趾），即第2、5指（趾）退化或完全缺失；具炮骨。尺骨和腓骨极大地缩小，尺骨远端弱小并与桡骨融合；腓骨则退化为胫骨远侧的一个结节。四肢的适应使得牛科动物能够在不同的栖息地类型中快速而高效地运动，以躲避捕食者。胃分4室。乳头1～2对，鼠蹊位。大多数种类两性均有洞角，但雄性的角通常比雌性的角更复杂和粗大。

分类学讨论 在过去的几十年里，人们对牛科的系统发育进行了广泛的研究（Gatesy et al., 1997; Hassanin and Douzery, 1999, 2001; Kuznetsova et al., 2002；Gatesy and Arctander, 2002a, 2002b）。然而，这一群体内部的关系仍不清楚。Simpson（1945）最早将牛科分为5个亚科，分别为羚羊亚科Antilopinae、牛亚科Bovinae、羊亚科Caprinae、麂羚亚科Cephalophinae、马羚亚科Hippotraginae。后来，Simpson（1984）又在原有的5个亚科的基础上又增加了5个亚科：高角羚亚科Aepycerotinae、狷羚亚科Alcelaphinae、苇羚亚科Reduncinae、林羚亚科Tragelaphinae、新小羚亚科Neotraginae，共计10个亚科。Gentry（1990，1992）则将牛科分为5个亚科，即狷羚亚科Alcelaphinae、羚羊亚科Antilopinae、牛亚科Bovinae、羊亚科Caprinae、麂羚亚科Cephalophinae。Grubb（2005）将牛科分为了8个亚科，即高角羚亚科Aepycerotinae、狷羚亚科Alcelaphinae、羚羊亚科Antilopinae、牛亚科Bovinae、羊亚科Caprinae、麂羚亚科Cephalophinae、马羚亚科Hippotraginae、苇羚亚科Reduncinae。Yang等（2013）利用线粒体全基因组重建了牛科动物的系统进化树，结果表明，系统进化树分为2大支：一支是牛亚科，另一支为羚羊亚科（参见"牛科动物系统发育树"图）。

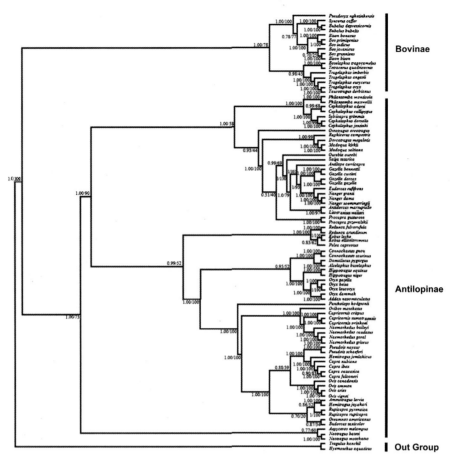

牛科动物系统发育树
（改编自 Yang et al., 2013）

近年来，综合考虑分子遗传数据、角的结构、牙齿和骨骼特征、行为特点及取食策略等因素，将牛科分为2个亚科：牛亚科 Bovinae、羚羊亚科 Antilopinae（Groves and Leslie，2011；Feldhamer et al.，2015）。

全世界现存的牛科动物包括54属279种（Wilson and Mittermeier，2011）；我国有11属24种（魏辅文等，2021），其中四川有7属7种。

四川分布的牛科分亚科分属检索表

1. 四肢粗壮；尾长，大于60 cm；吻端裸露；角表面光滑无明显的横脊……………………………牛亚科 Bovinae 牛属 *Bos*

　四肢细或稍粗壮；尾短，小于25 cm；吻端多被毛；角表面有明显的环棱或纵棱………………2　羚羊亚科 Antilopinae

2. 蹄尖细；仅雄兽有角，角长、较直立，部分向前或向内弯曲；颈细长…………………………………原羚属 *Procapra*

　蹄宽钝；两性均有角，角或短或长，常常先向后弯再转向外；颈较短粗………………………………………………3

3. 雌、雄角同形，大小亦相似…………………………………………………………………………………………………4

　雌、雄角异形，雄性角巨大，雌性角小…………………………………………………………………………………6

4. 角长超过头长，角形特殊，角直接向上伸展然后向外向后弯曲；鼻部拱形……………………扭角羚属 *Budorcas*

　角长短于头长，角形正常；鼻部正常，不呈拱形………………………………………………………………………5

5.体型较大，通常超过1 300 mm；颈鬣长；眶下腺显著；颅轴在腭部略弯曲；泪骨有深窝，且与鼻骨相连………
　　…………………………………………………………………………………………鬣羚属 *Capricornis*

　体型较小，一般小于1 200 mm；无长的颈鬣；眶下腺很小；颅轴在腭部显著弯曲；泪骨平坦，不与鼻骨相连…
　　…………………………………………………………………………………………斑羚属 *Naemorhedus*

6.泪骨具凹窝，眶下腺显著；雄兽角呈螺旋状弯曲………………………………………………盘羊属 *Ovis*

　泪骨无凹窝，眶下腺缺失；雄兽角呈弧形向两外侧伸展，角尖微向内弯曲………………………岩羊属 *Pseudois*

75.扭角羚属 *Budorcas* Hodgson，1850

Budorcas Hodgson, 1850. Jour. Asiat. Soc., Bengal, 65(模式种：*Budorcas taxicolor* Hodgson, 1850); Ellerman and
　　Morrison-Scott, 1951. Check. Palaea. Ind. Mamm., 396; Wilson and Reeder, 1993. Mamm. Spec. World, 2nd ed.,
　　404; Wilson and Reeder, 2005. Mamm. Spec. World, 3rd ed., 300; Wilson and Mittermeier, 2011. Hand. Mamm.
　　World, 2: 713; Groves and Grubb, 2011. Ungulate Taxon., 220; 胡锦矗和王酉之，1984. 四川资源动物志　第二
　　卷　兽类，164; 王酉之和胡锦矗，1999. 四川兽类原色图鉴，178; 王应祥，2003. 中国哺乳动物种和亚种分类名
　　录与分布大全，131; 潘清华，等，2007.中国哺乳动物彩色图鉴，241.

　　鉴别特征　身体粗壮，体重200～300 kg；肩高大于臀高，额部特别隆突，吻鼻部裸露，下颌具长须，角粗大，构造特别，先由头顶中央向上方伸出，然后90°向外弯曲，至角的1/2处又向后方逐渐弯曲，角尖略向内弯。

　　形态　见种的描述。

　　地理分布　国内分布于西藏、云南、四川、陕西、甘肃。国外分布于印度、缅甸。

　　分类学讨论　扭角羚属自1850年作为独立属被描述以来，得到一致承认，没有争议。但属于哪个亚科，包括多少种，仍存在争议。Allen(1940)认为属于岩羚亚科Rupicprinae；Lydekker(1913—1916)认为属于羚羊亚科Antilopinae；Simpson（1945）将其列入羊亚科Caprinae，支持该论点的人较多（Ellerman and Morrison-Scott，1951；盛和林，1985；Grubb，1993，2005）。Wilson和Mittermeier（2011）将其作为羚羊亚科的羊族Caprini。

　　种级和种下分类也很混乱。扭角羚于1850年作为单属单种（Hodgson，1850）命名以来，Milne-Edwards于1874年根据宝兴标本命名四川亚种*Budorcas taxicolor tibetana*；Lydekker（1907，1908）根据中国四川西部、不丹、康定标本分别命名*B. t. sinensis*、*B. t. whitei*和*B. t. mitchill*；1911年,Thomas命名秦岭亚种*B. t. bedfordi*。Lydekker（1913）著述《大英博物馆有蹄类动物目录》一书，把扭角羚分为3个独立种：羚牛*Budorcas taxicolor*、四川羚牛*B. tibetana*、秦岭羚牛*B. bedfordi*，并将扭角羚不丹亚种作为扭角羚的亚种。但这一分类没有得到广泛承认。绝大多数学者仍然将扭角羚作为1个种，包括4个亚种，分别为指名亚种、不丹亚种、四川亚种、秦岭亚种。直到2011年，Groves和Grubb把扭角羚分为4个种，除上述Lydekker（1913）提出的3个种外，还将不丹亚种也提升为种，称不丹羚牛*B. whitei*，蒋志刚等（2015，2018）、Wilson和Mittermeier（2011）同意这一分类。但魏辅文等（2021）不承认这一分类，认为扭角羚只有1个种。本书按照魏辅文等（2021）的分类系统，认定扭角羚属为单型属。

（139）扭角羚 *Budorcas taxicolor* Hodgson, 1850

别名 羚牛、白羊

英文名 Takin

Budorcas taxicolor Hodgson, 1850. Jour. Asiat. Soc., Bengal, 65(模式产地: 印度东北密什米山).

Budorcas tibetanus Lydekker, 1909. Proc. Zool. Soc. Lond., 797(模式产地: 四川宝兴).

Budorcas bedfordi Thomas, 1911. Proc. Zool. Soc. Lond., 27(模式产地: 陕西太白山, 海拔3 048 m).

鉴别特征 体型大而粗壮。两性均有粗壮的弯角从头部中部升起，然后向外、向后弯转，最后角尖向内扭曲。四肢强健，前肢特别发达，肩高大于臀高，蹄宽阔。吻鼻部裸露。尾短，被丛毛。

形态

外形：体重275 ~ 300 kg；成体体长1 800 ~ 2 170 mm，尾长100 ~ 150 mm，后足长330 ~ 410 mm，耳长110 ~ 149 mm。

毛色（按川西亚种描述）：全身以灰棕色为主。吻鼻部、嘴角及下颌部为黑色，额部和眼周为棕白色。耳尖黑色，耳基近白色。尾基段黑棕相混，末端有深褐色簇毛。前肢膝部以下为黑色，后肢均为黑色。幼仔为灰棕色。

头骨：粗壮。鼻骨短，与前颌骨相距甚远；鼻骨中部较宽，两头较尖；鼻骨前端无凹缺；鼻骨与额骨相接处呈W形。鼻骨、泪骨、额骨和上颌骨间无明显空隙相隔。泪骨在上颌骨的上方，呈四边形。由泪骨、额骨和颧骨围成的眼眶骨明显突出，泪骨前角与鼻骨相连，无泪窝。额部平坦，两侧各有一眶上孔。额、鼻骨在一平面上。枕骨在顶骨后弯曲突出，与额线呈钝角，顶骨、额骨至鼻骨显著向上隆曲，鼻骨弯曲明显。顶骨后侧面构成脑颅的侧面。鳞骨侧面构成脑颅侧下方的一部分；鳞骨前侧面突起，构成颧弓的一部分。颧骨起于第1上臼齿的上方。枕骨大孔两侧为枕髁，枕

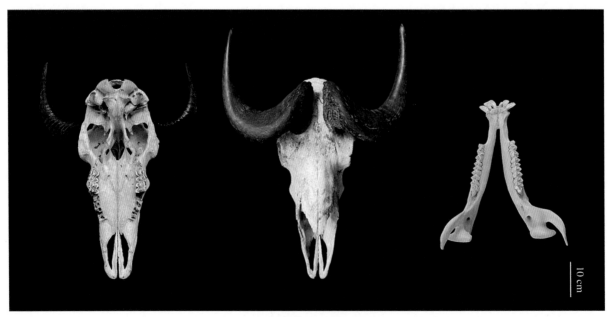

扭角羚头骨图

髁外侧为下伸的骨质乳突。听泡位于侧枕骨与鳞骨之间，鼓室较鼓胀。脑颅腹面门齿孔较大，大部分由前颌骨构成，小部分由上颌骨构成。翼间窝略呈 V 形，其前缘未达最后一对臼齿后缘的连线。

下颌骨为扁形长骨，骨体厚。下颌支的腹侧缘到下颌角弯曲度很小，似羊而不像牛。

牙齿：齿式 0.0.3.3/3.1.3.3 = 32。缺上颌门齿和上颌犬齿；3 枚上前臼齿大小近似，上臼齿大于上前臼齿。下颌门齿细，呈棒状，齿面平钝；下颌犬齿门齿化；下颊齿冠面较窄。

角：出生后 1 年开始长角，初期短而直，随年龄增长，约 3 岁后开始偏向外侧，再往头后扭转，且角尖向内。

量衡度（衡：kg；量：mm）

外形：

编号	性别	体重	体长	尾长	后足长	耳长	采集地点
1975*	♂	300	2 170	110	330	120	四川青川
*	♂	—	2 130	—	—	110	四川
*	♂	275	—	105	—	149	四川

注：* 数据引自吴家炎等（1990）。

头骨：

标本号	性别	颅全长	基底长	眶间距	颧宽	颅高	上齿列长	下齿列长
CWNU-唐家河 06002	♀	407.60	365.90	139.47	167.20	138.42	109.10	—
CWNU-唐家河 2003	♀	389.10	351.80	123.31	153.12	132.16	119.80	230.11
CWNU-唐家河 06001	♀	—	—	126.81	162.82	134.25	115.66	—
CWNU-卧龙 201601	♂	434.20	392.80	171.11	182.32	155.29	111.23	—
CWNU-青川 74014	♂	—	—	170.01	193.21	161.25	123.93	261.15
SAF20109	♂	—	—	132.77	168.67	164.35	126.33	—
SAF20110	♂	405.50	—	130.71	169.01	—	126.44	—

生态学资料 在四川，扭角羚多分布在海拔 1 400 ~ 4 000 m 的地区。在岷山山系的四川唐家河国家级自然保护区，海拔 2 400 m 以上的亚高山针叶林和亚高山草甸是羚牛秋季栖息地，亚高山针叶林是其夏季栖息地，针阔混交和阔叶林是夏初与春季栖息地，海拔最低的常绿阔叶林是其冬季栖息地（王小明和邓启涛，1987）；扭角羚春季常选择海拔高、食物丰富、中上坡位和郁闭度小于 40% 的针阔混交林，而冬季则选择中等坡度、中等海拔、有高大乔木等特征的生境（吴华和张泽均，2002）。四川王朗国家级自然保护区的扭角羚通常利用竹子盖度和密度较大的生境，而在四川小河沟省级自然保护区，扭角羚通常利用乔木郁闭度较低的生境。逻辑回归分析的结果表明，两地在竹子密度、草本盖度和树木大小上的差别导致了其生境利用特征的不同

(Kang et al., 2018)。

在岷山和邛崃山系的研究均表明，扭角羚在冬季和春季的行为节律是晨昏活跃，喜夜间活动；冬春季主要啃食灌木枝条、幼树、树皮等，并形成不同的社群等（邓其祥，1984; Schaller et al., 1986; 葛宝明，2010; 官天培，2012）。此外，扭角羚还有舔食盐碱的习性。

在四川唐家河国家级自然保护区，工作人员曾先后于1986年和2005年进行过2次扭角羚种群数量调查，结果分别为480～520只（葛桃安等，1989）和约1 000只（刘亚斌，2006）。但其他区域的种群动态调查仍然很缺乏。

扭角羚具有集群的习性。有学者根据季节、群体数量和群体的稳定性，将扭角羚集群分为家群、族群（5～10只）、聚集群（3～6个族群）和独牛4种类型（葛桃安等，1989），其中，家群和族群相对稳定，而聚集群是由于食物和繁殖临时组建的不稳定群体。也有学者根据单雌牛为群结构核心的分类标准，将群分为单雌群、多雌群、亚幼群、雄牛群和独牛5种类型（葛宝明，2010）。对唐家河国家级保护区扭角羚繁殖期集群类型的研究发现，不同类型群体的个体数量存在显著差异，社群最大，聚集群次之，家群最小，且不同类型群体分布海拔也存在显著差异（陈万里等，2013）。独牛是特殊的群体类型。野外观察认为繁殖期集群区域周边的独牛属于雄壮个体，而繁殖期外，尤其是冬季遇见的独牛多数属于较弱的雄性个体（葛宝明，2010）。

扭角羚的家域存在显著的季节变化，其年均家域面积为（15.01 ± 2.92）km²，但个体间及年际间波动较大；季节间家域面积差异显著，个体家域的季节变化体现出较一致的变化模式，最大季节家域主要集中于春季（7.02 km²）和夏季（6.79 km²）。年际间季节家域忠诚度最高的是秋季和夏季，冬季家域年际忠诚度最低，春季家域忠诚度也相对较低（官天培等，2015）。一项针对2008年汶川地震前后扭角羚行为变化的研究发现：地震后扭角羚家域变小，但地震未对扭角羚的海拔分布、日活动直线距离产生显著影响（Ge et al., 2011）。

雄性扭角羚在繁殖期的日间行为主要为采食（61.1%），而休息（14.1%）、警戒（10.2%）和移动（6.8%）等行为次之，但采食行为与发情行为的时间投入是负相关的（Guan et al., 2012）。雄性扭角羚繁殖期的社会行为发生高峰期是08：00—10：00以及15：00以后，雌性个体的社会行为也伴随发生（Powell et al., 2013）。一项研究表明，扭角羚在冬季和春季的日活动模式没有显著差异，每天都有3个活跃时期（凌晨、早上和下午）和3个紧随的不活跃时期。其中，冬季日活动的最高峰出现在17：00—18：00，最低谷出现在日出前的03：00—06：00；春季最高峰出现在06：00—07：00，最低谷出现在日出前的02：00—05：00（李明富等，2011）。

扭角羚存在季节性迁移习性。在四川天全蜂子河的研究表明，冬季活动海拔最低，夏季最高，春季和秋季活动于中低海拔（邓其祥，1984）。近年来，有学者采用GPS项圈技术，对唐家河区域扭角羚的这一习性进行了深入研究，结果发现，扭角羚夏季栖息于高海拔的亚高山针叶林和草甸，春、秋两季主要在河谷低海拔区域，而冬季则栖于中海拔段且林冠层以下有箭竹的针阔混交林内（Guan et al., 2013）。

扭角羚大约在3岁半性成熟。繁殖期在6—8月，孕期8—9月，多在翌年2—4月产仔，每胎1仔（胡锦矗和王酉之，1984）。该种动物寿命16～18年（Smith和解焱，2009）。

地理分布　扭角羚为喜马拉雅—横断山脉特有种，分布于中国、印度、尼泊尔、不丹、缅甸。

在中国分布于陕西、四川、甘肃、云南、西藏，其中在四川分布于岷山、邛崃山、大雪山、沙鲁里山、相岭及凉山山系。

分省（自治区、直辖市）地图——四川省

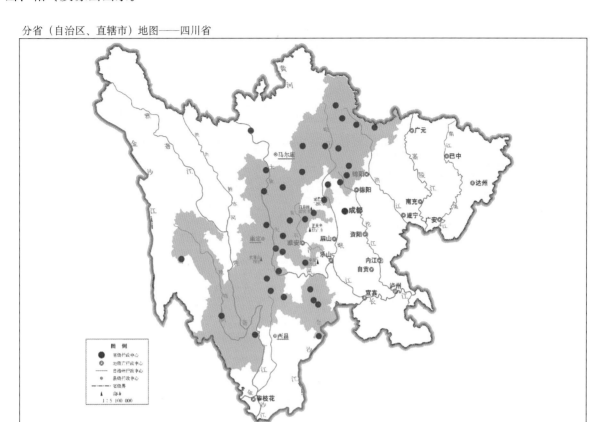

审图号：GS（2019）3333号　　　　　　　　　　　　　　　　　　自然资源部　监制

扭角羚在四川的分布
注：红点为物种的分布位点，绿色斑块表示历史分布区域。

分类学讨论　Hodgson（1850）根据采自印度米什米（Mishmi）山区的标本，最早命名了新属 *Budorcas* 和新种 *Budorcas taxicolor*。此后，Milne-Edwards（1874）根据采自四川宝兴的标本，订立了川西亚种 *B. t. tibetana*。Lydekker（1907）根据采自不丹（与藏东南邻近）的标本，订立了不丹亚种 *B. t. whitei*。Thomas（1911）则根据 Anderson 在陕西秦岭太白山采获的标本，订立了秦岭亚种 *B. t. bedfordi*。后来，Lydekker（1913）在确定上述各地的分类地位时认为，米什米羚牛 *B. taxicolor*、四川羚牛 *B. tibetanus*、秦岭羚牛 *B. bedfordi* 应该是3个独立的种，而不丹羚牛是米什米羚牛的1个亚种 *B. t. whitei*。Ellerman 等（1951）则认为扭角羚为1属1种4个亚种，分别是指名亚种 *B. t. taxicolor* Hodgson，1850，分布于印度、尼泊尔、缅甸、中国云南和西藏；川西亚种 *B. t. tibetana* Milne-Edwards，1874，分布于中国四川和甘肃；不丹亚种 *B. t. whitei* Lydekker，1907，分布于印度（锡金）、不丹、中国西藏；秦岭亚种 *B. t. bedfordi* Thomas，1911，分布于中国陕西。长期以来，众多学者都认同 Ellerman 等（1951）的观点（Neas and Hoffmann，1987；王应祥，2003；Song et al.，2008；Smith 和解焱，2009；潘清华等，2007）。近年来，有学者根据形态学研究，结合分子系统学研究结果（李明等，2003），将这些亚种分别提升为种（Groves and Grubb，2011；Wilson and Mittermeier，

2011），但目前这一观点尚未被认可（魏辅文等，2021）。

因此，扭角羚为4个亚种，中国均有分布，其中四川仅分布有川西亚种*B. t. tibetana*。

扭角羚川西亚种 *Budorcas taxicolor tibetana* Milne-Edwards，1874

Budorcas taxicolor tibetana Milne-Edwards, 1874. des observations sur l' hippopotame de Liberia et des études sur la faune de la Chine et du Tibet oriental, 367(模式产地：四川宝兴).

鉴别特征　扭角羚川西亚种的整个躯体为灰棕色。头部浅棕色，吻鼻部、嘴角及下颌部黑色。耳尖黑色。背中央具有1条明显的暗黑色脊纹。前肢下半段膝部以下为黑色，后肢均为黑色。

生态学资料　同种的描述。

地理分布

在四川的历史分布区域：青川、绵竹、安县、彭州、崇州、北川、平武、洪雅、美姑、雷波、越西、马边、峨边、峨眉山、荥经、石棉、天全、芦山、宝兴、越西、冕宁、木里、盐源、大邑、什邡、都江堰、康定、丹巴、泸定、九龙、理塘、黑水、若尔盖、松潘、小金、九寨沟、金川、汶川、茂县。

2000年以来确认的在四川的分布区域：青川、绵竹、安县、彭州、崇州、北川、平武、洪雅、峨边、荥经、石棉、天全、芦山、宝兴、冕宁、大邑、什邡、都江堰、康定、丹巴、泸定、九龙、若尔盖、黑水、松潘、小金、九寨沟、金川、汶川、茂县。

扭角羚（拍摄地点：四川唐家河国家级自然保护区　拍摄时间：2011年4月　相机拍摄　拍摄者：胡杰）

76. 鬣羚属 *Capricornis* Ogilby，1837

Capricornis Ogilby, 1837. Proc. Zool. Soc. Lond., 139(模式种：*Antilope thar* Hodgson, 1831); Ellerman and Morrison-Scott, 1951. Check. Palaea. Ind. Mamm., 399; Corbet, 1978. Mamm. Palaea. Reg. Taxon. Rev., 212; Wilson and

Reeder, 2005. Mamm. Spec. World, 3rd ed., 703; Wilson and Mittermeier, 2011. Hand. Mamm. World, 2: 747; Groves and Grubb, 2011. Ungulate Taxon., 255; 胡锦矗和王酉之, 1984. 四川资源动物志 第二卷 兽类, 166; 王酉之和胡锦矗, 1999. 四川兽类原色图鉴, 179; 潘清华, 等, 2007. 中国哺乳动物彩色图鉴, 243; Smith 和解 焱, 2009. 中国兽类野外手册, 493.

Antilope Temminck, 1844. Apercu general et specifique surles mammiferes qui habitant le Japon et les iles qui en dependent: 55. Part, not *Antilope* Pallas, 1766.

Nemorhaedus Turner, 1850. Proc. Zool. Soc. Lond., 173. Part, not *Nemorhaedus* H. Smith, 1827.

Naemorhedus Jerdon, 1867. Mamm. Ind. Nat. Hist. All Anim. Known Inhab. Cont. Ind. 283. Part, not *Naemorhedus* H. Smith, 1827.

Nemotragus Heude, 1898. Mém. 1' Hist. Nat. Emp. Chin., 13 (模式种: *Capricornis erythropygius* Heude, 1894).

Capricornulus Heude, 1898. Mém. 1' Hist. Nat. Emp. Chin., 13 (模式种: *Antilope crispa* Temminck, 1844).

Lithotragus Heude, 1898. Mém. 1' Hist. Nat. Emp. Chin., 13 (模式种: *Capricornis maritimus* Heude, 1888.

Austritragus Heude, 1898. Mém. 1' Hist. Nat. Emp. Chin., 14 (模式种: *Antilope sumatrensis* Bechstein, 1799).

鉴别特征 鬣羚属动物的体色深，身体短而四肢长，后肢长于前肢，被毛粗而底绒少。雌、雄均具圆形短角，向后弯，角基有窄的横脊。

形态 体重17 ~ 140 kg；头体长800 ~ 1 700 mm，肩高600 ~ 1 000 mm，尾长70 ~ 160 mm。被毛粗，一些种类颈部有长的鬣毛。四肢长，蹄相对较宽。两性均具相同形状的圆形短角，角长170 ~ 245 mm。齿式0.0.3.3/3.1.3.3 = 32。头骨泪窝明显，眶前腺发达。

生态学资料 鬣羚属动物多栖息于海拔4 000 m以下的密林多岩地带，栖息的植被类型包括热带雨林、阔叶林、针阔混交林、亚高山针叶林及亚高山常绿硬叶阔叶林等。多晨昏活动。以嫩枝叶、青草为食。常单独活动。具有领域性。大约3岁达性成熟。交配季节各地有所不同。孕期200 ~ 230天，通常每胎产1仔。

地理分布 鬣羚属动物分布于中国、印度、尼泊尔、不丹、孟加拉国、缅甸、越南、泰国、老挝、柬埔寨、印度尼西亚。在中国，鬣羚属动物主要分布于华东、华南、华中、西南地区，其中在四川主要分布于盆周山区及西部高山峡谷地带。

分类学讨论 1837年，Ogilby 根据模式种 *Antilope thar* Hodgson, 1831 提出了鬣羚属 *Capricornis*。后来，相继有学者提出了 *Antilope* Temminck, 1844、*Nemorhaedus* Turner, 1850、*Naemorhedus* Jerdon, 1867、*Capricornulus* Heude, 1898、*Lithotragus* Heude, 1898、*Austritragus* Heude, 1898 等学名 (Temminck, 1844; Turner, 1850; Jerdon, 1867; Heude, 1898)，这些都被认为是 *Capricornis* 的同物异名 (Jass and Mead, 2004)。

有关鬣羚属动物的种级分类一直存有争议。

Heude (1898) 曾描述过至少24种鬣羚。 Schaller (1977) 认为全世界的鬣羚仅有1种，分为11个亚种。其他学者确认了2种，即日本鬣羚 *Capricornis crispus*、苏门答腊鬣羚 *Capricornis sumatraensis*，二者的主要区别在于身体大小，毛被，鬣毛的存在与否，以及鬣毛的颜色和长度 (Damm and Franco, 2014)。

《羊亚科行动计划》（1997）列出了3个鬣羚属物种：苏门答腊鬣羚*C. sumatraensis*有5个亚种：川西亚种*C. s. milneedwardsii* David，1869；印支亚种*C. s. maritimus* Heude，1888；指名亚种*C. s. sumatraensis*；*C. s. rubidus*；喜马拉雅亚种*C. s. thar*，以及两个岛屿物种——日本鬣羚*C. crispus*、台湾鬣羚 *C. swinhoe*（Damm and Franco，2014）。Wilson，Reeder（2005）则认为鬣羚属有6个种，分别为喜马拉雅鬣羚 *C. thar*、中华鬣羚 *C. milneedwardsii*（包括印支亚种 *C. m. maritimus*）、红鬣羚 *C. rubidus*、苏门答腊鬣羚 *C. sumatraensis*、日本鬣羚 *C. crispus*、台湾鬣羚 *C. swinhoe*。后来，Wilson 和Mittermeier（2011）、Groves 和Grubb（2011）将印支鬣羚 *C. m. maritimus* 从亚种水平提升到种水平，更名为 *C. maritimus*，使其共有7个物种。

Mori 等（2019）首次利用线粒体全基因组数据重新构建了鬣羚属的系统发生树，认为全世界的鬣羚属仅有4个物种，包括日本鬣羚 *Capricornis crispus*、红鬣羚 *Capricornis rubidus*、鬣羚 *Capricornis sumatraensis*（包括了苏门答腊鬣羚 *C. s. sumatraensis*、中华鬣羚 *C. s. milneedwardsii*、喜马拉雅鬣羚 *C. s. thar*）、台湾鬣羚。最新的IUCN红色名录也采用了这一种级分类系统（Phan et al.，2020）。

因此，迄今为止，有关鬣羚的分类还存有争议。本书暂按照 Wilson 和 Mittermeier（2011）的分类系统进行描述，即全世界共有7个种，中国有4种，分别为中华鬣羚、台湾鬣羚、红鬣羚、喜马拉雅鬣羚，其中四川仅分布有中华鬣羚。

（140）中华鬣羚 *Capricornis milneedwardsii* David，1869

别名 苏门羚、山驴、岩驴、明鬃羊

英文名 Chinese Serow

Capricornis(Antilope) milneedwardsii David, 1869. Nouv. Arch. Mus. d' Hist. Nat. Paris 5 Bull., 10(模式产地：四川宝兴); Wilson and Reeder, 2005. Mamm. Spec. World, 3rd ed., 704; 潘清华，等，2007. 中国哺乳动物彩色图鉴，243; Smith 和解焱，2009. 中国兽类野外手册，494; Wilson and Mittermeier, 2011. Hand. Mamm. World, 2: 747; Groves and Grubb, 2011.Ungulate Taxon., 256.

Capricornis(Antilope) sumatraensis Bechstein, 1799. Ubers. Vierf. Thiere，Ⅰ：98(模式产地：苏门答腊岛); Ellerman and Morrison-Scott, 1951. Check. Palaea. Ind. Mamm., 399; 胡锦矗和王酉之，1984. 四川资源动物志 第二卷 兽类: 166.

Naemorhedus sumatraensis 王应祥，2003. 中国哺乳动物种和亚种分类名录与分布大全，133.

Capricornis argyrochaetes Heude, 1888. 同物异名(模式产地：浙江诸暨).

Capricornis maxillaris Heude, 1894. 同物异名(模式产地：浙江绍兴).

Capricornis collasinus Heude, 1899. 同物异名(模式产地：广东).

Capricornis osborni Andrews, 1921. 同物异名(模式产地：云南腾冲).

Capricornis sumatraensis montinus Allen, 1930. 同物异名(模式产地：云南丽江).

鉴别特征 体型粗壮，四肢长，尾较短。两性均具有相同形状的圆形短角，除角尖外，有狭窄的横棱。耳长似驴，颈背有鬣毛，尾短小。

形态

外形：体重85～140 kg；成体体长1 350～1 700 mm，尾长105～160 mm，后足长360～420 mm，耳长190～210 mm。

毛色：上、下唇白色，吻端裸露不被毛。体背和体侧棕黑色，颈背长鬃毛为棕色或棕褐色，颈各部分黑褐色。背中央具黑褐色脊纹。四肢（肘）膝关节以上外侧为黑色，内侧为棕褐色；膝关节以下外侧赤褐色，内侧浅棕色。口角两侧各有1条白色纵纹沿颊、喉外侧延伸。耳背面外侧较暗，至内转为深棕褐色，耳内面白色。尾色同背色一致。

头骨：较长、狭。鼻骨前窄后宽，背侧面隆凸，前端形成明显的鼻棘，且超过门齿孔后缘；后端较平钝，与额骨镶嵌略呈U形。颌前部由前颌骨和上颌骨构成。额骨构成颅腔顶壁和前壁，为颅腔的最高点，向两侧伸出眶下突，构成眼眶的后缘；额骨向后上方伸出角突（雌、雄均有），角突的前方有眶上沟和2个眶上孔，向前方伸出的骨片构成骨性鼻腔的部分顶壁。颞骨构成颅腔侧壁的下部和部分后壁。泪骨大，位于额骨前端外下方，构成眼眶前壁，泪骨下凹形成泪窝。具骨质的眼眶环。颧骨位于泪骨的后下方，构成眼眶的前下部；后端有一向后的颞突与颞骨的颧突连成颧弓，背侧有向上伸出的短的额突与额骨伸出的颧突相接。犁骨位于鼻腔底壁的正中线上，其后部不与鼻腔底壁接触，因此鼻后孔为一整体，较宽大。枕骨构成颅腔的后壁、顶壁的一部分以及底部的一部分。上枕骨构成颅腔的后壁，其表面粗糙，正中有1条纵行脊向上与顶间骨连接，两侧与颞骨相连。枕骨大孔两侧有卵圆形的关节面，为枕髁。听泡位于侧枕骨与鳞骨之间，鼓室不鼓胀。枕骨乳突发达。脑颅腹面门齿孔较大，大部分由前颌骨构成，小部分由上颌骨构成。翼间窝略呈V形，其前缘几乎达到最后一对臼齿后缘的连线。

下颌骨为扁形长骨。冠状突稍向后弯。

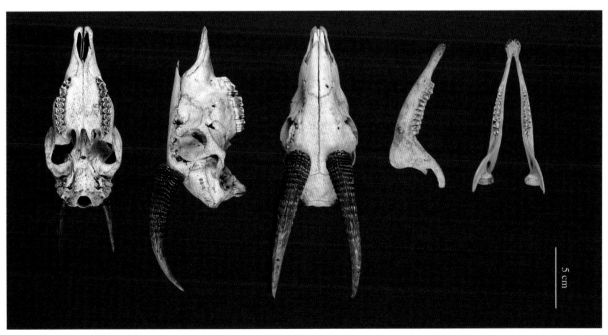

中华鬣羚头骨图

牙齿：齿式0.0.3.3/3.1.3.3＝32。所有上前臼齿外缘的前、后角都有不太明显的纵棱。上臼齿外缘的纵棱的前角、中央以及第3臼齿之后外角有发达的纵棱。第1、2上前臼齿齿面有不完全的纵沟，第3上前臼齿及臼齿面均有完全的纵沟。

角：雌、雄均具相似的角。角长170～200 mm，角短而尖，由额骨向后上方伸出。角基下2/3段的腹侧具有横棱及纵行小沟。

量衡度（衡：kg；量：mm）

外形：

编号	性别	体重	体长	尾长	后足长	耳长	采集地点
72139	♂	140	1 550	160	420	195	云南绿春
74007	♂	—	1 700	112	360	190	云南泸水
640311	♀	—	1 640	105	375	210	云南景东
73534	♂	100	1 500	130	402	210	云南贡山
73559	♀	—	1 350	110	385	205	云南贡山

头骨：

编号	性别	颅全长	基长	眶间距	颧宽	颅高	上齿列长	下齿列长	采集地点
CWNU-唐86011	不详	322.31	293.80	81.68	124.60	87.70	91.75	184.64	四川青川
CWNU-唐9801	不详	296.90	271.10	74.24	126.71	80.20	91.37	176.82	四川青川
CWNU-九81014	不详	309.70	279.20	74.65	121.93	80.36	93.28	179.00	四川九龙
CWNU-金98007	不详	279.10	254.10	68.84	115.68	79.74	90.21	169.69	四川金川
CWNU-唐2005	不详	311.10	284.20	82.16	125.88	87.44	86.11	173.41	四川青川
CWNU-无编号1	不详	296.10	267.90	75.66	115.64	77.49	96.52	—	四川青川
CWNU-江65031	不详	315.20	278.60	84.66	123.14	85.21	94.78	183.42	四川南江
CWNU-若2006	不详	305.12	278.15	79.06	123.97	77.65	94.32	177.24	四川若尔盖
CWNU-卧201501	不详	295.13	273.35	79.44	122.08	77.72	89.84	—	四川汶川
KIZCAS-74007	♂	307.69	300.03	83.13	122.83	125.03	94.29	186.17	云南泸水
KIZCAS-640311	♀	306.15	296.54	80.47	125.99	122.27	94.88	—	云南景东
KIZCAS-760303	♂	295.47	284.74	82.92	119.00	117.15	93.98	180.10	云南盈江
KIZCAS-73534	♂	309.81	295.64	77.66	—	125.92	91.58	177.74	云南贡山
KIZCAS-72139	♂	299.41	295.97	81.32	115.84	120.25	89.67	180.42	云南绿春

生态学资料　中华鬣羚在四川分布于海拔1 000～4 400 m的盆缘山地、高山峡谷地带。栖息地

植被类型包括亚高山针叶林、亚高山常绿硬叶阔叶林、针阔混交林、阔叶林以及高山灌丛。在四川唐家河国家级自然保护区，冬春季节中华鬣羚主要栖息于针阔混交林和阔叶林中（吴华等，2000）。中华鬣羚栖息地的地形多为裸岩、环山、山腰陡峭岩下、石岩谷坡、跌岩和乱石河谷，坡度一般在30°以上的陡坡地带（胡锦矗，1994）。中华鬣羚一般营独栖生活，胆小而机警，人为干扰是影响其生境选择的重要生态因子（吴华等，2000）。

在秦岭地区，中华鬣羚采食的植物达121种，其中木本植物72种，占食物种类的60%；草本38种（包括2种竹子），占食物种类的31%；其余11种分别为藤本3种，苔藓和蕨类6种，菌类2种，占食物种类的9%。中华鬣羚在夏季采食的植物种类最多，有92种；冬季采食的只有43种（宋延龄等，2005）。

基于红外相机的研究发现，在四川岷山、邛崃山等地区的中华鬣羚是典型的夜行性动物，其活动曲线为U形，活动高峰出现在00:00—02:00（孙佳欣等，2018）。

地理分布　分布于中国、缅甸、越南、老挝、泰国、柬埔寨等国。中华鬣羚在中国分布于四川、陕西、甘肃、青海、安徽、浙江、湖北、江西、湖南、福建、广东、广西、重庆、贵州、云南、西藏等省份，其中在四川主要分布于四川盆地边缘缘山地及川西北高山峡谷地带。

在四川的历史分布区域：江油、青川、绵竹、广元、安县、旺苍、北川、平武、万源、南江、通江、峨眉、沐川、屏山、洪雅、甘洛、冕宁、美姑、越西、马边、峨边、雅安、荥经、汉源、石

分省（自治区、直辖市）地图——四川省

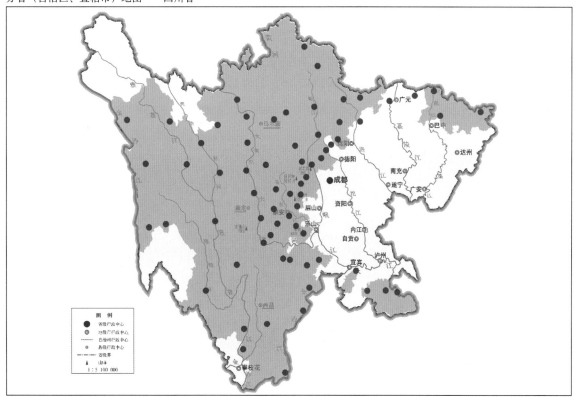

审图号：GS（2019）3333号　　　　　　　　　　　　　　　　　　　　自然资源部　监制

中华鬣羚在四川的分布
注：红点为物种的分布位点，绿色斑块表示历史分布区域。

棉、天全、芦山、宝兴、邛崃、大邑、彭州、什邡、崇州、都江堰、康定、丹巴、泸定、九龙、雅江、炉霍、道孚、新龙、稻城、乡城、得荣、白玉、德格、甘孜、理塘、巴塘、马尔康、阿坝、若尔盖、黑水、松潘、小金、九寨沟、色达、壤塘、红原、金川、汶川、壤塘、茂县、古蔺、高县、叙永、兴文、雷波、金阳、布拖、普格、会东、米易、木里、盐源。

2000年以来确认的在四川的分布区域：江油、青川、绵竹、广元、安县、旺苍、北川、平武、万源、南江、通江、峨眉、沐川、屏山、洪雅、甘洛、冕宁、美姑、越西、马边、峨边、雅安、荥经、汉源、石棉、天全、芦山、宝兴、邛崃、大邑、彭州、什邡、崇州、都江堰、康定、丹巴、泸定、九龙、雅江、炉霍、道孚、新龙、稻城、乡城、白玉、德格、甘孜、理塘、巴塘、马尔康、阿坝、若尔盖、黑水、松潘、小金、九寨沟、色达、壤塘、红原、金川、汶川、壤塘、茂县、古蔺、雷波、金阳、布拖、普格、会东、米易、木里、盐源。

分类学讨论　David于1869年根据采自四川宝兴的标本命名了中华鬣羚*Capricornis milneedwardsii*。其后，有学者依据采自浙江、广东、四川、云南等地的标本分别提出了*Nemorhedus edwardsii* David, 1871；*Capricornis argyrochaetes* Heude；1888，*C. platyrhinus*；*C. cornutus*；*C. erythropygius*；*C. microdontus*；*C. ungulosus*；*C. nasutus*；*C. vidianus*；*C. fargesianus*；*C. brachyrhinus*；*C. pugnax*；*C. longicornis*；*C. tchrysochaets* Heude, 1894，*C. collasinus* Heude, 1899；*C. osborni* Andrews, 1921；*C. sumatraensis montinus* Allen, 1930等学名，但它们都是*C. milneedwardsii* David, 1869的同物异名。

有关中华鬣羚的种级地位也存在一定的争议。有学者认为中华鬣羚是1个独立的种（Wilson and Reeder, 2005；Groves and Grubb, 2011；Wilson and Mittermeier, 2011），但也有学者认为中华鬣羚应为鬣羚*Naemorhedus sumatraensis* Bechstein, 1799的1个亚种（Mori et al., 2019；Phan et al., 2020）。

王应祥（2003）认为鬣羚*Naemorhedus sumatraensis*在中国有6个亚种，其中包括了喜马拉雅亚种（尼泊尔亚种）*Naemorhedus sumatraensis thar* Hodgson, 1831；川西亚种*N. s. milnedwardsi* David, 1869；华南亚种*N. s. argyrochaetes* Heude, 1888；印支亚种*N. s. maritimus* Heude, 1888；藏

中华鬣羚（拍摄地点：四川卧龙国家级自然保护区　拍摄者：李晟）

东南亚种 *N. s. jamrachi* Pocock，1908；丽江亚种（云南亚种）*N. s. montinus* Allen，1930。

Smith和解焱（2009）则认为中华鬣羚可分为2个亚种——华南亚种 *C. m. argyrochaetes* Heude，1888 和指名亚种 *C. m. milneedwardsii* David，1869（包括 *C. m. maritimus* 和 *C. m. montinus*）。但Wilson和Mittermeier（2011）、Groves和Grubb（2011）均认为中华鬣羚没有亚种分化。

77. 斑羚属 *Naemorhedus* Smith，1827

Naemorhedus Smith, 1827. Order VII. Ruminantia, 352（模式种：Antilop goral Hardwicke, 1825), Allen, 1940. Mamm. Chin. Mong., 1239; Ellerman and Morrison-Scott, 1951. Check. Palaea. Ind. Mamm., 401.

Kemas Ogilby, 1837. Proc. Zool. Soc. Lond., 138(模式种：Kemas hylocrius Ogilby, 1837).

Nemorhaedus Agassiz,1842. Nomen. Zool. Index Univ. Mamm., 22; Corbet, 1978. Mamm. Palaea. Reg. Taxon. Rev., 212; Wilson and Reeder, 1993. Mamm. Spec. World, 2nd ed., 406; Wilson and Reeder, 2005. Mamm. Spec. World, 3rd ed., 705; Wilson and Mittermeier, 2011. Hand. Mamm. World, 2: 743; Groves and Grubb, 2011. Ungulate Taxon., 250; 胡锦矗和王酉之，1984. 四川资源动物志 第二卷 兽类，169; 王酉之和胡锦矗，1999. 四川兽类原色图鉴，180; 王应祥，2003. 中国哺乳动物种和亚种分类名录与分布大全，132; 潘清华，等，2007. 中国哺乳动物彩色图鉴，245; Smith和解焱，2009. 中国兽类野外手册，496.

Caprina Wagner, 1844. Schreber's säuegeth, suppl., 4: 457.

Urotragus Gray, 1871. Ann. Mag. Nat. Hist., 8: 372(模式种：Antilop eaudata Milne-Edurards, 1867).

鉴别特征 斑羚属为小型羊羚类动物。粗而蓬松的毛下有像羊毛一样的底绒。雌、雄均具角，角较小，横切面呈圆形。前、后肢近等长。眶下腺小，鼻骨与泪骨间有空隙隔开，泪骨不具深窝。

形态 体重22～42 kg；成体体长820～1 300 mm，尾长80～200 mm，肩高570～790 mm，后足250～310 mm，耳长120～148 mm。雌、雄个体均具角，角长128～160 mm，横切面呈圆形，角由头部向后上方斜向伸展，角尖略微下弯。齿式0.0.3.3/3.1.3.3 = 32。

生态学资料 斑羚属动物为典型的林栖兽类，栖息生境多样，从亚热带至北温带地区均有分布，可见于山地针叶林、山地针阔叶混交林和山地常绿阔叶林。常出没于密林间的陡峭崖坡。一般单只或数只一起活动。冬季交配，翌年夏季产仔，每胎产1仔，偶产2仔。

地理分布 斑羚属动物分布于中国、俄罗斯、朝鲜、韩国、巴基斯坦、印度、不丹、尼泊尔、缅甸、越南、泰国。国内分布于东北、华北、西南、华南等地区，其中在四川分布于川西高山峡谷区域。

分类学讨论 Smith 于1827年命名了斑羚亚属 *Naemorhedus*，但Hodgson（1841）认为其是1个属，并将拼写校正为 *Nemorhaedus*。其后，又有学者提出了 *Kemas* Ogilby，1837；*Caprina* Wagner，1844；*Urotragus* Gray，1871等属名，它们均是 *Naemorhedus* 的同物异名。

有关斑羚属的种类划分一直存有争议。最早认为仅1个种，即斑羚 *Naemorhedus goral*（Allen，1940; Corbet，1978）；有人认为是2个种：斑羚和赤斑羚 *N. cranbrooki*（Corbet and Hill，1980; Nowak and Pardiso，1983; Zhang，1987）。还有学者依据外形的、生理学的和头骨的差异，认为长尾斑羚 *N. caudatus* 也是1个独立的种（Volf，1976），因此应为3种。Smith和解焱（2009）则

认为有4种，分别是赤斑羚*N. baileyi*、中华斑羚*N. griseus*、喜马拉雅斑羚、长尾斑羚。2011年，Groves和Grubb将斑羚属划分为6个种，将喜马拉雅斑羚分成了2个种，分别为喜马拉雅山西部斑羚*N. bedfordi*和灰斑羚（喜马拉雅山东部斑羚）*N. goral*，并增加了缅甸斑羚*N. evansi*。Wilson和Mittermeier（2011）也采纳了此观点。长期以来，缅甸斑羚被认为是中华斑羚的1个亚种，而喜马拉雅西部斑羚被视为灰斑羚的本地形式。但是一些分子遗传学研究表明，中华斑羚更接近灰斑羚，中华斑羚和缅甸斑羚的遗传物质相差6.9%。缅甸斑羚与赤斑羚之间的差距仅为4%，因此两者之间的联系更为紧密。遗传结果也支持缅甸斑羚的独立性。另外，这两个物种构成该属中最原始的群体。

Mori等（2019）根据线粒体全基因组分析结果，将缅甸斑羚、中华斑羚、喜马拉雅山西部斑羚并入喜马拉雅山东部斑羚，统称喜马拉雅斑羚*Naemorhedus goral*，认为全世界的斑羚共3种：赤斑羚、长尾斑羚、喜马拉雅斑羚。

本书主要参考Wilson和Mittermeier（2011）的分类系统，即全世界共6种斑羚，有5种分布于中国，其中四川仅分布有中华斑羚。

（141）中华斑羚 *Naemorhedus griseus* Milne-Edwards，1871

别名 岩羊、青羊

英文名 Chinese Goral

Naemorhedus griseus Milne-Edwards, 1871. Nouv. Arch. Mus. d' Hist. Nat. Paris, 7, Bull, 93(模式产地：四川宝兴);Wilson and Reeder, 2005. Mamm. Spec. World, 3rd ed., 706; Wilson and Mittermeier, 2011. Hand. Mamm. World, 2: 744; Groves and Grubb. 2011. Ungulate Taxon., 252; 潘清华，等，2007. 中国哺乳动物彩色图鉴，245.

Kemas arnouxianus Heude, 1888. Mém. 1' Hist. Nat. Emp. Chin., 244(模式产地：浙江).

Kemas niger Heude, 1894. Mém. 1' Hist. Nat. Emp. Chin., 2: 241(模式产地：重庆城口).

Kemas fargesianus Heude, 1894. Mém. 1' Hist. Nat. Emp. Chin., 2: 241(模式产地：重庆城口).

Kemas galeanus Heude, 1894. Mém. 1' Hist. Nat. Emp. Chin., 2: 243(模式产地：陕西 Yu Ho Mountains).

Kemas vidianus Heude, 1894. Mém. 1' Hist. Nat. Emp. Chin., 2: 243(模式产地：陕西 Yu Ho Mountains).

Kemas xanthodeiros Heude, 1894. Mém. 1' Hist. Nat. Emp. Chin., 2: 243(模式产地：川东).

Kemas iodinus Heude, 1894. Mém. 1' Hist. Nat. Emp. Chin., 2: 243(模式产地：川东).

Kemas pinchonianus Heude, 1894. Mém. 1' Hist. Nat. Emp. Chin., 2: 243(模式产地：四川).

Kemas initialis Heude, 1894. Mém. 1' Hist. Nat. Emp. Chin., 2: 244(模式产地：重庆城口).

Kemas versicolor Heude, 1894. Mém. 1' Hist. Nat. Emp. Chin., 2: 244(模式产地：重庆城口).

Kemas curvicornis Heude, 1894. Mém. 1' Hist. Nat. Emp. Chin., 2: 244(模式产地：重庆城口).

Kemas aldridgeanus Heude, 1894. Mém. 1' Hist. Nat. Emp. Chin., 2: 244(模式产地：湖北宜昌).

Kemas fantozatianus Heude, 1894. Mém. 1' Hist. Nat. Emp. Chin., 2: 245(模式产地：湖北汉中).

鉴别特征 体形似山羊。两性均具洞角，角短小而直，横断面为圆形，除角尖外，横棱显著。鬣毛很短，具棕褐色脊纹。喉部白色。尾较短，具丛毛。四肢短，蹄狭窄。

形态

外形：体重 20 ~ 35 kg；成体体长 780 ~ 1 100 mm，尾长 90 ~ 120 mm，后足长 240 ~ 310 mm，耳长 130 ~ 150 mm。

毛色：被毛深褐色或灰黄色。喉白色，具浅赭黄色边缘。颈背至尾基具一棕褐色脊纹。两颊和耳背暗灰棕色，耳内白色。颈部有黑褐色短鬃毛。胸和上腹部浅灰棕色，毛尖稍带黑褐色。四肢色浅，与体色对比鲜明。

头骨：中华斑羚的头骨较短且高。鼻骨通常与上颌骨分离，并形成较大的鼻缝；鼻骨前端尖突形成明显的鼻棘，接近门齿孔后缘；中后部最宽；后端较窄，与额骨镶嵌呈 V 形。额骨较平坦，构成颅腔顶壁和前壁，为颅腔的最高点，向两侧伸出的眶下突构成眼眶的后缘；额骨向后上方伸出角突（雌、雄个体均有），角突的前方有眶上沟和 1 个眶上孔。颞骨构成颅腔侧壁的下部和部分后壁。泪骨近似长方形，位于额骨前端外下方，构成眼眶前壁，无泪窝。具骨质的眼眶环。颧骨位于泪骨的后下方，构成眼眶的前下部；后端有一向后的颞突与颞骨的颧突连成颧弓，背侧有向上伸出短的额突与额骨伸出的颧突相接。犁骨位于鼻腔底壁的正中线上，其后部不与鼻腔底壁接触，因此鼻后孔为一整体。枕骨构成颅腔的后壁、顶壁的一部分以及底部的一部分。上枕骨构成颅腔的后壁，其表面粗糙，正中有一条纵行脊向上与顶间骨连接，两侧与颞骨相连。枕骨大孔两侧有卵圆形的关节面，为枕髁。听泡位于侧枕骨与鳞骨之间，鼓室不鼓胀。枕骨乳突较发达。脑颅腹面门齿孔较大，大部分由前颌骨构成，小部分由上颌骨构成。翼间窝略呈 V 形，其前缘几乎达到最后一对臼齿后缘的连线。

下颌骨为扁形长骨。冠状突向后弯曲，颌关节突与冠状突位置较近。角突圆钝。

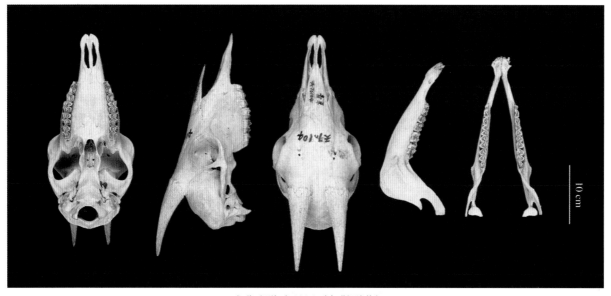

中华斑羚头骨图（角鞘脱落）

牙齿：齿式 0.0.3.3/3.1.3.3 = 32。上颌无犬齿和门齿，颊齿为新月形脊形齿。下颌犬齿门齿化。

角：雌、雄个体均具相似的角。角长 160 ~ 180 mm，角短而尖，斜向后上方伸出，尖端稍有下弯的趋势。除角尖外，其余均具明显的横棱，棱间有浅的纵沟，但不割裂横棱。

量衡度（衡：kg；量：mm）

外形：

编号	性别	体重	体长	尾长	后足长	耳长	采集地点
KIZCAS-820358	♂	—	1 060	120	310	150	四川康定
KIZCAS-820349	♂	—	950	90	240	130	四川康定
KIZCAS-820312	♂	—	780	120	275	150	四川康定
KIZCAS-631303	♀	20	1 100	90	260	135	贵州安龙

头骨：

编号	性别	颅全长	基长	眶间距	颧宽	颅高	上齿列长	下齿列长
CWNU-71-gt-3	不详	191.91	178.72	64.62	88.63	77.10	63.45	—
CWNU-71-gt-1	不详	198.72	181.91	63.49	91.13	83.43	63.13	—
CWNU-71-gt-4	不详	215.11	188.42	62.37	86.16	73.84	66.79	123.30
CWNU-3-gt-1	不详	201.10	184.92	64.41	87.84	83.43	64.41	118.49
CWNU-卧029	不详	207.90	188.83	63.49	92.71	83.27	66.88	122.29
CWNU-卧030	不详	213.10	189.71	74.18	95.65	80.33	67.10	124.89
CWNU-天76104	不详	196.90	181.90	63.01	91.78	68.64	65.33	114.52
CWNU-泸88057	不详	194.11	173.62	61.65	91.48	66.17	63.08	113.73
CWNU-巴200604	不详	216.55	189.52	69.89	94.25	60.33	63.99	—
CWNU-BDSG0805001	不详	216.10	194.90	68.37	95.57	64.92	62.60	—
KIZCAS-820358	♂	194.36	184.17	51.61	78.84	79.30	62.56	112.53
SAF20105	不详	212.10	179.81	68.69	88.33	69.70	65.77	—
SAF20106	不详	201.01	177.40	68.02	86.98	69.87	64.36	118.41

生态学资料　中华斑羚在四川分布于海拔1 000～3 200 m的盆缘山地、川西高山峡谷地带。栖息的植被类型包括亚高山针叶林、针阔混交林和阔叶林。在四川蜂桶寨自然保护区，中华斑羚春季偏好在离食物与水源地较近、隐蔽条件较好、远离干扰的中低山（海拔1 600～2 900 m）向阳面，坡度30°～50°的针阔混交林和落叶阔叶混交林活动（王勃等，2008）。在四川竹巴笼自然保护区，影响中华斑羚生境选择的主要因子为人为干扰距离、海拔高度、林缘距离、水源距离、坡位、灌丛盖度和高度、隐蔽级、坡向和风向等（申定健等，2009）。在四川唐家河国家级自然保护区，中华斑羚春季主要利用海拔较低、食物丰富度中等、灌木较小、离灌木较近的生境（吴华和胡锦矗，2001）；夏季喜好活动于海拔较高的阳坡，坡度较陡的针阔混交林（陈伟等，2013）；冬季则多出现在海拔较低、距离道路较近的地点（吴华和胡锦矗，2001；Chen et al.，2012）。在内蒙古赛罕乌拉国家级自然保护区，中华斑羚各季节的栖息地海拔也存在显著差异（χ^2 26.776，$df = 3$，$P < 0.01$），冬季平均海拔偏低，春季栖息地海拔明显高于其他季节（唐书培，2019）。

中华斑羚多独栖或双栖，也有3～5只结成小群同栖的。中华斑羚的日活动模式呈双峰型，在清晨（08：00—10:00）和黄昏（16：00—18：00）分别出现明显活动高峰；在12：00—14：00呈现活动低谷（孙佳欣等，2019）。

中华斑羚以乔木、灌木的嫩枝、嫩叶及青草等为食。在内蒙古赛罕乌拉国家级自然保护区，中华斑羚全年取食植物16科27属31种，冬季取食植物种类与其他各季节的差异有高度统计学意义（$\chi^2 = 28.865$，$P < 0.001$），食物种类明显低于其他3个季节。各季节取食乔木的比例均最低，且冬季取食乔木种类仅1种。全年取食非禾本科草本种类各季节的差异有高度统计学意义（$\chi^2 = 17.213$，$P < 0.001$），冬季明显低于其他季节。Shannon-Wiener多样性指数和食物生态位宽度由高到低依次为夏季、秋季、春季、冬季，而Pielou均匀度指数由高到低依次为夏季、秋季、冬季和春季（唐书培等，2018）。

中华斑羚的栖居地较为固定。在内蒙古赛罕乌拉国家级自然保护区，中华斑羚的平均年度家域为（0.205 ± 0.138）km²（MCP 95%）或（0.256 ± 0.166）km²（KDE 95%），季节性家域面积差异不明显（唐书培，2009）。

中华斑羚在初冬或春初交配，孕期约为半年，夏季产仔，每胎产1仔，偶见2仔（潘清华等，2007）。

地理分布　分布于中国、印度、缅甸、越南、泰国。国内分布于四川、内蒙古、北京、河北、

分省（自治区、直辖市）地图——四川省

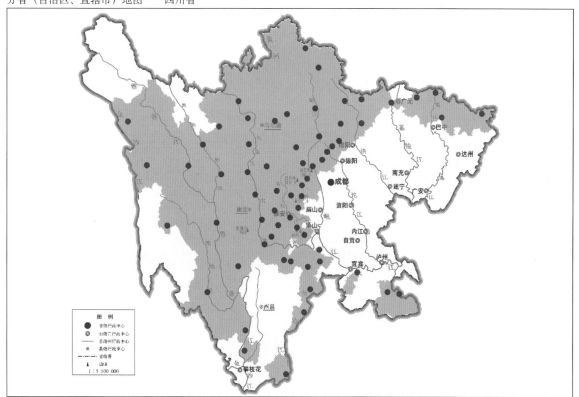

审图号：GS（2019）3333号　　　　　　　　　　　　　　　　　　　　自然资源部 监制

中华斑羚在四川的分布
注：红点为物种的分布位点，绿色斑块表示历史分布区域。

山西、河南、陕西、甘肃、青海、江苏、安徽、浙江、湖北、江西、湖南、福建、广东、广西、重庆、贵州、云南等省份，其中在四川分布于四川盆地边缘山地、川西高山峡谷地带。

分类学讨论 Milne-Edwards于1871年根据采自四川宝兴的标本命名了中华斑羚 *Naemorhedus griseus*。后来，Heude（1888，1894）根据采自浙江、四川、陕西、重庆城口、湖北宜昌、湖北汉中等地的标本分别命名了 *Kemas arnouxianus*、*Kemas niger*、*Kemas fargesianus*、*Kemas galeanus*、*Kemas vidianus*、*Kemas xanthodeiros*、*Kemas iodinus*、*Kemas pinchonianus*、*Kemas initialis*、*Kemas versicolor*、*Kemas curvicornis*、*Kemas aldridgeanus*、*Kemas fantozatianus*，这些都是 *Naemorhedus griseus* 的同物异名。

有关中华斑羚的亚种划分曾存有争议。王应祥（2003）认为中华斑羚在中国有5个亚种，分别为东北亚种 *Naemorhedus caudatus caudatus* Milne-Edwards，1867；华南亚种 *N. c. arnouxianus* Heude，1888；喜马拉雅亚种 *N. c. hodgsoni* Pocock，1908；藏东南亚种 *N. c. baileyi* Thomas，1914；川西亚种 *N. c. griseus* Milne-Edwards，1871。Smith和解焱（2009）则认为分布于中国的中华斑羚仅有2个亚种：华南亚种 *N. griseus arnouxianus* Heude，1888，分布于安徽、浙江、广东、广西、江西、湖南、湖北；川西亚种 *N. g. griseus* Milne-Edwards，1871，分布于贵州、重庆、云南西部、四川西部、陕西南部、甘肃南部和青海。原东北亚种已被提升为种——长尾斑羚 *N. caudatus* Milne-Edwards，1867；藏东南亚种已被提升为种——赤斑羚 *N. baileyi* Thomas，1914；喜马拉雅亚种已被提升为种——喜马拉雅斑羚 *N. goral* Hardwicke，1825。

因此，分布于中国的中华斑羚有2个亚种，其中分布于四川的中华斑羚仅1个亚种，即川西亚种。

中华斑羚川西亚种 *Naemorhedus griseus griseus* Milne-Edwards，1871

Naemorhedus griseus Milne-Edwards，1871. Nouv. Arch. Mus. d' Hist. Nat. Paris, 7, Bull., 93(模式产地：四川宝兴).

鉴别特征 中华斑羚川西亚种体为灰褐色。颈背至尾基具有一棕褐色脊纹。喉部白斑外具浅赭黄色边缘。尾基暗褐色。

生态学资料 同种的描述。

地理分布

在四川的历史分布区域：江油、青川、绵竹、广元、安县、旺苍、北川、平武、万源、南江、通江、高县、古蔺、叙永、峨眉山、沐川、屏山、洪雅、甘洛、雷波、金阳、普格、马边、峨边、雅安、名山、荥经、汉源、石棉、天全、芦山、宝兴、会东、米易、木里、盐源、邛崃、大邑、彭州、什邡、崇州、都江堰、康定、丹巴、泸定、九龙、雅江、炉霍、道孚、新龙、白玉、德格、甘孜、理塘、巴塘、马尔康、阿坝、若尔盖、黑水、松潘、小金、九寨沟、红原、金川、汶川、壤塘、理县、茂县。

2000年以来确认的在四川的分布区域：江油、青川、绵竹、广元、安县、旺苍、北川、平武、万源、南江、通江、古蔺、峨眉山、沐川、屏山、洪雅、甘洛、雷波、金阳、普格、峨边、雅安、名山、荥经、汉源、石棉、天全、芦山、宝兴、会东、米易、木里、盐源、邛崃、大邑、彭州、什邡、崇州、都江堰、康定、丹巴、泸定、九龙、雅江、炉霍、道孚、新龙、白玉、德格、甘孜、理塘、巴塘、马尔康、阿坝、若尔盖、黑水、松潘、小金、九寨沟、红原、金川、汶川、壤塘、理县、茂县。

中华斑羚（拍摄地点：四川王朗国家级自然保护区　红外相机拍摄　提供者：李晟）

78. 原羚属 *Procapra* Hodgson，1846

Procapra Hodgson, 1846 Jour. Asiat. Soc. Bengal, 15: 334（模式种：*Procapra picticaudata* Hodgson, 1846); Ellerman and Morrison-Scott, 1951. Check. Palaea. Ind. Mamm., 387; Corbet, 1978. Mamm. Palaea. Reg. Taxon. Rev., 210; Wilson and Reeder, 1993. Mamm. Spec. World, 2nd ed., 399; Wilson and Reeder, 2005. Mamm. Spec. World, 3rd ed., 687; Wilson and Mittermeier, 2011. Hand. Mamm. World, 2: 660; 胡锦矗和王酉之，1984. 四川资源动物志　第二卷　兽类，161; 王酉之和胡锦矗，1999. 四川兽类原色图鉴，177; 王应祥，2003. 中国哺乳动物种和亚种分类名录与分布大全，129; Groves and Grubb, 2011.Ungulate Taxon., 182.

鉴别特征 尾短，无面纹，腿细。雌性无角，雄性具有细长的角。眼眶很大，泪窝不明显。鼻骨内侧和外侧边缘不平行，前端极为尖锐。听泡小，无鼠蹊腺。

形态 体重13～45 kg；头体长910～1 600 mm，肩高500～840 mm，尾长50～120 mm。四肢纤细，蹄窄。毛短而光滑，体背毛色棕黄至灰褐色，臀斑白色。仅雄性具角，角细而略侧扁，除尖端外均具宽而突出的环棱，长约300 mm。齿式0.0.3.3/3.1.3.3 = 32。泪窝不明显。

生态学资料 为栖息于开阔草原和荒漠的群居者。以草类为主要食物，也吃小灌木嫩枝。每年秋末冬初交配，5—6月产仔，每胎1～2仔。

地理分布 原羚属动物分布于中国、俄罗斯、蒙古、印度。在中国，主要分布于四川、内蒙古、甘肃、青海、新疆、西藏，其中在四川主要分布于川西高原一带。

分类学讨论 原羚属动物的分类地位和进化关系一直是争论的热点（Allen, 1940; Pocock, 1918）。Allen（1940）曾将普氏原羚 *Procapra przewalskii* Buechner, 1892视为藏原羚 *Procapra* *picticaudata* Hodgson，1846 的亚种 *P. p. przewalskii*。张荣祖和王宗祎（1964）则根据二者存在同域分布，且在角形及头骨结构上存在明显差异等，重新提出普氏原羚应为独立的物种，这一结论得到了学者们的普遍认同（Groves，1967；王应祥，2003；Wilson and Reeder，2005；Wilson and Mittermeier，2011）。此外，Pocock（1918）根据蒙古原羚 *P. gutturosa* Pallas，1777 与普氏原羚、藏原羚形态差异较大的特点，将蒙古原羚单独列为 1 个属——*Prodorcus*，但后由 Groves（1967）将其归属于原羚属。近年来，一些学者根据分子和形态学研究，阐明了原羚属动物间的系统发育关系：原羚属 3 种动物普氏原羚、藏原羚、蒙古原羚构成了单系群，其中普氏原羚和蒙古原羚为姊妹群（Gentry，1992；Lei et al.，2003；雷润华等，2004）。

该属的 3 种动物在中国均有分布；四川仅分布有 1 种，即藏原羚 *Procapra picticaudata*。

（142）藏原羚 *Procapra picticaudata* Hodgson，1846

别名 西藏黄羊

英文名 Tibetan Gazelle

Procapra picticaudata Hodgson, 1846. Jour. Asiat. Soc., Bengal, 334（模式产地：西藏）; Ellerman and Morrison-Scott, 1951. Check. Palaea. Ind. Mamm., 388; Corbet, 1978. Mamm. Palaea. Reg. Taxon. Rev., 211; Wilson and Reeder, 1993. Mamm. Spec. World, 2nd ed., 399; Wilson and Reeder, 2005. Mamm. Spec. World, 3rd ed., 687; Wilson and Mittermeier, 2011. Hand. Mamm. World, 2: 660; 胡锦矗和王酉之，1984. 四川资源动物志 第二卷 兽类，161; 王酉之和胡锦矗，1999. 四川兽类原色图鉴，177; 王应祥，2003. 中国哺乳动物种和亚种分类名录与分布大全，129; 潘清华，等，2007. 中国哺乳动物彩色图鉴，236; Groves and Grubb, 2011. Ungulate Taxon., 183.

鉴别特征 体纤细。仅雄性具角，角细长，显著向后弯转，末端指向后上方。肢细，尾短。无眶下腺，但有蹄腺和鼠蹊腺。

形态

外形：体重 17 ~ 19.5 kg；成体体长 870 ~ 1 030 mm，尾长 82 ~ 98 mm，后足长 290 ~ 305 mm，耳长 120 ~ 150 mm。

毛色：上唇白色，吻前端黑褐色，吻的后部、额部、颊部为灰棕色，头顶棕褐色。耳基下半部浅灰棕色，向上到耳尖逐渐转为黑褐色。头颈和体背棕灰色，臀部有一明显的白色臀斑，边缘锈棕色。尾背面黑褐色，尾侧及尾下白色。胸部、腋部、腹部和鼠蹊部为白色，但腹部带棕色。四肢上部外侧似背部，内侧和下侧的下部转为沙棕色。冬毛色较浅，淡灰棕色。

头骨：狭窄。眼眶发达，外凸呈管状。鼻骨前端较窄，中后部最宽，末端稍窄而钝，与额骨镶嵌呈 U 形。额骨较平坦，构成颅腔顶壁和前壁，为颅腔的最高点，向两侧伸出眶下突，构成眼眶的后缘；额骨向后上方伸出角突（仅雄兽有），角突的前方有眶上沟和 3 个眶上孔。颧骨构成颅腔侧壁的下部和部分后壁。泪骨狭长，前缘方形，后缘形成眼眶的前缘，上缘凸起，但不与鼻骨相接触，无泪窝。在鼻骨、泪骨、额骨和上颌骨间有一较大的空隙。颧骨位于泪骨的后下方，构成眼眶的前下部；后端有一向后的颞突，与颞骨的颧突连成颧弓；背侧有向上伸出的短的额突，与额骨伸出的颧突相接。枕骨构成颅腔的后壁、顶壁的一部分以及底部的一部分。上枕骨构成颅腔的后壁，其表面粗糙，正中有1条纵行脊向上与顶间骨连接，两侧与颞骨相连。枕骨大孔两侧有卵圆形的关节面，为枕髁。听泡位于侧枕骨与鳞骨之间，鼓室鼓胀。枕骨乳突较发达。脑颅腹面门齿孔较大，大部分由前颌骨构成，小部分由上颌骨构成。翼间窝略呈V形，其前缘几乎达到最后一对白齿前缘的连线。

下颌骨为扁形长骨。冠状突向后弯曲，颌关节突与冠状突位置较近。角突圆钝。

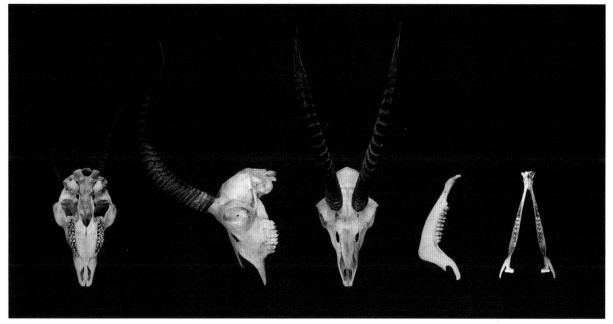

藏原羚头骨图

牙齿：齿式0.0.3.3/3.1.3.3 = 32。上颌无门齿和犬齿，颊齿为新月形脊形齿。下颌中央门齿最大，下颌犬齿门齿化，大小同其余门齿。

角：仅雄兽有角。角由头部升起后，显著地向后弯转，呈弧形，末端1/3略微向上；角长约30 cm，略呈侧扁形；角基部2/3段有环棱，末端1/3光滑。

量衡度（衡：kg；量：mm）

外形：

编号	性别	体重	体长	尾长	后足长	耳长	采集地点
KIZCAS-820210	♂	20	870	82	300	130	四川石渠
KIZCAS-820141	♀	17	880	96	290	145	四川石渠
KIZCAS-820207	♀	19	1 030	98	305	150	四川石渠
KIZCAS-820142（幼）	♀	9	750	82	272	120	四川石渠
KIZCAS-820208（幼）	♀	8	675	55	260	120	四川石渠

头骨：

编号	性别	颅全长	基长	眶间距	颧宽	颅高	上齿列长	下齿列长
CWNU-成无号1	♂	172.82	160.91	55.51	70.53	68.56	48.68	—
CWNU-成无号2	♂	—	—	54.74	73.45	70.03	51.67	—
CWNU-南86004	♂	171.91	152.12	54.37	71.68	62.38	55.07	—
KIZCAS-820210	♂	179.34	173.16	58.68	72.63	78.71	57.11	101.70
KIZCAS-820141	♀	177.40	168.92	52.21	74.25	73.59	55.10	101.11
KIZCAS-820207	♀	187.30	178.40	58.12	74.23	77.01	54.12	102.96
KIZCAS-820142（幼）	♀	139.39	127.54	43.02	63.84	66.67	39.92	73.90
KIZCAS-820208（幼）	♀	132.74	120.58	43.17	60.96	63.50	37.48	68.65

生态学资料　在四川石渠，藏原羚多分布在海拔 4 200～4 700 m 的地区。藏原羚的栖息地类型包括高山草甸、高山灌丛草甸、矮灌丛、流石滩 4 种类型，栖息于高山草甸中的藏原羚占 80% 以上，栖息于高山灌丛草甸的藏原羚占 15% 以上（鲁庆彬和胡锦矗，2005）。

藏原羚的食性不同于其他有蹄类之处在于，禾本科 Gramineae 不是其主要的食物资源（至多不超过16%），而非禾本科草本植物，包括豆科 Leguminosae 植物、菊科 Asteraceae 的火绒草属 *Leontopodium* 植物等，才是其主要的食物成分（Harris and Miller，1995）。清晨、傍晚为其主要摄食时间，其间亦常到湖边、山溪饮水。在夏、秋季节，食物较充裕，白天大部分时间在较低陷、僻静的地方休息；但在食物条件差的冬春时节，由于需要获取足够的食物，有的种群往往移至向阳、避风的山谷或丘陵地栖息，遇到强大的狂风暴雨，还会迫使它们往返迁居。冬季，由于湖河封冻，它们常常也会舔食冰雪以补充体内水分的不足（冯祚建等，1986）。

藏原羚喜群栖，根据其集群的组成，可将其划分为雌性群、雄性群、母仔群、雌雄混群和独羚 5 种类型。在青海可可西里地区，不同大小集群的比例有极显著差异，其中 2～10 只的集群占 70.0%，独羚占26.1%，其余为3.9%；最大集群为17只（连新明等，2004）。而朴仁珠和刘务林（1993）报道过有31只以上的集群，这种情况非常罕见。在四川石渠，藏原羚的平均集群大小为（4.34 ± 4.04）只，主要以小群为主，即 2～8 只的集群占85.11%。

藏原羚大约3岁性成熟，并开始参与繁殖。冬季交配，孕期约6个月，6—8月产仔，每胎产1仔，偶尔产2仔。

地理分布　藏原羚是青藏高原上特有的有蹄类动物，分布于中国、印度。在中国，分布于西藏、甘肃、青海、新疆等省份，其中在四川主要分布在川西北高原一带。

在四川的历史分布区域：青川、平武、万源、南江、通江、邛崃、大邑、彭州、什邡、崇州、都江堰、丹巴、炉霍、道孚、新龙、雅江、德格、甘孜、理塘、白玉、巴塘、色达、石渠、阿坝、松潘、若尔盖、红原、壤塘。

2000年以来确认的在四川的分布区域：丹巴、炉霍、道孚、新龙、雅江、德格、甘孜、理塘、白玉、巴塘、色达、石渠、阿坝、若尔盖、红原、壤塘。

分省（自治区、直辖市）地图——四川省

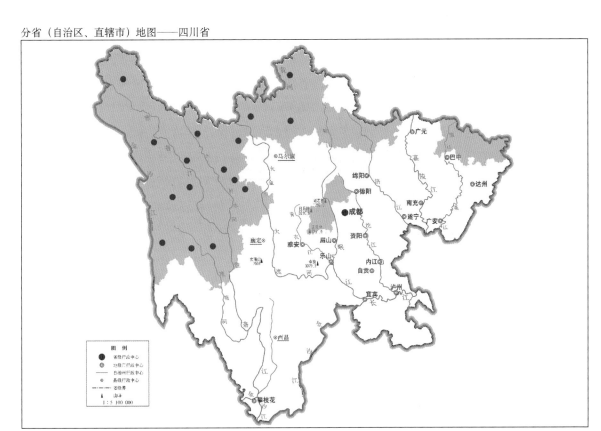

审图号：GS（2019）3333号　　　　　　　　　　　　　　　　　　自然资源部 监制

藏原羚在四川的分布
注：红点为物种的分布位点，绿色斑块表示历史分布区域。

分类学讨论　藏原羚为单型种，无亚种分化。

藏原羚（拍摄地点：四川石渠　拍摄者：周华明）

79. 盘羊属 *Ovis* Linnaeus，1758

Ovis Linnaeus, 1758. Syst. Nat., 10th ed., 1: 70（模式种: *Ovis aries* Linnaeus, 1758）；Allen, 1940. Mamm. Chin.
　　Mong., 1261; Ellerman and Morrison-Scott, 1951. Check. Palaea. Ind. Mamm., 411; Corbet, 1978. Mamm.
　　Palaea. Reg. Taxon. Rev., 217; Wilson and Reeder, 1993. Mamm. Spec. World, 2nd ed., 408; Wilson and
　　Reeder, 2005. Mamm. Spec. World, 3rd ed., 707; Wilson and Mittermeier, 2011. Hand. Mamm. World, 2: 733;
　　胡锦矗和王酉之, 1984. 四川资源动物志　第二卷　兽类, 174; 王酉之和胡锦矗, 1999. 四川兽类原色图鉴,
　　181; 王应祥, 2003. 中国哺乳动物种和亚种分类名录与分布大全, 135; 潘清华，等, 2007. 中国哺乳动物彩色
　　图鉴, 251; Groves and Grubb, 2011. Ungulate Taxon., 234.

Aries Brisson, 1762. Regn. Anim., 12(模式种: *Aries aries* Linnaeus, 1758).

Musinom Pallas, 1776. Spicil. Zool., 11: 8(模式种: *Musinom asiaticum* Pallas, 1776= *Capra ammon* Linnaeus, 1758).

Musmon Schrenk, 1798. Fauna Boica, 1: 18. 替代 *Ovis* Linnaseus.

Ammon Blainville, 1816. Bull. Soc. Philom. Paris, 6. 替代 *Ovis* Linnaseus.

Caprovis Hodgson, 1847. Jour. Asiat. Soc. Bengal, 16: 702(模式种: *Ovis musimon* Pallas, 1811).

Argali Gray, 1852. Cat. Mamm. Brit. Mus., 3: 74（模式种: *Aegoceros argali* Pallas, 1811= *Ovis ammon* Linnaeus, 1758).

Pachyceros V. Gromova, 1936. Neus Forschungen in Tierz. und Abstammungslehre(Festechr. Dr. Duerst, Beern):
　　84(模式种: *Ovis nivicola* Eschscholtz, 1829)(作为亚属).

鉴别特征　盘羊属均为矮壮的羊类，腿偏短。两性均有角，雄性的角粗大（远大于雌性的），通常为螺旋状，其横断面近乎圆形，角表面有横脊。有眶下腺、趾腺和尾腺。吻短，眼眶显著地向侧面凸出，泪窝浅。

形态　体重65～185 kg；成体体长1 270～2 000 mm，尾长100～180 mm，后足长430～500 mm，耳长100～150 mm。肩高大于臀高，毛被短而粗糙。吻鼻部较短，眼眶突出，泪窝大。齿式0.0.3.3/3.1.3.3 = 32。

生态学资料　盘羊属动物分布在海拔1 500～5 500 m的草原、荒漠、高寒草甸等生境中。主要在晨昏活动，冬季白天也觅食。常以小群活动。以禾本科、莎草科等植物为食。秋末和初冬发情交配，妊娠期约5个月，翌年4—6月产仔，每胎产仔1～2只。

地理分布　盘羊属动物分布于加拿大、美国、墨西哥、中国、俄罗斯、蒙古、哈萨克斯坦、吉尔吉斯斯坦、塔吉克斯坦、伊朗、伊拉克、阿富汗、巴基斯坦、印度、不丹、尼泊尔等国。在中国分布于四川、内蒙古、甘肃、青海、新疆、西藏等省份，其中在四川仅分布于川西高原。

分类学讨论　盘羊属的属名*Ovis*最早由林奈于1758年以家绵羊为模式种提出来。Brisson (1762)、Pallas (1776)、Schrenk (1798)、Blainville (1816)、Hodgson (1847)、Gray (1852) 等学者先后提出了不同的属名，后来这些属名都被认为是*Ovis*的同物异名（Ellerman and Morrison-Scott, 1951）。

在早期盘羊属种级阶元的分中，除了盘羊*O. ammon*、大角羊*O. canadensis*、细角羊*O. dalli*、雪羊*O. nivicola*外，主要争议涉及对欧洲摩佛伦羊、亚洲摩佛伦羊、中亚 Urial 3 个类群的分类。基本上有3种观点，第1种观点主张将3个类群合并，以命名优先权为原则，定名为摩佛伦羊*O. orientalis*

Gmelin，1774（Valdez，1982；Shackleton，1997）；第2种观点以地理类群为划分原则，将3个类群作为欧洲摩佛伦羊和亚洲摩佛伦羊，后者合并了亚洲摩佛伦羊和中亚 Urial（Honacki，1982）；第3种观点结合染色体为分类原则，将3个类群的欧洲摩佛伦和亚洲摩佛伦羊合并为摩佛伦羊，另外增加了中亚 Urial 及 *O. vignei*（Vorontsov et al.，1972；Geist，1991）。Nadler 等（1973）同意第3种观点，并将摩佛伦羊的欧洲亚种提升为了种——欧洲盘羊 *O. musimon*，这样，全世界的盘羊属动物就由6种增加至7种。Fedosenko 和 Blank（2005）也支持这一观点。

近年来，有部分学者将盘羊的一些亚种提升为种（Groves and Grubbs，2011；Wilson and Mittermeier，2011），如 Wilson 和 Mittermeier（2011）的分类系统将全世界的盘羊属动物分为12种，其中有7种分布于中国，仅西藏盘羊 *Ovis hodgsoni* Blyth，1840分布于四川。但 Reading 等（2020）认为今后尚需开展更多的针对该物种分类的研究工作。

本书参考 Fedosenko 和 Blank（2005）对盘羊属的分类系统，即全世界的盘羊属动物共7种，中国仅盘羊1种（魏辅文等，2021），四川有分布。

（143）盘羊 *Ovis ammon*（Linnaeus，1758）

别名　大角羊、大头羊

英文名　Tibetan Argali

Capra ammon Linnaeus, 1758. Syst. Nat, 10th ed., 1: 70(未给出模式产地).

Musimon asiaticus Pallas, 1776. Spicilegia zoologica, quibus novae imprimus et obscurae animalium species iconibus, descriptionibus atque commentariis illustrantur cura, 8(模式产地：西伯利亚额尔齐斯河上游).

Ovis ammon Erxleben, 1777. Systema regni animalis per classes, ordines, genera, species, varietates, cum synonymia et historia animalium. Classis 1. Mammalia, 250(首次使用当前学名). Allen, 1940. Mamm. Chin. Mong., 1262; Ellerman and Morrison-Scott, 1951. Check. Palaea. Ind. Mamm., 413; Corbet, 1978. Mamm. Palaea. Reg. Taxon Rev., 212; Wilson and Reeder, 1993. Mamm. Spec. World, 2nd ed., 408; Wilson and Reeder, 2005. Mamm. Spec. World, 3rd ed., 707.

Ovis argali Boddaert, 1785. Elenchus animalium. Sistens quadrupedia huc usque nota, eorumque varietalis, Vol. 1: 147(模式产地：阿尔泰山).

鉴别特征　体格健壮。两性均具角，但形状和大小均明显不同。雄性角特别大，呈螺旋形，但不形成完整的圆形，角外侧有明显而狭窄的环棱。颏下无髯须。耳小，尾短，二者近等长。

形态

外形：体重75～120 kg；成体体长1 407～1 890 mm，尾长80～110 mm，后足长405～471 mm，耳长100～120 mm。雌兽较雄兽小1/3。肩高大于臀高。

毛色：唇周及眶下腺周围色较浅，略呈灰白色或棕白色。夏毛的体背棕灰色，脸颊、额部、颈部和前肩稍浅，头顶及耳背为暗棕色。耳内白色，胸、腹、四肢内侧、下部及臀部污白色。尾背中央有一棕色纵纹。雌性体色较暗。冬毛色较浅。

头骨：前窄后宽，背面观似三角形。吻鼻部较短。眼眶发达，外凸呈管状。鼻骨短，前端尖细不联合，后端钝圆，与额骨镶嵌呈U形。额骨构成颅腔顶壁和前壁，为颅腔的最高点，向两侧伸出眶下突，构成眼眶的后缘；额骨向后上方伸出角突（雌、雄均有），角突的前方有眶上沟和1个眶上孔。颞骨构成颅腔侧壁的下部和部分后壁。泪窝大而深凹。颧骨位于泪骨的后下方，构成眼眶的前下部；后端有一向后的颞突，与颞骨的颧突连成颧弓，背侧有向上伸出的短的额突，与额骨伸出的颧突相接。枕部几乎垂直向下。枕骨构成颅腔的后壁、顶壁的一部分以及底部的一部分。上枕骨构成颅腔的后壁。枕骨大孔两侧有卵圆形的关节面，为枕髁。听泡位于侧枕骨与鳞骨之间，鼓室不鼓胀。枕骨乳突发达。脑颅腹面门齿孔较大，大部分由前颌骨构成，小部分由上颌骨构成。翼间窝略呈V形，其前缘明显超过最后一对白齿后缘的连线。

下颌骨为扁形长骨。冠状突向后弯曲，颌关节突与冠状突位置较近。角突圆钝。

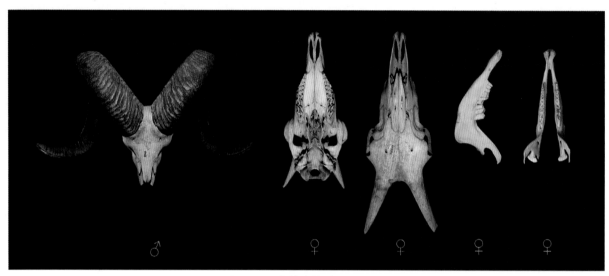

盘羊头骨图

牙齿：齿式0.0.3.3/3.1.3.3 = 32。缺上颌门齿和上颌犬齿。颊齿为高冠齿。前白齿略呈方形，具较厚的齿棱。上、下颌的前白齿均小于对应的白齿，下颌门齿圆柱状，几乎垂直向上。下颌犬齿形状与大小与下颌门齿相似，并紧靠第3下颌门齿的后方。

角：雄性角粗大，表面布满环形褶皱，角呈螺旋形，由头顶向下并向后呈360°的螺旋状弯曲，角尖复又朝上；角基特别粗大，横断面为圆形，到角尖段则变成刀片状，角长近1 m。雌性的角短而细，角长不超过500 mm，弯曲度不大，呈镰刀状。

量衡度（量：mm）

外形：

编号	性别	体长	尾长	后足长	耳长	采集地点
NWIPB-72114	♂	1 430	110	430	115	青海昆仑山
NWIPB-72147	♂	1 890	80	—	120	青海昆仑山
NWIPB-72148	♂	1 630	100	—	120	青海昆仑山
NWIPB-72110	♀	1 580	100	415	115	青海昆仑山

（续）

编号	性别	体长	尾长	后足长	耳长	采集地点
NWIPB-72115	♀	1 455	100	428	115	青海昆仑山

注：以上数据引自《青海经济动物志》

头骨：

编号	性别	颅全长	眶间距	额宽	上齿列长
NWIPB-72147	♂	346.00	148.00	184.20	92.10
NWIPB-72148	♂	358.00	158.60	195.10	96.20
NWIPB-72110	♀	—	86.60	—	73.40
NWIPB-72115	♀	320.00	115.20	161.60	93.00

注：以上数据引自《青海经济动物志》。

生态学资料　在四川石渠观察到的24群盘羊主要在高山草甸及附近的流石滩活动，主食禾本科和莎草科植物，喜阳坡或半阳坡草地；分布海拔4 349～4 962 m，平均4 746 m。雄性群分布的海拔略高于雌幼群（4 769 m vs. 4 712 m，$t = 0.395$，$n = 14$ vs. 8）。其中盘羊春秋季（4—9月）分布的平均海拔显著高于冬季（10月至翌年1月）（4 848 m vs. 4 713 m，$t = 0.004$，$n = 6$ vs. 18），且冬季分布的海拔范围明显较宽（4 349～4 962 m vs. 4 778～4 918 m）（周华明等，2020）。

盘羊的集群分为雄性群、雌幼群和雌雄幼混合群。雌雄幼混合群仅在11月中上旬发现，推测此时为交配期。由此可见，雄性群和雌幼群为全年主要的集群类型，幼体（0～2龄）跟随母群活动，成体的两性分群现象非常明显。雌幼群的大小为8～41只，集群规模明显大于雄性群（1～15只）（24.6 vs. 7.4，$t = 0.007$）（周华明等，2020）。

盘羊孕期约为5个月，翌年5—6月产仔，每胎产1仔，很少有产2仔的。

地理分布　分布于阿富汗、中国、印度、哈萨克斯坦、吉尔吉斯斯坦、蒙古、尼泊尔、巴基斯坦、俄罗斯、塔吉克斯坦、乌兹别克斯坦。在中国，分布于四川、甘肃、青海、新疆、西藏、内蒙古，其中在四川主要分布于川西高原。

分类学讨论　Wilson和Reeder（2005）、Fedosenko和Blank（2005）等学者认为盘羊为1种，分为9个亚种，分别为指名亚种 *Ovis ammon ammon* Linnaeus，1758；哈萨克斯坦亚种 *O. a. collium* Severtzov，1873；华北亚种 *O. a. jubata*（= *comosa*）Peters，1876；戈壁亚种（蒙古亚种）*O. a. darwini* Przhewalskiy，1883；西藏亚种 *O. a. hodgsoni* Blyth，1840；天山亚种 *O. a. karelini* Severtzov，1873；博卡拉山亚种 *O. a. nigrimontana* Severtzov，1873；帕米尔亚种 *O. a. polii* Blyth，1840；乌兹别克斯坦亚种 *O. a. severtzovi* Nasonov，1914。分布于四川的盘羊为西藏亚种。除了 *O. a. collium* 和 *severtzovi* 在当时仍然被认为是1种东方盘羊外，Geist（1991）承认其他亚种，并认为 *O. a. jubata* 先于 *O. a. comosa* 的命名。Shackleton 和 Lovari（1997）遵循 Geist（1991）的分类，但增加了 *O. a. collium* 作为1个有效的亚种。除了承认指名亚种 *O. a. ammon*、西藏亚种 *O. a. hodgsoni*、蒙古亚种 *O. a. darwini*、帕米尔亚种 *O. a. poli* 外，王应祥（2003）还确认了其他的一些亚种，如天山亚种 *O. a.*

分省（自治区、直辖市）地图——四川省

审图号：GS（2019）3333号　　　　　　　　　　　　　　自然资源部 监制

盘羊在四川的分布

注：红点为物种的分布位点，绿色斑块表示历史分布区域。

littledalei（= *karelini*）Lydekker，1902；罗布泊亚种 *O. a. adametzi* Kowarzik，1913；准噶尔亚种 *O. a. sairensis* Lydekker，1898；阿尔金山亚种 *O. a. dalailama* Przewalski，1888，但没有承认华北亚种 *O. a. jubata*。Yu（2001）认为 *O. a. dalailamae* 不同于 *O. a. hodgsoni*，但不承认 *O. a. karelini* 和 *O. a. collium* 的分化，也不承认 *O. a. jubata*。一项基于 mtDNA 分析的遗传学研究，对指名亚种与戈壁亚种或蒙古亚种分离的有效性提出了质疑，并暗示蒙古所有的盘羊可能都是 1 个亚种（Tserenbataa et al.，2004）。目前，对于分布于甘肃及其邻近地区的盘羊的亚种地位尚不确定，对于帕米尔亚种 *O. a. polii* 和天山亚种 *O. a. karelini* 之间的形态或地理分离也有不同的意见。

对于分布于四川的西藏亚种 *O. a. hodgsoni* Blyth，1840（Wilson and Reeder，2005；Fedosenko and Blank，2005），一些学者们根据不同地区采集的标本，先后订立了 *O. ammonoides* Hodgson，1841；*O. blythi* Severtzov，1873；*O. brookei* Ward，1874；*O. dalai-lamae* Przhewalskiy，1888；*O. henrii* Milne-Edwards，1892；*O. polizsic adametzi* Kowarzik，1913 等物种，但这些物种都被鉴定为西藏盘羊 *O. ammon hodgsoni* Blyth，1841 的同物异名（Fedosenko and Blank，2005）。

盘羊西藏亚种 *Ovis ammon hodgsoni* Blyth，1840

Ovis ammon hodgsoni Blyth，1840. Proc. Zool. Soc. Lond., 65; Fedosenko and Blank, 2005. Mamm. Spec., 773: 1-15;

王应祥，2003. 中国哺乳动物种和亚种分类名录与分布大全，136.

Ovis ammonoides Hodgson, 1841. Jour. Asiat. Soc. Bengal, 230(模式产地：喜马拉雅区域).

Ovis blythi Severtzov, 1873. Ethnography Lovers Series, 154(模式产地：西藏).

Ovis brookei Ward, 1874. Proc. Zool. Soc. Lond., 143(模式产地：拉达克).

Ovis dalai-lamae Przhewalskiy, 1888. Fourth Journey in the Central Asia, 274(模式产地：新疆).

Ovis henrii Milne-Edwards, 1892. Revue Cenerale des Sciences Pures et Appliques, 672(模式产地：西藏).

Ovis polizsic adametzi Kowarzik, 1913. Zoologischer Anzeiger, 439(模式产地：新疆罗布泊).

鉴别特征 颈、喉部白色。背部灰褐色，两侧稍淡。有一块白色的臀斑。夏季，四肢前部黑色，四肢后部、腹部、面部白色，1条黑色的横向条纹将其上部与白色的腹部分开。

生态学资料 同种的描述。

地理分布

在四川的历史分布区域：石渠、道孚、新龙、甘孜、德格、雅江、理塘、白玉、巴塘。

2000年以来确认的在四川的分布区域：石渠。

盘羊（拍摄地点：四川石渠 拍摄者：周华明）

80. 藏羚属 *Pantholops* Hodgson，1834

Oryx Hamilton-Smith, 1827. The Class Mammalia. Supplement to the order Ruminantia, 196(作为 *Antilope* Pallas, 1766 的1个亚属).

Pantholops Hodgson, 1834. Proc. Zool. Soc. Lond., 81(作为 *Antilope* Pallas, 1766的1个亚属)(模式种：*Antilope hodgsonii* Abel, 1826).

Pantholops Hodgson, 1838. Ann. Mag. Nat. Hist., 153 (首次作为属名); Ellerman and Morrison-Scott, 1951. Check. Palaea. Ind. Mamm., 395; Corbet, 1978. Mamm. Palaea. Reg. Taxon. Rev., 211; Wilson and Reeder, 1993. Mamm. Spec. World, 2nd ed., 399; Wilson and Reeder. 2005. Mamm. Spec. World, 3rd ed., 710; Wilson and Mittermeier, 2011. Hand. Mamm. World, 2: 711; Groves and Grubb, 2011. Ungulate Taxon., 220; 胡锦矗和王酉之, 1984. 四川资源动物志 第二卷 兽类, 162; 王酉之和胡锦矗, 1999. 四川兽类原色图鉴, 176.

鉴别特征　个体中等偏大的羚羊，体长不超过140 cm，尾很短，15 cm左右。身体沙褐色至黄褐色，腹部白色，雄性面部有黑色斑块，而上唇白色。角相对较细，长可达70 cm，垂直向上，末端略向前弯。

生态学资料　是高原荒漠的特有种，分布海拔很高。通常在4 000 m以上，生活于开阔的荒漠草原，集群生活。

地理分布　仅分布于中国、印度。

（144）藏羚 *Pantholops hodgsonii*（Abel，1826）

别名　藏羚羊、一角兽、打鼓锤
英文名　Tibetan Antelope

Antelope hodgsonii Abel, 1826. Philos. Mag. Jour., 68: 234（模式产地：西藏）.

Antilope(Oryx) kemas Hamilton-Smith, 1827. Class Mamm. Suppl. Ord. Ruminantia, 196, 199（模式产地：喜马拉雅）.

Antilope(Antilope) chiru Lesson, 1827. Manuel de mammalogie, ou histoire naturelle des mammiferes, 371（模式产地：尼泊尔）.

Pantholops hodgsonii Hodgson, 1842. Jour. Asiat. Soc. Bengal, 282（首次使用现在的拉丁学名）.

鉴别特征　雄性具1对黑色、长而直、横棱显著的角，雌性无角；吻鼻部肿胀而粗大。尾短。腹毛白色。

形态

外形：体重24～42 kg；成体体长1 000～1 400 mm，尾长140～190 mm，后足长290～365 mm，耳长120～160 mm。鼻端被毛。背毛较厚密。无眶下腺和蹄腺，鼠蹊腺发达。

毛色：体背灰黄褐色，腹部白色。雄性前额黑褐色，雌性白色。耳内几乎呈白色。四肢浅灰白色，但雄性前、后肢的前缘具有黑褐色纵纹。

头骨：狭长。眼眶发达，外凸呈管状。鼻骨短宽，前端尖，中部较宽而平直，后端变窄，与额骨镶嵌呈W形。额骨构成颅腔顶壁和前壁，为颅腔的最高点，向两侧伸出的眶下突构成眼眶的后缘；额骨向后上方伸出角突（仅雄兽有），角突的前方有眶上沟和2个眶上孔。颞骨构成颅腔侧

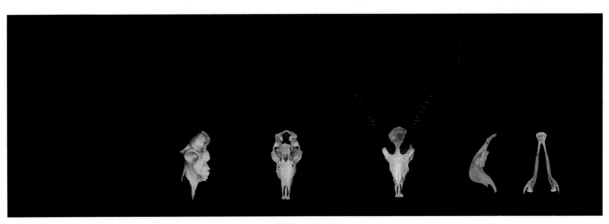

藏羚头骨图

壁的下部和部分后壁。泪骨平坦，无泪窝，上缘大部分与额骨相接，并与鼻骨相连。在鼻骨、泪骨、额骨和上颌骨间无空隙。颧骨位于泪骨的后下方，构成眼眶的前下部。后端有一向后的颞突，与颞骨的颧突连成颧弓，背侧有向上伸出的短的额突，与额骨伸出的颧突相接。枕骨构成颅腔的后壁、顶壁的一部分以及底部的一部分。上枕骨构成颅腔的后壁。枕骨大孔两侧有卵圆形的关节面，为枕髁。听泡位于侧枕骨与鳞骨之间，鼓室鼓胀。枕骨乳突较发达。脑颅腹面门齿孔较大，大部分由前颌骨构成，小部分由上颌骨构成。翼间窝略呈V形，其前缘几乎达到最后一对臼齿后缘的连线。

下颌骨为扁形长骨。冠状突向后弯曲，颌关节突与冠状突位置较近。

牙齿：齿式0.0.2.3/3.1.2.3 = 28。与其他牛科动物的齿式不同，上前臼齿仅2枚，第1枚较小，外侧缘有一小叶，第2枚略大，外侧前后侧均具小叶。上臼齿3枚，形相似，内侧中间凹陷较深；下颌门齿细小，下颌犬齿门齿化。下颌第1枚前臼齿极小且侧扁。

角：仅雄性具角。角侧扁严重，角长约600 mm，笔直，近基部的2/3段前面有明显的等距离横棱。

量衡度（量：mm）

外形：

编号	性别	体长	尾长	后足长	耳长	采集地点
NWIPB-77001	♂	1 050	160	350	135	青海玉树
NWIPB-78017	♂	1 130	180	345	150	青海玉树
NWIPB-78019	♂	1 140	190	365	160	青海玉树
NWIPB-78011	♂	1 035	180	350	160	青海玉树

注：以上数据引自《青海经济动物志》。

头骨：

标本号及馆藏地	性别	颅全长	基长	眶间距	颧宽	颅高	上齿列长	下齿列长
KIZCAS-90162	♂	246.90	242.35	73.36	91.11	96.35	59.54	—
KIZCAS-90159	♂	251.85	—	67.37	92.01	—	57.05	133.18
KIZCAS-90161	♂	264.56	—	75.64	94.66	—	57.06	—
KIZCAS-90160	♂	—	250.69	67.26	88.90	95.60	56.03	—
KIZCAS-90163	♂	253.18	—	74.36	93.79	—	54.92	129.12
KIZCAS-90164	♂	—	—	74.54	91.55	—	58.39	—
KIZCAS-90165	♂	250.45	—	67.46	91.26	—	56.46	—
CWNU-无号	♂	249.40	238.50	75.74	94.71	59.52	59.81	—
NWIPB-72161*	♀	—	—	54.40	90.40	—	55.70	—

注：* 数据引自《青海经济动物志》。

生态学资料　藏羚栖息于海拔4 600～5 300 m的高山草甸、荒漠区域。平时多结成3～5只或者10只左右的小群活动。多在清晨和傍晚觅食。主要食物为禾本科、莎草科的杂草、苔藓和地衣等。藏羚在冬季交配，孕期约为半年，夏季产仔，每胎1仔（潘清华等，2007）。

地理分布　藏羚为青藏高原特有种，分布于中国、印度。在中国，分布于青海、新疆、西藏等省份，在四川曾记录分布于川西高原一带（胡锦矗和王酉之，1984）。

在四川的历史分布区域：石渠、甘孜、德格。

2000年以来确认的在四川的分布区域：可能在石渠还有残存分布区。

分省（自治区、直辖市）地图——四川省

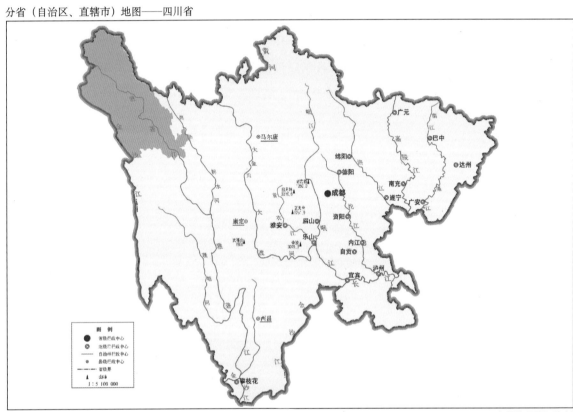

审图号：GS（2019）3333号　　　　　　　　　　　　　　　　　自然资源部 监制

藏羚在四川的分布
注：红点为物种的分布位点，绿色斑块表示历史分布区域。

分类学讨论　1826年，Abel根据采自西藏的标本命名藏羚*Antelope hodgsonii* Abel，1826。其后，有学者根据采自喜马拉雅和尼泊尔的标本分别命名了*Antilope kemas* Hamilton-Smith，1827和*Antilope*（*Antilope*）*chiru* Lesson，1827，二者均为藏羚的同物异名。1842年，Hodgson首次使用*Pantholops hodgsonii*这一学名，一直沿用至今。

Hodgson（1834）曾将藏羚*P. hodgsonii*归属于羚羊亚科Antilopine和瞪羚亚科Gazelline，而Gray（1872）因其非常的特别而提出了藏羚科Pantholopidae的观点。尽管一些争议尚需要更多的遗传学方法来解决，但当前的分子和形态学研究结果均认为藏羚与羊亚科Caprinae更接近（Gastey et al.，1997；Gentry，1992）。基于行为和各种形态学特征，Vrba和Schaller（2000）推断，藏羚没有近亲，它代表的是一支古老的支系，早在第三纪中新世就与其亲缘关系最近的现生种（羊亚科）分道扬镳。Grubb（2005）将其放到了羊亚科Caprinae中。Wilson和Mittermeier（2011）将其放入羚羊亚科中。

藏羚无亚种分化。

藏羚（拍摄地点：西藏那曲羌塘国家级自然保护区　拍摄者：蒋志刚）

81. 岩羊属 *Pseudois* Hodgson，1846

Pseudois Hodgson, 1846. Jour. Asiat. Soc. Bengal, 343(模式种: *Ovis nayaur*, 1833); Allen, 1940. Mamm. Chin. Mong.,
1268; Ellerman and Morrison-Scott, 1951. Check. Palaea. Ind. Mamm., 410; Corbet, 1978. Mamm. Palaea. Reg.
Taxon. Rev., 217; Wilson and Reeder, 1993. Mamm. Spec. World, 2nd ed., 409; Wilson and Reeder, 2005. Mamm.
Spec. World, 3rd ed., 711; Wilson and Mittermeier, 2011. Hand. Mamm. World, 2: 716; Groves and Grubb, 2011.
Ungulate Taxon., 223; 胡锦矗和王酉之，1984. 四川资源动物志　第二卷　兽类，171; 王应祥，2003. 中国哺乳
动物种和亚种分类名录与分布大全，135; 王酉之和胡锦矗，1999. 四川兽类原色图鉴，182.

鉴别特征　个体中等的羊类，体长最大可达170 cm，尾很短，约20 cm。背部毛灰褐色，有蓝灰色调，背腹交界区有1条黑线，但巴塘、得荣等区域的稍小，背腹交界区无黑线，仅稍淡。腹面和四肢内侧白色，四肢外侧有黑色条纹。角大，向侧上方弯曲，末端扭曲。

生态学资料　是一种高海拔羊类，主要栖息于林线以上的草甸，多石的流石滩，也进入森林。善于攀爬、跳跃。大群活动。

地理分布　分布于中国、印度、不丹、尼泊尔、缅甸、巴基斯塔、塔吉克斯坦。

（145）岩羊 *Pseudois nayaur* Hodgson，1833

别名　盘羊、青羊、蓝羊

英文名 Blue Sheep

Pseudois nayaur Hodgson, 1833. Asiat. Res., Asiat. Soc. Bengal, 135(模式产地：尼泊尔西藏边境); Allen, 1940. Mamm. Chin. Mong., 1269; Ellerman and Morrison-Scott, 1951. Check. Palaea. Ind. Mamm., 410; Corbet, 1978. Mamm. Palaea. Reg. Taxon. Rev., 217; Wilson and Reeder, 1993. Mamm. Spec. World, 2nd ed., 409; Wilson and Reeder, 2005. Mamm. Spec. World, 3rd ed., 711; Wilson and Mittermeier, 2011. Hand. Mamm. World, 2: 716; Groves and Grubb, 2011.Ungulate Taxon., 223; 胡锦矗和王酉之, 1984. 四川资源动物志 第二卷 兽类, 171; 王酉之和胡锦矗. 1999. 四川兽类原色图鉴, 182.

Ovis nahoor Hodgson, 1835. Proc. Zool. Soc. Lond., 107(修订 *nayaur*).

Ovis burrhel Blyth, 1840. Proc. Zool. Soc. Lond., 67(模式产地：尼泊尔).

Ovis nahura Gray, 1843. List Spec. Mamm. Coll. Brit. Mus. Lond., 170(修订 *nahoor*).

Ovis barhal Hodgson, 1846. Jour. Asiat. Soc. Bengal, 342(修订 *burrhel*).

Ovis burhel Gray, 1863. Cat. Spec. Draw. Mamm. Birds, Rept. Fishes Nepal Thibet, pres. by Hodgson, Brit. Mus. 2nd. Lond., 13(修订 *burrhel*).

Pseudois nayaur nayaur Hodgson, 1833. Jour. Asiat. Soc. Bengal, 135(模式产地：尼泊尔西藏边境).

Pseudois nayaur szechuanensis Rothscnild, 1922. Ann. Mag. Nat. Hist., 10: 231(模式产地：陕西).

Pseudois nayaur schaeferi Haltenorth, 1963. Klassifikation der Säugetiere: Artiodactyla. Hand. d. Zoologie, Berlin: 126(模式产地：四川巴塘竹巴笼).

鉴别特征 体形似绵羊。雌、雄均具角，雄性角粗大似牛角，雌性角短小。上体多为蓝灰色，四肢前面及腹侧具黑纹。

形态

外形：体重40 ~ 46 kg；成体体长1 080 ~ 1 300 mm，尾长130 ~ 132 mm，后足长270 ~ 310 mm，耳长120 ~ 143 mm。

毛色：冬毛吻鼻部、面颊灰白色。上体多显蓝灰色调；四肢内侧、腹面和臀部白色，四肢外侧和体下侧黑色；体下侧（前、后肢之间）的黑色形成一较宽的黑色条纹，将背、腹明显分开。四肢内侧概为白色，各蹄侧有一圆形白斑。

头骨：狭窄，脑颅下部极为狭小，后端弯曲成直角。眼眶发达，外凸。鼻骨前端尖，左右分离，中部较宽而平直，后端变窄，与额骨镶嵌呈V形；鼻骨与前颌骨、上颌骨相连。额骨构成颅腔顶壁和前壁，为颅腔的最高点，向两侧伸出的眶下突构成眼眶的后缘；额骨向后上方伸出角突（雌、雄均有），角突的前方有眶上沟和1个眶上孔。颞骨构成颅腔侧壁的下部和部分后壁。泪骨几乎在脸部的上面，无明显凹窝，上缘大部分与额骨相接，并与鼻骨相连。在鼻骨、泪骨、额骨和上颌骨间无空隙。颧骨位于泪骨的后下方，构成眼眶的前下部；后端有一向后的颞突，与颞骨的颧突连成颧弓，背侧有向上伸出的短的额突，与额骨伸出的颧突相接。枕骨构成颅腔的后壁、顶壁的一部分以及底部的一部分。上枕骨构成颅腔的后壁。枕骨大孔两侧有卵圆形的关节面，为枕髁。听泡位于侧枕骨与鳞骨之间，鼓室不鼓胀。枕骨乳突较发达。脑颅腹面门齿孔较大，大部分由前颌骨构成，小部分由上颌骨构成。翼间窝略呈U形，其前缘超过最后一对臼齿后缘的连线。

下颌骨为扁形长骨。冠状突向后弯曲，颌关节突椭圆形，与冠状突位置较近。

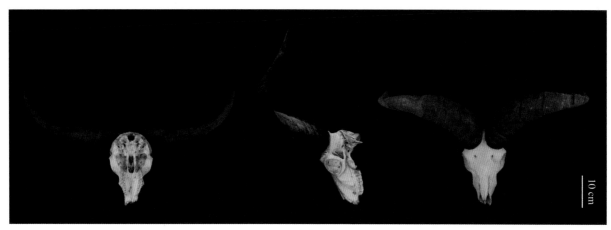

岩羊头骨图

牙齿：齿式 0.0.3.3/3.1.3.3 = 32。上颌无门齿和犬齿。颊齿为新月形高冠齿。第1、2前臼齿外侧前后角基中央均有加厚的齿棱，第3前臼齿的前后角亦有。3枚臼齿由后至前相继变大，臼齿内齿谷间无小齿柱，其外侧面前角及中央则有显著加厚且突出的齿棱。

角：雄羊角粗大，基部椭圆而近菱形，周长约280 mm，长达650 mm，角间距达680 mm；两角基部靠近，仅距一狭缝隙，然后向外弯曲，角尖稍偏向上方。角基和角尖光滑，中段具横棱。雌羊角短小，角基扁，往上渐尖细，微向后弯，长约150 mm，角间距仅110 mm。

量衡度（衡：kg；量：mm）

外形：

编号	性别	体重	体长	尾长	后足长	耳长	采集地点
KIZCAS-73410（幼）	♀	17	780	80	220	100	云南贡山
KIZCAS-820001	♀	46	1 300	132	280	120	四川德格
KIZCAS-820002	♀	40	1 200	130	270	120	四川德格
KIZCAS-820062	♀	39	1 180	130	310	143	四川德格

头骨：

标本号	性别	颅全长	基底长	眶间距	额宽	颅高	上齿列长	下齿列长
CWNU-3	♂	238.90	202.70	89.35	103.32	111.25	66.09	—
CWNU-巴塘2009	♂	219.50	188.67	85.17	100.24	67.45	65.90	
CWNU-白玉88000	♀	220.12	187.10	86.85	100.59	—	—	—

（续）

标本号	性别	颅全长	基底长	眶间距	颧宽	颅高	上齿列长	下齿列长
CWNU-白玉88004	♂	226.10	191.70	89.22	100.49	109.77	62.43	—
CWNU-白玉88006	♂	223.15	185.51	84.97	103.51	103.87	62.77	—
CWNU-白玉88015	♀	222.30	190.92	87.46	101.41	72.60	65.26	—
CWNU-白玉88016	♀	214.90	182.92	91.61	96.04	103.55	68.57	—
CWNU-白玉88017	♀	226.90	197.12	87.95	101.96	71.94	60.18	—
CWNU-白玉88020	♂	227.00	189.11	87.42	97.23	78.33	67.17	—
CWNU-白玉88021	♀	219.12	192.72	92.02	96.50	89.92	59.06	—
CWNU-白玉88023	♀	229.52	199.32	91.98	104.07	93.10	60.69	—
CWNU-白玉88088	♂	232.90	199.82	90.93	99.20	79.40	65.42	—
KIZCAS-820001	♀	234.42	217.93	85.25	102.07	106.76	66.06	—
KIZCAS-820002	♀	221.05	208.80	80.75	96.79	98.01	58.06	—
KIZCAS-820062	♀	223.89	208.91	82.93	95.80	98.11	63.22	119.38

生态学资料 岩羊在四川栖息于海拔2 700～5 000 m的高原、丘原和高山裸岩与山谷间的草地。Oli（1996）的研究表明，岩羊不存在垂直方向的季节性迁移，影响岩羊栖息地选择的主要因素是食物和躲避天敌等。

岩羊为典型的晨昏性活动的动物，在昼间有两个取食高峰。如，在四川巴塘的矮岩羊昼间的取食高峰分别是09：00—11：00和17：00—19：00（刘国库等，2011），而贺兰山的岩羊的取食高峰则分别为05：00—11：00和15：00—19：00（王小明等，1998）。岩羊在春季产仔，哺育幼仔消耗大量能量，使得雌性取食行为占比增加，趋向于全天取食；夏季植被丰茂，起到一定掩蔽作用，所以雄性岩羊警戒行为占比下降；秋季为越冬做准备，岩羊的取食时间也有所增加；冬季食物匮乏，质量下降，但冬季是繁殖季节，取食行为反而减少，而运动行为占比增加（董嘉鹏，2014）。

岩羊喜群居。集群是动物对自然环境的一种适应。依据岩羊群组成特点，可将其集群类型分为雌性群、雄性群、母子群、混合群和独羊（龙帅等，2009）。在贺兰山，春季平均岩羊群大小为（5.57±5.38）只，冬季平均岩羊群大小为（4.29±5.48）只，春、冬两季岩羊集群大小季节性变化不显著（$P > 0.05$）。在四川巴塘，王清等（2006）曾报道：矮岩羊集群大小为2～10只，但以2～

6 只为主；春季集群的平均大小为（4.5±1.52）只，夏季集群的平均大小为（3.85±1.99）只，二者无显著差异（t 检验，$P > 0.05$）。这与龙帅等（2009）的研究结果——矮岩羊夏季集群平均大小为（7.81±8.42）只有较大的差异。

　　动物行为谱的建立可为行为学的深入研究提供基础。王盼等（2018）及龙帅等（2008）分别对四川卧龙的岩羊、四川巴塘的矮岩羊，以姿势、动作和环境作为编码要素，建立了 PAE 编码系统和其对应的行为谱。前者定义了岩羊的 61 种行为，后者定义了矮岩羊的 118 种行为。

　　岩羊大约在 1.5 岁性成熟。冬季交配，孕期约 160 天，6—7 月产仔，每胎产 1 仔。

　　地理分布　分布于中国、巴基斯坦、印度、不丹、尼泊尔、缅甸。在中国，分布于内蒙古、陕西、宁夏、甘肃、青海、云南、西藏等省份，其中在四川分布于川西高原和高山峡谷地带。

分省（自治区、直辖市）地图——四川省

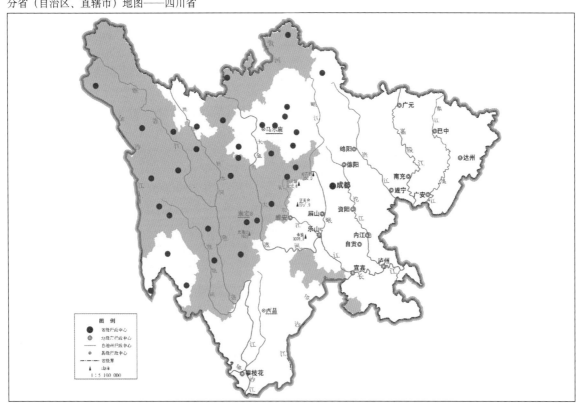

审图号：GS（2019）3333 号　　　　　　　　　　　　　　　　　　　自然资源部 监制

岩羊在四川的分布

注：红点为物种的分布位点，绿色斑块表示历史分布区域。

　　分类学讨论　岩羊是岩羊属 *Pseudois* 的唯一物种，最早发现时，曾被分在盘羊属 *Ovis* 内，后来独立为岩羊属，并被分为 2 个亚种：川西亚种 *Pseudois nayaur szechuanensis* Rothscnild，1922，分布于云南西北部、四川西部、青海、甘肃、宁夏、陕西、内蒙古西部；西藏亚种（尼泊尔亚种）*P. n. nayaur* Hodgson，1833，分布于西藏南部（王应祥，2003；Smith 和解焱，2009）。随着形态学和分子生物学证据的不断增加，对岩羊的分类地位产生了争议（Zeng et al.，2008）。梁云媚等（1999）基于不同性别头骨形态数据的聚类分析发现，西藏地区的岩羊并不单独聚为一支，据此推测当前的亚种分类可能存在问题。Zeng 等（2008）基于线粒体基因测序，认为基于75%原则，贺兰山种群（原归属川西亚种）应独立为1个新的亚种。李楠楠等（2012）通过细胞色素b基因全序列和线粒体控制区的研究也得出了类似的结论。Tan 等（2012）基于贺兰山种群在系统发生树上单独分支且同其他地理种群生境隔离，认为贺兰山岩羊应该作为新的种或亚种。以上研究多基于线粒体基因，其在分类学中的价值尚有争议，对川西亚种进行分类还需要更多的证据（姜智亮和米玛旺堆，2020）。

另一个分类地位争议较大的是矮岩羊 *Pseudois nayaur schaeferi* Haltenorth, 1963。Groves（1978）将其提升为种。Bunch 等（2000）发现矮岩羊染色体数为$2n = 54$（采自巴塘），而岩羊染色体数为$2n = 56$（采自甘肃），认为岩羊染色体进化伴随着一系列染色体融合。Feng 等（2001）通过测定部分线粒体控制区（D-Loop 区）和 Y 染色体相关的 ZFY 内区序列，进行了系统发生分析，结果表明，矮岩羊是个支持强度较高的单系类群，与岩羊存在12.21%的序列差异。同时，ZFY 内区序列显示出0.51%的差异，类比同为羊亚科的雪绵羊 *Ovis nivicola* 和盘羊 *O. ammon*，其差异度相当，故建议将矮岩羊设为1个新的亚种。刘延德等（2007）对岩羊和矮岩羊的头骨形态进行了比较，并建立了 Bayes 判别函数，结果建议矮岩羊应为新的种或亚种。Zeng 等（2008）应用线粒体控制区序列和细胞色素b以及糖蛋白-3的研究表明，矮岩羊只是与四川亚种存在形态上的差异，在四川西部地区存在矮岩羊与岩羊的基因交流，这将形成矮岩羊的并系群，从而使得单系群难以形成，因此矮岩羊不是新的种或亚种。Tan 等（2012）对岩羊和矮岩羊的线粒体控制区序列以及细胞色素b进行了测定，认为矮岩羊与四川的其他种群在系统发生树上关系较近，因此应该将矮岩羊作为岩羊川西亚种的1个特殊种群。但 Liu 等（2015）测定了矮岩羊完整的染色体基因组，认为矮岩羊应为1个不同的种。

综上所述，岩羊的分类及种间分化还需要更多的证据。本书暂将矮岩羊作为岩羊的1个特殊生态类型。分布于中国的岩羊有2个亚种——川西亚种和西藏亚种，分布于四川的是川西亚种。

岩羊川西亚种 *Pseudois nayaur szechuanensis* Rothscnild, 1922

Pseudois nayaur szechuanensis Rothscnild, 1922. Ann. Mag. Nat. Hist., 10: 231(模式产地：陕西)；王应祥, 2003. 中国哺乳动物种和亚种分类名录与分布大全, 135.

鉴别特征　川西亚种的泪骨宽度、颧骨宽度、枕骨长度、角基长径均较西藏亚种小。

生态学资料　同种的描述。

地理分布

在四川的历史分布区域：筠连、屏山、马边、峨边、天全、宝兴、木里、康定、丹巴、九龙、雅江、炉霍、道孚、新龙、白玉、德格、甘孜、石渠、理塘、巴塘、阿坝、若尔盖、小金、汶川、壤塘、松潘、九寨沟、平武、青川。

2000年以来确认的在四川的分布区域：康定、泸定、九龙、理塘、丹巴、道孚、新龙、白玉、德格、甘孜、石渠、炉霍、巴塘、若尔盖、阿坝、小金、理县、汶川、松潘、九寨沟、平武、壤塘、冕宁、木里、天全、宝兴。

岩羊（拍摄地点：四川卧龙国家级自然保护区　拍摄者：李晟）

82. 野牛属 *Bos* Linnaeus，1758

Bos Linnaeus, 1758. Syst. Nat., 10th, 71(模式种：*Bos taurus* Linnaeus, 1758)；Ellerman and Morrison-Scott, 1951.
　　Check. Palaea. Ind. Mamm., 379; Corbet, 1978. Mamm. Palaea. Reg. Taxon. Rev., 205; Wilson and Reeder, 1993.
　　Mamm. Spec. World, 2nd ed., 400; Wilson and Reeder, 2005. Mamm. Spec. World, 3rd ed., 691; Wilson and
　　Mittermeier, 2011. Hand. Mamm. World, 2: 573; Groves and Grubb. 2011.Ungulate Taxon., 110; 胡锦矗和王酉之，
　　1984. 四川资源动物志　第二卷　兽类，176; 王酉之和胡锦矗，1999. 四川兽类原色图鉴，175.

Bison Hamilton-Smith, 1827. Griffith's Cuvier Anim. Kimgd., 5:373(模式种：*Bos bison* Linnaeus, 1758)；Ellerman and Morrison-
　　Scott, 1951. Check. Palaea. Ind. Mamm., 382.

Bibos Hodgson, 1837. Jour. Asiat. Soc. Bengal, 6:499(模式种：*Bos subhemachalus* Hodgson, 1837).

Poëphagus Gray, 1843. List Mamm. Brit. Mus.，153(模式种：*Bos grunniens* Linnaeus, 1766).

Gaveus Hodgson, 1847. Jour. Asiat. Soc. Bengal, 16:705[模式种：*Bos frontalis* (Lambert, 1804)].

Uribos Heude, 1901. Mém. 1' Hist. Nat. Emp. Chin., 5, 1: 5(模式种：*Uribos platyceros* Heude, 1901).

Bubalibos Heude, 1901. Mém. 1' Hist. Nat. Emp. Chin., 5, 1:6(模式种：*Bubalibos annamiticus* Heude, 1901).

Novibos Coolidge, 1940. Mem. Mus. Comp. Zool. Harvard, 54: 425(模式种：*Bos sauveli* Urbain, 1937).

鉴别特征　野牛属的物种体型大，四肢强健，尾长，尾端覆以长毛。两性都有表面光滑、断面为圆形的角。头骨厚重，鼻骨长，头骨最高点在两角之间。无眶下腺、趾腺和鼠蹊腺。

形态　体重600 ～ 2 000 kg；体长1 700 ～ 3 300 mm，肩高406 ～ 780 mm；尾长65 ～ 240 mm。被毛短而细。四肢细长，蹄狭尖。仅雄性具角，外露显著。两性均有长的上颌犬齿，闭嘴时突出唇外。齿式0.0.3.3/3.1.3.3 = 32。

生态学资料 野牛属动物从海拔 2 000 m 以下的热带雨林到海拔 5 000 m 的高寒草甸均有分布。以枝叶、青草等为食。昼夜均活动。

地理分布 野牛属动物在世界上分布于南亚、东南亚、欧洲中部和东部、北美洲。在中国有分布，分布于四川、甘肃、青海、新疆、云南和西藏，其中四川分布于川西高原。

分类学讨论 野牛属 *Bos* 由 Linnaeus 于 1758 年提出。之后，有学者先后提出了 *Bison*、*Bisonus*、*Poephagus*、*Gaveus*、*Uribos*、*Bubalibos*、*Novibos* 等属名（Jardine，1836；Hodgson，1841；Gray，1843；Hodgson，1847；Heude，1901；Coolidge，1940），它们都是 *Bos* 的同物异名。

野牛属在种级水平上争议较大的主要见于野牦牛和大额牛的分类地位。在解剖结构上，野牦牛有 14 对肋骨，比其他野牛属动物多 1 对，而形态上（如披毛长度）也与其他野牛属动物有较大差异。基于此，Gray 等（1843）将野牦牛列为独立的牦牛属 *Poephagus*。其后，Przewalski 等（1876）将野牦牛单立为 1 个种，定名为 *Poephagus grunniens*。近年来，基于 mtDNA D-loop 区全（或部分）序列和 *Cytb* 基因全（或部分）序列的研究表明，野牦牛与野牛属其他物种的差异未达到属级水平（郭松长等，2006；刘强，2005；李齐发等，2008；杨万远等，2009），因此，目前学者们一致同意将野牦牛归属于野牛属。

单祥年等（1980）首次对雌、雄各 1 头大额牛 *Bos frontalis* Lambert，1804 的核型进行了研究，结果表明，大额牛染色体的数目、形态、结构均不同于黄牛 *Bos taurus* 和野牛 *Bos gaurus*，三者染色体数目（2n）分别为 58、60、56 条，在常染色体中，黄牛没有近中着丝点染色体，野牛有 2 对，而大额牛有 1 对；三者的性染色体均为近中着丝点染色体，染色体的臂数相等，均为 62 条。因此认为大额牛不是野牛的家养型，也不可能是野牛和黄牛的杂交后代，而是牛属的 1 个种。这一观点为一些学者所接受（王应祥，2003；潘清华等，2007）。但近年来，分子数据分析表明，大额牛可能是印度野牛的家养型（李世平等，2008；王兰萍等，2008）。

参照 Wilson 和 Mittermeier（2011）的分类系统，全世界的野牛属动物共计 6 种，其中分布于中国的有 3 种：爪哇野牛 *Bos javanicus* d'Alton，1823；印度野牛 *Bos gaurus* Hamilton Smith，1827；野牦牛 *Bos mutus* Przewalski，1883。分布于四川的仅野牦牛 1 种。

（146）野牦牛 *Bos mutus*（Przewalski，1883）

别名 野牛

英文名 Wild Yak

Poëphagus mutus Przewalski，1883. Third Jour. Cent. Asia，191（模式产地：甘肃北部）.

Bos grunniens mutus Lydekker，1913. Cat. Ungulate Mamm. Brit. Mus. Nat. Hist.，33（模式产地：拉达克地区）.

Bos mutus Bohlken，1964. Zeitschrift für Wissenschaftliche Zoologie，325（首次使用该学名）.

鉴别特征 体形似家牦牛，但更粗重。全身黑色，雌、雄均具角。颈下无肉垂，肩部高耸，中央有凸起的隆肉。四肢粗短。颈和躯身下部、尾、以及四肢均披下垂的长毛。

形态

外形：体重 500 ~ 1 000 kg；成体体长 2 200 ~ 2 350 mm，尾长 370 ~ 430 mm，耳长 170 ~ 180 mm。

毛色：唇鼻部周围以及肩峰至腰的背中线稍淡，远看似灰白色，其余部分一致为黑色或乌褐色。

头骨：整体粗重。额很宽。前颌骨短，不与鼻骨相连。鼻骨宽，前端稍尖，后端稍钝，嵌于额骨中间。眼眶发达，外凸。额骨构成颅腔顶壁和前壁，为颅腔的最高点，向两侧伸出的眶下突构成眼眶的后缘；额骨向后上方伸出角突（雌、雄均有），角突的前方有眶上沟和1个眶上孔。前颌骨短不与鼻骨相连，其两侧外缘平行，且其前端宽平，微分离，显得粗大。上颌骨的边缘与鼻骨中部接触。泪骨窄，与上颌骨相连，无泪窝。颧骨位于泪骨的后下方，构成眼眶的前下部；后端有一向后的颞突与颞骨的颧突连成颧弓，背侧有向上伸出短的额突与额骨伸出的颧突相接。颞骨构成颅腔侧壁的下部和部分后壁。枕部几乎垂直向下。枕骨大孔两侧有卵圆形的关节面为枕髁。听泡位于侧枕骨与鳞骨之间，鼓室不鼓胀。枕骨乳突较发达。脑颅腹面门齿孔较大，大部分由前颌骨构成，小部分由上颌骨构成。翼间窝略呈U形，其前缘未达最后一对臼齿后缘的连线。

下颌骨为扁形长骨。冠状突向后弯曲，颌关节突椭圆形，与冠状突位置很近。

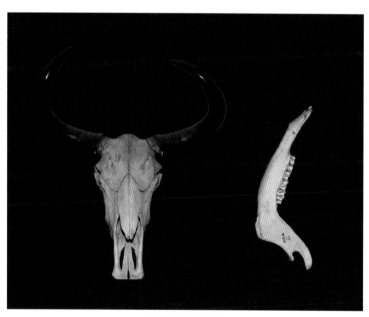

野牦牛头骨图

牙齿：齿式0.0.3.3/3.1.3.3 = 32。上颌无门齿和犬齿。颊齿为高冠齿。下颌犬齿门齿化，紧靠第3门齿。下臼齿窄，第1、2枚为2齿突组成，最后一枚下臼齿后方多一较小的后叶，形成齿突。

角：雌、雄均具角，但雄性角要比雌性的显著大且粗壮。角基部略扁，其余角的横断面圆形，角先向外伸展，后向前弯转，近末端复向内上方，角尖又向后弯。

量衡度（量：mm）

外形：

编号	性别	体长	尾长	后足长	耳长	采集地点
NWIPB-72113	♂	2 600	400	560	145	青海
NWIPB-72112	♀	2 095	420	545	132	青海

注：以上数据引自《青海经济动物志》。

头骨：

编号	性别	颅全长	基长	眶间距	颧宽	颅高	上齿列长
SAF-20116	♂	581.5	531.80	230.10	—	181.97	132.51
NWIPB-72163*	♂	596.00	—	238.00	269.00	—	134.70
NWIPB-85001*	♀	502.00	—	161.20	220.00	—	124.40

注：*数据引自《青海经济动物志》。

生态学资料 野牦牛是青藏高原的特有物种，分布于海拔4 000～6 000 m的高山草甸、荒漠地带。野牦牛结群性强，一般由雌性和未成熟的个体和幼体组成群。雄牦牛性较孤独，常单独游荡，或仅结成2～3只的小群（胡锦矗和王酉之，1984）。

野牦牛性情较凶悍，嗅觉十分敏锐。群牛遇惊，往往是成体领先和押后，中间夹着幼犊。奔跑时，头略微低下，而尾不时上翘。夏季成群活动于海拔5 000 m以上的山野，冬时，高山积雪，可下降到海拔4 000 m地带活动（胡锦矗和王酉之，1984）。

在青海的野牛沟，夏季野牦牛的食物以莎草科植物为主，占总食物的67.1%（Harris and Miller，1995）；秋季则以禾本科植物为主食，占总食物的68.8%（Miller et al.，1994）。此外，野牦牛还有喜饮水的习惯。

雌性野牦牛首次繁殖的年龄为3～4岁。每年8—9月发情，可延续到11月。孕期258～270天，一般4—5月产仔，每胎产1仔。

地理分布 分布于中国、印度。在中国，分布于甘肃、青海、新疆、西藏等省份，其中在四川曾记录分布在甘孜石渠（胡锦矗和王酉之，1984），近10余年的野外调查中均未发现野外实体，估计已在当地绝迹（张知贵等，2009）。但周华明等2021年冬季在石渠长沙贡玛国家级自然保护区野牛谷见到小群野牦牛，推测是从青海扩散而来。

在四川的历史分布区域：石渠。

2000年以来确认的在四川的分布区域：石渠。

分类学讨论 1883年，Przewalski 依据采自甘肃的标本命名了野牦牛 *Poëphagus mutus*。Lydekker（1913）将野牦牛视为牦牛 *Bos grurmiens* Linnaeus，1758的1个亚种，命名为 *Bos grunniens mutus*。1964年，Bohlken首次使用 *Bos mutus* 的学名，2003年国际动物命名委员会2027号意见同意保留该学名。

野牦牛和家牦牛基因型相同，染色体数目、形态、大小也无显著差异，mtDNA分析也证实家牦牛是在较近的历史时期从野牦牛中起源的（郭松长等，2006；刘强，2005），因此，有学者主张将野牦牛 *B. g. mutus* 和家牦牛 *B. g. grunniens* 视为牦牛的2个亚种（Wilson and Reeder，2005；马志杰等，2009）。但近年来，更多的研究支持将野牦牛 *Bos mutus* 和家牦牛 *Bos grunniens* 独立为不同的种，并指出野牦牛 *Bos mutus* 没有亚种分化（Leslie and Schaller，2009；Buzzard and Berger，2016）。

分省（自治区、直辖市）地图——四川省

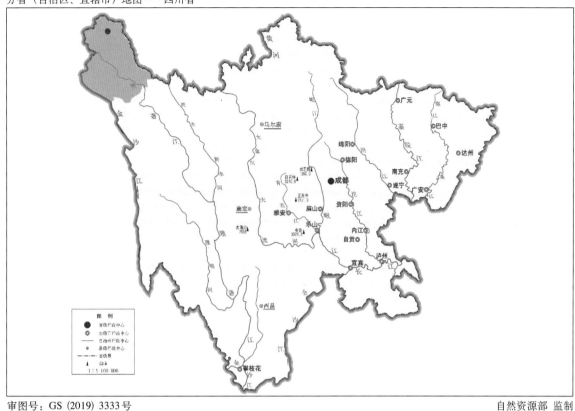

审图号：GS（2019）3333号　　　　　　　　　　　　　　　　　　　　自然资源部 监制

野牦牛在四川的分布
注：红点为物种的分布位点，绿色斑块表示历史分布区域。

野牦牛（拍摄地点：四川石渠　拍摄时间：2021年10月　拍摄者：周华明）